简明钢结构设计手册

主　编　许朝铨

副主编　王书增　张同亿

机械工业出版社

CHINA MACHINE PRESS

本书以民用及工业建筑钢结构设计为主，从简明、便捷和适用的理念出发，力求概念明确，数据准确适用。对于钢结构设计的重要环节——结构概念设计及构造，本书列举了经过实际工程使用、技术比较成熟的节点参考图、常用构件选用表及结构构件的计算方法。为了更好地准确理解和运用相关规范的规定，书中提供了手算的例题，并且在例题中给出了相关数据的出处。

本书内容分为纸质版和电子版两部分。纸质版部分包括设计人员常用及必备内容。电子版部分包括需查阅的图表、数据等内容。本书内容简明，使用便携。

本书共 4 篇 18 章：第 1 篇钢结构设计计算基本原则和规定、第 2 篇单层钢结构房屋的设计及计算、第 3 篇多层及高层钢结构房屋的设计及计算、第 4 篇钢结构的制作与安装、运输和防护。

图书在版编目（CIP）数据

简明钢结构设计手册/许朝铨主编 . —北京：机械工业出版社，2022. 7
ISBN 978-7-111-71427-9

Ⅰ.①简… Ⅱ.①许… Ⅲ.①钢结构 – 结构设计 – 手册
Ⅳ.①TU391.04-62

中国版本图书馆 CIP 数据核字（2022）第 151680 号

机械工业出版社（北京市百万庄大街 22 号 邮政编码 100037）
策划编辑：张 晶 责任编辑：张 晶 范秋涛
责任校对：刘时光 封面设计：张 静
责任印制：单爱军
河北鑫兆源印刷有限公司印刷
2023 年 1 月第 1 版第 1 次印刷
184mm × 260mm · 51 印张 · 1468 千字
标准书号：ISBN 978-7-111-71427-9
定价：159.00 元

电话服务 网络服务
客服电话：010-88361066 机 工 官 网：www.cmpbook.com
010-88379833 机 工 官 博：weibo. com/cmp1952
010-68326294 金 书 网：www.golden-book.com
封底无防伪标均为盗版 机工教育服务网：www.cmpedu.com

前　言

本书根据《钢结构设计标准》(GB 50017)、《冷弯薄壁型钢结构技术规范》(GB 50018)、《门式刚架轻型房屋钢结构技术规范》(GB 51022) 及《高层民用建筑钢结构技术规程》(JGJ 99) 等国家规范、规程和标准进行编写。编写过程中参考了以往钢结构设计手册各版本的相关内容。

本书编写以民用及工业建筑钢结构设计为主，从简明、便捷和适用理念出发，力求概念明确，数据准确适用。对于钢结构设计的重要环节——结构概念设计及构造，本书列举了部分经过实际工程使用、技术比较成熟的节点参考图、常用构件选用表及结构构件的计算方法。为了更好地准确理解和运用相关规范的规定，部分章节给出了手算的例题，并且在例题中给出了相关数据的出处。本书共计4篇18章：第1篇钢结构设计计算基本原则和规定、第2篇单层钢结构房屋的设计及计算、第3篇多层及高层钢结构房屋的设计及计算、第4篇钢结构的制作与安装、运输和防护。

由于篇幅所限，将本书内容分为纸质版和电子版两部分。纸质版部分包括设计人员常用及必备内容；电子版部分包括需查阅的图表、数据等内容。

本书编写分工：第1篇由刘慧林、王利军、李志鹏、王书增编写；第2篇由杨晓慧、刘国祥、王学东、李鑫、王书增编写，其中第5章由郑飞华、朱满昌、张经川、王书增编写；第9章的第1节和第5节由许朝铨编写；第3篇由张同亿、郑飞华、张松、李志鹏、张勇波、刘慧林、王文渊、王书增编写；第4篇和附录由郑飞华、刘慧林、李鑫、王书增编写。参加本书前期工作的还有黎明、姜学诗、周廷恒和崔鼎九等建筑结构设计界的同仁。北京中建建筑设计院有限公司的建筑结构工程师完成了本书部分图形的绘制、表格的制作及例题的手算工作，在此表示感谢。本书初稿完成后经山东省冶金设计院股份有限公司钢结构建筑咨询设计院院长、山东土木建筑学会装配式建筑专业委员会委员、铭筑注考培训主讲老师王士奇教授审核，并给予指正和帮助，在此深表谢意。

本书的第1、2、4篇及附录由王书增统稿，第3篇由张同亿统稿。由于编者水平有限，本书中的疏漏和不妥之处在所难免，希望批评指正。另外本书中引用了一些同仁作者的部分文稿内容及图片和网络上的部分资料内容及图片，如涉及侵权事宜，请作者及时提出，编者将虚心接受并及时改正。

本书可供建筑结构设计、施工、监理、大专院校师生和科研人员参考和使用。

编　者

目　录

第1篇

钢结构设计计算基本原则和规定

第1章 建筑钢材及连接材料

1.1 概述

1.1.1 建筑钢材的生产工艺

建筑钢材的生产工艺如图 1-1-1、图 1-1-2 所示。

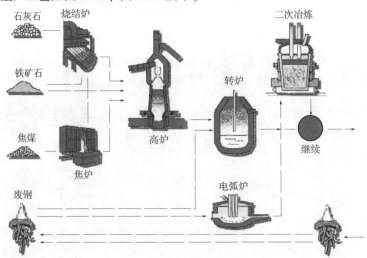

图 1-1-1 钢的冶炼过程

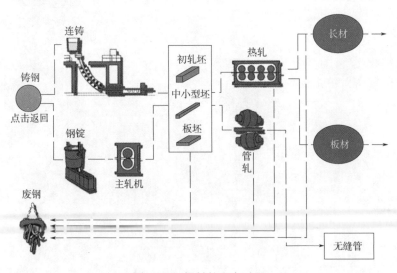

图 1-1-2 钢材的生产过程

1.1.2 建筑钢结构对钢材的材料性能要求

1. 建筑钢材的材料性能

建筑钢材的材料性能见表 1-1-1。

表 1-1-1　建筑钢材的材料性能

类别	性能	材质要求说明	相应的钢材
化学成分影响的性能	高洁净度	要求严格限制有害元素硫、磷等含量（如 S≤0.005%），以有效减少钢中夹杂物	厚度方向（Z 向）钢
	细晶粒度	要求晶粒度 6 级或 6 级以上，高细晶粒度钢可具有更良好的冲击韧性与焊接性	特种镇静钢、正火回火钢，耐候钢
	耐候性	耐蚀性指数不小于 6.0	耐候钢
	耐火性	在 600℃高温作用下，屈服强度降幅小于 1/3	耐火钢
力学性能	高强度	要求屈服强度 R_{el}≥420MPa，甚至达到 550MPa，690MPa	TMCP 钢 TMCP 钢 + 回火钢
	高延性（低屈强比、高伸长率）	要求属强比≤0.85，伸长率≥20%（δ_5 试件）	GJ 钢板、TMCP 钢
	低厚度折减效应	屈服强度因厚度增加而降低的降幅较小	GJ 钢板
	较小屈服强度区间与较低的屈强比	屈服强度区间高低差值不小于 110MPa	GJ 钢板
	抗层状撕裂性能（厚板）	厚度方向断面收缩率 ψ≥15% 或 25%、35%	厚度方向钢板
	更良好的冲击韧性	−40℃冲击功值≥31J 或更高	GJ 钢板、TMCP 钢
	低屈服强度	抗震消能构件要求低屈服强度并高伸长率，R_{el} 为 100MPa 或 225MPa 时，伸长率 A 可达 10% ~ 50%	低屈服强度钢
	防脆断性能	按梁柱节点区防止脆断要求节点焊接区冲击吸收能量（0℃）≥70J	防脆断钢（HAZ）
工艺性能与交货状态	良好的冷弯与冷加工性能	要求较高的伸长率	低合金高强度钢、GJ 钢
	良好的焊接性能	要求较低的碳当量或焊接裂纹敏感指数	GJ 钢、TMCP 钢
	保证钢材良好性能的交货状态要求	根据性能要求可要求产品以正火、正火加回火、热机械控制轧制（TMCP）等方式交货	正火钢、调质钢、TMCP 钢、最终热成型钢管
	优质厚壁铸钢件	大型铸钢节点（支座）要求高强度，良好延性与焊接性能	优质可焊铸钢

2. 钢材的材料性能

（1）钢材的性能　钢材的性能如图 1-1-3 所示。

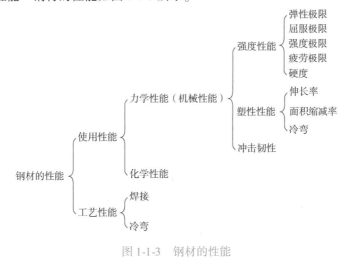

图 1-1-3　钢材的性能

（2）钢材的强度性能 钢材的强度性能一般是通过材料的拉伸试验得到，建筑结构钢材的拉伸应力-应变曲线如图1-1-4所示。钢材的强度是指钢材在外力作用下，抵抗塑性变形和断裂的能力。

1）比例极限。在弹性变形阶段，材料承受和应变保持正比例的最大应力。即应力-应变曲线图中偏离变形曲线的直线段（符合胡克定律）时的应力，如图1-1-4所示中的 OA 线段。

2）弹性极限。弹性是指材料在外力作用下产生变形，当外力取消后又恢复到原来的形状和大小的特性。弹性极限即钢材保持弹性变形而不出现残留塑性变形的最大应力。实际工作中常采用塑性变形为

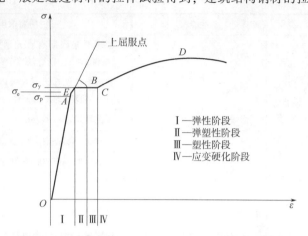

图1-1-4 建筑结构钢材的拉伸应力-应变曲线

0.001%、0.003%、0.005%、0.01%或0.03%时的应力，称为名义弹性极限。由此可见钢材的弹性极限表示钢对塑性变形开始或极小塑性变形的阻抗能力。

3）屈服极限。应力-应变曲线图中屈服台阶的应力，此时负荷不再增加而试件的变形却继续增加，通常称为屈服点（屈服极限）。

4）名义屈服极限（条件屈服极限）。对于含碳量较高的钢或热处理调质钢，一般在拉伸-应变曲线上并没有屈服台阶出现，该屈服极限通常以变形为0.2%时的应力取值。

5）强度极限。应力-应变曲线图中最大负荷时的应力。

6）疲劳极限。构件钢材内部不可避免地存在缺陷和残余应力，因为局部的高峰应力而使构件的局部部位处于弹塑性阶段工作，因此连续反复加载时构件在某一连续反复荷载作用下，经过若干次循环后出现的破坏称为疲劳破坏，其相应的最大应力称为疲劳强度，疲劳强度的大小与应力循环次数、应力循环形式、构件的连接形式和应力集中程度等因素有关。当其有关因素给定且应力循环次数为无限大时的最大应力称为在某种条件下的疲劳极限。

注：一般来说，屈服极限是材料强度计算的依据，设计者之所以采用屈服极限而不采用弹性极限作为计算依据，是因为弹性极限在测量上很不方便，而且不容易测得准确。设计中采用屈服极限而不采用强度极限作为计算强度的依据是因为超过屈服极限后结构将出现较大的残余变形，结构将不能正常使用。

（3）钢材的塑性性能 塑性是指材料在外力作用下，产生永久变形而不致断裂的能力，塑性指标表示钢材的塑性能力的大小。

1）伸长率。材料的拉伸试验试件被拉断后，其标距增加的长度与原标距长度的百分比。δ_5 是标距为试件5倍直径时的伸长率，δ_{10} 是标距为10倍试件直径时的伸长率。塑性变形可以使应力集中处的应力得以重新分布，使之近于平缓，以避免个别的构件破坏而导致整个结构破坏。对于同一材料测得 δ_5 数值将大于 δ_{10} 数值，伸长率越高表示材料的塑性越好，结构的安全性越大。

2）断面收缩率。材料的拉伸试验试件被拉断后其缩颈处的最大缩减量与原试件横截面面积的百分比称为断面收缩率。断面收缩率更能真实地反映缩颈处的塑性变形特征，所以比采用伸长率能更好地表示钢材的塑性变形能力，但可操作性差，误差较大，所以工程中仍采用伸长率表示塑性。

（4）冲击韧性 韧性是指金属材料在冲击力（动力荷载）的作用下而不破坏的能力，用来表示钢材的一种动力性能。它用材料在断裂时单位体积所吸收的能量来表示。但是，工程中却采用冲击韧性来衡量钢材抗脆断的性能，因为实际构件中脆性断裂并不发生在单向受拉处，而总是发生在缺口高峰应力处，最有代表性的是钢材的缺口冲击韧性，因此，冲击韧性是评定金属材料在

动荷载作用下受冲击抗力的力学性能指标。钢材的冲击韧性值（α_K）受温度影响很大，如图 1-1-5 所示，存在一个由可能塑性破坏到可能脆性破坏的转变温度区（$T_1 \sim T_2$）。T_1 称为临界温度，T_0 称为转变温度。在 T_0 以上，只有当缺口根部产生一定数量的塑性变形后才会产生脆性裂纹；在 T_0 以下，即使塑性变形不明显，甚至没有塑性变形也会产生脆性裂纹。

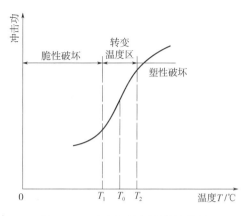

图 1-1-5　冲击韧性与温度的关系

3. 钢材的工艺性能

钢材的工艺性能表示钢材在各种生产加工过程中的性能。良好的钢材工艺性能便于加工制作、保证产品质量、提高成品率和降低成本。钢材的工艺性能包括冶炼性能、铸造性能、热加工性能（热轧及热顶锻）、冷加工性能（冷轧、冷拔和冷顶锻）、冷弯性能、焊接性、热处理性能及切削加工性能等。其中冷弯性能和焊接性是衡量工艺性能的重要指标。

（1）冷弯性能　钢材的冷弯性能是通过冷弯试验以钢材在常温下能承受的弯曲程度来表示的，试件的弯曲程度一般采用弯曲角度及弯心直径对试件厚度的比值来衡量。

钢材的冷弯性能是钢在塑性变形时对裂纹扩展的抗力。因此，钢的冷弯性能指标比钢的塑性指标更难测到。冷弯性能是衡量钢材多种性能的综合指标，它不仅能反映钢材的塑性和在加工制作中冷加工工艺的适应性，还能暴露出冶金缺陷，而且在一定程度上还反映出钢材的焊接性。所以，它是鉴定钢材质量的一种较好方法。

（2）钢材的焊接性　钢材的焊接性是指在一定材料、结构和工艺条件下，要求钢材施焊后具有良好的焊接接头性能。焊接性分为施工的焊接性和使用性能的焊接性两种。

施工焊接性是指在一定的焊接工艺条件下焊缝金属和热影响区产生裂纹的敏感性。施焊时焊缝金属和热影响区不产生热裂纹或冷裂纹，即可称为施工的焊接性好。

使用性能的焊接性是指焊接接头和焊缝金属的冲击韧性和热影响区的塑性。要求焊后的力学性能不低于母材的力学性能，若焊缝金属的冲击韧性值下降较多或热影响区的脆化倾向较大，则说明使用性能的焊接性较差。

4. 钢材的化学性能

（1）化学成分　钢是碳的质量分数小于 2% 的铁碳合金，碳的质量分数大于 2% 时则为铸铁。建筑结构使用的钢材主要是碳素结构钢和低合金结构钢。碳素结构钢由纯铁、碳及杂质元素组成，其中纯铁约占 99%，碳和杂质元素约占 1%。低合金结构钢中，除上述元素外，还加入些合金元素，但其总量不超过 3%。碳和其他元素虽然所占比重不大，但对钢材的性能却有重要的影响。

1）碳（C）。碳是形成钢材强度的主要因素，钢中绝大部分的铁素体呈多种晶体状态存在。渗碳体（Fe_3C）的强度及硬度很大但几乎没有什么延性。渗碳体与铁素体的混合物称为珠光体，它的强度高而且富有延性。渗碳体和珠光体形成网络夹杂于铁素体的晶体之间，就好像混凝土中的砂浆包裹着粗骨料一样。钢的强度主要来自渗碳体和珠光体，含碳量增加，钢材的强度提高，但钢材的塑性、韧性、冷弯性能及抗锈能力下降，增加冷脆倾向使钢材的焊接性显著下降。碳的质量分数达 0.9% 以后，强度不再增加反而下降。当碳的质量分数在 0.8% 以内时，碳的质量分数每增加 0.1%，热轧钢材的抗拉强度提高 $40 \sim 90 \text{N/mm}^2$。而碳的质量分数小于 0.1% 的碳素钢在焊接时易产生重结晶使钢内晶粒不均，施焊时容易吸收气体，影响焊接质量。当碳的质量分数由 0.1% 增加时，将使焊缝及附近区域金属的伸长率降低 40%，冲击韧性降低 30%。因此建筑结构用钢的碳的质量分数一般控制在 0.1% ~ 0.25%；而对焊接结构宜控制在 0.12% ~ 0.20%。钢按其含碳量分为碳的质量分数小于或等于 0.25% 的为低碳钢，大于 0.25% 或等于 0.6% 的为中碳钢，大于 0.6% 的为高碳钢。建筑结构用钢都是低碳钢。

2）硅（Si）。硅是有益元素，作为脱氧剂加入钢中，一部分硅使钢脱氧形成氧化硅，而多余的硅主要溶于铁素体中，使之成为含硅的合金铁素体。适量的硅（<0.8%）对钢的塑性、冲击韧性、冷弯性能及焊接性均无显著的不良影响。含硅量过高（>1.0%），将显著降低钢材的塑性、冲击韧性、抗锈蚀能力及焊接性，增加冷脆和时效的敏感性，在冲压加工时容易产生裂纹。

3）锰（Mn）。锰是有益元素，它能在钢材的塑性和冲击韧性略有降低的情况下较显著地提高钢材的强度。溶解于铁素体和渗碳体中少量的锰（<0.8%）使铁素体晶格扭歪使珠光体的百分数和分散度增加，起到强化铁素体和珠光体的双重作用。锰又能增加原子间的结合力，所以能在使钢材的塑性和韧性基本不下降的情况下提高钢材的强度，锰是弱脱氧剂，与硫化合生成 MnS 以消除硫的有害作用。钢中的含锰量应有所控制，如果钢中的含锰量低于标准的下限，将引起钢的强度降低和热脆性及冷脆性增加，这是不允许的。但含锰量过高（远远超过消除热脆性所必要的含量）冷裂纹形成倾向将成为主导作用，使钢的焊接性变坏，抗锈蚀能力下降。所以我国标准规定：碳素结构钢的锰的质量分数为 0.3% ~ 0.8%，低合金结构钢的锰的质量分数为 1.2% ~ 1.6%。

4）钒（V）。钒是有益元素，添加的合金成分之一，其质量分数在 0.12% 以内。钒能提高钢的强度、淬硬性和耐磨性而不影响焊接性和冲击韧性，也不显著降低塑性。钒有时也可作为脱氧剂起到细化晶粒的作用。如 15MnVN 钢是将钒铁和氮化锰加入 16Mn 钢而炼成的熔点高而弥散的氮化钒和碳化钒将形成很多晶核，使钢的晶粒细化，其晶粒度常在 8 级以上。由于其强度主要来自氮化钒和碳化钒对晶体的强化和晶粒的细化，故屈服点随板厚增加而降低的情况就不大明显。

5）铜（Cu）。铜是有益元素，能显著提高钢的抗锈蚀能力。铜一般属于杂质，但耐候钢则以铜作为合金元素。当铜的质量分数在约 0.35% 以内时，随着铜含量的增加，对改善碳素钢的抗锈蚀能力效果显著，当铜的质量分数为 0.35% ~ 1% 时，抗锈蚀能力增加缓慢。铜也能提高钢的强度（包括疲劳极限）也能提高淬硬性且对钢的塑性、韧性和焊接性影响不大。当钢中铜的质量分数超过 0.4% 时容易产生热脆现象，焊接性也逐渐变坏，故焊接用碳素结构钢中的铜的质量分数不宜大于 0.3%。

6）钛（Ti）。钛能提高钢材的强度和耐磨性，防止时效老化，有时也作为脱氧剂以细化晶粒改善焊接性。

7）铬（Cr）。铬能改善钢材的强度、淬硬性、耐磨性和抗大气腐蚀的性能。在低合金钢中含有少量的铬可获得较高的强度。铬是不锈钢的主要元素，铬能降低钢的焊接性，但当碳含量较低且有硅及锰存在时，则可减轻对焊接性的不利影响。

8）硼（B）。硼的质量分数 ≤0.004% 时可提高钢的淬硬性，若继续增加硼的含量，淬硬性就不再增加。硼主要用于热处理调质钢，我国采用热处理的 40 硼制造高强度螺栓，近来又生产了 20 锰钛硼钢，高强度螺栓的性能进一步得到了改善。硼还用来提高钢材的常温及高温强度。

9）铌（Nb）。铌为钢中碳化物形成的元素之一，碳化铌的沉淀强化了铁素体，细化了晶粒（其功效与钛及钒相近）。微量的铌能较大地提高碳素钢的屈服强度，但对抗拉强度增加得不显著。铌对钢的塑性和韧性不利，特别是厚截面的冲击韧性下降较多，但可通过控制轧钢工艺和热处理得到改善，减少时效敏感性，并改善焊接性。

10）镍（Ni）。镍是废钢中的合金元素，当钢中镍含量达到相当数量时能提高钢材的强度、淬硬性、冲击韧性和抗腐蚀能力。镍也是不锈钢的主要元素。含镍钢在低温下的冲击韧性增大，但将降低塑性和焊接性。

11）铝（Al）。铝常用作脱氧剂，既能脱氧又能脱氮并使钢镇静，细化晶粒。适量的铝（≤0.20%）能降低冷脆温度，提高冲击韧性并减小时效倾向性，所以重要的建筑用钢都加入适量的铝改善钢材的力学性能，但过量的铝会给轧制工艺带来困难。

12）钼（Mo）。钼用来增加钢材的屈服强度、淬硬性、耐磨性和抗腐蚀性，也能改善焊接性，但将降低冲击韧性，增加冷脆倾向。在低合金钢中加入少量的钼能提高钢的蠕变强度，适合于高温下工作的结构。

13）钨（W）。钨能增加钢的蠕变断裂强度（持久强度）、淬硬性及耐磨性，常用于耐热钢。

14）硫（S）。硫是有害元素，属于杂质，能生成易于熔化的硫化铁，当热加工或焊接使温度达到 800～1200℃时，可能出现裂纹，称为热脆（或热裂）。若钢中含硫较高，焊接时焊缝金属的硫将增浓，在冷凝时将出现热裂纹，此时应采用碱性焊条。在轧制过程中，硫化铁将沿加工方向呈条状伸长，形成夹杂物，不仅促使钢材起层，而且在硫化物夹杂尖端处引起应力集中，降低钢材的冲击韧性（特别是横向的冲击韧性和塑性），同时也降低疲劳强度和抗腐蚀能力。硫又是钢中偏析最严重的杂质之一，偏析越大，危害越大。当加入锰以后生成 MnS 的夹杂物其熔点为 1620℃，高于热加工温度（1150～1200℃）且呈颗粒状，均匀分布，故可消除热脆性。MnS 在轧制时虽也被轧成条状分布，但其危害性要比 FeS 小得多。因此对硫的含量仍需严加控制，硫的质量分数一般不得超过 0.045%～0.05%，当对层状撕裂有要求的钢应控制在 0.01% 以下。

15）磷（P）。磷是有害元素，但也是可利用的合金元素，在碳素结构钢中是杂质。磷在铁素体中室温时溶解度可达 1.2%，磷几乎全部以固体溶解于铁素体，这种铁素体很脆（习惯上称为冷脆），会降低钢的塑性、韧性及焊接性。这种现象低温时更为严重。这些缺点可以采用降低含碳量来弥补，加入铝也能改善含磷钢的韧性。磷是一种易于偏析的元素，比硫更严重。所以建筑钢中磷的质量分数常限制在 0.05% 以内，在优质钢中更严格。而且磷和氮对钢的危害作用是互补的，如磷的质量分数达 0.06%，则氮的质量分数必须低于 0.012%，若氮的质量分数增为 0.016%，则磷的质量分数必须降到 0.045% 以下，不然就会提高钢的时效和脆断倾向。但是，磷可以提高钢的强度极限、疲劳极限和淬硬性，更能提高钢的抗锈蚀能力（加入少量铜后，效果更为显著）。经过合适的冶金工艺磷也可以作为合金元素。若降低钢的含碳量以提高其塑性，再用磷及铜来使钢强化，便可得到抗腐蚀性能好、延性也不差的钢种。例如低合金钢中的 12 锰磷稀土钢、09 锰铜磷钛钢等，其磷的质量分数分别在 0.07%～0.12% 和 0.05%～0.12%。

16）氧（O_2）。氧是钢中的有害气体，在冶炼过程中氧有小部分溶解于铁元素中，而大部分则与铁及其他脱氧剂形成各种脆性的氧化物夹杂，呈杂乱而零散的点状物分布，能强烈影响钢的力学性能，降低钢的塑性、冲击韧性和焊接性，并影响钢的时效。氧能使钢热脆，其作用与硫类似。焊接时氧也容易从空气中进入焊缝金属。试验证明，用光焊条焊接时，氧的质量分数将达 0.15%～0.25%，用带药皮的优质焊条焊接时，氧的质量分数为 0.085%，而自动焊则为 0.04%，为此工程中尽量采用自动焊或半自动焊。一般建筑用钢氧的质量分数控制在 0.05% 以下，并宜分析和控制氧化物的类型、数量、形状大小及分布特征。

17）氮（N_2）。氮是钢中的有害气体。电炉钢中氮含量较多，平炉钢次之，氧气转炉钢最少。焊接时氮也能从空气中进入焊缝金属，例如：用光焊条施焊焊缝金属的含氮量可达 0.12%，而埋弧自动焊则降为 0.003%。氮的作用与碳、磷相似，随着含氮量的增加，钢的强度和硬度均显著提高，而塑性和冲击韧性却急剧下降，且增加时效倾向和冷脆性，增加热脆性，使焊接性变坏。故钢中的氮的质量分数必须严格控制在 0.008% 以下。

18）氢（H_2）。氢是钢中的有害气体。氢能溶于铁，其溶解度随温度的降低而减少。由于氢原子的扩散，堆积在金属和夹杂物边界上的氢分子增加，产生很大的压力，把钢从内部撕开，形成近似圆圈状的断裂面，通常称为"白点"，使钢变脆，力学性能降低。一般情况下，当氢的质量分数超过 0.0005% 后，钢材在轧制后冷却时即会出现白点和内部裂纹，对于厚度较大的钢材尤为严重（厚板中氢不易逸出）。碳素结构钢轧制过程中缓慢冷却易于让氢逸出能防止白点出现，因此氢对碳素钢影响不大，而对合金钢则比较敏感，断口有白点的钢一般不能用于建筑结构。

（2）碳及其他杂质（硅、锰、磷、硫、氧、氮）对钢材性能的综合影响　钢中所含各种化学元素的微小的变化都会影响钢材的各种性能。各种元素对钢材性能的作用也互相制约和互相补充。因此化学元素对钢材性能的影响必须综合考虑。

1）强度。元素中除硫及氧降低钢的强度性能外，其他元素均可提高钢的强度，其增强作用由小到大的次序为硅、锰、碳和磷，其中磷的有害作用较大，含量受限制，所以碳是保证碳素结构钢强度的主要元素。

2）塑性。以上述及的元素都降低钢材的伸长率，其降低作用由大到小的顺序为磷、碳、硅及锰。

3）冲击韧性及冷脆性。这些元素的影响是可以互相抵消或加强的。其中，除锰不降低韧性且可减少冷脆外，其他元素都降低钢的韧性增加钢的冷脆性。特别是锰能抵消一部分碳引起的冷脆性，所以在提高钢中锰含量的同时应相应提高钢中的碳含量。

4）热脆。除锰以外，碳和其他杂质都增加钢的热脆性。其中硫、氧和氮对热脆性的影响是叠加的，加入足够的锰却可以减少钢的热脆性。为此，钢中的含锰量不得低于标准的下限。

5）焊接性。钢材的焊接性主要取决于钢的热裂倾向、冷裂倾向以及焊缝和热影响区的脆化倾向。因为任何一个元素很难在这三个方面都起到有益于焊接的作用，所以大多数元素都使钢的焊接性变差。其中除锰以外，其他六种元素（碳、硅、硫、磷、氧和氮）不仅增加热脆性及热裂倾向而且也增加焊缝及热影响区的冷脆性及冷裂倾向。因此这些元素的各自含量及总含量越低越好。碳是保证钢强度的主要元素，硅是有益元素，应保持在标准规定的范围内，而对硫、磷、氮及氧等有害杂质的个别含量及总含量必须严格控制。锰含量不多（＜0.8%）时可削弱硫化铁的有害影响，对焊接性是有益的，但含量过高反而会增加冷裂倾向。总之，在碳素结构钢中，碳和杂质对钢的焊接性的不利影响，除锰以外，其他元素的作用不仅是叠加的而且是互相加强的，在程度上比上述任何性能都大。因此，对焊接结构必须控制和限制碳及其他杂质的含量。

6）钢中主要化学元素对建筑钢性能的影响见表1-1-2。

表1-1-2　钢中主要化学元素对建筑钢性能的影响

性能	化学元素											
	C	Si	Mn	P	S	Ni	Cr	Cu	V	Mo	Ti	Al
强度极限	++	+	+	++	−	+	+	+	+	+	+	○
屈服极限	+	+	+	+	−	+	+	+	+	+	+	○
伸长率	− −	−	○	− −	○	○	○	○	○	○	○	○
硬度	++	+	+	+	−	+	+	○	+	+	+	○
冲击韧性												+
疲劳强度	+	○	○	○	○	○	○	○	++	○	○	○
焊接性								−				
腐蚀稳定性	○	−	+	+	○	+	+	++	+	+	○	○
冷脆性	+	○	○	++	○				○	○		−
热脆性	+	+	○	○	++	○	○	○	○	○	○	○

注：+表示提高；++表示提高幅度较大；○表示影响不显著；−表示不降低；− −表示降低幅度较大。

5. 钢的冶炼轧制过程对材质的影响

1）建筑用钢现在主要由氧气转炉和电炉生产。氧气转炉钢的综合性能略优于平炉钢，主要是氮含量和氢含量比平炉钢低，塑性和冲击韧性稍好，时效敏感性也较低。当然，电炉是利用电热将废钢熔化，在还原性气体和渣的保护下进行冶炼，其合金成分可以控制得比较准确，除去杂质的能力最强。所以电炉钢的质量好，成分最纯，其硫、磷的质量分数可达到0.03%以下。就生产成本来说，氧气转炉钢低，电炉钢高。

2）钢在冶炼过程中生成少量的 FeO 及其固溶体（FeO·SiO$_2$）等氧化物杂质，它们均会增加钢的热脆性，使钢的热加工（轧制）性能变坏。在冶炼快结束时，钢液内的含氧量较高，为 0.02% ~ 0.07%。由于采用的脱氧方法、脱氧剂的种类和数量不同，对钢的脱氧程度影响很大，最终形成真空处理钢、镇静钢、半镇静钢和沸腾钢。

①沸腾钢。沸腾钢一般用锰脱氧。锰是弱脱氧剂，脱氧作用小，但锰铁成本低。当钢液中加入锰铁时，由于脱氧不充分，钢液中 FeO 和 C 相互作用形成 CO 气体以及氧、氮等气体从钢液中逸出，引起钢液的剧烈沸腾，故称为沸腾钢。

沸腾钢表面有一层纯铁而且含硅量极少，故沸腾钢比镇静钢塑性好而强度低，因为硅是减小塑性、增加强度的元素。由于沸腾钢中含有的氮是以有害的固溶氮的形式存在的，因此增加了钢的时效敏感性和冷脆性。另外，沸腾钢中磷的区域偏析程度大，也会减小室温冲击韧性，并增加其冷脆性。

沸腾钢中含有较多的有害气体，并有较严重的区域偏析现象，故焊接性较差，焊接时容易形成裂纹，热影响区的塑性和韧性降低显著。重要结构采用沸腾钢焊接时宜采用碱性焊条，以便对焊缝的熔化金属进行脱硫，防止出现裂纹。

沸腾钢冶炼时间短，消耗的脱氧剂少，钢锭头部没有集中的缩孔而切头小（切头率为 5% ~ 8%），成品率高，成本低。

②镇静钢。镇静钢一般采用硅脱氧剂，对质量要求较高的钢，尚可在硅脱氧后再用铝或钛进行补充脱氧。硅的脱氧能力较强，而铝或钛则更强。硅的脱氧能力是锰的 5.2 倍，而铝是锰的 90 倍。由于脱氧还原过程中放出大量热能使钢锭冷却缓慢，保温时间长，钢中有害气体容易逸出，没有沸腾现象，浇注时钢液表面平静，故称镇静钢。

镇静钢的组织密度大，气泡少，偏析程度小，钢中非金属夹杂物也较少；而且，氮多半以氮化物的形式存在，故镇静钢除因含硅多而塑性略低外，其他性能均比沸腾钢优越。镇静钢具有较高的常温冲击韧性，较小的时效敏感性和冷脆性。镇静钢的抗腐蚀稳定性和焊接性均高于沸腾钢，仅钢材表面质量稍差。

镇静钢在工程中主要用于承受动力荷载或在负温下使用的焊接结构以及其他重要结构。

③半镇静钢。脱氧程度介于沸腾钢和镇静钢之间的钢称为半镇静钢。它是用较少的硅（0.05% ~ 0.5%）进行脱氧的，很少用铝；脱氧剂的用量为镇静钢的 1/3 ~ 1/2，在铸锭时还有一些沸腾现象，同时在钢锭凝固过程中常盖一块钢板，使之与空气隔绝，减少氧化，提高成材率。半镇静钢的性能处于中间而接近镇静钢，优于沸腾钢。

④真空处理钢。将钢液置于真空中，不仅所含氧气将迅速以 CO 形式逸出，氢和氮等也很快逸出，而且还不像脱氧剂那样形成渣。当对钢材的夹杂限制很严时，可采用这种处理方法。

3）钢材的热加工（轧钢过程）不仅能改变钢的形状及尺寸，而且也改变了钢的内部组织，从而改变其性能，对钢的组织和性能带来某些有益影响。钢的轧制是在 1200 ~ 1300℃ 高温下开始进行的，终轧温度宜在 900 ~ 1000℃，使钢具有很好的塑性及锻焊（压力焊）性能。在压力作用下，钢锭中的小气泡、裂纹、疏松等缺陷会焊合起来，使金属组织更加致密。钢材的轧制，可以破坏钢锭的铸造组织，细化钢的晶粒，并消除显微组织缺陷。轧制钢材比铸造钢材具有更优越的力学性能。轧制的小型钢材强度比较高，而且塑性及冲击韧性也比较好，这是由于小型钢材的轧制压缩比大，材料厚度比较薄的原因。

轧制钢材时压缩比过小，成品厚度较大，终轧温度过高，或在高温停留时间过长，会引起奥氏体晶粒的长大，在随后冷却时，就不利于铁素体沿奥氏体晶粒内一定晶面上以叶片状（其横断面为针状）的形式析出，而在针状的铁素体之间形成珠光体。由于针状的铁素体和珠光体组成的这种组织会降低钢的冲击韧性及塑性，其强度也有所下降。因此轧制钢材的最后压缩率不能太小，终轧温度也不能过高。

终轧温度过低，将会引起部分的不均匀的加工硬化和随后的机械时效，增加钢的冷脆倾向。另外，终轧温度低，钢中将形成带状组织，破坏了钢的各向同性的性质。为了保证钢材的质量，必要时在轧制中应控制轧制温度、压下量和冷却速度。即所谓在"控轧"状态下供货。若不易控制时，可采用正火状态供货，即待钢材冷却后再入常化炉进行正火处理以改善钢材质量。

6. 低温对钢材材质的影响

1）钢的冲击韧性随着温度的下降而下降的这种性质称为冷脆性。

2）在选择衡量钢的冷脆性的标准时，必须将其与钢的使用温度和冷脆性本身的特点结合起来考虑。

3）影响钢的冷脆性的主要因素：

①加载速度是影响钢的脆性及冷脆性的重要外因之一。随着加载速度的增加，钢的临界脆性温度急剧升高。

②构件外形影响钢的脆性及冷脆性较为显著。随着构件厚度的增加，临界脆性温度逐渐升高。对同一牌号而厚度不同的钢材，其冲击韧性值随截面的减小而增加。因此，在负温环境下工作的结构宜采用较小厚度的钢材。另外，构件外形的缺陷，如截面突变、缺口、表面腐蚀等能引起应力集中，也增加了钢的冷脆倾向。

③用硅充分脱氧的镇静钢的冷脆性要比沸腾钢的小。

④结构在冷加工以后的机械时效，可以提高钢的临界脆性温度。结构在制造过程中的焊接可以增加钢在热影响区的冷脆倾向。

⑤当构件的应力状态是非线性，也即存在平面或空间应力时，钢材的临界脆性温度急剧提高；当存在异号应力场时，钢材的临界温度下降。

⑥钢中加入合金元素，也会影响钢的冷脆倾向，其影响程度依所加入元素的性质和数量而异。磷、碳和硅增加钢的冷脆倾向；而镍、铜和适量的锰则会减少冷脆倾向；铬几乎没有影响。特别应该指出的是，合金元素对冷脆性有相互作用。钢的合金化能对减小冷脆性起良好的作用，可见所有合金钢的临界脆性温度都比碳素钢低一些，因此合金化也是减小冷脆性的主要途径之一。

⑦钢的显微组织的影响。在脆性破坏时，相当于破坏开始阶段的显微裂纹，多半是在不同组织组成物或相的分界面上开始形成。具有复相组织的钢要比具有单相组织的钢具有较大的冷脆性。

4）减少钢的冷脆性的措施：

①对于在低温、动荷载条件下使用的结构，应选用冷脆倾向较小的钢材。采用硅充分脱氧的镇静钢，特别是用铝补充脱氧的镇静钢，是减小建筑结构钢材冷脆倾向的十分有效且简单易行的途径。因此，对在低温、动荷载作用下的结构，不仅要尽量避免冷加工和在安装、制造时的冷塑性变形，而且还应当采用耐时效的钢（即用铝补充脱氧的钢）。

②正确的合金化，即在钢中加入适量能减小其冷脆性的金属元素，可减小钢的冷脆性，特别是与正确的热处理相配合，效果将更显著。

③正确的热处理可减小钢材的冷脆倾向。对已经过冷加工的钢，采用高温回火虽会略降低钢的强度，但减小钢的冷脆倾向。

④正确选择焊接结构用钢、构造合理、焊接工艺正确等是减小焊接构件冷脆倾向的有效方法。

7. 建筑用钢的热处理

1）钢材的热处理主要有下列几种类型：

①退火。退火的种类很多，大致可以分为重结晶退火和低温退火两种。重结晶退火是将钢加热到相变临界点以上30~50℃，保温一定时间，然后缓慢冷却。其目的是细化晶粒，降低硬度，提高塑性，消除组织缺陷以及改善力学性能等。低温退火是指加热温度在相变临界点以下，保温

一定时间再缓慢冷却的热处理操作。钢结构中焊接件消除内应力的退火即属于低温退火。

②正火。将钢加热到上临界点（A_{c3}）以上 30～50℃，保温一定时间，进行完全奥氏体化，然后在空气中冷却，这种热处理工艺称为正火，也称为"常化"。正火与完全退火的加热条件相同，其区别主要在于冷却条件不同，正火在空气中冷却速度较大，组织中珠光体量较多，而且片层较细，故正火钢有较高的强度和硬度，甚至有较大的塑性和韧性。正火只适用于碳素钢及低、中合金钢。对热轧后的钢材可以提高强度，但主要是改善塑性和冲击韧性。

③淬火。将钢材加热至相变临界点以上的温度，保温一定时间后在水或油等介质中快速冷却，这种热处理方法称为淬火。经过淬火后再回火，最后得到具有高的综合力学性能的钢材。

④回火。将淬火钢重新加热到相变临界点以下的预定温度，保温预定时间，然后冷却下来，这种热处理方法称为回火。淬火钢回火的目的是：减小淬火所造成的巨大内应力；使淬火产生的不稳定组织得到稳定；减小淬火钢脆性，使钢达到所要求的力学性能。淬火钢回火后的力学性能，取决于回火温度和时间，要求有高硬度和高强度，可选用 150～200℃的低温回火；在要求有高弹性极限和高屈服强度时，选用 300～500℃的中温回火；而当要求有高的综合力学性能时，采用 500～650℃的高温回火。钢材的淬火加高温回火的综合操作称为调质。

2）建筑钢结构中需要进行的热处理类型：

①热轧钢材的正火，在《碳素结构钢》（GB/T 700）中曾规定"经双方协议，也可以正火处理状态交货"。

②热轧钢材的调质（淬火加回火）处理，在《低合金高强度结构钢》（GB/T 1591）中规定"钢材以热轧、正火、正火轧制或热机械轧制（TMCP）状态交货"。

③焊接件的消除内应力热处理，即低温退火。

3）热轧钢材的调质、淬火温度一般约为 900℃，然后在 400～650℃的温度进行回火。钢材塑性的提高和强度的下降与回火温度有关，回火温度越高，塑性提高与强度下降的程度也越大。

4）焊接件的热处理，对建筑钢结构来说，主要有两个目的：

①减轻应力腐蚀现象。在焊接构件中往往存在高额残余拉应力，且分布不均，呈现应力集中现象，在腐蚀性介质作用下，集中的拉应力能大大促进腐蚀的进程，该现象称为应力腐蚀。为此，对需要考虑应力腐蚀的焊接件（如热风炉炉顶），应采用消除应力的热处理方法。

②为保持构件的几何尺寸的稳定，焊接件在进行机械加工以前，应消除其内部的残余焊接应力。否则，构件在使用时将发生变形。

1.2　钢结构常用钢材的化学成分及力学性能

1.2.1　现行常用结构钢材与连接材料的标准

现行常用结构钢材与连接材料的标准见表 1-2-1。

表 1-2-1　现行常用结构钢材与连接材料的标准

类别	标准名称
建筑结构常用钢材种类	1）《碳素结构钢》（GB/T 700） 2）《低合金高强度结构钢》（GB/T 1591） 3）《耐候结构钢》（GB/T 4171） 4）《优质碳素结构钢》（GB/T 699） 5）《桥梁用结构钢》（GB/T 714）
铸钢	1）《焊接结构用铸钢件》（GB/T 7659） 2）《一般工程用铸造碳钢件》（GB/T 11352）

（续）

类别	标准名称
钢板	1）《建筑结构用钢板》（GB/T 19879） 2）《厚度方向性能钢板》（GB/T 5313） 3）《建筑用压型钢板》（GB/T 12755） 4）《连续热镀锌和锌合金镀层钢板及钢带》（GB/T 2518） 5）《冷弯型钢用热轧钢板及钢带》（GB/T 33162）
钢管	1）《结构用无缝钢管》（GB/T 8162） 2）《建筑结构用冷弯矩形钢管》（JG/T 178） 3）《建筑结构用冷成型焊接圆钢管》（JG/T 381） 4）《建筑结构用铸钢管》（JG/T 300） 5）《结构用方形和矩形热轧无缝钢管》（GB/T 34201）
型钢	1）《热轧 H 型钢和剖分 T 型钢》（GB/T 11263） 2）《热轧型钢》（GB/T 706） 3）《焊接 H 型钢》（GB/T 33814） 4）《结构用高频焊接薄壁 H 型钢》（JG/T 137） 5）《热轧钢棒尺寸、外形、重量及允许偏差》（GB/T 702） 6）《铁路用热轧钢轨》（GB/T 2585） 7）《起重机用钢轨》（YB/T 5055） 8）《建筑结构用冷弯薄壁型钢》（JG/T 380）
线材与棒材	1）《预应力混凝土用钢丝》（GB/T 5223） 2）《预应力混凝土用钢绞线》（GB/T 5224） 3）《重要用途钢丝绳》（GB 8918） 4）《钢拉杆》（GB/T 20934） 5）《桥梁缆索用热镀锌或锌铝合金钢丝》（GB/T 17101） 6）《建筑结构用高强度钢绞线》（GB/T 33026） 7）《高强度低松弛预应力热镀锌-5% 铝-稀土合金镀层钢绞线》（YB/T 4574）
紧固件	1）《紧固件机械性能 螺栓、螺钉和螺柱》（GB/T 3098.1） 2）《六角头螺栓 C 级》（GB/T 5780） 3）《六角头螺栓》（GB/T 5782） 4）《钢结构用高强度大六角头螺栓》（GB/T 1228） 5）《钢结构用高强度大六角螺母》（GB/T 1229） 6）《钢结构用高强度垫圈》（GB/T 1230） 7）《钢结构用高强度大六角螺栓、大六角螺母、垫圈技术条件》（GB/T 1231） 8）《钢结构用扭剪型高强度螺栓连接副》（GB/T 3632） 9）《电弧螺柱焊用圆柱头焊钉》（GB/T 10433）
焊接材料	1）《非合金钢及细晶粒钢焊条》（GB/T 5117） 2）《热强钢焊条》（GB/T 5118） 3）《埋弧焊用非合金钢及细晶粒钢实心焊丝、药芯焊丝和焊丝-焊剂组合分类要求》（GB/T 5293） 4）《埋弧焊用热强钢实心焊丝、药芯焊丝和焊丝-焊剂组合分类要求》（GB/T 12470） 5）《熔化焊用钢丝》（GB/T 14957） 6）《气体保护电弧焊用碳钢、低合金钢焊丝》（GB/T 8110） 7）《非合金钢及细晶粒钢药芯焊丝》（GB/T 10045） 8）《热强钢药芯焊丝》（GB/T 17493）

（续）

类别	标准名称
焊接材料	9）《埋弧焊和电渣焊用焊剂》（GB/T 36037） 10）《埋弧焊用高强钢实心焊丝、药芯焊丝和焊丝-焊剂组合分类要求》（GB/T 36034） 11）《不锈钢焊条》（GB/T 983） 12）《高强钢焊条》（GB/T 32533） 13）《埋弧焊用不锈钢焊丝-焊剂组合分类要求》（GB/T 17854）

1.2.2　材料选用原则

1）钢材采用 Q235、Q355、Q390、Q420、Q460 和 Q355GJ 钢，其质量等级应分别符合国家标准《碳素结构钢》（GB/T 700）《低合金高强度结构钢》（GB/T 1591）和《建筑结构用钢板》（GB/T 19879）的规定。结构用热轧产品，包括钢板、普通工字钢、普通槽钢、角钢、H 型钢和钢管等型材的规格、外形、质量及允许偏差应符合国家现行有关标准的规定。

2）焊接承重结构为防止钢材的层状撕裂采用 Z 向钢时，其质量应符合国家标准《厚度方向性能钢板》（GB/T 5313）的规定。

3）处于外露环境，且对耐腐蚀有特殊要求或处于侵蚀性介质环境的承重结构，可采用 Q235NH、Q345NH 或 Q415NH 牌号的耐候结构钢，其质量应符合国家标准《耐候结构钢》（GB/T 4171）的规定。

4）非焊接结构用铸钢件的质量应符合国家标准《一般工程用铸造碳钢件》（GB/T 11352）的规定；焊接结构用铸钢件的质量应符合国家标准《焊接结构用铸钢件》（GB/T 7659）的规定。

5）当采用钢结构设计标准未列出的其他牌号钢材时，必须按照国家标准《建筑结构可靠度设计统一标准》（GB 50068）进行统计分析，研究确定该钢材产品的设计指标及适用范围。

第2章 设计计算的基本原则和规定

2.1 设计计算的基本原则

2.1.1 建筑钢结构设计规范的历史概况

解放初期在恢复生产（主要是钢铁生产）的过程中，为修复、改建或扩充钢结构建筑工程的需要，在东北制定了钢结构设计的内部规定。直至1954年才正式公布了我国有史以来第一本《钢结构设计规范》（规结4—1954）。其设计方法属于定值法，要求设计构件或连接的应力不超过某一定值（容许应力）。容许应力取为钢材屈服强度的废品限值（即抽样检查时，钢材实际屈服强度低于此限值作为废品）除以一安全系数。安全系数由经验判断。

20世纪50年代出现的新的设计方法—极限状态设计法，它把影响结构安全的因素视为随机变量，指出应对这些随机变量进行概率分析。显然这种设计方法比安全系数由经验判断的容许应力法更为合理。1956年12月，国家基本建设委员会发出通知，采用苏联1955年颁布的设计规范作为我国的《钢结构设计规范》。这本规范采用三系数（超载系数、匀质系数、工作条件系数）的极限状态设计法。

20世纪60年代初期，我国开始着手制定钢结构设计规范，1964年完成讨论稿。70年代初又重新制定，至1974年批准发行了TJ 17—1974（试行）规范，才结束了借用苏联规范的历史。TJ 17—1974规范采用容许应力表达式，但安全系数采用了多系数分析、单系数表达，基本上算是半概率、半经验的设计法。

1974年以后，由中国建筑科学研究院负责，组织全国各有关单位对结构可靠度和概率设计方法进行大规模的研究，于1984年经国家计划委员会批准颁布了《建筑结构设计统一标准》（GBJ 68—1984），作为修订各种结构设计规范的统一设计原则。该标准规定采用以概率理论为基础的极限状态设计法，并用分项系数的设计表达式，使设计方法前进了一大步。

钢结构方面，在北京钢铁设计研究总院主持下，1974年以后组织全国几十个单位对TJ 17—1974规范（试行）中存在的问题进行了理论和试验研究，在近10年内完成100多项研究成果，其中约一半正式通过鉴定。规范管理组还收集了10多本国外新规范，为修订规范进行了较充分的准备。1988年11月经建设部批准颁布了《钢结构设计规范》（GBJ 17—1988）。

自1997年以来，根据建设部97建标字第108号文的要求，由北京钢铁设计研究总院会同国内15个单位成立了钢结构设计规范修订组，负责对GBJ 17—1988规范做全面修订。结合国内建筑钢结构飞速发展所积累的实践经验及其对规范提出的要求，以及国内外在建筑钢结构领域的科研成果等多方面情况进行了深入的研究和剖析，提出了修订大纲。5年来编制组认真总结了国内的实践经验和科研成果，听取了多方面的意见和建议，补充了必要的试验研究工作，并参考国内、外有关规范的规定，完成了新的《钢结构设计规范》（GB 50017—2003）。

《钢结构设计规范》（GB 50017—2017）是参考有关国际标准和国际先进标准，并在广泛征求意见基础上对《钢结构设计规范》（GB 50017—2003）的修订版。

用冷弯型钢制作的结构，虽同属钢结构的范畴，但由于使用材料本身的特点，设计时应符合《冷弯型钢结构技术规范》（GB 50018—2002）的要求。

2.1.2 钢结构工程的特点

作为一种建筑材料，钢材及其制成件（钢结构构件）具有如下特点：

1）钢材材质均匀，其力学性能和力学计算的假定比较符合。钢材内部组织比较均匀，接近于各向同性体，材料性能波动的范围小，为理想的弹塑性材料，而且在一定的应力幅度内几乎是完全弹性的。因此，钢结构的计算主要是依据力学原则，其实际受力状态和工程力学计算的结果比较符合，在计算中采用的经验公式不多，所以计算上的不定性较小，计算结果比较可靠。

2）建筑钢材强度高，钢结构重量轻：

①强度高，适用于建造荷载很大的高大或重型建（构）筑物。

②重量轻，可减轻基础的负荷，降低地基、基础部分的造价，同时还方便运输和吊装，从而减少这方面的建筑费用。结构的轻质性可以用材料的质量密度 ρ 与强度 f 的比值 α 来衡量，α 值越大，结构相对越轻。建筑钢材的 α 值等于 $1.7 \sim 3.7 \times 10^{-4}/m$，木材为 $5.4 \times 10^{-4}/m$，钢筋混凝土约为 $18 \times 10^{-4}/m$。据经验，以同样跨度承受同样的荷载，钢屋架的重量最多不过为钢筋混凝土屋架的 $1/4 \sim 1/3$，而冷弯薄壁型钢屋架则接近于 $1/10$。

3）钢材的塑性和韧性好：

①塑性好，结构在一般条件下不会因超载而突然发生断裂现象，仅会增大变形，且易于被发现。此外，尚能将局部高峰应力重分布，使应力变化趋于平缓。

②韧性好，对动力荷载的适应性强。

由于钢材有良好的塑性和韧性，在地震作用下通过结构的变形能较多地吸收能量，同时又具有能承受反复作用的韧性，从而大大提高钢结构的抗震性能。从震害调查中可以看到，全钢结构建筑的震害是很轻的，即使在震中附近的高烈度区也是如此。

4）钢结构制作简便，施工工期短：

①钢结构的材料可轧制成多种型材供应，加工简易而迅速。

②建筑材料的运输量少，施工现场占地面积小，连接简单，安装方便，施工周期短。

③小型的零星钢结构，甚至可以在现场制作和安装，更为简便。

5）焊接钢结构的密封性很好，适宜做要求密闭的板壳结构。

6）钢结构适应性强，易于建造大跨度、大柱距的灵活性车间，且便于加固和改、扩建。

7）安装接头用螺栓连接的钢结构易于拆卸，可用于活动房屋。

8）钢结构的耐腐蚀性能差，为此必须注意防护，特别是薄壁构件更要注意。因此，处于较强腐蚀性介质内的建筑物不宜采用钢结构。钢结构在涂油漆以前应彻底除锈，油漆质量和涂层厚度均应符合要求。在设计中应注意在构造上尽量避免存在难于检查、维修的死角。

9）钢材耐热但不耐火，钢材受热，当温度在 200℃ 以内时，其主要性能（屈服点和弹性模量）下降不多。温度超过 200℃ 后，材质变化较大，不仅强度总趋势逐步降低，还有蓝脆和徐变现象。达到 600℃ 时，钢材进入塑性状态已不能承载。因此，设计规定钢材表面温度超过 150℃ 后即需加以隔热防护，对有防火要求者，更需按有关规定采取防火保护措施。

10）钢结构的脆性断裂及其影响因素：钢结构出现脆性断裂，是由于设计、制作及使用不当，在低应力状况下发生的突然破坏。脆性断裂由裂纹扩展和迅速断裂两个阶段形成。当裂纹扩展到一定程度后，结构即迅速断裂。脆断前无任何预兆，是突然发生的灾难性破坏，历史上不乏此例。脆性破坏往往是由多种因素形成的结果，这些因素有：钢中的有害元素（如硫、磷、氮、氧、氢等）和合金元素，晶粒尺寸，冶金工艺及冶金缺陷（如钢中杂质），低温，应力集中，钢板厚度，加载速度，焊接以及加工硬化等。因此脆断问题必须由设计、制作及使用等多方面共同配合进行防止。在上述诸因素中，以应力状态（包括双向或三向拉应力和残余应力）、低温和材料质量的影响较大。另外，当存在腐蚀性介质时，钢结构使用一段时间后，构件中原来存在的内部缺陷在腐蚀介质的作用下能较快地扩展，达到临界尺寸即突然断裂，这种现象称为"延迟断裂"，主要发生在高强度钢材中，如高强度螺栓。

11）钢结构的耐久性：影响钢结构使用寿命的因素较多，除钢材的锈蚀会缩短结构的使用寿命外，其他主要因素尚有：

①时效现象，即钢材的力学性能随时间的增长而改变，表现为钢材的强度提高，塑性和韧性下降而变脆。钢材时效的过程除与内部成分有关外，尚与使用条件有关，振动荷载和温度的变化容易引起时效。

②疲劳现象，钢结构在多次重复荷载的作用下，虽然应力不高，也会发生破坏，这就是钢结构的疲劳现象，其性质与脆性破坏相似，易导致严重后果。

③钢材在高温和长期荷载作用下的极限强度要下降。

2.1.3 建筑钢结构的应用范围

改革开放几十年以来，伴随着经济的快速发展和国家技术政策的调整，钢结构在建筑中由限制使用转变为积极推广应用，取得了令世人瞩目的成就，到 2014 年我国钢产量达 8 亿 t 且钢材质量的保证及品种不断增加，加之钢结构应用技术得到全面提升，因此钢结构在建筑界的应用范围日益扩大且呈现出前所未有的兴旺景象。但由于历史原因，我国现有钢结构房屋与发达国家建筑钢结构房屋占国家钢产量近 10% 相比，我国钢结构房屋钢用量尚不足 5%，不久将来必有较大的发展空间。根据我国的实践经验，工业与民用建筑钢结构的应用范围大致如下。

1. 各种类型的工业厂房

钢铁工业（如宝钢、首钢曹妃甸、鞍钢鲅鱼圈等）、重型设备制造业（如德阳二重等）、船舶制造业（如上海江南造船厂等）、汽车制造（如长春一汽等）以及电力工业钢结构厂房等。

2. 大跨度结构

体育场馆建筑、会展中心、剧院、航空港、火车站、码头、飞机库及飞机装配车间等。

3. 高耸结构（包括各种塔桅结构）

广州电视塔高 600m、南海大佛雕塑骨架及各种塔桅结构等。

4. 多层和高层建筑

如北京中国尊 536m、北京中央电视台新址高 234m、上海环球金融中心高 492m、深圳地王大厦高 325m 等。

5. 轻型钢结构

轻钢结构是由冷弯型钢、热轧轻型钢（工字钢、槽钢、角钢、H 型钢、T 型钢等）、焊接和高频焊接 H 型钢、薄壁圆管、薄壁矩形管、薄板焊接变截面梁和柱等构成承重结构，由彩色压型钢板或夹芯板与各种连接件、零配件和密封材料组成轻质围护结构。轻型钢结构的适用范围：无桥式起重机或有起重量不大于 20t 的 A1～A5 工作级别桥式起重机或 3t 悬挂式起重机的单跨或多跨单层房屋；工业与民用建筑屋盖；仓库或公共设施；12 层及 12 层以下的居住建筑；不超过两层的别墅式住宅；活动板房（灾区过渡安置房）等。

6. 板壳结构

油罐、煤气柜、高炉、热风炉、漏斗、烟囱、水塔以及各种管道等。如 1000～5000m³ 级的高炉系统构筑物（高炉、热风炉、炉气上升管、下降管、五通球或三通管、除尘器等壳体结构）、料仓、漏斗、100～5000m³ 干式煤气柜、油罐、烟囱、水塔以及各种管道等。

7. 其他特种结构

如栈桥、管道支架、井架和海上采油平台等。受动力荷载影响的大锻锤或有其他产生动力作用的设备的厂房，或对抗地震作用要求较高的结构。

8. 钢-混凝土组合结构

组合梁、组合板、钢管混凝土柱及型钢混凝土结构等。

此外，在低层民用与公共建筑方面，如住宅、医院、超市、汽车旅馆、学校、景区度假村及工地现场临时用房等建筑中也同样广泛采用钢结构建造。

我国钢结构工程部分建筑实例见表 2-1-1。

表 2-1-1　我国钢结构工程部分建筑实例

序号	建筑名称	概况	图形
1	中银大厦	中银大厦（Bank of China Tower）是中国银行在香港的总部大楼，位于香港中西区中环花园道 1 号，由美籍华裔建筑师贝聿铭设计，原址为美利楼，地处中区经济和金融核心地带 中银大厦自 1982 年底开始规划设计，1985 年 4 月动工，1989 年建成，基地面积约 8400m²，总建筑面积 12.9 万 m²，地上 70 层，楼高 315m，加顶上两杆的高度共有 367.4m，建成时是全亚洲最高的建筑物，也是美国地区以外最高的摩天大楼 整座中银大厦可简化地看成是由四个不同高度的三角柱体构成，层层叠起，节节高耸。最下面的 1～17 层，大致是由四个三角柱体组成的立方体；从平面图上看来，即为正方形，每条周边长 52m，由两条对角线分割成四个三角形。再往上，则仿如分段切掉了一些三角柱：首先是在第十七层，对角线北面的那个三角形被截去了，再往上是西面和东面两个三角柱切掉了，从而造成不同高度的三角柱体参差不齐的形状。到第五十二层，就只剩南面那个三角柱体，一直达到顶部第七十层，其尖角即为大厦最高点。从不同侧面看去，中银大厦下大上小，节节升高 中银大厦全座由最简单的线条所组成，大厦最底的十多层是近乎正方形的，之后往上向外的一面，向上斜斜延伸，另两边则向中央收窄，与向上斜伸的一面会合；再十多层高后，原来向内收窄的两翼，均向上斜向收窄，因而使最上的十多层回复一个较小的正方形的建筑形式。而后再上就是几层高的双柱形的装饰、通信、避雷多重作用的长杆形建筑 中银大厦的外表线条简单明了，平滑的浅墨色及略呈银白色反光玻璃墙幕，配以银白色平滑宽阔金属片，镶嵌建筑物四边角位，各个面的中间并打上一个斜斜的银白色大十字，其反传统、反华丽、反繁琐，具有现代感，成为了香港的新标志 中银大厦曾获 2002 年香港建筑环境评估"优秀"评级奖项、1999 年香港建筑师学会香港十大最佳建筑、1992 年大理石建筑奖、1991 年 AIA Reynolds Memorial Award、1989 年杰出工程大奖、1989 年杰出工程奖状等	 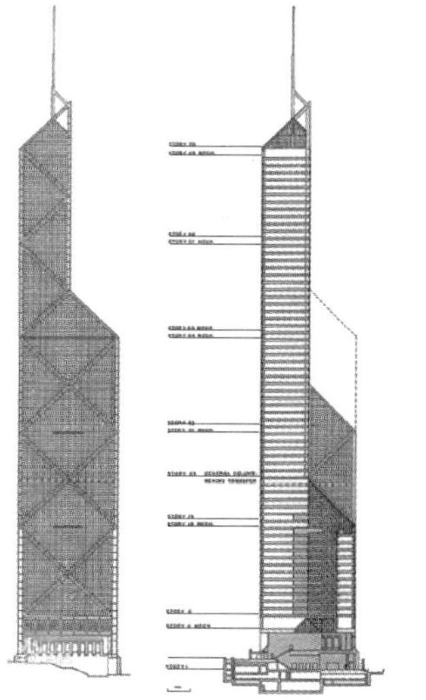 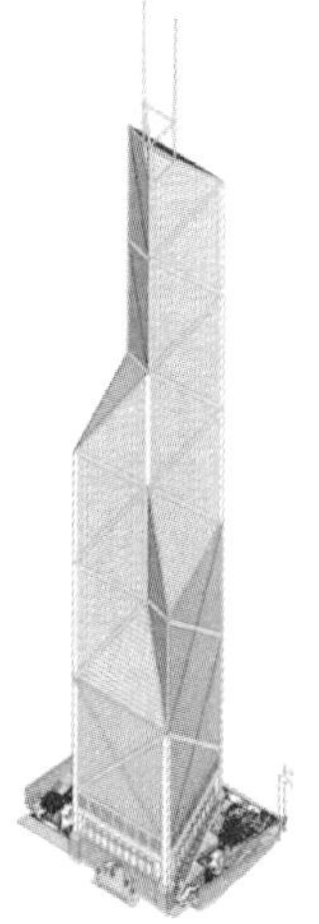 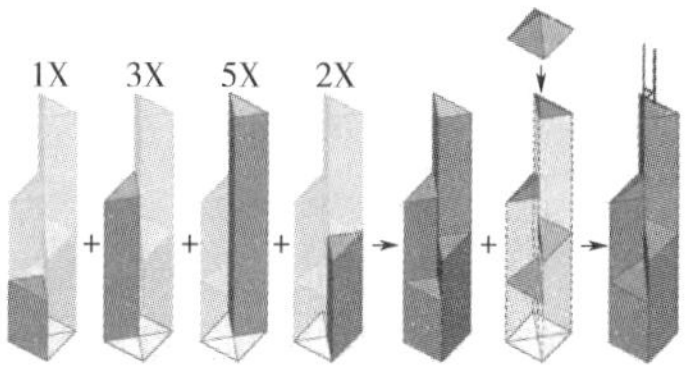

（续）

序号	建筑名称	概况	图形
2	国家体育场（鸟巢）	"鸟巢"外形结构主要由巨型的门式刚架组成，共有 24 根桁架柱。国家体育场建筑顶面呈鞍形，长轴为 332.3m，短轴为 296.4m，最高点高度为 68.5m，最低点高度为 42.8m 在保持"鸟巢"建筑风格不变的前提下，设计方案对结构布局、构建截面形式、材料利用率等问题进行了较大幅度的调整与优化。原设计方案中的可启屋顶被取消，屋顶开口扩大，并通过钢结构的优化大大减少了用钢量。大跨度屋盖支撑在 24 根桁架柱之上，柱距为 37.96m。主桁架围绕屋盖中间的开口放射形布置，有 22 榀主桁架直通或接近直通。为了避免出现过于复杂的节点，少量主桁架在内环附近截断。钢结构大量采用由钢板焊接而成的箱形构件，交叉布置的主桁架与屋面及立面的次结构一起形成了"鸟巢"的特殊建筑造型。主看台部分采用钢筋混凝土框架-剪力墙结构体系，与大跨度钢结构完全脱开 "鸟巢"结构设计奇特新颖，而这次搭建它的钢结构的 Q460 也有很多独到之处：Q460 是一种低合金高强度钢，它在受力强度达到 460MPa 时才会发生塑性变形，这个强度要比一般钢材大，因此生产难度很大。这是中国国内在建筑结构上首次使用 Q460 规格的钢材；而这次使用的钢板厚度达到 110mm，是以前绝无仅有的，在中国的国家标准中，Q460 的最大厚度也只是 100mm。以前这种钢一般从卢森堡、韩国、日本进口。为了给"鸟巢"提供"合身"的 Q460，从 2004 年 9 月开始，河南舞阳特种钢厂的科研人员开始了长达半年多的科技攻关，前后 3 次试制终于获得成功。2008 年，400t 自主创新、具有知识产权的国产 Q460 钢材撑起了"鸟巢"的铁骨钢筋 鸟巢"主体结构设计使用年限 100 年，耐火等级为一级，抗震设防烈度 8 度，地下工程防水等级 1 级。工程主体建筑呈空间马鞍椭圆形，巨型空间马鞍形钢桁架编织式"鸟巢"结构，钢结构总用钢量为 4.2 万 t，混凝土看台分为上、中、下三层，看台混凝土结构为地下 1 层，地上 7 层的钢筋混凝土框架—剪力墙结构体系。钢结构与混凝土看台上部完全脱开，互不相连，形式上呈相互围合，基础则坐在一个相连的基础底板上。国家体育场屋顶钢结构上覆盖了双层膜结构，即固定于钢结构上弦之间的透明的上层 ETFE 膜和固定于钢结构下弦之下及内环侧壁的半透明的下层 PTFE 声学吊顶 施工方面：构件体形大，单体重量重，作为屋盖结构的主要承重构件，桁架柱最大断面尺寸达 2.5m×2.0m，高度达 67m，单榀最重达 500t。而主桁架高度 12m，双曲贯通最大跨度 145.577m+112.788m，不贯通桁架最大跨度 102.391m，桁架柱与主桁架体形大、单体重量重 "鸟巢"顶部的网架结构外表面还贴上一层半透明的膜。使用这种膜后，体育场内的光线不是直射进来的，而是通过漫反射，使光线更柔和，由此形成的漫射光还可解决场内草坪的维护问题，同时也有为座席遮风挡雨的功能 整个建筑通过巨型网状结构联系，内部没有一根立柱，看台是一个完整的没有任何遮挡的碗状造型，如同一个巨大的容器，赋予体育场以不可思议的戏剧性和无与伦比的震撼力	  

（续）

序号	建筑名称	概况	图形
3	北京国家体育馆	北京国家体育馆钢屋架南北长144m，东西宽114m，整个体育馆钢屋架工程由14榀桁架组成，总用钢量达2800t，钢屋架形状呈扇形波浪曲线，是中国国内空间跨度最大的双向张弦钢屋架结构体系 为了安装钢屋架，国内首次采用了9个"机器人"进行的滑移施工技术。施工人员先对钢屋架在地面进行组装，然后把组装好的分段钢屋架在高处进行拼装，并严格控制钢屋架焊接点位置。安装在钢屋架与轨道之间的9个"机器人"用一台计算机进行控制，按照一定程序，控制滑移的时间和行程。滑移过程中，"机器人"在液压作用下一张一弛，就好比蜗牛背着大贝壳行走一样，背着几百吨钢屋架行走到设定位置。由于结构复杂、技术难度大，钢屋架安装采用纵向张拉后携带双向索进行整体滑移安装技术 幕墙安装分明框幕墙、点式幕墙和铝板玻璃三大类，总面积约为19000m²。玻璃全部采用的是中空LOW-E玻璃，它具有保温、隔热、防紫外线等效果，保证场馆内人员不受外面气候影响，能正常进行比赛等活动 根据多方面的考察国家体育馆地基尝试采用废钢渣代替传统砂石进行回填取得了成功。钢渣是利用首钢炼钢过程中产生的废弃多年、堆积如山的炼钢剩余钢渣，经过加工处理，各项技术指标均符合国家规范要求。国家体育馆使用钢渣回填既满足了施工需要，使35000m³约8万t的废料变废为宝，节约工期，贯彻了绿色奥运的精神 地下室埋深约8m，抗浮水位−1m，需要大密度的材料抗浮压重，经研究采用了首钢堆积的300万t废钢渣，节约了能源	 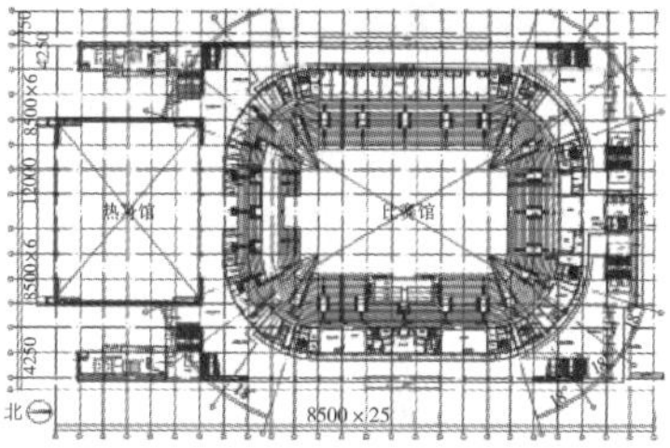 国家体育馆总平面图 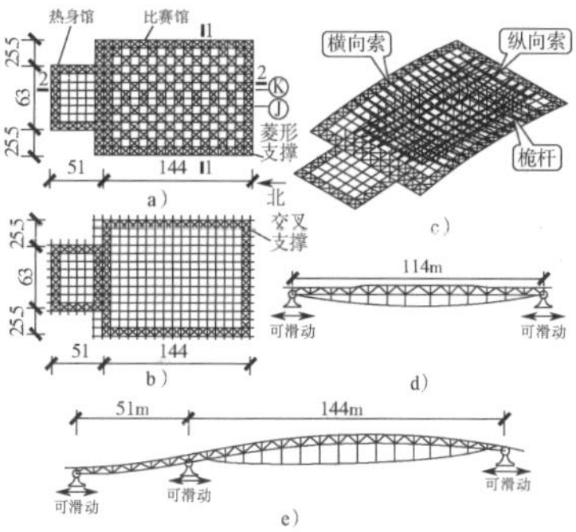 屋面杆件布置图 a）上弦杆（m）　b）下弦杆（m） c）钢索和桅杆布置图　d）1—1　e）2—2
4	中国国家大剧院	中国国家大剧院（National Centre for the Performing Arts of China）是新"北京十六景"之一的地标性建筑，位于北京市中心天安门广场西，人民大会堂西侧，由主体建筑及南北两侧的水下长廊、地下停车场、人工湖、绿地组成 国家大剧院由法国建筑师保罗·安德鲁主持设计，是亚洲最大的剧院综合体。国家大剧院外观呈半椭球形，东西方向长轴长度为212.20m，南北方向短轴长度为143.64m，建筑物高度为46.285m，比人民大会堂略低3.32m。占地11.89万m²，总建筑面积约16.5万m²，其中主体建筑10.5万m²，地下附属设施6万m²，总造价30.67亿元。大剧院壳体由18000多块钛金属板拼接而成，面积超过30000m²，18000多块钛金属板中，只有4块形状完全一样。钛金属板经过特殊氧化处理，其表面金属光泽极具质感，且15年不变颜色。中部是渐开式玻璃幕墙，由1200多块超白玻璃巧妙拼接而成。椭球壳体外环绕人工湖，湖面面积达3.55万m²，各种通道和入口都设在水面下。行人需从一条80m长的水下通道进入演出大厅	 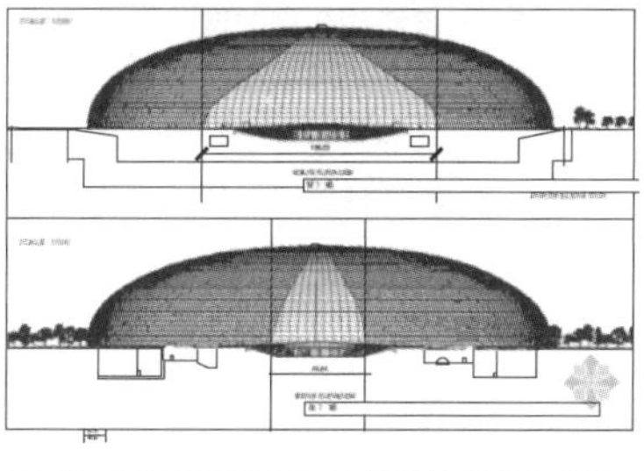

序号	建筑名称	概况	图形
4	中国国家大剧院	人工湖：壳体外围环绕着水色荡漾的人工湖，湖水如同一面清澈见底的镜子，波光与倒影交相辉映，共同托起中央巨大而晶莹的建筑。人工湖水域的设计理念来自京城水系，为北京城中心地区增添了一处灵动水景。人工湖水池采用水循环系统去除浊物，冬季不结冰，夏季不长藻 世界最大穹顶：整个壳体钢结构重达 6475t，东西向长轴跨度 212.2m，是世界上最大的穹顶 北京最深建筑：大剧院地下最深处为 -32.5m，相当于往地下挖了 10 层楼的深度，成为北京最深的建筑	 
5	北京国家游泳中心	国家游泳中心规划建设用地 62950m²，总建筑面积 65000 ~ 80000m²，其中地下部分的建筑面积不少于 15000m²，长宽高为 177m × 177m × 30m "水立方"占地 7.8hm²，却没有使用一根钢筋，一块混凝土。其墙身和顶棚都是用细钢管连接而成的，有 1.2 万个节点。只有 2.4mm 厚的膜结构气枕像皮肤一样包住了整个建筑，气枕最大的一个约 9m²，最小的一个不足 1m²。与玻璃相比，它可以透进更多的阳光和空气，从而让泳池保持恒温，能节电 30% 利用三维坐标设计了 3 万多个钢质构件，是由中国与澳大利亚的设计人员共同完成，这 3 万多个钢质构件在位置上没有一个是相同的。这些技术都是我国自主创新的科技成果，填补了世界建筑史的空白 ETFE 膜是一种透明膜，能为场馆内带来更多的自然光，它的内部是一个多层楼建筑，对称排列的大看台视野开阔，馆内乳白色的建筑与碧蓝的水池相映成趣，ETFE 膜还能防火，离开火就能熄灭了。国家游泳中心采用的设计方案，是经全球设计竞赛脱颖而出的"水的立方"方案。该方案由中国建筑工程总公司、澳大利亚 PTW 建筑师事务所、ARUP 奥雅纳工程顾问有限公司联合设计 支撑这些薄膜的是坚实的钢结构 里面观众看台和室内建筑物为钢筋混凝土结构。"水立方"的墙壁和顶棚由 1.2 万个承重节点连接起来的网状钢管组成，这些节点均匀地分担着建筑物的重量，使其坚固得足以经受住北京最强的地震。"水立方"的地下部分是钢筋混凝土结构，在浇筑混凝土的时候，在每根钢柱的位置都设置了预埋件（上部为钢块），钢结构的钢柱与这些预埋件牢固地焊接在一起，就这样，地上部分的钢结构与地下部分的钢筋混凝土结构形成一个牢固的整体。正是靠着优越的结构形式和良好的整体性，"水立方"才拥有了"过硬的身体"，达到了抗震 8 级烈度的标准	 

（续）

序号	建筑名称	概况	图形
5	北京国家游泳中心	国际上在建筑使用膜结构时，多用的是 PTFE 膜，这是一种纤维材料，特点是不透明，但是使用技术比较成熟。而"水立方"使用的是 ETFE 膜，这是一种透明膜，能为场馆内带来更多的自然光。在国内对这种薄膜结构的理论研究几乎就是空白 2006 年德国世界杯主要赛场之一的慕尼黑安联体育场也使用了 ETFE 气枕式外墙，但与水立方相比，两者的区别在于，德国安联体育馆的气枕覆盖面积为 6 万 m²，而水立方则达到为 10 万 m²；安联运动场是单层气枕并且是规则排列的，水立方则是双层气枕，并且几乎没有形状相同的两个气枕	
6	中央电视台总部大楼	中央电视台总部大楼（CCTV Headquarters），位于北京市朝阳区东三环中路 32 号，地处北京商务中心区（CBD），比邻北京国贸大厦。园区共由三个建筑物组成：位于西南侧的中央电视台总部大楼（主楼）、位于西北侧的电视文化中心（北配楼）以及位于东北角的能源服务中心 中央电视台总部大楼占地面积 18.7 万 m²，总建筑面积约 55 万 m²，其中主楼为两栋分别为 52 层 234m 高和 44 层 194m 高的塔楼组成，设 10 层裙楼，并由在 162m 高处大跨度外伸，高 14 层重 1.8 万 t 的钢结构大悬臂相交对接，总用钢量达 14 万 t。北配楼高 159m，主楼为 30 层，裙楼为 5 层	 
7	广州塔	广州塔建设用地面积 17.546 万 m²，总建筑面积 114054m²，塔体建筑面积 44276m²，地下室建筑 69779m² 广州塔由钢筋混凝土内核心筒及钢结构外框筒以及连接两者之间的组合楼层组成，核心筒高度 454m，共 88 层，标准层高 5.2m；楼层 37 层，其余为镂空层，地下 2 层。钢结构网格外框筒由 24 根钢管混凝土斜柱和 46 组环梁、钢管斜撑组成，最高处标高 462.70m。由钢格构结构和箱形截面组成的天线桅杆高 146m，最高标高达 600m。外框筒用钢量 4 万多 t，总用钢量约 6 万 t。作为广州市的标志性建筑屹立在中轴线的珠江南岸，是国内最高、也是目前世界已建成的最高的塔桅建筑 广州塔塔身设计的最终方案为椭圆形的渐变网格结构，其造型、空间和结构由两个向上旋转的椭圆形钢外壳变化生成，一个在基础平面，一个在假想的 450m 高的平面上，两个椭圆彼此扭转 135°，两个椭圆扭转在腰部收缩变细。塔身整体网状的漏风空洞，可有效减少塔身的笨重感和风荷载。塔身采用特一级的抗震设计，可抵御烈度 7.8 级的地震和 12 级台风，设计使用年限超过 100 年	 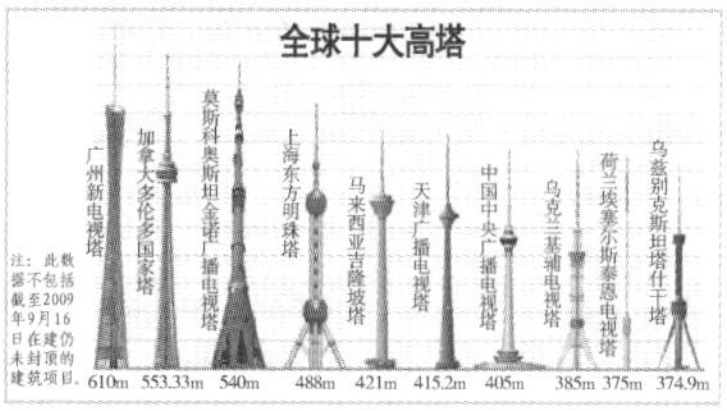

（续）

序号	建筑名称	概况	图形
7	广州塔	广州塔的塔身由下而上富有大小变化。其中，底部椭圆直径尺寸约为 60m×80m，高宽比为 7.5；中部最细处椭圆直径约为 30m，高宽比为 7.3。上部椭圆直径尺寸约为 40.5m×54m。24 根立柱的间隔距离相当，协调统一 广州塔塔身整体采用大量的网状的漏风空洞并设置特质透明玻璃漏出窗景，由上小下大的两个椭圆体扭转而成，外部钢结构体系由 24 根立柱、斜撑和圆环交叉构成	
8	上海环球金融中心	上海环球金融中心总建筑面积 38 万 m^2，占地面积 1.44 万 m^2，拥有地上 101 层、地下 3 层，楼高 492m，外观为正方形柱体。上海环球金融中心的观光厅分布在九十四、九十七和一百层，其中，九十四层观光厅高 423m，面积约为 750m^2，挑高 8m。九十七层观光天桥高 439m，为一道浮在空中的天桥，拥有开放式的玻璃顶棚设计。一百层为观光天阁，位于 474m，是一条长约 55m 的悬空观光长廊，内设三条透明玻璃地板 环球金融中心在九十层（约 395m）设置了两台风阻尼器，各重 150t，长宽各有 9m，使用感应器测出建筑物遇风的摇晃程度，通过计算机计算以控制阻尼器移动的方向，减少大楼由于强风而引起的摇晃。由于驱动装置设计为可以沿纵横两方向运动，因此风阻尼器可实现 360° 方向的控制，可抗超过 12 级的台风 环球金融中心幕墙表面安装有水平铝合金分格条，满足独立防雷及装饰需要。单元式玻璃幕墙总计约 120000m，约 100000 块单元板	
9	上海中心大厦	与绝大多数现代超高层摩天大楼一样，上海中心大厦不只是一座办公楼 上海浦东处在一个冲积层，上海中心的建造地点位于一个河流三角洲，土质松软，含有大量黏土。工程共用了 980 个基桩，深度达到 86m，而后浇筑约合 60881m^3 混凝土进行加固，形成一个 6m 厚的基础底板 上海中心大厦（Shanghai Tower）是上海市的一座巨型高层地标式摩天大楼，其设计高度超过附近的上海环球金融中心。上海中心大厦项目面积 433954m^2，建筑主体为 119 层，总高为 632m，结构高度为 580m，机动车停车位布置在地下，可停放 2000 辆 上海中心大厦有两个玻璃正面，一内一外，主体形状为内圆外三角。形象地说，就是一个管子外面套着另一个管子。玻璃正面之间的空间在 0.9m 到 10m，为空中大厅提供空间，同时充当一个类似热水瓶的隔热层，降低整座大楼的供暖和冷气需求。降低摩天楼的能耗不仅有利于保护环境，同时也让这种大型建筑项目更具有经济可行性	 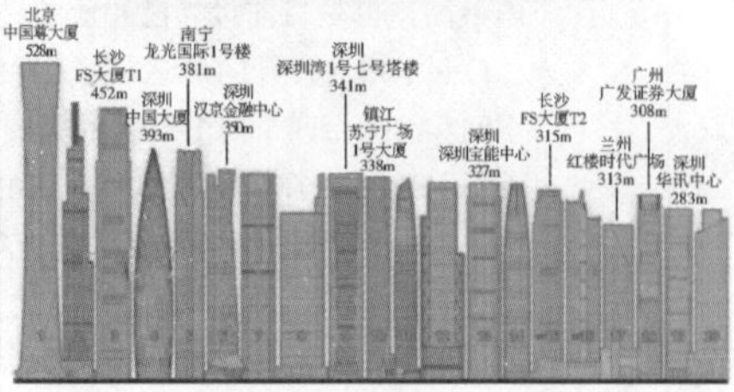

（续）

序号	建筑名称	概况	图形
10	台北101大楼	台北 101 大楼占地面积 153 万 m²，建筑面积 39.8 万 m²，高 508m，包含办公塔楼 101 层及高 60m 的商业裙楼 6 层和地下楼面 5 层，每 8 层楼为 1 个结构单元，彼此接续、层层相叠，构筑整体；第一百零一层面积只有 3.3m²，转乘 2 次电梯才能抵达。 　　台北 101 大厦在八十八层至九十二层挂置一个重 660t 的风阻尼器，利用摆动来减缓建筑物的晃幅 　　台北 101 大楼八十九楼设有室内观景台、纪念证书的摄影服务、语音导览柜台、冰淇淋商店、纪念品商店、阻尼器参观区等；九十一楼设有室外观景台，7 台 40 倍的望远镜设置于各角落 　　台北 101 大楼裙楼为购物中心，共地上 6 层，地下 1 层；地下一层为生活美食广场，有生活商店、各地美食等；一层为 101 大道，有服饰、配件、彩妆保养等；二层为时尚大道，与世贸中心及纽约购物中心有空桥连接；三层为名人大道，为品牌旗舰店；四层为都会广场，高 40m，占地 500m²，有露天咖啡、欧式、泰式与中华料理餐厅；五层为金融中心；六层为健身中心，有攀岩墙、拳击台等设备 　　台北 101 大楼基桩由 382 根钢筋混凝土构成，外围由 8 根钢筋柱组成，并在大楼内设置调谐质块阻尼器，以达到防震的效果 　　外墙灯光在特殊的节日，会以节庆为主题在外墙以灯光表现特殊的文字或图形；台北 101 大楼烟火表演装置，配合不同节日主体，进行燃放摩天大楼式烟火秀	
11	首钢京唐炼铁高炉群	首钢京唐 5500m³ 高炉、沙钢 5800m³ 高炉，以及鞍钢鲅鱼圈等企业的十几座 4000m³ 级的大型高炉，同时建设了首钢京唐 550m²、太钢 660m² 等大型烧结机，很多大型装备达到了国际先进水平。首钢 5500m³ 高炉的主要技术经济指标按照国际先进水平设计：利用系数为 2.3t/（m³·天），焦比为 290kg/t 铁，煤比为 200kg/t，燃料比为 490kg/t，风温为 1300℃，煤气含尘量为 5mg/m³，一代炉役寿命为 25 年等	
12	湛江钢铁厂	湛江钢铁厂自 2016 年投产以来，随着供给侧结构性改革的深入，钢铁行业开始走向复苏，2018 年，中国钢铁行业经济效益创历史最好水平。中冶集团重塑冶金建设"国家队"的历程，与钢铁行业供给侧结构性改革实现了同频共振，为解决钢铁产能过剩和转型升级做出了重要贡献，与此同时，中冶集团也在考验中重获新生，走上了高技术、高质量发展的道路	
13	煤气柜	煤气柜是储存工业及民用煤气的钢制容器，有湿式煤气柜和干式煤气柜两种。湿式煤气柜为用水密封的套筒式圆柱形结构；干式煤气柜为用稀（干）油或柔膜密封的活塞式结构。煤气柜柜体材质为碳素钢和低合金钢。工地连接方式有铆接、焊接和高强度螺栓连接。焊接一般采用手工焊和 CO_2 气体保护焊。柜顶桁架和柜顶板通常借助设置的中央台架进行安装	

（续）

序号	建筑名称	概况	图形
13	煤气柜	湿式煤气柜有螺旋升降式和垂直升降式两种。柜内容量从几千立方米到几十万立方米，气体压力通常为 0.0012～0.004MPa 曼恩型煤气柜安装，柜体为多边形筒状直立式结构。储气量由几万立方米到十几万立方米不等。图中所示干式煤气柜煤气压力一般为 0.004～0.008MPa	
14		其他结构体系多为网架、网壳、张弦梁、穹顶、空间管结构、预应力拉索结构、索膜结构等。大跨度空间结构是国家建筑科学技术发展水平的重要标志之一，近年来我国大跨度空间结构发展迅速，以北京奥运场馆为代表的大跨度空间结构展示了我国建筑科学技术水平在世界上都是领先的，将成为我国空间结构发展的里程碑	

2.1.4　钢结构设计的基本要求

1）钢结构设计必须适应社会主义现代化建设的需要，贯彻执行国家的技术经济政策，从实际情况出发，合理选用材料和结构方案，尽量节约钢材，做到技术先进、安全适用、经济合理、确保质量。

2）钢结构设计应遵循下列原则：

①建筑钢结构的设计首先应满足生产工艺、建筑功能和形式的要求，并在此基础上做到结构合理、安全可靠、经济合理。为此，结构设计人员应充分了解生产操作过程以及建筑功能和艺术的要求以便和工艺及建筑人员共同商定最合理的方案。

②设计钢结构时，应从工程实际出发，考虑材料供应情况和施工条件，合理选用材料、结构方案和构造措施，满足结构在运输、安装和使用过程中的强度、稳定性和刚度要求，同时还要符合防火标准，注意结构的防腐蚀要求。在技术经济指标方面，应针对节约材料、提高制作的劳动生产率、降低运输费用和减少安装工作量以缩短工期等主要因素，进行多方案比较，通过分析，根据具体情况抓住主要矛盾以形成综合经济指标最佳的方案。

③在选择和确定结构形式和构件截面时，也应从提高综合经济效益出发，不宜囿于某一种构件的得失而影响总的经济指标，如：

A. 上部结构应和地基基础的建设费用统一考虑。

B. 厂房屋架的端部高度应和墙面结构的费用统一考虑。

C. 有起重机厂房柱的截面高度宜和厂房建筑面积统一考虑等。

④在可能条件下，逐步向结构定型化、构件和连接接头标准化的方向发展。在具体设计中应尽量减少构件和连接的类型，注意构件断面的协调和构造处理的统一性。

⑤遵循集中使用材料的原则，即适当扩大柱距使承重结构大型化，减少构件数量，将钢材集中使用于承受主要荷载的结构上，使承受其他荷载及特殊荷载（如地震作用）的钢材耗量减至最小限度。

⑥在保证结构安全可靠的前提下，实行功能兼并的原则，即一个构件可同时承担多种功能，如既起承重作用又起围护作用的结构或既是承重构件又是稳定体系的网架等。

⑦在钢材选用方面应考虑结构的工作条件（如受力情况、温度和周围介质环境等）、材料供应和加工制作诸方面的因素。对各类各级钢材应充分发挥其作用，做到各得其所，物尽其用，在一个构件中允许采用两种不同牌号的钢材。在采用新材料方面，重点是推广采用高效能钢材。

3）在钢结构的构件设计中应注意的事项：

①了解结构构件可能承受的所有荷载，掌握各种荷载的特性和量值以及可能出现的荷载组合，以确定合适的荷载设计值。

②结构受力分析一般采用弹性状态，在一定条件下也可采用塑性状态。对构件应进行强度、刚度和稳定性的验算，对直接承受动力荷载的构件尚需进行疲劳验算。

③重视结构的整体刚度，考虑结构的空间作用，尽量使结构构件由强度控制而不是由刚度或稳定控制。

④应充分利用钢材的强度潜力，为此：

A. 宜多用受拉杆件，少用受压杆件，在条件许可时宜采用张力结构体系。

B. 在受压构件中宜多用短而粗的杆件，少用细而长的杆件，尽量增大稳定系数 φ 值。

C. 在受弯构件中应尽量增大截面抵抗矩系数 $\alpha(\alpha = W/A)$ 值。

⑤构件和连接的构造设计应和计算图形相符合，同时应避免形成应力集中现象。

⑥在构件设计时应树立等强设计的概念，即组成该构件的各零部件、杆件及其连接的承载能力的安全度应与整个构件的安全度相接近。

4）支撑体系的布置和设计应根据建筑结构的具体情况，即柱网布置、房屋高度、结构类型、荷载的性质与大小等因素通盘考虑，灵活处理，以简单有效而可靠的方式来进行设计，以保证建筑结构在安装和使用时的整体稳定，提高结构的整体刚度，形成整个结构的空间工作，并使所受的水平荷载以简捷、明确、可靠的途径传至柱子基础。

5）钢结构设计时应注意结构在使用期间的实际工作，不能单纯按每一个单体构件进行考虑。也就是说，要注意到：

①结构相互之间的关系及其协调工作。

②设计假定与计算简图等与实际情况的差异。

6）钢结构设计应十分重视防腐蚀、防撞以及高温烧损或防火等的保护措施。一般不得因考虑锈蚀、碰撞或高温影响而加大钢材截面或厚度。因此，在设计中应采取下列必要的措施：

①除在结构表面涂以防腐涂层外，在构造上要尽量避免出现难于检查、清刷和油漆之处以及能积留湿气和灰尘的死角和凹槽；严格按除锈等级标准进行基层除锈处理。

②应竭力避免因飘雨、漏雨而使结构经常受潮。

③应选用防锈性能较好的型钢截面，对闭口截面构件应沿全长和端部焊接封闭。

④对容易受碰撞或高温辐射（或喷溅）之处，必须根据具体情况采取切实可靠的保护措施，以免使结构损伤。

⑤对有防火要求者应根据耐火等级采取相应的防火保护措施（如喷涂防火涂料等）。

7）设计钢结构时应充分考虑到制作、运输和安装等方面的要求：

①应考虑施工操作（如施焊）的可能性，尽量方便制作加工，部件重量要结合制造厂的装备能力来确定，以便于搬运，翻转。

②划分运送单元时，部件的最大轮廓尺寸和重量应满足运输和起重能力的要求。

③设计应考虑组合吊装的要求，为施工提供地面组装和整体起吊的条件并满足组合吊装时所需的刚度要求。

④安装连接设计应采用传力可靠、制作方便、插接简单、易于固定和便于调整的构造形式。

⑤现场拼接或安装连接一般采用焊接或高强度螺栓。粗制螺栓只允许使用在使螺栓沿杆轴方向受拉的连接中或次要构件的连接中。当安装连接采用电焊时，应考虑用临时螺栓将构件固定。每个构件在节点处的临时螺栓数量不宜少于 2 个。

8）在钢结构设计图样和钢材订货文件中，应注明所采用的钢材牌号（对碳素结构钢应包括牌号、质量等级和脱氧程度等）、连接材料的型号（或钢的牌号）和对钢材所要求的机械性能的附加保证项目。此外，在钢结构设计图样中还应注明所要求的焊缝质量级别（焊缝质量级别的检验标准应符合国家现行《钢结构工程施工质量验收规范》（GB 50205—2020）以及防锈涂层的品种、规格、油漆层数和漆膜厚度、除锈等级等。

9）在设计中应结合具体条件，积极采用新材料、新结构、新技术，进一步改进和简化结构构件的形式，减少施工工作量，降低材料消耗，使建筑钢结构的设计能始终有所前进、有所创新，以取得更好的经济效益。

2.1.5 钢结构设计图深度

根据《建筑工程设计文件编制深度规定》（2016 年版）的规定，建筑工程结构施工图编制内容介绍如下：

1. 结构专业的施工图设计文件

应包括图样目录、设计说明、设计图和计算书。

2. 图样目录

应按图样序号排列，先列新绘制图样，后列出选用的重复利用图和标准图的名称及编号。

3. 设计说明

每一单项工程应编写一份结构设计总说明，对多子项工程应编写统一的结构设计施工图总说明。当工程以钢结构为主或包含较多的钢结构时，除编制混凝土结构总说明外，还应补充编制钢结构设计图总说明。当工程较简单时，也可将总说明的内容分别写在相关部分的图样中。结构设计总说明应包括以下内容：

（1）工程概况

1）工程地点、工程分区、建筑物主要功能。

2）各单体（或分区）建筑的长、宽、高，地上与地下层数，各层层高，主要结构跨度，特殊结构及造型，工业厂房的起重机吨位、工作制及轨顶标高等参数。

（2）设计依据

1）主体结构设计使用年限。

2）自然条件：基本风压、基本雪压、气温（工作温度）（必要时提供）及抗震设防烈度等。

3）工程地质勘察报告。

4）场地地震安全性评价报告（必要时提供）。

5）风洞试验报告（必要时提供）。

6）建设单位提供的与结构有关的符合有关标准、法规的书面要求。

7）初步设计的审查批复文件。

8）对于超限高层建筑，应有超限高层建筑工程抗震设防专项审查意见。

9）采用桩基础时，应有试桩报告或深层平板载荷试验报告或基岩载荷板试验报告（若试桩或试验尚未完成，应注明桩基础图施工图不得用于工程施工用）。

10）本专业设计所执行的主要法规和所采用的主要标准（包括标准的名称、编号、年号和版本号）。

（3）图样说明

1）图样中标高及平面尺寸的单位。

2）设计 ±0.000 标高所对应的绝对标高数值。

3）当图样按工程分区编号时，应有图样编号说明。

4）常用构件代码及构件编号说明。

5) 各类钢筋强度符号说明，型钢型号及截面尺寸标记说明。

6) 混凝土结构采用平面整体表示方法时，应注明所采用的标准图名称及编号。

（4）建筑分类等级　应注明拟建建筑的建筑分类等级及所依据的规范或批文：

1) 建筑结构安全等级。

2) 地基基础设计等级。

3) 建筑抗震设防类别。

4) 钢筋混凝土结构抗震等级。

5) 地下室防水等级。

6) 人防地下室的设防类别。

7) 建筑防火分类等级和耐火等级。

8) 混凝土构件的环境类别。

（5）主要荷载（作用）取值

1) 楼（屋）面面层荷载、吊挂（含吊顶）荷载。

2) 墙体荷载、特殊设备荷载。

3) 楼（屋）面活荷载。

4) 风荷载（包括地面粗糙度、体型系数、风振系数等）。

5) 雪荷载（包括积雪分布系数等）。

6) 地震作用（包括设计基本地震加速度、设计地震分组、场地类别、场地特征周期、结构阻尼比、地震影响系数等）。

7) 计算温度作用及地下室抗浮计算所需要的有关设计参数。

（6）设计计算程序

1) 结构整体计算及其他计算所采用的程序名称，版本号、编制单位及批准的单位。

2) 结构分析所采用的计算模型、高层建筑整体计算的嵌固部位等。

4. 钢结构工程

（1）钢结构施工图的基本规定　根据我国长期以来的通用习惯做法，考虑到确保结构的安全性、合理性，把钢结构设计文件分为设计图和施工详图两个阶段。

钢结构设计图原则上必须由具有相应设计资质级别的设计单位设计编制。钢结构施工详图（也称加工制作详图）是由具有钢结构专项设计资质的加工制作企业完成，或委托具有该项资质的设计单位完成。

（2）钢结构设计图的设计要求

1) 钢结构设计图是提供编制钢结构施工详图（也称钢结构加工制作详图）的单位作为深化设计的依据，所以钢结构设计图在内容和深度方面应满足编制钢结构施工详图的要求，必须对设计依据，荷载资料，建筑抗震设防类别和各项设防标准，工程概况，材料选用和材料质量要求、结构布置，支撑设置、构件选型，构件截面和内力以及结构的主要节点构造和控制尺寸等均应表示清楚，以便供有关部门审查并提供编制钢结构施工详图的人员能正确体会设计意图。

2) 设计图的编制应充分利用图形表达设计者的要求。当图形不能完全表示清楚时，可用文字加以补充说明。设计图所表示的标高、方位应与建筑专业的图样相一致。图样的编制应考虑各结构系统间的相互配合，编排顺序应便于阅图。

3) 钢结构设计图的设计内容如下：

①概述采用钢结构的部位及结构形式、主要跨度等重要参数等。

②钢结构材料：钢材牌号和质量等级及所对应的产品标准；必要时提出物理力学性能和化学成分要求；必要时提出其他要求，如强屈比、z 向性能、碳当量、耐候性能、交货状态等。

③焊接方法及材料：各种钢材的焊接方法及对所采用焊材的要求。

④螺栓：注明螺栓种类、性能等级，高强螺栓的接触面处理方法、摩擦面抗滑移系数，以及各类螺栓所对应的产品标准。

⑤焊钉种类及对应的产品标准。

⑥应注明型钢构件供货方式（热轧、焊接、冷弯、冷压、热弯、铸造等），圆钢管种类（无缝管、直缝焊管等）。

⑦压型钢板的截面形式及产品标准。

⑧焊缝质量等级及焊缝质量检查要求。

⑨钢构件制作要求。

⑩钢结构安装要求，对跨度较大的钢构件必要时提出起拱要求。

⑪涂装要求：注明除锈方法及除锈等级以及对应的标准；注明防腐底漆的种类、干漆膜最小厚度；注明各类钢构件所需要的耐火极限、防火涂料类型及产品要求；注明防腐年限及定期维护要求。

⑫钢结构主体与围护结构的连接要求。

⑬必要时应提出结构检测要求和特殊节点的试验要求。

（3）钢结构施工详图的设计要求　根据钢结构设计时编制组成结构构件的每个零件的放大图，标准细部尺寸，材质要求、加工精度、工艺流程要求，焊缝质量等级等，宜对零件进行编号，并考虑运输和安装能力确定构件的分段和拼装节点。

5. 计算书

1）采用手算的结构计算书，应给出构件平面布置简图和计算简图、荷载取值的计算或说明；结构计算书内容应完整、清楚，计算步骤要条理分明，引用数据有可靠依据，采用计算图表及不常用的计算公式，应注明其来源出处，构件编号，计算结果应与图样一致。

2）当采用计算机程序计算时，应在计算书中注明所采用的计算程序名称、代号、版本及编制单位，计算程序必须经过有效审定（或鉴定），电算结果应经分析确认无误后方可使用；总体输入信息、计算模型、几何简图、荷载简图和输出结果应整理成册。

3）采用结构标准图或重复利用图时，应根据图集的说明，结合工程的实际情况进行必要的复核后作为结构计算书的一部分归档存查。

4）所有计算书应经校审，并由设计、校对、审核人（必要时包括审定人）在计算书封面上签字，作为技术文件归档。

2.1.6　钢结构设计采用的主要技术规范、规程

钢结构设计中，要做到技术先进、经济合理、安全适用并确保质量，因此必须正确选用并遵守表 2-1-2 中规定的主要技术规范、规程、技术标准和其他相应的政府文件。

表 2-1-2　钢结构设计采用的主要技术规范、规程

序号	技术规范、规程名称	内容
1	《建筑结构可靠性设计统一标准》（GB 50068）	标准适用于整个结构、组成结构的构件以及地基基础设计；适用于结构施工阶段和使用阶段的设计；适用于既有结构的可靠性评定。既有结构的可靠性评定，可根据本标准附录的规定进行
2	《建筑结构荷载规范》（GB 50009）	为了适应建筑结构设计的需要，符合安全适用、经济合理的要求，制定本规范。本规范适用于建筑工程的结构设计；规范依据国家标准《工程结构可靠性设计统一标准》规定的基本准则制定；建筑结构设计中涉及的作用应包括直接作用（荷载）和间接作用。本规范仅对荷载和温度作用做出规定，有关可变荷载的规定同样适用于温度作用

（续）

序号	技术规范、规程名称	内容
3	《建筑抗震设计规范》（GB 50011）	抗震设防烈度为 6 度及以上地区的建筑，必须进行抗震设计；规范适用于抗震设防烈度为 6、7、8 和 9 度地区建筑工程的抗震设计以及隔震、消能减震设计。建筑的抗震性能化设计，可采用本规范规定的基本方法；抗震设防烈度大于 9 度地区的建筑及行业有特殊要求的工业建筑，其抗震设计应按有关专门规定执行 抗震设防烈度必须按国家规定的权限审批、颁发的文件（图件）确定 　一般情况下，建筑的抗震设防烈度应采用根据中国地震动参数区划图确定的地震基本烈度（本规范设计基本地震加速度值所对应的烈度值）。建筑的抗震设计，除应符合本规范要求外，尚应符合国家现行有关标准的规定
4	《钢结构设计标准》（GB 50017）	标准适用于工业与民用建筑和一般构筑物的钢结构设计；钢结构设计除应符合本标准外，尚应符合国家现行有关标准的规定
5	《冷弯薄壁型钢结构技术规范》（GB 50018）	专门为冷弯成型的冷弯薄壁构件设计计算的技术规程
6	《门式刚架轻型房屋钢结构技术规范》（GB 51022）	规范适用于房屋高度不大于 18m，房屋高宽比不大于 1，承重结构为单跨或多跨实腹门式刚架、具有轻型屋盖、无桥式起重机或有起重量不大于 20t 的 A1～A5 工作级别桥式起重机或 3t 悬挂式起重机的单层钢结构房屋。规范不适用于按现行国家标准《工业建筑防腐蚀设计规范》（GB 50045）规定的对钢结构具有强腐蚀介质作用的房屋
7	《组合结构设计规范》（JGJ 138）	规范适用于非地震区和抗震设防烈度为 6 度至 9 度地震区的高层建筑、多层建筑和一般构筑物的钢与混凝土组合结构的设计。组合结构的设计，除应符合本规范的规定外，尚应符合国家现行有关标准的规定
8	《钢管混凝土结构技术规程》（CECS 28）	规程适用于采用圆形钢管混凝土构件的工业与民用建筑及构筑物的结构设计及施工，也可适用于采用圆形钢管混凝土构件的桥梁、塔架的设计与施工
9	《钢—混凝土组合结构设计规程》（DL/T 5085）	规程规定了钢管混凝土结构，外包混凝土结构及钢—混凝土组合梁的设计计算方法和构造要求，适用于新建、扩建或改建的火力发电厂建（构）筑物的钢—混凝土组合构件的设计；一般工业与民用建（构）筑物的钢—混凝土组合构件的设计可参考执行
10	《钢结构焊接规范》（GB 50661）	规范适用于各种工业与民用钢结构承受静荷载或动荷载，钢材厚度大于或等于 3mm 的结构钢的焊接。本规范适用的焊接方法包括焊条电弧焊、气体保护电弧焊、自保护电弧焊、埋弧焊、电渣焊、气电立焊、栓钉焊等及其相应焊接方法的组合
11	《钢结构高强度螺栓连接的设计施工及验收规程》（JGJ 82）	本规程适用于建筑钢结构工程中高强度螺栓连接的设计、施工与质量验收
12	《高层民用建筑钢结构技术规程》（JGJ 99）	本规程适用于 10 层及 10 层以上或房屋高度大于 28m 的住宅建筑以及房屋高度大于 24m 的其他高层民用建筑钢结构的设计、制作与安装。非抗震设计和抗震设防烈度为 6 度至 9 度抗震设计的高层民用建筑钢结构，其适用的房屋最大高度和结构类型应符合本规程的有关规定 本规程不适用于建造在危险地段以及发震断裂最小避让距离内的高层民用建筑钢结构

（续）

序号	技术规范、规程名称	内容
13	《钢结构工程施工规范》（GB 50755）	规范适用于工业与民用建筑及构筑物钢结构工程的施工；规范适用于单层、多层、高层钢结构及空间钢结构、高耸钢结构、构筑物钢结构和压型金属板等工程施工 高耸钢结构包括广播电视发射塔、通信塔、导航塔、输电高塔、石油化工塔及大气监测塔等 构筑物钢结构包括烟囱、锅炉悬吊构架、储仓、运输机通廊及管道支架等 规范不适用于桥梁钢结构、海洋钻井平台钢结构等特殊钢结构工程，其施工应按现行国家或行业有关标准执行
14	《钢结构工程施工质量验收规范》（GB 50205）	本标准适用于工业与民用建筑及构筑物的钢结构工程施工质量的验收。本标准应与现行国家标准《建筑工程施工质量验收统一标准》（GB 50300）配套使用。钢结构工程施工质量的验收除应符合本标准外，尚应符合国家现行有关标准的规定

2.1.7　钢结构设计原则

钢结构设计原则见表 2-1-3。

表 2-1-3　钢结构设计原则

序号	项目		内容
1	设计内容		钢结构设计应包括下列内容： 1）结构方案设计，包括结构选型及构件布置 2）材料选用及截面设计 3）作用及作用效应分析 4）结构的极限状态验算 5）结构、构件及连接的构造 6）制作、运输、安装、防腐和防火等要求 7）满足特殊要求结构的专门性能设计
2	设计方法		钢结构设计除疲劳计算和抗震设计外，应采用以概率理论为基础的极限状态设计方法，用分项系数设计表达式进行计算 除疲劳设计应采用容许应力法外，钢结构应按承载能力极限状态和正常使用极限状态进行设计
3	设计原则 极限状态	承载能力极限状态	当结构或构件达到最大承载力疲劳破坏或达到不适于继续承载的变形状态时，该结构或构件即达到承载能力极限状态。当结构或构件出现下列状态之一时，即认为超过了承载能力极限状态： 1）结构构件或连接因超过材料强度而破坏，或因过度变形而不适于继续承载 2）整个结构或其一部分作为刚体失去平衡 3）结构转变为机动体系而丧失承载能力 4）结构或结构构件因达到临界荷载而丧失稳定（如压屈） 5）整个结构或构件的一部分作为刚体失去平衡（如滑移、倾覆或连续倒塌） 6）地基丧失承载力而破坏 7）结构或结构构件的疲劳破坏
4		正常使用极限状态	结构或构件在正常使用状态下，当结构或结构构件出现下列状态之一时，应认为超过了正常使用规定的限值： 1）影响正常使用或外观的变形 2）影响正常使用或耐久性能的局部损坏 3）影响正常使用的振动 4）影响正常使用的其他特定状态 设计结构或构件时通常按承载能力极限状态设计以保证安全，再按正常使用状态进行校核以保证适用性

（续）

序号	项目	内容
5	设计原则	设计使用年限、结构重要性系数、建筑结构的作用分项系数、建筑结构考虑结构使用年限的荷载调整系数	1）设计文件中应注明结构设计使用年限，设计使用年限是按所设计结构使用性质的不同而规定的一个期限。在此时期内主要构件只需进行正常的维护而不需进行大修即可按预期目的使用并完成预定的功能。也即房屋结构在正常设计、正常施工、正常使用与维护条件下，满足其使用功能所应达到的使用年限。房屋建筑结构应根据《工程结构可靠性设计统一标准》（GB 50153）的规定确定结构设计设计使用年限。房屋建筑结构的设计使用年限应符合按下列规定： ①房屋建筑结构的设计基准期为 50 年 ②房屋建筑结构的设计使用年限见附表 2-1-1

附表 2-1-1　房屋建筑结构的设计使用年限

类别	设计使用年限/年	示例
1	5	临时性建筑结构
2	25	易于替换的结构构件
3	50	普通房屋和构筑物
4	100	标志性建筑物和特别重要的建筑物

2）结构重要性系数 γ_0，不应小于附表 2-1-2 的规定

附表 2-1-2　结构重要性系数 γ_0

结构重要性系数	对持久设计状态和短暂设计状态 安全等级			对偶然设计状态和地震设计状态
	一级	二级	三级	
γ_0	1.0	1.0	0.9	1.0

3）建筑结构的作用分项系数，应按附表 2-1-3 采用

附表 2-1-3　建筑结构的作用分项系数

作用分项系数	当作用效应对承载力不利时	当作用效应对承载力有利时
γ_G	1.3	≤1.0
γ_P	1.3	≤1.0
γ_Q	1.5	0

4）建筑结构楼面和屋面荷载考虑结构设计使用年限的调整系数，应按附表 2-1-4 采用

附表 2-1-4　建筑结构楼面和屋面荷载考虑结构设计使用年限的调整系数 γ_L

结构设计使用年限	γ_L
5	0.9
50	1.0
100	1.1

注：1. 当设计使用年限不为表中数值时，调整系数 γ_L 可按线性内插确定
　　2. 对于荷载标准值可控制的活荷载，设计使用年限调整系数 γ_L 取 1.0

序号	项目	内容
6	建筑结构的安全等级	1）建筑结构设计时应根据其破坏可能产生的后果（危及人的生命、造成经济损失、对社会或环境产生影响等）的严重性，采用不同的安全等级。建筑结构安全等级的划分应符合附表 2-1-5 的规定

（续）

序号	项目		内容

附表 2-1-5 建筑结构的安全等级

安全等级	破坏后果		示例
一级		很严重：对人的生命、经济、社会或环境影响很大	大型的公共建筑等
二级		严重：对人的生命、经济、社会或环境影响较大	普通的住宅和办公楼等一般工业建筑
三级		不严重：对人的生命、经济、社会或环境影响较小	小型的或临时性贮存建筑等

6 / 设计原则 / 建筑结构的安全等级

注：房屋建筑结构抗震设计中的甲类建筑和乙类建筑，其安全等级宜规定为一级；丙类建筑，其安全等级宜规定为二级；丁类建筑，其安全等级宜规定为三级

2）建筑结构中各种结构构件的安全等级，宜与结构的安全等级相同，对其中部分结构构件的安全等级，可根据其重要程度和综合经济效果进行适当调整。但不得低于三级

3）一般工业与民用建筑（钢）结构的安全等级应采用二级，其他特殊及重要的建筑（钢）结构的安全等级应根据专门的技术规程确定

---

7 / 设计原则 / 荷载组合分类

1）对承载能力极限状态，应按下列荷载的基本组合或偶然组合表达式进行设计

$$\gamma_0 S_d \leqslant R_d \tag{2-1-1}$$

式中　γ_0——结构重要性系数，应按附表 2-1-2 采用

　　　S_d——荷载组合的效应设计值（构件的轴力、弯矩、剪力等内力）

　　　R_d——结构构件抗力的设计值，应按各有关建筑设计规范的规定确定

2）对于正常使用极限状态，应根据不同的设计要求，采用荷载的标准组合、频遇组合或准永久组合，并应按下式进行设计

$$S_d \leqslant C \tag{2-1-2}$$

式中　C——结构或结构构件达到正常使用要求的规定限值，例如变形、裂缝、振幅加速度、应力等的限值，应按各有关建筑结构设计规范的规定采用

---

8 / 极限状态表达式 / 荷载基本组合的效应设计值 S_d

荷载基本组合的效应设计值 S_d，应从下列荷载组合值中取用最不利的效应设计值确定

1）由可变荷载效应控制的组合

$$S_d = \sum_{j=1}^{m} \gamma_{G_j} S_{G_jk} + \gamma_{Q_1}\gamma_{L_1} S_{G_1k} + \sum_{i=2}^{n} \gamma_{Q_i}\gamma_{L_i}\psi_{c_i} S_{Q_ik} \tag{2-1-3}$$

式中　γ_{G_j}——第 j 个永久荷载的分项系数

　　　γ_{Q_i}——第 i 个可变荷载的分项系数，其中 γ_{Q_1} 为主导可变荷载 Q_1 的分项系数

　　　γ_{L_i}——第 i 个可变荷载考虑设计使用年限的调整系数，其中 γ_{L_1} 为主导可变荷载 Q_1 考虑设计使用年限的调整系数

　　　S_{G_jk}——按第 j 个永久荷载标准值 G_{jk} 计算的荷载效应值

　　　S_{Q_ik}——按第 i 个可变荷载标准值 Q_{ik} 计算的荷载效应值，其中 S_{Q_1k} 为诸可变荷载效应中起控制作用者

　　　ψ_{c_i}——第 i 个可变荷载 Q_i 的组合值系数

　　　m——参与组合的永久荷载数

　　　n——参与组合的可变荷载数

2）由永久荷载效应控制的组合

$$S_d = \sum_{j=1}^{m} \gamma_{G_j} S_{G_jk} + \sum_{i=1}^{n} \gamma_{Q_i}\gamma_{L_i}\psi_{c_i} S_{Q_ik} \tag{2-1-4}$$

注：1. 基本组合中的效应设计值仅适用于荷载与荷载效应为线性的情况

（续）

序号	项目	内容
8	荷载基本组合的效应设计值 S_d	2. 当对 S_{Q1k} 无法明显判断时，应轮次以各可变荷载效应作为 S_{Q1k}，并选取其中最不利荷载组合的效应设计值 3）基本组合的荷载分项系数应按下列规定采用： ①永久荷载的分项系数应符合下列规定： A. 永久荷载效应对结构不利时，对由可变荷载效应控制的组合应取 1.2，对由永久荷载效应控制的组合应取 1.35 B. 永久荷载效应对结构有利时，不应大于 1.0 ②可变荷载的分项系数应符合下列规定： A. 对标准值大于 $4kN/m^2$ 的工业房屋楼面结构的活荷载应取 1.3 B. 其他情况下应取 1.4 ③对结构的倾覆、滑移或漂浮验算，荷载的分项系数均应满足有关的建筑结构设计规范的规定
9	极限状态表达式	荷载偶然组合的效应设计值 S_d	1）对偶然设计状况，应采用作用的偶然组合，其效应设计值可按下式确定 $$S_d = S\left[\sum_{i \geqslant 1} G_{ik} + P + A_d + (\psi_{f1} \text{ 或 } \psi_{q1})Q_{1k} + \sum_{j>1} \psi_{qj}Q_{jk}\right] \quad (2\text{-}1\text{-}5)$$ 式中　A_d——偶然作用的设计值 　　　ψ_{f1}——第 1 个可变作用的频遇值系数 　　　ψ_{q1}、ψ_{qj}——第 1 个和第 j 个可变作用的准永久值系数
10		地震组合的效应设计值 S_d	对地震设计状况，应采用作用的地震组合。地震组合的效应设计值，宜根据重现期为 475 年的地震作用（基本烈度）确定，并按下式计算 $$S_d = S\left(\sum_{i \geqslant 1} G_{ik} + P + \gamma_I A_{Ek} + \sum_{j \geqslant 1} \psi_{qj}Q_{jk}\right) \quad (2\text{-}1\text{-}6)$$ 式中　γ_I——地震作用重要性系数 　　　A_{Ek}——根据重现期为 475 年的地震作用（基本烈度）确定的地震作用标准值 注：1. 地震组合的效应设计值，也可根据重现期大于或小于 475 年的地震作用确定，其效应设计值应符合有关的抗震设计规范的规定 　　2. 当永久作用效应或预应力作用效应对结构构件承载力起有利作用时，式中永久作用分项系数 γ_G 和预应力作用分项系数 γ_P 的取值不应大于 1.0
11		正常使用极限状态的标准组合、频遇组合或准永久组合效应设计值 S_d	按正常使用极限状态设计时，可根据不同情况采用作用的标准组合、频遇组合或准永久组合。标准组合宜用于不可逆正常使用极限状态；频遇组合宜用于可逆正常使用极限状态；准永久组合宜用于当长期效应是决定性因素时的正常使用极限状态。设计计算时，对正常使用极限状态的材料性能的分项系数，除各结构设计规范有专门规定外，应取 1.0 标准组合　　$$S_d = S\left(\sum_{i \geqslant 1} G_{ik} + P + Q_{1k} + \sum_{j>1} \psi_{cj}Q_{jk}\right) \quad (2\text{-}1\text{-}7)$$ 频遇组合　　$$S_d = S\left(\sum_{i \geqslant 1} G_{ik} + P + \psi_{f1}Q_{1k} + \sum_{j>1} \psi_{qj}Q_{jk}\right) \quad (2\text{-}1\text{-}8)$$ 准永久组合　$$S_d = S\left(\sum_{i \geqslant 1} S_{ik} + P + \sum_{j \geqslant 1} \psi_{qj}Q_{jk}\right) \quad (2\text{-}1\text{-}9)$$ 注：组合中的设计值仅适用于荷载与荷载效应为线性的情况

2.1.8　钢结构工程设计的基本要求

钢结构工程设计应从工程实际出发，考虑材料的供应情况和施工条件，合理选用建筑材料、结构方案和构造措施，并且满足结构在运输、安装和使用过程中的强度、稳定性和刚度的要求，同时还要符合防火标准，注意结构的防腐蚀要求。切实做到技术先进，安全适用，经济合理，确保质量。钢结构工程设计的基本要求见表 2-1-4。

表 2-1-4　钢结构工程设计的基本要求

序号	项目	内容
1	工程设计方案应遵守的原则	1）方案设计首先应满足生产工艺、使用功能和建筑功能的要求，并在此基础上优化和选用结构合理、技术经济性能良好的方案 2）方案设计应根据建筑物不同的使用要求与荷载条件等，合理地进行结构布置，包括与建筑师共同商定柱网、轴线、伸缩缝及支撑布置等，同时尚应进行结构的合理选型，包括结构体系的确定和结构构件类型、截面的选型等 3）根据钢结构工程的特点，其方案设计宜在技术、经济性能方面进行适当的优化，并应注意下列几点： ①方案比选分析时，其经济造价一般可以用钢量作为指标，但不宜以用钢量作为衡量经济性能的唯一标准，更不应以降低结构使用功能或安全度追求最低的用钢量 ②方案的经济性应是综合性并动态的评价，除用钢量等直接影响外，还应考虑不同方案在地基方面的影响（地基负荷的增减、扩大柱距后基础数量的减少等）及在施工方面的影响（加工、安装的工程量、施工周期等）以及使用空间、使用面积与节约能源方面的影响与使用维护成本的影响等 4）对于同一工程，应尽量减少构件数量、连接接头的种类与材料规格的类型，宜在方案阶段合理确定材料规格的选用范围，不宜选用最大型号型钢或加厚型材，并尽量做到构件与节点的标准化与通用化，材料选用系列化，以方便材料订货与施工，保证工程质量 5）遵循集中使用材料，充分发挥构件承载力的原则。结构布置与构件选型应避免构件重叠，简化传力途径与结构布置等。如扩大柱距时，以墙架柱（或起重机梁辅助桁架上设置小钢柱）支承屋架而取消托架，在轻型屋面的屋架结构中，以屋架（屋面梁）下弦加隅撑做法替代下弦水平支撑加竖向支撑的做法等 6）结构与构件的选型应尽量减小因构造要求而增加杆件或加大截面引起的用钢量增加，如合理地采用管形截面、格构式构件以及蜂窝梁；承重柱适当扩大柱距，使强度与局部稳定所要求的截面尽量协调一致等 7）工程设计中应以正确、清晰的概念为指导，应了解规范的适用范围与应用条件，正确理解与应用规范。如冷弯成型且厚度 $t \leqslant 6mm$ 的型材构件，其钢材计算指标、公式与构造等均应以《冷弯薄壁型钢结构技术规范》（GB 50018）为依据，而按抗震设防要求设计的结构，仅当按地震作用组合控制截面设计时应按《建筑抗震设计规范》（GB 50011）的设计、构造要求设防
2	结构和结构设计中应注意的事项	1）根据《钢结构设计标准》（GB 50017）要求，钢结构设计应包括下列内容： ①结构方案设计，包括结构选型及构件布置，明确结构使用年限及安全等级 ②材料选用及截面选择（包括钢材牌号、质量等级、材料标准与附加技术性能要求等） ③正确确定结构或构件上的荷载及作用并进行作用效应分析 ④结构极限状态验算 ⑤结构、构件及连接的构造 ⑥制作、运输、安装、防腐及防火等要求（包括加工、组装、焊接、运输、安装与检测、验收等工序） ⑦满足特殊要求结构的专门性能设计 2）应根据结构与构件的不同使用条件（重要性、连接方式、荷载类别与环境温度等），并应考虑钢材价格、市场供货情况等因素，合理选用钢材。并应熟悉了解有关材料标准的材料性能与技术要求，不宜轻易提高或降低对钢材的质量等级要求；应在有技术经济依据的条件下，提出应用 Q390、Q420 等更高强度钢的要求与碳当量、屈强比、Z 向性能等附加技术要求 3）应按《钢结构设计标准》（GB 50017）与《钢结构焊接规范》（GB 50661）的规定，结合构件的加工、应用条件，合理正确地提出焊接加工技术要求，包括焊接材料的匹配、选用，焊缝坡口、熔透与非熔透、构件与节点区等不同的焊缝质量等级要求等。焊缝长度与厚度等应按计算或规范要求适当留有余度后确定，不应随意提出加厚焊缝、封闭焊缝等要求或"所有焊缝一律满焊"等不可行的要求。应区别等强与熔透焊的不同概念，不宜随意采用一级焊缝质量等级的要求

（续）

序号	项目		内容
2	结构和结构设计中应注意的事项		4）当应用计算机软件进行设计的同时，应注意结合具体的工程强化结构概念的设计，防止过分依赖计算机的"人脑退化"，应了解相关软件的计算假定与使用条件，保证输入数据的完整、正确，并应准确无误地判断计算结果的正确性，必要时可采用手工方法进行校核 5）应注意计算模型、计算假定与实际构造的一致性。框架结构中的梁柱刚性节点连接，其构造应符合受力过程中梁柱交角不变的假定，故宜采用栓-焊或全焊的刚性连接；铰接节点的构造则应具有充分的转动能力；多跨简支梁间的构造连接应避免形成连续梁的受力状态。当设有起重机的门式刚架的梁柱节点采用端板连接假设为刚节点（实为半刚性构造）进行计算时，宜考虑其刚性差别对变形与内力的不利影响 6）钢结构与组合结构有关的材料与设计、施工规范种类繁多，设计人员要切实做到理解规范与依据规范做好设计。应避免简单、不合理的重复利用设计或"克隆"设计的做法
3	钢结构构件的布置及选型的建议	单层框（排）架	1）单层厂房可为单跨或多跨组成，其跨度应按工艺及生产要求、起重机配置及荷载情况等条件确定，一般仍可按建筑模数的要求配置如 18m、24m、33m、36m 等。从综合技术经济效果考虑，钢结构排架（刚架）的跨度以 24～36m 较为合理，当采用彩色涂层压型钢板等轻型围护屋面时，跨度可偏大考虑 2）单层厂房柱距根据生产工艺要求、荷载情况、有无起重机及地基情况等有关因素确定，但钢结构的合理柱距应比传统（混凝土结构）的 6m 柱距更为扩大这是无疑的。特别是采用设有檩条的轻型屋盖后，屋面自重仅相当于重型屋盖自重的 $1/8～1/10(30～300kg/m^2)$，因此扩大柱距创造了更有利的条件（减轻单柱荷载、减小地震作用） 　目前对于单层或多跨轻型屋盖厂房，柱距一般以 7.5～9m 较为合理，重型工业厂房则以 9～12m 较为适宜。当厂房柱距采用 12m 或 15m 扩大柱距时，屋架间距仍可采用 6m 或 7.5m 而不设托架，中间屋架可由小钢柱支承在起重机梁的副桁架或墙架柱上 3）对于采用压型钢板围护的门式刚架轻型钢结构，其跨度以 18～24m 较经济，柱距以 7.5～9m 较为合理。当为多跨时，仍可尽量做成一脊双坡屋面，以减少内落水，而在房屋中部设置铰支柱划分跨度并支承刚架梁，则刚架梁将形成双连跨或多连跨形式 4）框（排）架的结构类型 ①传统的变截面阶梯形柱及格式构式屋架横梁相组合的框架：适用于跨度较大、起重机起重量较大（$Q≥30t$）的厂房，其柱脚与基础为刚接连接。当厂房设有双层起重机、特重级起重机或框架侧向变形要求更严时，屋架横梁端部应与柱做成刚接连接 　关于厂房屋盖采用钢网架的情况，对于不设桥式起重机的网格柱网的厂房（汽车工厂等），采用网架尚属合理，但对于多数窄长形并设桥式起重机的厂房，其网架多为单向支承，不能充分发挥网架的空间受力特征，并非合理方案 ②实腹截面（局部变截面）的门式刚架：近年来配合压型钢板轻型围护材料组成系列化的门式刚架轻型建筑迅速发展并广泛得到应用，它适用于无起重机或小起重机（$Q≤20t$）的轻型工业厂房或仓储建筑。同时，将门式刚架用作轻型屋盖变截面阶梯形柱厂房框架的上部刚架结构，替代原上阶柱与屋架的结构方案，外形简洁，降低了房屋的高度并增加了厂房的侧向刚度，已实际用于多项工程，取得了较好效果 ③钢管混凝土柱：近年来由于钢—混凝土组合结构应用取得了较快的发展，部分工业建筑框排架柱采用钢筋混凝土柱后取得了较好的经济效果，其截面类型包括单肢圆（矩）管柱与双肢、多肢格式构式圆（矩）管柱
4		多高层钢结构体系	1）多层框架以抗侧力为其承载主要特点，根据国内外经验，框架结构应按高度、体形、荷载等条件合理选择其结构体系，一般按高度不同可分别选用框架、支撑结构、框架—支撑、框架—剪力墙板、简体结构及巨型结构等体系。当层数不超过 50 层时，可采用框架—剪力墙板、简体结构。这类钢—混凝土组合结构体系，6 层及以下的多层框架或工业建筑多层框架，可采用纯框架体系或框—支撑体系，7～12 层多层框架宜采用框架—剪力墙板体系 2）多层框架的柱网尺寸一般按使用条件、梁格的合理布置以及停车位的合理空间等条件确定。当为网格式柱网时，柱距一般以 6～9m 较为适宜，当为居住、办公建筑时宜偏小取值，对于工业建筑可偏大取值

（续）

序号	项目		内容
4	钢结构构件的布置及选型的建议	多高层钢结构体系	3）多层框架的梁、柱一般采用实腹式工字形截面，当荷载较大时，柱可采用方（矩）管截面或箱形截面以及方（矩）钢管混凝土柱 4）多层框架楼盖结构均宜采用钢-混凝土组合楼盖，不仅施工方便快速，而且有良好的强度与刚度，但组合楼盖的楼板宜优先选用现浇平板或迭合板，仅在有技术经济依据时，才采用压型钢板组合楼板
5		屋盖结构	1. 重型屋盖无檩屋盖体系 20 世纪 80 年代以前，应用较多的是由天窗架、屋架、托架与大型屋面板组成的屋盖结构体系，20 世纪 70 年代国家组织编制了此系列钢结构构件通用图（6～12m 天窗架、12m 托架、18～36m 屋架），适用于一般工业建筑厂房屋盖。但由于屋盖质量大、构件种类多、施工工期长等缺点，近年来应用有明显减少。综合技术经济比较表明，重型屋盖钢结构（大型屋面板、角钢组合截面屋架）的用钢量与造价已接近甚至超过相同使用条件的轻型屋盖结构（彩色压型钢板、冷弯薄壁型钢檩条、轻型钢屋架） 重型屋盖屋架因多采用卷材防水屋面，因此屋面坡度较平缓（1/12～1/10），故屋架一般多采用梯形屋架，梯形屋架较三角形屋架受力及构造更为合理，同时也便于与柱做成铰接或刚性连接构造，其屋架端部高度一般不小于跨度的 1/20 2. 轻型屋盖有檩屋盖体系 近十多年来，由于彩色压型钢板的广泛应用，有檩屋盖体系具有以下明显特点： 1）彩色压型钢板可以长尺寸供货，改变了短尺寸（1.8～2.8m）瓦楞铁屋面接缝多、防水性能差、同时要求较大的屋面坡度等缺点，因而可减少屋面施工的工程量并缩短了施工工期 2）彩色压型钢板的屋面排水坡度可做到 1/15～1/12，甚至做到 1/30，因而可较合理地应用梯形屋架或门式刚架，减少了内落水管的设置 3）传统钢屋架的杆件多采用角钢截面，采用节点板相互连接，致使屋架用钢量较大。目前采用的压型钢板屋面配以冷弯薄壁型钢檩条及钢管屋架则可得到较为经济效果，该设计方案已在工程中得到广泛应用，目前已有用于起重机起重量超过 100t，跨度为 30m 的重型车间屋盖结构的成功实例 3. 网架结构 当前我国在钢网架应用的广泛性及应用技术的水平方面都居国际较先进的地位。钢网架在其空间作用得到较充分发挥的条件下具有用钢量较低、整体刚度较好的特点，但其透光性及空间观感较差，加工精度要求及工程费用均较高。目前网架的应用已趋减少和更理性化，其适用范围为大跨度公用建筑空间结构（如体育场馆及大型展厅、会议大厅等）及飞机库等，在工业厂房的应用宜根据技术经济比较后合理确定
6		钢柱	1. 等截面柱 等截面实腹柱或缀条柱一般可用作平台柱，当起重机起重量不超过 20t，柱高不超过 10m 时，也可用作厂房柱，同时等截面实腹柱也多用于多层框架或工业构架支柱 对于无起重机的厂房等截面工形柱，其截面高度可取柱高的 1/18～1/15，截面宽度可取截面高度的 0.4～0.6 倍 2. 变截面阶形柱 变截面阶形柱适用于设有桥式起重机的厂房，其上阶柱一般为实腹工字形等截面柱，截面高度一般取上阶柱高度的 1/9～1/6；下阶柱当截面高度≤800mm 时可采用实腹截面，截面高度更大时宜采用格构式双（多）肢柱。双肢柱的肢距一般可取下柱高度的 1/15～1/10，而对中列柱，其柱肢间距离一般由起重机轨道中心与轴线间距来确定 双肢格构式柱的单肢一般采用热轧或焊接 H 型钢实腹截面，对边柱的外肢也可采用由角钢与钢板组成的槽形截面。当有技术经济合理性依据时，变截面下阶柱也可采用三肢或四肢钢管混凝土柱
7		钢吊车梁	吊车梁是工业建筑中的重要构件，房屋跨度一般采用 12m 至 30m，甚至跨度可做到 42m，起重机起重量可达到 500t，最常用的截面形式为焊接工字形，当起重机起重量及跨度均较大时可采用变截面梁。此外，中列柱的吊车梁也可采用箱形截面吊车梁，其梁的抗扭及整体刚度更好，但制作及安装难度较大

（续）

序号	项目		内容
7	钢结构构件的布置及选型的建议	钢吊车梁	对于跨度 18～30m 的吊车梁，承受起重量 Q_d30t 的轻、中级起重机荷载时，也可采用桁架式结构。其用钢量较低，但其缺点是耐疲劳性能较差，且加工难度和费用较高，因此，其应用范围受到一定的限制
			吊车梁系统一般尚应配置制动梁（桁架）、辅助桁架及吊车梁下弦支撑、竖向支撑等一系列配套构件
8		屋面檩条及墙梁	现在工业与民用建筑中的轻型板材屋面、墙面已普遍采用彩色压型钢板或夹芯板围护材料。其檩条与墙梁一般宜采用冷弯薄壁 C 形钢或 Z 形钢檩条，其适用跨度为 6～9m；所用截面规格的厚度范围可为 2.0m、2.5m 及 3.0mm；截面高度不宜超过 250mm，并不应超过 300mm
			当屋面采用连续檩条时，宜采用斜卷边 Z 形钢截面；当对防腐蚀有较高要求时，可采用镀锌构件。对于跨度为 9～12m 的檩条，可采用高频焊薄壁 H 型钢或轻型热轧 H 型钢。同时目前工程中采用的桁架式檩条同样获得了不错的经济效果

2.1.9 钢结构制图的规定

1. 图纸幅面规格

钢结构的图纸幅面规格应按照《房屋建筑制图统一标准》（GB/T 50001）的规定执行。

1）图纸的幅面及图框尺寸见表 2-1-5。

表 2-1-5 幅面及图框尺寸 （单位：mm）

尺寸代号	幅面代号				
	A0	A1	A2	A3	A4
$b \times l$	841×1189	594×841	420×594	297×420	210×297
c	10			5	
a	25				

注：表中 b 为幅面短边尺寸，l 为幅面长边尺寸，c 为图框线与幅面线间宽度，a 为图框线与装订边间宽度。

2）图纸以短边作为垂直边称为横式，以短边作为水平边称为立式。一般 A0～A3 图纸宜横式使用，必要时也可立式使用。

3）一个工程设计中，所使用的图纸一般不宜多于两种幅面，不含目录及表格所采用的 A4 幅面。

2. 图线的规定

1）图线宽度 b 分别为 0.35mm、0.5mm、0.7mm、1.0mm、1.4mm、2.0mm。每个图样应根据复杂程度与比例大小，确定基本线宽。

2）钢结构制图应选用表 2-1-6 中所示的图线。

表 2-1-6 图线

名称		线型	线宽	用途
实线	粗	——	b	在平面、立面、剖面中用单线表示的实腹构件，如梁、支撑、檩条、系杆、实腹柱、柱间支撑等以及图名下的横线、剖切线
	中	——	$0.5b$	结构平面图、详图中杆件（断面）轮廓线
	细	——	$0.025b$	尺寸线、标注引出线、标高符号、索引符号

（续）

名称		线型	线宽	用途
虚线	粗	- - - - - - - - -	b	结构平面中的不可见的单线构件线
	中	- - - - - - - -	$0.5b$	结构平面中的不可见的构件，墙身轮廓线及钢结构轮廓线
	细	- - - - - - - -	$0.25b$	局部放大范围边界线，以及预留预埋不可见的构件轮廓线
单点长画线	粗	—··—··—··—	b	平面图中的格构式的梁，如垂直支撑、柱撑、桁架式吊车梁等
	细	—·—·—·—	$0.25b$	杆件或构件定位轴线、工作线、对称线、中心线
双点长画线	粗	—···—···—	b	平面图中的屋架，梁（托架）线
	细	—···—···—	$0.25b$	原有结构轮廓线
折断线		——/\——	$0.25b$	断开界线
波浪线		～～～	$0.25b$	断开界线

3. 字体及计量单位

1）图纸上的文字与符号等，均应笔画清晰、字体端正、排列整齐；标点等符号应清楚正确，字的高宽关系见表 2-1-7。

表 2-1-7　长仿宋体字高宽关系 （单位：mm）

字高	20	14	10	7	5	3.5
字宽	14	10	7	5	3.5	2.5

2）汉字的简化字书写，必须符合国务院公布的《汉字简化方案》和有关规定。

3）汉字、拉丁字母、阿拉伯数字及罗马数字的书写排列应遵照《房屋建筑制图统一标准》（GB/T 50001）规定。

4）长度计量单位以 mm 计，标高以 m 计。

4. 比例

钢结构设计图应根据图样的用途、结构的复杂程度，选择适当比例。

5. 符号

（1）剖切符号　剖视的剖切符号应符合下列规定：

剖视的剖切符号应由剖切位置及投射方向线组成，均应以粗实线绘制。剖切位置线的长度宜为 6~10mm；投射方向线应垂直于剖切位置线，长度应短于剖切位置线，宜为 4~6mm，如图 2-1-1 所示。绘制时，剖视的符号不应与其他图线接触。

1）剖视的剖切符号编号采用阿拉伯数字或大写英文字母，由左至右、由下至上连续编排，并标注在剖视方向线的端部。

2）需要转折的剖切线，应在转角的外侧加注与该符号相同的编号。

断面的剖切符号应符合下列规定：断面的剖切符号只用剖切位置线表示，并应以粗实线绘制，长度宜为 6~10mm；断面的剖切符号宜采用阿拉伯数字，按顺序连续编排，并应注写在剖切位置线的一侧，编号所在的一侧应为该断面的剖视方向，如图 2-1-2 所示；剖面图或断面图如与被剖切图样不在同一张图内，可在剖切位置线的另一侧注明其所在图样的编号，也可以在图上集中说明。

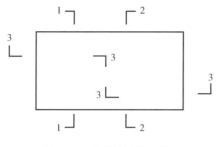

图 2-1-1　剖视的剖切符号

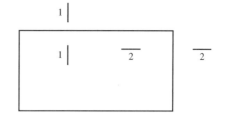

图 2-1-2　断面的剖切符号

（2）索引符号与详图编号　如需要另见详图，应以索引符号引出。

1）图中的某一局部或构件如图 2-1-3a 所示。索引符号由直径为 10mm 的圆和水平直径组成，圆及水平直径均应以细实线绘制。

索引出的详图，如与被索引的图同在一张图纸内，应在索引符号的上半圆用阿拉伯数字注明该详图的编号，并在下半圆中间画一段水平细实线，如图 2-1-3b 所示。

①若详图不在同一张图纸内，应在索引符号的上半圆中用阿拉伯数字注明该详图的编号，在索引符号的下半圆中用阿拉伯数字注明该详图所在图纸的编号，如图 2-1-3c 所示。数字较多时，可加文字注明。

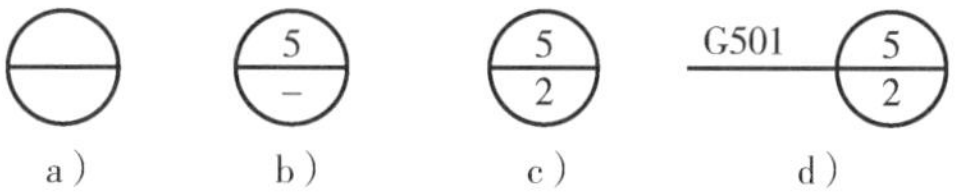

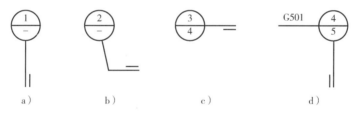

图 2-1-3　索引符号

②索引出的详图，如采用标准图，应在索引符号水平直径的延长线上加注该标准图册的编号，如图 2-1-3d 所示。

2）索引符号如用于索引剖视详图，应在被剖切的部位绘制剖切位置线，并以引出线引出索引符号，引出线所在的一侧应为投射方向。索引符号的编写同上条的规定，如图 2-1-4 所示。

图 2-1-4　用于索引剖面详图的索引符号

3）零件的编号以直径为 4~6mm（同一图中应保持一致）的细实线圆表示，其编号应为从上到下、从左到右，先型钢、后钢板，用阿拉伯数字按顺序编写，如图 2-1-5 所示。

4）详图的位置和编号，应以详图符号表示。详图符号的圆宜以直径为 14mm 粗实线绘制，详图应按下列规定编号：详图与被索引的图同在一张图纸内时，应在详图符号内注明详图的编号，如图 2-1-6 所示；详图与被索引的图不在一张图纸内时，应在上半圆中注明详图编号，在下半圈中注明被索引的图的编号，如图 2-1-7 所示。

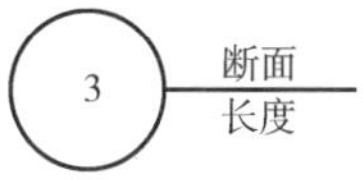

图 2-1-5　件的编号

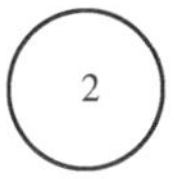

图 2-1-6　与被索引的图同在一张图纸内的详图编号

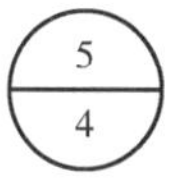

图 2-1-7　与被索引的图不在同一张图纸内的详图编号

6. 引出线

1）引出线应以细实线绘制，宜采用水平方向的直线或与水平方向成 30°、45°、60°或 90°的直线，或经上述角度再折为水平线。文字说明宜注写在水平线的上方，如图 2-1-8a 所示；也可注写在水平线的端部，如图 2-1-8b 所示；索引详图的引出线，应与水平直径线相连接，如图 2-1-8c 所示。

2）同时引出几个相同部分的引出线，宜互相平行，如图 2-1-9a 所示，也可画成集中于一点的放射线，如图 2-1-9b 所示。

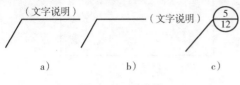

图2-1-8　引出线　　　　　　　　　　图2-1-9　共同引出线

7. 其他符号

1）对称符号由对称线和两端的两对平行线组成。对称线用细点画线绘制；平行线用细实线绘制，其长度宜为 6 ~ 10mm，其间距宜为 2 ~ 3mm 对称线垂直平分于两对平行线，两端超出平行线宜为 2 ~ 3mm，如图 2-1-10 所示。

2）连接符号应以折断线表示需连接的部位。两部位相距过远时，折断线两端靠图形一侧应标注大写拉丁字母表示连接编号。两个被连接的图形必须用相同的字母编号，如图 2-1-11 所示。

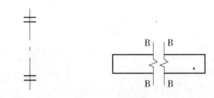

图 2-1-10　对称符号　　图 2-1-11　连接符号
(B-连接符号)

8. 图例

常用图例见表 2-1-8。

表 2-1-8　常用图例

名称	图例	说明	名称	图例	说明
高强度螺栓	◆ (M××)	括号内为标注示例	电焊铆钉	⊕	
安装螺栓	◇ (M××)	××为螺栓直径	铆钉	◑	
永久螺栓	◇ (M××)		工厂拼装位置	▽	
孔	+ (孔 d = ___)		现场拼装位置	▼	
长圆形螺栓孔	⬭				

9. 钢结构制图标注方法

钢结构制图标注方法见表 2-1-9 ~ 表 2-1-11。

表 2-1-9　钢结构制图标注方法

项目	内容
螺栓	螺栓规格一律以公称直径标注，如以直径 20mm 为例，图面画标注为 M20，其孔径应标注为：$d = 21.5$mm
型钢	型钢标注方法见表 2-1-10，但采用双角钢时，则按实际图形标注，如 ⌐、「或」等，而不应标注为 2∟
钢板	钢板规格的标注应为宽×厚/长（用于施工详图），例如：100×100，厚为 8mm 的钢板，标注为 $-100 \times 8/200$。在设计图中当只注明板厚时，应标注为 -8
引出线	规格标注的引出线，应指向该部（零）件，引出线用细实线绘制，不采用波浪线而用斜线（与水平方向成 30°、45°、60°）或竖直线 当同时需引出几个相同部分的引出线，可画成集中一点的放射线，其标注方法示例如下： L100×10　　　[12　　　　—10 （长）　　　（长）

（续）

项目	内容
高层和轻型钢结构	在高层和轻型钢结构中的厚壁或薄壁型钢，如属引进的钢材，则仍应按国外规格标注，不应任意换算以免造成施工识图的困难
栏杆的绘示方法	在平台布置图中的栏杆用轻实线加点线━•━•━•（点的间距相当于竖杆间距）在紧沿设置栏杆处之平台梁外侧绘出
图例	钢结构常用图例见表 2-1-8
半径、直径等标注方法	半径、直径、圆弧半径及角度的标注方法见表 2-1-11

表 2-1-10　型钢标注方法

名称	截面	标注方法	备注
等边角钢	⌐	$\llcorner b \times t$	b—肢宽，t—肢厚
不等边角钢	 ⌐	$\llcorner B \times b \times t$	B—长肢宽
工字钢	 Ⅰ	$\mathrm{I} N \qquad Q\mathrm{I} N$	轻型工字钢加注 Q，N 为型号
槽钢	 ⊏	$[N \qquad Q [N$	轻型槽钢加注 Q，N 为型号
H 型钢	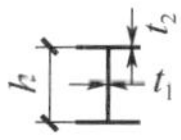	$\mathrm{H} h \times b \times t_1 \times t_2$	b—翼缘宽；t_1—腹板厚；t_2—翼缘厚度
T 型钢	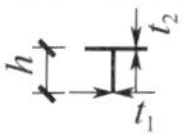	$\mathrm{T} h \times B \times t_1 \times t_2$	
方钢		$\square b$	
扁钢	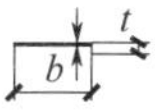	$— b \times t$	
圆钢	 ⊘	ϕd	
钢板		$— t$	
钢管	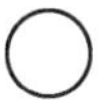 ○	$\phi d \times t$	d—外径
薄壁方钢管	□	$\mathrm{B}\square h \times t$	
薄壁等肢角钢	⌐	$\mathrm{B}\llcorner b \times t$	
薄壁等肢卷边角钢	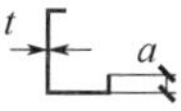	$\mathrm{B}\llcorner b \times a \times t$	
薄壁槽钢	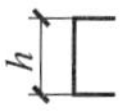	$\mathrm{B}[h \times b \times t$	
薄壁卷边槽钢		$\mathrm{B}[h \times b \times a \times t$	
薄壁卷边 Z 型钢		$\mathrm{B}乙 h \times b \times a \times t$	

（续）

名称	截面	标注方法	备注
轻轨和重轨		钢轨 × × kg/m	
起重机钢轨		QU × ×（型号）	
焊接 H 型钢	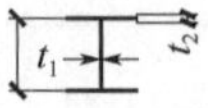	$BHh \times b \times t_1 \times t_2$	

表 2-1-11　半径、直径、圆弧半径及角度标注方法

名称	标注方法	名称	标注方法
半径	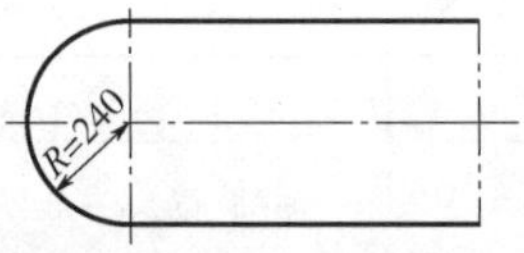 $R=240$	较大圆弧的半径	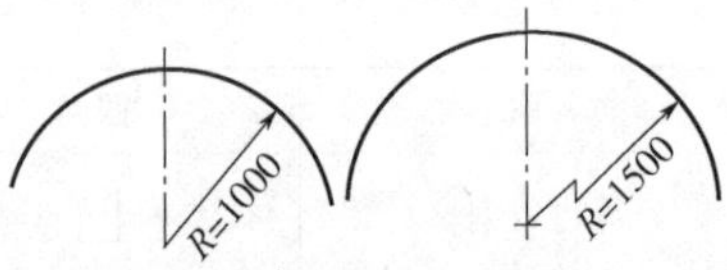 $R=1000$ $R=1500$
大圆直径	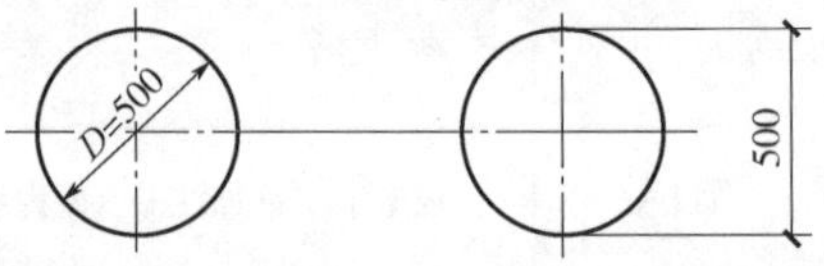 $D=500$　500	角度的标注	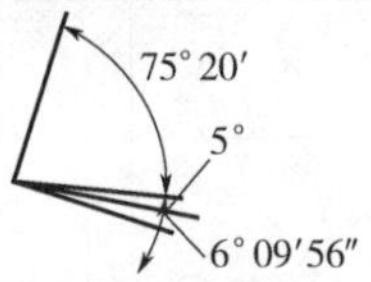 75° 20′　5°　6° 09′56″
小圆直径	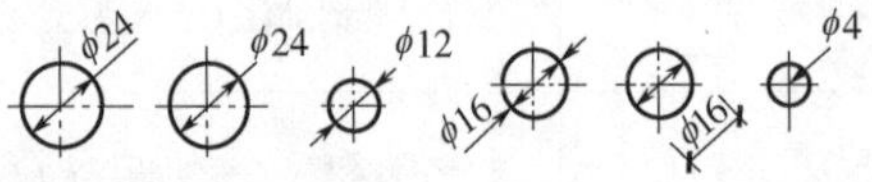 $\phi24$　$\phi24$　$\phi12$　$\phi16$　$\phi16$　$\phi4$	弧长的标注	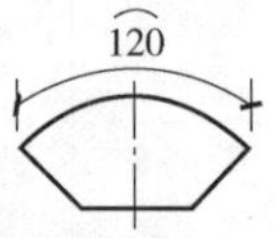 120
较小圆弧的半径	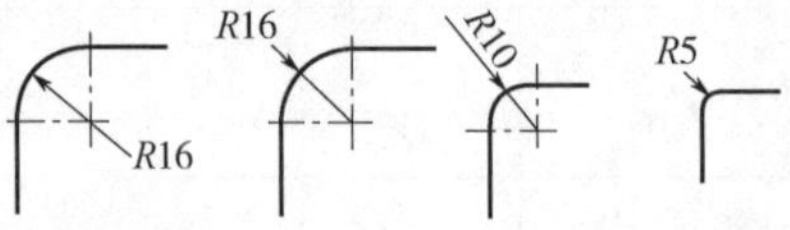 $R16$　$R10$　$R5$　$R16$	弦长的标注	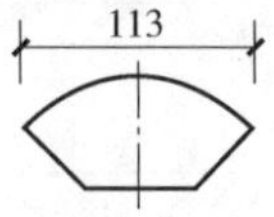 113

2.2　建筑结构的荷载与作用

2.2.1　荷载与作用的分类

1）结构设计应正确地考虑各类荷载与作用。荷载是指结构上承受的直接作用，如风荷载、雪荷载、起重机荷载等；作用一般是指可能产生结构内力、应力与变形等的间接作用，如温度变化、地面运动与基础沉降的变形等。荷载的分类与计算取值、地震作用的计算取值应分别符合国家现行标准《建筑结构荷载规范》（GB 50009）与《建筑抗震设计规范》（GB 50011）的规定。荷载与作用的分类可根据性质分为几种，见表 2-2-1。

表 2-2-1　荷载与作用的分类

类别	按时间的变化分类	按空间的变化分类	按结构的反应特点分	按有无限值分类
分类	1）永久作用 2）可变作用 3）偶然作用	1）固定作用 2）自由作用	1）静态作用 2）动态作用	1）有界作用 2）无界作用

2）结构上荷载按作用时间变化，可分为永久荷载、可变荷载（如各类活荷载）和偶然荷载（如火灾作用），部分荷载及作用示例见表 2-2-2。

表 2-2-2　部分荷载及作用示例

永久荷载作用	可变荷载作用	偶然荷载作用
1）结构自重 2）土压力 3）水位不变的水压力 4）预应力 5）地基变形 6）混凝土收缩 7）钢材焊接变形 8）引起结构外加变形或约束变形的各种施工因素	1）作用时人员、物件等荷载 2）施工时结构的某些自重 3）安装荷载 4）车辆荷载 5）起重机荷载 6）风荷载 7）雪荷载 8）冰荷载 9）地震作用 10）撞击 11）水位变化的水压力 12）扬压力 13）波浪力 14）温度变化	1）撞击 2）爆炸 3）地震作用 4）龙卷风 5）火灾 6）极严重的侵蚀 7）洪水作用

注：地震作用和撞击可以认为是规定的条件下的可变作用或偶然作用。

2.2.2　荷载与作用的计算与取值

1）工程结构设计时，对不同荷载应采用下列不同的代表值。

①对永久荷载应采用标准值作为代表值。

②对可变荷载应根据设计要求采用标准值、组合值、频遇值或准永久值作为代表值。

③对偶然荷载应按建筑结构使用的特点确定其代表值。

④在确定代表值时，应采用 50 年设计基准期。

⑤承载能力极限状态设计或正常使用极限状态按标准组合设计时，对可变荷载应按规定的荷载组合采用荷载的组合值或标准值作为其荷载代表值；可变荷载的组合值，应为可变荷载的标准值乘以荷载组合值系数。

⑥正常使用极限状态按频遇组合设计时，应采用可变荷载的频遇值或准永久值作为其荷载代表值；按准永久组合设计时，应采用可变荷载的准永久值作为其荷载代表值。可变荷载的频遇值，应为可变荷载标准值乘以频遇值系数；可变荷载准永久值，应为可变荷载标准值乘以准永久值系数。

2）结构上直接作用的荷载计算与取值所遵循的设计基准期为 50 年。对风、雪荷载取值的重现期应按 50 年考虑。当有必要对临时建筑结构或重要建筑结构分别考虑 10 年重现期或 100 年重现期时，可按荷载规范规定考虑调整系数确定风压或雪压的取值。

3）计算环境温差引起结构的内应力或变形时，温度作用的计算应符合以下规定：

①环境温度的年平均最高或最低气温应按当地气象资料数据采用。计算温差时，结构的起始环境温度宜按结构安装、合龙形成结构体系时的环境气温采用，一般应按施工实际情况，并考虑适中的合龙时期对温度取值，避免过大的计算温差。

②对大跨度空间网格结构，在安装过程中已产生不可逆的温度内应力与变形时，宜在最终计算温差作用时予以叠加考虑。

③对柱间支撑与螺栓连接檩条或墙梁组成的纵向柱列结构，计算其温度作用时，宜考虑螺栓连接的构造消减影响予以适当的折减。

④为消减温度作用而采用构件端部的滑动连接构造时，其温度作用一般可按作用于节点连接的摩擦力计算。

⑤对有较大热辐射工艺设备附近的结构，应按其操作时与检修时的实际温差计算温度作用，并宜采取防护构造等措施减小温度作用的影响。

4）荷载数值。按相关规范计算荷载效应时，对雪荷载、风荷载、起重机荷载等的计算取值应符合以下要求：

①永久荷载。永久荷载应包括结构构件、围护构件、面层及装饰、固定设备、长期储物的自重，土压力、水压力，以及其他需要按永久荷载考虑的荷载。

结构自重的标准值可按结构构件的设计尺寸与材料单位体积的自重计算确定。

一般材料和构件的单位自重可取其平均值，对于自重变异较大的材料和构件，自重的标准值应根据对结构的不利或有利状态，分别取上限值或下限值。常用材料和构件单位体积的自重可按《建筑结构荷载规范》（GB 50009）附录 A 采用。

固定隔墙的自重可按永久荷载考虑，位置可灵活布置的隔墙自重应按可变荷载考虑。

②楼面与屋面活荷载

A. 民用建筑楼面均布活荷载的标准值及其组合值系数、频遇值系数和准永久值系数的取值，不应小于表 2-2-3 的规定。

表 2-2-3　民用建筑楼面均布活荷载的标准值及其组合值系数、频遇值系数和准永久值系数

序号	类别			标准值/ (kN/m^2)	组合值系数 ψ_c	频遇值系数 ψ_f	准永久值系数 ψ_q
1	1）住宅、宿舍、旅馆、办公楼、医院病房、托儿所、幼儿园			2.0	0.7	0.5	0.4
	2）试验室、阅览室、会议室、医院门诊室			2.0	0.7	0.6	0.5
2	教室、食堂、餐厅、一般资料档案室			2.5	0.7	0.6	0.5
3	1）礼堂、剧场、影院、有固定座位的看台			3.0	0.7	0.5	0.3
	2）公共洗衣房			3.0	0.7	0.6	0.5
4	1）商店、展览厅、车站、港口、机场大厅及其旅客等候室			3.5	0.7	0.6	0.5
	2）无固定座位的看台			3.5	0.7	0.5	0.3
5	1）健身房、演出舞台			4.0	0.7	0.6	0.5
	2）运动场、舞厅			4.0	0.7	0.6	0.3
6	1）书库、档案库、储藏室			5.0	0.9	0.9	0.8
	2）密集柜书库			12.0	0.9	0.9	0.8
7	通风机房、电梯机房			7.0	0.9	0.9	0.8
8	汽车通道及客车停车库	1）单向板楼盖（板跨不小于 2m）和双向板楼盖（板跨不小于 3m×3m）	客车	4.0	0.7	0.7	0.6
			消防车	35.0	0.7	0.5	0.0
		2）双向板楼盖（板跨不小于 6m×6m）和无梁楼盖（柱网不小于 6m×6m）	客车	2.5	0.7	0.7	0.6
			消防车	20.0	0.7	0.5	0.0
9	厨房	1）餐厅		4.0	0.7	0.7	0.7
		2）其他		2.0	0.7	0.6	0.5
10	浴室、卫生间、盥洗室			2.5	0.7	0.6	0.5
11	走廊、门厅	1）宿舍、旅馆、医院病房、托儿所、幼儿园、住宅		2.0	0.7	0.5	0.4
		2）办公楼、餐厅、医院门诊部		2.5	0.7	0.6	0.5
		3）教学楼及其他可能出现人员密集的情况楼梯		3.5	0.7	0.5	0.3

（续）

序号	类别		标准值/（kN/m²）	组合值系数/ψ_c	频遇值系数/ψ_f	准永久值系数/ψ_q
12	楼梯	1）多层住宅	2.0	0.7	0.5	0.4
		2）其他	3.5	0.7	0.5	0.3
13	阳台	1）可能出现人员密集的情况	3.5	0.7	0.6	0.5
		2）其他	2.5	0.7	0.6	0.5

注：1. 本表所给各项活荷载适用于一般使用条件，当使用荷载较大、情况特殊或有专门要求时，应按实际情况采用。

2. 第 6 项书库活荷载当书架高度大于 2m 时，书库活荷载尚应按每米书架高度不小于 2.5kN/m² 确定。

3. 第 8 项中的客车活荷载仅适用于停放载入少于 9 人的客车；消防车活荷载适用于满载总重为 300kN 的大型车辆；当不符合本表的要求时，应将车轮的局部荷载按结构效应的等效原则，换算为等效均布荷载。

4. 第 8 项消防车活荷载，当双向板楼盖板跨介于 3m×3m ~ 6m×6m 时，应按跨度线性插值确定。

5. 第 12 项楼梯活荷载，对预制楼梯踏步平板，尚应按 1.5kN 集中荷载验算。

6. 本表各项荷载不包括隔墙自重和二次装修荷载；对固定隔墙的自重应按永久荷载考虑，当隔墙位置可灵活自由布置时，非固定隔墙的自重应取不小于 1/3 的每延米长墙重（kN/m）作为楼面活荷载的附加值（kN/m²）计入，且附加值不应小于 1.0kN/m²。

B. 工业建筑楼面活荷载。工业建筑楼面在生产使用或安装检修时，由设备、管道、运输工具及可能拆移的隔墙产生的局部荷载，均应按实际情况考虑，可采用等效均布活荷载代替。对设备位置固定的情况，可直接按固定位置对结构进行计算，但应考虑因设备安装和维修过程中的位置变化可能出现的最不利效应。工业建筑楼面堆放原料或成品较多、较重的区域，应按实际情况考虑；一般的堆放情况可按均布活荷载或等效均布活荷载考虑。楼面等效均布活荷载，包括计算次梁、主梁和基础时的楼面活荷载，可分别按《建筑结构荷载规范（GB 50009）附录 C 的规定确定。

工业建筑楼面（包括工作平台）上无设备区域的操作荷载，包括操作人员、一般工具、零星原料和成品的自重，可按均布活荷载 2.0kN/m² 考虑。在设备所占区域内可不考虑操作荷载和堆料荷载。生产车间的楼梯活荷载，可按实际情况采用，但不宜小于 3.0kN/m²。生产车间的参观走廊活荷载，可采用 3.5kN/m²。

工业建筑楼面活荷载的组合值系数、频遇值系数和准永久值系数除规范以外，应按实际情况采用；但在任何情况下，组合值和频遇值系数不应小于 0.7，准永久值系数不应小于 0.6。

仪器仪表生产车间楼面均布活荷载、轮胎厂准备车间楼面均布活荷载、粮食加工车间楼面均布活荷载、金工车间楼面均布活荷载、棉纺织车间楼面均布活荷载和半导体器件车间楼面均布活荷载分别见表 2-2-4 ~ 表 2-2-9。

表 2-2-4　仪器仪表生产车间楼面均布活荷载

序号	车间类别		荷载标准值/（kN/m²）				组合值系数 ψ_c	频遇值系数 ψ_f	准永久值系数 ψ_q
			板跨度 l/m		次梁（肋）	主梁			
			$2.0 > l \geqslant 1.2$	$l \geqslant 2.0$					
1	光学车间	光学加工	7.0	5.0	5.0	4.0	0.8	0.8	0.7
2		较大型光学仪器装配	7.0	5.0	5.0	4.0			
3		一般光学仪器装配	4.0	4.0	4.0	3.0	0.7	0.7	0.6

（续）

序号	车间类别		荷载标准值/（kN/m²）				组合值系数 ψ_c	频遇值系数 ψ_f	准永久值系数 ψ_q
			板跨度 l/m		次梁（肋）	主梁			
			$2.0 > l \geq 1.2$	$l \geq 2.0$					
4	小模数齿轮加工，晶体元件（宝石）加工		7.0	5.0	5.0	4.0	0.8	0.8	0.7
5	车间仓库	一般仪器仓库	4.0	4.0	4.0	3.0	1.0	0.95	0.85
6		较大型仪器仓库	7.0	7.0	7.0	6.0			

注：1. 表列荷载适用于单向支承的现浇梁板及预制槽形板等楼面结构，对于槽形板，表列板跨度是指槽形板纵肋间的距离。

2. 表列荷载不包括隔墙和吊顶重量。

3. 表列荷载考虑了安装、检修和正常使用情况下的设备（包括动力影响）和操作荷载。

4. 设计墙、柱和基础时，表列楼面荷载可采用与设计主梁相同的荷载。

表 2-2-5　轮胎厂准备车间楼面均布活荷载

序号	车间类别	荷载标准值/（kN/m²）				组合值系数 ψ_c	频遇值系数 ψ_f	准永久值系数 ψ_q
		板跨度 l/m		次梁（肋）	主梁			
		$2.0 > l \geq 1.2$	$l \geq 2.0$					
1	准备车间	14.0	14.0	12.0	10.0	1.0	0.95	0.85
2		10.0	8.0	8.0	6.0			

注：1. 密炼机检修用的电葫芦荷载未计入，设计时应另外考虑。

2. 炭黑加工投料活荷载是考虑兼作炭黑仓库使用的情况，若不兼作仓库时，上述荷载应予折减。

3. 见表 2-2-4 注。

表 2-2-6　粮食加工车间楼面均布活荷载

序号	项目		荷载标准值/（kN/m²）						组合值系数 ψ_c	频遇值系数 ψ_f	准永久值系数 ψ_q
			板跨度 l/m			次梁（肋）间距 l/m			主梁		
			$2.5 > l \geq 2.0$	$3.0 > l \geq 2.5$	$l \geq 3.0$	$2.5 > l \geq 2.0$	$3.0 > l \geq 2.5$	$l \geq 3.0$			
1	面粉厂	拉丝车间	14.0	12.0	12.0	12.0	12.0	12.0	12.0	1.0	0.95	0.85
2		磨子间	12.0	10.0	9.0	10.0	9.0	8.0	9.0			
3		麦间及制粉车间	5.0	5.0	4.0	5.0	4.0	4.0	4.0			
4		吊平筛的顶层	2.0	2.0	2.0	6.0	6.0	6.0	6.0			
5		沈麦牛间	14.0	12.0	10.0	10.0	9.0	9.0	9.0			
6	米厂	砻谷机及碾米车间	7.0	5.0	5.0	5.0	4.0	4.0	4.0	1.0	0.95	0.85
7		清理车间	4.0	3.0	3.0	4.0	3.0	3.0	3.0			

注：1. 当拉丝车间不可能满布磨辊时，主梁活荷载可按 10kN/m² 采用。

2. 吊平筛的顶层荷载是按设备吊在梁下考虑。

3. 米厂清理车间采用 sxoii 振动筛时，等效均布活荷载可按面粉厂麦间的规定采用。

4. 见表 2-2-4 注。

表 2-2-7　金工车间楼面均布活荷载

车间类别	荷载标准值/(kN/m²)					组合值系数 ψ_c	频遇值系数 ψ_f	准永久值系数 ψ_q
	板跨度 l/m		次梁(肋)间距/m		主梁			
	2.0>l≥1.2	l≥2.0	2.0>l≥1.2	l≥2.0				
一类金工	22.0	14.0	14.0	10.0	9.0	1.0	0.95	0.85
二类金工	18.0	12.0	12.0	9.0	8.0			
三类金工	16.0	10.0	10.0	8.0	7.0			
四类金工	12.0	8.0	8.0	6.0	5.0			

注：见表 2-2-4 注。

表 2-2-8　棉纺织车间楼面均布活荷载

项目		荷载标准值/(kN/m²)					组合值系数 ψ_c	频遇值系数 ψ_f	准永久值系数 ψ_q
		板跨度 l/m		次梁(肋)间距/m		主梁			
		2.0>l≥1.2	l≥2.0	2.0>l≥1.2	l≥2.0				
梳棉间		12.0	8.0	10.0	7.0	5.0	0.8	0.8	0.7
		15.0	10.0	12.0	8.0				
粗纱间		8.0 (15.0)	6.0 (10.0)	6.0 (8.0)	5.0	4.0			
细纱间络筒间		6.0 (10.0)	5.0	5.0	5.0	4.0			
捻线间整经间		8.0	6.0	6.0	5.0	4.0			
织布间	有梭织机	12.5	6.5	6.5	5.5	4.4			
	剑杆织机	18.0	9.0	10.0	6.0	4.5			

注：括号内的数值仅用于粗纱机机头部位局部楼面。

表 2-2-9　半导体器件车间楼面均布活荷载

车间名称	荷载标准值/(kN/m²)					组合值系数 ψ_c	频遇值系数 ψ_f	准永久值系数 ψ_q	代表性设备单件自重/kN
	板跨度 l/m		次梁(肋)间距/m		主梁				
	2.0>l≥1.2	l≥2.0	2.0>l≥1.2	l≥2.0					
半导体器件车间	10.0	8.0	8.0	6.0	5.0	1.0	0.95	0.85	14.0~18.0
	8.0	6.0	6.0	5.0	4.0				9.0~12.0
	6.0	5.0	5.0	4.0	3.0				4.0~8.0
	4.0	4.0	3.0	3.0	3.0				≤3.0

注：见表 2-2-4 注。

　　生产车间中的各种工作平台，在生产使用或检修、安装时由设备及运输工具等重物所引起的局部荷载、集中荷载均应按实际荷载考虑或者采用等效均布活荷载代替。表 2-2-10 列出部分工业车间的工作平台均布活荷载的标准值。

表 2-2-10　工作平台均布活荷载

序号		项目		标准值 /(kN/m²)	备注
机械化运输系统	(1)	混砂机操作平台	允许堆放辅料	10.0	
			不允许堆放辅料	2.5~5.0	
	(2)	胶带机走廊（走道）		1.5	
	(3)	圆盘给料机操作平台		1.5	平台上不直接安装设备
	(4)	圆盘给料机支承平台	φ1000	10.0	平台上直接安装设备
			φ1500	20.0	平台上直接安装设备
			φ2000	30.0	平台上直接安装设备
	(5)	斗式提升机上部检修、操作平台		1.5	
	(6)	胶带机头尾平台		2.0~5.0	包括胶带机组合件负荷
	(7)	悬链冷却廊		10.0	储存一部分零件时
	(8)	胶带给料机平台		1.5	上挂斗口压力按实际情况另加
	(9)	其他单个设备操作平台		1.5	1）集中荷载按具体情况定 2）检修时按最大零件重量放在最不利位置考虑
	(10)	一般设备检修平台		4.0	有较重设备时按实际情况采用
	(11)	无设备不准存堆物料的操作平台		1.5	
起重机部分	(1)	起重机检修平台		4.0	
	(2)	起重机安全走道、休息平台、过道		2.0	工艺无要求的一般操作平台
工业锅炉房（不包括设备集中荷载）	(1)	操作层楼面		6.0~12.0	根据锅炉型号、安装和检修、操作要求确定
	(2)	运煤层楼面		3.0	在胶带机头部装置设备部分为 10.0kN/m²
	(3)	水箱间和水泵间的楼面或安装水箱水泵设备时的屋面		5.0	水处理间的楼面和屋面如安装设备时，其荷载与楼面同
煤气站	(1)	操作层		5.0	设备安装时的集中荷载按工艺资料
	(2)	煤气发生炉储煤斗上的运煤通廊		3.0	如考虑通廊上堆放煤时按实际加大
	(3)	运煤走廊栈桥部分		2.0	胶带头尾架按具体资料考虑
	(4)	破碎及筛选间楼面		5.0	设备安装及动力影响另行考虑
	(5)	机器间（当有两层工作面时）		5.0	当设有焦油机时，荷载需按实际情况加大
	(6)	洗涤塔、电器滤清器等操作平台		2.0	
工艺、公用平台	(1)	通风机平台（包括设备荷载）	≤6 号	6.0	计算主梁时的荷载折减系数采用 0.8；计算梁底砖墙局部承压及基础时，采用 0.6，但不小于 4kN/m² 按此荷载取值时，一般不需按最不利荷载计算梁板
			8 号	8.0	
			10 号	10.0	
	(2)	冲天炉加料平台	允许堆放物料（在平台上加料）	20.0	
			不允许堆放物料（机械化加料）	5.0	
	(3)	电炉操作平台（包括电弧炉、平炉）		20.0~30.0	是局部荷载，具体荷载应与工艺核定

C. 屋面活荷载。

a. 房屋建筑的屋面，其水平投影面上的屋面均布活荷载的标准值及其组合值系数、频遇值系数和准永久值系数的取值，不应小于表 2-2-11 的规定。

表 2-2-11 屋面均布活荷载标准值及其组合值系数、频遇值系数和准永久值系数

项次	类别	标准值/（kN/m²）	组合值系数 ψ_c	频遇值系数 ψ_f	准永久值系数 ψ_q
1	不上人的屋面	0.5	0.7	0.5	0.0
2	上人的屋面	2.0	0.7	0.5	0.4
3	屋顶花园	3.0	0.7	0.6	0.5
4	屋顶运动场地	3.0	0.7	0.6	0.4

注：1. 不上人的屋面，当施工或维修荷载较大时，应按实际情况采用；对不同类型的结构应按有关设计规范的规定采用，但不得低于 0.3kN/m²。

2. 当上人的屋面兼作其他用途时，应按相应楼面活荷载采用。

3. 对于因屋面排水不畅、堵塞等引起的积水荷载，应采取构造措施加以防止；必要时应按积水的可能深度确定屋面活荷载。

4. 屋顶花园活荷载不应包括花圃土石等材料自重。

b. 屋面直升机停机坪荷载应按下列规定采用：

a）屋面直升机停机坪荷载应按局部荷载考虑，或根据局部荷载换算为等效均布荷载考虑。局部荷载标准值应按直升机实际最大起飞重量确定，当没有机型技术资料时，可按表 2-2-12 的规定选用局部荷载标准值及作用面积。

表 2-2-12 屋面直升机停机坪局部荷载标准值及作用面积

类型	最大起飞重量/t	局部荷载标准值/kN	作用面积
轻型	2	20	0.20m×0.20m
中型	4	40	0.25m×0.25m
重型	6	60	0.30m×0.30m

b）屋面直升机停机坪的等效均布荷载标准值不应低于 5.0kN/m²。

c）屋面直升机停机坪荷载的组合值系数应取 0.7，频遇值系数应取 0.6，准永久值系数应取 0。

c. 不上人的屋面均布活荷载，可不与雪荷载和风荷载同时组合。

D. 屋面积灰荷载。

a. 设计生产中有大量排灰的厂房及其邻近建筑时，对于具有一定除尘设施和保证清灰制度的机械、冶金、水泥等的厂房屋面，其水平投影面上的屋面积灰荷载标准值及其组合值系数、频遇值系数和准永久值系数，应分别按表 2-2-13 和表 2-2-14 规定采用。

表 2-2-13 屋面积灰荷载标准值及其组合值系数、频遇值系数和准永久值系数

项次	类别	标准值/（kN/m²）			组合值系数 ψ_c	频遇值系数 ψ_f	准永久值系数 ψ_q
		屋面无挡风板	屋面有挡风板				
			挡风板内	挡风板外			
1	机械厂铸造车间（冲天炉）	0.5	0.75	0.30	0.9	0.9	0.8
2	炼钢车间（氧气转炉）	—	0.75	0.30			
3	锰、铬铁合金车间	0.75	1.00	0.30			
4	硅、钨铁合金车间	0.30	0.50	0.30			
5	烧结室、一次混合室	0.50	1.00	0.20			
6	烧结厂通廊及其他车间	0.30	—	—			

（续）

项次	类别	标准值/(kN/m²)			组合值系数 ψ_c	频遇值系数 ψ_f	准永久值系数 ψ_q
		屋面无挡风板	屋面有挡风板				
			挡风板内	挡风板外			
7	水泥厂有灰源车间（窑房、磨房、联合储库、烘干房、破碎房）	1.00	—	—	0.9	0.9	0.8
8	水泥厂无灰源车间（空气压缩机站、机修间、材料库、配电站）（料库、配电站）	0.50	—	—			

注：1. 表中的积灰均布荷载，仅应用于屋面坡度 α 不大于 25°时；当 α 大于 45°时，可不考虑积灰荷载；当 α 在 25°~45°范围内时，可按插值法取值。

2. 清灰设施的荷载另行考虑。

3. 对第 1~4 项的积灰荷载，仅应用于距烟囱中心 20m 半径范围内的屋面；当邻近建筑在该范围内时，其积灰荷载对第 1、3、4 项应按车间屋面无挡风板的采用，对第 2 项按车间屋面挡风板外的采用。

表 2-2-14　高炉邻近建筑的屋面积灰荷载标准值及其组合值系数、频遇值系数和准永久值系数

高炉容积/m³	标准值/(kN/m²)			组合值系数 ψ_c	频遇值系数 ψ_f	准永久值系数 ψ_q
	屋面离高炉距离/m					
	≤50	100	200			
<255	0.50	—	—	1.0	1.0	1.0
255~620	0.75	0.30	—			
>620	1.00	0.50	0.30			

注：1. 表 2-2-13 中的注 1 和注 2 也适用本表。

2. 当邻近建筑屋面离高炉距离为表内中间值时，可按插入法取值。

b. 对于屋面上易形成灰堆处，当设计屋面板、檩条时，积灰荷载标准值宜乘以下列规定的增大系数：

a）在高低跨处两倍于屋面高差但不大于 6.0m 的分布宽度内取 2.0。

b）在天沟处不大于 3.0m 的分布宽度内取 1.4。

c. 积灰荷载应与雪荷载或不上人的屋面均布活荷载两者中的较大值同时考虑。

E. 施工和检修荷载、栏杆荷载及动力系数。

a. 施工和检修荷载应按下列规定采用：

a）设计屋面板、檩条、钢筋混凝土挑檐、悬挑雨篷和预制小梁时，施工或检修集中荷载标准值不应小于 1.0kN，并应在最不利位置处进行验算。

b）对于轻型构件或较宽的构件，应按实际情况验算，或应加垫板、支撑等临时设施。

c）计算挑檐、悬挑雨篷的承载力时，应沿板宽每隔 1.0m 取一个集中荷载；在验算挑檐、悬挑雨篷的倾覆时，应沿板宽每隔 2.5~3.0m 取一个集中荷载。

b. 楼梯、看台、阳台和上人屋面等的栏杆活荷载标准值，不应小于下列规定：

a）住宅、宿舍、办公楼、旅馆、医院、托儿所、幼儿园，栏杆顶部的水平荷载应取 1.0kN/m。

b）学校、食堂、剧场、电影院、车站、礼堂、展览馆或体育场，栏杆顶部的水平荷载应取 1.0kN/m，竖向荷载应取 1.2kN/m，水平荷载与竖向荷载应分别考虑。

c. 施工荷载、检修荷载及栏杆荷载的组合值系数应取 0.7，频遇值系数应取 0.5，准永久值系数应取 0。

d. 建筑结构设计的动力计算，在有充分依据时，可将重物或设备的自重乘以动力系数后，按静力计算方法设计。

e. 搬运和装卸重物以及车辆启动和刹车的动力系数，可采用 1.1 ~ 1.3；其动力荷载只传至楼板和梁。

f. 直升机在屋面上的荷载，也应乘以动力系数，对具有液压轮胎起落架的直升机可取 1.4；其动力荷载只传至楼板和梁。

③起重机荷载

A. 起重机竖向荷载标准值，应采用起重机的最大轮压或最小轮压。

B. 起重机纵向和横向水平荷载，应按下列规定采用：

a. 起重机纵向水平荷载标准值，应按作用在一边轨道上所有刹车轮的最大轮压之和的 10% 采用；该项荷载的作用点位于刹车轮与轨道的接触点，其方向与轨道方向一致。

b. 起重机横向水平荷载标准值，应取横行小车重量与额定起重量之和的百分数，并应乘以重力加速度，起重机横向水平荷载标准值的百分数应按表 2-2-15 采用。

c. 起重机横向水平荷载应等分于桥架的两端，分别由轨道上的车轮平均传至轨道，其方向与轨道垂直，并应考虑正反两个方向的刹车情况。

表 2-2-15 起重机横向水平荷载标准值的百分数

起重机类型	额定起重量/t	百分数（%）
软钩起重机	≤10	12
	1650	10
	≥75	8
硬钩起重机	—	20

注：1. 悬挂起重机的水平荷载应由支撑系统承受；设计该支撑系统时，尚应考虑风荷载与悬挂起重机水平荷载的组合。

2. 手动起重机及电动葫芦可不考虑水平荷载。

C. 计算排架考虑多台起重机竖向荷载时，对单层起重机的单跨厂房的每个排架，参与组合的起重机台数不宜多于 2 台；对单层起重机的多跨厂房的每个排架，不宜多于 4 台；对双层起重机的单跨厂房宜按上层和下层起重机分别不多于 2 台进行组合；对双层起重机的多跨厂房宜按上层和下层起重机分别不多于 4 台进行组合，且当下层起重机满载时，上层起重机应按空载计算；上层起重机满载时，下层起重机不应计入。考虑多台起重机水平荷载时，对单跨或多跨厂房的每个排架，参与组合的起重机台数不应多于 2 台。

注：当情况特殊时，应按实际情况考虑。

D. 计算排架时，多台起重机的竖向荷载和水平荷载的标准值，应乘以表 2-2-16 中规定的折减系数。

表 2-2-16 多台起重机的荷载折减系数

参与组合的起重机台数	起重机工作级别	
	A1 ~ A5	A6 ~ A8
2	0.9	0.95
3	0.85	0.90
4	0.80	0.85

E. 当计算吊车梁及其连接的承载力时，起重机竖向荷载应乘以动力系数。对悬挂起重机（包括电动葫芦）及工作级别 A1 ~ A5 的软钩起重机，动力系数可取 1.05；对工作级别为 A6 ~ A8 的软钩起重机、硬钩起重机和其他特种起重机，动力系数可取为 1.1。

F. 起重机荷载的组合值系数、频遇值系数及准永久值系数可按表 2-2-17 中的规定采用。

表 2-2-17　起重机荷载的组合值系数、频遇值系数及准永久值系数

起重机工作级别		组合值系数 ψ_c	频遇值系数 ψ_f	准永久值系数 ψ_q
软钩 起重机	工作级别 A1 ~ A3（轻级工作制）	0.7	0.60	0.50
	工作级别 A4、A5（中级工作制）	0.70	0.70	0.60
	工作级别 A6、A7（重级工作制）	0.70	0.70	0.70
硬钩起重机及工作级别 A8 的软钩起重机 （特重级工作制）		0.95	0.95	0.95

G. 厂房排架设计时，在荷载准永久组合中可不考虑起重机荷载；但在吊车梁按正常使用极限状态设计时，宜采用起重机荷载的准永久值。

H. 计算重级工作制吊车梁及吊车桁架与制动结构的强度、稳定性以及连接强度时，按《钢结构设计标准》（GB 50017）的规定，应考虑由起重机的摇摆引起的横向水平力（卡轨力），此水平力不宜与《建筑结构荷载规范》（GB 50009）规定的横向水平力同时考虑。作用于每个轮压处的横向水平力标准值可按下式计算。

$$H_k = \alpha P_{k \cdot max} \tag{2-2-1}$$

式中　$P_{k \cdot max}$ ——起重机最大轮压标准值（N）；

　　　α ——系数，对软钩起重机取 $\alpha = 0.1$；对抓斗或磁盘起重机取 $\alpha = 0.15$；对硬钩起重机取 $\alpha = 0.2$。

④雪荷载

A. 屋面水平投影面上的雪荷载标准值应按下式计算：

$$S_k = \mu_r S_0 \tag{2-2-2}$$

式中　S_k ——雪荷载标准值（kN/m²）；

　　　μ_r ——屋面积雪分布系数；

　　　S_0 ——基本雪压（kN/m²）。

B. 基本雪压应按《建筑结构荷载规范》（GB 50009）规定方法确定的 50 年重现期的雪压；对雪荷载敏感的结构，应采用 100 年重现期的雪压。

C. 全国各城市的基本雪压值应按《建筑结构荷载规范》（GB 50009）附录 E 中表 E.5 重现期 R 为 50 年的值采用。当城市或建设地点的基本雪压值在规范表 E.5 中没有给出时，基本雪压值应按《建筑结构荷载规范》（GB 50009）附录 E 规定的方法，根据当地年最大雪压或雪深资料，按基本雪压定义，通过统计分析确定，分析时应考虑样本数量的影响。当地没有雪压和雪深资料时，可根据附近地区规定的基本雪压或长期资料，通过气象和地形条件的对比分析确定；也可比照《建筑结构荷载规范》（GB 50009）附录 E 中附图 E.6.1 全国基本雪压分布图近似确定。

D. 山区的雪荷载应通过实际调查后确定。当无实测资料时，可按当地邻近空旷平坦地面的雪荷载值乘以系数 1.2 采用。

E. 雪荷载的组合值系数可取 0.7；频遇值系数可取 0.6；准永久值系数应按雪荷载分区Ⅰ、Ⅱ和Ⅲ的不同，分别取 0.5、0.2 和 0；雪荷载分区应按《建筑结构荷载规范》（GB 50009）附录 E.5 或附图 E.6.2 的规定采用。

F. 屋面积雪分布系数应根据不同类别的屋面形式，按《建筑结构荷载规范》（GB 50009）中表 7.2.1 采用。

G. 设计建筑结构及屋面的承重构件时，应按下列规定采用积雪的分布情况：

a. 屋面板和檩条按积雪不均匀分布的最不利情况采用；对易积雪的女儿墙侧、天窗侧的轻型屋面上雪压宜适当加大其取值，并应避免采用有较大落差的屋面构造，如高天窗架、高女儿

墙等。

b. 屋架和拱壳应分别按全跨积雪的均匀分布、不均匀分布和半跨积雪的均匀分布按最不利情况采用。

c. 框架和柱可按全跨积雪的均匀分布情况采用。

H. 门式刚架轻型房屋钢结构雪荷载的计算取值应符合现行国家标准《门式刚架轻型房屋钢结构技术规范》（GB 51022）的规定。其基本雪压应按现行国家标准《建筑结构荷载规范》（GB 50009）规定的重现期 100 年的数值取值。

⑤风荷载

A. 计算垂直于建筑物表面上的风荷载标准值 w_k 按下列计算时，

a. 计算主要受力结构时，应按下式计算：

$$w_k = \beta_z \mu_s \mu_z w_0 \qquad (2\text{-}2\text{-}3)$$

式中　w_k——风荷载标准值（kN/m^2）；

　　　β_z——高度 z 处的风振系数；

　　　μ_s——风荷载体形系数；

　　　μ_z——风压高度变化系数；

　　　w_0——基本风压（kN/m^2）。

b. 计算围护结构时，应按下式计算：

$$w_k = \beta_{gz} \mu_{s1} \mu_z w_0 \qquad (2\text{-}2\text{-}4)$$

式中　β_{gz}——高度 z 处的阵风系数。

c. 基本风压应采用《建筑结构荷载规范》（GB 50009）规定的方法确定的 50 年重现期的风压，但不得小于 $0.3kN/m^2$。对于高层建筑、高耸结构以及对风荷载比较敏感的其他结构，基本风压的取值应适当提高，并应符合有关结构设计规范的规定。

B. 风振系数 β_z 是考虑对刚度较小的高层房屋，因风引起的结构振动与附加效应比较明显而确定的风压增大系数，故仅限于高度大于 30m 且高宽比大于 1.5 的房屋和跨度大于 36m 的大跨度屋盖结构（包括悬挂挑篷屋盖，但不包括索结构屋盖），以及自振周期 T_1 大于 $0.25s$ 的各种高耸结构与构筑物。同时，对烟囱等圆形截面高耸结构还应按规范规定校核其横向风振的附加效应，此时，风荷载的总效应按横风向风荷载效应 S_C 与顺风风荷载效应 S_A 向量和叠加计算。

C. 体型系数 μ_s 与 μ_{s1} 是因建筑物表面形状不同引起风荷载值变异而考虑的风荷载与局部风荷载的修正系数。一般可按《建筑结构荷载规范》（GB 50009）取值。但对压型钢板等围护的门式刚架轻型钢结构建筑，其体型系数应按现行国家标准《门式刚架轻型房屋钢结构技术规范》（GB 51022）的规定取值；对体型较复杂的高层钢结构或大跨度屋盖（包括挑篷屋盖），则宜进行风洞试验（包括模拟风洞试验软件分析）确定相应的体型系数。同时，还应注意结构设计对框（排）架结构进行整体计算分析时，体型系数应按 μ_s 采用；进行围护结构的墙架柱、檩条、墙梁、压型钢板等承载能力计算时，则应按墙面、檐口等的局部体型系数 μ_{s1} 采用，其绝对值一般不应小于 1.0。若墙面开有较多门窗孔洞时，则应选用考虑墙面半敞开影响的 μ_s 值。

D. 阵风系数 β_{gz} 是因瞬时风压较平均风压增大而考虑的增大系数，仅用于设计刚性幕墙（石材、玻璃等）构件的风荷载计算，对低层建筑压型钢板等非幕墙围护结构构件可不予考虑。

E. 基本风压值 w_0 是按几类地面粗糙度地区距地面 10m 高度处风压取值的。工程结构设计时应按实际场地区粗糙度类别与建筑物高度，对风压高度变化系数 μ_z 予以修正，同时对山区或远海海岛的建筑物尚需再乘以系数 η 对风荷载进行修正。

F. 门式刚架轻型房屋钢结构风荷载的计算应符合现行国家标准《门式刚架轻型房屋钢结构技术规范》（GB 51022）的规定，其风荷载标准值 w_k 应按式（2-2-5）计算。近年来一些风灾事故表明，对金属板材的轻型屋面围护结构与屋盖结构应特别注意负风压的正确计算与取值；对墙面门窗较多的建筑结构，宜按半敞开式建筑确定其风荷载体型系数。

$$w_{k} = \beta \mu_{w} \mu_{z} w_{0} \tag{2-2-5}$$

式中　w_{k}——风荷载标准值（kN/m²）；

w_{0}——基本风压（kN/m²），按现行国家标准《建筑结构荷载规范》（GB 50009）规定值采用；

μ_{z}——风压高度变化系数，按现行国家标准《建筑结构荷载规范》（GB 50009）的规定采用；当高度小于10m时，应按10m高度处的数值采用；

β——系数，计算主刚架时取 $\beta = 1.1$；计算檩条、墙梁、屋面板和墙面板及其连接时，取 $\beta = 1.5$；

μ_{w}——风荷载系数，考虑建筑物内、外风压最大值的组合，按现行国家标准《门式刚架轻型房屋钢结构技术规范》（GB 51022）的规定采用。

⑥地震作用

A. 地震作用及其组合的计算应符合现行国家标准《建筑抗震设计规范》（GB 50011）规定。应正确地选定抗震设防烈度与地震作用计算方法，以及可变荷载组合值系数、顶部附加地震作用系数、屋面凸出物的地震作用增大系数、楼层最小地震剪力系数、竖向地震影响系数和地震作用组合时的分项系数等各项参数；根据建筑物的类型选用适当的计算方法。当进行时程分析时，应合理地选用输入的典型地震波型。建筑物的隔振设计及地下建筑结构应采用《建筑抗震设计规范》（GB 50011）中规定的计算方法。

B. 各类建筑结构的地震作用，应符合下列规定：

a. 抗震设防烈度为6度及以上地区的建筑，必须进行抗震设计；抗震设防烈度必须按国家规定的权限审批、颁发的文件（图件）确定。

b. 一般情况下，应至少在建筑结构的两个主轴方向分别计算水平地震作用，各方向的水平地震作用应由该方向抗侧力构件承担。

c. 有斜交抗侧力构件的结构，当相交角度大于15°时，应分别计算各抗侧力构件方向的水平地震作用。

d. 质量和刚度分布明显不对称的结构，应计入双向水平地震作用下的扭转影响；其他情况，应允许采用调整地震作用效应的方法计入扭转影响。

e. 对于8度及9度大跨度和长悬臂结构及9度的高层建筑，应计算竖向地震作用。

f. 对于8度及9度设防建筑采用隔震设计时，其建筑结构应按有关规定计算竖向地震作用。

C. 计算地震作用时，建筑的重力荷载代表值应取结构和构配件自重标准值和各可变荷载组合值之和。各可变荷载的组合值系数应按表2-2-18采用。

表 2-2-18　组合值系数

可变荷载种类		组合值系数
雪荷载		0.5
屋面积灰荷载		0.5
屋面活荷载		不计入
按实际情况计算的楼面活荷载		1.0
按等效均布荷载计算的楼面活荷载	藏书库、档案库	0.8
	其他民用建筑	0.3
起重机悬吊物重力	硬钩起重机	0.3
	软钩起重机	不计入

注：硬钩起重机的吊重较大时，组合值系数应按实际情况采用。

D. 结构构件截面抗震验算

a. 结构构件的地震作用效应和其他荷载效应的基本组合，应按下式计算：

$$S = \gamma_G S_{GE} + \gamma_{Eh} S_{Ehk} + \gamma_{Ev} S_{Evk} + \psi_w \gamma_w S_{wk} \tag{2-2-6}$$

式中　S——结构构件内力组合的设计值，包括组合的弯矩、轴向力和剪力设计值等；

γ_G——重力荷载分项系数，一般情况应采用 1.2，当重力荷载效应对构件承载能力有利时，不应大于 1.0；

γ_{Eh}、γ_{Ev}——水平、竖向地震作用分项系数，应按表 2-2-19 取值；

γ_w——风荷载分项系数，应采用 1.4；

S_{GE}——重力荷载代表值的效应；

S_{Ehk}——水平地震作用标准值的效应，尚应乘以相应的增大系数或调整系数；

S_{Evk}——竖向地震作用标准值的效应，尚应乘以相应的增大系数或调整系数；

S_{wk}——风荷载标准值的效应；

ψ_w——风荷载组合值系数，一般结构取 0.0，风荷载起控制作用的建筑应采用 0.2。

表 2-2-19　地震作用分项系数

地震作用	γ_{Eh}	γ_{Ev}
仅计算水平地震作用	1.3	0.0
仅计算竖向地震作用	0.0	1.3
同时计算水平与竖向地震作用（水平地震为主）	1.3	0.5
同时计算水平与竖向地震作用（竖向地震为主）	0.5	1.3

b. 结构构件截面进行抗震验算，应采用下列设计表达式：

$$S \leqslant R/\gamma_{RE} \tag{2-2-7}$$

式中　γ_{RE}——承载力抗震调整系数，除另有规定外，应按表 2-2-20 采用；

R——结构构件承载力设计值。

表 2-2-20　承载力抗震调整系数

结构材料	结构构件	受力状态	γ_{RE}
钢结构	柱、梁、支撑、节点板件、螺栓、焊缝	强度	0.75
	柱、支撑	稳定	0.80
砌体结构	两端均有构造柱、芯柱的抗震墙	受剪	0.9
	其他抗震墙		1.0
混凝土结构	梁	受剪	0.75
	轴压比小于 0.15 的柱	偏压	0.75
	轴压比不小于 0.15 的柱		0.80
	抗震墙		0.85
	各种构件	受剪、偏拉	0.85

c. 当仅计算竖向地震作用时，各类结构构件承载力抗震调整系数采用 1.0。

2.3　钢材牌号及连接材料

2.3.1　钢材牌号及标准

1）主要承载结构宜采用 Q235、Q355、Q390、Q420、Q460 或 Q355GJ 钢，其质量应分别符合现行国家标准《碳素结构钢》（GB/T 700）、《低合金高强度结构钢》（GB/T 1591）和《建筑结构用钢板》（GB/T 19879）的规定其质量等级不宜低于 B 级。当工程设计需要并有依据可选用更高强度等级的钢材。结构用钢板、热轧工字钢、槽钢、H 型钢和钢管等型材产品的规格、外形、质量及允许偏差应符合国家现行标准的规定。

2）当设计对钢材的晶粒度、厚度方向性能及耐候性有要求时，晶粒度的指标限值应符合设计文件的规定；厚度方向性能要求的含硫量限值与断面收缩率等指标应符合现行国家标准《厚度方向性能钢板》（GB/T 5313）的规定。

3）钢材的屈服强度应按钢材标准中的屈服强度取值，并应考虑厚度分组不同而进行折减。对现行国家标准《建筑结构用钢板》（GB/T 19879）规定的钢板（GJ 钢板），其屈服强度的波动幅应符合相应限值的规定。

4）各钢材标准中的断后伸长率均规定为由标距 $5.65 \sqrt{A_0}$ 的试件进行抗拉试验所得值（A_0 为试件原始截面面积）。当设计对试件标距有不同要求时，应在设计文件或钢材订货文件中提出。（国外钢材标准中对标距为 50mm 或 80mm 的试件分别以 S_{50} 或 S_{80} 表示）。

5）焊接承重结构为防止钢材的层状撕裂而采用 Z 向钢材时，其质量等级应符合国家现行标准《厚度方向性能钢板》（GB/T 5313）的规定。

6）处于外露环境的承重结构，且对耐腐蚀有特殊要求或处于侵蚀性介质环境中的承重构件，可采用 Q125NH、Q355NH 和 Q415NH 牌号的耐候结构钢，其质量等级应符合现行国家标准《耐候结构钢》（GB/T 4171）的规定；选用时宜附加要求保证晶粒度不小于 7 级，耐腐蚀指数不小于 6.0。

7）非焊接结构用铸钢件的质量应符合现行国家标准《一般工程用铸造碳钢件》（GB/T 11352）的规定，焊接结构用铸钢件的质量应符合现行国家标准《焊接结构用铸钢件》（GB/T 7659）的规定。

8）当采用有关设计规范未规定的其他牌号钢材时，应按现行国家标准《建筑结构可靠度设计统一标准》（GB/T 50068）的规定进行统计分析，研究确定其设计指标及适用范围。

2.3.2 连接材料型号及标准

1. 钢结构用焊接材料

1）手工焊接所有的焊条应符合现行国家标准《非合金钢及细晶粒钢焊条》（GB/T 5117）的规定，所选用的焊条应与主体金属的力学性能相适应。

2）自动焊或半自动焊用焊丝应符合国家标准《熔化焊用焊丝》（GB/T 14957）、《气体保护电弧焊用碳钢、低合金钢焊丝》（GB/T 8110）、《碳钢药芯焊丝》（GB/T 10045）、《低合金钢药芯焊丝》（GB/T 17493）的规定。

3）埋弧焊用焊丝和焊剂应符合现行国家标准《埋弧焊用碳钢焊丝和焊剂》（GB/T 5293）、《埋弧焊用低合金钢焊丝和焊剂》（GB/T 12470）的规定。

2. 钢结构用紧固件

1）钢结构连接用 4.6 级与 4.8 级普通螺栓（C 级螺栓）及 5.6 级与 8.8 级普通螺栓（A 级或 B 级螺栓），其质量应符合现行国家标准《紧固件机械性能 螺栓、螺钉和螺柱》（GB/T 3098.1）和《紧固件公差 螺栓、螺钉、螺柱和螺母》（GB/T 3103.1）的规定；C 级螺栓与 A 级、B 级螺栓的规格和尺寸应分别符合现行国家标准《六角头螺栓 C 级》（GB/T 5780）与《六角头螺栓》（GB/T 5782）的规定。

2）圆柱头焊（栓）钉连接件的质量应符合现行国家标准《电弧螺柱焊用圆柱头焊钉》（GB/T 10433）的规定。

3）钢结构用大六角头高强度螺栓的质量应符合现行国家标准《钢结构用高强度大六角头螺栓》（GB/T 1228）、《钢结构用高强度大六角螺母》（GB/T 1229）、《钢结构用高强度垫圈》（GB/T 1230）、《钢结构用高强度大六角头螺栓、大六角螺母、垫圈技术条件》（GB/T 1231）的规定。扭剪型高强度螺栓的质量应符合现行国家标准《钢结构用扭剪型高强度螺栓连接副》（GB/T 3632）的规定。

4）网架螺栓球节点用高强度螺栓的质量应符合现行国家标准《钢网架螺栓球节点用高强度螺栓》（GB/T 16939）的规定。

5）连接用铆钉应采用 BL2 或 BL3 号钢制成，其质量应符合行业标准《标准件用碳素钢热轧圆钢及盘条》（YB/T 4155）的规定。

2.3.3　材料选用

1）结构钢材的选用应遵循技术可靠、经济合理的原则，综合考虑结构的重要性、荷载特征、结构形式、应力状态、连接方法、工作环境、钢材厚度和价格等因素，选用合适的钢材牌号和性能保证项目。

2）建筑承重结构所用钢材应保证良好的力学性能与工艺性能，其力学性能、化学成分含量及碳当量与冷弯试验等指标均应符合相关国家标准的规定。承重结构所用的钢材应具有屈服强度、抗拉强度、断后伸长率和硫、磷质量分数的合格保证，对焊接结构尚应具有碳的质量分数与碳当量或焊接裂纹敏感指数的合格保证。焊接承重结构以及重要的非焊接承重结构采用的钢材应具有冷弯试验的合格保证；对直接承受动力荷载或需验算疲劳的构件所用钢材尚应具有冲击韧性的合格保证。

3）钢材质量等级的选用应符合下列规定：

①A 级钢仅可用于结构工作温度高于 0℃ 的非焊接次要构件。Q235A 级钢时应选用镇静钢。

②现行国家标准《低合金高强度结构钢》（GB/T 1591）中取消了 A 级牌号钢，并于 2019 年实施该标准。

③需验算疲劳的焊接结构用钢材应符合下列规定：

A. 当工作温度高于 0℃ 时其质量等级不应低于 B 级。

B. 当工作温度不高于 0℃ 但高于 −20℃ 时，Q235 钢、Q355 钢不应低于 C 级，Q390 钢、Q420 钢及 Q460 钢不应低于 D 级。

C. 当工作温度不高于 −20℃ 时，Q235 钢和 Q355 钢不应低于 D 级，Q390 钢、Q420 钢、Q460 钢应选用 E 级；要求超低温 −60℃ 工作环境温度下的冲击功保证时，应选用 F 级。

④需验算疲劳的非焊接结构，其钢材质量等级要求可较上述焊接结构降低一级，但不应低于 B 级。

⑤起重机起重量不小于 50t 的中级工作制吊车梁，其钢材的质量等级要求应与需要验算疲劳的构件相同。

4）工作温度不高于 −20℃ 的受拉构件及承重构件的受拉板材应符合下列规定：

①所用钢材厚度或直径不宜大于 40mm，质量等级不宜低于 C 级。

②当钢材厚度或直径不小于 40mm 时，其质量等级不宜低于 D 级。

③重要承重结构的受拉板材的质量性能，宜符合现行国家标准《建筑结构用钢板》（GB/T 19879）中的要求。

5）在 T 形、十字形和角形焊接的连接节点中，当其板件厚度不小于 40mm 且沿板厚方向有较高撕裂拉力作用时（包括较高的焊接约束拉应力作用），该部位板件钢材宜具有厚度方向抗撕裂性能即 Z 向性能的合格保证。其沿板厚方向断面收缩率应不小于按现行国家标准《厚度方向性能钢板》（GB/T 5313）规定的 Z15 级允许限值。钢板厚度方向承载性能的等级应根据节点形式、板厚、熔深或焊缝尺寸、焊接时节点拘束度以及预热、后热情况等综合确定。

6）采用塑性设计的结构及进行弯矩调幅的构件，所采用的钢材应符合下列规定：

①屈强比不应大于 0.85。

②钢材应有明显的屈服台阶，且伸长率不应小于 20%。

7）钢管结构中的无加劲直接焊接相贯节点，其管材的屈强比不宜大于 0.8；与受拉构件焊接连接的钢管，当管壁厚度大于 25mm 且沿厚度方向承受较大拉应力时，应采取措施防止层状撕裂。

8）钢结构所用焊接材料的选用应符合以下要求：

①手工焊焊条或自动焊焊丝和焊剂的性能应与构件钢材性能相匹配，其熔敷金属的力学性能不应低于母材的性能。当两种强度级别的钢材焊接时，宜选用与强度较低钢材相匹配的焊接材料。

②对直接承受动力荷载或需要验算疲劳的结构，以及低温环境下工作的厚板结构等主要承重结构，及其节点连接或拼接连接的焊缝宜采用低氢型焊条。

③焊条的材质和性能应符合国家现行标准《非合金钢及细晶粒钢焊条》（GB/T 5117）与《热强钢焊条》（GB/T 5118）的规定。焊丝的材质和性能应符合国家现行标准《熔化焊用钢丝》（GB/T 14957）、《气体保护电弧焊用碳钢、低合金钢焊丝》（GB/T 8110）及《非合金钢及细晶粒钢药芯焊丝》（GB/T 10045）、《热强钢药芯焊丝》（GB/T 17493）的规定。

④埋弧焊用焊丝和焊剂的材质和性能应符合国家现行标准《埋弧焊用非合金钢及细晶粒钢实心焊丝、药芯焊丝和焊丝—焊剂组合》（GB/T 5293）、《埋弧焊用热强钢实心焊丝、药芯焊丝和焊丝—焊剂组合分类要求》（GB/T 12470）的规定。

9）钢结构所用螺栓紧固件材料应符合以下要求：

①普通螺栓宜采用 4.8 级螺栓，其性能与尺寸规格应符合国家现行标准《紧固件机械性能螺栓、螺钉和螺柱》（GB/T 3098.1）、《六角头螺栓 C 级》（GB/T 5780）和《六角头螺栓》（GB/T 5782）的规定。

②高强度螺栓可选用大六角高强度螺栓或扭剪型高强度螺栓，其材质、材料性能、级别和规格应分别符合国家现行标准《钢结构用高强度大六角头螺栓》（GB/T 1228）、《钢结构用高强度大六角螺母》（GB/T 1229）、《钢结构用高强度垫圈》（GB/T 1230）、《钢结构用高强度大六角头螺栓、大六角螺母、垫圈技术条件》（GB/T 1231）的规定和《钢结构用扭剪型高强度螺栓连接副》（GB/T 3632）的规定。

③组合结构所用圆柱头焊钉（栓钉）应符合现行国家标准《电弧螺柱焊用圆柱头焊钉》（GB/T 10433）的规定。其屈服强度不应小于 320N/mm^2，抗拉强度不应小于 400N/mm^2，伸长率不应小于 14%。

④螺栓钢材可采用国家现行标准《碳素结构钢》（GB/T 700）规定的 Q235 钢或《低合金高强度结构钢》（GB/T 1591）中规定的 Q345 钢、Q390 的钢，其质量等级不应低于 B 级，工作温度不高于 -20℃ 且直径不小于 40mm 时，质量等级不宜低于 C 级。

⑤连接薄钢板采用的自攻螺钉、钢拉铆钉（环槽铆钉）、射钉等应符合有关现行国家标准的规定。

10）高层建筑钢结构中按抗震设防设计的框架梁、柱和抗侧力支撑等主要承重构件，其钢材性能要求尚应符合以下规定：

①钢材抗拉性能应有明显的屈服台阶，其伸长率应不小于 20%。

②钢材实物的实测屈强比应不大于 0.85。

③抗震设防等级为三级及三级以上的高层钢结构房屋，其主要构件所用钢材应具有与其工作

环境温度相适应的冲击韧性合格保证。

11）钢结构工程中选用铸钢节点或铸钢管时，宜对其必要性与技术经济合理性进行比较论证，合理确定选材要求。焊接结构或非焊接结构用铸钢件的材质和材料性能应分别符合国家现行标准《焊接结构用铸钢件》（GB/T 7659）中的 ZG 270—480H、ZG 300—500H 或 ZG 340—55H 铸钢件以及《一般工程用铸造碳钢件》（GB/T 11352）中规定的品种。

12）需要进行抗震设计的结构应满足以下要求：

①钢材的屈服强度实测值与抗拉强度实测值的比值不应大于 0.85。

②钢材应有明显的屈服台阶，且伸长率不应小于 20%。

③钢材应有良好的焊接性和合格的冲击韧性。

④有依据时，屈曲约束支撑核心单元宜选用伸长率较大的低屈服强度钢板制作，其材质、性能应符合现行国家标准《建筑用低屈服强度钢板》（GB/T 28905）的规定。

13）钢结构建筑楼盖采用压型钢板组合楼板时，宜采用闭口型压型钢板，其材质和材料性能应符合国家现行标准《建筑用压型钢板》（GB/T 12755）；彩色涂层钢板及钢带质量、性能应符合《彩色涂层钢板及带钢》（GB/T 12754）的规定。

14）冷弯型钢选材应符合以下规定：

①用于承重结构的冷弯型钢和钢管所用的钢板或钢带，宜采用 Q235 钢与 Q345 钢、Q390 钢，对重要承重构件也可采用 Q235GJ 钢板、Q345GJ 钢板及 Q390GJ 钢板，其质量与性能应分别符合国家现行标准《碳素结构钢》（GB/T 700）、《低合金高强度结构钢》（GB/T 1591）及《建筑结构用钢板》（GB/T 19879）的规定。有镀锌要求的薄壁构件所用钢板或钢带，宜选用 S280、S350、S550（LQ550）结构级钢板，其质量、性能应符合国家现行标准《连续热镀锌钢板及钢带》（GB/T 2518）、《连续热镀铝锌合金镀层钢板及钢带》（GB/T 14978）的规定。

②对冷成型型材、管材的选用，应注意其冷弯成型过程中的冷作硬化使材质脆化、劣化的影响。框架、桁架等承重结构所用冷弯矩形钢管宜选用直接成方工艺成型的钢管，成型后钢管的材质、性能应符合现行标准《建筑结构用冷弯矩形钢管》（JG/T 178）产品的规定。冷弯焊接圆钢管不应选用径厚比过小的规格，其成型后钢管的材质、性能应符合现行标准《建筑结构用冷成型焊接圆钢管》（JG/T 381）的规定。

对需要计算疲劳或承受动荷载的重要构件所用冷弯矩形钢管，可要求进行热处理或直接选用最终热成型的钢管。

15）房屋结构工作环境需严格进行防腐或防火的钢结构，经比选论证后，有技术经济依据时，可采用耐候钢或耐火钢。其性能应符合国家现行标准《耐候结构钢》（GB/T 4171）与《耐火结构用钢板及钢带》（GB/T 28415）的规定。

2.3.4 设计指标及设计参数

1. 钢材的强度设计值的确定

按照极限状态设计原则，所用钢材的强度设计值应按其屈服强度标准值 f_y 除以抗力分项系数 γ_R 确定。

$$f = f_y / \gamma_R \tag{2-3-1}$$

抗力分项系数 γ_R 应按现行国家标准《建筑结构可靠度设计统一标准》（GB 50068）的规定经分析确定。根据《钢结构设计标准》（GB 50017），其拉力分项系数 f_y 按钢板厚度不同分别取值为 1.059（$t \leq 40mm$）、1.095（$40 < t \leq 60mm$）及 1.12（$60 < t \leq 100mm$）。

2. 热轧或热成型钢材及其连接的设计指标

1）钢材的设计用强度指标，应根据钢材牌号、厚度或直径选择，见表 2-3-1。

表 2-3-1　钢材的设计用强度指标　　　　　　（单位：N/mm²）

钢材牌号		钢材厚度或直径 /mm	强度设计值			屈服强度 f_y	抗拉强度 f_u
			抗拉、抗压、抗弯 f	抗剪 f_y	端面承压（刨平顶紧）f_{ce}		
碳素结构钢	Q235	≤16	215	125	320	235	370
		>16，≤40	205	120		225	
		>40，≤100	200	115		215	
低合金高强度结构钢	Q345	≤16	305	175	400	345	470
		>16，≤40	295	170		335	
		>40，≤63	290	165		325	
		>63，≤80	280	160		315	
		>80，≤100	270	155		305	
	Q390	≤16	345	200	415	390	490
		>16，≤40	330	190		370	
		>40，≤63	310	180		350	
		>63，≤100	295	170		330	
	Q420	≤16	375	215	440	420	520
		>16，≤40	355	205		400	
		>40，≤63	320	185		380	
		>63，≤100	305	175		360	
	Q460	≤16	410	235	470	460	550
		>16，≤40	390	225		440	
		>40，≤63	355	205		420	
		>63，≤100	340	195		400	

注：表中直径是指实芯棒材，厚度是指计算点的钢材或钢管壁厚度，对轴心受拉和轴心受压构件是指截面中较厚板件的厚度。

2）建筑结构用钢板（GJ 钢板）的设计用强度指标，可根据钢材牌号、厚度或直径选择，见表 2-3-2。

表 2-3-2　建筑结构用钢板的设计用强度指标　　　　　　（单位：N/mm²）

建筑结构用钢板	钢材厚度或直径 /mm	强度设计值			钢材强度	
		抗拉、抗压、抗弯 f	抗剪 f_v	端面承压（刨平顶紧）f_{ce}	屈服强度 f_y	抗拉强度 f_u
Q345GJ	>16，≤50	325	190	415	345	490
	>50，≤100	300	175		335	

3）结构用无缝钢管的设计用强度指标见表 2-3-3。

表 2-3-3　结构用无缝钢管的设计用强度指标　　　　　　（单位：N/mm²）

钢管钢材牌号	壁厚 /mm	强度设计值			钢管强度	
		抗拉、抗压和抗弯 f	抗剪 f_v	端面承压（刨平顶紧）f_{ce}	钢材屈服强度 f_y	抗拉强度 f_u
Q235	≤16	215	125	320	235	375
	>16，≤30	205	120		225	
	>30	195	115		215	

（续）

钢管钢材牌号	壁厚（mm）	强度设计值			钢管强度	
		抗拉、抗压和抗弯 f	抗剪 f_v	端面承压（刨平顶紧）f_{ce}	钢材屈服强度 f_y	抗拉强度 f_u
Q345	≤16	305	175	400	345	470
	>16，≤30	290	170		325	
	>30	260	150		295	
Q390	≤16	345	200	415	390	490
	>16，≤30	330	190		370	
	>30	310	180		350	
Q420	≤16	375	220	445	420	520
	>16，≤30	355	205		400	
	>30	340	195		380	
Q460	≤16	410	240	470	460	550
	>16，≤30	390	225		440	
	>30	355	205		420	

4）铸钢件的强度设计值见表 2-3-4。

表 2-3-4　铸钢件的强度设计值　　　　　　　　（单位：N/mm²）

类别	钢号	铸件厚度/mm	抗拉、抗压和抗弯 f	抗剪 f_v	端面承压（刨平顶紧）f_{cv}
非焊接结构用铸钢件	ZG230-450	≤100	180	105	290
	ZG270-500		210	120	325
	ZG310-570		240	140	370
焊接结构用铸钢件	ZG230-450H	≤100	180	105	290
	ZG270-480H		210	120	310
	ZG300-500H		235	135	325
	ZG340-550H		265	150	355

3. 焊缝和紧固件设计指标

1）焊缝的强度设计指标见表 2-3-5，并符合以下规定：

①手工焊用焊条、自动焊和半自动焊所采用的焊丝和焊剂，应保证其熔敷金属的力学性能不低于母材的性能。

②焊缝质量等级应符合现行国家标准《钢结构焊接规范》（GB 50661）的规定，其检验方法应符合现行国家标准《钢结构工程施工质量验收规范》（GB 50205）的规定。其中厚度小于 6mm 钢材的对接焊缝，不应采用超声波探伤确定焊缝质量等级。

③对接焊缝在受压区的抗弯强度设计值取 f_c^w，在受拉区的抗弯强度设计值取 f_t^w。

④计算下列情况的连接时，表 2-3-5 规定的强度设计值应乘以相应的折减系数；下列几种情况同时存在时，其折减系数应连乘。

A. 施工条件较差的高处安装焊缝乘以系数 0.9。

B. 进行无垫板的单面施焊对接焊缝的连接计算应乘以系数 0.85。

表 2-3-5　焊缝的强度设计指标　　　　　（单位：N/mm²）

焊接方法和焊条型号	构件钢材		对接焊缝强度设计值				角焊缝强度设计值 抗拉、抗压和抗剪 f_f^w	对接焊缝抗拉强度 f_u^w	角焊缝抗拉、抗压和抗剪强度 f_u^f
	牌号	厚度或直径 /mm	抗压 f_c^w	焊缝质量为下列等级时，抗拉 f_t^w		抗剪 f_v^w			
				一级、二级	三级				
自动焊、半自动焊和 E43 型焊条手工焊	Q235	≤16	215	215	185	125	160	415	240
		>16，≤40	205	205	175	120			
		>40，≤100	200	200	170	115			
自动焊、半自动焊和 E50、E55 型焊条手工焊	Q345	≤16	305	305	260	175	200	480（E50） 540（E55）	280（E50） 315（E55）
		>16，≤40	295	295	250	170			
		>40，≤63	290	290	245	165			
		>63，≤80	280	280	240	160			
		>80，≤100	270	270	230	155			
	Q390	≤16	345	345	295	200	200（E50） 220（E55）		
		>16，≤40	330	330	280	190			
		>40，≤63	310	310	265	180			
		>63，≤100	295	295	250	170			
自动焊、半自动焊和 E55、E60 型焊条手工焊	Q420	≤16	375	375	320	215	220（E55） 240（E60）	540（E55） 590（E60）	315（E55） 340（E60）
		>16，≤40	355	355	300	205			
		>40，≤63	320	320	270	185			
		>63，≤100	305	305	260	175			
	Q460	≤16	410	410	350	235	220（E55） 240（E60）	540（E55） 590（E60）	315（E60） 340（E60）
		>16，≤40	390	390	330	225			
		>40，≤63	355	355	300	205			
		>63，≤100	340	340	290	195			
自动焊、半自动焊和 E50、E55 型焊条手工焊	Q345GJ	>16，≤35	310	310	265	180	200	480（E50） 540（E55）	280（E50） 315（E55）
		>35，≤50	290	290	245	170			
		>50，≤100	285	285	240	165			

注：表中厚度是指计算点的钢材厚度，对轴心受拉和轴心受压构件是指截面中较厚板件的厚度。

2）螺栓连接的强度指标见表 2-3-6。

表 2-3-6　螺栓连接的强度指标　　　　　（单位：N/mm²）

螺栓的性能等级、锚栓和构件钢材的牌号		强度设计值										高强度螺栓的抗拉强度 f_u^b
		普通螺栓						锚栓	承压型连接或网架用高强度螺栓			
		C 级螺栓			A 级、B 级螺栓							
		抗拉 f_t^b	抗剪 f_v^b	承压 f_c^b	抗拉 f_t^b	抗剪 f_v^b	承压 f_c^b	抗拉 f_t^b	抗拉 f_t^b	抗剪 f_v^b	承压 f_c^b	
普通螺栓	4.6 级、4.8 级	170	140	—	—	—	—	—	—	—	—	—
	5.6 级	—	—	—	210	190	—	—	—	—	—	—
	8.8 级	—	—	—	400	320	—	—	—	—	—	—
锚栓	Q235	—	—	—	—	—	—	140	—	—	—	—
	Q345	—	—	—	—	—	—	180	—	—	—	—
	Q390	—	—	—	—	—	—	185	—	—	—	—

（续）

螺栓的性能等级、锚栓和构件钢材的牌号		强度设计值										高强度螺栓的抗拉强度 f_u^b
		普通螺栓						锚栓	承压型连接或网架用高强度螺栓			
		C 级螺栓		A 级、B 级螺栓								
		抗拉 f_t^b	抗剪 f_v^b	承压 f_c^b	抗拉 f_t^b	抗剪 f_v^b	承压 f_c^b	抗拉 f_t^b	抗拉 f_t^b	抗剪 f_v^b	承压 f_c^b	
承压型连接高强度螺栓	8.8 级	—	—	—	—	—	—	—	400	250	—	830
	10.9 级	—	—	—	—	—	—	—	500	310	—	1040
螺栓球节点用高强度螺栓	9.8 级	—	—	—	—	—	—	—	385	—	—	
	10.9 级	—	—	—	—	—	—	—	430	—	—	
构件钢材牌号	Q235	—	—	305	—	—	405	—	—	—	470	
	Q345	—	—	385	—	—	510	—	—	—	590	
	Q390	—	—	400	—	—	530	—	—	—	615	
	Q420	—	—	425	—	—	560	—	—	—	655	
	Q460	—	—	450	—	—	595	—	—	—	695	
	Q345GJ	—	—	400	—	—	530	—	—	—	615	

注：1. A 级螺栓用于 $d \leq 24$mm 和 $L \leq 10d$ 或 $L \leq 150$mm（按较小值）的螺栓；B 级螺栓用于 $d > 24$mm 和 $L > 10d$ 或 $L > 150$mm（按较小值）的螺栓；d 为公称直径，L 为螺栓公称长度。

2. A、B 级螺栓孔的精度和孔壁表面粗糙度，C 级螺栓孔的允许偏差和孔壁表面粗糙度，均应符合现行国家标准《钢结构工程施工质量验收规范》（GB 50205）的要求。

3. 用于螺栓球节点网架的高强度螺栓，M12 ~ M36 为 10.9 级，M39 ~ M64 为 9.8 级。

3）铆钉连接的强度指标见表 2-3-7，并应按下列规定乘以相应的折减系数，当下列几种情况同时存在时，其折减系数应连乘。

①施工条件较差的铆钉连接乘以系数 0.9。

②沉头和半沉头铆钉连接乘以系数 0.8。

表 2-3-7　铆钉连接的强度指标 （单位：N/mm²）

铆钉钢号和构件钢材牌号		抗拉（钉头拉脱）f_t^r	抗剪 f_v^r		承压 f_c^r	
			I 类孔	II 类孔	I 类孔	II 类孔
铆钉	BL2 或 BL3	120	185	155	—	—
构件钢材牌号	Q235	—	—	—	450	365
	Q345	—	—	—	565	460
	Q390	—	—	—	590	480

注：1. 属于下列情况者为 I 类孔：

1）在装配好的构件上按设计孔径钻成的孔。

2）在单个零件和构件上按设计孔径分别用钻模钻成的孔。

3）在单个零件上先钻成或冲成较小的孔径。然后在装配好的构件上再扩钻至设计孔径的孔。

2. 在单个零件上一次冲成或不用钻模钻成设计孔径的孔属于 II 类孔。

4. 钢材和铸钢件的物理性能指标

钢材和铸钢件的物理性能指标见表 2-3-8。

表 2-3-8　钢材和铸钢件的物理性能指标

弹性模量 E/（N/mm²）	剪变模量 G/（N/mm²）	线膨胀系数 α（以每℃计）	质量密度 ρ/（kg/m³）
206×10^3	79×10^3	12×10^{-6}	7850

5. 冷成型钢材及其连接的设计指标及线膨胀系数

国家标准《冷弯薄壁型钢结构技术规范》（GB 50018）正在修订中，其内容已扩大涵盖了壁厚 20mm 以下的型材。据其（报批稿）规定，对 Q390 钢抗力分项系数取 $\gamma_R = 1.125$；Q235 钢与 Q345 钢取 $\gamma_R = 1.165$。有关设计指标见以下各表。

1）钢材的强度设计值见表 2-3-9。

表 2-3-9　钢材的强度设计值　　　　（单位：N/mm²）

牌号	钢材厚度/mm	屈服强度 f_y	抗拉、抗压和抗弯 f	抗剪 f_v	端面承压（刨平顶紧）f_{ce}
Q235	$2 \leqslant t \leqslant 16$	235	205	120	310
	$16 < t \leqslant 20$	225	195	115	
Q345	$2 \leqslant t \leqslant 16$	345	300	175	400
	$16 < t \leqslant 20$	335	290	170	
Q390	$2 \leqslant t \leqslant 16$	390	345	200	415
	$16 < t \leqslant 20$	370	330	190	
S280	$0.6 \leqslant t \leqslant 2.0$	280	240	135	320
S350	$0.6 \leqslant t \leqslant 2.0$	350	300	175	400
LQ550	$t \leqslant 0.6$	530	455	260	—
	$0.6 < t \leqslant 0.9$	500	430	250	
	$0.9 < 1 \leqslant 1.2$	460	400	230	
	$1.2 < 1 \leqslant 1.5$	420	360	210	

注：计算全截面有效的受拉或受弯构件的强度时，可采用考虑冷弯强化效应的强度设计值。

2）压型钢板宜采用符合现行国家标准《连续热镀锌薄钢板及钢带》（GB/T 2518）规定的 S250（S250GD + Z、S250GD + ZF）、S350（S350GD + Z、S350GD + ZF）、S550（S550GD + Z、S550GD + ZF）牌号的结构用钢，压型钢板的强度标准值及设计值见表 2-3-10。

表 2-3-10　压型钢板的强度标准值及设计值　　　　（单位：N/mm²）

钢的牌号	强度标准值	强度设计值	
	抗拉、抗压和抗弯 f_{ak}	抗拉、抗压和抗弯 f_a	抗剪 f_{av}
S250	250	205	120
S350	350	290	170
S550	470	395	230

3）焊缝的强度设计值见表 2-3-11。

表 2-3-11　焊缝的强度设计值　　　　（单位：N/mm²）

构件钢材		对接焊缝			角焊缝
牌号	厚度或直径/mm	抗压 f_c^w	抗拉 f_t^w	抗剪 f_v^w	抗拉、抗压和抗弯 f_f^w
Q235	$2 \leqslant t \leqslant 16$	205	175	120	140
	$16 < t \leqslant 20$	195	175	115	140
Q345	$2 \leqslant t \leqslant 16$	300	255	175	195
	$16 < t \leqslant 20$	290	250	170	195

（续）

构件钢材		对接焊缝			角焊缝
牌号	厚度或直径/mm	抗压 f_c^w	抗拉 f_t^w	抗剪 f_v^w	抗拉、抗压和抗弯 f_f^w
Q390	$2 \leqslant t \leqslant 16$	345	295	200	200
	$16 < t \leqslant 20$	320	280	190	200

注：1. 当 Q235 钢、Q345 钢，Q390 钢不同等级对接焊接时，焊缝的强度设计值应按本表中低强度钢材对应栏的数值采用。

　　2. 经探伤检查符合一、二级焊缝质量标准的对接焊缝的抗拉强度设计值采用抗压强度设计值。

4）C 级普通螺栓连接的强度设计值见表 2-3-12。

表 2-3-12　C 级普通螺栓连接的强度设计值　　　　　（单位：N/mm²）

类别	性能等级	构件钢材的牌号（t 为钢材厚度）		
	4.6 级、4.8 级	Q235 钢	Q345 钢	Q390 钢
抗拉 f_t^b	165	—	—	—
抗剪 f_v^b	125	—	—	—
承压 f_c^b	—	290（$t \leqslant 6\text{mm}$）	370（$t \leqslant 6\text{mm}$）	380（$t \leqslant 6\text{mm}$）
		305（$t > 6\text{mm}$）	385（$t > 6\text{mm}$）	400（$t > 6\text{mm}$）

5）《冷弯薄壁型钢结构技术规范》（GB 50018）中关于钢材的强度设计指标。

①钢材的强度设计值应按表 2-3-13 规定采用。

表 2-3-13　钢材的强度设计值　　　　　（单位：N/mm²）

钢材牌号	抗拉、抗压和抗弯 f	抗剪 f_v	端面承压（磨平顶紧）f_{ce}
Q235 钢	205	120	310
Q345 钢	300	175	400

注：1. 计算全截面有效的受拉、受压或受弯构件的强度，可采用按下款确定的考虑冷弯效应的强度设计值。

　　2. 经退火、焊接和热镀锌等热处理的冷弯薄壁型钢构件不得采用考虑冷弯效应的强度设计值。

考虑冷弯效应的强度设计值可按下式计算：

$$f' = \left[1 + \frac{\eta(12\gamma - 10t)}{l} \sum_{i=1}^{n} \frac{\theta_i}{2\pi} \right] f \qquad (2\text{-}3\text{-}2)$$

式中　η——成型方式系数，对于冷弯高频焊（圆变）方、矩形管，取 $\eta = 1.7$；对于圆管和其他方式成型的方、矩形管及开口型钢，取 $\eta = 1.0$；

　　　γ——钢材的抗拉强度与屈服强度的比值，对于 Q235 钢可取 $\gamma = 1.58$，对于 Q345 钢可取 $\gamma = 1.48$；

　　　n——型钢截面所含棱角数目；

　　　θ——型钢截面上第 i 个棱角所对应的圆周角，如图 2-3-1 所示，以弧度为单位；

　　　l——型钢截面中心线的长度，可采用型钢截面面积与厚度的比值。

型钢截面中心线可以按下式计算：

$$l = l' + \frac{1}{2} \sum_{i=1}^{n} \theta_i (2\gamma_i + t) \qquad (2\text{-}3\text{-}3)$$

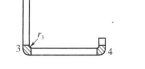

图 2-3-1　冷弯型钢截面示意图

式中　l'——型钢平板部分宽度之和；

　　　γ_i——型钢截面上第 i 个棱角内表面的弯曲半径；

　　　t——型钢截面厚度。

②焊缝的强度设计值应按表 2-3-14 规定采用。

表 2-3-14　焊缝的强度设计值　　　　　　　（单位：N/mm²）

构件钢材牌号	对接焊缝			角焊缝
	抗压 f_c^w	抗拉 f_t^w	抗剪 f_v^w	抗压、抗拉和抗剪 f_f^w
Q235 钢	205	175	120	140
Q345 钢	300	255	175	195

注：1. 当 Q235 钢与 Q345 钢对接焊接时，焊缝的强度设计值应按本表中 Q235 钢栏的数值采用。

2. 经 X 射线检查符合一、二级焊缝质量标准的对接焊缝的抗拉强度设计值采用抗压强度设计值。

③C 级普通螺栓连接的强度设计值应按表 2-3-15 规定采用。

表 2-3-15　C 级普通螺栓连接的强度设计值　　　　（单位：N/mm²）

类别	性能等级	构件钢材的牌号	
	4.6 级、4.8 级	Q235 钢	Q345 钢
抗拉 f_t^b	165	—	—
抗剪 f_v^b	125	—	—
承压 f_c^b	—	290	370

④电阻点焊每个焊点的抗剪承载力设计值应按表 2-3-16 规定采用。

表 2-3-16　电阻点焊每个焊点的抗剪承载力设计值

相焊板件中外层较薄板件的厚度 t/mm	每个焊点的抗剪承载力设计值 N_v^s/kN	相焊板件中的外层较薄板件的厚度 t/mm	每个焊点的抗剪承载力设计值 N_v^s/kN
0.4	0.6	2.0	5.9
0.6	1.1	2.5	8.0
0.8	1.7	3.0	10.2
1.0	2.3	3.5	12.6
1.5	4.0	—	—

⑤计算下列情况的结构构件和连接时，以上①~④项规定的强度设计值应乘以下列相应的折减系数。

A. 平面格构式檩条的端部主要受压腹杆：0.85。

B. 单面连接的单角钢杆件。

a. 按轴心受力计算强度和连接：0.85。

b. 按轴心受压计算稳定性：$0.6 + 0.0014\lambda$。

注：对中间无联系的单角钢压杆，λ 为按最小回转半径计算的杆件长细比。

C. 无垫板的单面对接焊缝：0.85。

D. 施工条件较差的高处安装焊缝：0.90。

E. 两构件的连接采用搭接或其间填有垫板的连接以及单盖板的不对称连接：0.90。

上述几种情况同时存在时，其折减系数应连乘。

⑥钢材的物理性能应符合表 2-3-17 的规定。

表 2-3-17　钢材的物理性能

弹性模量 E/(N/mm²)	剪变模量 G/(N/mm²)	线膨胀系数 a（以每℃计）	质量密度 ρ/(kg/m³)
206×10^3	79×10^3	12×10^{-6}	7850

2.4 设计基本规定

2.4.1 结构和构件的变形及舒适度的限值

1. 一般规定

1) 根据正常使用极限状态设计的要求，结构设计应保证结构在正常使用条件下避免出现以下状态：

①影响正常使用与外观的结构变形（挠度、位移等）。

②影响正常使用的振动（振幅、频率）。

③影响正常使用的其他特定状态（风的加速度）。

正常使用极限状态设计时应对构件的上述变形、振幅、舒适度等进行验算，其量值不应超过《钢结构设计标准》（GB 50017）、《高层民用建筑钢结构技术规程》（JGJ 99）、《建筑抗震设计规范》（GB 50011）及《空间网格结构技术规程》（JGJ 7）等国家现行标准中相应限值的规定。

2) 进行正常使用极限状态设计的变形计算时，其荷载作用应按《建筑结构荷载规范》（GB 50009）分别采用下列各作用组合：

①标准组合，宜用于不可逆正常使用极限状态设计。

②频遇组合，宜用于可逆正常使用极限状态设计。

③准永久组合，宜用于长期效应是决定性因素的正常使用极限状态设计。

3) 计算直接承受动力荷载的结构（如吊车梁或吊车桁架等）的变形时，其荷载作用应按标准值计算，并不再乘以动力系数；同时计算起重机荷载作用时，在下列情况下均只按一台自重与起重量最大的起重机取值：

①计算吊车梁或吊车桁架的挠度时。

②计算 A7、A8 级起重机车间内吊车梁制动结构在水平荷载作用下的挠度时。

③计算 A7、A8 级起重机车间厂房柱在起重机水平荷载作用下，柱在吊车梁顶标高处的位移时。

4) 梁、桁架等受弯构件有预起拱时，其挠度计算值应扣除预拱值，对钢-混凝土组合梁，其最终挠度值应计入钢梁在施工阶段已产生并不可恢复的挠度。

5) 对抗震设防的多（高）层钢结构，应按多遇地震或罕遇地震的不同条件分别验算其弹性层间位移角与弹塑性层间位移角；对多（高）层钢-混凝土混合结构，应按现行协会标准《高层建筑钢-混凝土混合结构设计规程》（CECS 230）规定进行层间位移角的验算。

2. 结构的变形与位移容许限值

(1) 受弯构件的挠度允许值

1) 吊车梁、楼盖梁、屋盖梁、工作平台梁以及墙架构件等受弯构件的挠度允许值见表 2-4-1。

表 2-4-1 受弯构件的挠度容许值

项次	构件类别	挠度容许值	
		$[v_T]$	$[v_Q]$
1	吊车梁和吊车桁架（按自重和起重量最大的一台起重机计算挠度） (1) 手动起重机和单梁起重机（含悬挂起重机） (2) 轻级工作制桥式起重机 (3) 中级工作制桥式起重机 (4) 重级工作制桥式起重机	$l/500$ $l/750$ $l/900$ $l/1000$	—
2	手动或电动葫芦的轨道梁	$l/400$	—

（续）

项次	构件类别	挠度容许值	
		$[v_T]$	$[v_Q]$
3	有重轨(重量等于或大于 38kg/m) 轨道的工作平台梁 有轻轨(重量等于或大于 24kg/m) 轨道的工作平台梁	$l/600$ $l/400$	—
4	楼(屋) 盖梁或桁架、工作平台梁（第 3 项除外）和平台板 　（1）主梁或桁架（包括设有悬挂起重设备的梁和桁架） 　（2）仅支承压型金属板屋面和冷弯型钢檩条 　（3）除支承压型金属板屋面和冷弯型钢檩条外。尚有吊顶 　（4）抹灰顶棚的次梁 　（5）除（1）~（4）项外的其他梁（包括楼梯梁） 　（6）屋盖檩条 　　支承压型金属板屋面者 　　支承其他屋面材料者 　　有吊顶 　（7）平台板	 $l/400$ $l/180$ $l/240$ $l/250$ $l/250$ $l/150$ $l/200$ $l/240$ $l/150$	 $l/500$ — — $l/350$ $l/300$ — — — —
5	墙架构件(风荷载不考虑阵风系数) 　（1）支柱（水平方向） 　（2）抗风桁架（作为连续支柱的支承时，水平位移） 　（3）砌体墙的横梁（水平方向） 　（4）支承压型金属板的横梁（水平方向） 　（5）支承其他墙面材料的横梁（水平方向） 　（6）带有玻璃窗的横梁（竖直和水平方向）	 — — — — — $l/200$	 $l/400$ $l/1000$ $l/300$ $l/100$ $l/200$ $l/200$

注：1. l 为受弯构件的跨度（对悬臂梁和伸臂梁为悬臂长度的 2 倍）。

2. $[v_T]$ 为永久和可变荷载标准值产生的挠度（如有起拱应减去拱度容许值）；$[v_Q]$ 为可变荷载标准值产生的挠度容许值。

3. 当吊车梁或吊车桁架跨度大于 12m 时，其挠度容许值 $[v_T]$ 应按表中值乘以 0.9 系数。

4. 当墙面采用柔性材料或与结构采用柔性连接时，墙架构件的支柱水平位移容许值可采用 $l/300$，抗风桁架（作为连续支柱的支承时）水平位移容许值可采用 $l/800$。

2）设有工作级别为 A7、A8 级起重机的车间，其跨间每侧吊车梁或吊车桁架的制动结构，由一台最大起重机横向水平荷载（按荷载规范取值）所产生的挠度不宜超过制动结构跨度的 $l/2200$。

3）钢-混凝土组合楼盖梁、板的容许挠度应符合以下规定：

型钢混凝土梁、钢与混凝土组合梁及组合楼板的最大挠度应按荷载效应的准永久组合，并考虑长期影响进行计算其计算值不应超过表 2-4-2 和表 2-4-3 规定的挠度限值。施工阶段其楼板的挠度不宜超过板跨 L 的 1/180，且不大于 20mm。

表 2-4-2　型钢混凝土梁及组合楼楼板挠度限值　　　　　　　　　　（单位：mm）

跨度	挠度限值（以计算跨度 l_0 计算）
$l_0 < 7m$	$l_0/200$（$l_0/250$）
$7m \leqslant l_0 \leqslant 9m$	$l_0/250$（$l_0/300$）
$l_0 > 9m$	$l_0/300$（$l_0/400$）

注：1. 表中 l_0 为梁的计算跨度；悬臂构件的 l_0 按实际悬臂长度的 2 倍取值。

2. 验算施工阶段钢梁挠度时，其荷载（标准值）可采用组合梁自重与施工荷载 1.5kN/m^2 的组合值。

3. 组合梁最终挠度为施工阶段钢梁挠度与使用阶段组合梁挠度的叠加值。

4. 当构件预先起拱时，可将计算所得挠度值减去起拱值。

5 表中括号中数值适用于使用上对构件挠度有较高要求的构件。

表 2-4-3　钢与混凝土组合梁挠度限值　　　　　　　　（单位：mm）

梁的类型	挠度限值（以计算跨度 l_0 计算）
主梁	$l_0/300$（$l_0/400$）
次梁	$l_0/250$（$l_0/300$）

注：1. 表中 l_0 为梁的计算跨度；悬臂构件的 l_0 按实际悬臂长度的 2 倍取值。

2. 表中数值为永久荷载和可变荷载组合产生的挠度允许值。当构件预先起拱时，可将计算所得挠度值减去起拱值。

3. 表中括号中数值为可变荷载标准值产生的挠度允许值。

4）大跨度钢结构位移限值宜符合下列规定：

①永久荷载与可变荷载标准组合时，结构挠度宜符合下列规定：

A. 非地震作用组合时大跨度钢结构容许挠度值见表 2-4-4。

B. 网架与桁架可预先起拱，起拱值可取不大于短向跨度的 1/300。当仅为改善外观条件时，结构挠度可取永久荷载与可变荷载标准值作用下的挠度计算值减去起拱值。但结构在可变荷载下的挠度不宜大于结构跨度的 1/400。

C. 对于设有悬挂起重设备的屋盖结构，其最大挠度值不宜大于结构跨度的 1/400，在可变荷载下的挠度不宜大于结构跨度的 1/500。

表 2-4-4　非地震作用组合时大跨度钢结构容许挠度值

结构类型		跨中区域	悬挑结构
受弯为主的结构	桁架、网架、斜拉结构、张弦结构等	$L/250$（屋盖） $L/300$（楼盖）	$L/125$（屋盖） $L/150$（楼盖）
受压为主的结构	双层网壳	$L/250$	$L/125$
	拱架、单层网壳	$L/400$	—
受拉为主的结构	单层单索屋盖	$L/200$	—
	单层索网、双层索系以及横向加劲索系的屋盖、索穹顶屋盖	$L/250$	—

注：1. 表中 L 为短向跨度或悬挑跨度。

2. 索网结构的挠度为预应力之后的挠度。

②在重力荷载代表值与多遇竖向地震作用标准值组合时，地震作用组合时大跨度钢结构容许挠度值见表 2-4-5 的规定。

表 2-4-5　地震作用组合时大跨度钢结构容许挠度值

结构类型		跨中区域	悬挑结构
受弯为主的结构	桁架、网架、斜拉结构、张弦结构等	$L/250$（屋盖） $L/300$（楼盖）	$L/125$（屋盖） $L/150$（楼盖）
受压为主的结构	双层网壳、弦支穹顶	$L/300$	$L/150$
	拱架、单层网壳	$L/400$	—

注：表中 L 为短向跨度或悬挑跨度。

5）空间网格结构在恒荷载与活荷载标准值作用下的容许挠度值见表 2-4-6 的规定。

表 2-4-6　空间网格结构在恒荷载与活荷载标准值作用下的容许挠度值

结构体系	屋盖跨度（短向跨度）	楼盖跨度（短向跨度）	悬挑结构（悬挑跨度）
网架	$l/250$	$l/300$	$l/125$
单层网壳	$l/400$	—	$l/200$

（续）

结构体系	屋盖跨度（短向跨度）	楼盖跨度（短向跨度）	悬挑结构（悬挑跨度）
双层网壳 立体桁架	$l/250$	—	$l/125$

（2）框架、排架结构位移的容许值

1）单层钢结构柱顶水平位移限值宜符合下列规定：

①在风荷载标准值作用下，单层钢结构柱顶水平位移宜符合下列规定：

A. 风荷载作用下单层钢结构柱顶水平位移允许值见表 2-4-7。

B. 无桥式起重机时，当围护结构采用砌体墙，柱顶水平位移不应大于 $H/240$；当围护结构采用轻型钢墙板且房屋高度不超过 18m 时，柱顶水平位移可放宽至 H/60。

C. 有桥式起重机时，当房屋高度不超过 18m，采用轻型屋盖，起重机起重量不大于 20t 工作制级别为 A1～A5 且起重机由地面控制时，柱顶水平位移可放宽至 H/180。

表 2-4-7 风荷载作用下单层钢结构柱顶水平位移允许值

结构体系	起重机情况	柱顶水平位移
排架、框架	无桥式起重机	$H/150$
	有桥式起重机	$H/400$

注：H 为柱高度。

②在冶金厂房或类似车间中设有 A7、A8 级起重机的厂房的柱和设有中级和重级工作制起重机的露天栈桥柱，在吊车梁或吊车桁架的顶面标高处，由一台最大起重机水平荷载（按荷载规范取值）作用下柱水平位移（计算值）容许值见表 2-4-8 的规定。

表 2-4-8 起重机水平荷载作用下柱水平位移（计算值）容许值

项次	位移的种类	按平面结构图形计算	按空间结构图形计算
1	厂房柱的横向位移	$H_c/1250$	$H_c/2000$
2	露天栈桥柱的横向位移	$H_c/2500$	
3	厂房和露天栈桥柱的纵向位移	$H_c/4000$	

注：1. H_c 为基础顶面至吊车梁或吊车桁架的顶面的高度。

    2. 计算厂房或露天栈桥柱的纵内位移时，可假定起重机的纵向水平制动力分配在温度区段内所有的柱间支撑或纵向框架上。

    3. 设有 A8 级起重机的厂房中，厂房柱的水平位移（计算值）容许值不宜大于表中数值的 90%。

    4. 设有 A6 级起重机的厂房柱的纵向位移宜符合表中的要求。

2）多层钢结构层间位移角限值宜符合下列规定：

①在风荷载标准值作用下，有桥式起重机时，多层钢结构的弹性层间位移角不宜超过 $l/400$。

②在风荷载标准值作用下，无桥式起重机时，多层钢结构的弹性层间位移角不宜超过表 2-4-9 的数值。

表 2-4-9 多层钢框架层间位移角容许值

结构体系			层间位移角
框架、框架-支撑			$l/250$
框-排架	侧向框-排架		$l/250$
	竖向框-排架	排架	$l/150$
		框架	$l/250$

注：1. 对室内装修要求较高的建筑，层间位移角宜适当减小；无墙壁的建筑，层间位移角可适当放宽。

    2. 当围护结构可适应较大变形时，层间位移角可适当放宽。

    3. 在多遇地震作用下多层钢结构的弹性层间位移角不宜超过 $l/250$。

3）高层建筑钢结构层间位移角限值应符合以下规定：

①在风荷载或多遇地震标准值作用下，按弹性方法计算的楼层层间最大水平位移与层高之比不宜大于 $l/250$。

②高层民用建筑钢结构薄弱层或薄弱部位弹塑性层间位移不应大于层高的 $l/50$。

③在罕遇地震作用下，按表 2-4-10 所列的各类（薄弱层弹塑性变形验算的结构类别）高层钢结构应采用静力弹塑性方法或弹塑性时程分析方法进行薄弱层弹塑性变形验算，计算所得薄弱层或薄弱部位弹塑性层间位移值不应大于层高的 $l/50$。

表 2-4-10　薄弱层弹塑性变形验算的结构类别

应验算的结构	宜验算的结构
1）甲类建筑或 9 度抗震设防的乙类建筑 2）采用隔震或消能减震设计的建筑结构 3）房屋高度大于 150m 的结构	1）高度超过 100m（8 度 Ⅰ、Ⅱ 类场地和 7 度）或超过 80m（8 度 Ⅲ、Ⅴ 类场地）或超过 60m（9 度）整体不规则的乙、丙类高层民用建筑钢结构 2）7 度 Ⅲ、Ⅳ 类场地或 8 度乙类建筑

4）高层钢混凝土混合结构的弹性层间位移角限值应符合以下规定：

①在风荷载和多遇地震作用下，最大弹性层间位移角不宜大于表 2-4-11 规定的限值。

表 2-4-11　弹性层间位移角限值

结构类型	混合框架结构		其他结构	
	钢梁	钢骨混凝土梁	$H \leqslant 150\mathrm{m}$	$H \geqslant 250\mathrm{m}$
层间位移角限值	$l/400$	$l/500$	$l/800$	$l/500$

注：房屋高度 H 介于 150～250m 时，层间位移角限值可采用线性插值。

②在罕遇地震作用下，高层建筑混合结构的弹塑性层间位移角，对于混合框架结构不应大于 $l/50$；其余结构不应大于 $l/100$。

（3）门式刚架与低层冷弯薄壁型钢（龙骨）房屋结构的变形限值

1）门式刚架受弯构件的挠度限值应符合表 2-4-12 的规定。

表 2-4-12　受弯构件的挠度限值　　　　　　　　　　　　（单位：mm）

	构件类别		构件挠度限值
竖向挠度	门式刚架斜梁	仅支承压型钢板屋面和型钢檩条	$l/180$
		尚有吊顶	$l/240$
		有悬挂起重机	$l/400$
	夹层	主梁	$l/400$
		次梁	$l/250$
	檩条	仅支承压型钢板屋面	$l/150$
		尚有吊顶	$l/240$
	压型钢板屋面板		$l/150$
水平挠度	墙板		$l/100$
	抗风柱或抗风桁架		$l/250$
	墙梁	仅支承压型钢板墙	$l/100$
		支承砌体墙	$l/180$ 且 $\leqslant 50\mathrm{mm}$

注：1. 表中 l 为构件跨度。
　　2. 对门式刚架斜梁，l 取全跨。
　　3. 对悬臂梁，按悬伸长度的 2 倍作为受弯构件的计算跨度。

2）低层冷弯薄壁型钢（龙骨）房屋结构在风荷载或多遇地震标准值作用下的层间位移角不应大于 $l/300$；其墙体立柱在风荷载作用下顺风方向的挠度不得大于立柱长度的 $l/250$；受弯构件

的挠度限值应符合表 2-4-13 的规定。

表 2-4-13　受弯构件的挠度限值

构件类别	构件挠度限值
楼层梁：	
全部荷载作用时	$L/250$
仅活荷载作用时	$L/500$
门、窗过梁	$L/350$
屋架	$L/250$
结构板	$L/200$

注：1. 表中 L 为构件跨度。

　　2. 对悬臂梁按悬臂长度 2 倍作为受弯构件的跨度。

3. 房屋结构的舒适度限值

房屋高度不小于 150m 的高层民用建筑钢结构及混合结构应满足风振舒适度要求。按现行国家标准《建筑结构荷载规范》（GB 50009）规定的 10 年一遇的风荷载标准值计算的，或通过风洞试验结果判断确定的结构顶点顺风向和横风向振动的最大加速度，应分别不大于表 2-4-14 中限值 α_{lim} 和 α_{max}。结构顶点的顺风向和横风向振动最大加速度计算，钢结构可按现行国家标准《建筑结构荷载规范》（GB 50009）的有关规定进行，计算时钢结构阻尼比宜取 0.01 ~ 0.015；混合结构可按协会标准《高层建筑钢-混凝土混合结构设计规程》（CECS 230）进行计算。

表 2-4-14　结构顶点顺风向和横风向振动的最大加速度限值

使用功能	钢结构 α_{lim}	混合结构 α_{max}
住宅、公寓	$0.20m/s^2$	$0.15m/s^2$
办公、旅馆	$0.28m/s^2$	$0.25m/s^2$

组合楼盖在正常使用时应具有适宜的舒适度，其自振频率 f_a 不宜小于 3Hz，也不宜大于 9Hz，且振动峰值加速度 α_p 与重力加速度 g 之比限值不宜大于表 2-4-15 规定的。楼盖竖向振动加速度峰值不应大于表 2-4-16 的规定。

表 2-4-15　振动峰值加速度 α_p 与重力加速度 g 之比限值

房屋功能	住宅、办公	商场、餐饮
α_p/g	0.005	0.015

注：当 $f_n < 3Hz$、$f_n > 8Hz$ 或其他房间时应做专门研究。

表 2-4-16　楼盖竖向振动加速度峰值

人员活动环境	峰值加速度/(m/s^2)	
	竖向自振频率 2Hz	竖向自振频 4Hz
住宅、办公	0.05	0.05
商场及室内连廊	0.22	0.15

注：楼盖结构竖向自振频率为 2 ~ 4Hz 时，峰值加速度限值可按线性插值选取。

2.4.2　轴心受力构件的计算长度和容许长细比

1. 轴心受压构件的计算长度

轴心受压构件的稳定承载力计算主要来源于构件两端铰支的情况，实际上构件节点往往具有一定刚性，构件受压发生失稳时会受到其他构件约束，因此轴心受压构件的计算长度往往小于其几何长度。

（1）桁架杆件的计算长度　桁架腹杆刚度通常要比弦杆小得多，因此设计中不考虑其对弦杆的约束作用，因而弦杆在桁架平面内可视为铰支的连续杆件，其计算长度系数 $\mu = 1.0$。桁架平面外弦杆的计算长度应取为侧向支承点间的距离，不考虑节点处的约束。

单系腹杆（非交叉杆腹杆）受压时的桁架平面内计算长度系数随腹杆与受拉弦杆线刚度比值的增加而增大，理论结果表明其计算长度系数 μ 略小于 0.8，标准直接取为常数 $\mu = 0.8$。但对于支座斜杆和支座竖杆，由于其下端只与下弦的一端相连，且其线刚度较大，不一定小于弦杆的线刚度，因此不能考虑杆端约束，故取 $\mu = 1.0$。在桁架平面外由于节点板刚度很小，对腹杆端部向平面外转动的约束作用可以忽略不计，认为铰接，因此腹杆在桁架平面外的计算长度系数统一取 $\mu = 1.0$。而对于单角钢或双角钢十字形截面腹杆，其两个主轴均不在桁架平面内，也不在垂直于桁架平面的平面内，其端部约束可认为介于两者之间，因此标准对此情况取 $\mu = 0.9$(0.8 与 1.0 的平均数)。桁架弦杆和单系腹杆（用节点板与弦杆连接）的计算长度 l_0 可按表 2-4-17 采用。

表 2-4-17　桁架弦杆和单系杆的计算长度 l_0

弯曲方向	弦杆	腹杆	
		支座斜杆和支座竖杆	其他腹杆
桁架平面内	l	l	$0.8l$
桁架平面外	l_1	l	l
斜平面	—	l	$0.9l$

注：1. l 为构件的几何长度（节点中心间距离），l_1 为桁架弦杆侧向支承点之间的距离。
　　2. 斜平面是指与桁架平面斜交的平面，适用于构件截面两主轴均不在桁架平面内的单角钢腹杆和双角钢组成的十字形截面腹杆。

采用相贯焊接连接的钢管桁架，立体桁架杆件的端部约束通常比平面桁架强。对于弦杆在平面内的计算长度系数取值，考虑到平面桁架和立体桁架对杆件平面外约束差别不大，故均取 $\mu = 0.9$。对于支座斜杆和支座竖杆，由于其构件内力较大，受周边构件的约束较弱，因此计算长度系数取 $\mu = 1.0$。采用相贯焊接连接的钢管桁架，其构件计算长度 l_0 可按表 2-4-18 采用。

表 2-4-18　钢管桁架杆件的计算长度 l_0

桁架类别	弯曲方向	弦杆	腹杆	
			支座斜杆和支座竖杆	其他腹杆
平面桁架	平面内	$0.9l$	l	$0.8l$
	平面外	l_1	l	l
立体桁架		$0.9l$	l	$0.8l$

注：1. l_1 为平面外无支撑长度，l 是杆件的节间长度。
　　2. 对端部缩头或压扁的圆管腹杆，其计算长度取 l。
　　3. 对于立体桁架，弦杆平面外的计算长度取 $0.9l$，同时尚应以 $0.9l$ 按格构式压杆验算其稳定性。

（2）交叉腹杆的计算长度　交叉腹杆在桁架平面内的计算长度应取节点中心到交叉点的距离，而对于其在桁架平面外的计算长度，对拉杆应取 $l_0 = l$，对压杆则给出了当两交叉腹杆长度相等且在中点相交时的计算公式，见表 2-4-19。

表 2-4-19　交叉腹杆的计算长度

序号	项目		计算公式	
1	相交另一杆受压	两杆截面相同并在交叉点均不中断	$l_0 = l\sqrt{\dfrac{1}{2}\left(1 + \dfrac{N_0}{N}\right)}$	(2-4-1)
2		此另一杆在交叉点中断但以节点板搭接	$l_0 = l\sqrt{1 + \dfrac{\pi^2}{12} \times \dfrac{N_0}{N}}$	(2-4-2)

（续）

序号	项目		计算公式
3	相交另一杆受拉	两杆截面相同并在交叉点均不中断	$l_0 = l\sqrt{\dfrac{1}{2}\left(1 + \dfrac{3}{4} \times \dfrac{N_0}{N}\right)} \geqslant 0.5l$ (2-4-3)
4		此拉杆在交叉点中断但以节点板搭接	$l_0 = l\sqrt{1 - \dfrac{3}{4} \times \dfrac{N_0}{N}} \geqslant 0.5l$ (2-4-4)

式中 l——桁架节点中心间距离（交叉点不作为节点考虑）

    N、N_0——所计算杆的内力及相交另一杆的内力，均为绝对值，当两杆均受压时，取 $N_0 \leqslant N$（两杆件的截面应相同）

对相交另一杆受拉的情况，当此拉杆连续而压杆在交叉点中断但以节点板搭接，若 $N_0 \geqslant N$ 或拉杆在桁架平面外的抗弯刚度 $EI_y \geqslant \dfrac{3N_0 l^2}{4\pi^2}\left(\dfrac{N_0}{N} - 1\right)$ 时，取 $l_0 = 0.5l$。

应注意的是，当确定交叉腹杆中单角钢杆件在斜平面内的长细比时，计算长度应取节点中心至交叉点的距离，若为单边连接单角钢，在计算其受压稳定性时，应考虑非全部直接传力造成端部连接偏心的影响，尚应按单边连接的单角钢交叉中的压杆，当两杆的截面相同，并在交叉点不中断确定杆件等效长细比。

（3）桁架弦杆变轴力时的平面外计算长度   桁架弦杆侧向支承点之间为节间长度的2倍，且侧向支承点之间杆件的压力不等时（图2-4-1），一般采用按较大轴力的杆件计算其在桁架平面外的稳定性。经过理论分析可采用下式计算桁架平面外的计算长度：

$$l_0 = l_1\left(0.75 + 0.25\frac{N_2}{N_1}\right) \geqslant 0.5 \tag{2-4-5}$$

式中 N_1——较大的压力，计算时取正值；

    N_2——较小的压力或拉力，计算时压力取正值，拉力取负值。

桁架再分式腹杆体系的受压主斜杆及K形腹杆体系的竖杆等（图2-4-2），在桁架平面外的计算长度也应按式（2-4-5）确定（受拉主斜杆仍取 l_1）。但由于此类杆件的上段与受压弦杆相连，端部约束作用较差，在桁架平面内的计算长度则取节点中心间距离，即计算长度系数取 $\mu = 1.0$。

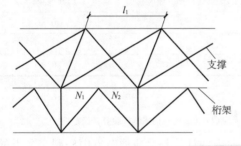

图 2-4-1   侧向支承点之间弦杆轴力
不等时计算简图

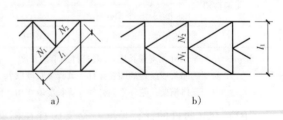

图 2-4-2   桁架腹杆形式
a）再分式腹杆   b）K形腹杆

（4）塔架单角钢主杆的计算长细比   当采用单角钢作为塔架主杆时，两个侧面腹杆体系的节点全部重合者，如图 2-4-3a 所示，主杆绕非对称主轴（即最小轴）屈曲；节点部分重合者，如图 2-4-3b 所示，绕平行轴屈曲并伴随着扭转，计算长度因扭转因素而增大；节点全部不重合者，如图 2-4-3c 所示，同时绕两个主轴弯曲并伴随着扭转，计算长度增大得更多。因此，标准规定塔架的单角钢主杆，应按所在两个侧面的节点分布情况，采用表 2-4-20 所示公式计算长细比来确定稳定系数 φ。

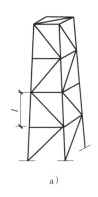 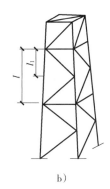 

a) b) c)

图 2-4-3 塔架的腹杆布置形式

a) 两个侧面腹杆体系的节点全部重合 b) 两个侧面腹杆体系的节点部分重合

c) 两个侧面腹杆体系的节点全部都不重合

表 2-4-20 塔架单角钢主杆的计算长细比

序号	项目	计算公式		简图
1	当两个侧面腹杆体系的节点全部重合时	$\lambda = l/i_y$	(2-4-6a)	图 2-4-3a
2	当两个侧面腹杆体系的节点部分重合时	$\lambda = 1.1l/i_x$	(2-4-6b)	图 2-4-3b
3	当两个侧面腹杆体系的节点全部都不重合时	$\lambda = 1.2l/i_x$	(2-4-6c)	图 2-4-3c

式中 l——较大的节间长度

i_y——角钢截面绕非对称主轴的回转半径

i_x——角钢截面绕平行轴的回转半径

当 $\lambda \leqslant 80\varepsilon_k$

$$w/t \leqslant 15\varepsilon_k \tag{2-4-7}$$

当 $\lambda > 80\varepsilon_k$

$$w/t \leqslant 5\varepsilon_k + 0.125\lambda \tag{2-4-8}$$

式中 λ——按角钢绕非对称主轴回转半径计算的长细比；

w、t——角钢的平板宽度和厚度，w 可取为 $b-2t$（b 为角钢宽度）。

主杆的承载力可按式（2-4-9）和式（2-4-10）确定。

强度

$$\frac{N}{A_{ne}} \leqslant f \tag{2-4-9}$$

稳定

$$\frac{N}{\varphi A_e f} \leqslant 1.0 \tag{2-4-10}$$

$$A_{ne} = \sum \rho_i A_{ni} \tag{2-4-11}$$

$$A_e = \sum \rho_i A_i \tag{2-4-12}$$

式中 A_{ne}、A_e——有效净截面面积和有效毛截面面积（mm^2）；

A_{ni}、A_i——各板件净截面面积和毛截面面积（mm^2）；

φ——稳定系数，可按毛截面计算；

ρ_i——各板件有效截面系数，应根据截面形式按有关规定计算。

（5）考虑柱脚构造的轴心受压柱计算长度 上端与梁或桁架铰接且不能侧向移动的轴心受压

柱，其计算长度系数应根据柱脚构造情况采用，铰轴柱脚应取 1.0。平板柱脚在柱压力作用下有一定转动刚度，刚度大小和底板厚度有关，当底板厚度不小于柱翼缘厚度的两倍时，柱的计算长度系数可取 0.8。

由侧向支撑分为多段的柱，当柱发生屈曲时，上、下柱段会相互约束，当各段长度相差 10% 以上时，宜根据相关屈曲的原则确定柱在支撑平面内的计算长度，充分利用材料的潜力。当柱分为两段时，如图 2-4-4 所示，其计算长度可由下式确定：

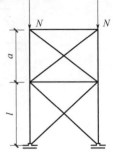

$$l_0 = \mu l \tag{2-4-13}$$

$$\mu = 1 - 0.3(1 - \beta)^{0.7} \tag{2-4-14}$$

式中　β——短段与长段长度的比值，$\beta = a/l$。

图 2-4-4　设有中心支撑的两段柱

2. 轴心受力构件的容许长细比

构件容许长细比的规定，主要是为了避免构件柔度太大，在自重作用下产生过大挠度和在运输、安装过程中造成弯曲，以及在动力荷载作用下发生较大振动。受压构件的容许长细比要比受拉构件严格，原因是细长构件的初弯曲容易受压增大，有损于构件的稳定承载能力，即刚度不足对受压构件产生的不利影响远比受拉构件严重。调查表明，主要受压构件的容许长细比取为 150，一般的支撑压杆取为 200，能满足正常使用的要求。

1）验算容许长细比时，可不考虑扭转效应。计算单角钢受压构件的长细比时，应采用角钢的最小回转半径，但计算在交叉点相互连接的交叉杆件平面外的长细比时，可采用与角钢肢边平行轴的回转半径。轴心受压构件的容许长细比宜符合下列规定：

①跨度等于或大于 60m 的桁架，其受压弦杆、端压杆和直接承受动力荷载的受压腹杆的长细比不宜大于 120。

②轴心受压构件的长细比不宜超过表 2-4-21 规定的容许值，但当杆件内力设计值不大于承载能力的 50% 时，容许长细比值可取 200。

表 2-4-21　受压构件的长细比容许值

构件名称	容许长细比
轴心受压柱、桁架和天窗架中的压杆	150
柱的缀条、吊车梁或吊车桁架以下的柱间支撑	150
支撑（吊车梁或吊车桁架以下的柱间支撑除外）	200
用以减小受压构件计算长度的杆件	200

2）验算容许长细比时，在直接或间接承受动力荷载的结构中，计算单角钢受拉构件的长细比时，应采用角钢的最小回转半径，但计算在交叉点相互连接的交叉杆件平面外的长细比时，可采用与角钢肢边平行轴的回转半径。受拉构件的容许长细宜符合下列规定：

①除对腹杆提供面外支点的弦杆外，承受静力荷载的结构受拉构件，可仅计算竖向平面内的长细比。

②中、重级工作制吊车桁架下弦杆的长细比不宜超过 200。

③在设有夹钳或刚性料耙等硬钩起重机的厂房中，支撑的长细比不宜超过 300。

④受拉构件在永久荷载与风荷载组合作用下受压时，其长细比不宜超过 250。

⑤跨度等于或大于 60m 的桁架，其受拉弦杆和腹杆的长细比，承受静力荷载或间接承受动力荷载时不宜超过 300，直接承受动力荷载时不宜超过 250。

⑥受拉构件的长细比不宜超过表 2-4-22 规定的容许值，柱间支撑按拉杆设计时，竖向荷载作

用下柱子的轴力应按无支撑时考虑。

表 2-4-22　受拉构件的长细比容许值

构件名称	承受静力荷载或间接承受动力荷载的结构			直接承受动力荷载的结构
	一般建筑结构	对腹杆提供面外支点的弦杆	有重级工作制起重机的厂房	
桁架的构件	350	250	250	250
吊车梁或吊车桁架以下柱间支撑	300	—	200	—
除张紧的圆钢外的其他拉杆、支撑、系杆等	400	—	350	—

2.4.3　框架柱计算长度

1. 等截面框架柱的平面内计算长度

框架柱的计算长度应根据整个框架到达其临界状态的条件来确定。框架的失稳形式有无侧移失稳和有侧移失稳两种。当框架结构中的抗剪体系（如支撑、剪力墙、抗剪筒体等）的侧移刚度较大时，可以认为是无侧移失稳，而未设置抗剪体系的纯框架则属于有侧移失稳。

确定框架柱计算长度时，主要采用了以下基本假定：

1）材料是线弹性的。

2）框架只承受作用在节点上的竖向荷载。

3）框架中的所有柱子是同时丧失稳定的，即各柱同时达到其临界荷载。

4）当柱子开始失稳时，相交于同一节点的横梁对柱子提供的约束弯矩，按柱子的线刚度之比分配给柱子，且仅考虑直接与该柱相连的横梁约束作用，略去不直接与该柱连接的横梁约束影响。

5）在无侧移失稳时，横梁两端的转角大小相等方向相反；在有侧移失稳时，横梁两端的转角大小相等方向相同。

等截面框架柱在框架平面内的计算长度应等于该层柱的高度乘以计算长度系数 μ。框架应分为无支撑框架和有支撑框架。当采用二阶弹性分析方法计算内力且在每层柱顶附加考虑假想水平力 H_{ni} 时，框架柱的计算长度系数可取 1.0 或其他认可的值。当采用一阶弹性分析方法计算内力时，框架柱的计算长度系数 μ 应按表 2-4-23 规定确定：

表 2-4-23　框架柱的计算长度系数 μ（框架采用一阶弹性分析方法计算内力）

序号	项目		计算公式
1	无支撑框架	框架柱的计算长度系数 μ 按《钢结构设计标准》附录 E 表 E.0.2 所规定有侧移框架柱的计算长度系数确定，也可按简化公式计算	$\mu = \sqrt{\dfrac{7.5K_1K_2 + 4(K_1 + K_2) + 1.52}{7.5K_1K_2 + K_1 + K_2}}$　(2-4-15) 式中　K_1、K_2——相交于柱上端、柱下端的横梁线刚度之和与柱线刚度之和的比值，K_1、K_2 的修正按《钢结构设计标准》附录 E 表 E.0.2 注确定
2		多跨框架可以把一部分柱和梁组成刚（框）架来抵抗侧向力，而把其余的柱制作成两端铰接，不参与承受侧向力的摇摆柱。摇摆柱截面较小，连接构造简单，可降低造价，其计算长度系数可取 $\mu = 1.0$。但摇摆柱的设置必然使其由于承受荷载所产生的倾覆作用由其他刚（框）架来抵抗，使刚（框）架柱的计算长度增大，标准规定框架柱的计算长度系数因有摇摆柱时应乘以放大系数 η	$\eta = \sqrt{1 + \dfrac{\sum(N_1/h_1)}{\sum(N_f/h_f)}}$　(2-4-16) 式中　$\sum(N_f/h_f)$——本层各框架柱轴心压力设计值与柱高度比值之和 $\sum(N_1/h_1)$——本层各摇摆柱轴心压力设计值与柱高度比值之和

（续）

序号		项目	计算公式
3	无支撑框架	1）当有侧移框架同层各柱的 N/I 不相同（特别是相差悬殊）时，可利用层刚度概念，考虑各柱之间的相互支撑作用，此时柱的计算长度系数宜按式（2-4-17）计算。 2）当框架设有摇摆柱时，框架柱的计算长度系数按式（2-4-18）确定。 3）当框架的个别柱截面较小而所承轴心压力却较大，从而使按式（2-4-17）或式（2-4-18）计算所得的 $\mu_i < 1.0$ 时，应取 $\mu_i = 1.0$（即将此柱作为摇摆柱看待）	$$\mu_i = \sqrt{\frac{N_{Ei}}{N_i} \cdot \frac{1.2}{K} \sum \frac{N_i}{h_i}} \quad (2\text{-}4\text{-}17)$$ $$\mu_i = \sqrt{\frac{N_{Ei}}{N_i} \cdot \frac{1.2 \sum (N_i/h_i) + \sum (N_j/h_j)}{K}} \quad (2\text{-}4\text{-}18)$$ 式中 N_i——第 i 根柱轴心压力设计值（N） N_{Ei}——第 i 根柱的欧拉临界力（N），$N_{Ei} = \dfrac{\pi^2 EI_i}{h_i^2}$ h_i——第 i 根柱的高度（mm） K——框架层侧移刚度，即产生层间单位侧移所需要的力（N/mm） N_j——第 j 根柱轴心压力设计值（N） h_j——第 j 根柱的高度（mm）
4		计算单层框架和多层框架底层柱的计算长度系数时，K 值宜按柱脚的实际约束情况进行计算，也可按理想情况（铰接或刚接）确定值，并对计算得出的计算长度系数 μ 进行修正	
5		当多层单跨框架的顶层采用轻型屋面，或多跨多层框架的顶层轴柱形成较大跨度时，顶层框架柱的计算长度系数 μ 应忽略屋面梁对柱子的转动约束	
6		柱脚刚性连接的单层大跨度框架，柱的计算长度除考虑框架有侧移失稳外，还应计及无侧移失稳的影响。对单跨对称框架，梁和柱的计算长度系数可分别按式（2-4-19a）和式（2-4-19c）计算	$$\mu_b = \frac{1 + 0.41 G_0}{1 + 0.82 G_0} \quad (2\text{-}4\text{-}19a)$$ $$G_0 = \frac{2 I_c l}{I_b h_{cos\alpha}}\left(1 - \frac{N_c}{2 N_{Ec}}\right) \quad (2\text{-}4\text{-}19b)$$ $$\mu_c = \frac{l}{h}\sqrt{\frac{N_b I_c}{N_c I_b}} \mu_b \quad (2\text{-}4\text{-}19c)$$ 式中 I_c、I_b——框架柱和梁的惯性矩（mm⁴） h、l——框架柱高度和框架跨度（mm） α——框架梁的倾角（不超过 10°） N_c、N_b——框架柱和梁的轴心压力（N） N_{Ec}——框架柱的欧拉临界力（N）
7	有支撑框架	当支撑系统满足式（2-4-20）要求时，为强支撑框架，否则为弱支撑框架	$$S_b \geq 4.4\left[\left(1 + \frac{100}{f_y}\right)\sum N_{bi} - \sum N_{0i}\right] \quad (2\text{-}4\text{-}20)$$ 式中 S_b——支撑系统的层侧移刚度（N），即施加于结构上的水平力与其产生的层间位移角的比值 $\sum N_{bi}$、$\sum N_{0i}$——第 i 层层间所有框架柱用无侧移框架和有侧移框架柱计算长度系数算得的轴压杆件稳定承载力之和（N）
8		当支撑结构（支撑桁架、剪力墙及电梯井等）满足式（2-4-21）要求时，则结构体系为强支撑框架 强支撑框架柱的计算长度系数 μ 按《钢结构设计标准》附录 E 表 E.0.1 所列无侧移框架柱的计算长度系数，也可按式（2-4-22）简化公式计算	$$S_b \geq 4.4\left[\left(1 + \frac{100}{f_y}\right)\sum N_{bi} - \sum N_{0i}\right] \quad (2\text{-}4\text{-}21)$$ $$\mu = \sqrt{\frac{(1 + 0.41 K_1)(1 + 0.41 K_2)}{(1 + 0.82 K_1)(1 + 0.82 K_2)}} \quad (2\text{-}4\text{-}22)$$ 式中 K_1、K_2——相交于柱上端、柱下端的横梁线刚度之和与柱线刚度之和的比值，K_1、K_2 的修正见《钢结构设计标准》附录 E 表 E.0.1 注

（续）

序号	项目		计算公式
9	有支撑框架	弱支撑框架柱的稳定系数中可按式（2-4-23a、b）计算（新建工程不推荐采用弱支撑框架，本款内容可供有需要时参考）。对两端刚接的框架柱采用式（2-4-23a）；对一端铰接的框架柱采用式（2-4-23b）	$\varphi = \varphi_0 + (\varphi_1 - \varphi_0) \dfrac{(1-\rho)S_b}{3K_0}$ (2-4-23a) $\varphi = \varphi_0 + (\varphi_1 - \varphi_0) \dfrac{(1-\rho)S_b}{5K_0}$ (2-4-23b) 式中 φ_0、φ_1——框架柱按《钢结构设计标准》附录 E 表 E.0.1 和表 E.0.2 得出的计算长度系数算得的稳定系数 K_0——多层框架柱的层侧移刚度（N） ρ——支撑系统的荷载水平，$\rho = \dfrac{H_i}{H_{i\rho}}$ H_i、$H_{i\rho}$——第 i 层支撑在结构设计中所承担的最大水平力和所能抵抗的水平力

2. 单层厂房带牛腿等截面柱的平面内计算长度

如图 2-4-5 所示的带牛腿的等截面柱属于变轴力的压弯构件，按照全柱都承受 $N_1 + N_2$ 来计算其稳定性，偏于保守。《钢结构设计标准》（GB 50017）给出了单层厂房框架下端刚性固定的带牛腿等截面柱在框架平面内计算长度的计算公式。

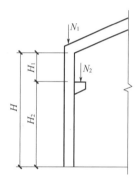

图 2-4-5 单层厂房框架柱示意

$$H_0 = \alpha_N \left[\sqrt{\frac{4 + 7.5K_b}{1 + 7.5K_b}} - \alpha_K \left(\frac{H_1}{H}\right)^{1 + 0.8K_b} \right] H \quad (2\text{-}4\text{-}24a)$$

$$K_b = \frac{\sum (I_{bi}/l_i)}{I_c/H} \quad (2\text{-}4\text{-}24b)$$

当 $K_b < 0.2$ 时

$$\alpha_K = 1.5 - 2.5K_b \quad (2\text{-}4\text{-}24c)$$

当 $0.2 \leqslant K_b < 0.2$ 时

$$\alpha_K = 1.0 \quad (2\text{-}4\text{-}24d)$$

$$\gamma = \frac{N_1}{N_2} \quad (2\text{-}4\text{-}24e)$$

当 $\gamma \leqslant 0.2$ 时

$$\alpha_N = 1.0 \quad (2\text{-}4\text{-}24f)$$

当 $\gamma > 0.2$ 时

$$\alpha_N = 1 + \frac{H_1(\gamma - 0.2)}{H_2} \cdot \frac{1}{1.2} \quad (2\text{-}4\text{-}24g)$$

式中 H_1、H——柱在牛腿表面以上的高度和柱总高度，如图 2-4-5 所示；

K_b——与柱连接的横梁线刚度之和和柱线刚度之比；

α_K——和比值 K_b 有关的系数；

α_N——考虑压力变化的系数；

γ——柱上下段压力比；

N_1、N_2——上、下段柱的轴心压力设计值（N）；

I_{bi}、l_i——第 i 根梁的截面惯性矩（mm⁴）和跨度（mm）；

I_c——柱的截面惯性矩（mm⁴）。

3. 单层厂房阶形柱的平面内计算长度

单层厂房框架下端刚性固定的阶形柱,在框架平面内的计算长度分单阶柱和双阶柱两种情况考虑:

(1) 单阶柱

1)下段柱的计算长度系数 μ_2;当柱上端与横梁铰接时,应按《钢结构设计标准》(GB 50017)附录 E 表 E.0.3 的数值乘以表 2-4-24 的折减系数;当柱上端与桁架型横梁刚接时,应按《钢结构设计标准》附录 E 表 E.0.4 所得数值乘以表 2-4-24 的折减系数;当柱上端与实腹梁刚接时,下段柱的计算长度系数 μ_2 应按下列公式计算的系数 μ_2^1 乘以表 2-4-24 的折减系数,系数 μ_2^1 不应大于按柱上端与横梁铰接计算时得到的 μ_2 值,且不小于按柱上端与桁架型横梁刚接计算时得到的 μ_2 值。

$$K_b = \frac{I_b H_1}{l_b I_1} \tag{2-4-25a}$$

$$K_c = \frac{I_1 H_2}{H_1 I_2} \tag{2-4-25b}$$

$$\mu_2^1 = \frac{\eta_1^2}{2(\eta_1+1)} \sqrt[3]{\frac{\eta_1 - K_b}{K_b} + (\eta_1 - 0.5) K_c + 2} \tag{2-4-25c}$$

$$\eta_1 = \frac{H_1}{H_2} \sqrt{\frac{N_1}{N_2} \frac{I_2}{I_1}} \tag{2-4-25d}$$

式中　K_b——横梁线刚度与上段柱线刚度的比值;

　　　K_c——阶形柱上段柱线刚度与下段柱线刚度的比值;

　　　η_1——参数,根据式(2-4-25d)计算;

I_b、l_b——实腹钢梁的惯性矩(mm^4)和跨度(mm);

I_1、H_1——阶形柱上段柱的惯性矩(mm^4)和柱高(mm);

I_2、H_2——阶形柱下段柱的惯性矩(mm^4)和柱高(mm)。

2)上段柱的计算长度系数 μ_1 应按下式计算:

$$\mu_1 = \frac{\mu_2}{\eta_1} \tag{2-4-26}$$

表 2-4-24　单层厂房阶形柱计算长度的折减系数

厂房类型				折减系数
单跨或多跨	纵向温度区段内一个柱列的柱子数	屋面情况	厂房两侧是否有通长的屋盖纵向水平支撑	
单跨	等于或少于 6 个	—	—	0.9
	多于 6 个	非大型混凝土屋面板的屋面	无纵向水平支撑	
			有纵向水平支撑	
		大型混凝土屋面板的屋面	—	0.8
多跨	—	非大型混凝土屋面板的屋面	无纵向水平支撑	
			有纵向水平支撑	
		大型混凝土屋面板的屋面	—	0.7

（2）双阶柱

1）下段柱的计算长度系数 μ_3。当柱上端与横梁铰接时，应按《钢结构设计标准》（GB 50017）附录 E 表 E.0.5（柱上端为自由的双阶柱）所得数值乘以表 2-4-24 的折减系数；当柱上端与横梁刚接时，应按《钢结构设计标准》（GB 50017）附录 E 表 E.0.6（柱上端可移动但不转动的双阶柱）所得数值乘以表 2-4-24 的折减系数。

2）上段柱和中段柱的计算长度系数 μ_1 和 μ_2 应按下列公式计算：

$$\mu_1 = \frac{\mu_3}{\eta_1} \tag{2-4-27}$$

$$\mu_2 = \frac{\mu_3}{\eta_2} \tag{2-4-28}$$

式中　η_1、η_2——参数，根据式（2-4-25d）计算；计算 η_1 时，H_1、N_1、I_1 为上柱的柱高（mm）、轴心压力设计值（N）和惯性矩（mm^4），H_2、N_2、I_2 为下柱的柱高（mm）、轴心压力设计值（N）和惯性矩（mm^4）；计算 η_2 时，H_1、N_1、I_1 为中柱的柱高（mm）、轴心压力设计值（N）和惯性（mm^4），H_2、N_2、I_2 为下柱的柱高（mm）、轴心压力设计值（N）和惯性矩（mm^4）。

4. 截面惯性矩的折减

由于缀材或腹杆变形的影响，格构式柱和桁架式横梁的变形比具有相同截面惯性矩的实腹式构件大，因此当计算框架的格构式柱和桁架式横梁的线刚度时，所用截面惯性矩要根据上述变形增大影响进行折减。对于截面高度变化的横梁或柱，计算线刚度时习惯采用截面高度最大处的截面惯性矩，同样应对其数值进行折减。

5. 框架柱的平面外计算长度

单层和多层框架柱在框架平面外一般设置支撑和系杆以减小平面外的计算长度，支撑和系杆与柱的连接通常为铰接，而柱为连续构件。钢结构设计标准忽略了相邻柱段的约束作用，偏于安全地取框架柱面外支撑点之间的距离作为其平面外计算长度。

2.4.4　温度区段长度的规定

在结构的设计过程中，当考虑温度变化的影响时，温度的变化可根据地点、环境、结构类型及使用功能等实际情况确定。当单层房屋和露天结构的温度区段长度数值不超过表 2-4-25 的数据时，一般情况下可以不考虑温度应力和温度变形的影响。单层房屋和露天结构伸缩缝设置宜符合下列规定：

1）围护结构可根据具体情况参照有关规范单独设置伸缩缝。

2）无桥式起重机房屋的柱间支撑和有桥式起重机服务吊车梁或吊车桁架以下的柱间支撑，宜对称布置在温度区段的中部，当不对称布置时，上述柱间支撑的中点（两道柱间支撑时为两柱间支撑的中点）至温度区段端部的距离不宜大于表 2-4-25 纵向温度区段长度的 60%。

3）当横向为多跨高低屋面时，表 2-4-25 中横向温度区段长度数值可适当增加。

4）当有充分依据或根据实际经验采取可靠措施时，表 2-4-25 中的数值可予以适当增加。

表 2-4-25　温度区段长度数值　　　　　　　（单位：m）

序号	结构环境	纵向温度区段（垂直于屋架或构架跨度方向）	横向温度区段（沿着屋架或构架跨度方向）	
			柱顶与横梁刚接	柱顶与横梁铰接
1	采暖房屋和非采暖地区的房屋	220	120	150
2	热车间和采暖地区的非采暖房屋	180	100	125
3	露天结构	120	—	—
4	围护构件为金属压型钢板的房屋	250	150	

2.4.5 截面板件宽厚比等级

1）进行受弯和压弯构件计算时，截面板件宽厚比等级及限值应符合比表 2-4-26 的规定，其中参数应按下式计算：

$$\alpha_0 = \frac{\sigma_{max} - \sigma_{min}}{\sigma_{max}} \tag{2-4-29}$$

式中　σ_{max}——腹板计算高度边缘的最大压应力（N/mm²）；

　　　σ_{min}——腹板计算高度另一边缘相应的应力（N/mm²），压应力取正值，拉应力取负值。

表 2-4-26　受弯和压弯构件的截面板件宽厚比等级及限值

构件	截面板件宽厚比等级		S1 级	S2 级	S3 级	S4 级	S5 级
压弯构件（框架柱）	H 形截面	翼缘 b/t	$9\varepsilon_k$	$11\varepsilon_k$	$13\varepsilon_k$	$15\varepsilon_k$	20
		腹板 h_0/t_w	$(33 + 13a_0^{1.3})\varepsilon_K$	$(38 + 13a_0^{1.30})\varepsilon_k$	$(40 + 18a_0^{1.5})\varepsilon_k$	$(45 + 25\alpha_0^{1.66})\varepsilon_k$	250
	箱形截面	壁板（腹板）间翼缘 b_0/t	$30\varepsilon_k$	$35\varepsilon_k$	$40\varepsilon_k$	$45\varepsilon_k$	—
	圆钢管截面	径厚比 D/t	$50\varepsilon_k^2$	$70\varepsilon_k^2$	$90\varepsilon_k^2$	$100\varepsilon_k^2$	—
受弯构件（梁）	工字形截面	翼缘 b/t	$9\varepsilon_k$	$11\varepsilon_k$	$13\varepsilon_k$	$15\varepsilon_k$	20
		腹板 h_0/t_w	$65\varepsilon_k$	$72\varepsilon_k$	$93\varepsilon_k$	$124\varepsilon_k$	250
	箱形截面	壁板（腹板）间翼缘 b_0/t	$25\varepsilon_k$	$32\varepsilon_k$	$37\varepsilon_k$	$42\varepsilon_k$	—

注：1. ε_k 为钢号修正系数，其值为 235 与钢材牌号中屈服点数值的比值的平方根。

2. b 为工字形、H 形截面的翼缘外伸宽度，t、h_0、t_w 是翼缘厚度、腹板净高和腹板厚度，对轧制型截面，腹板净高不包括翼缘腹板过渡处圆弧段；对于箱形截面，b_0、t 为壁板间的距离和壁板厚度；D 为圆管截面外径。

3. 箱形截面梁及单向受弯的箱形截面柱，其腹板限值可根据 H 形截面腹板采用。

4. 腹板的宽厚比可通过设置加劲肋减小。

5. 当按国家标准《建筑抗震设计规范》（GB 50011）第 9.2.14 条第 2 款的规定设计，且 S5 级截面的板件宽厚比小于 S4 级经 ε_k 修正的板件宽厚比时，可视作 C 类截面，ε_0 为应力修正因子，$\varepsilon_0 = \sqrt{f_y/\sigma_{max}}$。

2）当按《钢结构设计标准》（GB 50017）第 17 章进行抗震性能化设计时，支撑截面板件宽厚比等级及限值应符合表 2-4-27 的规定。

表 2-4-27　支撑截面板件宽厚比等级及限值

截面板件宽厚比等级		BS1 级	BS2 级	BS3 级
H 形截面	翼缘 b/t	$8\varepsilon_k$	$9\varepsilon_k$	$10\varepsilon_k$
	腹板 h_0/t_w	$30\varepsilon_k$	$35\varepsilon_k$	$42\varepsilon_k$
箱形截面	壁板间翼缘 b_0/ε	$25\varepsilon_k$	$28\varepsilon_k$	$32\varepsilon_k$
角钢	角钢肢宽厚比 w/t	$8\varepsilon_k$	$9\varepsilon_k$	$10\varepsilon_k$
圆钢管截面	径厚比 D/t	$40\varepsilon_k^2$	$56\varepsilon_k^2$	$72\varepsilon_k^2$

注：w 为角钢平直段长度。

第 3 章　基本构件的计算与构造

3.1　普通钢结构受弯构件的计算

3.1.1　受弯构件计算内容

普通钢结构受弯构件计算内容如图 3-1-1 所示。

3.1.2　受弯构件强度计算

在主平面内受弯的实腹式构件（考虑腹板屈曲后强度按本手册第 3.1.5 节规定计算），其受弯构件的强度按表 3-1-1 所示公式计算。

图 3-1-1　普通钢结构受弯构件计算内容

表 3-1-1　受弯构件的强度计算公式

序号	项目		公式	备注
1	正应力	单向受弯	$\dfrac{M_x}{\gamma_x W_{nx}} \leqslant f$ (3-1-1)	式中 M_x、M_y——同一截面处绕 x 轴 y 轴的弯矩设计值（N·mm） W_{nx}、W_{ny}——对 x 轴和 y 轴的净截面模量（mm³），当截面板件宽厚比等级为 S1 级、S2 级、S3 级或 S4 级时，应取全截面模量，当截面板件宽厚比等级为 S5 级时，应取有效截面模量，均匀受压翼缘有效外伸宽度与其厚度之比可为 $15t_f\varepsilon_k$，腹板有效截面可按本手册表 3-3-7 的规定采用
2		双向受弯	$\dfrac{M_x}{\gamma_x W_{nx}} + \dfrac{M_y}{\gamma_y W_{ny}} \leqslant f$ (3-1-2)	γ_x、γ_y——截面塑性发展系数；其值按下列规定采用： (1) 对工字形和箱形截面，当截面板件宽厚比等级为 S4 或 S5 级时，截面塑性发展系数应取 1.0，当截面板件宽厚比等级为 S1 级、S2 级及 S3 级时，截面塑性发展系数应按下列规定取： 　1) 工字形截面（x 轴为强轴，y 轴为弱轴）：$\gamma_x = 1.05$，$\gamma_y = 1.2$ 　2) 箱形截面：$\gamma_x = \gamma_y = 1.05$ (2) 其他截面根据其受压板件的内力分布情况确定其截面板件宽厚比等级，当截面板件宽厚比等级不满足 S3 级要求时，取 1.0，满足 S3 级要求时，可按本手册表 3-3-2 的规定采用 (3) 对需要计算疲劳的梁，宜取 $\gamma_x = \gamma_y = 1.0$ f——钢材的抗弯、抗压、抗拉强度设计值（N/mm²）

（续）

序号	项目	公式	备注
3	剪应力	$\tau = \dfrac{VS}{It_w} \leqslant f_v$ (3-1-3)	式中 V——计算截面沿腹板平面作用的剪力设计值（N） S——计算剪应力处以上（或以下）毛截面对中和轴的面积矩（mm³） I——构件的毛截面惯性矩（mm⁴） t_w——构件的腹板厚度（mm） f_v——钢材的抗剪强度设计值（N/mm²）
4	局部压应力	$\sigma_c = \dfrac{\psi F}{t_w l_x} \leqslant f$ (3-1-4) $l_z = 3.25\sqrt[3]{\dfrac{I_R + I_f}{t_w}}$ (3-1-5) 简化式：$l_z = a + 5h_y + 2h_R$ (3-1-6)	当梁上翼缘受有沿腹板平面作用的集中荷载，且该荷载处又未设置支承加劲肋时，应做此项计算；当支座处不设置支撑加劲肋时，应做此项计算，但 ψ 取1.0，支座集中反力的假定分布长度 l_z 按式（3-1-6）计算 式中 F——集中荷载设计值（N），对动力荷载应考虑动力系数 ψ——集中荷载的增大系数；对重级工作制吊车梁，ψ=1.35；其他梁，ψ=1.0 l_z——集中荷载在腹板计算高度上边缘的假定分布长度（mm）；宜按式（3-1-5）计算，也可采用简化式（3-1-6）计算 I_R——轨道绕自身形心轴的惯性矩（mm⁴） I_f——安装轨道的上翼缘绕翼缘中面的惯性矩（mm⁴） a——集中荷载沿梁跨度方向的支承长度（mm），对钢轨上的轮压可取50mm h_y——自梁顶面至腹板计算高度上边缘的距离（mm）；对焊接梁为上翼缘厚度，对轧制工字形截面梁，是梁顶面到腹板过渡完成点的距离 h_R——轨道的高度（mm），对梁顶无轨道的梁加 $h_R=0$ f——钢材的抗压强度设计值（N/mm²）
5	折算应力	$\sqrt{\sigma^2 + \sigma_c^2 - \sigma\sigma_c + 3\tau^2} \leqslant \beta_1 f$ (3-1-7) $\sigma = \dfrac{M}{I_n} y_1$ (3-1-8)	在梁的腹板计算高度边缘处，若同时承受正应力、剪应力和局部压应力，或同时承受较大的正应力和剪应力时，应计算折算应力 式中 σ、τ、σ_c——腹板计算高度边缘同一点上同时产生的正应力、剪应力和局部压应力（N/mm²），σ 和 σ_c 以拉应力为正值，压应力为负值；τ、σ_c、σ 应分别按表3-1-1中的式（3-1-3）、式（3-1-4）或式（3-1-8）计算 I_n——梁净截面惯性矩（mm⁴） y_1——所计算点至梁中和轴的距离（mm） β_1——强度增大系数；当 σ 和 σ_c 异号时，取 β_1=1.2；当 σ 和 σ_c 同号或 σ_c=0时，取 β_1=1.1

3.1.3 受弯构件的整体稳定验算

1）符合下列条件之一时，可不计算梁的整体稳定性：

①当铺板密铺在梁的受压翼缘上并与其牢固相连，能阻止梁受压翼缘的侧向位移。

②当箱形截面简支梁截面尺寸如图 3-1-2 所示，满足 $h/b_0 \leqslant 6$，$l_1/b_0 \leqslant 95\varepsilon_k^2$ 时，l_1 为受压翼缘侧向支承间的距离（梁的支座可视为梁的侧向支撑点）。

2）受压翼缘的自由长度 l_1 应按下列规定采用：

①跨中无侧向支承点时，l_1 为受弯构件的跨度。

②跨中有侧向支承点时，l_1 为受压翼缘侧向支承点间的距离；梁在支座处应采取构造措施以防止端部截面发生扭转。当简支梁仅腹板与相邻构件相连，钢梁稳定性验算时侧向支承点距离应取实际距离的 1.2 倍。

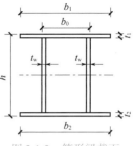

图 3-1-2　箱形梁截面

3）用作减小梁受压翼缘自由长度的侧向支撑，其支撑力应将梁的受压翼缘视为轴心压杆按本手册第 3.2.5 条规定计算。

4）不能满足第 1 款的要求时，应按表 3-1-2 所列公式验算梁的整体稳定。

表 3-1-2　受弯构件整体稳定验算公式

序号	项目	验算公式	备注
1	弯矩仅作用在最大刚度主平面内受弯的构件（单向受弯）	$\dfrac{M_x}{\varphi_b W_x f} \leqslant 1.0$　（3-1-9）	梁在支座处应采取构造措施以防止端部截面发生扭转 式中 M_x、M_y——绕强轴和弱轴作用的最大弯矩设计值（N·mm） W_x、W_y——按受压最大纤维确定的对强轴和弱轴梁毛截面模量（mm³） γ_y——截面塑性发展系数，按表 3-1-1 中的规定 φ_b——梁的整体稳定性系数，应本手册附录 C 确定
2	弯矩作用在两个土平面受弯的 H 型钢截面或工字形截面构件（双向受弯）	$\dfrac{M_x}{\varphi_b W_x f} + \dfrac{M_y}{\gamma_y W_y f} \leqslant 1.0$ （3-1-10）	

5）支座承担负弯矩且梁顶有混凝土楼板时，钢框架梁下翼缘的稳定性验算应符合下列规定：

①当 $\lambda_{n,b} \leqslant 0.45$ 时，可不计算钢框架梁下翼缘的稳定性。

②当不满足本条第①款规定时，钢框架梁下翼缘的稳定性应按式（3-1-11）～式（3-1-16）进行验算。

③当不满足本条①和②款规定时，在侧向未受约束的受压翼缘区段内，应设置隔撑或沿梁长设间距不大于 2 倍梁高并与梁等宽的横向加劲肋。

$$\frac{M_x}{\varphi_d W_{1x} f} \leqslant 1.0 \tag{3-1-11}$$

$$\lambda_e = \pi \lambda_{n,b} \sqrt{\frac{E}{f_y}} \tag{3-1-12}$$

$$\lambda_{n,b} = \sqrt{\frac{f_y}{\sigma_{cr}}} \tag{3-1-13}$$

$$\sigma_{cr} = \frac{3.46 b_1 t_1^3 + h_w t_w^3 (7.27\gamma + 3.3)\varphi_1}{h_w^2 (12 b_1 t_1 + 1.78 h_w t_w)} E \tag{3-1-14}$$

$$\gamma = \frac{b_1}{t_w} \sqrt{\frac{b_1 t_1}{h_w t_w}} \tag{3-1-15}$$

$$\varphi_1 = \frac{1}{2}\left(\frac{5.436\gamma h_w^2}{l^2} + \frac{l^2}{5.436\gamma h_w^2}\right) \tag{3-1-16}$$

式中　b_1——受压翼缘的宽度（mm）；

　　　t_1——受压翼缘的厚度（mm）；

　　W_{1x}——弯矩作用平面内对受压最大纤维的毛截面模量（mm³）；

　　　φ_d——稳定系数，根据换算长细比 λ_e 按附录 D 表 D. 0. 2 采用；

　　$\lambda_{n,b}$——正则化长细比；

　　σ_{cr}——畸变屈曲临界应力（N/mm²）；

　　　l——当框架主梁支承次梁且次梁高度不小于主梁高度一半时，取次梁到框架柱的净距；除此情况外，取梁净距的一半（mm）。

3.1.4　受弯构件局部稳定计算（不考虑腹板屈曲后强度）

1）焊接截面梁腹板加劲肋的布置如图 3-1-3 所示；其加劲肋的布置应符合表 3-1-3 中的规定。

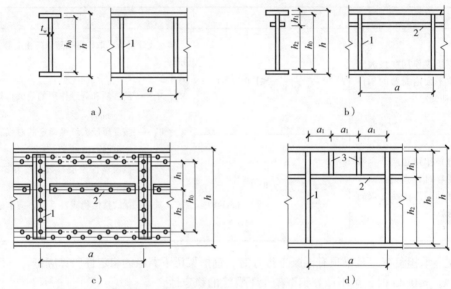

图 3-1-3　焊接截面梁腹板加劲肋的布置

表 3-1-3　焊接截面梁腹板加劲肋的布置规定

序号	加劲肋的布置规定		备注
1	$h_0/t_w \leqslant 80\varepsilon_k$	1）局部压应力较小的梁，可以不布置加劲肋	1）h_0/t_w 不宜超过 250 2）梁的支座处和上翼缘受有较大固定集中荷载处，宜设置支承加劲肋 式中 h_0——腹板的计算高度（mm），对轧制型钢梁，为腹板与上、下翼缘相接处两内弧起点间的距离；对焊接截面梁，为腹板高度；对高强度螺栓连接（或铆接）梁，为上、下翼缘与腹板连接的高强度螺栓（或铆钉）线间最近距离，如图 3-1-3 所示（对单轴对称梁，当确定是否要配置纵向加劲肋时，h_0 应取腹板受压区高度 2 倍） t_w——腹板的厚度（mm）
2		2）有局部压应力的梁，宜按构造布置横向加劲肋	
3	$80\varepsilon_k < h_0/t_w \leqslant 170\varepsilon_k$	需要布置横向加劲肋	
4	$h_0/t_w > 170\varepsilon_k$（受压翼缘扭转受到约束）或 $h_0/t_w > 150\varepsilon_k$（受压翼缘扭转未受到约束）	需要布置 1）横向加劲肋 2）弯曲应力较大区格的受压区布置纵向加劲肋 3）局部压应力很大的梁，宜在受压区布置短加劲肋	

2）仅配置横向加劲肋的腹板，如图 3-1-3a 所示，其各区格局部稳定性应按表 3-1-4 进行验算。

表 3-1-4　仅配置横向加劲肋的各区格局部稳定性验算

序号	局部稳定性验算公式		备注
1	$$\left(\dfrac{\sigma}{\sigma_{cr}}\right)^2 + \left(\dfrac{\tau}{\tau_{cr}}\right)^2 + \dfrac{\sigma_c}{\sigma_{c,cr}} \leqslant 1.0$$ $$\sigma = \dfrac{Mh_0}{I},\quad \tau = \dfrac{V}{h_w t_w},\quad \sigma_c = \dfrac{F}{t_w l_z}$$	(3-1-17)	式中 σ——计算腹板区格内，由平均弯矩产生的腹板计算高度边缘的弯曲压应力（N/mm²）
2	σ_{cr}： $\lambda_{n,b} \leqslant 0.85;\ \sigma_{cr} = f$　(3-1-18a) $0.85 < \lambda_{n,b} \leqslant 1.25;\ \sigma_{cr} = [1 - 0.75(\lambda_{n,b} - 0.85)]f$　(3-1-18b) $\lambda_{n,b} > 1.25;\ \sigma_{cr} = 1.1f/\lambda_{n,b}^2$　(3-1-18c)		τ——所计算腹板区格内，由平均剪力产生的腹板平均剪应力（N/mm²） σ_c——腹板计算高度边缘的局部压应力（N/mm²）；按式（3-1-4）计算，$\psi = 1.0$
3	当梁受压翼缘扭转受到约束时： $$\lambda_{n,b} = \dfrac{2h_c/t_w}{177} \times \dfrac{1}{\varepsilon_k}$$　(3-1-18d) 当梁受压翼缘扭转未受到约束时： $$\lambda_{n,b} = \dfrac{2h_c/t_w}{138} \times \dfrac{1}{\varepsilon_k}$$　(3-1-18e)		h_w——腹板高度（mm） σ_{cr}、τ_{cr}、$\sigma_{c,cr}$——各种应力单独作用下的临界应力(N/mm²)
4	τ_{cr}： $\lambda_{n,s} \leqslant 0.8;\ \tau_{cr} = f_v$　(3-1-19a) $0.85 < \lambda_{n,s} \leqslant 1.2;\ \tau_{cr} = [1 - 0.59(\lambda_{n,s} - 0.8)]f_v$　(3-1-19b) $\lambda_{n,s} > 1.2;\ \tau_{cr} = 1.1f_v/\lambda_{n,s}^2$　(3-1-19c) $a/h_0 \leqslant 1.0;\ \lambda_{n,s} = \dfrac{h_0/t_w}{37\eta\sqrt{4 + 5.34(h_0/a)^2}} \times \dfrac{1}{\varepsilon_k}$　(3-1-19d) $a/h_0 > 1.0;\ \lambda_{n,s} = \dfrac{h_0/t_w}{37\eta\sqrt{5.34 + 4(h_0/a)^2}} \times \dfrac{1}{\varepsilon_k}$　(3-1-19e)		$\lambda_{n,b}$——梁腹板受弯计算的正则化宽厚比 h_c——梁腹板弯曲受压区高度，对双轴对称截面 $2h_c = h_0$（mm） $\lambda_{n,s}$——梁腹板受剪计算的正则化宽厚比 η——简支梁取 1.11，框架梁梁端最大应力区 1
5	$\sigma_{c,cr}$： $\lambda_{n,c} \leqslant 0.9;\ \sigma_{c,cr} = f$　(3-1-20a) $0.9 < \lambda_{n,c} \leqslant 1.2;\ \sigma_{c,cr} = [1 - 0.79(\lambda_{n,c} - 0.9)]f$　(3-1-20b) $\lambda_{n,c} > 1.2;\ \sigma_{c,cr} = 1.1f/\lambda_{n,c}^2$　(3-1-20c) $0.5 \leqslant a/h_0 \leqslant 1.5,\ \lambda_{n,c} = \dfrac{h_0/t_w}{28\sqrt{10.9 + 13.4(1.83 - a/h_0)^3}} \times \dfrac{1}{\varepsilon_k}$ (3-1-20d) $1.5 < a/h_0 \leqslant 2.0,\ \lambda_{n,c} = \dfrac{h_0/t_w}{28\sqrt{18.9 - 5a/h_0}} \times \dfrac{1}{\varepsilon_k}$　(3-1-20e)		$\lambda_{n,c}$——梁腹板受局部压力计算时的正则化宽厚比

3）同时配置横向加劲肋和纵向加劲肋加强的腹板，如图 3-1-3b 和图 3-1-3c 所示其各区格的局部稳定性应按表 3-1-5 计算。

表 3-1-5　同时配置横向加劲肋和纵向加劲肋的腹板局部稳定性验算

序号	腹板局部稳定性验算公式		备注
1	受压翼缘与纵向加劲肋之间的区格： $$\dfrac{\sigma}{\sigma_{cr1}} + \left(\dfrac{\sigma_c}{\sigma_{c,cr1}}\right)^2 + \left(\dfrac{\tau}{\tau_{cr1}}\right)^2 \leqslant 1.0$$	(3-1-21)	式中 h_1——纵向加劲肋至腹板计算高度受压边缘的距离（mm）

（续）

序号	腹板局部稳定性验算公式	备注
2	σ_{cr1} 按式（3-1-18）计算：但式中的 $\lambda_{n,b}$ 改用下列 $\lambda_{n,b1}$ 代替 当梁受压翼缘扭转受到约束时： $$\lambda_{n,b1} = \frac{h_1/t_w}{75\varepsilon_k} \qquad (3\text{-}1\text{-}22a)$$ 当梁受压翼缘扭转未受到约束时： $$\lambda_{n,b1} = \frac{h_1/t_w}{64\varepsilon_k} \qquad (3\text{-}1\text{-}22b)$$	σ_2——所计算区格内由平均弯矩产生的腹板在纵向加劲肋处的弯曲压应力（N/mm²） σ_{c2}——腹板在纵向加劲肋处的横向压应力，采用 $\sigma_{c2} = 0.3\sigma_c$（N/mm²）
3	τ_{cr1} 按式（3-1-19）计算，但将式中的 h_0 改为 h_1	
4	$\sigma_{c,cr1}$ 按式（3-1-18）计算，但式中的 $\lambda_{n,b}$ 改用下列 $\lambda_{n,c1}$ 代替 当梁受压翼缘扭转受到约束时： $$\lambda_{n,c1} = \frac{h_1/t_w}{56\varepsilon_k} \qquad (3\text{-}1\text{-}23a)$$ 当梁受压翼缘扭转未受到约束时： $$\lambda_{n,c1} = \frac{h_1/t_w}{40\varepsilon_k} \qquad (3\text{-}1\text{-}23b)$$	
5	受拉翼缘与纵向加劲肋之间的区格： $$\left(\frac{\sigma_2}{\sigma_{cr2}}\right)^2 + \left(\frac{\tau}{\tau_{cr2}}\right)^2 + \frac{\sigma_{c2}}{\sigma_{c,cr2}} \leqslant 1.0 \qquad (3\text{-}1\text{-}24)$$	
6	σ_{cr2} 按式（3-1-18）计算：但式中的 $\lambda_{n,b}$ 改用 $\lambda_{n,b2}$ 代替： $$\lambda_{n,b2} = \frac{h_2/t_w}{194\varepsilon_k} \qquad (3\text{-}1\text{-}25)$$	
7	τ_{cr2} 按式（3-1-19）计算，但将式中的 h_0 改为 h_2（$h_2 = h_0 - h_1$）	
8	$\sigma_{c,cr2}$ 按式（3-1-20）计算，但将式中的 h_0 改为 h_2，当 $a/h_2 > 2$ 时取 $a/h_2 = 2$	
9	在受压翼缘与纵向加劲肋之间设有短加劲肋的区格，如图 3-1-3d 所示，其局部稳定性应按式（3-1-21）计算。该式中的 σ_{cr1} 仍按本表项次 6 计算；τ_{cr1} 按式（3-1-19）计算，但将 h_0 和 a 改为 h_1 和 a_1（a_1 为短加劲肋间距）；$\sigma_{c,cr1}$ 按式（3-1-18）计算，但式中 $\lambda_{n,b}$ 改用下列 $\lambda_{n,c1}$ 代替 当梁受压翼缘扭转受到约束时： $$\lambda_{n,c1} = \frac{a_1/t_w}{87\varepsilon_k} \qquad (3\text{-}1\text{-}26a)$$ 当梁受压翼缘扭转未受到约束时： $$\lambda_{n,c1} = \frac{a_1/t_w}{73\varepsilon_k} \qquad (3\text{-}1\text{-}26b)$$ 对于 $a_1/h_1 > 1.2$ 的区格，式（3-1-26）右侧应乘以 $$\frac{1}{\sqrt{0.4 + 0.5a_1/h_1}}$$	

4）加劲肋的构造规定。梁加劲肋的设置及截面尺寸见表 3-1-6。

表 3-1-6　梁加劲肋的设置及截面尺寸

序号	项目		加劲肋的设置及截面尺寸	备注
1	横向加劲肋	仅配置横向加劲肋	在梁腹板两侧成对配置加劲肋	1）外伸宽度：$h_o \geqslant \dfrac{h_0}{30} + 40\,(\text{mm})$　(3-1-27) 2）厚度：承压加劲肋 $t_s \geqslant \dfrac{b_s}{15}$；不受力加劲肋 $t_s \geqslant \dfrac{b_s}{19}$　(3-1-28a) 3）间距：$a = (0.5 \sim 2.0)h_o$　(3-1-29a) 当 $\sigma_c = 0$、$\dfrac{h_0}{t_w} \leqslant$ 时，$a = (0.5 \sim 2.5)h_o$　(3-1-29b)	式中 I_x——横向加劲肋截面惯性矩（mm^4） I_y——纵向加劲肋截面惯性矩（mm^4） 注： 1. 用热轧型钢（H型钢、工字钢、槽钢、肢尖焊于腹板的角钢）做成的加劲肋，其截面惯性矩不得小于相应钢板加劲肋的惯性矩 2. 在腹板两侧成对配置的加劲肋，其截面惯性矩应按梁腹板中心线为轴线进行计算 3. 在腹板一侧配置的加劲肋，其截面惯性矩应按加劲肋相连的腹板边缘为轴线进行计算 4. 焊接梁的横向加劲肋与翼缘板、腹板相接处应切角，当作为焊接工艺孔时，切角宜采用半径 $R = 30\text{mm}$ 的 1/4 圆弧
2			仅在梁腹板一侧配置加劲肋（支承加劲肋及重级工作制的吊车梁不允许）	外伸宽度大于按式(3-1-27a)算得的 1.2 倍；厚度应符合式(3-1-28a)的规定	
3		同时配置纵向加劲肋	除符合式(3-1-27a)及式(3-1-28a)计算外，尚应符合下式的规定： $I_x \geqslant 3h_0 t_w^3$　(3-1-30)	
4		纵向加劲肋的配置	当 $a/h_0 \leqslant 0.85$ 时： $I_y \geqslant 1.5h_0 t_w^3$　(3-1-31a) 当 $a/h_0 > 0.85$ 时： $I_y \geqslant \left(2.5 - 0.45\dfrac{a}{h_0}\right)\left(\dfrac{a}{h_0}\right)^2 h_0 t_w^3$　(3-1-31b) 纵向加劲肋至腹板计算高度受压边缘的距离： $h_1 = h_e/2.5 \sim h_e/2$	
5		短加劲肋配置	1）间距：$a_{min} = 0.75h_1$　(3-1-32a) 2）外伸宽度：$b_{ss} = 0.7bs \sim b_s$　(3-1-32b) 3）厚度：$t_{ss} \geqslant b_{ss}/15$　(3-1-32c)	

5）钢梁支承加劲肋的计算

①梁的支承加劲肋，应按承受梁支座反力或固定集中荷载的轴心受压构件计算其在腹板平面外的稳定性。此受压构件的截面应包括加劲肋和加劲肋每侧 $15t_w\varepsilon_k$ 范围内的腹板面积，计算长度取 h_0。

②当梁支承加劲肋的端部采用刨平顶紧时，应按其所承受的支座反力或固定集中荷载计算其端面承压应力；突缘支座的突缘加劲肋的伸出长度不得大于其厚度的 2 倍；当端部为焊接时，应按传力情况计算其焊缝应力。

③支承加劲肋与腹板的连接焊缝，应按传力需要进行计算。

3.1.5　焊接截面梁腹板考虑屈曲后强度的验算

腹板仅配置支承加劲肋且较大荷载处尚有中间横向加劲肋，同时考虑屈曲后强度的焊接工字形截面梁，如图 3-1-3a 所示，应按表 3-1-7 验算。

表 3-1-7 腹板考虑屈曲后强度的验算

序号	强度的验算公式	备注
1	$\left(\dfrac{V}{0.5V_u}-1\right)^2+\dfrac{M-M_f}{M_{eu}-M_f}\leqslant 1.0$ （3-1-33） $V<0.5V_u$，取 $V=0.5V_u$；$M<M_f$，取 $M=M_f$ $M_f=\left(A_{f1}\dfrac{h_{m1}^2}{h_{m2}}+A_{f2}h_{m2}\right)f$ （3-1-34）	式中 M、V——所计算同一截面士梁的弯矩和剪力设计值（N·mm）、（N） M_f——梁翼缘所能承担的弯矩设计值（N·mm） A_{f1}、h_{m1}——较大翼缘的截面面积（mm²）及其形心至梁中和轴的距离（mm） A_{f2}、h_{m2}——较小翼缘的截面面积（mm²）及其形心至梁中和轴的距离（mm） M_{eu}、V_u——梁受弯和受剪承载力设计值 α_e——梁截面模量考虑腹板有效高度的折减系数 W_x——按受拉或受压最大纤维确定的梁毛截面模量（mm³） I_x——按梁截面全部有效算得的绕 x 的惯性矩（mm⁴） h_c——按梁截面全部有效算得的腹板受压区高度（mm） γ_x——梁截面塑性发展系数 ρ——腹板受压区有效高度系数 $\lambda_{n,b}$——用于腹板受弯计算时的正则化宽厚比，按式（3-1-18d、e）计算 $\lambda_{n,s}$——用于腹板受剪计算时的正则化宽厚比．按式（3-1-19d、e）计算。当焊接截面梁仅配置支座加劲肋时，取式（3-1-19e）中的 $h_0/a=0$ V_u——按式（3-1-37）计算（N） h_w——腹板高度（mm） τ_{cr}——按式（3-1-19）计算（N/mm²） F——作用于中间支承加劲肋上端的集中压力（N）
2	梁受弯承载力设计值 M_{eu}： $M_{eu}=\gamma_x\alpha_e W_x f$ （3-1-35） $\alpha_e=1-\dfrac{(1-\rho)h_c^3 t_w}{2I_x}$ （3-1-36） $\lambda_{n,b}\leqslant 0.85$，$\rho=1.0$ （3-1-37a） $0.85<\lambda_{n,b}\leqslant 1.25$，$\rho=1-0.82(\lambda_{n,b}-0.85)$ （3-1-37b） $\lambda_{n,b}>1.25$ $\rho=\dfrac{1}{\lambda_{n,b}}\left(1-\dfrac{0.2}{\lambda_{n,b}}\right)$ （3-1-37c）	
3	梁受剪承载力设计值 V_u： $\lambda_{n,s}\leqslant 0.8$，$V_u=h_w t_w f_v$ （3-1-38a） $0.8<\lambda_{n,s}\leqslant 1.2$，$V_u=h_w t_w f_v\left[1-0.5(\lambda_{n,s}-0.8)\right]$ （3-1-38b） $\lambda_{n,s}>1.2$，$V_u=h_w t_w f_v/\lambda_{n,s}^{1.2}$ （3-1-38c）	
4	当仅配置支座加劲肋不能满足式（3-1-33）的要求时，应在两侧成对配置中间横向加劲肋。中间横向加劲肋和上端受有集中压力的中间支承加劲肋，其截面尺寸除应满足式（3-1-27a）和式（3-1-28a）的要求外，尚应按轴心受压构件计算其在腹板平面外的稳定性，轴心压力应按下式计算： $N_s=V_u-\tau_{cr}h_w t_w+F$ （3-1-39）	注： 1) 腹板高厚比不应大于 250。 2) 考虑腹板屈曲后强度的梁，可按构造需要设置中间横向加劲肋 3) $a>2.5h_0$ 和不设中间横向加劲肋的腹板，当满足式（3-1-21）时，可取 $H=0$
5	当腹板在支座旁的区格 $\lambda_{n,s}>0.8$ 时，支座加劲肋除承受梁的支座反力外，尚应承受拉力场的水平分力 H。应按压弯构件计算其强度和在腹板平面外的稳定，水平分力 H 应按下式计算： $H=(V_u-\tau_{cr}h_w t_w)\sqrt{1+\left(\dfrac{a}{h_0}\right)^2}$ （3-1-40） 对于设中间横向加劲肋的梁，a 取支座端区格的加劲肋间距，对不设中间加劲肋的腹板，a 取梁支座至跨内剪力为零点的距离（mm） H 的作用点在距腹板计算高度上边缘 $h_0/4$ 处。此压弯构件的截面和计算长度同一般支座加劲肋。当支座加劲肋采用图 3-1-4 的构造形式时，可按下述简化方法进行计算：支承加劲肋作为承受支座反力的轴心压杆计算，封头肋板的截面面积不应小于按下式计算的数值： $A_c=\dfrac{3h_0 H}{16ef}$ （3-1-41）	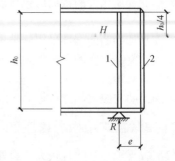 图 3-1-4 设置封头肋板的梁端构造 1—支承加劲肋 2—封头肋板

3.1.6　工字形截面钢梁腹板开孔要求

1）腹板开孔梁应满足整体稳定及局部稳定要求，并应进行下列计算：

①实腹（未开洞截面）及开孔截面处的受弯承载力验算。

②开孔处顶部及底部 T 形截面受弯剪承载力验算。

2）腹板开孔梁，孔形为圆形或矩形时，应符合下列规定：

①圆孔孔口直径不宜大于 0.70 倍梁高，矩形孔口高度不宜大于梁高的 0.50 倍，矩形孔口长度不宜大于梁高及 3 倍孔高。

②相邻圆形孔口边缘间的距离不宜小于梁高的 0.25 倍，矩形孔口与相邻孔口的距离不宜小于梁高及矩形孔口长度。

③开孔处梁上下 T 形截面高度均不宜小于 0.15 倍梁高，矩形孔口上下边缘至梁翼缘外皮的距离不宜小于梁高的 0.25 倍。

④开孔长度（或直径）与 T 形截面高度的比值不宜大于 12。

⑤不应在距梁端相当于梁高范围内设孔，抗震设防的结构不应在隔撑与梁柱连接区域范围内设孔。

⑥腹板开孔梁材料的屈服强度不应大于 $420N/mm^2$。

⑦钢梁开孔腹板补强原则见表 3-1-8。

表 3-1-8　钢梁开孔腹板补强原则

序号	开孔类型	简图
1	圆形孔 1）圆形孔直径小于或等于 1/3 梁高时，可不予补强。当大于 1/3 梁高时，可用环形加劲肋加强，如图 3-1-5a 所示，也可用套管，如图 3-1-5b 所示或环形补强板，如图 3-1-5c 所示加强 2）圆形孔口加劲肋截面不宜小于 100mm × 10mm，加劲肋边缘至孔口边缘的距离不宜大于 12mm；圆形孔口用套管补强时，其厚度不宜小于梁腹板厚度。用环形板补强时，若在梁腹板两侧设置，环形板的厚度可稍小于腹板厚度，其宽度可取 75～125mm	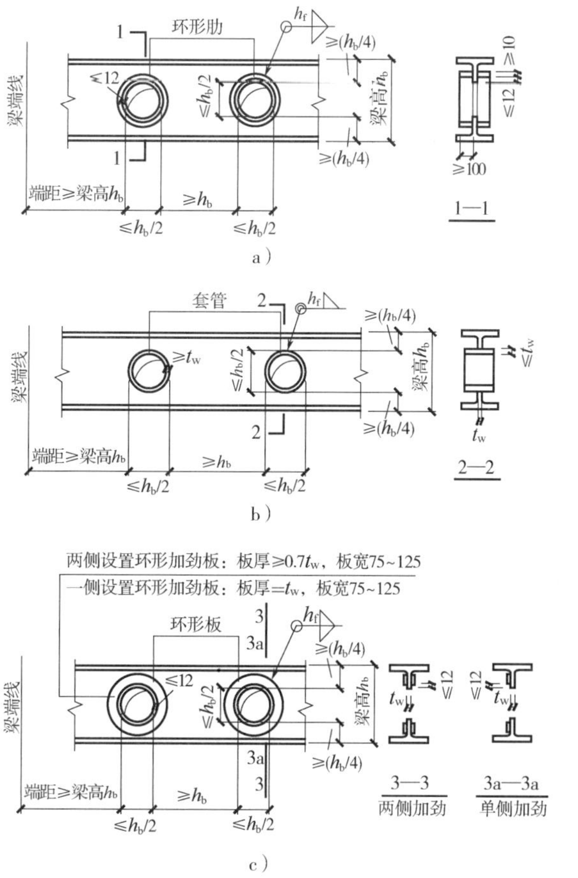

图 3-1-5　钢梁圆形孔口的补强

(续)

序号	开孔类型	简图
2	**矩形孔** 1）矩形孔口的边缘宜采用纵向和横向加劲肋加强，如图3-1-6所示。矩形孔口上下边缘的水平加劲肋端部宜伸至孔口边缘以外单面加劲肋宽度的2倍，当矩形孔口长度大于梁高时，其横向加劲肋应沿梁全高设置 2）矩形孔口加劲肋截面总宽度不宜小于翼缘宽度的1/2，厚度不宜小于翼缘厚度。当孔口长度大于500mm时，应在梁腹板两面设置加劲肋	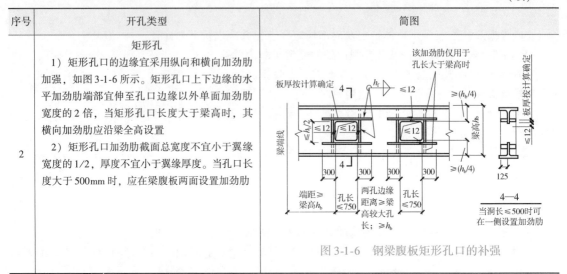 图3-1-6　钢梁腹板矩形孔口的补强

3.1.7　弧曲梁及多层翼缘板钢梁的构造要求

1）当弧曲杆沿弧面受弯时宜设置加劲肋，在强度和稳定计算中应考虑其影响。

2）焊接梁的翼缘宜采用一层钢板，当采用两层钢板时，外层钢板与内层钢板厚度之比宜为0.5～1.0。不沿梁通长设置的外层钢板，其理论截断点处的外伸长度 l_1 应符合表3-1-9的要求。

表3-1-9　外层钢板理论截断点外伸长度

项次	端部角焊缝情况	公式	说明
1	端部有正面角焊缝	$h_f \geqslant 0.75t \quad l_1 \geqslant b$ $h_f < 0.75t \quad l_1 \geqslant 1.5b$	b——外层翼缘板的宽度 l——外层翼缘板的厚度 h_f——侧面角焊缝和正面角焊缝的焊脚尺寸
2	端部无正面角焊缝	$l_1 \geqslant 2b$	

3.2　轴心受力构件设计

3.2.1　轴心受力构件设计的基本要求

本节主要包括轴心受拉和轴心受压两类基本构件。轴心受拉构件应进行强度和刚度的计算，轴心受压构件应进行强度、整体稳定、局部稳定和刚度的计算。刚度计算属于正常使用极限状态要求，主要是指构件的长细比 $\lambda = l_0/i$（l_0 为构件的计算长度；i 为构件截面的回转半径）不应超过规定的容许长细比，其他各项均属于承载能力极限状态。

3.2.2　轴心受力构件的强度计算

轴心受拉和轴心受压构件均应进行截面强度计算，以确保构件截面的承载能力符合设计要求。当构件端部的节点连接并非使全部板件直接传力时，还应计及剪切滞后的影响。

当构件端部的节点连接中全部板件直接传力时截面强度按表3-2-1进行计算。

表 3-2-1　轴心受拉构件的强度计算

序号	构件类别	项目	计算公式	备注
1	轴心受拉	除采用高强度螺栓摩擦型连接的构件	毛截面：$$\sigma = \frac{N}{A} \leq \frac{f_y}{\gamma_R} = f \quad (3\text{-}2\text{-}1)$$ 净截面：$$\sigma = \frac{N}{A_n} \leq \frac{f_u}{\gamma_{Ru}} \approx 0.7 f_u \quad (3\text{-}2\text{-}2)$$	式中 N——所计算截面处的拉力设计值（N）A——构件的毛截面面积（mm^2）A_n——构件的净截面面积（mm^2），当构件多个截面有孔时，取最不利的截面 f——钢材抗拉强度设计值（N/mm^2）f_u——钢材抗拉强度最小值（N/mm^2）γ_R——钢材的抗力分项系数 γ_{Ru}——净截面断裂的抗力分项系数，考虑断裂的后果比屈服严重，使 $\gamma_R/\gamma_{Ru} = 0.8$ n——在节点或拼接处，构件一端连接的高强度螺栓数目 n_1——所计算截面（最外列螺栓处）高强度螺栓数目
2		采用高强度螺栓摩擦型连接的构件	毛面强度计算采用式（3-2-1）计算；净面积断裂计算：$$\sigma = \left(1 - 0.5\frac{n_1}{n}\right)\frac{N}{A_n} \leq 0.7 f_u \quad (3\text{-}2\text{-}3)$$	
3		当构件为沿全长用铆钉或螺栓连接而成的组合构件	$$\sigma = \frac{N}{A_n} \leq f \quad (3\text{-}2\text{-}4)$$	
4	轴心受压	当端部连接及中部拼接处组成截面的各板件都由连接件直接传力时，截面强度按式（3-2-1）计算；但含有虚孔的构件尚需在空心所在截面按式（3-2-2）计算		

轴心受拉构件当其组成板件在节点或拼接处为非全部直接传力时，对危险截面面积应进行折减，乘以表 3-2-2 所示的有效截面系数 η（$\eta < 1$）。若构件受压，危险截面，如图 3-2-1a、b 所示的 $A\text{-}A$ 截面，同样也难以达到均匀屈服的状态，虽然没有被拉断的危险，但

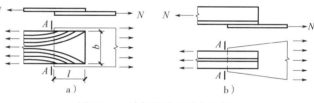

图 3-2-1　端部部分连接的构件
a）平板受拉构件　b）T 形截面受拉构件

标准规定也宜同受拉构件一样，对危险截面面积乘以有效截面系数 η 进行强度验算。

表 3-2-2　轴心受力构件节点或拼接处危险截面的有效截面系数（η）

构件截面形式	连接形式	η	图例
角钢	单边连接	0.85	
工字形、H 形	翼缘连接	0.90	
	腹板连接	0.70	

3.2.3 轴心受力构件的稳定验算

1. 实腹式轴心受压构件的整体稳定性计算

轴心受力构件的稳定计算见表 3-2-3。

表 3-2-3　轴心受力构件的稳定计算

序号	项目	轴心受力构件的截面稳定计算公式	备注
1	整体稳定	除可考虑屈曲后强度的实腹式构件外，轴心受压构件的稳定性计算公式：$$\dfrac{N}{\varphi A f}\le 1.0 \qquad (3\text{-}2\text{-}5)$$	式中 A——构件毛截面面积 φ——轴心受压构件的稳定系数（取截面两主轴稳定系数的最小值，根据构件的长细比（或换算长细比）、钢材屈服强度和表 3-2-4 和表 3-2-5 的截面分类，按本手册附录 D 采用
2	局部稳定	H 形截面腹板 $$h_0/t_w\le(25+0.5\lambda)\varepsilon_k \qquad (3\text{-}2\text{-}6)$$	λ——构件的较大长细比，当 $\lambda<30$ 时取 $\lambda=30$；当 $\lambda=100$ 时取 $\lambda=100$ ε_k——钢号修正系数，$\varepsilon_k=\sqrt{235/f_y}$ h_0、t_w——腹板计算高度和厚度
3		H 形及工字形截面翼缘 $$b/t_f\le(10+0.1\lambda)\varepsilon_k \qquad (3\text{-}2\text{-}7)$$	b、t_f——翼缘板自由外伸宽度和厚度
4		箱形截面壁板 $$b/t\le40\varepsilon_k \qquad (3\text{-}2\text{-}8)$$	b——壁板的净宽度，当箱形截面设有纵向加劲肋时，为壁板与加劲肋之间的净宽度
5		T 形截面腹板 热轧剖分 T 形钢 $$h_0/t_w\le(15+0.2\lambda)\varepsilon_k \qquad (3\text{-}2\text{-}9a)$$ 焊接 T 形截面 $$h_0/t_w\le(13+0.17\lambda)\varepsilon_k \qquad (3\text{-}2\text{-}9b)$$	对焊接构件，h_0 取为腹板高度 h_w；对热轧构件，h_0 取腹板平直段长度，简要计算可取 $h_0=h_w-t_f$，但不小于 (h_w-20) mm
6		等边角钢肢件 当 $\lambda\le80\varepsilon_k$ 时 $$w/t\le15\varepsilon_k \qquad (3\text{-}2\text{-}10a)$$ 当 $\lambda\le80\varepsilon_k$ 时 $$w/t\le5\varepsilon_k+0.125\lambda \qquad (3\text{-}2\text{-}10b)$$	λ——按角钢绕非对称主轴回转半径计算的长细比 w、t——角钢的平板宽度和厚度，简要计算 w 可取为 $b-2t$（b 为角钢宽度）
7		不等边角钢肢件	不等边角钢由于没有对称轴，失稳时总为弯扭屈曲，在其整体稳定计算中已考虑了肢件宽厚比的影响，因此现行《钢结构设计标准》（GB 50017）并未对其局部稳定进行规定
8		圆钢管 $$D/t\le100\varepsilon_k^2 \qquad (3\text{-}2\text{-}11)$$	D——圆钢管的外径 t——圆钢管的壁厚

注：当轴心受压构件的压力小于稳定承载力 φAf 时，可将其板件的宽厚比限值由本表有关公式算的后乘以放大系数 $\alpha=\sqrt{\alpha A/N}$ 确定。

1）轴心受压构件的截面分类见表 3-2-4 及表 3-2-5。

表 3-2-4　轴心受压构件的截面分类（板厚 $t<40$mm）

截面形式	对 x 轴	对 y 轴
x—⊕—x　轧制	a 类	a 类

（续）

截面形式			对 x 轴	对 y 轴
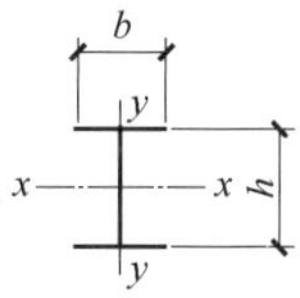 轧制	$b/h \leq 0.8$		a 类	b 类
	$b/h > 0.8$		a* 类	b* 类
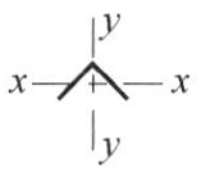 轧制等边角钢			a* 类	a* 类
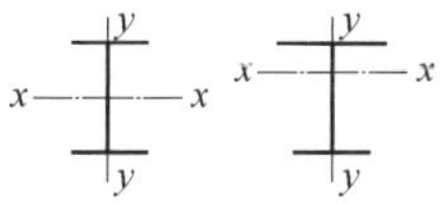 焊接、翼缘为焰切边	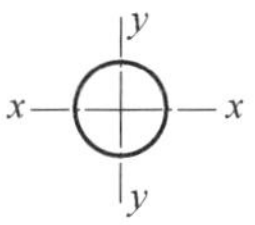 焊接			
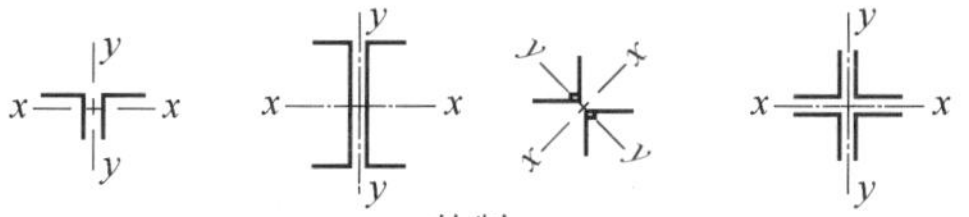 轧制				
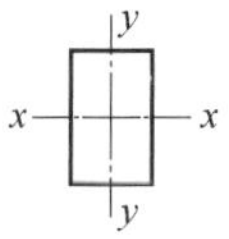 轧制、焊接（板件宽厚比>20）	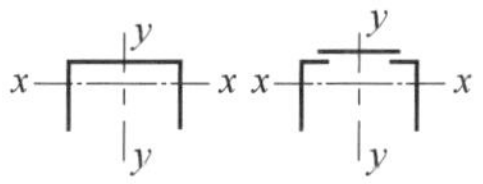 轧制或焊接		b 类	b 类
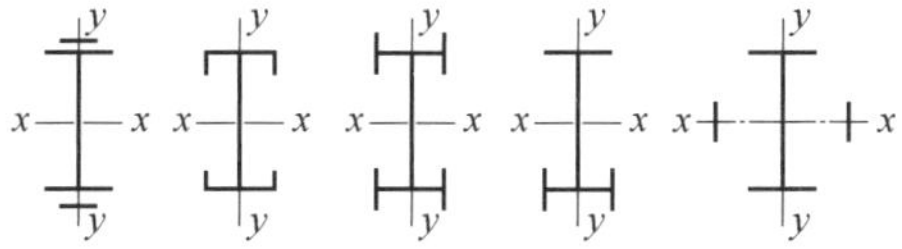 焊接	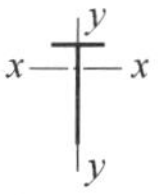 轧制截面和翼缘为焰切边的焊接截面			
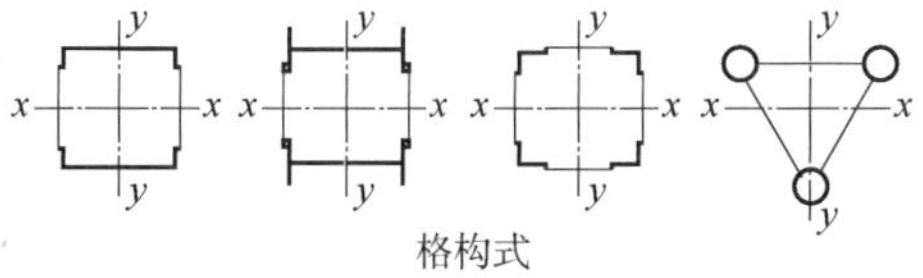 格构式	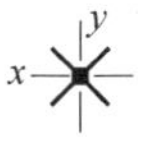 焊接，板件边缘焰切			
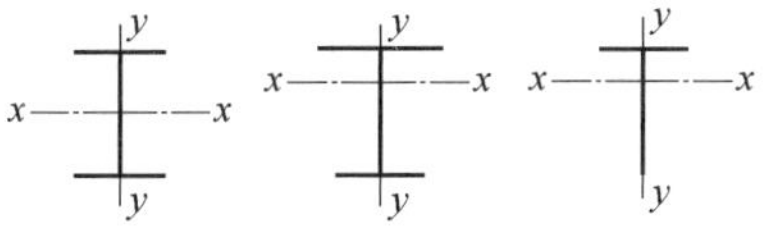 焊接，翼缘为轧制成剪切边			b 类	c 类
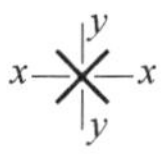 焊接，板件边缘轧制或剪切	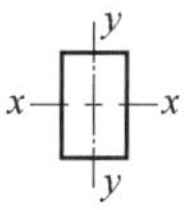 轧制、焊接（板件宽厚比≤20）		c 类	c 类

注：1. a* 类含义为 Q235 钢取 b 类，Q345、Q390、Q420 和 Q460 钢取 a 类；b* 类含义为 Q235 钢取 c 类。Q345、Q390、Q420 和 Q460 钢取 b 类。

　　2. 无对称轴且剪心和形心不重合的截面，其截面分类参照有对称轴的类似截面确定。如不等边角钢采用等边角钢的类别；当无可参考截面时，可取 c 类。

表 3-2-5　轴心受压构件的截面分类（板厚 $t \geqslant 40\text{mm}$）

截面形式		对 x 轴	对 y 轴
轧制工字形或H形截面	$t < 80\text{mm}$	b 类	c 类
	$t \geqslant 80\text{mm}$	c 类	d 类
焊接工字形截面	翼缘为焰切边	b 类	b 类
	翼缘为轧制或剪切边	c 类	d 类
焊接箱形截面	板件宽厚比 > 20	b 类	b 类
	板件宽厚比 ≤ 20	c 类	c 类

2）实腹式轴心受压构件长细比的确定。轴心受压构件的稳定系数 φ 是以弯曲失稳为依据而确定的，但是绕截面主轴弯曲失稳并不是轴心受压构件失稳的唯一形式。双轴对称截面的轴心受压构件可能发生扭转屈曲；单轴对称截面轴心受压构件绕截面对称轴失稳时，由于截面剪心和形心不重合而发生弯扭屈曲。现行《钢结构设计标准》（GB 50017）考虑扭转屈曲和弯扭屈曲的计算方法是按弹性稳定理论算得的临界力换算成长细比较大的弯曲屈曲构件，再按换算长细比确定相应的稳定系数 φ。因此，现行《钢结构设计标准》（GB 50017）给出了不同截面形式实腹式构件的换算长细比计算公式。实腹式轴心受压构件长细比按表 3-2-6 确定。

表 3-2-6　实腹式轴心受压构件长细比

序号	项目	计算公式	备注
1	计算弯曲屈曲	$\lambda_x = \dfrac{l_{\text{ox}}}{i_x}$ （3-2-12a） $\lambda_y = \dfrac{l_{\text{oy}}}{i_y}$ （3-2-12b）	式中 l_{ox}、l_{oy}——构件对截面主轴 x 和 y 的计算长度（mm） i_x、i_y——构件截面对主轴的回转半径（mm）
2	1）截面形心与剪心重合	计算扭转屈曲时对于双轴对称的十字形截面板件宽厚比不超过 $15\varepsilon_k$ 时，可不计算扭转屈曲 $\lambda_z = \sqrt{\dfrac{I_0}{I_t/25.7 + I_\omega/l_\omega^2}}$ （3-2-13）	I_0、I_t、I_ω——构件毛截面对剪心的极惯性矩（mm⁴）、自由扭转常数（mm⁴）和扇性惯性矩（mm⁶），对十字形截面可近似取 $I_\omega = 0$。 l_ω——扭转屈曲的计算长度（mm），两端铰支且端截面可自由翘曲者取几何长度 l，两端嵌固且端部截面的翘曲完全受到约束者取 $0.5l$
3	2）截面为单轴对称	计算绕非对称主轴的弯曲屈曲时，长细比采用式（3-2-12a）和式（3-2-12b）。计算绕对称主轴的弯曲屈曲时，长细比采用式（3-2-14） $\lambda_{yz} = \dfrac{1}{\sqrt{2}}\left[(\lambda_y^2 + \lambda_z^2) + \sqrt{(\lambda_y^2 + \lambda_z^2)^2 - 4\left(1 - \dfrac{y_s^2}{i_0^2}\right)\lambda_y^2\lambda_z^2} \right]^{\frac{1}{2}}$ （3-2-14）	y_s——截面形心至剪心的距离（mm） i_0——截面对剪心的极回转半径（mm），单轴对称截面 $i_0^2 = i_z^2 + i_x^2 + i_y^2$ λ_z——扭转屈曲换算长细比，由式（3-2-13）确定

（续）

序号	项目	计算公式	备注
4		等边单角钢轴心受压构件当绕两主轴弯曲的计算长度相等时，可不计算弯扭屈曲，这主要是由于等边单角钢轴心受压构件当两端铰支且没有中间支点时，绕强轴扭屈曲的承载力总是高于绕弱轴弯曲屈曲的承载力	
5	2）截面为单轴对称	1）等边双角钢（图 3-2-2a） $\lambda_y \geqslant \lambda_z$ $$\lambda_{yz} = \lambda_y \left[1 + 0.16 \left(\frac{\lambda_z}{\lambda_y} \right)^2 \right] \quad (3\text{-}2\text{-}15\text{a})$$ $\lambda_y < \lambda_z$ $$\lambda_{yz} = \lambda_y \left[1 + 0.16 \left(\frac{\lambda_y}{\lambda_z} \right)^2 \right] \quad (3\text{-}2\text{-}15\text{b})$$ 其中 $$\lambda_z = 3.9 \frac{b}{t} \quad (3\text{-}2\text{-}15\text{c})$$ 2）长肢相并的不等边双角钢（图 3-2-2b） $\lambda_y \geqslant \lambda_z$ $$\lambda_{yz} = \lambda_y \left[1 + 0.25 \left(\frac{\lambda_z}{\lambda_y} \right)^2 \right] \quad (3\text{-}2\text{-}16\text{a})$$ $\lambda_y < \lambda_z$ $$\lambda_{yz} = \lambda_y \left[1 + 0.25 \left(\frac{\lambda_y}{\lambda_z} \right)^2 \right] \quad (3\text{-}2\text{-}16\text{b})$$ 其中 $$\lambda_z = 5.1 \frac{b_2}{t} \quad (3\text{-}2\text{-}16\text{c})$$ 3）短肢相并的不等边双角钢（图 3-2-2c） $\lambda_y \geqslant \lambda_z$ $$\lambda_{yz} = \lambda_y \left[1 + 0.06 \left(\frac{\lambda_z}{\lambda_y} \right)^2 \right] \quad (3\text{-}2\text{-}17\text{a})$$ $\lambda_y < \lambda_z$ $$\lambda_{yz} = \lambda_y \left[1 + 0.06 \left(\frac{\lambda_y}{\lambda_z} \right)^2 \right] \quad (3\text{-}2\text{-}17\text{b})$$ 其中 $$\lambda_z = 3.7 \frac{b_1}{t} \quad (3\text{-}2\text{-}17\text{c})$$	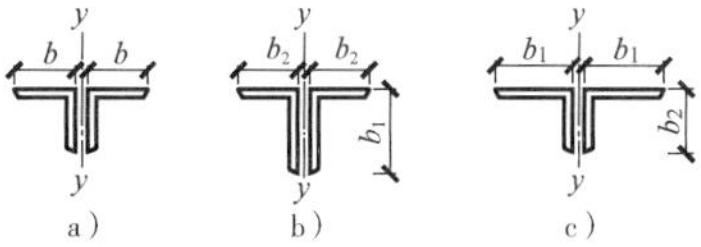 图 3-2-2　双角钢组合 T 形截面 　a）等边双角钢 　b）长肢相并的不等边双角钢 　c）短肢相并的不等边双角钢 　b——等边角钢肢宽度 　b_1——不等边角钢长肢宽度 　b_2——不等边角钢短肢宽度
6	3）截面无对称轴且截面剪心与形心不重合	$$\lambda_{xyz} = \pi \sqrt{\frac{EA}{N_{xyz}}} \quad (3\text{-}2\text{-}18\text{a})$$ $$(N_x - N_{xyz})(N_y - N_{xyz})(N_z - N_{xyz}) - N_{xyz}^2 (N_x - N_{xyz})$$ $$\left(\frac{y_s}{i_0} \right)^2 - N_{xyz}^2 (N_y - N_{xyz}) \left(\frac{x_s}{i_0} \right)^2 = 0 \quad (3\text{-}2\text{-}18\text{b})$$ $$i_0^2 = i_x^2 + i_y^2 + x_s^2 + y_s^2 \quad (3\text{-}2\text{-}18\text{c})$$ $$N_x = \frac{\pi^2 EA}{\lambda_x^2} \quad (3\text{-}2\text{-}18\text{d})$$ $$N_y = \frac{\pi^2 EA}{\lambda_y^2} \quad (3\text{-}2\text{-}18\text{e})$$ $$N_z = \frac{1}{i_0^2} \left(\frac{\pi^2 EI_\omega}{l_\omega^2} + GI_t \right) \quad (3\text{-}2\text{-}18\text{f})$$	N_{xyz}——弹性完善杆的轴心受压构件的弯扭屈曲临界力（N），由式（3-2-18b）确定 x_s、y_s——截面剪心相对于形心的坐标（mm） i_0——截面对剪心的极回转半径（mm） N_x、N_y、N_z——绕 x 轴与 y 轴的弯曲屈曲临界力和扭转屈曲临界力（N） E、G——钢材弹性模量和剪变模量（N/mm²）

（续）

序号	项目	计算公式	备注
7	4）不等边角钢轴心受压构件简化计算公式（图 3-2-3）	$\lambda_x \geq \lambda_z$ $$\lambda_{xyz} = \lambda_x \left[1 + 0.25\left(\frac{\lambda_z}{\lambda_x}\right)^2\right] \quad (3\text{-}2\text{-}19a)$$ $\lambda_x < \lambda_z$ $$\lambda_{xyz} = \lambda_z \left[1 + 0.25\left(\frac{\lambda_x}{\lambda_z}\right)^2\right] \quad (3\text{-}2\text{-}19b)$$ 其中 $$\lambda_z = 4.21 \frac{b_1}{t} \quad (3\text{-}2\text{-}19c)$$	图 3-2-3　不等边角钢截面 x 轴为弱轴　b_1 为角钢长肢宽度

2. 格构式轴心受压构件的稳定性计算

格构式轴心受压构件的稳定性应按式（3-2-5）计算。对实轴的长细比按式（3-2-12a）或式（3-2-12b）计算。对于虚轴，如图 3-2-4a 所示的 x 轴及如图 3-2-4b 和图 3-2-4c 所示的 x 轴和 y 轴应采用换算长细比。

1）格构式轴心受压构件对虚轴的换算长细比见表 3-2-7。

表 3-2-7　格构式轴心受压构件对虚轴的换算长细比

序号	项目	换算长细比计算公式	备注
1	双肢组合构件如图 3-2-4a 所示	当缀材为缀板时 $$\lambda_{0x} = \sqrt{\lambda_x^2 + \lambda_1^2} \quad (3\text{-}2\text{-}20a)$$ 当缀材为缀条时 $$\lambda_{0x} = \sqrt{\lambda_x^2 + 27\frac{A}{A_{1x}}} \quad (3\text{-}2\text{-}20b)$$	式中 λ_x——整个构件对 x 轴的长细比 λ_1——分肢对最小刚度轴 1-1 的长细比，焊接时计算长度取为相邻两缀板的净距离，螺栓连接时计算长度取为相邻两缀板边缘螺栓的距离 A_{1x}——构件截面中垂直于轴的各斜缀条毛截面面积之和（mm²）
2	四肢组合构件如图 3-2-4b 所示	当缀材为缀板时 $$\lambda_{0x} = \sqrt{\lambda_x^2 + \lambda_1^2} \quad (3\text{-}2\text{-}21a)$$ $$\lambda_{0y} = \sqrt{\lambda_y^2 + \lambda_1^2} \quad (3\text{-}2\text{-}21b)$$ 当缀材为缀条时 $$\lambda_{0x} = \sqrt{\lambda_x^2 + 40\frac{A}{A_{1x}}} \quad (3\text{-}2\text{-}21c)$$ $$\lambda_{0y} = \sqrt{\lambda_y^2 + 40\frac{A}{A_{1y}}} \quad (3\text{-}2\text{-}21d)$$	λ_x——整个构件对轴的长细比 A_{1y}——构件截面中垂直于轴的各斜缀条毛截面面积之和（mm²）
3	缀件为缀条的三肢组合构件如图 3-2-4c 所示	$$\lambda_{0x} = \sqrt{\lambda_x^2 + \frac{42A}{A_1(1.5 - \cos^2\theta)}} \quad (3\text{-}2\text{-}22a)$$ $$\lambda_{0y} = \sqrt{\lambda_y^1 + \frac{42A}{A_1\cos^2\theta}} \quad (3\text{-}2\text{-}22b)$$	A_1——构件截面中各斜缀条毛截面面积之和（mm²） θ——构件截面内缀条所在平面与 x 轴的夹角

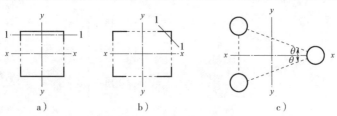

图 3-2-4　格构式组合构件
a）双肢组合构件　b）四肢组合构件　c）三肢组合构件

2）格构式轴心受压构件的剪力计算。轴心受压构件的剪力值可以认为沿构件全长不变。在格构式构件中，轴心受压构件的剪力值 V 应由承受该剪力的缀材面（包括用整体板连接的面）分担，其值按下式计算。

$$V = \frac{Af}{85\varepsilon_k} \tag{3-2-23}$$

3）格构式轴压柱的分肢验算。缀材面宽度较大的格构式柱宜采用缀条柱，斜缀条与构件轴线间的夹角应在 40°~70° 范围内。对缀条柱，其分肢长细比应满足 $\lambda_1 \le 0.7\lambda_{max}$（$\lambda_{max}$ 为构件两方向长细比的较大值，若对虚轴则取换算长细比）；格构式柱和大型实腹式柱，在受有较大水平力处和运送单元的端部应设置横隔，从而增加构件的抗扭刚度，横隔的间距不宜大于柱截面长边尺寸的 9 倍和 8m。

格构式缀板柱的分肢长细比 λ_1 不应大于 $40\varepsilon_k$，并不大于 λ_{max} 的 0.5 倍，当 $\lambda_{max} < 50$ 时，取 $\lambda_{max} = 50$。缀板柱中同一截面处缀板或型钢横杆的线刚度之和不得小于柱较大分枝线刚度的 6 倍。

4）用填板连接的双角钢构件或双槽钢构件。用填板连接的双角钢构件或双槽钢构件是缀板式组合构件是普遍采用的一种构件形式。此时，采用普通螺栓连接时应按格构式构件计算。除此之外，可按实腹式构件进行计算。现行《钢结构设计标准》（GB 50017）对此类构件的填板间距进行了规定，对受压构件填板间距不应超过 $40i$，且两个侧向支承点之间的填板数不应少于 2 个，对受拉构件不应超过 $80i$，i 为单肢回转半径。

①当如图 3-2-5a、b 所示的双角钢或双槽钢截面时，取一个角钢或一个槽钢对与填板平行的形心轴的回转半径。

②当如图 3-2-5c 所示的十字形截面时，取一个角钢的最小回转半径。

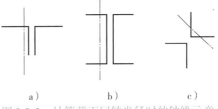

a)　　　　b)　　　　c)

图 3-2-5　计算截面回转半径时的轴线示意
a) 双角钢 T 字形截面　b) 双槽钢截面
c) 双角钢十字形截面

3. 两端铰支梭形截面轴心受压构件的稳定性验算

对于两端铰支梭形圆管或方管状截面轴心受压构件，如图 3-2-6 所示的整体稳定性计算方法是基于等截面轴心受压构件的稳定系数通过式（3-2-5）进行计算，其中截面面积 A 取端部截面面积。在换算长细比的计算中，考虑了初始缺陷的不利影响，楔率的变化范围在 0~1.5。钢管梭形格构式柱的跨中截面应设置隔板，隔板可采用水平放置的钢板且与周边的缀管焊接，也可以采用水平放置的钢管以便使跨中截面构成稳定截面。两端铰支梭形圆管或方管状截面轴心受压构件的换算长细比可通过下式计算：

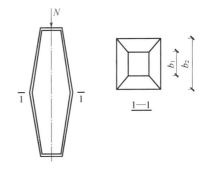

图 3-2-6　梭形截面轴心受压构件

$$\lambda_e = \frac{l_0/i_1}{(1+\gamma)^{3/4}} \tag{3-2-24a}$$

$$l_0 = \frac{l}{2}\left[1 + (1+0.853\gamma)^{-1}\right] \tag{3-2-24b}$$

$$\gamma = \frac{(D_2 - D_1)}{D_1} \text{或} \gamma = \frac{(b_2 - b_1)}{b_1} \tag{3-2-24c}$$

式中　l_0——构件的计算长度（mm）；

i_1——构件端截面的回转半径（mm）；

γ——构件楔率；

D_2、b_2——跨中截面圆管外径和方管边长（mm）；

D_1、b_1——端截面圆管外径和方管边长（mm）。

4. 两端铰支三肢钢管梭形格构式柱的稳定性验算

两端铰支三肢钢管梭形格构式柱的稳定性验算可采用式（3-2-5）进行计算（截面分类采用 b 类）。对两端铰支三肢钢管梭形格构式柱（图 3-2-7）计算时，换算长细比的计算式按表 3-2-8 进行。

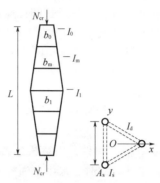

图 3-2-7　三肢钢管梭形格构式柱

表 3-2-8　三肢钢管梭形格构式柱换算长细比的计算

序号		计算公式		备注
1		$\lambda_0 = \pi \sqrt{\dfrac{3A_s E}{N_{cr}}}$	(3-2-25a)	式中
		$N_{cr} = \min(N_{cr,s},\ N_{cr,a})$	(3-2-25b)	A_s——单个分肢的截面面积（mm^2）
2	$N_{cr,s}$	$N_{cr,s} = N_{cr0,s} \Big/ \left(1 + \dfrac{N_{cr0,s}}{K_{v,s}}\right)$	(3-2-26a)	N_{cr}、$N_{cr,s}$、$N_{cr,a}$——屈曲临界力、对称屈曲模态与反对称屈曲模态对应的屈曲临界力（N）
		$N_{cr0,s} = \dfrac{\pi^2 EI_0}{L^2}(1 + 0.72\eta_1 + 0.28\eta_2)$	(3-2-26b)	b_0、b_m、b_1——钢管梭形格构式柱柱端（小头）、1/4 高度处以及中间截面边长（mm）
3	$N_{cr,a}$	$N_{cr,a} = N_{cr0,a} \Big/ \left(1 + \dfrac{N_{cr0,a}}{K_{v,a}}\right)$	(3-2-27a)	$K_{v,s}$、$K_{v,a}$——对称屈曲与反对称屈曲对应的截面抗剪刚度（N）
		$N_{cr0,a} = \dfrac{4\pi^2 EI_0}{L^2}(1 + 0.48\eta_1 + 0.12\eta_2)$	(3-2-27b)	η_1、η_2——与截面惯性矩有关的计算系数
4	η_1、η_2	$\eta_1 = (4I_m - I_1 - 3I_0)/I_0$	(3-2-28a)	I_0、I_m、I_1——钢管梭形格构式柱柱端（小头）、1/4 高度处以及中央（大头）截面的惯性矩（mm^4）
		$\eta_2 = 2(I_0 + I_1 - 2I_m)/I_0$	(3-2-28b)	
		$I_0 = 3I_s + 0.5b_0^2 A_s$	(3-2-28c)	
		$I_m = 3I_s + 0.5b_m^2 A_s$	(3-2-28d)	l_{s0}——钢管梭形格构式柱的节间高度（mm）
		$I_1 = 3I_s + 0.5b_1^2 A_s$	(3-2-28e)	L——钢管梭形格构式柱的总高度（mm）
		$K_{v,s} = 1 \Big/ \left(\dfrac{l_{s0} b_0}{18EI_d} + \dfrac{5l_{s0}^2}{144EI_s}\right)$	(3-2-28f)	I_d、I_s——横缀杆和单肢弦杆的惯性矩（mm^4）
		$K_{v,a} = 1 \Big/ \left(\dfrac{l_{s0} b_m}{18EI_d} + \dfrac{5l_{s0}^2}{144EI_s}\right)$	(3-2-28g)	

3.2.4　实腹式轴心受压构件的屈曲后强度利用

构件的板件超过表3-2-3的规定的限值时，可采用纵向加劲肋加强。当可考虑屈曲强度时，轴心受压杆件的强度和稳定性按表3-2-9的规定进行计算。

表 3-2-9 考虑屈曲强度时轴心受压杆件的强度和稳定性计算

序号	项目	强度和稳定性计算公式	备注
1	强度计算	$\dfrac{N}{A_{ne}} \leqslant f$ (3-2-29)	式中 A_{ne}、A_e——有效净截面面积和有效毛截面面积(mm^2)
2	稳定性验算	$\dfrac{N}{\varphi A_e f} \leqslant 1.0$ (3-2-30a) $A_{ne} = \sum \rho_i A_{ni}$ (3-2-30b) $A_e = \sum \rho_i A_i$ (3-2-30c)	A_{ni}、A_i——各板件净截面面积和毛截面面积(mm^2) φ——稳定系数,可按毛截面计算 ρ_i——各板件有效截面系数,应根据截面形式计算
3	各板件有效截面系数 ρ_i 值计算	(1)箱形截面的壁板、H 形或工字形的腹板: 当 $b/t \leqslant 42\varepsilon_k$ 时 $\rho = 1$ (3-2-31a) 当 $b/t > 42\varepsilon_k$ 时 $\rho = \dfrac{1}{\lambda_{n,p}}\left(1 - \dfrac{0.19}{\lambda_{n,p}}\right)$ (3-2-31b) $\lambda_{n,p} = \dfrac{b/t}{56.2\varepsilon_k}$ (3-2-31c) 当 $\lambda > 52\varepsilon_k$ 时 $\rho \geqslant (29\varepsilon_k + 0.25\lambda)t/b$ (3-2-31d) (2)单角钢: 当 $w/t > 15\varepsilon_k$ 时 $\rho = \dfrac{1}{\lambda_{n,p}}\left(1 - \dfrac{0.1}{\lambda_{n,p}}\right)$ (3-2-32a) $\lambda_{n,p} = \dfrac{w/t}{16.8\varepsilon_k}$ (3-2-32b) 当 $\lambda > 80\varepsilon_k$ 时 $\rho \geqslant (5\varepsilon_k + 0.13\lambda)t/w$ (3-2-32c)	b、t——壁板或腹板的净宽度和厚度 H 形、工字形和箱形截面轴心受压构件的腹板,当用纵向加劲肋加强以满足宽厚比限值时,加劲肋宜在腹板两侧成对配置,其一侧外伸宽度不应小于 $10t_w$,厚度不应小于 $0.75t_w$

3.2.5 轴心受压构件的支撑

1. 轴心受力构件(柱)的支撑

用作减少轴心受压构件自由长度的支撑,应能承受沿被支撑构件屈曲方向的支撑力,支撑力的数值按表 3-2-10 中公式计算。

表 3-2-10 支撑力的数值的计算

序号	项目	计算公式	备注
1	长度为 l 的单根柱设置一道支撑时的支撑力 F_{b1}	当支撑杆位于柱高度中央时 $F_{b1} = N/60$ (3-2-33a) 当支撑杆位于距柱端 $\alpha l(0 < \alpha < 1)$ 时 $F_{b1} = \dfrac{N}{240\alpha(1-\alpha)}$ (3-2-33b)	N——被撑构件的最大轴心压力设计值 n——柱列中被撑柱的根数 $\sum N_i$——被撑柱同时存在的轴心压力设计值之和
2	长度为 l 的单根柱设置 m 道等间距(或间距不等但与平均间距相比相差不超过 20%)支撑时,各支承点的支撑力 F_{bm}	$F_{bm} = \dfrac{N}{24\sqrt{m+1}}$ (3-2-34)	

（续）

序号	项目	计算公式	备注
3	被支撑的构件为多根柱组成柱列时，在柱高度中央附近设置一道支撑时，支撑力 F_{bn}	$$F_{bn} = \frac{\sum N_i}{60}\left(0.6 + \frac{0.4}{n}\right)$$ (3-2-35)	
4	由计算公式可得知，所被支撑的柱数越多，水平支撑力 F_{bn} 越大，因此现行《钢结构设计标准》建议一道支撑架在一个方向所撑柱数不宜超过 8 根 除了上述的支撑力计算外，还须注意若支撑同时承担结构上其他作用的效应时，应按实际可能发生的情况与支撑力组合。另外，支撑的构造应使被撑构件在撑点处既不能发生平移，又不能出现扭转现象		

2. 桁架受压弦杆的横向支撑

桁架受压弦杆的横向支撑系统（图 3-2-8）中系杆和支承斜杆所承受的节点支撑力 F 按式 (3-2-36) 计算。

$$F = \frac{\sum N}{42\sqrt{m+1}}\left(0.6 + \frac{0.4}{n}\right) \tag{3-2-36}$$

式中　$\sum N$——被撑各桁架受压弦杆最大轴心压力设计值之和；

　　　　m——纵向系杆道数（支撑系统节间数减 1）；

　　　　n——支撑系统所支撑的桁架数。

3. 塔架主杆与主斜杆之间的辅助杆件

塔架主杆与主斜杆之间的辅助杆件（图 3-2-9）的支撑力按式 (3-2-37) 计算：

当节间数不超过 4 时：

$$F = N/80 \tag{3-2-37a}$$

当节间数大于 4 时：

$$F = N/100 \tag{3-2-37b}$$

式中　N——主杆压力设计值（N）。

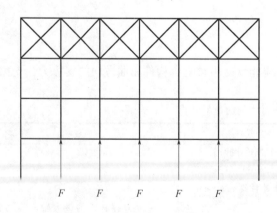

图 3-2-8　桁架受压弦杆横向支撑系统的支撑布置

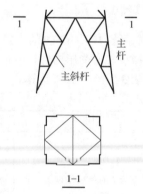

图 3-2-9　塔架下端示意图

3.2.6　单边连接的单角钢

1. 截面强度和稳定性计算

单边连接的单角钢如图 3-2-10 所示，连接形式规定可以近似按轴心受力构件按表 3-2-11 公式进行计算。

表 3-2-11　单边连接的单角钢连接计算

序号	项目		计算公式	备注
1	轴心受力构件	构件的截面强度计算	截面强度按式（3-2-1）及式（3-2-2）计算，但计算时对强度设计值应乘以折减系数 0.85。同时，还应考虑构件端部连接各板件可能非全部直接传力时的剪切滞后影响	式中 λ——长细比，对中间无联系的单角钢压杆，应按最小回转半径计算，当 $\lambda = 20$ 时，取 $\lambda = 20$ η——折减系数，当计算值大于 1.0 时，$\eta = 1.0$ 本表计算公式不包括弦杆也为单角钢，且位于节点板同侧的连接形式，如图 3-2-11 所示
2		受压构件的稳定验算	$\dfrac{N}{\eta \varphi A f} \leqslant 1.0$ （3-2-38） 单边角钢 　　$\eta = 0.6 + 0.0015\lambda$ （3-2-38a） 短边相连的不等边角钢 　　$\eta = 0.5 + 0.0025\lambda$ （3-2-38b） 长边相连的不等边角钢 　　$\eta = 0.7$ （3-2-38c）	
3			当受压斜杆用节点板和桁架弦杆（塔架主杆）相连接时，节点板厚度不宜小于斜杆肢宽的 1/8	

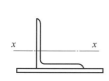

图 3-2-10　单面连接的单角钢

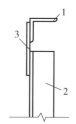

图 3-2-11　单角钢用节点板同侧的连接形式
1—弦杆　2—单角钢腹杆　3—节点板

2. 交叉斜杆中压杆的平面外稳定

塔架结构中单边连接单角钢的交叉斜杆中的压杆，当两杆截面相同且在交叉点均不中断，当验算其平面外稳定性时，稳定系数 φ 应根据下列等效长细比由现行《钢结构设计标准》（GB 50017）附录 D 确定。

$$\lambda_0 = \alpha_e \mu_x \lambda_e \geqslant \frac{l_1}{l} \lambda_x \tag{3-2-39}$$

当 $20 \leqslant \lambda_x \leqslant 80$ 时：

$$\lambda_e = 80 + 0.65\lambda_x \tag{3-2-39a}$$

当 $80 < \lambda_x \leqslant 160$ 时：

$$\lambda_e = 52 + \lambda_x \tag{3-2-39b}$$

当 $\lambda_x > 160$ 时：

$$\lambda_e = 20 + 1.252\lambda_x \tag{3-2-39c}$$

$$\lambda_x = \frac{l}{i_x} \frac{1}{\varepsilon_k} \tag{3-2-39d}$$

$$\mu_x = l_0/l \tag{3-2-39e}$$

式中　α_e——系数，应按表 3-2-12 的规定取值；

μ_x——计算长度系数；

l_1——交叉点至节点间的较大距离，如图 3-2-12 所示；

λ_e——换算长细比；

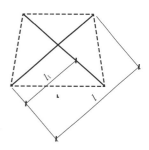

图 3-2-12　在非中点相交的斜杆

l_0——计算长度，当相交另一杆受压，应按式（2-4-1）计算，当相交另一杆受拉，应按式（2-4-3）计算。对于在非中点相交的杆，在该两式中用 l_1/l 代替 $1/2$（l_1 如图3-2-12 所示）。

表 3-2-12　系数 α_e

主杆截面	另杆受拉	另杆受压	另杆不受力
单角钢	0.75	0.90	0.75
双轴对称截面	0.90	0.75	0.90

3. 局部稳定和屈曲后强度

单边连接的单角钢受压后，不仅呈现弯曲，还同时呈现扭转。为保证杆件具有一定的扭转刚度，以免过早失稳，须限制其肢件宽厚比。现行《钢结构设计标准》（GB 50017）规定了单边连接单角钢受压构件的肢件宽厚比限值：

$$\frac{w}{t} \leqslant 14\varepsilon_k \tag{3-2-40}$$

对于高强度钢材，式（3-2-40）的限值有时很难达到，因此现行《钢结构设计标准》（GB 50017）同时规定了超过该限值时，由式（3-2-5）和式（3-2-38）确定的稳定承载力还应乘以以下折减系数：

$$\rho_e = 1.3 - \frac{0.3w}{14t\varepsilon_k} \tag{3-2-41}$$

3.3　拉弯和压弯构件计算

3.3.1　实腹式拉弯和压弯构件的强度计算及压弯构件的整体稳定性验算

实腹式拉弯和压弯构件的强度计算及压弯构件的整体稳定性验算按表 3-3-1 进行。

表 3-3-1　实腹式拉弯和压弯构件的强度计算及压弯构件的整体稳定性验算

序号	构件	计算内容	弯矩作用位置	计算公式	备注
1	实腹式拉弯和压弯	强度	弯矩作用在两个主平面内	非圆形截面 $$\frac{N}{A_n} \pm \frac{M_x}{\gamma_x W_{nx}} \pm \frac{M_y}{\gamma_y W_{ny}} \leqslant f \quad (3\text{-}3\text{-}1)$$ 圆形截面 $$\frac{N}{A_n} + \frac{\sqrt{M_x^2 + M_y^2}}{\gamma_m W_n} \leqslant f \quad (3\text{-}3\text{-}2)$$	式中 N——同一截面处轴心压力设计值（N） M_x、M_y——同一截面处对 x 轴和 y 轴的弯矩设计值（N·mm） γ_x、γ_y——与净截面模量 W_{nx}、W_{ny} 相应的截面塑性发展系数，根据其受压板件的内力分布情况确定其截面板件宽厚比等级，当截面板件宽厚比等级不满足 S3 要求时，取 1.0，满足 S3 级要求时可按表 3-3-2 采用；需要验算疲劳强度的拉弯、压弯构件，宜取 1.0 γ_m——圆形构件的截面塑性发展系数，对于实腹圆形截面取 1.2，当圆管截面板件宽厚比等级不满足 S3 级要求时取 1.0，满足 S3 要求时取 $\gamma_m = 1.15$；需要验算疲劳强度的拉弯、压弯构件，宜取 1.0 A_n——构件的净截面面积（mm²） W_n——构件的净截面模量（mm³）

（续）

序号	构件	计算内容	弯矩作用位置	计算公式	备注
2	实腹式压弯	构件整体稳定验算	弯矩作用平面内的稳定计算	$\dfrac{N}{\varphi_x Af} + \dfrac{\beta_{mx} M_x}{\gamma_x W_{1x}\left(1 - 0.8\dfrac{N}{N'_{Ex}}\right)f} \leq 1.0$　(3-3-3) 单轴对称截面压弯构件当弯矩作用在对称轴平面内且使较小翼缘受压时，除应按式 (3-3-3) 计算外，还应按以下公式补充计算： $\left\|\dfrac{N}{Af} - \dfrac{\beta_{mx} M_x}{\gamma_x W_{2x}\left(1 - 1.25\dfrac{N}{N'_{Ex}}\right)f}\right\| \leq 1.0$ (3-3-4)	N、M_x——所计算构件范围内轴心压力设计值（N）和最大弯矩设计值（$N\cdot mm$） φ_x——弯矩作用平面内轴心受压构件的稳定系数 β_{mx}——等效弯矩系数见表 3-3-3 γ_x——塑性发展系数，取值与截面强度计算相同 W_{1x}——在弯矩作用平面内对受压最大纤维的毛截面模量（mm^3） N'_{Ex}——考虑抗力分项系数的欧拉临界力，$N'_{Ex} = \dfrac{\pi^2}{1.1\lambda_x^2}$ W_{2x}——对无翼缘端的毛截面模量（mm^3） γ_x——与 W_{2x} 相应的塑性发展系数
3			弯矩作用平面外的稳定计算	$\dfrac{N}{\varphi_y Af} + \eta\dfrac{\beta_{tx} M_x}{\varphi_b W_{1x} f} \leq 1.0$　(3-3-5)	φ_y——弯矩作用平面外的轴心受压构件稳定系数（对单轴对称截面，应按轴心受压构件弯扭屈曲的换算长细比确定） η——截面影响系数，闭口截面 $\eta = 0.7$，其他截面 $\eta = 1.0$ M_x——所计算构件段范围内的最大弯矩设计值 φ_b——均匀弯曲的受弯构件整体稳定系数，按本手册附录 C 计算，其中工字形和 T 形截面的非悬臂构件，可按表 3-3-4 确定；对闭口截面 $\varphi_b = 1.0$ β_{tx}——等效弯矩系数见表 3-3-3

表 3-3-2　截面塑性发展系数 γ_x 和 γ_y

项次	截面形式	γ_x	γ_y
1	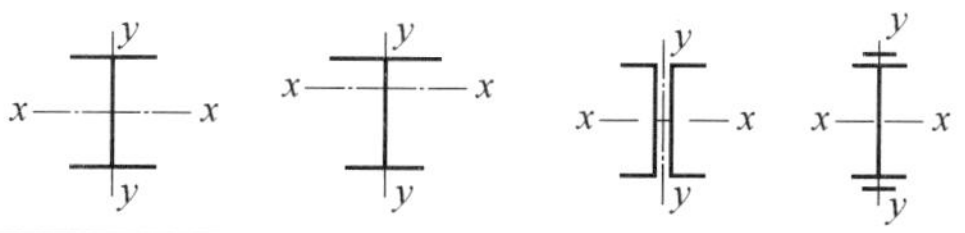		1.2
2	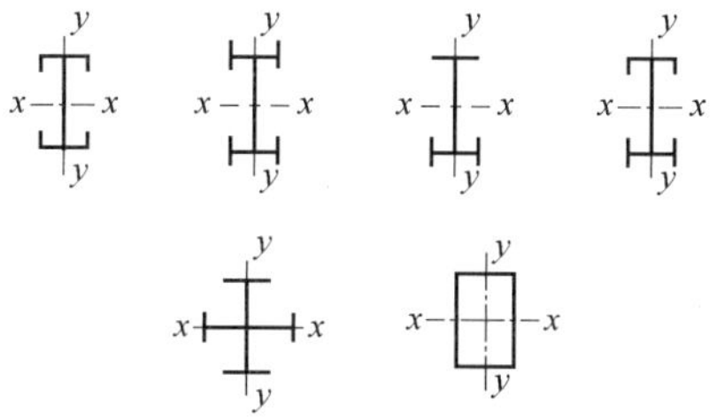	1.05	1.05
3	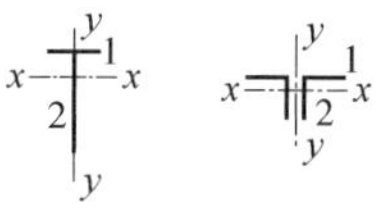	$\gamma_{x1} = 1.05$ $\gamma_{x2} = 1.2$	1.2
4	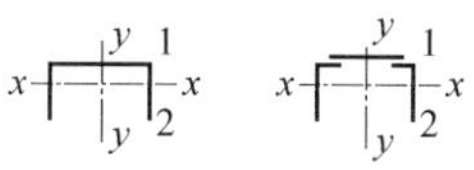		1.05

（续）

项次	截面形式	γ_x	γ_y
5	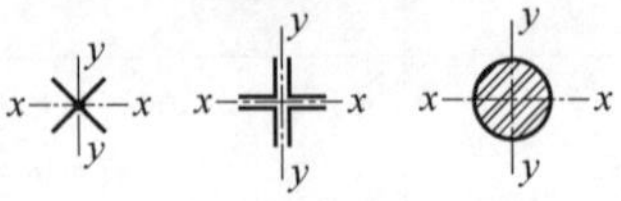	1.2	1.2
6	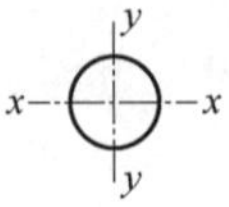	1.15	1.15
7	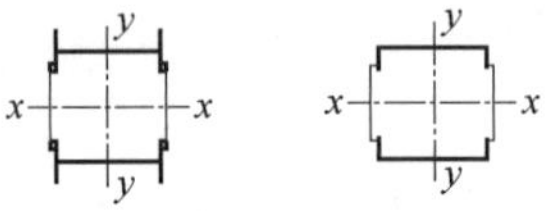	1.0	1.05
8	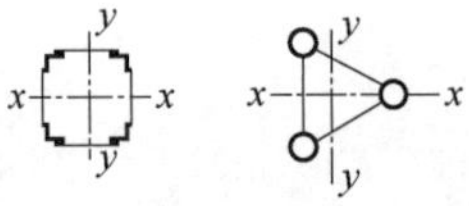		1.0

表 3-3-3　β_{mx} 和 β_{tx} 数值

序号	项目	计算公式	备注
1		1）当无横向荷载作用时 $$\beta_{mx} = 0.6 + 0.4 \frac{M_2}{M_1} \quad (3\text{-}3\text{-}6)$$	式中 M_1、M_2——构件端弯矩（N·mm），使构件产生同向曲率（无反弯点）时取同号，使构件产生反向曲率（有反弯点）时取异号，且有 $\|M_1\| \geqslant \|M_2\|$
2	β_{mx} — 无侧移的框架柱和两端支承的构件	2）当无端弯矩但有横向荷载作用 跨中单个集中荷载 $$\beta_{mx} = 1 - 0.36 \frac{N}{N_{cr}} \quad (3\text{-}3\text{-}7)$$ 全跨均布荷载 $$\beta_{mx} = 1 - 0.18 \frac{N}{N_{cr}} \quad (3\text{-}3\text{-}8)$$ $$N_{cr} = \frac{\pi^2 EI}{(\mu l)^2} \quad (3\text{-}3\text{-}9)$$	N_{cr}——构件的弹性临界力（N） μ——构件的计算长度系数
3		3）端弯矩和横向荷载同时作用时，取上述两种情况等效弯矩的代数和： $$\beta_{mx} M_x = \beta_{mqx} M_{qx} + \beta_{m1x} M_1 \quad (3\text{-}3\text{-}10)$$	M_{qx}——横向荷载产生的弯矩最大值（N·mm） M_1——杆端弯矩值（N·mm） β_{m1x}——由式（3-3-6）计算确定 β_{mqx}——由式（3-3-7）或式（3-3-8）计算确定 m——自由端弯矩与固定端弯矩之比，当弯矩图无反弯点时取正号，有反弯点时取负号
4	有侧移的框架柱和悬臂构件	1）有横向荷载作用的柱脚铰接的单层框架柱和多层框架的底层柱，应计入柱上竖向荷载对柱顶侧移产生的二阶效应，取 $\beta_{mx} = 1.0$ 2）除上述 1）规定之外的框架柱按式（3-3-6）计算 β_{mx} 3）自由端作用有弯矩的悬臂柱的 β_{mx} $$\beta_{mx} = 1 - 0.36(1-m) \frac{N}{N_{cr}} \quad (3\text{-}3\text{-}11)$$	

（续）

序号	项目		计算公式	备注
5	β_{tx}	弯矩作用平面外有支承的构件	根据两相邻支承间构件段内的荷载和内力情况确定： 1）无横向荷载作用 $$\beta_{tx}=0.65+0.35\frac{M_2}{M_1}\qquad(3\text{-}3\text{-}12)$$ 2）端弯矩和横向荷载同时作用 使构件产生同向曲率时，$\beta_{tx}=1.0$ 使构件产生反向曲率时，$\beta_{tx}=0.85$ 3）无端弯矩有横向荷载作用 $\beta_{tx}=1.0$	
6			弯矩作用平面外为悬臂的构件　　$\beta_{tx}=1.0$	

表 3-3-4　均匀弯曲受弯构件的稳定系数 φ_b（近似计算公式）

序号	项目	计算公式	备注
1	工字形截面	双轴对称 $$\varphi_b=1.07-\frac{\lambda_y^2}{44000\varepsilon_k^2}\qquad(3\text{-}3\text{-}13a)$$ 单轴对称 $$\varphi_b=1.07-\frac{W_x}{(2\alpha_b+0.1)Ah}\cdot\frac{\lambda_y^2}{44000\varepsilon_k^2}\qquad(3\text{-}3\text{-}13b)$$	
2	弯矩作用在对称轴平面，绕 x 轴的 T 形截面	1）弯矩使翼缘受压时 双角钢 T 形截面 $$\varphi_b=1-0.0017\frac{\lambda_y}{\varepsilon_k}\qquad(3\text{-}3\text{-}13c)$$ 剖分 T 型钢和两板组合 T 形截面 $$\varphi_b=1-0.0022\frac{\lambda_y}{\varepsilon_k}\qquad(3\text{-}3\text{-}13d)$$ 2）弯矩使翼缘受压且腹板宽厚比不大于 $18\varepsilon_k$ 时 $$\varphi_b=1-0.0005\frac{\lambda_y}{\varepsilon_k}\qquad(3\text{-}3\text{-}13e)$$	当按式（3-3-16a）和式（3-3-16b）算得的 φ_x 值大于 1.0 时，取 $\varphi_x=1.0$

3.3.2　格构式压弯构件的稳定性验算

格构式压弯构件的整体稳定性验算按表 3-3-5 进行。

表 3-3-5　格构式压弯构件的整体稳定性验算

序号	项目		备注
1	弯矩绕虚轴作用	弯矩作用平面内的整体稳定	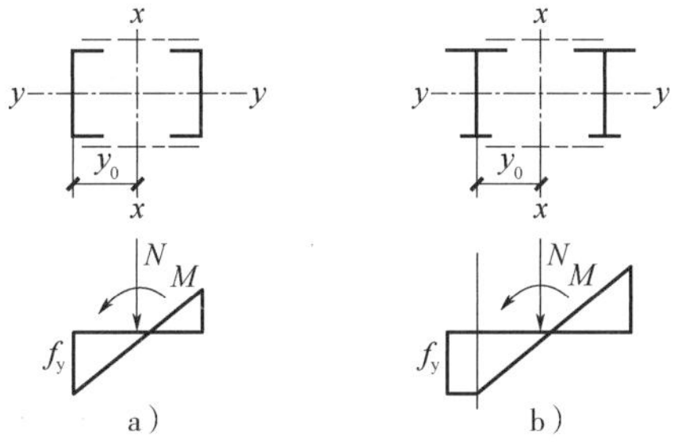 式中 I_x——对虚轴的毛截面惯性矩（mm^4） y_0——由虚轴到压力较大分肢腹板外边缘的距离，如图 3-3-1a 所示，或者到压力较大分肢的轴线距离，如图 3-3-1b 所示，二者取较大者（mm） φ_x、N'_{Ex}——弯矩作用平面内的轴心受压构件稳定系数和考虑抗力分项系数的欧拉临界力，由换算长细比从确定 β_{mx}——等效弯矩系数，其取法与实腹式压弯构件计算相同

$$\frac{N}{\varphi_x Af}+\frac{\beta_{mx}M_x}{W_{1x}\left(1-\varphi_x\dfrac{N}{N'_{Ex}}\right)f}\le1.0\qquad(3\text{-}3\text{-}14a)$$

$$W_{1x}=I_x/y_0\qquad(3\text{-}3\text{-}14b)$$

图 3-3-1　格构式压弯构件截面简图

（续）

序号	项目		备注
2	弯矩绕虚轴作用	分肢的稳定性	现行《钢结构设计标准》（GB 50017）规定，格构式压弯构件在弯矩作用平面外的整体稳定性可不计算，但应计算分肢的稳定性。分肢的轴心力计算可将构件看作是一个平行弦桁架，分肢作为桁架的弦杆，按图 3-3-2 的计算简图来确定 分肢 1 $$N_1 = \pm \frac{M_x}{a} + \frac{N y_2}{a} \quad (3\text{-}3\text{-}15a)$$ 分肢 2 $$N_2 = N - N_1 \quad (3\text{-}3\text{-}15b)$$	a——两分肢轴线间的距离 y_2——虚轴（x 轴）到分肢轴线的距离 式（3-3-15a）中弯矩使分肢 1 受压时取"+"号，否则取"-"号 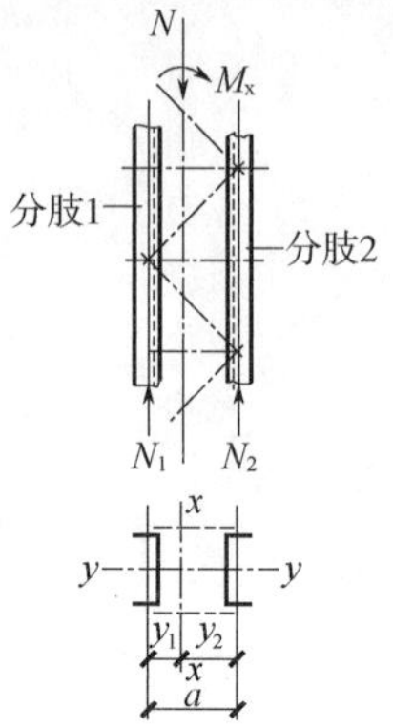 图 3-3-2 格构式压弯构件截面简图
3	弯矩绕实轴作用		弯矩绕实轴作用的格构式压弯构件，其弯矩作用平面内和分肢平面外的稳定性计算均与实腹式构件相同，但在计算弯矩作用平面外的整体稳定性时，长细比应取换算长细比。此类截面抗扭刚度通常较好，可取 $\varphi_x = 1.0$
4	格构式柱缀件计算		1) 计算格构式柱的缀件时，应取构件的实际剪力和 $V = \dfrac{Af}{85\varepsilon_k}$ 二者较大值 2) 用作减小压弯构件平面外计算长度的支撑，对实腹式构件应将压弯构件的受压翼缘，对格构式构件应将压弯构件的受压分肢视为轴心受压构件按本手册第 3.2.5 节的规定计算各自的支撑力

3.3.3 双向压弯构件的整体稳定性验算

双向压弯构件的整体稳定性验算按表 3-3-6 的规定进行。

表 3-3-6 双向压弯构件的整体稳定性验算

序号	项目		备注
1	双向压弯圆管	仅适用于没有很大横向力或集中弯矩作用在构件段内 $$\frac{N}{\varphi A f} + \frac{\beta M}{\gamma_m W \left(1 - 0.8 \dfrac{N}{N'_E}\right) f} \leqslant 1.0 \quad (3\text{-}3\text{-}16a)$$ $$M = \max\left(\sqrt{M_{xA}^2 + M_{yA}^2},\ \sqrt{M_{xB}^2 + M_{yB}^2}\right) \quad (3\text{-}3\text{-}16b)$$ $$\beta = \beta_x \beta_y \quad (3\text{-}3\text{-}16c)$$ $$\beta_x = 1 - 0.35\sqrt{\frac{N}{N_E}} + 0.35\sqrt{\frac{N}{N_E}}\left(\frac{M_{2x}}{M_{1x}}\right) \quad (3\text{-}3\text{-}16d)$$ $$\beta_y = 1 - 0.35\sqrt{\frac{N}{N_E}} + 0.35\sqrt{\frac{N}{N_E}}\left(\frac{M_{2y}}{M_{1y}}\right) \quad (3\text{-}3\text{-}16e)$$ $$N_E = \frac{\pi^2 EA}{\lambda^2} \quad (3\text{-}3\text{-}16f)$$	式中 φ——轴心受压构件的整体稳定系数，按构件最大长细比取值 M——双向压弯圆管的计算弯矩值（N·mm） M_{xA}、M_{yA}、M_{xB}、M_{yB}——构件 A 端关于 x、y 轴的弯矩和 B 端关于 x、y 轴的弯矩（N·mm） β——双向压弯圆管的等效弯矩系数 M_{1x}、M_{2x}、M_{1y}、M_{2y}——构件两端关于 x 轴的最大、最小弯矩和关于 y 轴的最大、最小弯矩，同曲率（无反弯点）时取同号，异曲率（有反弯点）时取负号；$\lvert M_{1x}\rvert \geqslant \lvert M_{2x}\rvert$，$\lvert M_{1y}\rvert \geqslant \lvert M_{2y}\rvert$ N_E——按构件最大长细比计算的欧拉临界力 N'_E——考虑抗力分项系数的欧拉临界力 $$N'_E = N_E/1.1$$

（续）

序号	项目		备注
2	实腹式双向压弯构件	弯矩作用在两个主平面内的双轴对称实腹式工字形（含 H 形）和箱形（闭口）截面的压弯构件 $$\frac{N}{\varphi_x Af} + \frac{\beta_{mx}M_x}{\gamma_x W_x\left(1 - 0.8\dfrac{N}{N'_{Ex}}\right)f} + \eta\frac{\beta_{ty}M_y}{\varphi_{by}W_y f} \leqslant 1.0 \quad (3\text{-}3\text{-}17a)$$ $$\frac{N}{\varphi_y Af} + \eta\frac{\beta_{tx}M_x}{\varphi_{bx}W_x f} + \frac{\beta_{mx}M_y}{\gamma_y W_y\left(1 - 0.8\dfrac{N}{N'_{Ey}}\right)f} \leqslant 1.0 \quad (3\text{-}3\text{-}17b)$$ $$N'_{Ey} = \frac{\pi^2 EA}{(1.1\lambda_y^2)} \quad (3\text{-}3\text{-}17c)$$	φ_x、φ_y——对强轴（x 轴）和弱轴（y 轴）的轴心受压构件整体稳定系数 φ_{bx}、φ_{by}——均匀弯曲的受弯构件整体稳定系数，对工字形（含 H 型钢）截面非悬臂构件的 φ_{bx}，可按近似式（3-3-13a）~式（3-3-13e）计算，φ_{by} 可取为 1.0；对闭合截面，取 $\varphi_{bx} = \varphi_{by} = 1.0$ M_x、M_y——所计算构件段范围内对强轴（x 轴）和弱轴（y 轴）的最大弯矩设计值（N·mm） W_x、W_y——对强轴（x）和弱轴（y）的毛截面模量（mm³） β_{mx}、β_{my}——等效弯矩系数，按弯矩作用平面内的稳定计算有关规定采用 β_{tx}、β_{ty}——等效弯矩系数，按弯矩作用平面外的稳定计算有关规定采用
3	双肢格构式压弯构件	整体稳定验算 $$\frac{N}{\varphi_x Af} + \frac{\beta_{mx}M_x}{W_{1x}\left(1 - \dfrac{N}{N'_{Ex}}\right)f} + \frac{\beta_{ty}M_y}{W_{1y}f} \leqslant 1.0 \quad (3\text{-}3\text{-}18)$$ 分肢的 N 及 M 计算： 在 M_x 作用下，将分肢作为平行弦桁架的弦杆按式（3-3-18a、b）计算其轴力，M_y 则根据平衡条件和变形协调按下列公式分配给两分肢，如图 3-3-3 所示： $$M_{y1} = \frac{I_1/y_1}{I_1/y_1 + I_2/y_2}M_y \quad (3\text{-}3\text{-}18a)$$ $$M_{y2} = \frac{I_2/y_2}{I_1/y_1 + I_2/y_2}M_y \quad (3\text{-}3\text{-}18b)$$ 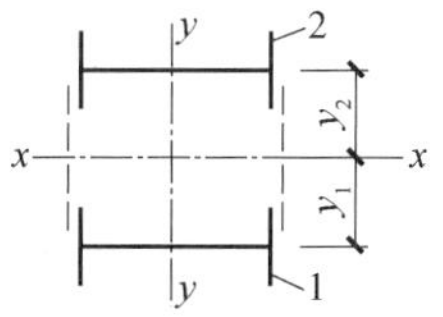 图 3-3-3　双肢格构式压弯构件截面 1—分肢 1　2—分肢 2	W_{1y}——在 M_y 作用下，对较大受压纤维的毛截面模量（mm³） I_1、I_2——分肢 1、分肢 2 轴的惯性矩（mm⁴） y_1、y_2——M_y 作用的主轴平面至分肢 1、分肢 2 的轴线距离（mm） 分肢的稳定性计算应分别按承受 N_1、M_{y1} 和 N_2、M_{y2} 单向弯曲实腹式压弯构件进行，即按式（3-3-3）和式（3-3-5）进行计算

3.3.4　压弯构件的局部稳定和屈曲后强度

（1）压弯构件的板件宽厚比要求

1）压弯构件腹板的宽厚比

标准规定实腹压弯构件腹板宽厚比应符合 S4 级截面要求。对 H 形截面腹板、箱形截面梁及单向受弯箱形截面柱的腹板，其宽厚比应满足：

$$h_0/t_w \leqslant (45 + 25\alpha_0^{1.66})\varepsilon_k \quad (3\text{-}3\text{-}19)$$

式中　h_0、t_w——腹板净高度和厚度。

2）压弯构件翼缘的宽厚比

标准规定实腹压弯构件翼缘宽厚比应符合 S4 级截面要求。但由于其到达极限状态时截面总有一部分进入塑性因此也常控制在 S3 级。

对悬伸翼缘板（S4 级）：

$$b/t_f \leq 15\varepsilon_k \tag{3-3-20a}$$

式中　h、t_f——翼缘板自由外伸宽度及厚度。

箱形截面翼缘板：

$$b_0/t \leq 45\varepsilon_k \tag{3-3-20b}$$

式中　b_0——壁板（腹板）间距离。

3）纵向加劲肋设置。当压弯构件腹板不能满足高厚比要求时，可采用纵向加劲肋加强，使加强后的腹板其在受压较大翼缘与纵向加劲肋之间的宽（高）厚比满足有求。纵向加劲肋宜在板件两侧成对配置，其一侧外伸宽度不应小于板件厚度 $10t_w$，厚度不应小于 $0.75t_w$。

（2）压弯构件的屈曲后强度利用　当工字形和箱形截面压弯构件的腹板高厚比超过《钢结构设计标准》（GB 50017）规定的 S4 级要求时，应采用有效截面计算构件的强度和稳定性。

工字形和箱形截面腹板的有效宽度及腹板屈曲后承载力计算按表 3-3-7 进行。

表 3-3-7　工字形和箱形截面腹板的有效宽度及腹板屈曲后承载力计算

序号	项目		计算公式	备注
1	有效截面计算	腹板受压区有效宽度	$h_e = \rho h_c$ (3-3-21) 当 $\lambda_{n,p} \leq 0.75$ 时 $\rho = 1.0$ (3-3-22a) 当 $\lambda_{n,p} > 0.75$ 时 $\rho = \dfrac{1}{\lambda_{n,p}}\left(1 - \dfrac{0.19}{\lambda_{n,p}}\right)$ (3-3-22b) $\lambda_{n,p} = \dfrac{h_w/t_w}{28.1\sqrt{k_\sigma}}\dfrac{1}{\varepsilon_k}$ (3-3-23) $k_\sigma = \dfrac{16}{2 - \alpha_0 + \sqrt{(2-\alpha_0)^2 + 0.112\alpha_0^2}}$ (3-3-24)	式中 h_e、h_c——腹板受压区宽度和有效宽度，当腹板全部受压时，$h_e = h_w$ ρ——有效宽度系数 α_0——参数，按式（2-4-29）计算
2		工字形截面腹板有效宽度的分布如图 3-3-4 所示	当截面全部受压，即 $\alpha_0 \leq 1$ 时，如图 3-3-4a 所示： $h_{e1} = 2h_e/(4 + \alpha_0)$ (3-3-25) $h_{e2} = h_e - h_{e1}$ (3-3-26) 当截面部分受拉，即 $\alpha_0 > 1$ 时，如图 3-3-4b 所示： $h_{e1} = 0.4h_e$ (3-3-27) $h_{e2} = 0.6h_e$ (3-3-28)	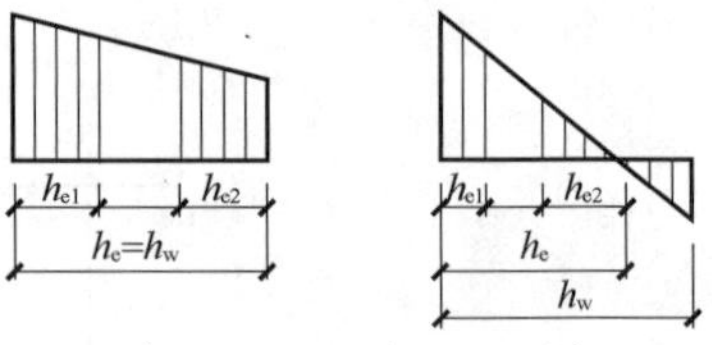 a)　　　　b) 图 3-3-4　工字形截面腹板有效宽度的分布
3		箱形截面压弯根据翼缘宽厚比	箱形截面压弯根据翼缘宽厚比超限时也应按式（3-3-21）计算有效宽度，计算时 $k_\sigma = 4.0$。有效宽度在两侧均等分布	
4	压弯构件腹板屈曲后的承载力计算	截面强度计算	$\dfrac{N}{A_{ne}} \pm \dfrac{M_x + Ne}{\gamma_x W_{nex}} \leq f$ (3-3-29)	A_{ne}、A_e——有效净截面面积和有效毛截面面积（mm²） W_{nex}——有效截面的净截面模量（mm³） W_{elx}——有效截面对较大受压纤维的毛截面模量（mm³） e——有效截面形心至原截面形心的距离（mm）
5		稳定验算	弯矩作用平面内稳定	$\dfrac{N}{\varphi_x A_e f} + \dfrac{\beta_{mx} M_x + Ne}{\gamma_x W_{elx}\left(1 - 0.8\dfrac{N}{N'_{Ex}}\right)f} \leq 1.0$ (3-3-30a)	
6			弯矩作用平面外稳定	$\dfrac{N}{\varphi_y A_e f} + \eta\dfrac{\beta_{tx} M_x + Ne}{\varphi_b W_{elx} f} \leq 1.0$ (3-3-30b)	

3.3.5　承受次弯矩桁架杆件

标准规定对用节点板连接的桁架，当杆件为 H 形或箱形等刚度较大的截面，且在桁架平面内的杆件截面高度与其几何长度（节点中心间的距离）之比大于 1/10（对弦杆）或大于 1/15（对腹杆）时，应考虑节点刚性所引起的次弯矩。对只承受节点荷载的杆件截面为 H 形或箱形的桁架，当节点具有刚性连接的特征时，应按刚接桁架计算杆件的次弯矩。拉杆和板件宽厚比满足，《钢结构设计标准》表 3.5.1 压弯构件 S2 级要求的压杆，此时，截面强度宜按下列公式进行：

当 $\varepsilon = MA/NW \leqslant 0.2$ 时：

$$\frac{N}{A} \leqslant f \tag{3-3-31a}$$

当 $\varepsilon > 0.2$ 时

$$\frac{N}{A} + \alpha \frac{M}{W_p} \leqslant \beta f \tag{3-3-31b}$$

式中　W、W_p——弹性截面模量和塑性截面模量（mm^3）；

　　　　M——杆件在节点处的次弯矩（$N \cdot mm$）；

　　　　α、β——系数，按表 3-3-8 采用。

表 3-3-8　系数 α 和 β

杆件截面形式	α	β
H 形截面，腹板位于桁架平面内	0.85	1.15
H 形截面，腹板垂直于桁架平面	0.60	1.08
正方箱形截面	0.80	1.13

3.4　疲劳验算及防脆断设计

3.4.1　一般规定

1）直接承受动力荷载重复作用钢结构构件及其连接，当应力变化循环次数 n 等于或大于 5×10^4 次时，应进行疲劳验算。

2）《钢结构设计标准》（GB 50017）规定的钢结构构件及其连接的验算，不适用于下列条件：

①结构构件表面温度高于 150℃。

②构件处于海水腐蚀环境。

③焊后经热处理消除残余应力的构件。

④钢构件处于低周—高应变疲劳状态。

3）疲劳验算应采用基于名义应力的允许应力幅法，名义应力幅应按弹性状态计算，允许应力幅应按构件和连接类别、应力循环次数及计算部位厚度确定。对非焊接构件和连接，在其应力循环中不出现拉应力的部位可不进行疲劳强度验算。

4）在低温制作安装或工作的钢结构构件应进行防脆断设计。

5）对于需要验算疲劳强度的构件其所采用的钢材应具有冲击韧性的合格保证，钢材质量等级的选用应符合本手册第 2.3.3 的规定。

3.4.2 疲劳验算

1）结构构件在设计使用期间，当常幅疲劳或变幅疲劳的最大应力幅满足表 3-4-1 中公式计算时，则疲劳强度验算满足要求。

表 3-4-1 疲劳应力幅计算

序号	项目	计算公式	附注
1	（1）正应力幅疲劳计算	$\Delta\sigma \leqslant \gamma_t \left[\Delta\sigma_L\right]_{1\times10^8}$ (3-4-1)	$\Delta\sigma$——构件或连接计算部位的正应力幅（N/mm²）
2	1）焊接部位	$\Delta\sigma = \sigma_{max} - \sigma_{min}$ (3-4-2)	σ_{max}——计算部位应力循环中的最大拉应力（取正值）（N/mm²）
3	2）非焊接部位	$\Delta\sigma = \sigma_{max} - 0.7\sigma_{min}$ (3-4-3)	σ_{min}——计算部位应力循环中的最小拉应力或压应力（N/mm²），拉应力取正值，压应力取负值
4	（2）剪应力幅疲劳计算	$\Delta\tau \leqslant \left[\Delta\tau_L\right]_{1\times10^8}$ (3-4-4)	$\Delta\tau$——构件或连接计算部位的剪应力幅（N/mm²）
5	1）焊接部位	$\Delta\tau = \tau_{max} - \tau_{min}$ (3-4-5)	τ_{max}——计算部位应力循环中的最大剪应力（N/mm²）
6	2）非焊接部位	$\Delta\tau = \tau_{max} - \tau_{min}$ (3-4-6)	τ_{min}——计算部位应力循环中的最小剪应力（N/mm²）
7	（3）板厚或构件直径修正系数 γ_t。对于无连接母材、螺栓连接的母材、纵向传力焊接的母材及非传力焊缝连接，均不需要钢板厚度修正		$\left[\Delta\sigma_L\right]_{1\times10^8}$——正应力幅的疲劳截止限，根据本手册附录 K 规定的构件和连接类别按表 3-4-2 采用
8	1）对于横向角焊缝或对接焊缝连接，当板厚 t（mm）超过 25mm 时	$\gamma_t = \left(\dfrac{25}{t}\right)^{0.25}$ (3-4-7)	$\left[\Delta\tau_L\right]_{1\times10^8}$——剪应力幅的疲劳截止限，根据本手册附录 K 规定的构件和连接类别按表 3-4-3 采用
9	2）对于螺栓轴向受拉连接，螺栓的公称直径 d（mm）大于 30mm 时	$\gamma_t = \left(\dfrac{30}{d}\right)^{0.25}$ (3-4-8)	
10	3）其余情况	$\gamma_t = 1.0$	

表 3-4-2 正应力幅的疲劳计算参数

构件与连接类别	构件与连接相关系数		循环次数 n 为 2×10^5 次的容许正应力幅 $\left[\Delta\sigma\right]_{2\times10^6}$ /（N/mm²）	循环次数 n 为 5×10^6 次的容许正应力幅 $\left[\Delta\sigma\right]_{5\times10^6}$ /（N/mm²）	疲劳截止限 $\left[\Delta\sigma_L\right]_{1\times10^8}$ /（N/mm²）
	C_Z	β_Z			
Z1	192×10^{12}	4	176	140	85
Z2	861×10^{12}	4	144	115	70
Z3	3.91×10^{12}	3	125	92	51
Z4	2.81×10^{12}	3	112	83	46
Z5	2.00×10^{12}	3	100	74	41
Z6	1.46×10^{12}	3	90	66	36
Z7	1.02×10^{12}	3	80	59	32
Z8	0.72×10^{12}	3	71	52	29

（续）

构件与连接类别	构件与连接相关系数		循环次数 n 为 2×10^5 次的容许正应力幅 $[\Delta\sigma]_{2 \times 10^6}$（N/mm²）	循环次数 n 为 5×10^6 次的容许正应力幅 $[\Delta\sigma]_{5 \times 10^6}$（N/mm²）	疲劳截止限 $[\Delta\sigma_L]_{1 \times 10^8}$（N/mm²）
	C_Z	β_Z			
Z9	0.50×10^{12}	3	63	46	25
Z10	0.35×10^{12}	3	56	41	23
Z11	0.25×10^{12}	3	50	37	20
Z12	0.18×10^{12}	3	45	33	18
Z13	0.13×10^{12}	3	40	29	16
Z14	0.09×10^{12}	3	36	26	14

注：构件与连接的分类应符合附录 K 的规定。

表 3-4-3　剪应力幅的疲劳计算参数

构件与连接类别	构件与连接相关系数		循环次数 n 为 2×10^8 次的容许正应力幅 $[\Delta\tau]_{2 \times 10^6}$ /（N/mm²）	疲劳截止限 $[\Delta\tau_L]_{1 \times 10^8}$ /（N/mm²）
	C_J	β_J		
J1	4.10×10^{11}	3	59	16
J2	2.00×10^{16}	5	100	46
J3	8.61×10^{21}	8	90	55

注：构件与连接的分类应符合附录 K 的规定。

2）当常幅疲劳验算不满足式（3-4-1）或式（3-4-4）要求时应按表 3-4-4 的规定计算。

表 3-4-4　常幅疲劳应力幅计算

序号	项目	计算公式		附注
1	正应力幅的疲劳计算	$\Delta\sigma \leqslant \gamma_t [\Delta\sigma]$	（3-4-9）	$[\Delta\sigma]$——常幅疲劳的容许正应力幅（N/mm²）
2		$n \leqslant 5 \times 10^6$ 　 $[\Delta\sigma] = \left(\dfrac{C_Z}{n}\right)^{1/\beta_Z}$	（3-4-10）	n——应力循环次数 C_Z、β_Z——构件和连接的相关参数，应根据附录 K 确定的构件和连接类别，按表 3-4-2 采用
3		$5 \times 10^6 \leqslant n \leqslant 5 \times 10^8$ 　 $[\Delta\sigma] = \left(([\Delta\sigma]_{5 \times 10^6})\dfrac{C_Z}{n}\right)^{1/(\beta_Z + 2)}$	（3-4-11）	$[\Delta\sigma]_{5 \times 10^6}$——循环次数 n 为 5×10^6 次的容许正应力幅（N/mm²），应根据附录 K 规定的构件和连接类别，按表 3-4-2 采用
4		$n > 5 \times 10^8$ 　 $[\Delta\sigma] = [\Delta\sigma_L]_{1 \times 10^8}$	（3-4-12）	
5	剪应力幅的疲劳计算	$\Delta\tau \leqslant [\Delta\tau]$	（3-4-13）	$[\Delta\tau]$——常幅疲劳的容许正应力幅（N/mm²）
6		$n \leqslant 1 \times 10^8$ 　 $[\Delta\tau] = \left(\dfrac{C_J}{n}\right)^{1/\beta_J}$	（3-4-14）	C_J、β_J——构件和连接的相关参数，应根据附录 K 确定的构件和连接类别，按表 3-4-3 采用
7		$n > 1 \times 10^8$ 　 $[\Delta\tau] = [\Delta\tau_L]_{1 \times 10^8}$	（3-4-15）	

3）当变幅疲劳验算不满足式（3-4-1）式（3-4-4）要求时应按表 3-4-5 的规定计算。

表 3-4-5　变幅疲劳应力幅计算

序号	项目	计算公式	附注
1	正应力幅的疲劳计算	$\Delta\sigma_e \leqslant \gamma_t[\Delta\sigma]_{2\times10^6}$ (3-4-16)	$[\Delta\sigma_e]$——由变幅疲劳预期使用寿命（总循环次数 $(n=\sum n_i+\sum n_j)$ 折算成循环次数 n 为 2×10^6 次的等效正应力幅（N/mm²） $[\Delta\sigma]_{2\times10^6}$——循环次数 n 为 2×10^6 次的容许正应力幅（N/mm²），应根据附录 K 规定的构件和连接类别，按表 3-4-2 采用
2		$\Delta\sigma_e = \left[\dfrac{\sum n_i(\Delta\sigma_i)^{\beta Z}+([\Delta\sigma]_{5\times10^6})^{-2}\sum n_J(\Delta\sigma_J)^{\beta Z+2}}{2\times10^6}\right]^{1/\beta Z}$ (3-4-17)	$\Delta\sigma_i$、n_i——应力谱中在 $\Delta\sigma_i \geqslant [\Delta\sigma]_{5\times10^6}$ 范围内正应力幅（N/mm²）及其频次 $\Delta\sigma_J$、n_J——应力谱中在 $[\Delta\sigma_L]_{1\times10^6}\leqslant\Delta\sigma_J<[\Delta\sigma]_{5\times10^6}$ 范围内正应力幅（N/mm²）及其频次 $\Delta\tau_e$——由变幅疲劳预期使用寿命（总循环次数 $n=\sum n_i$）折算成循环次数 n 为 2×10^6 次的等效剪应力幅（N/mm²）
3	剪应力幅的疲劳计算	$\Delta\tau_e \leqslant [\Delta\tau]_{2\times10^6}$ (3-4-18)	$[\Delta\tau]_{2\times10^6}$——循环次数 n 为 2×10^6 次的容许剪应力幅（N/mm²），应根据附录 K 规定的构件和连接类别，按表 3-4-3 采用
4		$\Delta\tau_e = \left[\dfrac{\sum n_i(\Delta\tau_i)^{\beta_J}}{2\times10^6}\right]^{1/\beta_J}$ (3-4-19)	$\Delta\tau_i$、n_i——应力谱中在 $\Delta\tau_i\geqslant[\Delta\tau_L]_{1\times10^6}$ 范围内剪应力幅（N/mm²）及其频次

4）重级工作制起重机梁及重级、中级工作制的起重机桁架的变幅疲劳可取应力循环中最大的应力幅按下列公式计算：

①正应力幅的疲劳计算应符合下式要求：

$$\alpha_f\Delta\sigma \leqslant \gamma_t[\Delta\sigma]_{2\times10^6} \tag{3-4-20}$$

②剪应力幅的疲劳计算应符合下式要求：

$$\alpha_f\Delta\tau \leqslant [\Delta\tau]_{2\times10^6} \tag{3-4-21}$$

式中　α_f——欠载效应的等效系数，按表 3-4-6 采用。

表 3-4-6　起重机梁及起重机桁架欠载效应的等效系数 α_f

起重机类别	α_f
A6、A7、A8 工作级别（重级）的硬钩起重机	1.0
A6、A7 工作级别（重级）的软钩起重机	0.8
A4、A5 工作级别（中级）的起重机	0.5

5）直接承受动力荷载重复作用的高强度螺栓连接，其疲劳验算应符合下列要求：

①抗剪摩擦型高强度螺栓连接可不进行疲劳验算，但其连接处开孔的主体金属应进行疲劳验算。

②螺栓与焊缝并用连接中应按全部剪力由焊缝承担的原则，对焊缝进行疲劳验算。

3.4.3　钢管节点的疲劳验算及构造

1. 计算

1）钢管节点的疲劳验算采用基于名义应力幅的容许应力幅法。容许应力幅应按钢管节点的分类及其疲劳参数（表3-4-8）、应力循环次数及验算部位的钢管壁厚确定。

2）疲劳验算的名义应力应按杆系结构对结构进行线弹性分析计算。当分析桁架结构各杆件内力时，可假定主管连续，支管两端与主管铰接或刚接。

3）当分析桁架内力时，对 K 形和 N 形节点，可假设支管为铰接，节点支管和主管内由轴心力产生的名义应力幅应乘以放大系数 η，η 应按表3-4-7取值。节点的支管和主管应分别进行疲劳验算。

4）在结构使用寿命期间内，当预期最大的名义应力幅 $\Delta\sigma$ 满足下式要求时，可不进行疲劳验算。

$$\Delta\sigma \leqslant \frac{[\Delta\sigma_D]}{1.15} \tag{3-4-22}$$

$[\Delta\sigma_D]$ 根据节点的不同类型可按表 3-4-8 的规定取值，或按下式计算：

$$[\Delta\sigma_D] = [\Delta\sigma]_{2\times10^6}\left(\frac{2}{5}\right)^{1/m} \tag{3-4-23}$$

式中　$[\Delta\sigma_D]$——计算部位的常幅疲劳极限应力幅（N/mm²）；

$[\Delta\sigma]_{2\times10^6}$——200 万循环次数时容许应力幅（N/mm²），应根据构件和连接分类按表 3-4-8 取值；

m——参数，根据不同节点类别按表 3-4-8 取值。

表 3-4-7　K 形和 N 形节点名义应力幅放大系数 η

节点类型			主管	与主管正交的支管	与主管斜交的支管
圆管节点	间隙节点	K 形节点	1.50	—	1.30
		N 形节点	1.50	1.80	1.40
	搭接节点	K 形节点	1.50	—	1.20
		N 形节点	1.50	1.65	1.25
矩形管节点	间隙节点	K 形节点	1.50	—	1.50
		N 形节点	1.50	2.20	1.60
	搭接节点	K 形节点	1.50	—	1.30
		N 形节点	1.50	2.00	1.40

5）常幅疲劳按下式计算：

$$\Delta\sigma \leqslant \frac{[\Delta\sigma_R]}{1.15} \tag{3-4-24}$$

$$[\Delta\sigma_R] = [\Delta\sigma]_{2\times10^6}\left(\frac{2\times10^6}{n}\right)^{1/m} \tag{3-4-25}$$

式中　$[\Delta\sigma_R]$——计算部位的常幅疲劳的容许应力幅（N/mm²）；

n——参数，应力循环次数。

6）对于变幅疲劳（应力循环中应力幅随机变化），当能预测结构在使用寿命期间内由各种荷载所产生的设计应力幅谱（应力幅水平及频次分布）时，其疲劳强度按下式极限验算：

$$D \leqslant 1 \tag{3-4-26}$$

$$D = \sum\frac{n_i}{N_i} \tag{3-4-27}$$

式中　D——疲劳损伤累积值；

n_i——结构使用寿命内，各名义应力幅水平的循环次数；

N_i——各名义应力幅 $\Delta\sigma_i$ 所对应的常幅疲劳寿命。

常幅疲劳的寿命按以下公式计算：

①当 $\Delta\sigma_i \geqslant [\Delta\sigma_D]$ 时：

$$N_i = 5 \times 10^6 \left(\frac{\Delta\sigma_D}{K\Delta\sigma_i}\right)^m \tag{3-4-28}$$

②当 $[\Delta\sigma_L] \leqslant \Delta\sigma_i < [\Delta\sigma_D]$ 时：

$$N_i = 5 \times 10^6 \left(\frac{\Delta\sigma_D}{K\Delta\sigma_i}\right)^5 \tag{3-4-29}$$

式中　$[\Delta\sigma_L]$——变幅疲劳应力幅截止限，可根据不同节点类型按表 3-4-8 采用，或按下式计算：

$$[\Delta\sigma_L] = 0.549[\Delta\sigma_D] \tag{3-4-30}$$

③当 $\Delta\sigma_i < [\Delta\sigma_L]$ 时，不考虑该应力幅循环次数对疲劳损伤的影响。

2. 构造

1) 在需要进行疲劳计算的构件和连接中，焊缝的质量等级应按以下原则选用：

①对接焊缝或焊透的对接与角接组合焊缝，当作用力为拉力且垂直于焊缝长度方向时，焊缝质量应为一级，其余情况下的应为二级。

②角焊缝或部分焊透的对接与角接组合焊缝的外观质量标准应符合二级。部分焊透的对接与角接组合焊缝，应按角焊缝的连接分类进行疲劳计算。

2) 支管与主管的相关接头焊缝，当支管壁厚 $t > 8mm$ 时，宜采用部分焊透焊缝或完全焊透焊缝；支管壁厚 $t \leqslant 8mm$ 时，可采用角焊缝，此时角焊缝的计算厚度 h_e 不应小于支管壁厚 t。

3) 直接承受动力荷载的多个支管交汇的钢管桁架节点，被搭接管的隐藏部位必须焊接。

4) 支管与主管焊接时，宜采用图 3-4-1 所示顺序施焊。焊缝的起弧点和落弧点应避开应力集中的位置，对圆管节点，不宜放在冠点及鞍点处；对于方管或矩形管节点，不宜放在支管角部处。

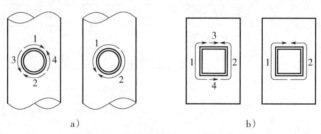

a)　　　　　　　　　　　　　　b)

图 3-4-1　钢管节点施焊顺序

a) 圆钢管　b) 方形或矩形钢管

表 3-4-8　钢管节点分类及其疲劳计算参数

项次	构造细节	说明	m	$[\Delta\sigma]_{2\times10^6}$	$[\Delta\sigma_D]$	$[\Delta\sigma_L]$
1		K 和 N 形圆管间隙焊接节点，节点焊缝附近支管和主管的主体金属 $t \leqslant 8mm$，$t_i \leqslant 8mm$ $t/t_i \geqslant 1.0$ $35° \leqslant \theta \leqslant 50°$ $d/t_i \leqslant 25$ $0.25 \leqslant \beta \leqslant 1.0$ $d \leqslant 300mm$ $-0.5d \leqslant e \leqslant 0.25d$ 平面外偏心不大于 $0.02d$	5	$t/t_i \geqslant 2$ 时：90 $t/t_i = 1$ 时：45 其他 t/t_i 值，采用线性插值	$t/t_i \geqslant 2$ 时：75 $t/t_i = 1$ 时：37 其他 t/t_i 值，按式(3-4-23)计算	$t/t_i \geqslant 2$ 时：41 $t/t_i = 1$ 时：21 其他 t/t_i 值，按式(3-4-30)计算

（续）

项次	构造细节	说　明	m	$[\Delta\sigma]_{2\times10^6}$	$[\Delta\sigma_D]$	$[\Delta\sigma_L]$
2		K 和 N 形矩形管间隙焊接节点，节点焊缝附近支管和主管的主体金属 $t\leqslant8mm$, $t_i\leqslant8mm$ $t/t_i\geqslant1.0$ $35°\leqslant\theta\leqslant50°$ $b/t_i\leqslant25$ $0.4\leqslant\beta\leqslant1.0$ $b\leqslant200mm$ $-0.5h\leqslant e\leqslant0.25h$ $0.5(b-b_i)\leqslant g\leqslant1.1(b-b_i)$ $g\geqslant2t$ 平面外偏心不大于 $0.02b$	5	$t/t_i\geqslant2$ 时：71 $t/t_i=1$ 时：36 其他 t/t_i 值，采用线性插值	$t/t_i\geqslant2$ 时：59 $t/t_i=1$ 时：30 其他 t/t_i 值，按式(3-4-23)计算	$t/t_i\geqslant2$ 时：32 $t/t_i\geqslant1$ 时：16 其他 t/t_i 值，按式(3-4-30)计算
3		K 形圆管搭接焊接节点，节点焊缝附近支管和主管的主体金属 $t<8mm$, $t_i\leqslant8mm$ $t/t_i\geqslant1.0$ $30°\leqslant O_v\leqslant100\%$ $35°\leqslant\theta\leqslant50°$ $d/t_i\leqslant25$ $0.4\leqslant\beta\leqslant1.0$ $d\leqslant300mm$ $-0.5d\leqslant e\leqslant0.25d$ 平面外偏心不大于 $0.02d$	5	$t/t_i\geqslant1.4$ 时：71 $t/t_i=1$ 时：56 其他 t/t_i 值，采用线性插值	$t/t_i\geqslant1.4$ 时：59 $t/t_i=1$ 时：47 其他 t/t_i 值，按式(3-4-23)计算	$t/t_i\geqslant1.4$ 时：32 $t/t_i=1$ 时：26 其他 t/t_i 值，按式(3-4-30)计算
4		K 形矩形管搭接焊接节点，节点焊缝附近支管和主管的主体金属 $t\leqslant8mm$, $t_i\leqslant8mm$ $t/t_i\geqslant1.0$ $30°\leqslant O_v\leqslant100\%$ $35°\leqslant\theta\leqslant50°$ $b/t_i\leqslant25$ $0.4\leqslant\beta\leqslant1.0$ $b\leqslant200mm$ $-0.5h\leqslant e\leqslant0.25h$ $g\geqslant2t$ 平面外偏心不大于 $0.02b$	5	$t/t_i\geqslant2$ 时：71 $t/t_i=1$ 时：56 其他 t/t_i 值，采用线性插值	$t/t_i\geqslant2$ 时：59 $t/t_i=1$ 时：47 其他 t/t_i 值，按式(3-4-23)计算	$t/t_i\geqslant2$ 时：32 $t/t_i=1$ 时：26 其他 t/t_i 值，按式(3-4-30)计算
5		N 形圆管搭接焊接节点，节点焊缝附近支管和主管的主体金属 $t\leqslant8mm$, $t_i\leqslant8mm$ $t/t_i\geqslant1.0$ $30°\leqslant O_v\leqslant100\%$ $35°\leqslant\theta\leqslant50°$ $d/t_i\leqslant25$ $0.25\leqslant\beta\leqslant1.0$ $d\leqslant300mm$ $-0.5d\leqslant e\leqslant0.25d$ 平面外偏心不大于 $0.02d$	5	$t/t_i\geqslant1.4$ 时：71 $t/t_i=1$ 时：50 其他 t/t_i 值，采用线性插值	$t/t_i\geqslant1.4$ 时：59 $t/t_i=1$ 时：42 其他 t/t_i 值，按式(3-4-23)计算	$t/t_i\geqslant1.4$ 时：32 $t/t_i=1$ 时：23 其他 t/t_i 值，按式(3-4-30)计算

（续）

项次	构造细节	说 明	m	$[\Delta\sigma]_{2\times10^6}$	$[\Delta\sigma_D]$	$[\Delta\sigma_L]$
6	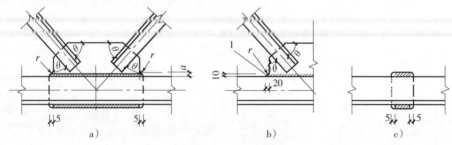	N形矩形管搭接焊接节点，节点焊缝附近支管和主管的主体金属 $t\leqslant8\text{mm}$，$t_i\leqslant8\text{mm}$ $t/t_i\geqslant1.0$ $30°\leqslant O_v\leqslant100\%$ $35°\leqslant\theta\leqslant50°$ $b/t_i\leqslant25$ $0.4\leqslant\beta\leqslant1.0$ $b\leqslant200\text{mm}$ $-0.5h\leqslant e\leqslant0.25h$ $g\geqslant2t$ 平面外偏心不大于0.02b	5	$t/t_i\geqslant2$ 时：71 $t/t_i=1$ 时：56 其他 t/t_i 值，采用线性插值	$t/t_i\geqslant2$ 时：59 $t/t_i=1$ 时：47 其他 t/t_i 值，按式(3-4-23)计算	$t/t_i\geqslant2$ 时：32 $t/t_i=1$ 时：26 其他 t/t_i 值，按式(3-4-30)计算

3.4.4 构造要求

1）直接承受动力重复荷载作用并需要极限疲劳验算的焊接连接除应符合表4-2-2的第3项外尚应符合以下的规定：

①严禁采用塞焊、槽焊、电渣焊和气电立焊连接。

②焊接连接中，当拉应力与焊缝轴线垂直时，严禁采用部分焊透的对接焊缝、背面无清根的无衬垫焊缝。

③不同厚度板材或管材对接时，均应加工成斜坡过渡；接口的错边量小于较薄板件厚度时，宜将焊缝焊成斜坡状，或将较厚板的一面（或两面）及管材的外壁（或内壁）在焊前加工成斜坡，其坡度最大允许值为1:4。

2）需要验算疲劳的吊车梁、吊车桁架及类似结构应符合下列规定：

①焊接吊车梁的翼缘板宜用一层钢板，当采用两层钢板时，外层钢板宜沿梁通长设置，并应在设计和施工中采取措施将上翼缘两层钢板紧密接触。

②支承夹钳或刚性料耙硬钩起重机以及类似的结构，不宜采用吊车桁架和制动桁架。

③焊接吊车桁架应符合下列规定：

A. 在桁架节点处，腹杆与弦杆之间的间隙 a 不宜小于50mm，节点板的两侧边宜做成半径 r 不小于60mm的圆弧；节点板边缘与腹杆轴线的夹角 θ 不应小于30°（如图3-4-2所示）；节点板与角钢弦杆的连接焊缝，起落弧点应至少缩进5mm，如图3-4-2a所示；节点板与H形截面弦杆的T形对接与角接组合焊缝应予以焊透，圆弧处不得有起落弧缺陷，其中重级工作制吊车桁架的圆弧处应予打磨加工，使之与弦杆平缓过渡，如图3-4-2b所示。

图 3-4-2 吊车桁架节点

a）节点板与角钢弦杆的连接焊缝 b）节点板与弦杆的T形对接与角接组合焊缝 c）角钢与填板的连接焊缝

1—用砂轮打磨加工处

B. 杆件的填板当用焊接连接时,焊缝起落弧点应至少缩进5mm,如图 3-4-2c 所示,重级工作制吊车桁架杆件的填板应采用高强度螺栓连接。

④吊车梁翼缘板或腹板的焊接拼接应采用加引弧板和引出板的焊透对接焊缝,引弧板和引出板割去处应予打磨平整。焊接吊车梁和焊接吊车桁架的工地整段拼接应采用焊接或高强度螺栓摩擦型连接。

⑤在焊接吊车梁或吊车桁架中,焊透的 T 形连接对接与角接组合焊缝焊趾距腹板的距离宜采用腹板厚度的一半和 10mm 中的较小值,如图 3-4-3 所示。

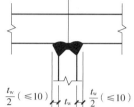

图 3-4-3 焊透的 T 形连接
对接与角接组合焊缝

⑥吊车梁横向加劲肋宽度不宜小于 90mm。在支座处的横向加劲肋应在腹板两侧成对设置,并与梁的上下翼缘刨平顶紧。中间横向加劲肋的上端应与梁上翼缘刨平顶紧,在重级工作制吊车机梁中,中间横向加劲肋也应在梁的腹板两侧成对布置,而中、轻级工作制的吊车梁则可单侧设置或两侧错开设置。在焊接吊车梁中,横向加劲肋(含短加劲肋)不得与受拉翼缘相焊,但可与受压翼缘焊接。端部支承加劲肋可与梁上下翼缘相焊,中间横向加劲肋的下端宜在距受拉下翼缘 50~100mm 处断开,其与腹板的连接焊缝不宜在肋下端起落弧。当吊车梁受拉翼缘(或吊车桁架下弦)与支撑连接时,不宜采用焊接。

⑦直接铺设轨道的吊车桁架上弦,其构造要求应与连续吊车梁相同。

⑧重级工作制吊车梁中,上翼缘与柱或制动桁架传递水平力的连接宜采用高强度螺栓的摩擦型连接,而上翼缘与制动梁的连接可采用高强度螺栓摩擦型连接或焊缝连接。吊车梁端部与柱的连接构造应采取措施减少由于吊车梁弯曲变形而在连接处产生的附加应力。

⑨当吊车桁架和重级工作制吊车梁跨度等于或大于 12m,或轻及中级工作制吊车梁跨度等于或大于 18m,宜设置辅助桁架和下翼缘(下弦)水平支撑系统。当设置垂直支撑时,其位置不宜设置在吊车梁或吊车桁架竖向变位较大处。对吊车桁架,应采取措施以防止其上弦因起重机轨道安装偏心而扭转。

⑩重级工作制吊车梁的受拉翼缘板(或吊车桁架的受拉弦杆)边缘,宜为轧制边或自动气割边。当采用手工气割或剪切机切割时,应沿全长刨边。

⑪吊车梁的受拉翼缘(吊车梁受拉弦杆)上不得焊接悬挂设备的零件,并不宜在该处打火或焊接夹具。

⑫起重机钢轨的连接构造应保证车轮平稳通过。当采用焊接长轨且用压板与吊车梁连接时,压板与钢轨间应留有水平间隙(约1mm)。

⑬起重量 $Q \geq 1000kN$(包括吊具质量)的重级工作制(A6-A8 级)吊车梁,不宜采用变截面梁。简支变截面吊车梁不宜采用圆弧式突变支座,宜采用直角式突变支座。重级工作制(A6-A8 级)简支变截面吊车梁应采用直角式突变支座,支座截面高度 h_2 不宜小于原截面高度的 2/3,支座加劲板距变截面处距离 a 不宜大于 $0.5h_2$,下翼缘连接长度 b 不宜小于 $1.5a$,如图 3-4-4 所示。

3.4.5 防脆断设计

1)钢结构设计时应符合下列规定:

①钢结构连接构造和加工工艺的选择应减少结构构件的应力集中和焊接约束应力,焊接构件宜采用较薄的板件组成。

②应避免现场低温焊接。

③减少焊缝的数量和降低焊缝尺寸,同时要避免焊缝过分集中或多条焊缝交汇。

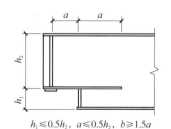

$h_1 \leq 0.5h_2$, $a \leq 0.5h_2$, $b \geq 1.5a$

图 3-4-4 直角式突变支座构造

2）在工作温度等于或低于 −30℃ 的地区，焊接构件宜采用实腹式构件，避免采用手工焊接格构式构件。

3）在工作温度等于或低于 −20℃ 的地区，焊接连接的构件应符合下列规定：

①在桁架节点板，腹杆与弦杆相邻焊缝的焊趾的净距不宜小于 $2.5t$，t 为节点板的厚度。

②节点板与主材的焊接连接处宜做成半径 r 不小于 60mm 的圆弧并予以打磨，使之平滑过渡，如图 3-4-2 所示。

③构件的拼接连接部位，应使拼接件的自由端的长度不小于 $5t$，t 为拼接件的厚度，如图 3-4-5 所示。

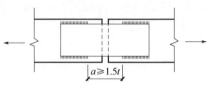

图 3-4-5　盖板拼接处的构造

4）在工作温度等于或低于 −20℃ 的地区，结构设计及施工应符合下列规定：

①承重构件和节点的连接宜采用螺栓连接，施工临时安装连接应避免采用焊缝连接。

②受拉构件的钢材边缘宜为轧制边或自动气割边，对厚度大于 10mm 的钢材采用手工气割或剪切边时，应沿全长刨边。

③板件制孔应采用钻成孔或先冲后扩钻孔。

④受拉构件或受弯构件的拉应力区不宜使用角焊缝。

⑤对接焊缝的质量等级不得低于二级。

5）对于特别重要或特殊的结构构件和连接节点，可采用断裂力学和损伤力学的方法对其进行抗脆断验算。

第4章 钢结构连接设计计算

4.1 一般规定

4.1.1 钢结构工程中常用的连接类型

钢结构工程中常用的连接类型如图 4-1-1 所示。

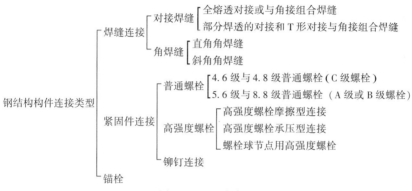

图 4-1-1 连接类型

4.1.2 基本规定

1）钢结构构件应根据施工环境和结构构件作用力的性质选择其构件的连接方法；钢结构的安装连接应采用传力可靠、加工制作方便、连接简单和便于调整的构造形式，并应考虑临时定位的措施。

2）同一构件中不得采用普通螺栓或承压型高强度螺栓与焊接共用的连接。在改建及扩建工程中作为加固补强措施时，可采用摩擦型高强度螺栓与焊缝承受同一作用力的栓焊并用的连接，其构造和计算宜符合《钢结构高强度螺栓连接技术规程》（JGJ 82）第 5.5 节的规定。

3）普通螺栓（C 级）宜用于沿其轴杆方向的拉力连接，在下列情况下可用于抗剪连接：

①承受静力荷载或间接动力荷载中的次要构件连接。

②承受静力荷载的可拆卸构件的连接。

③临时固定构件用的安装连接。

4）沉头铆钉和半沉头铆钉不得用于其钢轴方向受拉的连接。

5）钢结构焊接连接构造设计应符合下列的规定：

①尽量减少焊缝的数量和尺寸。

②焊缝的布置宜对称于构件形心的对称轴。

③节点处应留有足够的操作空间，便于焊接操作和焊后的检验。

④应避免焊缝过于密集及焊缝的双向或三向相交。

⑤焊缝位置应避开最大应力区。

⑥焊缝连接宜选择与母材相匹配的焊接材料；当存在不同强度的钢材连接时，可采用与较低强度钢材相匹配的焊接材料。

6）焊缝质量等级应根据结构的重要性、荷载特征、焊缝形式、工作环境及应力状态等情况决定合理的焊缝质量等级。

①在承受动荷载且需要进行疲劳验算的构件中，凡要求与母材等强连接的焊缝应予焊透，其

质量等级为：

A. 作用力垂直于焊缝长度方向的横向对接焊缝或 T 形对接与角接组合焊缝，受拉时应为一级，受压时应为二级。

B. 作用力平行于焊缝长度方向的纵向对接焊缝不应低于二级。

C. 重级工作制（A6~A8）和起重量 $Q \geqslant 50t$ 的中级工作制（A4、A5）吊车梁的腹板与上翼缘之间以及吊车桁架上弦杆与节点板之间的 T 形接头焊缝均要求焊透，焊缝形式宜为对接与角接的组合焊缝，其质量等级不应低于二级。

②在工作温度等于或低于 -20℃ 的地区，构件对接焊缝的质量等级不得低于二级。

③不需要疲劳计算的构件中，凡要求与母材等强的对接焊缝宜予焊透，其焊缝质量等级当受拉时应不低于二级，受压时宜为二级。

④部分焊透的对接焊缝，不要求焊透的 T 形接头采用的角焊缝或部分焊透的对接与角接组合焊缝，以及搭接连接采用的角焊缝，其质量等级为：

A. 对直接承受动荷载且需要验算疲劳的构件和起重机起重量等于或大于 50t 的中级工作制吊车梁以及梁柱、牛腿等重要节点，焊缝的质量等级应符合二级。

B. 对其他结构，焊缝的外观质量等级可为三级。

⑤焊接工程中，首次采用的新钢种应进行焊接性能试验，合格后应根据现行国家标准《钢结构焊接规范》（GB 50661）的规定进行焊接工艺评定。

4.2 焊缝连接

4.2.1 焊缝连接计算

焊缝连接计算按表 4-2-1 中公式进行计算。

表 4-2-1 焊缝连接计算

序号	项目		计算公式	备注
1	对接和 T 形连接	垂直于轴心拉力或轴心压力的对接焊缝或对接与角接组合焊缝	$\sigma = \dfrac{N}{l_w h_e} \leqslant f_t^w$ 或 f_c^w (4-2-1a)	式中 N——轴心拉力或压力（N） l_w——焊缝计算长度 h_e——焊缝的计算厚度（mm），在对接节点中取连接件的较小厚度，在 T 形节点中取腹板的厚度 f_t^w、f_c^w——对接焊缝的抗拉及抗压强度设计值（N/mm²）
2		承受弯矩和剪力共同作用的对接焊缝或对接与角接组合焊缝，在同时受有较大正应力和剪应力处应及时折算应力	$\sqrt{\sigma^2 + 3\tau^2} \leqslant 1.1 f_t^w$ (4-2-1b)	
3	角焊缝（如图 4-2-1 所示）	在通过焊缝的形心的拉力、压力或剪力作用下	正面角焊缝（作用力垂直于焊缝长度方向） $\sigma_f = \dfrac{N}{h_e l_w} \leqslant \beta_f f_f^w$ (4-2-2a) 侧面角焊缝（作用力平行于焊缝长度方向） $\tau_f = \dfrac{N}{h_e l_w} \leqslant f_f^w$ (4-2-2b)	σ_f——按焊缝有效面积（$h_e l_w$）计算，垂直于焊缝长度方向的应力（N/mm²） τ_f——按焊缝有效面积（$h_e l_w$）计算，沿焊缝长度方向的剪应力（N/mm²） h_e——直角角焊缝的计算厚度（mm），当两焊件间隙 $b \leqslant 1.5mm$ 时，$h_e = 0.7 h_f$；$1.5mm > b \leqslant 5mm$ 时，$h_e = 0.7(h_f - b)$；h_f 为焊脚尺寸，如图 4-2-1 所示 l_w——角焊缝计算长度（mm），对每条焊缝取其焊缝实际长度减去 $2h_f$ f_f^w——角焊缝的强度设计值（N/mm²） β_f——正面角焊缝的强度设计值增大系数，对承受静荷载和间接承受动荷载的结构，$\beta_f = 1.2$；对直接承受动荷载的结构，$\beta_f = 1.0$
4		在各种力综合作用	σ_f 和 τ_f 共同作用下 $\sqrt{\left(\dfrac{\sigma_f}{\beta_f}\right)^2 + \tau_f^2} \leqslant f_f^w$ (4-2-2c)	

（续）

序号	项目			计算公式	备注
5	角焊缝	斜角角焊缝	两焊脚边夹角为 $60° \leq \alpha \leq 135°$ 的 T 形连接的斜角角焊缝，如图 4-2-2 所示，其强度按式（4-2-2a）~式（4-2-2c）计算，但取 $\beta_f = 1.0$。其焊缝计算厚度 h_e 按，如图 4-2-3 所示的计算	1）当根部间隙 b、b_1 或 $b_2 \leq 1.5mm$ 时：$h_e = h_e \cos\dfrac{\alpha}{2}$ 2）当根部间隙 b、b_1 或 $b_2 > 1.5mm$ 但 $\leq 5mm$ 时，$h_e = \left[h_f - \dfrac{b(\text{或} b_1、b_2)}{\sin\alpha} \right]\cos\dfrac{\alpha}{2}$ 3）当 $\alpha < 60°$ 时，斜角角焊缝计算厚度 h_e 应按现行《钢结构焊接规范》（GB 50661）的有关规定计算取值
6			部分熔透的对接焊缝，如图 4-2-4 所示和 T 形对接与角接组合焊缝，如图 4-2-4c 所示的强度，应按式（4-2-2a）~式（4-2-2c）计算	当融合线处焊缝截面边长等于或接近最短距离 s 时，抗剪强度设计值应按角焊缝的强度设计值乘以 0.9。在垂直于焊缝长度方向的压力作用下，取 $\beta_f = 1.22$，其他情况 $\beta_f = 1.0$，其焊缝计算厚度 h_e 宜按下列规定取值，其中 s 为坡口深度，即根部至焊缝表面（不考虑余高）的最短距离（mm）；α 为 V 形、单边 V 形或 K 形坡口角度： 1）V 形坡口（图 4-2-4a）：当 $\alpha \geq 60°$ 时，$h_e = s$；当 $\alpha < 60°$ 时，$h_e = 0.75s$ 2）单边 V 形或 K 形坡口（图 4-2-4b）及（图 4-2-4c）：当 $\alpha = 45° \pm 5°$ 时，$h_e = s - 3$ 3）U 形或 J 形坡口（图 4-2-4d）及（图 4-2-4e）：当 $\alpha = 45° \pm 5°$ 时，$h_e = s$
7			圆形塞焊焊缝与圆孔或槽孔内角焊缝的强度计算	$\tau_f = \dfrac{N}{A_w} \leq f_f^w$　　（4-2-3a） $\tau_f = \dfrac{N}{h_e l_w} \leq f_f^w$　　（4-2-3b） A_w——塞焊圆孔面积（mm²） l_w——圆孔内或槽孔内角焊缝的计算长度（mm）
8	焊接截面工字形梁翼缘与腹板的焊缝连接强度		双面角焊缝连接	当梁的上翼缘受有固定的集中荷载时，宜在该处设置顶紧上翼缘的支承加劲肋，并且取 $F = 0$： $\dfrac{1}{2h_e}\sqrt{\left(\dfrac{VS_f}{I}\right)^2 + \left(\dfrac{\psi F}{\beta_f l_z}\right)^2} \leq f_f^w$ （4-2-4）	S_f——所计算翼缘的毛面积对中和轴的面积矩（mm³） I——梁端毛面积惯性矩（mm⁴） F、ψ、l_z——见式（3-1-4）~式（3-1-6）的备注
9			当腹板与翼缘的连接采用焊透的 T 形对接与角接组合焊缝时，其焊缝强度可以不计算	

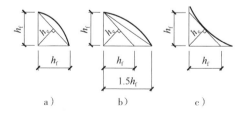

图 4-2-1　直角角焊缝截面
a）等边直角焊缝　b）不等边直角焊缝
c）等边凹形直角焊缝

图 4-2-2　T 形连接的斜角角焊缝截面
a）凹形锐角焊缝　b）钝角焊缝　c）凹形钝角焊缝

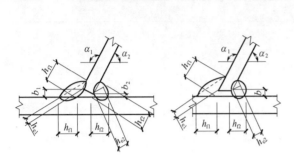

图 4-2-3 T形连接的根部间隙和焊缝截面

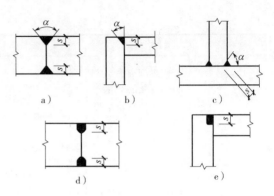

图 4-2-4 部分焊透的对接焊缝和T形对接与角接组合焊缝截面

a) V形坡口　b) 单边 V 形坡口　c) 单边 K 形坡口
d) U 形坡口　e) J 形坡口

4.2.2 焊缝连接构造

焊缝连接构造要求见表4-2-2。

表 4-2-2 焊缝连接构造要求

序号	项目	构造要求
1	一般规定	1）钢结构受力和构造焊缝可采用对接焊缝、角接焊缝、对接与角接组合焊缝、塞焊焊缝、槽焊焊缝、圆孔或槽孔内角焊缝；对接焊缝包括熔透对接焊缝和部分熔透对接焊缝，重要接头或有等强要求的对接焊缝应为全熔透焊缝；较厚板件或无需焊透时可采用部分熔透焊缝 2）焊接接头位置、接头形式、坡口形式、焊缝类型及管结构节点形式代号，应符合现行国家标准《钢结构焊接规范》（GB 50661）的规定
2	不同宽度或厚度材料的对接	不同宽度或厚度材料的对接时，从一侧或两侧做坡度不大1:2.5的斜角，如图4-2-5及图4-2-6所示；若板厚相差不大于4mm时，可不做斜坡。直接承受动力荷载且需要进行疲劳计算的结构，斜角坡度不应大于1:4。当焊件厚度不同时，焊缝的计算厚度等于较薄板件的厚度 图 4-2-5 不同宽度或厚度钢板的拼接之一 a) 不同宽度对接　b) 不同厚度对接 图 4-2-6 不同宽度或厚度钢板的拼接之二 a) 不同宽度对接　b) 不同厚度对接
3	承受动荷载，塞焊、槽焊、角焊缝及对接连接	1）承受动荷载而不需要进行疲劳验算的构件，采用塞焊或槽焊时，孔或槽的边缘到构件边缘在垂直于应力方向上的间距不应小于此构件厚度的5倍，且不应小于孔或槽宽度的2倍，构件端部搭接连接的纵向角焊缝长度不应小于两侧焊缝间的垂直间距 a，且在无塞焊、槽焊等其他措施时，间距 a 不应大于较薄件厚度 t 的16倍（图4-2-7） 图 4-2-7 承受动荷载而不需要进行疲劳验算时构件端部纵向角焊缝长度及间距 a—不应大于 $16t$（中间有槽焊焊缝或塞焊焊缝除外）

（续）

序号	项目	构造要求
3	承受动荷载，塞焊、槽焊、角焊缝及对接连接	2）不得采用焊脚尺寸小于 5mm 的角焊缝 3）严禁采用断续坡口焊缝和断续角焊缝 4）对接与角接组合焊缝和 T 形连接的全焊透坡口焊缝应采用角焊缝加强，加强焊脚尺寸不应大于连接部位较薄件厚度的 1/2，但最大值不得超过 10mm 5）承受动荷载需要进行疲劳验算的连接，当拉应力与焊缝轴线垂直时，严禁采用部分焊透对接焊缝 6）除横焊位置以外，不宜采用 L 形和 J 形坡口 7）不同钢板板厚的对接连接承受动荷载时，应按本表中 2 项的规定进行
4	角焊缝的规定	1）角焊缝的最小计算长度应为其焊脚尺寸 h_f 的 8 倍，且不应小于 40mm；焊缝计算长度应为扣除引弧和收弧后的长度 2）断续角焊缝焊段的最小长度不应小于最小计算长度 3）角焊缝最小焊脚尺寸宜按表 4-2-3 取值，承受动荷载时角焊缝焊脚尺寸不宜小于 5mm 表 4-2-3 角焊缝最小焊脚尺寸 （单位：mm） 表见下 注：1. 采用不预热的非低氢焊接方法进行焊接时，t 等于焊接连接部位中较厚件厚度，宜采用单道焊缝；采用预热的非低氢焊接方法或低氢焊接方法进行焊接时，t 等于焊接连接部位中较薄件厚度 2. 焊缝尺寸 h_f 不要求超过焊接连接部位中较薄件厚度的情况除外 4）被焊构件中较薄板件厚度不小于 25mm 时，宜采用开局部坡口的角焊缝 5）采用角焊缝焊接连接时，不宜将厚板件焊到较薄板件上 6）角焊缝的搭接焊缝连接中，当焊缝计算长度 l_w 超过 $60h_f$ 时，焊缝的承载能力设计值应乘以折减系数 α_f，$\alpha_f = 1.5 - \dfrac{l_w}{120h_f}$，并不小于 0.5

表 4-2-3 中的数据：

母材厚度 t	角焊缝最小焊脚尺寸 h_f
$t \leq 6$	3
$6 < t \leq 12$	5
$12 < t \leq 20$	6
$t > 20$	8

序号	项目	构造要求
5	钢板搭接连接角焊缝的尺寸及布置	1）传递轴向力的部件，其搭接连接最小搭接长度为较薄板件厚度的 5 倍，且不小于 25mm，如图 4-2-8 所示，并应施焊纵向或横向双角焊缝 图 4-2-8 板件搭接连接双角焊缝的要求 t—t_1 和 t_2 中较小者 h_f—焊脚尺寸，按设计要求 2）只采用纵向角焊缝连接型钢杆件端部时，型钢杆件的宽度不应大于 200mm，当宽度大于 200mm 时，应加横向角焊缝或中间塞焊；型钢杆件每一侧纵向角焊缝的长度不应小于型钢杆件的宽度 3）型钢杆件搭接连接采用围焊时，在转角处应连续施焊。杆件端部搭接角焊缝做绕焊，绕焊长度不应小于焊脚尺寸的 2 倍，并应连续施焊 4）搭接焊缝沿母材棱边的最大焊脚尺寸，当板材厚度不大于 6mm 时，应为母材的厚度；当板材厚度大于 6mm 时，应为母材厚度减去 1~2mm，如图 4-2-9 所示

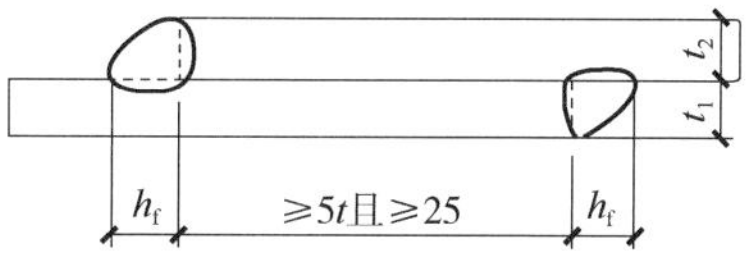

（续）

序号	项目	构造要求
5	钢板搭接连接角焊缝的尺寸及布置	5）用搭接焊缝传递荷载的套管连接可只焊一条角焊缝，其管材搭接长度 L 不小于 $5(t_1 + t_2)$，且不应小于 25mm。搭接焊脚尺寸应符合设计要求，如图 4-2-10 所示 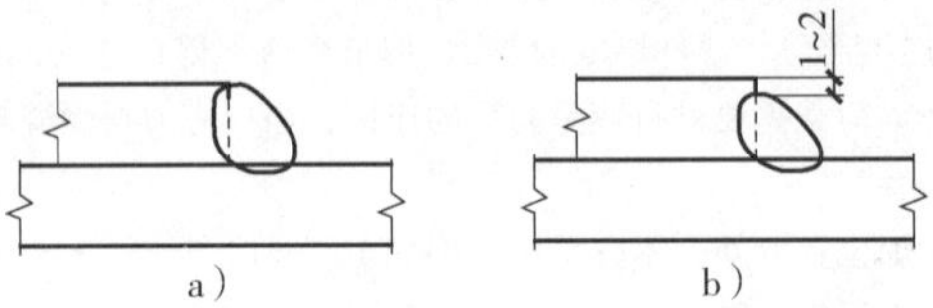 图 4-2-9　搭接焊缝沿母材棱边的 最大焊脚尺寸 a）母材厚度小于等于 6mm b）母材厚度大于 6mm 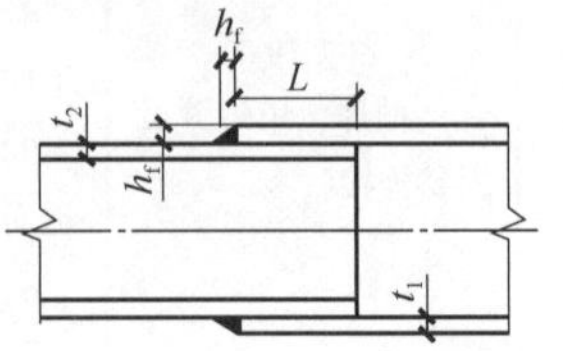　　　图 4-2-10　管材套管连接的 搭接最小焊缝长度
6	塞焊和槽焊的焊缝尺寸、间距及焊缝高度	1）塞焊和槽焊的有效面积应为贴合面上圆孔或长槽孔的标称面积 2）塞焊焊缝的最小中心间隔应为孔径的 4 倍，槽焊焊缝的纵向最小间距应为槽孔长度的 2 倍，垂直于槽孔长度方向的两排槽孔的最小间距应为槽孔宽度的 4 倍 3）塞焊孔的最小直径不得小于开孔板厚度增加 8mm，最大直径应为最小直径增加 3mm 和开孔件厚度的 2.25 倍两值中较大者。槽孔长度不应超过开孔件厚度的 10 倍，最小及最大槽宽规定应与塞焊孔的最小及最大孔径规定相同 4）塞焊和槽焊的焊脚尺寸的规定： ①当母材厚度不大于 16mm 时，应与母材厚度相同 ②当母材厚度大于 16mm 时，不应小于母材厚度的一半和 16mm 两值中较大者 5）塞焊焊缝和槽焊焊缝的尺寸应根据贴合面上承受的剪力计算确定
7	断续焊缝的应用	次要构件或次要焊接连接中可以采用断续角焊缝。断续角焊缝焊段的长度不得小于 $10h_f$ 或 50mm，其净距不应大于 15t（对受压构件）或 30t（对受拉构件），t 为较薄焊件的厚度。腐蚀环境中结构不宜采用断续角焊缝

4.3 紧固件连接

4.3.1 一般规定

1）直接承受动力荷载构件的螺栓连接应符合下列规定：
①抗剪连接时应采用摩擦型高强度螺栓。
②普通螺栓受拉连接应采用双螺母或其他能防止螺母松动的有效措施。
2）当型钢构件拼接采用高强度螺栓连接时，其拼接件宜采用钢板。
3）螺栓连接设计应符合下列规定：
①连接处应有必要的螺栓施拧空间。
②螺栓连接或拼接节点中，每一杆件一端的永久性的螺栓数不宜少于 2 个；对组合构件的缀条，其端部连接可采用 1 个螺栓。
③沿杆轴方向受拉的螺栓连接中的端板（法兰板），宜设置加劲肋。
4）在下列情况的连接中，螺栓或铆钉的数目应予增加：
①一个构件借助填板或其他中间板与另一构件连接的螺栓（摩擦型连接的高强度螺栓除外）或铆钉数目，应按计算增加 10%。
②当采用搭接或拼接板的单面连接传递轴心力，因偏心引起连接部位发生弯曲时，螺栓（摩擦型连接的高强度螺栓除外）数目应按计算增加 10%。

③在构件的端部连接中，当利用短角钢连接型钢（角钢或槽钢）的外伸肢以缩短连接长度时，在短角钢两肢中的一肢上，所用的螺栓或铆钉数目应按计算增加 50%。

④当铆钉连接的铆合总厚度超过铆钉孔径的 5 倍时，总厚度每超过 2mm，铆钉数目应按计算增加 1%（至少应增加 1 个铆钉），但铆合总厚度不得超过铆钉孔径的 7 倍。

5）在构件连接节点的一端，当螺栓沿轴向受力方向的连接长度 l_1 大于 $15d_0$ 时（d_0 为孔径），应将螺栓的承载力设计值乘以折减系数 $\left(1.1 - \dfrac{l_1}{150d_0}\right)$，当大于 $60d_0$ 时，折减系数取为定值 0.7。

4.3.2　普通螺栓、锚栓或铆钉的承载力

普通螺栓、锚栓或铆钉的承载力按表 4-3-1 规定计算。

表 4-3-1　普通螺栓、锚栓或铆钉的承载力

序号	项目	计算公式	备注
1	普通螺栓受剪和承压承载力	普通螺栓　$N_v^b = n_v \dfrac{\pi d^2}{4} f_v^b$　(4-3-1) 铆钉　$N_v^r = n_v \dfrac{\pi d_0^2}{4} f_v^r$　(4-3-2) 普通螺栓　$N_c^b = d \sum t f_c^b$　(4-3-3) 铆钉　$N_c^r = d_0 \sum t f_c^r$　(4-3-4)	式中 n_v——受剪面数目 d——螺杆直径（mm） d_0——铆钉孔直径（mm） $\sum t$——在不同受力方向中一个受力方向承压构件总厚度的最小值（mm） f_v^b、f_c^b——螺栓的抗剪和抗压强度设计值（N/mm²） f_v^r、f_c^r——铆钉的抗剪和抗压强度设计值（N/mm²）
2	轴向拉力设计中：普通螺栓、锚栓或铆钉的承载力	普通螺栓　$N_t^b = \dfrac{\pi d_e^2}{4} f_t^b$　(4-3-5) 锚栓　$N_t^a = \dfrac{\pi d_e^2}{4} f_t^a$　(4-3-6) 铆钉　$N_t^r = \dfrac{\pi d_0^2}{4} f_t^r$　(4-3-7)	d_e——螺栓或锚栓在螺纹处的有效直径（mm） f_t^b、f_t^a、f_t^r——普通螺栓、锚栓和铆钉的抗拉强度设计值（N/mm²）
3	普通螺栓和铆钉同时承受剪力和杆轴方向拉力时承载力计算	普通螺栓 $\sqrt{\left(\dfrac{N_v}{N_v^b}\right)^2 + \left(\dfrac{N_t}{N_t^b}\right)^2} \le 1.0$　(4-3-8) $N_v \le N_c^b$　(4-3-9) 铆钉　$\sqrt{\left(\dfrac{N_v}{N_v^r}\right)^2 + \left(\dfrac{N_t}{N_t^r}\right)^2} \le 1.0$　(4-3-10) $N_v \le N_c^r$　(4-3-11)	N_v、N_t——某个普通螺栓所承受的剪力和拉力（N） N_v^b、N_t^b、N_c^b——一个普通螺栓的抗剪、抗拉和承压承载力设计值（N） N_v^r、N_t^r、N_c^r——一个铆钉的抗剪、抗拉和承压承载力设计值（N）

4.3.3　高强度螺栓连接

1）高强度螺栓连接设计应符合下列规定：

①高强度螺栓连接均应按表 4-3-4 施加预拉力。

②采用承压型连接时，连接处构件接触面应清除油污及浮锈，仅承受拉力的高强度螺栓连接，不要求对接触面进行抗滑移处理。

③高强度螺栓承压型连接不应用于直接承受动力荷载的结构，抗剪承压型连接在正常使用极限状态下应符合摩擦型连接的设计要求。

④当高强度螺栓连接的环境温度为 100～150℃时，其承载力应降低 10%。

2）高强度螺栓连接的承载力计算按表 4-3-2 进行。

表 4-3-2　高强度螺栓连接的承载力

序号	项目		计算公式	标注
1	高强度螺栓摩擦型连接	受剪连接中，每个高强度螺栓的承载力设计值	$N_v^b = 0.9kn_f\mu P$ （4-3-12）	式中 N_v^b——一个高强度螺栓的受剪承载力设计值（N） k——孔型系数，标准孔 1.0；大圆孔取 0.85；内力与槽孔长向垂直时取 0.7；内力与槽孔长向平行时取 0.6 n_f——传力摩擦面数目 μ——摩擦面的抗滑移系数，按表 4-3-3 取值 P——一个高强度螺栓的预拉力设计值（N），按表 4-3-4 取值
2		螺栓杆轴方向受拉时，一个螺栓的承载力	$N_t^b = 0.8P$ （4-3-13）	
3		螺栓同时承受摩擦面间的剪力和杆轴方向外拉力	$\dfrac{N_v}{N_v^b} + \dfrac{N_t}{N_t^b} \le 1.0$ （4-3-14）	N_v、N_t——某个高强度螺栓所承受的剪力和拉力（N） N_v^b、N_t^b——一个高强度螺栓的受剪、受拉承载力设计值（N）
4	高强度螺栓承压型连接	高强度螺栓的预拉力	承压型连接的高强度螺栓预拉力 P 的施拧工艺和设计值取值应与摩擦型连接高强度螺栓相同	
5		每个高强度螺栓的受剪承载力设计值	受剪承载力设计值的计算方法与普通螺栓相同，但当计算剪切面在螺纹处时，其受剪承载力设计值应按螺纹处的有效截面面积进行计算	
6		受拉承载力设计值	在杆轴受拉的连接中，每个高强度螺栓的受拉承载力设计值的计算方法与普通螺栓相同	
7		同时承受剪力和杆轴方向拉力的承压型连接，承载力应符合下列公式的要求	$\sqrt{\left(\dfrac{N_v}{N_v^b}\right)^2 + \left(\dfrac{N_t}{N_t^b}\right)^2} \le 1.0$ （4-3-15） $N_v \le N_c^b/1.2$ （4-3-16）	N_v、N_t——所计算的某个高强度螺栓所承受的剪力和拉力（N） N_v^b、N_t^b、N_c^b——一个高强度螺栓按普通螺栓计算时的受剪、受拉和承压承载力设计值

表 4-3-3　钢材摩擦面的抗滑移系数 μ

连接处构件接触面的处理方法	构件的钢材牌号		
	Q235 钢	Q345 钢或 Q390 钢	Q420 钢或 Q460 钢
喷硬质石英砂或铸钢棱角砂	0.45	0.45	0.45
抛丸（喷砂）	0.40	0.40	0.40
钢丝刷清除浮锈或未经处理的干净轧制面	0.30	0.35	—

注：1. 钢丝刷除锈方向应与受力方向垂直。
　　2. 当连接构件采用不同钢材牌号时，μ 按相应较低强度者取值。
　　3. 采用其他方法处理时，其处理工艺及抗滑移系数值均需经试验确定。

表 4-3-4　一个高强度螺栓的预拉力设计值 P （单位：kN）

螺栓的承载性能等级	螺栓公称直径/mm					
	M16	M20	M22	M24	M27	M30
8.8 级	80	125	150	175	230	280
10.9 级	100	155	190	225	290	355

4.4　紧固件连接构造要求

1）螺栓（铆钉）连接宜采用紧凑布置，其连接中心宜与被连接构件截面的重心相一致。螺栓或铆钉的间距、边距和端距容许值应符合表 4-4-1 的规定。

表 4-4-1　螺栓或铆钉的间距、边距和端距容许值

名称	位置和方向			最大容许间距（取两者的较小值）	最小容许间距
中心间距	外排（垂直内力方向或顺内力方向）			$8d_0$ 或 $12t$	$3d_0$
	中间排	垂直内力方向		$16d_0$ 或 $24t$	
		顺内力方向	构件受压力	$12d_0$ 或 $18t$	
			构件受拉力	$16d_0$ 或 $24t$	
	沿对角线方向			—	
中心至构件边缘距离	垂直内力方向	顺内力方向		$4d_0$ 或 $8t$	$2d_0$
		剪切边或手工切割边			$1.5d_0$
		轧制边、自动气割或锯割边	高强度螺栓		$1.5d_0$
			其他螺栓或铆钉		$1.2d_0$

注　1. d_0 为螺栓或铆钉的孔径，对槽孔为短向尺寸，t 为外层较薄板件的厚度。

　　2. 钢板边缘与刚性构件（如角钢，槽钢等）相连的高强度螺栓的最大间距，可按中间排的数值采用。

　　3. 计算螺栓孔引起的截面削弱时可取 $d+4\text{mm}$ 和 d_0 的较大者。

2）螺栓孔的孔径与孔型应符合下列规定：

①A 及 B 级普通螺栓的孔径 d_0 比螺栓公称直径 d 大 0.2～0.5mm，C 级普通螺栓的孔径 d_0 比螺栓公称直径 d 大 1.0～1.5mm。

②高强度螺栓承压型连接采用标准圆孔时，其孔径 d_0 可按表 4-4-2 采用。

③高强度螺栓摩擦型连接可采用标准孔、大圆孔和槽孔，孔型尺寸可按表 4-4-2 采用；采用扩大孔连接时，同一连接面只能在盖板和芯板其中之一的板上采用大圆孔或槽孔，其余仍采用标准孔。

表 4-4-2　高强度螺栓连接的孔型尺寸匹配 （单位：mm）

螺栓公称直径			M12	M16	M20	M22	M24	M27	M30
孔型	标准孔	直径	13.5	17.5	22	24	26	30	33
	大圆孔	直径	16	20	24	28	30	35	38
	槽孔	短向	13.5	17.5	22	24	26	30	33
		长向	22	30	37	40	45	50	55

3）高强度螺栓摩擦型连接盖板按大圆孔、槽孔制孔时，应增大垫圈厚度或采用连续型垫板，其孔径与标准垫圈相同，对 M24 及以下的螺栓，厚度不宜小于 8mm；对 M24 以上的螺栓，厚度不宜小于 10mm。

4.5 销轴连接

4.5.1 销轴连接适用范围

销轴连接适用于铰接柱脚或拱脚以及拉索、拉杆端部的连接，销轴与耳板宜采用 Q355、Q390 与 Q420，也可采用 45 号钢、35CrMo 或 40Cr 等钢材。当销孔和销轴表面要求机加工时，其质量要求应符合相应的机械零件加工标准的规定。当销轴直径大于 120mm 时，宜采用锻造加工工艺制作。

4.5.2 销轴连接构造及计算

销轴连接构造及计算按表 4-5-1 要求。

表 4-5-1　销轴连接构造及计算

序号	项目	构造及计算	备注
1	构造如图 4-5-1 所示	1）销轴孔中心应位于耳板的中心线，其孔径与直径相差不应大于 1mm 2）耳板两侧宽厚比 b/t 不宜大于 4，几何尺寸应符合下列公式规定： $$a \geqslant \frac{4}{3}b_e \quad (4\text{-}5\text{-}1a)$$ $$b_e = 2t+16 \leqslant b \quad (4\text{-}5\text{-}1a)$$ 3）销轴表面与耳板孔周表面宜进行机加工	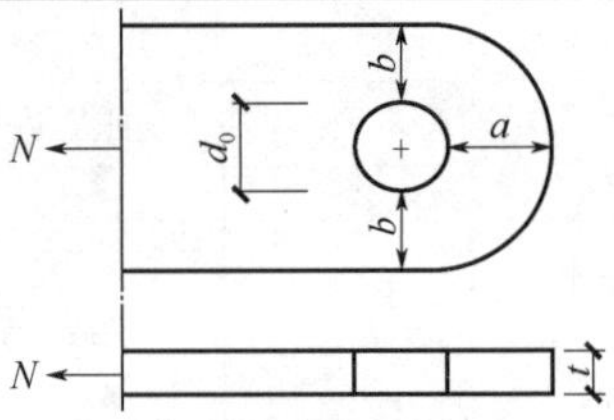 图 4-5-1　销轴连接耳板 式中 b——连接耳板两侧边缘与销轴孔边缘净距（mm） t——耳板厚度（mm） a——顺受力方向，销轴孔边距板边缘最小距离（mm）
2	连接耳板的抗拉、抗剪强度的计算，如图 4-5-2 所示	1）耳板孔净截面处的抗拉强度 $$\sigma = \frac{N}{2tb_1} \leqslant f \quad (4\text{-}5\text{-}2a)$$ $$b_1 = \min\left(2t+16,\ b-\frac{d_0}{3}\right) \quad (4\text{-}5\text{-}2b)$$ 2）耳板端部截面（劈开）强度 $$\sigma = \frac{N}{2t\left(a-\dfrac{2d_0}{3}\right)} \leqslant f \quad (4\text{-}5\text{-}2c)$$ 3）耳板抗剪 $$\tau = \frac{N}{2tZ} \leqslant f_v \quad (4\text{-}5\text{-}2d)$$ $$Z = \sqrt{(a+d_0/2)^2 - (d_0/2)^2} \quad (4\text{-}5\text{-}2e)$$	N——杆件轴向拉力设计值（N） b_1——计算宽度（mm） d_0——销轴孔径（mm） f——耳板抗拉强度设计值（N/mm²） Z——耳板端部抗剪截面宽度（图 4-5-2）（mm） f_v——耳板钢材抗剪强度设计值（N/mm²） 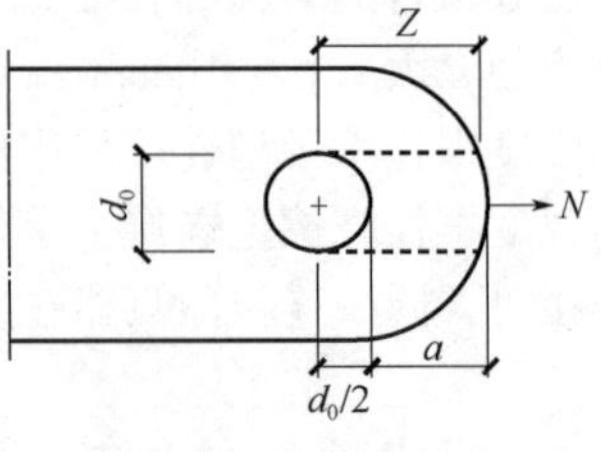 图 4-5-2　销轴连接耳板受剪面示意图
3	销轴的承压、抗剪与抗弯强度的计算	1）销轴承压强度 $$\sigma_c = \frac{N}{dt} \leqslant f_c^b \quad (4\text{-}5\text{-}3a)$$ 2）销轴抗剪强度 $$\tau_b = \frac{N}{n_v \pi \dfrac{d^2}{4}} \leqslant f_v^b \quad (4\text{-}5\text{-}3b)$$ 3）销轴抗弯强度 $$\sigma_b = \frac{M}{1.5\dfrac{\pi d^3}{32}} \leqslant f^b \quad (4\text{-}5\text{-}3c)$$	d——销轴直径（mm） f_c^b——销轴连接中耳板的承压强度设计值（N/mm²） n_v——受剪面数目 f_v^b——销轴的抗剪强度设计值（N/mm²） M——销轴计算截面弯矩设计值（N·mm） f^b——销轴的抗弯强度设计值（N/mm²） t_e——两端耳板厚度（mm） t_m——中间耳板厚度（mm） s——端耳板和中间耳板间间距（mm）

（续）

序号	项目	构造及计算	备注
3	销轴的承压、抗剪与抗弯强度的计算	$M = \dfrac{N}{8}(2t_e + t_m + 4s)$　(4-5-3d) 4）计算截面同时受弯和受剪时的组合强度 $\sqrt{\left(\dfrac{\sigma_b}{f^b}\right)^2 + \left(\dfrac{\tau_b}{f_v^b}\right)^2} \leqslant 1.0$　(4-5-3e)	
4	钢管法兰连接构造	1）法兰板可采用环状板或整板，并宜设置加劲肋 2）法兰板上螺栓孔应均匀分布，螺栓宜采用性能等级较高的高强度螺栓 3）当钢管内壁不做防腐蚀处理时，管端部法兰应做气密性焊接封闭。当钢管用热浸镀锌做内外防腐蚀处理时，管端不应封闭	

4.6　栓焊并用连接与栓焊混用连接

栓焊并用连接与栓焊混用连接的应用见表 4-6-1。

表 4-6-1　栓焊并用连接与栓焊混用连接的应用

序号	项目		构造与计算
1	一般规定		1）栓焊并用连接是指在构件的一个连接接头中，同时采用角焊缝和摩擦型高强度螺栓承担剪力的连接接头形式。在同一连接接头中，铆钉、普通螺栓或采用承压型高强度螺栓，不应看成是与焊缝共同分担构件内力，如采用焊缝，则焊缝应承受连接中的全部内力 2）栓焊并用连接接头宜用于改造、加固的工程。在对结构进行焊接改造时，可利用现存的铆钉和适当上紧的高强度螺栓来承受现存永久荷载引起的内力，而焊接只需要足以承受所有的附加内力即可 3）栓焊并用连接的施工顺序对节点的受力性能有一定的影响，其施工顺序应根据板厚、施焊时能否采取反变形措施等具体条件分析决定，一般采用先栓后焊的方式，先进行高强度螺栓紧固，后实施焊接，此时高强度螺栓的强度应考虑焊接对螺栓预拉力的影响应做一定的折减；当采用先焊后栓且板层间又夹不紧时，宜采用大直径螺栓，并需要将螺栓的抗剪承载力设计值做一定折减 4）当栓焊并用连接采用先栓后焊的施工工序时，应在焊接 24h 后对离焊缝 100mm 周围内的高强度螺栓补拧，补拧扭矩应为施工终拧扭矩值；或将螺栓数量增加 10% 5）栓焊并用连接的焊缝形式应为角焊缝。焊缝的破坏承载力宜高于高强度螺栓连接的抗滑移极限强度，高强度螺栓直径和焊缝尺寸应按栓、焊各自受剪承载力设计值相差不超过 3 倍的要求进行匹配 6）摩擦型高强度螺栓连接不宜与垂直受力方向的角焊缝（端焊缝）单独并用连接 7）栓焊并用连接不得用于需要验算疲劳的连接中
2	连接的构造与计算	栓焊并用连接的连接构造如图 4-6-1 所示	1）平行于受力方向的侧焊缝端部起弧点距板边不应小于 h_f，且与最外端的螺栓距离应不小于 $1.5d_0$；同时侧焊缝末端应连续绕焊不小于 $2h_f$ 长度 2）栓焊并用连接的连接板边缘与焊件边缘距离不应小于 30mm 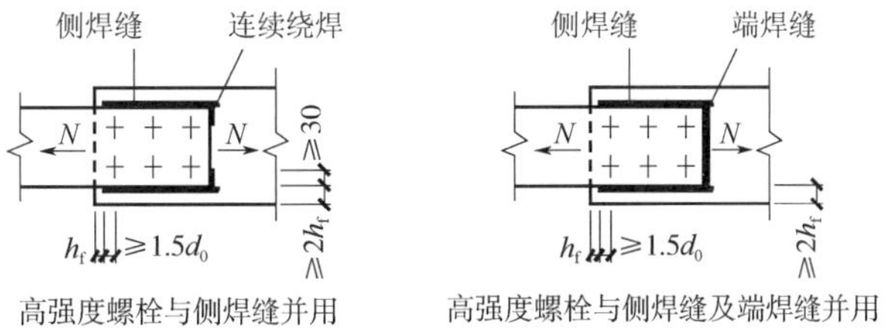 高强度螺栓与侧焊缝并用　　高强度螺栓与侧焊缝及端焊缝并用

图 4-6-1　栓焊并用连接的连接构造

(续)

序号	项目		构造与计算	
2	连接的构造与计算	栓焊并用连接的受剪承载力	1) 高强度螺栓与侧焊缝并用连接 $$N_{wb} = N_{fs} + 0.75N_{bv}$$ 式中　N_{wb}——栓焊并用连接接头的受剪承载力设计值 　　　　N_{fs}——栓焊并用连接接头中侧焊缝受剪承载力设计值 　　　　N_{bv}——栓焊并用连接接头中高强度螺栓摩擦型连接受剪承载力设计值 2) 高强度螺栓与侧焊缝及端焊缝并用连接 $$N_{wb} = 0.85N_{fs} + N_{fe} + 0.25N_{bv}$$ 式中　N_{fs}——栓焊并用连接接头中端焊缝的受剪承载力设计值	(4-6-1a) (4-6-1b)

4.7　节点设计

4.7.1　节点设计一般规定

1）钢结构节点设计应根据结构的重要性、受力特点、荷载情况和工作环境等因素选用节点形式、钢材及连接材料牌号和质量等级及加工工艺。

2）节点设计应满足承载力极限状态要求，传力可靠，减少应力集中；防止节点因强度破坏、局部失稳、变形过大、连接开裂等引起节点失效。使其节点的承载能力应不低于与其连接的构件承载力。

3）节点受力的计算分析模型应与节点的实际受力情况相一致，节点构造应尽量与设计计算的假定相符合；当构件在节点偏心相交时，尚应考虑局部弯矩的影响；构造复杂的重要节点应通过有限元分析确定其承载力，并宜进行试验验证。

4）尽量简化节点构造，节点构造应便于制作、运输、安装、维护，防止积水、积尘，并应采取防腐与防火措施。

5）拼接节点应保证被连接构件的连续性。尽可能减少工地拼装的工作量，以保证节点质量并提高工作效率。

4.7.2　连接板节点

1）螺栓连接的构件端部板件拉剪撕裂的形式如图 4-7-1 所示。

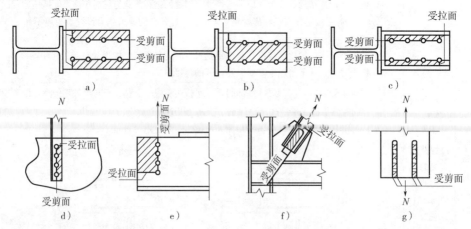

图 4-7-1　螺栓连接的构件端部板件拉剪撕裂的形式

a）梁翼缘连接板的边缘扯脱　b）梁翼缘连接板的中部拉脱　c）梁翼缘的边缘扯脱　d）吊杆角钢肢边缘扯脱

e）梁端腹板边缘扯脱　f）支撑杆槽钢腹板的中部拉脱　g）螺栓条形挤穿

2) 连接板节点计算见表4-7-1。

表 4-7-1　连接板节点计算

序号	项目		备注
1	连接节点处板件在拉、剪作用下的强度计算	$$\frac{N}{\Sigma(\eta_i A_i)}\leq f \quad (4\text{-}7\text{-}1a)$$ $$A_i = t l_i \quad (4\text{-}7\text{-}1b)$$ $$\eta_i = \frac{1}{\sqrt{1+2\cos^2\alpha_i}} \quad (4\text{-}7\text{-}1c)$$	式中 N——作用于板件的拉力（N） A_i——第 i 段破坏面的截面面积（mm^2），当为螺栓连接时，应取净截面面积 t——板件厚度（mm） l_i——第 i 破坏段的长度（mm），应取板件中最危险的破坏线长度，如图4-7-2所示 η_i——第 i 段的拉剪折算系数 α_i——第 i 段破坏线与拉力轴线的夹角
2	桁架节点板（杆件轧制 T 形和双板焊接 T 形截面者除外）的强度计算	除按式（4-9-1a）～式（4-9-1c）计算外，也可用有效宽度法计算： $$\sigma = \frac{N}{b_e t}\leq f \quad (4\text{-}7\text{-}2)$$	b_e——板件的有效宽度（mm），如图4-7-3所示；当用螺栓（或铆钉）连接时，应减去孔径，孔径应取比螺栓（或铆钉）标称尺寸大4mm
3	桁架节点板在斜腹杆压力作用下的稳定性	1) 对有竖腹杆相连的节点板，当 $c/t\leq 15\varepsilon_k$ 时，可不计算稳定性，否则应按《钢结构设计标准》（GB 50017）附录 G 进行稳定计算，在任何情况下，c/t 不得大于 $22\varepsilon_k$，c 为受压腹杆连接肢端面中点沿腹杆轴线方向至弦杆的净距离 2) 对无竖腹杆相连的节点板，当 $c/t\leq 10\varepsilon_k$ 时，节点板的稳定承载力可取 $0.8b_e tf$，当 $c/t>10\varepsilon_k$ 时，应按《钢结构设计标准》（GB 50017）附录 G 进行稳定计算，但在任何情况下，c/t 不得大于 $17.5\varepsilon_k$	
4	当按上述 1～3 款计算桁架节点板时，尚应符合构造规定	1) 节点板边缘与腹杆轴线之间的夹角不应小于15° 2) 斜腹杆与弦杆的夹角应为30°～60° 3) 节点板的自由边长度 l_f 与厚度 t 之比不得大于 $60\varepsilon_k$	
5	垂直于杆件轴向设置的连接板或梁的翼缘采用焊接方式与工字形、H 形或其他截面的未设水平加劲肋的杆件翼缘相连，形成 T 形接合时，其母材和焊缝均应根据有效宽度进行强度计算	1) 工字形或 H 形截面杆件的有效宽度应按下列公式计算，如图4-7-4a所示 $$b_e = t_w + 2s + 5kt_f \quad (4\text{-}7\text{-}3a)$$ $$k = \frac{t_f}{t_p}\frac{f_{yc}}{f_{yp}};\text{ 当 }k>1.0\text{ 时取 }1 \quad (4\text{-}7\text{-}3b)$$	b_e——T 形接合的有效宽度（mm） f_{yc}——被连接杆件翼缘的钢材屈服强度（N/mm^2） f_{yp}——连接板的钢材屈服强度（N/mm^2） t_w——被连接杆件的腹板厚度（mm） t_f——被连接杆件的翼缘厚度（mm） t_p——连接板厚度（mm） s——对于被连接杆件，轧制工字形或 H 形截面杆件取为圆角半径 r；焊接工字形或 H 形截面杆件取为焊脚尺寸 h_f（mm）
6		2) 当被连接的构件为箱形或槽形，且其翼缘宽度与连接板件宽度相近时，有效宽度应按下式计算，如图4-7-4b所示 $$b_e = 2t_w + 5kt_f \quad (4\text{-}7\text{-}3c)$$	
7		3) 有效宽度 b_e 应满足下列要求： $$b_e \geq \frac{f_{yp}b_p}{f_{up}} \quad (4\text{-}7\text{-}3d)$$	f_{up}——连接板的极限强度（N/mm^2） b_p——连接板宽度（mm）

（续）

序号	项目		备注
8	垂直于杆件轴向设置的连接板或梁的翼缘采用焊接方式与工字形、H形或其他截面的未设水平加劲肋的杆件翼缘相连，形成T形接合时，其母材和焊缝均应根据有效宽度进行强度计算	4）当节点板不满足式（4-7-3d）要求时，被连接杆件的翼缘应设置加劲肋	
9		5）连接板与翼缘的焊缝应按能传递连接板的抗力 $b_p t_p f_{yp}$（假定为均布应力）进行设计	
10	杆件与节点板的连接焊缝	杆件与节点板的连接焊缝，如图4-7-5所示，宜采用两面侧焊，也可以三面围焊，所有围焊的转角处必须连续施焊；弦杆与腹杆、腹杆与腹杆之间的间隙不应小于20mm，相邻角焊缝焊趾间净距不应小于5mm	
11	节点板厚度	节点板厚度宜根据所连接杆件的内力计算确定，但不得小于6mm。节点板的平面尺寸应考虑制作和装配的误差	

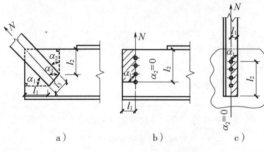

图 4-7-2　板件的拉、剪撕裂
a）焊缝连接　b）、c）螺栓（铆钉）连接

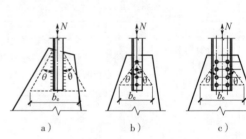

图 4-7-3　板件的有效宽度
a）焊缝连接　b）、c）螺栓（铆钉）连接

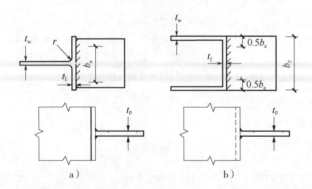

图 4-7-4　未设加劲肋的T形连接节点的有效宽度
a）被连接截面为T形或H形
b）被连接截面为箱形或槽形

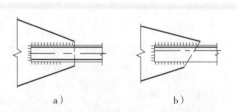

图 4-7-5　杆件与节点板采用焊缝连接
a）两面侧焊　b）三面围焊

4.7.3　梁柱连接节点

1）一般规定：

①梁柱连接节点可采用栓焊混合连接、螺栓连接、焊接连接、端板连接、顶底角钢连接等构造。

②梁柱采用刚性或半刚性节点时，节点应进行在弯矩和剪力作用下的强度验算。

2）当梁柱采用刚性连接，对应于梁翼缘的柱腹板部位设置横向加劲肋时，节点域应符合表 4-7-2 的规定。

表 4-7-2　梁柱采用刚性连接时节点域的规定

序号	项目		备注
1	当横向加劲肋厚度不小于梁的翼缘板厚度时，节点域的受剪正则化宽厚比 $\lambda_{n,s}$ 不应大于 0.8；对单层和低层轻型建筑，$\lambda_{n,s}$ 不得大于 1.2。节点域的受剪正则化宽厚比 $\lambda_{n,s}$ 的计算	当 $h_c/h_b \geqslant 1.0$ 时：$$\lambda_{n,s} = \frac{h_b/t_w}{37\sqrt{5.34 + 4(h_b/t_c)^2}}\frac{1}{\varepsilon_k} \quad (4\text{-}7\text{-}4a)$$ 当 $h_c/h_b < 1.0$ 时：$$\lambda_{n,s} = \frac{h_b/t_w}{37\sqrt{4 + 5.34(h_b/h_c)^2}}\frac{1}{\varepsilon_k} \quad (4\text{-}7\text{-}4b)$$	式中 h_c、h_b——节点域腹板的宽度和高度
2	节点域的承载力计算	节点域的承载力应满足下式计算：$$\frac{M_{b1} + M_{b2}}{V_p} \leqslant f_{ps} \quad (4\text{-}7\text{-}4c)$$ H 形截面柱：$$V_p = h_{b1}h_{c1}t_w \quad (4\text{-}7\text{-}4d)$$ 箱形截面柱：$$V_p = 1.8h_{b1}h_{c1}t_w \quad (4\text{-}7\text{-}4e)$$ 圆管截面柱：$$V_p = (\pi/2)h_{b1}d_c t_c \quad (4\text{-}7\text{-}4f)$$	M_{b1}、M_{b2}——节点域两侧梁端弯矩设计值（N·mm） V_p——节点域的体积（mm³） h_{c1}——柱翼缘中心线之间的宽度和梁腹板高度（mm） h_{b1}——梁翼缘中心线之间的高度（mm） t_w——柱腹板节点域的厚度（mm） d_c——钢管直径线上管壁中心线之间的距离（mm） t_c——节点域钢管壁厚（mm） f_{ps}——节点域的抗剪强度（N/mm²）
3	节点域的受剪承载力	节点域的受剪承载力 f_{ps} 应根据节点域受剪正则化宽厚比 $\lambda_{n,s}$ 按下列规定取值：当轴压比 $\frac{N}{Af} > 0.4$ 时，受剪承载力 f_{ps} 应乘以修正系数，当 $\lambda_{n,s} \leqslant 0.6$ 时，修正系数可以采用 $\sqrt{1 - \left(\frac{N}{Af}\right)^2}$	
4	节点域补强措施	当节点域厚度不满足式（4-7-7）的要求时，对 H 形截面柱节点域可采用下列补强措施： 1）加厚节点域的柱腹板，腹板加厚的范围应伸出梁的上下翼缘外不小于 150mm 2）节点域处焊贴补强板加强，补强板与柱加劲肋和翼缘可采用角焊缝连接，与柱腹板采用塞焊连成整体，塞焊点之间的距离不应大于较薄焊件厚度的 $21\varepsilon_k$ 倍 当 $\lambda_{n,s} \leqslant 0.6$ 时：$f_{ps} = \frac{4}{3}f_v$ 当 $0.6 < \lambda_{n,s} \leqslant 0.8$ 时：$f_{ps} = \frac{1}{3}(7 - 5\lambda_{n,s})f_v$ 当 $0.8 < \lambda_{n,s} \leqslant 1.2$ 时：$f_{ps} = [1 - 0.75(\lambda_{n,s} - 0.8)]f_v$ 3）设置节点域斜向加劲肋加强	

（续）

序号	项目		备注
5	梁柱刚性节点中当工字形梁翼缘采用焊透的 T 形对接焊缝与 H 形柱的翼缘焊接，同时对应的柱腹板未设置水平加劲肋时，柱翼缘和腹板厚度的规定	1）梁的受压翼缘，柱腹板的厚度 t_w 应同时满足以下规定： $$t_w \geqslant \frac{A_{fb}f_b}{b_e f_c} \qquad (4\text{-}7\text{-}5a)$$ $$t_w \geqslant \frac{f_c}{30}\frac{1}{\varepsilon_{k,c}} \qquad (4\text{-}7\text{-}5b)$$ $$b_e = t_f + 5h_y \qquad (4\text{-}7\text{-}6)$$ 2）梁的受拉翼缘，翼缘板的厚度 t_c 应满足以下规定： $$t_c = t_f + 5h_y \qquad (4\text{-}7\text{-}7)$$	A_{fb}——梁受压翼缘的截面面积（mm²） f_b、f_c——梁和柱钢材抗拉、抗压强度设计值（N/mm²） b_e——在垂直于柱翼缘的集中压力作用下，柱腹板计算高度边缘处压应力的假定分布长度（mm） h_y——自柱顶面至腹板计算高度上边缘的距离，对轧制型钢截面取柱翼缘边缘至内弧起点间的距离，对焊接截面取柱翼缘厚度（mm） t_f——梁受压翼缘厚度（mm） h_c——柱腹板的宽度（mm） ε_k——柱的钢牌号应力修正因子 A_{ft}——梁受拉翼缘的截面面积（mm²）
6	采用焊接连接或栓焊混合连接（梁翼缘与柱焊接，腹板与柱高强度螺栓连接）的梁柱刚接节点，其构造的规定	1）H 形钢柱腹板对应于梁翼缘部位宜设置横向加劲肋，箱形（钢管）柱对应于梁翼缘的位置宜设置水平隔板 2）梁柱节点宜采用柱贯通构造，当柱采用冷成型管截面或壁板厚度小于翼缘厚度较多时，梁柱节点宜采用隔板贯通式构造 3）节点采用隔板贯通式构造时，柱与贯通式隔板应采用全熔透坡口焊缝连接。贯通式隔板挑出长度 l 宜满足 $25\text{mm} \leqslant l \leqslant 60\text{mm}$；隔板宜采用拘束度较小的焊接构造与工艺，其厚度不应小于梁翼缘厚度和柱壁板的厚度。当隔板厚度不小于 36mm 时，宜选用厚度方向钢板 4）梁柱节点区柱腹板加劲肋或隔板应符合下列规定： ①横向加劲肋的截面尺寸应经计算确定，其厚度不宜小于梁翼缘厚度；其宽度应符合传力、构造和板件宽厚比限值的要求 ②横向加劲肋的上表面宜与梁翼缘的上表面对齐，并以焊透的 T 形对接焊缝与梁翼缘连接，当梁与 H 截面柱弱轴方向连接，即与腹板垂直相连成刚接时，横向加劲肋与柱腹板的连接宜采用焊透对接焊缝 ③箱形柱中的横向隔板与柱翼缘的连接宜采用焊透的 T 形对接焊缝，对无法进行电弧焊的焊缝且柱壁板厚度不小于 16mm 的可采用熔化嘴电渣 ④当采用斜向加劲肋加强节点域时，加劲肋及其连接应能传递柱腹板所能承担剪力之外的剪力；其截面尺寸应符合传力和板件宽厚比值的要求	
7	梁柱刚接节点采用端板连接的规定	1）端板宜采用外伸式端板。端板的厚度不宜小于螺栓直径 2）节点中端板厚度与螺栓直径 3）连接应采用高强度螺栓，螺栓间距应满足应由计算决定，计算时宜计入撬力的影响 4）节点区柱腹板对应于梁翼缘部位应设置横向加劲肋，其与柱翼缘围隔成的节点域应按本表第 1~3 项的规定进行抗剪强度的验算，强度不足时宜设斜加劲肋加强。螺栓或铆钉的孔径、边距和端距允许值的规定 5）螺栓应成对称布置，并应满足拧紧螺栓的施工要求	

4.7.4 铸钢节点

铸钢节点的构造和计算应符合表 4-7-3 的要求。

表 4-7-3　铸钢节点的构造和计算

序号	项目		备注
1	一般要求	1）铸钢节点应满足结构受力、铸造工艺、连接构造与施工安装的要求，适用于几何形式复杂、杆件汇交密集、受力集中的部位。铸钢节点与相邻构件可采取焊接、螺纹或销轴等连接方式 2）焊接结构用铸钢节点材料的碳当量及硫、磷含量应符合现行国家标准《焊接结构用铸钢件》（GB/T 7659）的规定 3）铸钢节点应根据铸件轮廓尺寸、夹角大小与铸造工艺确定最小壁厚、内圆角半径与外圆角半径。铸钢件壁厚不宜大于 150mm，应避免壁厚急剧变化，壁厚变化斜率不宜大于 1/5，内部肋板厚度不宜大于外侧壁厚 4）铸造工艺应保证铸钢节点内部组织致密、均匀，铸件宜进行正火或调质热处理，设计文件应注明铸钢件毛皮尺寸的容许偏差	
2	计算	1）铸钢节点应满足承载力极限状态的要求，节点应力应符合下式要求： $$\sqrt{\frac{1}{2}\left[(\sigma_1-\sigma_2)^2+(\sigma_2-\sigma_3)^2+(\sigma_3-\sigma_1)^2\right]}\leqslant\beta_{\mathrm{f}}f$$ (4-7-8) 2）铸钢节点可采用有限元法确定其受力状态，并可根据实际情况对其承载力进行试验验证	σ_1、σ_2、σ_3——计算点处在相邻构件荷载设计值作用下的第一、第二、第三主应力 β_{f}——强度增大系数。当各主应力均为压应力时，$\beta_{\mathrm{f}}=1.2$；当各主应力均为拉应力时，$\beta_{\mathrm{f}}=1.0$，且最大主应力应满足 $\sigma_1\leqslant1.1f$；其他情况时，$\beta_{\mathrm{f}}=1.1$

4.7.5　支座节点

桁架和梁的节点构造和计算应符合表 4-7-4 的要求。

表 4-7-4　桁架和梁的节点构造和计算

序号	项目		备注
1	一般要求	1）梁或桁架支于砌体或混凝土上的平板支座，应验算下部砌体或混凝土的承压强度，底板厚度应根据支座反力对底板产生的弯矩进行计算，且不宜小于 12mm 2）受力复杂或大跨度结构宜采用球形支座。球形支座应根据使用条件采用固定、单向滑动或双向滑动等形式。球形支座上盖板、球芯、底座和箱体均应采用铸钢加工制作，滑动面应采取相应的润滑措施、支座整体应采取防尘及防锈措施 3）梁的端部支承加劲肋的下端，按端面承压强度设计值进行计算时，应刨平顶紧，其中凸缘加劲板的伸出长度不得大于其厚度的 2 倍，并宜采取限位措施，如图 4-7-6 所示	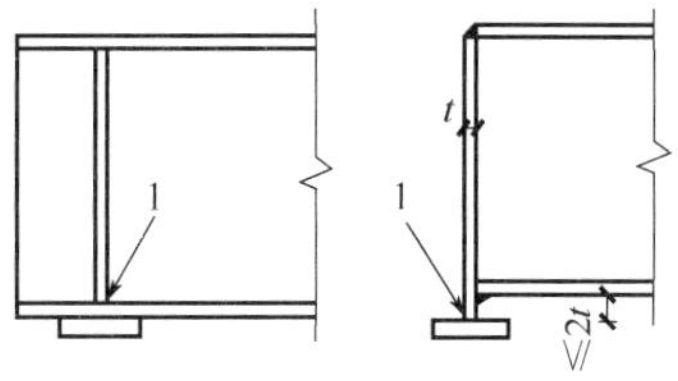 图 4-7-6　梁的支座 a）平板支座　b）凸缘支座 1—刨平顶紧　t—端板厚度
2	弧形支座和辊轴支座	弧形支座（图 4-7-7a）和辊轴支座（图 4-7-7b），支座反力 R 应满足下式要求： $$R\leqslant40ndlf^2/E \qquad (4-7-9)$$	式中 d——弧形表面接触点曲率半径 r 的 2 倍 n——辊轴数目，对弧形支座 $n=1$ l——弧形表面或辊轴与平板的接触长度（mm） 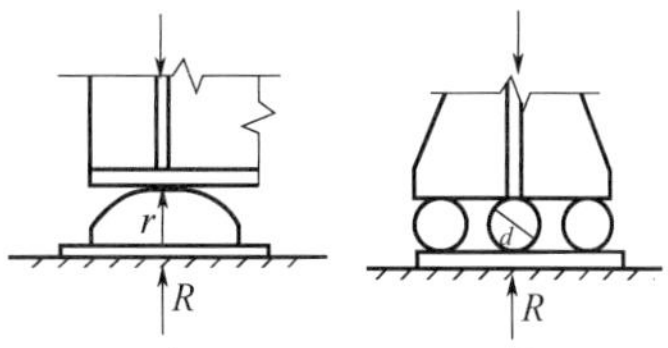 图 4-7-7　弧形支座与辊轴支座 a）弧形支座　b）辊轴支座

（续）

序号	项目	备注
3	铰轴支座	d——枢轴直径（mm） l——枢轴纵向接触面长度（mm） 铰轴支座如图4-7-8所示，当两相同半径的圆柱形弧面自由接触面的中心角 $\theta \geq 90°$ 时，其圆柱形枢轴的承压应力应按下式计算： $$\sigma = \frac{2R}{dl} \leq f \quad (4\text{-}7\text{-}10)$$ 图 4-7-8　铰轴支座 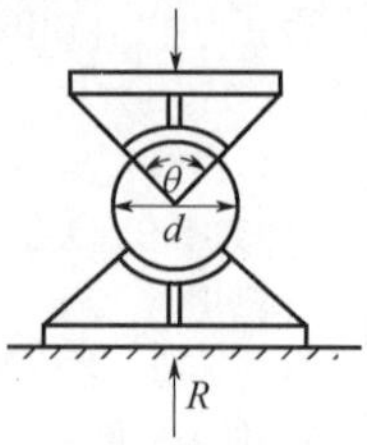
4	板式橡胶支座	板式橡胶支座设计应符合下列规定： 1）板式橡胶支座的底面面积可根据承压条件确定 2）橡胶层总厚度应根据橡胶剪切变形条件确定 3）在水平力作用下，板式橡胶支座应满足稳定性和抗滑移要求 4）座锚栓按构造设置时数量宜为 2~4 个，直径不宜小于 20mm；对于受拉锚栓，其直径及数量应按计算确定，并应设置双螺母防止松动 5）板式橡胶支座应采取防老化措施，并应考虑长期使用后因橡胶老化进行更换的可能性 6）板式橡胶支座宜采取限位措施

4.7.6　柱脚

柱脚的构造与计算见表 4-7-5 的规定。

表 4-7-5　柱脚的构造与计算

序号	项目	备注
1	一般规定	1）多高层结构框架柱的柱脚可采用埋入式柱脚、插入式柱脚及外包式柱脚，多层结构框架柱尚可采用外露式柱脚，单层厂房刚接柱脚可采用插入式柱脚、外露式柱脚，铰接柱脚宜采用外露式柱脚 2）外包式、埋入式及插入式柱脚，钢柱与混凝土接触的范围内不得涂刷油漆；柱脚安装时，应将钢柱表面的泥土、油污、铁锈和焊渣等用砂轮清刷干净 3）轴心受压柱或压弯柱的端部为铣平端时，柱身的最大压力应直接由铣平端传递，其连接焊缝或螺栓应按最大压力的15%与最大剪力中的较大值进行抗剪计算；当压弯柱出现受拉区时，该区的连接尚应按最大拉力计算
2	外露式柱脚	1）柱脚锚栓不宜用以承受柱脚底部的水平反力，此水平反力由底板与混凝土基础间的摩擦力（摩擦系数可取0.4）或设置抗剪键承受 2）柱脚底板尺寸和厚度应根据柱端弯矩、轴心力、底板的支承条件和底板下混凝土的反力以及柱脚构造确定。外露式柱脚的锚栓应考虑使用环境由计算确定 3）柱脚锚栓应有足够的埋置深度，当埋置深度受限或锚栓在混凝土中的锚固较长时，则可设置锚板或锚梁
3	外包式柱脚	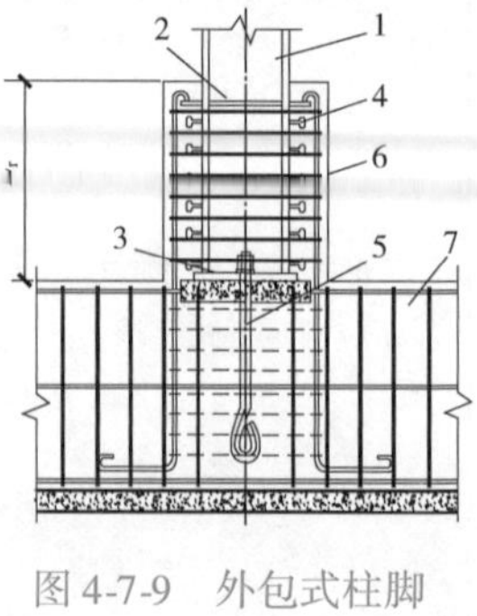 外包式柱脚如图4-7-9所示，其计算与构造应符合下列规定： 1）外包式柱脚底板应位于基础梁或筏板的混凝土保护层内；外包混凝土厚度，对H形截面柱不宜小于160mm，对矩形管柱或圆管柱不宜小于180mm，同时不宜小于钢柱截面高度的30%；混凝土强度等级不宜低于C30；柱脚混凝土外包高度，H形截面柱不宜小于柱截面高度的2倍，矩形管柱或圆管柱宜为矩形管截面长边尺寸或圆管直径的2.5倍；当没有地下室时，外包宽度和高度宜增大20%；当仅有一层地下室时，外包宽度宜增大10% 图 4-7-9　外包式柱脚 1—钢柱　2—水平加劲肋　3—柱底板 4—栓钉（可选）　5—锚栓

（续）

序号	项目	备注
3	外包式柱脚	2）柱脚底板尺寸和厚度应按结构安装阶段荷载作用下轴心力、底板的支承条件计算确定，其厚度不宜小于 16mm 3）柱脚锚栓应按构造要求设置，直径不宜小于 16mm，锚固长度不宜小于其直径的 20 倍 4）柱在外包混凝土的顶部箍筋处应设置水平加劲肋或横隔板，其宽厚比应符合第 3.1.5 节焊接截面梁腹板考虑屈曲后强度的验算相关规定 5）当框架柱为圆管或矩形管时，应在管内浇灌混凝土，强度等级不应小于基础混凝土。浇灌高度应高于外包混凝土，且不宜小于圆管直径或矩形管的长边 6）外包钢筋混凝土的受弯和受剪承载力验算及受拉钢筋和箍筋的构造要求应符合现行国家标准《混凝土结构设计规范》（GB 50010）的有关规定，主筋伸入基础内的长度不应小于 25 倍直径，四角主筋两端应加弯钩，下弯长度不应小于 150mm，下弯段宜与钢柱焊接，顶部箍筋应加强加密，并不应小于 3 根直径 12mm 的 HRB335 级热轧钢筋	

项目（续）：

4 埋入式柱脚

1）柱埋入部分四周设置的主筋、箍筋应根据柱脚底部弯矩和剪力按现行国家标准《混凝土结构设计规范》（GB 50010）计算确定，并应符合相关的构造要求。柱翼缘或管柱外边缘混凝土保护层厚度（图 4-7-10）、边列柱的翼缘或管柱外边缘至基础梁端部的距离不应小于 400mm，中间柱翼缘或管柱外边缘至基础梁梁边相交线的距离不应小于 250mm；基础梁梁边相交线的夹角应做成钝角，其坡度不应大于 1:4 的斜角；在基础护筏板的边部，应配置水平 U 形箍筋抵抗柱的水平冲切

2）柱脚端部及底板、锚栓、水平加劲肋或横隔板的构造要求应符合外包式柱脚的有关规定。

3）圆管柱和矩形管柱应在管内浇灌混凝土

4）对于有拔力的柱，宜在柱埋入混凝土部分设置栓钉

5）柱脚埋入钢筋混凝土的深度 d 应符合下列公式的要求，见表 4-7-6 的规定

H 形、箱形截面柱

$$\frac{V}{b_f d}+\frac{2M}{b_f d^2}+\frac{1}{2}\sqrt{\left(\frac{2V}{b_f d}+\frac{4M}{b_f d^2}\right)^2+\frac{4V^2}{b_f^2 d^2}}\leq f_c$$

（4-7-11）

钢管柱

$$\frac{V}{Dd}+\frac{2M}{Dd^2}+\frac{1}{2}\sqrt{\left(\frac{2V}{Dd}+\frac{4M}{Dd^2}\right)^2+\frac{4V^2}{D^2 d^2}}\leq 0.8 f_c$$

（4-7-12）

备注（续）：

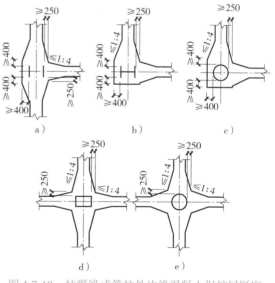

图 4-7-10 柱翼缘或管柱外边缘混凝土保护层厚度

a）工字形边柱 b）工字形角柱 c）圆钢管角柱
d）方钢管中柱 e）圆钢管中柱

式中

M、V——柱脚底部的弯矩（N·mm）和剪力设计值（N）

d——柱脚埋深（mm）

b_f——柱翼缘宽度（mm）

D——钢管外径（mm）

f_c——混凝土抗压强度设计值（N/mm²），应按现行国家标准《混凝土结构设计规范》（GB 50010）的规定采用

（续）

序号	项目	备注
5	插入式柱脚	1）H形钢实腹柱宜设柱底板，钢管柱应设柱底板，柱底板应设排气孔或浇筑孔 2）实腹柱柱底至基础杯口底的距离不应小于50mm，当有柱底板时，其距离可采用150mm 3）实腹柱、双肢格构柱杯口基础底板应验算柱吊装时的局部受压和冲切承载力 4）宜采用便于施工时临时调整的技术措施 5）杯口基础的杯壁应根据柱底部内力设计值作用于基础顶面配置钢筋，杯壁厚度不应小于现行国家标准《建筑地基基础设计规范》（GB 50007）的有关规定。 6）插入式柱脚插入混凝土基础杯口的深度应符合表4-7-6的规定，实腹截面柱柱脚应按式（4-7-11）及式（4-7-12）的规定计算，双肢格构柱柱脚应根据下列公式计算： $$d \geqslant \frac{N}{f_t S} \qquad (4\text{-}7\text{-}13)$$ $$S = \pi(D+100) \qquad (4\text{-}7\text{-}14)$$	N——柱肢轴向拉力设计值（N） f_t——杯口内二次浇灌层细石混凝土抗拉强度设计值（N/mm²） S——柱肢外轮廓线的周长，对圆管柱可按式（4-7-14）计算 表4-7-6　钢柱插入杯口的最小深度 下表 注：1. 实腹H形柱或矩形管柱的 h_c 为截面高度（长边尺寸），b_c 为柱截面宽度，D 为圆管柱的外径 2. 格构柱的 h_c 为两肢垂直于虚轴方向最外边的距离，b_c 为沿虚轴方向的柱肢宽度 3. 双肢格构柱柱脚插入混凝土基础杯口的最小深度不宜小于500mm，也不宜小于吊装时柱长度的1/20

表4-7-6　钢柱插入杯口的最小深度

柱截面形式	实腹柱	双肢格构柱（单杯口或双杯口）
最小插入深度 d_{min}	$1.5h_c$ 或 $1.5D$	$0.5h_c$ 和 $1.5b_c$（或 D）的较大值

第2篇

单层钢结构房屋的设计及计算

第 5 章　单层钢框架设计与计算

5.1　单层钢框架的计算及说明

5.1.1　承重结构系统的分类

单层工业房屋钢结构一般由檩条、墙梁、天窗架、屋架（屋面梁）、托架、框架柱、吊车梁、制动结构、各种支撑及墙架结构共同组成空间受力体系，如图 5-1-1 所示。房屋框架的设计计算理论上应按由横向和纵向支撑（水平及竖向）将平面框架组成为空间结构体系进行分析计算，但由于计算复杂且工作量庞大，因此实际工作中通常按横向平面框架和纵向平面框架分别按其承受的荷载进行分析计算。

承重结构按其承重构件的系统分类见表 5-1-1。

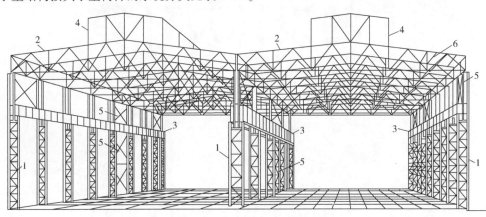

图 5-1-1　钢结构厂房横剖面
1—框架柱　2—屋架　3—吊车梁　4—天窗架　5—柱间支撑　6—檩条

表 5-1-1　承重结构的系统分类

序号	项目	内容
1	横向平面框架体系	横向框架体系为房屋的主要承重结构，由框架柱、屋架（屋面梁）组成，承受房屋的竖向荷载和横向水平荷载（地震作用），对于设有起重机的房屋还要承受起重机的竖向荷载和横向水平荷载，并将其荷载传递至基础
2	纵向平面框架体系	纵向框架体系由框架柱、托架、吊车梁、墙架及其柱间支撑等构件组成，其作用是保证房屋纵向结构的刚度，承受纵向水平荷载（起重机纵向制动力、纵向风荷载及纵向地震作用）并将其荷载传至基础
3	屋盖结构体系	屋盖体系由檩条（或无檩方案）、天窗架、屋架（屋面梁）托架及屋面支撑（竖向及水平）等构件组成，以承受屋盖的竖向荷载和水平荷载，并将其荷载传至框架柱
4	吊车梁结构体系	吊车梁结构体系由吊车梁、制动结构及辅助桁架构件组成，主要承受起重机竖向荷载和水平荷载，并将其荷载传至框架柱
5	支撑体系	支撑系统由屋盖支撑、柱间支撑及其他附加支撑构成。其作用是将单独的平面框架连成空间体系，以保证房屋结构具有必要的刚度和稳定性，承担起重机水平荷载、风荷载及地震作用
6	墙架结构体系	墙架结构系统由墙梁、墙架柱及抗风桁架等构件组成，承受墙的维护材料重量及风荷载，并将其传至框架柱

5.1.2　房屋横向平面框架的计算内容

横向平面框架是钢结构房屋设计中最主要的设计内容之一，因其承受厂房的全部竖向荷载和横向水平荷载（包括横向水平地震作用），通过横向框架计算确定房屋的主要受力构件—框架柱的截面和传至基础的荷载值。对于梁柱刚接的刚接框架，也确定屋架承受的弯矩和水平剪力，对于铰接框架柱柱顶仅为水平剪力，同时提供房屋横向刚度的参数。

1. 房屋横向框架静力计算的假定

1）同一计算单元中屋盖结构体系按刚性盘体考虑，即同一计算单元内各横向框架柱柱顶屋盖连接处的水平位移相等。

2）格构式柱和桁架组成的横向框架，在直接加于横梁上竖向荷载作用时，不能忽略横梁的弹性变形。格构式横梁用假定当量刚度的实腹横梁代替，格构柱用假定当量的实腹柱来代替。此时采用实腹柱和实腹横梁铰接或刚接的横向框架计算简图。

目前横向框架均采用计算机进行框架的内力分析，考虑到计算机编程，应采用较准确的计算图形，即取按腹杆铰接的格构柱和桁架实际图形为计算简图，代入各杆件的实际刚度用有限元法计算横向框架。

3）框架柱固接于基础。

2. 房屋横向框架静力计算

1）按工艺流程确定柱网布置从而划分主要框架设计单元，并确定房屋框架的合理结构形式。

2）假定框架横梁、柱各部分截面尺寸，确定框架结构的简图（计算跨度和计算高度）。

3）计算作用于框架横梁上的各项荷载的标准值。

4）横向框架的内力计算。

5）进行横向框架的内力组合。

6）根据内力组合验算柱及梁各截面的强度和稳定。

7）核实计算机输出的横向位移计算结果是否满足规范的规定。

3. 房屋横向框架抗震计算

1）确定房屋的抗震设防烈度、设计地震分组、场地类别、特征周期值及设计基本加速度。

2）根据横向框架静力计算划分的计算单元，建立横向框架计算简图及选取质点数。

3）按重力荷载代表值确定各质点处的荷载（考虑荷载组合值系数）。

4）横向框架结构的基本周期，按各质点重力荷载代表值和结构刚度来确定，由底部剪力法或振型分解反应谱法计算，并得到各质点处各振型的地震水平作用。

5）将各质点处水平地震作用标准值作为静力荷载，以求得横向框架的地震作用效应，并与相应的重力荷载代表值对横向框架的荷载效应相组合，最后得到框架柱及横梁各截面（需验算的截面）的最不利内力组合。

6）对框架结构构件各截面进行抗震强度验算。

4. 房屋纵向结构的抗震计算

以房屋的一个防震缝区段（结构单元）作为一个整体，计算各柱列上的各竖向构件（屋盖垂直支撑、上柱和下柱支撑等）的地震作用以求得承受纵向力构件的内力。

纵向结构抗震计算做如下的假定：假定纵向构件与柱的连接均为铰接并不考虑连接的偏心影响，柱纵向与基础的连接也为铰接。计算时忽略了柱刚度的影响。

房屋纵向抗震计算的内容如下：

1）确定房屋纵向框架结构抗震计算简图和质点数。

2）计算各质点的重力荷载代表值。

3）房屋纵向构件的刚度计算和地震作用的分配。

4）纵向框架自振周期的计算和水平地震作用下构件内力的计算。

5. 房屋横向框架计算内容简图

计算内容简图如图 5-1-2 所示。

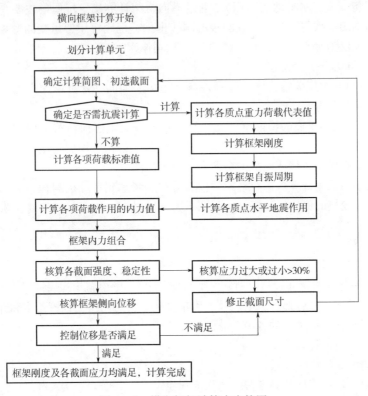

图 5-1-2　横向框架计算内容简图

5.2　横向框架设计

5.2.1　横向框架的结构形式

单层厂房横向框架一般由屋架（梁）和柱组成，根据生产功能要求分为单跨和多跨框架。根据结构设计的要求，按屋架与柱的连接形式可分为刚接框架和铰接框架（排架）两大类。凡屋架与柱的连接构造能抵抗弯矩者称为刚接框架，反之，不能抵抗弯矩者称为铰接框架（俗称为排架），如图 5-2-1 所示。

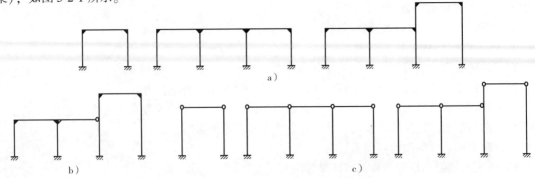

图 5-2-1　框架结构形式
a）刚接框架　b）框排架　c）铰接框架

横向框架结构形式的选择应根据房屋的高度、车间内起重机吨位的大小及工作级别、地基情况、建筑材料的供应以及使用条件对于房屋的刚度的要求综合考虑，见表 5-2-1。

表 5-2-1　横向框架结构形式的选择

项次		内容
1	铰接框架	对于易沉陷的地基，车间内无起重机或起重机起重量较小，跨数较多的车间多采用铰接框架，如图 5-2-1c 所示
2	刚接框架	对于车间高度 $H \geqslant 18m$ 的单跨或多跨，起重机起重量 $Q \geqslant 50t$ 或设有硬钩的重型车间，为了满足车间横向刚度的要求，多采用刚接框架，如图 5-2-1a 所示
3	框排架	对于设有重型起重机的双跨或多跨全钢结构房屋，可在设有重型起重机的跨间设计为刚接框架，其他跨间可采用铰接框架，或者采用横梁的一端与柱刚接另一端采用铰接的框架形式，如图 5-2-1b 所示
4	其他	对于轻型屋盖的单跨或多跨车间，目前一些工程常采用吊车梁以下部分采用钢筋混凝土柱，吊车梁以上部分采用工字形实腹式钢柱与实腹钢梁（上部采用门式刚架）形成刚节点的框架形式

5.2.2　横向框架的几何尺寸和计算单元的划分

1. 横向框架的几何尺寸

设有起重机房屋的主要尺寸，如图 5-2-2 所示，图中：

S——起重机桥架的跨度，也即起重机两端轮子之间的距离（厂房两侧起重机轨道中心之间的距离）。

B——起重机轨道中心线至起重机桥架端部的距离。

D——自轨道顶面至起重机桥架最高顶点的距离，以上尺寸均需由起重机生产厂提供，一般生产厂的起重机产品样本中均已列出。

C——起重机桥架端部外边至上段柱内边缘之间的净空尺寸，当吊车梁设置安全通道时，$C \geqslant 400mm$，当该处不设人行安全通道时，$C \geqslant 80mm$。

h——起重机活动部分顶面与屋架下弦底面之间的净空尺寸，一般取 250 ~ 350mm，若房屋建筑在软弱地基或黄土地基上时或因地面荷载较大，可能引起房屋的不均匀沉陷时，h 值还应适当加大。

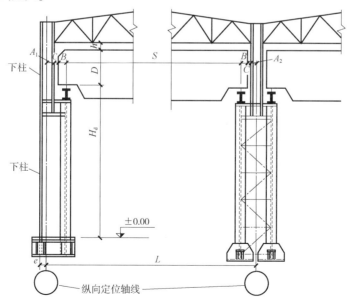

图 5-2-2　框架的几何尺寸

e——边柱轴线至柱外边缘的距离，一般取 $0 \sim 750 \text{mm}$，视房屋内起重机吨位的大小而定。

L——房屋横向框架的跨度按下式计算：

$$L = S + A_2 + A_1 + 2B + 2C \tag{5-2-1}$$

H——房屋的有效高度为房屋室内地面至屋架下弦底面的距离，可按下式计算：

$$H = H_d + D + h \tag{5-2-2}$$

2. 柱网布置

框架定位轴线包括横向和纵向定位轴线，与房屋横向结构平行的轴线为横向定位轴线，与房屋纵向结构平行的轴线为纵向定位轴线。纵向定位轴线之间的距离为房屋的跨度，也即框架的跨度，横向定位轴线之间的距离为柱距，如图 5-2-3 所示。

1）满足生产工艺的要求。柱的位置要与生产流程及设备布置相协调，并需考虑生产发展的可能性。

2）满足结构本身的要求。为保证房屋的正常使用，使房屋的结构具有足够的横向刚度，应尽可能将柱布置在同一横向轴线上，以使柱与屋架（横梁）组成横向框架，同时应符合现行规范有关伸缩缝区段长度（宽度）的规定。

3）符合经济合理的要求，根据以往设计资料的统计表明，屋盖的单位面积用钢量随房屋跨度增大而增加，而吊车梁与房屋柱单位面积的用钢量却是随房屋跨度增大而减少。在一般情况下，增大房屋的跨度，可以减少总的用钢量，特别是目前新型的屋面围护材料，比传统的大型屋面板减轻自重十分可观，更能显示出加大房屋跨度的优越性。增大房屋跨度既能节省钢材，又能增加房屋的有效使用面积和满足生产工艺的灵活性。

4）遵守《厂房建筑统一化基本规则》和《建筑统一模数制》的规定，使结构构件标准化。根据《建筑统一模数制》的规定，一般房屋跨度 $\leqslant 18\text{m}$ 时，其跨度采用 3m 模数，跨度大于 18m 时采用 6m 模数。柱距一般采用 6m 或 6m 的倍数，如图 5-2-3 所示。温度缝应按规范的规定设置。

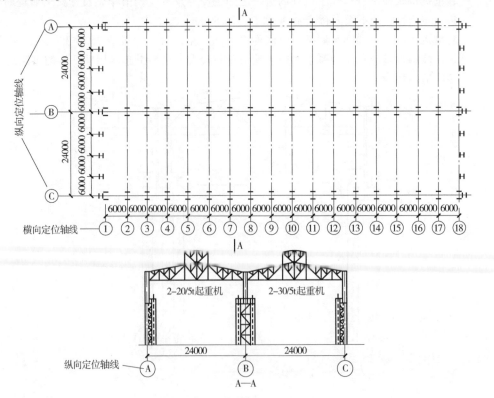

图 5-2-3　柱网及排架定位轴线

3. 框架计算单元的划分

框架计算单元的划分应根据柱网的布置确定，划分时应使纵向每列柱中至少有一根柱参与工作并与其横梁组成横向框架，同时将受力最不利的柱划入计算单元中，如图 5-2-4 所示。

1）对于各柱列柱距相等的房屋，可取一个柱距作为框架的计算单元，如图 5-2-4a 所示。

2）可以采用柱距的中心作为划分计算单元的界限，如图 5-2-4b、e 所示，也可以采用柱轴线作为计算单元的界线，如图 5-2-4c、d 所示。如采用后者，则对计算单元边缘上的柱应只计入半个柱的刚度，相应作用于该柱上的荷载也应计入一半。

3）所取计算单元不宜超过 4~6 个基本柱距，其长度不应超过 24~36m。

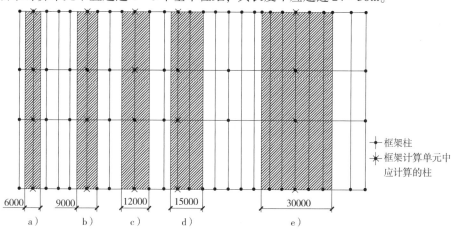

图 5-2-4　框架计算单元的划分

5.2.3　横向框架计算用尺寸的确定

1. 框架的计算跨度

框架的计算跨度取柱截面的形心线间的距离，对于阶形柱的框架，计算跨度取下段柱中心线间的距离（l_2），如图 5-2-5 所示。

2. 框架的计算高度

（1）刚接框架　对于下承式刚接框架，柱的全高 H 可近似地取柱脚底面（或基础顶面）至屋架下弦截面形心线与柱边交点之间的距离；上柱的高度 H_1 可近似地取肩梁顶面至屋架下弦重心线与柱边交点之间的距离，如图 5-2-6 所示。

（2）铰接框架　柱的全高 H 可取柱脚底面（或基础顶面）与柱顶之间的距离；上柱的高度 H_1 可取肩梁顶面至柱顶面之间的距离，如图 5-2-7 所示。

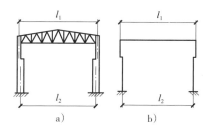

图 5-2-5　框架的计算跨度
a）示意图　b）计算跨度

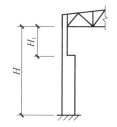

图 5-2-6　刚接框架的计算高度

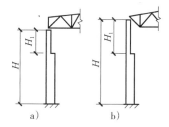

图 5-2-7　铰接框架的计算高度
a）下承式屋架　b）上承式屋架

3. 框架截面惯性矩的假定和计算

1）当框架的梁柱由空腹横梁和格构式柱组成时，横梁和柱均应以当量刚度的实腹截面形式代替，然后按实腹杆系框架进行计算。

2）在刚接框架中，轴线坡度小于 1/7 的双坡横梁及下弦无折线的横梁可用一直线杆件代替。

3）屋架（或横梁）截面的折算惯性矩 I_0 可近似地按下式计算：

$$I_0 = (A_1 y_1^2 + A_2 y_2^2) k \qquad (5\text{-}2\text{-}3)$$

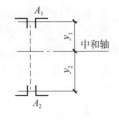

图 5-2-8　屋架跨中的截面

式中　A_1、A_2——屋架跨中的上弦和下弦的截面面积；

y_1、y_2——屋架跨中的上弦和下弦截面形心至中和轴的距离，如图 5-2-8 所示；

k——考虑屋架高度变化和腹杆变形对屋架惯性矩影响的折减系数，见表 5-2-2。

表 5-2-2　屋架惯性矩折减系数 k

屋架上弦的坡度	1/8	1/10	1/12	1/15	0
k	0.65	0.7	0.75	0.8	0.9

4）框架柱的截面尺寸可按第 8 章的规定初步确定。

格构式柱截面的折算惯性矩可按下式计算：

$$I = (A_1 x_1^2 + A_2 x_2^2) \times 0.9 \qquad (5\text{-}2\text{-}4)$$

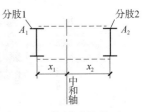

图 5-2-9　格构式柱截面

式中　A_1、A_2——分肢 1 和分肢 2 的截面面积；

x_1、x_2——分肢 1 的截面形心线和分肢 2 截面形心线至中和轴的距离，如图 5-2-9 所示。

5.2.4　横向框架上的荷载（作用）分类和标准值的计算

1. 横向框架上的荷载（作用）分类

横向框架上的荷载（作用）分类见表 5-2-3。

表 5-2-3　横向框架上的荷载（作用）分类

项次	分类	内容
1	永久荷载	承重结构及维护结构（为非自承重墙体结构）材料自重，敷设于房屋结构上的管线、设备等的自重
2	可变荷载	雪荷载、风荷载、积灰荷载、屋面和操作平台上的活荷载及起重机荷载等
3	温度作用	由于工作环境温度变化而在框架构件中产生的内力。当房屋的温度区段长度不超过规范的限值时，一般可不考虑温度变化对结构构件的影响
4	地震作用	位于地震区的房屋建筑，应按《建筑抗震设计规范》（GB 50011—2016）的规定确定地震作用，但地震作用不与风荷载组合
5	其他作用	当房屋的地基为软弱土层时，基础可能产生差异沉降，因此需要考虑该沉降对结构的不利影响

2. 横向框架上的荷载标准值的计算

（1）永久荷载值

1）屋面永久荷载一般折合为均布荷载。铰接框架时由屋架或托架与柱连接的支座反力传至柱顶；刚接框架时，应按直接作用在屋架（或横梁）上的荷载计算。由托架或其他构件传来的屋面荷载可通过托架支座反力传至柱顶；屋盖结构构件自重的参考数值见表 5-2-4。

表 5-2-4　屋盖结构构件自重的参考数值

序号	构件名称	构件跨度/m	屋面均布荷载标准值/(kN/m²)			
			1.1 ~ 1.5	1.5 ~ 3.0	3.0 ~ 4.0	4.0 ~ 5.0
1	屋架（包括屋面支撑）	9.0	7 ~ 10	10 ~ 14	14 ~ 20	24 ~ 28
2		18.0	12 ~ 18	18 ~ 22	22 ~ 28	28 ~ 32
3		24.0	18 ~ 22	22 ~ 28	28 ~ 34	34 ~ 38

（续）

序号	构件名称	构件跨度/m	屋面均布荷载标准值（kN/m²）			
			1.1~1.5	1.5~3.0	3.0~4.0	4.0~5.0
4	屋架（包括屋面支撑）	30.0	23~28	28~34	34~40	40~46
5		36.0	28~32	32~38	38~44	44~50
6	屋面檩条	6.0	5~8	8~12	12~14	14~17
7	托架	12.0	5~9	9~13	13~16	16~20
8	天窗架（包括天窗支撑）	6.0	7~10	10~12	12~14	14~16
9		9.0	9~12	12~15	14~16	16~18
10		12.0	11~14	14~16	16~18	18~20

2）墙、柱、吊车梁系统的结构自重，平台及设备的结构自重视为集中荷载作用于柱上；钢柱的自重可以按初步选定的截面计算出其自重，然后乘以增大系数，等截面柱为 1.1；阶形柱上柱为 1.1，下柱为 1.4。

3）当以上荷载与柱重心线有偏心时，应考虑偏心弯矩的影响。

（2）可变荷载值

1）作用在屋面上的可变荷载包括雪荷载、积灰荷载及屋面均布活荷载，应按《建筑结构荷载规范》（GB 50009）的规定选用。积灰荷载应与雪荷载或屋面均布活荷载两者中的较大值同时考虑。

对于轻型屋面，当仅有一个可变荷载且承受荷载面积超过 60m² 时，屋面均布活荷载标准值可取 0.3kN/m²。

2）屋面可变荷载也可简化为均布荷载，其传力方式与永久荷载相同。

3）屋盖结构上吊挂的大型管道、设备及平台时，其活荷载应按实际情况确定。

（3）起重机荷载值

1）起重机竖向荷载

①起重机竖向荷载（轮压）应根据起重机所处的最不利位置确定，即当起重机主钩起吊的重量达到最大，且小车位于起重机桥架一端的极限位置，在靠近小车的一端轮压为 P_{max}（一般由制造厂提供），而另一端的轮压为 P_{min}，且二者同时存在。P_{min} 按下式计算：

$$P_{min} = \frac{Q + G}{n_1} - P_{max} \qquad (5\text{-}2\text{-}5)$$

式中　Q——起重机起重量；

　　　G——起重机总自重（起重机桥架及小车的自重之和）；

　　　n_1——起重机桥架一端的车轮数。

②作用于框架上的起重机竖向荷载应按起重机的最大轮压由吊车梁支座反力的影响线求得，当同一跨间仅设有一台起重机时其起重机轮压应位于所计算的框架处；当同一跨间的起重机台数等于或大于两台时，应考虑两台起重机同时作用，且紧靠在一起。此时作用于框架柱上的起重机竖向荷载标准值应按下式计算：

$$R = \sum P_i y_i \qquad (5\text{-}2\text{-}6)$$

式中　P_i——起重机的最大轮压或最小轮压；

　　　y_i——对柱子的反力的影响线，如图 5-2-10 所示。

③起重机竖向荷载由吊车梁端部支承面传至柱子。同时应考虑吊车梁中心线与下段

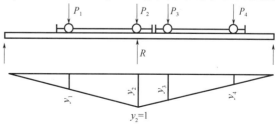

图 5-2-10　对柱子的反力影响线

柱截面重心线间存在偏心距所产生的附加弯矩。

2）起重机的横向水平荷载

①起重机轮作用处的横向水平荷载应按下式计算：

$$T = \beta \frac{Q+g}{2n_1} \tag{5-2-7}$$

式中　p——起重机起重量；

　　　g——小车重量；

　　　n_1——起重机桥架一侧的轮数；

　　　β——系数，按下列情况采用：

对软钩　　　当 $Q \leqslant 10t$　　　$\beta = 0.12$；

当 $Q = 16 \sim 50t$　　$\beta = 0.10$；

当 $Q \geqslant 75t$　　　$\beta = 0.08$。

对硬钩　　$\beta = 0.2$。

②起重机横向水平荷载同时作用于起重机桥架两端的轨道顶面，并应考虑正反两个方向的刹车情况。计算起重机横向水平荷载时所采用的起重机位置与计算起重机竖向荷载时的起重机位置相同。

③起重机横向水平荷载由吊车梁上翼缘传至柱子。

3）计算排架考虑多台起重机竖向荷载时，对单层起重机的单跨厂房的每个排架，参与组合的起重机台数不宜多于2台；对单层起重机的多跨厂房的每个排架，不宜多于4台；对双层起重机的单跨厂房宜按上层和下层起重机分别不多于2台进行组合；对双层起重机的多跨厂房宜按上层和下层起重机分别不多于4台进行组合，且当下层起重机满载时，上层起重机应按空载计算；上层起重机满载时，下层起重机不应计入。考虑多台起重机水平荷载时，对单跨或多跨厂房的每个排架，参与组合的起重机台数不应多于2台。

注：当情况特殊时，应按实际情况考虑。

4）计算排架时，多台起重机的竖向荷载和水平荷载的标准值，应乘以表5-2-5中规定的折减系数。

表5-2-5　多台起重机的荷载折减系数

参与组合的起重机台数	起重机工作级别	
	A1 ~ A5	A6 ~ A8
2	0.90	0.95
3	0.85	0.90
4	0.80	0.85

（4）风荷载

1）作用于框架上的风荷载应分别计算正反两个风向。

2）风荷载的标准值应按《建筑结构荷载规范》（GB 50009）的规定。

3）位于屋架（横梁）以上的风荷载一般简化为集中水平荷载作用于框架柱的顶端；位于屋架（或横梁）以下的风荷载，一般假定自基础顶面至柱顶范围内按均布荷载作用于柱上；当房屋的纵墙设有墙架柱或抗风桁架时，风荷载由墙架柱经抗风桁架传递并作用于横梁或抗风桁架与柱的连接处。

5.2.5　横向框架静力荷载作用的内力计算

横向框架内力计算一般采用受力法或位移法进行。随着计算机的普及，框架的内力计算均借助于计算机来完成。对于单层铰接框架的内力分析一般采用平面框架程序。对于刚接框架多采用空间结构分析程序。程序的编制一般采用杆系有限元法，详见有关程序说明书。

5.2.6 框架横向的抗震计算

房屋屋盖的横向假定为有限刚性盘体，地震作用下，屋盖沿地震作用方向产生水平剪切变形，当房屋的平面或竖向布置不规则时（即房屋的质量和刚度分布不均匀），屋盖除产生水平位移外，还要产生扭转变形。此时应采用防震缝的办法将房屋的平面划分为较规则的单元，应尽量减少产生扭转的可能性，至此每个计算单元可按平面框架进行地震作用分析。

1. 框架横向抗震计算的假定

1）框架采用平面假定进行抗震计算时，其结构体系应满足以下的规定：

①具有完善的屋盖支撑体系来保证屋盖的整体性，有关支撑设计详见第 7 章。

②房屋的结构布置应形成完整的地震作用传力体系（纵向和横向），由屋盖开始可靠地将地震作用传至基础。柱间支撑设计详见第 8 章。

③一般单层钢结构房屋的屋面及墙面的围护材料宜采用轻质板材（如压型钢板或保温轻质板材），对于高烈度地震区、Ⅲ或Ⅳ类场地的钢结构房屋，其房屋的屋盖及墙面的围护材料应该优先考虑采用轻质材料。

④按抗震设计的框架及有关构件，应符合《建筑抗震设计规范》（GB 50011）的有关规定。

2）计算单元的划分可按横向框架计算的原则进行，并应分为有起重机和无起重机两种工况计算。

3）对于格构式柱及桁架式横梁可分别按式（5-2-4）及式（5-2-3）计算折算刚度，也可采用柱和桁架的腹杆铰接于弦杆的实际图形作为计算简图进行计算。

4）进行横向框架水平地震作用计算时，宜采用多质点体系。框架地震水平作用一般按振型分解反应谱法求解。对于单跨或多跨等高的房屋也可采用底部剪力法计算。

5）按平面框架计算所得的基本周期，应考虑围护结构对框架刚度的影响进行周期的修正，将结构的自振周期乘以折减系数，单层房屋结构自振周期折减系数见表5-2-6。

表 5-2-6 单层房屋结构自振周期折减系数

序号	墙体类别	结构计算模型	横向	纵向
1	不能约束结构变形的墙体	空间结构、平面结构	0.8	
2	约束结构变形的墙体	空间结构	0.9	
3		平面结构	0.8	0.9

对于采用轻质材料围护的墙体，单层房屋结构自振周期原则上也应考虑自振周期的修正，建议对于横向及纵向的折减系数均采用0.95。

2. 横向框架各质点的重力荷载代表值 m 的计算

（1）横向框架质点的布置

1）当厂房设有天窗时，天窗屋盖的重力荷载集中于所在跨的柱顶处（框架横梁处），只在计算天窗屋盖标高处横向水平地震作用时，才视为单独质点。

2）屋盖重力荷载（包括屋盖永久荷载及其承受的雪荷载、积灰荷载、屋面管道设备等）按其作用点至柱顶作用水平距离的反比例分配于各列柱顶处。

3）吊车梁自重及吊车桥架质量集中于柱变阶标高处及吊车梁顶面标高处。有吊车桥架且与变阶处标高相差不多时，也可集中于变阶处。

4）框架柱及墙体自重分别集中于柱段上下节点处。

（2）各质点处的重力荷载代表值 m 的计算

1）各质点重力荷载代表值为荷载标准值乘以表 5-2-7 中相应的组合值系数，在计算地震作用效应和重力荷载效应的基本组合时，重力荷载及地震作用分项系数按表 5-2-7 取用。

2）单跨或等高多跨厂房柱顶质点 m_1 或 m_{1i} 如图 5-2-11 和图 5-2-12 所示。

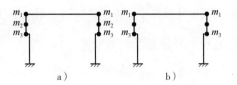

图 5-2-11　单跨框架的质点布置

a）设有吊车框架　b）无吊车框架

$$m_1 \text{ 或 } m_{1i} = 1.0(G_r + 0.5G_{sn} + 0.5G_d) + 0.5G_{cs} + 0.5G_{ws} \tag{5-2-8}$$

式中　m_1、m_{1i}——单跨、多跨柱顶质点，i 为所在房屋跨间数；

　　　G_{cs}、G_{ws}——上柱及上柱范围内的墙体自重。

高低跨房屋的高跨和低跨柱顶质点如图 5-2-13 所示。

$$m_{11} = 1.0(G_r + 0.5G_{sn} + 0.5G_d) + 0.5G_{cs1} + 0.5G_{ws1} \tag{5-2-9}$$

$$m_{12} = 1.0(G_{r2} + 0.5G_{sn} + 0.5G_d) + 0.5G_{cs2} + 0.5G_{ws2} \tag{5-2-10}$$

式中　G_{cs1}、G_{ws1}——高跨上柱及所在跨上柱范围内墙体自重；

　　　G_{cs2}、G_{ws2}——低跨上柱及所在跨上柱范围内墙体自重。

表 5-2-7　荷载的组合值系数及分项系数

序号	荷载种类		重力荷载代表值的组合系数	荷载分项系数	备注
1	永久荷载	屋盖自重　G_r	1.0	1.3	永久荷载分项系数，当其效应对构件承载力有利时可取 1.0
2		吊车梁自重　G_b	1.0	1.3	
3		柱自重　G_c	1.0	1.3	
4		墙体自重　G_w	1.0	1.3	
5		吊车桥架　G_{cr}	1.0	1.3	
6	可变荷载	雪荷载　G_{sn}	0.5	1.5	
7		灰荷载　G_d	0.5	1.5	
8		起重机的起重量　G_{crl}	软钩：0.0　硬钩：0.3	1.5	参照冶金建筑抗震设计规范，特重级起重机（夹钳、刚性料耙）吊重的组合值系数可取 1.0
9	地震作用效应	G_E	—	1.3	

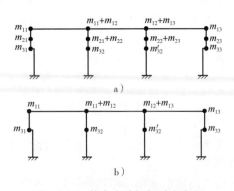

图 5-2-12　等高多跨框架质点布置

a）设有吊车框架　b）无吊车框架

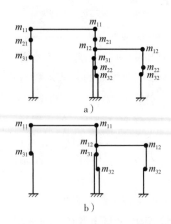

图 5-2-13　高低跨框架质点布置

a）设有吊车框架　b）无吊车框架

3）吊车梁顶面标高处的质点 m_2（设有桥式起重机时）的荷载计算：

$$软钩 \qquad m_2 = 1.0 G_{cr} \qquad\qquad (5\text{-}2\text{-}11)$$

$$硬钩 \qquad m_2 = 1.0 (G_{cr} + G_{crl}) \qquad\qquad (5\text{-}2\text{-}12)$$

当为软钩起重机时，质点只考虑吊车桥架自重计算（对于横向框架计算时不包括小车自重），轮压为吊车桥架总重按全部车轮平均分配，m_2 数值按（一台吊车桥架）柱反力影响线求得。

当为硬钩起重机时，质点应考虑吊车桥架、小车重和吊重，小车重和吊重应位于桥架中央来计算起重机轮压，m_2 数值按（一台起重机）柱反力影响线求得。

4）上下柱变阶处质点 m_3（或 m_{3i}）的荷载计算：

$$M_3 \text{ 或 } m_{3i} = 1.0 G_b + 0.5 (G_{cs} + G_{cx}) + 0.5 G_{ws} + k G_{wx} \qquad\qquad (5\text{-}2\text{-}13)$$

式中 　G_{cs}、G_{ws}——上柱自重及下柱范围的墙体自重；

k——墙体自重质量集中系数，柱顶以上墙体自重集中于柱顶处，$k = 1.0$；上柱高度内墙体自重，一半集中于柱顶，一半集中于上下变阶处，$k = 0.5$；下柱墙体自重按该段墙体重心与下柱段顶和底部距离成反比关系分别集中于下段柱的顶部和底部节点处。

3. 水平地震作用效应的计算

1）由上述质点处集中 m 值及相应横向框架计算简图及计算框架刚度、采用振型分解反应谱方法计算可得横向框架自振周期，一般选取前三个振型。

2）根据房屋所在地的建筑结构抗震设防烈度、场地类别、设计地震分组及结构自振周期、建筑结构阻尼比（一般取 0.05）按《建筑抗震设计规范》（GB 50011）提供的地震影响系数曲线（地震反应谱）计算各质点在各振型下的地震影响系数。

3）计算结构 j 振型 i 质点的水平地震作用标准值，按下列公式确定：

$$F_{ji} = \alpha_j \gamma_j X_{ji} G_i \ (i = 1、2 \cdots n, \ j = 1、1 \cdots m) \qquad\qquad (5\text{-}2\text{-}14)$$

$$\gamma_j = \sum_{i=1}^{n} X_{ji} G_i \Big/ \sum_{i=1}^{n} X_{ji}^2 G_i \qquad\qquad (5\text{-}2\text{-}15)$$

式中 F_{ji}——j 振型 i 质点的水平地震作用标准值；

α_j——相应于 j 振型自振周期的地震影响系数，按《建筑抗震设计规范》（GB 50011）第 5.1.4 和第 5.1.5 条确定；

X_{ji}——j 振型 i 质点的水平相对位移；

γ_j——j 振型的参与系数。

4）各质点的水平地震作用效应（弯矩、剪力、轴向力和变形），当相邻振型的周期比小于 0.85 时，可按下式确定：

$$S_{Ek} = \sqrt{\sum S_j^2} \qquad\qquad (5\text{-}2\text{-}16)$$

式中 S_{Ek}——水平地震作用标准值的效应；

S_j——j 振型水平地震作用标准值的效应，可只取前 2～3 振型，当基本自振周期大于 1.5s 或房屋高宽比大于 5 时，振型个数应适当增加。

5）将各质点水平地震作用标准值，按静力分析的方法求得各截面内力值。

6）以上水平地震作用效应计算目前均由计算机进行，对于结构单元仅一端设有山墙（砖墙的厚度为 240mm 或 370mm）、屋面采用大型混凝土屋面板的房屋，当抗震设防烈度为 7 度或 8 度时，此类房屋可按平面模型进行计算，但地震作用效应的计算结果应乘以表 5-2-8 中的增大系数。

表 5-2-8　地震效应增大系数

序号	房屋类型	屋盖长度/m				
		42	54	66	78	90
1	单跨	1.0	1.0	1.0	1.0	1.0

（续）

序号	房屋类型		屋盖长度/m				
			42	54	66	78	90
2	两跨等高		1.0	1.0	1.0	1.1	1.1
3	三跨等高		1.0	1.0	1.1	1.1	1.1
4	两跨不等高（一高一低）	高低跨交接处	1.0	1.0	1.0	1.1	1.2
5		低跨边柱	1.0	1.0	1.0	1.1	1.1
6	三跨不等高（一高二低）	高低跨交接处	1.0	1.0	1.1	1.1	1.2
7		低跨边柱	1.0	1.0	1.0	1.1	1.1
8	四跨不等高（两高两低）	高低跨交接处	1.0	1.1	1.1	1.2	1.2
9		低跨边柱	1.0	1.1	1.1	1.1	1.2

4. 相应重力荷载代表值的荷载效应

在计算地震作用效应组合内力时，尚应考虑下述相应的重力荷载代表值作用于横向框架的静力计算，并求出其相应效应值：

1）永久荷载包括屋盖结构自重、上下柱自重、作用于上下柱的墙体自重、吊车梁自重及作用于横向框架上的管道设备等。

2）屋面可变荷载包括屋面雪荷载、积灰荷载（不考虑屋面活荷载）。

3）起重机荷载，对单跨房屋取一台起重机（取起重机吨位较大者）荷载；多跨房屋每跨取一台起重机荷载，但考虑起重机荷载总数不超过 2 台，此时仅考虑竖向荷载不计入起重机横向水平力所产生效应。

5.2.7 横向框架的荷载组合与内力组合

1）横向框架的荷载组合见表 5-2-9。

表 5-2-9 横向框架的荷载组合

项次	荷载组合	备注
1	由可变荷载效应控制的组合 $$S = 1.3S_{GK} + 1.5S_w \quad (5\text{-}2\text{-}17)$$ $$S = 1.3S_{GK} + 0.9 \times 1.5[S_w + (S_S \text{ 或 } S_L) + S_C + S_D] \quad (5\text{-}2\text{-}18)$$	式中 S——结构构件内力组合的设计值，包括组合的弯矩、轴向力和剪力设计值 S_{GK}——按永久荷载标准值计算的荷载效应值 S_w——按风荷载标准值计算的荷载效应值 S_S——按雪荷载标准值计算的荷载效应值
2	由永久荷载效应控制的组合 $$S = 1.35S_{GK} + 1.5[0.6S_w + 0.7(S_S \text{ 或 } S_L) + \psi_C S_C + \psi_D S_D] \quad (5\text{-}2\text{-}19)$$	S_L——按屋面活荷载标准值计算的荷载效应值 S_C——按起重机荷载标准值计算的荷载效应值 S_D——按屋面积灰荷载标准值计算的荷载效应值
3	与地震作用组合 $$S = 1.2[S_{GK} + (S_S \text{ 或 } S_L) + S_C + S_D] + 1.3\gamma_{RE}S_{Ehk} \quad (5\text{-}2\text{-}20)$$	ψ_C——起重机荷载组合值系数；对于工作级别 A1～A7 的软钩起重机，取 0.7；对于硬钩起重机及工作级别 A8 软钩起重机，取 0.95 ψ_D——积灰荷载组合值系数；对于高炉车间，取 1.0；对于其他产生粉尘车间取 0.9 S_{Ehk}——按水平地震作用标准值计算的地震作用效应值 γ_{RE}——承载力抗震调整系数，对于横梁和柱取 0.75

2）内力组合的目标。用计算机程序进行计算时，可采用排列组合力法，按照可能出现的荷载乘以不同系数来计算组合内力。采用手算组合时可按以下目标进行内力组合，并做出内力组合表，见表 5-2-10。

表 5-2-10　内力组合的目标

序号	内力组合的目标
1	最大正弯矩与相应的轴心力、剪力进行组合，即 $+M_{max}$ 与相应 N、Q 组合
2	最大负弯矩与相应的轴心力、剪力进行组合，即 $-M_{max}$ 与相应 N、Q 组合
3	最大轴心力与相应正弯矩、剪力进行组合，即 N_{max} 与相应 $+M$、Q 组合
4	最大轴心力与相应负弯矩、剪力进行组合，即 N_{max} 与相应 $-M$、Q 组合
5	最小轴心力与相应最大弯矩（正弯矩或负弯矩）、剪力进行组合，即 N_{min} 与相应的 $+M_{max}$（或 $-M_{max}$）、Q 的组合
6	最大 Q_{max} 与相应轴心力（N）和弯矩（M）的组合
7	次大轴心力（N）和相应较大正弯矩（$+M$）或负弯矩（$-M$）值的组合（即轴心力减小并不多，而弯矩增加较多时，柱截面由该组合控制）

3）内力组合时起重机台数。内力组合时起重机台数按表 5-2-11 的规定考虑起重机台数。

表 5-2-11　内力组合时起重机台数

序号	房屋跨数或层数		起重机台数
1	起重机竖向荷载	单跨单层	≤2
2		单层多跨	≤4（柱距较大时，起重机台数按实际情况确定）
3		单跨或多跨的双层起重机	按实际情况考虑
4	起重机水平荷载	单跨或多跨	≤2

4）框架计算时考虑多台起重机的竖向荷载和水平荷载参与组合时，其起重机的荷载标准值应乘以表 5-2-12 中的系数。

表 5-2-12　多台起重机荷载的折减系数

序号	参与组合的起重机台数	起重机的工作制级别	
		A1 ~ A5	A6 ~ A8
1	2	0.9	0.95
2	3	0.85	0.9
3	4	0.8	0.85

注：对于多层起重机的单跨或多跨房屋，计算框（排）架时，参与组合的起重机台数及荷载折减系数应按照工程的实际情况考虑。

5.2.8　框架横向的刚度验算

框架横向的刚度验算按一台最大起重机横向水平荷载标准值作用在跨间两侧吊车梁上翼缘顶面标高处来确定，当房屋内设有重级工作制起重机时，其横向水平允许位移值为：

$$v \leqslant \frac{H_c}{1250} \tag{5-2-21}$$

式中　H_c——自柱脚底面至吊车梁顶面的距离。

房屋内设有夹钳起重机或刚性料耙硬钩起重机时上述数值宜减少 10%。

5.3 纵向平面框架结构抗震计算

房屋的纵向抗震计算，取一个防震缝区段（即结构单元）的长度和宽度为计算单元的长度和宽度。

房屋屋盖的纵向水平刚度较大，特别是对于大型屋面板的无檩屋盖或具有完整屋盖支撑体系的有檩屋盖，在地震作用下房屋沿纵向可以认为是接近刚性体。

注：1. 一般平面布置比较规则的房屋结构，在抗震设计计算时，可按横向和纵向两个方向分别进行验算。若两个方向均满足计算要求，则可认为该结构满足抗震设防的要求。

2. 若厂房跨度不大（$l \leqslant 15m$），高度不大（$H \leqslant 8m$），设有刚性自承重墙（如砖墙并与柱有可靠的拉接），用来承受地震作用，则可按考虑其传递地震作用来进行计算，其计算方法与钢筋混凝土结构厂房相同，则钢结构厂房可不另设纵向抗震体系。

5.3.1 纵向平面框架结构的计算假定

1）单层房屋纵向结构抗震体系由设置在柱顶与吊车梁上面的上柱支撑和吊车梁以下至柱脚处设置的下柱支撑及柱顶系杆（或屋架垂直支撑）、吊车梁（作为中部系杆）形成传力纵向结构体，如图 5-3-1 所示。对于设置桥式起重机的厂房，位于地震区时，在房屋温度区段两端（即防震缝端部）的开间内，应设置上柱支撑。

2）对荷载与结构完全对称的单跨房屋，可按柱列法进行计算；对其他类型房屋，一般采用按空间模型分析法，即假定单层房屋屋面为刚性，柱顶位移相同，然后根据各列纵向刚度，将求得的地震作用进行分配，得到每柱列所承受的地震作用，以此用来验算结构的纵向抗震构件。

3）计算时可假定柱顶系杆、吊车梁与柱的连接均为铰接，为简化计算，假定柱（纵向）与基础连接也为铰接，此时房屋的纵向刚度主要由柱间支撑提供。

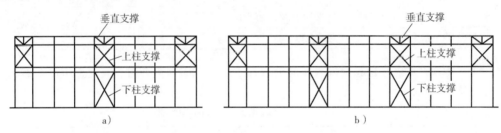

图 5-3-1　单层房屋的纵向结构抗震体系

a）纵向柱列设置一道柱间支撑　b）纵向柱列设置两道柱间支撑

5.3.2 纵向平面框架结构的计算

当厂房在计算单元内的质量和刚度接近对称时，可采用简化方法（底部剪力法）进行计算。

1. 纵向结构抗震计算

采用底部剪力法进行设计计算时，确定基本周期的质点布置如图 5-3-2 所示。

以房屋整体作为计算单元一般按两质点杆件体系，即以屋面和吊车梁底（或柱变阶处）为两质点，托架和吊车梁假设为绝对刚性体不计其变形。

2. 各质点处重力荷载代表值的计算

1）质点 m_1 为屋面荷载（包括恒荷载、活荷载、雪荷载、灰荷载、屋面管道或设备荷载等），上柱范围内

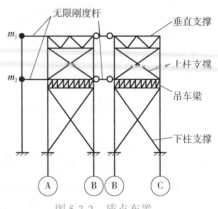

图 5-3-2　质点布置

1/2荷载（部分墙面和上柱自重）及由端部山墙传来的荷载。

2）质点 m_2 为上柱范围及下柱范围荷载之和的 1/2，吊车梁系统的恒荷载以及起重机吊重（吊车桥架按实际情况考虑，硬钩起重机吊重按 2 台考虑）。

3. 房屋纵向构件的刚度计算

由于将房屋整体视为一杆系，则计算每列柱系刚度然后相加即可。常用垂直支撑、柱间支撑在单位力作用下变位 δ_{11} 计算公式见表 5-3-1 及表 5-3-2 相应的刚度。

$$K = \frac{1}{\delta_{11}}$$

4. 纵向结构基本周期的计算

1）二质点杆系基本周期 T_1 按下式计算：

$$T_1 = 1.4 \sqrt{G_1\delta_{11} + G_2\delta_{22} + \sqrt{(G_1\delta_{11} - G_2\delta_{22})^2 + 4G_1G_2\delta_{12}^2}} \tag{5-3-1}$$

2）当双阶柱或高低跨屋面有时还采用三质点杆系计算时，其基本周期 T_1 按下式计算：

$$T_1 = 2\sqrt{\frac{G_1u_1^2 + G_2u_2^2 + G_3u_3^2}{G_1u_1 + G_2u_2 + G_3u_3}} \tag{5-3-2}$$

$$\left.\begin{array}{l} u_1 = G_1\delta_{11} + G_2\delta_{12} + G_3\delta_{13} \\ u_2 = G_1\delta_{21} + G_2\delta_{22} + G_3\delta_{23} \\ u_3 = G_1\delta_{31} + G_2\delta_{32} + G_3\delta_{33} \end{array}\right\} \tag{5-3-3}$$

3）以上计算的基本周期需乘以表 5-2-5 折减系数做周期修正。

5. 纵向结构地震作用下内力计算

1）地震影响系数应根据抗震设防烈度、场地类别、设计地震分组和结构自振周期及阻尼比（建筑结构阻尼比取 0.05，阻尼调整系数 $\eta_2 = 1.0$ 采用）确定。

地震影响系数按下式计算：

$$\alpha = \left(\frac{T_R}{T}\right)^{0.9} \alpha_{max} \tag{5-3-4}$$

式中　　T_R——特征周期；

α_{max}——水平地震影响系数最大值，其值按《建筑抗震设计规范》（GB 50011—2016）的表 5.1.4-1 及表 5.1.4-2 采用（γ 衰减指数应为 0.9）。

2）结构单元底部总剪力计算（标准值）：

$$F_{EK} = \alpha \sum G_E \tag{5-3-5}$$

式中　　$\sum G_E$——结构等效总重力荷载代表值，单质点应取重力荷载代表值，多质点可取重力荷载代表值的 85%。

3）纵向地震作用在各柱列的分配。结构单元内各柱列地震作用的分配依屋面刚度不同按下述要求进行：

①刚性屋面（即钢筋混凝土无檩屋盖）按纵向柱列刚度的比例分配，各柱列应承受的纵向水平地震作用标准值可按下式计算：

$$F_{iEk} = \frac{K_i}{\sum K_i} F_{Ek} \tag{5-3-6}$$

式中　　K_i——各柱列刚度；

$\sum K_i$——各柱列总刚度。

②柔性屋面时（如压型钢板、石棉瓦等轻型屋面）可按柱列承受重力荷载代表值的比例分配，各柱列应承受的纵向水平地震作用标准值可按下式计算：

$$F_{iEk} = \frac{G_i}{\sum G_E} F_{Ek} \tag{5-3-7}$$

式中　G_i——各柱列重力荷载代表值。

注：介于上述二者之间的屋面可取两者之和之半进行分配。

4) 各质点处所作用的纵向水平地震作用力 F_i 按下式计算：

$$F_i = \frac{G_i H_i}{\sum G_i H_i} F_{iEk} \tag{5-3-8}$$

式中　G_i——i 质点的重力荷载代表值；

　　　H_i——i 质点的计算高度。

5) 由 F_i 作用可求得柱间支撑内力（此时应计入荷载分项系数），最后对支撑杆件截面及节点进行验算，柱间支撑设计见第 8 章。

表 5-3-1　垂直支撑在单位力作用下的变位及内力计算

序号	计算图形及内力分布	侧移公式
1		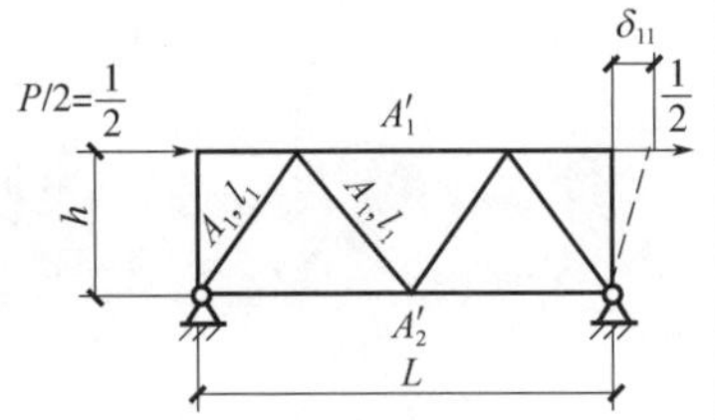 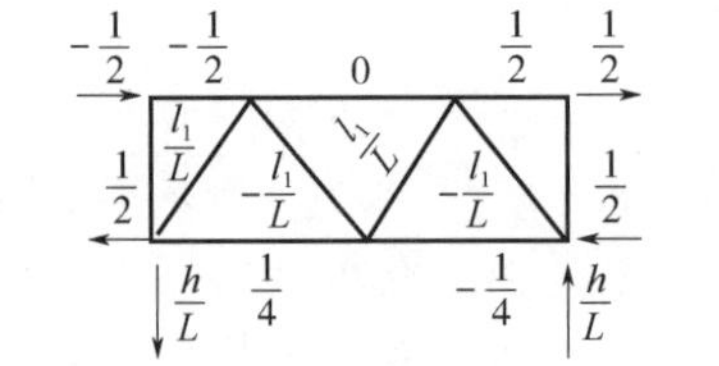 $\delta_{11} = \dfrac{1}{EA_1} \times \dfrac{4L_1^3}{L^2} + \dfrac{1}{EA_1'} \times \dfrac{L}{8} + \dfrac{1}{EA_2'} \times \dfrac{L}{16}$
2		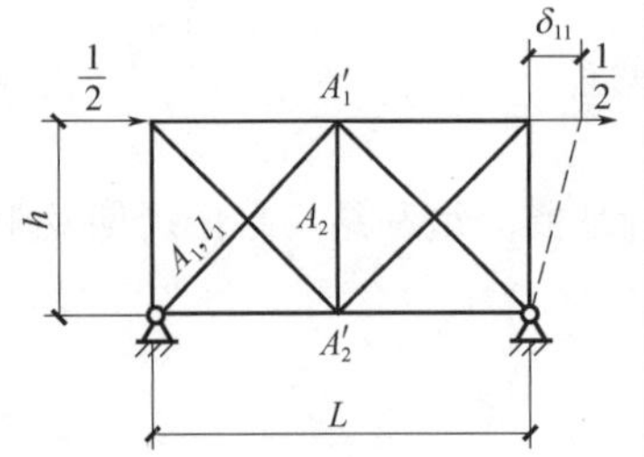 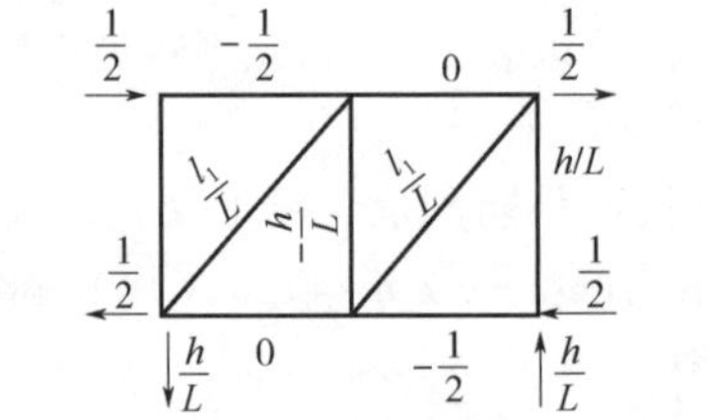 （1）斜杆按拉杆设计（交叉斜杆 $\lambda > 150$ 时）$\delta_{11} = \dfrac{1}{EA_1} \times \dfrac{2L_1^3}{L^2} + \dfrac{1}{EA_2} \times \dfrac{h^3}{L^2} + \dfrac{1}{EA_1'} \times \dfrac{L}{8} + \dfrac{1}{EA_2'} \times \dfrac{L}{8}$
3	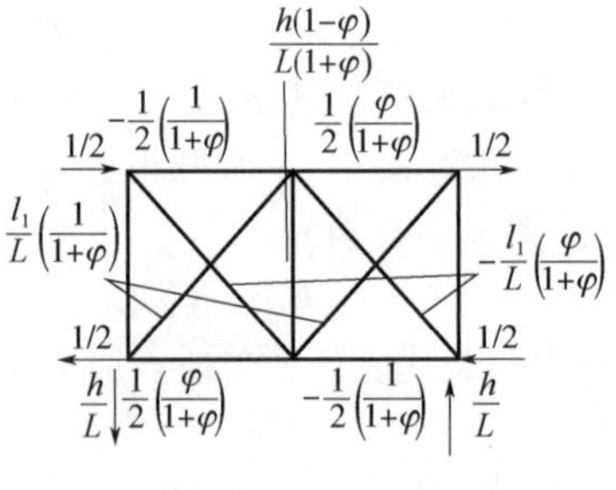	（2）斜杆按拉压杆设计（交叉斜杆 $\lambda \leqslant 150$ 时）$\delta_{11} = \dfrac{1}{EA_1} \times \dfrac{(1+\varphi^2)}{(1+\varphi)^2} \times \dfrac{2L_1^3}{L^2} + \dfrac{1}{EA_1'} \times \dfrac{(1+\varphi^2)}{(1+\varphi)^2} \times \dfrac{L}{8} + \dfrac{1}{EA_2'} \times \dfrac{(1-\varphi^2)}{(1+\varphi)^2} \times \dfrac{L}{8} + \dfrac{1}{EA_2} \times \dfrac{(1-\varphi^2)}{(1+\varphi)^2} \times \dfrac{h^3}{L^2}$
4		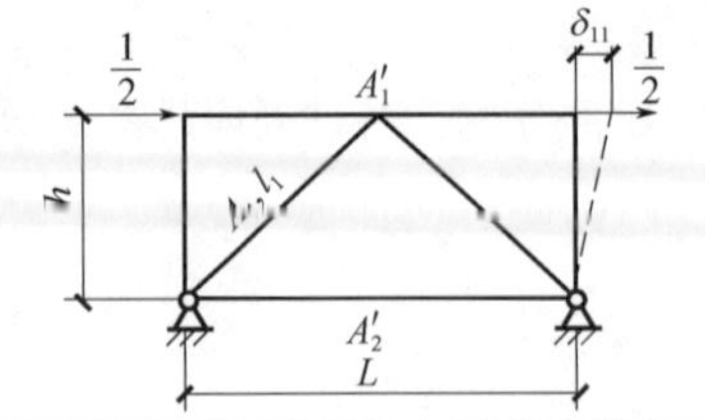 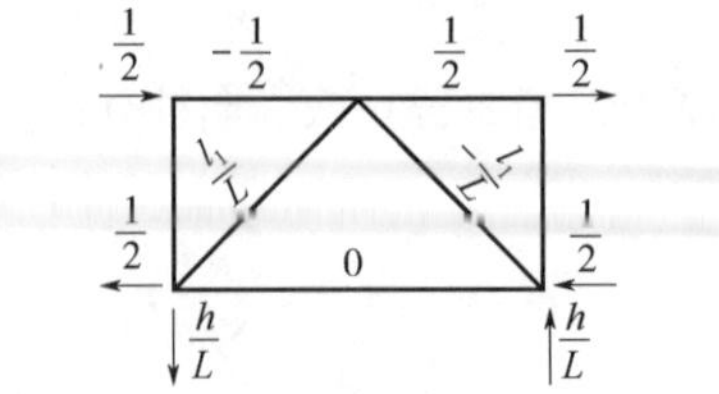 $\delta_{11} = \dfrac{1}{EA_1} \times \dfrac{2l_1^3}{L^2} + \dfrac{1}{EA_1'} \times \dfrac{L}{4}$
5		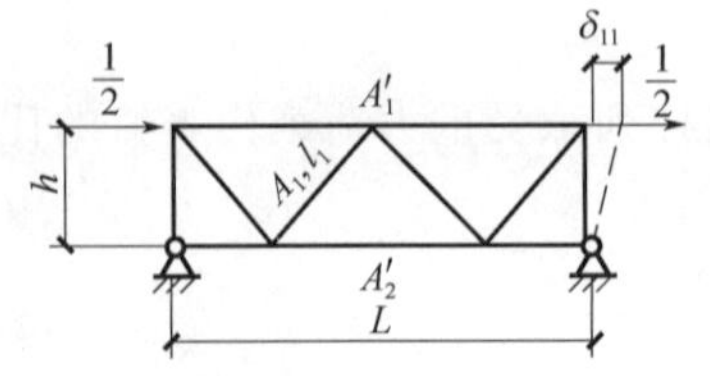 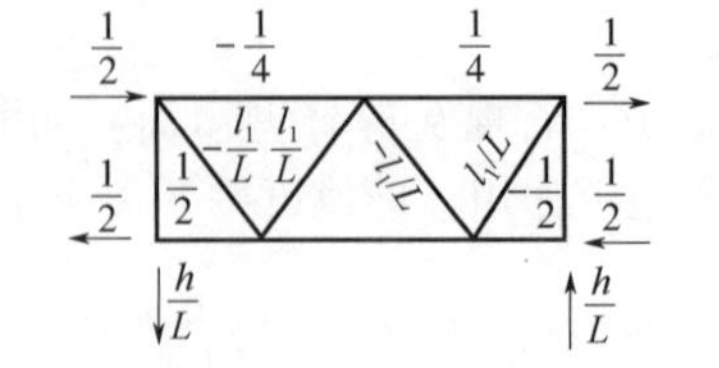 $\delta_{11} = \dfrac{1}{EA_1} \times \dfrac{4l_1^3}{L^2} + \dfrac{1}{EA_1'} \times \dfrac{L}{16} + \dfrac{1}{EA_2'} \times \dfrac{L}{8}$

（续）

序号	计算图形及内力分布	侧移公式
6		$\delta_{11} = \dfrac{1}{EA_1} \times \dfrac{6l_1^3}{L^2} + \dfrac{1}{EA_1'} \times \dfrac{2L}{27} + \dfrac{1}{EA_2'} \times \dfrac{11L}{108}$
7		（1）斜杆按拉杆设计（交叉斜杆 $\lambda > 150$ 时） $\delta_{11} = \dfrac{1}{EA_1} \times \dfrac{l_1^3}{L^2} + \dfrac{1}{EA_1'} \times \dfrac{L}{4} + \dfrac{1}{EA_2'} \times \dfrac{L}{4}$
8		（2）斜杆按拉压杆设计（交叉斜杆 $\lambda \leqslant 150$ 时） $\delta_{11} = \dfrac{1+\varphi^2}{EA_1(1+\varphi)^2} \times \dfrac{l_1^3}{L^2}$

注：1. 计算变形时，忽略柱身变形的影响。

2. 对于交叉支撑，交叉斜杆长细比 $\lambda > 150$ 时宜按拉杆简图设计，否则宜按拉压杆设计。

3. φ 为相应层斜杆的稳定系数，该斜杆的 λ 由《钢结构设计规范》按 B 类曲线查得。

表 5-3-2　柱间支撑（交叉支撑）的变位及内力计算

序号	计算图形及内力分布	侧移公式
1		（1）斜杆按拉杆设计 $\delta_{11} = \dfrac{1}{EA_1} \times \dfrac{l_1^3}{L^2} + \dfrac{1}{EA_2} \times \dfrac{l_2^3}{L^2} + \dfrac{1}{EA_1'} \times \dfrac{L}{4} + \dfrac{1}{EA_2'} \times \dfrac{L}{2}$ $\delta_{12} = \delta_{21} = \dfrac{1}{EA_2} \times \dfrac{l_2^3}{L^2} + \dfrac{1}{EA_2'} \times \dfrac{L}{2}$ $\delta_{22} = \dfrac{1}{EA_2} \times \dfrac{l_2^3}{L^2} + \dfrac{1}{EA_2'} \times \dfrac{L}{4}$
2		（2）斜杆按拉压杆设计 $\delta_{11} = \dfrac{1+\varphi^2}{EA_1(1+\varphi)^2} \times \dfrac{l_1^3}{L^2} + \dfrac{1+\varphi^2}{EA_2(1+\varphi)^2} \times \dfrac{l_2^3}{L^2} + \dfrac{1}{EA_2'} \times \left(\dfrac{1-\varphi}{1+\varphi}\right)^2 \times L$ $\delta_{12} = \delta_{21} = \dfrac{1+\varphi^2}{EA_2(1+\varphi)^2} \times \dfrac{l_2^3}{L^2}$ $\delta_{22} = \dfrac{1+\varphi^2}{EA_2(1+\varphi)^2} \times \dfrac{l_2^3}{L^2}$

（续）

序号	计算图形及内力分布	侧移公式
3		（1）斜杆按拉杆设计
4		（2）斜杆按拉压杆设计

序号 3 侧移公式：

（1）斜杆按拉杆设计

$$\delta_{11} = \frac{1}{EA_1} \times \frac{l_1^3}{L^2} + \frac{1}{EA_2} \times \frac{l_2^3}{L^2} + \frac{1}{EA_3} \times \frac{l_3^3}{L^2} + \frac{1}{EA_1'} \times \frac{L}{4} + \frac{L}{EA_2'} + \frac{L}{EA_3'}$$

$$\delta_{12} = \delta_{21} = \frac{1}{EA_2} \times \frac{l_2^3}{L^2} + \frac{1}{EA_3} \times \frac{l_3^3}{L^2} + \frac{1}{EA_2'} \times \frac{L}{2} + \frac{L}{EA_3'}$$

$$\delta_{22} = \frac{1}{EA_2} \times \frac{l_2^3}{L^2} + \frac{1}{EA_3} \times \frac{l_3^3}{L^2} + \frac{1}{EA_2'} \times \frac{L}{4} + \frac{L}{EA_3'}$$

$$\delta_{13} = \delta_{31} = \frac{1}{EA_3} \times \frac{l_3^3}{L^2} + \frac{1}{EA_3'} \times \frac{L}{2}$$

$$\delta_{23} = \delta_{32} = \frac{1}{EA_3} \times \frac{l_3^3}{L^2} + \frac{1}{EA_3'} \times \frac{L}{2}$$

$$\delta_{33} = \frac{1}{EA_3} \times \frac{l_3^3}{L^2} + \frac{1}{EA_3'} \times \frac{L}{4}$$

序号 4 侧移公式：

（2）斜杆按拉压杆设计

$$\delta_{11} = \frac{1+\varphi^2}{EA_1(1+\varphi)^2} \times \frac{l_1^3}{L^2} + \frac{1+\varphi^2}{EA_2(1+\varphi)^2} \times \frac{l_2^3}{L^2} + \frac{1+\varphi^2}{EA_3(1+\varphi)^2} \times \frac{l_3^3}{L^2} + \frac{1}{EA_1'} \times \left(\frac{1-\varphi}{1+\varphi}\right)^2 L + \frac{1}{EA_3'} \times \left(\frac{1-\varphi}{1+\varphi}\right)^2 L$$

$$\delta_{12} = \frac{1+\varphi^2}{EA_2(1+\varphi)^2} \times \frac{l_2^3}{L^2} + \frac{1+\varphi^2}{EA_3(1+\varphi)^2} \times \frac{l_3^3}{L^2} + \frac{1}{EA_3'} \times \left(\frac{1-\varphi}{1+\varphi}\right)^2 L$$

$$\delta_{22} = \frac{1+\varphi^2}{EA_2(1+\varphi)^2} \times \frac{l_2^3}{L^2} + \frac{1+\varphi^2}{EA_3(1+\varphi)^2} \times \frac{l_3^3}{L^2} + \frac{1}{EA_3'} \times \left(\frac{1-\varphi}{1+\varphi}\right)^2 L$$

$$\delta_{13} = \frac{1+\varphi^2}{EA_3(1+\varphi)^2} \times \frac{l_3^3}{L^2} + \frac{1}{EA_3'} \times \left(\frac{1-\varphi}{1+\varphi}\right)^2 L$$

$$\delta_{23} = \delta_{32} = \frac{1-\varphi^2}{EA_3(1+\varphi)^2} \times \frac{l_3^3}{L^2}$$

$$\delta_{33} = \frac{1+\varphi^2}{EA_3(1+\varphi)^2} \times \frac{l_3^3}{L^2}$$

注：A_1、A_2、A_3——斜腹杆截面面积；

A_1'、A_2'、A_3'——水平杆截面面积；

l_1、l_2、l_3——斜腹杆长度；

L——柱距；

E——弹性模量；

φ——相应层压杆的稳定系数。

第6章 门式刚架轻型房屋钢结构

6.1 概述

门式刚架轻型房屋是梁与柱采用刚性连接单层刚架结构，其屋盖及墙体的围护材料多为轻质建筑材料，具有结构简单、受力合理、自重轻及用钢量小而使用空间大、施工方便等优点，目前多用于工业建筑（可配置起重量 $Q \leqslant 20t$ 的 A1～A5 级桥式起重机或起重量不大于 3t 悬挂起重机）、仓储、超市等商业建筑以及小型机库、体育场馆等公共建筑。门式刚架轻型房屋不适用于具有强侵蚀介质的环境中。门式刚架的构件组成如图 6-1-1 所示。

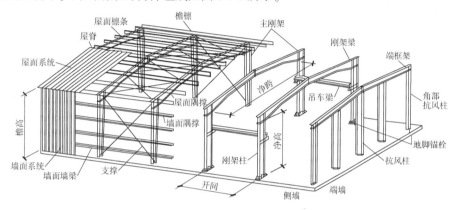

图 6-1-1　门式刚架的构件组成

6.1.1 刚架的分类及截面形式

刚架的分类及截面形式见表 6-1-1。

表 6-1-1　刚架的分类及截面形式

序号	内容		
1	刚架分类	按刚架的跨数分类	1）单跨门式刚架，如图 6-1-2a 所示 2）双跨门式刚架，如图 6-1-2b、f 所示 3）多跨门式刚架，如图 6-1-2c 所示 4）带挑檐门式刚架，如图 6-1-2d 所示 5）带毗屋门式刚架，如图 6-1-2e 所示 6）纵向带夹层门式刚架，如图 6-1-2g 所示 7）端部带夹层门式刚架，如图 6-1-2h 所示
2		按刚架的外形分类	1）山形门式刚架，如图 6-1-3a 所示 2）矩形门式刚架，如图 6-1-3b 所示 3）拱形或折线形门式刚架，如图 6-1-3c 所示 4）带系杆山形门式刚架，如图 6-1-3d 所示 5）斜柱门式刚架，如图 6-1-3e 所示
2	截面形式	刚架柱及刚架梁	1）根据跨度、高度和荷载不同，门式刚架的梁、柱可采用变截面或等截面实腹焊接工字形截面或轧制 H 形截面。设有桥式起重机时，柱宜采用等截面构件。变截面构件宜做成改变腹板高度的楔形；必要时也可改变腹板厚度。结构构件在制作单元内不宜改变翼缘截面，当必要时，仅可改变翼缘厚度；邻接的制作单元可采用不同的翼缘截面，两单元相邻截面高度宜相等 2）门式刚架可由多个梁、柱单元构件组成。柱宜为单独的单元构件，斜梁可根据运输条件划分为若干个单元。单元构件本身应采用焊接，单元构件之间宜通过端板采用高强度螺栓连接

（续）

序号			内容
3	截面形式	柱脚	门式刚架的柱脚宜按铰接支承设计。当用于工业房屋且设有 5t 以上桥式起重机时，应将柱脚设计成刚接

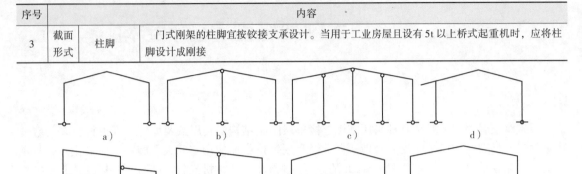

图 6-1-2　根据门式刚架的跨度数分类

a）单跨门式刚架　b）双跨门式刚架　c）多跨门式刚架　d）带挑檐门式刚架　e）带毗屋门式刚架
f）单坡门式刚架　g）纵向带夹层门式刚架　h）端部带夹层门式刚架

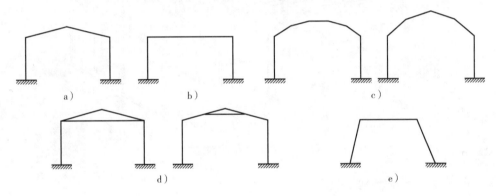

图 6-1-3　根据门式刚架的外形分类

a）山形门式刚架　b）矩形门式刚架　c）拱（折线）形门式刚架　d）带系杆山形门式刚架　e）斜柱门式刚架

6.1.2　结构及墙架布置

结构及墙架布置见表 6-1-2。

表 6-1-2　结构及墙架布置

序号			内容
1	结构布置	房屋钢结构尺寸	1）门式刚架的跨度，应取横向刚架柱轴线间的距离 2）门式刚架的高度，应取室外地面至柱轴线与斜梁轴线交点的高度。高度应根据使用要求的室内净高确定，有起重机的厂房应根据轨顶标高和起重机净空要求确定 3）柱的轴线可取通过柱下端（较小端）中心的竖向轴线，斜梁的轴线可取通过变截面梁段最小端中心与斜梁上表面平行的轴线 4）门式刚架轻型房屋的檐口高度，应取室外地面至房屋外侧檩条上缘的高度。门式刚架轻型房屋的最大高度，应取室外地面至屋盖顶部檩条上缘的高度。门式刚架轻型房屋的宽度，应取房屋侧墙墙梁外皮之间的距离。门式刚架轻型房屋的长度，应取两端山墙墙梁外皮之间的距离
2		房屋跨度	门式刚架的单跨跨度宜为 12~48m。当有根据时，可采用更大跨度。当边柱宽度不等时，其外侧应对齐。门式刚架的间距，即柱网轴线在纵向的距离宜为 6~9m，挑檐长度可根据使用要求确定，宜为 0.5~1.2m，其上翼缘坡度宜与斜梁坡度相同 门式刚架轻型房屋的屋面坡度宜取 $l/8~l/20$，在雨水较多的地区宜取其中的较大值

（续）

序号			内容
3	温度区段	温度区段长度	1）纵向温度区段长度不宜大于300m 2）横向温度区段长度不宜大于150m，当温度区段大于150m时，应考虑温度作用的影响 3）当有可靠依据时，温度区段长度可适当加大
		伸缩缝的做法	1）在搭接檩条的螺栓连接处宜采用长圆孔，该处屋面板在构造上应允许胀缩或设置双柱 2）吊车梁与柱的连接处宜采用长圆孔
4	其他		1）在多跨刚架局部抽掉中间柱或边柱处，宜布置托梁或托架 2）屋面檩条的布置，应考虑天窗、通风屋脊、采光带、屋面材料、檩条供货规格等因素的影响。屋面压型钢板厚度和檩条间距应按计算确定 3）山墙可设置由斜梁、抗风柱、墙梁及其支撑组成的山墙墙架，或采用门式刚架 4）房屋的纵向应有明确、可靠的传力体系。当某一柱列纵向刚度和强度较弱时，应通过房屋横向水平支撑，将水平力传递至相邻柱列
5	墙架结构		1）门式刚架轻型房屋钢结构侧墙墙梁的布置，应考虑设置门窗、挑檐、遮阳和雨篷等构件和围护材料的要求 2）门式刚架轻型房屋钢结构的侧墙，当采用压型钢板作围护墙面时，墙梁宜布置在刚架柱的外侧，其间距应随墙板板型和规格确定，且不应大于计算要求的间距 3）门式刚架轻型房屋的外墙，当抗震设防烈度在8度区以下时，宜采用轻型金属墙板或非嵌砌砌体；当抗震设防烈度为9度时，应采用轻型金属墙板或与柱柔性连接的轻质墙板
6	支撑布置	支撑布置原则	1）每个温度区段、结构单元或分期建设的区段、结构单元应设置独立的支撑系统，与刚架结构一同构成独立的空间稳定体系。施工安装阶段，结构临时支撑的设置尚应符合相关规定 2）柱间支撑与屋盖横向支撑宜设置在同一开间
7	支撑布置	柱间支撑	1）柱间支撑应设在侧墙柱列，当房屋宽度大于60m时，在内柱列宜设置柱间支撑。当有起重机时，每个起重机跨两侧柱列均应设置吊车柱肢的柱间支撑。当起重机起重量等于或大于10t时，其下部柱间支撑宜设计成两片 2）同一柱列不宜混用刚度差异大的支撑形式。在同一柱列设置的柱间支撑共同承担该柱列的水平荷载，水平荷载应按各支撑的刚度进行分配 3）柱间支撑采用的形式宜为门式框架、圆钢或钢索交叉支撑、型钢交叉支撑、方管或圆管人字支撑等。当有起重机时，吊车柱肢牛腿以下交叉支撑应选用型钢交叉支撑 4）当房屋高度大于柱间距2倍时，柱间支撑宜分层设置。当沿柱高有质量集中点、吊车柱肢牛腿或低屋面连接点处应设置相应支撑点 5）柱间支撑的设置应根据房屋纵向柱距、受力情况和温度区段等条件确定。当无起重机时，柱间支撑间距宜取30~45m，端部柱间支撑宜设置在房屋端部第一或第二开间。当有起重机时，吊车柱肢牛腿下部支撑宜设置在温度区段中部，当温度区段较长时，宜设置在三分点内，且支撑间距不应大于50m。牛腿上部支撑设置原则与无起重机时的柱间支撑设置相同 6）柱间支撑的设计，应按支承于柱脚基础上的竖向悬臂桁架计算；对于圆钢或钢索交叉支撑应按拉杆设计，型钢可按拉杆设计，支撑中的刚性系杆应按压杆设计 7）温度区段端部的吊车梁下部的柱间支撑不宜设计成刚性支撑 8）当柱列无法设置柱间支撑时，可采用纵向刚架以保证纵向柱列的刚度
8		屋面的横向支撑及纵向支撑	1）屋面端部横向支撑应布置在房屋端部和温度区段第一或第二开间，当布置在第二开间时应在房屋端部第一开间抗风柱顶部对应位置布置刚性系杆 2）屋面支撑形式可选用圆钢或钢索交叉支撑；当屋面斜梁承受悬挂起重机荷载时，屋面横向支撑应选用型钢交叉支撑。屋面横向交叉支撑节点布置应与抗风柱相对应，并应在屋面梁转折处布置节点 3）屋面横向支撑应按支承于柱间支撑柱顶水平桁架设计；圆钢或钢索应按拉杆设计，型钢可按拉杆设计，刚性系杆应按压杆设计 4）对设有带驾驶室且起重量大于15t桥式起重机的跨间，应在屋盖边缘设置纵向支撑；在有抽柱的柱列，沿托架（托梁）应设置纵向支撑，且应沿托架（托梁）两端各延长一个柱距

（续）

序号		内容
9	隔撑	1）当实腹式门式刚架的梁、柱翼缘受压时，应在受压翼缘侧布置隔撑与檩条或墙梁相连接 2）隔撑应按轴心受压构件设计。轴力设计值 N 可按下式计算，当隔撑成对布置时，每根隔撑的计算轴力可取计算值的 1/2 $$N = Af/(60\cos\theta) \qquad (6\text{-}1\text{-}1)$$ 式中　A——被支撑翼缘的截面面积（mm²） 　　　f——被支撑翼缘钢材的抗压强度设计值（N/mm²） 　　　θ——隔撑与檩条轴线的夹角（°） 3）如图 6-1-4 所示，作为梁柱受压翼缘的侧向支撑，设置在梁柱刚性节点附近的梁柱内翼缘的受压区段，其间距不应大于 $16b\sqrt{235/f_y}$（b 为被支撑的梁柱翼缘的宽度） 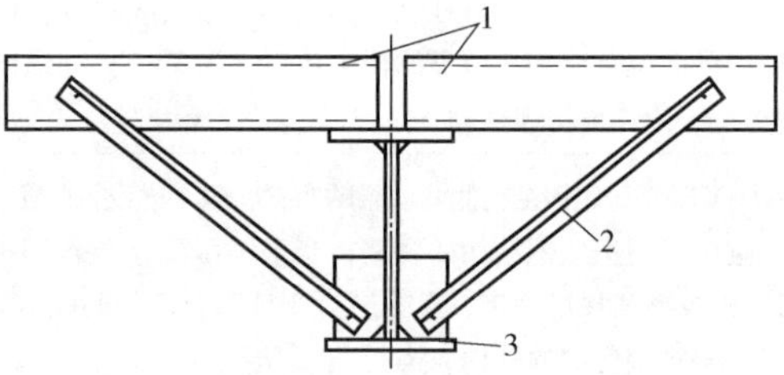 图 6-1-4　隔撑构造 1—檩条　2—隔撑　3—刚架的横梁或柱的翼缘
10	支撑布置 圆钢支撑与连接	1）圆钢支撑与刚架连接节点可用连接板连接，如图 6-1-5 所示 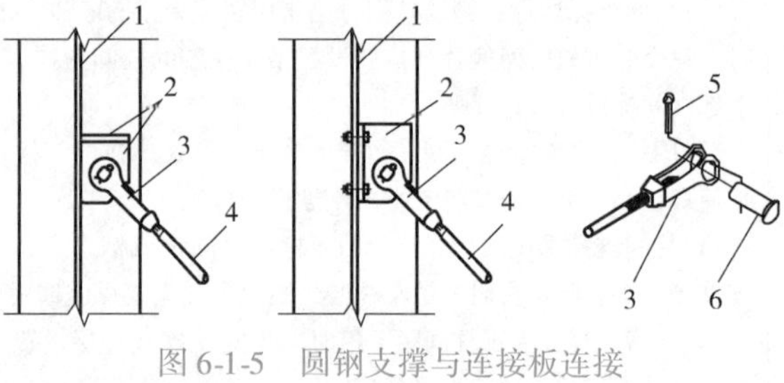 图 6-1-5　圆钢支撑与连接板连接 1—腹板　2—连接板　3—U 形连接夹　4—圆钢　5—开口销　6—插销 2）当圆钢支撑直接与梁柱腹板连接，应设置垫块或垫板且尺寸 B 不小于 4 倍圆钢支撑直径，如图 6-1-6 所示
11		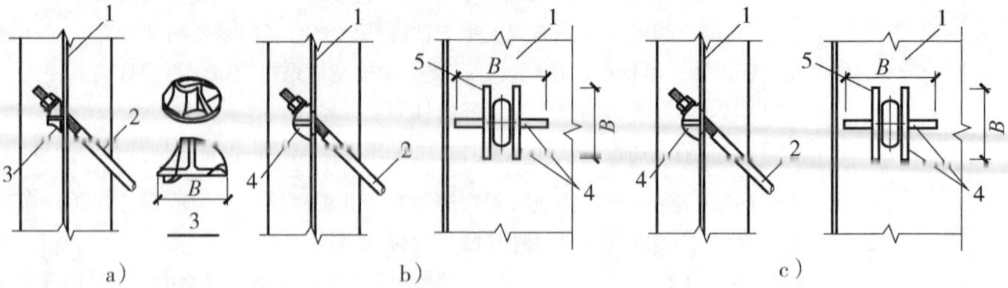 a)　　　　　b)　　　　　c) 图 6-1-6　圆钢支撑与梁（柱）腹板连接 a）弧形垫板之一　b）弧形垫板之二　c）角钢垫块 1—腹板　2—圆钢　3—弧形垫板　4—弧形垫板（厚度≥10mm）　5—单面焊　6—焊接 7—角钢垫块（厚度≥12mm）

6.2　刚架设计的一般规定

6.2.1　材料选用

1）钢材选用应符合下列规定：

①用于承重的冷弯薄壁型钢、热轧型钢和钢板，应采用现行国家标准《碳素结构钢》（GB/T 700）规定的 Q235 钢材和《低合金高强度结构钢》（GB/T 1591）规定的 Q345 钢材。

②门式刚架、吊车梁和焊接的檩条、墙梁等构件宜采用 Q235B 或 Q345A 及以上等级的钢材。非焊接的檩条和墙梁等构件可采用 Q235A 钢材。当有根据时，门式刚架、檩条和墙梁可采用其他牌号的钢材制作。

③用于围护系统的屋面及墙面板材应采用符合现行国家标准《连续热镀锌和锌合金镀层钢板及钢带》（GB/T 2518）、《连续热镀铝锌合金镀层钢板及钢带》（GB/T 14978）和《彩色涂层钢板及钢带》（GB/T 12754）规定的钢板，采用的压型钢板应符合现行国家标准《建筑用压型钢板》（GB/T 12755）的规定。

2）连接件应符合下列规定：

①普通螺栓应符合现行国家标准《六角头螺栓 C 级》（GB/T 5780）和《六角头螺栓》（GB/T 5782）的规定，其力学性能与尺寸规格应符合现行国家标准《紧固件机械性能　螺栓、螺钉和螺柱》（GB/T 3098.1）的规定。

②高强度螺栓应符合现行国家标准《钢结构用高强度大六角头螺栓》（GB/T 1228）、《钢结构用高强度大六角螺母》（GB/T 1229）、《钢结构用高强度垫圈》（GB/T 1230）、《钢结构用高强度大六角头螺栓、大六角螺母、垫圈技术条件》（GB/T 1231）或《钢结构用扭剪型高强度螺栓连接副》（GB/T 3632）的规定。

③连接屋面板和墙面板采用的自攻、自钻螺栓应符合现行国家标准《十字槽盘头自钻自攻螺钉》（GB/T 15856.1）、《十字槽沉头自钻自攻螺钉》（GB/T 15856.2）、《十字槽半沉头自钻自攻螺钉》（GB/T 15856.3）、《六角法兰面自钻自攻螺钉》（GB/T 15856.4）、《六角凸缘自钻自攻螺钉》（GB/T 15856.5）或《开槽盘头自攻螺钉》（GB/T 5282）、《开槽沉头自攻螺钉》（GB/T 5283）、《开槽半沉头自攻螺钉》（GB/T 5284）、《六角头自攻螺钉》（GB/T 5285）的规定。

④抽芯铆钉应采用现行行业标准《标准件用碳素钢热轧圆钢及盘条》（YB/T 4155）中规定的 BL2 或 BL3 圆钢制成，同时应符合现行国家标准《封闭型平圆头抽芯铆钉》（GB/T 12615.1 ~ GB/T 12615.4）、《封闭型沉头抽芯铆钉》（GB/T 12616.1）、《开口型沉头抽芯铆钉》（GB/T 12617.1 ~ GB/T 12617.5）、《开口型平圆头抽芯铆钉》（GB/T 12618.1 ~ GB/T 12618.6）的规定。

⑤射钉应符合现行国家标准《射钉》（GB/T 18981）的规定。

⑥锚栓钢材可采用符合现行国家标准《碳素结构钢》（GB/T 700）规定的 Q235 级钢或符合国家标准《低合金高强度结构钢》（GB/T 1591）规定的 Q345 级钢。

3）焊接材料应符合下列规定：

①焊条电弧焊焊条或自动焊焊丝的牌号和性能应与构件钢材性能相适应，当两种强度等级的钢材焊接时，宜选用与强度较低钢材相匹配的焊接材料。

②焊条的材质和性能应符合现行国家标准《非合金钢及细晶粒钢焊条》（GB/T 5117）、《热强钢焊条》（GB/T 5118）的有关规定。

③焊丝的材质和性能应符合现行国家标准《熔化焊用钢丝》（GB/T 14957）、《气体保护电弧焊用碳钢、低合金钢焊丝》（GB/T 8110）及《非合金钢及细晶粒钢药芯焊丝》（GB/T 10045）、

《热强钢药芯焊丝》（GB/T 17493）的有关规定。

④埋弧焊用焊丝和焊剂的材质和性能应符合现行国家标准《埋弧焊用非合金钢及细晶粒钢实心焊丝、药芯焊丝和焊丝-焊剂组合分类要求》（GB/T 5293）、《埋弧焊用热强钢实心焊丝、药芯焊丝和焊丝-焊剂组合分类要求》（GB/T 12470）的有关规定。

4）钢材及连接材料设计指标

①各牌号钢材的设计用钢材强度值应按表6-2-1采用。

表 6-2-1 设计用钢材强度值 （单位：N/mm²）

牌号	钢材厚度或直径 /mm	抗拉、抗压、抗弯 强度设计值 f	抗剪强度设计值 f_v	屈服强度最小值 f_y	端面承压强度设计值 （刨平顶紧）f_{ce}
Q235	≤6	215	125	235	320
	>6, ≤16	215	125		
	>16, ≤40	205	120	225	
Q345	≤6	305	175	345	400
	>6, ≤16	305	175		
	>16, ≤40	295	170	335	
LQ550	≤0.6	455	260	530	—
	>0.6, ≤0.9	430	250	500	
	>0.9, ≤1.2	400	230	460	
	>1.2, ≤1.5	360	210	420	

注：本表中将550级钢材定名为LQ550仅用于屋面及墙面板。

②焊缝强度设计值应按表6-2-2采用。

表 6-2-2 焊缝强度设计值 （单位：N/mm²）

焊接方法和 焊条型号	牌号	厚度或直径 /mm	对接焊缝				角焊缝
			抗压 f_c^w	抗拉、抗弯 f_t^w		抗剪 f_v^w	抗拉、压、剪 f_f^w
				一、二 级焊缝	三级 焊缝		
自动焊、半自动焊和 E43型焊条的焊条电弧焊	Q235	≤6	215	215	185	125	160
		>6, ≤16	215	215	185	125	
		>16, ≤40	205	205	175	120	
自动焊、半自动焊和 E50型焊条的焊条电弧焊	Q345	≤6	305	305	260	175	200
		>6, ≤16	305	305	265	175	
		>16, ≤40	295	295	250	170	

注：1. 焊缝质量等级应符合国家标准《钢结构工程施工质量验收标准》（GB 50205）的规定。其中厚度小于8mm的对接焊缝，不宜用超声波探伤确定焊缝质量等级。

2. 对接焊缝抗弯受压区强度设计值取 f_c^w，抗弯受拉区强度设计值取 f_t^w。

3. 表中厚度是指计算点钢材的厚度，对轴心受力构件是指截面中较厚板件的厚度。

③螺栓连接的强度设计值应按表6-2-3采用。

表 6-2-3　螺栓连接的强度设计值　　　　　　　（单位：N/mm²）

钢材牌号或性能等级		普通螺栓						锚栓		承压型连接高强度螺栓		
		C 级螺栓			A 级、B 级螺栓							
		抗拉 f_t^b	抗剪 f_v^b	承压 f_c^b	抗拉 f_t^b	抗剪 f_v^b	承压 f_c^b	抗拉 f_t^a	抗剪 f_v^a	抗拉 f_t^b	抗剪 f_v^b	承压 f_c^b
普通螺栓	4.6 级 4.8 级	170	140	—	—	—	—	—	—	—	—	—
	5.6 级	—	—	—	210	190	—	—	—	—	—	—
	8.8 级	—	—	—	400	320	—	—	—	—	—	—
锚栓	Q235	—	—	—	—	—	—	140	80	—	—	—
	Q345	—	—	—	—	—	—	180	105	—	—	—
承压型连接高强度螺栓	8.8 级	—	—	—	—	—	—	—	—	400	250	—
	10.9 级	—	—	—	—	—	—	—	—	500	310	—
构件	Q235	—	—	305	—	—	405	—	—	—	—	470
	Q345	—	—	385	—	—	510	—	—	—	—	590

注：1. A 级螺栓用于 $d \leq 24\text{mm}$ 和 $l \leq 10d$ 或 $l \leq 150\text{mm}$（按较小值）的螺栓；B 级螺栓用于 $d > 24\text{mm}$ 和 $l > 10d$ 或 $l > 150\text{mm}$（按较小值）的螺栓。d 为公称直径，l 为螺杆公称长度。

2. A、B 级螺栓孔的精度和孔壁表面粗糙度，C 级螺栓孔的允许偏差和孔壁表面粗糙度，均应符合国家标准《钢结构工程施工质量验收标准》（GB 50205）的要求。

④冷弯薄壁型钢采用电阻点焊时，每个焊点的受剪承载力设计值应符合现行国家标准《冷弯薄壁型钢结构技术规范》（GB 50018）的规定。当冷弯薄壁型钢构件全截面有效时，可采用现行国家标准《冷弯薄壁型钢结构技术规范》（GB 50018）规定的考虑冷弯效应的强度设计值计算构件的强度。经退火、焊接、热镀锌等热处理的构件不予考虑。

⑤钢材的物理性能指标应按现行国家标准《钢结构设计标准》（GB 50017）的规定采用。

5）当计算下列结构构件或连接时，本节第 4）款规定的强度设计值应乘以相应的折减系数。当下列几种情况同时存在时，相应的折减系数应连乘。

①单面连接的角钢。

A. 按轴心受力计算强度和连接时，应乘以系数 0.85。

B. 按轴心受压计算稳定性时：

等边角钢应乘以系数 $0.6 + 0.0015\lambda$，但不大于 1.0。

短边相连的不等边角钢应乘以系数 $0.5 + 0.0025\lambda$，但不大于 1.0。

长边相连的不等边角钢应乘以系数 0.70。

注：λ 为长细比，对中间无连系的单角钢压杆，应按最小回转半径计算确定。当 $\lambda < 20$ 时，取 $\lambda = 20$。

②无垫板的单面对接焊缝应乘以系数 0.85。

③施工条件较差的高处安装焊缝应乘以系数 0.90。

④两构件采用搭接连接或其间填有垫板的连接以及单盖板的不对称连接应乘以系数 0.90。

⑤平面桁架式檩条端部的主要受压腹杆应乘以系数 0.85。

6）高强度螺栓连接时，钢材摩擦面的抗滑移系数 μ 应按表 6-2-4 的规定采用，涂层连接面的抗滑移系数 μ 应按表 6-2-5 的规定采用。

表 6-2-4　钢材摩擦面的抗滑移系数 (μ)

连接处构件接触面的处理方法		钢材牌号	
		Q235	Q345
普通钢结构	抛丸（喷砂）	0.35	0.40
	抛丸（喷砂）后生赤锈	0.45	0.45
	钢丝刷清除浮锈或未经处理的干净轧制面	0.30	0.35
冷弯薄壁型钢结构	抛丸（喷砂）	0.35	0.40
	热轧钢材轧制面清除浮锈	0.30	0.35
	冷轧钢材轧制面清除浮锈	0.25	—

注：1. 钢丝刷除锈方向应与受力方向垂直。
　　2. 当连接构件采用不同钢号时，μ 按相应较低的取值。
　　3. 采用其他方法处理时，其处理工艺及抗滑移系数值均需要由试验确定。

表 6-2-5　涂层连接面的抗滑移系数 (μ)

表面处理要求	涂装方法及涂层厚度	涂层类别	抗滑移系数 μ
抛丸除锈，达到 Sa2½级	喷涂或手工涂刷，50～75μm	醇酸铁红	0.15
		聚氨酯富锌	
		环氧富锌	
	喷涂或手工涂刷，50～75μm	无机富锌	0.35
		水性无机富锌	
	喷涂，30～60μm	锌加（ZINA）	0.45
	喷涂，80～120μm	防滑防锈硅酸锌漆（HES-2）	

注：当设计要求使用其他涂层（热喷铝、镀锌等）时，其钢材表面处理要求、涂层厚度及抗滑移系数均需要由试验确定。

7) 单个高强度螺栓的预拉力设计值应按表 6-2-6 的规定。

表 6-2-6　单个高强度螺栓的预拉力设计值 P　　　　（单位：kN）

螺栓的性能等级	螺栓公称直径/mm					
	M16	M20	M22	M24	M27	M30
8.8 级	80	125	150	175	230	280
10.9 级	100	155	190	225	290	355

6.2.2　变形的规定

1) 在风荷载或多遇地震标准值作用下的单层门式刚架的柱顶位移值，不应大于表 6-2-7 规定的限值。夹层处柱顶的水平位移限值宜为 $H/250$，H 为夹层处柱高度。

表 6-2-7　刚架柱柱顶位移限值　　　　（单位：mm）

项次	起重机类型	其他情况	柱顶位移限值
1	无起重机房屋	墙体材料为轻型钢墙板	$h/60$
		墙体材料为砌体	$h/240$
2	设有桥式起重机	起重机设有驾驶室	$h/400$
		起重机由地面操作时	$h/180$

注：表中 h 为刚架柱高度。

2）门式刚架受弯构件的挠度限值，不应大于表 6-2-8 的规定。

表 6-2-8 受弯构件的挠度与跨度比限值 （单位：mm）

	构件类别		构件挠度限值
竖向挠度	门式刚架斜梁	仅支承压型钢板屋面和冷弯型钢檩条	$L/180$
		尚有吊顶	$L/240$
		有悬挂起重机	$l/400$
	夹层	主梁	$L/400$
		次梁	$L/250$
	檩条	仅支承压型钢板屋面	$L/150$
		尚有吊顶	$L/240$
	压型钢板屋面板		$L/150$
水平挠度	墙板		$L/100$
	抗风柱或抗风桁架		$L/250$
	墙梁	仅支承压型钢板墙	$L/100$
		支承砌体墙	$L/180$ 且 ≤50

注：1. 表中 L 为跨度。

2. 对门式刚架斜梁，L 取全跨。

3. 对悬臂梁，按悬伸长度的 2 倍计算受弯构件的跨度。

3）由柱顶位移和构件挠度产生的屋面坡度改变值，不应大于屋面坡度设计值的 1/3。

6.2.3 构造要求

1）钢结构构件的壁厚和板件宽厚比应符合下列规定：

①用于檩条和墙梁的冷弯薄壁型钢，壁厚不宜小于 1.5mm。用于焊接主刚架构件腹板的钢板，厚度不宜小于 4mm；当有根据时，腹板厚度可取不小于 3mm。

②构件中受压板件的宽厚比，不应大于现行国家标准《冷弯薄壁型钢结构技术规范》（GB 50018）规定的宽厚比限值；主刚架构件受压板件中，工字形截面构件受压翼缘板自由外伸宽度 b 与其厚度 t 之比，不应大于 $15\sqrt{235/f_y}$；工字形截面梁、柱构件腹板的计算高度 h_w 与其厚度 t_w 之比，不应大于 $250\sqrt{235/f_y}$。当受压板件的局部稳定临界应力低于钢材屈服强度时，应按实际应力验算板件的稳定性，或采用有效宽度计算构件的有效截面，并验算构件的强度和稳定性。

2）构件长细比应符合下列规定：

①受压构件的长细比，不宜大于表 6-2-9 规定的限值。

表 6-2-9 受压构件的长细比限值

构件类别	长细比限值
主要构件	180
其他构件及支撑	220

②受拉构件的长细比，不宜大于表 6-2-10 规定的限值。

表 6-2-10 受拉构件的长细比限值

构件类别	承受静力荷载或间接承受动力荷载的结构	直接承受动力荷载的结构
桁架杆件	350	250
吊车梁或吊车桁架以下的柱间支撑	300	

（续）

构件类别	承受静力荷载或间接承受动力荷载的结构	直接承受动力荷载的结构
除张紧的圆钢或钢索支撑除外的其他支撑	400	

注：1. 对承受静力荷载的结构，可仅计算构件在竖向平面内的长细比。
    2. 对直接或间接承受动力的结构，计算单角钢受拉构件的长细比时，应采用角钢的最小回转半径；在计算单角钢交叉受拉杆件平面外长细比时，应采用与角钢肢边平行轴的回转半径。
    3. 在永久荷载与风荷载组合作用下受压时，其长细比不宜大于 250。

③当地震作用组合的效应控制结构设计时，门式刚架轻型房屋钢结构的抗震构造措施应符合下列规定：

A. 工字形截面构件受压翼缘板自由外伸宽度 b 与其厚度 t 之比，不应大于 $13\sqrt{235/_y}$；工字形截面梁、柱构件腹板的计算高度 h_w 与其厚度 t_w 之比，不应大于 160。

B. 在檐口或中柱的两侧三个檩距范围内，每道檩条处屋面梁均应布置双侧隅撑；边柱的檐口墙檩处均应双侧设置隅撑。

C. 当柱脚刚接时，锚栓的截面面积不应小于柱子截面面积的 0.15 倍。

D. 纵向支撑采用圆钢或钢索时，支撑与柱子腹板的连接应采用不能相对滑动的连接。

E. 柱的长细比不应大于 150。

④其他

A. 刚架的梁柱刚性连接节点的构造应符合结构在使用中梁柱交角不变的假定。在设有起重机的刚架中，梁柱节点宜采用栓-焊刚性连接节点，柱脚宜采用插入式或带柱靴的刚性连接柱脚；无起重机的刚架中，梁柱连接可采用端板接头的连接节点，必要时宜考虑此类节点半刚性与刚性计算假定不一致对变形与内力的不利的影响。

B. 当风力作用较大或刚架跨度较大时，应进行风吸力组合作用下刚架稳定性的验算，并采取加设隅撑、撑杆等构造措施。对于开设门窗口较多的房屋宜按半开敞或局部开敞条件采用相应的风荷载系数。

C. 计算柱脚、锚栓与抗剪键时，应选取相应的不利作用组合。计算柱脚的抗剪键时不考虑锚栓参与工作。

D. 同一工程中所选用的材料规格不宜过多，各类节点、连接构造宜尽量统一或通用化，以方便建筑材料的选购和施工。

E. 门式刚架梁柱的腹板厚度不应小于 4mm，梁翼缘截面不宜小于 - 200 × 6mm，梁变截面段的截面高度变化率不应大于 60mm/m，变截面楔形柱柱脚的截面高度不应小于 200mm，一般采用 250mm 或 300mm。刚架柱和刚架梁相连接的刚节点，其梁、柱的截面高度宜相同或接近。

6.3 荷载及荷载效应组合

作用于门式刚架上的荷载及其荷载效应组合的计算应参照现行《建筑结构荷载规范》（GB 50009）、《建筑抗震设计规范》（GB 50011）的规定进行。由于作用于门式刚架上的荷载类型较少，满荷载概率相对较高，因此设计时应注意荷载参数和荷载效应组合的合理与正确取值。

门式刚架轻钢结构采用的设计荷载包括永久荷载、吊挂荷载、风荷载、雪荷载、屋面活荷载、起重机荷载、积灰荷载、地震作用和温度作用。

吊挂荷载是除永久荷载以外的其他任何材料的自重，包括机械通道、管道、喷淋设施、电气设施、顶棚等，一般可取 $0.1 \sim 0.5\text{kN/m}^2$。此类荷载应按实际作用可一并计入恒荷载考虑，但当风吸力为主导作用效应时，对作用位置和（或）作用时间具有不确定性的吊挂荷载不应考虑其参与组合。

6.3.1　作用于门式刚架上的荷载

1. 永久荷载

（1）结构自重　包括屋面板、檩条、墙梁、支撑、刚架及墙板等自重。初步估算时，永久荷载的总折算荷载值可按 $0.30 \sim 0.55 \mathrm{kN/m^2}$（标准值）近似取用。

（2）吊挂或建筑设施荷载　包括吊顶、管线、天窗、风机及门窗等应按实际质量确定。由于门式刚架钢结构自重较轻，因此，考虑风吸力作用下的荷载组合工况，此时恒荷载的分项系数应取 1.0 或 0.9。

2. 可变荷载

（1）屋面活荷载　当采用压型钢板等轻型屋面时，屋面竖向均布活荷载的标准值（按水平投影面积计算）应取 $0.5 \mathrm{kN/m^2}$。

注：当刚架仅有一个可变荷载且受荷水平投影面积超过 $60 \mathrm{m^2}$ 时，对刚架结构的屋面竖向均布荷载标准值可取 $0.3 \mathrm{kN/m^2}$。

对于刚架的计算，活荷载分布宜按屋面满布和半边（一坡）屋面满布两种状况分别计算。屋面檩条活荷载应按 $0.5 \mathrm{kN/m^2}$ 计算，对于嵌套搭接组成的连续檩条，活荷载分布应适当考虑不利分布情况，可取仅一跨作用有活荷载计算其跨中最大弯矩。

（2）雪荷载　基本雪压按《建筑结构荷载规范》（GB 50009）的规定取用。

1）门式刚架轻型房屋钢结构屋面水平投影面上的雪荷载标准值，应按下式计算：

$$S_\mathrm{k} = \mu_\mathrm{r} S_0 \tag{6-3-1}$$

式中　S_k——雪荷载标准值（$\mathrm{kN/m^2}$）；

　　　μ_r——屋面积雪分布系数；

　　　S_0——基本雪压（$\mathrm{kN/m^2}$），按现行国家标准《建筑结构荷载规范》（GB 50009）规定的 100 年重现期的雪压采用。

2）单坡、双坡、多坡房屋的屋面积雪分布系数应按表 6-3-1 采用。

3）当高低屋面及相邻房屋屋面高低满足 $(h_\mathrm{r} - h_\mathrm{b})/h_\mathrm{b}$ 大于 0.2 时，应按下列规定考虑雪堆积和漂移：

①高低屋面应考虑低跨屋面雪堆积分布，如图 6-3-1 所示。

②当相邻房屋的间距 s 小于 6m 时，应考虑低屋面雪堆积分布，如图 6-3-2 所示。

③当屋面坡度 θ 大于 10°且未采取防止雪下滑的措施时，应考虑高屋面的雪漂移，积雪高度应增加 40%，但最大取 $h_\mathrm{r} - h_\mathrm{b}$；当相邻建筑的间距大于 h_r 或 6m 时，不考虑高屋面的下滑雪，如图 6-3-3 所示。

④当屋面凸出物的水平长度大于 4.5m 时，应考虑屋面雪堆积分布，如图 6-3-4 所示。

表 6-3-1　屋面积雪分布系数

项次	类别	屋面形式及积雪分布系数 μ_r							
1	单跨单坡屋面								
		θ	≤25°	30°	35°	40°	45°	50°	55°	≥60°
		μ_r	1.00	0.85	0.70	0.55	0.40	0.25	0.10	0

（续）

项次	类别	屋面形式及积雪分布系数 μ_r		
2	单跨双坡屋面	均匀分布的情况	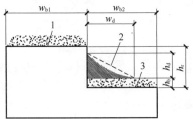	
		不均匀分布的情况		
		μ_r 按第1项规定采用		
3	双跨双坡屋面	均匀分布情况		
		不均匀分布情况1		
		不均匀分布情况2		
		μ_r 按第1项规定采用		

注：1. 对于双跨双坡屋面，当屋面坡度不大于1/20时，内屋面可不考虑表中第3项规定的不均匀分布的情况，即表中的雪分布系数1.4及2.0均按1考虑。

2. 多跨屋面的积雪分布系数，可按第3项的规定考虑。

图 6-3-1　高低跨屋面雪堆积分布
1—高屋面　2—积雪区　3—低屋面

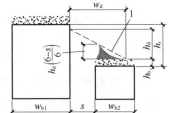

图 6-3-2　相邻房屋低屋面雪堆积分布
1—积雪区

图 6-3-3　高屋面雪漂移低屋面雪堆积分布
1—漂移积雪　2—积雪区　3—屋面雪荷载

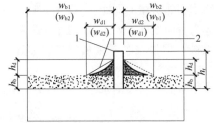

图 6-3-4　屋面有凸出物时雪堆积分布
1—凸出屋面物体　2—积雪区

⑤积雪堆积高度 h_d 应按下式计算，采用两式中最大值：

$$h_d = 0.416 \sqrt[3]{w_{b1}} \sqrt[4]{S_0 + 0.479} - 0.457 \leqslant h_r = h_b \tag{6-3-2}$$

$$h_d = 0.208 \sqrt[3]{w_{b2}} \sqrt[4]{S_0 + 0.479} - 0.457 \leqslant h_r = h_b \tag{6-3-3}$$

式中　h_d——积雪堆积高度（m），如图 6-3-1 及图 6-3-2 所示；

　　　h_r——相邻高低屋面高差（m）；

　　　h_b——按屋面基本雪压标准值确定的雪荷载高度（m）；$h_b = 100S_0/\rho$，ρ 为积雪的平均密度（kg/m³）；

w_{b1}、w_{b2}——高屋面和低屋面长度或宽度，最小值取 7.5m。

⑥积雪堆积长度 w_d 按下式计算：

当 $h_d \leqslant h_r - h_b$ 时，$\qquad\qquad w_d = 4h_d$ $\qquad\qquad$ (6-3-4)

当 $h_d > h_r - h_b$ 时，$\qquad w_d = 4h_d^2 / (h_r - h_b) \leqslant 8(h_r - h_b)$ $\qquad$ (6-3-5)

⑦堆积雪荷载的最高点荷载值 S_{max} 的计算：

$$S_{max} = h_d \rho \qquad\qquad (6-3-6)$$

4）各地区积雪的平均密度 ρ 按下列规定取值：

①东北/新疆地区，$\rho = 180 \mathrm{kg/m^3}$。

②华北/西北地区，$\rho = 160 \mathrm{kg/m^3}$。

③淮河/秦岭以南地区，$\rho = 180 \mathrm{kg/m^3}$，其中浙江/江西，$\rho = 230 \mathrm{kg/m^3}$。

5）结构构件设计时应按下列规定考虑积雪的分布：

①屋面板及檩条设计时应按积雪不均匀分布最不利情况考虑。

②刚架斜梁设计时应按全跨积雪的均匀分布、不均匀分布和半跨积雪的均匀分布，按最不利情况考虑。

③刚架柱设计时应按全跨积雪的均匀分布考虑。

（3）积灰荷载　屋面积灰荷载按《建筑结构荷载规范》（GB 50009）的规定取用。

（4）风荷载　门式刚架轻钢结构计算时，风荷载作用面积应取垂直于风向的最大投影面积，垂直于房屋表面的单位面积的风荷载标准值应按下式计算：

$$w_k = \beta \mu_w \mu_z w_0 \qquad\qquad (6-3-7)$$

式中　w_k——风荷载标准值（$\mathrm{kN/m^2}$）；

$\qquad$ w_0——基本风压（$\mathrm{kN/m^2}$），按现行国家标准《建筑结构荷载规范》（GB 50009）的规定值采用；

$\qquad$ μ_z——风荷载高度变化系数，按现行国家标准《建筑结构荷载规范》（GB 50009）的规定值采用；当高度小于 10m 时，应按 10m 高度处的数值采用；

$\qquad$ μ_w——风荷载系数，考虑内、外风压最大值的组合；

$\qquad$ β——系数，计算主刚架时取 1.1；计算檩条、墙梁、屋面板和墙面板及其连接时，取 $\beta = 1.5$。

1）对于门式刚架轻型房屋，当屋面坡度 α 不大于 10°、房屋高度不大于 18m、房屋高宽比不大于 1.0 时，风荷载系数按下列规定采用。不符合以上规定时应按《建筑结构荷载规范》（GB 50009）的规定值采用。

①主刚架的横向风荷载系数，如图 6-3-5 所示，按表 6-3-2 的规定采用。

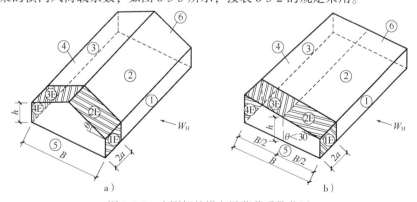

图 6-3-5　主刚架的横向风荷载系数分区
a）双坡屋面横向　b）单坡屋面横向

θ——屋面坡度角，为屋面与水平的夹角　B——房屋宽度　h——屋顶至室外地面的平均高度，双坡屋面可近似取檐口高度，单坡屋面可取跨中高度　a——计算围护结构构件时的房屋边缘带宽度，取房屋最小水平尺寸的 10% 或 $0.4h$ 之中较小值，但不得小于房屋最小尺寸的 4% 或 1m　W_H——横风向来风

注：图中①、②、③、④、⑤、⑥、1E、2E、3E、4E 为分区编号。

表 6-3-2 主刚架横向风荷载系数

房屋类型	屋面坡度角 θ	荷载工况	端区系数				中间区系数				山墙
			1E	2E	3E	4E	1	2	3	4	5 和 6
封闭式	0°≤θ≤5°	(+i)	+0.43	-1.25	-0.71	-0.60	+0.22	-0.87	-0.55	-0.47	-0.63
		(-i)	+0.79	-0.89	-0.35	-0.25	+0.58	-0.51	-0.19	-0.11	-0.27
	θ=10.5°	(+i)	+0.49	-1.25	-0.76	-0.67	+0.26	-0.87	-0.58	-0.51	-0.63
		(-i)	+0.85	-0.89	-0.40	-0.31	+0.62	-0.51	-0.22	-0.15	-0.27
	θ=15.6°	(+i)	+0.54	-1.25	-0.81	-0.74	+0.30	-0.87	-0.62	-0.55	-0.63
		(-i)	+0.90	-0.89	-0.45	-0.38	+0.66	-0.51	-0.26	-0.19	-0.27
	θ=20°	(+i)	+0.62	-1.25	-0.87	-0.82	+0.35	-0.87	-0.66	-0.61	-0.63
		(-i)	+0.98	-0.89	-0.51	-0.46	+0.71	-0.51	-0.30	-0.25	-0.27
	30°≤θ≤45°	(+i)	+0.51	+0.09	-0.71	-0.66	+0.38	+0.03	-0.61	-0.55	-0.63
		(-i)	+0.87	+0.45	-0.35	-0.30	+0.74	+0.39	-0.25	-0.19	-0.27
部分封闭式	0°≤θ<5°	(+i)	+0.06	-1.62	-1.08	-0.98	-0.15	-1.24	-0.92	-0.84	-1.00
		(-i)	+1.16	-0.52	+0.02	+0.12	+0.95	-0.14	+0.18	+0.26	+0.10
	θ-10.5°	(+i)	+0.12	-1.62	-1.13	-1.04	-0.11	-1.24	-0.95	-0.88	-1.00
		(-i)	+1.22	-0.52	-0.03	+0.06	+0.99	-0.14	+0.15	+0.22	+0.10
	θ=15.6°	(+i)	+0.17	-1.62	-1.20	-1.11	+0.07	-1.24	-0.99	-0.92	-1.00
		(-i)	+1.27	-0.52	-0.10	-0.01	+1.03	-0.14	+0.11	+0.18	+0.10
	θ=20°	(+i)	+0.25	-1.62	-1.24	-1.19	-0.02	-0.24	-1.03	-0.98	-1.00
		(-i)	+1.35	-0.52	-0.14	-0.09	+1.08	-0.14	+0.07	+0.12	+0.10
	30°≤θ≤45°	(+i)	+0.14	-0.28	-1.08	-1.03	+0.01	-0.34	-0.98	-0.92	-1.00
		(-i)	+1.24	+0.82	+0.02	+0.07	+1.11	+0.76	+0.12	+0.18	+0.10
敞开式	0°≤θ≤10°	平衡	+0.75	-0.50	-0.50	-0.75	+0.75	-0.50	-0.50	-0.75	-0.75
		不平衡	+0.75	-0.20	-0.60	-0.75	+0.75	-0.20	-0.60	-0.75	-0.75
	10°<θ≤25°	平衡	+0.75	-0.50	-0.50	-0.75	+0.75	-0.50	-0.50	-0.75	-0.75
		不平衡	+0.75	+0.50	-0.75	-0.75	+0.75	+0.50	-0.75	-0.75	-0.75
		不平衡	+0.75	+0.15	-0.65	-0.75	+0.75	+0.15	-0.65	-0.75	-0.75
	25°<θ≤45°	平衡	+0.75	-0.50	-0.50	-0.75	+0.75	-0.50	-0.50	-0.75	-0.75
		不平衡	+0.75	+1.40	+0.20	-0.75	+0.75	+1.40	-0.20	-0.75	-0.75

注：1. 封闭式和部分封闭式房屋荷载工况中的 (+i) 表示内压为压力，(-i) 表示内压为吸力。敞开式房屋荷载工况中的平衡表示 2 区和 3 区、2E 区和 3E 区风荷载情况相同，不平衡表示不同。

2. 表中正号和负号表示风力朝向板面和离开板面。

3. 未给出的 θ 值系数可用线性插值。

4. 当 2 区的屋面压力系数为负时，该值适用于 2 区从屋面边缘算起垂直于檐口方向延伸宽度为房屋最小水平尺寸 0.5 倍或 2.5h 的范围，取二者中的较小值。2 区的其余面积，直到屋脊线，应采用 3 区的系数。

②主刚架的纵向风荷载系数，如图 6-3-6 所示，按表 6-3-3 的规定采用。

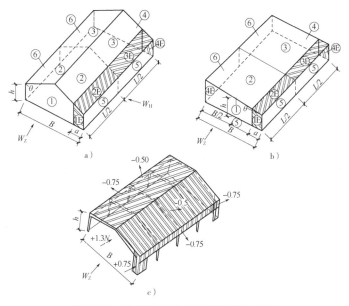

图 6-3-6　主刚架的纵向风荷载系数分区

a）双坡屋面纵向　b）单坡屋面纵向　c）敞开式房屋纵向

W_Z—纵风向来风

注：图中①、②、③、④、⑤、⑥、①E、②E、③E、④E为分区编号。

表 6-3-3　主刚架纵向风荷载系数

房屋类型	荷载工况	端区系数				中间区系数				侧墙
		1E	2E	3E	4E	1	2	3	4	5 和 6
封闭式	（+i）	+0.43	−1.25	−0.71	−0.61	+0.22	−0.87	−0.55	−0.47	−0.63
	（−i）	+0.79	−0.89	−0.35	−0.25	+0.58	−0.51	−0.19	−0.11	−0.27
部分封闭式	（+i）	+0.06	−1.62	−1.08	−0.98	−0.15	−1.24	−0.92	−0.84	−1.00
	（−i）	+1.16	−0.52	+0.02	+0.12	+0.95	−0.14	+0.18	+0.26	+0.10
敞开式	按图 6-3-6c 取值									

注：1. 敞开式房屋中的 0.75 风荷载系数适用于房屋表面的任何覆盖面。

2. 敞开式屋面在垂直于屋脊的平面上，刚架投影实腹区最大面积应乘以 $1.3N$ 系数，采用该系数时，应满足下列条件：$0.1 \leq \varphi \leq 0.3$，$1/6 \leq h/B \leq 6$，$S/B \leq 0.5$。其中，$\varphi$ 是刚架实腹部分与山墙毛面积的比值；N 是横向刚架的数量。

（5）起重机荷载

1）桥（梁）式起重机或悬挂起重机的竖向荷载应按起重机的最不利位置取值。起重机荷载的动力系数仅对直接作用的构件（吊车梁）考虑，计算刚架时可不考虑。

2）对于桥式起重机应考虑纵向和横向水平荷载作用，对于手动起重机及电动葫芦（包括以电动葫芦作为小车的单梁起重机、悬挂起重机）不考虑水平荷载作用。

（6）地震作用　门式刚架轻型房屋钢结构的抗震设防类别和抗震设防标准，应按现行国家标准《建筑工程抗震设防分类标准》（GB 50223）的规定采用。

1）对于普通门式刚架结构，当抗震设防烈度小于 8 度；或起重机吨位不超过 20t 且设防烈度不大于 7 度时，可不考虑抗震设计。

2）当含有钢筋混凝土夹层结构时，应按照现行国家标准《建筑抗震设计规范》（GB 50011）进行抗震设计。

3）对于有局部钢筋混凝土楼板的夹层情况，可仅考虑局部夹层钢结构部分按抗震规范设计，对其他结构部分如扩大一倍地震力内力组合仍不控制设计时，可不考虑抗震设计。

4）质量与刚度分布明显不对称的结构，应计算双向水平地震作用并计入扭转的影响；一般情况下，可按房屋的两个主轴方向分别计算水平地震作用，应考虑偶然偏心的影响，每层质心沿垂直于地震作用方向的偏移值可按下式采用：

矩形平面： $$e_i = \pm 0.05L_i \qquad\qquad (6\text{-}3\text{-}8)$$

其他平面： $$e_i \pm 0.172r_i \qquad\qquad (6\text{-}3\text{-}9)$$

式中 e_i——第 i 层的质心偏移量，各楼层质心偏移方向相同；

$\quad\quad L_i$——第 i 层垂直于地震作用方向的建筑物长度；

$\quad\quad r_i$——第 i 层相应质量所在楼层平面的回转半径。

5）对于抗震设防烈度为 6 度、7 度地区的以压型钢板作为围护材料的铰接柱脚单层门式刚架房屋一般可不进行抗震验算。

6）对于抗震设防烈度为 8 度及以上的房屋，且房屋的跨度较大、高度很高，或宽度方向有多排摇摆柱时，其刚架可按《建筑抗震设计规范》（GB 50011）的规定进行水平地震作用效应下刚架横向或竖向地震作用组合下的验算。计算时，阻尼比可取 0.05。

7）刚架地震作用计算。工程实践经验表明：对于轻型屋面的门式刚架，当抗震设防烈度为 7 度且基本风压大于 $0.35kN/m^2$ 或 8 度（Ⅰ、Ⅱ 场地）且基本风压大于 $0.45kN/m^2$ 时，地震作用组合一般不起作用，对于刚架构件仅进行基本内力计算。抗震设防烈度为 8 度和 9 度时，应计算竖向地震作用，可分别取该结构重力荷载代表值的 10% 和 20%，设计基本地震加速度为 $0.30g$ 时，可取该结构重力荷载代表值的 15%。

8）计算地震作用时还应考虑墙体对地震作用的影响。

6.3.2 荷载组合

1. 荷载组合的原则

1）屋面均布活荷载不与雪荷载同时考虑，应取两者中的较大值。

2）积灰荷载与雪荷载或屋面均布活荷载中的较大值同时考虑。

3）施工或检修集中荷载不与屋面材料或檩条自重以外的其他荷载同时考虑。

4）多台起重机的组合应符合现行国家标准《建筑结构荷载规范》（GB 50009）的规定。

5）风荷载不与地震作用同时考虑。

地震设计状况下，荷载和地震作用基本组合的分项系数应按表 6-3-4 采用。当重力荷载效应对结构的承载力有利时，表 6-3-4 中 γ_G 不应大于 1.0。

表 6-3-4 地震设计状况时荷载和地震作用的分项系数

参与组合的荷载和作用	γ_G	γ_{Eh}	γ_{Ev}	说明
重力荷载及水平地震作用	1.2	1.3	—	
重力荷载及竖向地震作用	1.2	—	1.3	8 度、9 度抗震设计时考虑
重力荷载、水平地震及竖向地震作用	1.2	1.3	0.5	8 度、9 度抗震设计时考虑

2. 荷载效应组合

构件截面的验算应选择控制截面的最不利荷载组合。对框架梁一般应选用 M_{max} 的组合，同时也应注意判断或选用稍次于 M_{max} 并能形成 Q_{max} 的组合；对于柱的刚接上、下端截面，应选择 M_{max} 及相应 N 尽可能大的组合、N_{max} 相应 M 尽可能大的组合；同时对于柱脚锚栓、抗剪连接件的计算尚应考虑 M_{max} 相应 N 尽可能小、V_{max} 相应 N 尽可能小的组合。

各种荷载效应组合在以下公式中选用：

1）活（或雪）荷载控制之一 $\quad S = 1.2S_{Gk} + 1.4S_{Qk} \qquad\qquad (6\text{-}3\text{-}10)$

2）活（或雪）荷载控制之一 $\quad S = 1.35S_{Gk} + 0.7 \times 1.4S_{Qk} \qquad\qquad (6\text{-}3\text{-}11)$

3）活（或雪）荷载控制之二 $\quad S = 1.2S_{Gk} + 1.4S_{Qk} + 0.6 \times 1.4S_{wk} \qquad\qquad (6\text{-}3\text{-}12)$

4）活（或雪）荷载控制之二　$S = 1.2S_{Gk} + 0.7 \times 1.4S_{Qk} + 1.4S_{wk}$ 　　　　　　　　　（6-3-13）

5）风荷载控制之一　$S = 1.0S_{Gk} + 1.4S_{wk}$ 　　　　　　　　　　　　　　　　　（6-3-14）

6）水平地震作用控制　$S = 1.2S_{GE} + 1.3S_{Ehk} + (0.5 \times 1.3S_{Evk})$ 　　　　　　　（6-3-15）

7）竖向地震作用控制　$S = 1.2S_{GE} + 0.5 \times 1.3S_{Ehk} + 1.3S_{Evk}$ 　　　　　　　（6-3-16）

8）竖向地震作用控制　$S = 1.0S_{GE} + 1.3S_{Ehk}$ 　　　　　　　　　　　　　　　（6-3-17）

9）温度作用组合之一　$S = 1.0S_{Gk} + 1.4S_{Tk}$ 　　　　　　　　　　　　　　　（6-3-18）

10）温度作用组合之一　$S = 1.2S_{Gk} + 1.4S_{Tk} + 0.7\gamma_Q S_{Qk}$ 　　　　　　　　　（6-3-19）

6.4　门式刚架构件的设计

6.4.1　门式刚架内力计算方法与计算假定

1. 计算假定

1）确定门式刚架构件的计算简图时，对等截面对称构件按截面中心线取用，对于变截面柱按柱小端中心线，对于变截面梁取横梁最小截面高度中心以平行于刚架坡度确定。

2）门式刚架应采用弹性分析方法确定构件内力。

3）门式刚架按平面结构计算，一般不考虑屋面板的蒙皮效应。

2. 内力计算方法

门式刚架设计计算宜采用通用或专用计算程序进行。变截面门式刚架的内力可采用有限元法（直接刚度法）计算，计算时应将杆件分段划分单元，可采用楔形单元或等刚度单元，其划分单元长度按单元两端惯性矩 I 的比值不小于 0.8 来确定单元长度，并取单元中间截面的惯性矩 I 值进行计算。

6.4.2　门式刚架构件计算的基本要求

1. 刚架横梁计算的基本要求

1）实腹式刚架横梁按压弯构件计算强度，一般仅验算平面外的稳定性；只有当刚架横梁坡度大于 1:10 或刚架横梁存在有较大轴向力时才补充验算横梁平面内的稳定性。

2）验算实腹式刚架横梁平面外稳定时，其平面外的计算长度应取横梁截面的上、下翼缘均同时被支撑的侧向支撑点间的距离，一般为屋盖横向水平支撑交叉点之间的距离，该处设有隅撑保证横梁下翼缘的稳定。

3）当实腹式刚架横梁在负弯矩作用下使其钢梁的下翼缘受压时，必须在受压翼缘的侧面设置隅撑以保证刚架梁的整体稳定性，隅撑的间距可取横梁受压翼缘宽度的 $16b\sqrt{235/f_y}$ 倍（b 为被支撑的梁翼缘的宽度）。

4）实腹式刚架横梁在侧向支撑点间为变截面时，其平面外稳定的验算应参照变截面柱在刚架平面外的稳定进行，但截面特性按有效截面面积计算。

5）格构式刚架柱应按压弯构件计算其强度和弯矩作用平面内和平面外的稳定性。

6）隅撑应按压杆设计，其轴向力设计值 N 可按下式计算，当隅撑成对布置时可取计算值的 1/2。

$$N = Af/(60\cos\theta)$$

式中　A——被支撑构件翼缘的截面面积（mm^2）；

　　　f——被支撑构件翼缘钢材的抗压强度设计值（N/mm^2）；

　　　θ——檩条与被支撑构件间的夹角（°）。

2. 刚架柱计算的基本要求

1）实腹式刚架柱应按压弯构件计算其强度和弯矩作用平面内、外的稳定性。

2）等截面实腹式刚架柱平面内和平面外的稳定性，应按本手册第 3.2.3 节的有关规定进行计算，其截面特性按有效截面面积取用。

3）计算平面外稳定时，钢柱平面外的计算长度为柱间支撑的支承点间距离，当柱间支撑仅与柱子的一个翼缘（或其附近）连接时，应在此处设置隅撑（连接于另一翼缘和墙梁上）以支撑该柱子全截面。对于工字形截面柱由于双主轴方向的回转半径相差较多，所以一般均采用中间带撑杆的交叉支撑。

4）变截面柱下端为铰接时，应验算柱端的受剪承载力。当不满足要求时，应对该处的腹板进行加强。

5）格构式刚架柱应按压弯构件计算其强度和弯矩作用平面内、外的稳定性。

6）格构式刚架柱应按桁架分析，计算其弦杆、腹杆的轴力，按轴心受力构件分别计算其强度和稳定性。

7）变截面刚架柱（仅高度变化）可不计算其强度，仅按压弯构件计算平面内、外的稳定性。对工字形截面考虑屈曲后强度时，则应计算强度。

6.4.3 门式刚架构件计算

门式刚架构件计算见表 6-4-1。

表 6-4-1 门式刚架构件计算

序号	构件类别	计算公式	备注
1		1）当工字形截面构件腹板受弯及受压，板幅利用屈曲后强度时，应按有效宽度计算截面特性。受压区有效宽度应按下式计算： $$h_e = \rho h_c \qquad (6\text{-}4\text{-}1)$$	式中 h_e——腹板受压区有效宽度（mm） h_c——腹板受压区宽度（mm） ρ——有效宽度系数，$\rho > 1.0$ 时，取 1.0
2	刚架屈曲后的强度利用	2）有效宽度系数 ρ 应按下列公式计算： $$\rho = \frac{1}{(0.243 + \lambda_p^{1.25})^{0.9}} \qquad (6\text{-}4\text{-}2)$$ $$\lambda_p = \frac{h_w/t_w}{28.1\sqrt{k_\sigma}\sqrt{235/f_y}} \qquad (6\text{-}4\text{-}3)$$ $$k_\sigma = \frac{16}{\sqrt{(1+\beta)^2 + 0.112(1-\beta)^2} + (1+\beta)} \qquad (6\text{-}4\text{-}4)$$ $$\beta = \sigma_2/\sigma_1 \qquad (6\text{-}4\text{-}5)$$	式中 λ_p——与板件受弯、受压有关的参数，当 $\sigma_1 < f$ 时，计算 λ_p 可用 $\gamma_R \sigma_1$ 代替式（6-4-3）中的 f_y，γ_R 为抗力分项系数，对 Q235 和 Q345 钢，γ_R 取 1.1 h_w——腹板的高度（mm），对楔形腹板取板幅平均高度 t_w——腹板的厚度（mm） k_σ——杆件在正应力作用下的屈曲系数 β——截面边缘正应力比值，如图 6-4-1 所示，$-1 \leqslant \beta \leqslant 1$ σ_1、σ_2——板边最大和最小应力，且 $|\sigma_2| \leqslant |\sigma_1|$
3		3）腹板有效宽度应按下列规则分布，如图 6-4-1 所示：当截面全部受压，即 $\beta \geqslant 0$ 时 $$h_{e1} = 2h_e/(5-\beta) \qquad (6\text{-}4\text{-}6)$$ $$h_{e2} = h_e - h_{e1} \qquad (6\text{-}4\text{-}7)$$ 当截面部分受拉，即 $\beta < 0$ 时 $$h_{e1} = 0.4h \qquad (6\text{-}4\text{-}8)$$ $$h_{e2} = 0.6h \qquad (6\text{-}4\text{-}9)$$ 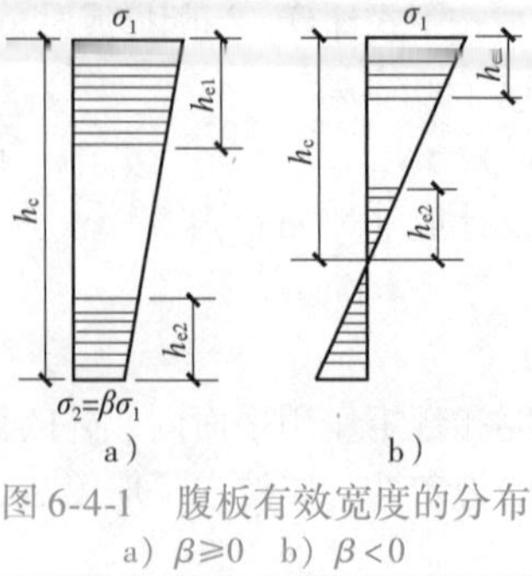 图 6-4-1 腹板有效宽度的分布 a）$\beta \geqslant 0$ b）$\beta < 0$	

（续）

序号	构件类别	计算公式	备注
4		4）工字形截面构件腹板的受剪板幅，考虑屈曲后强度时，应设置横向加劲肋，板幅的长度与板幅范围内的大端截面高度相比不应大于 3	
5	刚架屈曲后的强度利用	5）腹板高度变化的区格，考虑屈曲后强度，其受剪承载力设计值应按下列公式计算： $V_d = \chi_{tap}\varphi_{ps}h_{w1}t_w f_v \leqslant h_{w0}t_w f_v$　(6-4-10) $\varphi_{ps} = \dfrac{1}{(0.51 + \lambda_s^{3.2})^{1/2.6}} \leqslant 1.0$　(6-4-11) $\chi_{tap} = 1 - 0.35\alpha^{0.2}\gamma_p^{2/3}$　(6-4-12) $\gamma_p = \dfrac{h_{w1}}{h_{w0}} - 1$　(6-4-13) $\alpha\dfrac{a}{h_{w1}}$　(6-4-14)	式中 f_v——钢材抗剪强度设计值（N/mm²） h_{w1}、h_{w0}——楔形腹板大端和小端腹板高度（mm） t_w——腹板的厚度（mm） λ_s——与板件受剪有关的参数，按本表第 6 款的规定采用 χ_{tap}——腹板屈曲后抗剪强度的楔率折减系数 γ_p——腹板区格的楔率 α——区格的长度与高度之比 a——加劲肋间距（mm）
6		6）参数 λ_s 应按下列公式计算： $\lambda_s = \dfrac{h_{w1}/t_w}{37\sqrt{k_\tau}\sqrt{235/f_y}}$　(6-4-15) 当 $a/h_{w1} < 1$ 时，$k_\tau = 4 + 5.34/(a/h_{w1})^2$　(6-4-16) 当 $a/h_{w1} \geqslant 1$ 时，$k_\tau = \eta_s[5.34 + 4/(a/h_{w1})^2]$ 　(6-4-17) $\eta_s = 1 - \omega_1\sqrt{\gamma_p}$　(6-4-18) $\omega_1 = 0.41 - 0.897\alpha + 0.363\alpha^2 - 0.041\alpha^3$ 　(6-4-19)	式中 k_τ——受剪板件的屈曲系数；当不设横向加劲肋时，取 $k_\tau = 5.34\eta_s$
7	刚架的强度计算及加劲肋的设置	1）工字形截面受弯构件在剪力 V 和弯矩 M 共同作用下的强度，应满足下列公式要求： 当 $V \leqslant 0.5V_d$ 时 $\qquad M \leqslant M_e$　(6-4-20) 当 $0.5V_d < V \leqslant V_d$ 时 $M \leqslant M_f + (M_e - M_f)\left[1 - \left(\dfrac{V}{0.5V_d} - 1\right)^2\right]$ 　(6-4-21) 当截面为双轴对称时 $\qquad M_f = A_f(h_w + t_f)f$　(6-4-22)	式中 M_f——两翼缘所承担的弯矩设计值（N·mm） M_e——构件有效截面所承担的弯矩（N·mm），$M_e = W_e f$ W_e——构件有效截面最大受压纤维的截面模量（mm³） A_f——构件翼缘的截面面积（mm²） h_w——计算截面的腹板高度（mm） t_f——计算截面的翼缘厚度（mm） V_d——腹板受剪承载力设计值（N），按式（6-4-10）计算
		2）工字形截面压弯构件在剪力 V、弯矩 M 和轴压力 N 共同作用下的强度，应满足下列公式要求： 当 $V \leqslant 0.5V_d$ 时 $\qquad \dfrac{N}{A_e} + \dfrac{M}{W_e} \leqslant f$　(6-4-23) 当 $0.5V_d \leqslant V < V_d$ 时 $M \leqslant M_f^N + (M_e^N - M_f^N)\left[1 - \left(\dfrac{V}{0.5V_d} - 1\right)^2\right]$ 　(6-4-24) $\qquad M_e^N = M_e - NW_e/A_e$　(6-4-25) 当截面为双轴对称时 $\qquad M_f^N = A_f(h_w + t)(f - N/A_e)$　(6-4-26)	式中 A_e——有效截面面积（mm²） M_f^N——兼承压力 N 时两翼缘所能承受的弯矩（N·mm）

（续）

序号	构件类别	计算公式	备注
7	刚架刚架的强度计算及加劲肋的设置	3）梁腹板应在与中柱连接处、较大集中荷载作用处和翼缘转折处设置横向加劲肋，并符合下列规定： ①梁腹板利用屈曲后强度时，其中间加劲肋除承受集中荷载和翼缘转折产生的压力外，尚应承受拉力场产生的压力。该压力应按下列公式计算： $$N_s = V - 0.9\varphi_s h_w t_w f_V \quad (6\text{-}4\text{-}27)$$ $$\varphi_s = \frac{1}{\sqrt[3]{0.738 + \lambda_s^6}} \quad (6\text{-}4\text{-}28)$$ ②当验算加劲肋稳定性时，其截面应包括每侧 $15t_w\sqrt{235/f_y}$ 宽度范围内的腹板面积，计算长度取 h_w	式中 N_s——拉力场产生的压力（N） V——梁受剪承力设计值（N） φ_s——腹板剪切屈曲稳定系数，$\varphi_s \leq 1.0$ λ_s——腹板剪切屈曲通用高厚比，按式（6-4-15）计算 h_w——腹板的高度（mm） t_w——腹板的厚度（mm）
		4）小端截面应验算轴力、弯矩和剪力共同作用下的强度	
8	变截面刚架梁	1）承受线性变化弯矩的楔形变截面梁段的稳定性，应按下列公式计算： $$\frac{M_1}{\gamma_x \varphi_b W_{x1}} \leq f \quad (6\text{-}4\text{-}29)$$ $$\varphi_b = \frac{1}{(1 - \lambda_{b0}^{2n} + \lambda_b^{2n})^{1/n}} \quad (6\text{-}4\text{-}30)$$ $$\lambda_{b0} = \frac{0.55 - 0.25k_\sigma}{(1+\gamma)^{0.2}} \quad (6\text{-}4\text{-}31)$$ $$n = \frac{1.51}{\lambda_b^{0.1}}\sqrt[3]{\frac{b_1}{h_1}} \quad (6\text{-}4\text{-}32)$$ $$k_\sigma = k_M \frac{W_{x1}}{W_{x0}} \quad (6\text{-}4\text{-}33)$$ $$\lambda_b = \sqrt{\frac{\gamma_x W_{x1} f_y}{M_{cr}}} \quad (6\text{-}4\text{-}34)$$ $$k_M = \frac{M_0}{M_1} \quad (6\text{-}4\text{-}35)$$ $$\gamma = (h_1 - h_0)/h_0 \quad (6\text{-}4\text{-}36)$$	式中 φ_b——楔形变截面梁段的整体稳定系数，$\varphi_b \leq 1.0$ k_σ——小端截面压应力除以大端截面压应力得到的比值 k_M——弯矩比，为较小弯矩除以较大弯矩 λ_b——梁的通用长细比 γ_x——截面塑性开展系数，按表3-3-2的规定取值 M_{cr}——楔形变截面梁弹性屈曲临界弯矩（N·mm），按式（6-4-37）计算 b_1、h_1——弯矩较大截面的受压翼缘宽度和上、下翼缘中面之间的距离（mm） W_{x1}——弯矩较大截面受压边缘的截面模量（mm³） γ——变截面梁楔率 h_0——小端截面上、下翼缘中面之间的距离（mm） M_0——小端弯矩（N·mm） M_1——大端弯矩（N·mm）
9		2）弹性屈曲临界弯矩应按下列公式计算： $$M_{cr} = C_1 \frac{\pi^2 E I_y}{L^2}\left[\beta_{x\eta} + \sqrt{\beta_{x\eta}^2 + \frac{I_{\omega\eta}}{I_y}\left(1 + \frac{GJ_\eta L^2}{\pi^2 E I_{\omega\eta}}\right)}\right] \quad (6\text{-}4\text{-}37)$$ $$C_1 = 0.46k_M^2\eta_i^{0.346} - 1.32k_M\eta_i^{0.132} + 1.86\eta_i^{0.023} \quad (6\text{-}4\text{-}38)$$ $$\beta_{x\eta} = 0.45(1 + \gamma\eta)h_0\frac{I_{yT} - I_{yB}}{I_y} \quad (6\text{-}4\text{-}39)$$ $$\eta = 0.55 + 0.04(1 - k_\sigma)\sqrt[3]{\eta_i} \quad (6\text{-}4\text{-}40)$$ $$I_{\omega\eta} = I_{\omega 0}(1 + \gamma\eta)^2 \quad (6\text{-}4\text{-}41)$$ $$I_{\omega 0} = I_{yT}h_{sT0}^2 + I_{yB}h_{sB0}^2 \quad (6\text{-}4\text{-}42)$$ $$J_\eta = J_0 + \frac{1}{3}\gamma\eta(h_0 - t_f)t_w^3 \quad (6\text{-}4\text{-}43)$$ $$\eta_i = \frac{I_{yB}}{I_{yT}} \quad (6\text{-}4\text{-}44)$$	式中 C_1——等效弯矩系数，$C_1 \leq 2.75$ η_i——惯性矩比 I_{yT}、I_{yB}——弯矩最大截面受压翼缘和受拉翼缘绕弱轴的惯性矩（mm⁴） $\beta_{x\eta}$——截面不对称系数 I_y——变截面梁绕弱轴惯性矩（mm⁴） $I_{\omega\eta}$——变截面梁的等效翘曲惯性矩（mm⁴） $I_{\omega 0}$——小端截面的翘曲惯性矩（mm⁴） J_η——变截面梁等效圣维南扭转常数 J_0——小端截面自由扭转常数 h_{sT0}、h_{sB0}——小端截面上、下翼缘的中面到剪切中心的距离（mm） t_f——翼缘厚度（mm） t_w——腹板厚度（mm） L——梁段平面外计算长度（mm）

（续）

序号	构件类别		计算公式	备注
10	变截面柱	刚架平面内稳定	变截面柱在刚架平面内的稳定应按下列公式计算： $$\frac{N_1}{\eta_t \varphi_x A_{e1} f} + \frac{\beta_{mx} M_1}{(1 - N_1/N_{cr}) W_{e1} f} \leq 1.0 \quad (6\text{-}4\text{-}45)$$ $$N_{cr} = \pi^2 E A_{e1} / \lambda_1^2 \quad (6\text{-}4\text{-}46)$$ 当 $\overline{\lambda}_1 \geq 1.2$ 时 $\eta_t = 1 \quad (6\text{-}4\text{-}47)$ 当 $\overline{\lambda}_1 < 1.2$ 时 $\eta_t = \dfrac{A_0}{A_1} + \left(1 - \dfrac{A_0}{A_1}\right) \times \dfrac{\overline{\lambda}_1^2}{1.44}$ $(6\text{-}4\text{-}48)$ $$\lambda_1 = \frac{\mu H}{i_{x1}} \quad (6\text{-}4\text{-}49)$$ $$\overline{\lambda}_1 = \frac{\lambda_1}{\pi} \sqrt{\frac{E}{f_y}} \quad (6\text{-}4\text{-}50)$$	式中 N_1——大端的轴向压力设计值（N） M_1——大端的弯矩设计值（N·mm） M_{e1}——大端的有效截面面积（mm²） W_{e1}——大端有效截面最大受压纤维的截面模量（mm³） φ_x——杆件轴心受压稳定系数，楔形柱按附录A规定的计算长度系数由附录D查得，计算长细比时取大端截面的回转半径 β_{mx}——等效弯矩系数，有侧移刚架柱的等效弯矩系数 β_{mx} 取 1.0 N_{cr}——欧拉临界力（N） λ_1——按大端截面计算的，考虑计算长度系数的长细比 $\overline{\lambda}_1$——通用长细比 i_{x1}——大端截面绕强轴的回转半径（mm） μ——柱计算长度系数，按附录A计算 H——柱高（mm） A_0、A_1——小端和大端截面的毛截面面积（mm²） E——柱钢材的弹性模量（N/mm²） f_y——柱钢材的屈服强度值（N/mm²） 注：当柱的最大弯矩不出现在大端时，M_1 和 W_{e1} 分别取最大弯矩和该弯矩所在截面的有效截面模量
11		刚架平面外稳定	变截面柱的平面外稳定应分段按下列公式计算，当不能满足时，应设置侧向支撑或隅撑，并验算每段的平面外稳定。 $$\frac{N_1}{\eta_t \varphi_x A_{e1} f} + \left(\frac{M_1}{\varphi_b \gamma_x W_{e1} f}\right)^{1.3 - 0.3 k_\sigma} \leq 1 \quad (6\text{-}4\text{-}51)$$ 当 $\overline{\lambda}_{1y} \geq 1.3$ 时 $\eta_{ty} = 1 \quad (6\text{-}4\text{-}52)$ 当 $\overline{\lambda}_{1y} \geq 1.3$ 时 $\eta_{ty} = \dfrac{A_0}{A_1} + \left(1 - \dfrac{A_0}{A_1}\right) \times \dfrac{\overline{\lambda}_{1y}^2}{1.69}$ $(6\text{-}4\text{-}53)$ $$\overline{\lambda}_{1y} = \frac{\lambda_{1y}}{\pi} \sqrt{\frac{f_y}{E}} \quad (6\text{-}4\text{-}54)$$ $$\lambda_{1y} = \frac{L}{i_{y1}} \quad (6\text{-}4\text{-}55)$$	式中 $\overline{\lambda}_{1y}$——绕弱轴的通用长细比 λ_{1y}——绕弱轴的长细比 i_{y1}——大端截面绕弱轴的回转半径（mm） φ_y——轴心受压构件弯矩作用平面外的稳定系数，以大端为准，按附录D的规定采用，计算长度取纵向柱间支撑点间的距离 N_1——所计算构件段大端截面的轴压力（N） M_1——所计算构件段大端截面的弯矩（N·mm） φ_b——稳定系数，按式（6-4-30）计算

（续）

序号	构件类别	计算公式	备注
12	斜梁和隔撑设计	1）实腹式刚架斜梁在平面内可按压弯构件计算强度，在平面外应按压弯构件计算稳定 2）实腹式刚架斜梁的平面外计算长度，应取侧向支承点间的距离；当斜梁两翼缘侧向支承点间的距离不等时，应取最大受压翼缘侧向支承点间的距离 3）当实腹式刚架斜梁的下翼缘受压时，支承在屋面斜梁上翼缘的檩条，不能单独作为屋面斜梁的侧向支承 4）屋面斜梁和檩条之间设置的隔撑满足下列条件时，下翼缘受压的屋面斜梁的平面外计算长度可考虑隔撑的作用： ①在屋面斜梁的两侧均设置隔撑，如图 6-4-2 所示 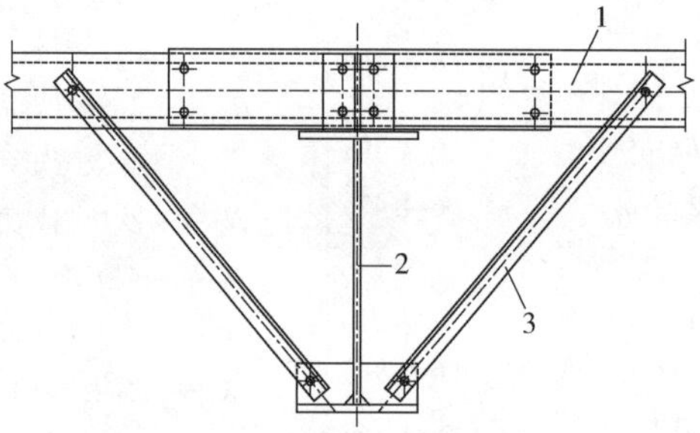 图 6-4-2 屋面斜梁的隔撑 1—檩条　2—钢梁　3—隔撑 ②隔撑的上支撑点的位置不宜低于檩条形心线 ③应符合其他对隔撑的设计要求 5）隔撑单面布置时，应考虑隔撑作为檩条的实际支座承受的压力对屋面斜梁下翼缘的水平作用。屋面斜梁的强度和稳定计算宜考虑其影响 6）当斜梁上翼缘承受集中荷载处不设横向加劲肋时，除按现行国家标准《钢结构设计标准》（GB 50017）的规定验算腹板边缘正应力、剪应力和局部压应力共同作用时的折算应力外，尚应满足下列公式要求： $$F \leqslant 15\alpha_m t_w^2 f \sqrt{\frac{t_f}{t_w}} \sqrt{\frac{235}{f_y}} \qquad (6\text{-}4\text{-}56)$$ $$\alpha_m = 1.5 - M/(W_e/f) \qquad (6\text{-}4\text{-}57)$$ 7）隔撑支承梁的稳定系数应按式（6-4-30）规定确定，其中 k_σ 为大、小端应力比，取三倍隔撑间距范围内的梁段的应力比，楔率 γ 取三倍隔撑间距计算；弹性屈曲临界弯矩应按下列公式计算： $$M_{cr} = \frac{GJ + 2e\sqrt{k_b(\sqrt{EI_y e_1^2 + EI_\omega})}}{2(e_1 - \beta_x)} \qquad (6\text{-}4\text{-}58)$$ $$k_b = \frac{1}{l_{kk}}\left[\frac{(1-2\beta)l_p}{2EA_p} + (a+h)\frac{(3-4\beta)}{6EI_p}\beta l_p^2 \tan\alpha + \frac{l_k^2}{\beta l_p EA_k \cos\alpha}\right]^{-1} \qquad (6\text{-}4\text{-}59)$$ $$\beta_x = 0.45h\frac{I_1 - I_2}{I_y} \qquad (6\text{-}4\text{-}60)$$	式中 F——上翼缘所受的集中荷载（N） t_f、t_w——斜梁翼缘和腹板的厚度（mm） α_m——参数，$\alpha_m \leqslant 1.0$，在斜梁负弯矩区取 1.0 M——集中荷载作用处的弯矩（N·mm） W_e——有效截面最大受压纤维的截面模量（mm³） I、I_y、I_ω——大端截面的自由扭转常数，绕弱轴惯性矩和翘曲惯性矩（mm⁴） G——斜梁钢材的剪切模量（N/mm²） E——斜梁钢材的弹性模量（N/mm²） a——檩条截面形心到梁上翼缘中心的距离（mm） h——大端截面上、下翼缘中面间的距离（mm） α——隔撑与檩条轴线的夹角（°） β——隔撑与檩条的连接点离开主梁的距离与檩条跨度的比值 l_p——檩条的跨度（mm） I_p——檩条截面绕强轴的惯性矩（mm⁴） A_p——檩条的截面面积（mm²） A_k——隔撑杆的截面面积（mm²） l_k——隔撑杆的长度（mm） l_{kk}——隔撑的间距（mm） e——隔撑下支撑点到檩条形心线的垂直距离（mm） e_1——梁截面的剪切中心到檩条形心线的距离（mm） I_1——被隔撑支撑的翼缘绕弱轴的惯性矩（mm⁴） I_2——与檩条连接的翼缘绕弱轴的惯性矩（mm⁴）

（续）

序号	构件类别	计算公式	备注
13	房屋端部的刚架设计	1）抗风柱下端与基础的连接可铰接也可刚接。在屋面材料能够适应较大变形时，抗风柱柱顶可采用固定连接，如图6-4-3所示，作为屋面斜梁的中间竖向铰支座 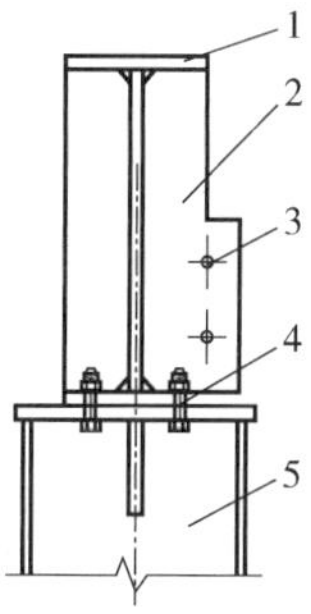 图 6-4-3 抗风柱与端部刚架连接 1—厂房端部屋面梁 2—加劲肋 3—屋面支撑连接孔 4—抗风柱与屋面梁的连接 5—抗风柱 2）端部刚架的屋面斜梁与檩条之间，除下款规定的抗风柱位置外，不宜设置隅撑 3）抗风柱处，端开间的两根屋面斜梁之间应设置刚性系杆。屋脊高度小于10m的房屋或基本风压不小于0.55kN/m² 时，屋脊高度小于8m的房屋，可采用隅撑-双檩条体系代替刚性系杆，此时隅撑应采用高强度螺栓与屋面斜梁和檩条连接，与冷弯型钢檩条的连接应增设双面填板增强局部承压强度，连接点不应低于型钢檩条中心线；在隅撑与双檩条的连接点处，沿屋面坡度方向对檩条施加隅撑轴向承载力设计值3%的力，验算双檩条在组合内力作用下的强度和稳定性 4）抗风柱作为压弯杆件验算强度和稳定性，可在抗风柱和墙梁之间设置隅撑，平面外弯扭稳定的计算长度，应取不小于两倍隅撑间距	

6.5 檩条、墙梁及拉条设计

6.5.1 实腹檩条设计

1）实腹式檩条宜采用直卷边槽形和斜卷边 Z 形冷弯薄壁型钢，斜卷边角度宜为60°，也可采用直卷边 Z 形冷弯薄壁型钢或高频焊接 H 型钢，适用于跨度不大于9m的简支檩条。

2）实腹式檩条可设计成单跨简支构件也可设计成连续构件，连续构件可采用嵌套搭接方式组成，计算檩条挠度和内力时应考虑因嵌套搭接方式松动引起刚度的变化。

实腹式檩条也可采用多跨静定梁模式，如图6-5-1所示，跨内檩条的长度 l 宜为 $0.81L$，檩条端头的节点应有刚性连接件夹住构件的腹板，使节点具有抗扭转能力，跨中檩条的整体稳定按节点间檩条或反弯点之间檩条为简支梁模式计算。

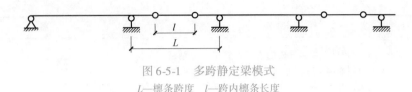

图 6-5-1　多跨静定梁模式

L—檩条跨度　l—跨内檩条长度

3）实腹式檩条卷边的宽厚比不宜大于 13，卷边宽度与翼缘宽度之比不宜小于 0.25，不宜大于 0.326。

4）实腹式檩条的计算，应符合下列规定：

①当屋面能阻止檩条侧向位移和扭转时，实腹式檩条可仅做强度计算，不做整体稳定性计算。强度可按下列公式计算：

$$\frac{M_{x'}}{W_{enx'}} \leqslant f \tag{6-5-1}$$

$$\frac{3V_{y'max}}{2h_0 t} \leqslant f_v \tag{6-5-2}$$

式中　$M_{x'}$——腹板平面内的弯矩设计值（N·mm）；

$W_{enx'}$——按腹板平面内，如图 6-5-2 所示，绕 $x'-x'$ 轴计算的有效净截面模量（对冷弯薄壁型钢）或净截面模量（对热轧型钢）（mm³），冷弯薄壁型钢的有效净截面，应按现行国家标准《冷弯薄壁型钢结构技术规范》（GB 50018）的方法计算，其中，翼缘屈曲系数可取 3.0，腹板屈曲系数可取 23.9，卷边屈曲系数可取 0.425；对于双檩条搭接段，可取两檩条有效净截面模量之和并乘以折减系数 0.9；

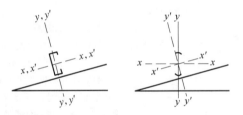

图 6-5-2　檩条的计算惯性轴

$V_{y'max}$——腹板平面内的剪力设计值（N）；

h_0——檩条腹板扣除冷弯半径后的平直段高度（mm）；

t——檩条厚度（mm），当双檩条搭接时，取两檩条厚度之和并乘以折减系数 0.9；

f——钢材的抗拉、抗压和抗弯强度设计值（N/mm²）；

f_v——钢材的抗剪强度设计值（N/mm²）。

②当屋面不能阻止檩条侧向位移和扭转时，应按下式计算檩条的稳定性：

$$\frac{M_x}{\varphi_{by} W_{enx} f} + \frac{M_y}{W_{eny} f} \leqslant 1.0 \tag{6-5-3}$$

式中　M_x、M_y——对截面主轴 x、y 轴的弯矩设计值（N·mm）；

W_{enx}、W_{eny}——对截面主轴 x、y 轴的有效净截面模量（对冷弯薄壁型钢）或净截面模量（对热轧型钢）（mm³）；

φ_{by}——梁的整体稳定系数，冷弯薄壁型钢构件按现行国家标准《冷弯薄壁型钢结构技术规范》（GB 50018）（详见本节的附注），热轧型钢构件按表 3-3-1 的规定计算。

③在风吸力作用下，受压下翼缘的稳定性应按现行国家标准《冷弯薄壁型钢结构技术规范》（GB 50018）的规定计算；当受压下翼缘有内衬板约束且能防止檩条截面扭转时，整体稳定性可不做计算。

5）当檩条腹板高厚比大于 200 时，应设置檩托板连接檩条腹板传力；当腹板高厚比不大于 200 时，也可不设置檩托板，由翼缘支承传力，但应按下列公式计算檩条的局部屈曲承压能力。当不满足下列规定时，对腹板应采取局部加强措施。

①对于翼缘有卷边的檩条

$$P_n = 4t^2 f(1 - 0.14)\sqrt{R/t}(1 + 0.35\sqrt{b/t})(1 - 0.02\sqrt{h_0/t}) \tag{6-5-4}$$

②对于翼缘无卷边的檩条

$$P_n = 4t^2 f(1 - 0.4)\sqrt{R/t}(1 + 0.6\sqrt{b/t})(1 - 0.03\sqrt{h_0/t}) \tag{6-5-5}$$

式中　P_n——檩条的局部屈曲承压能力；

　　　t——檩条的壁厚（mm）；

　　　f——檩条钢材的强度设计值（N/mm²）；

　　　R——檩条冷弯的内表面半径（mm），可取 1.5t；

　　　b——檩条传力的支承长度（mm），不应小于 20mm；

　　　h_0——檩条腹板扣除冷弯半径后的平直段高度（mm）。

③对于连续檩条在支座处，尚应按下式计算檩条的弯矩和局部承压组合作用。

$$\left(\frac{V_y}{P_n}\right)^2 + \left(\frac{M_x}{M_n}\right)^2 \leqslant 1.0 \tag{6-5-6}$$

式中　V_y——檩条支座反力（N）；

　　　P_n——由式（6-5-4）或式（6-5-5）得到的檩条局部屈曲承压能力（N），当为双檩条时，取两者之和；

　　　M_x——檩条支座处的弯矩（N·mm）；

　　　M_n——檩条的受弯承载能力（N·mm），当为双檩条时，取两者之和乘以折减系数 0.9。

6）檩条兼作屋面横向水平支撑压杆和纵向系杆时，檩条长细比不应大于 200。

7）兼作压杆、纵向系杆的檩条应按压弯构件计算，在式（6-5-1）和式（6-5-3）中叠加轴向力产生的应力，其压杆稳定系数应按构件平面外方向计算，计算长度应取拉条或撑杆的间距。

8）吊挂在屋面上的普通集中荷载宜通过螺栓或自攻钉直接作用在檩条的腹板上，也可在檩条之间加设冷弯薄壁型钢作为扁担支承吊挂荷载，冷弯薄壁型钢扁担与檩条间的连接宜采用螺栓或自攻钉连接。

9）檩条与刚架的连接和檩条与拉条的连接应符合下列规定：

①屋面檩条与刚架斜梁宜采用普通螺栓连接，檩条每端应设两个螺栓，如图 6-5-3 所示。檩条连接宜采用檩托板，檩条高度较大时，檩托板处宜设加劲板。嵌套搭接方式的 Z 形连续檩条，当有可靠依据时，可不设檩托，由 Z 形檩条翼缘用螺栓连于刚架上。

②连续檩条的搭接长度 2a 不宜小于 10% 的檩条跨度，如图 6-5-4 所示，嵌套搭接部分的檩条应采用螺栓连接，按连续檩条支座处弯矩验算螺栓连接强度。

③檩条之间的拉条和撑杆应直接连于檩条腹板上，并采用普通螺栓连接，如图 6-5-5a 所示；斜拉条端部宜弯折或设置垫块，如图 6-5-5b 及图 6-5-5c 所示。

④屋脊两侧檩条之间可用槽钢、角钢和圆钢连接，如图 6-5-6 所示。

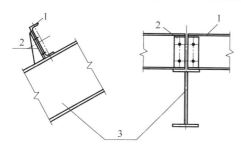

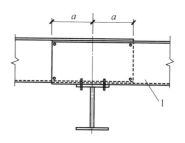

图 6-5-3　檩条与刚架斜梁连接

1—檩条　2—檩托　3—屋面斜梁

图 6-5-4　连续檩条的搭接

1—檩条

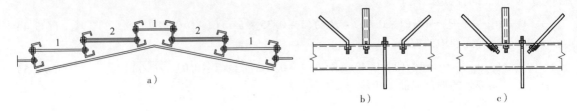

图 6-5-5 拉条和撑杆与檩条连接

1—拉条 2—撑杆

图 6-5-6 屋脊檩条连接

a）屋脊檩条用槽钢相连 b）屋脊檩条用圆钢相连

附注：《冷弯薄壁型钢结构技术规范》（GB 50018）附录

A.2 受弯构件的整体稳定系数

A.2.1 对于图 5.3.1 所示单轴或双轴对称截面（包括反对称截面）的简支梁，当绕对称轴（x 轴）弯曲时，其整体稳定系数应按下式计算：

$$\varphi_{bx} = \frac{4320Ah}{\lambda_y^2 W_x} \xi_1 \left(\sqrt{\eta^2 + \zeta} + \eta \right) \left(\frac{235}{f_y} \right) \quad\quad (A.2.1\text{-}1)$$

$$\eta = 2\xi_2 e_a / h \quad\quad (A.2.1\text{-}2)$$

$$\zeta = \frac{4I_\omega}{h^2 I_y} + \frac{0.165I_t}{I_y} \left(\frac{l_0}{h} \right)^2 \qu\quad (A.2.1\text{-}3)$$

式中 λ_y——梁在弯矩作用平面外的长细比；

A——毛截面面积；

h——截面高度；

l_0——梁的侧向计算长度，$l_0 = \mu_b l$；

μ_b——梁的侧向计算长度系数，按表 A.2.1 采用；

l——梁的跨度；

ξ_1、ξ_2——系数，按表 A.2.1 采用；

e_a——横向荷载作用点到弯心的距离：对于偏心压杆或当横向荷载作用在弯心时 $e_a = 0$；当荷载不作用在弯心且荷载方向指向弯心时 e_a 为负，而离开弯心时 e_a 为正；

W_x——对 x 轴的受压边缘毛截面模量；

I_ω——毛截面扇性惯性矩；

I_y——对 y 轴的毛截面惯性矩；

I_t——扭转惯性矩。

如按上列公式算得的 $\varphi_{bx} > 0.7$，则应以 φ'_{bx} 值代替 φ_{bx}，φ'_{bx} 值应按下式计算：

$$\varphi'_{bx} = 1.091 - \frac{0.274}{\varphi_{bx}} \quad\quad (A.2.1\text{-}4)$$

表 A.2.1　两端及跨间侧向均为简支的受弯构件的 ξ_1、ξ_2 和 μ_b

序号	变矩作用平面内的荷载及支承情况	跨间无侧向支承 $\mu_b=1.00$		跨中设一道侧向支承 $\mu_b=0.50$		跨间有不少于两个等距离布置的侧向支承 $\mu_b=0.33$	
		ξ_1	ξ_2	ξ_1	ξ_2	ξ_1	ξ_2
1	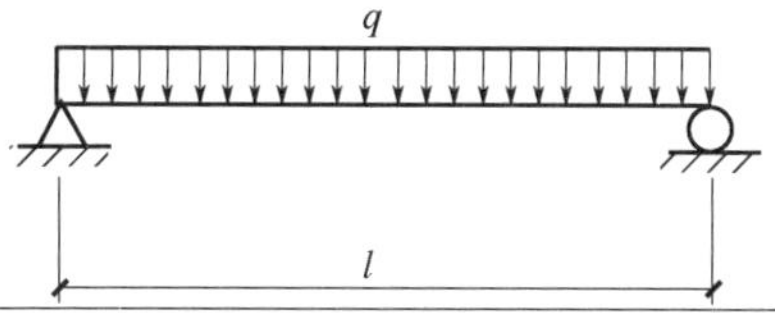	1.13	0.46	1.35	0.14	1.37	0.06
2	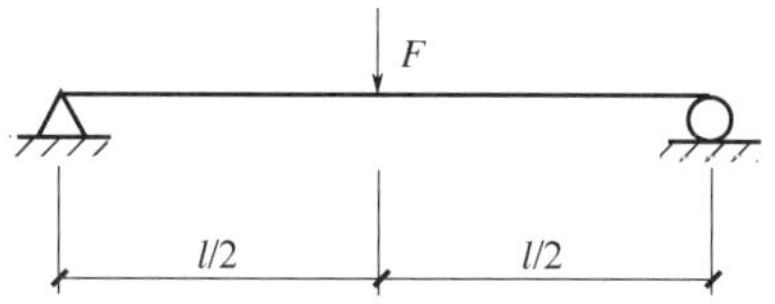	1.35	0.55	1.83	0	1.68	0.08
3	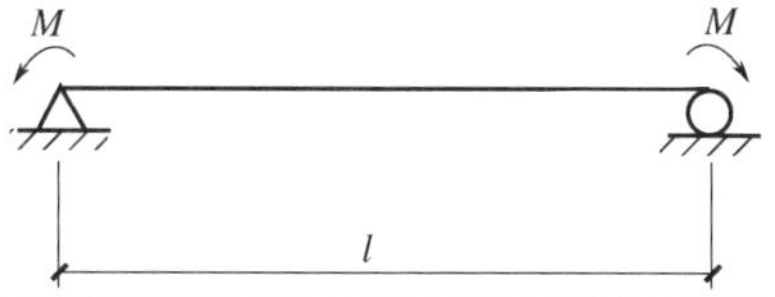	1.00	0	1.00	0	1.00	0
4	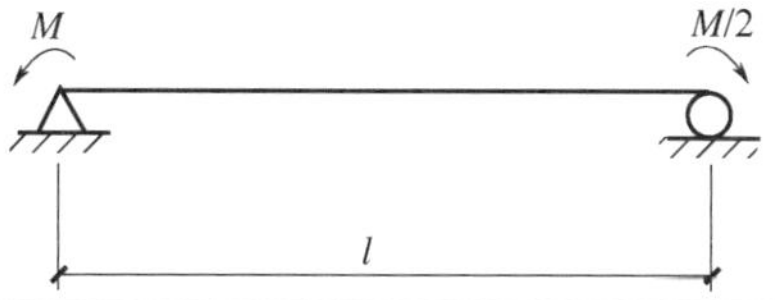	1.32	0	1.31	0	1.31	0
5	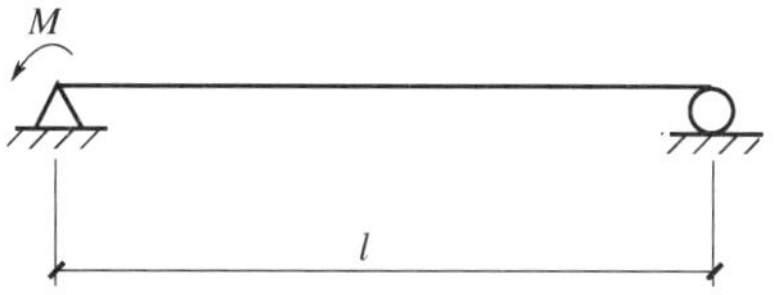	1.83	0	1.77	0	1.75	0
6	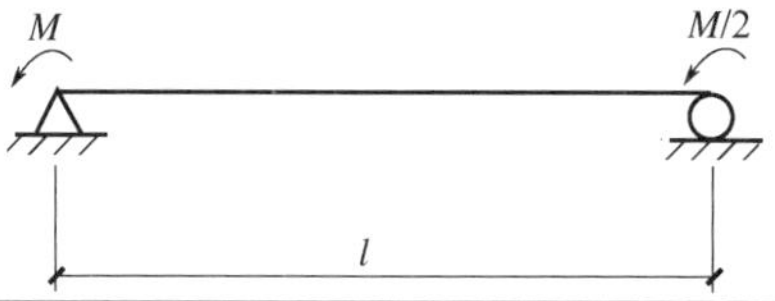	2.39	0	2.13	0	2.03	0
7	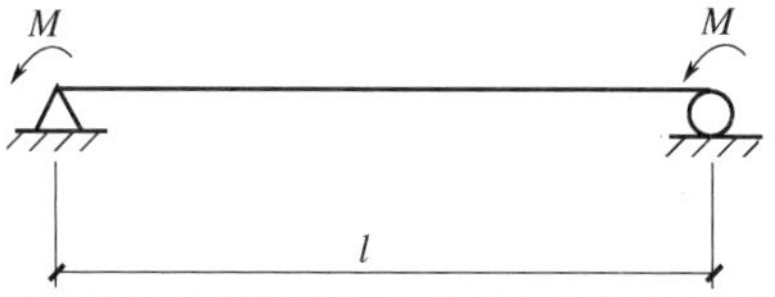	2.24	0	1.89	0	1.77	0

A.2.2　对于图 A.2.2 所示单轴对称截面简支梁，x 轴（强轴）为不对称轴，当然 x 轴弯曲时，其整体稳定系数仍可按式（A.2.1-1）计算，但需以下式代替式（A.2.1-2）。

$$\eta = 2(\xi_2 e_a + \beta_y)/h \qquad (A.2.2\text{-}1)$$

$$\beta_y = \frac{U_x}{2I_x} - e_{oy} \qquad (A.2.2\text{-}2)$$

$$U_x = \int_A y(x^2 + y^2)\,dA \qquad (A.2.2\text{-}3)$$

式中　I_x——对 x 轴的毛截面惯性矩；

　　　e_{oy}——弯心的 y 轴坐标。

A.2.3 对于图 5.3.1 所示单轴或双轴对称截面的简支梁，当绕 y 轴（弱轴）弯曲时（如图 A.2.3 所示），如需计算稳定性，其整体稳定系数 φ_{by} 可按下式计算：

$$\varphi_{by} = \frac{4320Ab}{\lambda_x^2 W_y} \xi_1 \left(\sqrt{\eta^2 + \zeta} + \eta \right) \left(\frac{235}{f_y} \right) \quad\quad (A.2.3\text{-}1)$$

$$\eta = 2(\xi_2 e_a + \beta_x)/b \quad\quad (A.2.3\text{-}2)$$

$$\xi = \frac{4I_\omega}{b^2 I_x} + \frac{0.156 I_t}{I_x} \left(\frac{l_0}{b} \right)^2 \qu\quad (A.2.3\text{-}3)$$

当 y 轴为对称轴时：

$$\beta_x = 0$$

当 y 轴为非对称轴时：

$$\beta_x = \frac{U_y}{2I_y} - e_{0x} \quad\quad (A.2.3\text{-}4)$$

$$U_y = \int_A x(x^2 + y^2)\,\mathrm{d}A \qu\quad (A.2.3\text{-}5)$$

式中　b——截面宽度；

　　　λ_x——弯矩作用平面外的长细比（对 x 轴）；

　　　W_y——对 y 轴的受压边缘毛截面模量；

　　　e_{0x}——弯心的 x 轴坐标。

当 $\varphi_{by} > 0.7$ 时，应以 φ'_{by} 代替 φ_{by}，φ'_{by} 按下式计算：

$$\varphi'_{by} = 1.091 - \frac{0.274}{\varphi_{by}} \qu\quad (A.2.3\text{-}6)$$

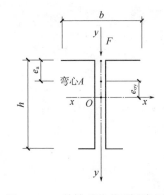

图 A.2.2　单轴对称截面示意图

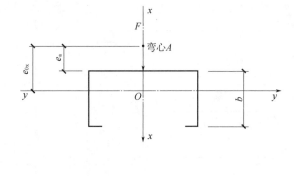

图 A.2.3　单轴对称卷边槽钢

6.5.2 桁架式檩条设计

1）桁架式檩条可采用平面桁架式，平面桁架式檩条应设置拉条体系。

2）平面桁架式檩条的计算，应符合下列规定：

①所有节点均应按铰接进行计算，上、下弦杆轴向力应按下式计算：

$$N_s = M_x/h \qu\quad (6\text{-}5\text{-}7)$$

对上弦杆应计算节间局部弯矩，应按下式计算：

$$M_{1x} = q_x a^2/10 \qu\quad (6\text{-}5\text{-}8)$$

腹杆受轴向压力应按下式计算：

$$N_w = V_{max}/\sin\theta \qu\quad (6\text{-}5\text{-}9)$$

式中　N_s——檩条上、下弦杆的轴向力（N）；

N_w——腹杆的轴向压力（N）；

M_x、M_{1x}——垂直于屋面板方向的主弯矩和节间次弯矩（N·mm）；

h——檩条上、下弦杆中心的距离（mm）；

q_x——垂直于屋面的荷载（N/mm）；

a——上弦杆节间长度（mm）；

V_{max}——檩条的最大剪力（N）；

θ——腹杆与弦杆之间的夹角（°）。

②在重力荷载作用下，当屋面板能阻止檩条侧向位移时，檩条上、下弦杆强度验算应符合下列规定：

A. 上弦杆的强度应按下式验算：

$$\frac{N_s}{A_{n1}} + \frac{M_{1x}}{W_{n1x}} \leqslant 0.9f \tag{6-5-10}$$

式中　A_{n1}——杆件的净截面面积（mm²）；

W_{n1x}——杆件的净截面模量（mm³）；

f——钢材强度设计值（N/mm²）。

B. 下弦杆的强度应按下式验算：

$$\frac{N_s}{A_{n1}} \leqslant 0.9f \tag{6-5-11}$$

C. 腹杆应按下列公式验算：

强度

$$\frac{N_w}{A_{n1}} \leqslant 0.9f \tag{6-5-12}$$

稳定

$$\frac{N_w}{\varphi_{min} A_{n1} f} \leqslant 0.9 \tag{6-5-13}$$

式中　φ_{min}——腹杆的轴压稳定系数，为（φ_x，φ_y）两者的较小值，计算长度取节点间距离。

③在重力荷载作用下，当屋面板不能阻止檩条侧向位移时，应按下式计算上弦杆的平面外稳定：

$$\frac{N_s}{\varphi_y A_{n1} f} + \frac{\beta_{tx} M_{1x}}{\varphi_b W_{n1xc} f} \leqslant 0.9 \tag{6-5-14}$$

式中　φ_y——上弦杆轴心受压稳定系数，计算长度取侧向支撑点的距离；

φ_b——上弦杆均匀受弯整体稳定系数，计算长度取上弦杆侧向支撑点的距离，上弦杆 $I_x \geqslant I_y$ 时可取 $\varphi_b = 1.0$；

β_{tx}——等效弯矩系数，可取 0.85；

W_{n1xc}——上弦杆在 M_{1x} 作用下受压纤维的净截面模量（mm³）。

④在风吸力作用下，下弦杆的平面外稳定应按下式计算：

$$\frac{N_s}{\varphi_y A_{n1} f} \leqslant 0.9 \tag{6-5-15}$$

式中　φ_y——下弦杆平面外受压稳定系数，计算长度取侧向支撑点的距离。

6.5.3　墙梁设计

1）轻型墙体结构的墙梁宜采用卷边槽形或卷边 Z 形的冷弯薄壁型钢或高频焊接 H 型钢，兼做窗框的墙梁和门框等构件宜采用卷边槽形冷弯薄壁型钢或组合矩形截面构件。

2）墙梁可设计成简支或连续构件，两端支承在刚架柱上，墙梁主要承受水平风荷载，宜将腹板置于水平面。当墙板底部端头自承重且墙梁与墙板间有可靠连接时，可不考虑墙面自重引起的弯矩和剪力。当墙梁需承受墙板重量时，应按双向弯曲考虑。

3）当墙梁跨度为 4～6m 时，宜在跨中设一道拉条；当墙梁跨度大于 6m 时，宜在跨间三分点处各设一道拉条。在最上层墙梁处宜设斜拉条将拉力传至承重柱或墙架柱；当墙板的竖向荷载有可靠途径直接传至地面或托梁时，可不设传递竖向荷载的拉条。

4）单侧挂墙板的墙梁，应按下列公式计算其强度和稳定：

①在承受朝向面板的风压时，墙梁的强度可按下列公式验算：

$$\frac{M_{x'}}{W_{enx'}} + \frac{M_{y'}}{W_{eny'}} \leqslant f \tag{6-5-16}$$

$$\frac{3V_{y',max}}{2h_0t} \leqslant f_v \tag{6-5-17}$$

$$\frac{3V_{x',max}}{4b_0t} \leqslant f_v \tag{6-5-18}$$

式中　$M_{x'}$、$M_{y'}$——水平荷载和竖向荷载产生的弯矩（N·mm），下标 x' 和 y' 表示墙梁的竖向轴和水平轴，当墙板底部端头自承重时，$M_{y'}=0$；

$V_{x',max}$、$V_{y',max}$——竖向荷载和水平荷载产生的剪力（N）；当墙板底部端头自承重时，$M_{y'max}=0$；

$W_{enx'}$、$W_{eny'}$——绕竖向轴 x' 和水平轴 y' 的有效净截面模量（对冷弯薄壁型钢）或净截面模量（对热轧型钢）（mm^3）；

b_0、h_0——墙梁在竖向和水平方向的计算高度（mm），取板件弯折处两圆弧起点之间的距离；

t——墙梁壁厚（mm）。

②仅外侧设有压型钢板的墙梁在风吸力作用下的稳定性，可按上节附注摘录的现行国家标准《冷弯薄壁型钢结构技术规范》（GB 50018）的规定计算。

5）双侧挂墙板的墙梁，应按本节上款计算朝向面板的风压和风吸力作用下的强度；当有一侧墙板底部端头自承重时，$M_{y'}$ 和 $M_{x'max}$ 均可取 0。

6.5.4　拉条设计

1）实腹式檩条跨度不宜大于 12m，当檩条跨度大于 4m 时，宜在檩条间跨中位置设置拉条或撑杆；当檩条跨度大于 6m 时，宜在檩条跨度三分点处各设一道拉条或撑杆；当檩条跨度大于 9m 时，宜在檩条跨度四分点处各设一道拉条或撑杆。斜拉条和刚性撑杆组成的桁架结构体系应分别设在檐口和屋脊处，如图 6-5-7 所示，当构造能保证屋脊处拉条互相拉结平衡，在屋脊处可不设斜拉条和刚性撑杆。

当单坡长度大于 50m，宜在中间增加一道双向斜拉条和刚性撑杆组成的桁架结构体系，如图 6-5-7 所示。

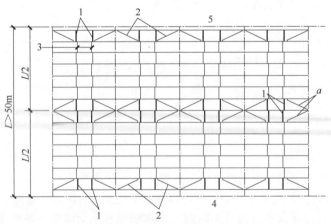

图 6-5-7　双向斜拉条和撑杆体系

1—刚性撑杆　2—斜拉条　3—拉条　4—檐口位置　5—屋脊位置

L—单坡长度　a—斜拉条与刚性撑杆组成双向斜拉条和刚性撑杆体系

2）撑杆长细比不应大于 220；当采用圆钢做拉条时，圆钢直径不宜小于 10mm。圆钢拉条可设在距檩条翼缘 1/3 腹板高度的范围内。

3）檩条间支撑的形式可采用刚性支撑系统或柔性支撑系统，应根据檩条的整体稳定性设置一层檩条间支撑或上、下两层檩条间支撑。

4）屋面对檩条产生倾覆力矩，可采取变化檩条翼缘的朝向使之相互平衡，当不能平衡倾覆力矩时，应通过檩条间支撑传递至屋面梁，檩条间支撑由拉条和斜拉条共同组成。应根据屋面荷载、坡度计算檩条的倾覆力大小和方向，验算檩条间支撑体系的承载力，倾覆力 P_L 作用在靠近檩条上翼缘的拉条上，以朝向屋脊方向为正，应按下列公式计算：

①当 C 形檩条翼缘均朝屋脊同一方向时：

$$P = 0.05W \tag{6-5-19}$$

②简支 Z 形檩条

当 1 道檩条间支撑：

$$P_L = \left(\frac{0.224b^{1.32}}{n_p^{0.65} d^{0.83} t^{0.50}} - \sin\theta \right) W \tag{6-5-20}$$

当 2 道檩条间支撑：

$$P_L = 0.5 \left(\frac{0.474b^{1.22}}{n_p^{0.57} d^{0.89} t^{0.33}} - \sin\theta \right) W \tag{6-5-21}$$

当多于 2 道檩条间支撑：

$$P_L = 0.35 \left(\frac{0.474b^{1.22}}{n_p^{0.57} d^{0.89} t^{0.33}} - \sin\theta \right) W \tag{6-5-22}$$

③连续 Z 形檩条

当 1 道檩条间支撑：

$$P_L = C_{ms} \left(\frac{0.116b^{1.32} L^{0.18}}{n_p^{0.70} dt^{0.50}} - \sin\theta \right) W \tag{6-5-23}$$

当 2 道檩条间支撑：

$$P_L = C_{th} \left(\frac{0.181b^{1.15} L^{0.25}}{n_p^{0.54} d^{1.11} t^{0.29}} - \sin\theta \right) W \tag{6-5-24}$$

当多于 2 道檩条间支撑：

$$P_L = 0.7 C_{th} \left(\frac{0.181b^{1.15} L^{0.25}}{n_p^{0.54} d^{1.11} t^{0.29}} - \sin\theta \right) W \tag{6-5-25}$$

式中　P——1 个柱距内拉条的总内力设计值（N），当有多道拉条时由其平均分担；

　　　P_L——1 根拉条的内力设计值（N）；

　　　b——檩条翼缘宽度（mm）；

　　　d——檩条截面高度（mm）；

　　　t——檩条壁厚（mm）；

　　　L——檩条跨度（mm）；

　　　θ——屋面坡度角（°）；

　　　n_p——檩条间支撑承担受力区域的檩条数，当 $n_p < 4$ 时，n_p 取 4；当 $4 \leqslant n_p \leqslant 20$ 时，n_p 取实际值；当 $n_p > 20$ 时，n_p 取 20；

　　　C_{ms}——系数，当檩条间支撑位于端跨时，C_{ms} 取 1.05；位于其他位置处，C_{ms} 取 0.90；

　　　C_{th}——系数，当檩条间支撑位于端跨时，C_{th} 取 0.57；位于其他位置处，C_{th} 取 0.48；

　　　W——1 个柱距内檩条间支撑承担受力区域的屋面总竖向荷载设计值（N），向下为正。

6.6 连接和节点设计

6.6.1 焊接

1）当被连接板件的最小厚度大于 4mm 时，其对接焊缝、角焊缝和部分熔透对接焊缝的强度，应分别按表 4-2-1 的规定计算。当最小厚度不大于 4mm 时，正面角焊缝的强度增大系数 β_f 取 1.0。焊接质量等级的要求应按现行国家标准《钢结构工程施工质量验收标准》（GB 50205）的规定执行。

2）当 T 形连接的腹板厚度不大于 8mm，并符合下列规定时，可采用自动或半自动埋弧焊接单面角焊缝，如图 6-6-1 所示。

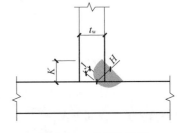

①单面角焊缝适用于仅承受剪力的焊缝。

②单面角焊缝仅可用于承受静力荷载和间接承受动力荷载、非露天和不接触强腐蚀介质的结构构件。

③焊脚尺寸、有效厚度及最小根部熔深应符合表 6-6-1 的要求。

④经工艺评定合格的焊接参数、方法不得变更。

图 6-6-1 单面角焊缝

⑤柱与底板的连接，柱与牛腿的连接，梁端板的连接，吊车梁及支承局部吊挂荷载的吊架等，除非设计专门规定，不得采用单面角焊缝。

⑥由地震作用控制结构设计的门式刚架轻型房屋钢结构构件不得采用单面角焊缝连接。

表 6-6-1 单面角焊缝参数　　　　　　（单位：mm）

腹板厚度 t_w	最小焊脚尺寸 k	有效厚度 H	最小根部熔深 J（焊丝直径 1.2 ~ 2.0）
3	3.0	2.1	1.0
4	4.0	2.8	1.2
5	5.0	3.5	1.4
6	5.5	3.9	1.6
7	6.0	4.2	1.8
8	6.5	4.6	2.0

3）刚架构件的翼缘与端板或柱底板的连接，当翼缘厚度大于 12mm 时宜采用全熔透对接焊缝，并应符合现行国家标准《气焊、焊条电弧焊、气体保护焊和高能束焊的推荐坡口》（GB/T 985.1）和《埋弧焊的推荐坡口》（GB/T 985.2）的相关规定；其他情况宜采用等强连接的角焊缝或角对接组合焊缝，并应符合现行国家标准《钢结构焊接规范》（GB 50661）的相关规定。

4）牛腿上、下翼缘与柱翼缘的焊接应采用坡口全熔透对接焊缝，焊缝等级为二级；牛腿腹板与柱翼缘板间的焊接应采用双面角焊缝，焊脚尺寸不应小于牛腿腹板厚度的 0.7 倍。

5）柱子在牛腿上、下翼缘 600mm 范围内，腹板与翼缘的连接焊缝应采用双面角焊缝。

6）当采用喇叭形焊缝时应符合下列规定：

①喇叭形焊缝可分为单边喇叭形焊缝（如图 6-6-2 所示）和双边喇叭形焊缝（如图 6-6-3 所示）。单边喇叭形焊缝的焊脚尺寸 h_f 不得小

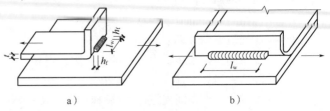

a) 　　　　　　　　　b)

图 6-6-2 单边喇叭形焊缝

a) 作用力垂直于焊缝轴线方向　b) 作用力平行于焊缝轴线方向

t—被连接板的最小厚度　h_f—焊脚尺寸　l_w—焊缝有效长度

于被连接板的厚度。

②当连接板件的最小厚度不大于 4mm 时，喇叭形焊缝连接的强度应按对接焊缝计算，其焊缝的抗剪强度可按下式计算：

$$\tau = \frac{N}{t l_{\mathrm{w}}} \leqslant \beta f_{\mathrm{t}} \tag{6-6-1}$$

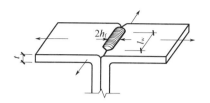

图 6-6-3　双边喇叭形焊缝

t—被连接板的最小厚度　h_{f}—焊脚尺寸

l_{w}—焊缝有效长度

式中　N——轴心拉力或轴心压力设计值（N）；

　　　t——被连接板件的最小厚度（mm）；

　　　l_{w}——焊缝有效长度（mm），等于焊缝长度扣除 2 倍焊脚尺寸；

　　　β——强度折减系数，当通过焊缝形心的作用力垂直于焊缝轴线方向时，如图 6-6-2a 所示，$\beta = 0.8$；当通过焊缝形心的作用力平行于焊缝轴线方向时，如图 6-6-2b 所示，$\beta = 0.7$；

　　　f_{t}——被连接板件钢材抗拉强度设计值（N/mm²）。

③当连接板件的最小厚度大于 4mm 时，喇叭形焊缝连接的强度应按角焊缝计算。

A. 单边喇叭形焊缝的抗剪强度可按下式计算：

$$\tau = \frac{N}{h_{\mathrm{f}} l_{\mathrm{w}}} \leqslant \beta f_{\mathrm{t}}^{\mathrm{w}} \tag{6-6-2}$$

B. 双边喇叭形焊缝的抗剪强度可按下式计算：

$$\tau = \frac{N}{2 h_{\mathrm{f}} l_{\mathrm{w}}} \leqslant \beta f_{\mathrm{f}}^{\mathrm{w}} \tag{6-6-3}$$

式中　h_{f}——焊脚尺寸（mm）；

　　　β——强度折减系数，当通过焊缝形心的作用力垂直于焊缝轴线方向时，如图 6-6-2a 所示，$\beta = 0.75$；当通过焊缝形心的作用力平行于焊缝轴线方向时，如图 6-6-2b 所示，$\beta = 0.7$；

　　　$f_{\mathrm{f}}^{\mathrm{w}}$——角焊缝强度设计值（N/mm²）。

④在组合构件中，组合件间的喇叭形焊缝可采用断续焊缝。断续焊缝的长度不得小于 $8t$ 和 40mm，断续焊缝间的净距不得大于 $15t$（对受压构件）或 $30t$（对受拉构件），t 为焊件的最小厚度。

6.6.2　节点设计

1）节点设计应传力简捷，构造合理，具有必要的延性；应便于焊接，避免应力集中和过大的约束应力；应便于加工及安装，容易就位和调整。

2）刚架构件间的连接，可采用高强度螺栓端板连接。高强度螺栓直径应根据受力确定，可采用 M16～M24 螺栓。高强度螺栓承压型连接可用于承受静力荷载和间接承受动力荷载的结构；重要结构或承受动力荷载的结构应采用高强度螺栓摩擦型连接；用来耗能的连接接头可采用承压型连接。

3）门式刚架横梁与立柱连接节点，可采用端板竖放（图 6-6-4a）、平放（图 6-6-4b）和斜放（图 6-6-4c）三种形式。斜梁与刚架柱连接节点的受拉侧，宜采用端板外伸式，与斜梁端板连接的柱翼缘部位应与端板等厚；斜梁拼接时宜使端板与构件外边缘垂直，如图 6-6-4d 所示，应采用外伸式连接，并使翼缘内外螺栓群中心与翼缘中心重合或接近。连接节点处的三角形短加劲板长边与短边之比宜大于 1.5∶1.0，不满足时可增加板厚。

4）端板螺栓宜成对布置。螺栓中心至翼缘板表面的距离，应满足拧紧螺栓时的施工要求，不宜小于 45mm。螺栓端距不应小于 2 倍螺栓孔径；螺栓中距不应小于 3 倍螺栓孔径。当端板上两

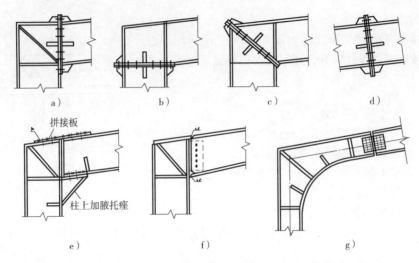

图 6-6-4　刚架连接节点

a) 端板竖放　b) 端板平放　c) 端板斜放　d) 斜梁拼接　e) 加腋节点　f) 栓-焊节点　g) 弧形加腋节点

对螺栓间最大距离大于 400mm 时，应在端板中间增设一对螺栓。

5）当端板连接只承受轴向力和弯矩作用或剪力小于其抗滑移承载力时，端板表面可不做摩擦面处理。

6）端板连接应按所受最大内力和按能够承受不小于较小被连接截面承载力的一半设计，并取两者的大值。

7）端板连接节点设计应包括连接螺栓设计、端板厚度确定、节点域剪应力验算、端板螺栓处构件腹板强度、端板连接刚度验算，并应符合下列规定：

①连接螺栓应按现行国家标准《钢结构设计标准》（GB 50017）验算螺栓在拉力、剪力或拉剪共同作用下的强度。

②端板厚度 t 应根据支承条件确定，如图 6-6-5 所示，各种支承条件端板区格的厚度应分别按下列公式计算：

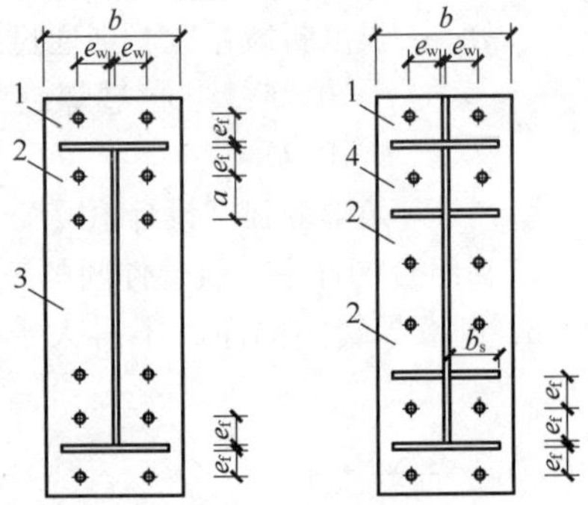

A. 伸臂类区格

$$t \geqslant \sqrt{\frac{6e_f N_t}{bf}} \qquad (6\text{-}6\text{-}4)$$

B. 无加劲肋类区格

$$t \geqslant \sqrt{\frac{3e_w N_t}{(0.5a + e_w)f}} \qquad (6\text{-}6\text{-}5)$$

图 6-6-5　端板支承条件

1—伸臂　2—两边　3—无肋　4—三边

C. 两邻边支承类区格

当端板外伸时

$$t \geqslant \sqrt{\frac{6e_f e_w N_t}{[e_w b + 2e_f(e_f + e_w)]f}} \qquad (6\text{-}6\text{-}6)$$

当端板平齐时

$$t \geqslant \sqrt{\frac{12e_f e_w N_t}{[e_w b + 4e_f(e_f + e_w)]f}} \qquad (6\text{-}6\text{-}7)$$

D. 三边支承类区格

$$t \geqslant \sqrt{\frac{6e_f e_w N_t}{[e_w(b + 2b_s) + 4e_f^2]f}} \qquad (6\text{-}6\text{-}8)$$

式中　N_t——一个高强度螺栓的受拉承载力设计值（N）；

e_w、e_f——螺栓中心至腹板和翼缘板表面的距离（mm）；

b、b_s——端板和加劲肋板的宽度（mm）；

a——螺栓的间距（mm）；

f——端板钢材的抗拉强度设计值（N/mm²）。

E. 端板厚度取各种支承条件计算确定的板厚最大值，但不应小于16mm及0.8倍的高强度螺栓直径。

③门式刚架斜梁与柱相交的节点域，如图6-6-6a所示，应按下式验算剪应力，当不满足式 (6-6-9) 要求时，应加厚腹板或设置斜加劲肋，如图6-6-6b所示。

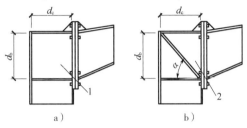

$$\tau = \frac{M}{d_b d_c t_e} \le f_v \qquad (6\text{-}6\text{-}9)$$

图 6-6-6　节点域
1—节点域　2—使用斜向加劲肋补强的节点域

式中　d_c、t_e——节点域的宽度和厚度（mm）；

d_b——斜梁端部高度或节点域高度（mm）；

M——节点承受的弯矩（N·mm），对多跨刚架中间柱处，应取两侧斜梁端弯矩的代数和或柱端弯矩；

f_v——节点域钢材的抗剪强度设计值（N/mm²）。

④端板螺栓处构件腹板强度应按下列公式计算：

当 $N_{t2} \le 0.4P$ 时
$$\frac{0.4P}{e_w t_w} \le f \qquad (6\text{-}6\text{-}10)$$

当 $N_{t2} > 0.4P$ 时
$$\frac{N_{t2}}{e_w t_w} \le f \qquad (6\text{-}6\text{-}11)$$

式中　N_{t2}——翼缘内第二排一个螺栓的轴向拉力设计值（N）；

P——一个高强度螺栓的预拉力设计值（N）；

e_w——螺栓中心至腹板表面的距离（mm）；

t_w——腹板厚度（mm）；

f——腹板钢材的抗拉强度设计值（N/mm²）。

⑤端板连接刚度应按下列规定进行验算：

A. 梁柱连接节点刚度应满足下式要求：
$$R \ge 25EI_b/l_b \qquad (6\text{-}6\text{-}12)$$

式中　R——刚架梁柱转动刚度（N·mm）；

I_b——刚架横梁跨间的平均截面惯性矩（N/mm⁴）；

l_b——刚架横梁跨度（mm），中柱为摇摆柱时，取摇摆柱与刚架柱距离的2倍；

E——钢材的弹性模量（N/mm²）。

B. 梁柱转动刚度应按下列公式计算：
$$R = \frac{R_1 R_2}{R_1 + R_2} \qquad (6\text{-}6\text{-}13)$$

$$R_1 = Gh_1 d_c t_p + Ed_b A_{st} \cos^2\alpha\sin\alpha \qquad (6\text{-}6\text{-}14)$$

$$R_2 = \frac{6EI_e h_1^2}{1.1e_f^3} \qquad (6\text{-}6\text{-}15)$$

式中　R_1——与节点域剪切变形对应的刚度（N·mm）；

R_2——连接的弯曲刚度，包括端板弯曲、螺栓拉伸和柱翼缘弯曲所对应的刚度（N·mm）；

h_1——梁端翼缘板中心间的距离（mm）；

t_p——柱节点域腹板厚度（mm）；

I_e——端板惯性矩（mm^4）；

e_f——端板外伸部分的螺栓中心到其加劲肋外边缘的距离（mm）；

A_{st}——两条斜加劲肋的总截面面积（mm^2）；

α——斜加劲肋倾角（°）；

G——钢材的剪切模量（N/mm^2）。

8）屋面梁与摇摆柱连接节点应设计成铰接节点，采用端板横放的顶接连接方式，如图6-6-7所示。

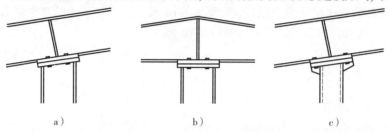

a)　　　　　　　　　b)　　　　　　　　　c)

图6-6-7　屋面梁和摇摆柱连接节点

9）吊车梁承受动力荷载，其构造和连接节点应符合下列规定：

①焊接吊车梁的翼缘板与腹板的拼接焊缝宜采用加引弧板的熔透对接焊缝，引弧板割去处应予打磨平整。焊接吊车梁的翼缘与腹板的连接焊缝严禁采用单面角焊缝。

②在焊接吊车梁或吊车桁架中，焊透的T形接头宜采用对接与角接组合焊缝，如图6-6-8所示。

③焊接吊车梁的横向加劲肋不得与受拉翼缘相焊。横向加劲肋宜在距受拉下翼缘50～100mm处断开，如图6-6-9所示，其与腹板的连接焊缝不宜在肋下端起落弧。当吊车梁受拉翼缘与支撑相连时，不宜采用焊接。

④吊车梁与制动梁的连接，可采用高强度螺栓摩擦型连接或焊接。吊车梁与刚架上柱的连接处宜设长圆孔，如图6-6-10a所示；吊车梁与牛腿处垫板宜采用焊接连接，如图6-6-10b所示；吊车梁之间应采用高强度螺栓连接。

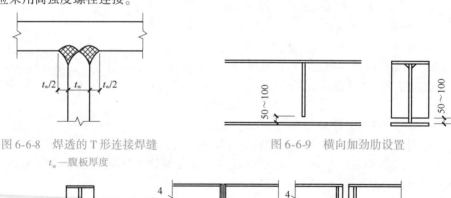

图6-6-8　焊透的T形连接焊缝
t_w—腹板厚度

图6-6-9　横向加劲肋设置

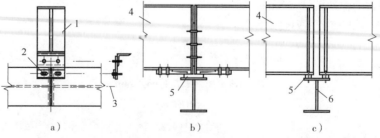

a)　　　　　　　　　b)　　　　　　　　　c)

图6-6-10　吊车梁连接节点

a) 吊车梁与上柱连接　b) 吊车梁与牛腿连接

1—钢柱　2—吊车梁上翼缘连接板　3—吊车梁中心线　4—吊车梁　5—垫板　6—钢丝绳

10）用于支承吊车梁的牛腿可做成等截面，也可做成变截面；采用变截面牛腿时，牛腿悬臂端截面高度不应小于根部高度的 1/2，如图 6-6-11 所示。柱在牛腿上、下翼缘的相应位置处应设置横向加劲肋；在牛腿上翼缘吊车梁支座处应设置垫板，垫板与牛腿上翼缘连接应采用围焊；在吊车梁支座对应的牛腿腹板处应设置横向加劲肋。牛腿与柱连接处承受剪力 V 和弯矩 M 的作用，其截面强度和连接焊缝应按现行国家标准《钢结构设计标准》（GB 50017）的规定进行计算，弯矩 M 应按下式计算。

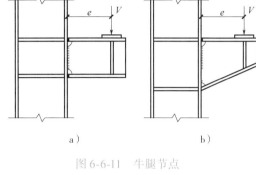

图 6-6-11　牛腿节点
a）等截面牛腿　b）变截面牛腿

$$M = Ve \qquad (6\text{-}6\text{-}16)$$

式中　V——吊车梁传来的剪力（N）；

　　　e——吊车梁中心线离柱面的距离（mm）。

11）在设有夹层的结构中，夹层梁与柱可采用刚接，也可采用铰接，如图 6-6-12 所示。当采用刚接连接时，夹层梁翼缘与柱翼缘应采用全熔透焊接，腹板采用高强度螺栓与柱连接。柱与夹层梁上、下翼缘对应处应设置水平加劲肋。

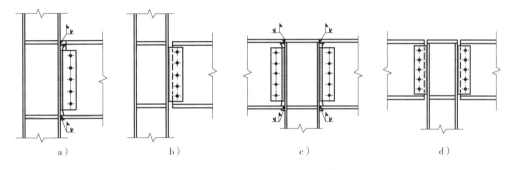

图 6-6-12　夹层梁与柱连接节点
a）梁与边柱刚接　b）梁与边柱铰接　c）梁与中柱刚接　d）梁与中柱铰接

12）抽柱处托架或托梁宜与柱采用铰接连接，如图 6-6-13a 所示。当托架或托梁挠度较大时，也可采用刚接连接，但柱应考虑由此引起的弯矩影响。屋面梁搁置在托架或托梁上宜采用铰接连接，如图 6-6-13b 所示，当采用刚接，则托梁应选择抗扭性能较好的截面。托架或托梁连接尚应考虑屋面梁产生的水平推力。

13）女儿墙立柱可直接焊于屋面梁上，如图 6-6-14 所示，应按悬臂构件计算其内力，并应对女儿墙立柱与屋面梁连接处的焊缝进行计算。

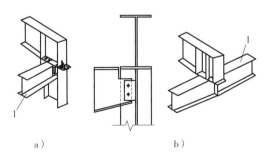

图 6-6-13　托梁连接节点
a）托梁与柱连接　b）屋面梁与托梁连接
1—托梁

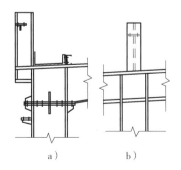

图 6-6-14　女儿墙连接节点
a）角部立柱连接　b）中间立柱连接

14）天窗可以直接与屋面梁或型钢托梁连接，如图 6-6-15 所示。天窗支架及其连接应进行计算。

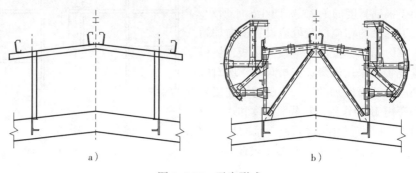

a)   b)

图 6-6-15　天窗形式

a）天窗形式之一　b）天窗形式之二

15）柱脚

①门式刚架柱脚一般采用平板式铰接柱脚，如图 6-6-16 所示；根据需要可以采用刚接柱脚，如图 6-6-17 所示。

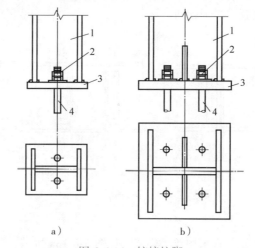

a)   b)

图 6-6-16　铰接柱脚

a）两个锚栓柱脚　b）四个锚栓柱脚

1—柱　2—双螺母及垫板　3—底板　4—锚栓

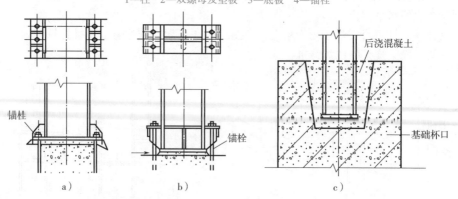

a)   b)   c)

图 6-6-17　刚接柱脚

a）加劲刚接柱脚　b）带柱靴刚接柱脚　c）插入式柱脚

②计算带有柱间支撑的柱脚锚栓在风荷载作用下存在上拔力时，应计入柱间支撑产生的最大竖向分力，且不考虑活荷载、雪荷载、积灰荷载和附加荷载影响，恒荷载分项系数应取 1.0。计

算柱脚锚栓的受拉承载力时，应采用螺纹处的有效截面面积。

③带靴梁的锚栓不宜用来承受剪力，柱底受剪承载力按底板与混凝土基础间的摩擦力取用，摩擦系数可取 0.4，计算摩擦力时应考虑屋面风吸力产生的上拔力的影响。当剪力由不带靴梁的锚栓承担时，应将螺母、垫板与底板焊接，柱底的受剪承载力可按 0.6 倍的锚栓受剪承载力取用。当柱底水平剪力大于受剪承载力时，应设置抗剪键。

④柱脚锚栓应采用 Q235B 钢或 Q345 钢制作。锚栓端部应设置弯钩或锚件，且应符合现行国家标准《混凝土结构设计规范》（GB 50010）的有关规定。锚栓的最小锚固长度 l_a（投影长度）应符合表 6-6-2 的规定，且不应小于 200mm。锚栓直径 d 不宜小于 24mm，且应采用双螺母。

表 6-6-2　锚栓的最小锚固长度

锚栓钢材牌号	混凝土强度等级					
	C25	C30	C35	C40	C45	≥C50
Q235B	20d	18d	16d	15d	14d	14d
Q345	25d	23d	21d	19d	18d	17d

⑤铰接柱脚抗剪件的设置如图 6-6-18 所示。

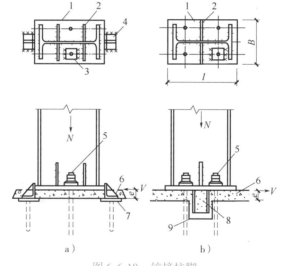

图 6-6-18　铰接柱脚
a）外露式柱脚抗剪键　b）插入式柱脚抗剪键

1—柱脚底板　2—底板加劲肋　3—垫板　4—抗剪键（柱定位后顶紧现场焊）　5—螺栓（双螺母）
6—混凝土二次浇筑层　7—基础抗剪预埋件　8—柱底预焊抗剪键　9—基础顶预留抗剪键槽

16）全焊或栓-焊连接

①构造特点。全焊与栓-焊连接节点具有节点转动刚度大，构造与计算假定一致，工程费用低，但高处焊接工作量大等特点。

在实际工程中，栓-焊连接节点经常用来作为梁、柱连接节点或钢梁拼接节点，适用于有起重机及跨度较大的门式刚架。

②构造要求。栓-焊连接如图 6-6-19 所示。

A. 横梁的上、下翼缘应与柱顶板及柱翼缘现场熔透对焊，焊缝质量等级为二级，采用连续施焊，需在腹板上开槽口。

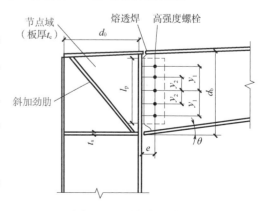

图 6-6-19　栓-焊连接

B. 横梁腹板与柱上连接板采用高强度螺栓连接，连接板可为单板，其厚度宜比梁端腹板加厚一级。

C. 在柱腹板上与梁下翼缘对应处应设置成对横向加劲肋，加劲肋与柱翼缘的对焊应焊透，加劲肋与柱腹板的连接角焊缝宜与加劲肋等强，加劲肋厚度不应小于 $b/15$（b 为加劲肋的宽度），并不小于所对应的梁翼缘的厚度。

D. 节点域抗剪验算不满足时应设置斜加劲肋，其截面应由计算决定，其宽厚比不应大于 $15\sqrt{235f_y}$。

③节点连接计算

A. 梁上、下翼缘与柱之间的连接焊缝采用质量等级为二级的熔透焊缝，可视为与母材等强，一般不需要验算接头连接的抗弯强度。

B. 梁端抗剪强度的计算中，应进行连接螺栓、连接板及其焊缝的验算，验算时最不利内力组合应为最大剪力与最大弯矩（腹板分担部分）；对连接板及其焊缝尚应考虑连接偏心弯矩 Ve 的影响。

17）弧形节点

①节点构造要求

A. 加腋段受压翼缘的外伸部分宽厚比 b/t，不应大于 10；其腹板厚度不应小于梁或柱腹板的厚度。

B. 加腋区弧段的腹板一般均应在加腋段起始点及中点设加劲肋或短加劲肋，如图 6-6-4g 所示，此时弧段半径 R 如图 6-6-20 所示，不宜小于 $2b_f$，每侧一对加劲肋的截面面积不宜小于翼缘截面面积的 75%。当加腋弧段内腹板不设加劲肋时，弧段半径 R 不宜小于 $4b_f$，并宜满足 b^2/tR 之值不大于 1.0（b 为翼板外伸部分宽度，t 为翼缘厚度）的构造要求。当因强度要求加截面时，加腋部分翼缘、腹板均可采用增加厚度的变截面构造。

C. 加腋段受压下翼缘应在平面外设置支撑以保证其稳定。当因抗震等要求加腋区段可能出现塑性铰时，支撑点间距 l_c 应按《钢结构设计标准》（GB 50017—2017）中塑性设计的要求计算确定。

D. 弧形加腋节点内一般不宜布置柱的安装接头，而宜将弧形加腋的梁端延长形成梁的拼装节点，如图 6-6-4g 所示。

②弧形加腋节点计算

A. 弧形加腋的截面正应力、剪应力验算可按弧截面法进行，如图 6-6-20 所示的加腋弧段中，可取任意需验算的弧线截面 $\overparen{2—2}$ 或 $\overparen{5—5}$ 将其展开后按式（6-6-17）及式（6-6-18）进行截面正应力 σ 和剪应力 τ 的验算。

$$\sigma = \frac{N_0}{A} \pm \frac{Mc}{I} \leqslant f \tag{6-6-17}$$

$$\tau - \frac{M_0 S}{r I t_w} \leqslant f_i \left(\text{即 } \tau = \frac{VS}{I t_w}, \quad V = \frac{M_0}{r} \right) \tag{6-6-18}$$

柱段 $\overparen{2—2}$ 弧形截面：
$$M = M_0 + H_0 r \tag{6-6-19}$$
$$N_{OC} = N_C \cos\phi + H\sin\phi \tag{6-6-20}$$
$$N_{OC} = H\cos\phi - N_C \sin\phi \tag{6-6-21}$$
$$M_{OC} = Hm + N_C \frac{h_c}{2} + M_C \tag{6-6-22}$$

梁段 $\overparen{5—5}$ 弧形截面：
$$M = M_0 + V_0 r \tag{6-6-23}$$
$$N_{OB} = N_B \cos\phi + V_R H\sin\phi \tag{6-6-24}$$

$$V_{OB} = V_B \cos\phi - N_B \sin\phi \qquad (6\text{-}6\text{-}25a)$$

$$M_{OB} = V_B m + N_B \frac{h_B}{2} + M_B \qquad (6\text{-}6\text{-}25b)$$

$$r = \frac{h + R(1 - \cos2\phi)}{\sin2\phi} \qquad (6\text{-}6\text{-}26)$$

$$e = r\sin\phi - h/2 \qquad (6\text{-}6\text{-}27)$$

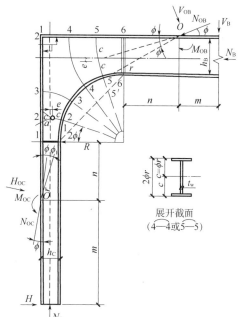

式中

M——作用在 $\overset{\frown}{2\text{—}2}$ 或 $\overset{\frown}{5\text{—}5}$ 弧形截面上的弯矩；

V——通过 O 点沿半径方向作用验算弧形截面 $\overset{\frown}{2\text{—}2}$ 或 $\overset{\frown}{5\text{—}5}$ 中和轴 a 点的轴力；

H_0、V_0——作用于 $\overset{\frown}{2\text{—}2}$ 或 $\overset{\frown}{5\text{—}5}$ 弧形截面顶点 O 上的剪力；

M_0——作用于 $\overset{\frown}{2\text{—}2}$ 或 $\overset{\frown}{5\text{—}5}$ 弧形截面顶点 O 上的弯矩；

t_w、A、I、S——弧形截面展开后计算截面的腹板厚度、截面面积、惯性矩、面积矩；

r——所验算弧形截面的半径；

e——弧形截面的偏心值；

c——展开截面内外边缘至中和轴的距离，ϕr（ϕ 为弧度），当加腋区内外翼缘板截面不等时，中和轴位置及受拉区与受压区 c 值（不为等值）应分别计算确定。

图 6-6-20　加腋节点计算简图

实际上在弧线翼缘截面中的应力 σ_x 因腹板约束的影响呈不均匀分布（图 6-6-21b），当有必要验算其最大峰值 σ_{xmax} 时，可按下式计算：

$$\sigma_{xmax} = \frac{\sigma_x}{\gamma} < f \qquad (6\text{-}6\text{-}28)$$

式中　σ_x——平均正应力，按式（6-6-17）计算；

γ——应力系数，按 b^2/tR 值由表 6-6-3 查得；

b——弧线翼缘由腹板边缘的外伸宽度，如图 6-6-21 所示；

t——弧线翼缘板的厚度；

R——弧线翼缘的半径。

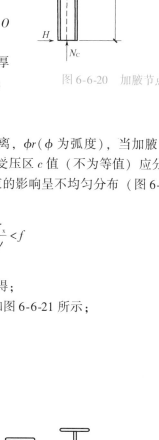

a）　　　　　　　　　　b）

图 6-6-21　弧线内翼缘的双向应力

a）弧线内翼缘所受的双向应力　b）翼缘板正应力不均匀分布图

B. 无加劲肋时弧线内翼缘横向应力验算。加腋弧线内翼缘在受有环向力 C 而产生法向应力 σ_x 时，伴随作用着径向力 S，如图 6-6-21a 所示，在翼缘板无加劲肋支承时，会使弧形翼缘板在其宽度方向受弯而产生横向应力 σ_y，从而截面处于双向应力状态，σ_y 可按式（6-6-29）计算：

$$\sigma_y = \mu\sigma_{xmax} < f \tag{6-9-29}$$

式中　σ_{xmax}——翼缘截面中最大正应力，按式（6-6-28）计算；

　　　　μ——按 b^2/tR 值由表 6-6-3 查得。

表 6-6-3　应力系数 γ、μ

$\dfrac{b^2}{tR}$	0	0.1	0.2	0.3	0.4	0.5	0.6	0.7	0.8	0.9
γ	1.000	0.994	0.977	0.950	0.915	0.878	0.838	0.800	0.762	0.726
μ	0	0.297	0.580	0.836	1.056	1.238	1.382	1.495	1.577	1.636
$\dfrac{b^2}{tR}$	1.0	1.1	1.2	1.3	1.4	1.5	2.0	3.0	4.0	5.0
γ	0.693	0.663	0.636	0.611	0.589	0.569	0.495	0.414	0.367	0.334
μ	1.677	1.703	1.721	1.728	1.732	1.732	1.707	1.671	1.680	1.700

6.7　房屋围护系统

6.7.1　屋面板和墙面板的设计

1）屋面及墙面板可选用镀层或涂层钢板、不锈钢板、铝镁锰合金板、钛锌板、铜板等金属板材或其他轻质材料板材。

2）一般建筑用屋面及墙面彩色镀层压型钢板，其计算和构造应按现行国家标准《冷弯薄壁型钢结构技术规范》（GB 50018）的规定执行。

3）屋面板与檩条的连接方式可分为直立缝锁边连接型、扣合式连接型、螺钉连接型。

4）屋面及墙面板的材料性能，应符合下列规定：

①采用彩色镀层压型钢板的屋面及墙面板的基板力学性能应符合现行国家标准《建筑用压型钢板》（GB/T 12755）的要求，基板屈服强度不应小于 $350N/mm^2$，对扣合式连接板基板屈服强度不应小于 $500N/mm^2$。

②采用热镀锌基板的镀锌量不应小于 $275g/m^2$，并应采用涂层；采用镀铝锌基板的镀铝锌量不应小于 $150g/m^2$，并应符合现行国家标准《彩色涂层钢板及钢带》（GB/T 12754）及《连续热镀铝锌合金镀层钢板及钢带》（GB/T 14978）的要求。

5）屋面及墙面外板的基板厚度不应小于 0.45mm，屋面及墙面内板的基板厚度不应小于 0.35mm。

6）当采用直立缝锁边连接或扣合式连接时，屋面板不应作为檩条的侧向支撑；当屋面板采用螺栓连接时，屋面板可作为檩条的侧向支撑。

7）对房屋内部有自然采光要求时，可在金属板屋面设置点状或带状采光板。当采用带状采光板时，应采取释放温度变形的措施。

8）金属板材屋面板与相配套的屋面采光板连接时，必须在长度方向和宽度方向上使用有效的密封胶进行密封，连接方式宜和金属板材之间的连接方式一致。

9）金属屋面以上附件的材质宜优先采用铝合金或不锈钢，与屋面板的连接要有可靠的防水措施。

10）屋面板沿板长方向的搭接位置宜在屋面檩条上，搭接长度不应小于 150mm，在搭接处应做防水处理；墙面板搭接长度不应小于 120mm。

11）屋面排水坡度不应小于表 6-7-1 的限值。

表 6-7-1　屋面排水坡度限值

连接方式	屋面排水坡度
直立缝锁边连接板	1/30
扣合式连接板及螺钉连接板	1/20

12）在风荷载作用下，屋面板及墙面板与檩条之间连接的抗拔承载力应有可靠依据。

6.7.2　保温与隔热

1）门式刚架轻型房屋的屋面和墙面其保温隔热在满足节能环保要求的前提下，应选用热导率较小的保温隔热材料，并应结合防水、防潮与防火要求进行设计。钢结构房屋的隔热应主要采用轻质纤维状保温材料和轻质有机发泡材料，墙面也可采用轻质砌块或加气混凝土板材。

2）屋面和墙面的保温隔热构造应根据热工计算确定。保温隔热材料应相互匹配。

3）屋面保温隔热可采用下列方法之一：

①在压型钢板下设带铝箔防潮层的玻璃纤维毡或矿棉毡卷材；当防潮层未用纤维增强，尚应在底部设置钢丝网或玻璃纤维织物等具有抗拉能力的材料，以承托隔热材料的自重。

②金属面复合夹芯板。

③在双层压型钢板中间填充保温材料。

④在压型钢板上铺设刚性发泡保温材料，外铺热熔柔性防水卷材。

4）外墙保温隔热可采用下列方法之一：

①采用与屋面相同的保温隔热做法。

②外侧采用压型钢板，内侧采用预制板、纸面石膏板或其他纤维板，中间填充保温材料。

③采用加气混凝土砌块或加气混凝土板，外侧涂装防水涂料。

④采用多孔砖等轻质砌体。

6.7.3　屋面排水设计

1）天沟截面形式可采用矩形或梯形。外天沟可用彩色金属镀层钢板制作，钢板厚度不应小于 0.45mm。内天沟宜用不锈钢材料制作，钢板厚度不宜小于 1.0mm。采用其他材料时应做可靠防腐处理，普通钢板天沟的钢板厚度不应小于 3mm。

2）天沟应符合下列构造要求：

①房屋的伸缩缝或沉降缝处的天沟应对应设置变形缝。

②屋面板应延伸入天沟。当采用内天沟时，屋面板与天沟连接应采取密封措施。

③内天沟应设置溢流口，溢流口顶低于天沟上檐 50～100mm。当无法设置溢流口时，应适当增加雨水管数量。

④屋面排水采用内排水时，集水盒外应有网罩防止垃圾堵塞雨水管。

3）雨水管的截面形式可采用圆形或方形截面，雨水管材料可用金属镀层钢板、不锈钢、PVC等材料。集水盒与天沟应密封连接。雨水管应与墙面结构或其他构件可靠连接。

第7章　屋盖结构

7.1　概述及屋面围护材料

7.1.1　概述

屋面结构一般由屋面材料、檩条、屋架（梁）、托架（用于大柱距）、屋盖支撑和天窗等构件组成。

1. 按结构形式分类

（1）有檩屋盖　有檩屋盖常用于轻屋面材料（压型钢板、压型铝合金板、石棉瓦、瓦楞铁等）情况。对石棉瓦和瓦楞铁屋面，柱距通常为6m（如图7-1-1a所示），当柱距≥12m时（如图7-1-1b所示），则用托架（或托梁）支承中间屋架，对于长尺寸压型钢板和压型铝合金板屋面，柱距常用≥12m；当柱距为12~18m时，宜将檩条直接支承于屋架上，当柱距>18m时（如图7-1-1c所示），采用纵、横方向的桁架（或梁）来支承檩条经济方面较为合理。

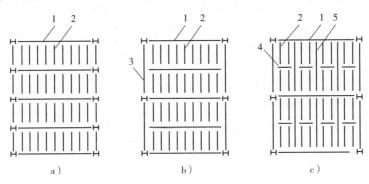

图 7-1-1　有檩屋盖

a）柱距6m　b）柱距≥12m　c）柱距>18m

1—屋架　2—檩条　3—托架　4—次梁（次桁架）　5—纵梁（主桁架）

（2）无檩屋盖　无檩屋盖一般用于屋面材料为钢筋混凝土大型屋面板等重型屋面，将屋面板直接放置在屋架或天窗架上。钢筋混凝土大型屋面板的跨度通常采用6m（如图7-1-2a所示），有条件时也可采用12m（如图7-1-2b所示）。当柱距大于所选用的屋面板跨度时，可采用托架（或托梁）来支承中间屋架。

2. 按天窗形式分类

屋盖按天窗形式划分，可分为纵向天窗屋盖（如图7-1-3~图7-1-4所示）、横向天窗屋盖（如图7-1-5所示）和井式天窗屋盖（如图7-1-6所示）三种，一般采用纵向天窗屋盖。井式天窗屋盖和横向式下沉天窗屋盖不另设置天窗架，仅将屋面构件部分放置于屋架上弦，部分放置于屋架下弦，构成横向天窗或井式天窗。此两种屋盖的构造及施工都较为复杂，但可减小房屋高度，通风效果较好的某些情况下经济指标也较好。一般说来，纵向、横向、井式天窗屋盖方案的选用，主要由建筑设计者根据使用要求、通

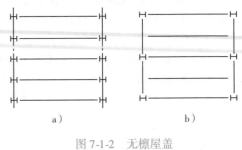

图 7-1-2　无檩屋盖

a）柱距6m　b）柱距≥12m

风的需要以及技术经济指标的比较等予以确定。

天窗架和挡风板支架根据采光和通风要求设置。

天窗形式在同一车间中宜采用一种天窗形式。

此外，天窗还可以采用其他形式，如三角形天窗等。

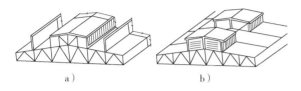

图 7-1-3　纵向天窗屋盖
a）连续式　b）间断式

图 7-1-4　纵向下沉式天窗

图 7-1-5　横向下沉式天窗

图 7-1-6　井式天窗

3. 其他

按照所采用钢材规格的不同，屋盖结构可分为普通钢结构和轻型钢结构两种。目前由于科学技术的进步，新材料的出现，生产工艺及使用功能上的需要，无论公共设施或工业厂房的建筑中大的跨度越来越大。众多新的结构形式中目前采用较多的是网架结构，网架结构在某些情况下将提高结构的安全度，降低建筑高度，节约钢材，同时对于扩大柱距使房屋能更好适应生产工艺变化的要求，所以在工程中得到了较广泛的应用。

4. 一般要求

1）屋盖结构的形式应尽量统一，有可能时可设计为块体结构，以方便整体吊装，加快施工进度。屋盖支撑的布置，应能保证结构的空间工作、整体刚度和稳定性，保证传递风力和起重机水平力，并能方便安装。在房屋的每一个温度区段或分期建设的区段中，应分别设置独立的空间稳定支撑体系。

2）根据实际需要，可以在厂房中某一、二榀屋架间设置安装和检修起重机或其他设备的吊点。

3）屋盖结构的钢材牌号一般采用 Q235-B·F 沸腾钢，冬季工作温度等于或低于 −30℃ 时的屋架、托架（或托梁），宜采用 Q235-B 钢。荷载较大的大跨度屋架、托架（或托梁），可采用 Q345 钢或 Q390 钢。承重结构的钢材应具有抗拉强度、伸长率、屈服点、冷弯试验以及硫、磷含量的合格保证；对于焊接结构尚应具有碳含量的合格保证。对于抗震设防地区的结构材料还应满足《建筑抗震设计规范》（GB 50011）的有关规定。

4）设计屋盖结构时，对于一般民用房屋和工业厂房的安全等级可取为二级；对礼堂、电影院、俱乐部等人口密集的公共建筑物中的主要承重构件（屋架、托架等），安全等级宜取为一级。

5）大跨度屋盖结构：

①大跨度屋盖结构是指跨度 $l \geqslant 60\mathrm{m}$ 的屋盖结构，可采用桁架、刚架或拱等平面结构以及网架、网壳、悬索结构和索膜结构等空间结构。

②大跨度屋盖结构应考虑构件变形、支承结构位移、边界约束条件和温度变化等对其内力产生的影响；同时可根据结构的具体情况采用能适应变形的支座以释放附加内力。

③对有悬挂起重机的屋架，按全部荷载标准值计算的挠度容许值可取为跨度的 1/500，按可变荷载标准值计算时为 1/600。对无悬挂起重机的屋架，按全部荷载标准值计算的挠度容许值可取为跨度的 1/250，当有吊顶顶棚时，按可变荷载标准值计算的挠度容许值为跨度的 1/500。

④大跨度屋盖结构的节点连接当杆件内力较大或动荷载较大时宜采用高强度螺栓（管结构除外）的摩擦型连接。

⑤大跨度屋盖结构应进行吊装阶段的验算、吊装方案的选定和对吊点位置等都应通过计算确定以保证每个安装阶段屋盖结构的强度和整体稳定。

5. 屋盖设计应注意的事项

（1）屋面坡度　屋面坡度与所选用的屋面围护材料的型号规格有关。坡度太大，瓦材容易下滑，应使屋面瓦材与檩条有较好的连接；坡度太小，屋面容易积水造成渗漏，应做好防水处理。用于屋面的各种瓦材较合理的屋面坡度见表 7-1-2。

（2）屋面防水　瓦材屋面是通过各种搭接形式达到防水的目的，因此，它们的搭接构造是防水的关键。在一般瓦屋面中容易引起漏水的部位是瓦材接缝、天沟、女儿墙、天窗侧壁及通风口等处，其防水构造应注意：

1）根据屋面的坡度，构件间的搭接应保证有适当的长度，并用砂浆铺满或填塞缝隙，以免引起爬水现象。

2）屋面瓦与女儿墙或高低跨处的连接应采用薄钢板泛水或挑砖粉滴水线盖缝。

3）当采用混凝土天沟支承屋面瓦时，天沟防水材料施工中其上口不易做得严密，故建议将天沟改为自承重并另设檩条支承屋面，也可采用自防水天沟的做法；混凝土天沟之间的接缝处应涂优质油膏，采用柔性连接。雨水管的布置要合理，数量要满足要求，并做好它周围的防水，施工时尤其要保证其质量。当内天沟处采用桁架式钢檩条时，由于檩条端部高度小，不能满足天沟所需的积水和找坡深度，应变换屋架形式，采用上弦杆在端节间处向下弯折的三角形屋架，以便增加天沟的高度。

4）为避免屋脊部位进风、进雨水的问题，脊瓦应有足够的遮挡深度。波形瓦的波谷深处应用砂浆填塞。

（3）屋面围护材料的耐久性　一般钢筋混凝土和钢丝网水泥构件，在制作和使用过程中有时会产生干缩裂缝、温度裂缝或碳化、风化等现象，从而影响其防水效果和使用寿命，为了提高耐久性和防水性，工程中一般要对瓦表面涂刷涂料。

压型钢板一般采用热镀锌钢板或彩色镀锌（有机涂层）压型钢板制作。其力学性能、工艺性能、涂层性能应符合现行国家标准《建筑用压型钢板》（GB/T 12755）的有关规定。

（4）固定与连接

1）压型钢板屋面板应考虑下列构造要求：

①房屋山墙处采用包角封檐板连接屋面板和墙板。

②可采用镀锌钢板支架或其他可靠方式固定在檩条或梁上，如屋面板高度小于 70mm，可不设固定支架，而用自攻螺钉或镀锌钩头螺栓（近年已较少采用钩头螺栓）在波谷处直接与檩条连接，连接点可每波设置一个，也可隔一波设置一个，但每块压型钢板与同一檩条的连接点不得少于 3 个。

③屋面压型钢板的侧向（顺屋面坡度）搭接，有条件时宜采用咬边连接，也可采用自攻螺钉或铝合金拉铆栓连接，间距与檩距相同，并应采取严密的防水措施。

2）太空板与结构构件的连接通常采用焊接。一般情况下，每块板至少有三个角与结构构件焊接，有特殊要求时也可要求四角焊接。板与板之间在边长中间采用点焊连接。

（5）采光与通风　单跨房屋一般利用房屋侧窗采光，多跨时可采用一般玻璃（应注意采取安全措施）、夹丝玻璃平天窗或玻璃钢球形点式采光窗采光。房屋的通风，可利用天窗（侧窗）自然通风或机械通风。对于个别通风要求较高时可设置通风天窗。

（6）保温与隔热

1）当屋面采用压型钢板时，可以采用以下方法：

①在压型钢板的底面铺设带有铝箔防潮层的玻璃纤维毡或矿棉毡；若防潮层未用纤维增强，尚应在底部设置钢丝网或玻璃纤维织物等具有抗拉能力的材料，以承托隔热材料的自重。

②采用金属复合夹芯板。

2）太空板和加气混凝土板本身具有保温隔热性能，一般不需另设保温隔热层。

6. 屋盖使用中应注意的问题

1）屋盖上积灰过多，长期未清扫，灰荷载大大超过灰荷载的设计值，使檩条、屋架和托架受力过大，有时甚至造成了整个屋盖倒塌。

2）房屋结构构件加工和使用过程中，钢材除锈及油漆不满足设计的要求，使用过程中又不重视维护，因而造成结构锈蚀严重，削弱了杆件截面，以致使结构不能正常使用。

3）轻型屋盖结构设计时对于风荷载考虑不周。轻型屋盖的自重较轻，因此在风吸力作用下致使屋架下弦杆件受压失稳引起结构破坏。

4）节点板选用太薄，连接焊缝的焊脚尺寸过大，施焊时，引起节点板脆裂；也有节点板边缘与单腹杆轴线交角太小，节点板宽度不够，因而给施工造成较大困难，不能保证施工质量。

5）现场的材料代用的钢材质量不满足设计要求。碳、硫、磷含量过高，施焊时使钢材开裂。

6）屋盖支撑设置不当，不能使温度区段范围内的构件形成稳定体系，致使安装过程中，屋架侧向失稳造成破坏。

7）屋盖结构中杆件长细比太大，运输和安装时未予加固，使杆件弯曲变形过大，影响使用。

8）自防水屋面渗漏现象严重，影响使用，加设防水措施后，增加了屋盖荷载，降低了屋盖结构的安全度。

9）轻钢屋盖中，对轻钢檩条没有在屋檐处设置斜拉条，檩条受力后倾覆，使屋盖倒塌。

7.1.2　屋面围护材料

屋面围护材料的质量大小对于屋面承重结构的用钢量影响很大。为了节约钢材，除个别情况特殊要求外，一般情况下屋面材料应首先选用轻质材料。轻型屋面的材料应选用质量轻强度高、耐火、防火、保温和隔热性能好，构造简单，施工方便，并能工业化生产的建筑材料，如压型钢板、瓦楞铁和各种石棉瓦等。

1965 年后我国曾普遍应用过钢丝网水泥波形瓦和预应力混凝土槽形瓦等自防水构件作为轻屋面的瓦材，获得了较好的经济效益，取得了一定的经验。但这种屋面材料的自重较大，同时在防水、保温和隔热等方面还需进一步改进。近年来部分工程中已采用了加气混凝土板和发泡水泥复合板。

常用的几种屋面围护材料见表 7-1-1，设计参数见表 7-1-2。

表 7-1-1　常用的几种屋面围护材料

序号	类别	材料性能
1	黏土瓦或水泥平瓦	瓦的重量为 0.55kN，是一种传统型材料。由于取材、运输、施工都比较方便，适应性强，特别适用于零星分散的、机械化施工水平不高的建设项目和地方性工程
2	木质纤维波形瓦	瓦的重量为 0.08kN。它是在木质纤维内加酚醛树脂和石蜡乳化防水剂后预压成型，再经高温高压制成的。其特点是能充分利用边角料，具有轻质高强、耐冲击和一定的防水性能，运输和装卸损耗少，适用于料棚、仓库等临时性建筑。这种瓦的缺点是易老化，耐久性差；如对屋面能定时使用涂料进行维护，一般可使用十年左右

（续）

序号	类别	材料性能
3	石棉水泥波形瓦	瓦的重量为0.20kN。它在国内外都属于广泛采用的传统型材料；它具有自重轻、美观、施工简便等特点；除用作工业和民用建筑的屋面围护材料外，还可以用作墙体围护材料。石棉水泥瓦存在着脆性大、易开裂破损，因吸水而产生收缩龟裂和挠曲变形等缺点。目前国外通过对原材料成分的控制、掺加附加剂，进行饰面处理和改革生产工艺后，使石棉瓦的技术性能得到了较好的改进。目前，我国石棉瓦的产量不多，对于质量存在的某些技术问题，正在积极研究采取措施，以扩大生产，提高质量。有些工程在石棉瓦下加设木望板，以改善其使用效果，也便于检查和维修
4	加筋石棉水泥中波瓦	瓦的重量为0.20kN，是在过去试制的加筋小波石棉瓦发展起来的新品种；这种瓦于1975年经国家建材总局鉴定，在上海石棉瓦厂定点生产。它是全部利用短纤维石棉加一层$\phi1.4\times15\times15$（mm）钢丝网（折合约2kg/m²）制成的，比一般石棉瓦大大提高了抗折强度，改变了承受荷载后发生骤然脆断破坏的现象，也降低了运输安装过程中的瓦损耗率。它的最大支承距离可达1.5m，比不加筋石棉瓦约增大近一倍，故工程总的用钢量并没有增加，而且可用于高温和振动较大的车间。但目前它的生产成本仍稍高
5	压型钢板	压型钢板是采用镀锌钢板、冷轧钢板、彩色钢板等作为原材料，经辊压冷弯成各种波形的压型板，具有轻质高强、美观耐用、施工简便等特点。它的加工和安装已做到标准化、工厂化、装配化 目前已有国家标准《建筑用压型钢板》（GB/T 12755）和部颁标准《压型金属板设计施工规程》（YBJ 216），并已正式列入《冷弯薄壁型钢结构技术规范》（GB 50018）中使用 压型钢板的截面呈波形，从单波到多波，板宽360~900mm。大波为2波，波高75~130mm，小波4~7波，波高14~38mm；中波波高达51mm。板厚0.6~1.6mm（一般选用0.6~1.0mm）。压型钢板的最大允许檩距，可根据支承条件、荷载及芯板厚度，由产品规格中选用，常见板型见表7-1-3 压型钢板的重量为0.07~0.14kN，分长尺和短尺两种。工程中尽量采用长尺，可以减少板的纵向接头。该屋面围护材料特别适用于坡度较小的屋面结构
6	夹芯板	夹芯板是一种将保温（隔热）与里外面板一次成型的双层压型钢板。由于保温（隔热）芯材的存在，芯材的上、下均加设钢板。上层一般采用小波压型钢板，下层为小肋的平板。芯材可采用聚氨酯、聚苯或岩棉 如果采用在上下两层压型钢板间在现场铺设保温（隔热）层，这种做法不属于夹芯板的范畴。夹芯板的板型见表7-1-4 夹芯板的重量为0.12~0.25kN。板的长度一般采用≤12m
7	钢丝网水泥波形瓦	瓦的重量为0.40~0.50kN，是采用10mm×10mm钢丝网（最好用点焊网）和42.5级水泥砂浆振动成型的。瓦厚平均15mm左右，瓦型类似石棉水泥大波瓦。为了提高瓦的强度和抗裂性，瓦型由开始时六波改为现在的四波或三波。生产这种瓦的设备简单，施工方便，技术经济指标较好。在保证操作要求的情况下，瓦的质量和耐久性能符合一般工业房屋的使用要求
8	预应力混凝土槽瓦	瓦的重量为0.85~1.0kN。它的最大优点是构造简单，施工方便，能长线选层生产。在20世纪60年代后半期经大量推广应用，发现部分槽瓦有裂、渗和漏等现象。目前经改进后的新瓦型，一般在制作时采用振、滚和压的方法，起模运输时采取整叠出槽、整叠运输、整叠堆放以及双层剥离等措施，大大提高了瓦的质量，减少瓦的裂缝和损耗，在建筑防水构造上也做了相应的改进。此外，还有采用离心法生产的预应力混凝土槽瓦，对发展机械化生产，提高混凝土密实性和构件强度都有较大的帮助。经改进后的槽瓦具有一定的推广价值，可用于一般保温和隔热要求不高的工业和民用建筑中

（续）

序号	类别	材料性能
9	GRC板	板的重量为0.50~0.60kN。所谓GRC（Glass Fiber Relinforced Cement）是指用玻璃纤维增强的水泥制品。目前GRC网架板的面板是用水泥砂浆作基材，玻璃纤维作增强材料的无机复合材料，肋部仍为配筋的混凝土。市场上有两种产品：一种GRC复合板就是上述的含义，仅面板为玻璃纤维与水泥砂浆的复合，由于板本身不隔热（或保温），尚需在面板上另设隔热、找平及防水层；第二种GRC复合夹芯板，是将隔热层贴于面板下面或在上下面板的中间，使板具有隔热作用，使用时只需在面板上设防水层。对于保温的GRC板，其全部荷载比上述另加保温层的第一种GRC板轻
10	加气混凝土层面板	板的重量为0.75~1.00kN。加气混凝土层面板是一种集承重、保温和构造合一的轻质多孔板材，以水泥（或粉煤灰）、矿渣、砂和铝粉为原料，经磨细、配料、浇筑、切割并蒸压养护而成，具有重量轻、保温效能高、吸声好等优点。这种板因是机械化工厂生产，板的尺寸准确，表面平整，一般可直接在板上铺设卷材防水，施工方便。目前国外多选用这种板材作为屋面和墙体的围护材料
11	发泡水泥复合板（太空板）	板的重量为0.60~0.72kN。太空板是集承重、保温、隔热为一体的轻质复合板，是一种由钢或混凝土边框、钢筋桁架、发泡水泥芯材、玻纤网增强的上下水泥面层复合而成的建筑板材，可用作屋面板、楼板和墙板。通过多次静力荷载、动力荷载及保温、隔热、隔声、耐火等一系列试验表明，这种板的刚度、强度和使用性能均符合国家相关技术规范的要求。标准型发泡水泥复合板的规格见表7-1-5
12	混凝土屋面板	板的重量为2.5~3.0kN（包括找平和隔热层，加上铺小石子的油毡防水层）。板跨小于4m的板可采用周边带肋的槽形板、田字板或井字板。板跨为6m的工业房屋中一般采用1.5m×6.0m的预应力混凝土大型屋面板。混凝土屋面板需另设找平和隔热层，加上铺小石子的油毡防水层，致使屋盖承重结构构件截面尺寸较大

表7-1-2 几种常用屋面材料的设计参数

序号	名称	长/mm	宽/mm	厚/mm	弧（肋）高/mm	弧（肋）/个	屋面坡度 i	标志檩距/m	重量/kN	结构形式
1	石棉水泥大波瓦	2800 1650	994 994	8.0 8.0	50 50	6 6		1.9 1.4		
2	石棉水泥中波瓦	2400 1800 1200	745 745 745	6.5 6.0 6.0	33 33 33	7.5 7.5 7.5		1.1 0.8 1.0	0.2	三角形屋架、三铰拱屋架及门式刚架
3	石棉水泥小波瓦	1820 1820	720 720	6.0 8.0	14~17	11.5 11.5	1/3~1/2.5	0.8		
4	石棉水泥脊瓦	850 780	180×2 230×2	8.0 6.0	—	—		—		
5	加筋石棉水泥中波瓦	1800	745	7~8	33	6		1.5	0.08	
6	木质纤维波形瓦	1700	765	6.0	40	4.5		1.5		
7	黏土瓦（水泥平瓦）	挂瓦条（木望板或檩条）					1/2.5~1/2.0	0.80~1.1	0.55	三角形屋架、三铰拱屋架
8	瓦楞铁	1820					1/6~1/3	0.80~1.1	0.05	同序号1~6

（续）

序号	名称	长/mm	宽/mm	厚/mm	弧（肋）高/mm	弧（肋）/个	屋面坡度 i	标志檩距/m	重量/kN	结构形式
9	压型钢板	按需要	550~930	0.6~1.0	14~130	1~6	1/8~1/20	表6-1	0.07~0.14	网架、梯形屋架及门式刚架
10	钢丝网水泥波形瓦	1700	830	14	80	3	1/3	1.5	0.4~0.5	三角形屋架
11	预应力混凝土槽瓦	3300	980~990	25~30	120~130	1	1/3	3.0	0.85~1.0	三角形屋架
12	GRC 条形板	3000	1500	120	—	—	1/8~1/20	3.0	0.5~0.6	网架、梯形屋架及门式刚架
13	发泡水泥复合条形板	3000	1500	120	—	—	1/8~1/20	3.0	0.6	同序号12
14	夹芯板	按需要	1000	50~150	92~195	2、3	1/8~1/20	—	0.12~0.25	同序号12

表 7-1-3　常用压型钢板板型及允许檩条间距

序号	板型	截面形状/mm	钢板厚度/mm	支承条件	[荷载/(kN/m²)]/(檩距/m) 荷载/(kN/m²)			
					0.5	1.0	1.5	2.0
1	YX51 −360 （角弛Ⅱ）	360 / 51 / 适用于：屋面板	0.6	悬臂	1.54	1.26	1.12	0.98
				简支	3.36	2.66	2.38	2.10
				连续	4.06	3.22	2.80	2.52
			0.8	悬臂	1.68	1.40	1.12	1.10
				简支	3.78	2.94	2.52	2.38
				连续	4.48	3.50	3.08	2.80
			1.0	悬臂	1.82	1.40	1.26	1.12
				简支	4.06	3.22	2.80	2.52
				连续	4.76	3.78	3.22	2.94
2	YX51 −380 −760 （角弛Ⅱ）	760 / 240 / 80 / 51 / 76 / 适用于：屋面板	0.6	悬臂	1.53	1.25	1.11	0.97
				简支	3.34	2.64	2.36	2.09
				连续	4.03	3.20	2.78	2.50
			0.8	悬臂	1.58	1.32	1.16	1.05
				简支	3.56	2.77	2.38	2.24
				连续	4.22	3.30	2.90	2.64
			1.0	悬臂	1.66	1.28	1.19	1.12
				简支	3.71	2.94	2.56	2.30
				连续	4.35	3.46	2.94	2.69
3	YX130 −300 −600 （W600）	600 / 55 / 130 / 70 / 300 / 适用于：屋面板	0.6	悬臂	2.8	2.2	1.9	1.7
				简支	6.0	4.7	4.1	3.7
				连续	7.1	5.6	4.9	4.4
			0.8	悬臂	3.1	2.5	2.1	1.9
				简支	6.7	5.3	4.6	4.2
				连续	7.9	6.3	5.5	5.0
			1.0	悬臂	3.4	2.7	2.3	2.1
				简支	7.3	5.8	5.0	4.6
				连续	8.6	6.8	6.0	5.4

（续）

序号	板型	截面形状/mm	钢板厚度/mm	支承条件	\[荷载/(kN/m²)\]/(檩距/m) 荷载/(kN/m²) 0.5	1.0	1.5	2.0
4	YX114 -333 -666	666 / 114 / 适用于：屋面板	0.6	简支	4.5	3.5	3.1	2.8
				连续	5.3	4.2	3.7	3.3
			0.8	简支	5.0	4.0	3.5	3.2
				连续	5.9	4.7	4.1	3.8
			1.0	简支	5.5	4.1	3.8	3.5
				连续	6.5	5.1	4.5	4.1
5	YX35 -190 -760	190 190 29 / 35 / 760 / 适用于：屋面板	0.6	悬臂	1.0	0.8	0.7	0.6
				简支	2.3	1.8	1.6	1.4
				连续	2.8	2.4	1.9	1.7
			0.8	悬臂	1.1	0.9	0.7	0.7
				简支	2.6	2.0	1.7	1.6
				连续	3.1	2.4	2.1	1.9
			1.0	悬臂	1.2	0.9	0.8	0.7
				简支	2.8	2.2	1.9	1.7
				连续	3.3	2.6	2.2	2.0
6	YX35 -125 -750	125 / 24 / 35 / 29 / 750 / 24 / 适用于：屋面板（或墙板）	0.6	悬臂	1.1	0.9	0.8	0.7
				简支	2.4	1.9	1.7	1.5
				连续	2.9	2.3	2.0	1.8
			0.8	悬臂	1.2	1.0	0.8	0.8
				简支	2.7	2.1	1.8	1.7
				连续	3.2	2.5	2.2	2.0
			1.0	悬臂	1.3	1.0	0.9	0.8
				简支	2.9	2.3	2.0	1.8
				连续	3.4	2.7	2.3	2.1
7	YX75 -175 -600 （AP600）	600 / 175 125 125 175 / 75 / 适用于：屋面板	0.47	简支		2.2	风荷载 0.5	
						1.8	风荷载 1.0	
			0.53	简支		3.0	风荷载 0.5	
						2.0	风荷载 1.0	
			0.65	简支		3.7	风荷载 0.5	
						2.2	风荷载 1.0	
8	YX28 -200 -740 （AP740）	740 / 170 200 200 170 / 28 / 适用于：屋面板	0.47	简支		1.0	风荷载 0.5	
						1.0	风荷载 1.0	
			0.53	简支		1.5	风荷载 0.5	
						1.45	风荷载 1.0	
			—	简支				
9	YX52 -600 （U600）	600 / 52 / 适用于：屋面板	0.5	简支	2.5	1.9	1.6	1.4
				连续	3.0	2.3	2.0	1.8
			0.6	简支	2.7	2.1	1.8	1.6
				连续	3.3	2.5	2.2	1.9

（续）

序号	板型	截面形状/mm	[荷载/(kN/m²)]/(檩距/m)						
			钢板厚度/mm	支承条件	荷载/(kN/m²)				
					0.5	1.0	1.5	2.0	
10	YX28 -150 -750	110 150 30 28 750 适用于：墙板	0.6	悬臂 简支 连续	0.9 1.9 2.2	0.7 1.5 1.8	0.6 1.3 1.5	0.5 1.2 1.4	
			0.8	悬臂 简支 连续	1.0 2.1 2.6	0.8 1.7 2.0	0.7 1.5 1.8	0.6 1.3 1.6	
			1.0	悬臂 简支 连续	1.1 2.4 2.8	0.9 1.9 2.2	0.7 1.6 1.9	0.7 1.5 1.8	
11	YX28 -205 -820	820 205 28 适用于：墙板	0.6	悬臂 简支 连续	1.01 2.21 2.67	0.91 1.75 2.12	0.73 1.56 1.84	0.51 1.38 1.66	
			0.8	悬臂 简支 连续	1.10 2.48 2.94	0.92 1.93 2.30	0.74 1.66 2.02	0.73 1.56 1.84	
			1.0	悬臂 简支 连续	1.20 2.67 3.13	0.92 2.12 2.48	0.83 1.84 2.12	0.74 1.66 1.93	
12	YX51 -150 -750	50 250 51 135 750 适用于：墙板	0.6	悬臂 简支 连续	1.1 3.1 3.7	1.1 2.5 2.9	1.0 2.2 2.6	0.9 1.9 2.3	
			0.8	悬臂 简支 连续	1.6 3.4 4.1	1.2 2.7 3.2	1.1 2.4 2.8	1.0 2.1 2.5	
			1.0	悬臂 简支 连续	1.7 3.8 4.5	1.4 3.0 3.5	1.2 2.6 3.1	1.1 2.4 2.8	
13	YX24 -210 -840	840 210 210 210 210 24 适用于：墙板	0.5	简支 连续	0.9 2.0	0.7 1.8	0.6 1.6	0.5 1.5	
			0.6	简支 连续	1.0 2.2	0.8 1.9	0.7 1.8	0.6 1.7	
			1.0	简支 连续	1.5 2.5	1.2 2.3	1.1 2.1	1.0 2.0	
14	YX15 -225 -900	900 225 15 适用于：墙板	0.6	简支 连续	1.3 1.6	1.2 1.5	1.0 1.3	1.0 1.2	
			0.8	简支 连续	1.5 1.9	1.4 1.6	1.1 1.4	1.1 1.3	
			1.0	简支 连续	1.6 2.0	1.5 1.7	1.3 1.6	1.2 1.4	

（续）

序号	板型	截面形状/mm	钢板厚度/mm	支承条件	[荷载/(kN/m²)]/(檩距/m)			
					荷载/(kN/m²)			
					0.5	1.0	1.5	2.0
15	YX15 -118 -826	826　17　118　14.5　15 适用于：墙板	0.6	悬臂 简支 连续	0.60 1.34 1.61	0.55 1.20 1.45	0.52 1.03 1.34	0.45 0.95 1.15
			0.8	悬臂 简支 连续	0.71 1.48 1.88	0.60 1.35 1.60	0.51 1.12 1.43	0.50 1.05 1.25
			1.0	悬臂 简支 连续	0.72 1.64 1.97	0.65 1.45 1.70	0.57 1.34 1.55	0.50 1.15 1.35

注：1. 表中屋面板的荷载为标准值，含板自重，其檩距按挠跨比 1/300 确定；若按 1/250 考虑时可将表中数值乘以 1.06，按 1/200 考虑时乘以 1.15。表中墙板檩距按挠跨比 1/200 确定。

　　2. 表中序号 1～5、10～12 的板型资料由北京市北泡轻钢建材有限公司提供；7、8 的板型资料由徐州安美固建筑空间结构有限公司提供。

表 7-1-4　常用夹芯板板型及允许檩条间距

序号	板型	截面形状/mm	板厚 S /mm	面板厚 /mm	支撑条件	[荷载/(kN/m²)] /(檩距/m)			
						0.5 (0.6)	1.0	1.5	2.0
1	JxB45 -500 -1000	1000　500　500　19　20 聚苯乙烯泡沫塑料　彩色涂层钢板 S45　47　22　3.0　22　27　23　3.5 适用于：屋面板	75	0.6	简支 连续	5.0	3.8	3.1	2.4
			100	0.6	简支 连续	5.4	4.0	3.4	2.8
			150	0.6	简支 连续	6.5	4.9	4.0	3.3
2	JxB42 -333 -1000	1000 S42 适用于：屋面板	50	0.5	简支 连续	(4.7) (5.3)	(3.6) (4.1)	(3.0) (3.3)	
			60	0.5	简支 连续	(5.0) (5.6)	(3.9) (4.3)	(3.1) (3.5)	
			80	0.5	简支 连续	(5.5) (6.2)	(4.4) (4.8)	(3.4) (3.9)	
3	JxB -Qy -1000	1000 S 适用于：墙板	50	0.5	简支 连续	3.4 3.9	2.9 3.4	2.4 2.7	
			60	0.5	简支 连续	3.8 4.4	3.3 3.7	2.6 3.0	
			80	0.5	简支 连续	4.5 5.2	3.7 4.2	2.9 3.3	

（续）

序号	板型	截面形状/mm	板厚 S/mm	面板厚/mm	支撑条件	[荷载/(kN/m²)]/(檩距/m) 0.5 (0.6)	1.0	1.5	2.0
4	JxB -Q -1000	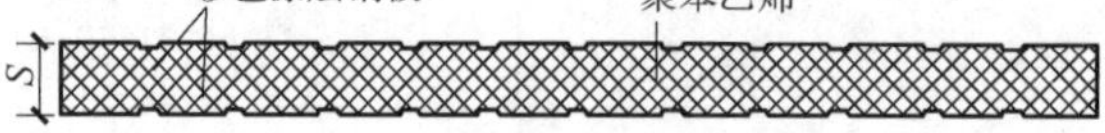彩色涂层钢板 聚苯乙烯 S 拼接式加芯墙板	50	0.5	简支 连续	3.4 3.9	2.9 3.4	2.4 2.7	
			60	0.5	简支 连续	3.8 4.4	3.3 3.7	2.6 3.0	
			80	0.5	简支 连续	4.5 5.2	3.7 4.2	2.9 3.3	
		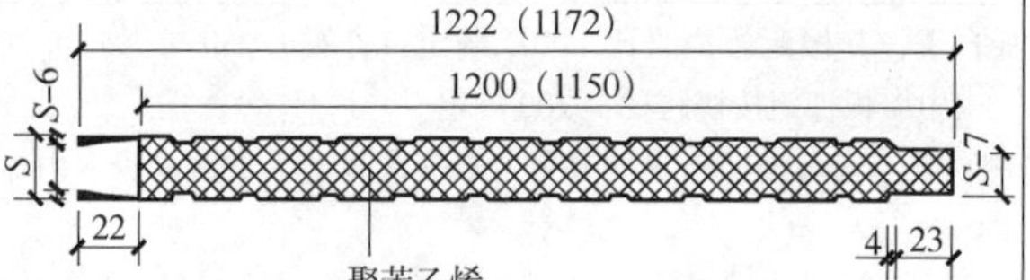1222（1172） 1200（1150） S-6 S S-7 22 4 23 聚苯乙烯 插接式加芯墙板 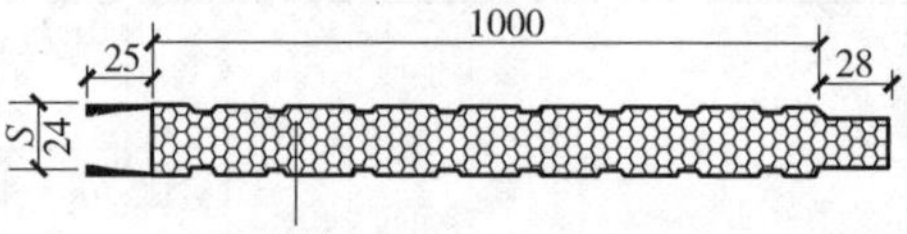1000 25 28 S 24 岩棉 插接式加芯墙板	同序号 3						

注：1. 表中屋面板的荷载标准值，已含板自重。墙板为风荷载标准值，均按挠跨比 1/200 确定檩距，当挠跨比为 1/250时，表中檩距应乘以系数 0.9。

2. 序号 1 板型资料由北京市北泡轻钢建材有限公司提供。

表 7-1-5　标准型发泡水泥复合板的规格

序号	板型	示意图/mm	边框高/mm	面板厚/mm	外荷载标准（设计值）/(kN/m²)
1	网架板 WB 3m×3m	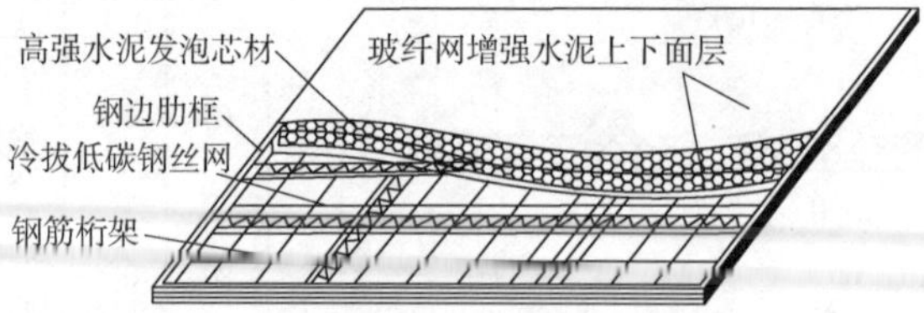高强水泥发泡芯材 玻纤网增强水泥上下面层 钢边肋框 冷拔低碳钢丝网 钢筋桁架	100 120 140	80 100 120	1.13 (2.1) 2.14 (2.99) 3.47 (3.90)
2	大型屋面板 DW 1.5m×6m 3m×6m 1.5m×7.5m	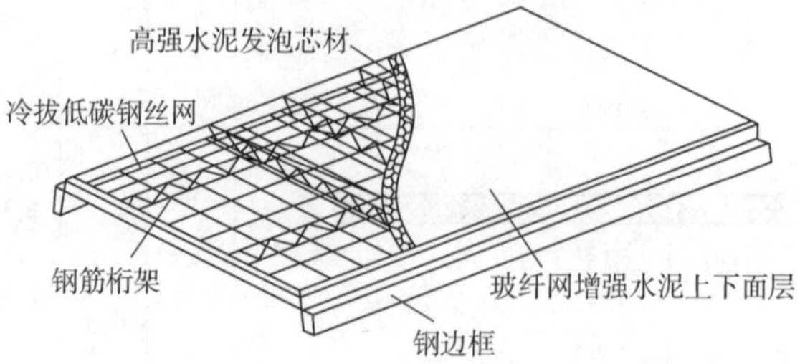高强水泥发泡芯材 冷拔低碳钢丝网 钢筋桁架 玻纤网增强水泥上下面层 钢边框	200 240 240	100 100 100	1.1 (2.06) 1.3 (1.84) 0.95 (1.91)

（续）

序号	板型	示意图/mm	边框高/mm	面板厚/mm	外荷载标准（设计值）/(kN/m²)
3	大型墙板 DQB 1.5m×6m 及 1.5m×7.5m	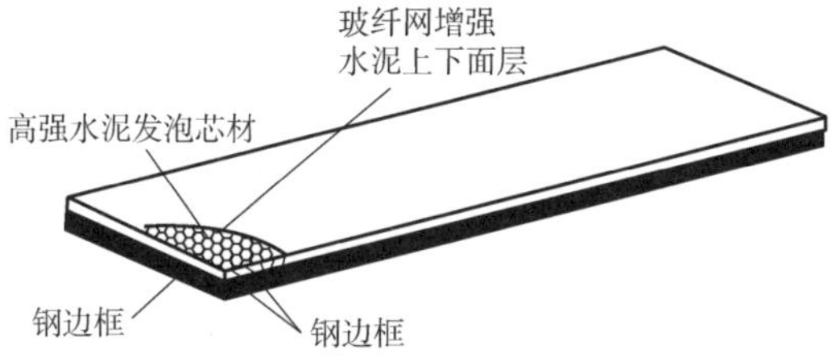 玻纤网增强水泥上下面层 高强水泥发泡芯材 钢边框 钢边框	120 140	140 160	0.67（1.65）0.50（1.29）
4	条型板 TB 1.5m×3m	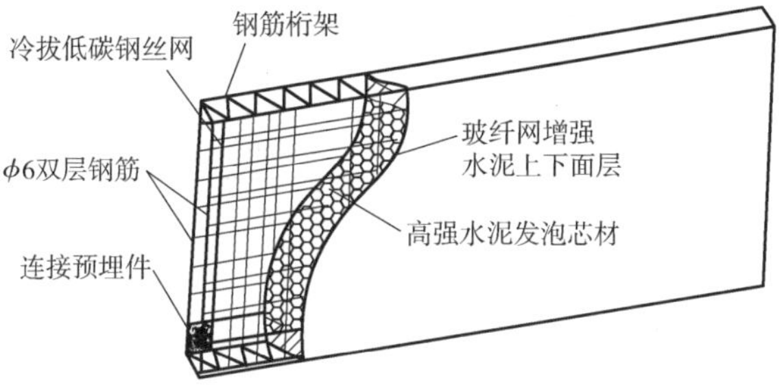 冷拔低碳钢丝网 钢筋桁架 φ6双层钢筋 连接预埋件 玻纤网增强水泥上下面层 高强水泥发泡芯材	120	120	1.0（1.40）1.5（2.10）

注：1. 墙板的外荷载为风荷载标准值。

2. 条型板为有檩体系，屋面和墙板通用。

3. 当采用表以外的尺寸，可按非标准型设计。

7.2 压型钢板

压型钢板是以冷轧薄钢板（厚度一般为 0.4～1.6mm）为基板，经过镀锌（铝锌）后成型或再涂覆彩色涂层后加工成型的波状板材，作为屋面、墙面围护材料在钢结构房屋工程中已得到了广泛的应用。它具有良好的外观效果与防水和抗大气腐蚀能力，还有自重轻、施工便捷等特点。同时，镀锌压型钢板用作高（多）层钢结构楼盖的楼承板，兼有模板与组合承重的功能，并便于施工，应用日益广泛。屋面与墙面压型钢板是承重性围护结构。

7.2.1 压型钢板的材料及类型

1. 压型钢板的钢基板

建筑用压型钢板由基板和涂层组成，基板材料宜采用符合《连续热镀锌钢板及钢带》（GB/T 2518）或宝钢企业标准《连续热镀铝锌合金钢板及钢带》（Q/BQ B4 25），以及《彩色涂层钢板及钢带》（GB/T 12754）中的结构用钢板。压型钢板的选材应符合以下技术要求：

1）基板强度级别一般宜选用 250、350 级结构用钢，其力学性能指标见表 7-2-1 与表 7-2-2。

表 7-2-1 结构级钢板力学性能（GB/T 2518—2008）

级别	力学性能（不低于）			锌层108°冷弯试验（a＝板厚）
	屈服强度/MPa	抗拉强度/MPa	伸长率（%）	
250	250	300	20	1a
350	350	420	16	3a

表 7-2-2　镀锌基板彩涂板力学性能 （GB/T 12754—2006）

牌号	屈服强度不低于 /MPa	抗拉强度不低于 /MPa	断后伸长率（%）不小于	
			公称厚度/mm	
			≤0.7	>0.7
TS250GD +（AZ）	250	330	17	19
TS350GD +（AZ）	350	420	14	16

注：断后伸长率的试件 $L_0 = 80mm$；$b = 20mm$。

2）压型钢板的镀层应采用热镀锌或热镀铝锌，基板在不同腐蚀性环境中使用要求的镀层质量见表 7-2-3。

表 7-2-3　彩涂板的热镀基板镀层质量　　　　　　　　　（单位：g/m^2）

基板类型	使用环境的腐蚀性		
	低	中	高
热镀锌基板	90/90	125/125	140/140
热镀铝锌合金基板	50/50	60/60	75/75

3）压型钢板可用于无侵蚀、弱侵蚀和中侵蚀的介质环境中，其分类见表 7-2-4。当用于中侵蚀的环境时，建议采用镀铝锌基板和耐久性较好的面漆涂层。

表 7-2-4　钢结构环境侵蚀作用的分类

序号	地区	相对湿度 （%）	对钢结构侵蚀作用的分类		
			室内环境		露天环境
			室内采暖房屋	室内非采暖房屋	
1	农村、一般城市的商业区及住宅	干燥，<60	无侵蚀性	无侵蚀性	弱侵蚀性
2		普通，60~75	无，侵蚀性	弱侵蚀性	中等侵蚀性
3		潮湿，>75	弱侵蚀性	弱侵蚀性	中等侵蚀性
4	工业区、沿海地区	干燥，<60	弱侵蚀性	中等侵蚀性	中等侵蚀性
5		普通，60~75	弱侵蚀性	中等侵蚀性	中等侵蚀性
6		潮湿，>75	中等侵蚀性	中等侵蚀性	中等侵蚀性

注：1. 表中的相对湿度是指当地的年平均相对湿度，对于恒温恒湿或有相对湿度指标的建筑物则按室内相对湿度采用。
　　2. 一般城市的商业及住宅区泛指无侵蚀介质的地区，工业区是包括受侵蚀介质影响及散发轻微侵蚀性介质的地区。

2. 压型钢板的类型

压型钢板按照使用用途可分为房屋外部用彩涂板与房屋内部用彩涂板两种；按压型钢板表面涂层情况可分为镀锌板、彩涂板和镀铝锌板。镀锌板一般用于无装饰要求的部位（如楼承板等）；彩涂板较普遍的用于有色彩要求的屋面与墙面；镀铝锌板的耐蚀寿命更高，可以裸用，也可以加彩色涂层后用作房屋的屋面板与墙面板。

压型钢板按板的波型不同可分为高波板（波高≥70mm）、中波板（波高为 40~70mm）与低波板（波高≤35mm）；按板之间的连接构造不同可分为搭接、咬边与扣压构造等类型；其中，咬边及扣压的中、高波板宜用于防水要求较高的屋面板；搭接的中、高波镀锌板宜用作楼承板；搭接的低波板用作墙面板。

此外，还有由压型板与保温芯材（聚氨酯、岩棉）工厂组合而成的夹芯板，此屋面板同时具有防水、保温与承重的功能，但造价较高；另外还有经过专门压型机械成型的双曲压型拱板，它具有围护、承重结构合一的功能，可用作 18 ~ 30m 跨度临时简易房屋结构。

常用压型钢板型板简图见表 7-1-3 和表 7-1-4。

3. 压型钢板选用应注意的事项

1）压型钢板选用时，应同时满足屋面防水、保温、耐腐蚀性和结构承重的要求。

2）压型钢板的基板一般选用 250 级结构用钢板，当有技术经济依据时，也可选用强度较高的 350 级结构用钢板。

3）用于屋面板的钢基板的厚度不应小于 0.6mm，用于墙面板的钢基板的厚度不应小于 0.5mm，用于楼承板的钢基板的厚度不应小于 0.8mm，必要时可考虑对板厚负公差限值的订货要求。

4）一般房屋的外用和内用屋面板及墙板所用的彩涂板可参考表 7-2-5 分别选用房屋外用的聚酯板、硅改性聚氨酯类或内用的聚酯板；外用的装饰性彩涂板寿命可按不低于 15 年（外露紧固件连接）或 25 年（紧固件隐藏式连接，即扣压式或咬边式构造）要求厂家给予承诺或保证。

5）屋面板的波高一般不小于 50mm，并宜采用咬口式或扣压式接缝构造，当屋面坡度 $i \le 1/20$ 时或屋面受有较大负风压作用时，应优先采用咬口式连接构造。

6）压型钢板的长度应按现场加工和安装条件尽量采用长尺板，以便减少接缝，提高防水效果。

7）在力学性能相同或接近的条件下，应尽量选用覆盖率（成型后的有效宽度与原板的宽度之比）较高的板型。

表 7-2-5　各种彩色涂层钢板的使用年限　　　　　　　　　（单位：年）

涂层种类	聚酯类	聚氨酯类	硅改性聚氨酯类	聚偏二氟乙烯类
使用年限	8 ~ 12	8 ~ 10	8 ~ 15	≥20

7.2.2　压型钢板的计算

1. 一般规定

压型钢板的承载能力一般可从生产厂家技术数据（板在一定荷载值作用下的允许跨度）中直接获取，但选用时应注意该板型的支承条件的计算假定与荷载条件（如是否按有效截面面积，是否考虑最大风吸力以及按强度、挠度允许值的控制等）。当确有必要时设计者应进行计算复核。

压型钢板应按《冷弯薄壁型钢结构技术规程》（GB 50018）规定的极限状态设计方法进行设计与计算。

1）压型钢板的基板 250 级钢或 350 级钢，其强度可分别按《冷弯薄壁型钢结构技术规范》（GB 50018）中 Q235 与 Q345 钢的强度设计值取值。计算时不考虑冷轧加工引起的强度提高。钢材的设计指标见表 2-3-9 的规定。

2）压型钢板的挠度（垂直于屋面并按荷载标准值计算）与跨度之比不宜超过下列限值：

屋面板：1/200（屋面坡度 > 1/20）

　　　　1/250（屋面坡度 ≤ 1/20）

墙板：　1/150

楼板：　1/200 且不大于 20mm（施工阶段验算）

2. 荷载

压型钢板应考虑以下各项荷载及其最不利的工况组合，对于敞开（半敞开）房屋或负风压较大部位的压型钢板，应考虑负风压作用的不利组合。

1）压型钢板质量有保温构造时应包括保温芯材、托板等质量。

2）屋面雪荷载或屋面活荷载（取其中的较大值），屋面板的活荷载应按 0.5kN/m² 取值，对于存在不均匀积雪处的雪荷载应考虑屋面积雪分布中的较大值。

3）屋面积灰荷载可按《建筑结构荷载规范》（GB 50009）的规定采用。

4）风荷载按《建筑结构荷载规范》（GB 50009）计算，其阵风系数 β_{gz} 取为 1.0，体型系数可按规范第 8.3 条的规定采用；对符合《门式刚架轻型房屋钢结构技术规范》（GB 51022）中规定的轻型房屋，可按该规范第 4.2 节的规定计算。

3. 压型钢板的截面特性

压型钢板为薄壁截面，应考虑受压板件局部失稳影响，其承载能力需按有效截面计算，截面内各受压板件的有效宽厚比按以下规定确定。

1）压型钢板（如图 7-2-1 所示）受压翼缘的有效宽厚比应按下列规定确定：

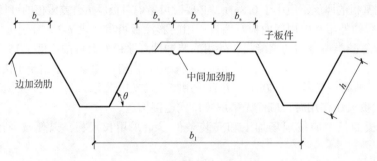

图 7-2-1 压型钢板截面的板件图

对受压翼缘两纵边均与腹板相连，或受压翼缘一纵边与腹板相连、其另一纵边与符合第 3）条要求的中间加劲肋相连，其有效宽厚比，可按加劲件由第 4）条确定。

对受压翼缘仅有一纵边与符合第 3）条要求的边加劲肋相连，其有效宽厚比可按部分加劲板件由第 4）条确定。

2）压型钢板腹板的有效宽厚比应分别按其两纵边支承情况由第 4）条规定确定。

3）压型钢板受压翼缘的纵向加劲肋应符合下列规定：

边加劲肋

$$I_{es} \geqslant 1.83 t^4 \sqrt{\left(\frac{b}{t}\right)^2 - \frac{27100}{f_y}} \tag{7-2-1}$$

且

$$I_{es} \geqslant 9 t^4$$

中间加劲肋

$$I_{is} \geqslant 3.66 t^4 \sqrt{\left(\frac{b_s}{t}\right)^2 - \frac{27100}{f_y}} \tag{7-2-2}$$

且

$$I_{is} \geqslant 18 t^4$$

式中　I_{es}——边加劲肋截面对平行于被加劲板件截面之重心轴的惯性矩；

　　　I_{is}——中间加劲肋截面对平行于被加劲板件截面之重心轴的惯性矩；

　　　b_s——子板件的宽度；

　　　b——边加劲板件的宽度；

　　　t——板件的厚度。

4）对加劲板件、部分加劲板件和非加劲板件的有效宽厚比应按下列公式计算：

当 $b/t \leqslant 18\alpha\rho$ 时

$$b_e/t = b_c/t \tag{7-2-3}$$

当 $18\alpha\rho < b/t < 36\alpha\rho$ 时

$$\frac{b_e}{t} = \left[\sqrt{\frac{21.8\alpha\rho}{\dfrac{b}{t}}} - 0.1\right]\frac{b_c}{t} \tag{7-2-4}$$

当 $b/t \geqslant 36\alpha\rho$ 时

$$\frac{b_e}{t} = \frac{25\alpha\rho}{\dfrac{b}{t}}\frac{b_c}{t} \tag{7-2-5}$$

式中　b_e——板件的有效宽度；

　　　α——计算系数，$\alpha = 1.15 - 0.15\psi$，当 $\psi < 0$ 时，取 $\alpha = 1.15$；

　　　ψ——压应力分布不均匀系数，　$\psi = \dfrac{\sigma_{min}}{\sigma_{max}}$；

　　　σ_{max}——受压板件边缘的最大压应力（N/mm^2），取正值；

　　　σ_{min}——受压板件另一边缘的压应力（N/mm^2），以压应力为正值，拉应力为负值；

　　　b_c——板件受压区宽度，当 $\psi \geqslant 0$ 时，$b_c = b$；

　　　当 $\psi < 0$ 时，$b_e = \dfrac{b}{1-\psi}$；

　　　ρ——计算系数，$\rho = \sqrt{\dfrac{205k_1k}{\sigma_1}}$，其中 σ_1 为板件最大压应力，按构件毛面积确定；

　　　k——板件受压稳定系数，按规定采用；

　　　k_1——板组约束系数，按规定采用；若不计相邻板件的约束作用，可取 $k_1 = 1.0$。

①在轴心受压构件中应根据由构件最大长细比所确定的稳定系数与钢材强度设计值的乘积（φf）作为 σ_1。

②对于压弯构件，截面上各板件的压应力分布不均匀系数 ψ 应由构件毛截面按强度计算，不考虑双力矩的影响。最大压应力板件的 σ_1 取钢材的强度设计值 f，其余板件的最大压应力按 ψ 推算。

③对于受弯及拉弯构件，截面上各板件的压应力分布不均匀系数 ψ 及最大压应力应由构件毛截面按强度计算，不考虑双力矩的影响。

4. 板件稳定系数和板组约束系数

（1）受压板件稳定系数 k

1）加劲板件

当 $1 \geqslant \psi > 0$（如图 7-2-2a 所示）

$$k = 7.8 - 8.15\psi + 4.35\psi^2 \tag{7-2-6}$$

当 $0 \geqslant \psi > -1$（如图 7-2-2b 所示）

$$k = 7.8 - 6.29\psi + 9.78\psi^2 \tag{7-2-7}$$

2）部分加劲板件

最大压应力作用在支承边（如图 7-2-2c 所示）：

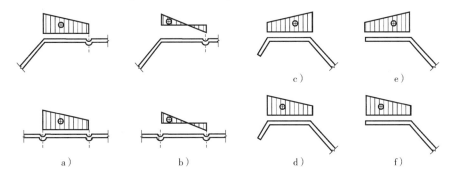

图 7-2-2　加劲板件、部分加劲板件和非加劲板件的应力分布

a、b）加劲板件　c、d）部分加劲板件　e、f）非加劲板件

当 $\psi \geqslant -1$ 时

$$k = 5.89 - 11.59\psi + 6.68\psi^2 \tag{7-2-8}$$

最大压应力作用于部分加劲边（如图 7-2-2d 所示）：

当 $\psi \geqslant -1$ 时

$$k = 1.15 - 0.22\psi + 0.045\psi^2 \tag{7-2-9}$$

3）非加劲板件

最大压应力作用在支承边（如图 7-2-2e 所示）：

当 $1 \geqslant \psi > 0$ 时

$$k = 1.7 - 3.025\psi + 1.75\psi^2 \tag{7-2-10}$$

当 $0 \geqslant \psi > -0.4$ 时

$$k = 1.7 - 1.75\psi + 55\psi^2 \tag{7-2-11}$$

当 $-0.4 \geqslant \psi > -1$ 时

$$k = 6.07 - 9.51\psi + 8.33\psi^2 \tag{7-2-12}$$

最大压应力作用在自由边（如图 7-2-2f 所示）：

当 $\psi \geqslant -1$ 时

$$k = 0.567 - 0.213\psi + 0.071\psi^2 \tag{7-2-13}$$

注：当 $\psi < -1$ 时，以上各式中的 k 值按 $\psi = -1$ 的值采用。

（2）板组约束系数 k_1 受压板件的板组约束系数 k_1 应按下列公式计算：

当 $\xi \leqslant 1.1$ 时

$$k_1 = \frac{1}{\sqrt{\xi}} \tag{7-2-14}$$

当 $\xi > 1.1$ 时

$$k_1 = 0.11 + \frac{0.93}{(\xi - 0.05)^2} \tag{7-2-15}$$

$$\xi = \frac{c}{b}\sqrt{\frac{k}{k_c}} \tag{7-2-16}$$

式中 b——计算板件的宽度；

c——与计算板件邻接的板件的宽度，如果计算板件两边均有邻接板件时，即计算板件为加劲板件时，取压应力较大一边的邻接板件的宽度；

k——计算板件的受压稳定系数，由式（7-2-6）~式（7-2-13）确定；

k_1——邻接板件的受压稳定系数，由式（7-2-14）~式（7-2-16）确定。

当 $k_1 > k_1'$ 取 $k_1 = k_1'$，k_1' 为 k_1 的上限值。对于加劲板件 $k_1' = 1.7$；对于部分加劲板件 $k_1' = 2.4$；对于非加劲板件 $k_1' = 3.0$。

当计算板件只有一边有邻接板件，即计算板件为非加劲板件或部分加劲板件，且邻接板件受拉时，取 $k_1 = k_1'$。

（3）其他 当受压板件的宽厚比大于式（7-2-3）~式（7-2-5）规定的有效宽厚比时，受压板件的有效截面应自截面的受压部分按图 7-2-3 所示位置扣除其超出部分（即图中不带斜线部分）来确定，截面的受拉部分全部有效。

图 7-2-3 中的 b_{e1} 和 b_{e2} 按下列规定计算：

对于加劲板件，按式（7-2-17a）及式（7-2-17b）计算。

当 $\psi \geqslant 0$ 时

$$b_{e1} = \frac{2b_e}{5 - \psi}, \quad b_{e2} = b_e - b_{e1} \tag{7-2-17a}$$

当 $\psi < 0$ 时

$$b_{e1} = 0.4b_e, \quad b_{e2} = 0.6b_e \tag{7-2-17b}$$

对于部分加劲板件及非加劲板件 b_{e1} 和 b_{e2} 按式（7-2-18）计算。

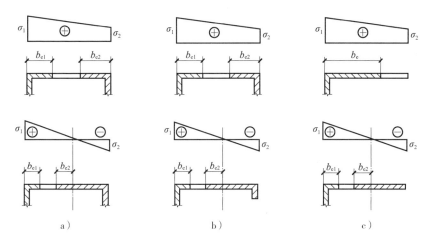

图 7-2-3　受压板件的有效截面图

a）加劲板件　b）部分加劲板件　c）非加劲板件

$$b_{e1} = 0.4b_e, \quad b_{e2} = 0.6b_e \tag{7-2-18}$$

式中，b_e 按式（7-2-3）~式（7-2-5）确定。

5. 压型钢板截面的强度及挠度验算

（1）基本假定

1）压型钢板截面的强度及挠度验算均应按有效截面组成的截面特性进行。对上、下翼缘不对称的截面，应分别验算其正弯曲及负弯曲的强度；强度验算中，荷载作用及材料强度均采用设计值（验算负风压时，不计入压型钢板的质量）。

2）压型钢板一般以轧制成型并安装应用的一个板段为一个构件，按一个波距或整块板的有效截面计算其荷载与内力并验算其强度与挠度。单跨支承板按简支板计算，常用的多跨支承板均可简化为三跨或四跨连续板计算。

3）设计经验表明，在板的强度及挠度验算中，大多由挠度限值（即容许挠度）控制。验算时一般采用承载力表达式，分别对所验算板型按强度及挠度条件计算其容许跨度。

（2）截面的强度验算　压型钢板的强度与挠度计算均按先假定截面尺寸再进行验算校核，其强度验算按以下公式进行。

1）抗弯强度：

有效截面最大弯曲应力：

$$\sigma = M/W_{cf} < f \tag{7-2-19}$$

2）压型钢板腹板的剪应力：

当 $h/t < 100$ 时

$$\tau \leqslant \tau_{cr} \tag{7-2-20}$$

$$\tau \leqslant f_v \tag{7-2-21}$$

当 $h/t \geqslant 100$ 时

$$\tau \leqslant \tau_{cr} \tag{7-2-22}$$

式中　τ——腹板的平均剪应力（N/mm^2）；

τ_{cr}——腹板的剪切屈服临界剪应力：当 $h/t < 100$ 时，$\tau_{cr} = 8550/(h/t)$；当 $h/t \geqslant 100$ 时，$\tau_{cr} = 855000/(h/t)^2$；

h/t——腹板的高厚比，如图 7-2-1 所示。

3）压型钢板支座处的腹板，应按下式验算其局部受压承载力：

$$R \leqslant R_w \tag{7-2-23}$$

$$R_w = \alpha t^2 \sqrt{fE}(0.5 + \sqrt{0.02 l_c / t})[2.4 + (\theta / 90)^2] \qquad (7\text{-}2\text{-}24)$$

式中　R——支座反力；

　　　R_w——一块腹板的局部受压承载力设计值；

　　　α——系数，中间支座取 $\alpha = 0.12$，端部支座取 $\alpha = 0.06$；

　　　t——腹板厚度（mm）；

　　　l_c——支座的支承长度，$10\text{mm} < l_c < 200\text{mm}$，端部支座可取 $l_c = 10\text{mm}$；

　　　θ——腹板倾角（$45° \leqslant \theta \leqslant 90°$）。

4）压型钢板同时承受弯矩 M 和支座反力 R 的截面，应满足下列要求：

$$M/M_u \leqslant 1.0 \qquad (7\text{-}2\text{-}25)$$

$$R/R_w \leqslant 1.0 \qquad (7\text{-}2\text{-}26)$$

$$M/M_u + R/R_w \leqslant 1.25 \qquad (7\text{-}2\text{-}27)$$

式中　M_u——截面的弯曲承载力设计值，$M_u = M_e f$。

5）压型钢板同时承受弯矩 M 和剪力 V 的截面应满足下列要求：

$$\left(\frac{M}{M_u}\right)^2 + \left(\frac{V}{V_u}\right)^2 \leqslant 1 \qquad (7\text{-}2\text{-}28)$$

式中　V_u——腹板的抗剪承载力设计值，$V_u = (ht\sin\theta)$。

6）在压型钢板的一个波距上作用集中荷载 F 时，可按下式将集中荷载 F 折算成沿板宽度方向的均布线荷载 q_{re}，并按 q_{re} 进行单个波距或整块压型钢板有效截面的弯曲计算：

$$q_{re} = \eta \frac{F}{b_1} \qquad (7\text{-}2\text{-}29)$$

式中　F——集中荷载；

　　　b_1——压型钢板的波距；

　　　η——折算系数，由试验确定；无试验依据时，可取 $\eta = 0.5$。

屋面压型钢板的施工或检修集中荷载按 1.0kN 计算，当施工荷载超过 1.0kN 时，则应按实际情况取用。对于仅作模板使用的压型钢板上的荷载，除自身质量外尚应计入楼板湿混凝土的质量以及可能出现的其他施工荷载。如施工中采取了必要的措施，可不考虑浇筑时混凝土的冲击力，挠度计算时可不考虑施工荷载。

（3）截面板的挠度验算　均布荷载作用下压型钢板构件的挠度，可按以下各式计算：

悬臂板端
$$v = \frac{q_k l^4}{8EI_{ef}} \qquad (7\text{-}2\text{-}30)$$

简支板跨中
$$v = \frac{5 q_k l^4}{384 EI_{ef}} \qquad (7\text{-}2\text{-}31)$$

连续板跨中
$$v = \frac{2.7 q_k l^4}{384 EI_{ef}} \qquad (7\text{-}2\text{-}32)$$

式中　q_k——均布荷载标准值；

E、I_{ef}、l——压型钢板的弹性模量、有效截面惯性矩及计算跨度。

6. 压型钢板的连接构造要求

（1）压型钢板的构造要求

1）压型钢板腹板与翼缘水平面之间的夹角 θ 不宜小于 45°。

2）压型钢板宜采用镀锌钢板、镀铝锌钢板或在其基材上涂有彩色有机涂层的钢板辊压成型。

3）屋面、墙面压型钢板的基材厚度宜取 0.4 ~ 1.6mm，一般采用 0.6 ~ 1.0mm，

压型钢板长度方向的搭接端必须与支承构件（如檩条、墙梁等）有可靠的连接，搭接部位应设置防水密封胶带，搭接长度不宜小于下列限值：

①波高 ≥ 70mm 的高波屋面压型钢板：350mm

②波高<70mm的中低波屋面压型钢板：

屋面坡度≤1/10时250mm

屋面坡度>1/10时200mm

③墙面压型钢板：120mm

4）屋面压型钢板侧向可采用搭接式、扣合式或咬合式等连接方式。当侧向采用搭接式连接时，一般搭接一波，特殊要求时可搭接两波。搭接处用连接件紧固，连接件应设置在波峰上，连接件应采用带有防水密封胶垫的自攻螺钉。对于高波压型钢板，连接件间距一般为700~800mm；对于中低波压型钢板，连接件间距一般为300~400mm。

5）当侧向采用扣合式或咬合式连接时，应在檩条上设置与压型钢板波形相配套的专用固定支座，固定支座与檩条用自攻螺钉、焊接或射钉连接，压型钢板搁置在固定支座上。两片压型钢板的侧边应确保在风吸力等因素作用下的扣合或咬合连接可靠。

6）墙面压型钢板之间的侧向连接宜采用搭接连接，通常搭接一个波峰，板与板的连接件可设在波峰，也可设在波谷。连接件宜采用带有防水密封胶垫的自攻螺钉。

7）铺设高波压型钢板屋面时，应在檩条上设置固定支架，檩条上翼缘宽度应比固定支架宽度大10mm。固定支架用自攻螺钉、焊接或射钉与檩条连接，每波设置一个。低波压型钢板可不设固定支架，宜在波峰处采用带有防水密封胶垫的自攻螺钉或射钉与檩条连接，连接件可每波或隔波设置一个，但每块低波压型钢板不得少于3个连接件。

8）组合楼板采用的压型钢板楼承板支承在钢梁时，其支承长度不得小于50mm；支承在混凝土、砖石砌体等其他材料上时，支承长度不得小于75mm。浇筑混凝土前应将压型钢板上的油脂、污垢等有害物质清除，同时，楼承板上应避免过大的施工集中荷载，必要时可设置临时支撑。

（2）压型钢板与檩条的连接计算

1）连接件受拉（图7-2-4）

①在静荷载作用下：

$$N_t^f = 17tf \tag{7-2-33}$$

②在含有风荷载的组合荷载作用下：

$$N_t^f = 8.5tf \tag{7-2-34}$$

③自攻螺钉在基材中的钻入深度t_c应大于0.9mm，其所受的拉力应不大于下式的抗拉承载力设计值：

$$N_t^f = 0.75t_c df \tag{7-2-35}$$

注：在抗拉连接中，自攻螺钉或射钉的钉头或垫圈直径不得小于14mm；且应通过试验保证连接件由基材中的拔出强度不小于连接件的抗拉承载力设计值。

2）连接件受剪。当连接件受剪时，每个连接件所承受的剪力应不大于按下列公式计算的抗剪承载力设计值：

对于抽芯铆钉和自攻螺钉：

当$t_1/t = 1.0$

$$N_v^f = 3.7\sqrt{t^3 df} \tag{7-2-36}$$

且

$$N_v^f \leq 2.4tdf \tag{7-2-37}$$

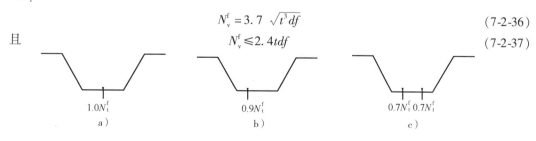

图7-2-4 连接件受拉示意图

当 $t_1/t \geqslant 2.5$

$$N_v^f = 2.4tdf \tag{7-2-38}$$

当 t_1/t 介于 1.0 与 2.5 之间，其抗剪承载力设计值可由式（7-2-36）和（7-2-38）插入求得。对于射钉：

$$N_v^f = 3.7tdf \tag{7-2-39}$$

3）连接件同时在剪力和拉力作用下，自攻螺钉和射钉应符合下式的要求：

$$\sqrt{\left(\frac{N_v}{N_v^f}\right)^2 + \left(\frac{N_t}{N_t^f}\right)^2} \leqslant 1 \tag{7-2-40}$$

式中　N_v^f、N_t^f——一个自攻螺钉或射钉的抗剪及抗拉承载力设计值（N）；

　　　　N_v、N_t——一个自攻螺钉或射钉所承受的剪力及拉力设计值（N）；

　　　　d——铆钉、射钉或自攻螺钉的直径（mm）；

　　　　t——较薄板（钉头接触侧的钢板）或被固定的单层钢板的厚度（mm），应满足 $0.5\text{mm} \leqslant t \leqslant 1.5\text{mm}$；

　　　　t_1——较厚板（在现场形成钉头一侧的板或钉尖侧的板）的厚度（mm）；

　　　　t_c——钉杆的圆柱状螺纹部分钻入基材中的深度（mm）；

　　　　f——被连接固定钢板的抗拉强度设计值（N/mm²）。

当抽芯铆钉或自攻螺钉用于压型钢板端部与支承构件（如檩条）的连接时，其抗剪承载力设计值应乘以折减系数 0.8。

7.3　屋面檩条

屋面檩条是有檩屋盖结构体系中的主要构件，因覆盖面积大，所以其用钢量在整个屋面结构中所占的比例较大，因此设计中应注意合理选择檩条的形式并合理布置。常用檩条截面类型有实腹式和格构式两类。

7.3.1　檩条的截面形式和荷载及荷载组合

1. 檩条的截面形式

（1）实腹式檩条　当檩条跨度不超过 9m 时，宜选用实腹式檩条。实腹式檩条有冷弯薄壁型钢、焊接薄壁 H 型钢及热轧轻型 H 型钢形式，由于热轧普通槽钢与工字钢技术经济性较差，一般在轻型屋面工程中，已被较经济的截面形式所代替。

1）冷弯薄壁 C 形钢檩条如图 7-3-1c 所示，是目前工程中最常用的截面形式，其用钢量较少、制造及安装方便，并便于标准化。该截面适用于檩条跨度 6~9m，屋面坡度为 1/10~1/20 的屋面。

2）冷弯薄壁 Z 形钢檩条如图 7-3-1a、b 所示，适用屋面坡度为 1/3~1/6 的屋面，其截面形式有直卷边 Z 形钢和斜卷边 Z 形钢两种。后者可套叠放置，适用于作连续式檩条，连接构造简单，便于运输且占地少。使用 Z 形钢檩条时，应注意其主轴的分力有使檩条前倾的倾向，其计算与拉条布置均有不同于 C 形钢檩条的特点。

3）高频焊接或热轧薄壁 H 型钢檩条（以下简称薄壁 H 型钢）如图 7-3-1f 所示，其截面对称，适用于跨度 9~12m 或荷载较大的屋面。较大跨度檩条还可采用由剖分 T 型钢制成的蜂窝梁。

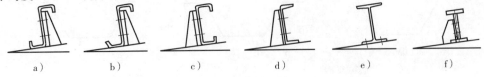

a)　　　　b)　　　　c)　　　　d)　　　　e)　　　　f)

图 7-3-1　实腹式钢檩条的截面形式

a) 直卷边 Z 形钢　b) 斜卷边 Z 形钢　c) 冷弯薄壁 C 形钢　d) 热轧槽钢　e) 热轧工字钢　f) 焊接薄壁轻型 H 型钢

（2）格构式檩条　当檩条跨度大于12m时，一般采用格构式檩条，格构式檩条可分为平面格构式（如图7-3-2及图7-3-3所示）及立体格构式（如图7-3-4所示）两类，按其杆件截面类型不同又可分为由圆钢、小角钢截面组成的格构式檩条（如图7-3-2和图7-3-4所示）和冷弯薄壁型钢组成的格构式檩条（如图7-3-3所示）。格构式檩条与实腹式檩条相比虽用钢量较少，但制作费工，涂装与维护相对困难，节点处易形成焊接缺陷及杆件偏心受力。目前作为永久性结构构件采用由角钢、圆钢制作的格构式檩条已很少采用。杆件采用C型钢制作的格构式檩条具有较大平面内、外刚度等优点，当技术经济方面经比较合理时，格构式檩条可在大跨度檩条中采用。

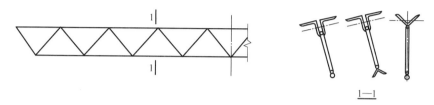

图 7-3-2　角钢和圆钢平面桁架檩条

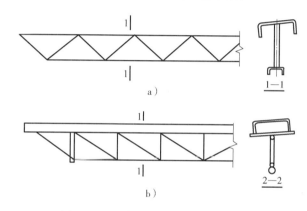

图 7-3-3　冷弯薄壁型钢平面桁架檩条
a）檩条全部杆件均为冷弯薄壁型钢　b）檩条上弦部分杆件均为冷弯薄壁型钢

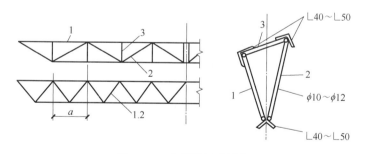

图 7-3-4　空间桁架式檩条

2. 荷载及荷载组合

（1）荷载

1）永久荷载（恒荷载），包括屋面围护材料的质量（包括防水层、保温或隔热层等）、支撑（当支撑连于檩条上时）、檩条的自身质量及吊挂于檩条上的管道和其他荷载。

2）可变荷载（活荷载），包括屋面均布活荷载、雪荷载、积灰荷载及风荷载等。

①屋面均布活荷载（按水平投影面积计算）一般取为$0.5kN/m^2$，但不与雪荷载同时考虑。

②雪荷载和积灰荷载按《建筑结构荷载规范》（GB 50009）取用，在有落差等部位时应考虑不均匀分布的增大系数。积灰荷载应与均布活荷载和雪荷载中的较大值一起考虑。

③风荷载，对于轻型屋面的檩条应考虑正风压或负风压（风吸力）作用，计算时应注意以下几点：

A. 檩条风荷载作用不考虑风振系数 β_z 和阵风系数 β_{gz}。

B. 按《门式刚架轻型房屋钢结构技术规范》（GB 51022）计算风荷载作用时，其相关参数较为合理，分别对刚架檩条、屋面板规定了不同的 μ_s 取值，但计算分区较复杂，且负风压 μ_s 取值偏大，故计算时应注意严格遵守附录 A 所规定的适用条件，即房屋外形应符合屋面坡度 $\alpha < 10°$，屋面平均高度 $H \leq 18m$，房屋高宽比 $H/B < 1$ 及檐口高度不大于房屋的最小水平尺寸等条件，并在计算时将基本风压值乘以 1.05 系数。

C. 除 B. 条规定外，其他房屋檩条的风荷载应按《建筑结构荷载规范》（GB 50009）的有关规定计算。对于檩条、墙梁构件应按该规范第 7.1.1 条中计算围护结构时的体型系数 μ_{s1} 的规定计算风荷载标准值。

（2）荷载组合

1）对于檩条间距小于 1m 的檩条，除考虑荷载基本组合外，尚应验算有 1.0kN（标准值）施工检修集中荷载作用于檩条跨中时的构件强度。对于实腹檩条，可将检修集中荷载按 $2 \times 1.0kN/(al)$ 换算为等效均布荷载（a 为檩条水平投影间距，l 为檩条的跨度）。

2）施工或检修集中荷载不与均布活荷载或雪荷载同时考虑。

3）对于轻型屋面的檩条一般选用可变荷载控制的组合，即

$$S = 1.3 \times 恒载 + 1.5 \times 活荷载(或雪荷载) + 1.5 \times 积灰荷载 \times \psi_c + 1.5 \times 正风压 \times 0.6$$

$$(7\text{-}3\text{-}1a)$$

或 $S = 1.3 \times 恒载 + 1.5 \times 积灰荷载 + 1.5 \times 活荷载(或雪荷载) \times \psi_c + 1.5 \times 正风压 \times 0.6$

$$(7\text{-}3\text{-}1b)$$

式中 ψ_c——组合值系数。

4）当验算在风吸力（负风压）作用下檩条下翼缘受压稳定性时，应采用由可变荷载控制的组合，此时屋面永久荷载（恒载）的分项系数取 1.0，即

$$S = 1.0 \times 恒载 - 1.5 \times 负风压 \qquad (7\text{-}3\text{-}2)$$

7.3.2 实腹式檩条的基本构造和计算

1. 构造基本要求

1）构件的设计、布置与构造应符合《冷弯薄壁型钢结构技术规范》（GB 50018）和《门式刚架轻型房屋钢结构技术规范》（GB 51022）的有关规定。

2）檩条截面高度一般不大于 250mm，其壁厚可根据受力与使用条件在 2.0 ~ 3.0mm 范围内选用。当在无（弱）侵蚀环境中应用时或为镀锌檩条时，可选择较薄的壁厚，截面形式一般选用 C 形钢，当屋面坡度为 1/3 ~ 1/6 时宜选用斜卷边 Z 形钢。

3）檩条钢材牌号一般选用 Q235 钢，当要求更高强度时可选用 Q345 钢，但应避免对于受挠度控制截面的檩条选用 Q345 钢。当有焊接要求时，应选用 Q235B。对于镀锌檩条时，应采用热浸镀锌板或钢带的结构级钢板作为基板，其镀锌层厚度不小于 $220g/m^2$，结构性能级别应为 250（相当于 Q235 钢）或 345（相当于 Q345 钢）。

4）设计时宜要求檩条用钢板的厚度负偏差不大于 5%。当檩条基材选用冷轧钢板、钢带（GB 708）时，其板厚负公差可达 –10%，在计算选用截面时宜考虑留有一定的裕度。檩条为开口薄壁构件，对失稳与扭转较敏感，设计时应注意采取构造措施，如屋面板或撑杆对檩条受压翼缘的可靠连接，避免在控制截面部位（翼缘）上开孔，合理布置拉条，连续檩条采用套叠接头及薄壁截面集中荷载受力处的补强等措施。

5）檩条一般按简支考虑，当跨度较小时可采用连续檩条，此时其截面宜采用套叠的大小头 C 形钢或斜卷边 Z 形钢。但应注意连续檩条的第二支座反力要比简支时增大 10% ~ 12%，故需特别

验算此部位的下部支承结构。

6）檩条一般按双向受弯构件设计，当兼作支撑压杆时，应按压弯构件计算；同时其长细比应不大于 200，此时可在屋脊与檐口檩距内同时设置斜拉条，檩条平面外的计算长度可取拉条间的距离计算。

7）当屋面风吸力（负风压）较大时，应合理计算体形系数 μ_s，并按《冷弯薄壁型钢结构技术规范》（GB 50018）公式进行验算。此时檩条受压翼缘（无侧向支承）的稳定，当不满足时，宜采用加强构造措施，不必将檩条整根加大截面；若按《门式刚架轻型房屋钢结构技术规范》（GB 51022）验算风吸力作用下（屋面板能阻止檩条上翼缘侧向位移和扭转）受压翼缘稳定时应注意以下两点：

①计算公式中增加竖向荷载作用产生的弯矩 M_y。

②屋（墙）面板厚度 $t \leqslant 0.66mm$ 时，不能应用该规范附录 E 的规定进行计算。

8）檩条的挠度验算，只考虑垂直于屋面方向的挠度。瓦楞铁屋面与压型钢板屋面的挠度限值分别为 1/150 及 1/200。

2. 计算假定

1）屋面板的连接构造能阻止所连接支撑的檩条受压翼缘侧向失稳和扭转时，可不验算其稳定性（不考虑双力矩 B 的作用）。

2）所有拉条作为檩条平面外（平行坡向方向）的支承点。

3）檩条支座为约束扭转支座。

4）檩条隔撑不作为檩条的支承点。

5）设计计算时，应注意 C 形钢与 Z 形钢截面特性、应力状态的不同，并正确、仔细地计算各种计算参数、系数，同时计算时不考虑冷加工成型对强度提高的影响。

3. 檩条的设计

（1）内力计算 实腹式檩条应按在两个主轴平面内受弯构件进行计算，故内力计算应计算其均布荷载 q 在两个主轴方向的分量 q_x 和 q_y（如图 7-3-5 所示）与相应弯矩 M_x、M_y。

$$q_x = q\cos\alpha_0 \tag{7-3-3}$$
$$q_y = q\sin\alpha_0 \tag{7-3-4}$$

式中　q——檩条竖向荷载设计值；

　　　α_0——荷载 q 与主轴 y 的夹角；对槽形及工字形截面 $\alpha_0 = \alpha$，α 为屋面坡度；对 Z 形截面 $\alpha_0 = \theta - \alpha$，$\theta$ 为主轴 x 与平行于屋面轴 x_1 的夹角。

根据檩条在两个方向是简支或连续梁的条件（拉条为 q_y 作用荷载的支承点），可按表 7-3-1 查取其最大或组合点最不利的 M_x、M_y。

（2）强度和稳定验算 冷弯薄壁构件受弯时其截面受压板件可能会局部失稳退出工作，故强度计算时应取有效净截面模量 W_{en}。计算时，先按毛截面特性计算构件各部位的应力分布，从而确定部件的有效截面，再根据有效截面特性，进行截面的强度和稳定性验算。

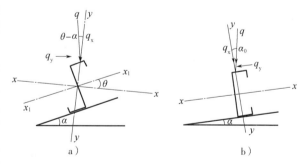

图 7-3-5　实腹式檩条截面主轴和荷载图

1）屋面能起阻止檩条侧向失稳和扭转作用的实腹式檩条，按下列公式进行强度计算：

对于冷弯薄壁型钢

$$\sigma = \frac{M_x}{W_{enx}} + \frac{M_y}{W_{eny}} \leqslant f \tag{7-3-5}$$

对于热轧型钢

$$\sigma = \frac{M_x}{\gamma_x W_{nx}} + \frac{M_y}{\gamma_y W_{ny}} \leqslant f \qquad (7\text{-}3\text{-}6)$$

式中 M_x、M_y——刚度最大和最小平面内的弯矩；

W_{enx}、W_{eny}——对轴 x、y 的有效净截面模量；

W_{nx}、W_{ny}——对轴 x、y 的净截面模量；

γ_x、γ_y——截面塑性发展系数；

f——冷弯薄壁型钢的强度设计值。

2）当屋面不能阻止檩条受压翼缘侧向失稳和扭转，或风吸力作用下使实腹式檩条下翼缘受压时，檩条稳定性可按下式计算：

对于冷弯薄壁型钢

$$\frac{M_x}{\varphi_{bx} W_{ex} f} + \frac{M_y}{W_{ey} f} \leqslant 1.0 \qquad (7\text{-}3\text{-}7)$$

对于热轧型钢

$$\frac{M_x}{\varphi_b W_x f} + \frac{M_y}{\gamma_y W_y f} \leqslant 1.0 \qquad (7\text{-}3\text{-}8)$$

式中 W_{ex}、W_{ey}——对轴 x、y 的有效截面模量；

W_x、W_y——对轴 x、y 的毛截面模量；

φ_b——均匀弯曲的受弯构件绕强轴的整体稳定系数；

φ_{bx}——单轴或双轴对称截面的简支梁，当绕对称轴 x 弯曲时的整体稳定系数。

3）当檩条在永久荷载和风吸力组合作用下，下翼缘受压时：

①可偏于安全地按式（7-3-7）计算檩条下翼缘受压上翼缘受拉时的稳定；此时檩条可按跨中无侧向支承点考虑，即采用 $l_y = l_0$（檩条下翼缘附近无设置拉条情况下）。

②当屋面能阻止檩条上翼缘侧向位移和扭转时，可按《门式刚架轻型房屋钢结构技术规范》（GB 51022）规定考虑屋面对受拉上翼缘约束对受压下翼缘的稳定计算。

③当风的吸力较大时，为提高受压下翼缘的稳定性，可以采取在檩条下翼缘附近增设拉杆，此时 l_y 应为下翼缘的拉条间距离。

若仅为提高下翼缘受压时的稳定性，将檩条上翼缘的拉条下移至下翼缘附近时，还需重新验算檩条在永久荷载与可变荷载组合下，因受压上翼缘无拉条而使其平面外弯矩（M_y）增大对檩条强度不利的影响，安装时并应采取措施以保证结构的安全。

（3）挠度验算 参照图 7-3-5 仅验算垂直于屋面（对 $x_1 - x_1$ 或 $x - x$）的挠度。

对 C 形截面檩条

$$v_x = \frac{5}{384} \frac{q_{kx} l^4}{EI_x} \leqslant [v] \qquad (7\text{-}3\text{-}9)$$

对 Z 形截面檩条

$$v_x = \frac{5}{384} \frac{q_k \cos\alpha l^4}{EI_{x1}} \leqslant [v] \qquad (7\text{-}3\text{-}10)$$

式中 q_k、q_{kx}——重力方向或垂直于 x 轴方向的线荷载标准值；

I_x、I_{x1}——对 x 轴或 x_1 轴（与屋面平行轴）的毛截面惯性矩；

$[v]$——檩条的容许（竖向）挠度限值；

α——屋面坡度。

（4）其他计算要求

1）当拉条贯通屋脊布置且屋面坡度较大时，应验算脊檩因拉条附加竖向力的不利工况组合。

2）檩条端部支承处，一般不设加劲肋并直接搁置在下部支承构件上，当腹板壁较薄或支承反力较大时，应按《冷弯薄壁钢结构技术规范》（GB 50018）第 7.1.7 条规定验算局部受压承载力。

3）檩条端部与檩托的连接一般采用 C 级螺栓连接，当檩条兼作受力系杆时，或风吸力较大时，宜验算螺栓连接的抗剪与承压强度。

4）当屋面坡度较大，檩条沿屋面坡向荷载很大时，檩托应按承受坡向荷载支座反力验算其底部的连接焊缝强度。

5）拉条、斜拉条、撑杆承受较大内力时，宜进行强度或稳定验算，验算时拉条的强度应按表 2-3-12 中 C 级螺栓的强度设计值取值。斜拉条宜验算端头弯折处的强度。

4. 檩条的布置与构造要求

1）檩条截面的方向宜按槽口（C 形钢）或上翼缘（Z 形钢）指向屋脊布置。

2）檩条的支托一般采用 T 形钢檩托，檩条与檩托的连接螺栓不宜少于 2M12，当檩条截面高度为 280mm、300mm 时，宜不少于 2M16。当有防松要求时，应配置防松弹簧垫圈。

3）当檩条跨度等于或小于 4.0m 时可不设拉条；跨度为 4.5 ~ 6.0m 时，在跨中设置一道拉条；跨度为 6.5 ~ 12.0m 时，在跨间三分点处各设置一道拉条。拉条一般采用圆钢，其直径不小于 12.0mm；撑杆为直拉条外加钢套管，套管截面不小于 $32\text{mm} \times 2.5\text{mm}$（檩条间距 $a \leqslant 2.0\text{m}$ 时）或 $\phi45 \times 3.0\text{mm}$（当檩条间距 $a \leqslant 3.0\text{m}$ 时可采用 2.0mm）。拉条与檩条连接的位置，一般应靠近上翼缘的 $h/3$ 处（h 为檩条截面的高度）。

4）斜拉条与撑杆设置的位置与构造要求：

①当风吸力较大时，宜在屋脊檩条间和檐口檩条间内同时对称布置斜拉条与撑杆，下列情况应将斜拉条与撑杆布置在屋脊（或上端）檩条间距内：

A. 要求斜拉条将坡向分力传至屋（刚）架结构并且撑杆贯通脊檩布置时。

B. 沿屋脊设有天窗，拉条、撑杆不能通过屋脊相互拉通时。

C. 双坡不对称屋面或单坡屋面。

②屋面为双坡对称时，也可将斜拉条与撑杆布置在檐口檩距间，同时将拉条或撑杆贯通脊檩布置。屋面坡度及荷载较大时，应验算脊檩的承载能力。

③斜拉条直径不宜小于 12.0mm，当屋面荷载、屋面坡度均较大时，其斜拉条直径及沿坡向间距宜计算确定。

④当风吸力使下翼缘受压，并要求下翼缘有侧向支撑时，可设置拉条与撑杆（C 形钢截面）交错布置的拉撑构造，同时撑杆应在屋脊檩距与檐口檩距起始布置，也可采用其他保证下翼缘稳定的支撑构造措施。

⑤所有屋脊檩条应以套管撑杆或卷边槽钢（C 形钢）撑杆相互拉接，间距与拉条位置相同，必要时可加密布置。

5）拉条端的螺栓孔径应较拉条直径大 1.5mm，其端头均应附加 $-45\text{mm} \times 45\text{mm} \times 4\text{mm}$ 的垫板；斜拉条两端弯折处采用内外螺母紧固，其靠近檩托一端宜与檩托相连，也可与檩条腹板相连接，当檩条腹板厚度 $t \leqslant 2.5\text{mm}$ 时，其斜拉条杆端的附加垫板宜预先与腹板焊连。

6）檩条应选用表面原始状态等级不低于 B 级的钢材，并应符合《涂装前钢材表面锈蚀等级和除锈等级》（GB/T 8923.1）的规定，参见第 18.1.2 规定。当采用喷射除锈时，除锈等级不宜低于 sa2½级要求；当采用手工机械除锈时，除锈等级不宜低于 St3 级的要求。檩条的防腐蚀与涂装要求应符合《冷弯薄壁型钢结构技术规范》（GB 50018）的有关规定，参见第 18.1.3 的规定。

7）所有檩条、拉条、撑杆在安装时应准确就位并调直紧固。附加垫板与檩条焊接应采用细焊条小电流，不得烧伤母材。檩条的施工与验收应符合《冷弯薄壁型钢结构技术规范》（GB 50018）与《钢结构工程施工质量验收规范》（GB 50205）的要求，参见第 18 章的规定。

简支（平面外设拉条）的弯矩值见表 7-3-1。

表 7-3-1 简支（平面外设拉条）的弯矩值

序号	檩条的跨度及拉条的设置	对截面强轴（x 轴）的弯矩 M_x	对截面强轴（y 轴）的弯矩 M_y
1	$l \le 4m$ 无拉条		
2	$4m < l \le 9m$ 设一道拉条		
3	$9m < l \le 12m$ 设两道拉条		

7.3.3 蜂窝梁式檩条的基本构造和计算

1. 一般规定

（1）简述 蜂窝梁是将焊接或轧制 H 型钢的腹板沿设定的齿槽折线，如图 7-3-6a 所示切割，然后错开将腹板凸出部分对齐焊接而成，形成蜂窝状空腹的 H 型钢，如图 7-3-6b 所示。蜂窝梁具有自重轻、承载能力高及便于穿设管线等特点，适用于制作屋盖檩条及楼盖梁等构件。蜂窝梁按孔洞类型可分为六角孔、八角孔、圆孔、椭圆孔等多种。本节将叙述应用较多的六角孔蜂窝梁，其各部位名称如图 7-3-6 所示。

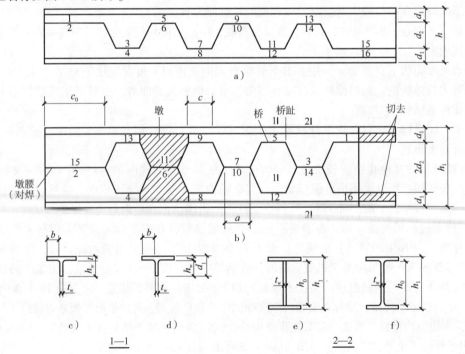

图 7-3-6 蜂窝梁的外形

a）原型钢及切割折线 b）焊接成型后的蜂窝梁 c）、e）焊接截面 d）、f）轧制型钢

（2）孔型设计　较合理的蜂窝梁孔型如图 7-3-7 所示，扩大比 $K_1 = h_1/h = 1.5$。扩大比即为蜂窝梁扩大后的横截面高度 h_1 与原 H 型钢横截面高度 h 之比。

（3）板件的宽厚比限值和构造要求

1）各部分板件的宽（高）厚比限值：

上、下翼缘外伸部分

$$b/t \leqslant 13\sqrt{\frac{235}{f_y}}$$

桥部 T 形截面的腹板

$$h_w/t_w \leqslant 15\sqrt{\frac{235}{f_y}}$$

墩部工字形截面的腹板

$$h_0/t_w \leqslant 80\sqrt{\frac{235}{f_y}}$$

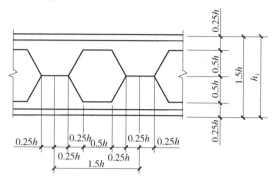

图 7-3-7　蜂窝梁的孔型

2）蜂窝梁端部支承处墩腰的最小尺寸 C_0 不得小于 250mm，其他孔处墩腰的最小尺寸 a 不应小于 100mm，如图 7-3-8 所示。

3）蜂窝孔孔部位的上、下翼缘处不得作用有集中荷载；如不可能避免时，应将该孔以板填堵封死，形成局部实腹梁段。

4）蜂窝梁实腹部分作用有集中荷载时，可与一般实腹梁相同，宜在集中荷载作用处增设腹板横向加劲肋；否则应验算力作用处梁的承载力。

5）墩腰处的对接焊缝，一般采用焊透的对接焊缝。当有美观要求时，其焊缝表面尚应进行加工修整。

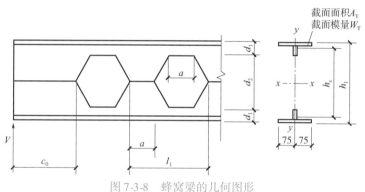

图 7-3-8　蜂窝梁的几何图形

2. 蜂窝梁的强度、稳定及挠度验算

（1）蜂窝梁的设计步骤　蜂窝梁截面的应力状态如图 7-3-9 所示。在纯弯曲作用下，弯曲应力在空腹 T 形截面处为矩形分布，而在实腹工字形截面处则为三角形分布；在剪力作用下，空腹截面处总剪力由上、下两个 T 形截面按刚度分配；由剪力引起的弯矩反弯点出现在每个孔洞的垂直中心线上。蜂窝梁计算几何图形如图 7-3-8 所示。

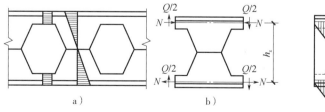

图 7-3-9　蜂窝梁截面的应力状态

a）弯曲应力　b）桥截面内力　c）"剪力"引起的弯曲应力

1）确定梁的计算简图，进行梁的荷载计算。

2）按允许挠度限值初选当量实腹梁截面。

3）确定扩大比及切割前原钢梁的截面尺寸。

4）确定切割尺寸及孔型、单元等几何尺寸。

5）按板件局部稳定宽（高）厚比要求，进行截面尺寸的核查、调整。

6）进行蜂窝梁的截面特性计算。

7）进行梁截面的强度及稳定性验算。

8）进行梁的挠度验算。

（2）强度验算

1）梁墩处实腹截面

$$\sigma = \frac{1.1M_{max}}{W_1} \leqslant f \tag{7-3-11}$$

2）桥趾处 T 形截面

$$\sigma = \frac{M_x}{h_z A_T} + \frac{V_x a}{4W_{Tmin}} \leqslant f \tag{7-3-12}$$

3）梁支座截面

$$\tau = \frac{VS}{It_w} \leqslant f_v \tag{7-3-13}$$

4）临近支座第 1 孔与第 2 孔间墩腰处的焊缝

$$\tau = \frac{V_1 l_1}{h_z t_w a} \leqslant f_v^w \tag{7-3-14}$$

式中　M_{max}——蜂窝梁的最大弯矩；

W_1——墩处的实腹截面模量；

M_x——需验算截面处附近蜂窝孔中点（距支座距离为 x）的弯矩，当为均布荷载作用下

x 值为 $x = \frac{l}{2} - \frac{A_T a h_z}{4W_{Tmin}}$； $\tag{7-3-15}$

h_z——桥部上、下 T 形截面的形心距；

A_T——桥部 T 形截面的面积；

a——桥的跨度，如图 7-3-8 所示；

V_x——所验算截面处蜂窝孔中心点的剪力；

W_{Tmin}——桥部 T 形截面的最小模量；

l——蜂窝梁的跨度；

S、I——支座截面对中和轴的面积矩和惯性矩。

（3）整体稳定验算

$$\frac{1.1M_{max}}{\varphi_b W_0 f} \leqslant 0.9 \tag{7-3-16}$$

式中　φ_b——梁整体稳定系数，按与梁墩处相同截面的当量实腹梁确定；

W_0——蜂窝梁当量实腹梁的截面模量。

（4）挠度验算

扩大比 $K_1 \leqslant 1.5$ 时

$$v = \eta \frac{M_{kmax} l^2}{10EI_0} \leqslant [v] \tag{7-3-17}$$

扩大比 $K_1 > 1.5$ 时

$$v = v_1 + v_2 + v_3 \leqslant [v] = \frac{v_m^0}{2}\left(1 + \frac{I_1}{I_b}\right) + \frac{v_v^0}{2}\left(1 + \frac{A_{w1}}{A_{wT}}\right) + \frac{1}{12E}\left(\frac{a^3}{2I_T} + \frac{h_1 l_1^2}{I_p}\right)\sum_{i=1}^{n} V_i \leqslant [v]$$

$$I_p = 0.36a^3 t_w$$

(7-3-18)

式中　M_{kmax}——梁跨中最大弯矩标准值；

$\quad\quad I_0$——当量实腹梁的截面惯性矩；

$\quad\quad \eta$——考虑空腹截面影响的增大系数，见表 7-3-2；

v_m^0、v_v^0——当量实腹梁在相同荷载条件下的弯曲挠度及剪切挠度；

$\quad\quad I_1$——当量实腹梁的毛截面惯性矩；

$\quad\quad I_b$——桥部空腹截面的惯性矩；

$\quad\quad A_{w1}$——当量实腹梁的腹板面积；

$\quad\quad A_{wT}$——桥部 T 形截面的腹板面积；

$\quad\quad a$——桥的跨度；

$\quad\quad l_1$——蜂窝梁的单元长度；

$\quad\quad I_T$——桥部 T 形截面的惯性矩；

$\quad\quad I_p$——梁墩的等效惯性矩；

$\quad\quad H_1$——蜂窝梁的截面高度；

$\quad\quad n$——蜂窝梁的单元数；

$\quad\quad V_i$——蜂窝梁第 i 单元蜂窝孔中点的剪力。

表 7-3-2　挠度增大系数 η

梁的高跨比(h_1/l)	1/40	1/32	1/27	1/23	1/20	1/18
η	1.1	1.15	1.2	1.25	1.35	1.4

7.3.4　平面桁架式檩条设计

1. 内力计算

平面桁架式檩条计算简图如图 7-3-10 所示，力可按沿杆中心线铰接的桁架计算，设计时将上弦均布荷载换算成节点荷载。

通常只需计算跨中节间上弦、下弦内力及支座斜杆与相邻附近腹杆内力即可。同时上弦还须按式（7-3-9）及式（7-3-10）计算由节间均布荷载引起的局部弯矩 M_x、M_y。局部弯矩按下式计算：

1）沿檩条 $x-x$ 平面（屋面方向）的上弦节间和支座（节点）处弯矩 M_y，可将拉条作为侧向支承点的连续梁计算，计算强度时，支座处的 M_x 可近似按下式计算：

$$M_y = \frac{q_y l_1^2}{10}$$　(7-3-19)

计算稳定性时，M_y 按侧向支承点间全长范围内的最大弯矩取用。

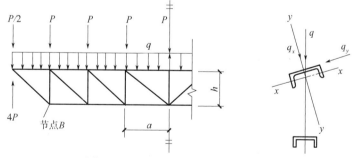

图 7-3-10　平面桁架式檩条计算简图

2）沿檩条 $y-y$ 平面作用的上弦节间和节点处弯矩 M_x 可近似按下式计算：

$$M_x = \frac{q_x a^2}{10}$$

(7-3-20)

式中　　M_x、M_y——对檩条上弦截面主轴 x 和 y 的弯矩；

l_1——侧向支承点（拉条）间的距离；

a——上弦的节间长度；

q_x、q_y——垂直于屋面方向及平行于屋面方向的均布荷载分量。

2. 强度和稳定验算

杆件的强度和稳定性验算应按《冷弯薄壁型钢结构技术规范》（GB 50018）规定进行：

1）桁架上弦杆：

强度验算

$$\sigma = \frac{N}{A_{en}} + \frac{M_x}{W_{enx}} + \frac{M_y}{W_{eny}} \leqslant f \tag{7-3-21}$$

稳定性验算

$$\frac{N}{\varphi_{min}A_e f} + \frac{M_x}{W_{ex}f} + \frac{M_y}{W_{ey}f} \leqslant 1.0 \tag{7-3-22}$$

式中　　φ_{min}——冷弯薄壁型钢轴心受压构件的稳定系数。

2）当在风吸力作用下，平面桁架式檩条下弦受压时，应按以下公式验算其稳定。

$$\frac{N}{\varphi_{min}A_e f} \leqslant 1.0 \tag{7-3-23}$$

3）桁架腹杆应按重力荷载与风吸力共同作用下的不利组合计算截面。

3. 计算和构造要求

1）若屋面受到风的吸力作用时尚应对平面桁架檩条杆件内力的变号情况进行验算。

2）平面桁架的平面方向可为垂直于屋面或垂直于地面，试验表明两者安全度相近，但从变形和使用条件考虑以垂直地面为好。

3）桁架式檩条截面高度 h，一般取跨度的 $1/12 \sim 1/20$，当符合此规定时一般情况下可不做变形验算。斜腹杆的倾角以 $40° \sim 70°$ 为宜。

4）桁架式檩条端斜杆宜采用上升式构造，如图 7-3-10 所示，其下弦节点 B 处宜设隅撑。

5）设计平面桁架檩条时应按下述情况考虑杆件及连接强度的折减。

①平面桁架式檩条的端部主要受压腹杆杆件及其连接强度设计值应乘以折减系数 0.85。

②桁架式檩条中凡单面连接的单角钢杆件及连接强度设计值应乘以折减系数 0.85；按轴心受压验算稳定性时乘以 $(0.6+0.0014\lambda)$ 折减系数。

6）平面桁架檩条受压弦杆在平面内计算长度应取节间长度，平面外的计算长度应取侧向支承点间的距离（布置在弦杆处的拉条可作为侧向支承点），腹杆在平面内、外的计算长度均取节点之间的几何长度。

7）端部腹杆长细比不得大于150。

7.3.5　空腹式檩条设计

1　内力计算（图 7-3-11）

1）弦杆的轴心力：

$$N = M_{x'}/(h-2y_0) \tag{7-3-24}$$

2）沿缀板高度方向的最大弯矩：

$$M_0 = \frac{V_{x'}a}{2} - \frac{q_{y0}a^2}{4} = \frac{2V_{x'}a - q_{y0}a^2}{4} \tag{7-3-25}$$

3）上弦杆与缀板连接处的弯矩：

$$M_b = \frac{M_0(h/2-y_0-c)}{(h/2-y_0)} = \frac{(2V_{x'}a - q_{y0}a^2)(h-2y_0-2c)}{4(h-2y_0)} \tag{7-3-26}$$

4）沿缀板方向的剪力：

$$V = \frac{2M_b}{(h - 2y_0 - 2c)} \tag{7-3-27}$$

5）上弦杆由均布荷载（q_{y0}）引起缀板处的弯矩：

$$M_{x0} = q_{y0}a^2/10 \tag{7-3-28}$$

6）上弦杆的换算截面主轴弯矩：

$$M_x = M_{x0}\cos\theta + M_{y0}\sin\theta \tag{7-3-29}$$

$$M_y = M_{x0}\sin\theta + M_{y0}\cos\theta \tag{7-3-30}$$

式中　q_{x0}、q_{y0}——均布荷载 q 分解的两个荷载分量；

　　　M_x——沿跨长全截面的弯矩，按简支梁求得；

　　　M_0——沿缀板高度方向的最大弯矩；

　　　M_{x0}——上弦杆由均布荷载 q_{y0} 引起缀板处的弯矩；

　　　M_{y0}——在 q_{x0} 作用下，考虑拉条作为侧向支承点，按多跨连续梁计算的弯矩；

　　　N——上、下弦杆的轴心力；

　　　V_x——在 q_{y0} 作用下沿跨长全截面内的剪力；

　　　a——缀板中距；

　　　b——缀板净距；

　　　M_b——上弦杆与缀板连接处的弯矩；

　　　V——上弦杆与缀板连接处的剪力；

　M_x、M_y——垂直于 x 轴和 y 轴的上弦杆弯矩，上弦杆为单角钢的双向偏心受压构件，在验算其截面强度时将求得的弯矩 M_{x0} 和 M_{y0} 换算成的截面主轴弯矩。

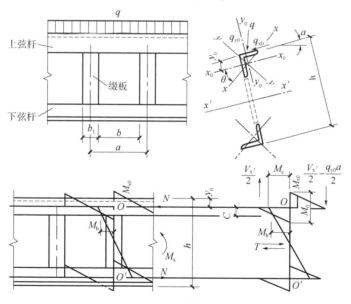

图 7-3-11　空腹式檩条计算简图

2. 强度计算

1）焊缝强度

$$\sigma_f = \frac{6M_b}{l_w^2 t} \tag{7-3-31}$$

$$\tau_f = \frac{V}{l_w t} \tag{7-3-32}$$

$$\sqrt{(\sigma_f/\beta_f)^2 + \tau_f^2} \leq f_f^w \tag{7-3-33}$$

2）屋面能阻止檩条侧向失稳和扭转作用时

$$\frac{N}{A_n f} + \frac{M_x}{W_{nx} f} + \frac{M_y}{W_{ny} f} \leqslant 1.0 \qquad (7\text{-}3\text{-}34)$$

3. 稳定验算

屋面能阻止檩条侧向失稳和扭转作用时

$$\frac{N}{\varphi_x A f} + \frac{M_x}{W_e f} + \frac{M_y}{W_y f} \leqslant 1.0 \qquad (7\text{-}3\text{-}35)$$

式中 A_n、A——上弦杆的有效截面面积和截面面积；

$\quad\quad\varphi_x$——上弦杆截面对 x 轴的轴心受压稳定系数，计算长度取缀板中距；

$\quad\quad l_w$——焊缝计算长度；

$\quad\quad t$——缀板厚度；

$\quad\quad\beta_f$——正面角焊缝强度增大系数，一般取 1.22；

$\quad\quad f_f^w$——角焊蜂的强度设计值。

7.3.6 空间桁架式檩条设计

1. 杆件的内力计算（图 7-3-12）

1）按空间桁架式檩条计算，将空间桁架及荷载分解成高度等于 h_1 和 h_2 的两榀平面桁架分别进行计算，两榀平面桁架荷载的 q_1'、q_2' 值按下式计算，如取 $b_1 = b_2 = b/2$。

$$q_1 = q_2 = \frac{q}{2} \qquad (7\text{-}3\text{-}36)$$

$$q_1' = \frac{q}{2}\frac{h_1}{h} \qquad (7\text{-}3\text{-}37)$$

$$q_2' = \frac{q}{2}\frac{h_2}{h} \qquad (7\text{-}3\text{-}38)$$

檩条下弦杆的内力则为两个平面桁架算得下弦杆内力之和。

2）按简化的高度为 h 的等效平面桁架计算，当求出平面桁架在荷载 q 作用的内力后，再将上弦杆和腹杆内力平均分配给高度 h_1 和 h_2 桁架的相应杆件。

比较以上两种计算结果，腹杆内力误差为 7% ~ 8%，若假定等效平面桁架计算选择腹杆截面时应留有一定余量，则上弦杆单肢角钢的局部弯矩可近似按下式计算：

$$M_x' = \frac{1}{10}\left(\frac{q_x}{2}\right)a^2 \qquad (7\text{-}3\text{-}39)$$

$$M_y' = \frac{1}{10}\left(\frac{q_y}{2}\right)a^2 \qquad (7\text{-}3\text{-}40)$$

2. 上弦杆的强度和稳定计算

1）强度验算

$$\frac{N}{A_n} + \frac{M_x'}{W_{nx}} + \frac{M_y'}{W_{ny}} \leqslant f \qquad (7\text{-}3\text{-}41)$$

2）稳定验算

$$\frac{N}{\varphi A_n f} + \frac{M_x'}{W_{nx} f} + \frac{M_y'}{W_{ny} f} \leqslant 1.0 \qquad (7\text{-}3\text{-}42)$$

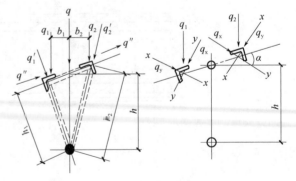

图 7-3-12 空间桁架式檩条计算简图

对于验算空间桁架式檩条单角钢上弦杆的强度和稳定时，一般仅需要验算高度为 h_2 桁架的上弦单角钢即可。

7.4　天窗结构

工业房屋中，一般采用天窗来满足采光、通风或散热的要求。

7.4.1　天窗的类型和结构形式

1. 天窗的类型

（1）纵向矩形天窗　纵向矩形天窗如图7-4-1所示，一般沿房屋长度方向在屋架（或框架梁）上纵向布置，主要构件有天窗架、支撑、窗檩和挡风架（或称挡风板）等，是目前工业厂房中常用的天窗形式。

（2）纵向三角形天窗

1）利用陡坡屋架一侧的上弦杆延长形成天窗，如图7-4-2a、b所示。此类天窗结构简单，排水方便，常用于小型房屋中。

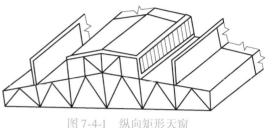

图 7-4-1　纵向矩形天窗

2）对于采光要求较高的陡坡屋面，可设置成锯齿形天窗，如图7-4-3所示。

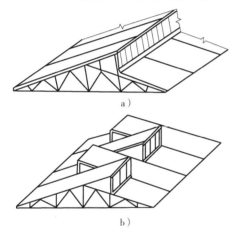

a ）

b ）

图 7-4-2　纵向三角形天窗

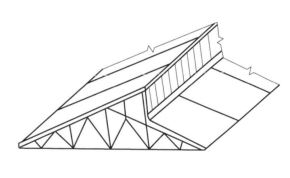

图 7-4-3　锯齿形天窗

（3）横向天窗　横向天窗为沿房屋跨度方向布置的天窗形式，它适用于生产过程中局部区域发热量大而需要增加排气面积或要求采光效果好的车间，这种形式天窗可将天窗架设置在屋面檩条上，如图7-4-4所示；也可将天窗设置在屋架之间，如图7-4-5所示。这些形式便于局部布置，也便于排水，常用于多跨或大跨度厂房中。当横向天窗沿屋架全宽布置时，则可分为下列两种形式：

1）横向下沉式天窗，如图7-4-5a所示，它是利用屋架上、下弦高差设置的天窗，该天窗的主要缺点是屋面构造和防水处理较复杂，厂房结构刚度稍差。

2）横向上承式天窗，如图7-4-5b所示，天窗架沿屋架跨度方向布置于屋架上，该形式排气和采光效果均好，但用钢量稍大，是目前工业厂房中采用较多的天窗形式之一。

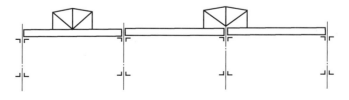

图 7-4-4　横向天窗（设置在檩条上）

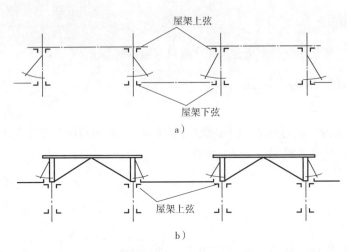

屋架上弦

屋架下弦

a）

屋架上弦

b）

图 7-4-5 横向天窗设置在屋架之间

a）横向下沉式天窗 b）横向上承式天窗

（4）天窗架和挡风板结合式天窗 该形式天窗具有良好的通风和散热效能，但采光效果稍差，且用钢量稍大。

1）全包式天窗类似横向上承式天窗，采用压型钢板、玻璃钢瓦作为围护材料，PC 板作为采光板，可将挡风板制作成折线形或曲线形，如图 7-4-6 所示。采用悬挂式挡风架与天窗架结合成三铰拱构架或桁架式构架。全包式天窗结构可纵向或横向布置，适用于喉口尺寸不太大，对通风效率要求高的房屋。

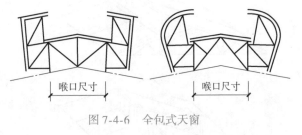

喉口尺寸   喉口尺寸

图 7-4-6 全包式天窗

2）弧形通风器或风帽，如图 7-4-7 所示，适用于厂房高温及大量烟尘区域，能高效、连续、有组织地排出烟雾和热气，可采取纵向或横向布置。为减小檩条跨度采用压型钢板直接连在通风器（或托檩）上，通风器间距可为 3m 和 1.5m，支承于天窗桁架（或梁）上，该结构形式较复杂，工程设计中通风器可选用标准的工业产品。如图 7-4-8 所示，通常采用的通风器，气窗打开时可将房屋内的大量热量或烟雾排到大气中，下雨时气窗可自动关闭，能阻止雨水加入屋内，但通过边翼可继续通风。

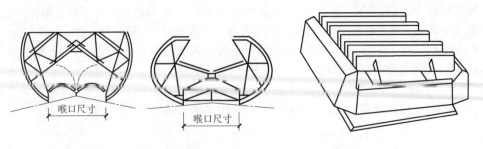

喉口尺寸   喉口尺寸

图 7-4-7 弧形通风器   图 7-4-8 通风器

2. 天窗的结构形式

（1）天窗架杆件的组成 如图 7-4-9 所示为支承于屋架上弦的纵向矩形天窗架的结构形式。

1）天窗架，天窗的主要承重结构。

2）天窗架上的窗檩及屋面檩条（或大型钢筋混凝土屋面板）。

3）天窗架的支撑。

4）天窗架端壁骨架。

5）挡风架及其支撑、檩条。

当天窗架间距大于6m时，常设中间侧向竖杆，以使各窗檩共同工作。

（2）天窗架的基本结构形式 按其腹杆体系可分为多竖杆式、三支点式及三铰拱式天窗架。当荷载及高度、跨度均不大时，也可采用刚架式天窗架。

1）多竖杆式天窗架，如图7-4-10所示，由上弦杆、竖向压杆及斜腹杆组成。此天窗架构造简单，传递给屋架的荷载分布较均匀，安装时可与屋架在现场拼装后再整榀吊装，适用于高度和跨度均不太大的天窗。

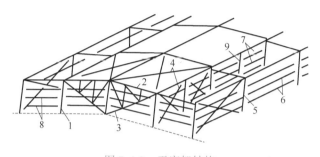

图 7-4-9 天窗架结构

1—天窗架侧柱 2—天窗架上弦 3—天窗架主斜杆 4—水平支撑
5—挡风架立柱 6—挡风架檩条 7—窗檩（横挡） 8—端壁横梁
9—中间侧向竖杆

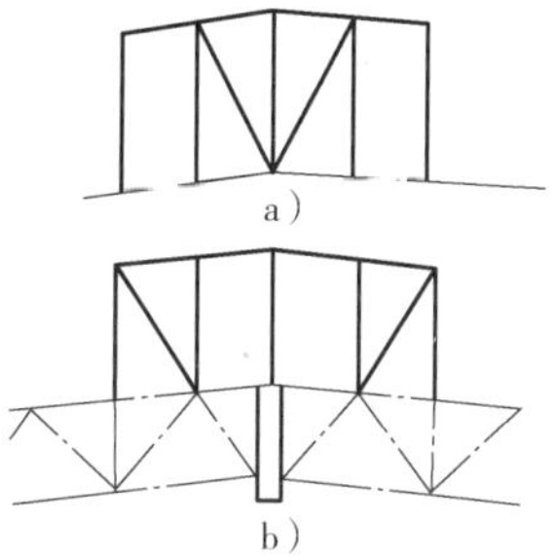

图 7-4-10 多竖杆式天窗架

2）三支点式天窗架，如图7-4-11所示，由侧立柱和三角形桁架组成。这种天窗架与屋架连接的节点较少，整体刚度较大，常与屋架分别吊装，施工安装简便，宜用于天窗跨度较大天窗。

3）三铰拱式天窗架，如图7-4-12所示，由两个三角形桁架组成。它与屋架连接点最少，制造简单，运输方便，但由于顶铰的存在，安装时稳定性较差，当天窗跨度较大时，对屋架集中荷载较大。

以上三种形式天窗架的应用较为广泛。对于15m、18m、21m跨的屋架一般采用宽度6m天窗架；24m、27m、30m跨屋架采用9m天窗架；跨度较大的30m、33m屋架采用12m天窗

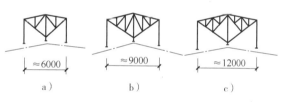

图 7-4-11 三支点式天窗架

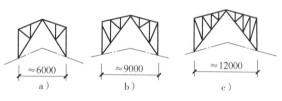

图 7-4-12 三铰拱天窗架

架。当天窗架跨度较小而屋架间距大于或等于12m时，可设置纵向天窗桁架以支承中间天窗架。

4）刚架式天窗架，如图7-4-13所示，一般将柱脚与屋架的连接设计为铰接的门式刚架，无腹杆，结构简单，适用于跨度不大，采用轻型围护材料的纵向或横向天窗。

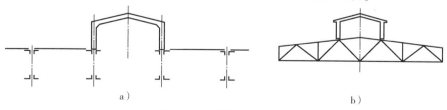

图 7-4-13 刚架式天窗架

（3）应注意的问题

1）对于多跨房屋中列柱上设置天窗架，为避免柱两侧屋架差异下挠而引起天窗斜腹杆受压失稳情况的发生，天窗架的主要支点不宜直接设在柱顶或柱顶桁架上（如三支点式中间支点立于柱顶），工程中一般选用三铰拱式或多竖杆式天窗架，如图7-4-10b所示。

2）所有天窗架侧柱或中间竖杆均应支承于屋架上弦的主要节点上。竖杆（尤其是天窗架侧柱）不应支承在屋架再分式腹杆的节点上。

7.4.2 天窗架的设计

1. 作用于天窗架上的荷载

（1）永久荷载（恒荷载） 包括天窗的屋面质量、钢窗窗扇及挡风架围护材料的质量、天窗架和挡风架结构自身的质量。

（2）可变荷载（活荷载） 包括天窗屋面上的均布活荷载或雪荷载（取二者中较大者）、积灰荷载；对于需要抗震设防地区的重型屋盖天窗架尚应考虑地震作用效应组合的验算。

（3）水平风荷载

一般厂房的天窗架当厂房总高度不大于30m时，可不考虑风振系数，即$\beta_z = 1.0$。

1）挡风架及天窗架的风荷载体型μ_s系数可如图7-4-14所示采用。

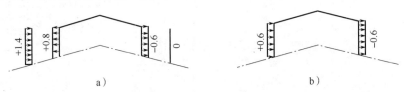

图7-4-14 挡风架及天窗架的风荷载体型系数μ_s

a）带挡风板的天窗架的风荷载体型系数μ_s b）无挡风板的天窗架的风荷载体型系数μ_s

2）验算挡风架围护构件及其连接时，应按附注确定局部区域并用下述风荷载的体型系数进行验算。

①正压区如图7-4-14a所示取用。

②负压区为：

A. 对于挡风架及天窗架的全部墙面取 –1.0（B条除外）。

B. 对于挡风架及天窗架墙角边取 –1.8。

C. 对天窗架屋面局部部位（屋面周边和坡度大10°屋脊）取 –2.2。

注：对于B、C条的局部部位的计算宽度按房屋宽度的0.1或房屋平均高度的0.4中较小者取用，但不小于1.5m。

3）计算天窗檩条、挡风板檩条及其构件时，均不考虑阵风系数。

4）当局部部位因风压过大，原设计檩条截面不够时，一般可采用局部改变檩条间距（减小集檩距）的方法来解决。

2. 天窗架结构的计算简图及内力计算

（1）多竖杆式天窗架 多竖杆式天窗架系超静定结构，设计中一般假定斜杆为柔性杆件（只能承受拉力，当有可能受压时，即退出工作，不承受压力），从而简化为静定结构进行计算。如图7-4-15所示虚线为荷载作用下

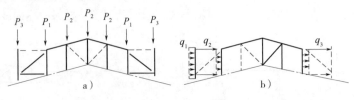

图7-4-15 多竖杆式天窗架的内力计算简图

a）竖向荷载作用下计算简图 b）水平风荷载作用下计算简图

不参加工作的杆件，多竖杆式天窗架将竖向荷载和水平荷载转化为节点集中荷载后，用数解法分别求出各杆件内力。

（2）三支点式天窗架　三支点式天窗架系超静定结构，在竖向荷载和水平荷载作用下内力计算简图如图 7-4-16 所示。

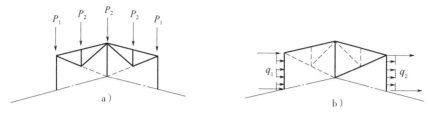

图 7-4-16　三支点式天窗架的内力计算简图
a）竖向荷载作用下计算简图　b）水平风荷载作用下计算简图

（3）三铰拱式天窗架　三铰拱式天窗架系静定结构，如图 7-4-17 所示求出荷载作用下支座反力和顶点反力，然后求解各杆件内力。

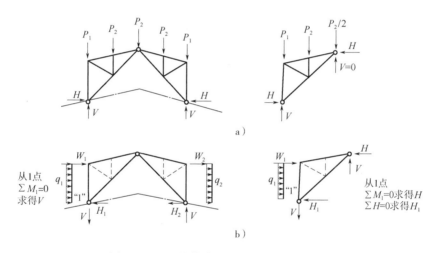

图 7-4-17　三铰拱式天窗架的内力计算简图
a）竖向荷载作用下计算简图　b）水平风荷载作用下计算简图

由两个三铰拱组成三支点式天窗架，如图 7-4-18 所示，可近似分解为两个三铰拱进行内力分析。

（4）天窗架构件的局部弯矩计算

1）天窗架上弦杆有节间弯矩时，其计算弯矩可取 $0.8M_0$（$0.8M_0$ 为相应节间作为简支构件时的最大弯矩），并按上部边缘受压，下部边缘受拉的正弯矩考虑。

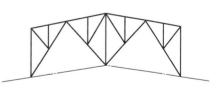

图 7-4-18　三铰拱组成三支点式天窗

2）天窗架侧柱和挡风架立柱一般按两端简支构件计算弯矩，弯矩值按下列要求计算：

①水平风荷载产生的弯矩，应分别按迎风（风压力）和背风（风吸力）进行计算。挡风架端部立柱尚应考虑局部风压体型系数的背风（风吸力）计算。

②窗扇、围护材料、檩条等永久荷载对立柱的偏心弯矩，其值相对于风荷载甚小，可忽略不计。

（5）天窗架杆件内力组合　天窗架杆件内力组合可按下列原则进行，验算截面时应取最不利组合：

1）天窗架桁架。

组合1：永久荷载 +0.7 活荷载（或 0.7 雪荷载取二者中较大者）+0.6 风荷载 +0.9 积灰荷载

（此时永久荷载分项系数 $\gamma_G = 1.35$，一般用于重型屋面）

组合 2：永久荷载 + 风荷载 + 0.7 活荷载（或雪荷载）+ 0.9 积灰荷载（此时永久荷载分项系数 $\gamma_G = 1.2$，组合 2 控制作用第一可变荷载需做判断有时活或灰）

天窗架如屋面风荷载吸力较大时尚应按以下组合验算杆件的稳定性。

组合 3：永久荷载 + 风荷载（此时永久荷载 $\gamma_G = 1.0$；考虑负风压）

2）天窗架立柱。除按组合 1 进行验算外，尚应按下列情况进行组合验算。

组合 4：永久荷载 + 风荷载（此时永久荷载 $\gamma_G = 1.2$，并考虑风荷载正反两方向）

3）对挡风板立柱取组合 4 验算。

4）对挡风板檩条取组合 4 验算。

（6）地震作用计算　天窗架的横向抗震计算可采用底部剪力法；跨度大于 9m 或 9 度时，天窗架的地震作用效应应乘以增大系数 1.5。

天窗架的纵向地震作用可采用空间结构分析法，并计及屋盖的平面变形和纵墙的有效刚度。

柱高不超过 15m 的单跨和等高多跨混凝土无檩屋盖房屋的天窗架纵向地震作用计算可采用底部剪力法，但天窗架的作用效应乘以增大系数 η，η 值可按下列规定采用：

1）单跨、边跨屋盖或设有纵向内隔墙的中跨屋盖：$\eta = 1 + 0.5n$。

2）其他中跨屋盖：$\eta = 0.5n$。

式中　n——房屋跨数，超过四跨时取四跨。

3. 挡风架的设计

对于纵向天窗，为了更有效地组织通风和排气，避免室外气流倒灌，通常设置挡风架。

1）挡风架结构由挡风架立柱、檩条、檩条间拉条及撑杆、挡风架支撑及挡风板围护材料等构件组成，如图 7-4-19 所示。

2）挡风架立柱有支承式，即立柱下端支承于屋架上弦节点上，上端用横撑与天窗架侧柱相连，如图 7-4-19a 所示，此种结构构造简单且节省钢材，但立柱直接与屋架上弦连接带来了防水处理困难。悬挂式挡风架则由连接于天窗架杆件体系组成，如图 7-4-19b 所示，荷载由悬臂支架传至天窗架侧柱，对于侧柱的截面将会发生变化，增加钢材用量。该形式挡风架立柱一般用于围护材料为压型钢板或其他轻质材料的屋面。

3）挡风架檩条一般采用冷弯薄壁 C 型钢。当跨度等于或大于 4m 时，宜设置拉条以减少檩条竖向跨度，挡风架立柱间应设置垂直支撑，如图 7-4-19b 所示。挡风板围护材料一般采用压型钢板。

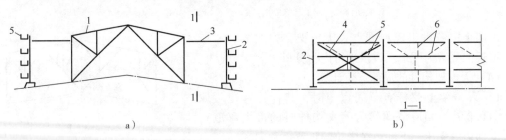

a)　　　　　　　　　　　　　　　　b)

图 7-4-19　挡风架立柱及支撑
1—天窗架　2—挡风架的立柱　3—挡风架横撑　4—挡风架的柱间支撑
5—檩条　6—檩间的拉条及撑杆

4. 天窗架杆件截面选择

1）天窗构件一般采用 Q235-B 或 Q345B 制作。

2）天窗构件的长细比规定。

拉杆不大于 350。

压杆，对于弦杆不大于 150，腹杆不大于 200。

3）杆件的计算长度的规定：

弦杆，平面内为 l，平面外为 l_1。

腹杆，平面内为 $0.8l$，平面外为 l。

注：1. l 为构件的几何长度（节点中心间的距离）；l_1 为弦杆侧向支承点间的距离。

    2. 天窗架的再分杆的计算应根据相关规定计算。

4）天窗架杆件截面选择，应根据内力性质和天窗架杆件计算长度和构造连接等因素，选用双角钢组成的 T 形截面或十字形截面。天窗架侧柱和挡风架立柱宜选用不等边双角钢长肢相连的 T 形截面。当内力和高度很大时，可选用双槽钢或工字形截面。当天窗架为桁架式且跨度较小时，其腹杆可采用单角钢截面。对于天窗架屋面、挡风架墙面采用压型钢板等轻质材料围护时，天窗架及挡风架杆件宜选用冷弯薄壁方（矩）管截面，此种截面特性及刚度均好，吊装时可采用双榀天窗架组成的空间构架组合吊装。天窗架杆件的截面形式如图 7-4-20 所示。

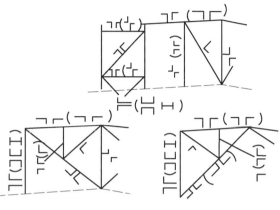

图 7-4-20 天窗架杆件的截面形式

7.4.3 天窗架的一般节点构造

天窗架的一般节点构造见表 7-4-1。

表 7-4-1 天窗架的一般节点构造

序号	项目	节点构造
1	多竖杆式天窗架与屋架的连接	多竖杆式天窗架一般是在现场与屋架拼装后作为一个安装单元进行组合吊装。它与屋架的连接常采用螺栓连接于伸出屋架的节点板上 由于安放屋面构件的构造要求，天窗架侧柱轴线不能交于屋架节点，故一般使侧柱外边缘线交于屋架节点 端部天窗架应考虑便于安放厂房端开间的屋面板，对与屋面板相碰的杆件外伸肢应予切除。对情况相同的其他杆件也应做类似处理。切除后截面强度不足时应补强，如图剖面 1—1 所示 1—1
2	三支点式天窗架与屋架的连接	三支点式天窗架，当天窗架与屋架分组吊装时，宜采用端底板与屋架上弦连接；当与屋架连在一起组合吊装时，也可采用与多竖杆式天窗架与屋架的连接形式

(续)

序号	项目	节点构造		
3	三铰拱式天窗架节点	图 a 是以竖直端板用螺栓连接的节点,采用图 b 的连接方法时可使天窗架分为两个小桁架,运输较为方便	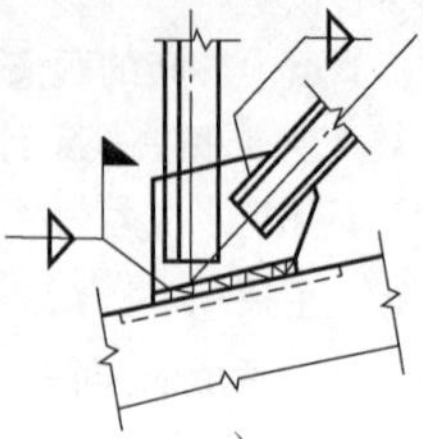 a) 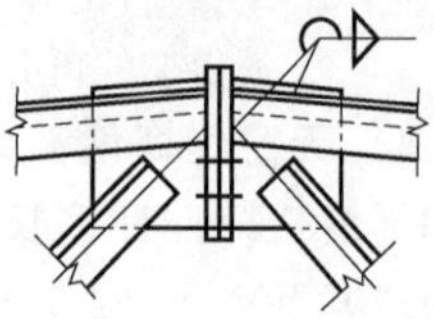	b)
4	天窗架与钢筋混凝土屋架的连接	支承于钢筋混凝土屋架上的天窗架,通常采用端底板或短角钢焊于钢筋混凝土屋架上弦的埋设件上		
5	挡风架立柱的连接	挡风架立柱通常支承于设置在屋面板上的单独混凝土柱墩上	1—1	

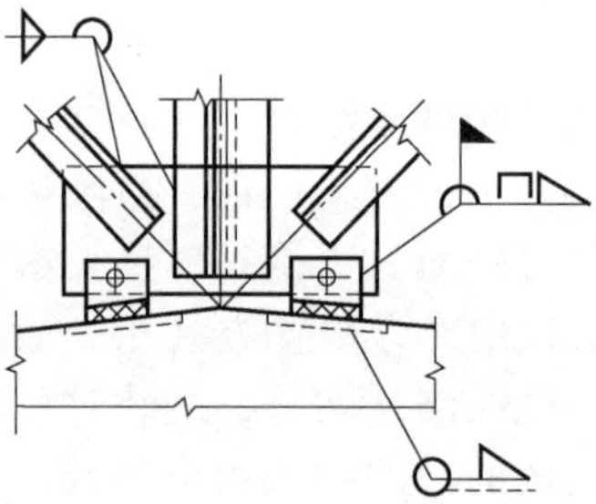

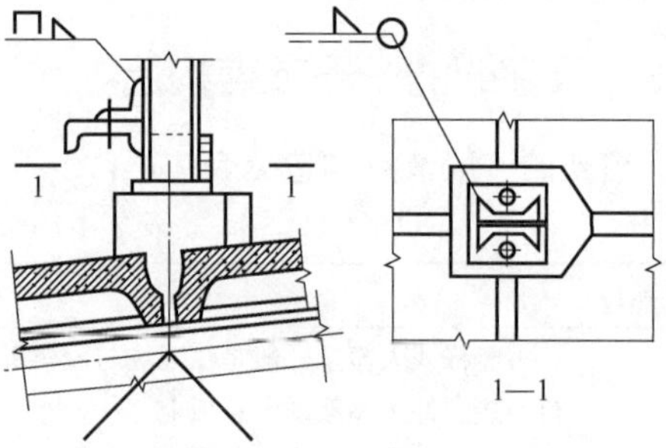

7.4.4 天窗架的形式与屋架的配套

天窗架的形式与屋架的配套见表 7-4-2。

表 7-4-2 天窗架的形式与屋架的配套

序号	天窗架跨度/m	窗扇数目及高度/m	天窗架的简图	配套钢屋架的跨度/m	
				轻型屋面	混凝土屋面
1		1×1.2	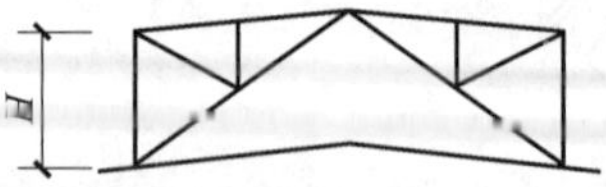		
2		1×1.5			
3	6	2×0.9		15、18、21	18、21
4		2×1.2			
5	9	2×0.9	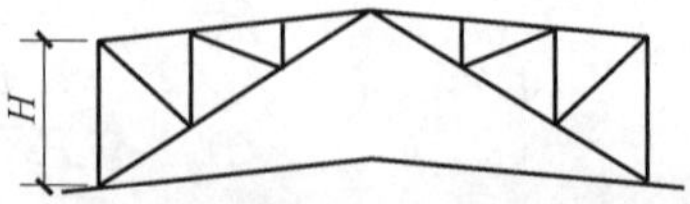	24、27、30	
6		2×1.2			
7		2×0.9	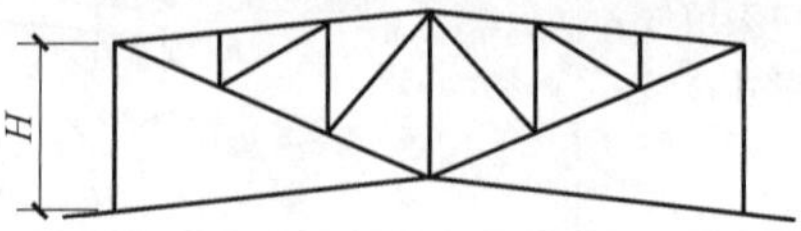		
8	12	2×1.2			24、27、30
9		2×1.5			

（续）

序号	天窗架跨度 /m	窗扇数目及高度 /m	天窗架的简图	配套钢屋架的跨度/m	
				轻型屋面	混凝土屋面
10	12	2×1.2		33、36	33、36
11		2×1.5			

注：1. 轻型屋面包括压型钢板、夹芯板及发泡水泥复合板等。

2. H 为窗扇高度（m）。

7.4.5 常用天窗架用钢量指标

常用天窗架用钢量指标见表 7-4-3。

表 7-4-3 常用天窗架用钢量指标

序号	天窗架跨度/m	天窗架形式	屋盖类型	天窗架高度 H/mm	风荷载标准值/（kN/m²）	每榀质量/kg	用钢量指标/（kN/m²）
1	6.0	三铰拱	轻屋面	2050	0.30/0.42	236/240	656/6.67
2				2350		253/257	7.03/7.14
3				2650		275/291	7.64/8.08
4				3250		353/367	9.81/10.19
5			混凝土屋面	2050	0.30	294	8.17
6				2350	0.40/0.56	314/318	8.72/8.33
7				2650	0.40	351	9.75
8				3250	0.40/0.56	415/433	11.53/12.03
9	9.0	三铰拱	轻屋面	2650	0.30/0.42	275/291	5.09/5.39
10				3250		353/367	6.54/6.80
11		三支点	混凝土屋面	2650	0.56	484	8.96
12				3250	0.40/0.56	548/566	10.15/10.48
13				3850	0.30	628	11.63
14	12.0	三支点	轻屋面	3250	0.30/0.52	593/606	8.24/8.425
15				3850		678/696	9.42/9.67
16			混凝土屋面	3250	0.56	714	9.92
17				3850	0.40/0.56	785/810	10.90/11.25

注：1. 表中数据摘自《钢天窗架》（97G512）和《轻型屋面钢天窗架》（015G516），其中用钢量为按 6.0m 间距计算，未包括支撑等构件的质量。

2. 轻屋面和钢筋混凝土屋面的均布荷载设计值为 2.6kN/m² 和 6.0kN/m²。

7.5 普通钢屋架

7.5.1 普通钢屋架的分类及选型

1. 三角形屋架

三角形屋架通常用于屋面坡度较陡的有檩条体系屋盖，屋面材料一般采用波形石棉瓦、瓦楞铁或压型钢板，屋面坡度一般为 1/3 或 1/6。上弦节间长度通常为 1.5m。

三角形屋架与柱的连接为铰接。三角形屋架的腹杆布置常用芬克式，如图 7-5-1a ～ f 所示，其腹杆以等腰三角形再分，将上弦杆分为等距离节间，短腹杆受压，长杆件受拉，节点构造简单，受力合理，是三角形屋架中最常用的一种形式。单向斜杆屋架，如图 7-5-1g 所示，其腹杆长度较长，节点数量较多，斜腹杆受拉，竖杆受压，受力不尽合理，但屋架下弦节点距离相等，适合吊顶。但杆件交角较小，构造上不易处理，制作加工费工费时。斜杆式或人字式屋架，如图 7-5-1h、i 所示，其屋架的上下弦杆可根据需要任意分割布置节点，但斜杆存在有受拉或受压的可能，腹杆数量较少，此种屋架的用钢量较少。

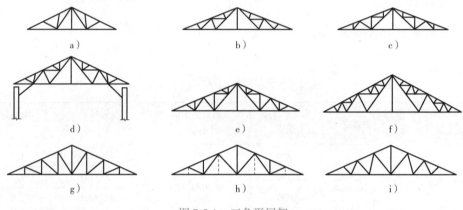

图 7-5-1 三角形屋架

2. 梯形屋架

梯形屋架通常用于屋面坡度较为平缓的大型屋面板或长尺压型钢板的屋面，跨度一般为 15 ～ 36m，跨中经济高度为 $(1/8 ～ 1/10)l$。屋架与柱刚接时，梯形屋架端部高度一般为 $(1/12 ～ 1/16)l$，通常取 2.0 ～ 2.5m；屋架与柱铰接时，梯形屋架端部高度通常取 1.5 ～ 2.0m，此时，跨中高度可根据端部高度和上弦坡度确定。在多跨房屋中，各跨屋架的端部高度应相同。当采用大型屋面板时，为使荷载作用在节点上，上弦杆的节间长度宜等于板的宽度，即 1.5m 或 3.0m。当采用压型钢板屋面时，也应使檩条尽量布置在节点上，以免上弦杆受弯。对于跨度较大的梯形屋架，为保证荷载作用于节点，并保持腹杆有适宜的角度和便于节点构造处理，可沿屋架全长或只在屋架跨中部分布置再分式腹杆，如图 7-5-2c、d 所示。

当大型屋面板的宽度为 1.5m 或压型钢板屋面的檩距为 1.5m 时，如采用 3.0m 的上弦节间长度，可减少节点和杆件数量；但此时应注意，屋架上弦杆将承受局部弯曲，上弦杆件截面需进行补充计算。梯形屋架的斜腹杆一般采用人字形，其倾角宜为 35° ～ 55°。支座斜腹杆与弦杆组成的支承节点在下弦时为下承式，如图 7-5-2a 所示，在上弦时为上承式，如图 7-5-2b 所示。当屋架跨度较大，且支承柱不高时，梯形屋架宜使人产生压顶的感觉，此时可采用图 7-5-2e、f 所示的形式。

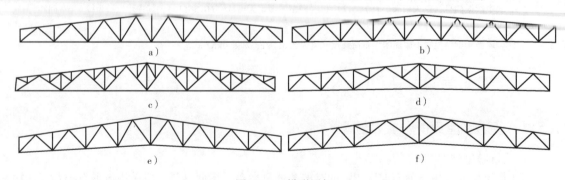

图 7-5-2 梯形屋架

3. 平行弦屋架

平行弦屋架可用于各种坡度屋面，屋架截面高度为（1/18 ~ 1/10）l。腹杆多采用人字形。平行弦屋架的节间便于划分统一，节点形式相同且数量少，宜在管截面桁架中采用，如图 7-5-3 所示。

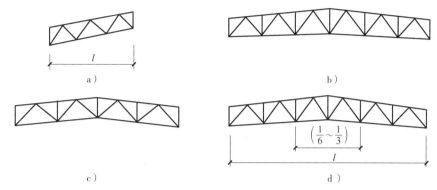

图 7-5-3　平行弦屋架

4. 其他形式屋架

1）中等屋面坡度（坡度 $i = 1/6 ~ 1/3$）的屋架，可采用下弦向下折曲或上弦向上折曲的多边形屋架，如图 7-5-4a、b 所示。与普通三角形屋架相比，这两种形式的屋架可减少弦杆的最大内力，且使支座节点构造有所改善，但其适用跨度不能太大，否则腹杆太长。另外弦杆的弯折处应有屋架平面外的支承点。

2）在陡坡屋面房屋中，采用带拉杆的两铰拱（或三铰拱）屋架可取得较好的经济效果，特别是在屋架范围内有通廊、平台或大型管道时，采用这种屋架更为有利，如图 7-5-5 所示。

3）外排水房屋的边跨以及锯齿形屋盖应采用单坡屋架。单坡屋架常采用如图 7-5-6a 所示形式，其节点和杆件较统一，施工方便；跨度较大时可采用倒梯形屋架，如图 7-5-6b 所示。倒梯形屋架只宜用于跨度较小、坡度不大的情况，否则一端的高度过大。三角形单坡屋架，如图 7-5-6c 所示，常用于锯齿形屋盖。

图 7-5-4　弦杆折曲的多边形屋架

图 7-5-5　两铰拱屋架

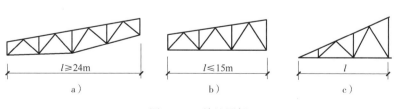

图 7-5-6　单坡屋架

5. 屋架的优化选型

钢屋架设计首先应根据使用要求等条件进行综合分析，选择屋架外形与腹杆形式，确定屋架形式，其原则如下：

（1）满足使用要求　屋架坡度主要取决于屋面覆盖材料，并与建筑外形相配合，当需要设置天窗时应考虑到纵向天窗适用于所有形式的屋架，而上承式横向天窗一般在缓坡屋面上使用。在工业建筑中为满足生产工艺要求，方便清除烟尘，如出铁场屋架应采用坡度较陡的三角形屋架。

屋架节间的划分是腹杆布置采用何种形式的决定因素，首先考虑屋面围护材料的规格、檩条间距、天窗架形式以及悬挂在屋架上的设备吊点位置等，同时需满足对建筑物造型的要求。屋架端部高度和连接方法的选择是满足厂房结构刚度的关键。三角形屋架坡度较陡、支座节点构造只能与柱形成铰接或形成较弱的刚接。梯形屋架端部具有一定高度，与柱连接可采用铰接形式或刚接形式。平行弦屋架可用于各种坡度，其端部与柱连接可采用铰接也可刚接。

近年来由于大量采用长尺压型钢板，尤其是新角弛式压型钢板的应用，屋面坡度可做到 $1/20 \sim 1/30$，甚至 $i = 1/50$，综上所述，三角形屋架的应用逐渐减少，而平行弦屋架应用较多。

（2）传力途径短捷合理　只有传力途径短且合理时才能充分发挥结构材料的作用，达到节省材料的目的。简支梯形屋架及多边形屋架与屋架在均布荷载作用下的抛物线形弯矩图最接近，弦杆各节间内力差别比较小。由于多边形屋架弦杆折线形节点构造较为复杂，因此在工程中已较少采用；梯形屋架已成为工业厂房屋盖结构的基本形式。三角形屋架及平行弦双坡屋架中各节间内力差别要大些。平行弦双坡屋架当坡度较大时，水平变位也较大，对支承结构产生推力，若下弦中部取水平段后会改善上述缺陷，而且弦杆内力较均匀。人字形腹杆为屋架最常用形式，节点数量少，管截面或剖分 T 型钢截面屋架常采用竖杆三角形腹系形式，受力较为合理，能保证上弦各节间尺寸一致。

随着轧制钢材品种增多，采用宽翼缘剖分 T 型钢制作弦和单角钢腹杆体系平行弦桁架，很多情况可取消节点板，或减少节点板尺寸，降低用钢量并简化制造，使其具有较好的经济指标。

（3）综合技术经济效果工程设计的技术经济分析中单纯从构件本身耗钢量及工时出发来确定结构方案，简化结构节点数量，使结构统一化、定型化，达到工业化制作要求还是不够全面的。应从执行国家经济政策，考虑钢材品种、在质量得到保证的情况下，更应该考虑到建设速度与较好的经济效益相结合，考虑荷载状况、制作运输条件、新技术、新结构的采用等，以期获得综合经济效果较好的屋架形式。

7.5.2　普通钢屋架的设计

1. 屋架内力计算

（1）基本原则

1）作用于屋架上的永久荷载、可变荷载以及它们的分项系数及组合值系数应按《建筑结构荷载规范》（GB 50009）的规定，参见本手册第 2.2 节。

2）计算屋架杆件内力时，按荷载作用于节点上，并假定各节点均为理想的铰接计算。所有杆件轴线均位于同一平面内，且汇交于节点中心。

3）当屋架上弦存在节间荷载作用时，应将其分配在相邻的节点上，并按下述规定考虑杆件的局部弯矩，如图 7-5-7 所示。

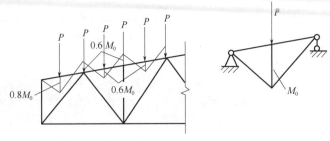

图 7-5-7　上弦杆的局部弯矩

①中间节间正弯矩及节点负弯矩取 $0.6M_0$。

②端节间正弯矩取 $0.8M_0$（M_0 为将上弦节点视为简支梁所计算的跨中弯矩）。

4）由于节点连接的实际刚度所在杆件中产生附加应力一般较小，当次应力计算值小于主应力的 20% 时可不予考虑。对荷载很大的重型屋架，当在桁架杆件（桁架平面内）截面高度（或直径）与几何长度（节点中心间距离）之比大于 1/10（弦杆）或大于 1/15（腹杆）时，应考虑屋架变位后节点的刚度引起的次弯矩的影响。

5）屋架杆件轴心力的计算，一般均采用计算机完成，当手算时一般使用图解法确定，对平行弦或杆件不多的屋架可用数解法简便计算。

6）屋架计算中当考虑悬挂起重机和电动葫芦的荷载时，在同一跨间每条运行线路上的台数：对梁式起重机不宜多于 2 台；对电动葫芦不宜多于 1 台。

7）当建筑物所在地区处于抗震设防烈度为 8、9 度时，对于跨度等于或大于 24m 的钢屋架应计算竖向地震作用。竖向地震作用的标准值，宜取重力荷载代表值和竖向地震作用系数的乘积。

（2）荷载组合

1）屋架与柱铰接

①全跨荷载组合 1（永久荷载效应控制）：

全跨永久荷载（包括悬吊管道及设备等荷载）+0.7×全跨屋面活荷载或雪荷载（取两者中较大者）+0.9×全跨积灰荷载+0.7×悬挂起重机荷载（当有天窗时应包括天窗架及挡风架）传来的荷载。

此时分项系数：永久荷载分项系数应取 1.35；可变荷载分项系数应取 1.4。

②跨荷载组合 2（可变荷载效应控制）：

全跨永久荷载+全跨屋面活荷载或雪荷载（取两者中较大者）+0.9×全跨积灰荷载+0.7×悬挂起重机荷载。

此时分项系数：永久荷载取 1.3；可变荷载取 1.5。当可变荷载效应中起控制者无法明确判别时，可依次将积灰荷载或悬挂起重机荷载取组合值系数为 1.0 替代上述组合 2 中活荷载进行计算。

③跨荷载组合 3（可变荷载效应控制）：

全跨永久荷载+0.9×（全跨活荷载或雪荷载+全跨积灰荷载+悬挂起重机荷载+天窗传来的风荷载+框架内力分析所得作用于钢屋架的水平力）。

此时分项系数：永久荷载取 1.3；可变荷载取 1.5。

对于铰接框架因厂房内起重机产生作用于屋架的柱顶水平力为：单跨厂房对屋架产生压力，多跨厂房柱顶水平力对屋架产生压力或拉力，并可按表 7-5-1 进行估算，框架内力分析相差较大时再进行调整。

表 7-5-1 柱顶水平力对屋架产生的压力或拉力 （单位：kN）

起重机起重量/t	100	75	50	30	20	15
单跨：压力；多跨：压力或拉力	180	150	80	60	40	30

注：计算多跨厂房对钢屋架产生的拉力时，起重机起重量是指非本跨起重机的起重量。

④半跨荷载组合 1（可变荷载效应控制）：

全跨永久荷载+半跨屋面活荷载（或积灰荷载）+0.9×半跨积灰荷载（或 0.7×半跨活荷载）+0.7×悬挂起重机荷载。

此时永久荷载分项系数取 1.3。

⑤跨荷载组合 2（永久荷载效应控制）：

屋架（包括支撑）质量+半跨屋面板质量+半跨安装活荷载。

对于屋面为预制大型屋面板的（跨度 $l > 24$m）屋架，尚应考虑安装过程中可能出现半跨荷载组合的情况。

此时永久荷载分项系数应取 1.35。

⑥对于坡度较大（$i > 1/8$）的轻屋面钢结构尚应考虑风荷载的影响，按图 7-5-8 进行计算。

全跨永久荷载 $+ 0.9 \times$（风荷载 + 柱顶水平力）。

轻型屋面（压型钢板、石棉瓦等屋面）的钢屋架，当屋面风吸力较大时，其受拉杆件在上述荷载作用下可能受压。此时永久荷载分项系数取 1.0，风荷载分项系数取 1.4。

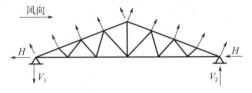

图 7-5-8　屋面风荷载计算简图

一般情况下屋架弦杆及斜腹杆中最大内力按全跨荷载组合计算确定。屋架构件对可能的超载或荷载不均匀分布情况（如雪荷载或积灰荷载不均匀分布、安装过程中屋面板不对称吊装）非常敏感，屋架中间腹杆的长细比较大，在不同荷载组合下受拉杆件可能变成压杆，因而尚需按半跨荷载组合进行杆件内力计算。

2）屋架与柱刚接

①采用简化计算方法（即在计算机进行框架内力分析时，将空腹屋架的惯性矩折算为实腹框架梁及将格构式柱的惯性矩折算为实腹柱进行计算），此时除按铰接屋架相同荷载组合进行杆件内力计算外，尚应计入框架横梁端部固端弯矩和水平力作用。端弯矩可用一对力偶 $H = M/h_0$ 来代替，如图 7-5-9e 所示。端弯矩和水平力应分别取用下列三种不利组合，如图 7-5-9 所示。

第一种，主要使下弦杆受压组合：左端 $-M_{1max}$ 和 $-H$，及右端 $-M_2$ 和 $-H$，如图 7-5-9a 所示。

第二种，主要使上、下弦杆内力增加的组合：左端 $+M_{ma}$ 和 $+H$ 及右端 $+M_2$ 和 $+H_2$，如图 7-5-9b 所示。

第三种，使主要斜腹杆承受最不利的内力组合：左端 $-M_{max}$、或 $+M_{max}$ 及相应右端 $+M_2$ 或 $-M_2$，如图 7-5-9c、d 所示。

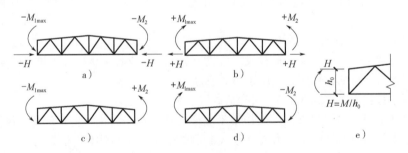

图 7-5-9　刚接屋架最不利端弯矩和水平力

以上是以左端为主取值计算，在具体设计计算时，尚应按右端为主再取一组内力进行比较计算。

由于不能预知屋架构件安装过程中何时完成刚接，永久荷载产生的端弯矩只在对屋架不利时才予计入。

②采用精确计算方法（即计算机进行框架分析时，采用框架整体有限元进行计算，屋架及格构式柱中各杆件取用实际刚度）与通常用简化计算方法相比较（即铰接屋架计入作用于屋架端部弯矩和水平力组合计算），结果是：刚接屋架内力要稍高些。上弦杆端节间内力（轴心拉力）高 5.8% ~ 19.3%；下弦杆端节间内力（轴心压力）高 6.3% ~ 30%；支座端斜杆内力（轴心压力）高 3.7% ~ 11.3%，下弦跨中最大拉力约高 50%，跨中其他腹杆内力高 25% ~ 50%。天窗架参与屋架结构共同工作，电算结果还能减小屋架杆件内力约 7%。

因此，进行框架内力分析（包括刚接屋架内力）时，在有条件的情况下应采用框架整体有限元方法进行计算（上述结果见燕山大学土木系刚接屋架内力计算的有限元分析论文）。

对位于抗震设防烈度 8、9 度地区，跨度大于 24m 的钢屋架，尚应按《建筑抗震设计规范》（GB 50011）考虑竖向地震作用的组合。

2. 屋架的杆件设计

（1）杆件的计算长度

1）确定屋架弦杆和单系腹杆的平面内、平面外的计算长度应按表 2-4-17 采用。

2）变内力杆件（如图 2-4-1 及图 2-4-2 所示）在桁架平面外计算长度按式（2-4-1）计算确定，再分式腹杆的受拉主斜杆平面外计算长度仍取 l_0；在桁架平面内的计算长度取节点中心间的距离。

3）桁架交叉腹杆平面内计算长度应取节点中心到交叉点距离，平面外计算长度应按表 2-4-19 的规定采用。

（2）杆件的允许长细比　屋架受压杆件容许长细比不宜超过表 2-4-21 的规定限值，受拉杆件容许长细比不宜超过表 2-4-22 规定限值。

（3）杆件的截面形式

1）单壁式截面。屋架的杆件截面一般采用角钢、剖分 T 型钢及管材（圆管，方、矩管），可按如图 7-5-9 所示截面选用。

①设计单壁式屋架杆件截面时，由于屋面荷载较重及材料供应条件限制，一般采用两角钢组成的 T 形截面（如图 7-5-10a、b、c 所示）或十字形截面（如图 7-5-10d 所示），这种截面在截面两主轴方向计算长度相等或接近的压杆中，都容易使构件两个方向的稳定性相接近。等肢角钢组成的 T 形截面（如图 7-5-10a 所示）多用作受压弦杆及腹杆。两短肢相接的不等肢角钢组成的 T 形截面（如图 7-5-10b所示）宜用于下弦以获得较大侧向刚度，当有节间荷载时，为增加弦杆在半面内抗弯能力，可采用长肢相连的不等肢角钢组成的 T 形截面，如图 7-5-10c 所示。梯形屋架支座斜杆及竖杆宜采用如图 7-5-10a、c 所示的组合截面。连接竖向支撑的竖杆，常采用两等肢角钢组成十字形截面（如图 7-5-10d 所示），使传力时不产生偏心。受力较小的次要腹杆，可采用单角钢截面，如图 7-5-10e 所示。

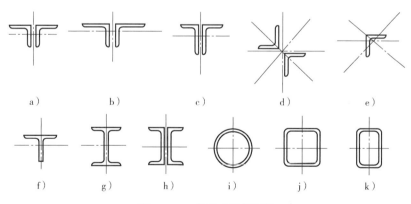

图 7-5-10　单壁式屋架杆件

由于角钢截面规格较多，故两角钢组成的 T 形截面适应的承载能力范围很大，且便于用节点板构成各种连接用的节点，也便于屋面构件（檩条、屋面板、支撑等）的连接。但也有在制作屋架时，角钢型号尺寸数量多，节点板、填板用量大，角钢间缝隙不易维护，耐腐蚀性差等缺点，故角钢组成的 T 形截面也并非是用于压杆的理想截面。

②剖分 T 型钢截面，如图 7-5-10f 所示，为轧制 H 型钢一分为二而得，随着建筑钢结构技术迅速发展，H 型钢的规格、品种及产量都有了很大的发展，屋架杆件采用剖分 T 型钢截面已在国内

多项工程中得到应用和推广，T 型钢截面因其翼缘宽度大腹板薄，同时也减少了节点板尺寸及省去填板，经济效果较好。采用剖分 T 型钢截面作为屋架弦杆及双角钢腹杆的屋架与传统的全角钢屋架相比，节约钢材 12% ~ 15%，且具有耐腐蚀性优良，节点构造简单及制作相对简便等优点，因此工程中得到了广泛的应用。

③宽翼缘 H 型钢截面，如图 7-5-10g 所示，可用于跨度大和屋面荷载也较大的屋架；双槽钢截面，如图 7-5-10h 所示，可用于局部弯矩较大的屋架弦杆。

④圆管截面（如图 7-5-10i 所示）和方（矩）管截面（如图 7-5-10j、k 所示）是较为经济的截面形式，其中冷弯薄壁方管截面用于轻型钢屋架时其经济效果更为显著。管截面采用在节点处直接焊接的连接构造形式，具有构造简单、节点刚度大、防腐蚀和耐久性能好及外表美观等优点。方管截面的构造连接比圆管截面更为简单方便。对于大跨度结构可以采用上弦为双钢管，下弦为单钢管的立体桁架或屋架的上下弦均为双钢管的空间桁架。

2）双壁式截面。双壁式截面屋架与普通单壁式屋架相比区别在于截面的刚度大，其截面通常采用几个型钢组成组合截面。因其杆件的承载力大，所以一般荷载大或屋架跨度大的工程采用 H 形截面，如图 7-5-11a 所示为轧制 H 型钢或三块板焊接而成，这类截面便于节点连接方便，截面形式简单，制作加工方便，因此成为重型桁架弦杆及腹杆较多采用的截面形式之一。

采用长肢竖直不等边角钢组成的槽形截面（如图 7-5-11c、d 所示）及槽钢组成矩形截面（如图 7-5-11b 所示），其各型钢间采用缀板或缀条相连接，此类截面常用于重型桁架的腹杆，与 H 型钢截面相比制作较费时。采用两个圆管截面作为重型桁架的上、下弦截面，近年来在重型及大跨度桁架中应用较多，其单根圆管间采用管材相连接制作较费时但经济效果好。

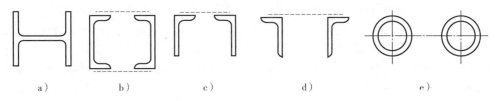

图 7-5-11 双壁式屋架杆件

（4）屋架杆件截面选择

1）轴心受力杆件计算

①轴心受力构件应按有关规定进行强度和稳定性计算。

②屋架杆件的长细比应按有关规定计算。

单轴对称截面受压构件，由于形心 O 和剪心 S 不重合（如表 7-5-2 中截面形式图所示），除绕主轴 x 失稳时呈弯曲屈曲外，绕对称轴 y 失稳时可能出现弯扭屈曲，引起屈曲荷载下降。为避免此情况的发生，在设计时采用将按弹性稳定计算得到弯扭屈面临界力换算成代表弯扭失稳的换算长细比，即采用 λ_{yz} 代替 λ_y，然后查取相应的稳定系数 φ，此即目前《钢结构设计标准》（GB 50017）采用的方法。下面给出简化的方法确定常用截面换算长细比的计算方法。

A. 对屋架受压杆件采用角钢截面时，按表 7-5-2 所列简化计算公式确定换算长细比 λ_{yz}。根据《钢结构设计标准》（GB 50017）的规定可按该标准表 3-2-6 中的第 5 ~ 7 项的规定计算。

在以往钢屋架杆件截面设计时，角钢截面通常选用薄而宽的规格，使之具有较大的回转半径和稳定系数。值得注意的是，这仅对于杆件只有弯曲变形时才有利。当杆件屈曲兼有弯曲和扭转变形时，则有其不利的一面，因为扭转刚度随肢厚的三次方变化，所以当 $\lambda_y < 70$ 时宜选用角钢相对厚和窄的规格，使其截面的剪心距形心越近，扭转变形影响减小，故宜按表 7-5-3 的规定限制肢件的宽厚比，以避免扭转变形居主导地位。选择角钢截面时，尚应注意角钢肢件按表 7-5-6 的要求满足杆件的局部稳定性。

B. 杆件截面为剖分 T 型钢时，可按表 7-5-4 所列简化公式确定换算长细比 λ_{yz}。

剖分 T 型钢压杆与表 7-5-3 相似之处在于选取截面，当 λ_y 较小时，宜采用宽厚比不大的规格，这时可参照表 7-5-5 进行。对窄翼缘剖分 T 型钢 $B/h = 2/3$ 的截面，在 $\lambda_y < 60$ 时易产生弯扭变形。同时剖分 T 型钢尚应按表 7-5-6 要求满足板件局部稳定性。

③受拉杆件应进行强度和刚度验算。强度验算时，如杆件截面有螺栓孔时则应采用净截面验算；桁架拉杆的螺栓孔位置处于节点板内距离 $a > 100\text{mm}$，可不计截面削弱。刚度验算应按杆件在两个平面的长细比均应满足容许长细比的限制规定。

④受压杆件选择截面时，可先按 $\lambda = 60 \sim 100$（对于弦杆）或 $\lambda = 80 \sim 120$（对于腹杆）进行截面初选，然后再进行截面验算。

2）屋架上弦存在节间荷载的计算。屋架上弦有节间荷载时，根据有关规定按压弯杆件设计，进行平面内、外的稳定验算及长细比计算，必要时还应进行强度计算。

①弯矩作用平面内稳定验算时，取等效弯矩系数 $\beta_{mx} = 0.85$（按两端支承杆件有端弯矩和横向荷载并为异号曲率情况）。对双角钢组成 T 形截面或剖分 T 型钢截面，在节点正弯矩时，取受压最大纤维在角钢背（或 T 型钢翼缘）时的相应 W_{1xmax} 及 $\gamma_x = 1.05$；在节点负弯矩时，取受压最大纤维在角钢肢尖（或腹板自由边）时的相应 W_{2xmin} 及 $\gamma_x = 1.2$。

②弯矩作用平面外稳定验算时，取弯矩等效系数 $\beta_{tx} = 0.85$；当上弦杆 $l_{ox} = l_{oy}$ 时，M_x 应取节间中部正弯矩和相应的 W_{1xmax}；当 $l_{oy} > 2l_{ox}$ 时，M_x 应取节点处负弯矩和相应的 W_{2xmin}。

③T 形截面受弯稳定系数 φ_b 可按下列近似公式计算：

a）弯矩使翼缘受压

双角钢截面 $\qquad\qquad\qquad\qquad \varphi_b = 1 - 0.0017\lambda_y \sqrt{f_y/235}$ （7-5-1）

剖分 T 型钢及焊接 T 型钢 $\qquad \varphi_b = 1 - 0.0022\lambda_y \sqrt{f_y/235}$ （7-5-2）

b）弯矩使翼缘受拉且腹板宽厚比不大于 $18 \sqrt{f_y/235}$ 时

$$\varphi_b = 1 - 0.0005\lambda_y \sqrt{f_y/235} \qquad (7\text{-}5\text{-}3)$$

3）与柱刚接的屋架上弦端节间为拉弯杆件时，应计算杆件的强度及长细比，W_{nx} 取净截面抵抗矩。

由于屋架下弦杆一般不用来承受节间荷载，故屋架的下弦杆不作为拉弯构件设计。

4）屋架受压杆件的局部稳定按表 7-5-6 的要求确定。

5）普通型钢屋架杆件应根据受拉、受压或受压弯的不同内力及长细比进行截面验算，在选出截面后宜进行调整合并，一般在一榀屋架中，所用型材规格不宜超过 5~6 种。

表 7-5-2　单角钢及双角钢组成的 T 形截面长细比的计算

序号	截面形式	肢件宽厚比	换算长细比	
1	等边双角钢截面	$b/t \leq 0.58 l_{0y}/b$	$\lambda_{yz} = \lambda_y \left(1 + \dfrac{0.475b^4}{l_{0y}^2 t^2}\right)$	(7-5-4)
		$b/t > 0.58 l_{0y}/b$	$\lambda_{yz} = 3.9 \dfrac{b}{t} \left(1 + \dfrac{l_{0y}^2 t^2}{18.6 b^4}\right)$	(7-5-5)
2	长边相连的不等边双角钢截面	$b_2/t \leq 0.48 l_{0y}/b_2$	$\lambda_{yz} = \lambda_y \left(1 + \dfrac{1.09 b_2^4}{l_{0y}^2 t^2}\right)$	(7-5-6)
		$b_2/t > 0.48 l_{0y}/b_2$	$\lambda_{yz} = 5.1 \dfrac{b_2}{t} \left(1 + \dfrac{l_{0y}^2 t^2}{17.4 b_2^4}\right)$	(7-5-7)

（续）

序号	截面形式	肢件宽厚比	换算长细比
3	短边相连的不等边双角钢截面	$b_1/t \leq 0.56 l_{0y}/b_1$	可近似取 $\lambda_{yz} = \lambda_y$ (7-5-8)
		$b_1/t > 0.56 l_{0y}/b_1$	$\lambda_{yz} = 3.7 \dfrac{b_1}{t}\left(1 + \dfrac{l_{0y}^2 t^2}{52.7 b_1^4}\right)$ (7-5-9)
4	等边单角钢截面	$b/t \leq 0.54 l_{0y}/b$	$\lambda_{yz} = \lambda_y\left(1 + \dfrac{0.85 b^4}{l_{0y}^2 t^2}\right)$ (7-5-10)
		$b/t > 0.54 l_{0y}/b$	$\lambda_{yz} = 4.78 \dfrac{b}{t}\left(1 + \dfrac{l_{0y}^2 t^2}{13.5 b^4}\right)$ (7-5-11)
5	等边单角钢绕平行轴	$b/t \leq 0.69 l_{0u}/b$	$\lambda_{uz} = \lambda_u\left(1 + \dfrac{0.25 b^4}{l_{0u}^2 t^2}\right)$ (7-5-12)
		$b/t > 0.69 l_{0u}/b$	$\lambda_{uz} = 5.4 \dfrac{b}{t}$ (7-5-13)

注：1. 无对称轴且又非极对称截面（单面连接的不等边单角钢除外）不宜用来作为轴心受压构件。
    2. 对于单面连接的单角钢的轴心受压构件，若计算中已经考虑强度折减系数时，可不考虑弯扭效应。
    3. 当槽形截面用于格构式构件的分肢，计算分肢绕对称轴（y 轴）的稳定性时，可不考虑扭转效应，直接采用 λ_y 查取 φ_y。
    4. 式（7-5-12）$\lambda_u = \lambda_{0u}/i_u$ 中 l_{0u} 为构件对 u 轴的计算长度，i_u 为构件对 u 轴的回转半径。对于序号 5 截面形式，用换算长细比 λ_{uz} 确定 φ 值时应按 b 类截面。

表 7-5-3   避免产生弯扭变形时角钢肢宽厚比（b/t）的限值

序号	λ_y	单角钢		双角钢		
		对称轴	平行轴	等边角钢	不等边长肢相连	不等边短肢相连
1	70	14	15	>16	>10	>16
2	60	12	12.6	15	>10	16
3	50	10	10.5	12.5	10	13.5
4	40	8	8.4	10	8	10.8
5	30	6	6.3	7.5	6	8.1

表 7-5-4   剖分 T 型钢截面换算长细比简化计算

序号	截面形式	高厚比	翼缘宽厚比	简化计算公式
1		$B/h = 2/3$	$B/t_2 \leq 0.82 l_{0y}/B$	$\lambda_{yz} = \lambda_y\left(1 + \dfrac{B^4}{2.8 l_{0y}^2 t_2^2}\right)$ (7-5-14)
2			$B/t_2 > 0.82 l_{0y}/B$	$\lambda_{yz} = 5.9 \dfrac{B}{t_2}\left(1 + \dfrac{l_{0y}^2 t_2^2}{6.2 B^4}\right)$ (7-5-15)
3		$B/h = 1.0$	$B/t_2 \leq 1.24 l_{0y}/B$	$\lambda_{yz} = \lambda_y\left(1 + \dfrac{B^4}{8.54 l_{0y}^2 t_2^2}\right)$ (7-5-16)
4			$B/t_2 > 1.24 l_{0y}/B$	$\lambda_{yz} = 3.65 \dfrac{B}{t_2}\left(1 + \dfrac{l_{0y}^2 t_2^2}{3.61 B^4}\right)$ (7-5-17)

（续）

序号	截面形式	高厚比	翼缘宽厚比	简化计算公式
5		$B/h = 1.5$	$B/t_2 \leqslant 1.53 l_{0y}/B$	$\lambda_{yz} = \lambda_y \left(1 + \dfrac{B^4}{21.3 l_{0y}^2 t_2^2}\right)$ (7-5-18)
6			$B/t_2 > 1.53 l_{0y}/B$	$\lambda_{yz} = 2.73 \dfrac{B}{t_2} \left(1 + \dfrac{l_{0y}^2 t_2^2}{3.88 B^4}\right)$ (7-5-19)
7		$B/h = 2.0$	$B/t_2 \leqslant 1.65 l_{0y}/B$	$\lambda_{yz} = \lambda_y \left(1 + \dfrac{B^4}{38.9 l_{0y}^2 t_2^2}\right)$ (7-5-20)
8			$B/t_2 > 1.65 l_{0y}/B$	$\lambda_{yz} = 2.42 \dfrac{B}{t_2} \left(1 + \dfrac{l_{0y}^2 t_2^2}{5.25 B^4}\right)$ (7-5-21)

表 7-5-5　避免产生弯扭变形时剖分 T 型钢翼缘宽厚比（B/t_2）的限值

序号	λ_y	截面高宽比			
		0.67	1.0	1.5	2.0
1	70	11.9	>18.0	>19.0	>22.0
2	60	10.2	16.2	>19.0	>22.0
3	50	8.5	13.5	18.5	20.5
4	40	6.8	10.8	14.8	16.4
5	30	5.1	8.1	11.1	12.3

表 7-5-6　屋架受压杆件的局部稳定验算

序号	项目		板件宽厚比（b/t）	备注
1	翼缘板自由外伸	轴心受压构件	$b/t \leqslant (10 + 0.1\lambda) \sqrt{235/f_y}$ (7-5-22)	式中
2		压弯构件	$b/t \leqslant 13 \sqrt{235/f_y}$ (7-5-23) $b/t \leqslant 15 \sqrt{235/f_y}$[①] (7-5-24)	λ——杆件两个方向长细比较大者 当 $\lambda < 30$ 时，取 $\lambda = 30$ 当 $\lambda > 100$ 时，取 $\lambda = 100$
3	T 形截面中受压杆件的腹板高厚比	压弯杆件中弯矩使腹板自由边受拉	热轧剖分 T 型钢 $h_0/t_w \leqslant (15 + 0.2\lambda) \sqrt{235/f_y}$ (7-5-25) 焊接 T 型钢 $h_0/t_w \leqslant (13 + 0.17\lambda) \sqrt{235/f_y}$ (7-5-26)	α_0——柱腹板应力分布不均匀系数 $\alpha_0 = \dfrac{\sigma_{max} - \sigma_{min}}{\sigma_{max}}$ σ_{max}——腹板计算高度边缘的最大压应力，计算时不考虑杆件的稳定系数和截面塑性发展系数
4		压弯杆件中弯矩使腹板自由边受压	当 $\alpha_0 \leqslant 1.0$ $h_0/t_w \leqslant 15 \sqrt{235/f_y}$ (7-5-27) 当 $\alpha_0 > 1.0$ $h_0/t_w \leqslant 18 \sqrt{235/f_y}$ (7-5-28)	σ_{min}——腹板计算高度另一边缘相应的应力，压应力取正值，拉应力取负值

①当杆件的强度和稳定验算中取 $\gamma_x = 1.0$ 时，b/t 可按式（7-5-24）确定。

7.5.3　普通钢屋架的构造

1. 一般构造措施

1）普通钢屋架受力杆件及连接中不宜采用厚度小于 4mm 的钢板以及截面小于 L45×4 或 L56×36×4 的角钢（对于焊接结构）或截面小于 L50×5 的角钢（对于螺栓连接杆件）。

2）所选用屋架杆件截面高度，一般不应大于此杆件计算长度的 1/10（对弦杆）和 1/15（对腹杆）。

3）屋架设计原则上应以杆件重心线为轴线并在节点处相交于一点，以避免偏心弯矩。为制造方便，采用 T 形截面杆件的轴线：当采用焊接连接时，可取角钢背（或剖分 T 型钢翼缘背）至轴线（靠近重心线）的距离取 5mm 的倍数；当采用螺栓连接时，以螺栓准线为准。

4）当弦杆截面沿长度有改变时，为便于拼接和屋面构件设置，一般将拼接处两侧弦杆表面对齐，此时宜将受力较大杆件重心线作为轴线，如图 7-5-12 所示，采用剖分 T 型钢为弦杆时，宜改变翼板厚度。当两侧重心线偏移距离 e 不超过较大弦杆截面高度 5% 时，可不考虑此偏心的影响。

5）支承预制钢筋混凝土屋面板板肋的屋架上弦杆的水平肢，当支承处的集中力设计值大于表 7-5-1 数值时，应按图 7-5-13 中做法之一给予加强。且上弦角钢伸出水平肢宽度或剖分 T 型钢翼缘自由外伸宽度不宜小于 80mm（屋面板跨度 6m）或 100mm（屋面板跨度大于 6m），否则应按如图 7-5-13b 所示增设支承板。

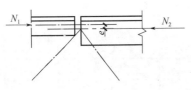

图 7-5-12　弦杆变截面重心线示意图

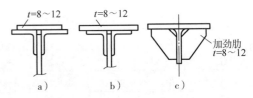

图 7-5-13　屋架上弦杆水平肢加强

6）双角钢截面杆件在节点处以节点板相互连接时，节点板的厚度一般可按端斜腹杆的内力（梯形屋架和平行弦屋架）或弦杆端节间内力（三角形屋架）的大小参照表 7-5-7、表 7-5-8 选用。采用剖分 T 形截面杆件在节点处以节点板相互连接时节点板厚度也可参照表 7-5-7、表 7-5-8 选用。

表 7-5-7　屋架上弦杆不加强时的最大节点荷载

钢材牌号	屋架上弦杆角钢肢的厚度/mm				
Q235	8	10	12	14	16
Q345、Q390	7	8	10	12	14
最大节点荷载设计值/kN	25	40	55	75	100

表 7-5-8　单壁式屋架节点板选用表

确定节点板厚度的杆件最大内力/kN	≤170	171~290	291~510	511~680	681~910	911~1290	1291~1770	177~3090
中间节点板厚度/mm	6	8	10	12	14	16	18	20
端支座节点板厚度/mm	8	10	12	14	16	18	20	22

注：1. 节点板为 Q235 钢，当为其他牌号时，表中的数值应乘以 $235/f_y$。

2. 节点板板边缘与腹杆轴线的夹角应大于 15°，如图 7-5-15a 所示。

3. 节点板与腹杆一般采用侧焊缝连接，当采用三面围焊时，节点板的厚度应由计算确定。

4. 对于节点板强度的验算，对于有竖杆的节点板，当 $c/t ≤ 15\sqrt{235/f_y}$（c 为受压腹杆连接肢端面中点沿腹杆轴线方向至弦杆净距离）时，可不验算节点板的稳定；对于无腹杆的节点板，当 $c/t ≤ 10\sqrt{235/f_y}$ 时，可将受压腹杆内力乘以增大系数 1.25 后，再查取节点板的厚度。

7）用填板连接而成的双角钢或双槽钢杆件，如图 7-5-14 所示，可按实腹式杆件进行计算，但填板间距离 l_1 不应超过 $40i$（压杆）或 $80i$（拉杆）。其中 i 为一个角钢的回转半径，如图 7-5-14a、b 所示中回转半径所对应形心轴为 1-1；在十字形截面图 7-5-14c 中为轴 0-0。l_1 的最大值可由表 7-5-9 直接查取。同时，一个受压腹杆的几何长度范围内填板数量不少于两块。

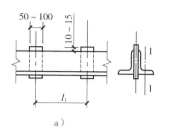 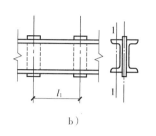 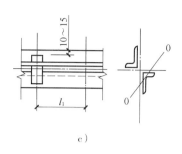

a)   b)   c)

图 7-5-14 屋架杆件的填板

8）斜腹杆与弦杆的连接应避免节点板的偏心构造，如图 7-5-15 所示。

2. 普通型钢屋架的节点设计

1）角钢腹杆与节点板的连接焊缝，一般宜采用两面侧焊，必要时也可采用 L 形围焊或三面围焊，连接焊缝应按表 7-5-10 所列公式计算，所有围焊的转角处必须连续施焊。

2）普通型钢屋架节点连接可按表 7-5-11 所示节点类型及有关规定、公式规定进行计算。

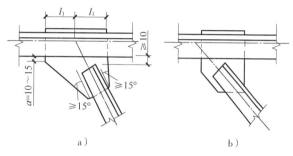

a)   b)

图 7-5-15 屋架斜腹杆的连接

a）正确 b）不正确

3）屋架弦杆采用剖分 T 型钢截面时的节点连接计算：

随着 H 型钢的推广应用，弦杆取用剖分 T 型钢及腹杆为角钢的平行弦屋架（或托架）新型结构形式已在国内推广和应用，对其节点构造及计算可根据国内外资料按下列方法进行节点连接计算。

①当 T 型钢作为弦杆与角钢腹杆相连，若节点板与弦杆的腹板对接时，则腹杆的一肢或双角钢腹杆肢中的一杆应伸入 T 型钢腹板以增加其刚度及避免焊接处折弯，如图 7-5-16 所示。

②T 型钢腹板上焊接角钢腹杆时，应按腹板厚度承受角钢连接焊缝所传来的剪力不超过腹板抗剪承载能力来确定其连接焊缝尺寸；当腹板高度不足时，可采用全截面熔深的对接焊缝对接相同厚度的钢板（即附加节点板）以补足其长度，如图 7-5-16 所示。

图 7-5-16 弦杆为 T 型钢和腹杆为角钢的连接

例如弦杆采用 T 型钢规格为 TM200 × 300 × 10 × 16，其 T 型钢的腹板厚度为 10mm，按以下公式计算，其角焊缝厚度 $h_e = 0.7 h_f$ 按双角钢两条焊缝计算。

$$t_w f_v \times l \geqslant 2 \times 0.7 h_f f_f^w \times l$$

$$h_f \leqslant \frac{t_w f_v \times 1}{2 \times 0.7 \times f_f^w} = \frac{10 \times 125}{1.4 \times 160} \leqslant 5.58 \text{mm}$$

取 $h_f \leqslant 5$mm。

计算中，钢材抗剪强度 $f_v = 125 \text{N/mm}^2$；角焊缝 $f_f^w = 160 \text{N/mm}^2$。

根据腹杆内力及设定的焊缝厚度计算所需焊缝长度，如 T 型钢腹板高度不足时，应增设附加对焊节点板（$t = 10$mm），其高度应满足腹杆焊缝长度的要求，但附加节点板高度也不应过窄，一般应大于 50mm。

4) 节点板计算

①节点板的强度验算。节点板的传力及应力状态较为复杂，对于单杆连接节点验算节点板强度时，可采用有效宽度法计算，即

$$\sigma = \frac{N}{b_e t} \leqslant f \tag{7-5-29}$$

式中 N——节点板所连接的杆件轴心拉力；

      b_e——节点板的有效计算宽度，如图 7-5-17 所示，当采用螺栓连接时，应取净宽度，如图 7-5-17c 所示；图中 a 为扩散角，可取 $a = 30$；

      t——节点板厚度。

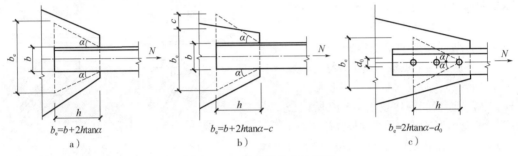

$b_e = b + 2h\tan\alpha$	$b_e = b + 2h\tan\alpha - c$	$b_e = 2h\tan\alpha - d_0$
a)	b)	c)

图 7-5-17 节点板的有效宽度

②矩形节点板的稳定性验算，如图 7-5-18 所示。

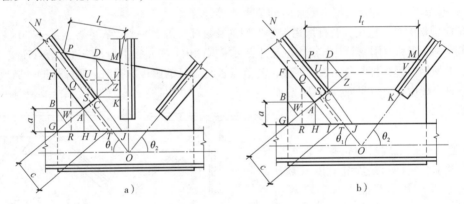

a)   b)

图 7-5-18 节点板稳定计算简图

a) 设有竖向腹杆   b) 无竖向腹杆

    A. 对于有竖腹杆相连的节点板，当 $c/t \leqslant 15\sqrt{235/f_y}$ 时（ c 为受压腹杆连接肢端面中点沿腹杆轴线方向至弦杆的净距离），可不计算节点板稳定，且必须使 $c/t \leqslant 22\sqrt{235/f_y}$。除满足上述条件外应按表 7-5-12 进行节点板的稳定计算。

    B. 对于无竖腹杆相连的节点板，当 $c/t \leqslant 10\sqrt{235/f_y}$ 时，节点板的稳定承载力可取 $0.8b_e tf$，且必须使 $c/t \leqslant 17.5\sqrt{235/f_y}$，否则应按表 7-5-12 进行节点板的稳定计算。

    C. 桁架节点板在斜腹杆压力作用下稳定计算的基本假定。

    a) 如图 7-5-18 所示，其中 B-A-C-D 为节点板失稳时的屈折线，其中 $\overline{BA}$ 平行于弦杆，$\overline{CD} \perp \overline{BA}$。

    b) 在斜腹杆轴向压力 N 作用下，$\overline{BA}$ 区（FBGHA 板件）、$\overline{AC}$ 区（AIJC 板件）和 $\overline{CD}$ 区（CKMP 板件）同时受压，当其中某一区先失稳后，其他区即相继失稳，为此要分别验算各区的稳定。

    D. 按以上①、②要求进行节点板的强度和稳定性验算时，尚应满足下列要求：

    a) 节点板边缘与腹杆轴线之间夹角应不小于 15°。

    b) 斜腹杆与弦杆的夹角应在 30°~60°。

c）节点板的自由边长度 l_f 与厚度 t 之比不得大于 $60\sqrt{235/f_y}$，否则应沿自由边设加劲肋予以加强。

3. 屋架的拼接

1）屋架杆件的工厂拼接是型钢长度不足或弦杆截面改变时进行的。这种拼接由钢材的尺寸而决定，通常在节点范围以外进行材料的拼接。

①双角钢杆件的拼接宜采用相同截面的拼接角钢将其竖直肢切短制成，角钢肢切去部分的高度为（$h_f + t + 5\text{mm}$），角钢背须去角以便紧密接触布置连接焊缝，切去后截面削弱由垫板补强，如图 7-5-19 所示。

拼接角钢的长度，应根据所需焊缝长度确定，拼接角钢一侧焊缝长度按下式计算：

$$l'_w = \frac{N}{4 \times 0.7 h_f f_f^w} + 10\text{mm} \tag{7-5-30}$$

式中　N——杆件轴心力，当采用等强拼接时等于 Af，A 为杆件截面面积。

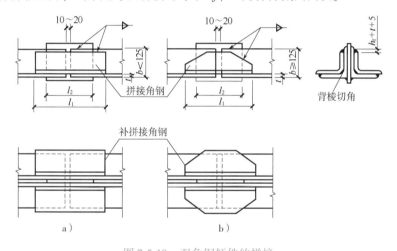

图 7-5-19　双角钢杆件的拼接

a）角钢肢宽≤125mm 的拼接　b）角钢肢宽＞125mm 的拼接

②采用剖分 T 型钢作为弦杆，双角钢作为腹杆的屋架，对于弦杆的拼接，一般须将节点扩宽，以便得到必需的焊缝长度，如图 7-5-20a 所示，弦杆拼接包括屋脊节点，如图 7-5-20b 所示。节点板与弦杆的腹板的对接焊缝应传递剖分 T 型钢腹板所承担的内力，而弯折盖板与弦杆翼缘板连接焊缝则应承受翼缘板部分的内力。拼接连接一侧焊缝 A 其长度可参照式（7-5-30）计算，但应由两条焊缝共同承担。

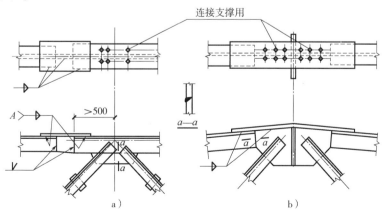

图 7-5-20　剖分 T 型钢弦杆的拼接

a）变截面弦杆扩大截面的拼接　b）屋脊处弦杆的拼接

2）屋架的工地拼接，一般采用屋架两端对称可互换半桁架的扩大接头，这种拼接位置一般在屋架中央节点处，当屋架跨度比较大（$l > 36m$）时，可分成多个运输单元在工地进行组装、拼接。

①采用双角钢截面屋架，如图 7-5-21 所示，通常以拼接角钢传递内力而不利用节点板作为拼接材料，这样可减轻节点板负荷，并保证屋架平面外刚度。拼接角钢的连接焊缝（如图 7-5-21a、b 所示）仍可按式（7-5-30）计算，N 取节点两侧弦杆内力最大值。

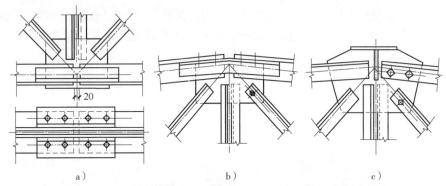

图 7-5-21　角钢屋架弦杆的跨中拼接
a）下弦的拼接节点　b）、c）上弦的拼接节

弦杆与节点板的连接焊缝应按表 7-5-11 中式（7-5-40）、式（7-5-41）计算，式中 ΔN 取相邻节间内力之差或弦杆最大内力 15%，两者取较大者。当节点处有集中荷载时，应按式（7-5-46）及式（7-5-47）计算。

当屋脊节点有天窗架水平顶板时，如图 7-5-21c 所示，在屋架平面外有足够刚度时，可将弦杆的拼接角钢省去，此时弦杆与节点板连接焊缝应按弦杆承受的内力计算。

②对于弦杆截面采用剖分 T 型钢的屋架，在屋脊节点的工地拼接可采用扩宽节点板及垂直节点板进行，如图 7-5-22 所示。下弦中央节点一般采用竖直及水平板拼接，如图 7-5-23 所示，中央竖杆采用双角钢十字形截面，也可用两个 T 型钢制作。节点扩宽板及拼接盖板采用与弦杆强度等级相同材料。拼接盖板面积不小于被拼接板的截面面积，并按弦杆内力确定，其厚度一般不小于被拼接板厚度的 0.6 倍。

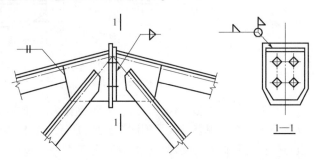

图 7-5-22　剖分 T 型钢屋架的工地拼接

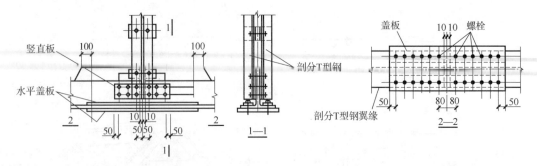

图 7-5-23　剖分 T 型钢屋架下弦的拼接

4. 屋架的起拱

跨度 $l > 15m$ 的三角形屋架和跨度 $l > 24m$ 的梯形和平行弦屋架，当下弦无曲折时，一般可取

跨度的 1/500 起拱，或按永久荷载和 1/2 可变荷载（按标准荷载值计算）计算的挠度值起拱。

表 7-5-9　杆件的缀板最大间距 l_1　　　　　　　　　　（单位：mm）

序号	等边角钢 角钢肢宽	压杆 $40i_1$	拉杆 $80i_1$	压杆 $40i_0$	拉杆 $80i_0$	不等边角钢 角钢肢宽	压杆 $40i_1$	拉杆 $80i_1$	压杆 $40i_1$	拉杆 $80i_1$	普通槽钢 槽钢型号	压杆 $40i_1$	拉杆 $80i_1$
1	30	360	720	230	460	32×20	400	800	215	430	[5	440	880
2	36	430	860	280	560	40×25	500	1000	275	550	[6.3	475	950
3	40	485	970	310	620	45×28	570	1140	310	620	[8	510	1020
4	45	540	1080	350	700	50×32	635	1270	360	720	[10	565	1130
5	50	600	1200	390	780	56×36	710	1420	400	800	[12.6	620	1240
6	56	670	1340	435	870	63×40	790	1580	440	880	[14	675	1350
7	63	750	1500	490	980	70×45	880	1760	500	1000	[16	725	1450
8	70	850	1700	550	1100	75×50	930	1860	550	1100	[18	780	1560
9	75	900	1800	580	1160	80×50	1010	2020	550	1100	[20	835	1670
10	80	970	1940	620	1240	90×56	1140	2280	620	1240	[22	880	1760
11	90	1080	2160	700	1400	100×63	1260	2520	700	1400	[25	875	1750
12	100	1190	2380	770	1540	100×80	1250	2500	940	1880	[28	910	1820
13	110	1330	2660	855	1710	110×70	1390	2780	780	1560	[32	975	1950
14	125	1520	3040	980	1960	125×80	1580	3160	900	1800	[36	1070	2140
15	140	1700	3400	1100	2200	140×90	1770	3540	1000	2000	[40	1100	2200
16	160	1960	3920	1255	2510	160×100	2020	4040	1100	2220			
17	180	2200	4400	1410	2820	180×110	2290	4580	1220	2440			
18	200	2430	4860	1560	3120	200×125	2540	5080	1395	2790			

表 7-5-10　角钢与节点板连接焊缝（角焊缝）的计算公式

序号	计算简图	计算公式	备注
1	两面侧焊	$l_{w1}=\dfrac{k_1 N}{2\times0.7h_f f_f^w}$　　(7-5-31) $l_{w2}=\dfrac{k_2 N}{2\times0.7h_f f_f^w}$　　(7-5-32) 假设焊缝的焊脚尺寸已知，求焊缝长度	式中 l_{w1}——角钢肢背角焊缝的计算长度 l_{w2}——角钢肢尖焊缝的计算长度 k_1、k_2——角钢肢背、肢尖的角焊缝内力分配系数 等边角钢取 　　$k_1=0.7$，$k_2=0.3$ 短边相连的不等边角钢取 　　$k_1=0.75$，$k_2=0.25$ 长肢相连的不等边角钢取 　　$k_2=0.65$，$k_2=0.35$ β_f——正面角焊缝的强度设计值增大系数；对承受静力荷载和间接承受动力荷载直角角焊缝 $\beta_f=1.22$，对直接承受动力荷载的直角角焊缝 $\beta_f=1.0$ l_{w3}、h_{f3}——角钢端部正面角焊缝的焊缝长度和焊脚尺寸
2	L 形围焊	$N_3=2k_2 N$　　(7-5-33) $l_{w1}=\dfrac{(k_1-k_2)N}{2\times0.7h_f f_f^w}$　　(7-5-34) $h_{f3}=\dfrac{N_3}{2\times0.7\beta_f l_{w3} f_f^w}$　　(7-5-35) L 形围焊一般宜用于内力较小杆件连接且 $l_{w1}>l_{w3}$	
3	三面围焊	$N_3=2\times0.7h_{f3}l_{w3}\beta_f f_f^w$　　(7-5-36) $N_1=k_1 N-N_3/2$　　(7-5-37) $N_2=k_2 N-N_3/2$　　(7-5-38) $l_{w1}=\dfrac{N_1}{2\times0.7h_f f_f^w}$　　(7-5-39a) $l_{w2}=\dfrac{N_2}{2\times0.7h_f f_f^w}$　　(7-5-39b)	

注：当采用单角钢单面连接用式（7-5-31）及式（7-5-32）计算时，式中的角焊缝强度设计值应乘以系数 0.85。

表 7-5-11　屋架节点连接计算公式

序号	节点类型	计算公式	备注
1	一般节点 （节点范围内无集中荷载，且弦杆在此无拼接） 孔与边距 $c>100$	弦杆与节点板的连接焊缝只用来传递弦杆的内力差值 $\Delta N=N_1-N_2$ 角钢肢背焊缝 $$h_{f1}\geqslant\frac{k_1\Delta N}{2\times0.7l_wf_f^w} \quad(7\text{-}5\text{-}40)$$ 角钢肢尖焊缝 $$h_{f2}\geqslant\frac{k_2\Delta N}{2\times0.7l_wf_f^w} \quad(7\text{-}5\text{-}41)$$	采用一般方法计算节点时，所得到的连接焊缝的焊脚尺寸比较小，实际工程中该焊脚尺寸由构造确定 式中 a——腹杆与弦杆或腹杆与腹杆之间的距离，承受静力荷载或间接承受动力荷载时，取 $a=15\sim20\text{mm}$；当直接承受动力荷载时，取 $a=50\text{mm}$ b——节点板距角钢背尺寸（mm） $a>0.5t+2\text{mm}$ t——节点板厚度（mm） h_{f1}——槽形焊缝的焊脚尺寸，$h_{f1}=0.5t$ e——角钢肢尖至弦杆轴线距离 σ_{fs}——角钢肢尖焊缝组合应力 β_f——正面角焊缝的强度设计值增大系数 对于承受静力荷载或间接承受动力荷载时直角角焊缝 $\beta_f=1.22$ 对于直接承受动力荷载时的直角角焊缝 $\beta_f=1.0$
2	屋架上弦杆中间节点之一 （节点范围内有集中荷载作用） 节点板缩进构造	节点板与上弦角钢采用槽形焊缝连接时，槽焊缝可假定只承受屋面的集中荷载 槽焊缝 $$\sigma_f=\frac{F}{2\times0.7h_{f1}l_w}\leqslant f_f^w \quad(7\text{-}5\text{-}42)$$ 角钢肢尖焊缝在剪力作用下 $$\tau_N=\frac{N_1-N_2}{2\times0.7h_{f2}l_{w2}}\leqslant f_f^w \quad(7\text{-}5\text{-}43)$$ 计算角钢肢尖焊缝时应考虑偏心的影响 $M=(N_1-N_2)e$ $$\sigma_M=\frac{6(N_1-N_2)e}{2\times0.7h_{f2}l_{w2}^2}\leqslant\beta_f f_f^w \quad(7\text{-}5\text{-}44)$$ $$\sigma_{fs}=\sqrt{\left(\frac{\sigma_M}{\beta_f}\right)^2+(\tau_N)^2}\leqslant f_f^w \quad(7\text{-}5\text{-}45)$$	
3	屋架上弦杆中间节点之二 节点板部分伸出	节点板部分伸出或全部伸出的连接焊缝计算 角钢肢背焊缝（只考虑节点板伸出部分的焊缝） $$\tau_{f1}=\frac{\sqrt{[k_1(N_1-N_2)]^2+(0.5F)^2}}{2\times0.7h_{f1}l_{w1}}\leqslant f_f^w \quad(7\text{-}5\text{-}46)$$ 对部分伸出的焊缝长度 $l_{w1}=l'_{w1}+l''_{w1}$ 角钢肢尖焊缝 $$\tau_{f2}=\frac{\sqrt{[k_2(N_1-N_2)]^2+(0.5F)^2}}{2\times0.7h_{f2}l_{w2}}\leqslant f_f^w \quad(7\text{-}5\text{-}47)$$	

（续）

序号	节点类型	计算公式	备注
4	屋架铰接支承节点之一 屋架直接支承在钢筋混凝土柱上 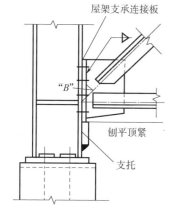 直接支承于钢筋混凝土柱上的一般构造 $c > 130\text{mm}$ $a = 240 \sim 360\text{mm}$ $b = 240 \sim 400\text{mm}$ $t \geqslant 16 \sim 20\text{mm}$ 加劲肋的厚度是节点板厚度的 0.7 倍	1）底板计算 底板面积　$A = ab \geqslant \dfrac{R}{f_c}$　(7-5-48) 底板厚度 $$t \geqslant \sqrt{\dfrac{6M_{\max}}{f}}\qquad(7\text{-}5\text{-}49)$$ $$M_{\max} \leqslant \beta_2 \sigma_c a_2^2 \qquad (7\text{-}5\text{-}50)$$ $$\sigma_c = \dfrac{R}{A} \leqslant f_c \qquad (7\text{-}5\text{-}51)$$ 2）加劲肋与支座节点板的连接焊缝 "A"（采用双面角焊缝） $\sigma_{fA} = \sqrt{(\sigma_M)^2 + (\tau_v)^2}$ $$= \sqrt{\left(\dfrac{6M}{2 \times 0.7h_f l_w^2}\right)^2 + \left(\dfrac{V}{2 \times 0.7h_f l_w}\right)^2} \leqslant f_f^w$$ (7-5-52) 剪力（一个加劲肋假定传递 R/4 反力） $$V = R/4 \qquad (7\text{-}5\text{-}53)$$ 偏心弯矩　$M = Vb/4 = Rb/16$　(7-5-54) 3）屋架节点板、加劲肋与底板的连接焊缝 $$\sigma_f = \dfrac{R}{0.7h_f \sum l_w} \leqslant f_f^w \qquad (7\text{-}5\text{-}55)$$	l_{w1}——角钢肢背的角焊缝计算长度（全部伸出） a、b——屋架支座底板的宽度和长度 R——屋架支座竖向反力 f_c——支座底板下的混凝土轴心抗压强度设计值 $M_{\max}$——两相邻边或三边支承的矩形板在平行于 b 方向单位宽度上的最大弯矩 σ_c——支座底板下的混凝土反力 a_2——两相邻边支承板的对角线长度或三边支承板的自由边长度 β_2——与 b_2/a_2 有关系数 b_2——底板中点至对角线距离 σ_M——偏心弯矩 M 作用下垂直角焊缝的正应力 τ_v——在剪力 V 作用下垂直角焊缝的剪应力 $\sum l_w$——水平角焊缝的总计算长度
5	屋架铰接支承节点之二 屋架端部采用短钢柱支承节点 屋架支承连接板 "B" 刨平顶紧 支托	1）屋架支承连接板 垂直端板厚度 $$t_P \geqslant \dfrac{R}{b_P f_{ce}} \qquad (7\text{-}5\text{-}56)$$ 且 $t_P \geqslant 20\text{mm}$ 2）支承连接板与屋架端部支座节点板的连接角焊缝 "B"（两面角焊缝） $$\tau_f = \dfrac{R}{2 \times 0.7h_f l_w} \leqslant f_f^w \qquad (7\text{-}5\text{-}57)$$ 3）支托与钢柱的连接焊缝 $$\tau_f = \dfrac{1.3R}{0.7h_f \sum l_w} \leqslant f_f^w \qquad (7\text{-}5\text{-}58)$$ （一般采用三面围焊角焊缝，焊脚尺寸不应小于 8mm） $$b_s = b_P + (40 \sim 60)\text{mm}$$	b_P——屋架支承连接板的宽度可按配置连接螺栓构造要求确定，通常取 $b_P = 200\text{mm}$ f_{ce}——钢材端面承压强度设计值 短钢柱的柱脚底板计算可按式（7-5-48）、式（7-5-51）进行 屋架支承连接板与短钢柱所采用的普通 C 级螺栓通常成对布置，且不宜少于 $6 \times$ M20 M——屋架承受的弯矩 h_0——屋架端部高度 V——柱顶水平剪力

（续）

序号	节点类型	计算公式	备注
5	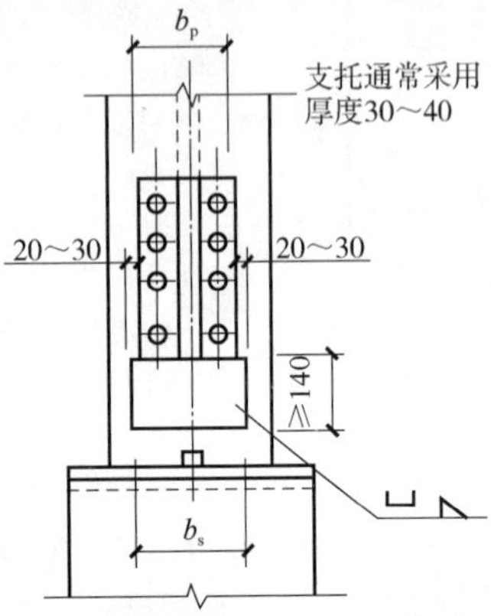 支托通常采用厚度30～40 b_p 20～30 20～30 ≥140 b_s		
6	屋架与钢柱的刚性连接之一刚性连接采用普通螺栓加支托 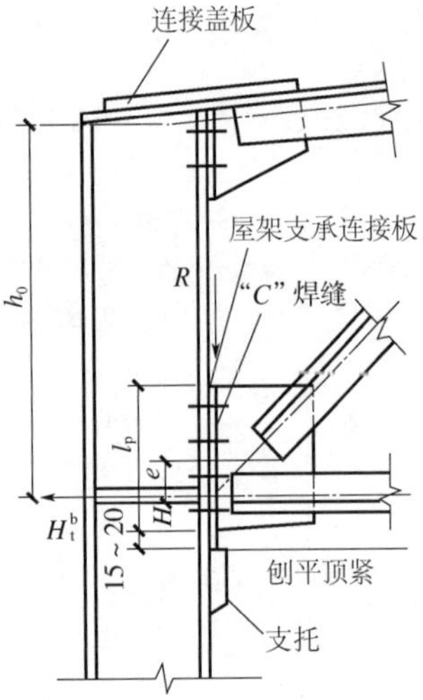 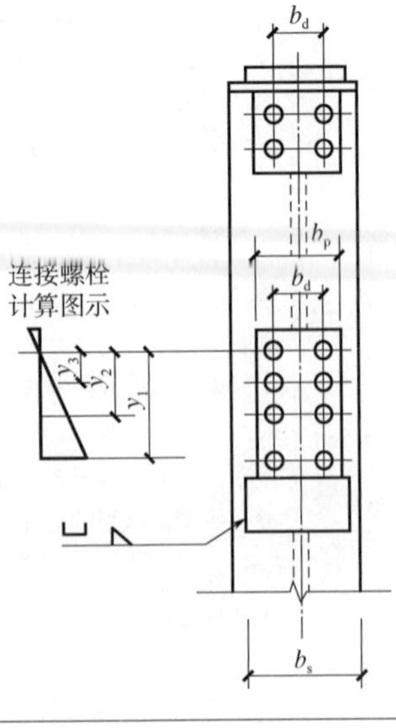 连接盖板 屋架支承连接板 "C"焊缝 h_0 R l_p e H_t^b 15～20 刨平顶紧 H_t^b 支托 连接螺栓计算图示 b_d b_p b_d y_1 y_2 y_3 b_s	1）计算时先将端弯矩化成水平力偶，即 $$H = \frac{M_{max}}{h_0} \quad (\text{取最大弯矩})$$ $H_t^b = M/h_0 + V \quad (\text{取下弦产生拉力的弯矩})$ $\qquad\qquad\qquad\qquad\qquad (7\text{-}5\text{-}59)$ 2）最外排螺栓的拉力 $$\tau_f = \frac{R}{2 \times 0.7 h_f l_w} \leqslant f_f^w \qquad (7\text{-}5\text{-}60)$$ 3）屋架支承连接板（垂直端板）的厚度计算应同时满足下列公式要求 $$t_p = \frac{1}{2}\sqrt{\frac{3N_{max}b_d}{l_p f}} \ \text{且不小于} 20mm \quad (7\text{-}5\text{-}61)$$ $$t_p \geqslant \frac{R}{b_p f_{ce}} \qquad (7\text{-}5\text{-}62)$$ 4）屋架支承连接板与屋架端部支座节点板的连接焊缝"C"（两面角焊缝） $$\sigma_{fs} = \sqrt{\left(\frac{R}{2 \times 0.7 h_f l_w}\right)^2 + \left(\frac{H}{2 \times 0.7 \times h_f l_w \beta_f} + \frac{6He_w}{2 \times 0.7 h_f l_w^2 \beta_f}\right)^2} \leqslant f_f^w$$ $\qquad\qquad\qquad\qquad\qquad (7\text{-}5\text{-}63)$ 5）支托与钢柱连接焊缝采用三面围焊，计算公式采用式（7-5-54） $$b_s = b_p + (40 \sim 60)mm$$	M_{max}——框架横梁（屋架）的端弯矩 h_0——屋架的端部高度 V——作用于屋架下弦节点处的水平剪力 H_t^b——由屋架端弯矩和柱顶水平力使连接螺栓所受的最大拉力 n——螺栓总数 y_1——旋转轴（假定在最上排螺栓处）至最外排螺栓的距离 $\sum y^2$——中和轴至各排螺栓距离的平方和 e——水平拉力 H_t^b 作用线至螺栓群中心线的距离 N_t^B——一个螺栓的抗拉承载力设计值 b_d——两竖列螺栓的间距 l_p——屋架支承连接板与支座节点板的连接长度 e_w——水平力 H 作用线（屋架下弦轴线）至焊缝"C"中心线的距离 f_{ce}——端面承压强度设计值

（续）

序号	节点类型	计算公式	备注
7	屋架与钢柱的刚性连接之二 刚性连接采用安装螺栓 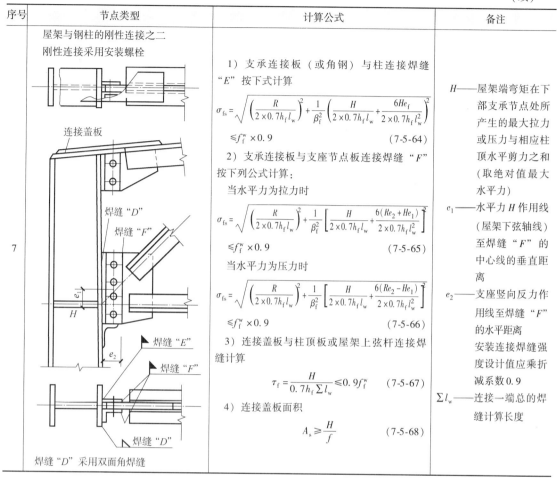 焊缝 "D" 采用双面角焊缝	1) 支承连接板（或角钢）与柱连接焊缝 "E" 按下式计算 $$\sigma_{\mathrm{fs}}=\sqrt{\left(\frac{R}{2\times0.7h_{\mathrm{f}}l_{\mathrm{w}}}\right)^{2}+\frac{1}{\beta_{\mathrm{f}}^{2}}\left(\frac{H}{2\times0.7h_{\mathrm{f}}l_{\mathrm{w}}}+\frac{6He_{\mathrm{f}}}{2\times0.7h_{\mathrm{f}}l_{\mathrm{w}}^{2}}\right)^{2}}$$ $$\leqslant f_{\mathrm{f}}^{\mathrm{w}}\times0.9 \qquad (7\text{-}5\text{-}64)$$ 2) 支承连接板与支座节点板连接焊缝 "F" 按下列公式计算 当水平力为拉力时 $$\sigma_{\mathrm{fs}}=\sqrt{\left(\frac{R}{2\times0.7h_{\mathrm{f}}l_{\mathrm{w}}}\right)^{2}+\frac{1}{\beta_{\mathrm{f}}^{2}}\left[\frac{H}{2\times0.7h_{\mathrm{f}}l_{\mathrm{w}}}+\frac{6(Re_{2}+He_{1})}{2\times0.7h_{\mathrm{f}}l_{\mathrm{w}}^{2}}\right]^{2}}$$ $$\leqslant f_{\mathrm{f}}^{\mathrm{w}}\times0.9 \qquad (7\text{-}5\text{-}65)$$ 当水平力为压力时 $$\sigma_{\mathrm{fs}}=\sqrt{\left(\frac{R}{2\times0.7h_{\mathrm{f}}l_{\mathrm{w}}}\right)^{2}+\frac{1}{\beta_{\mathrm{f}}^{2}}\left[\frac{H}{2\times0.7h_{\mathrm{f}}l_{\mathrm{w}}}+\frac{6(Re_{2}-He_{1})}{2\times0.7h_{\mathrm{f}}l_{\mathrm{w}}^{2}}\right]^{2}}$$ $$\leqslant f_{\mathrm{f}}^{\mathrm{w}}\times0.9 \qquad (7\text{-}5\text{-}66)$$ 3) 连接盖板与柱顶板或屋架上弦杆连接焊缝计算 $$\tau_{\mathrm{f}}=\frac{H}{0.7h_{\mathrm{f}}\sum l_{\mathrm{w}}}\leqslant0.9f_{\mathrm{f}}^{\mathrm{w}} \qquad (7\text{-}5\text{-}67)$$ 4) 连接盖板面积 $$A_{\mathrm{s}}\geqslant\frac{H}{f} \qquad (7\text{-}5\text{-}68)$$	H——屋架端弯矩在下部支承节点处所产生的最大拉力或压力与相应柱顶水平剪力之和（取绝对值最大水平力） e_{1}——水平力 H 作用线（屋架下弦轴线）至焊缝 "F" 的中心线的垂直距离 e_{2}——支座竖向反力作用线至焊缝 "F" 的水平距离 安装连接焊缝强度设计值应乘折减系数 0.9 $\sum l_{\mathrm{w}}$——连接一端总的焊缝计算长度

5. 轴线压力作用下桁架节点板的稳定验算

（1）斜腹杆压力作用下桁架节点板稳定性要求的规定

1) 有竖腹杆相连的节点板

①受压斜腹杆连接肢端面中点沿腹杆轴线方向至弦杆的净距离 c 与节点板厚 t 之比满足 $c/t\leqslant15\varepsilon_{\mathrm{k}}$ 时，可不进行稳定计算；否则应按下列第②项的要求进行稳定计算。

②在任何情况下，上述净距离节点板厚 c 与 t 之比 c/t 不得大于 $22\varepsilon_{\mathrm{k}}$。

③对于处于 $15\varepsilon_{\mathrm{k}}<c/t\leqslant22\varepsilon_{\mathrm{k}}$ 范围的节点板，均应按下列第（2）项的要求进行稳定计算。

2) 无竖腹杆相连的节点板

①受压斜腹杆连接肢端面中点沿腹杆轴线方向至弦杆的净距离 c 与节点板厚 t 之比满足 $c/t<10\varepsilon_{\mathrm{k}}$ 时，节点板的稳定承载力可按式（7-5-69）计算：

$$N\leqslant0.8b_{\mathrm{e}}tf \qquad (7\text{-}5\text{-}69)$$

②在任何情况下，上述净距离 c 与节点板厚 t 之比 c/t 不得大于 $17.5\varepsilon_{\mathrm{k}}$。

③对于处于 $10\varepsilon_{\mathrm{k}}<c/t\leqslant17.5\varepsilon_{\mathrm{k}}$ 范围的节点板，均应按下列第（2）项的要求进行稳定计算。

④当无竖腹杆相连的节点板的自由边长度 l_{f} 与厚度 t 之比大于或等于 $60\varepsilon_{\mathrm{k}}$ 时，应沿自由边设置加劲肋，如图 7-5-24b 所示。对于沿自由边设置了加劲肋的无竖腹杆相连的节点板，它的稳定性要求与有竖腹杆相连的节点板的要求相同。

（2）斜腹杆压力作用下桁架节点板的稳定性计算

1) 有竖腹杆相连的桁架节点板在斜腹杆压力作用下，可近似地划分为三个受压区，共同承

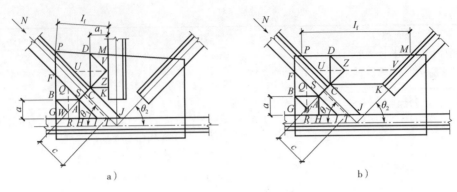

图 7-5-24　节点板稳定计算简图
a) 有竖腹杆相连时　b) 无竖腹杆相连时

受由腹杆传来的内力。桁架节点板失稳时的屈折线，对图 7-5-24a 所示的有竖腹杆相连接的桁架节点板，失稳时的屈折线可假定为 B—A—C—D，形成三折线，其中 $\overline{BA}$ 平行于弦杆，$\overline{CD}\perp\overline{BA}$。

2）假定在斜腹杆轴向压力 N 的作用下，三个受压板块：$\overline{BA}$ 区（FGHA 板件）及 $\overline{AC}$（AIJC 板件）和 $\overline{CD}$（CKMP 板件）同时受压，在其中某一板件先失稳后，其他板件即相继失稳。为此要分别计算各区板件的稳定。

3）各区板件的稳定应按表 7-5-12 规定分别计算。

表 7-5-12　节点板的稳定计算

序号	项目		计算公式	备注
1	有竖腹杆时桁架节点板在斜腹杆压力作用下的稳定验算	$\overline{BA}$ 区	$\dfrac{b_1}{(b_1+b_2+b_3)}N\sin\theta_1\leqslant l_1t\varphi_1f$　(7-5-70)	式中 $b_1=l_1\sin\theta_1$ $b_2=l_2$ $b_3=l_3\cos\theta_1$ N——受压斜腹杆的轴心压力 t——节点板的厚度 l_1、l_2、l_3——曲折线 $\overline{BA}$、$\overline{AC}$、$\overline{CD}$ 的长度 φ_1、φ_2、φ_3——各受压区板件轴向压力稳定系数，可按 b 类截面查取 $b_1(\overline{WA})$、$b_2(\overline{AC})$、$b_3(\overline{CZ})$——各曲折线 $\overline{BA}$、$\overline{AC}$、$\overline{CD}$ 在有效宽度线上的投影长度
2		$\overline{AC}$ 区	$\dfrac{b_2}{(b_1+b_2+b_3)}N\leqslant l_2t\varphi_2f$　(7-5-71)	
3		$\overline{CD}$ 区	$\dfrac{b_3}{(b_1+b_2+b_3)}N\cos\theta_1\leqslant l_3t\varphi_3f$　(7-5-72)	将 $\overline{BA}$、$\overline{AC}$、$\overline{CD}$ 三区受压板件的中线长度 $\overline{QR}$、$\overline{ST}$、$\overline{UV}$，分别记作 l_{01}、l_{02}、l_{03}，按下式计算： $l_{01}=a+\dfrac{l_1\tan\theta_1}{2}$　(7-5-73) $l_{02}=c=\dfrac{l_2}{2\tan\theta_1}+\dfrac{a}{\sin\theta_1}$　(7-5-74) $l_{03}=a_1+\dfrac{l_3}{2\tan\theta_1}$　(7-5-75) a、a_1——斜腹杆端部与弦杆和竖腹杆边缘的距离，如图 7-5-24a 所示 C——受压连接肢端面中点沿腹杆轴线方向至弦杆的净距离
4		相应长细比	$\lambda_1=2.77\dfrac{\overline{QR}}{t}$，$\lambda_2=2.77\dfrac{\overline{ST}}{t}$，$\lambda_3=2.77\dfrac{\overline{UV}}{t}$	

7.6 托架（托梁）

房屋中当柱距大于屋架间距时，采用的沿纵向柱列布置用来支承中间屋架的承重构件称为托架（跨桁架式）或托梁（实腹梁式）。托架、屋架及支撑共同组成屋盖结构的空间稳定体系。

7.6.1 托架（梁）的结构类型及特点

1. 托架的结构类型及特点

1）根据截面形式，托架可分为单壁式（如图7-6-1a、b、c所示）和双壁式（如图7-6-1d、e所示）两种。一般情况下多采用单壁式托架，当需抵抗扭转以及跨度较大或荷载较重时，可采用双壁式托架，也称重型托架。

单壁式托架的上、下弦杆截面可采用双角钢组合、剖分T型钢或轧制H型钢。双壁式托架的上、下弦截面可采用焊接H型钢或轧制H型钢，如图7-6-1d

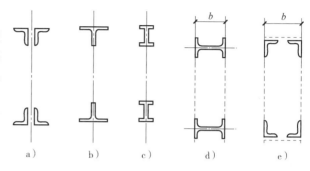

图7-6-1 托架截面形式
a、b、c）单壁式托架 d、e）双壁式托架

所示，也可采用将角钢拉开一定距离的组合截面，如图7-6-1e所示。腹杆一般多采用角钢、槽钢或H型钢截面。托架跨度一般采用12～36m，其与柱的连接宜采用上弦端部节点为铰接的连接（上承式）形式。

2）托架一般设计为平行弦桁架，如图7-6-2a所示，腹杆常采用带竖杆的人字形。支座斜杆常采用下降式，以保证托架支承柱的稳定性。为连接屋架，竖杆通常采用分离式组合腹杆。此外，为了保证屋架端部连接构造统一，托架竖杆也可采用加劲性短柱构造，如图7-6-8c所示。

3）当托架跨度（大于24m）和荷载都较大时，为减少托架挠度并增加纵向柱列刚度，可设置八字撑作为托架平面内的附加支承点，如图7-6-2b所示。此时托架除应按超静定结构计算外，对于吊车梁制动结构及连接尚应验算八字撑传来的水平力，同时还应注意相关柱基的差异沉降量。

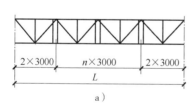

2×3000 $n\times3000$ 2×3000
L
a）

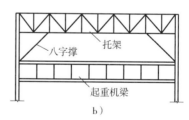

八字撑 托架
起重机梁
b）

图7-6-2 托架形式
a）中间分离的竖腹杆、人字形平行弦桁架 b）设置八字撑托架

4）利用吊车梁辅助桁架上面设置短柱支承屋架，如图7-6-3所示，或吊车梁辅助桁架上面设置刚架形式支承屋盖，采用此类结构形式时，除安装时须先安装吊车梁系统，然后再安装屋盖系统外，设计时尚应考虑重级工作制起重机的振动对屋盖产生的不利影响。

5）随着轻质新型屋面围护材料的大量使用和柱距的加大，托架设置将会直接影响屋盖结

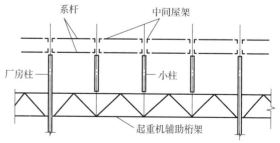

系杆 中间屋架
厂房柱 小柱
起重机辅助桁架

图7-6-3 吊车梁辅助桁架支承屋架

构方案的确定及经济效果，因此设计时应与屋盖支撑体系协调以保证建筑屋面结构的整体刚度。

2. 托梁的选用

当柱距大于屋架间距时采用的实腹梁支承中间屋架承重构件称为托梁。

1）实腹式托梁的用钢量要比托架大 20% ~ 30%，因此托梁一般仅用于当采用托架净空受到限制或用来支承其他较大吊挂荷载情况下使用。

2）托梁一般采用工字形截面，如图 7-6-4a 所示。当屋架荷载偏心而产生较大扭矩时，应采用箱形截面，如图 7-6-4b 所示。托梁与柱的连接一般采用铰接，当托梁受有扭矩时，其支座与柱连接应有可靠的抗扭构造。

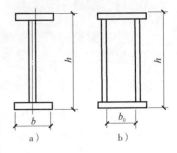

图 7-6-4 托梁截面形式
a）工字形截面 b）箱形截面

7.6.2 托架（梁）的设计计算

1. 托架设计的一般规定

1）托架高度：当托架与屋架平接时应根据屋架端部高度、构造及经济要求，并满足变形要求来进行确定。托架高度一般为其跨度的 1/15 ~ 1/10，当屋架间距为 6m 时，托架节间距离一般取 3m。

2）托架主要承受屋架的支座反力，其荷载及杆件内力分析的基本假定与钢屋架相同，对于平行弦托架的内力分析采用数解法较为简便。

3）单壁式托架应尽量避免用来承受扭矩，设计时应尽可能将屋架支座反力作用于托架的轴线使其中心受力，避免托架平面外受扭。为保持屋架上弦与托架上弦所形成的沿平面稳定性及提供受压上弦平面外的侧向支承点，应沿托架跨度区段内设置屋架上弦（或下弦）纵向水平支撑。

4）屋架与托架的连接可采用平接或叠接。虽然平接连接构造较为复杂，但对房屋的屋面整体刚度较好，因此工程中采用得较多。

当采用叠接且托架两侧屋架反力相差较大时，最好将托架设计为抗扭刚度较好的双壁式托架，且可适当调整托架中心轴线与两侧屋架反力作用点的距离 e_1 和 e_2 满足式（7-6-1）的要求。如图 7-6-5 所示为屋架支座反力作用点示意图，即保证支座反力合力作用点作用于托架中心轴线上。

$$R_1 e_1 = R_2 e_2 \tag{7-6-1}$$

5）当屋架在与托架连接端部区段设置纵向水平支撑时，托架上弦杆在桁架平面外的计算长度可取与之相连的屋架间距。必要时可在纵向水平支撑上增加再分节间与托架上弦连接，以减少托架上弦平面外的计算长度。

当屋架与托架平接，托架高度较高致使屋架下弦与托架下弦距离较大时，与屋架相连的托架竖腹杆宜采用较大刚性杆件（工字形截面）以加强托架下弦平面外的侧向刚度。一般当 $h \leqslant 1000mm$，且 ≤1/2 屋架端部高度时，中间屋架仍可视为托架下弦侧向的支承点；当 $h > 1000mm$ 时，应在托架下弦节点设置侧向支撑，如图 7-6-6 所示。

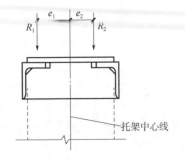

图 7-6-5 屋架支座反力作用点示意图

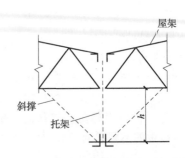

图 7-6-6 屋架端部高度与托架高度不相等时的连接

6）托架所在柱列设有天沟时，或托架跨度大于 24m 时，对托架的挠度应有较严格控制，即除遵守托架挠度不大于 $l/400$（l 为托架跨度）的规定外，还应对挠度的绝对值加以控制。一般不采用起拱的方法来解决托架在荷载作用下产生挠度过大的矛盾。仅当静荷载作用下挠度绝对值较大情况下，取 $1/2 \sim 2/3$ 静荷载作用下产生的挠度绝对值起拱。

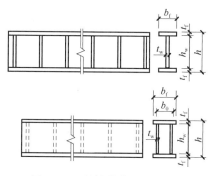

图 7-6-7　托梁的截面形式

2. 托梁的设计计算

1）托梁采用焊接工字形截面，如图 7-6-7 所示，可按以下方法初步确定截面尺寸。托梁的截面高度应根据建筑净空、刚度和经济条件要求确定，一般情况下腹板高度 h_w（cm）可按下式计算：

$$h_w = 3W^{0.4} \tag{7-6-2}$$

$$W = M_{max}/1.05f \tag{7-6-3}$$

式中　W——托梁所需的毛截面模量（cm³）；

M_{max}——托梁所承受的最大弯矩设计值；

f——托梁钢材强度设计值。

腹板厚度 t_w 可用下列经验公式进行估算：

$$t_w = \sqrt{h_w}/11 \tag{7-6-4}$$

托梁一个翼缘的截面面积：

$$A_f = W/h_w - 1/6 t_w h_w \tag{7-6-5}$$

翼缘板的宽度和厚度为：

$$b_f = (1/2.5 \sim 1/5)h$$

$$t_f = A_f/b_f$$

受压翼缘板自由外伸宽度 b 与厚度之比应满足下式的规定：

$$b/t = 13$$

当计算梁抗弯强度取截面塑性发展系数，$\gamma_x = 1.0$ 时，可满足 $b/t \leqslant 15$ 的要求。

2）托梁按上述要求初步确定截面尺寸后，应计算其强度和整体稳定性，大跨度托梁腹板应考虑屈曲后强度的计算抗弯、抗剪承载能力。不考虑屈曲后强度的托梁的腹板局部稳定尚应按无移动荷载梁设计与构造，具体计算可参照吊车梁有关要求进行。托梁在荷载（标准值）作用下产生的挠度限值宜符合相关规定要求。

3）当托梁跨度及荷载均较大而高度受到限制，或需要较高的抗扭能力时，宜选用箱形截面梁。梁的腹板水平距离 b_0 应满足 $b_0 > 0.1h$，一般取 $b_0 = (1/4 \sim 1/2)h$。受压翼缘的内宽厚比尚应满足下式要求：

$$b_0/t \leqslant 40$$

箱形截面托梁的计算及构造要求均可参见箱形吊车梁的有关章节。

7.6.3　托架（梁）的连接与构造

1. 屋架与托架的连接形式

1）对于跨度大或荷载重的重型托架应严格遵守杆件重心轴线在节点处交汇一点的要求。当需要改变弦杆截面时，其偏心不应大于弦杆截面高度的 15%。当桁架平面杆件截面高度与几何长度（节点中心间距离）之比大于 1/10（对弦杆）或大于 1/15（对腹杆）时，应考虑桁架变位后节点刚度引起的次弯矩影响。

2）双壁式托架如图 7-6-1d、e 所示。托架主要尺寸中 b 为双片节点板间的距离，也决定了弦杆和斜腹杆间的宽度保持不变，通常 $b = 500 \sim 700$mm。重型托架的上、下弦采用角钢组合截面时，如图 7-6-1e 所示，其弦杆和腹杆的两肢应采用缀板将其连接在一起。对于采用 H 型钢作为托架的上、下弦杆，如图 7-6-1d 所示，节点构造可采用对接或搭接节点板形式。当节点板与 H 型钢翼缘对接时，其焊缝应为焊透的对接焊缝。

3）屋架与托梁的连接宜采用叠接。

4）屋架与托架（梁）叠接时，为保证托架（梁）支座处能抵抗及约束截面的扭转时，应与柱顶有可靠的抗扭连接，如图 7-6-8 所示。当托架以上弦端部节点支承于柱顶时，也应参照此抗扭构造进行设计。

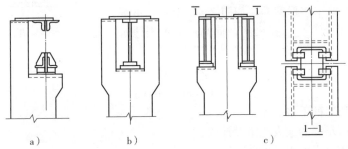

图 7-6-8　托架（梁）与钢筋混凝土柱的连接

a）混凝土柱与托架的连接　b）混凝土柱与托梁的连接　c）混凝土柱与箱形梁的连接

5）屋架与托架的连接可根据具体情况分别按图 7-6-9 采用不同的连接形式。

①屋架与托架的连接宜尽量采用平接，平接可减少净空尺寸，约束托架在使用中产生扭转，并保证屋盖有较好的整体刚度，如图 7-6-9a 所示。

②三角形钢屋架或钢筋混凝土屋架与托架连接宜采用叠接，如图 7-6-9b 所示，当一侧屋架为单坡上承式，而另一侧为下承式屋架时，则宜采用叠接连接，如图 7-6-9e 所示。

③当两侧屋架标高不等时，可分别按如图 7-6-9c、d、f 所示具体情况采用不同连接形式。

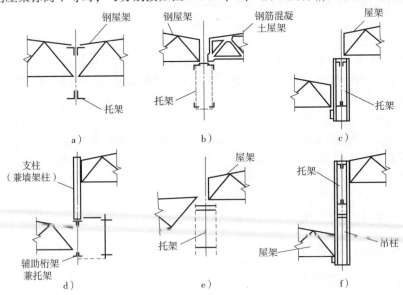

图 7-6-9　屋架与托架的连接形式

a）屋架与托架的平接　b、e）屋架与托架的叠接　c、d、f）不等高屋架与托架的连接

2. 屋架与托架的连接参考图

屋架与托架的连接参考图如图 7-6-10 ~ 图 7-6-14 所示。

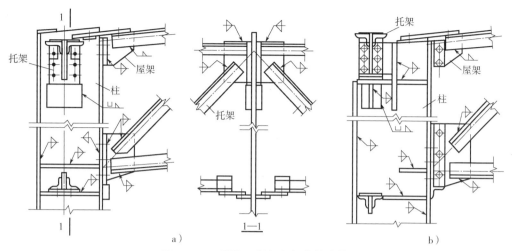

图 7-6-10　屋架、托架与钢柱的连接

a）托架置于柱的截面中间　b）托架置于柱的顶部

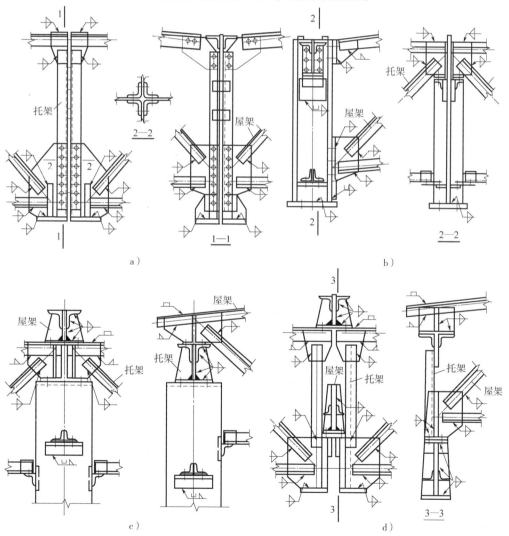

图 7-6-11　托架与屋架的连接

a）托架支承于柱顶，屋架采用高强度螺栓连接于托架的竖向腹杆上　b）托架与柱顶连接，托架端部为铰接

c）托架和屋架的支座斜杆均为下降式，结构安装方便　d）屋架与两榀托架端头处的连接

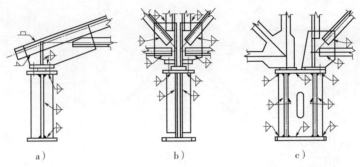

图 7-6-12 屋架与托架的叠接连接

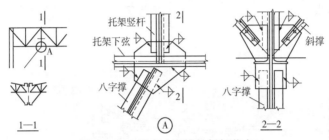

图 7-6-13 设有八字撑的托架节点

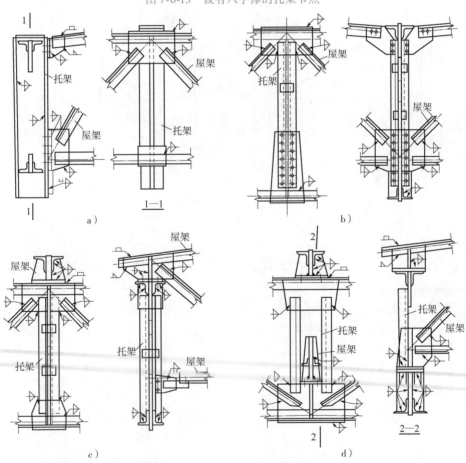

图 7-6-14 托架与中间屋架的连接

a) 与屋架连接的托架竖向腹杆为工字形钢柱上 b) 采用高强度螺栓将屋架连于托架的竖向腹杆上

c) 屋架的支座斜杆为下降式 d) 屋架连接于分离式腹杆的托架上

7.7　屋盖支撑

7.7.1　屋盖支撑的组成和作用

1. 屋盖支撑的组成

（1）横向水平支撑　布置在屋架上弦（或同时在上、下弦）及天窗架上弦平面内，沿屋架方向布置的支撑。

（2）纵向水平支撑　布置在屋架上弦或下弦平面内，垂直于屋架方向布置的支撑。

（3）竖向支撑　布置在屋架间或天窗架间（尚应包括挡风架立柱间）的竖向支撑。

（4）系杆　分为刚性系杆（压杆）及柔性系杆（拉杆）两种，布置在屋架上、下弦及天窗架上弦平面内。

2. 屋盖支撑的作用

1）保证屋盖结构的几何稳定性。支撑先将相邻的两榀屋架（或天窗架）构件组成稳定的空间体系，再用大型屋面板（或檩条）以及屋架上、下弦平面内的系杆将其他屋架与此空间体系连接在一起，形成几何不变的屋盖结构体系，如图 7-7-1 所示。

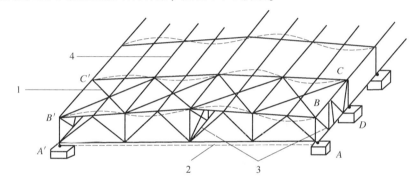

图 7-7-1　屋盖支撑示意图

1—上弦横向水平支撑　2—下弦横向水平支撑　3—竖向支撑　4—檩条或大型屋面板

空间稳定体，如图 7-7-1 中 $ABB'A'$ 与 $DCC'D'$ 所示，它们之间是由相邻的两屋架和其间的上弦横向水平支撑、下弦横向水平支撑及两端和跨中竖向支撑所组成。对于非梯形屋架，若屋架端支座位于上弦平面时，其上弦横向水平支撑与系杆（如压型钢板屋面及檩条，纵、横向水平支撑设置在上弦平面）依靠柱间支撑也可形成固定于柱上的整体空间稳定体系。

2）保证屋盖结构在水平面内整体刚度和空间整体性。横向水平支撑是水平放置的桁架，在屋面内具有很大抗弯刚度，其两端支承在柱（或竖向支撑）上，用来传递山墙风荷载、悬挂起重机纵向刹车力、地震作用等。纵向水平支撑使各框架共同工作，形成其空间刚度，传递横向风荷载、起重机横向水平刹车力及地震作用等，保证和减少结构在横向水平荷载作用下的变形。屋盖支撑体系刚度应根据起重机工作制级别和地震作用而确定，柱距增大则要求支撑刚度应增加。

3）为屋架弦杆提供侧向支承点，减小弦杆平面外计算长度，用来保证屋架弦杆的侧向稳定。

4）保证结构安装时的稳定。

7.7.2　屋盖支撑的布置

1. 屋盖支撑设置的一般要求

屋盖支撑的布置应根据房屋的柱网布置、屋架的跨度及高度、屋盖形式（有檩或无檩体系）

及屋面围护材料、屋盖结构形式（如天窗架形式、屋架端部支承形式及与柱的连接方式）、屋架间距、起重机起重量及其工作制、有无悬挂起重机设备或其他振动设备、地震设防烈度等具体情况综合考虑。

1）房屋的每一个温度区段或分期建设的工程区段均应设置独立完整的屋盖支撑体系。

2）传递风荷载、起重机水平刹车力和地震水平作用的支撑，从力作用点至结构支座的传力途径应明确、简捷、可靠。

3）支撑与屋架、托架、天窗架等的弦杆（或檩条）组成完整的支撑桁架。支撑桁架的斜杆可做成十字交叉式或单斜杆式，其倾角在 30°～60°，最佳倾角为 45°左右。

4）屋面围护材料（如大型屋面板、压型钢板等）能起到一定的刚性盘体作用，但是，实际工程中一般在屋架上弦平面内仍设置横向支撑，大型屋面板或檩条可考虑用来作为系杆，此时尚应满足下列要求。

①屋面板最小支承长度为 60mm（屋架间距为 6m）或 80mm（屋架间距大于 6m）。

②屋面板的支承应至少焊接三点。在伸缩缝或端墙处的屋面板，允许沿纵肋焊接两点，每点 $h_f \geqslant 6mm$ 和 $l_f \geqslant 60mm$（屋架间距为 6m 时）或每点 $l_f \geqslant 80mm$（屋架间距大于 6m 时）。

③大型屋面板之间的空隙，采用 C30 细石混凝土灌实。

④钢檩条与檩托应有可靠的连接。

5）符合下列情况的房屋可用圆钢作为支撑拉杆。圆钢直径对于水平支撑宜 ≤16mm，对于竖向支撑宜 ≤20mm，否则需注意施工或使用期间圆钢的下垂，并应对圆钢采取措施保证其张紧。

①房屋的屋面采用较为轻质的围护材料。

②屋架上无起重量较大的悬挂起重设备。

③房屋内设有起重量不大于 20t，工作制不大于 A5 级的起重机。

④房屋内无锻锤、空气压缩机或其他类似振动设备。

2. 天窗架支撑

天窗架的支撑包括天窗上弦横向水平支撑、竖向及水平系杆。

1）纵向天窗架的支撑布置应与屋盖上弦横向水平支撑、竖向支撑和水平系杆的布置相协调。

①天窗上弦横向水平支撑，无论是有檩或无檩体系，均应在每个天窗的温度区段的两端及中部（当天窗架的温度区段长度大于 60m 时）以及对应于设有屋盖上弦横向水平支撑的柱距间设置天窗上弦横向水平支撑，如图 7-7-2 所示。

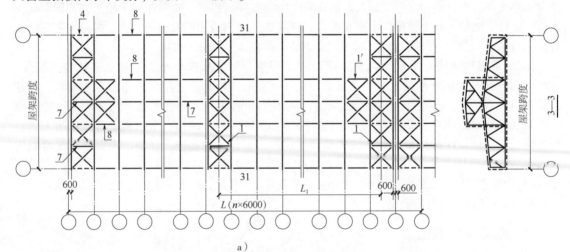

a）

1′ 上弦局部横向水平支撑

图 7-7-2 屋盖支撑布置

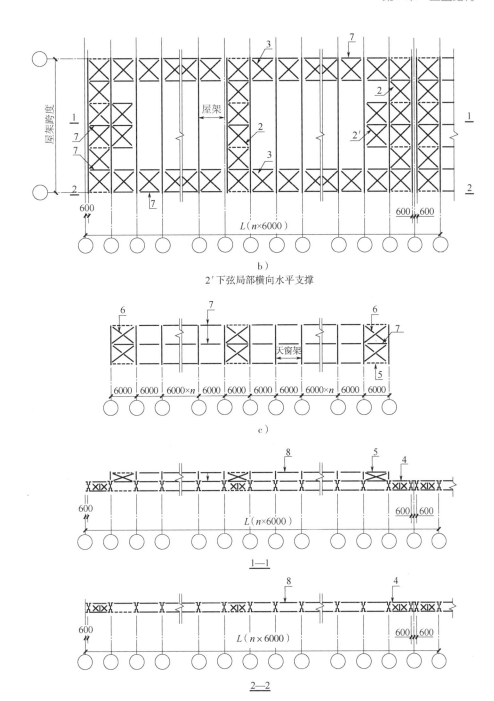

图 7-7-2　屋盖支撑布置（续）

a）上弦支撑布置图　b）下弦支撑布置图　c）天窗架上弦支撑布置图

1—屋盖上弦横向水平支撑　2—屋盖下弦横向水平支撑　3—屋盖下弦纵向水平支撑　4—屋盖竖向支撑

5—天窗架竖向支撑　6—天窗架上弦横向水平支撑　7—刚性系杆　8—柔性系杆

抗震设防地区的天窗架上弦横向水平支撑布置的要求见表 7-7-1。

②竖向支撑，在设有天窗上弦横向水平支撑的区间，沿天窗两侧立柱平面设置竖向支撑，如图 7-7-2 中剖面 1—1 所示。当天窗架跨度等于或大于 12m 时，尚应在中央竖杆平面内增设一道竖向支撑。采用通风天窗设有挡风板时，在设有天窗横向水平支撑、竖向支撑的区间内，应设置相应挡风架立柱竖向支撑。需要抗震设防的天窗架的竖向支撑设置见表 7-7-1。

表 7-7-1　抗震设防时天窗架支撑布置

序号	屋盖形式	支撑类别	抗震设防烈度		
			6、7	8	9
1	有檩屋盖	天窗架上弦横向水平支撑	天窗架端开间及屋架上弦相应区间内各设一道	天窗架端开间及每30m设一道	天窗架端开间及每18m设一道
2		天窗两侧竖向支撑	天窗架端开间及每36m设一道		
3	无檩屋盖	天窗架上弦横向水平支撑	天窗架端开间及6度区在屋架上弦相应区间内各设一道;7度区单元长度大于120m,在单元中部1/3区段相应于柱间支撑位置增设天窗架上弦横向水平支撑	天窗跨度>9m时,天窗架端开间及结构单元长度大于90m,宜在单元中部1/3区段相应柱间支撑柱距内各设一道	天窗架端开间及结构单元长度大于90m,宜在单元中部1/3区段相应柱间支撑柱距内各设一道
4		天窗两侧竖向支撑	天窗架端开间及每30m设一道	天窗架端开间及每30m设一道	天窗架端开间及每18m设一道

③水平系杆,在天窗架上弦屋脊节点处及上弦两侧端节点处沿纵向均应设置通常的水平系杆。水平系杆在支撑桁架中承受压力时应设计成刚性系杆,其余均按柔性系杆(拉杆)考虑,如图7-7-2所示。柔性系杆一般可用檩条或窗檩(窗扇横挡)来替代,大型屋面板可作为柔性系杆考虑。

2)上承式横向天窗的支撑设置:

①上承式横向天窗的支撑设置与纵向天窗架的支撑布置方式相同,但在每个天窗架区段之间,在天窗架屋脊节点处和上弦两侧端节点处设置通长的刚性水平系杆,并与天窗架两端上弦横向支撑桁架节点连接。

②支撑系统应能保证每一个横向天窗区段形成空间稳定体系(包括天窗架上弦横向水平支撑及两侧设置的竖向支撑),并能保证天窗架端部横向风荷载能明确、简捷地传递到屋架上弦支撑。

3. 屋盖支撑

(1)屋盖横向水平支撑

1)屋盖主要横向水平支撑应设置在能传递屋架支座反力的平面内,即当屋架为上承式时应以上弦横向水平支撑为主。在有檩屋盖体系中,当屋架间距较大,宜将主要横向水平支撑布置在屋架上弦平面内,此时屋架应设计为上承式,一般可不设置下弦横向水平支撑。当采用大型屋面板无檩屋盖体系时,屋架则为下承式,应以下弦横向水平支撑为主,但宜同时在相应位置设置下弦横向水平支撑。

2)屋架横向水平支撑一般设置在房屋每个温度区段两端的第一个柱距内,如图7-7-2所示。当房屋两端不设屋架,利用山墙承重时,或为统一支撑型号并与天窗上弦水平支撑相对应时,也可将横向支撑移至第二个柱距内,但此时屋架横向水平支撑与端屋架(或山墙墙梁)用刚性系杆连接,如图7 7 3、图7-7-4所示。屋盖上下弦横向水平支撑应设置在同一个柱距内,横向水平支撑之间距离 L_1 为66m或之间净距为60m,如图7-7-2a所示。当温度区段较长时,尚应在房屋中部增设横向水平支撑。

3)符合下列情况之一者,宜设置屋架下弦横向水平支撑:

①下承式屋架跨度≥24m时,或厂房内有振动设备,重级工作制桥式起重机或起重量在30t以上中级工作制桥式起重机时。

②山墙抗风柱支承于屋架下弦时。

③屋架下弦设有悬挂起重机或悬挂运输设备时。

④屋架下弦设有纵向水平支撑时。

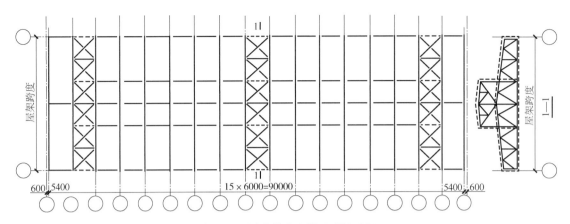

图 7-7-3 屋盖横向支撑及刚性系杆

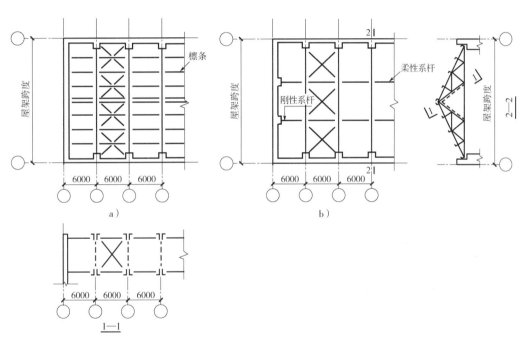

图 7-7-4 房屋端部不设屋架时的支撑布置

a) 屋架上弦支撑布置 b) 屋架下弦支撑布置

⑤屋架下弦弯折时。

4) 屋架设有悬挂起重机或悬挂运输设备时, 应按下列情况增设屋盖横向水平支撑:

①当起重机悬挂在屋盖下弦沿厂房纵向运行时, 且轨道未到温度区段端部, 应在轨道尽端增设屋盖下弦横向水平支撑, 如图 7-7-5a 所示, 或用刚性系杆与邻近下弦横向支撑桁架节点连接, 如图 7-7-5b 所示。

②当起重机轨道直接或间接悬挂在屋架下弦节点时, 起重机沿屋架方向运行, 应在轨道外侧屋架间增设屋盖下弦横向水平支撑, 如图 7-7-6 所示。

③当起重机沿房屋横向运行时, 其轨道通过支承梁与屋架竖杆连接, 应在起重机轨道两侧的屋架间增设上、下弦横向水平支撑 (如图 7-7-7a 所示) 或在一侧设置上、下弦横向水平支撑, 另一侧屋架间以刚性系杆连接 (如图 7-7-7b 所示)。

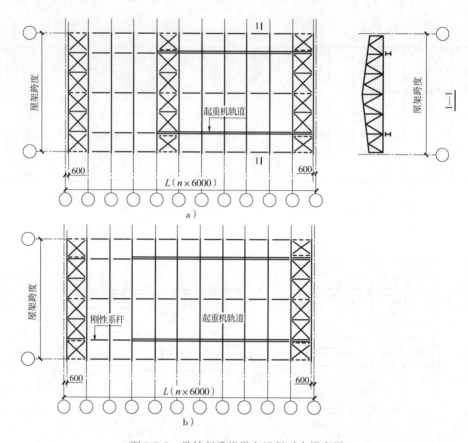

图 7-7-5 悬挂起重机纵向运行时支撑布置

a) 增设屋盖下弦横向水平支撑 b) 屋盖下弦横向水平支撑与刚性系杆布置

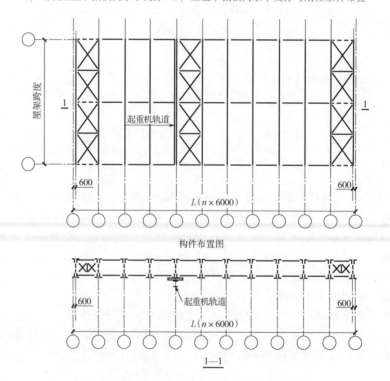

图 7-7-6 悬挂起重机横向运行时支撑布置之一

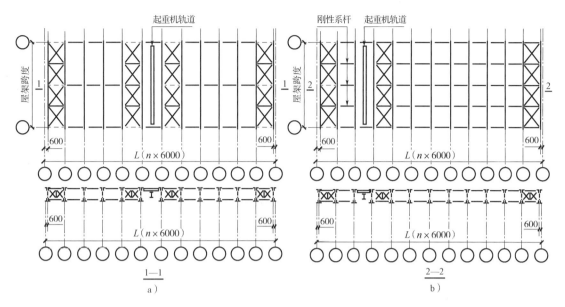

图 7-7-7　悬挂起重机横向运行时支撑布置之二

（2）屋架纵向水平支撑

1）屋架纵向支撑应设置在传递屋架支座反力的平面内，与横向水平支撑形成封闭的支撑框架，以增加房屋的空间刚度和整体性。

2）符合下列情况之一者，应设置纵向支撑：

①厂房内设有特重级桥式起重机或起重量在 5t 以上的壁行起重机。

②设有中级或重级桥式起重机，其起重量符合表 7-7-2 的要求。

表 7-7-2　设置屋盖纵向水平支撑的条件

序号	跨数	起重机工作制	起重机起重量/t	
			房屋高度 ≤15m（设天窗）、≤18m（无天窗）	房屋高度 >15m（设天窗）、>18m（无天窗）
1	单跨	中级	≥50	≥30
2		重级	≥15	≥10
3	多跨（等高）	中级	≥75	≥50
4		重级	≥20	≥15

③房屋内设有较大的振动设备（如 ≥5t 的锻锤、重型水压机或类似的振动设备）。

④屋架下弦标高大于 22m 且设有桥式起重机的房屋。

⑤沿房屋全长设有托架时，当局部柱间设有托架，可在仅有托架处设置纵向水平支撑，并在托架两端各延伸一个柱间，如图 7-7-8 所示。

⑥当厂房柱距较大，排架柱之间设有墙架柱，且以屋盖纵向支撑作为墙架柱的上部侧向支承点。

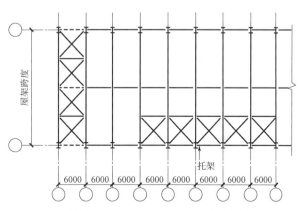

图 7-7-8　局部设置托架时的纵向水平支撑

⑦框架计算中考虑空间工作或需增强厂房空间刚度。

3）屋架纵向支撑一般设置在屋架端部节间内，其布置方式按下列情况确定：

①对于单跨较高房屋（下弦标高大于22m），或房屋内设有特重级工作制起重机、起重量大于75t的重级工作制起重机，宜在屋架两端节间内设置纵向水平支撑与横向水平支撑组成封闭式支撑框架，如图7-7-2b所示。

②对于等高多跨房屋或多跨房屋等高部分，除沿两侧边柱设置纵向水平支撑外，尚宜在中间柱列增设一道纵向支撑。对设有重级工作起重机的房屋，每隔一个跨间设置一道纵向水平支撑，如图7-7-9所示。对于一般厂房可以每隔2个跨间设置一道纵向水平支撑。

③对于纵向水平支撑沿中列柱设置情况，可沿柱列仅在柱一侧设置，也可沿中列柱两侧对称设置，如图7-7-9a所示。对高低跨分界的中列柱，一般两侧均需设置纵向水平支撑，如图7-7-9b所示。

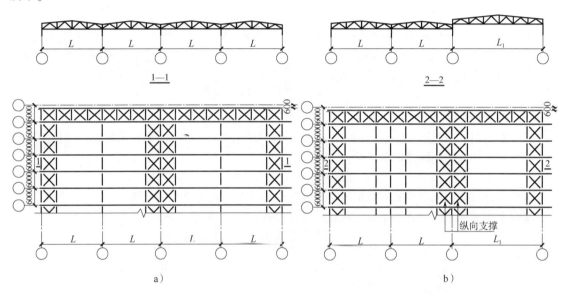

图7-7-9　多跨房屋的纵向支撑布置

（3）屋盖竖向支撑　屋盖竖向支撑一般设置在有横向水平支撑的区间内以形成空间稳定体，并按以下原则进行布置：

1）梯形屋架、平行弦屋架、人字形屋架应在其端部设置竖向支撑，如图7-7-10a、c、d所示。当房屋柱顶伸至屋架上弦标高时，可不设置屋架端部竖向支撑，但应在相应位置设置上部柱间支撑，如图7-7-10b、e所示。

当屋架跨度 $l \leqslant 30m$ 时，在屋架中央设置一道竖向支撑；当跨度 $l > 30m$ 时，在屋架中央设置两道竖向支撑，如图7-7-10d所示；当有天窗时，宜将屋盖竖向支撑设置在天窗侧柱的下面，如图7-7-10c所示。

2）三角形屋架的跨中竖向支撑，可按梯形屋架及平行弦屋架屋盖竖向支撑布置的原则进行设置。对于芬克式屋架，当无下弦横向水平支撑时，无论跨度大小，一般均在跨度中间设置竖向支撑，如图7-7-11所示。

3）当屋架下弦设有沿房屋纵向行驶的悬挂起重机时，应在轨道平面内设置竖向支撑，且宜布置在房屋端部横向水平支撑所在跨间，如图7-7-5b所示。当悬挂起重机轨道未至房屋区段的端部而增加下弦横向水平支撑时，如图7-7-5a所示，相应在增设的横向水平支撑的部位设置两道竖向支撑。当悬挂起重机的起重量较大时，宜沿轨道全长设置竖向支撑。

4）当房屋内设有5t以上锻锤时，应在锻锤所在柱距及其以锻锤为中心30m范围内的屋架间，

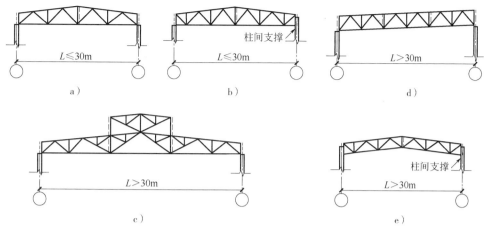

图 7-7-10　屋架的竖向支撑布置

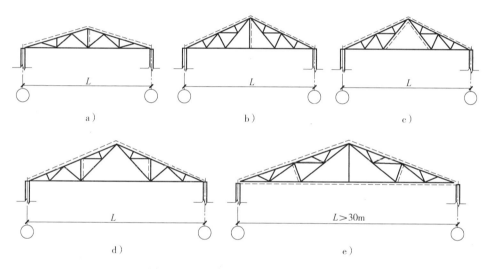

图 7-7-11　三角形屋架的竖向支撑布置

在应设置竖向支撑的平面位置，在两个屋架间距增设一道竖向支撑。

（4）屋架水平系杆

1）除组成空间稳定体系以外的其余屋架，利用水平系杆作为屋架侧向支承点，系杆的另一端连接于竖向支撑或屋架的上、下弦横向水平支撑的节点。对于屋盖上弦的水平系杆一般可利用檩条（有檩体系）代替（对于刚性系杆尚应满足 $\lambda \leqslant 200$ 的要求）或大型屋面板（无檩体系）来替代。当檩条跨度为 12m 时，可在檩条两端设置隅撑来替代，如图 7-7-14 中剖面 2—2 所示。

2）屋架水平系杆设置的原则：

①没有纵向天窗的屋盖，在天窗范围内的屋架的上弦屋脊节点处，应设置一道通长的刚性系杆。此外，还应在天窗架侧柱下的屋架上弦节点处增设一道通长柔性系杆（天窗两侧柱各一道）。

②屋架端部支座节点处应设置一道通长刚性系杆。与柱刚接屋架（包括塑性铰）或上承式屋架，尚应在下弦端节点设置一道通长柔性系杆。屋架端部水平系杆可与柱顶压杆或有托架时的托架弦杆统一考虑，不须分别设置。

③在屋架设有竖向支撑的平面内一般设置上、下弦柔性系杆，屋脊节点处需设置刚性系杆，下弦跨中及跨中附近应设置柔性系杆。当屋架横向水平支撑设在端部第二柱距时，则第一柱间所

有系杆应为刚性系杆。

④三角形的芬克式屋架，当跨度大于18m时，宜在主斜杆和下弦的连接节点处设置通长的柔性系杆，此时应与屋架竖向支撑相协调。有弯折下弦的屋架，宜在下弦弯折处设置通长的柔性系杆，并与下弦横向水平支撑节点连接。

4. 抗震设防地区屋盖支撑的布置

1）采用大型屋面板（无檩屋盖体系）时，其连接构造应符合以下要求：

①大型屋面板应与屋架焊牢，靠柱列的屋面板与屋架的连接焊缝长度 $l_\mathrm{f} > 80\mathrm{mm}$。

②抗震设防烈度为6、7度时，有天窗架房屋的端柱距，或8、9度时各柱距，宜将垂直屋架方向两侧相邻大型屋面板的顶面吊环打弯后彼此焊牢。

2）抗震设防时天窗架支撑布置宜符合表7-7-1的要求。

3）抗震设防时屋盖支撑布置宜符合表7-7-3的要求。

4）屋盖支撑尚应符合下列要求：

①天窗开洞范围，在屋架脊点处应设通长的水平刚性系杆。

②屋架上、下弦通长水平系杆与竖向支撑宜配合设置。

③柱距≥12m且屋架间距为6m的房屋，托架（梁）范围及其相邻柱距内应设置下弦纵向水平支撑。

④抗震设防烈度为8度，当跨度≥18m的多跨房屋的中柱和9度时多跨厂房各列柱，柱顶宜设置通长水平刚性系杆，此杆件可与梯形屋架支座通长的水平系杆合并设置。

⑤屋盖竖向支撑桁架应能承受和传递屋盖的水平地震作用，其连接承载力应大于相应杆件杆的内力，并满足构造要求。

⑥当抗风柱与屋架下弦连接时，其节点应设在下弦横向水平支撑节点处，下弦横向支撑杆件的截面和连接节点应进行抗震承载力的验算。

5. 屋盖支撑布置示例

1）如图7-7-2所示为无檩屋盖的支撑布置示意图，房屋为单跨，跨度为36m，柱距为6m，下承式梯形屋架以下弦横向水平支撑为主，与纵向水平支撑组成封闭式支撑框架，同时设置相应上弦横向水平支撑。该地区的抗震设防烈度为8度，在天窗开洞范围两端，屋架上、下弦设置局部横向水平支撑。天窗两侧立柱对应位置设置竖向支撑，其在天窗端开间及每隔30m各设一道，与之相应设置天窗上弦横向水平支撑。在屋架两端及屋架中部（即天窗侧柱下面）均设置屋架竖向支撑。在屋脊及屋架端支座处共设置三道通长刚性系杆，其余为通长柔性系杆。

2）如图7-7-12所示为柱距12m无檩屋盖支撑布置，图示屋架间和天窗架间竖向支撑的跨度均为12m，纵、横向水平支撑桁架宽度为6m。12m跨度的天窗架竖向支撑设置在跨中，天窗侧柱平面内均设有圆钢交叉拉杆悬吊天窗中间短柱，故不必再设置竖向支撑。

3）如图7-7-13所示为柱距6m的有檩屋盖支撑布置。屋架为下承式故仍以下弦横向水平支撑为主，同时对应设置上弦横向水平支撑，檩条兼作上弦通长水平系杆用。

4）如图7-7-14所示为柱距12m的有檩屋盖支撑布置示例。屋架间距12m有檩屋盖，一般横向水平支撑、纵向水平支撑布置在上弦平面，相应屋架支座宜为上承式，屋架下弦用隔撑与檩条连接，檩间设置撑杆，是将有檩屋盖以上弦平面为主布置水平支撑较为简单的形式，但檩条、撑杆耗钢量较多。

5）如图7-7-15所示是屋架间距为24m的支撑布置示例。当屋架间距为24m时，设置纵向支承桁架和纵向天窗桁架，以支承横梁和中间天窗。屋架支座为上承式，横向、纵向水平支撑布置在屋架上弦平面，屋架下弦用隔撑与天窗桁架连接以保证屋架下弦稳定。

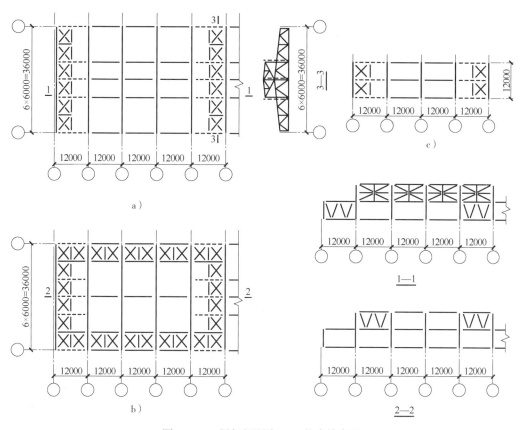

图 7-7-12 屋架间距为 12m 的支撑布置

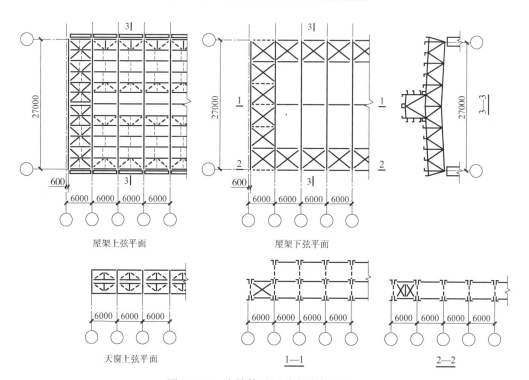

图 7-7-13 有檩体系屋盖支撑布置之一

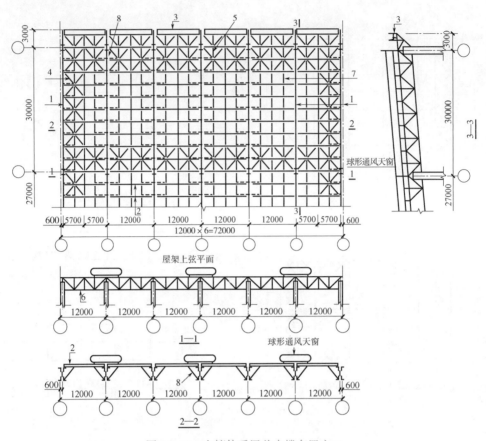

图 7-7-14　有檩体系屋盖支撑布置之二
1—平行弦屋架　2—檩条　3—天沟　4—横向水平支撑　5—纵向水平支撑
6—竖向支撑　7—系杆（拉杆）　8—隅撑

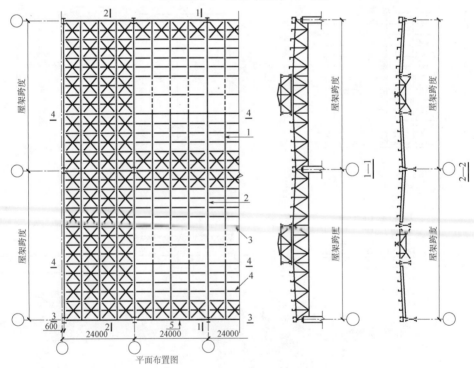

图 7-7-15　屋架间距为 24m 的有檩体系屋盖支撑布置

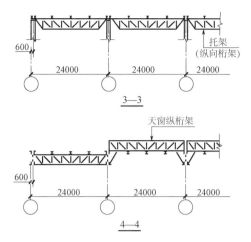

图 7-7-15 屋架间距为 24m 的有檩体系屋盖支撑布置（续）

6. 横向下沉式天窗

1）横向下沉式天窗或天井式天窗的屋盖仍按上述原则布置支撑。但这时由于屋面构件分别放在屋架上弦和下弦，致使屋面被分割为若干部分，削弱了房屋的屋面结构刚度，因此应适当增强屋架上弦平面外的支承。一般在天窗范围内，每一上弦横向水平支撑的节点处均设置刚性系杆，如图 7-7-16 所示，此系杆有时用支承挡雨片的横梁代替。

2）二合一檩条屋盖即为将檩条与支撑合并的屋盖，如图 7-7-17 所示。每榀檩条为 $3m \times 12m$ 的空间结构，主肋为格构式，上面设有支撑，与屋架连牢后相当于满铺的平面支撑，上、下屋盖靠斜撑杆或竖向支撑联系。这种屋盖安装构件少，施工简便。屋面可采用平钢板或压型钢板。

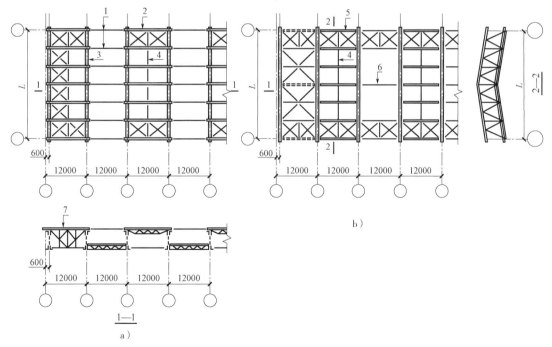

图 7-7-16 横向下沉式天窗的屋盖支撑布置

a）屋架上弦水平支撑 b）屋架下弦水平支撑

1—上弦刚性系杆 2—设在屋架上弦的檩条 3—屋架 4—檩条间系杆 5—设在屋架下弦的檩条
6—下弦柔性系杆 7—兼作檩条的竖向支撑

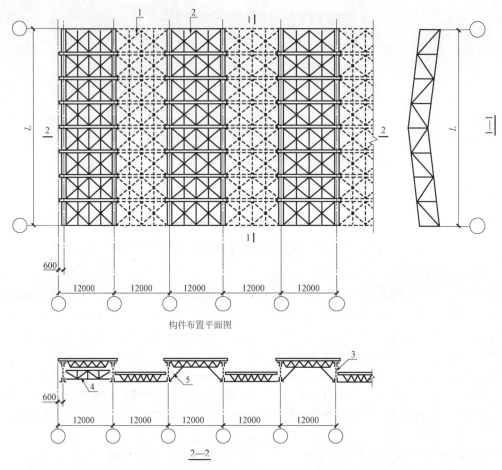

构件布置平面图

2—2

图 7-7-17　二合一檩条的横向下沉式天窗屋盖

1—下弦二合一檩条　2—上弦二合一檩条　3—屋架　4—竖向支撑　5—斜撑杆

表 7-7-3　抗震设防时屋盖支撑布置

序号	屋盖形式	支撑名称	抗震设防烈度		
			6、7	8	9
1	有檩体系	上弦横向水平支撑	房屋单元两端开间及房屋单元长度大于 66m 的柱间支撑开间各设一道	房屋单元两端开间及房屋单元长度大于 66m 的柱间支撑开间各设一道 天窗开洞范围的两端各增设局部上弦横向水平支撑一道	房屋单元两端开间及房屋单元长度大于 42m 的柱间支撑开间各设一道 天窗开洞范围的两端各增设局部上弦横向水平支撑一道
2		下弦横向水平支撑	同非抗震设计		
3		屋架端部竖向支撑	屋架端部高度大于 900mm 时，房屋单元两端开间及柱间支撑开间各设一道		
4		屋架跨中竖向支撑	设置开间同屋架两端，竖向支撑，6～8 度时在跨度方向竖向支撑间距不大于 15m，设一道时应在跨中，设两道应均匀布置，有天窗时宜在天窗侧柱下面		设置开间同端部竖向支撑跨度方向，竖向支撑间距不大于 12m，且均匀布置，有天窗时宜在天窗侧柱下面

（续）

序号	屋盖形式	支撑名称		抗震设防烈度		
				6、7	8	9
5	无檩体系	上弦横向水平支撑		房屋跨度大于 18m 时在房屋单元两端开间各设一道	房屋单元两端开间及柱间支撑开间各设一道 天窗开洞范围的两端各增设局部上弦横向水平支撑一道	
6		下弦横向水平支撑		同非抗震设计		同上弦横向水平支撑
7		屋架两端竖向支撑	屋架端部高度≤900mm	同非抗震设计	房屋单元两端开间各设一道	房屋单元两端开间及每隔 48m 各设一道
8			屋架端部高度＞900mm	房屋单元两端开间各设一道	房屋单元两端开间及柱间支撑开间各设一道	房屋单元两端开间及柱间支撑开间及每隔 30m 各设一道
9		屋架跨中竖向支撑		设置开间同屋架两端竖向支撑，跨度方向跨中竖向支撑间距要求同有檩屋盖的设置		房屋单元两端开间及柱间支撑开间。跨度方向跨中竖向支撑间距同有檩体系设置
10		上弦通长系杆		同非抗震设计	沿屋架跨度不大于15m 设一道及同非抗震设计	沿屋架跨度不大于 12m 设一道及同非抗震设计

7.7.3　屋盖支撑的设计原则

1. 屋盖支撑的形式

1）除系杆外各种支撑都是平面桁架，桁架一般采用交叉斜杆的形式。如图 7-7-18a、c 所示为上、下弦横向水平支撑，以相邻两屋架的弦杆作为支撑桁架的弦杆，交叉斜杆和刚性竖杆组成的支撑平面桁架。纵向水平支撑是以屋架下弦杆作为支撑桁架竖杆，交叉斜杆和通长水平系杆作为水平支撑桁架的弦杆。如图 7-7-19 所示为柱距 12m 时屋盖上、下弦横向（包括纵向）水平支撑体系简图。

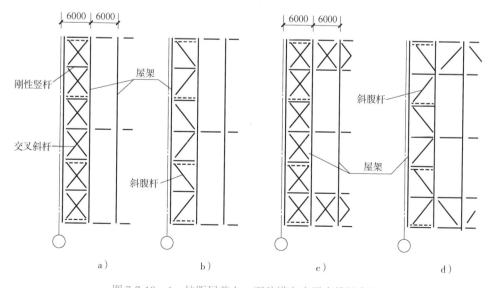

图 7-7-18　6m 柱距屋盖上、下弦横向水平支撑的布置

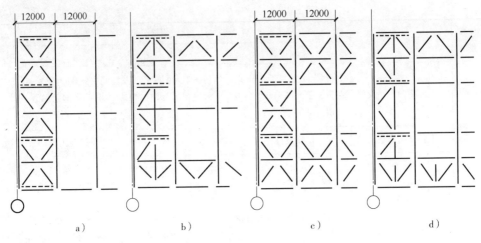

图 7-7-19 12m 柱距屋盖上、下弦横向（纵向）水平支撑的布置

2）竖向支撑应根据其高跨比选择不同形式，如图 7-7-20 所示。当高宽相差不大时，可用交叉斜杆，当高度较小时可用 V 及 W 形式，如图 7-7-20a、b 所示，设计斜杆时，其倾角应大于 30°。

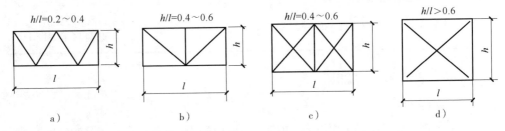

图 7-7-20 屋盖竖向支撑的布置

2. 屋盖支撑的设计原则

1）屋盖支撑一般内力比较小，因此不进行计算，支撑杆件按长细比选择截面，容许长细比见表 7-7-4。

表 7-7-4 支撑杆件的允许长细比的限值

构件名称	压杆	拉杆	
		设有重级工作制起重机的房屋	无起重机或设有轻级、中级起重机的房屋
允许长细比	200	350	400

注：1. 承受静力荷载的结构中，可仅计算受拉杆件在竖向平面内的长细比。

2. 在直接或间接承受动力荷载的结构中，计算单角钢受拉杆件的长细比时应采用角钢的最小回转半径，斜平面对计算长度为几何长度的 0.9 倍。但在计算单角钢交叉受拉杆件平面外的长细比时，应采用与角钢肢边平行轴的回转半径，计算长度为节点中心间的距离（交叉点不作节点考虑）。

3. 在设有夹钳和刚性料耙的房屋中，受拉支撑杆件的长细比不宜超过 300。

4. 张紧圆钢拉杆不受此限制。

交叉斜杆和柔性系杆一般按拉杆设计，可采用单角钢；非交叉斜杆、竖杆以及刚性系杆按压杆设计，采用双角钢；刚性系杆常将双角钢组成十字形截面，以便两个方向的刚度接近。有条件时可采用较省钢材的薄壁方（矩）管材及圆管，此时支撑布置可不用交叉杆形式，而采用斜腹杆式，如图 7-7-18b、d 所示。

兼作支撑杆件的檩条、屋架竖杆等的长细比应满足对支撑杆件要求。屋架下弦虽兼作横向水平支撑桁架弦杆时，因其受有较大的拉力，其杆件可不按容许受压长细比限制要求。

2）支撑杆件的计算原则

①支撑杆件在下列情况下除满足允许长细比的要求外，尚应计算杆件内力，并据此选择截面：

A. 传递较大风荷载（山墙风荷载或侧向风荷载）的横向水平支撑和纵向水平支撑。当支撑跨度等于或大于 24m 或风荷载等于或大于 $0.5kN/m^2$ 时。

B. 当结构按空间工作其纵向水平支撑需作为柱的弹性支座时。

C. 当屋架端部竖向支撑或托架承受纵向地震作用时。

②具有交叉斜杆的支撑桁架为超静定结构，一般采用简化方法分析。压杆退出工作仅考虑拉杆受力，其风荷载作用下计算简图如图 7-7-21 所示。当斜腹杆交叉点处连有横杆时，杆件内力如图 7-7-21b、c 所示计算。屋架端部竖向支撑承受纵向地震作用时，其计算要求参见单层框排架设计与计算。

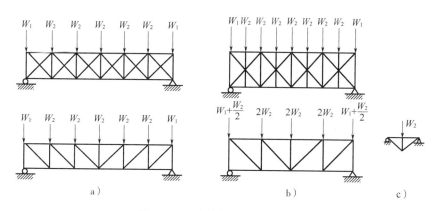

图 7-7-21　支撑桁架的计算简图

③对于抗震设防烈度为 6～9 度的屋架两端的竖向支撑和天窗架两侧的竖向支撑，除应按表 7-7-3 中的规定设置外，尚应验算在纵向地震作用下杆件的强度。验算时取房屋纵向基本自振周期 T_1，当无确切资料（如编制标准构件）时，也可取 $T_1 = T_g$，即 $\alpha_1 = \alpha_{max}$；对于天窗架两侧竖向支撑，其地震作用效应宜乘以 2.0 的增大系数。

3. 屋盖支撑杆件参考截面

屋盖支撑杆件参考截面见表 7-7-5。

表 7-7-5　屋盖支撑杆件参考截面（屋架间距 6m）

序号	支撑种类	支撑形式	h/mm	杆件参考截面	
				无起重机或设有轻、中级工作制起重机	设有重级工作制起重机
1	屋盖上、下弦水平支撑		3000	∟ 56×5	∟ 63×5
2			3500	∟ 63×5	∟ 70×5
3			4000	∟ 63×5	∟ 70×5
4			4500	∟ 63×5	∟ 70×5
5			5000	∟ 70×5	∟ 75×5
6			5500	∟ 70×5	∟ 75×5
7			6000	∟ 70×5	∟ 80×5
8			7000	∟ 70×5	∟ 90×6（∟ 100×63×5）
9			8000	∟ 90×6（∟ 100×63×5）	∟ 100×6（∟ 100×80×6）
10			9000	∟ 90×6（∟ 100×63×6）	∟ 100×6（∟ 100×80×5）

（续）

序号	支撑种类	支撑形式	h/mm	杆件参考截面	
				无起重机或设有轻、中级工作制起重机	设有重级工作制起重机
11	竖向支撑	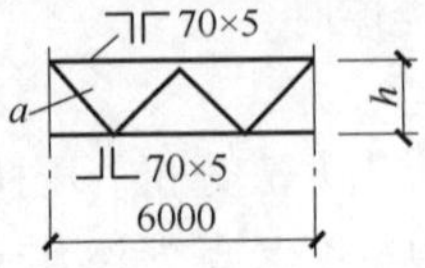	2500	a—∟ 63×5	a—∟ 63×5
12			3000	a—∟ 70×5	a—∟ 70×5
13			3500	a—⊢ 50×5	a—⊢ 50×5
14			4000	a—⊢ 50×5	a—⊢ 50×5
15		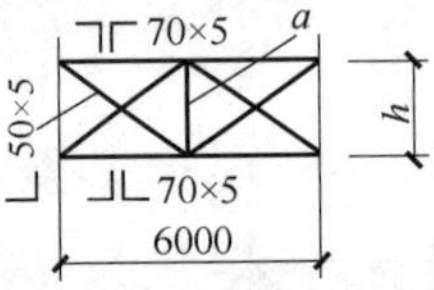	1000	a—∟ 50×5	a—∟ 50×5
16			1500	a—∟ 56×5	a—∟ 56×5
17			2000	a—∟ 63×5	a—∟ 63×5
18			2500	a—∟ 75×5	a—∟ 75×5
19			3000	a—⊤ 50×5	a—⊤ 50×5
20	刚性系杆	6000	—	⊣ 70×5	⊣ 70×5
21	柔性系杆	6000	—	∟ 70×5	∟ 80×5

注：1. 采用不等边角钢时，长肢应伸出支撑桁架平面外。

2. 轻型钢结构屋架的角钢支撑杆件在满足长细比的要求下可采用更小更薄的截面。

第8章 房屋框架柱及柱间支撑

8.1 概述

8.1.1 房屋框架柱的分类、截面形式及适用范围

1. 按结构形式分类

（1）等截面柱 等截面柱如图8-1-1a所示，一般用于工作平台柱，无起重机或起重机起重量 $Q < 20t$、柱距 $l \leqslant 12m$ 的轻型房屋中。一般采用实腹截面，也可选用格构式截面。

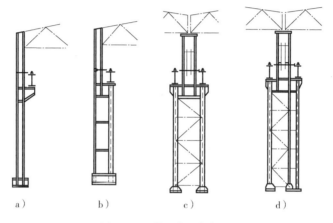

a）　　　　b）　　　　c）　　　　d）

图8-1-1　单层房屋框架柱

（2）阶形柱 阶形柱如图8-1-1b、c所示，为单层工业厂房中的主要柱型，截面形式可采用实腹式柱和格构式柱两种。由于吊车梁（或吊车桁架）支承在下段柱顶而形成上下段柱的阶形突然变化。其上段柱一般采用实腹式截面，下段柱当柱截面高度不大（$h \leqslant 1000mm$）时，宜采用实腹式截面；而当柱截面高度较大（$h > 1000mm$）时，为节约钢材一般多采用格构式截面。

（3）分离式柱 分离式柱如图8-1-1d所示，由支承屋盖结构的房屋框（排）架柱与一侧独立支承吊车梁荷重的分离柱肢相组合而成。两者之间以水平板件连接（铰接）。分离式柱宜用于下列情况：

1）邻跨为扩建跨，其起重机柱肢可以在扩建时再设置的情况。

2）相邻两跨起重机的轨顶标高相差悬殊而低跨起重机起重量又比较大时。

3）同一跨间设有两层起重机，且轨顶标高相差悬殊时。

2. 按截面形式分类

（1）实腹式截面柱 实腹式柱截面如图8-1-2所示。热轧工字钢（如图8-1-2a所示）在弱轴方向的刚度较小（仅为强轴方向的 $1/4 \sim 1/7$），适用于轻型平台柱及分离柱柱肢等；焊接（或轧制）H型钢（如图8-1-2b所示）为实腹柱最常用截面，适用于重型平台柱、框架柱、墙架柱及组合柱的分肢，变截面柱的上段柱等；型钢组合截面（如图8-1-2c、d、e所示）可按强轴、弱轴方向的受力或刚度要求较合理地进行截面组合，适用于偏心受力并荷载较大的房屋框架柱的下段柱等；十字形截面（如图8-1-2f所示）适用于双向均要求较大刚度及双向均有弯矩

作用时，且承载能力较大的柱，如多层框架的角柱以及重型平台柱等；当有观感或其他特殊要求时也可以采用管截面形式（如图 8-1-2g、h 所示）。

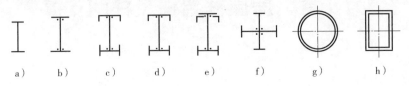

图 8-1-2　实腹式柱截面

（2）格构式截面柱　格构式截面柱如图 8-1-3 所示。当柱承受较大弯矩作用或要求具有较大刚度时采用格构式截面柱。

格构式截面柱一般由每肢为型钢截面的双肢组成，当采用钢管（包括钢管混凝土）组合柱时，也可采用三肢或四肢组合截面，如图 8-1-3g、h 所示。格构柱的柱肢之间均由缀条或缀板相连，以保证组合截面的整体工作。

槽钢组合截面（如图 8-1-3a 所示）可用于平台柱、轻型刚架柱及墙架柱等；带有 H 型钢或工字钢的组合截面（如图 8-1-3b ~ e 所示）是设有起重机房屋阶形变截面格构式柱下段柱最常用的截面；如图 8-1-3b、e 所示为边列柱截面，其两柱肢分别用来作为屋盖肢及支承肢；如图 8-1-c、d 所示为中列柱截面，其两肢均用来作为吊车柱肢；钢管组合截面（如图 8-1-3g、h 所示）为边列或中列厂房变截面柱所采用截面。H 型钢组合截面（如图 8-1-3i 所示）适用于特重型厂房变截面下段柱截面。

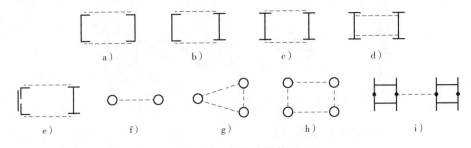

图 8-1-3　格构式柱截面

8.1.2　厂房框架柱截面尺寸的初步确定

厂房框架柱截面尺寸的初步确定，应考虑建筑轴线，车间柱肢与起重机端部边缘净空、起重机跨度等控制性尺寸的要求，厂房刚度以及板件局部稳定及构造要求（如开人孔）等多种因素，并可参考已有类似设计进行选定。其上段柱截面宽高比可在 0.35 ~ 0.6 选用，下段柱宽高比可按 0.25 ~ 0.5 选用。当无参考资料时，厂房框架柱的截面高度可参考表 8-1-1 的规定。

表 8-1-1　厂房框架柱的截面高度

序号	柱类别	柱截面	柱高/m	无吊车房屋		轻型厂房 $Q \leq 20t$		中型厂房 $30 \leq Q \leq 75t$		重型厂房 $100 \leq Q \leq 150t$		重型厂房 $175 \leq Q \leq 250t$		特重型厂房 $Q \leq 250t$	
				α	β	α	β	α	β	α	β	α	β	α	β
1	等截面柱	$b = \alpha H$ $b = \beta h$ H—柱之全高	$H \leq 10$	1/15 ~ 1/20	0.45 ~ 1.0	1/13 ~ 1/16 (1/14 ~ 1/18)	0.3 ~ 1.0 (0.3 ~ 1.1)								

（续）

序号	柱类别	柱截面	柱高/m	无吊车房屋		轻型厂房 Q≤20t		中型厂房 30t≤Q≤75t		重型厂房 100t≤Q≤150t		重型厂房 175t≤Q≤250t		特重型厂房 Q≤250t	
				α	β	α	β	α	β	α	β	α	β	α	β
2	等截面柱		10<H≤20	1/18~1/25	0.45~1.0	1/15~1/18 (1/17~1/20)	0.35~1.0 (0.4~1.1)								
3			H>20	1/20~1/30	0.40~1.0										
4	阶形柱的上柱（包括单阶和双阶） $h_1=\alpha H_1$ $b_1=\beta h_1$ H_1—上段柱高		$H_1\leq5$			1/7~1/10 (1/8~1/11)	0.4~1.0 (0.45~1.1)	1/6~1/9 (1/7~1/10)	0.4~1.0 (0.45~1.1)						
5			$5<H_1\leq9$					1/8~1/10 (1/9~1/12)	0.4~1.0 (0.45~1.0)	1/7~1/10 (1/7~1/11)	0.4~1.0 (0.4~1.0)	1/6.5~1/9 (1/7~1/10)	0.4~1.0 (0.40~1.0)	1/6~1/8 (1/7~1/9)	0.4~1.0 (0.40~1.0)
6			$H_1>9$					1/9~1/12	0.4~1.0	1/8~1/11 (1/8~1/12)	0.35~1.0 (0.35~1.0)	1/7.5~1/11 (1/8~1/12)	0.40~1.0 (0.40~1.0)	1/7.5~1/10 (1/8~1/11)	0.45~1.0 (0.45~1.0)
7	阶形柱的下柱（包括单阶和双阶） $h_3=\alpha H$ $b_3=\beta h_3$ H—柱之全高		$H\leq18$			1/12~1/16	0.4~0.55	1/10~1/15 (1/11~1/15)	0.35~0.5 (0.35~0.5)						
8			$18<H\leq26$					1/11~1/15	0.25~0.45	1/10~1/14 (1/11~1/15)	0.25~0.5 (0.30~0.5)	1/8.5~1/12 (1/9~1/14)	0.25~0.5 (0.30~0.5)	1/8~1/12	0.30~0.60
9			$H>26$					1/11~1/16	0.25~0.45	1/11~1/15 (1/12~1/16)	0.25~0.5 (0.25~0.5)	1/10~1/13 (1/11~1/14.5)	0.25~0.5 (0.25~0.50)	1/9~1/12 (1/11~1/13.5)	0.25~0.55 (0.30~0.55)

（续）

序号	柱类别	柱截面	柱高/m	无吊车房屋		轻型厂房$Q \leqslant 20t$		中型厂房$30t \leqslant Q \leqslant 75t$		重型厂房$100t \leqslant Q \leqslant 150t$		重型厂房$175t \leqslant Q \leqslant 250t$		特重型厂房$Q \leqslant 250t$	
				α	β	α	β	α	β	α	β	α	β	α	β
10 —— 11	双阶柱的中柱	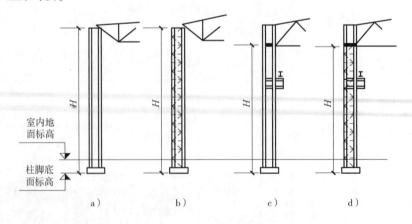 h_2——双阶柱上段柱的截面高度 b_1、b_3——双阶柱的上段和下段柱的截面宽度						中型厂房$30t \leqslant Q \leqslant 75t$ $h_2 = h_1 + 500$ $b_1 \leqslant b_2 \leqslant b_3$		重型厂房$100t \leqslant Q \leqslant 150t$ $h_2 = h_1 + 750$ $b_1 \leqslant b_2 \leqslant b_3$		重型厂房$175t \leqslant Q \leqslant 250t$ $h_2 = h_1 + 750$ $b_1 \leqslant b_2 \leqslant b_3$		特重型厂房$Q > 250t$ $h_2 = h_1 + 750$ $b_1 \leqslant b_2 \leqslant b_3$	

注：表中列有两项数值时不带括号的用于重级工作制起重机（A6～A8），带括号适用于中级及轻级起重机（A1～A5）。

8.1.3 框架柱的计算长度、长细比、板件宽厚比及柱身的构造要求

1. 框架柱的计算长度

（1）等截面柱（平面内） 单层房屋等截面柱在排架平面内的计算长度，按下式计算（一般按有侧移排架考虑）：

$$H_0 = \mu H \tag{8-1-1}$$

式中 H——柱的高度，如图 8-1-4 所示。当柱顶与屋架铰接时，取柱脚底面至柱顶面的高度，如图 8-1-4a、b 所示；当柱顶与屋架刚接时，可取柱脚底面至屋架下弦重心线之间的高度，如图 8-1-4c、d 所示；

μ——柱的计算长度系数，根据排架横梁（屋架）线刚度 I_0/L 和柱线刚度 I/H 之比值 K_0 查表 8-1-2，K_0 计算见下式。

$$K_0 = \frac{I_0 H}{IL} \tag{8-1-2}$$

式中 I_0——为排架横梁（屋架）的惯性矩，对于屋架将屋架跨中最大截面的惯性矩按屋架上弦不同坡度乘以下列折减系数：当屋架上弦坡度为 1/8～1/10 取 0.65～0.7；1/12～1/15 取 0.75～0.8；1/20 时取 0.9；

I——为柱截面惯性矩，对格构式柱应乘以折减系数 0.9；

L——屋架跨度。

a）　　　　b）　　　　c）　　　　d）

图 8-1-4　等截面柱

a、c）实腹式柱　b、d）格构式柱

（2）单阶阶形柱（平面内）

上段柱

$$H_{01} = \mu_1 H_1 \tag{8-1-3}$$

下段柱

$$H_{02} = \mu_2 H_2 \tag{8-1-4}$$

式中　H_1——上段柱高度，当柱与屋架（横梁）铰接时，取肩梁顶面至柱顶面高度，如（图 8-1-5a 所示，当柱与屋架刚接时，取肩梁顶面至屋架下弦杆件重心线之间的柱高度，如图 8-1-5b、c 所示；

H_2——下段柱高度，取柱脚底面至肩梁顶面之间的高度，如图 8-1-5 所示；

μ_1——上段柱的计算长度系数，应按下式计算

$$\mu_1 = \frac{\mu_2}{\eta_1} \tag{8-1-5}$$

μ_2——下段柱的计算长度系数，当柱上端与屋架铰接时，根据上段柱与下段柱的线刚度比

$$K_1 = \frac{I_1 H_2}{I_2 H_1} \tag{8-1-6}$$

$$\eta_1 = \frac{H_1}{H_2}\sqrt{\frac{N_1 I_2}{N_2 I_1}} \tag{8-1-7}$$

式中　I_1、I_2——上段柱和下段柱的截面惯性矩；

H_1、H_2——上段柱和下段柱的高度；

N_1、N_2——上段柱和下段柱的最大轴心力，按最大轴心力的荷载组合取用。

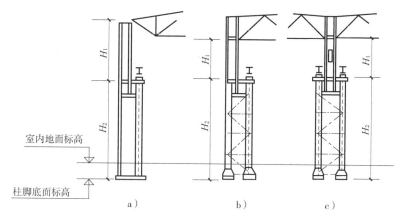

图 8-1-5　单阶形柱

a）柱与屋架铰接　b）、c）柱与屋架刚接

当柱上端与屋架刚接时，根据上段柱与下段柱的线刚度比和系数 η_1 按附录 E 表 E.0.4 查得的数值乘以表 8-1-3 的折减系数。

（3）双阶阶形柱（平面内）

上段柱

$$H_{01} = \mu_1 H_1 \tag{8-1-8}$$

中段柱

$$H_{02} = \mu_2 H_2 \tag{8-1-9}$$

下段柱：

$$H_{03} = \mu_3 H_3 \tag{8-1-10}$$

式中　H_1——上段柱的高度，按表 8-1-1 的要求确定；

H_2——中段柱的高度，取下段柱肩梁顶面至中段柱肩梁顶面的柱高度，如图 8-1-6 所示；

H_3——下段柱的高度，取柱脚底面至下段柱肩梁顶面的柱高度，如图 8-1-6 所示；

μ_1——上段柱计算长度系数，计算参见下式；

$$\mu_1 = \frac{\mu_3}{\eta_1} \qquad (8\text{-}1\text{-}11)$$

μ_2——中段柱计算长度系数，计算参见下式；

$$\mu_2 = \frac{\mu_3}{\eta_2} \qquad (8\text{-}1\text{-}12)$$

μ_3——下段柱计算长度系数，当柱上端与屋架铰接时，根据上段柱与下段柱的线刚度比

$$K_1 = \frac{I_1}{I_3} \frac{H_3}{H_1} \qquad (8\text{-}1\text{-}13)$$

$$K_2 = \frac{I_2}{I_3} \frac{H_3}{H_2} \qquad (8\text{-}1\text{-}14)$$

$$\eta_1 = \frac{H_1}{H_3} \sqrt{\frac{N_1 I_3}{N_3 I_1}} \qquad (8\text{-}1\text{-}15)$$

$$\eta_2 = \frac{H_2}{H_3} \sqrt{\frac{N_2 I_3}{N_3 I_2}} \qquad (8\text{-}1\text{-}16)$$

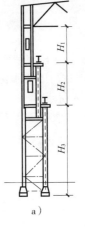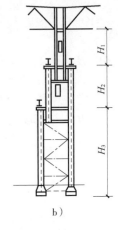

图 8-1-6　双阶阶形柱

a）边柱　b）中柱

式中　N_1、N_2、N_3——上柱、中柱、下柱的轴心力，可按最大轴心力的荷载组合取用；

I_1、I_2、I_3——上柱、中柱、下柱的截面惯性矩，当为格构式柱时，其计算的截面惯性矩应乘以折减系数 0.9。

当柱上端与屋架刚接时，根据根据 K_1、K_2 及 η_1、η_2 按附录 E 表 E.0.6 确定。

（4）框架柱平面外的计算长度　单层厂房排架柱在排架平面外的计算长度，应取能阻止排架柱平面外位移的侧向支承点（如托架支座、吊车梁和辅助桁架支座及柱间支撑节点等）之间的距离。

1）对于下端刚性固定于基础上的等截面柱，其排架平面外的计算长度取柱脚底面至屋盖纵向支撑或纵向构件支承节点处柱的高度，当设有吊车梁及柱间支撑的排架柱，其排架平面外的计算长度取柱脚底面至吊车梁底面或柱间支撑节点之间柱的高度。

2）阶形柱在排架平面外的计算长度：当设有吊车梁和柱间支撑而无其他纵向支承构件时，上段柱的计算长度可取吊车梁（制动结构）与柱连接节点（也即吊车梁的顶面，对于双阶柱为上层起重机顶面处）至屋盖纵向水平支撑节点处或托架支座处柱的高度；双阶柱的中段柱在排架平面外的计算长度，可取下层吊车梁顶面至上部肩梁顶面之间柱的高度。

3）在框架柱的各段柱中间，如设有其他纵向水平构件，并能承受按下式计算的轴向压力 F_{bL} 时，则该段柱在排架平面外的计算长度，取各纵向构件与柱连接节点之间的距离。

$$F_{bL} = \frac{N}{60} \qquad (8\text{-}1\text{-}17)$$

（5）分离式柱顶计算长度　分离式柱的计算长度如图 8-1-7 所示，其中如图 8-1-7a 所示，屋盖肢与吊车肢各为独立柱肢，二者中间用水平钢板连接在一起，此时屋盖肢在排架平面内的计算长度可按第（1）项关于等截面柱计算长度的规定确定，排架平面外取侧向支承点之间的距离。起重机柱肢的计算长度，在排架平面内取水平（连接）钢板之间的距离，平面外取 $0.7H_2$（H_2 为吊车柱肢底板底面至吊车梁支座顶面之间的柱高度）。对于图 8-1-7b 中的分离式柱，排架柱的计算长度可按关于阶形柱的规定确定，吊车柱肢的计算长度可按以上关于吊车柱肢的规定确定。

（6）格构式柱柱肢的计算长度　格构式的柱肢在平面内的计算长度（如图 8-1-8 所示）取水平缀条（l）之间的距离；柱肢的平面外计算长度按有关规定执行。

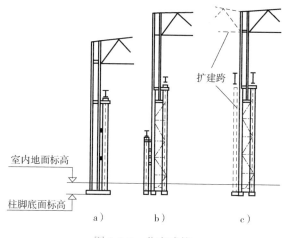

图 8-1-7 分离式柱

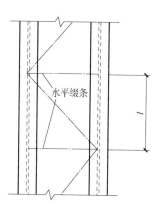

图 8-1-8 格构式柱

表 8-1-2 有侧移框（排）架等截面柱的计算长度系数 μ

序号	项目	K_0	0	0.05	0.1	0.2	0.3	0.4	0.5	1.0	2.0	3.0	4.0	5.0	≥10
1	框架柱与基础的连接方式	刚性连接	2.03	1.83	1.70	1.52	1.42	1.35	1.30	1.17	1.10	1.07	1.06	1.05	1.03
2		铰接	∞	6.02	4.46	3.42	3.01	2.78	2.64	2.33	2.17	2.11	2.08	2.07	2.03

注：1. 当屋架（横梁）的远端为铰接时，应将横梁或屋架的线刚度乘以 0.5；当屋架或横梁远端为嵌固时，则应乘以 2/3。

2. 当屋架（横梁）两端与柱铰接时，取横梁线刚度为零，也即 $K_0 = 0$。

3. 当与柱刚性连接的横梁所受轴心压力 N_b 较大时，横梁线刚度应乘以折减系数 α_N：

横梁远端与柱刚接 $\qquad\qquad \alpha_N = 1 - \dfrac{N_b}{4N_{Eb}}$

横梁远端与柱铰接 $\qquad\qquad \alpha_N = 1 - \dfrac{N_b}{N_{Eb}}$

横梁远端与柱嵌固 $\qquad\qquad \alpha_N = 1 - \dfrac{N_b}{2N_{Eb}}$

$N_{Eb} = \pi^2 EI_b/L^2$ 其中，I_b 为横梁截面惯性矩，E 为钢材的弹性模量，L 为横梁的跨度。

表 8-1-3 单层厂房阶形柱计算长度的折减系数

序号	房屋基本情况				折减系数
	跨数	纵向温度区段内一个柱列的柱子数	屋面材料	厂房两侧是否有通长屋盖纵向水平支撑	
1	单跨	等于或少于 6 个	—	—	0.9
2		多于 6 个	非大型钢筋混凝土屋面板	无纵向水平支撑	
3				有纵向水平支撑	
4			大型钢筋混凝土屋面板	—	0.8
5	多跨	—	非大型钢筋混凝土屋面板	无纵向水平支撑	
6				有纵向水平支撑	
7			大型钢筋混凝土屋面板	—	0.7

2. 框架柱的长细比

（1）实腹柱、格构式柱（整体及柱分肢）的长细比　实腹柱、格构式柱（整体及柱分肢）的长细比 λ（$\lambda = H/i$）不应超过150，实际工程中可按柱身高度及荷载大小控制在 $60 \sim 100$。计算长细比时，柱高为柱的计算长度，应分别核算柱强轴、弱轴（即框架平面内、外）两个方向长细比（即 λ_x 和 λ_y 均要满足要求）。

计算格构式柱的长细比时，应分别计算柱整体的长细比（即对截面虚轴为换算长细比）及分肢长细比且均要满足要求。

（2）格构式柱缀件采用缀条（缀板）　格构式柱缀件采用缀条时，其分肢长细比 λ_1 应不大于构件两个方向长细比（对截面虚轴为换算长细比）中较大值 λ_{max} 的0.7倍；当缀件采用缀板时，λ_1 不应大于40，且不应大于 λ_{max} 的0.5倍（当 $\lambda_{max} < 50$ 时取 $\lambda_{max} = 50$）。

3. 框架柱的板件宽厚比限值

框架柱的板件宽厚比限值见表8-1-4。

表 8-1-4　框架柱的板件宽厚比限值

序号	类别	截面形式	翼缘板	腹板
1	压弯构件	工字形及H形截面	$\dfrac{b}{t} \le 13\sqrt{\dfrac{235}{f_y}}$　　f_y——钢材的屈服强度	当 $0 < \alpha_0 \le 1.6$　$h_0/t_w \le (16\alpha_0 + 0.5\lambda + 25)\sqrt{235/f_y}$　当 $1.6 < \alpha_0 < 2.0$　$h_0/t_w \le (48\alpha_0 + 0.5\lambda - 26.2)\sqrt{235/f_y}$　α_0——柱腹板应力不均匀系数　$\alpha_0 = \sigma_{max} - \sigma_{min}/\sigma_{max}$
2		T形截面	$\dfrac{b}{t} \le 13\sqrt{\dfrac{235}{f_y}}$	1）轴心压力和弯矩共同作用下使腹板的自由边受拉的压弯构件　热轧剖分T型钢：$h_0/t_w \le (15 + 0.2)\sqrt{235/f_y}$　焊接T型钢：$h_0/t_w \le (13 + 0.17)\sqrt{235/f_y}$　2）弯矩作用下使腹板的自由边受压的压弯构件　当 $\alpha_0 \le 1.0$：$h_0/t_w \le 15\sqrt{235/f_y}$　当 $\alpha_0 > 1.0$：$h_0/t_w \le 18\sqrt{235/f_y}$
3		箱形截面	$\dfrac{b}{t} \le 40\sqrt{\dfrac{235}{f_y}}$	当 $0 \le \alpha_0 \le 1.6$　$h_0/t_w \le (12.8\alpha_0 + 0.4\lambda + 20)\sqrt{235/f_y}$　当 $1.6 \le \alpha_0 \le 2.0$　$h_0/t_w \le (38.4\alpha_0 + 0.4\lambda - 21)\sqrt{235/f_y}$　以上两式结果如小于 $40\sqrt{235/f_y}$ 时，则采用 $40\sqrt{235/f_y}$
4		圆管截面	$\dfrac{d}{t} \le 100\sqrt{\dfrac{235}{f_y}}$	
5	轴心受压构件	工字形及H形截面	$\dfrac{b}{t} \le (10 + 0.1\lambda)\sqrt{\dfrac{235}{f_y}}$	$\dfrac{h_0}{t_w} \le (25 + 0.5\lambda)\sqrt{\dfrac{235}{f_y}}$

（续）

序号	类别	截面形式	翼缘板	腹板
6	轴心受压构件	T形截面	$\dfrac{b}{t} \leqslant (10 + 0.1\lambda)\sqrt{\dfrac{235}{f_y}}$	$\dfrac{h_0}{t_w} \leqslant (10 + 0.1\lambda)\sqrt{\dfrac{235}{f_y}}$
7		箱形截面	$\dfrac{b_0}{t} \leqslant 40\sqrt{\dfrac{235}{f_y}}$	$\dfrac{h_0}{t_w} \leqslant 40\sqrt{\dfrac{235}{f_y}}$

注：1. 表中符号说明：

λ——构件两方向的长细比较大值：当 $\lambda < 30$ 时，取 $\lambda = 30$；当 $\lambda > 100$ 时，取 $\lambda = 100$；

f_y——钢材的屈服强度（点）（N/mm²），对于 Q235 钢，$f_y = 235 \text{N/mm}^2$；Q345 钢，$f_y = 345 \text{N/mm}^2$；Q390 钢，$f_y = 390 \text{N/mm}^2$；Q420 钢，$f_y = 420 \text{N/mm}^2$；

σ_{max}——腹板计算高度边缘的最大压应力，计算时不考虑构件的稳定系数和截面塑性发展系数；

σ_{min}——腹板计算高度另一边缘相应的应力，压应力取正值，拉应力取负值。

2. 当工字形、箱形截面的 h_0/t_w 不能满足要求时，腹板截面应仅考虑计算高度边缘范围内两侧宽度 $20t_w \sqrt{235/f_y}$ 的部分（计算构件稳定系数时仍用全截面）或采用纵向加劲肋加强；纵向加劲肋宜在腹板两侧成对配置，其一侧外伸宽度不应小于 $10t_w$，厚度不应小于 $0.75t_w$；当强度和稳定计算中取 $\gamma_x = 1.0$ 时，b/t 可放宽至 $15\sqrt{235/f_y}$。

8.2　框架柱的设计与构造

8.2.1　框架柱设计一般采用的步骤

1. 设计计算的基本条件

1）确定框架柱的截面特征或类型（如实腹式柱、格构式柱、边柱、中柱等）；计算假定与建立计算模型（如柱顶节点与屋架连接节点为铰接或刚接、与基础的连接形式等）；主要连接节点（肩梁、柱脚等）的构造，柱的侧向支撑条件等。

2）确定框架柱所验算的截面位置，并由框架计算结果中选取各计算截面的最不利的内力组合。一般情况，对等截面柱，可选取 1～2 个截面；对单阶两端固接柱（如图 8-2-1 所示）一般选取 3～4 个截面（例如 A、B、C、D 截面）。

2. 柱截面特征的计算

计算框架柱所验算的截面及分肢截面的特征。

3. 柱计算长度的计算

根据各段柱的最大轴心力及其连接构造确定柱的计算长度。

4. 柱身的强度和稳定验算

1）对各段框架柱截面进行强度及稳定性进行验算。

2）对格构式柱除进行全截面整体稳定性验算外，尚需验算其分肢稳定性。

3）核算截面受压板件的局部稳定，如不能满足要求时应修改其截面尺寸。

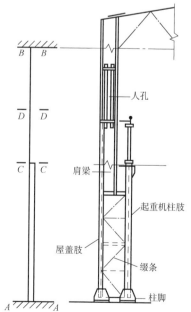

图 8-2-1　单阶柱的计算简图

5. 缀条（板）的选定

对格构式柱按照缀条（缀板）稳定性和强度的要求，选定缀条（缀板）截面尺寸，并计算与框架柱柱肢的连接。

6. 主要节点的计算和构造

一般应进行肩梁（包括吊车肢的柱头）节点、柱牛腿节点、柱脚节点等的设计计算，当设置人孔时，尚需对人孔肢的强度和稳定性进行验算。

8.2.2 框架柱截面强度的计算

框架柱截面强度的计算见表 8-2-1。

表 8-2-1　框架柱截面强度的计算

序号	受力状态	截面形式	截面强度验算	截面稳定验算	说明及图示
1	轴心受压	实腹式柱或格构式柱	$\sigma = \dfrac{N}{A_n} < f$　(8-2-1) σ——钢材计算应力 N——轴心力 A_n——净截面面积	对框架的 x 和 y 平面均应进行验算 $$\dfrac{N}{\varphi A} \leqslant f \qquad (8-2-3)$$ A——毛截面面积 f——钢材的抗拉、抗压和抗弯强度设计值 φ——轴心受压构件的稳定系数	1）强度和稳定的验算结果均应满足要求 2）稳定系数 φ 应根据钢材牌号及截面类别查用，选用 x 及 y 两平面中较小者
2	偏心受压	实腹式等截面柱	$\dfrac{N}{A_n} \pm \dfrac{M_x}{\gamma_x W_{nx}} \leqslant f$ (8-2-2) N——弯矩 M_x 同一截面处的轴心力 M_x——所计算构件段范围内的最大弯矩 W_{nx}——对 x 轴的截面模量	框架平面内的验算 $$\dfrac{N}{\varphi_x A f} + \dfrac{\beta_{mx} M_x}{\gamma_x W_{1x}\left(1-0.8\dfrac{N}{N'_{Ex}}\right)f} \leqslant 1.0$$ (8-2-4) N——所计算构件范围内的轴心力 γ_x——截面塑性发展系数（x 轴） W_{1x}——弯矩作用平面内（x 轴）较大受压纤维的毛截面模量 φ_x、φ_y——轴心受压构件（绕 x 轴和 y 轴稳定系数 β_{mx}——等效弯矩系数，对于框架柱取 $\beta_{mx}=1.0$ N'_{Ex}——欧拉临界力，$N'_{Ex}=\dfrac{\pi^2 EA}{1.1\lambda_x^2}$ 框架平面外的验算 $$\dfrac{N}{\varphi_y A f}+\eta\dfrac{\beta_{tx} M_x}{\varphi_b W_{1x} f}\leqslant 1.0 \qquad (8-2-5)$$ φ_b——均匀弯曲的受弯构件整体稳定系数，按附录 C 计算 η——截面影响系数，闭口截面 $\eta=0.7$，其他截面 $\eta=1.0$ β_{tx}——等效弯矩系数，对于框架柱 $\beta_{tx}=0.65+0.35M_2/M_1$，$M_1$ 和 M_2 为弯矩作用平面内弯矩，使构件产生同向曲率时取正号，产生反向曲率（有反弯点）时取负号，$|M_1| \geqslant |M_2|$	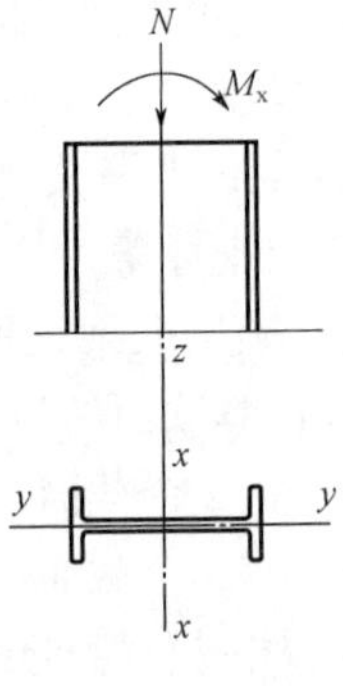 图 8-2-2　实腹式柱截面

（续）

序号	受力状态	截面形式	截面强度验算	截面稳定验算	说明及图示
3		格构式柱		框架平面内的验算 $$\frac{N}{\varphi_x Af}+\frac{\beta_{mx}M_x}{W_{1x}\left(1-\varphi_x\dfrac{N}{N'_{EX}}\right)f}\leqslant1.0 \tag{8-2-6}$$ $$W_{1x}=\frac{I_x}{y_0} \tag{8-2-7}$$ N'_{EX}——欧拉临界力，$$N'_{EX}=\pi^2EA/1.1\lambda^2_{0x}$$ φ_x——框架平面内 x 轴（虚轴）的轴心受压构件稳定系数；以换算长细比 λ^2_{0x} 计算进行 I_x——对 x 轴（虚轴）的毛面积惯性矩 y_0——由 x 轴（虚轴）至压力分肢的重心线的距离或至压力较大分肢腹板的距离，取二者的较大值 框架平面外的稳定不必计算，但应验算分肢的稳定性	
4	偏心受压	格构式柱的分肢	格构式柱的分肢轴心力按如图 8-2-3 所示进行计算 分肢1 $$N_1=\frac{N_{y2}}{h}+\frac{M'_x}{h} \tag{8-2-8}$$ 分肢2 $$N_2=\frac{N_{y1}}{h}+\frac{M_x}{h} \tag{8-2-9}$$ N_1、N_2——分肢 1 及分肢 2 的轴心力 M_x——使分肢 2 受压的弯矩 M'_x——使分肢 1 受压的弯矩 y_1、y_2——由虚轴 x 至分肢 1 及分肢 2 的重心线的距离 分肢一般为轴心受压构件，可不必进行强度计算	$$\frac{N_i}{\varphi A_i f}\leqslant1.0 \tag{8-2-10}$$ N_i——分肢的轴心力 φ——分肢的轴心受压构件稳定系数 A_i——分肢的截面面积	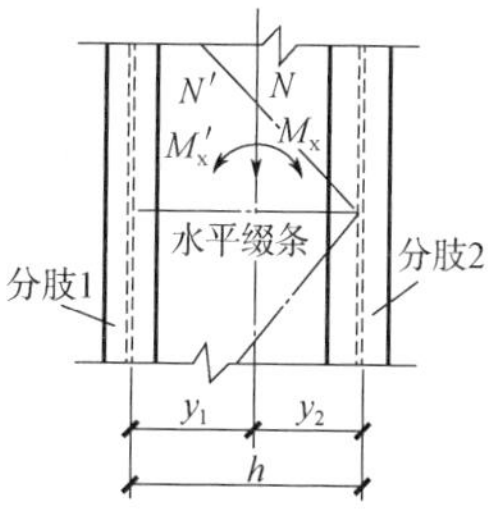 图 8-2-3　格构式柱的分肢轴心力计算

（续）

序号	受力状态	截面形式	截面强度验算	截面稳定验算	说明及图示
5 6	偏心受压	阶形柱实腹式吊车柱肢	$\dfrac{N}{A_n}+\dfrac{M_x}{\gamma_x W_{n1x}}+\dfrac{M_y}{\gamma_y W_{n1y}}\leqslant f$ (8-2-11) N、M_x——所计算截面的轴心力及绕 x 轴（框架平面内）的弯矩 M_y——绕 y 轴（框架平面外）的弯矩 W_{n1x}——吊车柱肢一侧对 x 轴的净截面模量 W_{n1y}——吊车柱肢对 y 轴的净截面模量 γ_x、γ_y——吊车柱肢的截面塑性发展系数	阶形柱的吊车柱肢顶部吊车梁为平板式支座，实腹式柱吊车柱肢的稳定： $\dfrac{N}{\varphi_x Af}+\dfrac{\beta_{mx}M_x}{\gamma_x W_{1x}\left(1-0.8\dfrac{N}{N'_{EX}}\right)f}+\eta\dfrac{\beta_{ty}M_y}{\varphi_{by}W_{1y}f}$ $\leqslant 1.0$ （8-2-12） $\dfrac{N}{\varphi_y Af}+\dfrac{\beta_{my}M_y}{\gamma_y W_{1y}\left(1-0.8\dfrac{N}{N'_{EY}}\right)f}+\eta\dfrac{\beta_{tx}M_x}{\varphi_{bx}W_{1x}f}$ $\leqslant 1.0$ （8-2-13） φ_x、φ_y——对 x 轴和 y 轴的轴心受压稳定系数 φ_{bx}、φ_{by}——均匀弯曲的受弯构件整体稳定（对 x 轴和 y 轴）系数，按附录 B 计算 W_{1x}——吊车柱肢一侧对 x 轴的毛截面模量 W_{1y}——吊车柱肢对 y 轴的毛截面模量 β_{mx}——等效弯矩系数，对于排架柱，$\beta_{mx}=1.0$ β_{my}——等效弯矩系数，对于吊车柱肢 $\beta_{my}=0.65+0.35M_{2y}/M_{1y}$，$M_{2y}$ 和 M_{1y} 作用于排架平面外，吊车肢两端的固端弯矩如图 8-2-5 所示，$M_1=2M_2$，此时的 $\beta_{my}=0.825$ β_{ty}——等效弯矩系数，对于吊车梁 $\beta_{ty}\geqslant 1.0$ 阶形柱的下段为格构式柱，吊车肢顶部吊车梁为平板式支座，实腹式柱吊车肢的稳定： $\dfrac{N}{\varphi_x A}+\dfrac{\beta_{mx}M_x}{W'_{1x}\left(1-\varphi_x\dfrac{N}{N'_{EX}}\right)}+\dfrac{\beta_{ty}M_y}{W_{1y}}\leqslant f$ （8-2-14） 吊车柱肢的稳定计算可按本表第 4 项中公式计算吊车柱肢的轴向力，再按本项计算 M_y，然后按该公式进行其稳定性计算	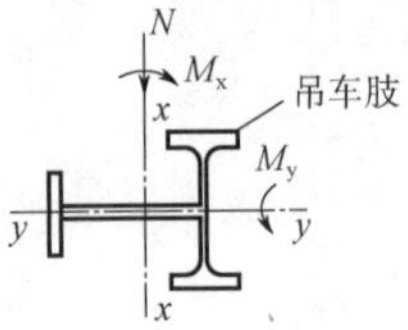 图 8-2-4 阶形柱实腹式吊车柱肢截面计算简图 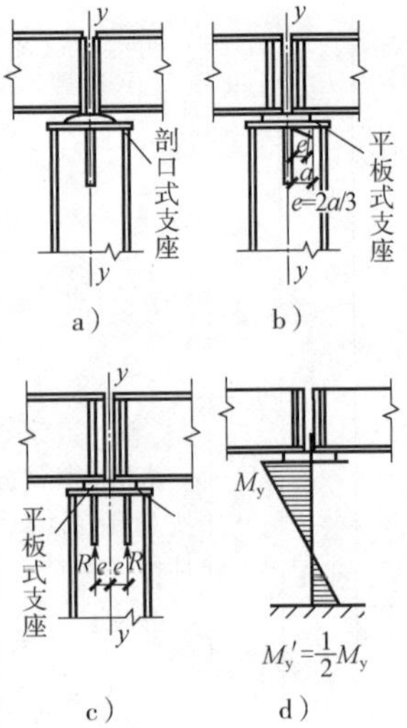 a) b) c) d) $M'_y=\dfrac{1}{2}M_y$ 图 8-2-5 吊车柱肢的弯矩 (M_y) 计算简图

注：1. 阶形柱的实腹式或格构式下段柱的吊车柱肢，当其顶部吊车梁为窄缘式支座时，如图 8-2-5a 所示，可不考虑吊车梁支座反力的偏心影响，按中心受压构件计算吊车柱肢的稳定。当吊车柱肢顶部吊车梁为平板式支座时，如图 8-2-5b 所示，则应考虑吊车梁支座反力之差 (R_1-R_2) 所产生的平面外的弯矩 M_y，如图 8-2-5b、d 所示，此时吊车柱肢应按压弯构件进行设计计算。

    2. 吊车柱肢平面外的弯矩 M_y 假定全部由吊车柱肢承担，按下式计算：

$$M_y=(R_1-R_2)e \qquad (8-2-15)$$

式中 e——吊车梁支座反力作用线至吊车柱肢中心线（y 轴）的距离，如图 8-2-5c 所示；

R_1、R_2——相邻两吊车梁的支座反力。

    3. 弯矩 M_y 沿吊车柱肢的高度方向的分布如 8-2-5d 所示，此时可以近似地假设吊车肢的上端为铰接，下端为刚性固定，因此下端的弯矩为上端的二分之一。

8.2.3　格构式柱缀条（板）的计算与构造

格构式柱缀条（板）的计算与构造见表8-2-2。

表 8-2-2　格构式柱缀条（板）的计算与构造

序号	类别	项目	内容
1	内力计算与截面选择	缀条的内力计算	格构式柱的缀条，一般采用单角钢，并沿柱高按三角形布置在柱身两侧平面内，如图8-2-6所示。缀条承受的内力可按下列公式计算： $$N_h = \frac{V}{2} \qquad (8\text{-}2\text{-}16)$$ $$N = \frac{V}{2\cos\alpha} \qquad (8\text{-}2\text{-}17)$$ 式中　V——剪力设计值，由排架分析所得到的柱最大水平剪力设计值或由式（8-2-18）算得的剪力，取两者中的较大值 　　　α——斜缀条与水平缀条的夹角 　　　N_h——水平缀条的内力 　　　N——斜缀条的内力 $$V = \frac{Af}{85}\sqrt{\frac{f_y}{235}} \qquad (8\text{-}2\text{-}18)$$ 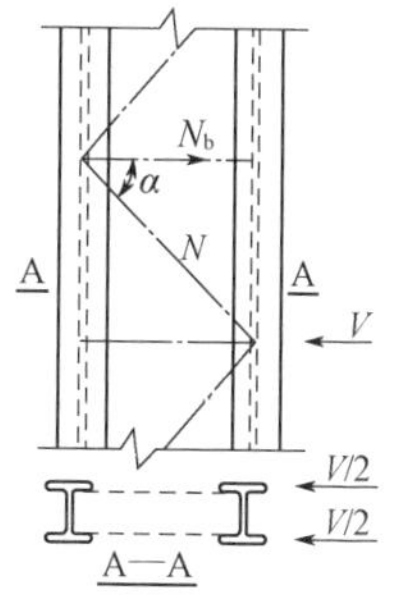 图 8-2-6　缀条计算简图
2		缀条的截面选择	缀条按两端为铰接的轴心受压构件计算，缀条通常并不由强度计算控制，而仅需按下列公式进行稳定计算： $$\frac{N_h}{\varphi A_h f} \leqslant 1.0 \qquad (8\text{-}2\text{-}19)$$ $$\frac{N}{\varphi A f} \leqslant 1.0 \qquad (8\text{-}2\text{-}20)$$ 式中　φ——根据缀条最大长细比确定的受压构件稳定系数，可按下列规定采用： 　　1）当缀条采用等边角钢且不设附加缀条时，应采用角钢最小回转半径来计算长细比，并按 B 类截面确定 φ 值进行计算 　　2）当缀条采用不等边角钢且长肢与柱肢相连，短肢设附加缀条时，应采用缀条在缀材平面内和平面外的较大的长细比（计算长度取附加缀条之间的距离），并按 C 类截面确定 φ 值进行计算 　　　A_h——水平缀条的毛截面面积 　　　A——斜缀条的毛截面面积 　　　f——单面连接的单角钢缀条，按轴心力计算时的强度设计值：在计算稳定性时，其值等于钢材的强度设计值乘以折减系数 $\psi = 0.6 + 0.0015\lambda$，但不大于1.0；对于长边与柱肢相连的不等边角钢，$\psi = 0.7$
3		缀板连接	对于荷载较轻、截面尺寸不太大的框架柱可以采用缀板式柱，其缀板尺寸应满足 $b \geqslant 2a/3$，板厚 $t \geqslant a/40$，并不小于6mm 的要求，其中 a 为框架柱两肢形心轴之间的距离；缀板之间净距应保证分肢弱轴方向长细比 $\lambda \leqslant 40i_1$（i_1 为分肢对弱轴的回转半径）及同一截面处缀板线刚度之和不小于较大分肢线刚度的6倍等条件确定 分肢及缀板的内力如图8-2-7b 所示，可按下式计算： 分肢弯矩　$$M_1 = \frac{Vl_1}{4} \qquad (8\text{-}2\text{-}21)$$ 分肢剪力　$$V_1 = \frac{V}{2} \qquad (8\text{-}2\text{-}22)$$ 每侧缀板弯矩　$$M_T = \frac{Vl_1}{2} \qquad (8\text{-}2\text{-}23)$$ 每侧缀板剪力　$$V_T = \frac{Vl_1}{2a} \qquad (8\text{-}2\text{-}24)$$ 缀板截面及缀板与柱肢的连接焊缝均应按同时承受 M_T 及 V_T 进行验算 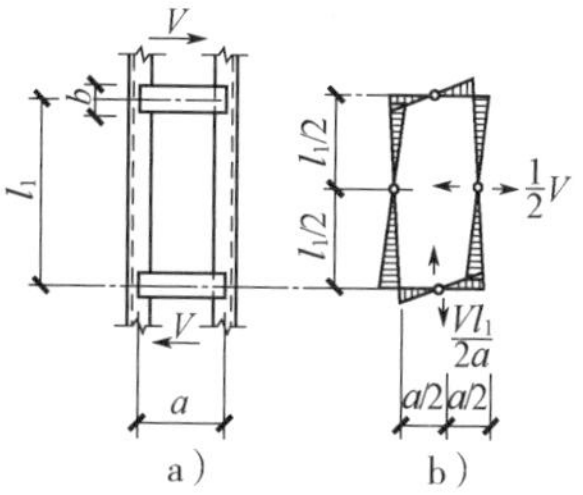 图 8-2-7　缀板计算简图

（续）

序号	类别	项目	内容
4	缀条与柱肢的连接及横隔板的形式	缀条与柱肢的连接	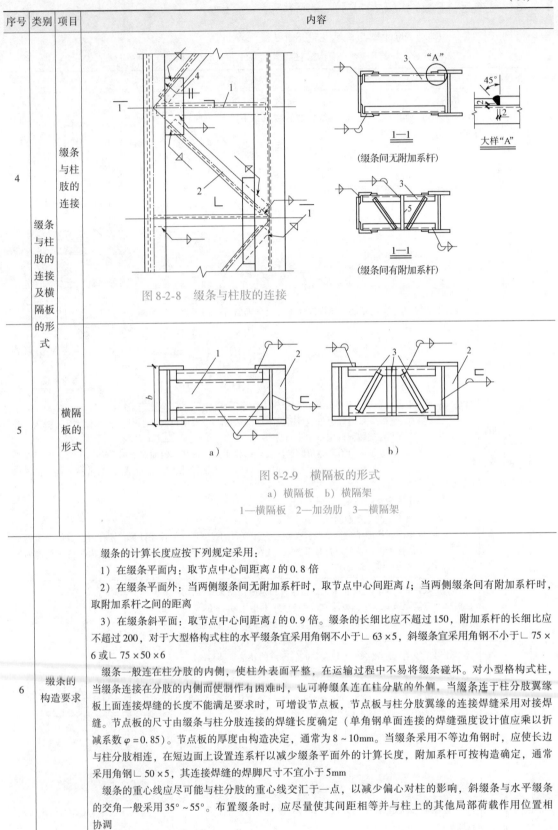
5		横隔板的形式	
6		缀条的构造要求	缀条的计算长度应按下列规定采用： 1）在缀条平面内：取节点中心间距离 l 的 0.8 倍 2）在缀条平面外：当两侧缀条间无附加系杆时，取节点中心间距离 l；当两侧缀条间有附加系杆时，取附加系杆之间的距离 　3）在缀条斜平面：取节点中心间距离 l 的 0.9 倍。缀条的长细比应不超过 150，附加系杆的长细比应不超过 200，对于大型格构式柱的水平缀条宜采用角钢不小于∟63×5，斜缀条宜采用角钢不小于∟75×6 或∟75×50×6 　缀条一般连在柱分肢的内侧，使柱外表面平整，在运输过程中不易将缀条碰坏。对小型格构式柱，当缀条连接在分肢的内侧而使制作有困难时，也可将缀条连在柱分肢的外侧。当缀条连于柱分肢翼缘板上面连接焊缝的长度不能满足要求时，可增设节点板，节点板与柱分肢翼缘的连接焊缝采用对接焊缝。节点板的尺寸由缀条与柱分肢连接的焊缝长度确定（单角钢单面连接的焊缝强度设计值应乘以折减系数 $\varphi = 0.85$）。节点板的厚度由构造决定，通常为 8～10mm。当缀条采用不等边角钢时，应使长边与柱分肢相连，在短边面上设置连系杆以减少缀条平面外的计算长度，附加系杆可按构造确定，通常采用角钢∟50×5，其连接焊缝的焊脚尺寸不宜小于 5mm 　缀条的重心线应尽可能与柱分肢的重心线交汇于一点，以减少偏心对柱的影响，斜缀条与水平缀条的交角一般采用 35°～55°。布置缀条时，应尽量使其间距相等并与柱上的其他局部荷载作用位置相协调

图 8-2-8　缀条与柱肢的连接

（缀条间无附加系杆）

大样“A”

（缀条间有附加系杆）

图 8-2-9　横隔板的形式
a）横隔板　b）横隔架
1—横隔板　2—加劲肋　3—横隔架

（续）

序号	类别	项目	内容
6	缀条的构造要求		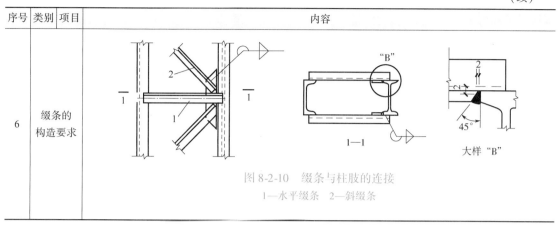 图 8-2-10 缀条与柱肢的连接 1—水平缀条 2—斜缀条

8.2.4 框架柱主要节点的计算和构造

1. 柱牛腿的计算和构造

柱牛腿的计算和构造见表 8-2-3。

表 8-2-3 柱牛腿的计算和构造

序号	类别	内容	
1	柱的牛腿计算	**单壁式牛腿** 单壁式牛腿应验算与其柱连接处的工字形截面强度及焊缝强度，该截面作用的剪力 $V = P$，弯矩 $M = Pe$。 截面中 A 点（如图 8-2-11 所示）的强度验算，其折算应力： $$\sigma_c = \sqrt{\sigma^2 + 3\tau^2} \leqslant 1.1 f_t^w \qquad (8\text{-}2\text{-}25)$$ $$\sigma = \frac{Pe}{W_A}$$ $$\tau = \frac{PS_1}{It_w}$$ 式中 σ——截面中 A 点的正应力 τ——截面中 A 点的剪应力 W_A——工字形截面中 A 点的截面模量 I——工字形截面的惯性矩 S_1——A 点以上截面对于中和轴的面积矩 t_w——腹板的厚度 按有关规定依下式验算 A 点的综合应力： $$\sigma_{f2} = \sqrt{\left(\frac{\sigma_{M2}}{\beta_f}\right)^2 + \tau_v^2} \leqslant f_t^w$$ 当截面中 B 承受较大弯矩 M 和剪力 V 时，由于牛腿的作用，也应对柱截面中 B 点的强度按上式进行折算应力验算	图 8-2-11 实腹式柱牛腿 $$\sigma = \frac{N}{A} + \frac{M}{W} \qquad (8\text{-}2\text{-}26)$$ $$\tau = \frac{V + H}{A_w} \qquad (8\text{-}2\text{-}27)$$ $$H = \frac{Pe}{d}$$ 注：B 和 E 点处的柱加劲肋与其柱翼缘的连接焊缝应能可靠地传递水平力 H，因此工程中均要求该焊缝焊透
2	双壁式牛腿	双壁槽钢悬臂（如图 8-2-12b 所示）连接于柱顶两侧，其截面计算按剪力 $V = P$ 和弯矩 $M = Pe$ 参照式（8-2-25）验算折算应力。 槽钢腹板与柱肢的连接按下式确定的牛腿反力进行连接焊缝计算： $$F_2 = 1.2 \frac{P(e + h)}{h} \qquad (8\text{-}2\text{-}28)$$ $$F_1 = 1.2 \frac{Pe}{h} \qquad (8\text{-}2\text{-}29)$$ 式中，系数 1.2 为考虑传力不均匀的增大系数，每条焊缝承担的力为 $F_1/2$ 或 $F_2/2$	

（续）

序号	类别	内容
2	柱的牛腿计算 双壁式牛腿	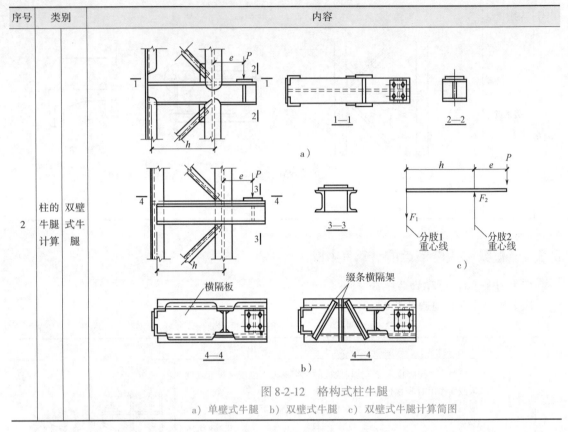 图 8-2-12 格构式柱牛腿 a) 单壁式牛腿 b) 双壁式牛腿 c) 双壁式牛腿计算简图

2. 柱肩梁的计算和构造

格构式阶形柱的上柱与下柱之间连接处，为保证整个柱的连续性，使上柱的内力能可靠地传递到下柱，均应在上下柱的交接处设置肩梁（如图 8-2-13 所示）。一般情况下肩梁采用单腹板形式，其优点是构造简单，施工方便，且用钢量较少。只有当单腹板式肩梁不能满足（梁的强度）要求时，才采用双腹板式肩梁。柱肩梁的计算和构造见表 8-2-4。

表 8-2-4 柱肩梁的计算和构造

序号	项目	内容	
1	单腹板肩梁的计算和构造	1）集中力 F_1、F_2 的计算 $$\left.\begin{array}{l} F_1 = \dfrac{N}{2} \\[2mm] F_2 = \dfrac{M}{h_u} \end{array}\right\} \qquad (8\text{-}2\text{-}30)$$ 2）肩梁可近似按简支梁验算其强度，对单腹板式肩梁（如图 8-2-13 所示）可根据上段柱底截面最不利内力组合的弯矩（M）及轴心力（N）进行计算： 肩梁所承受的最大弯矩 M $$M = R_2 a_2 \qquad (8\text{-}2\text{-}31)$$ 肩梁所承受的剪力（V）应根据吊车柱肢上吊车梁反力的传递方式，如吊车梁采用平板式支座，其反力通过另加的加劲肋传递时，则其剪力按式（8-2-32）计算，如吊车梁采用突缘支座，其反力通过腹板传递时，则剪力按式（8-2-33）计算 $$V = R \qquad (8\text{-}2\text{-}32)$$ R 对于中柱取 R_1、R_2 中较大值，对边柱取 R_2 及 $F_2 - R_2$ 中较大值	图 8-2-13 肩梁计算简图 a) 中柱肩梁 b) 边柱肩梁

（续）

序号	项目	内容
1	单腹板肩梁的计算和构造	$$V = R_2 + \frac{1.2 R_{max}}{2} \qquad (8\text{-}2\text{-}33)$$ 式中　R_{max}——凸缘支座传至肩梁的最大压力 　　3）肩梁应按由上、下盖板及腹板形成的工字形截面由下列公式验算其抗弯和抗剪强度： 正应力　　　$\sigma = \dfrac{M}{\gamma_x W_{nx}} \leq f \qquad (8\text{-}2\text{-}34)$ 剪应力　　　$\tau = \dfrac{VS}{I t_w} \leq f_v \qquad (8\text{-}2\text{-}35a)$ 当 $\sigma > f_v$ 时应按下式验算腹板高度边缘处的折算应力 $$\sigma_c = \sqrt{\sigma^2 + 3\tau^2} \leq f \qquad (8\text{-}2\text{-}35b)$$ 肩梁的盖板宽度一般可取与上柱翼缘板的宽度相等，其腹板高度为保证上柱传力及肩梁刚度一般取下段柱截面高度的 $0.4 \sim 0.6$ 倍，腹板厚度由计算确定，但不宜小于 10mm 　　一般将上柱翼缘板开槽插入腹板中，连接焊缝 l 按传递翼缘力（$F_1 + F_2$）计算，当肩梁腹板不传递吊车梁反力 R_{max} 时，可全截面伸入直达肩梁下盖板，此时其焊缝 2 可按传递式（8-2-32）的剪力计算；当肩梁腹板传递吊车梁反力 R_{max} 时，则肩梁腹板宜伸过吊车柱肢腹板开槽插入，如图 8-2-14b、d 所示，其连接焊缝 2、3，按 $R_2 + R_{max}$ 计算，肩梁腹板在吊车梁突缘支座范围内宜刨平顶紧后焊接。肩梁盖板与上柱翼缘板的焊缝宜采用剖口等强度焊缝	 图 8-2-14　单腹板肩梁构造 　　a）单腹板肩梁 　　b、d）吊车梁为突缘式支座 　　c、e）吊车梁为平板式支座 　　f）肩梁腹板局部加厚
	吊车柱肢加劲肋的计算与构造	1）当吊车梁的反力较大并采用突缘支座形式时，肩梁的腹板宜伸过吊车柱肢的腹板兼作支承加劲肋用，如图 8-2-14 中剖面 2—2 所示，此时肩梁腹板的厚度 t_w 除按上式设计计算外还应满足端面承压的要求： $$t_w \geq \frac{R_{max}}{(b + 2t_1) f_{ce}} \qquad (8\text{-}2\text{-}36)$$ 式中　R_{max}——按作用在肩梁牛腿处吊车梁支座的反力计算 　　　　b——吊车梁端加劲肋的宽度 　　　　t_1——肩梁上盖板及垫板厚度之和 　　　　f_{ce}——腹板钢材端面承压强度设计值 　　当按承压计算的肩梁腹板厚度大于按强度计算的腹板厚度时，为节省钢材，肩梁腹板在梁端局部承压区可采用局部变截面加厚构造，如图 8-2-14f 所示。对起重机荷载特别大或设有工作级别为 A8 的硬钩起重机的重型厂房柱，吊车柱肢的腹板在肩梁范围内宜增加加劲肋进行局部加厚，该加劲肋的顶面应刨平顶紧于肩梁的上盖板 　　2）当吊车梁采用平板支座时，吊车柱肢顶部加劲肋的位置应与吊车梁的端加劲肋相对应，如图 8-2-14c、e 所示，加劲肋的上端应刨平顶紧，并以吊车梁的最大反力计算加劲肋的承压面积及其连接焊缝的强度

3. 人孔的计算和构造

（1）人孔的计算

1）人孔处由两个加强的人孔分肢柱组成（如图 8-2-15 中 $D—D$ 剖面图所示），计算人孔分肢的内力时假定肢的上下端均为刚接（如图 8-2-15b 所示），其反弯点在柱肢的中间。人孔分肢一般取其下端截面进行截面验算，该处的内力按下式计算：

$$N_1 = \frac{N}{2} + \frac{M}{c} \tag{8-2-37}$$

$$V_1 = \frac{V}{2} \tag{8-2-38}$$

$$M_1 = V_1 \frac{l}{2} = \frac{Vl}{4} \tag{8-2-39}$$

式中　　c——两个人孔肢之间的距离；

　　　　l——人孔的净高；

M、N、V——由框架计算所得的验算截面最不利的内力组合值，一般采用上柱下端底部的内力组合数值。

2）人孔柱顶分肢按单向压弯构件设计，验算其强度和稳定性。分肢的平面内、外的计算长度均为人孔净高（l）。

（2）人孔的构造

1）人孔一般设计为矩形，其构造简单，装配方便。人孔的净空尺寸：宽度不应小于 400mm，高度不小于 1800mm。孔的周边设置加劲肋用来加强柱的腹板，人孔上下设置横向加劲肋，其断面尺寸可与柱身横向加劲肋相同，但厚度应适当增加。纵向加劲肋如图 8-2-15a 所示，其厚度应大于柱腹板厚度或取 10mm，其外伸宽度一般取其厚度的 12 倍，焊脚尺寸 h_f 不宜小于 8mm。

2）人孔底部加劲肋的标高应与吊车梁（或吊车桁架）上翼缘顶面标高相协调，以便与制动结构连接，其尺寸及厚度应满足第 9 章吊车梁的有关计算及构造要求。

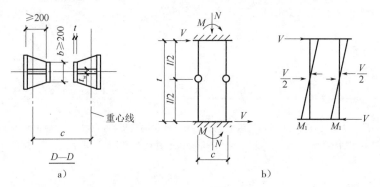

图 8-2-15　人孔计算简图

a）人孔截面　b）人孔计算简图

4. 柱脚的计算和构造

柱脚按构造形式可分为整体式柱脚、分离式柱脚和插入式柱脚。一般实腹柱采用整体式柱脚，如图 8-2-16a 所示，格构式柱一般采用分离式柱脚，如图 8-2-16b 所示，当施工安装有保证时宜采用插入式柱脚，如图 8-2-16c 所示。对于抗震设防烈度较高的抗震设防地区的厂房钢柱脚一般采用对柱身嵌固作用能得到保证的插入式柱脚。插入式柱脚的嵌固是利用其混凝土与钢柱粘结力，因此对混凝土施工要求较为严格，柱就位浇灌细石混凝土以后，钢柱就被嵌固，将不会发生任何的位移，所以对于沉降量较大或存在不均匀沉降的软弱地基不宜采用。但因其构造简单，并可减少柱脚用钢量，工程中得到了较为广泛的应用。

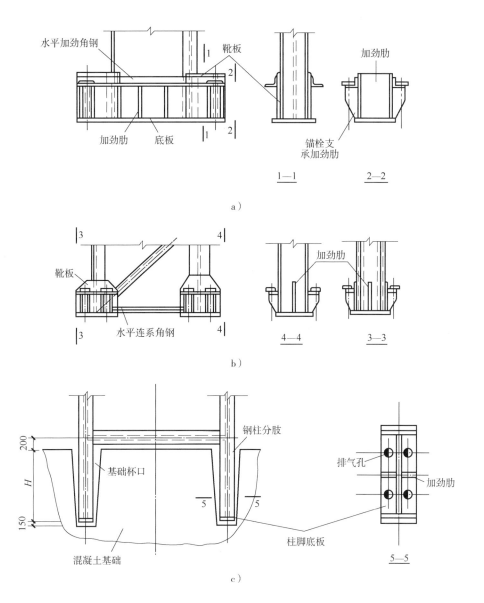

图 8-2-16　柱脚分类

a) 整体式柱脚　b) 分离式柱脚　c) 插入式柱脚

（1）整体式柱脚和分离式柱脚的计算和构造　柱脚按照传力特点可分为铰接柱脚和刚接柱脚两种，铰接柱脚只承担轴向力和剪力；刚性柱脚除承担轴向力和剪力外，还承担柱端的弯矩。柱脚一般由底板、靴梁、隔板、加劲肋、锚栓及其支承托座等组成。

1）柱脚底板面积和厚度的确定。

①柱脚底板面积确定：

柱脚底板的宽度：

$$b = b_0 + 2t + 2C \tag{8-2-40}$$

式中　b_0——下段柱柱肢的截面；

　　　t——柱脚靴梁的厚度或柱脚其他横向构件的尺寸；

　　　C——边距，20 ~ 50mm。

柱脚底板长度 l，需先布置柱脚锚栓位置确定预设长度 l，然后取框架内力组合中轴心力 $N_{\max}$

最大组合，按下式验算底板最大应力，若底板中心与柱重心不重合时，应换至底板中心，如图 8-2-17 所示，再按下式计算：

$$\sigma_c = \frac{N}{bl} \pm \frac{6M}{bl^2} \leqslant f_c \qquad (8-2-41)$$

式中　N、M——作用于底板形心轴处的轴心力和弯矩，根据框（排）架中最大轴心力组合来确定；

　　　　f_c——基础混凝土的轴心抗压强度设计值，当计入局部承压的提高系数时，则可取 $\beta_c f_c$ 代替。

对于轴心受压的工字形柱柱底板（不设加劲肋）可按基础对柱底板反力的有效面积计算（如图 8-2-18 所示）：

$$A_n = \frac{N}{f_c} \qquad (8-2-42)$$

图 8-2-18 中 a 值的确定：

$$a \approx 0.5 \left(\alpha - \sqrt{\alpha^2 - A_n} \right) \qquad (8-2-43)$$
$$\alpha = b + 0.5h \qquad (8-2-44)$$

式中　N——作用于计算柱脚的最大压力。底板按有效伸出长度 a 的悬臂梁计算其弯矩和剪力。

此时作用于悬臂梁上的均布荷载 σ_c 按下式计算：

$$\sigma_c = \frac{N}{4ab + 2ah - 4a^2} \leqslant f_c \qquad (8-2-45)$$

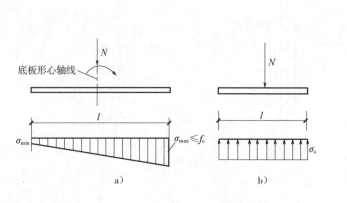

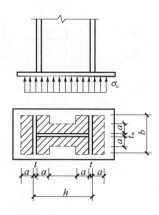

图 8-2-17　柱底板的压力分布　　　　　　　　图 8-2-18　工字形柱脚（轴心受压）
a）整体式柱脚　b）分离式柱脚（柱脚的一肢）

②柱脚底板厚度的确定。如图 8-2-18 所示轴心受压工字形柱脚计算出底板弯曲应力和平均剪应力，应按下式验算底板的折算应力。

$$\sqrt{\sigma^2 + 3\tau^2} = \sqrt{\left(\frac{3\sigma_c a^2}{t^2} \right)^2 + 3 \left(\frac{1.5\sigma_c a}{t} \right)^2} \leqslant 1.1f \qquad (8-2-46)$$

式中　t——柱脚底板的厚度。

如图 8-2-17 所示的整体式柱脚或分离式柱脚的底板厚度 t 应按下式计算：

$$t = \sqrt{\frac{6M_{max}}{f}} \qquad (8-2-47)$$

式中　M_{max}——底板所承受的最大弯矩值，根据柱底板被靴梁和加劲肋所分割的区段分别按下列公式计算：

A. 若四边支承且两边之比 $b_1/a_1 \leqslant 2.0$ 时

$$M = \beta_1 \sigma_c a_1^2 \tag{8-2-48}$$

式中 σ_c——所计算区段内底板下的平均应力；

β_1——与 b_1/a_1 有关的参数，按表 8-2-5 选用；

b_1、a_1——计算区段内板短边和长边尺寸。

B. 三边支承或两相邻边支承且两边之比

$a_2/b_2 \leqslant 2.0$，则按下式计算：

$$M = \beta_2 \sigma_c a_2^2 \tag{8-2-49}$$

式中 β_2——与 b_2/a_2 有关的参数，按表 8-2-6 选用；

a_2、b_2——对于三边支承板，为板的自由边长度和相邻边的边长，对两相邻边支承板，为两支承边对角线的长度和两支承边交点至对角线的距离。

C. 对于 b_1/a_1 或 $a_2/b_2 > 2.0$ 的区段及两对边支承板，可按两边简支板计算：

$$M = \frac{1}{8} \sigma_c a_3^2 \tag{8-2-50}$$

式中 a_3——两边简支板的跨度（即 a_1 或 a_2）。

D. 对于仅有一边支承的板应按悬臂板计算

$$M = \frac{1}{2} \sigma_c a_4^2 \tag{8-2-51}$$

式中 a_4——板的悬臂长度（或 $b_2/a_2 < 0.3$ 中的 b_2 数值）。

表 8-2-5 参数 β_1

四边支承板	$\dfrac{b_1}{a_1}$	1.0	1.1	1.2	1.3	1.4	1.5	1.6	1.7	1.8	1.9	2.0	>2.0
	β_1	0.0479	0.0553	0.0626	0.0693	0.0753	0.0812	0.0862	0.0908	0.0948	0.0985	0.1017	0.1250

表 8-2-6 参数 β_2

三边支承板	$\dfrac{b_2}{a_2}$	0.3	0.35	0.4	0.45	0.5	0.55	0.6	0.65	0.7	0.75	0.8
	β_2	0.0273	0.0355	0.0439	0.0522	0.0602	0.0677	0.0747	0.0812	0.0871	0.0924	0.0972
两相邻边支承板	$\dfrac{b_2}{a_2}$	0.85	0.9	0.95	1.0	1.1	1.2	1.3	1.4	1.5	1.75	2.0
	β_2	0.1015	0.1053	0.1087	0.1117	0.1167	0.1205	0.1235	0.1258	0.1275	0.1302	0.1316

注：当 $b_2/a_2 < 0.3$ 时，按悬伸长度为 b_2 的悬臂板计算。

2）柱脚的靴梁及连接焊缝计算。

①柱脚的靴梁计算。靴梁一般按传递柱肢的全部作用力进行设计，如图 8-2-19c 所示，按支承于柱肢的带悬臂的简支梁进行计算，其作用于靴梁上的荷载按基础的反力图形采用。

靴梁的正截面强度验算：

正应力

$$\sigma = \frac{6M}{th^2} \leqslant f \tag{8-2-52}$$

剪应力

$$\tau = \frac{1.5V}{th} \leqslant f_v \qquad (8\text{-}2\text{-}53)$$

式中　M——跨中或支座的最大弯矩；

　　　V——支座出的剪力；

　　　h、t——靴梁的高度及厚度（一般仅考虑靴梁的腹板截面）。

②柱肢与靴梁的连接焊缝计算。

A. 靴梁与柱肢的连接焊缝：当靴梁与柱肢的翼缘连接焊缝采用等强度剖口对接焊缝时，可不必进行计算；靴梁与柱肢的腹板连接焊缝的焊脚尺寸，可取比柱肢与其翼缘的连接焊缝的焊脚尺寸大 2~4mm 而不必进行计算。

靴梁一般采用角焊缝焊于柱肢翼缘上，靴梁与柱肢连接焊缝，应按上述求得的靴梁支点反力或锚栓拉力中较大者计算角焊缝的

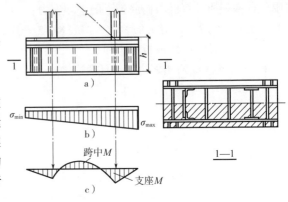

图 8-2-19　整体式柱脚的靴梁计算简图
a) 柱脚立面图（1—1 中的阴影部分为靴梁承受的荷载面积）
b) 柱脚底板反力分布图　c) 靴梁弯矩图

焊脚尺寸。支点反力可按下列原则计算：柱端采用铣平顶紧方式传递压力时，应按所承担区域的基础反力计算；如果柱肢不采用铣平端传力时可按柱肢传给基础的全部内力计算。

悬挑式靴梁与柱肢的连接角焊缝应按折算应力进行验算：

$$\tau_1 = \sqrt{\left(\frac{\sigma_M}{\beta_f}\right)^2 + \tau_v^2} \leqslant f_f^w \qquad (8\text{-}2\text{-}54)$$

靴梁的高度由计算确定，但不宜小于 400mm，其板件的构造厚度不宜小于 10mm，其长度与底板应协调。靴梁当腹板应符合梁腹板的构造要求。

B. 靴梁和柱肢与底板连接焊缝：当柱端和靴梁不铣平时，应按所承担底板区域内的全部基础反力进行计算；当柱端（包括靴梁和加劲肋）铣平支承于底板上，其连接焊缝（角焊缝）应按所承担底板区域内全部基础反力的 15% 或最大剪力中的较大值计算。

C. 靴梁之间的隔板及加劲肋应按其所承担区域的基础反力计算。在构造上，其厚度不宜小于 $b/50$（b 为隔板跨长）。中间隔板的高度一般为靴梁高度的 2/3，并不宜大于 650mm，其间距一般为 500mm。

D. 靴梁上面的加强角钢一般采用不等边角钢，其短边与靴梁连接，长肢应与锚栓直径及靴梁加劲肋相协调，一般采用∟ 160×100×10 ~ ∟ 200×125×14。

3）地脚锚栓的计算。

①柱脚螺栓计算时所采用荷载组合为最大 M 和相应的较小 N，以便使底板在最大可能范围内产生较大的底部拉力。当抗震设防烈度为 6、7 度时，也可采用外露式刚性柱脚，但柱脚螺栓的组合弯矩设计值应乘以增大系数 1.2。

②由组合 M、N 可得 σ_{max} 和 σ_{min} 即可求得压力三角形，如图 8-2-20 所示，距离 x 及压力 P 的中心矩 $x/3$，对压力三角形重心取 $\sum M = 0$，求解可得锚栓内力 T 值，据此按表 8-2-7 或表 8-2-8 选用锚栓规格。若欲减小螺栓直径时，可取 $\sigma_{max} = f_c$，按下列公式计算：

$$(1/2)f_c bx(l_0 - x/3) = M + N\left(\frac{l}{2} - c\right) \qquad (8\text{-}2\text{-}55)$$

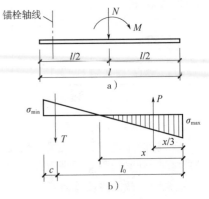

图 8-2-20　柱脚锚栓的计算简图
a) 作用于底板内力　b) 基础反力分布图

表 8-2-7　Q235 钢锚栓选用表

锚栓直径 d /mm	锚栓截面有效面积 A_e /cm²	连接尺寸 单螺母 a /mm	单螺母 b /mm	双螺母 a /mm	双螺母 b /mm	锚固长度 L/mm I型 C15	I型 C20	II型 C15	II型 C20	III型 C15	III型 C20	锚板尺寸 c /mm	t /mm	每个锚栓的受拉承载力设计值 N_t^a /kN
20	2.448	45	75	60	90	500	400							34.3
22	3.034	45	75	65	95	550	440							42.5
24	3.525	50	80	70	100	600	480							49.4
27	4.594	50	80	75	105	675	540							64.3
30	5.506	55	85	80	110	750	600							78.5
33	6.936	55	90	85	120	825	660							97.1
36	8.167	60	95	90	125	900	720							114.3
39	9.758	65	100	95	130	1000	780							136.6
42	11.21	70	105	100	135			1050	840	630	505	140	20	156.9
45	13.06	75	110	105	140			1125	900	675	540	140	20	182.8
48	14.73	80	120	110	150			1200	960	720	575	200	20	206.2
52	17.58	85	125	120	160			1300	1040	780	625	200	20	246.1
56	20.30	90	130	130	170			1400	1120	840	670	200	20	284.2
60	23.62	95	135	140	180			1500	1200	900	720	240	25	330.7
64	26.76	100	145	150	195			1600	1280	960	770	240	25	374.6
68	30.55	105	150	160	205			1700	1360	1020	815	280	30	427.7
72	34.60	110	155	170	215			1800	1440	1080	865	280	30	484.4
76	38.89	115	160	180	225			1900	1520	1140	910	320	30	544.5
80	43.44	120	165	190	235			2000	1600	1200	960	350	40	608.2
85	49.48	130	180	200	250			2125	1700	1275	1020	350	40	692.7
90	55.91	140	190	210	260			2250	1800	1350	1080	400	40	782.7
95	62.73	150	200	220	270			2375	1900	1425	1140	450	45	878.2
100	69.95	160	210	230	280			2500	2000	1500	1200	500	45	979.3

锚固长度及细部尺寸 — 锚固混凝土强度等级

I 型　4d_1
II 型　3d_1　16～20
III 型　0.7c　20～50

基础顶面标高　垫板顶面标高

表8-2-8　Q345钢锚栓选用表

锚栓直径 d /mm	锚栓截面有效面积 A_e /cm²	连接尺寸 单螺母 a/mm	连接尺寸 单螺母 b/mm	连接尺寸 双螺母 a/mm	连接尺寸 双螺母 b/mm	I型 锚固长度 L/mm C15	I型 C20	II型 锚固长度 L/mm C15	II型 C20	III型 锚固长度 L/mm C15	III型 C20	锚板尺寸 c/mm	锚板尺寸 t/mm	每个锚栓的受拉承载力设计值 N_t^a /kN
20	2.448	45	75	60	90	600	500							44.1
22	3.034	45	75	65	95	660	550							54.6
24	3.525	50	80	70	100	720	600							63.5
27	4.594	50	80	75	105	810	675							82.7
30	5.606	55	85	80	110	900	750							100.9
33	6.936	55	90	85	120	990	825							124.8
36	8.167	60	95	90	125	1080	900							147.0
39	9.758	65	100	95	130	1170	1000							175.6
42	11.21	70	105	100	135			1260	1050	755	630	140	20	201.8
45	13.06	75	110	105	140			1350	1125	810	675	140	20	235.1
48	14.73	80	120	110	150			1440	1200	865	720	200	20	265.1
52	17.58	85	125	120	160			1560	1300	935	780	200	20	316.4
56	20.30	90	130	130	170			1680	1400	1010	840	200	20	365.4
60	23.62	95	135	140	180			1800	1500	1080	900	240	25	425.2
64	26.76	100	145	150	195			1920	1600	1150	960	240	25	481.7
68	30.55	105	150	160	205			2040	1700	1225	1020	280	30	549.9
72	34.60	110	155	170	215			2160	1800	1300	1080	280	30	622.8
76	38.89	115	160	180	225			2280	1900	1370	1140	320	30	700.0
80	43.44	120	165	190	235			2400	2000	1440	1200	350	40	781.9
85	49.48	130	180	200	250			2550	2125	1530	1275	350	40	890.6
90	55.91	140	190	210	260			2700	2250	1620	1350	400	40	1006
95	62.73	150	200	220	270			2850	2375	1710	1425	450	45	1129
100	69.95	160	210	230	280			3000	2500	1800	1500	500	45	1259

$$P = (1/2)f_{c}bx = N + T \tag{8-2-56}$$

由式（8-2-55）求得 x 值，代入式（8-2-56）即得到 T 值以确定锚栓规格。但采用假定承压应力计算锚栓时应做柱脚底板厚度的复算工作。

③柱脚底板处的剪力应由柱脚底板与基础顶面的摩擦力承受，当 $V > 0.4N$ 时，应设置抗剪件。

4）柱脚构造与节点。

①柱脚按构造形式可分为整体式柱脚和分离式柱脚两种。实腹式柱均采用整体式柱脚，而格构式柱则可采用分离式柱脚或整体式柱脚。但一般格构式柱由于两分肢的距离较大，采用整体式柱脚所耗费的钢材较多，故在大多数的情况下采用分离式柱脚。

②柱脚由底板、靴梁、加劲肋（或斜撑板）、锚栓、锚栓支承托座（包括支承加劲肋、支承托座顶板、垫板）等组成。为了使柱所承受的荷载安全地传递到基础中，柱脚要有适当的整体刚度，各部分的板件要有足够的强度和可靠的连接。

③整体式柱脚如图 8-2-21 ~ 图 8-2-23 所示。其中，如图 8-2-21 所示为轻型柱的单腹板靴梁整体式柱脚。为了加强柱脚的刚度和减小底板的厚度，应增设加劲肋或斜撑板（斜向放置的加劲板），斜撑板与底板和柱腹板连接的焊缝不宜过厚，以避免底板翘曲，这种柱脚由于平面外的刚度较小，只能用于荷载较小的柱。如图 8-2-22 所示为轻型柱的双腹板靴梁整体式柱脚，两靴梁分立于柱翼缘的两个侧面，用加劲肋将两靴梁与底板连接成整体，以增加柱脚的刚度和改善底板的受力性能，这种柱脚的承载力较单靴板柱脚为大。如图 8-2-23 所示为中型柱的整体式柱脚。

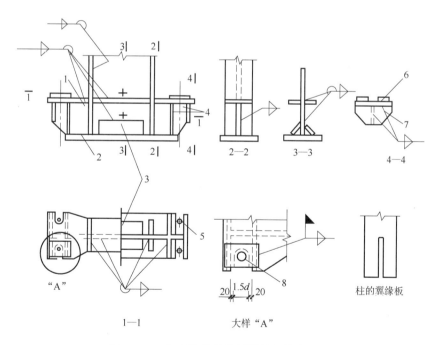

图 8-2-21　轻型柱的单腹板靴梁整体式柱脚

1—靴梁　2—底板　3—斜撑板　4—锚栓支承托座　5—锚栓　6—垫板
7—锚栓支承加劲肋　8—锚栓直径 d，垫板孔径 $d_0 = d + 2\text{mm}$

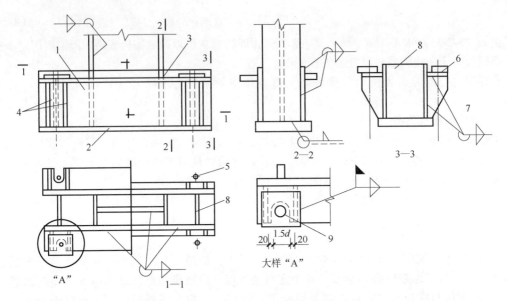

图 8-2-22 轻型柱的双腹板靴梁整体式柱脚

1—靴梁 2—底板 3—水平加劲肋 4—锚栓支承托座 5—锚栓 6—垫板

7—锚栓支承加劲肋 8—加劲肋 9—锚栓直径 d，垫板孔径 $d_0 = d + 2mm$

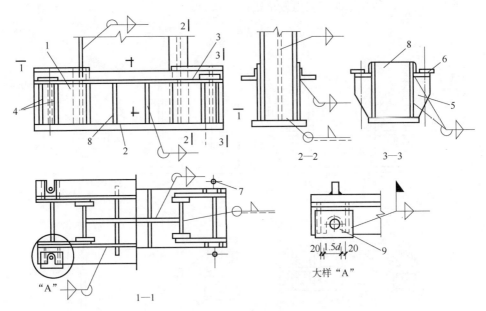

图 8-2-23 中型柱的整体式柱脚

1—靴梁 2—底板 3—水平加劲肋 4—锚栓支承托座 5—锚栓支承加劲肋

6—垫板 7—锚栓 8—加劲肋 9—锚栓直径 d，垫板孔径 $d_0 = d + 2mm$

④分离式柱脚两个柱肢的底板完全分开，每个柱肢都是轴心受力构件，柱脚的两肢采用连系角钢连接在一起，如图 8-2-24 ~ 图 8-2-26 所示。其中，如图 8-2-24 所示为轻型柱的分离式柱脚，柱肢的两侧不设靴梁或在柱肢两翼缘的外侧焊以局部靴梁（与柱肢翼缘板连接采用对接焊缝），底板采用斜撑板加强。如图 8-2-25 所示为中型柱的分离式柱脚，靴梁采用对接连接（对于起重机柱肢）或贴于柱肢的两侧（对于屋盖柱肢），底板采用加劲肋给以加强。如图 8-2-26 所示为大型柱的分离式柱脚，靴梁采用对接与柱肢的翼缘板连接，底板采用加劲肋加强；如图 8-2-27 所示为钢柱脚的保护；如图 8-2-28 ~ 图 8-2-30 所示为常用柱节点构造。

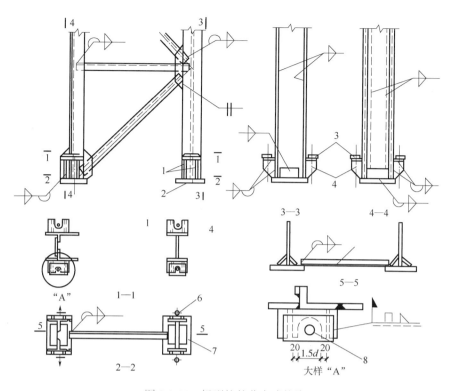

图 8-2-24 轻型柱的分离式柱脚

1—锚栓支承托座 2—底板 3—垫板 4—锚栓支承加劲肋 5—联系角钢

6—锚栓 7—斜撑板 8 锚栓直径 d，垫板孔径 $d_0 = d + 2\text{mm}$

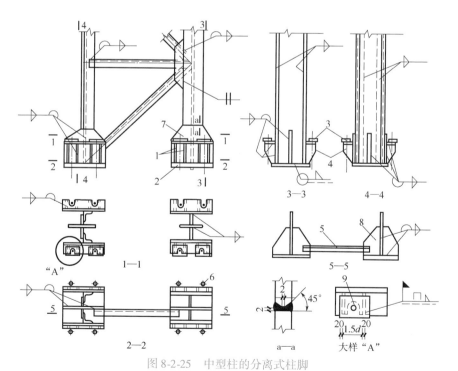

图 8-2-25 中型柱的分离式柱脚

1—锚栓支承托座 2—底板 3—垫板 4—锚栓支承加劲肋 5—联系角钢

6—锚栓 7—靴梁 8—加劲肋 9—锚栓直径 d，垫板孔径 $d_0 = d + 2\text{mm}$

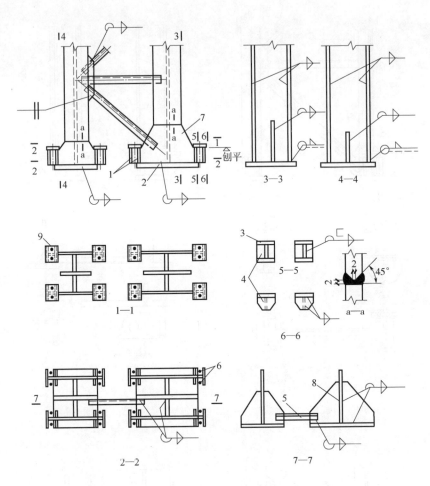

图 8-2-26　大型柱的分离式柱脚

1—支承托座　2—底板　3—垫板　4—锚栓支承加劲肋　5—联系角钢
6—锚栓　7—靴梁　8—加劲肋　9—锚栓直径 d，垫板孔径 $d_0 = d + 2$mm

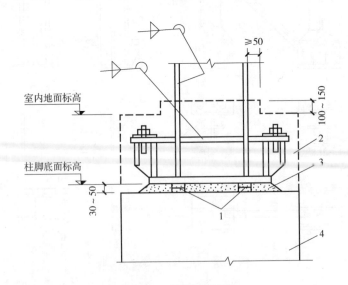

图 8-2-27　钢柱脚的保护

1—钢垫块　2—柱脚保护混凝土　3—混凝土二次浇灌层　4—混凝土基础

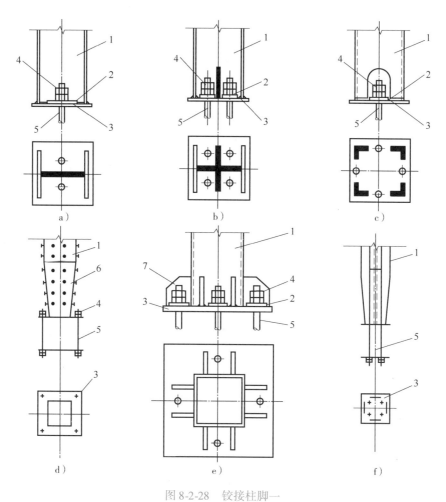

图 8-2-28　铰接柱脚一

1—柱　2—垫板　3—底板　4—双螺母　5—锚栓　6—圆柱头焊钉　7—加劲肋

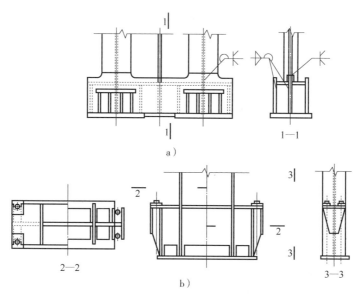

图 8-2-29　铰接柱脚二

a) 底板为分离式柱脚　b) 单腹壁靴梁整体柱脚

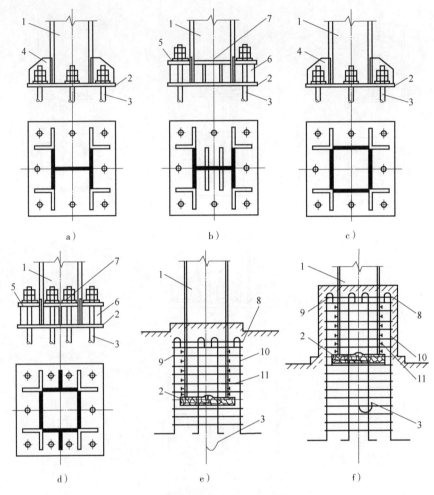

图 8-2-30　刚接柱脚

a)、b)、c)、d) 露出式柱脚　e) 埋入式柱脚　f) 包脚式柱脚

1—柱　2—底板　3—锚栓　4—锚栓支承加劲肋　5—锚栓支承托座　6—锚栓支承托座加劲肋

7—水平加劲肋　8—顶部加强钢筋　9—箍筋　10—主筋　11—圆柱头焊钉

⑤柱脚底板的面积和厚度应根据计算确定，同时尚应满足构造上的要求，其底板厚度一般不应小于 20mm（轻型柱脚可采用 16mm），也不宜大于 80mm。

底板面积较大时为浇灌底板下的二次浇灌层，可在柱脚底板上开设直径不小于 100mm 的排气孔，排气孔的距离可采用 600～800mm。

⑥柱脚锚栓承受柱弯矩在柱脚底板与基础间产生的拉力，同时也作为安装过程中的临时固定用。锚栓直径由计算确定，但柱脚锚栓直径一般不宜小于 30mm。

为了方便柱的安装和调整，锚栓一般固定在柱脚外伸的支承托座上，而不穿过柱脚底板。此时应在锚栓支承托座顶板上开缺口，其孔径为锚栓直径的 1.5 倍，垫板的孔径较锚栓的直径大 2mm，待安装和校正完毕后将垫板焊于支承托座上。

锚栓支承托座的高度应按锚栓受拉时支承加劲肋的焊缝长度确定，但一般不小于 300mm。支承托座顶板的厚度按构造要求采用，一般不小于 12mm。垫板的厚度应根据计算确定，但不宜小于 20mm。支承加劲肋的厚度一般不小于 10mm。

⑦柱脚底面通常高出基础顶面 30～50mm，以钢垫板垫置，待柱安装和校正完毕后，用 1:2 水泥砂浆或强度等级为 C40 的细石混凝土灌浇密实，最后将锚栓的螺母拧紧，采用双螺母，将垫板与锚栓支承托座的顶板焊固。

为了防止钢柱下部和柱脚的锈蚀，应将室内地面标高以下部分的金属表面涂刷掺 2% 水泥重量的 $NaNO_2$ 的水泥砂浆，再用强度等级为 C15 的混凝土将柱脚全部包至室内地面以上 100 ～ 150mm 处，包脚混凝土的厚度一般不宜小于 50mm，如图 8-2-27 所示。

⑧柱脚锚栓不宜用以承受柱脚底部的水平力，此水平力应由底板与混凝土基础间的摩擦力（摩擦系数可取 0.4）承担，如果不满足要求应在柱脚底板设置抗剪键。

⑨柱脚锚栓埋置在混凝土基础中的深度，应使锚栓的拉力通过其和混凝土之间的粘结力传递。当埋置深度受到限制时，则锚栓应牢固地固定在锚板或锚梁上，以传递锚栓的全部拉力，此时锚栓与混凝土之间的粘结力可不予考虑。

（2）插入式柱脚的计算和构造

1）插入式柱脚的计算。

①插入式柱脚的内力（轴心力 N、水平力 V 和弯矩 M）一般均由钢筋混凝土基础直接承受，钢柱柱脚尚应符合表 8-2-19 的规定插入基础杯口中具有足够深度，满足基础对于钢柱的嵌固的作用。

②插入柱脚按以下的假定进行设计：

A. 对于实腹柱作用于柱底的轴心压力，假定仅由柱肢表面与混凝土之间的粘结力承担按下式计算。

$$N_z \leqslant f_{cz} H_1 S \tag{8-2-57}$$

式中　f_{cz}——钢柱表面与二次浇灌层的粘结强度设计值，一般采用混凝土的抗拉强度设计值 f_t；

H_1——钢柱插入基础杯口中的深度；

S——钢柱横截面的周边长度。

对于作用于柱底的弯矩，假定仅由插入杯口中的钢柱翼缘与基础混凝土间的承压力来承担，忽略柱腹板与混凝土之间的粘结力的影响。

$$M \leqslant f_c \frac{b_f H_1^2}{6} \tag{8-2-58}$$

但当柱底的剪力特别大时应考虑剪力和弯矩的共同作用。此时式中的 M 和 f_c 分别代以 M' 和 f_c' 按下式计算：

$$M' = M + \frac{1}{2} V H_1 \tag{8-2-59}$$

$$f_c' = f_c - \frac{V}{b_f H_1} \tag{8-2-60}$$

B. 对格构式柱一般采用双杯口基础（如图 8-2-31b 所示），柱肢下设置底板。应按受拉柱肢及受压柱肢分别进行计算。对受压柱肢可考虑柱底板局部承压和柱肢表面与混凝土的粘结力共同承担并可按下式计算：

$$N_c \leqslant 1.35 \beta_c \beta_l f_c A_1 + f_{cz} H_1 S \tag{8-2-61}$$

$$\beta_l = \sqrt{\frac{A_b}{A_1}}$$

式中　A_1——受压柱肢底板面积，其厚度 z 应根据压应力 βf_c 确定；

β_c、β_l——混凝强度影响系数，局部受压时混凝土强度提高系数；

A_b——局部受压时的计算底面积，可根据受压面积与计算底面积同心，短边对称原则，可参见《混凝土结构设计规范》（GB 50010）。

此外尚需对受压柱肢下的基础混凝土，按下式进行冲切强度验算：

$$N_c \leqslant 0.6 f_t S_u h_e \tag{8-2-62}$$

式中　h_e——混凝土冲切破坏锥体的有效高度；

S_u——距锥体底面 $h_e/2$ 处的周边长度，锥体倾斜角 45°，如图 8-2-31 所示。

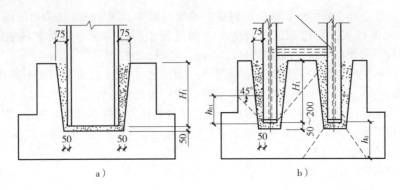

图 8-2-31　插入式柱脚构造

a) 实腹式柱　b) 格构式柱

对于受拉柱肢应按式（8-2-61）验算抗拔出形成冲切破坏锥体，当基础杯口验算冲切强度不能满足要求时，基础杯口部分应配置纵向钢筋。

受拉柱肢尚应按式（8-2-57）验算抵抗拔出的粘结强度。

2）插入式柱脚的构造。

①插入式柱脚为刚性柱脚，其构造如图 8-2-31 所示。

②杯口尺寸与预制钢筋混凝土的杯口尺寸基本相同，钢柱插入深度 H_1 应按表 8-2-9 采用，一般不宜小于 500mm，为了保证柱吊装时的稳定性，H_1 尚不宜小于吊装柱长度的 1/20。钢柱底端至基础杯口底部距离一般采用 50mm，当钢柱设有底板时可取 50～200mm。

表 8-2-9　钢柱插入杯口的深度

柱截面形式	实腹柱	格构式柱（单杯口、双杯口）	备注
一般最小插入深度 H_1	$1.5h_c$ 或 $1.5d_c$	$0.5h_c$ 和 $1.5b_c$（或 d_c）的较大值	式中　b_c——柱截面宽度 d_c——圆管柱的外径
抗震设防时最小插入深度 H_1	$2.0h_c$ 或 $2.0d_c$ 同时应满足下式的要求 $M \leqslant f_c \dfrac{b_f H_1^2}{6}$　　（8-2-62）	$0.5h_c$ 和 $2.0b_c$（或 d_c）的较大值	h_c——实腹柱截面高度、双肢柱截面 　　　为全截面高度外缘尺寸 b_f——柱受弯方向的翼缘宽度 M——柱脚全截面屈曲时的极限弯矩

③工字形截面实腹柱一般不设置柱脚底板，施工较为方便。对于箱形、管形截面及格构式柱宜设置底板格构式柱的下部杯口，上方尚应设置水平连系杆。

④杯口内的二次浇灌层是保证插入杯口式基础正常工作的关键，因此应采用不低于 C30 的细石混凝土分层振捣密实并加强养护，柱脚底板应设置排气孔，格构式柱下部杯口上方的水平连系杆应预留灌浆孔等。

⑤杯口在二次浇灌前应将其内表面凿毛并清洗干净，插入杯口内的钢柱表面不应涂刷油漆，对于重型柱宜对柱钢板表面进行适当处理（如加焊栓钉或短钢筋等），以增加钢柱与混凝土之间的粘结力。

8.3　柱间支撑

柱间支撑的作用：

1）柱间支撑与框架柱组成刚强的纵向构架，以保证厂房骨架的整体稳定和纵向刚度。

2）为框架柱平面外提供可靠的支撑或减少柱在框架平面外的计算长度。

3）承受厂房端部山墙的风荷载、起重机纵向水平荷载及其他纵向力（如温度作用等）。

4）在地震设防地区尚需用来承受厂房纵向的水平地震作用。

8.3.1　柱间支撑的布置

柱间支撑的布置见表 8-3-1。

表 8-3-1　柱间支撑的布置

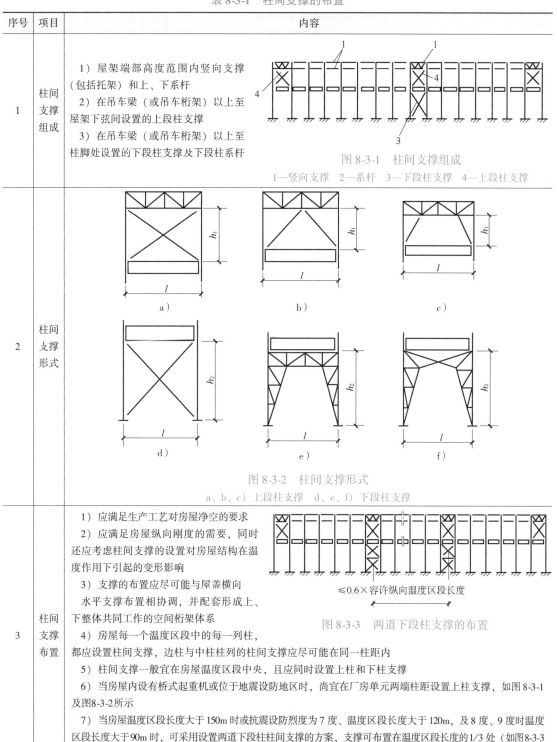

序号	项目	内容
1	柱间支撑组成	1）屋架端部高度范围内竖向支撑（包括托架）和上、下系杆　2）在吊车梁（或吊车桁架）以上至屋架下弦间设置的上段柱支撑　3）在吊车梁（或吊车桁架）以上至柱脚处设置的下段柱支撑及下段柱系杆 图 8-3-1　柱间支撑组成 1—竖向支撑　2—系杆　3—下段柱支撑　4—上段柱支撑
2	柱间支撑形式	a）　b）　c）　d）　e）　f） 图 8-3-2　柱间支撑形式 a、b、c）上段柱支撑　d、e、f）下段柱支撑
3	柱间支撑布置	1）应满足生产工艺对房屋净空的要求　2）应满足房屋纵向刚度的需要，同时还应考虑柱间支撑的设置对房屋结构在温度作用下引起的变形影响　3）支撑的布置应尽可能与屋盖横向水平支撑布置相协调，并配套形成上、下整体共同工作的空间桁架体系 ≤0.6×容许纵向温度区段长度 图 8-3-3　两道下段柱支撑的布置 4）房屋每一个温度区段中的每一列柱，都应设置柱间支撑，边柱与中柱柱列的柱间支撑应尽可能在同一柱距内　5）柱间支撑一般宜在房屋温度区段中央，且应同时设置上柱和下柱支撑　6）当房屋内设有桥式起重机或位于地震设防地区时，尚宜在厂房单元两端柱距设置上柱支撑，如图 8-3-1 及图 8-3-2 所示　7）当房屋温度区段长度大于 150m 时或抗震设防烈度为 7 度、温度区段长度大于 120m，及 8 度、9 度时温度区段长度大于 90m 时，可采用设置两道下段柱柱间支撑的方案，支撑可布置在温度区段长度的 1/3 处（如图 8-3-3 所示）；为了避免产生过大温度应力，两道支撑的中心距离不宜大于规范规定的纵向温度区段长度的 60%

(续)

序号	项目	内容
3	柱间支撑布置	8) 房屋各列柱端顶部,均应设通长的水平压杆,其位置在屋架的支座处;当屋架端部高度≥900mm时,应在温度区段两端柱距内及设有柱间支撑的柱距内设置竖向支撑(屋架端部竖向支撑)或其他具有纵向传力性能的构件;若屋架支座处已有通常压杆或墙架结构设有通长水平压杆时则二者可合并处理 9) 对于截面高度≤800mm的等截面柱的柱间支撑一般可沿柱的中心线设置单片支撑,如图 8-3-4a 所示;阶形柱当上柱截面高度≤800mm 时,一般采用单片支撑,如图 8-3-4b 所示;当上柱截面高度 >800mm 或需要设置人孔时,可沿柱肢的两翼缘内侧设置双片支撑,如图 8-3-4c 所示。阶形柱的下段柱,一般沿两柱肢设置双片支撑,如图 8-3-4 所示 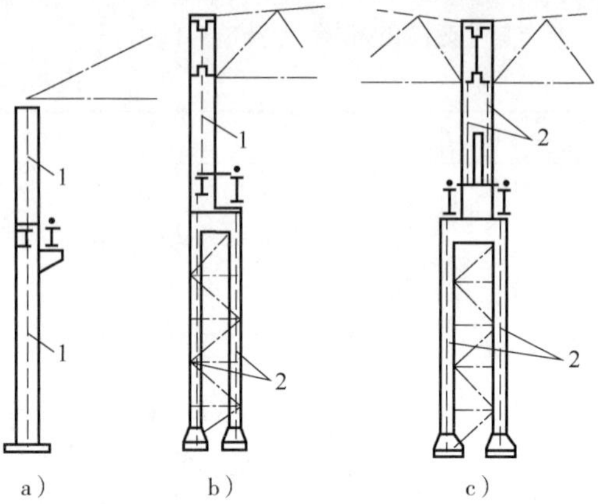 图 8-3-4 柱间支撑在柱肢侧面的布置 1—单片支撑 2—双片支撑

8.3.2 柱间支撑的内力计算

柱间支撑的内力计算见表 8-3-2。

表 8-3-2 柱间支撑的内力计算

序号	项目		内容
1	纵向水平荷载	纵向风荷载	房屋一端或两端(房屋中间没设置温度缝)的山墙以及天窗架的端壁传来的集中风荷载 w
2		起重机荷载	起重机在起重机轨道上纵向行驶中刹车时产生的力(刹车力),一般按不多于两台起重机计算,起重机纵向水平荷载 T: $$T = 0.1P_{max} \qquad (8-3-1)$$
3		其他荷载	其他纵向水平荷载,包括固定于厂房柱列的设备、管道等所引起的纵向推力 H
4		地震作用	当房屋位于抗震设防地区时,尚应按照有关规定验算作用于房屋纵向所产生的地震作用对于房屋纵向支撑系统的影响
5	受力形式		1) 计算柱间支撑内力时假定节点为铰接,并忽略偏心的影响。当在同一温度区段内的同一柱列设有两道或两道以上柱间支撑时,纵向水平荷载则由柱列的所有支撑共同分担 2) 当不考虑纵向水平地震作用时,上柱段支撑承受山墙、天窗架端壁传来的风荷载 W_1 及其他纵向水平荷载 H,下柱段支撑除上述支撑传来纵向力 $W_1 + H$ 外,还承受起重机的纵向水平荷载 T 及山墙抗风桁架传来的荷载 W_2 或 W_3 边列柱的下柱段支撑,当在柱的两个柱肢平面内成对设置时,风荷载由屋盖肢侧的一片支撑承受,起重机的纵向水平力则由吊车柱肢侧的柱间支撑承受 3) 对于抗震设防地区的厂房柱间支撑,当计算地震纵向水平作用时则不同时考虑端墙风荷载、起重机纵向水平荷载及其他纵向水平荷载

（续）

序号	项目		内容
5	受力形式		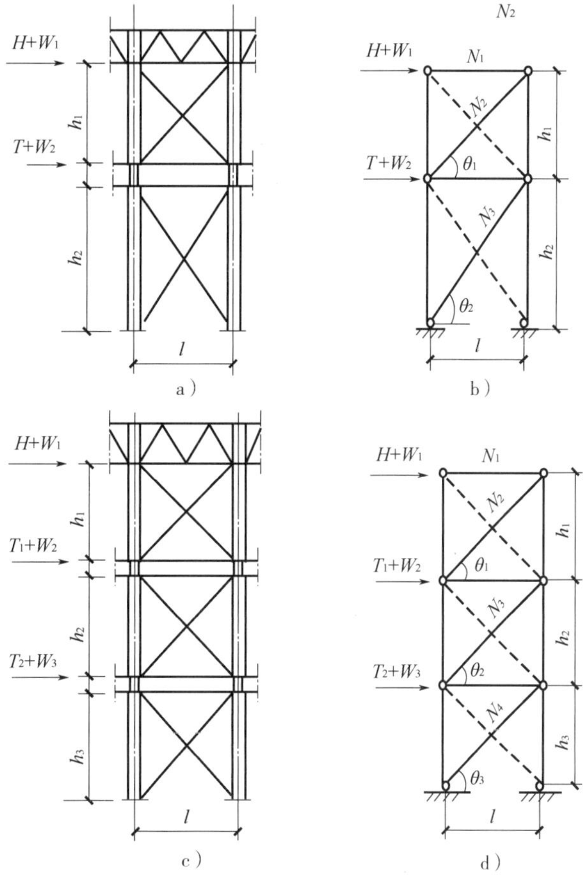 图 8-3-5　十字交叉支撑 a、b）单阶柱柱间支撑　c、d）双阶柱柱间支撑
6	内力计算	十字交叉支撑	支撑斜杆一般假定仅承受拉力而不承受压力（按拉杆设计），如图 8-3-5b、d 所示，单阶柱的柱间支撑内力 柱顶系杆　　　　$N_1 = H + W_1$　　　　　　　　　　　　（8-3-2） 上段柱支撑斜杆　　$N_2 = \dfrac{H + W_1}{\cos\theta_1}$　　　　　　　　　　（8-3-3） 下段柱支撑斜杆　　$N_3 = \dfrac{H + T + W_1 + W_2}{\cos\theta_2}$　　　　　（8-3-4） 双阶柱的柱间支撑内力 柱顶系杆　　　　$N_1 = H + W_1$　　　　　　　　　　　　（8-3-5） 上段柱支撑斜杆　　$N_2 = \dfrac{H + W_1}{\cos\theta_1}$　　　　　　　　　　（8-3-6） 中段柱支撑斜杆　　$N_3 = \dfrac{H + T + W_1 + W_2}{\cos\theta_2}$　　　　　（8-3-7） 下段柱支撑斜杆　　$N_4 = \dfrac{H + T_1 + T_2 + W_1 + W_2 + W_3}{\cos\theta_3}$　（8-3-8）

（续）

序号	项目	内容
7	八字形及人字形柱间支撑	八字形及人字形柱间支撑适用于柱距较大或因工艺需要无法使用十字交叉支撑的场合。结构形式如图 8-3-6 及图 8-3-7 所示 计算时尚应考虑上部传来的荷载效应 对于八字形支撑的斜杆在计算水平力作用下一般假定仅承受拉力，其值为： $$N = \frac{H+W}{\cos\theta} \qquad (8\text{-}3\text{-}9)$$ 对于人字形支撑的斜杆在计算水平力作用下计算简图如图 8-3-7 所示，斜杆的内力其值为： 支座反力 $V_1 = -V_2 = \dfrac{(H+W_1)h}{l}$ (8-3-10) $$H_1 = -H_2 = \frac{H+W_1}{2} \qquad (8\text{-}3\text{-}11)$$ 支座斜杆内力 $N_1 = -N_2 = \dfrac{H+W_1}{2\cos\theta}$ (8-3-12) 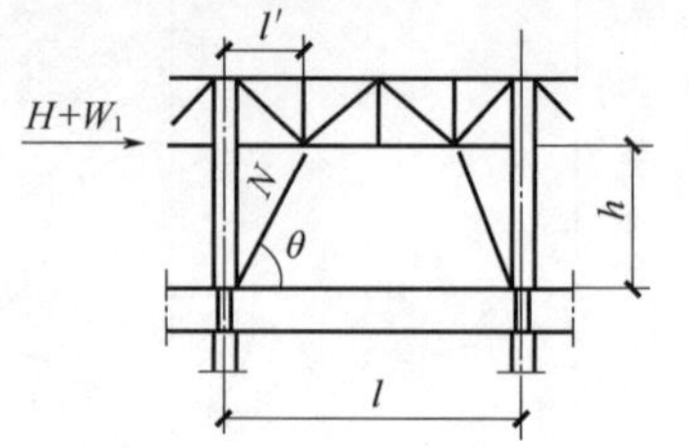 图 8-3-6　八字形柱间支撑 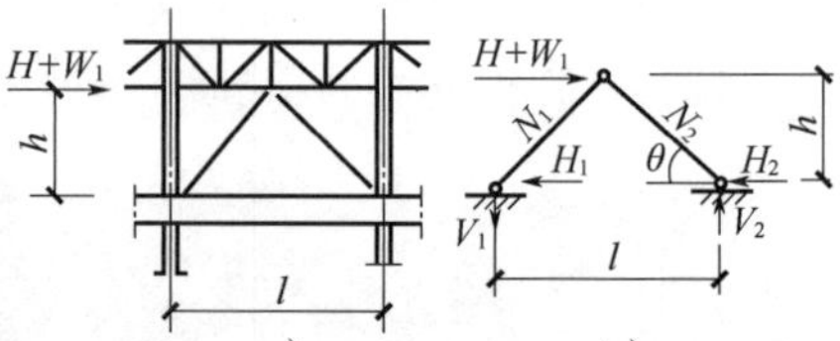 图 8-3-7　人字形柱间支撑
8	内力计算（门形柱间支撑）	门形支撑适用于柱距较大（一般大于 12m）或因生产工艺需要柱距内需要留有较大的空间而又不能采用十字交叉支撑的场合。通常采用的结构形式如图 8-3-8 所示 只有在不得已的情况下才采用如图 8-3-9 所示的单腿形柱间支撑 门形支撑一般按桁架结构形式求解各杆件的内力 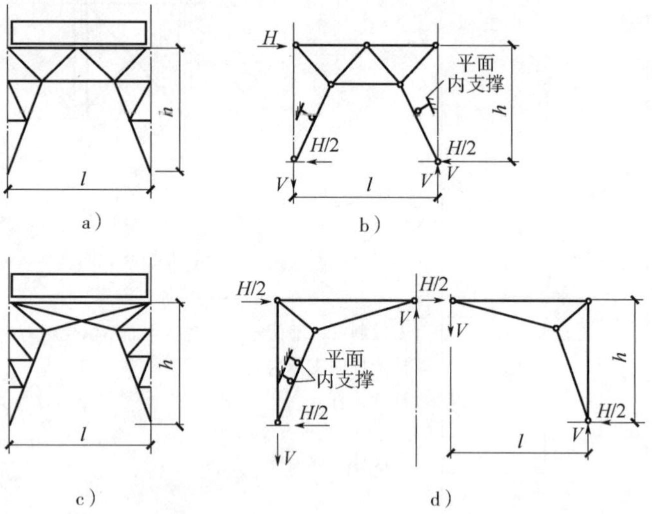 图 8-3-8　门形柱间支撑 a、c）门形柱间支撑结构形式　b、d）门形柱间支撑计算简图 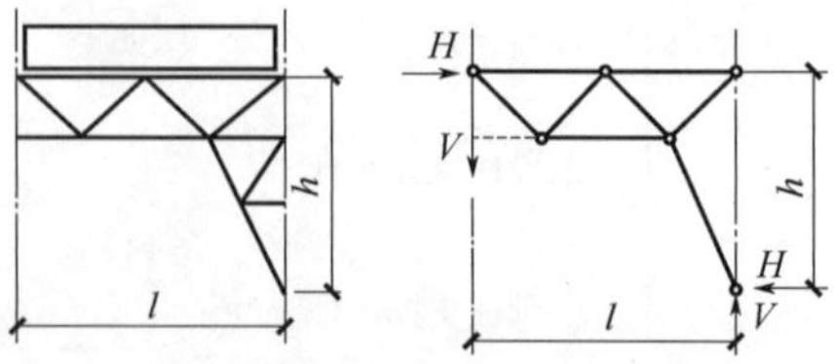 图 8-3-9　单腿形柱间支撑 a）单腿形柱间支撑结构形式　b）单腿形柱间支撑计算简图

（续）

序号	项目	内容
9	用作减少轴心受压杆件计算长度的支撑计算	支撑构件的轴线通过被撑构件的截面中心时，假定支撑力的方向为被撑构件屈曲的方向。支撑构件按下列方法计算： 　　1）单根被撑构件设一道支撑时，支撑力为： 　　当支撑构件的支撑位置位于被撑构件的中央时，支撑力为 $$F_{b1} = N/60 \qquad (8\text{-}3\text{-}13)$$ 　　当支撑构件的支撑位置位于距被撑构件端部 αl 时（$0<\alpha<1$）时 $$F_{b1} = \frac{N}{240\alpha(1-\alpha)} \qquad (8\text{-}3\text{-}14)$$ 　　2）单根被撑构件设置 m 道等间距（间距不等但平均间距相比不超过20%）支撑，各支承点的支撑力 F_m 为 $$F_m = N/[30(m+1)] \qquad (8\text{-}3\text{-}15)$$ 　　3）当被撑构件为多根柱组成柱列时，在柱的高度中央附近设置一道支撑时，支撑力为 $$F_{bn} = \frac{\sum N_i}{60}\left(0.6 + \frac{0.4}{n}\right) \qquad (8\text{-}3\text{-}16)$$ 　　式中　N——被撑构件的最大轴心压力 　　　　　n——被撑构件的根数 　　　　$\sum N_i$——被撑构件同时存在的轴心压力之和 　　4）当支撑上同时承担其他荷载时，其相应的轴向力可不与支撑力相叠加

8.3.3　柱间支撑截面选择

　　柱间支撑截面选择见表8-3-3。

表 8-3-3　柱间支撑截面选择

序号	项目	内容
1	柱间支撑杆件的截面形式	1）单片支撑常采用单角钢、两个角钢组成的 T 形截面或两槽钢组成的工字形截面，当长度较长时宜采用方、圆管截面，如图8-3-10d、e 所示 　　2）双片支撑一般采用不等边角钢以长肢与柱肢连接或槽钢组成的截面形式，如图8-3-11 所示。如图8-3-11b、e 所示适用于荷载较大或柱距较大，$l \geqslant 12m$ 的上柱段支撑及下柱段支撑；如图8-3-11c、f 所示为适用于边列柱下柱段支撑 　　3）双片支撑之间采用缀条相连，当双片支撑的间距≤600mm 时，采用横杆件（如图8-3-12a 所示），当双片支撑的间距>600mm 时则采用斜杆式（如图8-3-12b 所示）。连系缀条截面不小于∟50×5 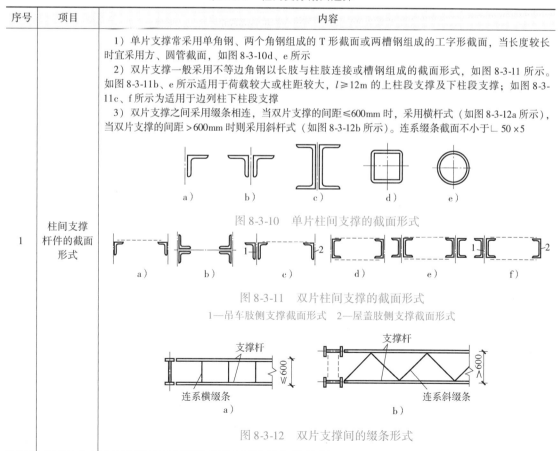 a）　　　b）　　　c）　　　d）　　　e） 图 8-3-10　单片柱间支撑的截面形式 a）　　b）　　c）　　d）　　e）　　f） 图 8-3-11　双片柱间支撑的截面形式 1—吊车肢侧支撑截面形式　2—屋盖肢侧支撑截面形式 支撑杆　≤600　支撑杆　>600 连系横缀条　a）　连系斜缀条　b） 图 8-3-12　双片支撑间的缀条形式

（续）

序号	项目		内容
2	杆件的计算长度		1）对于杆件中间无支撑点的杆件其在支撑平面内和平面外均取节点中心的距离，即取构件的几何长度 $l = l_0$，当进行斜平面计算时取 $l_0 = 0.9l$ 2）十字形交叉支撑的斜杆仅做受拉杆验算时，其平面外取节点中心间的距离 $l_0 = l$（交叉点不作为节点考虑），其平面内取节点中心至交叉点间的距离 3）双片支撑的单肢杆件在平面外的计算长度，可取横向联系杆之间的距离 4）单角钢杆件在斜平面的计算长度可取节点中心至交叉点之间距离的 0.9 倍
3	柱间支撑杆件的截面验算	杆件的允许长细比	1）十字形交叉支撑斜杆的长细比应符合表 8-3-4 的规定 表 8-3-4　十字形交叉支撑斜杆的最大长细比 （见下表） 注：1. 计算单角钢受拉杆件的长细比时，应采用角钢的最小回转半径；但计算单角钢交叉拉杆在支撑平面外的长细比时应采用与角钢肢平行轴的回转半径 　　2. 在设有夹钳起重机或刚性料耙起重机的房屋中（非地震区），吊车梁以上的柱间支撑和其他支撑，其长细比不宜超过 300 2）人字形支撑和门形支撑的下部斜腹杆应按压杆设计，其最大长细比不宜大于 150 3）人字形支撑的水平杆件应按压杆设计，其杆件的长细比应控制在 150 以内
4		杆件的强度和稳定验算	柱间支撑杆件应按轴心受压或受拉杆件进行强度和稳定计算，计算方法按《钢结构设计标准》（GB 50017）的有关规定进行
5		杆件截面验算的其他规定	1）十字交叉形支撑，当杆件长细比 $\lambda > 200$ 时，仅考虑十字交叉形支撑拉杆的受力，如图 8-3-5 所示，其截面应力为 $$\sigma_1 = \frac{N_i}{A_n} \leq \frac{f}{\gamma_{RE}} \qquad (8\text{-}3\text{-}17)$$ 式中　N_i——杆件按纵向水平地震作用计算时所得内力，计算时应计入分项系数 $\gamma_{Eh} = 1.3$ 　　　A_n——杆件的净截面面积 　　　f——钢材的抗拉强度设计值，对单面连接角钢尚应乘以折减系数 0.85 　　　γ_{RE}——抗震设计承载力调整系数，对钢结构房屋的钢支撑取 0.8 当杆件长细比 $\lambda \leq 200$ 时，按十字交叉支撑的拉杆受力设计并考虑其另一根受压杆件的卸荷作用，其验算公式如下： $$\sigma_1 = \frac{N_t}{(1 + \varphi_i \eta_i) A_n} \qquad (8\text{-}3\text{-}18)$$ 式中　φ_i——另一根受压杆件的稳定系数 　　　η_i——压杆在反复循环荷载作用下的强度降低系数，可按表 8-3-5 采用

表 8-3-4　十字形交叉支撑斜杆的最大长细比

构件部位		抗震设防地区				非抗震设防地区	
		6、7 度	8 度 I、II 类场地	8 度 III、IV 及 9 度 I、II 类场地	9 度 III、IV 类场地	设有轻、中级工作制起重机的房屋	设有重级工作制起重机的房屋
抗震设防地区	上柱支撑	250	250	20	150	400	350
	下柱支撑	200	200	150	150	300	200

（续）

序号	项目		内容
5	柱间支撑杆件的截面验算	杆件截面验算的其他规定	表 8-3-5 压杆在循环荷载下的应力降低系数 | 序号	长细比	60	70	80	90	100	120	150	200
---	---	---	---	---	---	---	---	---	---
1	Q235	0.816	0.792	0.769	0.747	0.727	0.689	0.639	0.571
2	Q345	0.785	0.758	0.733	0.709	0.687	0.646	0.594	0.523	 注：中间值可按线性插入求得 2）对人字形支撑，当人字形支撑斜杆按压杆设计时，其截面应力采用下式验算： $$\sigma_i = \frac{N_i}{\eta\varphi A} \leq \frac{f}{\gamma_{RE}} \qquad (8\text{-}3\text{-}19)$$ 式中　N_i——杆件按纵向水平地震作用所得内力，计算时应计入分项系数 $\gamma_{Eh} = 1.3$ 　　　A——杆件毛截面面积 　　　φ——杆件的稳定系数 　　　η——在循环荷载下降低系数，按表（8-3-5）采用 　　　f——钢材的抗拉强度设计值，对单面连接角钢尚应乘以折减系数 0.85 3）对于八字形和门形支撑，当按拉杆计算时应按式（8-3-17）计算；当按压杆时按式（8-3-19）计算

8.3.4　厂房刚度计算

厂房刚度计算见表 8-3-6。

表 8-3-6　厂房刚度计算

序号	项目		内容
1		规范规定及基本假定	1）厂房纵向刚度主要由柱间支撑及其他纵向框架结构来保证。对于设有工作制级别为 A6、A7 起重机的房屋框架柱和露天栈桥柱应进行纵向刚度验算，即由一台起重量最大的起重机所产生的纵向水平荷载标准值（不考虑动力系数）引起柱在吊车梁（或吊车桁架）顶面标高处纵向水平位移值 [Δ] 不得超过规范规定的容许位移值，[Δ] = H/4000，其中 H 为柱脚底面至吊车梁上翼缘顶面的距离 2）基本假定，计算柱纵向位移时，通常采用简化计算方法 ①仅考虑柱间支撑或其他纵向框架的刚度，而忽略框架柱自身柱刚度的影响 ②计算十字形交叉支撑时，一般仅考虑拉杆工作并假定支撑与柱的连接节点为铰接 ③当纵向水平构件如吊车梁、辅助桁架等截面较大时，可忽略其轴向变形影响 ④起重机纵向水平力 T_d 由温度区段内柱列所有柱间支撑或纵向框架平均承担
2	纵向位移计算	单阶柱纵向位移	下段柱的柱间支撑为十字形交叉支撑时，如图 8-3-13 所示，对于单阶柱的纵向位移计算如下： $$\Delta = T_d \delta_{11} \frac{1}{n} = \frac{T_d l_1^3}{n E l^2 A_1} \qquad (8\text{-}3\text{-}20)$$ 式中　δ_{11}——单位纵向水平力作用于吊车梁上翼缘顶面处时，柱的纵向位移值 　　　n——温度区段内同一柱列中，下段柱的柱间支撑道数 　　　E——钢的弹性模量 　　　l——柱距 　　　A_1、l_1——下段柱柱间支撑斜杆的截面面积和长度 图 8-3-13　单阶柱纵向位移计算

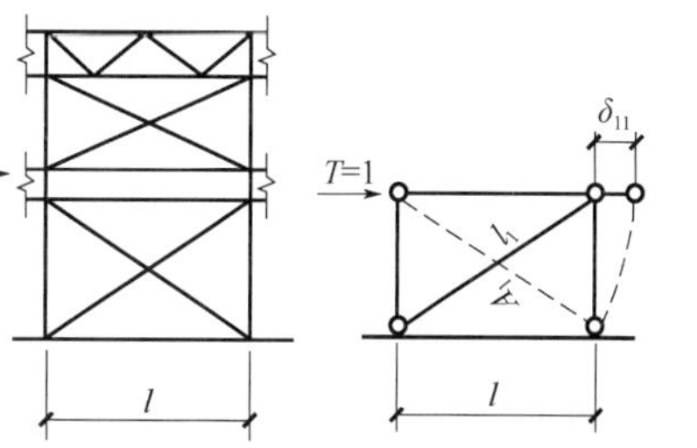

(续)

序号	项目		内容
3	纵向位移计算	双阶柱纵向位移	下段柱的柱间支撑为十字形交叉支撑时，如图 8-3-14 所示，对于双阶柱，一般考虑起重量最大的起重机设置在上层，此时柱在上层吊车梁上翼缘顶面处的纵向位移，如图 8-3-14 所示，可按下式计算： $$\Delta = T_d \delta_{11} \frac{1}{n} = \frac{T_d}{nEl^2}\left(\frac{l_1^3}{A_1} + \frac{l_2^3}{A_2}\right)$$ (8-3-21) 式中 δ_{11}——单位纵向水平力作用于上层吊车梁上翼缘顶面处时，柱纵向位移值 A_1、l_1——中段柱柱间支撑斜杆的截面面积和长度 A_2、l_2——下段柱柱间支撑斜杆的截面面积和长度 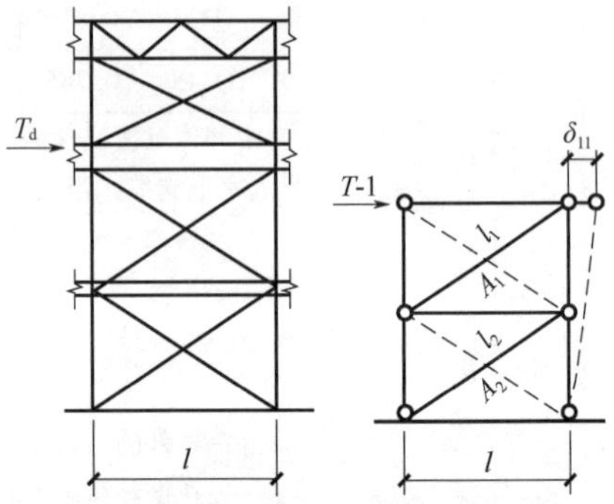 图 8-3-14　双阶柱纵向位移计算
4	下柱为门形支撑		当为下柱门形支撑时，其纵向水平位移按下式计算： $$v = \sum \frac{N_i N_j l_i}{EA_i} < [v]$$ (8-3-22) 式中 v——纵向水平位移值 N_i——一台起重机纵向水平荷载（标准值）作用下各杆件内力 N_j——单位 $T = 1$ 时各杆件内力 A_i、l_i——对应各杆件的截面面积及几何长度
5	温度应力及位移计算	纵向温度变形的不动点的位置	有关纵向温度应力计算说明：当厂房纵向温度区段长度超过规范规定的数值，或厂房温度区段内设置两道下柱支撑且两支撑间距离较大超过规定时，应计算柱间支撑的应力 求解： $$y = \frac{k_2 l_1 + k_3(l_1 + l_2) + \cdots + k_n(l_1 + l_2 + \cdots + l_{n-1})}{k_1 + k_2 + \cdots + k_n}$$ (8-3-23) 式中 k_1、$k_2 \cdots k_n$——各柱及各柱间支撑的纵向抗剪刚度，即柱顶在纵向产生单位位移时所需作用于柱顶的集中水平力 在未设柱间支撑的温度区段内，当柱的截面和柱距均相同时，纵向温度变形的不动点位置即为柱列的中点，如图 8-3-15 所示 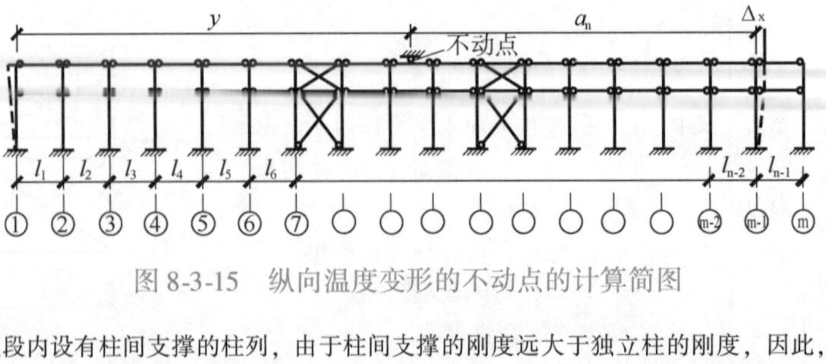 图 8-3-15　纵向温度变形的不动点的计算简图 在温度区段内设有柱间支撑的柱列，由于柱间支撑的刚度远大于独立柱的刚度，因此，纵向温度变形的不动点位置，主要取决于柱间支撑的布置。当柱列仅设一道下段柱间支撑时，支撑一般位于温度区段的中央，故纵向温度变形的不动点位置可近似地取柱间支撑的中间；当温度区段内柱列设有两道下段柱的柱间支撑时，一般可假定纵向温度变形不动点位于两柱间支撑的中点

（续）

序号	项目		内容
6	温度应力及位移计算	柱纵向温度应力	1）由于温度变化所引起的柱顶位移 Δ_n 及吊车梁上翼缘标高处的位移 Δ_n' 按下式计算 $$\Delta_n = \alpha \Delta t a_n / s \tag{8-3-24}$$ $$\Delta_n' = \alpha \Delta t a_n / s' \tag{8-3-25}$$ 式中　α——钢材的线膨胀系数，取 12×10^6（以每℃计） 　　　a_n——不动点至所计算柱之间的距离，一般选择计算之柱靠近温度区段的端部，但不取至最端部一根柱的距离，而是取至端部第二根柱的距离，因为端部那根柱荷载较小 　　　Δt——计算温度差值，可参照表 8-3-7 选用 　　　s，s'——位移损失系数，为理论计算位移与实测位移之比值，可取 $s=1$，$s'=1.6$ 2）柱顶及吊车梁上翼缘顶面标高处反力 R_A 和 R_B，如图 8-3-16 所示，可按下列公式求得 $$R_A \delta_{AA} + R_B \delta_{AB} = \Delta_n \tag{8-3-26}$$ $$R_A \delta_{BA} + R_B \delta_{BB} = \Delta_n' \tag{8-3-27}$$ 3）由温度变形所产生的柱底最大弯矩 M_t 和最大剪力 V_t： $$M_t = R_A H + R_B H_2 \tag{8-3-28}$$ $$V_t = R_A + R_B \tag{8-3-29}$$ 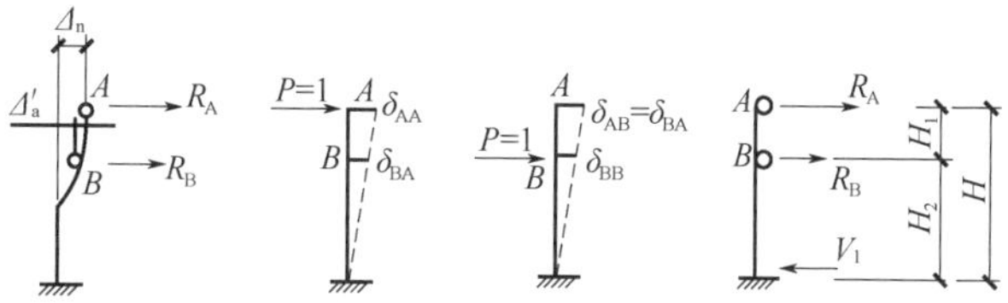 图 8-3-16　柱顶反力计算简图
7		十字形交叉柱间支撑	1）柱水平位移计算（图 8-3-17） $$\delta_1 = \frac{N_1 L_n'}{E A_1} = \frac{N_2 \cos\theta L_n'}{E A_1} \tag{8-3-30}$$ $$\delta_2 = \frac{N_2 l_2}{E A_2 \cos\theta} \tag{8-3-31}$$ $$\Delta_n' = \delta_1 + \delta_2 = \frac{N_2 \cos\theta L_n'}{E A_1} + \frac{N_2 L_2}{E A_2 \cos\theta} \tag{8-3-32}$$ 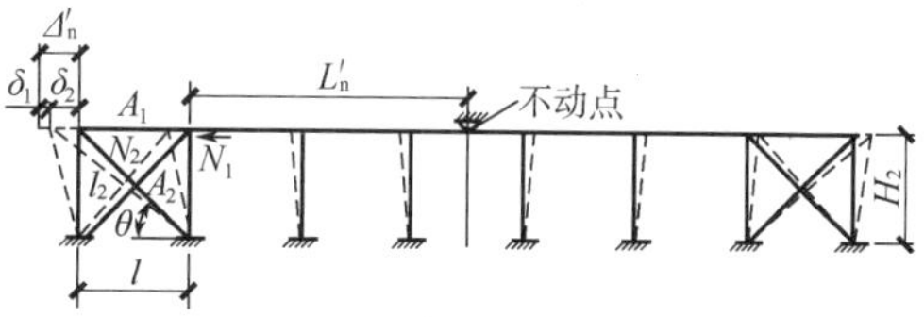 图 8-3-17　柱间支撑温度应力计算简图 式中　N_1、N_2——由温度变化而引起的吊车梁或其他纵向构件的内力和支撑斜杆的内力 　　　δ_1——吊车梁或其他纵向构件在轴心力 N_1 作用下的弹性变形 　　　δ_2——支撑斜杆在 N_2 作用下所产生的水平位移 　　　A_1——吊车梁或其他纵向构件的截面面积 　　　A_2、l_2——下段柱柱间支撑斜杆的截面面积和长度 　　　θ——支撑斜杆的倾角 　　　L_n'——不动点至所计算柱间距离 2）利用式（8-3-32）和式（8-3-25）可以得到 N_2 $$N_2 = \frac{\alpha}{S'} \cdot \frac{E \Delta t A_2 \cos\theta}{\dfrac{A_2}{A_1}\cos^2\theta + \dfrac{L_2}{L_n'}} \tag{8-3-33}$$ 3）根据内力 N_2 可以得到支撑斜杆的温度内力 σ_{2t} $$\sigma_{2t} = \frac{N_2}{A_2} = \frac{\alpha}{S'} \cdot \frac{E \Delta t \cos\theta}{\dfrac{A_2}{A_1}\cos^2\theta + \dfrac{l_2}{L_n'}} \tag{8-3-34}$$ 注：计算得到的柱和支撑的温度应力应与其他荷载所产生的应力相组合

表 8-3-7　地区计算温度差值　　　　　　　　　（单位℃）

序号	房屋类型及其所处地区		计算温度差值（Δt）
1	采暖房屋	北方地区	35 ~ 45
2		中部地区	25 ~ 35
3		南方地区	20 ~ 25
4	热加工车间		≈40
5	露天结构	北方地区	55 ~ 60
6		南方地区	45 ~ 50

注：中部地区是指长江中、下游与陇海铁路之间；南方地区包括四川盆地。

8.3.5　柱间支撑的一般构造要求

1）双片支撑间的连系杆可采用横杆式（当两片支撑间的距离等于及小于600mm）或斜杆式（当两片支撑间的距离大于600mm），如图 8-3-18 所示。

①当支撑杆按压杆设计时，$l_a \leqslant 40i$。

②当支撑杆按拉杆设计时，$l_a \leqslant 80i$。

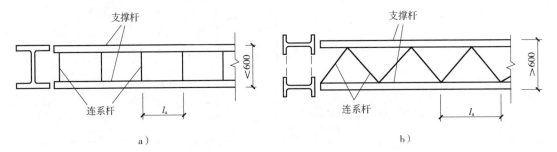

图 8-3-18　双片支撑间的连系杆

a）横杆式　b）斜杆式

2）十字形交叉支撑的斜杆的倾角一般为 35°~55°，其节点连接构造如图 8-3-19 所示。

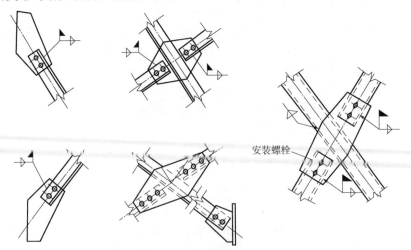

图 8-3-19　十字形交叉支撑的连接构造

3）支撑的节点板厚度和轮廓尺寸应按支撑杆的内力确定，并且满足构造的要求，一般情况下其厚度可按支撑节点板厚度按表 8-3-8 的规定选用。

4）支撑杆件的最小截面：对于角钢不宜小于∟ 75 × 6；对于槽钢不宜小于[12。双片支撑间的连系杆的最小截面为∟ 50 × 5。

5）支撑杆件与柱肢的连接一般采用焊接或高强度螺栓形式。当采用焊接时，其焊脚尺寸不宜小于6mm，焊缝长度不宜小于80mm。为了安装的方便每一支撑杆件的端部宜设置两个安装螺栓，如图8-3-20所示。

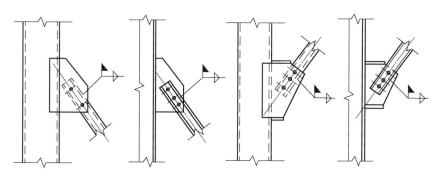

图 8-3-20　支撑杆件与柱肢的连接之一

6）设有桥式起重机房屋纵向水平力是由吊车梁等纵向构件通过柱传至柱间支撑后再传至基础的，因此，位于柱间支撑处的吊车梁与柱的连接应能传递此项水平力，一般可采用如图8-3-21所示构造。其中柱与吊车梁连接所需高强度螺栓数量均应由计算确定。

8.3.6　柱间支撑的抗震措施

1）房屋内设置起重机时，应在房屋温度区段中部设置上、下柱间支撑，并应在房屋温度区段两端增设上柱柱间支撑；抗震设防烈度为7度时结构温度区段长度大于120m，8、9度时结构温度区段长度大于90m，宜在单元中部1/3部位内设置两道上、下柱间支撑。

2）柱间交叉支撑的长细比、支撑斜杆与水平面的夹角、支撑交叉点节点板的厚度规定如下：

①支撑杆件的长细比不应超过表8-3-4规定。

②支撑斜杆与水平面的夹角不宜大于55°。

③支撑交叉点的节点板厚度不应小于10mm。

3）下柱支撑与柱脚连接的位置和构造措施，应保证能将地震作用直接传至基础即支撑的交点宜设

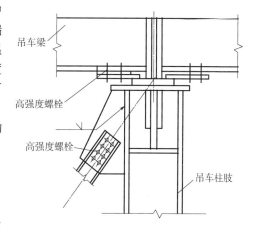

图 8-3-21　支撑杆件与柱肢的连接之二

在柱底；对于7度及以上抗震设防的房屋，支撑内力不能直接传给基础时，应复核支撑的作用力对柱和基础的不利影响。

4）对于地震作用较大的房屋，下段柱间支撑的基础顶部应设混凝土拉梁，使柱间支撑两侧的柱基础共同承受地震作用。

5）柱间支撑杆件宜采用整根材料，否则，支撑杆件的材料拼接应采用等强度的拼接。柱间支撑与构件的连接，不应小于支撑杆件塑性承载力的1.2倍。

表 8-3-8　支撑节点板厚度选用表

支撑杆的最大内力/kN	≤160	161 ~ 300	301 ~ 500	501 ~ 70
节点板的厚度/mm	8	10	12	14

注：表中的钢材牌号为 Q235 钢。

第9章 吊车梁及吊车桁架

9.1 概述

9.1.1 起重机的工作级别

根据《建筑荷载规范》（GB 50009）规定，在计算排架时所用的多台起重机的荷载折减系数、计算吊车梁时竖向荷载的动力系数以及起重机荷载的组合值、频遇值和准永久值系数时，均与起重机工作级别（即起重机整机的工作级别）有关。

根据《起重机设计规范》（GB/T 3811）对起重机及其组成部分进行工作级别（以下统称起重机的工作级别）划分的规定，起重机的工作级别包括起重机整机的工作级别、机构的工作级别、结构或机械零件的工作级别三部分，起重机整机的工作级别是供用户选购能胜任所需工作任务的起重机时的参考依据；起重机的机构工作级别和结构件或机械零件的工作级别是起重机机构设计和结构件或机械零件设计的依据。现在仅介绍与起重机和房屋结构中排架计算有关的起重机整机工作级别和机构的工作级别。

1. 起重机整机的工作级别

起重机整机的工作级别由起重机的使用等级和起重机荷载状态级别确定。

（1）起重机的使用等级　起重机的使用等级反映了在设计预期寿命期内，起重机工作的频繁程度，由起重机的总循环次数决定。起重机的使用等级是将该起重机的总循环数 C_T 分成 10 个等级，见表 9-1-1。

表 9-1-1　起重机的使用等级

使用等级	起重机总工作循环次数 C_T	起重机使用频繁程度
U_0	$C_T \leqslant 1.60 \times 10^4$	很少使用
U_1	$1.60 \times 10^4 < C_T \leqslant 3.20 \times 10^4$	
U_2	$3.20 \times 10^4 < C_T \leqslant 6.30 \times 10^4$	
U_3	$6.30 \times 10^4 < C_T \leqslant 1.25 \times 10^5$	
U_4	$1.25 \times 10^5 < C_T \leqslant 2.50 \times 10^5$	不频繁使用
U_5	$2.50 \times 10^5 < C_T \leqslant 5.00 \times 10^5$	中等频繁使用
U_6	$5.00 \times 10^5 < C_T \leqslant 1.00 \times 10^6$	较频繁使用
U_7	$1.00 \times 10^6 < C_T \leqslant 2.00 \times 10^6$	频繁使用
U_8	$2.00 \times 10^6 < C_T \leqslant 4.00 \times 10^6$	特别频繁使用
U_9	$4.00 \times 10^6 < C_T$	

（2）起重机的载荷状态级别　起重机的载荷状态级别反映了在设计预期寿命期内，起重机起吊荷载的轻重程度，可以通过划分载荷谱系数范围值，确定起重机的载荷状态级别。如已知起重机设计预期寿命内，各个有代表性的起升载荷值及其相对应的起吊次数等准确数据时，该起重机的载荷谱系数 K_P 可按下式计算：

$$K_P = \sum_{i=1}^{n} \left[\frac{C_i}{C_T} \left(\frac{P_{Qi}}{P_{Qmax}} \right)^m \right] \tag{9-1-1}$$

式中　K_P——起重机的载荷谱系数；

　　　　C_i——与起重机各个有代表性的起升荷载相对应的工作循环次数，$C_i = C_1，C_2，C_3，\cdots，C_n$；

　　　　C_T——起重机总循环次数，$C_T = \sum_{i=1}^{n} C_i + C_1 + C_2 + C_3 + \cdots + C_n$；

　　　　P_{Qi}——能表征起重机设计预期寿命期内工作任务的各个有代表性的起升荷载，

$$P_{Oi} = P_{Q1}，P_{Q2}，P_{Q3}，\cdots，P_{Qn}；$$

　　　　P_{Qmax}——起重机的最大额定起升荷载；

　　　　m——幂指数，为了便于级别的划分，约定取 $m = 3$。

将 $m = 3$ 代入式（9-1-1），展开后得：

$$K_P = \frac{C_1}{C_T}\left(\frac{P_{Q1}}{P_{Qmax}}\right)^3 + \frac{C_2}{C_T}\left(\frac{P_{Q2}}{P_{Qmax}}\right)^3 + \frac{C_3}{C_T}\left(\frac{P_{Q3}}{P_{Qmax}}\right)^3 + \cdots + \frac{C_n}{C_T}\left(\frac{P_{Qn}}{P_{Qmax}}\right)^3 \tag{9-1-2}$$

根据载荷谱系数 K_P 划分的范围值，起重机的载荷状态级别分 4 级，见表 9-1-2。

表 9-1-2　起重机的载荷状态级别及载荷谱系数

载荷状态级别	起重机的载荷谱系数 K_P	说明
Q1	$K_P \leq 0.125$	很少吊运额定荷载，经常吊运较轻荷载
Q2	$0.125 < K_P \leq 0.250$	较少吊运额定荷载，经常吊运中等荷载
Q3	$0.250 < K_P \leq 0.500$	有时吊运额定荷载，较多吊运较重荷载
Q4	$0.500 < K_P \leq 1.000$	经常吊运额定荷载

如果无法获得起重机设计预期寿命期内各个有代表性的起升荷载值及其相应的起吊次数等准确数据时，无法按式（9-1-2）算出起重机载荷谱系数，也难于确定其载荷状态级别。此时，用户和制造商可以协商选择合适于该起重机载荷谱系数及其相应的载荷状态级别。

（3）起重机整机的工作级别　根据起重机整机的使用等级和荷载状态级别，起重机整机的工作级别可划分为 8 个级别，见表 9-1-3。

表 9-1-3　起重机整机的工作级别

载荷状态级别	起重机的载荷谱系数 K_P	起重机的使用等级									
		U_0	U_1	U_2	U_3	U_4	U_5	U_6	U_7	U_8	U_9
Q1	$K_P \leq 0.125$	A1	A1	A1	A2	A3	A4	A5	A6	A7	A8
Q2	$0.125 < K_P \leq 0.250$	A1	A1	A2	A3	A4	A5	A6	A7	A8	A8
Q3	$0.250 < K_P \leq 0.500$	A1	A2	A3	A4	A5	A6	A7	A8	A8	A8
Q4	$0.500 < K_P \leq 1.000$	A2	A3	A4	A5	A6	A7	A8	A8	A8	A8

从表 9-1-3 中可以看出：

1）不同的荷载状态级别、不同使用等级的起重机，当其总的工作循环数和载荷谱系数的乘积相接近时，划为同一工作级别并排列在一条对角线上，这是起重机整机的工作级别划分的原则。

2）同一种工作级别的起重机，不同的载荷状态级别，其使用寿命也不相同。如载荷状态级别 Q2 的使用寿命仅为载荷状态级别 Q1 的 1/2。所以正确地选用起重机，可以取得很好的经济效果。

如果不知起重机的载荷状态级别和使用等级，确定起重机整机工作级别有困难时，可参考表 9-1-4 选用。

表 9-1-4 起重机整机的工作级别和机构工作级别举例

序号	起重机的类别	起重机的使用情况	起重机整机的工作级别	机构的工作级别 H	机构的工作级别 D	机构的工作级别 T
1	人力驱动起重机（含手动葫芦起重机）	很少使用	A1	M1	M1	N1
2	车间装配用起重机	较少使用	A3	M2	M1	M2
3（a）	电站用起重机	很少使用	A2	M2	M1	M3
3（b）	维修用起重机	较少使用	A3	M2	M1	M2
4（a）	车间用起重机（含车间用电动葫芦起重机）	较少使用	A3	M3	M2	M3
4（b）	车间用起重机（含车间用电动葫芦起重机）	不频繁较轻载使用	A4	M4	M3	M4
4（c）	较繁忙的车间用起重机（含车间用电动葫芦起重机）	不频繁中等荷载使用	A5	M5	M3	M5
5（a）	货场用吊钩起重机（含货场用电动葫芦起重机）	较少使用	A3	M3	M2	M4
5（b）	货场用抓斗或电磁盘起重机	较频繁中等荷载使用	A6	M6	M6	M6
6（a）	废料场吊钩起重机	较少使用	A3	M4	M3	M4
6（b）	废料场抓斗或电磁盘起重机	较频繁中等荷载使用	A6	M6	M6	M6
7	桥式抓斗卸船机	频繁重载使用	A8	M8	M7	M6
8（a）	集装箱搬运起重机	较频繁中等荷载使用	A6	M6	M6	M6
8（b）	岸边集装箱起重机	较频繁重载使用	A7	M7	M7	M6
9	冶金用起重机					
9（a）	换轧辊起重机	较少使用	A2	M4	M3	M4
9（b）	料箱起重机	频繁重载使用	A8	M8	M7	M8
9（c）	加热炉起重机	频繁重载使用	A8	M7	M8	M7
9（d）	炉前兑铁水铸造起重机	较频繁重载使用	A6A7	M7M8	M6	M6
9（e）	炉后出钢水铸造起重机	较频繁重载使用	A7A8	M8	M7	M6M7
9（f）	板坯搬运起重机	较频繁重载使用	A7	M7	M7	M8
9（g）	冶金流程线上的专用起重机	频繁重载使用	A8	M8	M7	M8
9（h）	冶金流程线外用的起重机	较频繁中等荷载使用	A6	M6	M5	M6
10	铸工车间起重机	不频繁中等荷载使用	A5	M5	M4	M5
11	锻造起重机	较频繁重载使用	A7	M7	M6	M6

注：1. H—主起升机构；D—小车（横向）运行机构；T—大车（纵向）运行机构。

　　2. 本表包括桥式和门式起重机整机分类。

2. 起重机机构的工作级别

起重机机构的工作级别由起重机机构的使用等级和起重机机构的荷载状态级别确定。

（1）起重机机构的使用等级　起重机机构的使用等级反映了在设计预期寿命内，机构工作的频繁程度，由机构总运转时间决定。机构的使用等级是将该机构的总运转时间分成 10 个等级，具体见表 9-1-5。

表 9-1-5 机构的使用等级

使用等级	总使用时间 t_T/h	机构运转频繁程度
T_0	$t_T \leqslant 200$	很少使用
T_1	$200 < t_T \leqslant 400$	
T_2	$400 < t_T \leqslant 800$	
T_3	$800 < t_T \leqslant 1600$	

（续）

使用等级	总使用时间 t_T/h	机构运转频繁程度
T_4	$1600 < t_T \leq 3200$	不频繁使用
T_5	$3200 < t_T \leq 6300$	中等频繁使用
T_6	$6300 < t_T \leq 12500$	较频繁使用
T_7	$12500 < t_T \leq 25000$	频繁使用
T_8	$25000 < t_T \leq 50000$	
T_9	$50000 < t_T$	

（2）机构的载荷状态级别 起重机机构的荷载状态级别反映了在设计预期寿命期内，机构所负载荷的轻重程度，可以通过划分机构载荷谱系数的范围值，确定机构的载荷状态级别。

$$K_m = \sum_{i=1}^{n} \left[\frac{t_i}{t_T} \left(\frac{P_i}{P_{max}} \right)^m \right] \tag{9-1-3}$$

式中 K_m——机构的载荷谱系数；

t_i——该机构承受各个不同载荷的持续时间，$t_i = t_1,\ t_2,\ t_3,\ \cdots,\ t_n$；

t_T——该机构承受所有不同载荷的总持续时间，$t_T = \sum_{i=1}^{n} t_i = t_1 + t_2 + t_3 + \cdots + t_n$；

P_i——该机构在工作时间内所承受的各个不同的荷载，$P_i = P_1,\ P_2,\ P_3,\ \cdots,\ P_n$；

P_{max}——该机构承受的最大载荷；

m——同式（9-1-1）。

将 $m = 3$ 带入式（9-1-3），展开后，得下式：

$$K_m = \frac{t_1}{t_T} \left(\frac{P_1}{P_{max}} \right)^3 + \frac{t_2}{t_T} \left(\frac{P_2}{P_{max}} \right)^3 + \frac{t_3}{t_T} \left(\frac{P_3}{P_{max}} \right)^3 + \cdots + \frac{t_n}{t_T} \left(\frac{P_n}{P_{max}} \right)^3 \tag{9-1-4}$$

根据机构的载荷谱系数 K_m 划分的范围值，机构的载荷状态级别分 4 级，见表 9-1-6。

表 9-1-6 机构的载荷状态级别及载荷谱系数

载荷状态级别	机构的载荷谱系数 K_m	说明
L1	$K_m \leq 0.125$	机构很少承受最大荷载，一般承受轻小荷载
L2	$0.125 < K_m \leq 0.250$	机构较少承受最大荷载，一般承受中等荷载
L3	$0.250 < K_m \leq 0.500$	机构有时承受最大荷载，一般承受较大荷载
L4	$0.500 < K_m \leq 1.000$	机构经常承受最大荷载

通过式（9-1-4）计算得到机构的载荷谱系数后，查表 9-1-6 可确定该机构的载荷状态级别。

（3）机构的工作级别 根据机构的使用等级和荷载状态级别，起重机机构的工作级别可划分为 8 个级别，见表 9-1-7。

表 9-1-7 起重机机构的工作级别

载荷状态级别	机构的载荷谱系数 K_m	机构的使用等级									
		T_0	T_1	T_2	T_3	T_4	T_5	T_6	T_7	T_8	T_9
L1	$K_m \leq 0.125$	M1	M1	M1	M2	M3	M4	M5	M5	M7	M8
L2	$0.125 < K_m \leq 0.250$	M1	M1	M2	M3	M4	M5	M5	M7	M8	M8
L3	$0.250 < K_m \leq 0.500$	M1	M2	M3	M4	M5	M5	M7	M8	M8	M8
L4	$0.500 < K_m \leq 1.000$	M2	M3	M4	M5	M6	M7	M8	M8	M8	M8

如果不知起重机机构的使用等级和载荷状态级别，确定机构的工作级别有困难时，可参考表 9-1-4 选用。

从表 9-1-7 中也可以看出，起重机机构工作级别与起重机整机工作级别有类似的性质。

3. 工作级别与工作类型之间的相互关系

过去，起重机是采用工作制，即对工作类型进行划分，它是根据机构的工作频繁程度（工作时间率）和起重机的满载程度（荷载率）分为轻级、中级、重级、特重级四个类型。目前工作制已被起重机整机工作级别所取代。起重机整机工作级别划分的依据和工作制分类的依据虽然不相同，但两者之间也存在着一定的相应关系。正如《建筑结构荷载规范》（GB 50009）所指出，起重机整机工作级别中，A1 ~ A3 相当于轻级；A4、A5 相当于中级；A6、A7，相当于重级；A8 相当于特重级。

9.1.2 吊车梁系统的组成和分类

1. 吊车梁系统的组成

吊车梁系统通常由吊车梁（或吊车桁架）、制动结构、辅助桁架（视起重机吨位、吊车梁的跨度确定）及支撑（水平和垂直支撑）等构件组成，见表 9-1-8。

表 9-1-8　吊车梁系统的组成

序号	吊车梁系统的组成	图示
1	当吊车桁架和重级工作制起重机的吊车梁跨度 $l \geqslant 12m$，或轻、中级工作制吊车梁跨度 $l \geqslant 18m$ 时，宜设置辅助桁架和下弦水平支撑。当设置垂直支撑时，其位置不宜设在吊车梁（吊车桁架）挠度较大处	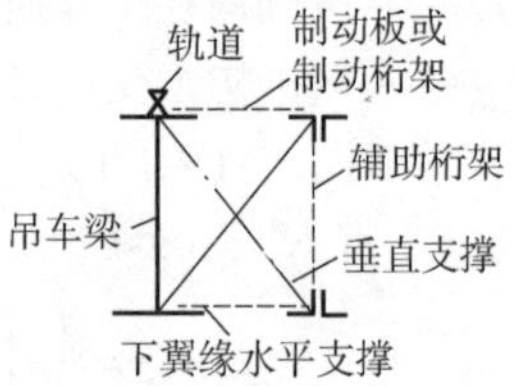
2	当吊车梁位于边柱时，吊车梁的跨度 $l \leqslant 12m$，宜采用槽钢作为制动结构的边梁，同时宜设置垂直支撑	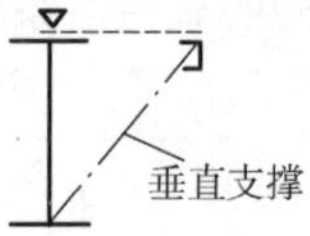
3	吊车梁的跨度及起重机起重量较小，同时吊车梁的侧向稳定可以满足规范的要求	
4	中柱两侧均设有吊车梁，且两跨的吊车梁断面高度相等	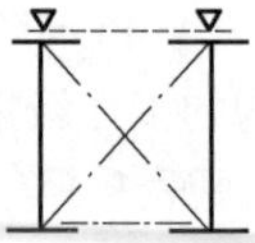
5	中柱两侧设有吊车梁，但柱两侧的吊车梁断面高度相差较大	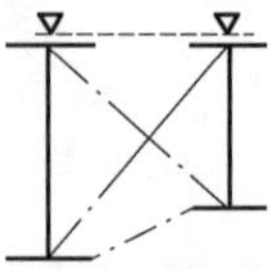

2. 吊车梁（吊车桁架）的类型

吊车梁（吊车桁架）按结构受力情况可分为简支梁和连续梁。简支梁是工程中最常用的形式，吊车梁（吊车桁架）按其构造和加工工艺又可分为型钢梁、焊接梁、栓接梁及栓-焊梁等。焊接梁加工制造方便且技术可靠，因此工程中得到广泛应用。吊车梁按构件类型又可分为实腹梁和吊车桁架两类。吊车梁的分类见表 9-1-9。

表 9-1-9　吊车梁的分类

序号	类型	说明	图示
1	型钢吊车梁	型钢吊车梁（或加强型钢吊车梁）用型钢（有时采用钢板、槽钢或角钢加强上翼缘）制成，制作、运输及安装较为方便。适用于吊车梁跨度 $l \leq 6m$，起重机起重量 $Q \leq 10t$ 的轻、中级工作制的吊车梁	
2	工字形吊车梁	工字形吊车梁可分为焊接和铆接两种。焊接工字形吊车梁一般由三块钢板焊接而成，加工制作较为容易，目前应用较为广泛。当起重机的轮压较大时，可采用双翼缘或将腹板受压部分加厚的形式较为经济，但增加了加工制造难度，目前应用较少 　铆接工字形吊车梁是采用钢板和角钢利用铆钉铆接而成，该形式加工制作费时，钢材用量较大，经济效果较差，目前仅用于硬钩起重机、特重级工作制起重机和大跨度的吊车梁 　工字形吊车梁一般设计成等高度截面形式，根据需要也可以设计成变高度（吊车梁在支座处截面的高度减小）截面形式，该形式经济效果较好	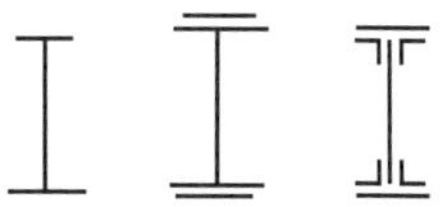
3	Y 形吊车梁	Y 形吊车梁是在工字形吊车梁的上翼缘的下面加设两块斜钢板组成，一般仅设有支承加劲肋，跨中部分不设或少设横向加劲肋。其优点是改善了上翼缘的抗扭性能，缺点是轨道连接方式具有局限性，斜钢板内面的防腐需要采取特殊措施	
4	箱形吊车梁	箱形吊车梁是由上、下翼缘板和双腹板组成的箱形截面，具有整体刚度大和抗偏扭性能好的优点，适用于起重机吨位大及大跨度吊车梁，同时对抗扭刚度要求较大的吊车梁。但钢梁的加工制作工艺要求复杂，例如焊接引起的构件变形难以控制和校正等	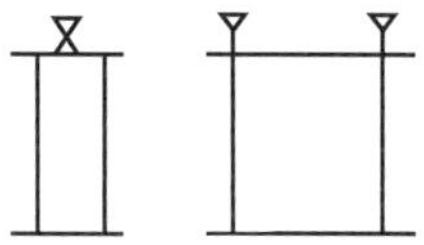
5	壁行吊车梁	壁行吊车梁（分离式）由上梁和下梁组成，上梁主要承担起重机的水平荷载，下梁同时承担起重机的水平和垂直荷载。该形式钢材用量比较经济，但上下梁的相对变形难以控制，为了增大梁的刚度可将上、下梁组合在一起形成箱形截面	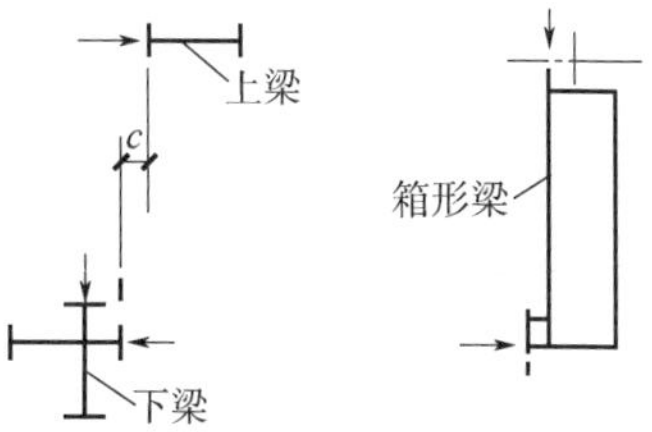
6	上承式直接支撑吊车桁架	采用带有组合型钢或焊接工字形上弦杆件的空腹桁架结构，起重机轨道直接铺设在桁架上弦上，该形式比实腹式钢吊车梁可以节省钢材 20%，但节点构造复杂，加工制作困难，一般用于吊车梁跨度 $l \leq 18m$，$Q \leq 75t$ 的轻、中级工作制或小吨位的软钩重级工作制起重机	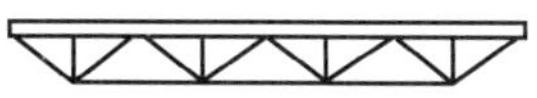

（续）

序号	类型	说明	图示
7	上承式间接支撑吊车桁架	在桁架上弦的节点间铺设短钢梁，以承担起重机荷载，起重机轨道与短钢梁连接。其用钢量较实腹钢吊车梁节省钢材约20%，但节点构造复杂，加工制作困难，适用于吊车梁跨度 $l \leqslant 18\text{m}$，$Q \leqslant 75\text{t}$ 的轻、中级工作制或小吨位的软钩重级工作制起重机	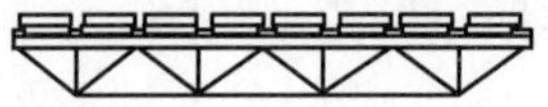
8	撑杆式吊车桁架	利用钢轨作为桁架上弦一部分（或全部）的一种桁架。该形式节省钢材，一般用于手动梁式起重机 $Q \leqslant 3\text{t}$，吊车梁跨度 $l \leqslant 6\text{m}$	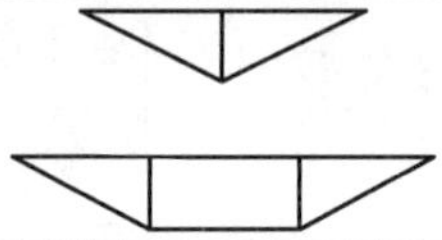

9.1.3 吊车梁荷载

作用于吊车梁上的主要起重机荷载（起重机的轮压）、吊车梁自重、轨道质量、摩电架质量、制动系统、支撑系统及走道板上的活荷载（包括灰）等。当吊车梁与辅助桁架共同承担屋盖、墙架以及侧墙的风荷载或其他荷载时，还应按工程的实际情况，对其有关构件进行应力叠加。对于露天栈桥的吊车梁，尚应考虑风荷载和雪荷载的影响。作用于吊车梁上的主要起重机荷载见表9-1-10。计算吊车梁系统构件及其连接时，荷载设计值及起重机台数组合见表9-1-12。

表 9-1-10 吊车梁上的主要起重机荷载

序号	荷载项目	公式	简图
1	竖向荷载（起重机竖向轮压）	$P_{k.max}$ 标准值应按工艺资料提供的起重机最大轮压采用	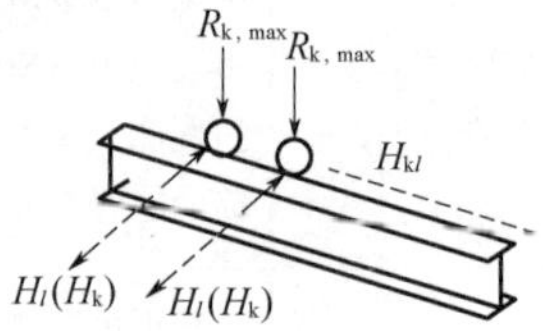 Q——起重机额定起重量（t） g——小车重量 　　当缺乏资料时，软钩起重机可近似取 　　$Q \leqslant 50\text{t}$ 时　$g = 0.4Q$
2	横向水平荷载（起重机小车横向水平制动力）	1）中、轻工作制吊车梁 $$H_1 = \eta \frac{Q + g}{2n_0} \times 10 \quad (9\text{-}1\text{-}5)$$ 式中对重级及特重级工作制吊车梁仅作为计算吊车梁水平挠度时采用 2）重级及特重级工作制吊车梁（吊车桁架） $$H_k = \alpha P_{k,max} \quad (9\text{-}1\text{-}6)$$	$Q > 50\text{t}$ 时　$g = 0.3Q$ n_0——起重机一侧车轮数 η——系数 　　当为硬钩起重机时取 $\eta = 0.2$ 　　当为软钩起重机时： 　　$Q \leqslant 10$ 时，$\eta = 0.12$
3	纵向水平荷载（起重机纵向水平制动力）	$$H_{kl} = 0.1 \sum P_{k,max} \quad (9\text{-}1\text{-}7)$$	$16\text{t} \leqslant Q \leqslant 50\text{t}$，$\eta = 0.10$ $Q > 75\text{t}$，$\eta = 0.08$ a——系数，对一般软钩起重机时，$a = 0.1$
4	其他荷载	1）吊车梁或吊车桁架的自重及摩电架、轨道、制动结构和支撑的自重等可近似简化为将起重机轮压乘以荷载增大系数 β 来考虑，β 值可按表 9-1-11 选用 2）作用在吊车梁或吊车梁走道板上的活荷载一般可取 2.0kN/m^2，有积灰荷载时，按实际积灰厚度考虑，一般可取 $0.3 \sim 1.0\text{kN/m}^2$ 3）当吊车梁与辅助桁架还承受屋盖、墙架以及侧墙风荷载或其他荷载时，应按实际情况计算，并考虑应力叠加。对露天栈桥的吊车梁，尚应考虑风、雪荷载的影响	对抓斗或磁盘起重机时，$a = 0.15$ 对硬钩起重机时，$a = 0.2$ $\sum P_{k,max}$——为一侧轨道上所有制动轮最大起重机轮压标准值之和

（续）

序号	荷载项目	公式	简图
5	荷载系数	1）计算吊车梁（桁架）的强度和稳定时，起重机竖向轮压应乘以动力系数 α；对悬挂起重机及轻、中级工作制起重机 α = 1.05，对重级工作制起重机、硬钩起重机和其他特种起重机 α = 1.1 2）计算重级与特重级工作制吊车梁（桁架）及制动结构的强度和稳定性以及连接强度时，起重机横向水平荷载的增大系数 α_T 见表 9-1-13 3）计算吊车梁（桁架）系统构件及连接时，其设计荷载及有关系数、起重机台数的组合等，可按表 9-1-12 采用	
6	制动结构	吊车梁（桁架）应按承受竖向荷载并同时由其上翼缘（或上弦）与制动结构共同承受横向水平荷载进行计算。中列吊车梁（或吊车桁架）的制动结构应考虑相邻两跨各一台最大起重机同时制动时的最不利组合	

表 9-1-11　系数 β 值

系数	实腹式吊车梁						吊车桁架
	吊车梁跨度/m						
	6	12	18	24	30	36	
Q235	1.03	1.05	1.08	1.10	1.13	1.13	1.10
Q345	1.06	1.04	1.07	1.09	1.11	1.13	1.09
Q390	—	1.03	1.06	1.08	1.10	1.11	1.08
Q420	—	—	1.05	1.07	1.09	1.10	1.07

注：当跨度为中间数值时，可用插入法计算。

表 9-1-12　吊车梁系统构件计算所用荷载设计值及起重机台数组合

项次	计算项目	荷载设计值		起重机组合台数	备注
		轻、中工作制起重机	重、特重级工作制起重机		
1	吊车梁（桁架）及制动结构的强度和稳定验算	$P = \alpha\beta\gamma_Q P_{k\cdot max}$ $H = \gamma_Q H_l$	$P = \alpha\beta\gamma_Q P_{k\cdot max}$ $H = \gamma_Q II_k$	按实际情况但不多于两台起重机	式中 P——起重机轮压竖向荷载设计值 H——起重机轮压横向水平荷载设计值 T——起重机轮压纵向荷载设计值 $P_{k\cdot max}$——起重机最大轮压标准值 H_l——起重机轮压横向水平荷载标准值 H_k——起重机摆动引起的横向水平平荷载标准值 H_{kl}——作用于起重机一侧轨道上的纵向水平力之和 α——起重机动力系数 β——附加荷载增大系数（表 9-1-11） γ_Q——活荷载分项系数
2	起重机轮压作用处吊车梁腹板局部压应力	$P = \alpha\gamma_Q P_{k\cdot max}$	$P = 1.35\alpha\gamma_Q P_{k\cdot max}$	—	
3	吊车梁腹板局部稳定验算		$P = \alpha\gamma_Q P_{k\cdot max}$		

（续）

项次	计算项目	荷载设计值		起重机组合台数	备注
		轻、中工作制起重机	重、特重级工作制起重机		
4	吊车梁的疲劳验算	—	$P = \beta P_{\text{k·max}}$	按跨间内最大一台起重机计算	
5	吊车梁的竖向变位计算	$P = \beta P_{\text{k·max}}$	$P = \beta P_{\text{k·max}}$		
6	吊车梁的水平变位计算	$H = H_l$			
7	吊车梁上翼缘和制动结构与柱连接的强度计算	$H = \gamma_Q H_l$	$H = \gamma_Q H_k$	按实际情况但不多于两台；尚须考虑车间山墙风荷载及地震作用等纵向荷载	
8	吊车梁与柱连接处传递纵向水平荷载的验算	$T = \gamma_Q H_{kl}$	$T = \gamma_Q H_{kl}$		

注：当吊车梁上设有壁行起重机时，其与桥式起重机的组合，应根据生产工艺操作实际情况确定。

表 9-1-13　起重机横向水平荷载的增大系数 α_{T}

项次	项目	起重机起重量/t	验算吊车梁（吊车桁架）的制动结构的强度和稳定性	验算吊车梁（吊车桁架）的制动结构与柱相互间的连接（件）强度
1	软钩起重机	5 ~ 20	2.0	4.0
		30 ~ 275	1.5	3.0
		>275	1.3	2.6
2	夹钳或刚性料耙起重机其他硬钩起重机	—	3.0	6.0
		—	1.5	3.0

9.2　焊接工字形吊车梁

9.2.1　吊车梁的选型及截面尺寸的确定

1. 吊车梁的选型

焊接工字形吊车梁一般采用三块钢板焊接而成。当吊车梁跨度和起重机起重量不大（$l \leqslant 6\text{m}$，$Q \leqslant 50\text{t}$）且为轻、中级工作制时可采用上翼缘加宽不对称的工字形截面，此时一般不设置吊车梁的制动结构，吊车梁跨度和起重机起重量较大或起重机为重级工作制时，可采用对称或不对称截面工字形截面，但需要设置吊车梁的制动结构。

2. 吊车梁截面尺寸的确定

1）焊接工字形截面尺寸应根据使用条件、经济和刚度要求确定梁的高度，按表 9-2-1 的规定初步选定截面尺寸。

2）梁的截面尺寸变化，当梁的跨度 $l > 12\text{m}$ 时，为了节约钢材，沿梁的跨度方向可采用截面变化方式。其截面变化（变点位置、变化率）应根据吊车梁在荷载作用下的弯矩、剪力包络图确定，对于梁高变化的吊车梁沿梁的长度范围内宜变化一次，见表 9-2-2。

表 9-2-1　焊接工字形吊车梁截面尺寸的初选

项次	项目	内容及计算公式	备注
1	吊车梁高度	经济要求 $$h = 7\sqrt[3]{W} - 30 \qquad (9\text{-}2\text{-}1)$$ $$W = 1.2M_{xmax}/f$$	式中 W——梁所需的截面模量（cm^3） h——梁高（cm）
2		刚度要求 $$h_{min} = 0.75fl\frac{M_v}{M_{max}}\left[\frac{l}{v}\right]\times10^{-6} \quad (9\text{-}2\text{-}2a)$$ $$h_{min} = \alpha fl\left[\frac{l}{v}\right]\times10^{-6} \quad (9\text{-}2\text{-}2b)$$	l——梁跨度（cm） f——钢材抗弯强度设计值 N/mm² M_v——计算挠度用弯矩 M_{max}——计算强度用竖向弯矩
3		净空要求　$h <$ 建筑净空	$\left[\dfrac{l}{v}\right]$——容许相对挠度的倒数
4	吊车梁腹厚度	经验公式　$t_w = 7 + 3h_w$　(9-2-3)	t_w——腹板厚度 h_w——梁腹板高度
5		抗剪要求 $$t_w = \frac{1.2V_{max}}{h_w f_v} \qquad (9\text{-}2\text{-}4)$$	式（9-2-3）中 h_w 单位为 m 式（9-2-4）中 h_w 单位为 mm
6		构造要求　$22mm \geqslant t_w \geqslant 6mm$	V_{max}——支座处最大剪力（N） f_v——钢材抗剪强度设计值（N/mm²），腹板厚度
7	吊车梁翼缘板的宽度和厚度	对称工字形翼缘板面积 A_1 $$A_1 = \frac{W}{h_w} - \frac{t_w h_w}{b} \qquad (9\text{-}2\text{-}5)$$ 构造要求一般宜取 $50mm \geqslant t_w \geqslant 8mm$ 轨道采用压板固定时 $b \geqslant 320mm$　（无制动结构） $b \geqslant 360mm$　（有制动结构） 轨道采用弯钩螺栓固定时，b 值无最小值的限制 吊车梁受压翼缘自由外伸宽度与其厚度之比 $$a/t = \leqslant 15\sqrt{\frac{235}{f}}$$ Q235　$a \leqslant 15t$　　Q345　$a \leqslant 12.4t$ Q390　$a \leqslant 11.6t$　　Q420　$a \leqslant 11.2t$	尚应在梁承载能力计算其轮下局部承压强度 σ_c 和剪应力 τ 计算后最终确定 t——翼缘板厚度 b——翼缘板宽度 a——梁受压翼缘自由外伸宽度 f_y——钢材屈服强度 α——系数，对轻级工作制吊车梁为 0.45；中级、重级工作制吊车梁为 0.36、0.38

表 9-2-2　梁的截面尺寸变化

类型	内容	简图
1	吊车梁的上翼缘最好改变宽度并应按坡度变窄，下翼缘可以改变宽度和厚度。变窄的宽度不宜小于原宽度的 1/2；由于吊车梁翼缘宽度的变化会造成与制动结构连接困难，因此实际工程中应用较少	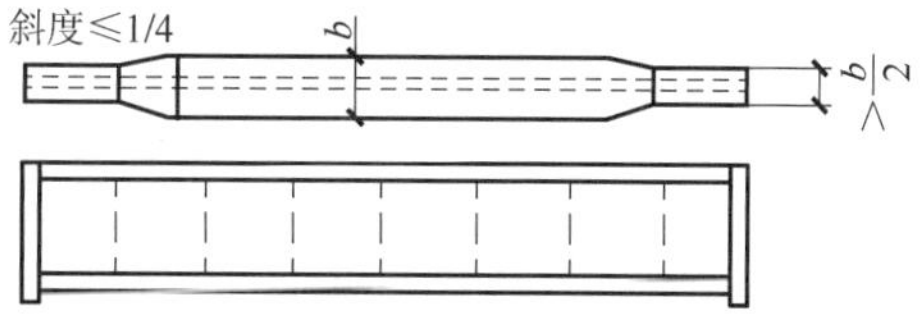 图 9-2-1　翼缘变化的吊车梁
2	吊车梁截面较高或相邻两梁的高度相差较大时，为便于构造处理及减小房屋上柱的高度，工程中较多采用梁端腹板变高度的做法，在距支座 $l/6$ 的范围内呈梯形渐变形式，也可采用阶梯突变式 吊车梁端腹板变化的高度应由计算确定，吊车梁端部截面高度不应小于吊车梁跨中腹板高度的 1/2	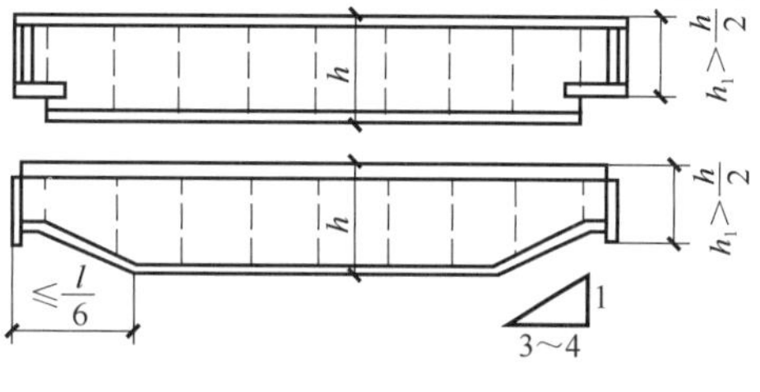 图 9-2-2　腹板高度变化的吊车梁

（续）

类型	内容	简图
3	当起重机轮压及吊车梁跨度较大时，为节省钢材也可采取将梁端部的腹板加厚的方法处理。其变化处的对接焊缝应采用加引弧板并应焊透，以便保证工程质量	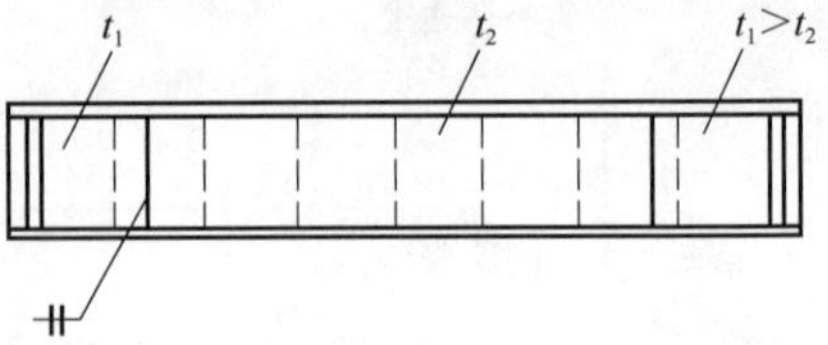 图 9-2-3　端部腹板厚度变化吊车梁

9.2.2　吊车梁内力计算

　　1）计算吊车梁的内力时，由于起重机荷载为移动荷载，首先应根据所需求解的内力内容确定起重机荷载的最不利位置，然后按求出吊车梁的最大弯矩及相应的剪力或支座最大剪力、起重机横向水平荷载作用下所产生的水平最大弯矩（当设有制动梁时）及在吊车梁上翼缘所产生的局部弯矩（当设有制动桁架时），见表 9-2-3。

表 9-2-3　吊车梁的内力计算

类型	内容	简图
1	最大竖向弯矩 M_{xmax} 　按可能排列于梁上的起重机车轮数、轮序及最不利的位置进行计算，轮子排列应使所有梁上轮压的合力作用线与最近一个轮子间距离被梁跨中心线平分，则此轮压所在位置即为所求梁最大竖向弯矩截面位置	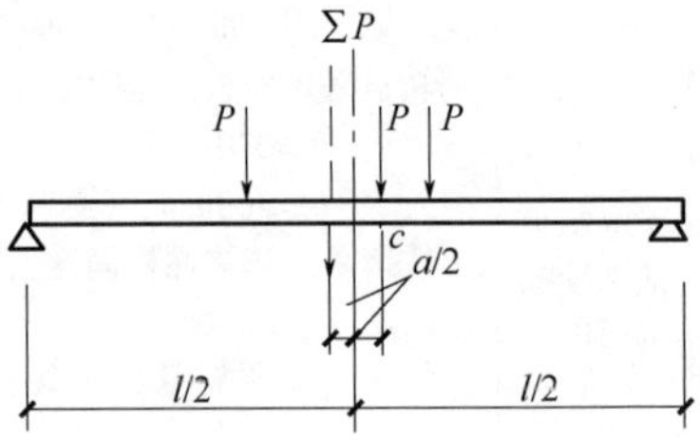 图 9-2-4　最大竖向弯矩轮压位置示例
2	1）最大水平弯矩 M_{ymax} 　制动结构为制动板时，可采用计算最大竖向弯矩 M_{xmax} 时的轮压相同位置进行计算，此时横向力须考虑横向力增大系数 α_T 　制动结构为制动桁架时，M_{ymax} 应转化为吊车梁上翼缘（或制动桁架外弦）的附加轴向力 N_T，可按下式计算： $$N_T = \frac{M_{ymax}}{d} \quad (9\text{-}2\text{-}6)$$ 式中　d——制动桁架弦杆重心间的距离 　2）制动结构为制动桁架时，起重机横向水平力在吊车梁上翼缘（即制动桁架的弦杆）将产生局部弯矩 M_{y1}，此值可近似按下式计算： 　轻、中级工作制起重机 $$M_{y1} = \frac{Ha}{4} \quad (9\text{-}2\text{-}7)$$ 　重级工作制起重机 $$M_{y1} = \frac{Ha}{3} \quad (9\text{-}2\text{-}8)$$ 式中　a——制动桁架的节间距离 　3）制动桁架腹杆的内力可按起重机横向作用下桁架杆件影响线求得。对于中列制动桁架还应考虑相邻跨间起重机水平力的影响	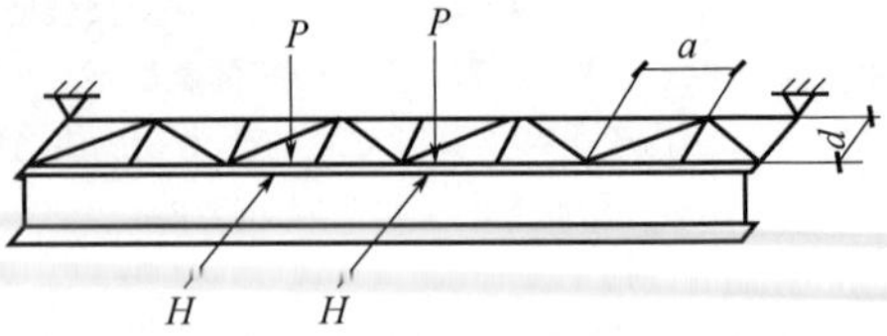 图 9-2-5　制动桁架计算简图

（续）

类型	内容	简图
3	吊车梁支座处的最大竖向剪力和最大水平剪力应按吊车梁上轮数和轮序求得的对支座处最不利的轮位，采用支座反力影响线计算	
4	等截面等跨度吊车梁计算 　对于三跨及三跨以上等截面等跨度的连续吊车梁，其边跨跨中（距边支座 $0.4l$ 截面）、中间跨中及边支座的弯矩均可采用三跨连续梁的弯矩影响线计算。三跨连续梁的弯矩影响线（图 9-2-6）按下式计算 $$M = \sum Pyl \qquad (9\text{-}2\text{-}9)$$ 式中　P——起重机轮压 　　　y——相应轮压下弯矩影响线纵坐标之和 　　　l——吊车梁跨度	

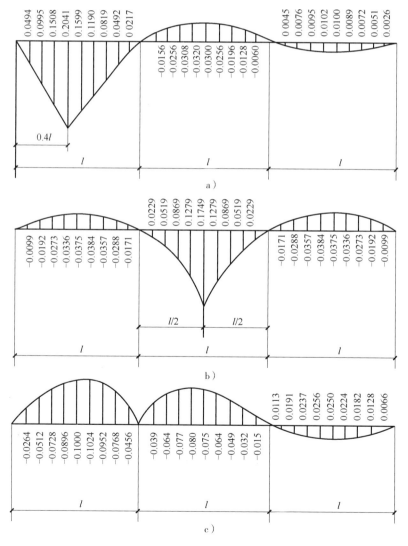

图 9-2-6　三跨连续梁的弯矩影响线

a）边跨跨中弯矩　b）中跨跨中弯矩　c）边跨支座弯矩

2）常用几种简支吊车梁的起重机轮压最不利位置、最大弯矩和剪力计算见表 9-2-4。

表 9-2-4　常用几种简支吊车梁的起重机轮压最不利位置、最大弯矩和剪力计算

序号	梁上作用的轮子数	吊车梁的内力	计算简图
1	两轮	最大弯矩时轮压作用点 C 的位置：$$a_2 = \frac{a_1}{4}$$	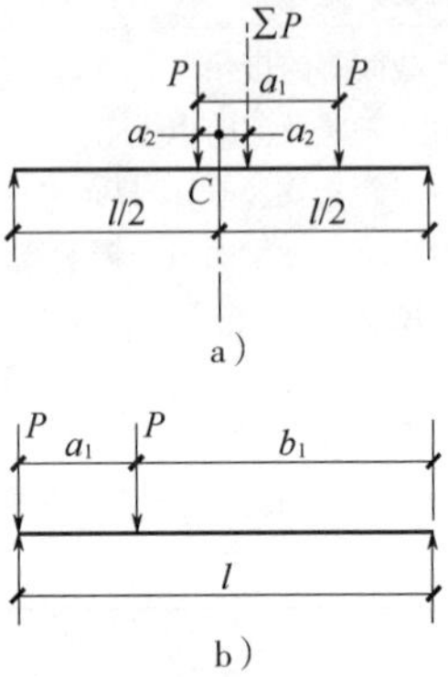
2		最大弯矩：$$M_{max}^c = \frac{\sum P\left(\dfrac{l}{2} - a_2\right)^2}{l} \qquad (9\text{-}2\text{-}10)$$	
3		最大弯矩处的相应剪力：$$V^c = \frac{\sum P\left(\dfrac{l}{2} - a_2\right)}{l} \qquad (9\text{-}2\text{-}11)$$	图 9-2-7　吊车梁计算简图（两轮） a) 弯矩　b) 剪力
4		最大剪力：$$V_{max}^c = \sum_{i=1}^{n-1} b_i \frac{P}{l} + P \qquad (9\text{-}2\text{-}12)$$ 式中　n——作用于吊车梁的车轮数	
5	三轮	最大弯矩时轮压作用 C 的位置：$$a_3 = \frac{a_2 - a_1}{6}$$	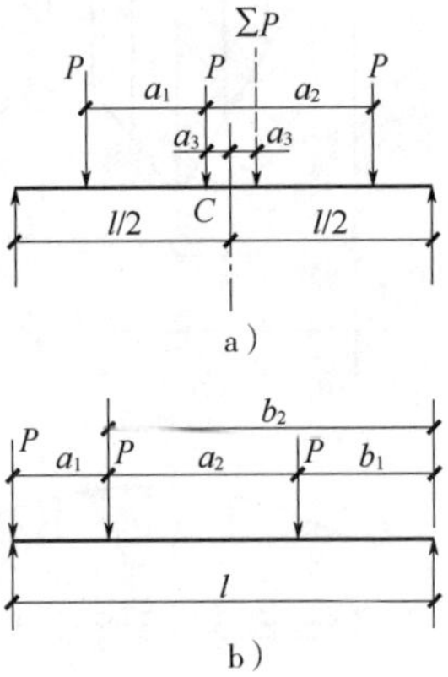
6		最大弯矩：$$M_{max}^c = \frac{\sum P\left(\dfrac{l}{2} - a_3\right)^2}{l} - Pa_1 \qquad (9\text{-}2\text{-}13)$$	
7		最大弯矩处的相应剪力：$$V^c = \frac{\sum P\left(\dfrac{l}{2} - a_3\right)}{l} - P \qquad (9\text{-}2\text{-}14)$$	图 9-2-8　吊车梁计算简图（三轮） a) 弯矩　b) 剪力
8		最大剪力：$$V_{max}^c = \sum_{i=1}^{n-1} b_i \frac{P}{l} + P \qquad (9\text{-}2\text{-}15)$$ 式中　n——作用于吊车梁的车轮数	
9	四轮	最大弯矩时轮压作用 C 的位置：$$a_4 = \frac{2a_2 + a_3 - a_1}{8}$$	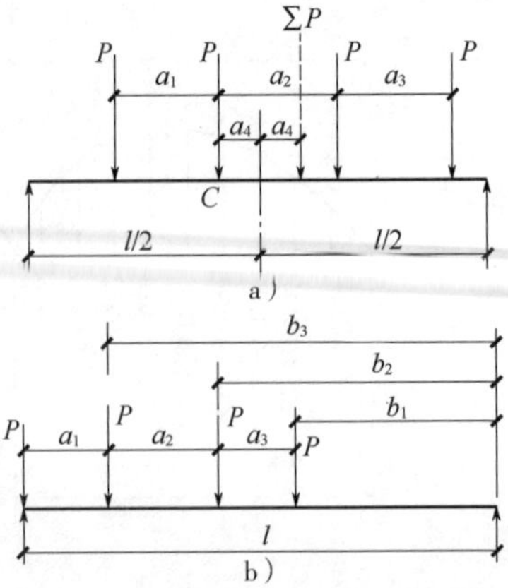
10		最大弯矩：$$M_{max}^c = \frac{\sum P\left(\dfrac{l}{2} - a_1\right)^2}{l} - Pa_1 \qquad (9\text{-}2\text{-}16)$$	
11		最大弯矩处的相应剪力：$$V^c = \frac{\sum P\left(\dfrac{l}{2} - a_4\right)}{l} - P \qquad (9\text{-}2\text{-}17)$$	
12		当 $a_3 = a_1$ 时　$a_4 = a_2/4$ 最大弯矩 M_{max}^c 及相应的剪力 V^c 均与式（9-2-16）及式（9-2-17）相同，但公式中的 a_4 用 $a_2/4$ 代入	图 9-2-9　吊车梁计算简图（四轮） a) 弯矩　b) 剪力

（续）

序号	梁上作用的轮子数	吊车梁的内力	计算简图
13	四轮	最大剪力： $$V_{max}^c = \sum_{i=1}^{n-1} b_i \frac{P}{l} + P \quad (9\text{-}2\text{-}18)$$ 式中 n——作用于吊车梁的车轮数	
14	六轮	最大弯矩时轮压作用 C 的位置： $$a_6 = \frac{3a_3 + 2a_4 + a_5 - a_1 - 2a_2}{12}$$	
15		最大弯矩： $$M_{max}^c = \sum P \frac{\left(\dfrac{l}{2} - a_6\right)^2}{l} - P(a_1 + 2a_2)$$ $$(9\text{-}2\text{-}19)$$	
16		最大弯矩处的相应剪力： $$V^c = \frac{\sum P\left(\dfrac{l}{2} - a_6\right)}{l} - 2P \quad (9\text{-}2\text{-}20)$$	
17		当 $a_3 = a_5 = a_1$ 时及 $a_4 = a_2$ 时，最大弯矩时轮压作用 C 的位置： $$a_6 = a_1/4$$ 其最大弯矩 M_{max}^c 及相应的剪力 V^c 均与式（9-2-19）及式（9-2-20）相同，但公式中的 a_6 应用 $a_1/4$ 代入	图 9-2-10 吊车梁计算简图（六轮） a）弯矩 b）剪力
18		最大剪力： $$V_{max}^c = \sum_{i=1}^{n-1} b_i \frac{P}{l} + P \quad (9\text{-}2\text{-}21)$$ 式中 n——作用于吊车梁的车轮数	

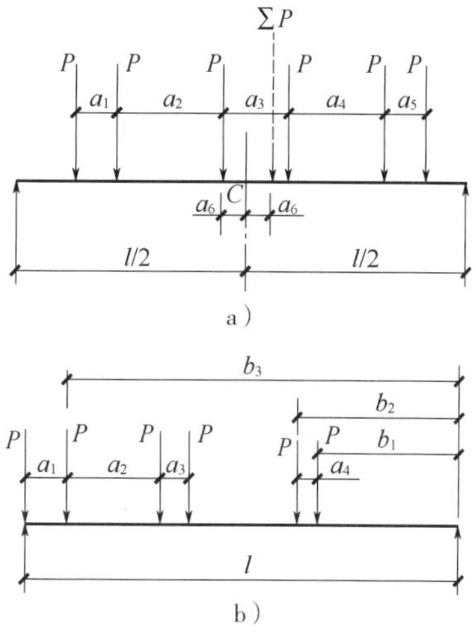

计算吊车梁时所采用的最大弯矩和最大剪力，可由起重机竖向荷载作用下所产生的最大弯矩（M_{max}^c）和支座最大剪力（V_{max}^c）乘以表 9-1-11 的 β（β 为考虑吊车梁自重及其上的附加物重的影响系数），即：

$$M_{max} = \beta M_{max}^c \tag{9-2-22}$$

$$V_{max} = \beta V_{max}^c \tag{9-2-23}$$

3）吊车梁在起重机横向水平荷载作用的内力。吊车梁在起重机横向水平荷载作用下，对于设有制动梁时情况，在吊车梁中产生的弯矩（M_H）和对于设有制动桁架时，在吊车梁上翼缘中产生的局部弯矩（M_H'）按表 9-2-5 中规定的公式计算。

表 9-2-5 M_H 和 M_H' 值

序号		计算内容	简图
1	M_H 值	轻级或中级工作制起重机 $$M_H = \frac{H}{P} M_{max}^c \quad (9\text{-}2\text{-}24)$$	如图 9-2-7a ~ 图 9-2-10a 所示
2		重级工作制起重机 $$M_H = \frac{H_K}{P} M_{max}^c \quad (9\text{-}2\text{-}25)$$	

（续）

序号	计算内容	简图
3	M'_H 值	$Q \geqslant 75\mathrm{t}$ 轻级或中级工作制起重机 $M'_\mathrm{H} = \dfrac{Ha}{3}$ (9-2-26)	
4		$Q \leqslant 75\mathrm{t}$ 重级（特重级不受起重量限制）工作制起重机 $M'_\mathrm{H} = \dfrac{H_\mathrm{K}a}{3}$ (9-2-27)	图 9-2-11 起重机横向水平荷载作用于吊车梁上翼缘和制动桁架的示意图
5		$Q \leqslant 50\mathrm{t}$ 轻级或中级工作制起重机 $M'_\mathrm{H} = \dfrac{Ha}{4}$ (9-2-28)	
6		$Q \leqslant 50\mathrm{t}$ 重级或特重级工作制起重机 $M'_\mathrm{H} = \dfrac{H_\mathrm{K}a}{4}$ (9-2-29)	

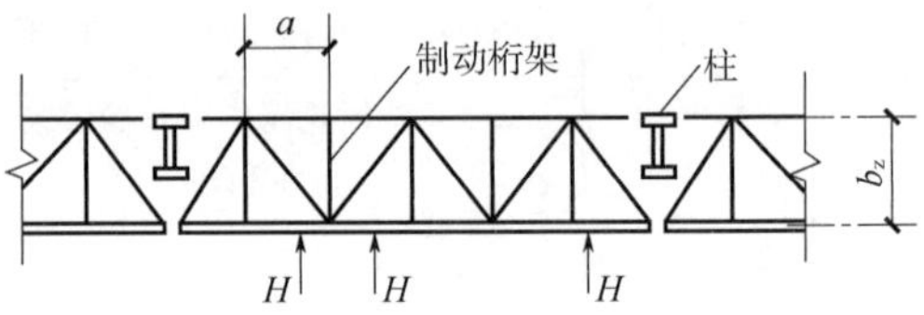

9.2.3 吊车梁截面强度验算

1）焊接工字形吊车梁的截面强度应按表 9-2-6 中公式计算。

2）特重级工作制吊车梁的腹板及横向加劲肋的强度按表 9-2-7 中公式计算。

表 9-2-6 吊车梁截面强度验算

序号	项目		计算公式	备注
1	弯曲正应力	上翼缘	无制动结构 $\sigma = \dfrac{M_{x\max}}{W_{nx}} + \dfrac{M_y}{W_{ny}} \leqslant f$ (9-2-30) 实腹制动梁 $\sigma = \dfrac{M_{x\max}}{W_{nx}} + \dfrac{M_y}{W_{ny1}} \leqslant f$ (9-2-31) 制动桁架 $\sigma = \dfrac{M_{x\max}}{W_{nx}} + \dfrac{M_{y1}}{W_{ny}} + \dfrac{N_\mathrm{T}}{A_{ne}} \leqslant f$ (9-2-32)	式中 $M_{x\max}$——对于梁截面强轴（x 轴）的最大竖向弯矩 M_y——对梁上翼缘与制动梁（桁架）组合截面（y 轴）的水平弯矩 M_{y1}——制动结构为制动桁架时，梁上翼缘在桁架节间内的局部水平弯矩 N_T——吊车梁上翼缘及制动桁架组成的水平桁架中由 M_y 作用在上翼缘（弦杆）产生的轴心力 V——所计算截面的最大竖向剪力 k——系数 P——作用于吊车梁上最大轮压设计值（计入动力系数） W_x、W_{nx}——梁截面对于强轴（x 轴）的毛截面、净截面模量 W_{ny}——梁上翼缘对于弱轴（y 轴）的净截面模量 W_{ny1}——梁上翼缘与制动梁组成的水平受弯构件对其竖轴（y_1 轴）的净截面模量 A_{ne}——梁上部参与制动结构的有效净面积 I_x——所计算截面对 x 轴的毛截面惯性矩 S_x——所计算剪应力处以上毛面积对中和轴（x 轴）的面积矩 l_z——腹板承压部分的长度
2		下翼缘	$\sigma = \dfrac{M_{x\max}}{W_{nx}} \leqslant f$ (9-2-33)	
3	剪应力	一般截面	$\tau = \dfrac{VS_x}{I_x t_w} \leqslant kf_v$ (9-2-34) 当 $\tau_{\max}/\tau_0 \leqslant 1.25$ 时，$k = 1.0$；当 $\tau_{\max}/\tau_0 \geqslant 1.5$ 时，$k = 1.25$；其他中间值可采用插入法取值。平均剪应力 $\tau_0 = V/t_w h_w$；最大剪应力 $\tau_{\max} = VS_x/I_x t_w$	
4		凸缘支座处截面	$\tau = \dfrac{1.2V}{h_w t_w} \leqslant f_v$ (9-2-35)	

（续）

序号	项目		计算公式	备注
5	腹板计算高度边缘局部压应力	重级工作制吊车梁	$\sigma_c = \dfrac{1.35P}{l_z t_w} \leqslant f$　（9-2-36）	h_y——自梁顶面至腹板计算高度上边缘的距离 h_R——起重机轨道的高度 h_w、t_w——梁的腹板高度和厚度 σ、τ、σ_c——腹板计算高度边缘同一点上同时产生的正应力、剪应力和局部压应力。σ 按式（9-2-39），τ 按式（9-2-34），σ_c 按式（9-2-36）或式（9-2-37）计算 I_n——梁净截面惯性矩 y_1——所计算点至梁中和轴的距离 A_S——加劲肋计算面积 φ——轴心受压构件的稳定系数 R——支座最大反力（或集中荷载） A_{sl}——加劲肋下端刨平顶紧的承压面积（不包括梁的腹板） f_{ce}——端板端面的承压强度设计值
6		其他工作制吊车梁	$\sigma_c = \dfrac{P}{l_z t_w} \leqslant f$　（9-2-37） 对于吊车梁：$l_x = 50\text{mm} + 5h_y + 2h_H$ 对于其他梁：$l_x = 5h_y$	
7	腹板计算高度边缘折算应力	简支梁	$\sqrt{\sigma^2 + \sigma_c^2 - \sigma\sigma_c + 3\tau^2} \leqslant 1.1f$　（9-2-38） $\sigma = \dfrac{M}{I_m}y_1$　（9-2-39）	
8		连续梁	$\sqrt{\sigma^2 + \sigma_c^2 - \sigma\sigma_c + 3\tau^2} \leqslant 1.2f$　（9-2-40）	
9	端支承加劲肋截面强度	受压短柱	A_S 包括加劲肋面积及加劲肋每侧 $15t_w\sqrt{\dfrac{235}{f_y}}$ 范围内的腹板面积	
10		断面承压	$\sigma_{ce} = \dfrac{R}{A_{sl}} \leqslant f_{ce}$　（9-2-41）	

表 9-2-7　特重级工作制吊车梁的腹板及横向加劲肋的强度计算

序号	项目	计算公式	备注
1	由于起重机侧向力及轨道偏心所引起扭矩 T 及由于扭矩 T 在腹板上端边缘处产生的附加弯曲应力	$T = P_{max}e + 0.75T_1h_R$　（9-2-42） $\sigma_{yT} = \dfrac{2Tt_w}{I_T} \leqslant f$　（9-2-43） $I_T = I_{TR} + \dfrac{1}{3}bt^3$ 对于不同型号的轨道，I_{TR} 取值如下 <table><tr><td>轨道型号</td><td>QU70</td><td>Q80</td><td>QU10</td><td>QU120</td></tr><tr><td>I_{TR}/cm^2</td><td>253</td><td>387</td><td>75</td><td>1310</td></tr></table>	P_{max}——起重机最大轮压设计值（计入动力系数） e——轨道偏心值，取 $e = 15\text{mm}$ T_1——起重机侧向力设计值［重级工作制起重机采用式（9-1-2）计算横向水平荷载］ h_R——起重机轨道的高度 I_T——起重机轨道及起重机梁上翼缘的抗扭惯性矩之和 b、t——吊车梁上翼缘的宽度和厚度 I_{TR}——起重机轨道的抗扭惯性矩 σ_c——轮压作用下的局部压应力 σ_x——验算截面处的正应力 τ_c——验算截面处的剪应力 β_1——强度设计值增大系数 T——扭矩，按式（9-2-42）计算 A_s、b_s——一个加劲肋的截面面积和宽度
2	考虑扭矩 T 时腹板上端边缘处腹板的补充验算	$\left.\begin{array}{l} \Sigma\sigma_x = \sigma_x + 0.25\sigma_c \leqslant f \\ \Sigma\sigma_y = \sigma_c + \sigma_{yT} \leqslant f \\ \Sigma\tau_{xy} = \tau + 0.3\sigma_c + 0.25\sigma_{yT} \leqslant f_v \\ \sqrt{(\Sigma\sigma_x)^2 + \sigma_c^2 - (\Sigma\sigma_x)\sigma_c + 3(\tau + 0.3\sigma_c)^2} \leqslant \beta_1 f \end{array}\right\}$ （9-2-44） $\sigma_x = \dfrac{M_x}{W_{nx}}$；$\tau = \dfrac{VS}{It_w}$　（9-2-45）	
3	成对布置的腹板加劲肋的强度验算	$\sigma_s = \dfrac{1.5T}{A_s b_s} \leqslant f$　（9-2-46）	

9.2.4 吊车梁整体稳定和局部稳定验算

1）焊接工字形吊车梁，当不设制动结构时，其梁的整体稳定性应按表 9-2-8 的规定进行验算。当焊接工字形吊车梁满足表 9-2-9 规定的条件时，可不验算梁的整体稳定。

表 9-2-8　工字形截面吊车梁的整体稳定性验算

计算项目	计算公式	备注
弯矩作用在最大刚度平面内	$\dfrac{M_x}{\varphi_b W_x f} \leqslant 1.0$　　　(9-2-47)	式中 M_x——绕强轴作用的最大弯矩 W_x——按受压翼缘确定的吊车梁毛截面模量 φ_b——梁的整体稳定性系数

表 9-2-9　工字形截面简支吊车梁不需要验算整体稳定性的条件（l_1/b）

序号	钢材牌号	跨中无侧向支承点的吊车梁		跨中受压翼缘设有侧向支撑点不论荷载作用在何处
		荷载作用在受压翼缘	荷载作用在受拉翼缘	
1	Q235	13.0	20.0	16.0
2	Q345	10.5	16.5	13.0
3	Q390	10.0	15.5	12.5
4	Q420	9.5	15.0	12.0

注：1. 当采用其他钢材牌号时，其 l_1/b 为表中 Q235 钢的数值乘以 $\sqrt{235/f_y}$。

　　2. l_1——梁平面外支承点间的距离；b——梁翼缘的宽度。

2）组合工字形吊车梁腹板的局部稳定由所设置的横向加劲肋或同时设置横向及纵向加劲肋来保证。当 $h_0/t_w > 80\sqrt{235/f_y}$ 时尚应按规定验算腹板的稳定性。轻、中级工作制吊车梁验算腹板稳定性时，起重机轮压设计值可乘以折减系数 0.9。加劲肋布置如图 9-2-12 所示。其组合截面梁的腹板加劲肋设置按表 9-2-10 的规定；组合截面梁的腹板各区格局部稳定验算应符合表 9-2-11 的规定；组合截面梁的腹板加劲肋截面尺寸按表 9-2-12 的规定进行计算。

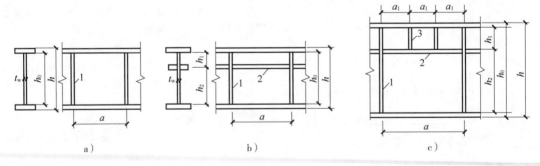

a)　　　　　　　　　　b)　　　　　　　　　　c)

图 9-2-12　吊车梁的加劲肋布置

a）仅配置横向加劲肋　b）同时配置横向及纵向加劲肋　c）同时配置横向、纵向和短加劲肋

1—横向加劲肋　2—纵向加劲肋　3—短加劲肋

表 9-2-10　组合截面梁的腹板加劲肋设置的规定

序号	判断条件	加劲肋设置的规定	备注
1	$h_0/t_w > 80\sqrt{235/f_y}$ 时	对于 $\sigma_c \neq 0$ 的吊车梁应按构造配置横向加劲肋，当 $\sigma_c = 0$ 时，可不配置加劲肋	式中 h_0——腹板的计算高度，对于单轴对称配置纵向加劲肋时，h_c
2	$h_0/t_w > 80\sqrt{235/f_y}$ 时	应配置横向加劲肋，并按规定计算腹板的局部稳定	应取腹板受压区高度的 2 倍

（续）

序号	判断条件	加劲肋设置的规定	备注
3	受压翼缘受有约束 当 $h_0/t_w > 170 \sqrt{235/f_y}$ 受压翼缘受有约束 当 $h_0/t_w > 150 \sqrt{235/f_y}$	除按规定配置横向加劲肋外，并在弯曲应力较大区格的受压部分按计算增加纵向加劲肋。对于局部应力很大的吊车梁应在受压区配置短加劲肋	t_w——吊车梁腹板的厚度 σ_c——局部压应力
4	任何情况下，h_0/t_w 均不得大于 250		

注：受压翼缘受有约束即是指连有刚性楼板、制动板或焊有钢轨。

表 9-2-11　组合截面梁的腹板各区格局部稳定验算公式

序号	加劲肋配置情况	计算公式	备注
1	仅配置横向加劲肋的梁腹板，如图 9-2-12a 所示	$$\left(\frac{\sigma}{\sigma_{cr}}\right)^2 + \left(\frac{\tau}{\tau_{cr}}\right)^2 + \frac{\sigma_c}{\sigma_{c,cr}} \leq 1 \quad (9\text{-}2\text{-}48)$$ $$\tau = \frac{V}{h_w t_w} \quad (9\text{-}2\text{-}49)$$ 1）σ_{cr} 按下列公式计算 当 $\lambda_b \leq 0.85$ 时　$\sigma_{cr} = f$ (9-2-50a) 当 $0.85 < \lambda_b \leq 1.25$ 时 　$\sigma_{cr} = [1 - 0.75(\lambda_b - 0.85)]f$ (9-2-50b) 当 $\lambda_b \leq 1.25$ 时　$\sigma_{cr} = 1.1f/\lambda_b^2$ (9-2-50c) 当梁的受压翼缘扭转受到约束时 $\lambda_b = \dfrac{2h_c/t_w}{177}\sqrt{\dfrac{f_y}{235}}$ (9-2-50d) 当梁的受压翼缘扭转未受到约束时 $\lambda_b = \dfrac{2h_c/t_w}{153}\sqrt{\dfrac{f_y}{235}}$ (9-2-50e) 2）τ_{cr} 按下列公式计算 当 $\lambda_s \leq 0.8$ 时　$\tau_{cr} = f_v$ (9-2-51a) 当 $0.8 < \lambda_s \leq 1.2$ 时 　$\tau_{cr} = [1 - 0.59(\lambda_s - 0.8)]f_v$ (9-2-51b) 当 $\lambda_s > 1.2$ 时　$\tau_{cr} = 1.1f_v/\lambda_s^2$ (9-2-51c) 当 $a/h_0 \leq 1.0$ 时 $\lambda_s = \dfrac{h_0/t_w}{41\sqrt{4 + 5.34(h_0/a)^2}}\sqrt{\dfrac{f_y}{235}}$ (9-2-51d) 当 $a/h_0 > 1.0$ 时 $\lambda_s = \dfrac{h_0/t_w}{41\sqrt{5.34 + 4(h_0/a)^2}}\sqrt{\dfrac{f_y}{235}}$ (9-2-51e) 3）$\sigma_{c,cr}$ 按下列公式计算 当 $\lambda_c \leq 0.9$ 时　$\sigma_{c,cr} = f$ (9-2-52a) 当 $0.9 < \lambda_c \leq 1.2$ 时 　$\sigma_{c,cr} = [1 - 0.79(\lambda_c - 0.9)]f$ (9-2-52b) 当 $\lambda_s > 1.2$ 时　$\sigma_{c,cr} = 1.1f/\lambda_c^2$ (9-2-52c) 当 $0.5 \leq a/h_0 \leq 1.5$ 时 $\lambda_c = \dfrac{h_0/t_w}{28\sqrt{10.9 + 13.4 + (1.83 - a/h_0)^3}}\sqrt{\dfrac{f_y}{235}}$ (9-2-52d) 当 $1.5 < a/h_0 \leq 2.0$ 时 $\lambda_c = \dfrac{h_0/t_w}{28\sqrt{18.9 - 5a/h_0}}\sqrt{\dfrac{f_y}{235}}$ (9-2-52e)	式中 σ——所计算腹板区格内由平均弯矩产生的腹板计算高度边缘的弯曲应力 τ——所计算腹板区格内由平均剪力产生的腹板剪应力 σ_c——腹板计算高度边缘的局部压应力按式 (9-2-37) 计算 σ_{cr}、τ_{cr}、$\sigma_{c,cr}$——各种应力单独作用下的临界应力 λ_b——用于腹板受弯计算时的通用高厚比 h_c——梁的腹板弯曲受压区高度，对双轴对称截面 $2h_c = h_0$ λ_s——用于腹板受剪计算时的通用高厚比 λ_c——用于腹板受局部压力计算时的通用高厚比 a——横向加劲肋的间距

（续）

序号	加劲肋配置情况	计算公式	备注
2	同时配置横向及纵向加劲肋的梁腹板，如图 9-2-12b 所示	（1）受压翼缘与纵向加劲肋之间的区格 $$\frac{\sigma}{\sigma_{\text{cr1}}} + \left(\frac{\tau}{\tau_{\text{cr1}}}\right)^2 + \left(\frac{\sigma_{\text{c}}}{\sigma_{\text{c,cr1}}}\right)^2 \leqslant 1.0 \qquad (9\text{-}2\text{-}53)$$ 1）σ_{cr1} 按式（9-2-50）计算，但式中的 λ_{b} 改用 λ_{b1} 代替 当梁的受压翼缘扭转受到约束时 $$\lambda_{\text{b1}} = \frac{h_1/t_{\text{w}}}{75}\sqrt{\frac{f_{\text{y}}}{235}} \qquad (9\text{-}2\text{-}54\text{a})$$ 当梁的受压翼缘扭转未受到约束时 $$\lambda_{\text{b1}} = \frac{h_1/t_{\text{w}}}{64}\sqrt{\frac{f_{\text{y}}}{235}} \qquad (9\text{-}2\text{-}54\text{b})$$ 2）σ_{cr1} 按式（9-2-51）计算，将式中的 h_0 改为 h_1 3）$\sigma_{\text{c,cr1}}$ 按式（9-2-52）计算，但公式中的 λ_{b} 改用 λ_{c1} 代替 当梁的受压翼缘扭转受到约束时 $$\lambda_{\text{c1}} = \frac{h_1/t_{\text{w}}}{56}\sqrt{\frac{f_{\text{y}}}{235}} \qquad (9\text{-}2\text{-}55\text{a})$$ 当梁的受压翼缘扭转未受到约束时 $$\lambda_{\text{c1}} = \frac{h_1/t_{\text{w}}}{40}\sqrt{\frac{f_{\text{y}}}{235}} \qquad (9\text{-}2\text{-}55\text{b})$$ （2）受压翼缘与纵向加劲肋之间的区格 $$\left(\frac{\sigma_2}{\sigma_{\text{cr2}}}\right)^2 + \left(\frac{\tau}{\tau_{\text{cr2}}}\right)^2 + \frac{\sigma_{c2}}{\sigma_{\text{c,cr2}}} \leqslant 1.0 \qquad (9\text{-}2\text{-}56)$$ 1）σ_{cr2} 按式（9-2-50）计算，但式中的 λ_{b} 改用 λ_{b2} 代替 $$\lambda_{\text{b2}} = \frac{h_2/t_{\text{w}}}{194}\sqrt{\frac{f_{\text{y}}}{235}} \qquad (9\text{-}2\text{-}57)$$ 2）τ_{cr2} 按式（9-2-51）计算，但式中的 h_0 改用 $h_2 = h_0 - h_1$ 代替 3）$\sigma_{\text{c,cr2}}$ 按式（9-2-52）计算，但式中 h_0 改用 h_2，当 $a/h_2 > 2$ 时，取 $a/h_2 = 2$	h_1——纵向加劲肋至腹板计算高度受压边缘的距离 σ_2——所计算区格内由平均弯矩产长的腹板在纵向加劲肋处的弯曲应力 σ_{c2}——腹板在纵向加劲肋处的横向压应力 $\sigma_{c2} = 0.3\sigma_{\text{c}}$
3	同时配置横向、纵向和短加劲肋的腹板，如图 9-2-12c 所示	在受压翼缘与纵向加劲肋之间设有短加劲肋的区格，其局部稳定按式（9-2-53）计算 1）σ_{cr1} 按式（9-2-50）计算，但式中的 λ_{b} 用 λ_{b1} 代替并按式（9-2-54）计算 2）τ_{cr1} 按式（9-2-51）计算，但式中 h_0 和 a 改为 h_1 和 a_1 3）$\sigma_{\text{c,cr1}}$ 按式（9-2-52）计算，但式中 λ_{b} 和 a 改用下列 λ_{c1} 代替 当梁的受压翼缘扭转受到约束时 $$\lambda_{\text{c1}} = \frac{a_1/t_{\text{w}}}{87}\sqrt{\frac{f_{\text{y}}}{235}} \qquad (9\text{-}2\text{-}58\text{a})$$ 当梁的受压翼缘扭转未受到约束时 $$\lambda_{\text{c1}} = \frac{a_1/t_{\text{w}}}{73}\sqrt{\frac{f_{\text{y}}}{235}} \qquad (9\text{-}2\text{-}58\text{b})$$ 对于 $a_1/h_1 > 1.2$ 的区格，式（9-2-58）右侧应乘以 $$1/\sqrt{0.4 + 0.5a_1/h_1}$$	a_1——短加劲肋的间距

表 9-2-12　组合截面梁的腹板加劲肋截面尺寸

序号	梁加劲肋设置		计算公式	备注
1	梁的腹板仅设置横向加劲肋	横向加劲肋在梁的腹板两侧对称设置	加劲肋外伸宽度 $$b_s \geqslant \frac{h_0}{30} + 40 \qquad (9\text{-}2\text{-}59)$$ 加劲肋厚度 $$t_s \geqslant \frac{b_s}{15} \qquad (9\text{-}2\text{-}60)$$	横向加劲肋的间距: $a_{min} > 0.5 h_0$ $a_{max} = 2 h_0$ 对于无局部压应力的梁 $\sigma_c = 0$ $h_0 / t_w \leqslant 100$ 时可采用 $a_{min} = 2.5 h_0$
2		横向加劲肋仅在梁的腹板一侧设置	加劲肋外伸宽度 $$b_s \geqslant \frac{h_0}{25} + 48 \qquad (9\text{-}2\text{-}61)$$ 加劲肋厚度 $$t_s \geqslant \frac{b_s}{15} \qquad (9\text{-}2\text{-}62)$$	梁支座加劲肋及重级工作制起重机的吊车梁横向加劲肋不应单侧设置
3	梁的腹板同时配置横向及纵向加劲肋	横向加劲肋的尺寸	b_s、t_s 按式 (9-2-59) ~式 (9-2-61) 计算,且应满足下式要求 $$I_z \geqslant 3 h_0 t_w^3 \qquad (9\text{-}2\text{-}63)$$	I_z——横向加劲肋截面对腹板厚度中心线的惯性矩,当单侧配置横向加劲肋则按与加劲肋相连的梁腹板边缘为轴的惯性矩 I_y——纵向加劲肋对梁腹板中心线的惯性矩
4		纵向加劲肋的尺寸	当 $a/h_0 \leqslant 0.85$ 时 $$I_y \geqslant 1.5 h_0 t_w^3 \qquad (9\text{-}2\text{-}64)$$ 当 $a/h_0 \leqslant 0.85$ 时 $$I_y \geqslant \left(2.5 - 0.45 \frac{a}{h_0}\right)\left(\frac{a}{h_0}\right)^2 h_0 t_w^3$$ $$(9\text{-}2\text{-}65)$$	
5	梁腹板同时配置横向、纵向和短加劲肋		横向和纵向加劲肋的要求见序号 3 和 4。 短加劲肋:当 $a_1 \geqslant 0.75 h_1$ 时 加劲肋外伸宽度 $$b_{ss} = (0.7 \sim 1.0) b_s \qquad (9\text{-}2\text{-}66)$$ 加劲肋厚度 $$t_{ss} = b_{ss}/15 \qquad (9\text{-}2\text{-}67)$$	

注: 1. 焊接梁的加劲肋一般采用钢板制作。
　　2. 当加劲肋采用型钢制作时, 其加劲肋的惯性矩不得小于相应钢板加劲肋的惯性矩。

9.2.5　吊车梁的挠度计算

吊车梁的竖向挠度及重级、特重级工作制起重机的吊车制动桁架的水平挠度按表 9-2-13 的规定进行计算。

表 9-2-13　吊车梁的挠度计算

序号	项目		计算公式	备注
1	竖向挠度	简支梁	等截面梁 $$v_x = \frac{M_x l^2}{10 E I_x} \qquad (9\text{-}2\text{-}68)$$ 渐变式截面梁 $$v_x = \frac{M_x l^2}{10 E I_x}\left(1 + \frac{3}{25}\frac{I_x - I_x'}{I_x}\right) \qquad (9\text{-}2\text{-}69)$$	式中 M_x——由全部竖向荷载标准值(不考虑动力系数)按简支梁计算的最大弯矩 l——吊车梁或制动结构的跨度 I_x——梁跨中截面毛截面惯性矩 I_x'——支座处梁截面毛截面惯性矩

（续）

序号	项目		计算公式		备注
2	水平挠度	连续梁	近似公式 $v_x = 0.85 \dfrac{M_x l^2}{10 EI_x}$ 精确公式 $v_x = \dfrac{l^3}{EI_x} \sum P_{ky}$	(9-2-70) (9-2-71)	$\sum P_{ky}$——各轮压标准值与在此轮压处挠度影响线坐标之和，三跨及三跨以上连续梁需要精确计算挠度时，均可按如图9-2-13所示的四跨连续梁挠度影响线方法计算 E——钢的弹性模量 M_y——由一台最大重级工作制起重机横向水平荷载（不考虑动力系数）作用下在计算截面的最大水平弯矩标准值 I_y——吊车梁上翼缘和制动结构组成的水平受弯构件毛截面惯性矩。对于制动桁架可近似采用桁架弦杆对其中和轴的惯性矩
3		制动梁	$v_y = \dfrac{M_y l^2}{10 EI_y}$	(9-2-72)	
4		制动桁架	$v_y = \dfrac{M_y l^2}{8 EI_y}$	(9-2-73)	

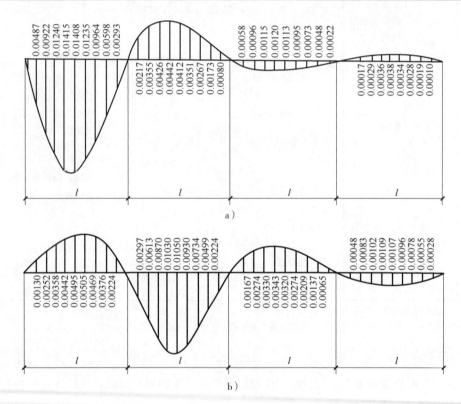

图 9-2-13　四跨连续梁跨中截面挠度影响线

a）边跨跨中截面　b）中间跨跨中截面

9.2.6　吊车梁的疲劳验算

1）直接承受动力荷载重复作用的钢结构构件及其连接当应力循环次数 n 等于或大于 5×10^4 次时，且应力循环中出现拉力时应进行疲劳验算。疲劳计算根据结构在使用期间荷载应力幅水平是否保持不变，而分为常副疲劳和变副疲劳。疲劳计算一般采用容许应力法，应力按弹性状态计算，容许应力幅按构件和连接类别以及应力循环次数确定。吊车梁的疲劳验算按表9-2-14的规定进行。

表 9-2-14 吊车梁的疲劳验算

序号	项目	计算内容
1	中、重级工作制起重机的焊接工字形吊车梁受拉部位	焊接工字形吊车梁受拉部位应按容许应力幅的方法进行验算： $$\alpha_f \Delta\sigma \leqslant [\Delta\sigma]_{2\times10^6} \qquad (9\text{-}2\text{-}74)$$ 式中　α_f——欠载效应的等效系数，见附表 9-2-1 　　　$[\Delta\sigma]_{2\times10^6}$——循环次数 附表 9-2-1　欠载效应的等效系数 α_f | 项次 | 起重机类型 | α_f | |---|---|---| | 1 | 重级工作制硬钩起重机（如夹钳起重机等） | 1.0 | | 2 | 重级工作制软钩起重机 | 0.8 | | 3 | 中级工作制起重机（用于中级工作制吊车桁架） | 0.5 |
2	对于单层翼缘板焊接工字形吊车梁应验算下列敏感部分，见附录 I 疲劳计算的构件和连接分类	1）横向加劲肋下端附近的主体金属（横向加劲肋端部的母材）（第21项） 2）翼缘连接焊接附近的主体金属（翼缘连接焊缝附近的母材）（第8项） 3）横向对接焊缝附近的主体金属（不同厚度或宽度横向对接焊缝的母材）（第12项） 4）翼缘与腹板连接的角焊缝和支座加劲肋与腹板连接焊缝（按有效截面确定的剪应力幅计算（各类受剪的角焊缝）（第36项） 5）翼缘与制动结构连接处的连接螺栓和虚空（连接螺栓及虚孔处的母材）（第3项）
3	对直角突变式支座的吊车梁应验算截面突变处腹板的疲劳强度	$$\alpha_f k \Delta\sigma \leqslant [\Delta\sigma]_{2\times10^6} \qquad (9\text{-}2\text{-}75)$$ $$\left.\begin{array}{l}\Delta\sigma = \sigma_{Pmax} - \sigma_{Pmin}\\[6pt]\dfrac{\sigma_{Pmax}}{\sigma_{Pmin}} = \dfrac{\sigma_x}{2} \pm \sqrt{\left(\dfrac{\sigma_x}{2}\right)^2 + \tau^2}\end{array}\right\} \quad (9\text{-}2\text{-}76)$$ 式中　α_f——欠载效应的等效系数，重级工作制硬钩起重机取 1.0，重级工作制软钩起重机取 0.8，中级工作制起重机取 0.5 　　　k——截面突变点附近腹板主应力的应力集中系数，取 2 　　　$\Delta\sigma$——梁腹板在变截面处的应力幅 σ_{pmax}、σ_{pmin}——梁腹板在变截面处的最大和最小拉应力 　　　σ_x、τ——变截面处的正应力和剪应力 　　　$[\Delta\sigma]_{2\times10^6}$——循环次数
4	对于圆弧式突变支座，因疲劳区发生在圆弧处的腹板上，此时可按圆弧中点处腹板的最大主应力幅作为疲劳应力幅来校核	$$\sigma_{P1} = C\sigma_b \qquad (9\text{-}2\text{-}77)$$ $$C = 0.8\left(\frac{h}{r}\right)^{0.3}\left(\frac{H}{h}\right)^{0.13} \qquad (9\text{-}2\text{-}78)$$ $$\sigma_b = \frac{(M_0)_{max}}{W} \qquad (9\text{-}2\text{-}79)$$ $$(M_0)_{max} = Ra \qquad (9\text{-}2\text{-}80)$$ 式中　C——应力集中系数 　　　σ_b——倾角为 45 的斜截面 1—1（图 9-2-14）上圆弧中点处腹板的弯曲应力，计算截面中不考虑下翼缘的作用，故为 T 形截面 　　h、H——梁腹板端部和梁跨中高度 　　　r——圆弧半径 $(M_0)_{max}$——斜截面上所受弯矩为轮压作用下梁中"O"点最大弯矩 　　　R——起重机梁支座反力 　　　a——斜截面 1—1 形心 O 至支座处水平距 　　　W——T 形斜截面模量

(续)

序号	项目	计算内容
4	对于圆弧式突变支座，因疲劳区发生在圆弧处的腹板上，此时可按圆弧中点处腹板的最大主应力幅作为疲劳应力幅来校核	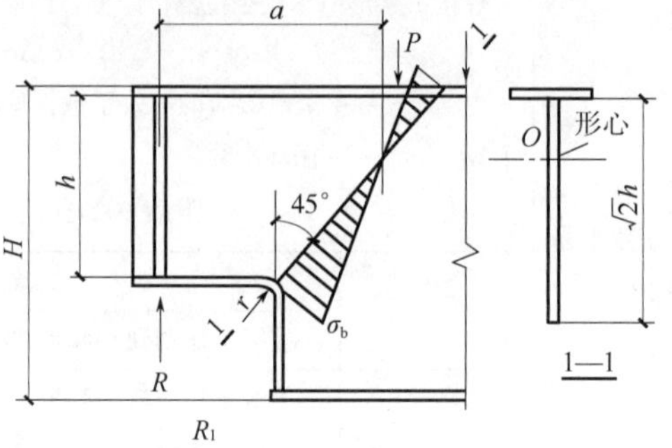 图 9-2-14　圆弧式突变支座处斜截面上弯曲应力计算简图

2）验算疲劳时的构件和连接分类见附录 I。

9.2.7　焊接工字形钢吊车梁的连接和构造要求

焊接工字形钢吊车梁的连接和构造要求见表 9-2-15。

表 9-2-15　焊接工字形钢吊车梁的连接和构造要求

序号	计算内容		计算公式及简图
1	梁腹板与翼缘的连接	轻、中级工作制起重机的吊车梁上、下翼缘与腹板连接焊缝可采用连续直角焊缝 下翼缘与梁腹板连接的角焊缝，其外观焊缝质量等级应符合一级标准 重级工作制起重机的吊车梁腹板厚度 $t_w \geq$ 14mm 时，宜在梁的两端 $l/8$（且不小于 1000mm）范围内，下翼缘与腹板连接采用剖口焊透焊缝	上翼缘与梁腹板的连接焊缝 $$h_f \geq \frac{1}{1.4[f_f^w]}\sqrt{\left(\frac{V_{max}S_1}{I_x}\right)^2 + \left(\frac{\psi P}{I_z}\right)^2}　(9\text{-}2\text{-}81)$$ 下翼缘与梁腹板的连接焊缝 $$h_f \geq \frac{V_{max}S_1}{1.4[f_f^w]I_x}　(9\text{-}2\text{-}82)$$ 式中　V_{max}——所计算截面最大剪力设计值 S_1——梁翼缘截面对梁中和轴的毛面积的面积矩 I_x——梁截面毛截面惯性矩 ψ——系数（不包括重级工作制起重机）取1.0 P——起重机最大轮压设计值（考虑动力系数） l_x——梁腹板的承压长度
2		重级工作制起重机或起重量 $Q \geq 50t$ 的中级工作制起重机的吊车梁上翼缘与腹板连接应采用焊透的 T 形焊缝，焊缝形式一般为对接与角接的组合焊缝，其焊缝质量应不低于二级焊缝标准	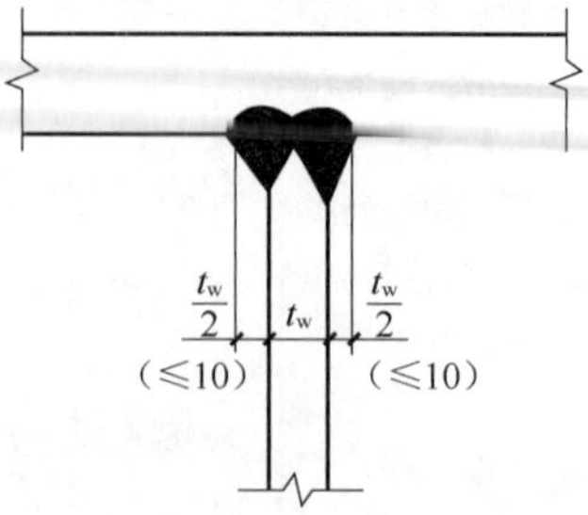 图 9-2-15　焊透 T 形连接 （对接与角接的组合焊缝）

（续）

序号	计算内容	计算公式及简图
3 4	支座加劲肋与腹板、翼缘板的连接	（1）支座加劲肋与梁腹板的连接焊缝，当采用平板支座时焊脚尺寸按式（9-2-83）计算，l_w 取焊缝全长传递支座反力 $$h_f \geqslant \frac{R}{2 \times 1.4 l_w [f_f^w]} \qquad (9\text{-}2\text{-}83)$$ 当采用凸缘支座时，支座反力应乘以 1.2 的增大系数 $$h_f \geqslant \frac{1.2R}{1.4 l_w [f_f^w]} \qquad (9\text{-}2\text{-}84)$$ 当连接焊缝采用角焊缝时，焊脚尺寸 h_f 应不小于 $0.6t_w$ 并不小于 6mm 对于重级工作制起重机的吊车梁突缘支座，当腹板厚度大于 14mm 时，腹板与端加劲肋的 T 形对接焊缝宜采用 K 形坡口并予焊透，如图 9-2-15 所示 （2）支座加劲肋与梁翼缘的连接，当采用平板支座时，加劲肋的上、下端应与上、下翼缘的内表面刨平顶紧并给以焊接。当为特重级工作制吊车梁时宜焊透 当为凸缘支座时，端加劲肋与上翼缘采用角焊缝连接，焊缝形式如图 9-2-16 所示节点"1"，端加劲肋与下翼缘的 T 形连接采用两侧角焊缝，其焊脚尺寸 h_f 不宜小于 $0.5t_f$（为下翼缘的厚度）也不小于 6mm。当 > 24mm 时，宜采用坡口不焊透的 T 形连接焊缝 在重级工作制起重机的吊车梁，为减少应力集中的影响，端加劲肋与腹板的连接焊缝在下翼缘以上空出 40mm 不焊，如图 9-2-16 所示节点"2"	 图 9-2-16　梁支座加劲肋连接构造
5	吊车梁与柱、制动结构及梁端之间的连接	（1）梁端与柱的连接可分为板铰连接（如图 9-2-17 所示左侧）、高强度螺栓连接（如图 9-2-17 所示右侧）及焊接连接。焊接连接耐疲劳性能较差，重级工作制吊车梁宜采用前两种连接形式 1）梁端与柱的连接采用板铰，该形式在构造符合简支吊车梁的计算假定，同时相邻梁端纵向连接也适应梁端铰接变形的构造要求，如图 9-2-17 所示 1—1 剖面采用普通螺栓 3 的连接，其位置设在中和轴以下约（1/3～1/2）梁高的范围内 板铰连接宜按板铰传递全部支座处的横向水平反力（重级工作制吊车梁应考虑由起重机摆动引起横向水平力）计算。铰栓直径按抗剪或承压计算决定，一般采用 36～80mm。板铰截面按受拉（净截面）或短压杆计算	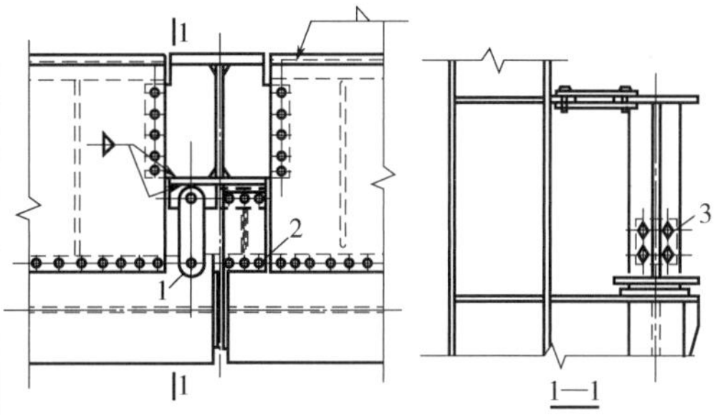 图 9-2-17　吊车梁与柱、制动结构的连接 1—板铰连接　2—高强度螺栓连接 3—永久螺栓连接

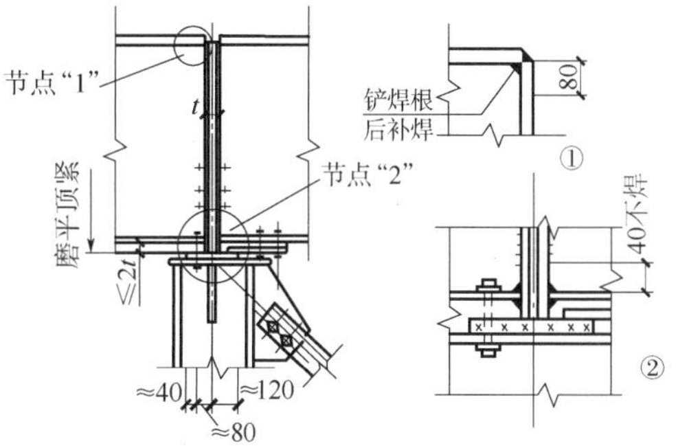

（续）

序号		计算内容	计算公式及简图
5	吊车梁与柱、制动结构及梁端之间的连接	2）高强度螺栓连接，施工较方便，受力及耐疲劳性能较好，是目前工程设计中采用较普遍的连接构造。如图 9-2-17 所示构造时，高强度螺栓 4 按传递全部支座水平反力计算，高强度螺栓 2 可按一个起重机轮压最大水平制动力计算（重级工作制吊车梁应取一个起重机轮最大由起重机摆动引起的横向水平力），螺栓直径 d 一般为 20～24mm （2）吊车梁与制动结构连接，当为重级工作制及特重级工作制吊车梁时，上翼缘与制动桁架的连接宜采用高强度螺栓的摩擦型连接，一般按构造以 1.00～1.50m 等间距排列，必要时按水平受弯构件传递剪力的要求计算决定。中级工作制吊车梁的上翼缘与制动板的连接可采用焊接连接，一般构造选用 6～8mm 的焊脚尺寸沿全长搭接焊缝，其俯焊为连续焊缝，另一面仰焊可采用间断焊缝	
6	吊车梁的拼接	（1）吊车梁翼缘板或腹板的工厂拼接应采用加引弧板（其材质、厚度、坡口应与主材相同）的焊透对接焊缝，对重级工作制吊车梁的受拉翼缘应满足一级焊缝质量检验标准，如图 9-2-18a 所示。拼接缝的位置宜设在板件受力较小部位，拼接焊缝应铲平修整 梁腹板需纵、横向拼接时，焊缝交叉可采用 T 字接缝或十字接缝，如图 9-2-18b 所示，对 T 形接缝，其相邻交叉点间的距离不得小于 200mm。腹板的横向拼接缝宜设置在剪应力、正应力或疲劳主拉应力均较低处，否则应按下式验算折算应力： $$\sigma_{red} = \sqrt{\sigma^2 + 3\tau^3} \leqslant 1.1f_t^w \qquad (9\text{-}2\text{-}85)$$ 沿梁长度上、下翼板与腹板的工厂拼接点，不应设在同一截面上，其错开间隙宜大于或等于 200mm。接头位置宜设在距支座约 $l/4$ 梁跨度的范围内 （2）吊车梁的工地拼装。梁的工地全截面拼接一般采用高强度螺栓连接，其构造如图 9-2-18c 所示。对上翼缘板的拼接宜采用便于铺设轨道，并便于与制动结构连接的构造 其翼缘、腹板均在同一截面拼接，其位置宜设在弯矩较小处，翼缘及腹板拼接板的截面及其相应连接应能分别承受拼接处梁翼缘板、腹板的最大内力来考虑	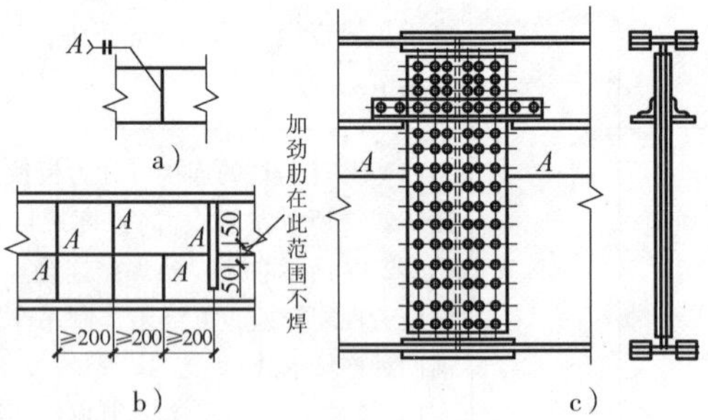 图 9-2-18　焊接工字形梁的拼接 a）翼缘板直缝拼接　b）腹板工厂拼接 c）大型工字形全截面拼接

（续）

序号	计算内容	计算公式及简图
7	其他构造	1) 吊车梁横向加劲肋下端与下翼缘（受拉翼缘）不得焊连，应留 50～100mm 的间隙，当为重级工作制起重机的吊车梁，对此间隙应由疲劳验算决定。横向加劲肋下端点焊缝宜采取连续回焊后灭弧（如图9-2-19所示）的施焊方法。如果横向加劲肋连接垂直支撑时，该加劲肋应与梁的下翼缘刨平顶紧且不焊	 图 9-2-19　重级工作制吊车梁横向加劲肋下端焊接要求
8		2) 吊车梁的受拉翼缘上不得焊接悬挂设备零件，不宜在该处打火或焊接夹具 3) 吊车梁受拉翼缘与水平支撑的连接应采用螺栓连接，不得采用焊接 在垂直支撑与横向加劲肋连接处，宜采用横向加劲肋的下端加垫板并与下翼缘栓接（如图9-2-20所示）的构造 4) 当拼接焊缝与加劲肋相交时，加劲肋与腹板连接焊缝应中断，其端部与拼接焊缝的距离约为50mm	 图 9-2-20　吊车梁下翼缘与垂直支撑点连接

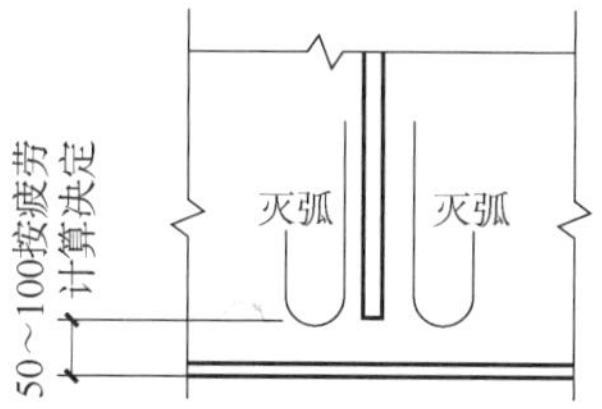

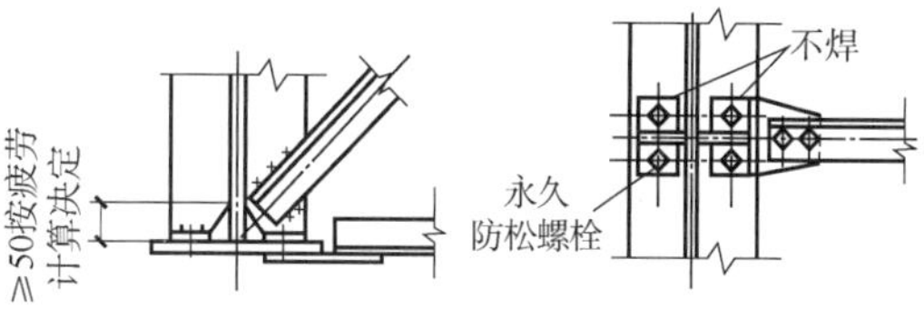

9.3　吊车桁架的设计

9.3.1　吊车桁架设计的一般规定

吊车桁架一般设计成上承式（即支座斜杆为下降式）简支平面桁架。桁架由劲性上弦、下弦和腹杆组成。桁架多为平行弦桁架，上弦一般为多跨连续劲性梁，轨道直接铺设在上面。桁架的腹杆体系采用带有竖杆的三角形体系。腹杆与弦杆的连接方式可采用焊接、高强度螺栓连接及栓—焊组合连接等形式，如图9-3-1所示。

吊车桁架一般用于桁架跨度 $l \geqslant 18\text{m}$，工作制为轻、中级的起重机，对于起重量 $Q < 10\text{t}$ 的重级工作制起重机也可采用焊接吊车桁架。对于 $Q \leqslant 30\text{t}$，$l \geqslant 24\text{m}$ 的软钩重级工作制起重机可采用栓—焊组合连接形式桁架。

吊车桁架的几何图形及杆件截面形式见表9-3-1。

表 9-3-1　吊车桁架的几何图形及杆件截面形式

序号	项目	内容	图形
1	桁架形式	吊车桁架的高度由起重机起重量及桁架挠度条件决定，同时也要满足建筑净空及运输条件要求 1) 当吊车桁架跨度为 18～24m 时，其高度可取 (1/6～1/8) l 2) 当吊车桁架跨度为 24～36m 时，其高度可取 (1/8～1/10) l 上述取值，对于起重机吨位大或跨度不大时取大值，反之取小值。 3) 吊车桁架的节间长度一般取3m，节间数一般取偶数，斜杆的角度一般取40°～50°，如图9-3-1所示	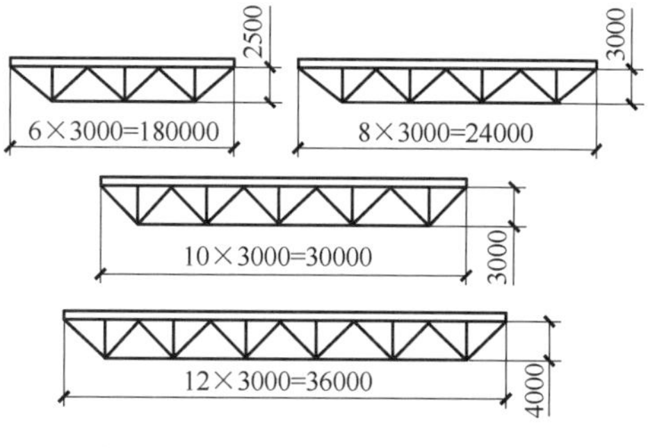 图 9-3-1　上承式吊车桁架几何图形

（续）

序号	项目	内容	图形
2	桁架上弦杆截面	吊车桁架的上弦承受轴向力与较大局部弯矩，宜选用在竖向具有较大刚度的工字形截面（如图9-3-2a、c所示）及轧制 H 型钢和焊接工字形截面等，其截面高度一般不小于节间长度的（1/5~1/7）l_1，当轮压较大时可取（1/4~1/6）l_1	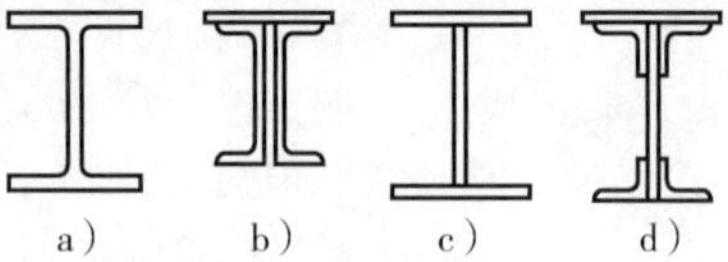 图 9-3-2　吊车桁架上弦杆截面形式
3	桁架下杆弦截面	吊车桁架的下弦截面宜采用轧制 H 型钢（如图9-3-3d所示），其节点板焊于 H 型钢的上翼缘（如图9-3-3a、b、c所示），将节点板嵌于型钢之间，这种连接可获得较高的抗疲劳强度	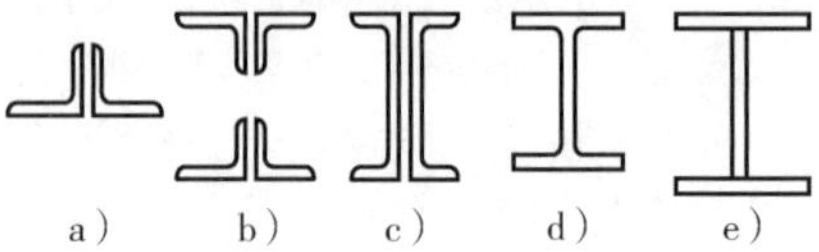 图 9-3-3　吊车桁架下弦杆截面形式
4	桁架腹杆截面	桁架腹杆截面形式如图9-3-4所示，受压腹杆应采用对于桁架平面内、外两个方向的长细比较接近的截面。吊车桁架腹杆轴线在一般情况下，当上弦和腹杆采用不同的截面形式时，可交汇于上弦杆的下边缘上，此时若腹杆采用 H 钢截面，截面高度与几何长度之比宜大于1/15，反之应考虑节点刚度引起的次应力	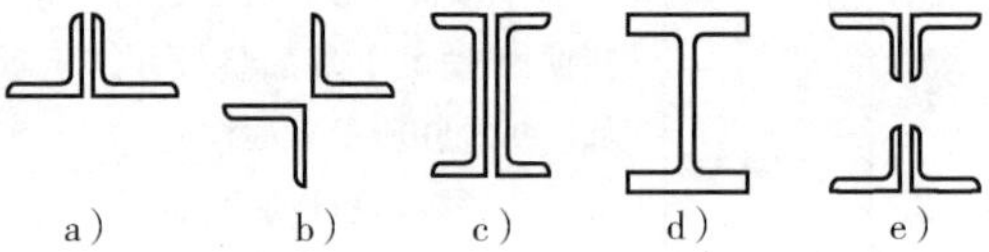 图 9-3-4　吊车桁架腹杆截面形式
5	其他	吊车桁架劲性上弦在节点处的腹板均应设置横向加劲肋。劲性上弦杆和受压腹杆采用工字形截面时，其宽厚比应满足轴心受压构件宽厚比和压弯构件板件宽厚比的有关规定	

起重机横向水平荷载的取值应符合以下的规定：轻、中级工作制起重机应取起重机横向制动力；对于重级工作制起重机应考虑由起重机摆动引起的横向水平力（卡轨力）。

起重机横向水平荷载对制动结构产生的水平弯矩 M_Y 或对上弦杆产生的局部弯矩 M_{Y1} 以及轴向力 N_Y，均可按焊接工字形吊车梁内力计算有关方法求得，但轮压位置应与上述一致。劲性上弦杆的上翼缘与制动结构相连并作为其弦杆或翼缘时，仅考虑上翼缘及 $15t_w$（t_w 为上弦杆的腹板厚度）或上弦上部 1/3 高度面积（二者取较小值）作为有效截面参加工作。

第10章 墙架结构

10.1 概述

房屋的墙架围护结构（钢墙架结构）一般由墙架柱、支撑、墙架梁、拉条及抗风桁架（梁）等构件组成，其作用为支承墙体，保证墙体的稳定，并将墙体荷载（包括其上的风荷载）及地震作用传递到房屋的框架或基础上。

10.1.1 墙体围护材料及墙架构件的分类

1. 墙架结构分类

（1）**按围护要求分类**

1）封闭式。用围护墙及门窗将房屋全部封闭，如图 10-1-1a 所示。

2）半开敞式。房屋四周部分敞开，设置一部分墙体和挡雨片，如图 10-1-1b 所示。

3）全开敞式。房屋四周全部敞开，仅设置一些挡雨篷，如图 10-1-1c 所示。挡雨篷一般在墙架柱上设悬臂构件而成，仅当悬伸长度较大时，才专门设悬挑的三角形支架。全开敞式围护一般用于南方较热地区防水要求不十分高的热加工车间，如炼钢、轧钢及钢坯库等房屋。

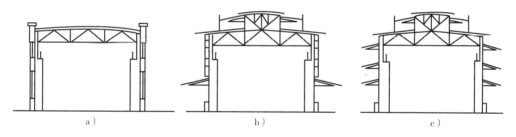

图 10-1-1　围护墙的分类
a）封闭式　b）半开敞式　c）全开敞式

（2）**按结构体系分类**　墙架结构的体系一般有整体式和分离式两种，整体式是利用房屋柱和中间墙架柱一起来支承墙梁和墙体，组成墙架结构体系。分离式是在房屋框架柱外侧另设墙架柱与中间墙架柱及墙梁等，共同组成独立的墙架结构体系。分离式虽然要多消耗一些钢材，但构造简单，可避免与吊车梁等辅助桁架、柱间支撑以及雨水管等构件相碰，目前在重型房屋中经常采用。

（3）**吊挂式墙架柱**　工业房屋的轻质墙架下部当为局部或全部敞开时，或者在软土地基上为了解决房屋柱基与墙架柱基的差异沉降问题，可以局部或全部采用吊挂式墙架柱。这种吊挂式墙架柱将通常的压弯构件变为拉弯构件，使受力情况大为改善。

2. 围护材料的分类

（1）**轻质墙体**　轻质墙体材料通常采用压型金属板、夹芯板或其他轻质板材。将其固定在墙梁上，墙梁支承在房屋的框架柱或墙架柱上；在半敞开式房屋内，窗洞部位通常设有雨篷。

（2）**砌体墙**　砌体墙通常以普通砖、混凝土空心砌块或加气混凝土砌块作为墙体材料，具体分为自承重墙和骨架墙两种：

1）自承重墙。墙体自重（包括窗重）由基础梁（或条形基础）承受，其墙架构件除门窗洞处需要少量承重梁柱外，主要为承受风荷载的防风墙梁及墙架柱、支撑等。这类墙体的墙梁也可做成捣制钢筋混凝土的圈梁。

2）骨架墙。当为了减少砌体墙的厚度或减轻其重量时，可采用骨架墙，墙厚一般为半砖（12cm）。此时应用墙梁及竖向构件将墙体划分为较小的区格。骨架墙的墙架一般由承重墙梁、防风墙梁、竖杆及墙架柱等构件组成。

（3）混凝土大型墙板　预制钢筋混凝土大型墙板质量及水平风荷载均可由墙板自身承担并通过可靠的连接件将其传递到支承构件（房屋框架柱或墙架柱）上，因此该墙架结构一般仅由必需的墙架柱及支撑组成。

10.1.2　作用于墙架上的荷载

作用于墙架上的荷载见表 10-1-1。

表 10-1-1　作用于墙架上的荷载

序号	分类	内容
1	围护材料质量	按各种不同围护材料的质量分别进行计算。围护材料的质量可参见《建筑结构荷载规范》（GB 50009—2012）中附录 A "常用材料和构件自重" 的数据选用
2	钢窗质量	玻璃窗的质量（包括钢窗框）一般可取 0.4 ~ 0.45kN/m²（按窗的面积）
3	墙架构件质量	墙架构件的质量与围护材料品种有关，可按所选择的截面计算，每平方米墙的结构质量一般可取为： 1）轻质墙体　墙梁　0.06 ~ 0.12kN/m²　墙架柱　0.15 ~ 0.2kN/m² 2）砌体骨架墙　墙梁　0.1 ~ 0.15kN/m²　墙架柱　0.2 ~ 0.25kN/m²
4	风荷载	水平风荷载数值应根据《建筑结构荷载规范》（GB 50009—2012）第 8 章的规定选用。对于封闭式房屋墙架的风荷载体型系数一般可取 1.0
5	其他荷载	抗风桁架用来兼作起重机检修平台或安全走道时，尚应考虑检修平台的活荷载 4kN/m² 或安全走道的活荷载 2kN/m²

10.1.3　墙架构件的截面形式

1. 墙架柱

墙架柱为墙架结构的竖向构件，承受由墙梁传来的竖向荷载及水平荷载。墙架柱的截面形式如图 10-1-2 所示。中等高度柱常采用轧制或焊接 H 型钢以及槽钢和腹板焊接而成的实腹截面，如图 10-1-2a、b、c 所示；柱很高时可采用格构式槽钢缀条组合柱，如图 10-1-2d 所示。

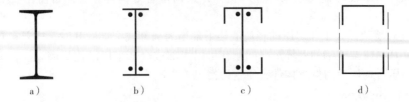

图 10-1-2　墙架柱的截面形式

2. 墙梁

墙梁为墙架的水平构件，一般同时承受竖向荷载和水平荷载，是双向受弯构件，对于承受水平荷载为主者为防风墙梁；而以承受竖向荷载为主者称为承重墙梁。墙梁的截面形式如图 10-1-3 所示，单角钢（图 10-1-3a）仅用于梁的跨度小于或等于 4m 时；水平放置的冷弯 C 型钢（图 10-1-3b）

为防风墙梁最常用的形式；当梁跨大于 6m 基本风压大于 0.4kN/m² 时也可采用平放的槽钢、工字钢或 H 型钢，如图 10-1-3c 所示；而承重墙梁则宜采用加强截面或组合截面，如图 10-1-3d、e、f、g 所示；对窗框上、下梁或中间墙梁可采用封闭箱形截面，如图 10-1-3h、j 所示。

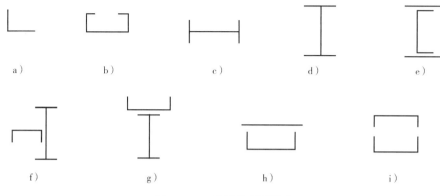

a)　　　b)　　　c)　　　d)　　　e)

f)　　　g)　　　h)　　　i)

图 10-1-3　墙梁的截面形式

3. 抗风桁架

抗风桁架用来作为墙架柱水平方向的支承构件，一般设计为水平桁架，如图 10-1-4 所示。在纵墙及山墙处宜分别利用吊车梁下翼缘水平支撑桁架及山墙起重机检修平台（图 10-1-4c）兼作抗风桁架，否则当墙架柱较高时尚应专门设置抗风桁架；抗风桁架的截面形式一般设计成平行弦桁架，弦杆常用轧制槽钢，也可采用双角钢组成的 T 形截面，如图 10-1-4b 所示。墙架柱通常与抗风桁架的一根弦杆直接相连，为保证另一根弦杆的稳定，应在墙架柱上设置撑杆。

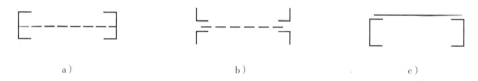

a)　　　　　b)　　　　　c)

图 10-1-4　抗风桁架的截面形式

10.2　墙架构件的布置

用于轻质墙体的墙架结构由墙梁、墙架柱以及支撑、镶边构件、拉条和抗风桁架等主要构件组成，如图 10-2-1 所示。对于跨度大 12m 的大跨度墙梁构造较为复杂，工程中一般不宜采用。

10.2.1　纵向墙墙架的布置

1. 一般规定

1）纵向墙架一般由墙架柱、墙梁（用于轻质墙体）和门架组成；墙架构件应根据统一模数、房屋高度及起重机制动结构等的构造要求以及门洞的位置和尺寸等条件合理布置。

2）根据房屋建筑统一模数化的基本要求，房屋边柱的柱距一般为 6.0m、7.5m 和 9.0m，并且宜为 3.0m 的倍数。当柱距大于 12.0m 时应设置墙架柱。

3）墙架柱可利用屋架、托架或吊车梁的辅助桁架为墙架柱竖向荷载的支承点，利用吊车梁的水平制动结构或设置在托架处的屋架下弦水平支撑作为墙架柱的水平支承点，以便减小构件的计算长度和截面尺寸。

2. 砌体墙、混凝土大型墙板墙架的布置

（1）柱距≥12m 设有单层起重机的墙架结构的布置

1）如图 10-2-1b 所示，整根墙架柱到顶的方案，此时将吊车梁制动结构及其辅助桁架移至墙

架柱内侧，吊车梁制动结构宽度尚应满足水平刚度的要求。在采用整根墙架柱方案时，吊车梁的制动系统和屋架纵向水平支撑可作为墙架柱的水平支承点。

2）当采用整根墙架柱致使吊车梁制动结构宽度不能满足水平刚度要求时，则应采用如图 10-2-1c 所示的将墙架柱分为上下两段的方案。此时，下段柱支承在基础上，以吊车梁下弦水平桁架作为下段柱的上端水平支承点。而上段柱的支承形式有以下两种：

①柱的上端吊挂在托架的中间腹杆上，柱下端以吊车梁制动结构作为水平支承点，其竖向荷载则全部由托架承担。

②柱的下端支承在吊车梁的辅助桁架上，柱上端以屋架纵向水平支撑作为水平支承点，其竖向荷载全部由吊车梁辅助桁架承受。

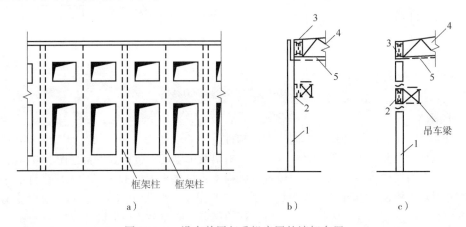

图 10-2-1　设有单层起重机房屋的墙架布置

a）围护墙立面　b）墙架剖面，墙架柱整根到顶　c）墙架剖面、墙架柱分上下两段

1—墙架柱　2—辅助桁架　3—托架　4—屋架　5—屋架下弦纵向水平支撑

（2）柱距≥12m 设有双层起重机的墙架结构的布置　如图 10-2-2a 所示上层吊车梁的辅助桁架以下部分采用整根墙架柱，自上层吊车梁辅助桁架以上部分设置钢柱的方案。此时将下层吊车梁的制动结构及辅助桁架移至墙架柱的内侧，同样应注意吊车梁制动结构的宽度应满足刚度的要求。当因下层吊车梁的制动结构内移致使其不能满足水平刚度的要求时，则应采用如图 10-2-2b 所示的将墙架柱分为上、中、下三段设置的方案。

（3）围护材料采用墙板时的墙架布置　如图 10-2-3 所示。

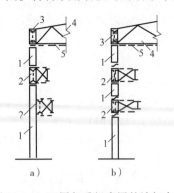

图 10-2-2　双层起重机房屋的墙架布置

a）墙架柱分上下两段布置

b）墙架柱分上中下三段布置

1—墙架柱　2—辅助桁架　3—托架

4—屋架　5—屋架下弦水平纵向支撑

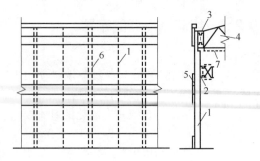

图 10-2-3　采用墙板或砌体为围护墙体的墙架布置

1—墙架柱　2—辅助桁架　3—托架

4—屋架　5—墙板　6—房屋柱

7—屋架下弦纵向水平支撑

3. 轻质墙体墙架的布置

1）纵墙墙架中，当房屋的柱距小于或等于 6m 时，可只设墙梁不设中间墙架柱，如图 10-2-4a 所示，否则宜同时设置墙架柱和墙梁，如图 10-2-4b、c 所示。

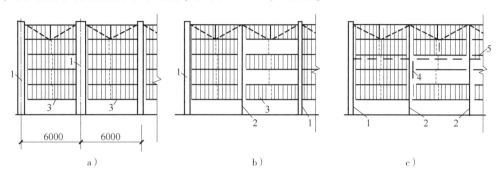

图 10-2-4　轻质墙体纵墙墙架的布置
1—房屋柱　2—墙架柱　3—墙梁　4—镶边构件　5—抗风桁架

2）纵墙墙架柱一般采用由柱脚直至屋架檐口的整根柱，如图 10-2-5a 所示；当采用整体式墙架体系时，托架、吊车梁辅助桁架及制动结构等的布置应注意留出墙架柱穿越的空间位置，必要时也可在制动结构上开孔，以便于墙架柱在制动结构内穿过。此时，应采取措施以便于安装，同时要注意周围结构构件之间以及构件与各种管线之间的相互关系，以免发生冲突。

墙架柱柱顶的支承点一般应支承在屋架的上弦或下弦纵向水平支撑桁架的节点处；也可以利用吊车梁下翼缘水平支撑桁架作为墙架柱中段的水平支承点，以减小构件的截面；所有这种水平支承连接均应采用只传递水平荷载的弹簧板连接。此时尚应适当加强屋架的纵向水平支撑。在采用无托架的大柱距结构体系中，当下部为敞开式或为软弱地基时，墙架柱也可以用斜吊杆直接吊挂在房屋柱上，如图 10-2-6 所示。对于轻屋盖房屋，也可利用墙架柱支承屋架，以避免再设置托架，如图 10-2-5a 所示。

3）在非硬钩起重机车间内，必要时也可将纵墙墙架柱分段设置，并按下述方法处理：

①上段墙架柱支于吊车梁辅助桁架上，柱顶可支承屋架而不设托架，如图 10-2-5c 所示，此时要求吊车梁辅助桁架相对挠度小于 1/1000；当有托架时，则上段墙架柱柱顶仅与托架下弦或上弦在水平方向给以连接，如图 10-2-5b 所示。

②上段墙架柱柱顶吊挂于托架节点上，此节点应设有劲性竖杆与屋架相连，墙架柱底部水平方向支承于吊车梁制动结构或下翼缘水平支撑上，如 10-2-5b 所示，此时要求水平支承结构的相对挠度小于 1/1000。

③下段墙架柱支承于基础，其上端水平方向支承于吊车梁下翼缘水平支撑桁架节点上，如图 10-2-5b 所示。

④下段墙架柱吊挂于吊车梁的辅助桁架下弦节点上，其柱脚水平方向支承于基墩或地坪上，如图 10-2-5c 所示。因基墩仅承受不大的水平力，因此其构造可比房屋的柱基础简化。

4）纵墙墙架柱的柱脚，一般设计为铰接。因纵墙墙架结构一般均与房屋柱相连接，故其侧向稳定已得到保证，可不必设置支撑。

5）对于高低跨房屋，纵墙墙架柱仍可参照等高房屋布置。当纵墙下段无墙只设上段墙架柱时，如图 10-2-6 所示。墙架柱可吊挂在高跨托架的节点上，下端水平方向支承于吊车梁下翼缘水平支撑桁架节点上，并同时支承低跨屋架，如图 10-2-7b 所示；在非硬钩起重机房屋中也可将上段墙架柱支承在辅助桁架上，并同时支承两侧屋架，如图 10-2-7c 所示，此时起重机制动结构的侧向和竖向刚度应符合本条第 3）款的要求。按本条设置墙架柱时，应适当加强相应托架区的屋架下弦纵向水平支撑，以有效地保证墙架柱的稳定。

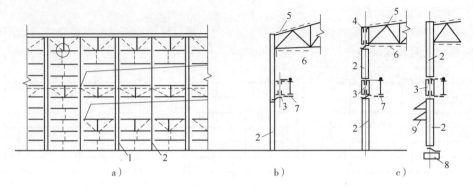

图 10-2-5 纵墙墙架柱布置图

1—房屋排架柱 2—墙架柱 3—吊车梁辅助桁架 4—托架 5—屋架 6—屋架下弦水平支撑
7—吊车梁下翼缘水平桁架 8—基墩 9—雨篷

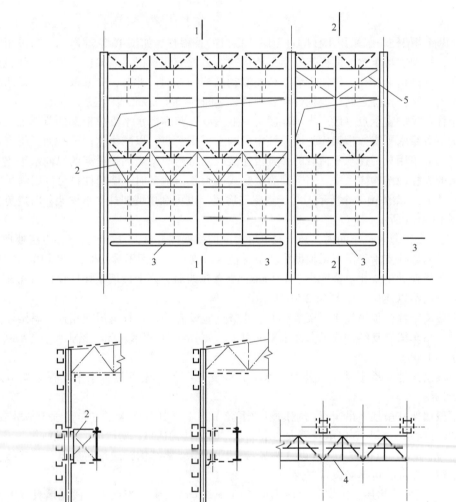

图 10-2-6 纵墙门洞较大时的墙架布置

1—墙架柱 2—吊车梁辅助桁架 3—雨篷 4—雨篷桁架 5—斜吊杆

6）纵墙下部开敞时，墙架柱可参照图 10-2-7 所示做法，上段柱可支承也可吊挂连接（如图 10-2-7b 所示墙架柱以斜吊杆吊于房屋柱上）；下段柱下端在水平方向则由雨篷桁架支承。

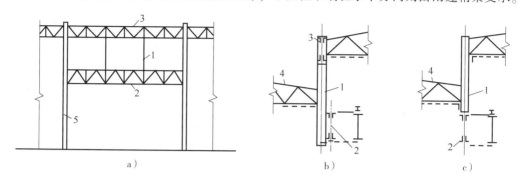

图 10-2-7　高低跨处墙架柱的构造

1—墙架柱　2—吊车梁辅助桁架　3—托架　4—低跨屋架　5—房屋柱

10.2.2　山墙墙架的布置

1. 一般规定

1）山墙墙架结构构件的布置应与纵墙墙架结构布置相协调，并综合考虑房屋跨度、屋盖横向水平支撑、山墙墙面与房屋端柱之间的距离、门窗洞位置以及房屋高度、荷载等条件决定。墙架柱的柱距应尽可能与纵墙相协调，以减少墙梁构件的种类，如图 10-2-8 所示。

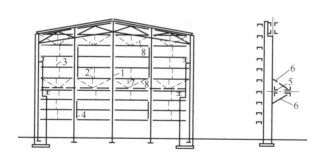

图 10-2-8　山墙墙架柱布置

1—墙架柱房屋排架柱　2—墙梁　3—拉条　4—镶边构件　5—抗风桁架
6—斜撑杆（斜拉杆）　7—撑杆　8—斜拉条

2）山墙柱的平面位置尽量与屋盖端部横向水平支撑的节点位置相一致，如图 10-2-9 所示以便柱上部直接与支撑节点水平方向连接。当墙架柱因满足工艺需要不能布置于支撑节点位置时，应在屋架下弦（或上弦）设置分布梁（即与弦杆相连于支撑节点处的卧置钢梁），墙架柱上部则与此分布梁水平连接，如图 10-2-10a 所示，也可不设分布梁而在横向水平支撑内增设附加系杆，将墙架柱上部的水平反力通过此附加系杆传至横向水平支撑，如图 10-2-10b 所示。

3）为了缩小墙架柱与房屋框架柱之间的距离，常常将墙架柱在屋架范围截面高度减小，一般可采用阶形变截面柱。

墙架柱高度在 15m 以上时，宜设置水平抗风桁架作为墙架柱的中间水平支承点。工程中一般利用山墙起重机修理平台或走道兼作抗风桁架，如图 10-2-11 所示。

山墙墙架柱的柱脚一般做成铰接，为提高刚度或承载力，可以将墙架柱柱脚做成固接。

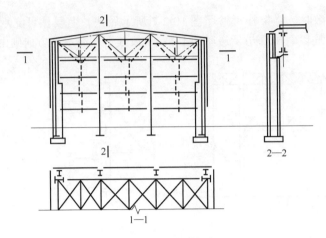

图 10-2-9   山墙墙架布置

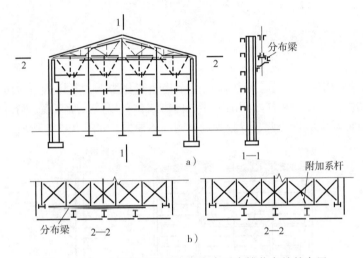

图 10-2-10   山墙墙架柱未布置在水平支撑节点处的布置
a）分布梁做法   b）附加系杆做法

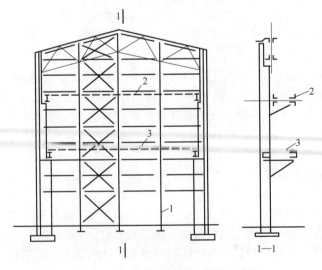

图 10-2-11   山墙墙架抗风桁架的设置
1—墙架柱   2—抗风桁架   3—起重机检修平台

2. 山墙墙架的柱间支撑的设置

1）墙架角柱未能与房屋框架柱连接或连接不可靠时，须设置柱间支撑。

2）房屋较高而纵、横向长度不大，且墙体本身刚度较小，需要增加房屋的整体空间刚度时，须设置柱间支撑。

3）房屋内设有较大的振动设备或需要进行 8 度及以上抗震设防的单跨房屋的山墙墙架一般设置一道柱间支撑，如图 10-2-12 所示。对于等高多跨房屋，可仅在两侧跨的山墙设置柱间支撑；对不等高多跨房屋，应在高跨和低跨分别设置柱间支撑，如图 10-2-13 所示。墙架柱支撑一般设计为交叉式，并可利用墙梁作为支撑桁架的横向压杆以及连系其他墙架柱的系杆。在两道柱间支撑之间的墙梁可按柔性系杆设计，否则应按刚性系杆设计。

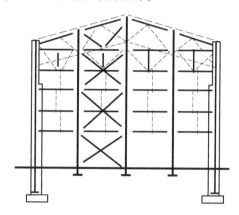

图 10-2-12　单跨房屋山墙墙架的柱间支撑的设置

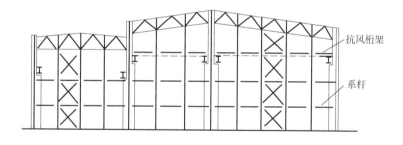

图 10-2-13　多跨房屋山墙墙架的柱间支撑的设置

3. 山墙下部设有大的门洞

1）当洞口宽度等于或小于 12m 时，洞口上面的山墙柱可支承在洞口上缘设置的加强横梁上，如图 10-2-14a 所示。

2）当洞口宽度大于 12m 时，可将山墙柱支承在洞口上缘设置的空间桁架上，如图 10-2-14b 所示。

3）当山墙下部全部敞开时，可将墙架柱上端悬吊于端部屋架节点上，其下端设有水平支承点（抗风桁架或雨篷支撑）。

10.3　轻型墙体墙架构件的设计及构造

10.3.1　轻型墙体墙架构件的设计

1. 一般规定

1）墙梁的间距应按风荷载大小及墙面围护材料的强度、刚度要求等计算确定，并应考虑

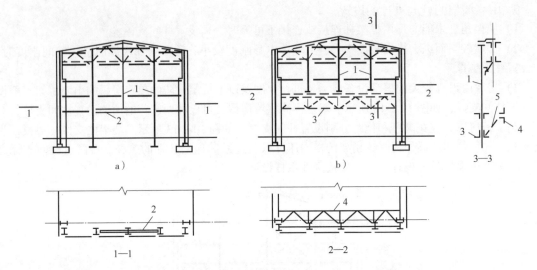

图 10-2-14　山墙下部设有大的门洞时墙架布置

1—墙架柱　2—加强梁　3—竖向桁架　4—水平桁架　5—斜撑杆

板材的合理搭接长度（一般不小于 100mm）。对较短的定尺材料（如中波石棉瓦，长度在 2m 以内的压型钢板等），一般可以用材料长度减去搭接长度作为墙梁间距来进行验算；对于定尺较长的压型钢板，一般可考虑每块板下有多根墙梁支承而按多跨连续板确定板的跨度（即墙梁间距）。

2）墙梁可设计为单跨简支梁或双跨连续梁，为减小墙梁在竖向荷载下的计算跨度，增强墙梁的稳定性，当跨度 $l = 4 \sim 6m$ 时，一般可在跨中设置一道拉条，如图 10-3-1 所示；当 l 大于 6m 时，可于梁跨三分点处设置两道拉条。拉条是分段与墙梁逐根连接，最终吊在顶端的承重墙梁或桁架上，工程中通常的做法是利用斜拉条将累计拉力传全房屋柱或墙架柱上；当房屋高度较高，用拉条悬吊的墙梁数量超过 4 ~ 5 根时，可在中间另加设斜拉条，将拉力分段传到柱上，如图 10-2-8 所示在设斜拉条的墙梁之间应设置相应的梁间受压撑杆以组成支承桁架，此撑杆一般由单角钢或圆钢外套钢管制成。

3）拉条一般由直径为 16mm 的圆钢制成，一端带螺纹而另一端为固定螺母，在有桥式起重机或振动设备的房屋内，一端的活螺母宜用两个，以防松动。拉条在墙梁上的连接位置宜偏向墙面材料一侧，以减少墙面材料自重的偏心影响。

4）窗洞处水平窗框梁的位置应尽量与实体墙的墙梁相协调一致，如图 10-3-1a 所示。若不能协调一致时，应在窗间墙内设置固定墙面板的补充水平墙梁，如图 10-3-1b 所示。在轻质墙的墙角及门窗孔边需设置的窗洞镶边构件，可用单角钢制成。

5）墙梁及水平窗框梁一般不作为房屋柱间支撑构件用。当墙梁兼作墙架柱的柱间支撑桁架的横杆或水平系杆时，除墙梁本身承受的荷载外，尚应同时考虑墙梁作为支撑系统杆件所受的内力，并满足支撑杆件长细比的要求；当为刚性系杆时，其长细比不大于 200。

2. 构件的设计

（1）墙梁

1）在竖向和水平荷载作用下的计算。墙梁为承受墙体竖向荷载和水平风荷载共同作用的双向受弯构件，应按下式验算其强度：

$$\frac{M_x}{\gamma_x W_{nx}} + \frac{M_y}{\gamma_y W_{ny}} \leqslant f \tag{10-3-1}$$

式中　W_{nx}、W_{ny}——梁截面对 x 轴和 y 轴的净截面抵抗矩；

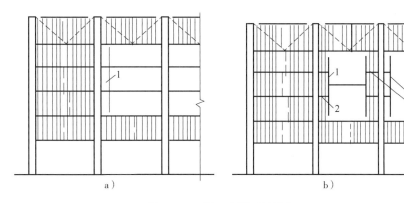

图 10-3-1 设有窗洞时的墙架
1—镶边构件 2—附加水平构件

M_x、M_y——墙梁在竖向及水平荷载作用下的弯矩设计值；

γ_x、γ_y——截面塑性发展系数；

f——钢材的抗弯强度设计值。

竖向荷载产生的弯矩及水平荷载产生的弯矩，分别按梁对 x、y 方向的实际支承（拉条应作为墙梁的竖向支承点）条件，作为单跨或多跨连续梁计算，然后选取最不利的内力组合进行验算。由墙体材料悬挂偏心引起的扭矩，一般可略去不计。

2）墙梁的稳定计算。墙梁按下式验算其整体稳定性：

$$\frac{M_y}{\varphi_b W_y f} + \frac{M_x}{\gamma_x W_x f} \leqslant 1.0 \tag{10-3-2}$$

式中　W_x、W_y——梁截面对 x 轴和 y 轴的毛截面抵抗矩；

φ_b——绕强轴弯曲所确定的整体稳定系数，拉条可视为墙梁相应的侧向支承点。

当压型钢板采用自攻螺栓等紧固件与墙梁翼缘相连接时，则认为与压型钢板相连的墙梁一侧的翼缘可不验算其整体稳定性。

3）墙梁作为减小墙架柱计算长度的内力计算。当墙梁用来作为减小墙架柱平面外计算长度的支点时，其轴向力可按下式计算：

$$N = \frac{A_f f}{85} \sqrt{\frac{235}{f_y}} \tag{10-3-3}$$

式中　A_f——被支撑的墙架柱受压翼缘的截面面积。

当墙架柱为压弯构件时，此墙梁所受的轴向力 N 尚应不小于墙架柱所受轴心压力的 1/50。

当在侧向所支承的墙架柱多于 1 根时，墙梁的轴向力尚应乘以增大系数 $\alpha = 0.35 + 0.6n$（n 为所支承的墙架柱根数）；此时，墙梁应按压弯构件（当墙梁为刚性系杆时）或拉弯构件（当墙梁为柔性系杆时）计算。

4）墙梁的容许挠度限值。墙梁应分别验算竖向和水平方向的变形，并且不得超过表 10-3-1 所列容许挠度限值。

表 10-3-1　轻质墙架墙梁的容许挠度限值

序号	类别	竖直方向	水平方向
1	压型钢板、瓦楞板或石棉瓦	$l/200$	$l/200$
2	支承墙架柱的墙梁	$l/300$	$l/200$
3	玻璃窗窗框梁	$l/200$ 或 10mm	$l/200$

注：表中 l 为墙梁跨度，对有拉条的墙梁，竖向 l 为拉条间距离或拉条至梁支座的距离。

（2）墙架柱

1）墙架柱的内力计算。墙架柱承受竖向荷载产生的轴向力、偏心弯矩以及水平风荷载产生的弯矩，按压弯构件或拉弯构件（吊挂式墙架柱）计算。

①墙架柱的内力计算，可根据柱支承情况按单跨梁或多跨连续梁计算，其计算简图如图 10-3-2 所示。

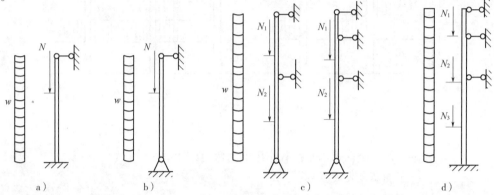

图 10-3-2　墙架柱的内力计算简图

当墙架柱下端与基础固接支座，上端以屋盖构件为水平支承点时，其计算简图如图 10-3-2a 所示；当墙架柱下端为铰接支座，上端用弹簧板在侧向固定时，其计算简图如图 10-3-2b 所示。

当墙架柱下端与基础为固接或者铰接，其上端和中间均有水平支承点时，其计算简图如图 10-3-2c、d 所示。

②墙架柱按压弯构件计算时，墙架柱在垂直于墙架平面的计算长度取值为：当两端简支时 $l_{ox} = H$；当一端简支另一端为固接时，$l_{ox} = 0.7H$。其中 H 为弯矩作用平面内水平支承点间的距离。

柱在墙架平面内的计算长度 l_{oy} 取侧向支撑点间的距离。

③墙架柱的容许长细比可取为：压弯构件时，$\lambda = 150$；拉弯构件时，$\lambda = 250$。压弯受力的墙架柱，其截面高度不宜小于水平支承点间距的 1/40，一般可取为 400 ~ 600mm，但悬吊式墙架柱可不受此限。

2）墙架柱的截面验算。实腹式压弯墙架柱的强度和稳定性计算，按有关实腹柱规范的规定进行。

压弯构件的格构式墙架柱，应按有关规范的规定计算弯矩作用平面内的整体稳定性和分肢的稳定性。

墙架柱在不同支承条件的变截面墙架柱的计算长度、剪力和弯矩分析分别参见表 10-3-2 和表 10-3-3。

表 10-3-2　山墙柱平面内计算长度 l

下支点 \ 上支点	上柱与屋架上下弦同时铰接	上柱仅与屋架上弦铰接	上柱仅与屋架下弦铰接
与基础固接	$l_s=1.5H_s$　$l_x=0.8H_x$	$l_s=2.0H_s$　$l_x=1.1H_x$	$l_s=2.2H_s$　$l_x=0.9H_x$

（续）

下支点 ＼ 上支点	上柱与屋架上下弦同时铰接	上柱仅与屋架上弦铰接	上柱仅与屋架下弦铰接
与基础铰接	$l_s=1.6H_s$ $l_x=1.0H_x$	$l_s=2.2H_s$ $l_x=1.4H_x$	$l_s=2.5H_s$ $l_x=1.2H_x$

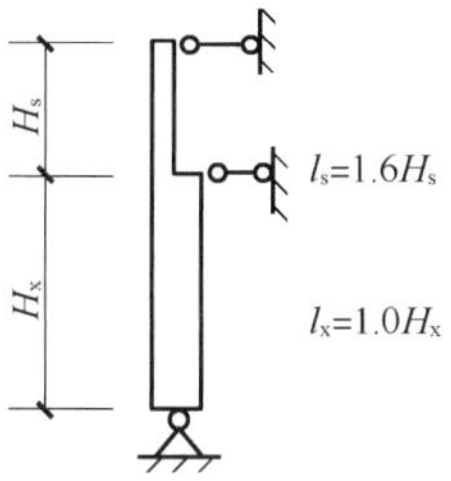

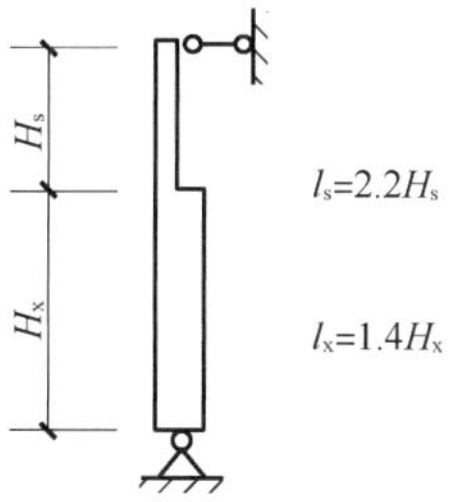

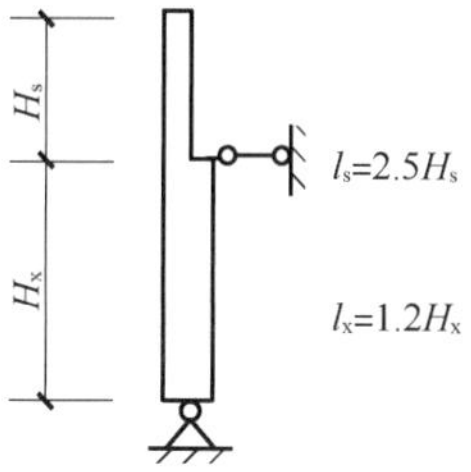

表 10-3-3　变截面墙架柱静力计算公式

计算简图	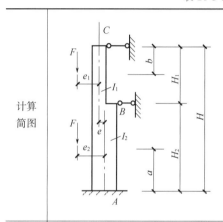	$\alpha = H_1/H_2$；$\mu = I_2/I_1 - 1$ 正负值的规定： 支座水平反力 R_C、R_B、R_A 符号，按各图中所示方向为正 弯矩符号，对杆端以顺时针方向为正，逆时针方向为负；对节点则逆时针方向为正，顺时针方向为负

序号	计算图形	内力	
1	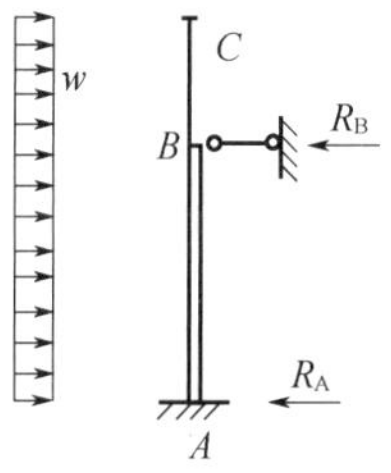	弯矩	$M_{BC} = -\dfrac{1}{2}WH_1^2$ $M_{AB} = -\dfrac{W}{8}(H_2^2 - 2H_1^2)$
		支座水平反力	$R_B = \dfrac{3W}{8H_2}\left(H_2^2 + \dfrac{8}{3}H_1H_2 + 2H_1^2\right)$ $R_A = WH - R_B$
2	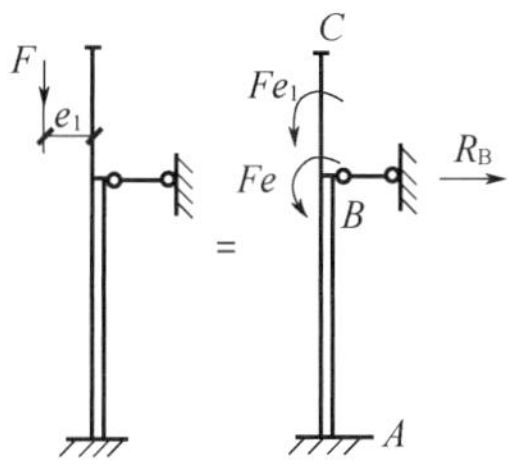	弯矩	$M_{BC} = Fe_1$ $M_{BA} = -F(e_1 + e)$ $M_{AB} = -\dfrac{F}{2}(e + e_1)$
		支座水平反力	$R_B = -R_A = \dfrac{3F}{2H_2}(e_1 + e)$

（续）

序号	计算图形		内力
3		弯矩	$M_{AB} = Fe_2 - R_B H_2$ $= Fe_2 - \dfrac{3Fe_2}{2H_2^2}a\left(2 - \dfrac{a}{H_2}\right)H_2$
		支座水平反力	$R_B = -R_A = \dfrac{3Fe_2}{2H_2^2}a\left(2 - \dfrac{a}{H_2}\right)$
4		弯矩	$M_A = -\left(\dfrac{WH}{2} - R_C\right)H$
		支座水平反力	$R_C = \dfrac{3(1 + \alpha^4\mu)}{8(1 + \alpha^3\mu)}WH$
5		弯矩	$M_A = F(e + e_1) - R_C H$
		支座水平反力	$R_C = \dfrac{3F}{2(1 + \alpha^3\mu)H}$ $\left[e(1 - \alpha^2) + e_1\left(1 + \alpha^2\mu - \dfrac{I_2 b^2}{I_2 H^2}\right)\right]$
6		弯矩	$M_A = Fe_2 - R_C H$
		支座水平反力	$R_C = \dfrac{3Fe_2}{2(1 + \alpha^3\mu)H}\left(1 - \dfrac{b^2}{H^2}\right)$
7		弯矩	$M_A = -\dfrac{W[I_2 H_1(2H_2^2 - H_1^2) + I_1 H_2^3]}{16 I_2 H_1 + 12 I_1 H_2}$ $M_{BA} = -M_{BC} = \dfrac{W(2I_2 H_1^3 + I_1 H_2^3)}{16 I_2 H_1 + 12 I_1 H_2}$ $= \dfrac{1}{4}WH_2^2 + 2M_A$
		支座水平反力	$R_C = \dfrac{1}{H_1}\left(\dfrac{W}{2}H_1^2 + M_{BC}\right)$ $R_B = \dfrac{1}{H_2}\left(\dfrac{W}{2}H_2^2 + M_A - R_C H\right)$
8		弯矩	$M_A = -\dfrac{FI_2}{H_1}\dfrac{e_1(3b^2 - H_1^2) + 2eH_1^2}{4I_2 H_1 + 3I_1 H_2}$ $M_{BA} = 2M_A$ $M_{BC} = -2M_A - Fe$
		支座水平反力	$R_C = \dfrac{1}{H_1}(Fe_1 - M_{BC})$ $R_B = \dfrac{1}{H_2}[F(e + e_1) - M_A - R_C H]$

（续）

序号	计算图形	内力	
9	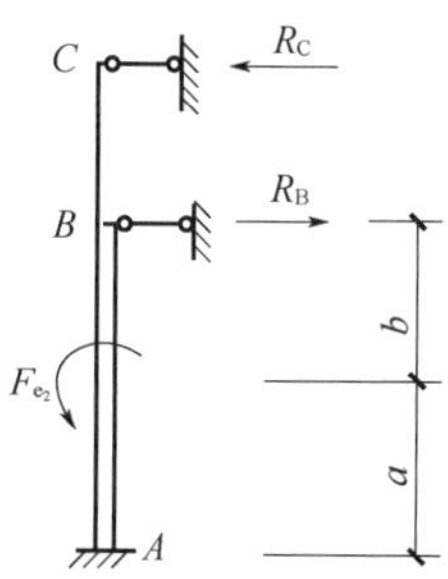	弯矩	$M_{BC} = -M_A$ $= \dfrac{3Fe_2 I_1 a(2H_2 - 3a)}{H_2}\cdot\dfrac{1}{4I_2H_1 + 3I_1H_2}$ $M_A = Fe_2\left[\dfrac{6(3b-2H_2)}{H_2^2} + \dfrac{2I_2H_1 a(2H_2-3a)}{H_2^2(4I_2H_1+3I_1H_2)}\right]$
		支座水平反力	$R_C = \dfrac{M_{BC}}{H_1}$ $R_B = \dfrac{1}{H_2}(Fe_2 - M_A + R_C H)$
10	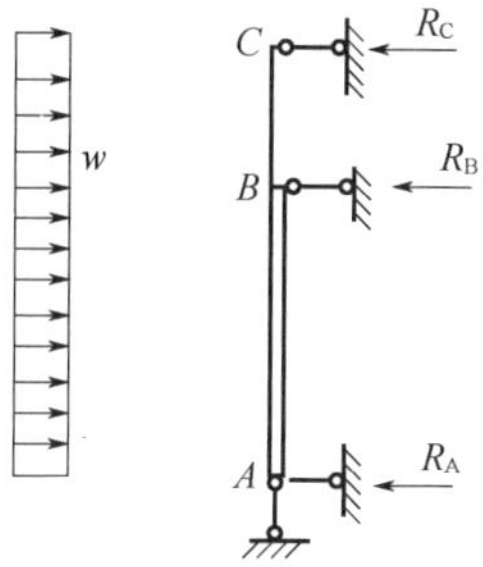	弯矩	$M_{BA} = -M_{BC}$ $= \dfrac{W}{8}\cdot\dfrac{I_1H_2^3 + I_2 H_1^3}{I_2H_1 + I_1H_2}$
		支座水平反力	$R_C = \dfrac{W}{2}H_1 + \dfrac{M_{BC}}{H_1}$ $R_A = \dfrac{W}{2}H_2 + \dfrac{M_{BA}}{H_2}$
11	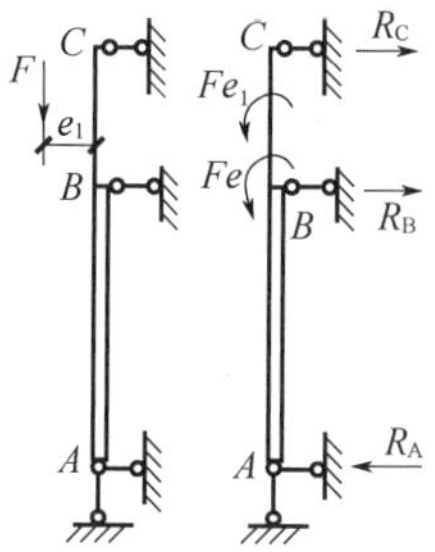	弯矩	$M_{BA} = \dfrac{FI_2 e_1(H_1^2 - 3b^2) - 2eH_1^2}{2H_1}\cdot\dfrac{1}{I_1H_2 + I_2H_1}$ $M_{BC} = -M_{AB} - Fe$
		支座水平反力	$R_C = \dfrac{1}{H_1}(Fe_1 - M_{BC})$ $R_A = -\dfrac{M_{BA}}{H_2}$ $R_B = R_A - R_C$
12	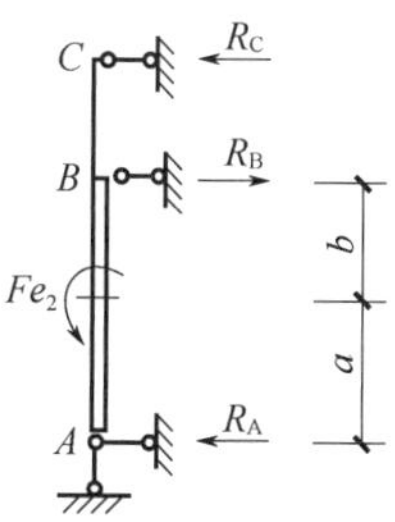	弯矩	$M_{BA} = -M_{BC}$ $= \dfrac{Fe_2 I_1}{2H_2}\cdot\dfrac{H_2^2 - 3a^2}{I_2H_1 + I_1H_2}$
		支座水平反力	$R_C = \dfrac{M_{BC}}{H_1}$ $R_A = \dfrac{1}{H_2}(Fe_2 - M_{BC})$ $R_B = R_A + R_C$

　　3）等截面墙架柱的变形验算。等截面墙架柱在水平风荷载的作用下，其最大变形值可按下列公式进行计算：

　　两端简支时

$$u = k\frac{5w_k l^4}{384EI}\text{或} = \frac{kM_k l^2}{10EI} \leqslant \frac{l}{400} \tag{10-3-4}$$

一端简支另一端固定时

$$u = \frac{w_k l^4}{185EI} \leqslant \frac{l}{400} \tag{10-3-5}$$

式中　w_k——沿墙架柱高度的均布线风荷载标准值；

I——墙架柱截面对垂直风向的轴线的惯性矩；

l——墙架柱支承点间的距离（对多支点的墙架柱，取两支点间的最大距离）；

M_k——标准风荷载作用下墙架柱在相应支承点间的最大弯矩；

k——系数，单跨简支时为 1.0；多跨连续时为 0.8。

4）柱脚、牛腿。墙架柱的柱脚和悬挑牛腿等的计算及其构造要求均按规范的相应条文的规定进行。

当墙架柱采用焊接工字形截面时，在设有较大荷载牛腿的上下各 500mm 的范围内，翼缘板与腹板的连接焊缝厚度宜增加 1~2mm。

（3）抗风桁架

1）内力计算。抗风桁架一般支承于厂房排架柱上，作为墙架柱的中间支点，承受其传来的水平风荷载，其计算方法可参照屋架结构按静定桁架分析内力并验算杆件的强度和稳定性。若抗风桁架兼作走道时，则同时承受走道荷载，对受有弯矩作用部分杆件还应按压弯构件进行验算，抗风桁架的截面高度一般取为跨度的 1/16~1/12。

2）桁架的变形。抗风桁架的水平挠度可近似地按下式验算：

$$u = \frac{M_k l^2}{9EI} \leqslant \frac{l}{1000} \tag{10-3-6}$$

式中　M_k——由墙架柱传来的水平风荷载标准值在抗风桁架跨中产生的最大弯矩；

l——抗风桁架的跨度（一般等于厂房排架柱之间的距离）；

I——抗风桁架弦杆对桁架形心轴的惯性矩。

（4）拉条设计　圆钢拉条的直径一般按构造选用，但用来作为墙梁的竖向支承点，仍应按下式验算其强度：

$$\sigma = \frac{N}{A_n} \leqslant f \tag{10-3-7}$$

式中　N——拉条的内力，按被拉条支承的各连续墙梁中间支座反力之和计算；

A_n——拉条的净截面面积，对圆钢拉条应取 $A_n = A_e$（A_e 为拉条螺纹处的有效截面面积）。

10.3.2　轻型墙体墙架构件的构造

1. 墙梁的连接

1）轻质墙体贴于墙梁的外侧，并用弯钩螺栓或自攻螺栓固定于墙梁上，如图 10-3-3 所示。墙梁的截面形式应能提供方便的连接条件。当采用压型铝板时，墙梁与铝板接触的表面应涂沥青漆或用一层油毡等措施与铝板隔离，以避免产生电化学腐蚀。

压型钢板等轻板与墙梁的连接构造应参照专门的手册或图集进行。

2）墙梁一般连接于厂房排架柱或墙架柱的外侧的角钢支托上，如图 10-3-4 所示。其中 C 型钢或槽钢开口向下的连接，如图 10-3-4b 所示，因不易积灰积水，防锈蚀较好，故较多采用。但连接构造需将梁端的内翼缘切去，搭在角钢支托上，如图 10-3-4d 所示。

3）山墙墙架在墙角处一般设置墙架角柱，如图 10-3-5b 所示，仅当山墙墙面紧靠房屋端柱布置时，也可不设墙架角柱，而将山墙墙梁直接支承于纵向墙梁上，如图 10-3-5a 所示。山墙墙架角柱应与厂房端柱牢固连接，作为山墙墙架在两侧的固定点，此时角柱截面可以按构造要求选用。

2. 拉条、撑杆的连接

拉条和撑杆与墙梁的连接如图 10-3-6 所示，其节点位置可如图 10-2-5 所示。

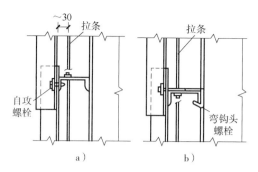

图 10-3-3　轻质墙体与墙架墙梁的连接

a）自攻螺栓连接　b）弯钩螺栓连接

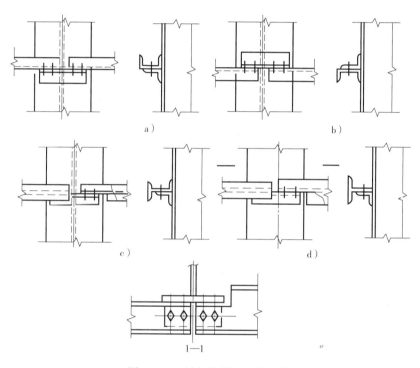

图 10-3-4　墙架墙梁与柱的连接

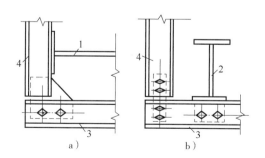

图 10-3-5　端部墙梁在墙角处的连接

1—房屋柱　2—墙架角柱　3—山墙墙梁　4—纵墙墙梁

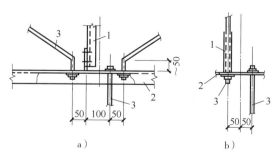

图 10-3-6　拉条和撑杆与墙梁的连接

a）角钢撑杆　b）圆管撑杆

1—撑杆　2—墙梁　3—拉条

3. 墙架柱柱顶的连接

1) 对用来兼作屋架支柱的墙架柱，墙架柱与屋架应采用铰接连接构造，如图 10-3-7 所示。

2) 对一般墙架柱，为使其上部连接不致承受托架或屋架竖向荷载，常采用弹簧板与屋架或托架的弦杆连接，以将墙架柱的水平风荷载传到支撑节点上。山墙墙架柱与屋架下弦的连接构造，如图 10-3-8 所示。

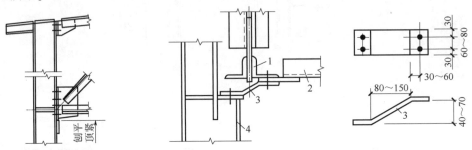

图 10-3-7 墙架柱支承屋架的连接   图 10-3-8 山墙墙架柱与屋架连接

1—屋架下弦 2—屋架下弦水平支撑 3—弹簧板 4—墙架柱

3) 当墙架柱位置不能与水平支撑的节点对应时，一般设置分布梁或附加支撑杆；分布梁及附加支撑杆的连接如图 10-3-9 所示。

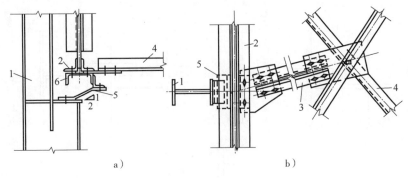

a)   b)

图 10-3-9 墙架柱与分布梁及附加支撑杆的连接

a) 与分布梁的连接 b) 与附加支撑杆的连接

1—墙架柱 2—屋架下弦 3—附加支撑杆 4—水平支撑 5—弹簧板 6—分布梁

4) 墙架柱顶与托架的连接如图 10-3-10 所示，其中图 10-3-10a 为悬吊支承，图 10-3-10b、c 为仅水平支承连接。

5) 墙架柱用斜吊杆悬吊于房屋的框架柱上时，其连接构造如图 10-3-11所示；其上、下吊点位置应与兼作系杆的墙梁位置相对应。

4. 墙架柱下端的连接

1) 墙架柱支承在吊车梁辅助桁架上的铰接连接构造，如图 10-3-12a 所示。

2) 墙架柱与吊车梁辅助桁架的水平连接构造，如图 10-3-12b、c 所示。

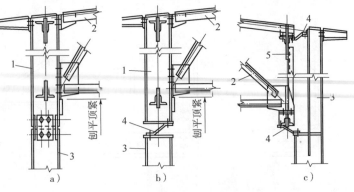

a)   b)   c)

图 10-3-10 墙架柱顶与托架的连接

a) 悬吊支承 b) 下弦水平支承 c) 上下弦水平支承

1—托架劲性竖杆 2—屋架 3—墙架柱 4—弹簧板 5—托架

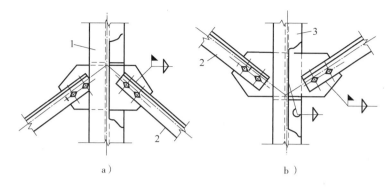

图 10-3-11 墙架柱与厂房柱的吊挂连接
a) 与厂房柱连接的上部节点 b) 与墙架柱连接的下部节点
1—房屋框架柱 2—吊杆 3—墙架柱

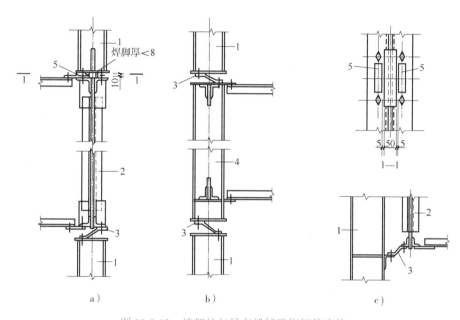

图 10-3-12 墙架柱与吊车梁辅助桁架的连接
a) 墙架柱上柱与吊车梁辅助桁架上弦铰接 b) 墙架柱上柱与吊车梁辅助桁架上、下弦水平支承
c) 墙架柱与吊车梁辅助桁架下弦水平支承
1—墙架柱 2—辅助桁架 3—弹簧板 4—吊车梁辅助桁架劲性竖杆 5—抗剪板

3）墙架柱支承在大门窗洞上的竖向桁架上弦的连接构造，如图 10-3-13 所示。

4）悬吊墙架柱的下端用雨篷作为水平方向支承时的构造，如图 10-3-14 所示。此时雨篷结构在平面内由挑梁、檩条及斜撑组成连续支承于厂房柱的桁架。

5. 山墙墙架角柱与房屋框架柱的连接

山墙墙架角柱与房屋框架柱的连接，一般采用两个斜撑杆连接于房屋框架柱的横隔板上，如图 10-3-15 所示。

6. 墙架柱的铰接和刚接柱脚

墙架柱的铰接和刚接柱脚构造如图 10-3-16 所示。其锚栓直径一般为 24～30mm。当柱脚剪力较大时宜设置抗剪键。

7. 抗风桁架与墙架柱及吊车梁的连接

抗风桁架与墙架柱及吊车梁的连接如图 10-3-17 所示。当抗风桁架不兼作起重机检修平台或走道时，如图 10-3-17b 所示的斜撑应采用斜吊杆。

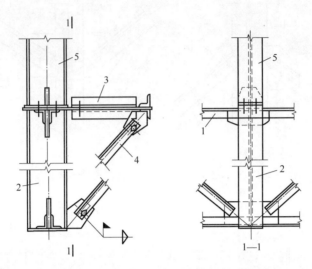

图 10-3-13　墙架柱与竖向桁架的连接

1—竖向桁架　2—劲性竖杆　3—水平抗风桁架　4—撑杆　5—墙架柱

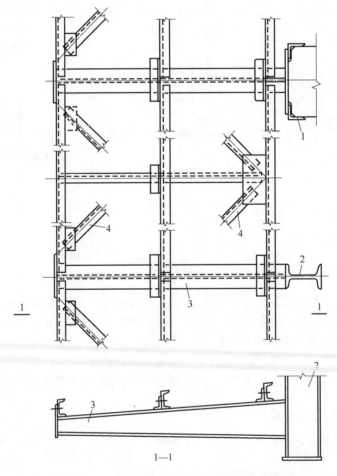

图 10-3-14　悬吊墙架柱下端由雨篷支承的构造

1—厂房柱　2—墙架柱　3—雨篷　4—支撑

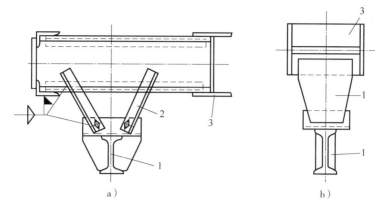

图 10-3-15　山墙墙架角柱与房屋框架柱的连接
1—角柱　2—连接角钢　3—房屋框架柱　4—连接板

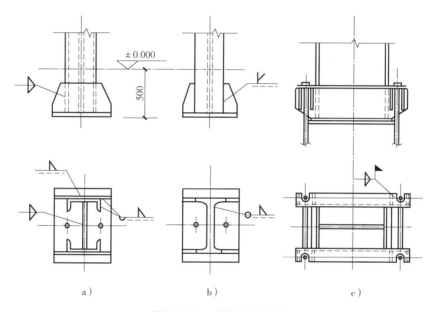

图 10-3-16　墙架柱的柱脚

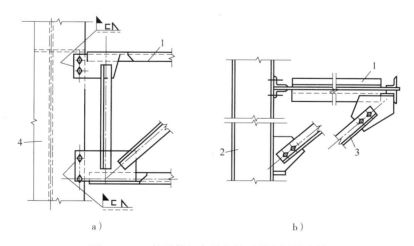

图 10-3-17　抗风桁架与墙架柱及吊车梁的连接
1—抗风桁架　2—墙架柱　3—斜撑　4—吊车梁

8. 墙架柱的隔撑设置

为防止墙架柱内翼缘受压时失稳，当柱身应力较大时可在墙梁上设置隔撑，如图 10-3-18 所示。

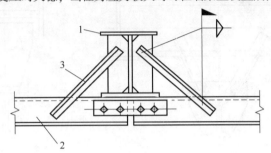

图 10-3-18　墙架柱的隔撑设置
1—墙架柱　2—墙梁　3—隔撑

9. 墙架柱与检修平台的连接

墙架柱与检修平台的连接，如图 10-3-19 所示。

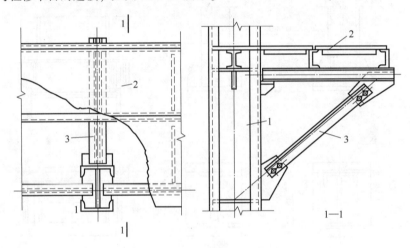

图 10-3-19　墙架柱与检修平台的连接
1—墙架柱　2—检修平台　3—支架

10.3.3　墙梁构件选用表

墙梁构件选用表见表 10-3-4。

表 10-3-4　墙梁构件选用表

序号	风荷载等级（标准值 w_k）	截面形式	构件编号	跨度/m	梁距/m	截面规格	用钢量/(kg/m²)	应力比 σ/f	备注
1			CQL4.5-1.2-1		1.2	C100×50×15×2.5	3.43	0.808	
2			CQL4.5-1.5-1		1.5	C140×50×20×2.0	2.76	0.746	
3			CQL4.5-1.8-1		1.8	C140×50×20×2.0	2.30	0.890	跨中设一道拉条
4	0.5kN/m²	C型	CQL4.5-2.1-1	4.5	2.1	C140×50×20×2.2	2.16	0.954	
5			CQL4.5-2.4-1		2.4	C160×60×20×2.0	1.99	0.880	
6			CQL4.5-2.7-1		2.7	C160×60×20×2.0	1.77	0.987	
7			CQL4.5-3.0-1		3.0	C160×60×20×2.5	1.96	0.903	

（续）

序号	风荷载等级（标准值 w_k）	截面形式	构件编号	跨度/m	梁距/m	截面规格	用钢量/（kg/m²）	应力比 σ/f	备注
8		C 型	CQL6.0-1.2-1		1.2	C140×50×20×2.2	3.77	0.99	
9			CQL6.0-1.5-1		1.5	C160×60×20×2.0	3.18	0.993	
10			CQL6.0-1.8-1		1.8	C180×70×20×2.0	3.00	0.92	
11			CQL6.0-2.1-1	6.0	2.1	C180×70×20×2.2	2.81	0.983	
12			CQL6.0-2.4-1		2.4	C200×70×20×2.2	2.61	0.977	
13			CQL6.0-2.7-1		2.7	C200×70×20×2.5	2.61	0.98	
14			CQL6.0-3.0-1		3.0	C220×75×20×2.2	2.55	0.917	跨中设一道拉条
15			CQL7.5-3.0-1		1.2	C180×70×20×2.2	4.50	0.977	
16			CQL7.5-1.5-1	7.5	1.5	C200×70×20×2.2	4.17	0.976	
17			CQL7.5-1.8-1		1.8	C220×75×20×2.2	3.76	0.984	
18	0.5kN/m²		HQL6.0-1.8-1		1.8	H120×75×3.2×4.5	4.91	0.698	
19			HQL6.0-2.4-1	6.0	2.4	H120×75×3.2×4.5	3.68	0.858	
20			HQL6.0-3.0-1		3.0	H150×100×3.2×4.5	3.54	0.774	
21		H 型	HQL7.5-1.5-1		1.5	H120×75×3.2×4.5	5.98	0.966	
22			HQL7.5-1.8-1		1.8	H150×100×3.2×4.5	5.89	0.818	
23			HQL7.5-2.4-1	7.5	2.4	H200×100×3.2×4.5	4.94	0.809	
24			HQL7.5-3.0-1		3.0	H200×100×3.2×4.5	3.95	0.946	
25			HQL9.0-1.5-1		1.5	H200×100×3.2×4.5	7.91	0.867	跨中设两道拉条
26			HQL9.0-1.8-1		1.8	H200×100×3.2×4.5	6.59	0.966	
27			HQL9.0-2.4-1	9.0	2.4	H200×150×3.2×4.5	6.42	0.766	
28			HQL9.0-3.0-1		3.0	H200×150×3.2×4.5	5.13	0.917	
29			CQL4.5-1.2-2		1.2	C140×50×20×2.0	3.45	0.833	
30			CQL4.5-1.5-2		1.5	C140×50×20×2.2	3.02	0.954	
31			CQL4.5-1.8-2		1.8	C160×60×20×2.0	2.65	0.923	
32			CQL4.5-2.1-2	4.5	2.1	C160×60×20×2.2	2.49	0.987	
33		C 型	CQL4.5-2.4-2		2.4	C180×70×20×2.0	2.25	0.949	
34			CQL4.5-2.7-2		2.7	C180×70×20×2.2	2.19	0.979	
35			CQL4.5-3.0-2		3.0	C220×70×20×2.2	2.09	0.946	跨中设一道拉条
36	0.7kN/m²		CQL6.0-1.2-2		1.2	C160×60×20×2.5	4.90	0.917	
37			CQL6.0-1.5-2		1.5	C180×70×20×2.2	3.94	0.983	
38			CQL6.0-1.8-2	6.0	1.8	C220×75×20×2.0	3.44	0.942	
39			CQL6.0-2.1-2		2.1	C220×75×20×2.5	3.64	0.900	
40			HQL6.0-1.8-2		1.8	H120×75×3.2×4.5	4.91	0.890	
41			HQL6.0-2.4-2	6.0	2.4	H150×100×3.2×4.5	4.42	0.850	
42		H 型	HQL6.0-3.0-2		3.0	H200×100×3.2×4.5	3.95	0.782	
43			HQL7.5-1.5-2		1.5	H200×100×3.2×4.5	7.91	0.740	
44			HQL7.5-1.8-2	7.5	1.8	H200×100×3.2×4.5	6.59	0.836	

（续）

序号	风荷载等级（标准值 w_k）	截面形式	构件编号	跨度/m	梁距/m	截面规格	用钢量/(kg/m²)	应力比 σ/f	备注
45			HQL7.5-2.4-2	7.5	2.4	H200×100×4.5×6.0	6.69	0.847	跨中设一道拉条
46			HQL7.5-3.0-2		3.0	H200×150×3.2×4.5	5.13	0.832	
47	0.7kN/m²	H型	HQL9.0-1.5-2	9.0	1.5	H200×100×4.5×6.0	10.71	0.904	跨中设两道拉条
48			HQL9.0-1.8-2		1.8	H200×150×3.2×4.5	8.56	0.804	
49			HQL9.0-2.4-2		2.4	H250×150×3.2×4.5	6.94	0.835	
50			HQL9.0-3.0-2		3.0	H250×150×3.2×4.5	5.55	0.985	

注：1. 墙体为自承重墙，墙梁只考虑其本身的弯曲，用于窗顶墙梁时应经验算后确定是否需要加强。

2. 计算中为考虑风吸力作用下墙梁内侧翼缘的稳定，应在墙的底部加设斜拉条。

3. 按《门式刚架轻型房屋钢结构技术规范》（GB 51022—2015）进行计算。其中 W_0 按《建筑结构荷载规范》（GB 50009—2012）规定取用，对于 W_0 应乘以1.05系数，对于封闭式房屋 μ_s 取 +1.0 或-1.1。

10.3.4 墙架柱构件选用表

墙架柱构件选用表见表10-3-5。

表 10-3-5 墙架柱构件选用表

序号	风荷载等级（标准值 w_k）	构件编号	柱高/m	柱距/m	截面规格	用钢量/(kg/m²)	应力比 σ/f
1		QJZ4.5-4.5-1	4.5	4.5	H120×75×3.2×4.5	1.96	0.748
2		QJZ4.5-6.0-1		6.0	H120×75×3.2×4.5	1.47	0.957
3		QJZ4.5-7.5-1		7.5	H150×100×3.2×4.5	1.41	0.938
4		QJZ4.5-9.0-1		9.0	H200×100×3.2×4.5	1.32	0.794
5		QJZ6.0-4.5-1	6.0	4.5	H150×100×3.2×4.5	2.36	0.998
6		QJZ6.0-6.0-1		6.0	H200×100×3.2×4.5	1.98	0.938
7		QJZ6.0-7.5-1		7.5	H200×150×3.2×4.5	2.05	0.832
8		QJZ6.0-9.0-1		9.0	H200×150×3.2×4.5	1.71	0.988
9		QJZ7.5-4.5-1	7.5	4.5	H200×150×3.2×4.5	3.42	0.779
10	0.5kN/m²	QJZ7.5-6.0-1		6.0	H250×125×3.2×4.5	2.48	0.927
11		QJZ7.5-7.5-1		7.5	H250×150×3.2×4.5	2.22	0.996
12		QJZ7.5-9.0-1		9.0	H300×150×3.2×4.5	1.99	0.960
13		QJZ9.0-4.5-1	9.0	4.5	H250×125×3.2×4.5	3.31	1.000
14		QJZ9.0-6.0-1		6.0	H300×150×3.2×4.5	2.98	0.920
15		QJZ9.0-7.5-1		7.5	H350×175×3.2×4.5	2.79	0.842
16		QJZ9.0-9.0-1		9.0	H350×175×4.5×6.0	3.16	0.759
17		QJZ9.0-4.5-1	12.0	4.5	H300×150×4.5×6.0	5.40	0.922
18		QJZ9.0-6.0-1		6.0	H300×150×4.5×8.0	4.81	0.985
19		QJZ9.0-7.5-1		7.5	H350×175×4.5×8.0	4.50	0.897
20		QJZ9.0-9.0-1		9.0	H350×200×6.0×8.0	4.54	0.919

（续）

序号	风荷载等级（标准值 w_k）	构件编号	柱高/m	柱距/m	截面规格	用钢量/（kg/m²）	应力比 σ/f
21		QJZ4.5-4.5-2	4.5	4.5	H150×100×3.2×4.5	2.36	0.786
22		QJZ4.5-6.0-2		6.0	H200×100×3.2×4.5	1.98	0.738
23		QJZ4.5-7.5-2		7.5	H200×100×3.2×4.5	1.58	0.922
24		QJZ4.5-9.0-2		9.0	H200×150×3.2×4.5	1.71	0.785
25		QJZ6.0-4.5-2	6.0	4.5	H200×100×3.2×4.5	2.64	0.981
26		QJZ6.0-6.0-2		6.0	H200×150×3.2×4.5	2.57	0.928
27		QJZ6.0-7.5-2		7.5	H300×150×3.2×4.5	2.22	0.891
28		QJZ6.0-9.0-2		9.0	H300×150×3.2×4.5	1.99	0.858
29	0.7kN/m²	QJZ7.5-4.5-2	7.5	4.5	H250×125×3.2×4.5	3.31	0.970
30		QJZ7.5-6.0-2		6.0	H300×150×3.2×4.5	2.98	0.892
31		QJZ7.5-7.5-2		7.5	H350×175×3.2×4.5	2.79	0.861
32		QJZ7.5-9.0-2		9.0	H350×175×3.2×4.5	2.33	0.797
33		QJZ9.0-4.5-2	9.0	4.5	H300×150×3.2×4.5	3.98	0.963
34		QJZ9.0-6.0-2		6.0	H350×175×3.2×4.5	3.49	0.939
35		QJZ9.0-7.5-2		7.5	H350×175×4.5×6.0	3.79	0.882
36		QJZ9.0-9.0-2		9.0	H350×175×4.5×8.0	3.40	0.963
37		QJZ9.0-4.5-2	12.0	4.5	H350×175×4.5×6.0	6.32	0.940
38		QJZ9.0-6.0-2		6.0	H400×150×4.5×8.0	5.40	0.968
39		QJZ9.0-7.5-2		7.5	H400×200×4.5×9.0	5.57	0.867

注：按《门式刚架轻型房屋钢结构技术规范》（GB 51022—2015）进行计算。其中 W_0 按《建筑结构荷载规范》（GB 50009—2012）取用，对于 W_0 应乘以 1.05 系数，对于封闭式房屋 μ_s 为 +1.0 或 −1.0。

10.4　砌体墙体墙架构件的设计及构造

10.4.1　骨架砌体墙墙架构件的设计及构造

1. 骨架砌体墙墙架的构造

（1）一般规定

1）当房屋的围护材料采用厚约 120mm 砖墙或蒸压加气混凝土块填充墙时，需设置墙架柱和承重墙梁等组成的骨架，以保证墙体的强度和稳定。有较大振动设备（如硬钩起重机、锻锤等）的车间不宜采用骨架墙。

2）骨架墙墙架的组成与轻质墙的墙架基本相同，骨架墙的墙梁分为抗风墙梁与承重墙梁。抗风墙梁只承受风荷载而不承受墙体质量。有时为减小砌体镶边面积或减小墙梁的扭转，在墙梁之间需增设中间竖杆。

3）为避免砌体墙开裂，骨架墙的墙架柱不宜与吊车梁的制动结构或辅助桁架相连接。

4）墙架柱的间距一般不大于 6m，承重墙梁截面的对称轴应与墙体中心线重合，以避免墙梁受扭。

（2）墙梁的布置

1）在窗台上或墙顶上不承重的墙梁为抗风墙梁，常采用水平放置的槽钢截面，墙体内部每隔一定高度应放置承重墙梁，承重墙梁常采用上下两个槽钢中间用腹板相连的组合截面，如图 10-4-1a 所示。窗洞上的承重墙梁宜采用如图 10-4-1b、c 所示的截面形式。墙架墙梁的布置还应与砖及砌块的模数、门窗洞等建筑要求相协调，同时应保证在骨架间的墙砌体能满足在水平荷载和自重作用下的强度以及高厚比的要求，具体参见《砌体结构设计规范》（GB 50003）及《蒸压加气混凝土制品应用技术标准》（JGJ/T 17）。

2）骨架墙柱间距不大于 6m，且墙与墙架柱有可靠连接时，如图 10-4-2 所示，在墙体中两根承重墙梁之间可设置一根抗风墙梁。

3）承重墙梁宜采用对称截面，如图 10-4-1 所示。当墙梁位置偏离墙体中心线时，为避免墙梁的扭转，应于其间设置中间竖杆。砌体均宜嵌砌于骨架构件（柱、墙梁及竖杆）边缘内，由骨架划分的墙面面积（镶边面积）对 100 ~ 120mm 厚的砌体墙，在一般房屋中应不大于 12m² （风荷载标准值 $w_k \leqslant$ 0.4kN/m²时）或 8m² （风荷载标准值 $w_k = 0.8$kN/m²时）。对重级工作制起重机的房屋，墙体镶边面积不宜大于 9m²。

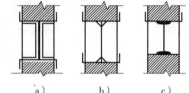

图 10-4-1　承重墙梁的截面形式

4）抗风墙梁和墙架柱可采用与轻质墙墙架相同的截面形式。

2. 骨架砌体墙墙架构件的设计

1）从砖墙砌体传到承重墙梁上的竖向荷载：当承重墙梁上的墙体高度 H 小于 $l/3$ （l 为墙梁的跨度）时，承重墙梁上的荷载为全部墙体的均布质量，如图 10-4-2a 所示。

当承重墙梁上的墙体高度 H 大于或等于 $l/3$ 时，则计算弯矩时的荷载取为高度 $l/3$ 墙体的均布质量，如图 10-4-2b 所示，但墙梁的支座反力仍应按墙梁所承担的墙体高度 H 求得。

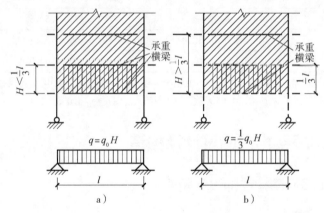

图 10-4-2　承重墙梁的竖向荷载简图

q_0——单位面积上墙体的质量（kN/m²）

2）砌体墙骨架构件的容许挠度不得超过表 10-4-1 的规定。

表 10-4-1　砌体墙骨架构件的容许挠度

序号	项目	垂直方向	水平方向
1	一般承重墙梁	$l/300$	$l/300$
2	抗风墙梁	—	$l/300$
3	窗洞上承重墙梁	10mm（在窗洞范围内）	$l/300$
4	墙架柱		$l/400$

注：l 为墙梁的跨度。

3）在纵墙和山墙交接的转角处必须设置封边竖杆，分别与纵墙和山墙的墙体嵌砌。砌体骨架墙在墙体平面内可不设支撑，但山墙骨架在转角处应与房屋框架柱牢固连接，其具体构造可参考轻质墙的做法。

4）墙体与柱连接构造如图 10-4-3 所示，当墙体位于柱翼缘外表面时如图 10-4-3a、b 所示；嵌砌在墙架柱内时如图 10-4-3c 所示。

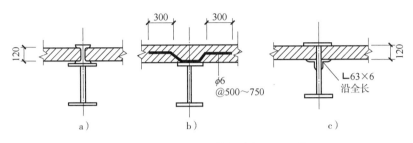

图 10-4-3　骨架墙墙体与墙架柱的连接

5）墙架墙梁与柱连接构造如图 10-4-4 所示。

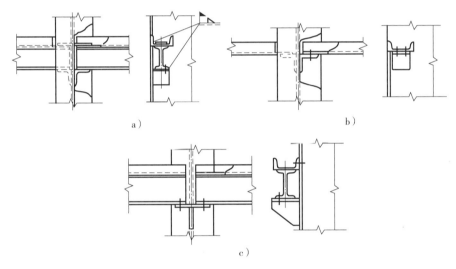

图 10-4-4　墙梁与墙架柱的连接

6）蒸压加气混凝土遇水后会产生盐析现象，当作为外墙围护结构时，应在墙体两面做饰面保护。一般做法用 8 号或 10 号钢丝网罩面后再抹 15mm 厚的 1:4 水泥砂浆做面层，此时墙骨架应考虑相应的荷载与构造。

10.4.2　自承重墙墙架构件的设计及构造

1. 一般要求

1）当采用厚度为 240mm、370mm 普通砖或 200～300mm 蒸压加气混凝土块以及混凝土空心砌块砌成的自承重墙体时，墙架柱及墙梁一般仅用来承受水平风荷载和保证墙体的稳定。

2）自承重墙的墙架构件应按墙砌体对强度及高厚比要求来设置，抗风柱的间距一般应根据建筑模数、门窗洞位置尺寸、墙体材料、砌体厚度以及房屋高度等因素来决定。工业房屋抗风墙柱间距一般仍采用 6m。

3）墙架柱间无窗洞区的抗风墙梁可采用捣（预）制钢筋混凝土圈梁；有带形窗洞区的承重墙梁，也可采用钢梁（参见上节骨架墙墙梁）。墙梁间距不应大于由墙砌体容许高厚比确定的抗风墙梁最大间距。

4）自承重墙墙梁的间距应根据风荷载、车间性质、建筑高度等要求设置，当墙架柱为 6m 间距时，对 240mm 厚的砖墙砌体，墙梁间距一般为 5~8m；对 200~250mm 厚的加气混凝土墙砌体，墙梁间距一般为 4~6m；对于风荷载较大、起重机较繁重、墙体较薄的房屋墙梁间距应适当减小。

5）圈梁与墙架柱的连接如图 10-4-5 所示。自承重砌体墙与墙架柱的连接如图 10-4-6 所示。拉结筋宜设在灰缝内，否则，可按剖面 1—1 的办法处理。

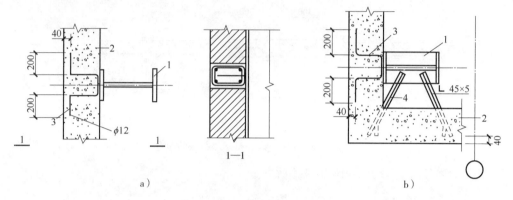

图 10-4-5　圈梁与墙架柱的连接
1—墙架柱　2—圈梁　3—拉筋　4—角钢

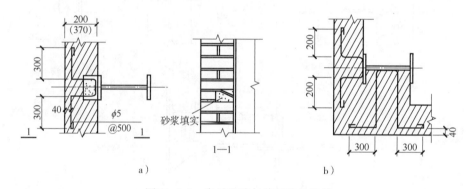

图 10-4-6　自承重墙与墙架柱的连接

2. 墙架柱计算

1）自承重墙墙架柱应按下式验算在风荷载作用下的强度：

$$\sigma = \frac{M_x}{\gamma_x W_{nx}} \leqslant f \tag{10-4-1}$$

式中　M_x——所验算截面处的最大弯矩设计值。

2）当墙架柱同时支承抗风墙梁和承重墙梁时，尚应考虑由承重墙梁传来的竖向荷载及偏心弯矩，应按偏压构件验算其柱的截面。

3）工字形截面墙架柱应按下式验算在风的负压作用下使柱的内翼缘受压时的整体稳定性。

$$\frac{M'}{\varphi_b W_x f} \leqslant 1.0 \tag{10-4-2}$$

式中　M'——使柱内翼缘受压的最大弯矩设计值；
　　　φ_b——整体稳定系数，其侧向支承点间距可取为墙梁的间距；但此时应将墙架柱内肢与墙架墙梁连接，如图 10-3-18 所示，否则，应在柱的内翼缘加设支撑体系。墙架柱在圈梁、承重墙梁支承处宜加设成对的腹板横向加劲肋。

4）墙架柱的水平挠度应按式（10-3-4）、式（10-3-5）进行验算。

3. 墙梁计算

1）除位于窗洞中间作为窗挡的抗风墙梁外，砌体墙的抗风墙梁可不验算整体稳定，而仅验算在风荷载作用下的抗弯强度及挠度。

2）砌体墙的承重墙梁以及作为窗挡使用的抗风墙梁均可按式（10-3-1）、式（10-3-2）进行验算。

10.5　大型钢筋混凝土墙板墙架构件的设计及构造

10.5.1　概述

大型墙板为双向自承重构件，墙板本身可代替墙梁的作用，故不需设墙梁或系杆，仅要求用墙架柱或房屋框架柱支承；一般柱距为 6m，在柱上每隔 4～5 块大型墙板需设支托，以支承墙板的竖向荷载。

10.5.2　墙架构件的设计及构造

1）承重支托之间的大型墙板与柱连接宜采用柔性连接，如图 10-5-1 所示。

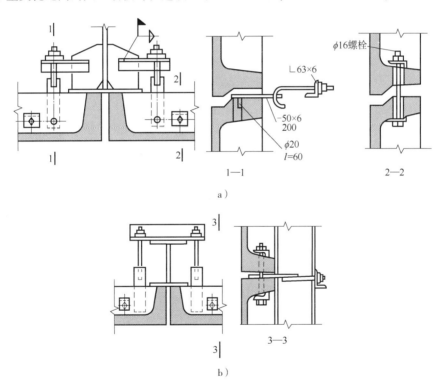

图 10-5-1　墙板与柱的柔性连接

2）柱顶处纵向墙大型墙板与柱的连接如图 10-5-2 所示。

3）大型墙板支承在柱承重支托的连接如图 10-5-3 所示，支托及连接焊缝的焊脚尺寸应经计算确定，按标准肋形墙板设计的支托 GT-1 允许迭积高度为 10.0m；GT-1a 支托用于窗洞上方墙板支承，允许迭积高度为 8.0m；支托 GT-2 如图 10-5-3c 所示，允许迭积高度为 10.0m；GT-3 用于边柱及温度伸缩缝处墙板支承，允许迭积高度为 3.6m。

4）大型墙板墙架柱的设计，计算及构造要求可参照自承重墙的墙架柱进行。

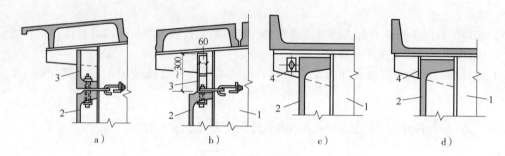

图 10-5-2 柱顶处纵向墙大型墙板与柱的连接

1—墙架柱　2—大型墙板　3—柱顶异形板　4—墙板水平固定件

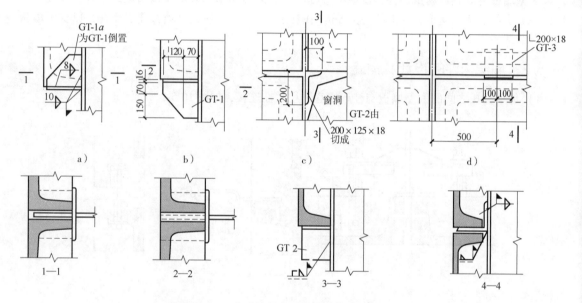

图 10-5-3 大型墙板支承在柱承重支托的连接

第11章 钢结构平台

11.1 概述

钢结构平台（以下简称"钢平台"）在冶金、电力、化工、石油、轻工、食品等各工业企业的房屋中应用十分广泛。钢平台在结构工程量中占有一定的比重，如大型炼钢、连铸等车间的钢平台用钢量约占全部结构用钢量的 20%～30%，因此钢平台的设计除应满足工艺使用要求、方便操作外，尚应注意结构的布置、选型及结构安装等技术经济方面的合理性。

11.1.1 钢平台的一般要求

1）钢平台活荷载一般由工艺设计人员提供，对重型操作钢平台上较大面积的检修或安装活荷载（如堆料及设备安装堆放荷载），应根据活荷载的实际堆放位置进行计算。在计算出荷载数值及其在钢平台上的分布情况后，同时还应满足工艺限制其堆放范围要求时，合理地划分各类荷载的分布区域。当计算炼钢车间或其他类似车间的主要操作钢平台时，由检修材料所产生的活荷载，可乘以下列折减系数：

主梁　　　　　　　　0.85
钢柱（包括基础）　　0.75

对于设有一般动力设备（如小型电动机、通风机、减速机、输送机等振动不大的设备）以及某些机动车（加料机、揭盖机、机车车辆等）钢平台结构，可将设备重（包括物料重）乘以动力系数按静态荷载进行计算。对于较大设备应尽量放置在主梁上，当设备放在铺板上，则动力作用将由铺板通过小梁、次梁传至主梁。此时，铺板、小梁、次梁和主梁等构件在计算其强度和稳定性时，应乘以动力系数；若设备直接放在主梁上，仅主梁需乘动力系数。当钢平台上设有较大的动力设备或对振动有特殊要求的钢平台结构，应按专门规范进行动力计算。

2）钢平台的通行净空高度不宜小于 1900mm，通行钢平台宽度不应小于 700mm，局部最小宽度不得小于 400mm。楼梯间的休息钢平台（在梯段之间供休息或改变行走方向的钢平台）宽度不应小于楼梯的梯段宽度，行进方向的长度不应小于 850mm，休息钢平台应按均布荷载 3.5kN/m² 或由工艺提出的实际活荷载进行确定。

钢平台结构的梁柱应优先选用轧制型钢，并力求构件标准化，便于运输、安装。当运输、安装条件许可时，宜设计成整体式钢平台。

3）钢平台结构应进行强度、稳定性及挠度的计算；对直接承受频繁动力荷载的构件及其连接，尚应进行疲劳验算。铺板应与梁的受压翼缘牢固连接，以保证梁的整体稳定。

4）钢平台结构表面长期受辐射热，温度达 150℃ 及以上，或可能在短时间内受到火焰作用，应设置隔热层或其他防护措施。当可能受到炽热熔化金属的侵害时，应采用耐火材料做成的隔热层加以保护。

5）钢平台结构所用的材料，可按构件类别、荷载性质以及环境温度等按有关规定选用。

11.1.2 钢平台的分类

（1）一般钢平台（轻型钢平台）　钢平台活荷载为 2.0kN/m² 的钢平台，如人行走道钢平台、单轨起重机检修钢平台等。

（2）普通操作钢平台　钢平台活荷载为 4.0～8.0kN/m² 的工业操作钢平台，如一般工艺设备检修钢平台，小型设备或少量堆料的操作钢平台等。

（3）重型操作钢平台　钢平台活荷载为 10.0kN/m² 以上或有起重机及振动荷载的钢平台，如炼钢操作钢平台及铸造钢平台等。

11.2　钢平台的布置

钢平台结构主要由梁、柱、支撑、铺板、栏杆及梯子等组成。钢平台结构一般采用梁柱体系，对荷载较小的钢平台视具体情况也可支承于牛腿（或三角架）上、设备上或吊架上。对有较大动力荷载或荷载较大的钢平台宜支承于独立柱上。

重型钢平台的梁板，当条件许可时，宜采用由钢筋混凝土现浇楼板与钢梁相结合的组合楼板结构，以节约钢材并增强刚度。钢平台的布置如图 11-2-1 所示。

11.2.1　一般要求

钢平台结构的布置应符合以下要求。

1）满足生产工艺操作的要求，保证操作和通行所需的净空。

2）保证通行，保证安全。

3）梁格布置合理，受力明确，结构稳定，构件种类少，制作安装方便。

4）尽量利用房屋结构及其他支承条件（如管道、设备、构筑物等）来直接支承钢平台结构。对于抗震设防的地区内的荷重较大的钢平台，宜与房屋结构分开布置，并应设置完整的支撑体系。

11.2.2　一般钢平台

一般钢平台结构的布置如图 11-2-1 所示。这类钢平台因活荷载较小，通常用较简便的牛腿、三角架和吊架（杆）等直接支承在房屋及其他结构上。这种钢平台结构一般采用轧制型钢梁和柱，其连接方式多采用焊接或普通螺栓连接。

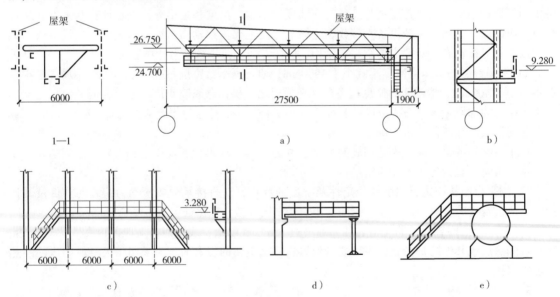

图 11-2-1　一般钢平台结构的布置

a）单轨起重机检修平台　b）起重机检修平台　c）安全过桥　d）平台梁一端支于房屋柱上　e）平台支于设备罐体上

11.2.3　普通操作钢平台

普通操作钢平台的布置如图 11-2-2 所示。这类钢平台为生产操作常用的一种钢平台。钢平台结构常由主梁、小梁（铺板梁）及铺板组成。钢平台梁一般采用轧制型钢，当跨度较大时，也可采用焊接工字形梁；其可用三角架直接支承在房屋及其他结构上，也可设置独立的支柱。

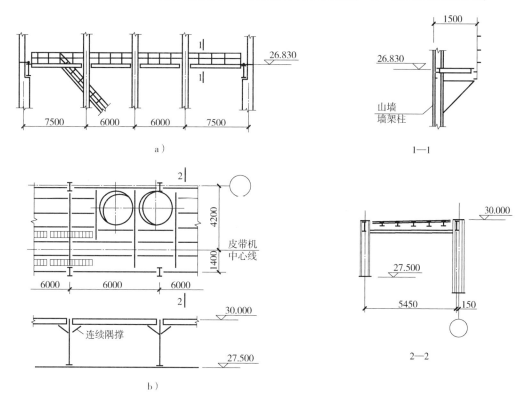

图 11-2-2　普通操作钢平台的布置
a）山墙起重机检修平台　b）上料平台

11.2.4　重型操作钢平台

重型操作钢平台的布置如图 11-2-3 所示。这类钢平台荷载大，操作频繁。除一般活荷载外，还可能有机动行车荷载（如机车、加料机、揭盖机等）以及小型动力设备（如卷扬机、电动机、通风机等）直接作用在钢平台上。钢平台结构通常由独立柱、主梁、次梁及铺板（包括活动盖板）组成。钢平台荷载通过铺板、梁、柱最后传至基础或直接传至房屋结构上。重型操作钢平台结构通常有独立的支撑体系。当条件许可时，也可在侧向与房屋结构相连，以保证结构的整体稳定性。

重型钢平台的安装层次多，连接形式多样，为便于施工，其次梁、小梁、铺板等可设计成局部的整体构件，或以主梁为主的整体构件装配式钢平台结构进行运输安装。

11.3　钢平台铺板

11.3.1　钢平台铺板的一般规定

1）钢平台铺板按工艺生产要求可分为固定式及可拆卸式两种，按构造一般可分为板式（钢筋混凝土板、花纹钢板、平钢板、平钢板加工冲泡或电焊花纹等），箅条式（由圆钢或板条焊成或工厂制成的钢格板）及钢网格板式（工厂制造的钢网板、压焊钢格栅板）等。各种钢铺板的分类如图 11-3-1 ~ 图 11-3-3 所示。

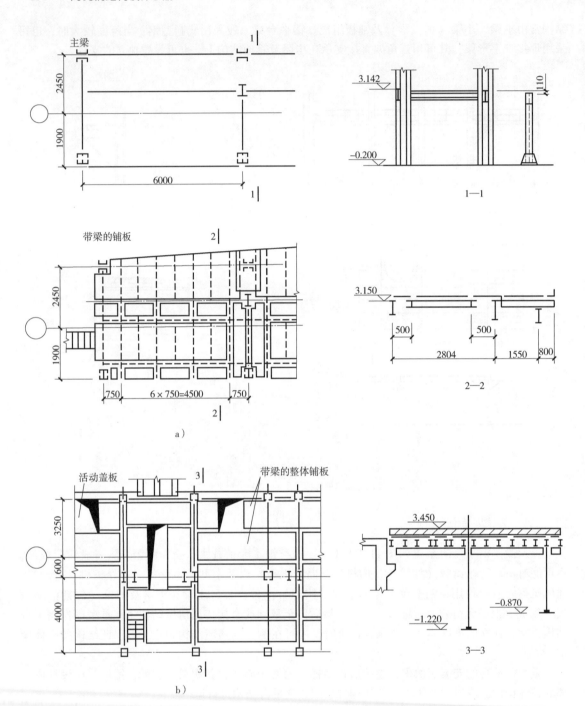

图 11-2-3 重型操作钢平台的布置
a）铸锭平台 b）均热炉平台

走行钢平台和操作钢平台宜采用花纹钢板，当材料无法解决时也可使用采取防滑措施后的平钢板（表面电焊花纹或加工冲泡）代替。室外钢平台以及需考虑防止积灰的钢平台通常采用算条式铺板或钢网格板等。重型操作钢平台常采用普通平钢板上加防护层，有条件时宜采用现浇钢筋混凝土板和钢梁形成的组合结构以节约钢材。室外钢平台的铺板当采用平钢板时，应在钢板上设泄水孔，如图 11-3-1a 所示。

2）钢平台铺板与梁（或其他构件）的连接一般均采用焊接。在重型操作的钢平台中，宜采用连续焊缝；其他钢平台可采用间断焊缝，当铺板被计入用作梁或加劲肋的计算截面时焊段间的净距不应大于 $15t$，其他情况下不应大于 $30t$（t 为较薄焊件的厚度）。

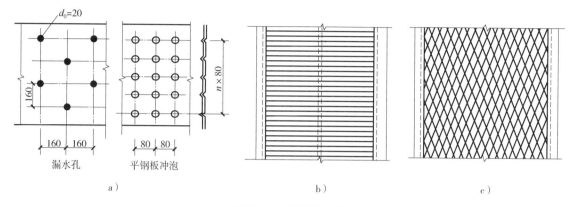

图 11-3-1 铺板的种类

a）平钢板加防滑点式平台板 b）算条式平台板 c）钢网格平台板

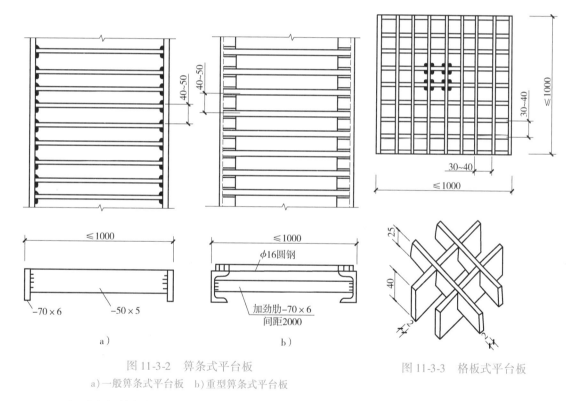

图 11-3-2 算条式平台板

a）一般算条式平台板 b）重型算条式平台板

图 11-3-3 格板式平台板

3）钢平台钢铺板的跨度（一般取板的净跨）l_0 不宜大于（$120 \sim 150$）t（t 为板厚）；板的挠度不宜大于 $l_0/150$。

4）当钢平台铺板面层需要有较大的水平刚度时，可采用密肋铺板，也可以在铺板下的梁间设置水平支撑。

11.3.2 钢平台铺板的设计

1. 计算假定

1）钢平台钢铺板一般假定铺板在支座（梁和加劲肋）处为铰接的单跨简支板。根据板区格长、短边的比例 b/a 分别按四边简支板（$b/a \leqslant 2$）或单向板（$b/a > 2$）计算，而不考虑板中存在的拉力。

2）三跨或三跨以上的连续钢铺板，当按单向板计算时，可按简支的连续板考虑。

3）当钢铺板在支座处连接牢固，且有可靠保证在板中拉力作用下支座不产生侧移时，可以按单向的拉弯构件来计算铺板。

4）当利用加劲肋作为板的支座时，钢铺板可按四边简支板计算，加劲肋的容许挠度值不应大于 $l/150$（l 为加劲肋的跨长），否则仍应按单向板计算。当加劲肋按构造设置时，钢平台铺板均按无肋铺板考虑。

2. 内力计算

钢平台铺板一般按均布荷载计算。对于周边与梁的上翼缘以构造间断焊缝连接的无加劲肋的平板，可近似地按四边简支无拉力受弯板计算（仅按构造配置加劲肋的铺板，仍按无加劲肋的平板计算）。

1）在均布荷载作用下，四边简支无加劲肋平板的弯矩、强度和挠度可按下列公式计算：

弯矩

$$M_x = \alpha_1 qa^2 \tag{11-3-1}$$

$$M_y = \alpha_2 qa^2 \tag{11-3-2}$$

$$M_{xy} = \alpha_3 qa^2 \tag{11-3-3}$$

强度验算

$$\sigma_{max} = 6M_{max}/\gamma_x t^2 \leq [f] \tag{11-3-4}$$

挠度验算

$$v_{max} = \beta q_k a^4/Et^3 \leq [v] \tag{11-3-5}$$

式中　　　q、q_k——单位板带上的均布荷载（包括自重）的设计值和标准值；

　　　　　a——四边简支板的短边边长；

　　　　　t——铺板厚度；

　M_x、M_y、M_{xy}——四边简支板在 x、y 方向和板角 $45°$ 方向上的弯矩设计值；

　　　　M_{max}——弯矩 M_x、M_y 和 M_{xy} 中的最大值；

　　　　　γ_x——截面塑性发展系数，采用 $\gamma_x = 1.2$；

α_1、α_2、α_3、β——系数，按表 11-3-1 采用。

表 11-3-1　计算四边简支平钢铺板的弯矩和挠度时的系数

序号	计算简图	b/a	α_1	α_2	α_3	β
1	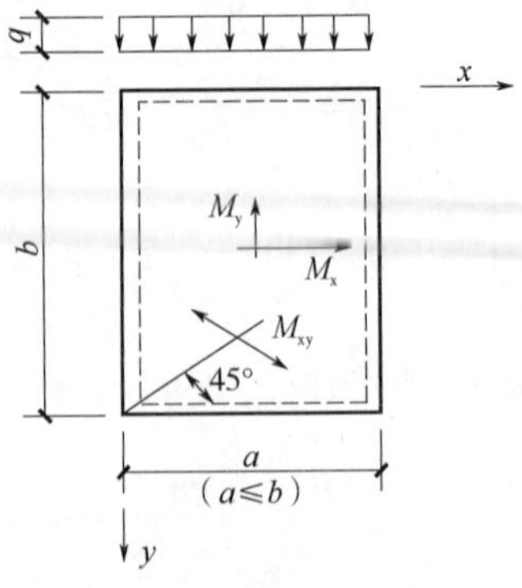	1.0	0.0479	0.0479	0.065	0.0433
2		1.1	0.0553	0.0494	0.070	0.0530
3		1.2	0.0626	0.0501	0.074	0.0616
4		1.3	0.0693	0.0504	0.079	0.0697
5		1.4	0.0753	0.0506	0.083	0.0770
6		1.5	0.0812	0.0499	0.085	0.0843
7		1.6	0.0862	0.0493	0.086	0.0906
8		1.7	0.0908	0.0486	0.088	0.0964
9		1.8	0.0948	0.0479	0.090	0.1017
10		1.9	0.0985	0.0471	0.091	0.1064
11		2.0	0.1017	0.0464	0.092	0.1106
12		>2.0	0.1250	0.0375	0.095	0.1422

2）设计带加劲肋铺板时，如图 11-3-4 所示，可将平板部分和加劲肋部分分开考虑，并按下

列要求分别计算在均布荷载作用下的弯矩、强度和挠度。

①在进行平板部分的计算时，将加劲肋视为平板的支承点，当平板的宽度 b 与加劲肋的间距 a 之比 $b/a \leq 2.0$ 时，宜按四边简支的双向板进行计算，见式（11-3-1）～式（11-3-5）。

当平板为两边支承或宽度 b 与加劲肋的间距 a 之比 $b/a > 2.0$ 时，仍按式（11-3-1）～式（11-3-5）进行计算，但系数 α、β 取为：

对单跨简支板或双跨连续板　$\alpha = 0.125$，$\beta = 0.140$

三跨或三跨以上连续板　$\alpha = 0.10$，$\beta = 0.110$

②对于设有加劲肋铺板的加劲肋应按两端简支的 T 形截面

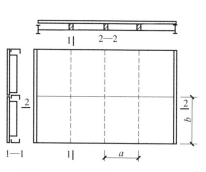

图 11-3-4　设有加劲肋的铺板

（用扁钢作加劲肋）或丁字形截面（用角钢作加劲肋）梁计算其强度和挠度，截面中包括加劲肋两侧各 15 倍平板厚度在内，如图 11-3-5 所示。作用于加劲肋的荷载应取两加劲肋之间范围的总荷载。加劲肋的跨度如图 11-3-6 所示。

$$\frac{M}{\gamma_x W_{nx}} \leq f \tag{11-3-6}$$

$$v = \frac{5}{385} \frac{q_k l^4}{EI_x} \leq [v] \tag{11-3-7}$$

式中　I_x、W_{nx}——如图 11-3-5 所示影线部分的截面惯性矩和净截面模量；

　　　　γ_x——塑性发展系数，对 T 形截面，上边缘为 1.05，下边缘为 1.2；对丁字形截面，上、下边缘均为 1.05；

　　　　l——加劲肋的跨度，如图 11-3-6 所示。

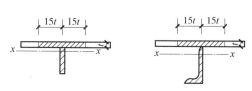

图 11-3-5　加劲肋的有效截面图

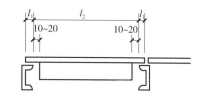

图 11-3-6　加劲肋的跨度

3）钢铺板按拉弯构件计算

跨中弯矩　　　　　　　　　　　　$M = M_0 \dfrac{1}{1+k}$ 　　　　　　　　　（11-3-8）

强度计算　　　　　　　　　　　　$\sigma = \dfrac{H}{A} + \dfrac{M}{W} \leq f$ 　　　　　　　（11-3-9）

挠度验算　　　　　　　　　　　　$w = w_0 \dfrac{1}{1+k} \leq [w]$ 　　　　　　（11-3-10）

式中　M_0——不考虑铺板中拉力按简支板计算时的跨中最大弯矩；

　　　　w_0——不考虑铺板中拉力按简支板计算时的跨中最大挠度，当为均布荷载时可取 $\dfrac{q_k a^4}{6.4 E_1 t^3}$；

　　　　A、W——单位宽度铺板的截面面积及截面模量；

　　　　H——板中的拉力，$H = \dfrac{\pi^2 E_1 I}{a^2} k$；

　　　　q_k——板单位宽度上均布荷载的标准值；

　　　　E_1——板柱面刚度（EI）中的折算弹性模量，$E_1 = \dfrac{E}{1 - v^2}$（v 为泊松比，可取为 0.3）；

k——系数，可由方程式 $k(1 + k^2) = 3\left(\dfrac{w_0}{t}\right)^2$ 求得。

4）当铺板面上的活荷载不超过 $50kN/m^2$ 时，且容许挠度为 $1/150$ 时，单向受弯铺板常由挠度控制时，作为受弯构件的单向铺板的厚度可由下式求得：

$$t \geqslant \frac{l_0 \sqrt[3]{q_k}}{462} \tag{11-3-11}$$

式中　t——计算所得板厚（cm）；

　　l_0——板的计算跨度（cm），一般取为板的净跨；

　　q_k——作用于板宽为 1m 时的均布线荷载标准值（N/cm）。

5）根据给定的相对挠度，$n_0 = \dfrac{w}{l_0}$ 可用下式近似地计算出单向拉弯板最大跨度与其厚度的比值（l_0/t）和相应的板中拉力 H。

$$\frac{l_0}{t} = \frac{4}{15n_0}\left(1 + \frac{72E_1 n_0^4}{q_k}\right) \tag{11-3-12}$$

$$H = 1.3\,\frac{\pi^2}{4}n_0^2 E_1 t \tag{11-3-13}$$

11.3.3　钢铺板的构造要求

1）相邻钢铺板之间应予以焊牢，以形成平板（而不是梁）的受力状态，并符合上述计算公式的要求。

2）板与梁的连接构造如图 11-3-7 所示，平板在梁上的支承长度不应小于 $5t$（t 为钢平台板的厚度）；板与梁的现场焊接连接一般只采用俯焊，当考虑板中拉力而俯焊焊缝的强度不足时，则应采用俯焊及仰焊各一道（仰焊可为断续焊）；当铺板连续跨越搭置于次梁之上时，可采用仰焊或现场塞焊，如图 11-3-7b 所示使之板与梁相连接，塞焊孔径 d 不应小于 20mm，间距不宜大于 150mm。

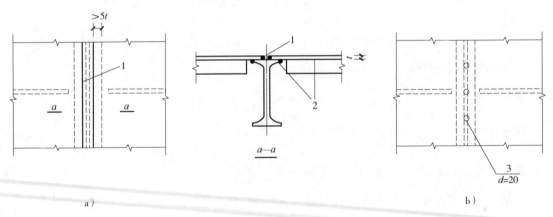

图 11-3-7　铺板与钢梁的连接

a）分块搭接　b）跨越搭接

1—现场俯焊　2—现场仰焊　3—现场塞焊

3）当有条件时，铺板应尽可能在工厂与梁焊接为整体后运输安装；需现场安装的钢平台板应预先裁切拼焊为符合梁格的若干分块部件后再进行安装。

4）钢平台中要求局部设置的活动钢平台板如图 11-3-8 所示，应按机械卸装或人工卸装等条件合理分块，并沿周边设置镶边加劲肋及吊环；平台板采用人工卸装时，单块板的质量对于每个吊环不宜大于250kN。钢平台板开孔处均应进行构造加强，如图11-3-9所示。

5）平钢板铺板下表面一般按一定间距设置加劲肋，其作用为：

①保证铺板有一定的刚度，其加劲肋的间距一般为（100~150）t。

②作为洞口的镶边板件，如图11-3-9所示。

③作为较小集中荷载（如梯子、支架等）作用处的加强措施。

④必要时作为铺板的边界的支承小梁；加劲肋的常用截面为扁钢或角钢，用断续焊缝与铺板相连，当为扁钢加劲肋时，其截面高一般为跨度的1/12~1/15，且不宜小于60mm，其厚度不小于5mm。当采用角钢加劲肋时，一般采用不等边角钢，并将长肢肢尖与钢板相焊，角钢截面一般采用∟50×4或∟56×36×4。

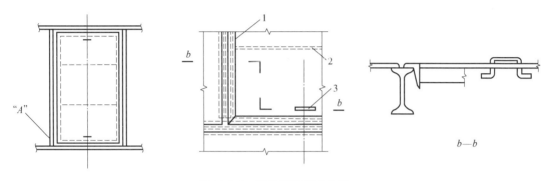

图 11-3-8　活动铺板节点构造
1—镶边角钢　2—加劲肋　3—吊环

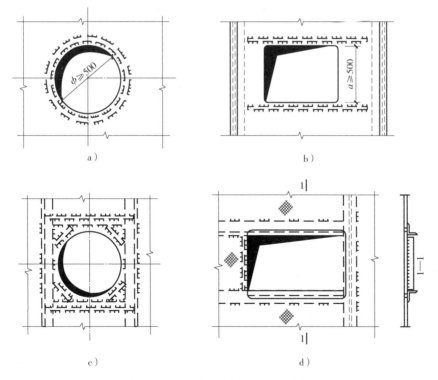

图 11-3-9　平台板上开洞时加强构造
a）圆孔采用扁钢加强　b）方孔采用扁钢加强　c）圆孔采用次梁加强　d）方孔采用次梁加强

6）钢铺板的厚度一般不小于6mm。钢铺板的厚度可以根据平台的操作荷载按表11-3-2的规定选用。

7) 钢筋混凝土铺板的厚度可以根据平台的操作荷载按表 11-3-3 的规定选用。

表 11-3-2 钢铺板的厚度

荷载标准值/(kN/m^2)	≥10	11 ~ 20	21 ~ 30	>30
钢铺板的厚度/mm	6 ~ 8	8 ~ 10	10 ~ 12	12 ~ 14

表 11-3-3 钢筋混凝土铺板的厚度 （单位：cm）

铺板的跨度/m	荷载标准值/(kN/m^2)			
	15 ~ 20	21 ~ 25	26 ~ 30	31 ~ 35
1.5 ~ 2.0	10	12	12	14
2.1 ~ 2.5	12	12	14	16
2.6 ~ 3.0	14	14	16	18

11.4 钢平台梁

11.4.1 钢平台梁的形式及一般规定

1. 钢平台梁的截面形式

钢平台梁一般采用轧制截面（普通工字钢、槽钢或 H 型钢）。当轧制截面尺寸不满足要求时，宜采用三块板焊成的工字形截面；当需要有较大的抗扭刚度时，可采用焊接箱形截面；在特殊情况下（如跨度很大而荷载较小时），可采用桁架式梁，如图 11-4-1 所示。当经济指标合理时，也可以采用蜂窝梁；在特殊情况下焊接梁不能满足要求时，可采用高强度螺栓连接的栓焊梁。

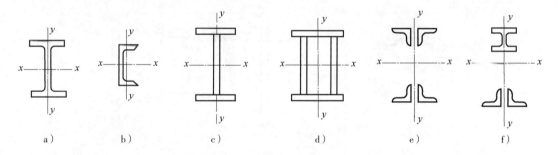

图 11-4-1 钢平台梁的截面形式

2. 钢平台梁的挠度容许值

为了不影响结构或构件的观感和正常使用，设计时应对结构或构件的变形（挠度）规定相应的限值。当有实践经验或有特殊要求时，可根据不影响观感和正常使用的前提下对表 11-4-1 中规定的数值进行适当调整。

为改善外观和使用条件，可将平台梁预先起拱，起拱大小视实际需要而定，规范规定一般取恒荷载标准值加 1/2 活荷载标准值所产生的挠度值。当仅为改善外观条件时，构件挠度取为在恒荷载和活荷载标准值作用下的挠度计算值减去起拱度，一般可取 1/500。

表 11-4-1 钢平台梁的挠度容许值

项次	构件类别	挠度容许值	
		$[v_T]$	$[v_Q]$
1	有重轨（重量等于或大于 38kg/m）轨道的工作平台梁	$l/600$	—
	有轻轨（重量等于或小于 24kg/m）轨道的工作平台梁	$l/400$	—

（续）

项次	构件类别	挠度容许值	
		$[v_T]$	$[v_Q]$
2	楼（屋）盖梁或桁架，工作平台梁（第3项除外）和平台板 （1）主梁或桁架（包括设有悬挂起重设备的梁和桁架） （2）抹灰顶棚的次梁 （3）除（1）、（2）款外的其他梁（包括楼梯梁）	$l/400$ $l/250$ $l/250$	$l/500$ $l/350$ $l/300$

注：1. l 为受弯构件的跨度（对悬臂梁和伸臂梁为悬伸长度的 2 倍）。

2. $[v_T]$ 为全部荷载标准值产生的挠度（如有起拱应减去拱度）的容许值；$[v_Q]$ 为可变荷载标准值产生的挠度的容许值。

3. 焊接工字形截面梁尺寸

（1）截面高度

1）梁截面的经济高度可按下式计算：

$$h_w \approx 3W_x^{0.3} \tag{11-4-1}$$

式中　W_x——梁所需要的截面模量（cm³），$W_x = M_x/\alpha f$；无孔时 $\alpha = 1.05$；有孔时 $\alpha = 0.95$；对于直接承受动力荷载的梁 α 值分别为 1.0 和 0.9。

2）梁截面高度除必须满足建筑净空要求外，还要满足刚度的要求。梁的最小高度与跨度之比 h_{min}/l 可按附表 11-4-2 确定。

实际采用的梁截面高度 h 应大于按刚度条件确定的梁的最小高度 h_{min}，并约等于按经济条件确定的经济高度 h_w，一般取梁的腹板高度为 50mm 或 100mm 的倍数。

表 11-4-2　梁的最小高度与跨度之比

相对容许挠度/l		1/250	1/400	1/600
h_{min}/l	Q235	1/24	1/15	1/10
	Q345	1/16	1/10	1/6.5
	Q390	1/14.5	1/9	1/6

（2）腹板厚度 t_w

1）按抗剪要求

$$t_w \geqslant \frac{1.2V_{max}}{h_w f_v} \tag{11-4-2}$$

2）按经验取值

$$t_w \approx \sqrt{h_w}/3.5 \tag{11-4-3}$$

式（11-4-2）和式（11-4-3）中 t_w 和 h_w 的单位均为 mm。实际工程中梁的腹板厚度应考虑材料的供应情况，一般情况下不小于 6mm。

（3）一个翼缘的截面面积

$$A_f = \frac{W_x}{h_w} - \frac{1}{6}t_w h_w \tag{11-4-4}$$

梁的翼缘板厚度 $t = A_f/b_f$，b_f 为梁的翼缘板的宽度，一般采用 $b_f = (0.2 \sim 0.4)h$。通常 t 不宜小于 8mm。另外受压翼缘板外伸部分的宽厚比应满足规范的规定值。

11.4.2　钢平台梁的设计

1. 单向弯曲的型钢工字形截面梁的验算

（1）强度验算

1）抗弯强度。

$$\frac{M}{\gamma_x W_{nx}} \leqslant f \tag{11-4-5}$$

式中 γ_x——截面塑性发展系数，受静力荷载或间接受动力荷载的梁，$\gamma_x = 1.05$；对于受压翼缘的自由外伸宽度 b 与厚度 t 比，当 $b/t > 13 \sqrt{235/f_y}$ 的梁及直接受动力荷载的梁，$\gamma_x = 1.0$。

2）抗剪强度。型钢梁的腹板较厚，抗剪强度一般均能满足要求，因此只在剪力最大处的截面有较大削弱时，才计算抗剪强度。

$$\tau \frac{VS}{It_w} \leqslant f_v \tag{11-4-6}$$

3）梁腹板局部承压验算。梁在固定集中荷载及支座反力作用处，当梁无设置支座加劲肋时应验算腹板圆角根部截面的局部压应力，如图 11-4-2 所示。

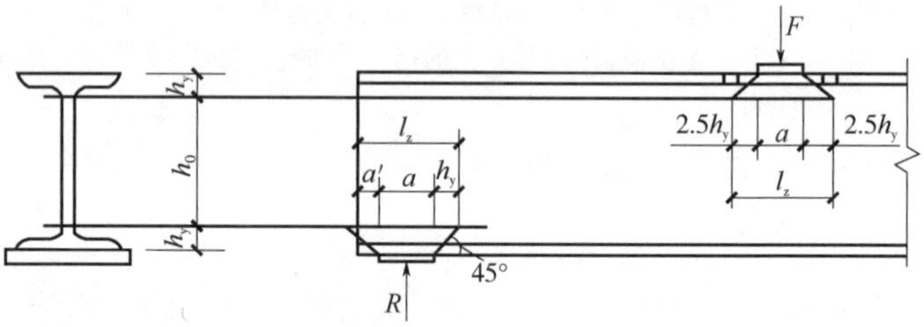

图 11-4-2　梁的梁腹板局部承压验算简图

$$\sigma_c = \frac{F}{t_w l_z} \leqslant f \tag{11-4-7}$$

$$\sigma_c = \frac{R}{t_w l_z} \leqslant f \tag{11-4-8}$$

式中 l_z——集中荷载在梁腹板计算高度 h_0 边缘的分布长度。

梁跨中集中荷载作用处 $l_z = a + 5h_y$ (11-4-9)

梁支座处 $l_z = a + a' + 2.5h_y \leqslant a + 5h_y$ (11-4-10)

（2）整体稳定验算　对于梁的上翼缘没有设置铺板（各种钢筋混凝土板或钢板）或设有铺板但没有与其牢固连接，以及简支梁受压翼缘侧向支承点间的距离 l_1 与其宽度 b_1 之比超过表 11-4-3 的规定时应验算其整体稳定性。

$$\frac{M_x}{\varphi_b W_x f} \leqslant 1.0 \tag{11-4-11}$$

式中 φ_b——梁的整体稳定系数。

表 11-4-3　H 型钢或工字形截面简支梁不需验算整体稳定性时 l_1/b_1 的最大值

序号	钢材牌号	跨中无侧向支承点		跨中设有侧向支承点，不论荷载作用在何处
		荷载作用于上翼缘	荷载作用于下翼缘	
1	Q235	13.0	20.0	16.0
2	Q345	10.5	16.5	13.0
3	Q390	10.0	15.5	12.5
4	Q420	9.5	15.0	12.0

对于翼缘宽度改变的变截面梁可近似地用侧向支撑点之间的中间截面按等截面梁进行计算，若此种梁中间无侧向支撑时，而且变截面点在距支座 $l/6$ 处，则应将所求得的整体稳定性系数 φ_b 乘以 0.9 的折减系数。当变截面点距支座大于 $l/6$ 时，宜设置侧向支撑。

（3）挠度计算

1）简支梁。

均布荷载 $v = \frac{5}{384} \frac{q_k l^4}{EI_x} \leqslant [v]$ (11-4-12)

跨间作用有一个集中荷载 $v = \frac{F_k l^3}{48EI_x} \leqslant [v]$ (11-4-13)

跨间作用有多个集中荷载 $v = \frac{M_x l^2}{10EI_x} \leqslant [v]$ (11-4-14)

2）连续梁。

$$v = \left(\frac{M_x}{10} - \frac{M_1 + M_2}{16} \right) \frac{l^2}{EI_x} \leqslant [v] \tag{11-4-15}$$

式中　M_x——梁跨间最大弯矩标准值；

　M_1、M_2——与 M_x 同时产生的梁两端支座的负弯矩标准值，代入式时取正号。

2. 单向弯曲焊接工字形截面梁的验算

（1）强度验算

1）抗弯强度验算按式（11-4-5）进行。

2）抗剪强度验算按式（11-4-6）进行。

3）梁腹板局部承压验算按式（11-4-7）~式（11-4-10）进行，但对于焊接梁，式（11-4-9）、式（11-4-10）中的 h_y 应取翼缘板的厚度。

在腹板计算高度（对于焊接截面为梁的腹板高度）边缘处，若同时受有较大的正应力、较大的剪应力和局部压应力时，例如连续梁的支座处或梁的翼缘截面改变处，应验算其折算应力。

$$\sqrt{\sigma^2 + \sigma_c^2 - \sigma\sigma_c + 3\tau^2} \leqslant \beta_1 f \tag{11-4-16}$$

式中　β_1——系数，当 σ 与 σ_c 异号时，取 $\beta_1 = 1.2$；当 σ 和 σ_c 同号或 $\sigma_c = 0$ 时，取 $\beta_1 = 1.1$；σ 和 σ_c 以拉力为正值，压力为负值。

（2）挠度验算　单向弯曲焊接工字形截面梁的挠度按式（11-4-12）~式（11-4-15）验算。

（3）稳定验算

1）单向弯曲焊接工字形截面梁的整体稳定按式（11-4-11）验算。

2）为保证单向弯曲焊接工字形截面梁的局部稳定，应根据不同情况配置加劲肋。对于 $\sigma_c = 0.0$ 梁（普通梁），应按以下原则设置腹板加劲肋，如图 11-4-3 所示。

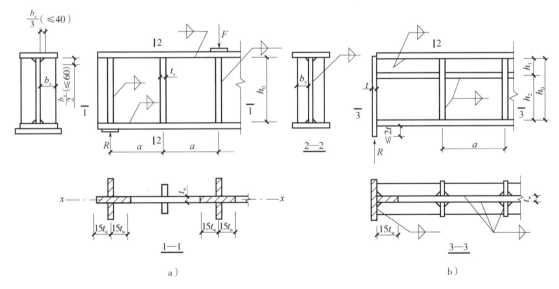

图 11-4-3　焊接工字形截面梁的加劲肋

A. 当 $h_0/t_w \leqslant 80 \sqrt{235/f_y}$ 时，可不配置加劲肋。

B. 当 $80 \sqrt{235/f_y} < h_0/t_w < 170 \sqrt{235/f_y}$ 时，应配置横向加劲肋，其中 $h_0/t_w \leqslant 100 \sqrt{235/f_y}$ 时，加劲肋间距 a 按构造确定（$a \leqslant 2.5h_0$），其他情况可先设定横向加劲肋间距 a 后按规范所列公式计算。

（4）其他

1）梁的支座处或梁的上翼缘受有较大固定集中荷载处，宜设置支承加劲肋。如果不设支承加劲肋，或梁上翼缘受有移动的集中荷载时，则加劲肋的间距应按有局部压应力（即 $\sigma_c \neq 0$）的梁进行计算。

2）加劲肋通常采用钢板做成，宜在腹板两侧成对配置，也允许单侧配置。

3）梁的加劲肋与腹板的连接焊缝可采用连续或断续角焊缝，断续角焊缝之间的净距不大于 $15t_s$（t_s 为加劲肋的厚度）或 200mm。受动力荷载的梁应采用连续角焊缝。当采用单侧横向加劲肋时，加劲肋端部必须与受压翼缘相焊连。

4）钢板横向和纵向加劲肋的截面尺寸和间距应符合规范的有关规定。用角钢作加劲肋时，应将角钢肢尖与腹板焊接，其截面惯性矩不得小于相应钢板加劲肋的惯性矩。

5）梁的支承加劲肋应在梁的腹板两侧成对配置，根据承受的支座反力 R 或固定集中荷载 F 按轴心受压构件计算其在腹板平面外的稳定性，其计算式为

$$\frac{R(\text{或 } F)}{\varphi_y A_f} \leq 1.0 \tag{11-4-17}$$

式中　A——加劲肋和加劲肋每侧各 $15t_w\sqrt{235/f_y}$ 范围内的截面面积，如图 11-4-3 所示；

　　　φ_y——轴心受压构件稳定系数，按 $\lambda_y = h_0/i_z$ 查得（b 类截面）。

支承加劲肋的端部一般刨平顶紧于梁的翼缘，并应按下式计算其端面承压应力：

$$\sigma_{ce} = \frac{R(\text{或 } F)}{A_{ce}} \leq f_{ce} \tag{11-4-18}$$

式中　A_{ce}——加劲肋一端面的承压面积；

　　　f_{ce}——钢材承压强度设计值。

6）焊接工字形截面梁的腹板与翼缘的连接焊缝，为了尽量采用自动焊以及避免锈蚀一般采用连续的双面角焊缝，其焊脚尺寸 $h_f > 0.5t_w$ 且不小于 6mm，或 $1.5\sqrt{t}$（t 为翼缘板的厚度）。对于重要的结构应按下式计算其焊缝的连接强度：

$$\frac{1}{2h_e}\sqrt{\left(\frac{VS_1}{I}\right)^2 + \left(\frac{F}{\beta_f l_x}\right)^2} \leq f_f^w \tag{11-4-19}$$

式中　h_e——角焊缝的有效厚度，$h_e = 0.7h_f$；

　　　S_1——翼缘毛截面对梁中和轴的面积矩；

　　　β_f——系数，直接承受动力荷载的梁，$\beta_f = 1.0$；其他情况，$\beta_f = 1.22$。

当梁上翼缘的固定集中荷载处设有与上翼缘顶紧的支承加劲肋时，式（11-4-19）中的 $F = 0$。

在平台梁上受有相当于重级工作制起重机的动力荷载时，则上翼缘与腹板的连接焊缝宜采用焊透的对接焊缝。此时，可不必计算其连接焊缝的强度。

7）由于管道的穿越需在梁腹板上开孔时，应使开孔区位于梁剪力较小的部位，孔洞应尽量采用圆孔并设置在梁截面中和轴附近，孔的直径 d_0 不宜大于梁高的 1/3。设多个孔（不宜超过三个）时，孔的中心距离应不小于 $3d_0$，所有孔的周边均应采取构造加固措施，如图 11-4-4 所示。

当孔的设置不能满足上述要求时，应进行梁削弱截面的强度及刚度验算，并按计算确定其加固截面，此时矩形孔的加固构造应采用如图 11-4-4d 所示构造。

对于矩形孔，其计算简图如图 11-4-5 所示。开孔截面的正应力、剪应力可分别按式（11-4-20）及式（11-4-21）进行计算。

$$\sigma_M = \frac{M}{W_n} + \frac{V_i a}{2W_i} \leq f \tag{11-4-20}$$

$$\tau = \frac{1.1V_i}{A_i} \leq f_v \tag{11-4-21}$$

式中　M——作用于验算截面上的计算弯矩；

　　　V_i——所验算截面上的总剪力 V 分配到孔上部截面或孔下部截面应承担的剪力 V_1 或 V_2，

$$V_1 + V_2 = V, \quad 并且 \frac{V_1}{V_2} = \frac{\left(\frac{a^2}{12EI_2}\right) + \left(\frac{1}{GA_2}\right)}{\left(\frac{a^2}{12EI_1}\right) + \left(\frac{1}{GA_1}\right)};$$

式中 A_1、A_2——孔上部截面及孔下部截面腹板的截面面积；I_1、I_2 则为上、下部截面的惯性矩；

G——剪变模量；

W_n——梁开孔后的全部截面的净截面模量；

W_i——开孔截面上部分或下部分截面对自身的净截面模量 W_1 或 W_2；

A_i——A_1 或 A_2。

验算时 V_i、A_i、W_i 等数值应按可能发生的最不利值选用。

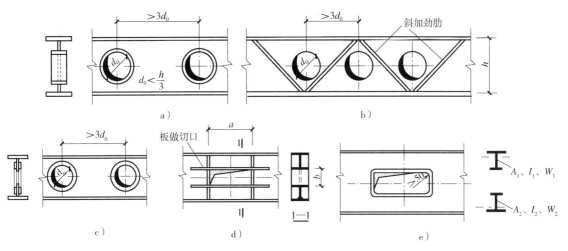

图 11-4-4   梁腹板开洞后的加固构造

a) 加固环加固   b) 斜加劲肋加固   c) 环板加固   d、e) 矩形孔加固

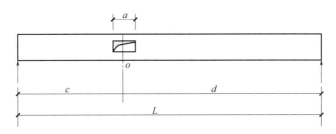

图 11-4-5   梁腹板开孔的计算简图

11.4.3   钢平台梁的连接构造

（1）双翼缘板梁   双翼缘板梁的翼缘板由两层钢板焊接而成，其截面选择及强度、稳定、加劲肋、挠度验算以及相应构造等均可参照单层翼缘板组合工字形梁进行；由于翼缘截面厚度较大应注意按计算确定翼缘与腹板的连接焊缝。双层翼缘板的外层、内层翼缘板厚度之比 t_2/t_1 宜在 0.5~1.0 范围内；其外层翼缘板自理论切断点的外伸长度 l_1，如图 11-4-6 所示，应满足下列要求：

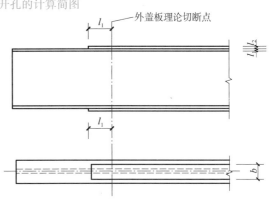

图 11-4-6   双翼缘板梁的构造

外盖板端部有正面角焊缝

当 $h_f \geqslant 0.75t_2$ 时, $l_1 \geqslant b$

    $h_f < 0.75t_2$ 时, $l_1 \geqslant 1.5b$

外盖板端部无正面角焊缝

$$l_1 \geqslant 2.0b$$

b 和 t_2 为外层翼缘板的宽度和厚度, h_f 为侧面角焊缝和正面角焊缝的焊脚尺寸。

(2) 梁的拼接梁接长的拼接　型钢梁的拼接一般采用带拼接板的拼接, 如图 11-4-7d、e 所示; 对于不要求等强梁拼接时, 工厂拼接可采用无拼接板的全截面对接焊接, 如图 11-4-7b 所示, 此时应要求焊缝焊透, 其拼接强度可按母材强度乘以 0.85 的折减系数; 当为工地拼接时, 基本上可在同截面处采用对焊, 或采用高强度螺栓连接。对于焊接组合梁, 当为工厂拼接时, 翼缘和腹板的对焊拼接位置宜互相错开 200mm。

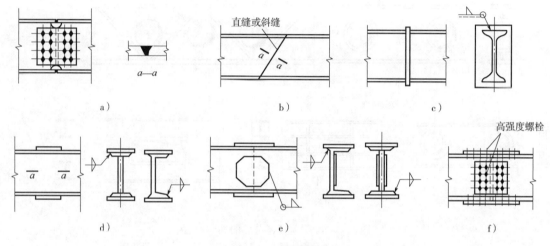

图 11-4-7　梁的拼接构造

(3) 次梁与主梁搭接　次梁与主梁最简单的连接方法是搭接, 如图 11-4-8 所示, 即把次梁直接搁在主梁上。叠接所需的建筑净空大, 采用这种连接方法常会受到限制。

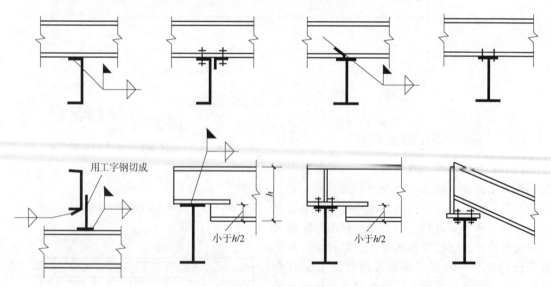

图 11-4-8　次梁与主梁搭接

梁的搭接连接中，次梁的搭接长度不应小于 60mm。主次梁间也应用螺栓或现场焊缝构造连接，一般多用螺栓连接。螺栓直径不宜小于 14mm，焊脚尺寸 h_f 不宜小于 5mm，当反力较大时宜在支承处互设加劲肋。

（4）次梁与主梁等高连接　次梁与主梁的等高连接是次梁与主梁连接中普遍采用的方法。该连接形式可做成铰接也可以刚接，铰接如图 11-4-9 所示，刚接如图 11-4-10 所示。

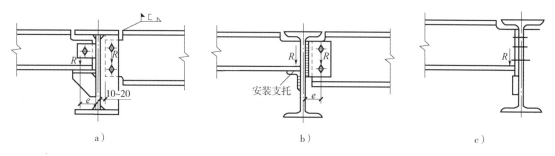

图 11-4-9　次梁与主梁等高铰接连接

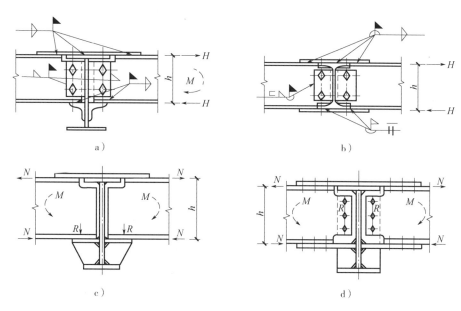

图 11-4-10　次梁与主梁等高连续连接

1）次梁与主梁为铰接连接时，其连接螺栓或焊缝应按次梁支座反力计算，但由于这种连接并非理想铰接，实际上在连接处将会有弯矩作用。因此，可将反力增大 20% ~30% 用来计算螺栓或焊缝。如图 11-4-9a 所示的连接形式为次梁支承在连接于主梁腹板的悬挑牛腿上，次梁的支座反力 R 全部由悬挑牛腿承受。此时，悬挑牛腿及其连接应按承受剪力 $V = R$ 和弯矩 $M = Re$ 进行计算。悬挑牛腿顶板除满足强度要求外，尚应保证有必要的刚度。因此，顶板的厚度不宜小于 16mm，加劲肋的厚度不宜小于 8mm，连接焊缝的厚度不宜小于 6mm。如图 11-4-9b 所示的连接形式为次梁采用焊缝连接于主梁的横向加劲肋上，次梁的支座反力 R 全部由焊缝承受，此时，焊缝应按承受 $V = （1.2 ~1.3）R$ 进行计算。如图 11-4-9c 所示的连接形式为次梁直接用安装连接焊缝与主梁的腹板相连。为方便安装，在主梁腹板相应的位置上设置安装支托。此时，次梁与主梁腹板的连接焊缝，仍按次梁剪力 $V = （1.2 ~1.3）R$ 来进行计算。如图 11-4-9d 所示的连接形式为次梁借助于连接角钢与主梁腹板连接。此时，次梁与连接角钢的连接焊缝按承受剪力 $V = （1.2 ~1.3）R$ 来进行计算；连接角钢与主梁腹板的连接焊缝按承受剪力 $V = R$ 和弯矩 $M = Re$ 来进行计算。如图 11-4-9e 所示次梁的支座反力由连接于主梁腹板上的支托承受。此时，支托与主梁腹板的连接焊缝应按剪力 $V = (1.2 \sim 1.3) R$ 来进行计算。次梁与主梁腹板的螺栓按安装螺栓设置。

2）当主次梁为平接又要求次梁连续时，可采用次梁连续性连接，如图 11-4-10 所示。当主梁内力不大时，连续性连接也可不用盖板，将次梁翼缘与主梁翼缘直接对焊。此时主梁翼缘呈双向受力状态，必要时可按折算应力公式验算其强度。

如图 11-4-10 所示的连接方法，也就是把次梁与主梁做成刚性连接。次梁上翼缘的连接盖板厚度 t 应按与次梁翼缘等强度或 $t = N/b [f]$ 来计算；此处 $N = M/h$，b 为连接盖板的宽度，可根据次梁上翼缘板的宽度和布置焊缝的条件来确定。连接盖板与次梁上翼缘板的连接焊缝以及次梁下翼缘板与支托顶板的连接焊缝，应按水平力 N 来计算；支托可按如图 11-4-9a 所示的要求确定。

（5）次梁与主梁不等高连接　次梁与主梁不等高刚性连接如图 11-4-11 所示。

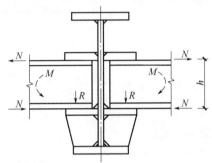

图 11-4-11　次梁与主梁不等高刚性连接

（6）梁的支座

1）梁支承于砌体或钢筋混凝土柱上的支座构造，如图 11-4-12 所示。支座板与柱（或墙体）的接触面积应按支承材料的承压强度计算。

2）当安装条件允许时，梁端也可采用突缘支座连接，如图 11-4-13 所示，该连接形式其偏心小，符合铰接构造，但需刨平加工，安装较困难；其端板、托板与梁的连接焊缝均应按传递最大反力计算，计算托板两侧焊缝时尚应考虑 1.25 的传力不均匀增大系数。

3）高低梁支座的连接如图 11-4-14 所示。

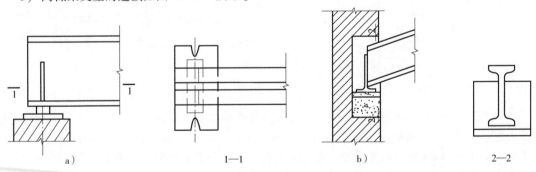

a）　　　　　　　　　1—1　　　　　　　　　b）　　　　　　　　　2—2

图 11-4-12　梁的平板支座

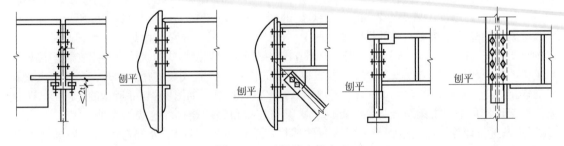

图 11-4-13　梁的突缘支座

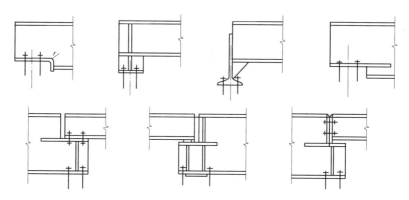

图 11-4-14　高低梁支座的连接

（7）平台梁的现场平接连接

1）除小型钢平台梁的工厂平接连接采用直接焊接连接外，一般钢平台梁间的连接多为现场连接；其连接可采用普通螺栓连接或现场焊接，荷载不大的中、小型平台梁应尽量采用前者。

2）梁现场平接连接的基本构造为在主梁上预先焊接连接板（或角钢），次梁通过连接件与主梁栓接（或焊接），此连接板也常兼作梁的加劲肋使用；典型的连接构造如图 11-4-15 所示；其中如图 11-4-15a ~ 图 11-4-15c 所示为应用于荷载不大的梁连接，连接角钢（板）的长度宜大于主梁高度的 1/2；如图 11-4-15d 所示双板连接用于荷载较大的钢平台；当采用永久螺栓承载时可不再用现场焊；当采用现场焊缝承载时，螺栓则只作安装螺栓用，如图 11-4-15c 所示连接中，荷载作用偏心较大。为避免主梁受有较大扭矩，宜采用焊接连接。所有平接连接的螺栓或焊缝连接，均应能可靠地承受并传递梁端反力 R，由于实际连接中存在偏心及连接强度应保持一定余量，故设计时应按连接部位的承载力大小为（1.2 ~ 1.3）R 来计算。

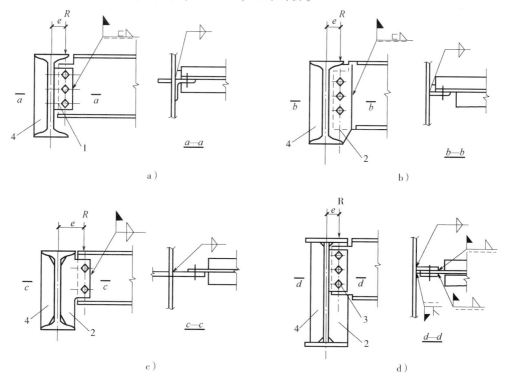

图 11-4-15　钢平台梁现场平接连接构造
1—连接角钢　2—连接板　3—附加连接板　4—加劲板

11.4.4　参考节点

1）斜梁的连接如图 11-4-16 所示。

2）平台梁的平接连接如图 11-4-17 所示。

3）主梁带支托的平接连接如图 11-4-18 所示。

4）组合截面梁采用高强度螺栓、普通螺栓或焊接连接如图 11-4-19 所示。

5）吊挂梁的连接如图 11-4-20 所示。

6）梁与桁架杆件的连接如图 11-4-21 所示。

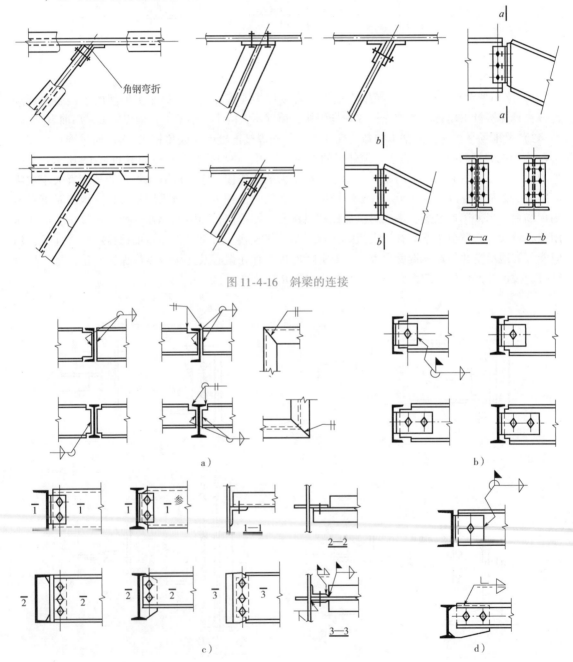

图 11-4-16　斜梁的连接

图 11-4-17　平台梁的平接连接

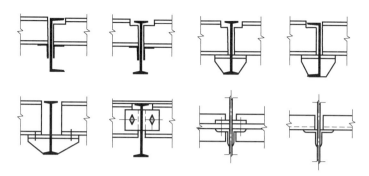

图 11-4-18　主梁带支托的平接连接

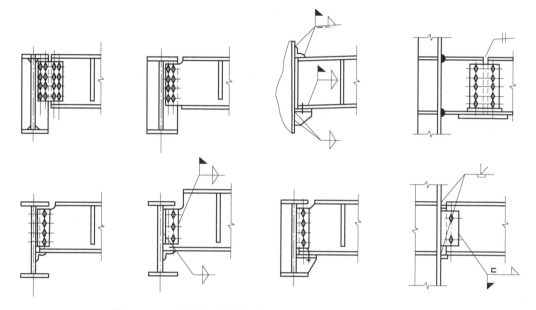

图 11-4-19　组合截面梁采用高强度螺栓、普通螺栓或焊接连接

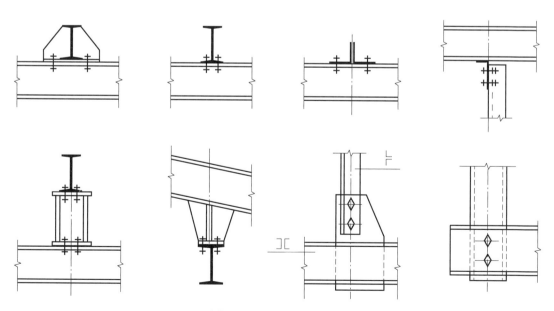

图 11-4-20　吊挂梁的连接

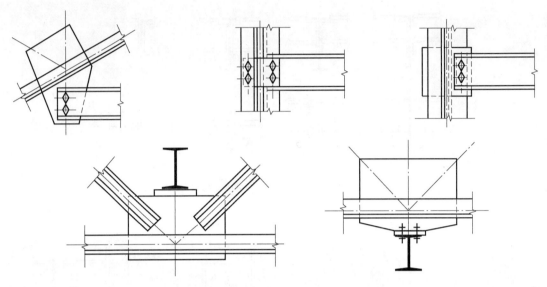

图 11-4-21　梁与桁架杆件的连接

11.5　钢平台柱

11.5.1　一般规定

1）钢平台柱一般设计成等截面实腹柱，其常用截面形式如图 11-5-1 所示。可按使用、制作及材料等条件选用轧制型钢（包括冷弯型钢）、焊接 H 型钢、圆管以及组合型钢等截面，格构式柱可用于高度较大的钢平台柱。

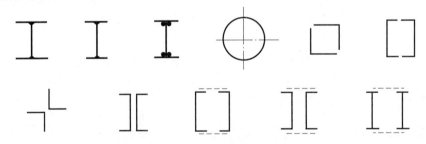

图 11-5-1　平台柱的截面形式

2）钢平台柱截面形式的选择应根据荷载大小、柱子高度及其受力情况并考虑材料供应等因素来确定。

3）钢平台柱一般按轴心受压构件设计，柱身及格构式柱受压缀条的长细比不应大于 150。

4）钢平台柱的柱脚，一般设计为铰接柱脚（图 11-5-2a）或局部嵌固的柱脚（图 11-5-2b），此时锚固螺栓均直接固定在底板上。当必要时，也可采用将锚栓固定在靴梁上的刚性柱脚。柱脚底板的厚度，按柱基础对底板的反力所产生的弯矩计算确定，但不宜小于柱肢翼缘板的厚度，也不得小于 16mm。对于室外平台柱脚底板的厚度一般不小于 20mm。柱脚在地面以下的部分应采用强度等级较低的混凝土包裹（保护层厚度不应小于 50mm），并应使包裹的混凝土高出地面约 150mm。当柱脚底面在地坪面以上时，则柱脚底面应高出地坪面不小于 100mm。受侵蚀性介质作用的柱脚不宜埋入地下。铰接柱脚的地脚螺栓直径可按构造选定，但不小于 16mm，一般采用 $d = 20 \sim 30$mm，刚接时取 24～36mm。当柱脚底板较厚或荷载较大时，地脚螺栓直径应与柱截面相适应。

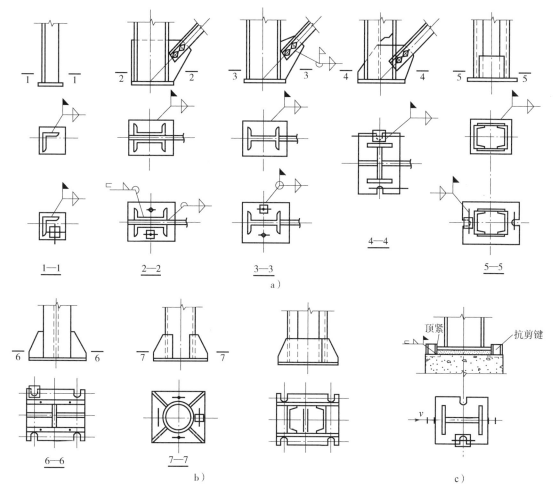

图 11-5-2　一般柱脚的形式
a）铰接柱脚　b）半刚性柱脚　c）设有抗剪键的柱脚底板

5）为保证独立钢平台结构的侧向稳定，一般需设置柱间支撑，并尽量布置在柱列中部，最常用的支撑形式为交叉形，如图 11-5-3a 所示。当净空有限制时可设计成门式支撑（图 11-5-3b）或连续的隔撑（图 11-5-3c）。隔撑设置高度（即隔撑与柱的交点至柱顶的距离）不宜大于柱高的1/3。有必要时，在一个方向也可设计为梁、柱刚接的刚架体系。

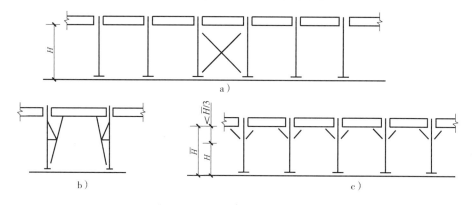

图 11-5-3　钢平台柱间支撑的设置
a）交叉支撑　b）门形支撑　c）连续隔撑

支撑截面一般采用单角钢或由两个角钢组成的 T 形截面或十字形截面。当支撑平面外的计算长度较长时可采用双片式支撑。

11.5.2 钢平台柱的设计

1. 计算长度

等截面柱平面内的计算长度 l_0 可取为

$$l_0 = \mu H \tag{11-5-1}$$

式中　H——柱高，对于设有隔撑的柱为隔撑点以下部分的柱高；

　　μ——计算长度系数，可按规范的有关规定采用，对于设有柱间支撑的柱列，沿支撑方向可按柱顶无侧移考虑；对局部嵌固的柱脚可按铰接考虑，而单层刚架或设隔撑的柱可参照表 11-5-1 中取值。

表 11-5-1　单层刚架或设隔撑的等截面柱的计算长度系数 μ

	K_0	0	0.1	0.2	0.3	0.5	1.0	2.0	3.0	10	近似计算公式
μ	柱脚刚接	2	1.67	1.50	1.40	1.28	1.16	1.08	1.06	1.00	$\mu = \sqrt{\dfrac{7.5K_0 + 4}{7.5K_0 + 1}}$
	柱脚铰接		4.46	3.42	3.01	2.64	2.33	2.17	2.11	2.00	$\mu = \sqrt{4 + \dfrac{1.6}{K_0}}$

注：表中 K_0 为框架横梁线刚度 I_0/L 与柱线刚度 I/H 的比值。

2. 钢柱截面选择

1）实腹式轴心受压柱。

①实腹式轴心受压柱一般可假定长细比为 $\lambda = 80 \sim 120$ 来初选截面，在求出所需要的回转半径后选择截面。

②对焊接组合工字形截面柱，其截面尺寸可在下列范围内采用：

截面高度可取 $h \approx (1/15 \sim 1/30)H$；当荷载较大而柱高度较小时，应取较大值，反之应取较小值。

截面宽度可取 $b \approx 0.7h$。

翼缘板厚度 $t \approx b/30$ 且不小于 8mm。

腹板厚度 $t_w \approx (1/50 \sim 1/70)h$ 且不小于 6mm。

③格构式柱的截面尺寸，可先按实轴（x 轴）假定柱的长细比，通常取 $\lambda_x = 60 \sim 90$，以求所需的回转半径和截面面积，选择柱肢截面。

④确定轴心受压柱的截面形式时，应尽量使柱的两个方向的长细比接近，对于组合截面的板件，应在满足表 11-5-2 宽厚比的要求下，尽可能薄些。

⑤根据上述原则初选截面尺寸后，按下式计算其长细比和稳定性：

$$\lambda_x = \frac{l_{ox}}{l_x} \leqslant [\lambda] \tag{11-5-2}$$

$$\lambda_y = \frac{l_{oy}}{i_y} \leqslant [\lambda] \tag{11-5-3}$$

$$\frac{N}{\varphi A} \leqslant f \tag{11-5-4}$$

轴心受压稳定系数 φ 应由 λ_x 和 λ_y 的较大值查得。对格构柱虚轴的长细比应取换算长细比。

⑥当柱截面有孔洞削弱时，尚应计算其净截面处（面积为 A_n）的强度。

2）格构式轴心受压柱的缀件（缀条或缀板），应满足下列要求：

①缀条一般用单角钢做成，与柱的分肢应组成完整的桁架形式，如图 11-5-4 所示。分肢的长

细比应满足 $\lambda_1 = l_1/i_1 \leqslant 0.7\lambda_{\max}$，$i_1$ 为分肢截面对弱轴 1-1 的回转半径，$\lambda_{\max}$ 为柱两方向长细比（对虚轴为换算长细比）的较大者。在满足上述要求的前提下，缀条形式宜采用无横杆的三角式，如图 11-5-4a 所示。

斜缀条的内力 N_s 应按下式计算：

$$N_s = \frac{V}{2\cos a} \tag{11-5-5}$$

斜缀条应按轴心受压杆件计算其稳定性，并控制其长细比 $[\lambda] = 150$。横缀条可采用与斜缀条相同截面或略小些，仅控制其长细比，可不验算杆件的强度及稳定。

②缀板柱可以看作是多层框架结构形式，如图 11-5-5 所示。一般缀板的宽度取 $h \geqslant 2a/3$，厚度 $t \geqslant a/40$，柱端部的缀板宜取 $h = a$（a 为两分肢轴线间的距离）。但同一截面处缀板线刚度之和不得小于一个分肢线刚度（I_1/l_1）的 6 倍。

缀板柱的分肢长细比 λ_1 应满足 $\lambda_1 = l_1/i_1 \leqslant 40$ 和 $0.5\lambda_{\max}$（当 $\lambda_{\max} < 50$ 时，取 $\lambda_{\max} = 50$）。

$$\sigma = \frac{N}{A_n} \leqslant f \tag{11-5-6}$$

③格构式轴心受压柱的缀件应能承受按下式计算的剪力：

$$V = \frac{Af}{85} \sqrt{\frac{f_y}{235}} \tag{11-5-7}$$

剪力 V 值可认为沿柱全长均布分布，假设由柱两侧的缀件分担。

④缀板与柱分肢的连接焊缝应考虑下列内力的共同作用，如图 11-5-6 所示。

剪力

$$T = Vl/2a \tag{11-5-8}$$

弯矩

$$M = Vl/4 \tag{11-5-9}$$

缀板的连接角焊缝长度（l_w）应按式（11-5-10）计算。

$$\sqrt{\left(\frac{T}{h_e l_w}\right) + \left(\frac{6M}{\beta_f h_e l_w^2}\right)} \leqslant f_f^w \tag{11-5-10}$$

3）对于同时承受压力及弯矩的柱（压弯柱）通常使弯矩作用于柱的强轴平面内，其强度和稳定性应按有关规定进行计算。

缀件的形式和计算方法与上述第 2）项相同，但剪力 V 应取柱的实际剪力和式（11-5-7）规定的剪力两者中的较大值。

弯矩作用于虚轴的压弯柱宜采用缀条式格构式柱，不宜采用缀板式格构式柱。

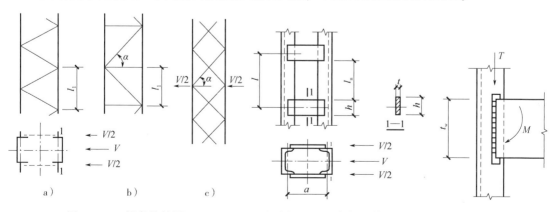

图 11-5-4 缀条柱简图　　　　　　　　图 11-5-5 缀板柱简图　　　图 11-5-6 缀板柱节点

3. 钢柱的板件宽厚比限制

钢柱的板件宽厚比限制见表11-5-2。

表 11-5-2　钢柱的板件宽厚比限制

项次	截面简图	轴心受压柱	压弯柱（弯矩作用于最大刚性平面）
1		$\dfrac{b}{t} \le (10 + 0.1\lambda) \sqrt{\dfrac{235}{f_y}}$	$\dfrac{b}{t} \le 15 \sqrt{\dfrac{235}{f_y}}$
2		焊接 $\dfrac{b_1}{t_1} \le (13 + 0.17\lambda) \sqrt{\dfrac{235}{f_y}}$ 剖分 T 型钢 $\dfrac{b_1}{t_1} \le (15 + 0.2\lambda) \sqrt{\dfrac{235}{f_y}}$	当 $\alpha_0 \le 1.0$ 时 $\dfrac{b_1}{t_1} \le 15 \sqrt{235/f_y}$ 当 $\alpha_0 > 1.0$ 时 $\dfrac{b_1}{t_1} \le 18 \sqrt{\dfrac{235}{f_y}}$
3		$\dfrac{h_0}{t_w} \le (25 + 0.5\lambda) \sqrt{\dfrac{235}{f_y}}$	当 $0 \le \alpha_0 \le 1.6$ 时 $\dfrac{h_0}{t_w} \le (16\alpha_0 + 0.5\lambda + 25) \sqrt{\dfrac{235}{f_y}}$　(11-5-11) 当 $1.6 > \alpha_0 \le 1.6$ 时 $\dfrac{h_0}{t_w} \le (48\alpha_0 + 0.5\lambda - 262) \sqrt{\dfrac{235}{f_y}}$　(11-5-12)
4		$\dfrac{b_0}{t} \left(\text{或} \dfrac{h_0}{t_w} \right) \le 40 \sqrt{\dfrac{235}{f_y}}$	$\dfrac{h_0}{t} \le 40 \sqrt{235/f_y}$
5			h_0/t_w 按式（11-5-11）及式（11-5-12）计算右侧乘以 0.8，但不允许小于 $40 \sqrt{235/f_y}$
6		$\dfrac{d}{t} \le 100 \left(\dfrac{235}{f_y} \right)$	$\dfrac{d}{t} \le 100 \left(\dfrac{235}{f_y} \right)$

注：1. λ 为柱两个方向长细比的较大值；当 $\lambda < 30$ 时，取 $\lambda = 30$；当 $\lambda > 100$ 时，取 $\lambda = 100$。
　　2. $\alpha_0 = (\sigma_{max} - \sigma_{min})/\sigma_{max}$，$\sigma_{max}$ 和 σ_{min} 为腹板计算高度边缘的最大压应力和另一边的应力。压应力取正值，拉应力取负值（计算时不考虑稳定系数）。

11.5.3　钢平台柱的构造和梁与柱的连接

1. 钢平台柱的构造

当实腹式柱的腹板计算高度与厚度之比 $h_0/t_w > 80$ 时，应采用间距不大于 $3h_0$ 的横向加劲肋加强。横向加劲肋的截面尺寸按有关规定确定。

格构式柱和组合实腹式柱应设置横隔，如图 11-5-7 所示。横隔间距不得大于柱截面较大宽度的 9 倍或 8m。在受有较大水平力作用处及运送单元的端部应设置横隔。

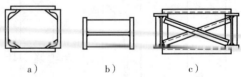

图 11-5-7　柱的横向加劲肋及横隔

2. 钢平台梁与柱顶连接

（1）梁与柱铰接的构造形式

1）通常是将梁直接设置在柱顶上，该连接方法构造比较简单，如图 11-5-8 所示。如图 11-5-8a 所示为梁与实腹式柱柱顶的连接构造，梁的支座反力 R_z 由柱顶板经柱顶板与柱加劲肋的连接焊缝或通过梁加劲肋端面承压传给柱加劲肋，再经过柱加劲肋与柱腹板的竖向连接焊缝将力传给柱的腹板。柱加劲肋可近似地按承受荷载 $R_z/2$ 的矩形截面悬臂梁计算，计算时通常先假定肋高 h_s 和厚度 t_s（$t_s > b_s/15$，且不宜小于 8mm），然后验算其弯曲强度和剪切强度。加劲肋与柱顶板的连接焊缝按承受荷载 $R_z/2$ 计算，当计算结果焊脚尺寸过大时，可将加劲肋的下端刨平，顶紧于柱顶板，并进行端面承压强度验算。加劲肋与柱腹板的连接焊缝按承受剪力 $V = R_z/2$ 和弯矩 $M = Rb_s/4$ 计算。当梁的反力很大时，加劲肋宜做成整块，在柱腹板开槽并用焊缝焊成整体，然后将其端面刨平并与顶板顶紧后焊接，以直接传递梁的反力。柱顶板的厚度一般取不小于 16mm；当采用加劲肋将梁反力传给柱腹板的传力方案时，柱的腹板不宜太薄。

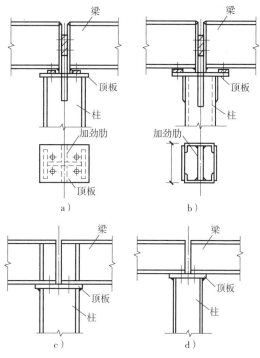

如图 11-5-8b 所示为梁与格构式柱柱顶的连接构造，柱加劲肋可近似地按承受均布荷载 $q = R_z/a$ 的简支梁计算，其高度和厚度应根据弯曲强度和剪切强度来确定，并且加劲肋的厚度不宜小于 $a/50$ 及 10mm。加劲肋与顶板的连接焊缝及加劲肋与柱肢腹板的连接焊缝均按承受剪力 $V = R_z$ 进行计算。

图 11-5-8　钢平台梁与柱的铰接之一

如图 11-5-8c 所示的梁柱连接构造形式是将梁端的加劲肋正对着柱的翼缘板，此时可近似地认为，梁对支座的压力是由梁端加劲肋直接传至柱顶板，后经顶板与柱翼缘板的连接焊缝传至柱身，其连接焊缝可近似地按承受剪力 $V = R_z/2$ 来计算。

如图 11-5-8d 所示的梁柱连接构造形式适用于梁支座反力很小的场合。根据梁承受荷载的大小梁端可设置加劲肋也可不设加劲肋。当梁端不设端加劲肋时，可近似地认为每个梁端的支座压力呈三角形分布，此时，顶板与柱翼缘的连接焊缝可近似地按承受的剪力 $V = 3R/2$（R 为每个梁端的支座反力）来计算。

2）梁直接连接于柱侧面，如图 11-5-9 所示。

如图 11-5-9a 及图 11-5-9b 所示的连接构造形式，是由支托传递梁的支座反力，支托与柱的连接焊缝按承受剪力 $V = (1.2 \sim 1.3)R$ 来计算，梁与柱的连接螺栓按构造设置。

如图 11-5-9c 所示的连接构造形式是采用悬挑牛腿传递梁的支座反力，悬挑牛腿及其与柱的连接按承受剪力 $V = R$ 和弯矩 $M = Re$ 计算。

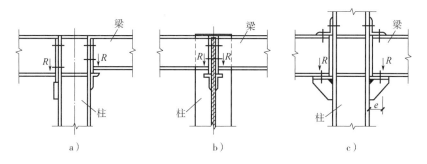

图 11-5-9　钢平台梁与柱的铰接之二

（2）钢平台梁与柱刚接的构造形式示例　如图 11-5-10a 所示的连接形式，梁端弯矩 M 由梁翼缘承担，剪力 V 由梁腹板承担；因此，梁端处焊于柱翼缘的上下水平连接板及其连接，以及上下水平连接板与梁翼缘的连接焊缝，应分别按承受水平力 $N = M/h$ 来计算。梁端处的肋板与柱翼缘的连接焊缝，以及梁腹板与肋板的连接焊缝，应分别按承受剪力 V 来计算。

对于如图 11-5-10b 所示的连接形式，仍可按以上的要求确定。当梁与柱的刚性连接采用高强度螺栓连接时，其计算原则和力的分配与焊缝计算的要求相同。对承受较大荷载的梁与柱的连接，尚应对连接处的柱腹板及加劲肋等进行强度计算。

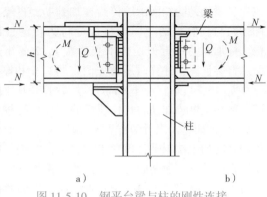

图 11-5-10　钢平台梁与柱的刚性连接

（3）柱脚及柱间支撑

1）柱脚底板的尺寸。柱脚底板的尺寸应根据柱脚的受力情况和构造要求，参照第 8 章的要求确定。柱脚底板的厚度，在荷载较轻的平台中一般不宜小于 16mm；在荷载较重的平台中一般不宜小于 20mm，在任何情况下，室外平台的柱脚底板厚度均不应小于 20mm。

2）柱肢与柱脚底板的连接焊缝通常应按传递全部柱肢内力来确定。当连接焊缝按构造确定时，其焊脚尺寸不宜小于 6mm。

3）柱脚锚栓。

①刚接柱脚每侧所需锚栓的总计算面积，可按第 8 章有关公式的规定计算。

②铰接柱脚应在柱截面最大刚性面的位置设置两个地脚锚栓，使其成为假定的铰接支点，当柱脚为刚接时，可做成如第 8 章有关图示所示设计。平台柱的地脚锚栓，一般可在 M20 ～ M30 的范围内采用。对室外钢平台，柱脚锚栓的直径不宜小于 M24。

4）钢平台柱柱间支撑的计算。

①钢平台柱的柱间支撑形式，如图 11-5-3 所示，一般多采用十字形交叉支撑或八字形支撑。

②柱间支撑通常采用单角钢或由两个角钢组成的 T 形或十字形截面。当支撑的平面外计算长度较大时，可采用双片式支撑；双片式支撑的截面形式和连系杆的布置，可参照第 8 章确定。支撑杆件当为单角钢时，一般不宜采用截面小于 ∟63 ×5 或 ∟63 ×40 ×5 的角钢，当采用槽钢时一般不宜小于 [8；对于双片式支撑的连系杆不宜小于 ∟45 ×4。

③支撑的容许长细比和支撑杆件长细比、内力计算和截面计算、支撑的构造及其连接等可参照第 8 章的规定进行。

11.6 栏杆及钢梯

11.6.1 栏杆

1. 一般规定

1）钢平台周边，斜梯侧边以及因工艺要求不得通行地区的边界均应设置防护栏杆。工业钢平台和人行通道的栏杆应符合《固定式钢梯及平台安全要求　第 3 部分：工业防护栏杆及钢平台》（GB 4053.3）的要求。钢平台和梯子的栏杆可按国家有关标准图选用。

2）栏杆高度一般不应小于 1050mm，对高处及生产危险地带（如高度大于 18m 的上人屋面及工作平台周围栏杆等）的栏杆高度应采用 1200mm。

3）栏杆一般应设计成固定的，在有通行及操作特殊需要时，也可局部设计成活动的。固定栏杆可按在扶手处承受 0.5kN/m 的水平荷载设计。栏杆的连接可采用焊接或螺栓连接。根据运输及安装条件由工厂分段制作后现场安装，也可在现场制作安装。

4) 为保证安全, 钢平台栏杆均须设置挡板 (踢脚板)。挡板采用规格不小于 $100mm \times 3mm$ 的扁钢制成。室外栏杆的挡板与钢平台面之间的间隙取 $10mm$, 室内栏杆不宜留间隙。

2. 栏杆构造

栏杆一般采用 Q235 钢材制造, 栏杆的扶手和立柱一般选用外径为 $35.5 \sim 42.5mm$ 的钢管 (冷弯薄壁型钢) 或 $\llcorner 50 \times 4$ 的角钢截面, 栏杆立柱的间距不大于 $1000mm$。栏杆的横杆采用规格不小于 -30×4 的扁钢或 $\phi 16$ 的圆钢制成, 横杆与上下杆件之间的间距不大于 $380mm$。

角钢栏杆刚度较好, 材料易于供应, 工业钢平台中应用较多; 钢管栏杆使用方便外观好, 但因材料造价较高, 一般用于人行频繁并外观要求较高的钢平台中; 随着经济的发展, 目前钢管栏杆的应用范围已逐渐扩大。栏杆形式及构造如图 11-6-1 所示, 栏杆立柱与平台的连接如图 11-6-2 所示。钢平台栏杆应与相连的钢梯栏杆在截面和高度上协调一致。

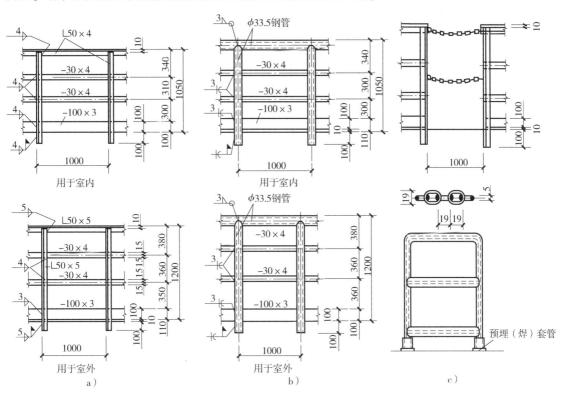

图 11-6-1 栏杆形式及构造
a) 角钢栏杆 b) 圆钢栏杆 c) 活动栏杆

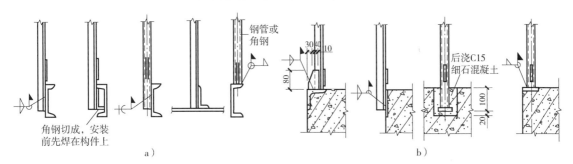

图 11-6-2 栏杆立柱与平台的连接
a) 与钢平台的连接 b) 与混凝土平台的连接

11.6.2 钢梯

1. 直梯

1）直梯一般用于不经常上下或因场地限制场所，其净宽度一般为 500mm。在必要时，对高度小于 5m 的直梯可适当减小宽度，但不得小于 300mm。其攀登高度 H 一般不大于 8m，当大于 8m 时，必须设置梯间休息平台。梯间休息平台的间距一般取 5～8m。休息平台应设防护栏杆。为保证安全，当直梯高度（由梯脚到平台间的距离）大于 3m 时，应设置保护圈，保护圈直径一般为 700mm。水平圈采用 −50×4 的扁钢焊在梯梁外侧，其间距不大于 1000mm，在水平圈内侧均布焊上 3 根 30mm×4mm 垂向扁钢条。保护圈下端距基准面为 2m，上端低于扶手 100mm。

2）直梯的形式和构造如图 11-6-3 所示。

①钢直梯的竖向集中荷载按 1.5kN 考虑。通常直梯的边立柱采用 ∟75×50×6（H<4m 时）或 ∟80×50×6（H=4～6m 时）。

②踏棍一般采用不小于 φ16 圆钢，间距 ~300mm。

③每段直梯至少有两对支承点与毗邻的建筑物、钢构件或设备相连，支撑杆的截面一般不小于 ∟70×6，直梯与建筑物之间的距离为 100～250mm，下端一对支撑距基准面的距离不大于 300mm，支撑的竖向间距一般不大于 15m。钢直梯与平台及直梯与基础的连接如图 11-6-4 所示。

④直梯上端的踏棍应与平台或屋面平齐，并在直梯上端设高度为 1150mm 的扶手。

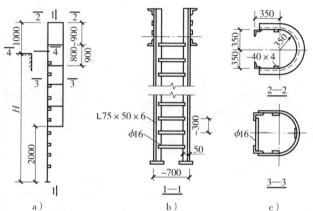

图 11-6-3　钢直梯的形式和构造
a）钢直梯简图　b）钢直梯的杆件截面　c）保护圈

3）钢直梯的强度检验规则详见《固定式钢梯及平台安全要求　第 1 部分：钢直梯》（GB 4053.1）的有关规定。

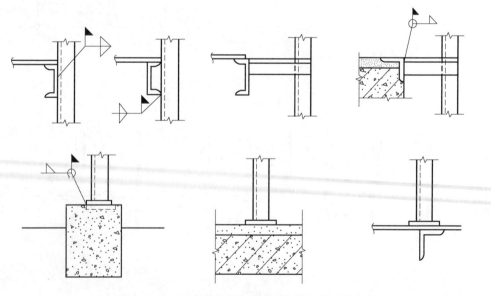

图 11-6-4　钢直梯与平台及直梯与基础的连接

2. 斜梯

1) 斜梯一般用于需要经常通行、操作的平台，其宽度一般为 700mm，最小为 600mm，必要时也可加宽至 1200mm。斜梯与地面的夹角可为 30°～75°，但一般常设计为 45°（高跨比 1:1）、51°（高跨比 1:0.8）和 59°（高跨比 1:0.6）三种，对于经常需要通行的斜梯宜选用斜角为 45°左右。钢斜梯的形式如图 11-6-5 所示。

2) 斜梯的梯梁一般按水平投影面上承受 $q_k = 3.5 kN/m^2$ 的竖向活荷载考虑，必要时可按实际情况考虑。斜梯的踏步板按 1kN 的集中荷载计算。

3) 梯段高度一般为 4～5m，超过 5m 时，需要设置梯间休息平台，分段设梯。梯间休息平台可单独设置或由斜梯梯梁弯折直接连续构成，如图 11-6-6 所示，可使支承结构的布置简化并且结构紧凑，故应用较多。钢梯一般设计成整体构件，其与钢平台的现场连接宜采用焊接或螺栓连接。钢梯的栏杆应与相连的平台栏杆对接且平滑过渡。斜梯踏步板的构造如图 11-6-7 所示，一般采用板式、厚度等于或大于 4mm 的花纹钢板或经过防滑处理的平钢板。当梯宽大于 700mm 时，踏板应设加劲肋。少数室外的踏步因使用需要（如考虑防止积灰、积水、结冰等）也可设计成算条或钢板网式。

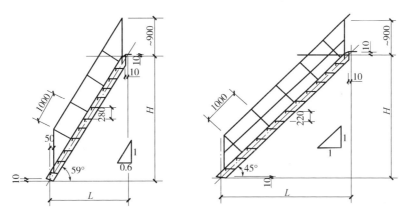

图 11-6-5　钢斜梯的形式

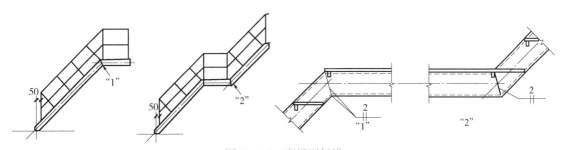

图 11-6-6　弯折型斜梯

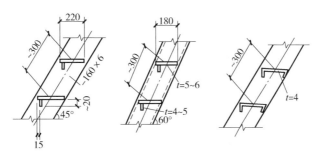

图 11-6-7　斜梯踏步板的构造

4）踏步板的构造

①在一般情况下，斜梯踏步板的宽度 b、竖向间距 S 以及梯梁的截面可按表 11-6-1 的规定选用。

表 11-6-1　常用钢斜梯的杆件截面

斜梯的倾角		45°	51°	59°
梯梁截面	梯段高度 <2.5m	−160×8	−160×6	−140×6
	梯段高度 2.5~5.0m	⌷16	⌷16a	⌷14
踏步板宽度 b/mm		226	208	160
踏步板竖向间距 S/mm		200	210	235

②扶手高度（扶手顶端到梯梁上缘之间的垂直距离）一般为 900mm，扶手宜采用 $\phi 33.5$ 的钢管，立柱可用钢管、角钢或 $\phi 20$ 圆钢，间距不宜大于 1m；横杆可用钢管，$−30 \times 4$ 扁钢或 $\phi 20$ 的圆钢，固定在立柱内侧中点处。

5）当斜梯梯梁长度较长又需要采用钢板作成时，侧向刚度较差，宜在梯梁下部设置平面支撑，如图 11-6-8a 所示。

6）钢斜梯与平台或基础的连接如图 11-6-9 所示。

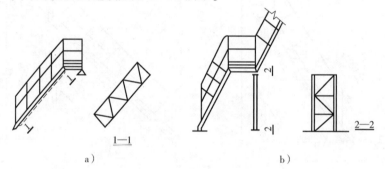

图 11-6-8　设有休息平台的钢斜梯

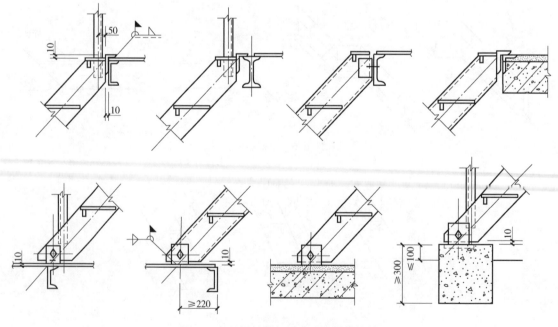

图 11-6-9　钢斜梯与平台或基础的连接

7）钢斜梯的检验规则与方法详见《固定式钢梯及平台安全要求　第2部分：钢斜梯》（GB 4053.2）。

3. 转梯

转梯（盘梯）由于构造制作均较复杂，所以仅用作为围绕圆筒形构筑物的通行梯。盘梯的倾角一般为45°左右，其宽度应大于钢斜梯，一般取850mm左右。盘梯的踏步板按0.8kN的集中荷载计算。

转梯的踏步板一般采用板式、厚度等于或大于4mm的花纹钢板或经过防滑处理的平钢板，如图11-6-10所示。当梯宽大于700mm时，踏板应设加劲肋。少数室外的踏步因使用需要（如考虑防止积灰、积水、结冰等）也可设计成算条或钢板网式的。

转梯的构造与一般斜梯相类似。如图11-6-10a所示为支于筒壳上的转梯示例，如图11-6-10b所示为设有中心支柱的转梯示例，转梯的其主要尺寸如下：

转梯斜度：

$$\tan a = \frac{H}{l_1} \tag{11-6-1}$$

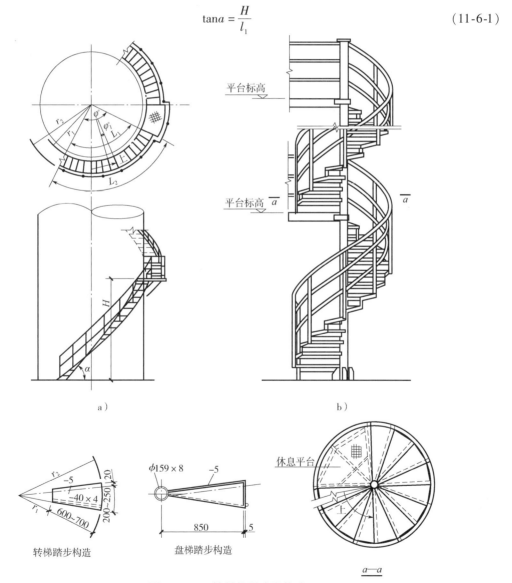

a）

b）

图11-6-10　转梯的形式及构造
a）转梯的尺寸　b）多层转梯

几何尺寸：

$$l = \pi r \frac{\varphi^2}{180°} = 0.017r\varphi°$$ (11-6-2)

$$\varphi° = \frac{180°l}{\pi r} = 57.29578 \frac{l}{r}$$ (11-6-3)

梯梁长度：

$$\sqrt{l^2 + H^2}$$ (11-6-4)

式中　l——梯梁水平投影面对弧长，对内、外梯梁分别为 l_1、l_2；

　　　H——转梯梯段的高度；

　　　γ——转梯梯梁平面投影的半径。

转梯的休息平台一般采用三角架支承于筒壳上。为保证转梯的强度和侧向刚度，往往在转梯中部也应设置支撑架。

多层转梯的中心支柱应与每层平台在侧向有可靠的连接。

第 12 章 钢 管 结 构

12.1 概述

12.1.1 钢管结构的特点和使用范围

1. 钢管结构的特点

钢管结构一般由圆钢管或方（矩形）钢管构成。方钢管比圆钢管容易出现局部屈曲，且受弯时的延性也不如圆钢管，但方钢管用作压杆时可以利用板件屈曲后强度，另外其节点构造比圆钢管简单。所以，方钢管结构在建筑工程中的应用比较广泛。

钢管结构的特点为：

1）用钢量省。与热轧型钢制作的结构相比，在工业建筑中能节约钢材 20%～25%；在塔架结构中，节约量可达 50%。

2）结构刚度大，截面特性好。钢管的管壁一般较薄，截面回转半径较大，故抗压和抗扭性能好。

3）防腐性能好。在截面面积相同的型钢中，圆钢管与大气的接触表面积最小，因为圆钢管为封闭形截面，两端密封后，其内部不宜生锈，使钢材被腐蚀的面积大大减少。而且钢管结构很少有难于清刷、油漆的死角，故维护更为方便。

4）圆钢管截面的流体动力特性好。当承受风力或水流等荷载作用时，荷载对圆钢管结构的作用效应比其他截面形式结构的效应要低得多。

2. 钢管结构的使用范围

1）钢管结构设计中，可以把圆形钢管作为独立的实腹构件来使用，如钢管通廊。但更多地是把钢管作为杆件以组成平面或空间的桁架式结构，如平面钢管桁架、钢管柱以及空间钢管网架和塔架等结构。

2）由于对钢管结构在动态荷载作用下的疲劳性能研究不足，缺乏具体的计算指标，使用经验也不多，因此焊接钢管结构除单根钢管的梁式构件外，一般只适用于承受静态荷载或间接承受动态荷载，在节点处直接焊接的钢管（圆管、方管或矩形管）桁架结构。

12.1.2 钢管结构的一般规定

1. 钢管结构的材料选用

1）钢管结构可采用焊接钢管或无缝钢管制成。由于轧制无缝钢管价格较贵，所以一般采用焊接钢管。

2）无缝钢管可选用《结构用无缝钢管》（GB/T 8162）中的 20 号钢、《低合金高强度结构钢》（GB/T 1591）中的 Q345 和《碳素结构钢》（GB/T 700）中的 Q235 钢。

3）焊接钢管有直缝钢管和螺旋钢管两种，其焊接工艺有高频电焊及电弧焊两种方法。焊接钢管生产效率高，成本低，选取截面灵活，故宜优先采用；其钢材牌号一般采用《低合金高强度结构钢》（GB/T 1591）中的 Q345 和《碳素结构钢》（GB/T 700）中的 Q235 钢材。

①直缝钢管，可用高频电焊或电弧焊制作。一般适用于直径较小的钢管，但目前国内已能生

产直径达500mm的直缝钢管。对直径很大的钢管，沿环向和纵向都可以用电弧焊分块拼接，如煤气管道等。

②螺旋钢管，仅用电弧焊制作，适用于管径较大的情况。

2. 一般规定

1) 圆钢管的外径与壁厚之比不应超过100（$235/f_y$）；方钢管或矩形钢管的最大外缘尺寸与壁厚之比不应超过$40\sqrt{235/f_y}$。

2) 热加工管材和冷成型管材不应采用屈服强度f_y超过345N/mm²以及屈强比$f_y/f_u > 0.8$的钢材，且钢管壁厚不宜大于25mm。

3) 在满足下列情况下，分析桁架杆件内力时可将节点视为铰接：

①符合各类节点相应的几何参数的适用范围。

②在桁架平面内杆件的节间长度或杆件长度与截面高度（或直径）之比不小于12（主管）和24（支管）时。

4) 若支管与主管连接节点偏心不超过式（12-1-1）限制时，在计算节点和受拉主管承载力时，可忽略因偏心引起的弯矩的影响，但受压主管必须考虑此偏心弯矩$M = \Delta ne$（Δn为节点两侧主管轴力之差值）的影响。

$$-0.55 \leqslant e/h(e/d) \leqslant 0.25 \tag{12-1-1}$$

式中　e——偏心距，符号如图12-1-1所示；

　　　d——圆主管外径（mm）；

　　　h——连接平面内的方（矩）形主管截面高度（mm）。

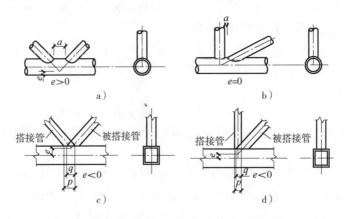

图12-1-1　K形和N形管节点的偏心及间隙

a) 有间隙的K形节点　b) 有间隙的N形节点　c) 搭接的K形节点　d) 搭接的N形节点

3. 构造要求

1) 钢管结构的节点构造应符合下列要求：

①主管的外部尺寸不应小于支管的外部尺寸，主管的壁厚不应小于支管的壁厚，在支管与主管连接处不得将支管插入主管内。

②主管与支管或两支管轴线之间的夹角不宜小于30°。

③支管与主管的连接节点处，除搭接型节点外，应尽可能避免偏心。

④支管与主管的连接焊缝，应沿管道全周连续焊接并要平滑过渡。焊缝形式可采用角焊缝或部分采用对接焊缝、部分采用角焊缝。其中支管管壁与主管管壁之间的夹角大于或等于120°的区域宜用对接焊缝或带坡口的角焊缝。角焊缝的焊脚尺寸h_f不宜大于支管壁厚的2倍。搭接支管周

围焊缝宜为 2 倍支管的壁厚。

⑤支管端部宜使用自动切管机切割，支管壁厚小于 6mm 时可不开坡口。

⑥在主管表面焊接的相邻支管的间隙 a 不应小于两支管壁厚之和，如图 12-1-1a 及图 12-1-1b 所示。

2）在搭接的 K 形或 N 形节点，如图 12-1-1c、d 所示，其搭接率 $\eta_{ov} = q/p \times 100\%$，应满足 $25\% \leqslant \eta_{ov} \leqslant 100\%$，且应确保在搭接部分的支管之间的连接焊缝能可靠地传递内力。

3）在搭接节点中，当两支管的厚度不同时，薄壁管应搭在厚壁管上；当支管钢材强度等级不同时，低强度管应搭在高强度管上；外部尺寸较小者应搭接在尺寸较大者上；承受轴心压力的支管宜在下方。

4）钢管构件在承受较大横向荷载的部位应采取适当的加强措施，防止产生过大的局部变形。构件的主要受力部位应避免开孔，如必须开孔时，应采取适当的补强措施。

5）无加劲直接焊接方式不能满足承载力要求时，可采取在主管内设置横向加劲板的措施。

①支管以承受轴力为主时，可以在主管内增加 1 道或 2 道加劲板，如图 12-1-2a、b 所示；节点需要满足抗弯要求时，应设置 2 道加劲板；加劲板中面宜垂直于主管轴线；当主管为圆管设置 1 道加劲板时，加劲板应设在支管与主管相贯面的鞍点处，设置 2 道时加劲板宜设置在相贯面冠点的 $0.1D_1$ 附近，如图 12-1-2b 所示；主管为方（矩）形管时，加劲板宜设置 2 道，如图 12-1-3 所示。

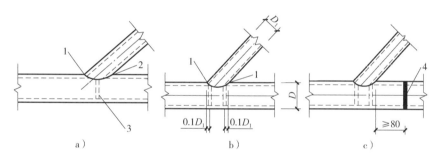

图 12-1-2 支管为圆管时横向加劲板的设置

a）主管内设置 1 道加劲板 b）主管内设置 2 道加劲板 c）主管拼接位置

1—冠点 2—鞍点 3—加劲板 4—主管拼接位置

②加劲板的厚度不得小于支管的壁厚，同时也不得小于主管壁厚的 2/3 和主管内径的 1/40；加劲板中央开孔时，环板的最小宽度与板厚的比值不宜大于 $15\varepsilon_k$。

③加劲板宜采用部分熔透焊缝连接，主管为矩形管的加劲板靠支管一边和两侧边宜采用部分熔透焊焊接，与支管连接反向一边可以不焊接。

④当主管直径较小，加劲板的焊接必须将主管断开时，主管的拼接焊缝宜设置在距支管相贯焊缝最外侧冠点 80mm 以外，如图 12-1-2c 所示。

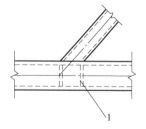

图 12-1-3 支管为方（矩）形管时横向加劲板的设置

1—加劲板

6）钢管直接焊接节点采用在主管表面贴加强板的方法加强时，应符合下列规定：

①主管为圆管时，加强板宜包裹主管半圆，如图 12-1-4a 所示，长度方向两侧均应超出支管最外焊缝 50mm 以上，但不宜超过支管直径的 2/3，加强板厚度不宜小于 4mm。

②主管为方（矩）形管且在与支管相连表面设置有加强板，如图 12-1-4b 所示，加强板的长

度 l_p 可按下列公式计算，加强板宽度 b_p 宜接近主管宽度，并预留适当的焊接位置，加强板的厚度不宜小于支管最大壁厚的 2 倍。

T、Y 和 X 形间隙节点

$$l_p \geqslant \frac{h_1}{\sin\theta_1} + \sqrt{b_p(b_p - b_1)} \tag{12-1-2}$$

K 形间隙节点

$$l_p \geqslant 1.5\left(\frac{h_1}{\sin\theta_1} + a + \frac{h_2}{\sin\theta_2}\right) \tag{12-1-3}$$

式中 l_p、b_p——加强板的长度和宽度（mm）；

       h_1、h_2——支管 1 和 2 的截面高度（mm）；

             b_1——支管 1 的截面宽度（mm）；

     θ_1、θ_2——支管 1 和 2 轴线与主管轴线的夹角；

           a——两支管在主管表面的距离（mm）。

③主管为方（矩）形管且在与主管两侧表面设置加强板，如图 12-1-4c 所示，加强板长度 l_p 可按下式确定：

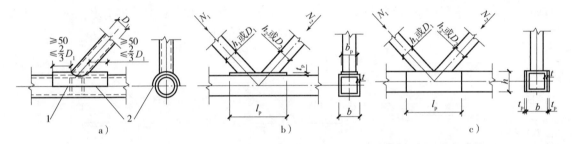

图 12-1-4   主管外表面贴加强板的加劲方式

a）圆管表面的加强板   b）方（矩）形主管与支管连接表面的加强板   c）方（矩）形主管侧表面的加强板
1—四周围焊   2—腹板

对 T 和 Y 形节点

$$l_p \geqslant \frac{1.5h_1}{\sin\theta_1} \tag{12-1-4}$$

对 K 形间隙节点：可按式（12-1-3）确定。

对 X 形节点：加强板长度 $l_p = 1.5c$，其中 c 为支管与主管接触线相隔最远的两端点之间的距离。

$$c = \frac{h_1}{\sin\theta_1} + \frac{h}{\tan\theta_1} \tag{12-1-5}$$

④加强板与主管应采用四周围焊。对 K、N 形节点焊缝有效高度应不小于腹杆壁厚。焊接前宜在加强板上先钻一个排气小孔，焊后应用塞焊将孔封闭。

7）采用局部加强的方（矩）形管节点时，支管在节点加强处的承载力设计值。

①主管与支管相连一侧采用加强板，如图 12-1-4b 所示。

对支管受拉的 T、Y 和 X 形节点，支管在节点处的承载力设计值

$$N_{ui} = 1.8\left(\frac{h_i}{b_p C_p \sin\theta_i} + 2\right)\frac{t_p^2 f_p}{C_p \sin\theta_i} \tag{12-1-6}$$

$$C_p = (1 - \beta_p)^{0.5} \tag{12-1-7}$$

$$\beta_p = b_i / b_p \tag{12-1-8}$$

式中　f_p——加强板强度设计值（N/mm²）；

　　　C_p——参数；

　　　b_p——水平加强贴板的宽度。

A. 对支管受压的 T、Y 和 X 形节点，当 $\beta_p \leqslant 0.8$ 时可应用下式进行加强板计算

$$l_p \geqslant 2b/\sin\theta_i \qquad (12\text{-}1\text{-}9)$$

$$t_p \geqslant 4t_1 - t \qquad (12\text{-}1\text{-}10)$$

B. 对 K 形间隙节点，可按表 12-2-6 第 2 及 3 款中相应的公式计算承载力，这时用 t_p 代替 t 用加强板设计强度 f_p 代替主管设计强度 f。

②对于侧板加强的 T、Y、X 和 K 形间隙方管节点，如图 12-1-4c 所示，可用表 12-2-6 第 2 及 3 款中相应的计算主管侧壁承载力的公式计算，此时用 $t + t_p$ 代替侧壁厚 t，A_v 取为 $2h\,(t + t_p)$。

8）无加劲的直接焊接方（矩）形钢管节点的焊缝计算，应符合下列规定：

①在节点处，支管沿周边与主管相焊，焊缝承载力应不小于节点承载力。

②直接焊接的方（矩）形管节点中，轴心受力支管与主管的连接焊缝可视为全周角焊缝按下式计算：

$$\frac{N_i}{h_e l_w} \leqslant f_f^w \qquad (12\text{-}1\text{-}11)$$

式中　N_i——支管轴力设计值；

　　　h_e——角焊缝计算厚度，当支管承受轴力时，平均计算厚度可取 $0.7h_f$；

　　　l_w——焊缝的计算长度，按下面公式计算；

　　　f_f^w——角焊缝的强度设计值（N/mm²）。

③支管为方（矩）形管时，角焊缝的计算长度 l_w 可按下列公式计算：

A. 对于有间隙的 K 形和 N 形节点

当 $\theta_i \geqslant 60°$ 时

$$l_w = \frac{2h_i}{\sin\theta_i} + b_i \qquad (12\text{-}1\text{-}12)$$

当 $\theta_i \leqslant 50°$ 时

$$l_w = \frac{2h_i}{\sin\theta_i} + 2b_i \qquad (12\text{-}1\text{-}13)$$

当 $50° < \theta_i < 60°$ 时，l_w 按插值法确定。

B. 对于 T、Y 和 X 形节点

$$l_w = \frac{2h_i}{\sin\theta_i} \qquad (12\text{-}1\text{-}14)$$

④当支管为圆管时，焊缝计算长度 l_w：

$$l_w = \pi(a_0 + b_0) - D_i \qquad (12\text{-}1\text{-}15)$$

$$a_0 = \frac{R_i}{\sin\theta_i} \qquad (12\text{-}1\text{-}16)$$

$$b_0 = R_i \qquad (12\text{-}1\text{-}17)$$

式中　a_0——椭圆相交线的长半轴；

　　　b_0——椭圆相交线的短半轴；

　　　R_i——圆支管半径；

　　　θ_i——支管轴线与主管轴线的交角。

12.2 钢管结构中支管受力时承载力设计

12.2.1 无加劲直接焊接圆钢管节点的焊缝计算

1. 一般规定

1）在节点处，支管沿周边与主管相焊。支管互相搭接处，搭接支管沿搭接边与被搭接支管相焊。焊缝承载力不应小于节点承载力。

2）T（Y）、X 或 K 形间隙节点及非其他搭接节点中，支管为圆管时的焊缝承载能力设计值应按下列规定计算。

2. 支管为圆管时的焊缝计算长度

焊缝计算长度见表 12-2-1。

表 12-2-1　焊缝计算长度

序号	项目		计算公式	备注
1		焊缝承载能力设计值	非搭接支管与主管的连接焊缝可视为全周角焊缝进行计算。角焊缝的计算厚度可取 $0.7h_f$，且取 $\beta_f = 1$ $$N_f = 0.7h_f l_w f_f^w \quad (12\text{-}2\text{-}1)$$	式中 h_f——焊脚尺寸（mm） f_f^w——角焊缝强度设计值（N/mm^2） l_w——焊缝的计算长度（mm）
2	支管仅受轴向力	支管和主管均为圆管焊缝计算长度	当 $D_i/D \leqslant 0.65$ $$l_w = (3.25D_i - 0.025D)\left(\frac{0.534}{\sin\theta_i} + 0.446\right) \quad (12\text{-}2\text{-}2)$$ 当 $0.65 < D_i/D \leqslant 1.0$ $$l_w = (3.81D_i - 0.389D)\left(\frac{0.534}{\sin\theta_i} + 0.446\right) \quad (12\text{-}2\text{-}3)$$	
3		支管为圆管，主管为矩形管焊缝计算长度	当支管为圆管，主管为矩形管时，焊缝的计算长度为支管与主管的相交线长度减去支管直径	
4	支管承受平面内弯矩	支管和主管均为圆管时焊缝承载力设计值	支管与主管的连接焊缝可视为全周角焊缝进行计算。角焊缝的计算厚度可取 $0.7h_f$，且取 $\beta_f = 1$ 焊缝承载力 M_{fi} 按下式计算 $$M_{fi} = W_{fi} f_f^w \quad (12\text{-}2\text{-}4)$$ $$W_{fi} = \frac{I_{fi}}{x_c + D/(2\sin\theta_i)} \quad (12\text{-}2\text{-}5)$$ $$x_c = (-0.34\sin\theta_i + 0.34)(2.188\beta^2 + 0.959\beta + 0.188)D_i \quad (12\text{-}2\text{-}6)$$ $$I_{fi} = \left(\frac{0.826}{\sin^2\theta} + 0.113\right) \times (1.04 + 0.124\beta - 0.322\beta^2) \times \frac{\pi}{64} \times \frac{(D + 1.4h_f)^4 - D^4}{\cos\phi_{fi}} \quad (12\text{-}2\text{-}7)$$ $$\phi_{fi} = \arcsin(D_i/D) = \arcsin\beta \quad (12\text{-}2\text{-}8)$$	W_{fi}——焊缝有效截面的平面内抗弯模量（m^3） x_c——参数 I_{fi}——焊缝有效截面的平面内抗弯惯性矩（m^4）
5	支管承受平面外弯矩	支管和主管均为圆管时焊缝承载力设计值	支管与主管的连接焊缝可视为全周角焊缝进行计算。角焊缝的计算厚度可取 $0.7h_f$，且取 $\beta_f = 1$ 焊缝承载力 M_{fo} 按下式计算 $$M_{fo} = W_{fo} f_f^w \quad (12\text{-}2\text{-}9)$$ $$W_{fo} = \frac{I_{fo}}{D/(2\cos\phi_{fo})} \quad (12\text{-}2\text{-}10)$$ $$\phi_{fo} = \arcsin(D_i/D) = \arcsin\beta \quad (12\text{-}2\text{-}11)$$ $$I_{fo} = (0.26\sin\theta + 0.74) \times (1.04 - 0.06\beta) \times \frac{\pi}{64} \times \frac{(D + 1.4h_f)^4 - D^4}{\cos^3\phi_{fo}} \quad (12\text{-}2\text{-}12)$$	W_{fo}——焊缝有效截面的平面外抗弯模量（m^3） I_{fo}——焊缝有效截面的平面外抗弯惯性矩（m^4）

3. 矩形管结构焊缝的计算长度（取支管与主管相交线的长度）

（1）对于有间隙的 K 形和 N 形节点

$\theta_i \geqslant 60°$时

$$l_w = \frac{2h_i}{\sin\theta_i} + b_i \qquad (12\text{-}2\text{-}13)$$

$\theta_i \leqslant 50°$时

$$l_w = \frac{2h_i}{\sin\theta_i} + 2b_i \qquad (12\text{-}2\text{-}14)$$

当 $50° < \theta_i < 60°$，l_w 按插入法确定。

（2）对于 T、Y 形和 X 形节点　见表 12-2-2 中图形。

$$l_w = \frac{2h_i}{\sin\theta_i} \qquad (12\text{-}2\text{-}15)$$

式中　h_i、b_i——支管的截面高度和宽度。

12.2.2　圆钢管直接焊接节点承载力计算

1）圆钢管连接应符合下列规定：

①支管与主管的壁厚及外径之比均不得小于 0.2，且不得大于 1.0。

②主支管轴线间的夹角不得小于 30°。

③支管轴线在主管横截面所在平面投影的夹角不得小于 60°且不得大于 120°。

2）无加劲直接焊接的平面节点，当支管按仅承受轴心力的构件设计时，支管在节点处的承载力设计值不得小于其杆件轴心力设计值。圆钢管支管（平面节点）在轴心力作用下的承载力设计值见表 12-2-2。

3）无加劲直接焊接的空间圆钢管节点，当支管按仅承受轴力的构件设计时，空间节点的承载力设计值应按下列规定计算，支管在节点处的承载力设计值不得小于其轴心力设计值，无加劲直接焊接空间圆钢管节点支管的承载力设计值见表 12-2-3。

4）无加劲直接焊接平面圆钢管 T、Y 及 X 形节点，支管在受弯、压弯、拉弯作用下节点承载力设计值见表 12-2-4。

5）主管呈弯曲状的平面或空间圆钢管焊接节点计算。主管呈弯曲状的平面或空间圆管焊接节点，当主管曲率半径 $R \geqslant 5m$ 且主管曲率半径 R 与主管直径 D 之比不小于 12 时，可采用本节有关计算公式进行承载力计算。同济大学进行了主管为向内弯曲、向外弯曲和无弯曲（直线状）的圆管焊接节点静力加载对比试验共 15 件，节点形式有平面 K 形、空间 TT 形、KK 形、KTT 形。同时，应用有限元分析方法对节点进行了弹塑性分析，考虑的节点参数包括 β 变化范围 0.5 ~ 0.8，主管径厚比 2γ 变化范围 36 ~ 50，支管与主管的厚度比 τ 变化范围 0.5 ~ 1.0，主管轴线弯曲曲率半径 R 变化范围 5 ~ 35m，以及轴线弯曲曲率半径 R 与主管直径 d 之比变化范围 12 ~ 110。研究表明，无论主管轴线向内还是向外弯曲，以上各种形式的圆管节点与直线状的主管节点相比，节点受力性能没有大的差别，节点极限承载力相差不超过 5%。

6）局部加劲的圆管焊接节点计算。对于主管采用包覆半圆加强板加劲的节点，如图 12-2-15 所示。当支管受压时，节点承载力设计值，取相应未加强时节点承载力设计值的 $(0.23\tau_r^{1.18}\beta^{-0.68} + 1)$ 倍；当支管受拉时，节点承载力设计值，取相应未加强时节点承载力设计值的 $1.13\tau_r^{0.59}$ 倍；τ_r 为加强板厚度与主管壁厚的比值。

圆管加强板的几何尺寸，国外有若干试验数据发表，同济大学补充实施了新的试验，据此校验了有限元模型。采用校验过的模型对 T 形连接的极限承载力进行了数值计算。计算表明，当支

表12-2-2 圆钢管支管（平面节点）在轴心力作用下的承载力设计值

序号	节点形式	计算公式	备注
1	X 形节点 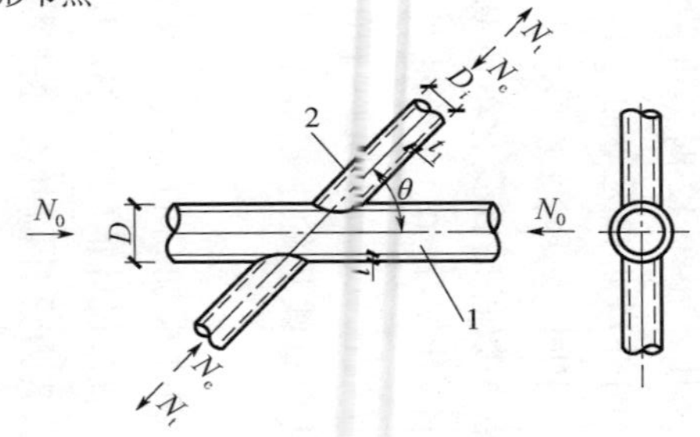 图12-2-1 X 形节点 1—主管 2—支管	支管受压在节点处的承载力 $$N_{\mathrm{cX}} = \frac{5.45}{(1-0.81\beta)}\,\sin\theta\,\psi_{\mathrm{n}}t^2 f \quad (12\text{-}2\text{-}16)$$ $$\beta = D_i/D \quad (12\text{-}2\text{-}17)$$ $$\psi_{\mathrm{n}} = 1 - 0.3\frac{\sigma}{f_y} - 0.3\left(\frac{\sigma}{f_y}\right)^2 \quad (12\text{-}2\text{-}18)$$ 支管受拉在节点处的承载力 $$N_{\mathrm{tX}} = 0.78\left(\frac{D}{t}\right)^{0.2} N_{\mathrm{cX}} \quad (12\text{-}2\text{-}19)$$	式中 ψ_{n}—参数，当节点两侧或一侧主管受拉时，取 $=1.0$，其余按式（12-2-18）计算 t—主管壁厚（mm） f—主管钢材的抗拉、抗压和抗弯强度设计值（N/mm²） θ—主支管轴线间小于直角的夹角 D、D_i—主管和支管的直径（mm） f_y—主管钢材的屈服强度（N/mm²） σ—节点两侧主管轴心压应力中的较小绝对值（N/mm²）
2	T（Y）形受拉 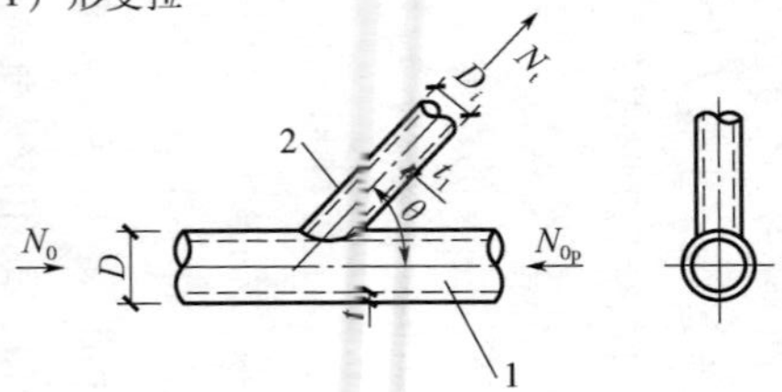 图12-2-2 T（Y）形节点 1—主管 2—支管 T（Y）形受压 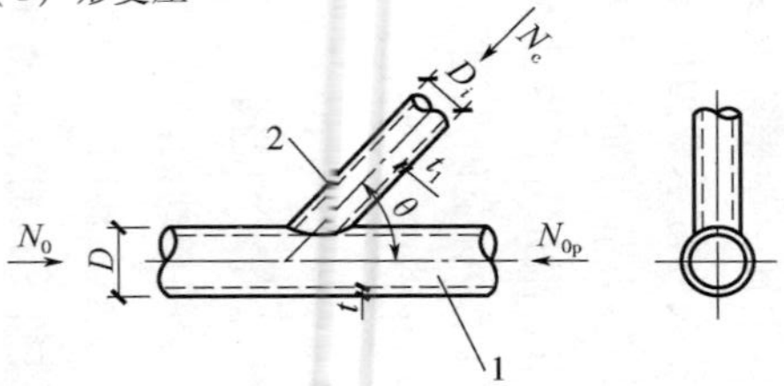 图12-2-3 T（Y）形节点 1—主管 2—支管	支管受压在节点处的承载力 $$N_{\mathrm{cT}} = \frac{11.51}{\sin\theta}\left(\frac{D}{t}\right)^{0.2}\psi_{\mathrm{n}}\psi_{\mathrm{d}}t^2 f \quad (12\text{-}2\text{-}20)$$ $\beta \le 0.7$ 时 $$\psi_{\mathrm{d}} = 0.069 + 0.93\beta \quad (12\text{-}2\text{-}21)$$ $\beta > 0.7$ 时 $$\psi_{\mathrm{d}} = 2\beta - 0.68 \quad (12\text{-}2\text{-}22)$$ 支管受拉在节点处的承载力 $\beta \le 0.6$ 时 $$N_{\mathrm{tT}} = 1.4 N_{\mathrm{cT}} \quad (12\text{-}2\text{-}23)$$ $\beta > 0.6$ 时 $$N_{\mathrm{tT}} = (2-\beta) N_{\mathrm{cT}} \quad (12\text{-}2\text{-}24)$$	

3	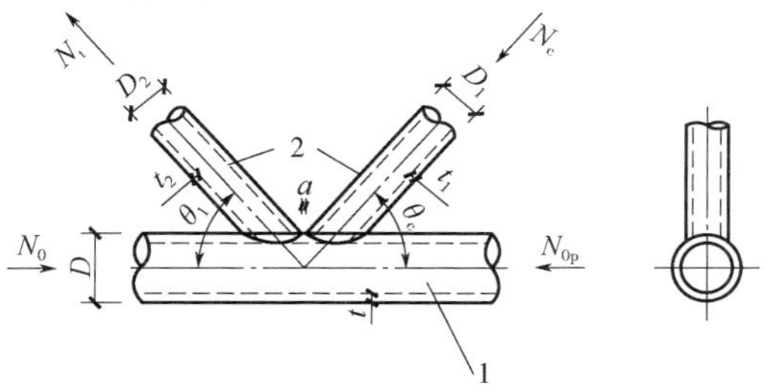 K形有间隙节点	支管受压在节点处的承载力 $$N_{cK} = \frac{11.51}{\sin\theta_c}\left(\frac{D}{t}\right)^{0.2}\psi_n\psi_d\psi_a t^2 f \quad (12\text{-}2\text{-}25)$$ $$\psi_a = 1 + \left(\frac{2.19}{1+7.5a/D}\right)\left(1-\frac{20.1}{6.6+D/t}\right)(1-0.77\beta) \quad (12\text{-}2\text{-}26)$$ 支管受拉在节点处的承载力设计值 $$N_{tK} = \frac{\sin\theta_c}{\sin\theta_t}N_{cK} \quad (12\text{-}2\text{-}27)$$	式中： θ_c——受压支管轴线与主管轴线的夹角 ψ_n——参数，按式（12-2-26）计算 ψ_d——参数，按式（12-2-21）及式（12-2-22）计算 a——两支管间的间隙（mm）

图 12-2-4 K 形节点
1—主管 2—支管

4	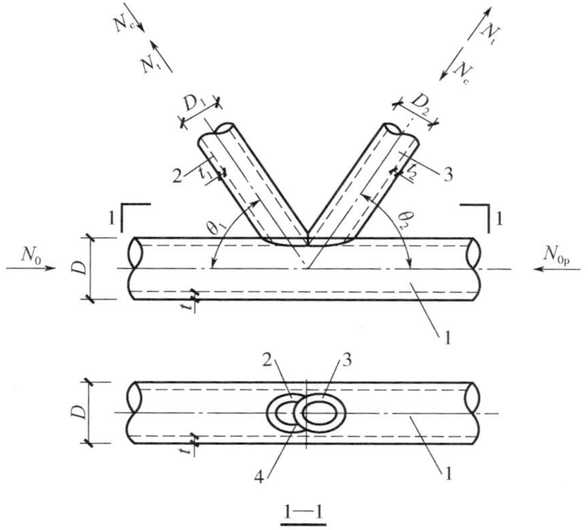 K形搭接节点	受压支管在节点处的承载力 $$N_{cK} = \left(\frac{29}{\psi_q+25.2}-0.074\right)A_c f \quad (12\text{-}2\text{-}28)$$ 支管受拉在节点处的承载力 $$N_{tK} = \left(\frac{29}{\psi_q+25.2}-0.074\right)A_t f \quad (12\text{-}2\text{-}29)$$ $$\psi_q = \beta^{\eta_{ov}}\gamma^{0.8-\eta_{ov}}\tau \quad (12\text{-}2\text{-}30)$$ $$\gamma = D/(2t) \quad (12\text{-}2\text{-}31)$$ $$\tau = t_i/t \quad (12\text{-}2\text{-}32)$$	式中： ψ_q——参数 A_c——受压支管的截面面积（mm²） A_t——受拉支管的截面面积（mm²） f——支管钢材强度设计值（N/mm²） t_i——支管壁厚（mm）

图 12-2-5 K 形搭接节点
1—主管 2—搭接支管 3—被搭接支管 4—被搭接支管隐藏部分

（续）

序号	节点形式	计算公式	备注
5	DY 形节点 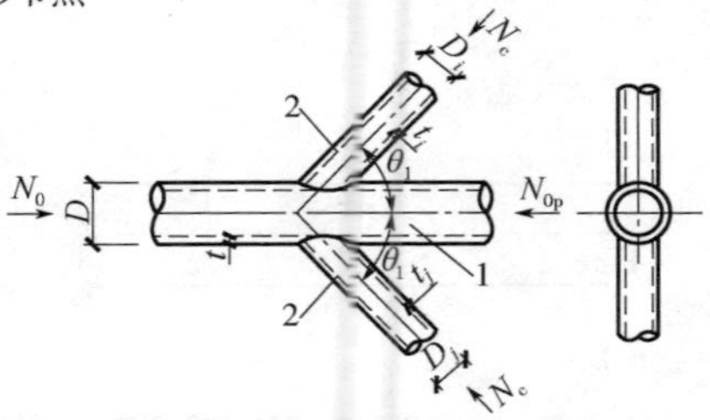 图 12-2-6 DY 形搭接形节点 1—主管 2—支管	两受压支管受压在节点处的承载力 $$N_{cDY} = N_{cX} \tag{12-2-33}$$	式中 N_{cX}——X 形节点中受压承载力设计值 (N)
6	平面 DK 形节点 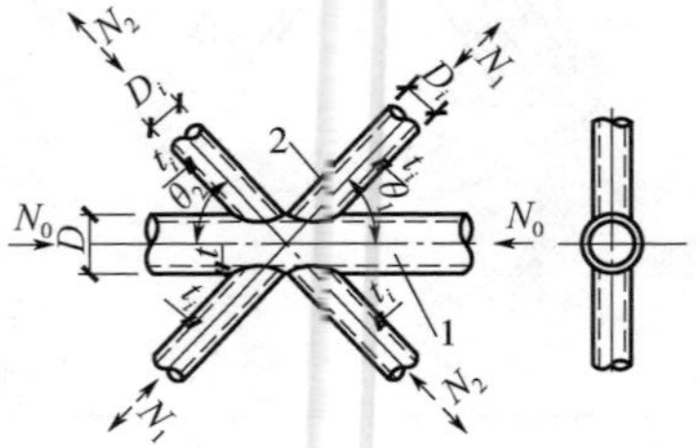 图 12-2-7 荷载正对称平面 DK 形节点 1—主管 2—支管 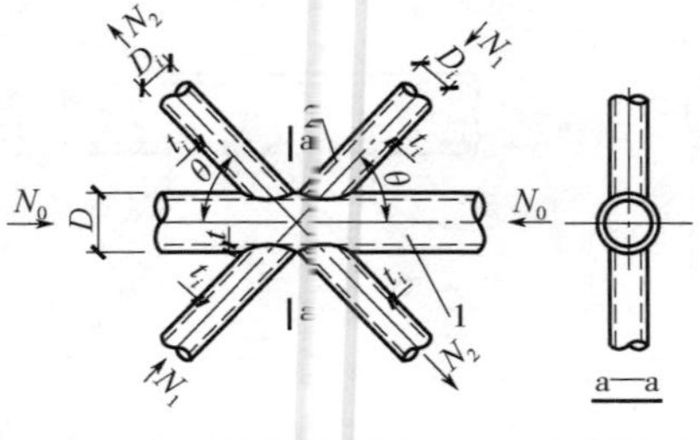 图 12-2-8 荷载反对称平面 DK 形节点 1—主管 2—支管	1) 荷载正对称节点如图 12-2-7 所示 四支管同时受压，支管在节点处的承载力： $N_1\sin\theta_1 + N_2\sin\theta_2 = \text{MAX}(N_{cX1}\sin\theta_1,\ N_{cX2}\sin\theta_2)$ (12-2-34a) $N_{cXi}\sin\theta_i \leqslant N_{cXi}\sin\theta_i$ (12-2-35a) 四支管同时受拉，支管在节点处的承载力： $N_1\sin\theta_1 + N_2\sin\theta_2 = \text{MAX}(N_{tX1}\sin\theta_1,\ N_{tX2}\sin\theta_2)$ (12-2-34b) $N_{tXi}\sin\theta_i \leqslant N_{tXi}\sin\theta_i$ (12-2-35b) 2) 荷载反对称节点如图 12-2-8 所示 $N_1 \leqslant N_{cK}$ (12-2-36) $N_2 \leqslant N_{tK}$ (12-2-37) 对于荷载反对称作用的同隙节点，如图 12-2-8 所示，需补充验算截面 a—a 的塑性剪切承载力 $$\sqrt{\left(\frac{\sum N_i\sin\theta_i}{V_{pl}}\right)^2 + \left(\frac{N_a}{N_{pl}}\right)^2} \leqslant 1.0 \tag{12-2-38}$$ $$V_{pl} = \frac{2}{\pi}Af_v \tag{12-2-39}$$ $$N_{pl} = \pi(D-t)tf \tag{12-2-40}$$	式中 N_{cX1}、N_{cX2}——X 形节点中支管受压时节点承载力设计值 (N) N_{tX1}、N_{tX2}——X 形节点中支管受压时节点承载力设计值 (N) N_{cK}——平面 K 形节点中受压支管承载力设计值 (N) N_{tK}——平面 K 形节点中受拉支管承载力设计值 (N) V_{pl}——主管剪切承载力 (N) A——主管截面面积 (mm²) f_v——主管钢材抗剪强度设计值 (N/mm²) N_{pl}——主管轴向承载力 (N) N_a——截面 a—a 处主管轴力设计值 (N)

			式中
7	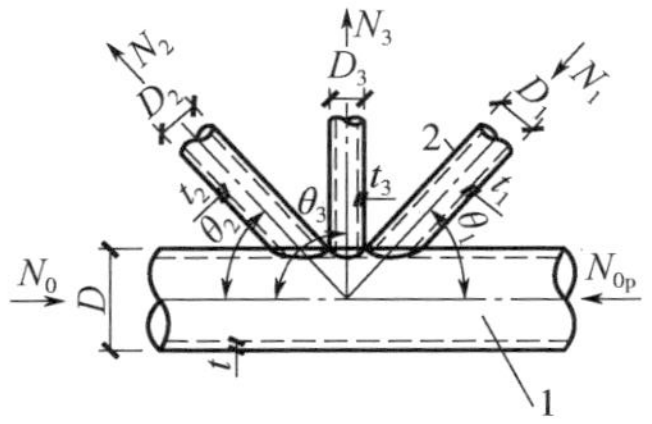 平面 KT 形节点 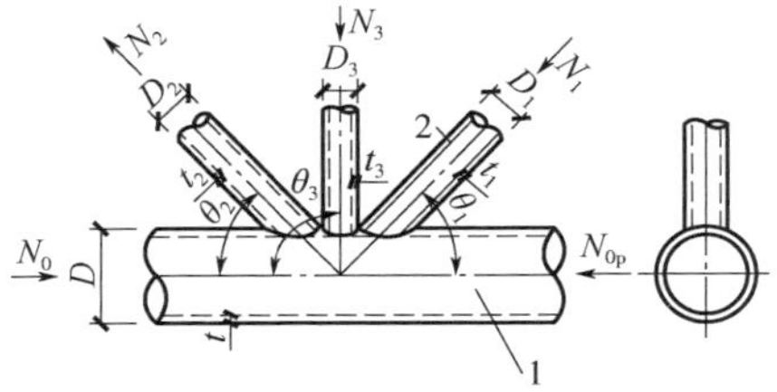	对有间隙的 KT 形节点，当竖杆不受力，可按没有竖杆的 K 形节点计算；当竖杆受压力，其间隙值 a 取为两斜杆的趾间距，按下式计算： $$N_1\sin\theta_1 + N_3\sin\theta_3 \le N_{cK1}\sin\theta_1 \quad (12\text{-}2\text{-}41)$$ $$N_1\sin\theta_2 \le N_{cK1}\sin\theta_1 \quad (12\text{-}2\text{-}42)$$ 当竖杆受拉力时，尚应按下式计算： $$N_1 \le N_{cK1} \quad (12\text{-}2\text{-}43)$$ 图 12-2-9　平面 KT 形节点 a) N_1、N_3受压　b) N_2、N_3受拉 1—主管　2—支管	N_{cK1}——K 形节点支管承载力设计值，由式 2-2-28 计算，式中 $\beta = (D_1 + D_2 + D_3)/3D$ a——受压支管与受拉支管在主管表面的间隙
8	T、Y、X 形和有间隙的 K、N 形、平面 KT 形节点的冲剪验算	支管在节点处的冲剪承载力设计值 N_{si} 应按下式进行补充验算： $$N_{si} = \pi\frac{1+\sin\theta_i}{2\sin^2\theta_i}tD_if_v \quad (12\text{-}2\text{-}44)$$	

表 12-2-3　无加劲直接焊接空间圆钢管节点支管的承载力设计值

序号	节点形式	计算公式	备注
1	空间 TT 形节点 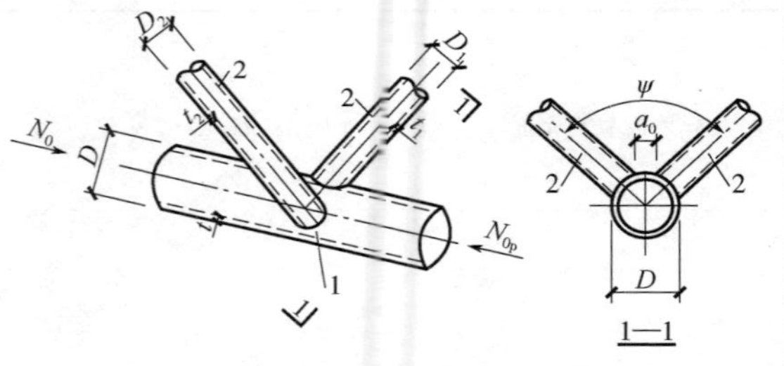 图 12-2-10　空间 TT 形节点 1—主管　2—支管	受压支管在管节点处的承载力 $$N_{cTT} = \psi_{ao} N_{cT} \qquad (12\text{-}2\text{-}45)$$ $$\psi_{ao} = 1.28 - 0.64\frac{a_0}{D} \leq 1.1 \qquad (12\text{-}2\text{-}46)$$ 受拉支管在管节点处的承载力 $$N_{tTT} = N_{cTT} \qquad (12\text{-}2\text{-}47)$$	式中 a_0——两支管的横向间隙
2	空间 KK 形节点 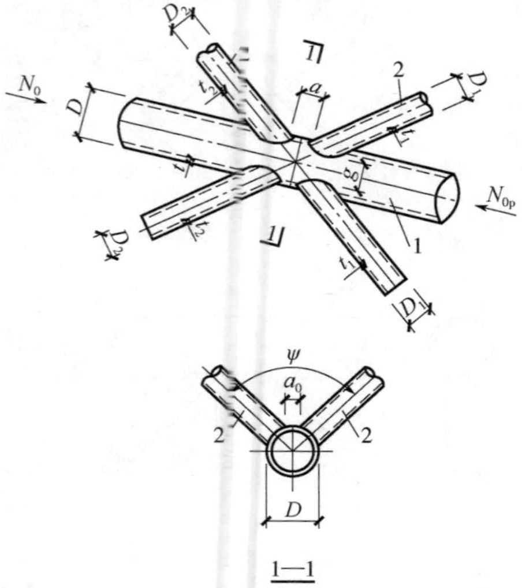 图 12-2-11　空间 KK 形节点 1—主管　2—支管	受压或受拉支管在空间管节点处的承载力设计值 N_{cKK} 或 N_{tKK} 应分别按平面 K 形节点相应支管承载力设计值 N_{cK} 或 N_{tK} 乘以空间调整系数 μ_{KK} 确定： 支管为非全搭接型 $$\mu_{KK} = 0.9 \qquad (12\text{-}2\text{-}48)$$ 支管为全搭接型 $$\mu_{KK} = 0.74\gamma^{0.1}\exp(0.6\xi_1) \qquad (12\text{-}2\text{-}49)$$ $$\xi_1 = \frac{q_0}{D} \qquad (12\text{-}2\text{-}50)$$	式中 ξ_1——参数 q_0——平面外两支管的搭接长度

空间 KT 形

1) K 形受压支管在管节点处的承载力

$$N_{cKT} = Q_n \mu_{KT} N_{cK} \tag{12-2-51}$$

2) K 形受拉支管在管节点处的承载力

$$N_{tKT} = Q_n \mu_{KT} N_{tK} \tag{12-2-52}$$

3) T 形支管在管节点处的承载力

$$N_{KT} = n_{KT} N_{cKT} \tag{12-2-53}$$

$$Q_n = \frac{1}{1 + \dfrac{0.7 n_{TK}^2}{1 + 0.6 n_{TK}}} \tag{12-2-54}$$

$$n_{TK} = N_T / |N'_{cK}| \tag{12-2-55}$$

$$\mu_{KT} = \begin{cases} 1.15\beta_T^{0.07}\exp(-0.2\xi_0) & \text{空间 KT 形间隙节点} \\ 1.0 & \text{空间 KT 形平面内搭接节点} \\ 0.74\gamma^{0.1}\exp(-0.25\xi_0) & \text{空间 KT 形全搭接节点} \end{cases}$$

$$\xi_0 = \frac{a_0}{D} \ \text{或} \ \frac{q_0}{D} \tag{12-2-56}\tag{12-2-57}$$

式中

Q_n——支管轴力比影响系数

n_{TK}——T 形支管轴心力与 K 形支管轴力之比, $-1 \le n_{TK} \le 1$

N_T, N_{cK}——T 形支管和 K 形支管的轴力设计值, 以压为正, 以拉为负

μ_{KT}——空间调整系数, 根据图 12-2-12 的支管搭接方式分别取值

β_T——T 形支管与主管接头的直径比

ξ_0——参数

a_0——K 形支管与 T 形支管的平面外间隙

q_0——K 形支管与 T 形支管的平面外搭接长度

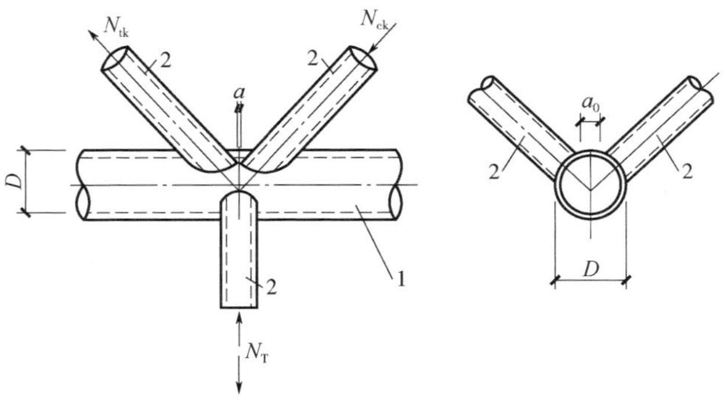

图 12-2-12　空间 KT 形节点
1—主管　2—支管

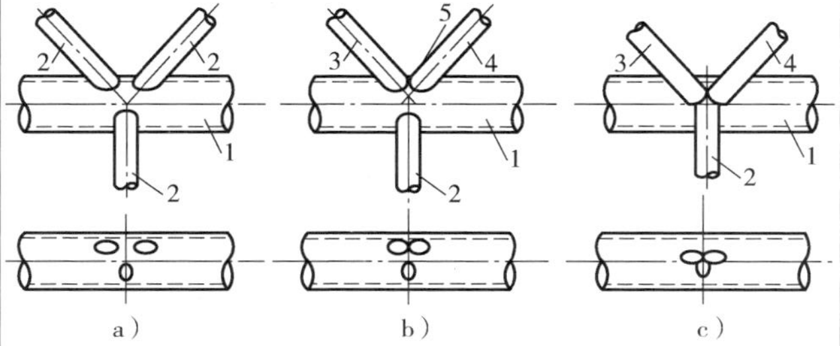

图 12-2-13　空间 KT 形节点分类
a) 空间 KT 形间隙节点
b) 空间 KT 形平面内搭接节点
c) 空间 KT 形全搭接节点
1—主管　2—支管　3—贯通支管
4—搭接支管　5—内隐蔽部分

3

表12-2-4 无加劲直接焊接平面圆钢管T、Y及X形节点，支管在受弯、压弯、拉弯作用下节点承载力设计值

序号	节点形式	计算公式	备注
1	平面T（Y）形节点 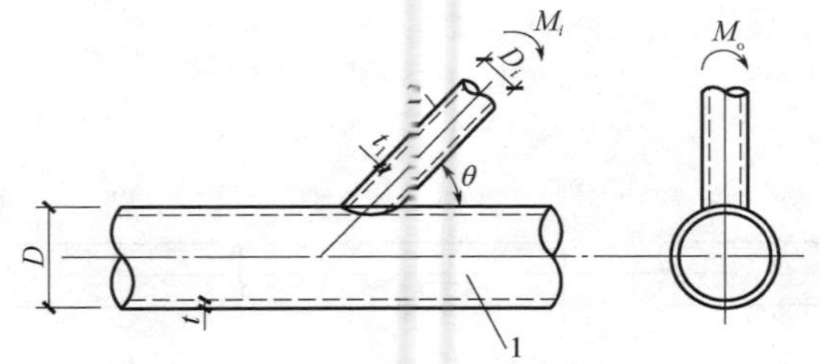 图12-2-14 平面T（Y）形节点平面内及平面外受弯 1—主管 2—支管 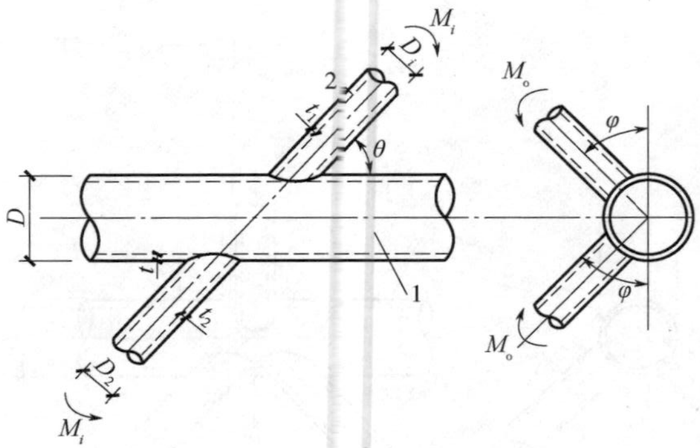 图12-2-15 平面X形节点平面内及平面外受弯 1—主管 2—支管	1) 支管在管节点处的平面内受弯承载力 $$M_{iT} = Q_x Q_f \frac{D_i t^2 f}{\sin\theta_i} \quad (12\text{-}2\text{-}58)$$ $$Q_x = 6.09\beta\gamma^{0.42} \quad (12\text{-}2\text{-}59)$$ 当节点两侧或一侧主管受拉时： $$Q_f = 1 \quad (12\text{-}2\text{-}60)$$ 当节点两侧主管受压时： $$Q_f = 1 - 0.3 n_p - 0.3 n_p^2 \quad (12\text{-}2\text{-}61)$$ $$n_p = \frac{N_{op}}{Af_y} + \frac{M_{op}}{Wf_y} \quad (12\text{-}2\text{-}62)$$ 当 $D_i \leq D - 2t$ 时，平面内弯矩不应大于下式规定的抗冲剪承载力 $$M_{siT} = \left(\frac{1+3\sin\theta_i}{4\sin^2\theta_i}\right) D_i^2 t f_v \quad (12\text{-}2\text{-}63)$$ 2) 支管在管节点处的平面外受弯承载力 $$M_{oT} = Q_y Q_f \frac{D_i t^2 f}{\sin\theta} \quad (12\text{-}2\text{-}64)$$ $$Q_y = 3.2\gamma^{0.5\beta^2} \quad (12\text{-}2\text{-}65)$$ 当 $D_i \leq D - 2t$ 时，平面外弯矩不应大于下式规定的抗冲剪承载力 $$M_{soT} = \left(\frac{3+\sin\theta}{4\sin^2\theta}\right) D_i^2 t f_v \quad (12\text{-}2\text{-}66)$$ 3) 支管在平面内、外弯矩和轴力共同作用下的承载力 $$\frac{N}{N_j} + \frac{M_i}{M_{Ti}} + \frac{M_x}{M_{oT}} \leq 1.0 \quad (12\text{-}2\text{-}67)$$	式中 Q_x——参数 Q_f——参数 N_{op}——节点两侧主管轴心压力的较小绝对值（N） M_{op}——节点与 N_{op} 对应一侧的主管平面内弯矩绝对值（N·mm） A——与 N_{op} 对应一侧的主管截面面积（mm²） w——与 N_{op} 对应一侧的主管截面模量（mm³） N、M_i、M_0——支管在主管节点处的轴心力、平面内弯矩、平面外弯矩设计值 N_j——支管在主管节点处的承载力设计值，根据节点形式按式（12-2-16）~式（12-2-44）计算

管受压时，加强板和主管分担支管传递的内力，但并非如此前文献认为的那样可以用加强板的厚度加上主管壁厚代入强度公式；根据计算结果回归分析，采用图 12-2-16 所示加强板的节点承载力，是无加强时节点承载力的 $(0.23\tau_r^{1.18}\beta^{-0.68}+1)$ 倍。计算也表明，当支管受拉时，由于主管对加强板有约束，并非只有加强板在起作用，根据回归分析，加强板的节点承载力是无加强时节点承载力的 $1.13\tau_r^{0.59}$ 倍。

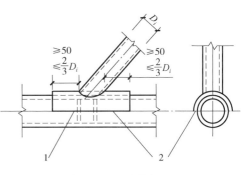

图 12-2-16　主管加强

12.2.3　矩形钢管直接焊接节点和局部加劲节点的计算

1) 参数适用范围。本节规定适用于直接焊接且主管为矩形管，支管为矩形管或圆管的钢管节点，如图 12-2-17 所示，其适用范围应符合表 12-2-5 的要求。对于间隙 K、N 形节点，如果间隙尺寸过大，满足 $a/b > 1.5(1-\beta)$，则两支管间产生错动变形时，两支管间的主管表面不形成或形成较弱的张拉场作用，可以不考虑其对节点承载力的影响，节点分解成单独的 T 形或 Y 形节点计算。图 12-2-18 所示为国外工程中所采用的矩形钢管间隙与搭接节点形式。

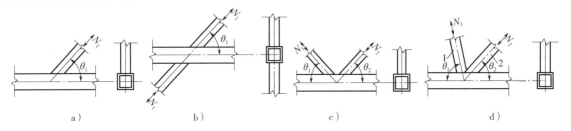

图 12-2-17　矩形管直接焊接平面节点

a) T、Y 形节点　b) X 形节点　c) 有间隙的 K、N 形节点　d) 搭接的 K、N 形节点

1—搭接支管　2—被搭接支管

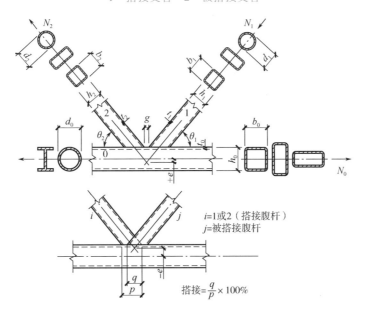

图 12-2-18　国外工程中所采用的矩形钢管间隙与搭接节点形式

表 12-2-5　主管为矩形管，支管为矩形管或圆管的钢管节点几何参数适用范围

截面及 节点形式		节点几何参数，$i=1$ 或 2，表示支管；j 表示被搭接支管					
		$\dfrac{b_i}{b}$、$\dfrac{h_i}{b}$ 或 $\dfrac{D_i}{b}$	$\dfrac{b_i}{t_i}$、$\dfrac{h_i}{t_i}$ 或 $\dfrac{D_i}{t_i}$		$\dfrac{h_i}{b_i}$	$\dfrac{b}{t}$、$\dfrac{h}{t}$	a 或 η_{ov} $\dfrac{b_i}{b_j}$、$\dfrac{t_i}{t_j}$
			受压	受拉			
支管为矩形管	T、Y 与 X	$\geqslant 0.25$					—
	K 与 N 间隙节点	$\geqslant 0.1+0.01\dfrac{b}{t}$ $\beta \geqslant 0.35$	$\leqslant 37\varepsilon_{k,i}$ 且 $\leqslant 35$	$\leqslant 35$	$0.5 \leqslant \dfrac{h_i}{b_i} \leqslant 2.0$	$\leqslant 35$	$0.5(1-\beta) \leqslant \dfrac{a}{b} \leqslant 1.5(1-\beta)$ $25\% \leqslant \eta_{ov} \leqslant 100\%$ $a \geqslant t_1+t_2$
	K 与 N 搭接节点	$\geqslant 0.25$	$\leqslant 33\varepsilon_{k,i}$			$\leqslant 40$	$\dfrac{t_i}{t_j} \leqslant 1.0$ $0.75 \leqslant \dfrac{b_i}{b_j} \leqslant 1.0$
支管为圆管		$0.4 \leqslant \dfrac{D_i}{b} \leqslant 0.8$	$\leqslant 44\varepsilon_{k,i}$	$\leqslant 50$		取 $b_i = D_i$ 仍能满足上述相应条件	

注：1. 当 $a/b > 1.5(1-\beta)$，则按 T 形或 Y 形节点计算。
　　2. b_i、h_i、t_i 为第 i 个矩形支管的截面宽度、高度和壁厚；D_i、t_i 为第 i 个圆支管的外径和壁厚；
　　b、h、t 为矩形主管的截面宽度、高度和壁厚；a 为支管间的间隙；η_{ov} 为搭接率；
　　$\varepsilon_{k,i}$ 为第 i 个支管钢材的钢号调整系数；β 为参数：对 T、Y 及 X 形节点，$\beta = b_1/b$ 或 D_1/b；
　　对 K、N 形节点 $\beta = (b_1 + b_2 + h_1 + h_2)/4b$ 或 $\beta = (D_1 + D_2)/b$。

2）无加劲直接焊接的平面节点，当支管按仅承受轴心力的构件节点的承载力设计值见表 12-2-6。

3）无加劲直接焊接的 T 形方管节点，当支管承受弯矩作用时，节点承载力计算见表 12-2-7。

12.3　管截面屋架设计

钢管结构是近几十年来在国内外房屋建筑中应用十分广泛的一种结构形式，如轻型桥架、刚架，尤其是大跨度建筑中圆管制作的立体桁架及空间桁架（网架或网壳）结构。本节着重叙述管截面平面桁架（钢屋架）的设计。

12.3.1　管截面屋架类型、特点及屋架设计的一般规定

1. 管截面屋架类型、特点

1）管截面屋架可分为圆管和方（矩）管两大类。宜采用冷弯成型的高频焊接圆管和方管（2～6mm 壁厚为冷弯薄壁管材），也可热轧成型，当技术经济条件合理时，也可采用无缝钢管。在选择截面时宜优先选用方（矩）管截面，其截面刚度较圆管更合理，构造加工制作更简便。

2）管截面制作的平面（或空间）桁架与传统角钢截面的桁架相比具有以下特点：

①截面材料对于中和轴较均匀分布，使截面同时具有较高的抗压、抗弯、抗扭承载力及较大刚度，从而能降低构件用钢量。

②杆件节点采用杆件间直接焊接时，不需要节点板，构造简便，节约用材。采用方管截面时，更便于连接其他杆件。

③管材为封闭截面，减少构件外表面积，不仅耐腐蚀性能良好，并且便于维修，适当降低维护费用。

④管截面构件外形美观，便于造型，具有一定装饰效果。

⑤管结构采用直接连接时要求施工准确度较高，当杆件较薄时对焊接技术要求较为严格。

⑥材料价格稍高些，应合理应用。设计时应经过方案比较后确认当采用管结构合理时方可采用管结构设计方案。

表 12-2-6　无加劲直接焊接的平面节点，当支管接仅承受轴心力的构件节点的承载力设计值

序号	节点形式	计算公式	备注
1	1) 支管为矩形管的平面 T、Y 和 X 形节点 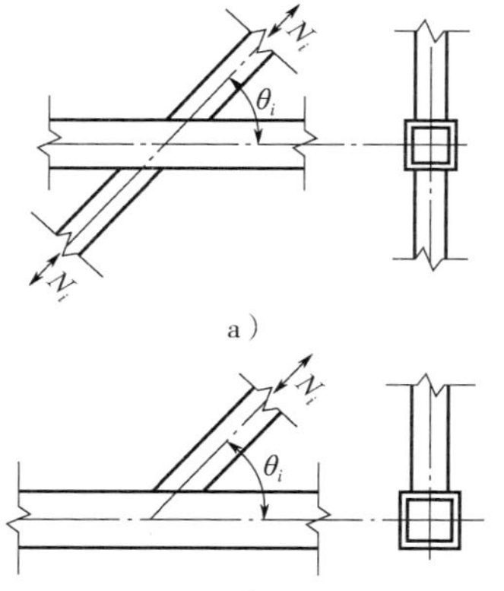 a) b) 图 12-2-19　支管为方管（圆管）与方管下弦 a) X 形节点　b) T、Y 形节点	1) 当 $\beta \leqslant 0.85$ 时，支管在节点处的承载力 $$N_{ui} = 1.8\left(\frac{h_i}{bC\sin\theta_i} + 2\right)\frac{t^2 f}{C\sin\theta_i}\psi_n \quad (12\text{-}2\text{-}68)$$ $$C = (1-\beta)^{0.5} \quad (12\text{-}2\text{-}69)$$ 当主管受压时： $$\psi_n = 1.0 - \frac{0.25\sigma}{\beta f} \quad (12\text{-}2\text{-}70)$$ 当主管受拉时： $$\psi_n = 1.0 \quad (12\text{-}2\text{-}71)$$ 2) 当 $\beta = 1.0$ 时，支管在节点处的承载力 $$N_{ui} = \left(\frac{2h_i}{\sin\theta_i} + 10t\right)\frac{tf_k}{\sin\theta_i}\psi_n \quad (12\text{-}2\text{-}72)$$ 对于 X 形节点，当 $\theta_i < 90°$ 且 $h \geqslant h_i\cos\theta_i$ 时： $$N_{ui} = \frac{2htf_v}{\sin\theta_i} \quad (12\text{-}2\text{-}73)$$ 当支管受拉时： $$f_k = f \quad (12\text{-}2\text{-}74)$$ 当支管受压时： 对于 T、Y 形节点： $$f_k = 0.8\varphi f \quad (12\text{-}2\text{-}75)$$ 对于 X 形节点： $$f_k = (0.65\sin\theta_i)\varphi f \quad (12\text{-}2\text{-}76)$$ $$\lambda = 1.73\left(\frac{h}{t} - 2\right)\sqrt{\frac{1}{\sin\theta_i}} \quad (12\text{-}2\text{-}77)$$ 3) 当 $0.85 < \beta < 1.0$ 时，支管在节点处的承载力设计值 N_{ui} 应按式 (12-2-68)、式 (12-2-72) 或式 (12-2-73) 所计算的值，根据 β 进行线性插值。此外，尚应不超过式 (12-2-78) 的计算值	式中 C——参数，按式 (12-2-69) 计算 ψ_n——参数，按式 (12-2-70) 及式 (12-2-71) 计算 σ——节点两侧主管轴心压应力的较大绝对值 (N/mm²) 式中 f_v——主管钢材抗剪强度设计值 (N/mm²) f_k——主管强度设计值 (N/mm²)，按式 (12-2-74)~式 (12-2-76) 计算 φ——(长细比按式 (12-2-77) 确定的轴心受压构件的稳定系数 式中 f_i——支管钢材抗拉、抗压和抗弯强度设计值 (N/mm²)

（续）

序号	节点形式	计算公式	备注
1	2）支管为矩形（圆）管且与平面 K 和 N 形间隙节点 图 12-2-20 支管为支管（圆管）	$N_{ui} = 2.0(h_i - 2t_i + b_{ei})t_if_i$ （12-2-78） $b_{ui} = \dfrac{10}{b/t}\cdot\dfrac{tf_y}{t_if_{yi}}b_i \leqslant b_i$ （12-2-79） 4）当 $0.85 < \beta < 1 - 2t/b$ 时，N_{ui} 尚应不超过下列公式的计算值 $N_{ui} = 2.0\left(\dfrac{h_i}{\sin\theta_i} + b'_{ei}\right)\dfrac{tf_v}{\sin\theta_i}$ （12-2-80） $b'_{ei} = \dfrac{10}{b/t}\cdot b_i \leqslant b_i$ （12-2-81）	
2	2）支管为矩形（圆）管直角平面 K 和 N 形间隙节点 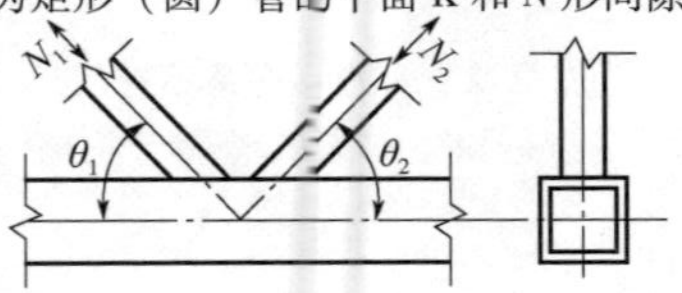 图 12-2-20 支管为方管下弦	1）节点处任一支管的承载力设计值应取下列各式的较小值 $N_{ui} = \dfrac{8}{\sin\theta_i}\beta\left(\dfrac{b}{2t}\right)^{0.5}t^2f\psi_n$ （12-2-82） $N_{ui} = \dfrac{A_vf_v}{\sin\theta_i}$ （12-2-83） 当 $\beta < 1 - 2t/b$ 时，尚应不超过式（12-2-85）的计算值 $N_{ui} = 2.0\left(h_i - 2t_i + \dfrac{b_i + b'_{ei}}{2}\right)t_if_i$ （12-2-84） $N_{ui} = 2.0\left(\dfrac{h_i}{\sin\theta_i} + \dfrac{b_i + b'_{ei}}{2}\right)\dfrac{tf_v}{\sin\theta_i}$ （12-2-85） $A_v = (2h + ab)t$ （12-2-86） $\alpha = \sqrt{\dfrac{3t^2}{3t^2 + 4a^2}}$ （12-2-87） 2）节点间隙处的主管轴心受力承载力设计值 $N = (A - \alpha_v A_v)f$ （12-2-88） $\alpha_v = 1 - \sqrt{1 - \left(\dfrac{V}{V_p}\right)^2}$ （12-2-89） $V_p = A_vf_v$ （12-2-90）	式中 A_v——主管的受剪面积（mm²），按式（12-2-86）计算 α——参数，按式（12-2-87）计算，支管为圆管时 $\alpha = 0$ α_v——剪力对主管轴心承载力的影响系数，按式（12-2-89）计算 V——节点间隙处任一支管所受的剪力，按任一支管的竖向分力计算 A——主管横截面面积（mm²）

3	3) 支管为矩形方（圆）管的平面 K 和 N 形搭接节点 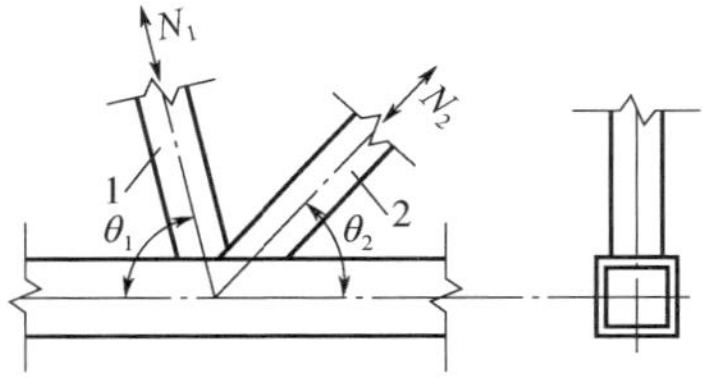 图 12-2-21 支管为方管（圆管）与方管下弦	搭接支管的承载力设计值应根据不同的搭接率 η_{ov} 按下列公式计算（下标 j 表示被搭接支管） 1) 当 $25\% \leq \eta_{ov} < 50\%$ 时 $$N_{ui} = 2.0 \left[(h_i - 2t_i) \frac{\eta_{ov}}{0.5} + \frac{b_{ei} + b_{ej}}{2} \right] t_i f_i \quad (12\text{-}2\text{-}91)$$ $$b_{ej} = \frac{10}{b_j/t_j} \frac{t_j f_{yj}}{t_i f_{yi}} b_i \leq b_i \quad (12\text{-}2\text{-}92)$$ 2) 当 $50\% \leq \eta_{ov} < 80\%$ 时 $$N_{ui} = 2.0 \left(h_i - 2t_i + \frac{b_{ei} + b_{ej}}{2} \right) t_i f_i \quad (12\text{-}2\text{-}93)$$ 3) 当 $80\% \leq \eta_{ov} < 100\%$ 时 $$N_{ui} = 2.0 \left(h_i - 2t_i + \frac{b_i + b_{ej}}{2} \right) t_i f_i \quad (12\text{-}2\text{-}94)$$ 被搭接支管的承载力应满足下式要求 $$\frac{N_{uj}}{A_j f_{yj}} \leq \frac{N_{ui}}{A_i f_{yi}} \quad (12\text{-}2\text{-}95)$$
4	4) 支管为矩形管的平面 KT 形节点 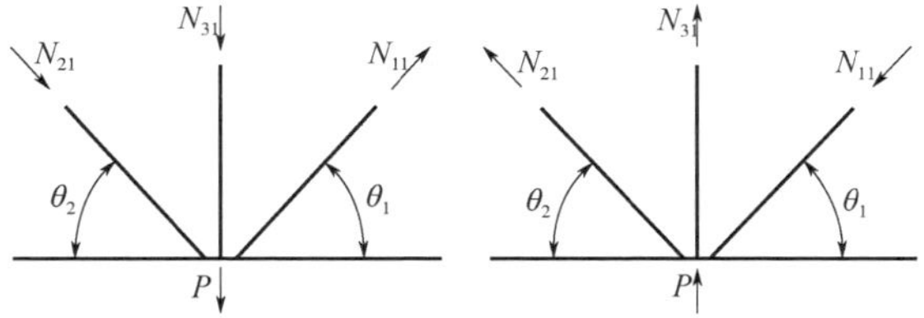 图 12-2-22 KT 形节点	1) 当间隙 KT 形方管节点时，若垂直支管内力为零，则假设垂直支管内力不为零。若垂直支管内力为零，按 K 形节点计算。按 K 形节点和 N 形节点的承载力公式进行修正来计算，此时通过对 K 形和 N 形节点的承载力公式进行修正来计算，此时 $\beta \leq (b_1 + b_2 + h_1 + h_2 + h_3)/(6b)$，间隙值取为两根受力较大且内力符号相反（拉或压）的腹杆间的最大间隙。对于图 12-2-21a、b 所示受荷情况（P 为节点横向荷载，可为零），应满足式 (12-2-96)、式 (12-2-97) 及式 (12-2-98) 的要求 $$N_{u1} \sin\theta_1 \geq N_2 \sin\theta_2 + N_3 \sin\theta_3 \quad (12\text{-}2\text{-}96)$$ $$N_{u1} \geq N_1 \quad (12\text{-}2\text{-}97)$$ $$N_{u1} \sin\theta_1 = N_{u2} \sin\theta_2 \quad (12\text{-}2\text{-}98)$$ 2) 当搭接 KT 形方管节点时，可采用搭接 K 形和 N 形节点的承载力公式检验每一根支管的承载力。计算支管的承载力时应注意搭接次序 式中 N_1、N_2、N_3——腹杆所受的轴向力（N）
5	5) 支管为圆管的各种形式平面节点	支管为圆管的 T、Y、X、K 及 N 形节点时，支管在节点处的承载力，可用上述相应的支管为矩形管的节点的承载力公式计算，这时需用 D_i 替代 b_i 和 h_i，并将计算结果乘以 $\pi/4$

表 12-2-7 无加劲直接焊接的 T 形方管节点，当支管承受弯矩作用时，节点承载力计算

序号	节点形式	计算公式	备注
1	无加劲平面直接焊接的 T 形方管节点	1) 当 β≤0.85 且 n≤0.6 时，按式 (12-2-99) 验算；当 β≤0.85 且 n>0.6 时，按式 (12-2-100) 验算；当 β>0.85 时，按式 (12-2-100) 验算 $$\left(\frac{N}{N_{u1}^*}\right)^2 + \left(\frac{M}{M_{u1}}\right)^2 \leq 1.0 \quad (12\text{-}2\text{-}99)$$ $$\frac{N}{N_{u1}^*} + \frac{M}{M_{u1}} \leq 1.0 \quad (12\text{-}2\text{-}100)$$ 2) N_{u1}^* 的计算 当 β≤0.85 时 $$N_{u1}^* = t^2 f\left[\frac{h_1/b}{1-\beta}(2-n^2) + \frac{4}{\sqrt{1-\beta}}(1-n^2)\right] \quad (12\text{-}2\text{-}101)$$ 当 β>0.85 时，按支管仅承受轴力的相关规定计算 3) M_{u1} 的计算 当 β≤0.85 时 $$M_{u1} = t^2 h_1 f\left(\frac{b}{2h_1} + \frac{2}{\sqrt{1-\beta}} + \frac{h_1/b}{1-\beta}\right)(1-n^2) \quad (12\text{-}2\text{-}102)$$ $$n = \frac{\sigma}{f} \quad (12\text{-}2\text{-}103)$$ 当 β>0.85 时，其受弯承载力设计值取式 (12-2-104) 和式 (12-2-106) 或式 (12-2-107) 计算结果的较小值 $$M_{u1} = \left[W_1 - \left(1 - \frac{b_e}{b}\right)b_1 t_1(h_1 - t_1)\right]f_1 \quad (12\text{-}2\text{-}104)$$ $$b_e = \frac{10}{b/t} \cdot \frac{t f_y}{t_1 f_{y1}} b_1 \leq b_1 \quad (12\text{-}2\text{-}105)$$ 当 t≤2.75mm 时 $$M_{u1} = 0.595 t(h_1 + 5t)^2(1-0.3n)f \quad (12\text{-}2\text{-}106)$$ 当 2.75mm < t≤14mm 时 $$M_{u1} = 0.0025 t(t^2 - 26.8t + 304.6)(h_1 + 5t)^2(1-0.3n)f \quad (12\text{-}2\text{-}107)$$	式中 N_{u1}^*——支管在节点处的轴心受压承载力设计值 (N) M_{u1}——支管在节点处的受弯承载力设计值 (N·mm) n——参数按式 (12-2-103) 计算，受拉时取 $n=0$ b_e——腹杆翼缘的有效宽度 (mm)，按式 (12-2-105) 计算 W_1——支管截面模量 (mm³)

2. 屋架设计的一般规定

1) 本节规定适用于管截面杆件在节点处直接焊接连接,并且不直接承受动力荷载的桁架结构。

2) 管截面桁架在做杆件内力分析时,可将节点视为铰接,但需满足以下规定要求:

①主管为矩形管,支管为矩形管或圆管的钢管节点几何参数适用范围应符合表 12-2-5 的规定。

②在桁架平面内杆件节间长度(或杆件长度)与截面高度(或直径)之比,对主管不小于 12 及对支管不小于 24。

3) 圆管截面受压杆件其外径与壁厚之比不应超过 100 $(235/f_y)$。方(矩)管轴心受压杆件其最大外缘尺寸与壁厚之比不应超过 40 $\sqrt{235/f_y}$。

4) 杆件管材宜选用冷成型圆管或方(矩)管,必要时也可选用热轧无缝钢管。热加工管材和冷成型管材不应采用屈服强度 $f_y > 345\mathrm{N/m^2}$ 及屈强比 $f_y/f_u \leqslant 0.8$ 的钢材,且钢材壁厚不宜大于 25mm。

5) 平面桁架杆件的计算长度应按规范规定确定。考虑管节点具有一定刚度,参照欧洲钢结构规范,杆件的计算长度可按下列规定确定:弦杆在桁架平面内取 $0.9l$;在桁架平面外取 $0.9l_1$;腹杆在桁架平面内、外均取 $0.75l$。

6) 若支管与主管连接节点偏心不超过式(12-3-1)限制时,在计算节点和受拉主管的承载力时,可忽略因偏心对弯矩的影响。但受压主管必须考虑此偏心弯矩 $M = \Delta Ne$(ΔN 为节点两侧主管轴心力之差)的影响,该平衡弯矩可近似按相邻主管的线刚度分配,如图 12-3-1 所示。

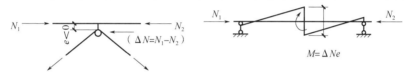

图 12-3-1 受压主管偏心弯矩近似计算

$$-0.55 \leqslant e/h \ (\text{或} \ e/d) \leqslant 0.25 \tag{12-3-1}$$

式中 e——偏心距,符号如图 12-3-1 所示;

d、h——圆主管外径或连接平面内的矩形主管截面高度。

7) 管屋架的杆件截面除按规范的规定进行内力计算选择外,腹杆(支管)尚应按节点控制的容许承载力设计值进行验算。

8) 屋架几何形式宜用节点较少的三角形腹系桁架,如图 12-3-2 所示,必要时可增设辅助竖杆(虚线所示)。其上弦坡度可视屋面围护材料的种类、构造在 1/20 ~ 1/10 间选用。屋架的合理高跨比可在 1/20 ~ 1/10

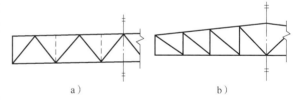

图 12-3-2 三角形腹系桁架
a) 三角形腹杆桁架   b) 带竖杆的三角形腹杆桁架

范围内并偏近 1/15 选用。有条件时屋架尽可能选用平行弦形式。选择截面时,应使同类屋架中管材规格不超过 5 种。

12.3.2 管截面屋架的构造要求及管截面屋架设计

1. 管截面屋架的构造要求

(1) 节点构造要求

1) 主管的外部尺寸不应小于支管的外部尺寸,主管的壁厚不应小于支管的壁厚,在支管与主管的连接处不得将支管插入主管内。

2) 主管与支管或两支管轴线之间夹角不宜小于 30°。

3) 支管与主管的连接节点处,除搭接型节点外,应尽可能避免偏心。

4) 对搭接节点,当支管钢材强度等级不同时,低强度管应搭在高强度管上。

5) 当采用刚搭接节点时,搭接杆端的搭长 q 与其宽度 p 之比为搭接率 $Q_v = (q/p) \times 100\%$,

应满足 $25\% \leqslant Q_v < 100\%$，且应保证搭接部分的支管之间的连接焊缝能可靠地传递内力。

（2）节点连接焊缝要求

1）支管与主管的连接焊缝，应沿全周连续焊接并平滑过渡。支管端部宜用自动切管机切割，支管壁厚小于6mm时，可不切坡口。

2）支管与主管之间的连接可沿全周用角焊缝或部分采用对接焊缝、部分采用角焊缝。支管管壁与主管管壁之间夹角大于或等于120°的区域宜用对接焊缝或带剖口的角焊缝。角焊缝的焊脚尺寸 h_f 不宜大于支管壁厚的2倍。

（3）节点间隙 a 和偏心距 e　方管截面弦杆与腹杆连接节点的间隙 a、偏心 e 可按下列公式计算

1）当已知偏心距 e（含 $e=0$）时，间隙 a 的计算

$$a = \left(e + \frac{h}{2}\right)\frac{\sin(\theta_1 + \theta_2)}{\sin\theta_1 \sin\theta_2} - \frac{h_1}{2\sin\theta_1} - \frac{h_2}{2\sin\theta_2} \tag{12-3-2}$$

若所得 a 为负值时，即为搭接长度 q。

圆管截面节点间隙 a 也应参照式（12-3-2）进行计算。

2）当已知间隙 a 时，偏心距 e 的计算

$$e = \left(\frac{h_1}{2\sin\theta_1} + \frac{h_2}{2\sin\theta_2} + a\right)\frac{\sin\theta_1 \sin\theta_2}{\sin(\theta_1 + \theta_2)} - \frac{h}{2} \tag{12-3-3}$$

圆管截面偏心距 e 也参照式（12-3-3）进行计算。

2. 管截面屋架设计

（1）管截面屋架设计步骤

1）选定屋架形式、几何图形及腹杆构造。

2）按永久荷载和活荷载计算作用于桁架节点（或节间）的荷载。

3）按铰接桁架计算桁架的各杆件轴心力，当有节间荷载时，可近似按四跨连续梁计算杆件跨中与支座（节点处）的弯矩。

4）按杆件内力及径厚比（或宽厚比）等条件初选截面，按规范有关规定确定杆件承载力设计值。

5）选定桁架节点类型，根据制造加工简单的条件可首选间隙型节点。验算支管在节点处承载力设计值，应使支管轴心内力设计值不超过节点承载力设计值。若腹杆（支管）节点承载力不足时，则应修改杆件截面或节点类型，重新核算。

6）桁架节点的连接焊缝计算。

7）必要时验算腹杆承载力的节点效率。

8）验算标准值荷载作用下屋架挠度。

（2）主管和支管均为圆管的直接焊接节点承载计算

1）圆管结构的节点形式。圆管平面桁架节点形式和圆管立体桁架（或空间桁架）节点形式见表12-2-2及表12-2-3中图示。

2）为保证节点处主管的强度，支管轴心力不得大于表12-2-2中规定的计算承载力设计值，且节点计算尚应满足该表规定的适用范围。

3）对于较多采用K形间隙节点设计时，应使 $\beta > 0.6$，主管 d/t 以20~30为宜，即采用相对较厚的管壁，因为受压弦杆 ψ_n 系数控制较严，主管应力也不宜过高。对受拉弦杆 $\psi_n = 1.0$，$\theta \approx 40°$ 时，腹杆承载力比上弦节点较易满足要求。相同条件下宜优先选用方（矩）管截面。

（3）方（矩）管直接焊接节点承载力计算

1）方（矩）管的节点形式见表12-2-6及表12-2-7中图示。

2）为保证节点处的主管强度，支管的轴心力 N_i 和主管的轴心力 N 不得大于表12-2-6中规定的支管轴心受力时承载力设计值，且节点计算尚应满足表12-2-5规定的适用范围。

3）主管为方（矩）管，支管为圆管时，表 12-2-2 中所述各节点承载力计算公式仍可使用，但需用以 d_i 取代 b_i 和 h_i，并将各式右侧乘以系数 $\pi/4$，同时应将弦杆受剪面积 A_v 计算公式中的 α 值取为零（$\alpha = 0$）。

4）对于三角形腹系再增加竖杆（或斜杆）的屋架节点为 K、N 形，其构造参照表 12-2-3 中图示，其常见内力如图 12-3-3 所示。计算其容许的腹杆内力时，仍可按表 12-2-2 中 K、N 节点公式进行，但应用 $(b_1 + b_2 + b_3)/3b$ 代替 $(b_1 + b_2)/2b$。此时，在同一节点内应控制任意两同号腹杆内力竖向分量之和小于等于另一异号腹杆节点容许承载力 N_i^{pj} 的竖向分量，如图 12-3-3a、b 所示。

$$N_1 \sin\theta_1 + N_3 \sin\theta_3 \leqslant N_2^{pj} \sin\theta_2 \qquad (12\text{-}3\text{-}4)$$

$$N_2 \sin\theta_2 + N_3 \sin\theta_3 \leqslant N_1^{pj} \sin\theta_1 \qquad (12\text{-}3\text{-}5)$$

其中，N_1^{pj}、N_2^{pj} 按表 12-2-2 计算，如图 12-3-3c、d 中所示弦杆承受有竖向荷载（如屋面檩条或吊挂重量）时且作用于组合荷载及分量相同方向，另一斜杆连接强度分别为：

$$N_1 \sin\theta_1 + N_3 \sin\theta_3 + P \leqslant N_2^{pj} \sin\theta_2 \qquad (12\text{-}3\text{-}5)$$

$$N_2 \sin\theta_2 + N_3 \sin\theta_3 + P \leqslant N_1^{pj} \sin\theta_1 \qquad (12\text{-}3\text{-}6)$$

必要时檩条或吊杆与桁架的弦杆的连接也应进行附加验算。

圆管截面屋架三角形腹杆增加竖杆的节点 N、K 形，其验算原则与方（矩）形管相同。

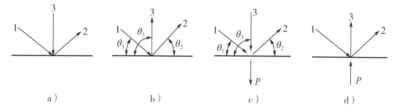

图 12-3-3　四种 K、N 形节点

（4）节点效率　节点效率 C 为节点容许腹杆承载力与该杆屈服承载力 N_y（$N_y = Af_y$）之比

$$C = N_i^{pj}/N_y \qquad (12\text{-}3\text{-}7)$$

（5）节点焊缝设计与构造　管结构的节点由支管沿周边与主管相焊组成时，其结构焊缝承载力应按等于或大于杆件节点承载力进行设计。杆件节点承载力由表 12-2-2 及表 12-2-3 计算确定。其连接焊缝的计算厚度和长度按下列规定计算：

1）在管结构中，支管与主管的连接焊缝可视为全周角焊缝按下式计算。角焊缝的计算厚度沿主管周长是变化的，当支管轴心受力时，平均计算厚度可取 $0.7h_f$。

$$\sigma_f = \frac{N}{0.7h_f l_w} \leqslant f_f^w \qquad (12\text{-}3\text{-}8)$$

2）焊缝的计算长度

①圆管结构中取支管与主管相交线长度 l_w。

当 $d_i/d \leqslant 0.65$ 时，

$$l_w = (3.25d_i - 0.025d)\left(\frac{0.534}{\sin\theta_i} + 0.466\right) \qquad (12\text{-}3\text{-}9)$$

当 $d_i/d > 0.65$ 时，

$$l_w = (3.81d_i - 0.389d)\left(\frac{0.534}{\sin\theta_i} + 0.466\right) \qquad (12\text{-}3\text{-}10)$$

②在方（矩）管结构中，支管与主管交线的计算长度，对于有间隙的 K、N 形节点

当 $\theta_i \geqslant 60°$

$$l_w = \frac{2h_i}{\sin\theta_i} + b_i \qquad (12\text{-}3\text{-}11)$$

当 $\theta_i \geqslant 50°$

$$l_w = \frac{2h_i}{\sin\theta_i} + 2b_i \qquad (12\text{-}3\text{-}12)$$

当 $50° < \theta_i < 60°$ 时按上述值插入法确定。

对 T、Y、X 形节点焊缝计算长度按下式计算确定

$$l_w = \frac{h_i}{\sin\theta_i} \qquad (12\text{-}3\text{-}13)$$

对 K、N 搭接节点,其与主管的连接焊缝,按连接尺寸参照式(12-3-11)与式(12-3-12)取计算长度,但应注意以下几点:

A. 100% 搭接时,被搭接腹杆应沿全周边焊接在弦杆上。

B. 部分搭接时,相搭接两腹杆与弦杆相交的全部周长均应焊接,仅当相搭接两腹杆垂直于弦杆方向内力分量差不超过 20% 时,允许被搭接支管的趾部可不焊接。

③弦杆为矩形管腹杆为圆管的管结构,节点焊缝计算长度为

$$l_w = \frac{\pi d_i}{\sin\theta_i} - d_i \qquad (12\text{-}3\text{-}14)$$

3. 屋架节点焊接构造

1)圆管屋架节点及支管管端焊缝构造如图 12-3-4 所示。

2)方(矩)管屋架节点常用焊缝构造如图 12-3-5 所示。其连接可沿全周角焊缝或部分采用对接,部分采用角焊缝。支管管壁与主管管壁之间的夹角大于(或等于)60° 的区段宜用对接或带坡口的角焊缝,角焊缝的焊脚尺寸 h_f 不宜大于管壁厚度的 2 倍,同时焊条强度级别应与管材级别相匹配。

3)对于有间隙的 K 形或 N 形节点,如图 12-1-1a、b 所示,两支管间的间隙 a 不应小于两支管壁厚之和。

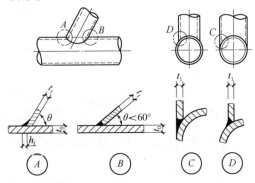

图 12-3-4 圆管节点焊缝构造

4)冷弯成型的方(矩)形管,其管角的弧段及相邻 $5t$(t 为壁厚)的直段部分与冷加工影响区,如图 12-3-5 中 A2 所示,腹杆在此范围内施焊时,主管的截面尺寸及材料性能宜满足表 12-3-1 的要求。

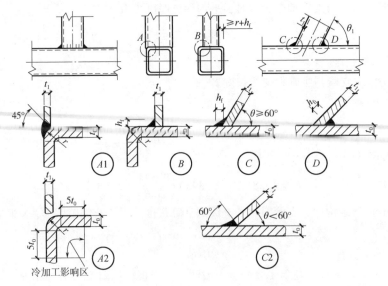

图 12-3-5 方(矩)形管节点焊缝构造

表 12-3-1　冷弯成型方（矩）形管，在冷加工区施焊时，对主管截面尺寸及材料性能的要求

序号	曲率比 r/t	弯曲延长率 ε	允许管壁最大厚度 t/mm
1	≥1.5	<25%	≤8
2	≥1.0	<33%	≤4

12.3.3　加强型节点设计与构造

1）加强型节点常用于节点效率较低情况，当支管（腹杆）直接焊接于主管（弦杆）上时，由于节点容许承载力的要求，使支管不能有效利用薄壁管材截面具有较高惯性半径特性，同时也要求主管应有相对较厚管壁。

根据我国多年来在冷弯薄壁屋架设计中较多采用的加强型节点设计构造，使用情况较好，达到了节省钢材的效果。在工业房屋设计中，较多采用弦杆翼面垫板加宽兼作支撑节点板用，在构造上是较合理的，但对于工业化加工制作却增加了难度，同时在一定程度上影响了构件的外观造型。

2）当 $\beta \leqslant 1.0$ 时，为弦杆截面塑性变形控制，宜采用翼缘板加强型节点，如图 12-3-6a 所示，这是方管截面弦杆采用较多的加强形式。当 $\beta \approx 1.0$ 和主管为矩形管 $h < b$ 时，可认为弦杆腹杆为剪切变形控制，宜采用如图 12-3-6b 所示腹板加强型节点。对 K 形搭接节点可采用如图 12-3-6c、d 所示垂直加劲板及翼板加强型节点。

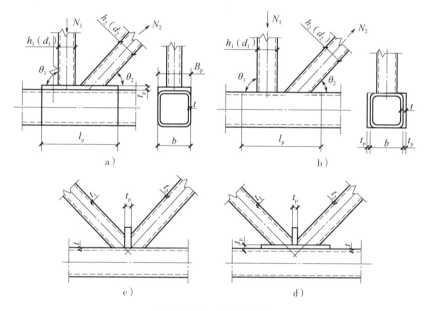

图 12-3-6　加强形节点
a) 翼缘板加强型节点　b) 腹板加强型节点　c、d) K 形搭接加强型节点

3）对于翼缘板加强型节点，其加强板尺寸宜取加强板宽度 $B_p \approx b$，加强板长度 $l_p > 2b$，其加强板厚度 $t_p \geqslant 4t_1 - t$ 或 $t_p > 2t_2$，（t_p 一般根据节点构造要求放样确定）。

对腹板加强型节点，其加劲板尺寸宜取 $B_p \approx h$，$t_p > 2t_2$（或 $2t_1$）。

4）当桁架节点承载力不满足时可采用钢板加强方式加强。

① 主管为圆管时，加强板宜包覆主管半圆，如图 12-3-7a 所示，长度方向两侧均应超过支管最外侧焊缝 50mm 以上，但不宜超过支管直径的 2/3，加强板厚度不宜小于 4mm。

② 主管为方（矩）形管且在与支管相连表面设置加强板，如图 12-3-7b 所示时，加强板长度 l_p 可表 12-3-2 中的公式确定。

③ 主管为方（矩）形管且在与主管两侧表面设置加强板，如图 12-3-7c 所示时，加强板长度 l_p 可表 12-3-2 中的公式确定。

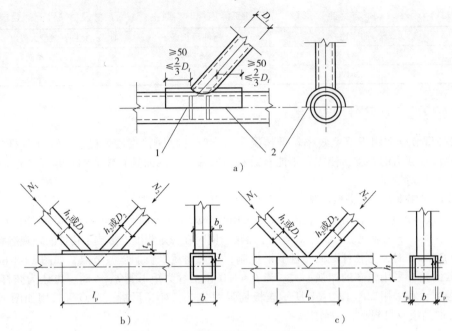

图 12-3-7　主管外表面贴加强板的加劲方式

a）圆管表面的加强板　b）方（矩）形主管与支管连接表面的加强板　c）方（矩）形主管侧表面的加强板

1—四周围焊　2—腹板

表 12-3-2　主管外表面贴加强板的加劲方式

序号	项目	公式	附注
1	主管为方（矩）形管且在与支管相连表面设置加强板	T、Y 和 X 形节点： $$l_p \geqslant \frac{h_1}{\sin\theta_1} + \sqrt{b_p(b_p - b_1)} \quad (12\text{-}3\text{-}15a)$$ K 形间隙节点： $$l_p \geqslant 1.5\left(\frac{h_1}{\sin\theta_1} + a + \frac{h_2}{\sin\theta_2}\right) \quad (12\text{-}3\text{-}15b)$$	式中 l_p、b_p——加强板的长度和宽度 h_1、h_2——支管 1、2 的截面高度 b_1——支管 1 的截面宽度 θ_1、θ_2——支管 1、2 轴线和主管轴线的夹角 a——两支管在主管表面的距离
2	主管为方（矩）形管且在与主管两侧表面设置加强板	T 和 Y 形节点： $$l_p \geqslant \frac{1.5h_1}{\sin\theta_1} \quad (12\text{-}3\text{-}16)$$ K 形间隙节点：可按式（12-3-15b）确定 X 形节点：加强板长度 $l_p = 1.5c$，其中 c 为支管与主管接触线相隔最远的两端点之间的距离： $$c = \frac{h_1}{\sin\theta_1} + \frac{h}{\tan\theta_1} \quad (12\text{-}3\text{-}17)$$	加强板宽度 b_p 宜接近主管宽度，并预留适当的焊缝位置，加强板厚度不宜小于支管最大厚度的 2 倍

④加强板与主管应采用四周围焊，对 K、N 形节点焊缝有效高度应不小于腹杆壁厚。焊接前宜在加强板上先钻一个排气小孔，焊后应用塞焊将孔封闭。

12.4　钢管柱及钢管桁架参考节点

1）单肢管柱的柱头节点构造如图 12-4-1 所示。

2）钢管桁架与钢管柱连接之一如图 12-4-2 所示。

3）钢管桁架与钢管柱连接之二如图 12-4-3 所示。

4）单肢管柱的牛腿节点构造如图 12-4-4 所示。

5）单肢管柱的柱脚节点构造如图 12-4-5 所示。

6）铰接支座如图 12-4-6 所示。

7）钢管柱刚性柱脚如图 12-4-7 所示。

8）双肢管柱的柱头节点构造如图 12-4-8 所示。

9）双肢管柱的肩梁节点构造如图 12-4-9 所示。

10）双肢管柱的柱脚节点构造如图 12-4-10 所示。

11）钢管桁架节点构造之一如图 12-4-11 所示。

12）钢管桁架节点构造之二如图 12-4-12 所示。

13）钢管双弦杆桁架接头形式如图 12-4-13 所示。

14）缩头腹杆与矩形弦杆的连接形式如图 12-4-14 所示。

15）方管"鸟嘴" T 形及 K 形接头如图 12-4-15 所示。

16）钢管桁架支撑连接节点构造如图 12-4-16 所示。

17）格构式刚架节点构造之一如图 12-4-17 所示。

18）格构式刚架节点构造之二如图 12-4-18 所示。

19）格构式刚架节点构造之三如图 12-4-19 所示。

20）管桁架与钢柱连接节点构造如图 12-4-20 所示。

21）柱间支撑连接节点构造如图 12-4-21 所示。

22）桁架端节点连接构造如图 12-4-22 所示。

23）屋面檩条与桁架上弦连接节点构造如图 12-4-23 所示。

24）钢梁与钢管柱顶连接节点构造如图 12-4-24 所示。

25）圆管杆件端部压平连接形式如图 12-4-25 所示。

26）矩形（方形）管直角接头如图 12-4-26 所示。

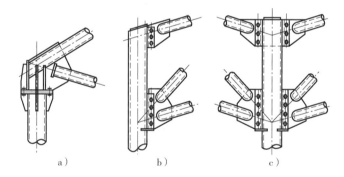

图 12-4-1　单肢管柱的柱头节点构造

a）屋架与钢柱铰接　b、c）屋架与钢柱刚接

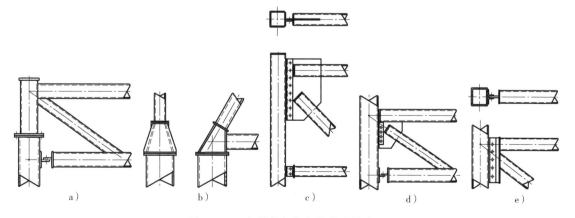

图 12-4-2　钢管桁架与钢管柱连接之一

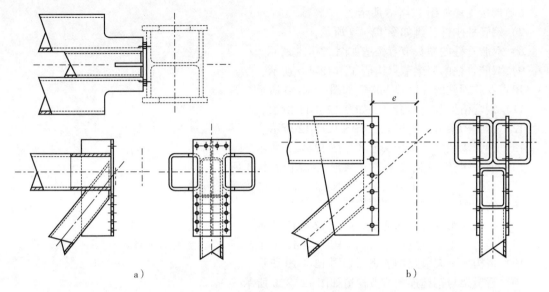

图 12-4-3　钢管桁架与钢管柱连接之二
a) 矩形钢管腹杆将矩形弦杆分开　b) 背靠背弦杆矩形钢

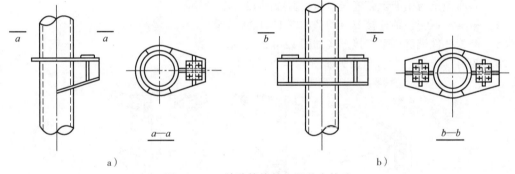

图 12-4-4　单肢管柱的牛腿节点构造

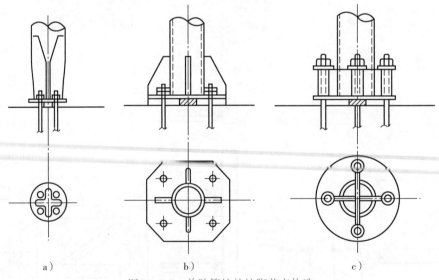

图 12-4-5　单肢管柱的柱脚节点构造
a) 铰接柱脚　b) 半固接柱脚　c) 固接柱脚

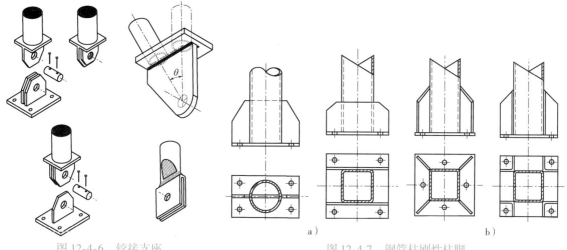

图 12-4-6　铰接支座

图 12-4-7　钢管柱刚性柱脚
a）单向受弯　b）双向受弯

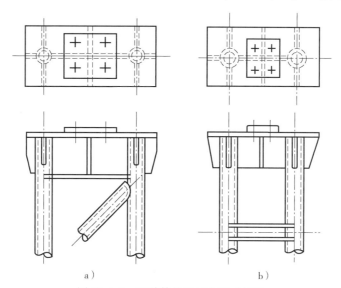

a）　　　　　　　　　　　　b）

图 12-4-8　双肢管柱的柱头节点构造

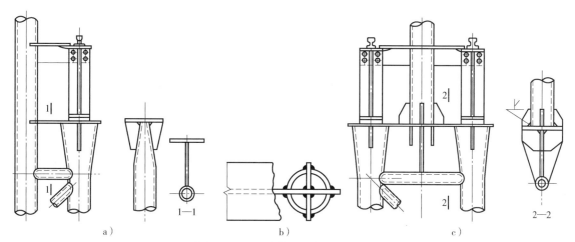

a）　　　　　　　　　　b）　　　　　　　　　　c）

图 12-4-9　双肢管柱的肩梁节点构造
a）边列柱（吊车肢的端部压扁）　b）边列柱（吊车肢的端部不压扁）　c）中列柱（吊车肢的端部压扁）

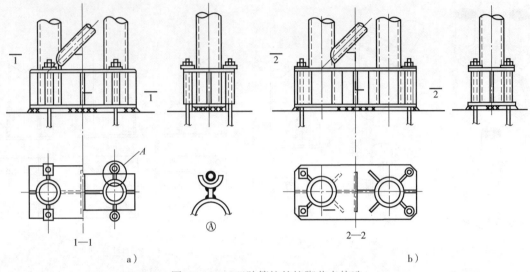

图 12-4-10　双肢管柱的柱脚节点构造

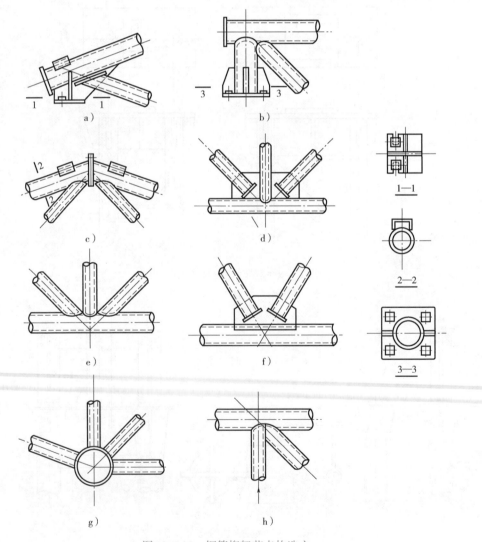

图 12-4-11　钢管桁架节点构造之一

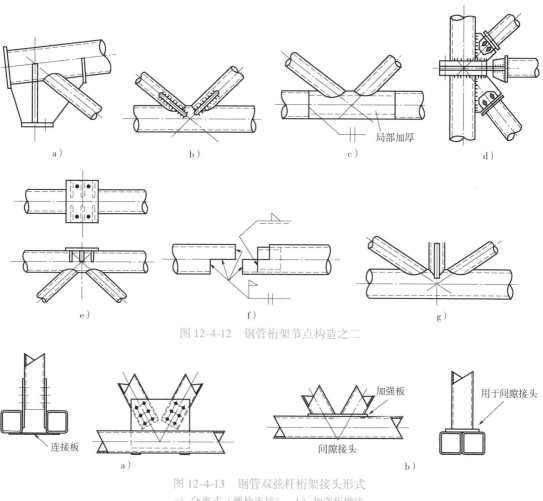

图 12-4-12 钢管桁架节点构造之二

图 12-4-13 钢管双弦杆桁架接头形式
a) 分离式（螺栓连接） b) 加强板做法

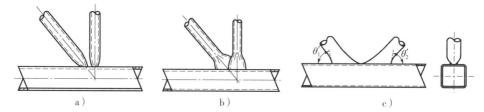

图 12-4-14 缩头腹杆与矩形弦杆的连接形式
a) 沿下弦纵向缩头 b) 沿下弦横向缩头 c) 缩头腹杆零间隙

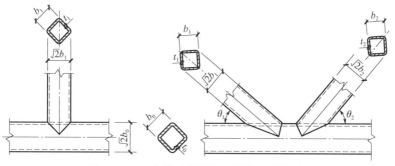

图 12-4-15 方管"鸟嘴"T 形及 K 形接头

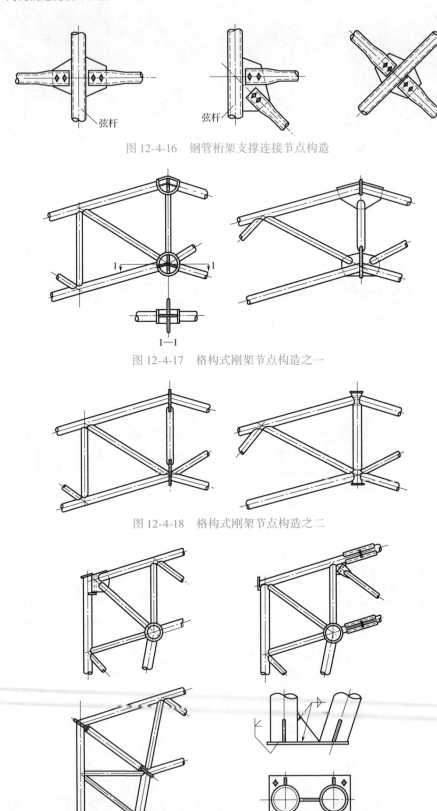

图 12-4-16 钢管桁架支撑连接节点构造

图 12-4-17 格构式刚架节点构造之一

1—1

图 12-4-18 格构式刚架节点构造之二

图 12-4-19 格构式刚架节点构造之三

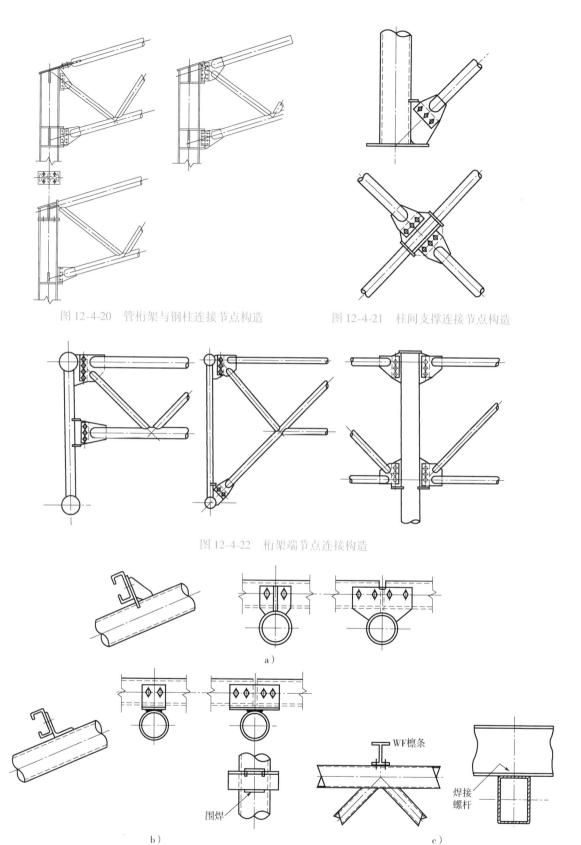

图 12-4-20 管桁架与钢柱连接节点构造

图 12-4-21 柱间支撑连接节点构造

图 12-4-22 桁架端节点连接构造

a)

b)

c)

WF檩条

围焊

焊接
螺杆

图 12-4-23 屋面檩条与桁架上弦连接节点构造

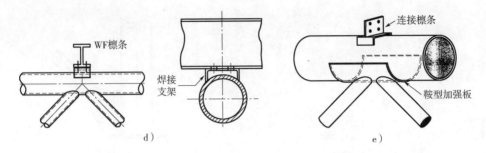

图 12-4-23　屋面檩条与桁架上弦连接节点构造（续）

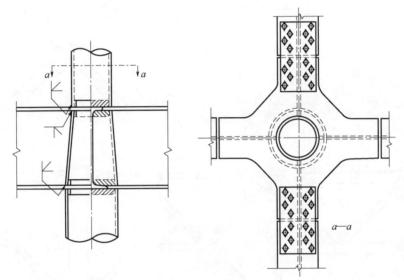

图 12-4-24　钢梁与钢管柱顶连接节点构造

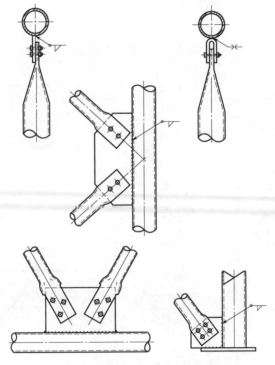

图 12-4-25　圆管杆件端部压平连接形式

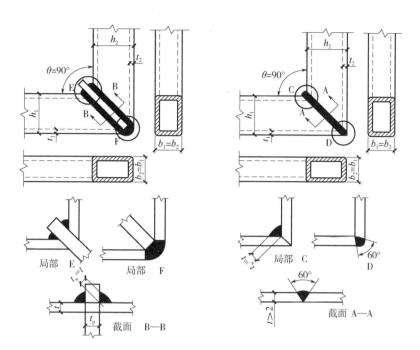

图 12-4-26 矩形（方形）管直角接头

第3篇

多层及高层钢结构
房屋的设计及计算

第13章 多高层建筑钢结构设计

近年来，我国钢产量已成为世界第一，但是建筑工程中钢结构应用率却有待提升。随着我国建筑产业化政策的推广，以及装配式建筑的政策导向要求，多高层建筑采用钢结构越来越多并且应用率快速增加。建筑结构采用钢结构体系，主要有以下优点：

（1）抗震性能优于钢筋混凝土结构 相对于钢材来说，混凝土的抗拉强度和抗剪强度均较低，延性也差，混凝土构件开裂后的承载力和变形能力将迅速降低。钢材基本上属各向同性的材料，抗压强度、抗拉强度和抗剪强度均很高，更重要的是它具有良好的延性。在地震作用下，钢结构因有良好的延性，不仅能减弱地震反应，而且属于较理想的弹塑性结构，具有抵抗强烈地震的变形能力。

（2）减轻结构自重，降低基础工程造价 一般钢筋混凝土框-剪结构和框架-筒体结构的高层建筑，当外墙采用玻璃幕墙或铝合金幕墙板，内墙采用轻质隔墙时，包括楼面活荷载在内的上部建筑结构全部重力荷载为 $15 \sim 20 kN/m^2$，其中梁、板、柱及剪力墙等结构的自重为 $10 \sim 15 kN/m^2$。相同条件下采用钢结构时，全部重力荷载为 $10 \sim 15 kN/m^2$，其中钢结构和混凝土楼板的结构自重为 $6 \sim 10 kN/m^2$。由上述可知，两类结构的结构自重比例为 $2:1$，全部重力荷载的比例约为 $1.5:1$。结构重力荷载减小，相应基础荷载大为减小，基础设计的难度以及基础工程造价等均大幅降低。

（3）提高建筑使用面积 对于建于地震区的 $30 \sim 40$ 层的钢筋混凝土结构的高层建筑，其柱截面尺寸常取决于轴压比限值，达到 $1.2m \times 1.2m \sim 1.8m \times 1.8m$，核芯筒在底部的壁厚达到 $0.6 \sim 1.0m$，以满足结构侧向刚度和层间位移的要求，竖向构件面积约为建筑楼层面积的 7%。如采用钢结构，柱截面大为减小，核芯筒采用钢柱及钢支撑时，包括它外侧的装修做法，其厚度仍比筒壁厚度薄很多，相应的竖向构件面积一般约为建筑楼层面积的 3%，比钢筋混凝土结构可减少约 4%。

（4）施工周期短 钢结构的施工特点是钢构件在工厂制作，加工精度高且不受季节影响；在现场安装时，一般不搭设大量的脚手架，同时采用压型钢板可作为混凝土楼板的永久性模板，大大节约施工时间；钢结构的施工速度常可快于钢筋混凝土结构 $20\% \sim 30\%$，施工周期短，使投资方在经济效益上早获得回报。

（5）绿色环保 钢结构材料易于回收或重复利用，减少建筑垃圾和环境污染，相比于传统的钢筋混凝土结构和砖混结构建筑，钢结构建筑属于绿色、环保、节能建筑，符合建设节约型社会、服务我国经济转型的要求。

（6）适用范围广 相对钢筋混凝土剪力墙结构、砌体结构等，钢结构在使用中易于改造、灵活方便；尤其是在大跨度、长悬挑、转换结构等复杂结构中具有更好的适用性。

13.1 多高层建筑钢结构体系

13.1.1 钢结构体系分类

高层建筑钢结构的结构体系分类可根据不同抗侧力结构对水平荷载效应的适应性分类，也可直接根据结构布置特点分类。

根据不同抗侧力结构对内力分布及位移特征等的适应性，可将多高层建筑钢结构的结构体系分为四大类：框架结构体系包括刚接框架及半刚接框架；共同作用结构体系包括框架-支撑体系、带伸臂桁架的框架-内筒体系；部分筒体结构体系包括带支撑的两端槽形筒、槽形及工字形组合筒；筒体结构体系包括外筒、成束筒及巨型支撑外筒等，如图 13-1-1 所示。

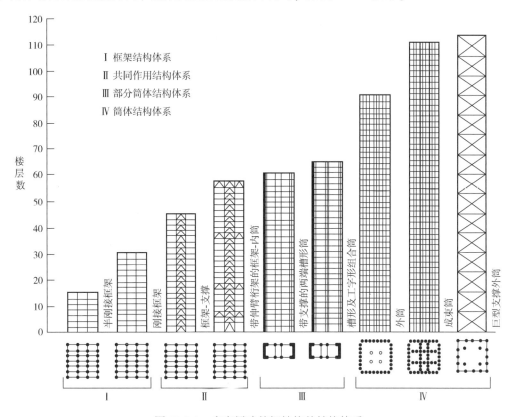

图 13-1-1　多高层建筑钢结构的结构体系

根据结构布置特点，可将多高层建筑钢结构的结构体系分为五大类：框架体系、框架-支撑体系、框架-剪力墙（核心筒）体系、筒体体系、巨型框架体系。

上面各种体系中，支撑可选用中心支撑、偏心支撑、屈曲约束支撑，剪力墙可选用内藏钢板剪力墙、带缝混凝土剪力墙板或钢板剪力墙。

13.1.2　钢结构体系概述

1. 框架体系

框架体系是指沿建筑的纵向和横向，均采用框架作为承重和抗侧力的主要构件所形成的结构体系。无支撑纯框架结构由钢柱、钢梁和节点组成，其抗侧能力及刚度主要取决于梁柱的抗弯承载力和抗弯刚度。

由于框架结构体系中不设置柱间支撑，使得建筑平面设计有较大的灵活性，可以通过采用较大的柱距获得较大的使用空间。多层的办公楼、旅馆及商场等公共建筑，采用框架体系有较大实用性。

图 13-1-2 所示为典型框架结构布置方案，高层民用建筑钢框架宜采用双向框架。

框架结构的变形主要包括弯曲变形和剪切变形。在水平荷载产生的整体弯矩的作用下，框架一侧的柱子受拉伸长，另一侧的柱子受压缩短，从而产生整体弯曲变形（图 13-1-3a）。在水平荷载产生的层剪力的作用下，框架柱及框架梁承受如图 13-1-3b 所示的内力，框架柱及框架梁段内产生双向曲率，反弯点通常在构件的中部，框架梁柱构件以弯曲变形为主，框架整体则表现为剪切变形的特征。多层框架结构变形主要是整体剪切变形，这一部分变形最多可达总变形的 80%。此外，在水平荷载作用下，梁柱连接节点的节点域还会产生剪切变形。对于不超过12层的框架结构来说，此部分变形可以忽略。

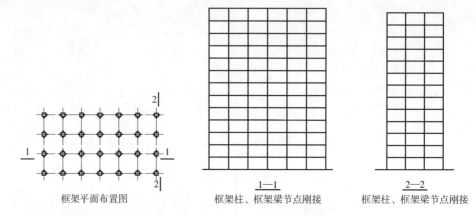

框架平面布置图   框架柱、框架梁节点刚接   框架柱、框架梁节点刚接

图 13-1-2　框架结构布置示意图

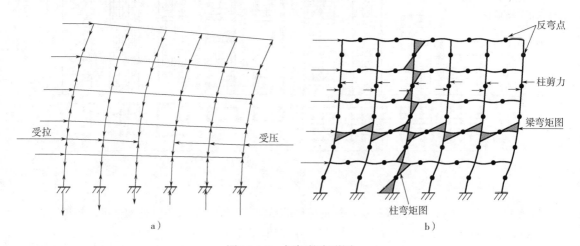

a)   b)

图 13-1-3　框架的变形图

a) 整体倾覆弯矩产生的内力与变形　b) 水平剪力产生的内力与变形

　　框架结构根据梁与柱的连接形式可分为刚接与半刚接框架。按照受力后的变形特征，钢结构框架梁柱连接可分为三类：

　　(1) 刚性连接　梁与柱间无相对转动，连接能承受弯矩，如图13-1-4a所示。

　　(2) 铰支连接　梁与柱间可以发生相对转动，连接不能承受弯矩，如图13-1-4b所示。

　　(3) 半刚性连接　梁与柱间有相对转动，连接能承受一定数值的弯矩，如图13-1-4c所示。

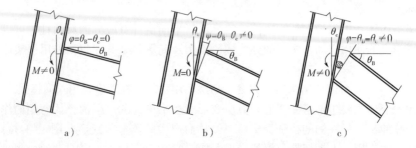

a)   b)   c)

图 13-1-4　钢框架梁与柱连接的受力变形

a) 刚性连接　b) 铰支连接　c) 半刚性连接

工程设计中，一般将梁柱连接中在梁翼缘部位有可靠连接且刚度较大的连接形式，当作刚接，如图 13-1-5c、d、e 所示的连接形式；否则，应当作铰接设计，如图 13-1-5a、b 所示的连接形式。当梁柱连接按刚接或铰接进行框架计算与设计时，其构造应尽量符合刚接或铰接假定，以使结构内力分析准确，确保结构安全。

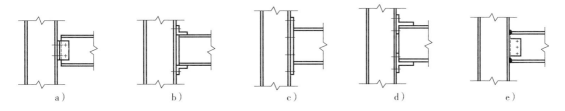

图 13-1-5 梁柱连接形式

a）铰接形式之一 b）铰接形式之二 c）刚接形式之一 d）刚接形式之二 e）刚接形式之三

2. 框架-支撑体系

框架-支撑体系是由框架体系演变而来的，即在部分框架柱之间设置竖向支撑，形成若干榀带竖向支撑的支撑框架，如图 13-1-6b 及图 13-1-6c 所示；或在排架体系中即外圈为刚接框架，内部为仅承受竖向荷载的排架式结构中对部分排架柱之间设置竖向支撑，形成若干榀带竖向支撑的支撑排架，如图 13-1-6a 及图 13-1-6d 所示。上述两种结构形式，水平荷载是通过刚性楼板或弹性楼板的变形协调与刚接框架共同工作，形成一双重抗侧力的结构体系，该体系通常称作框架-支撑体系。

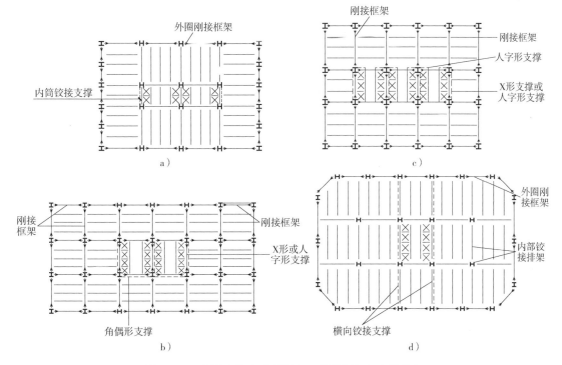

图 13-1-6 刚接框架与支撑框架，刚接框架与支撑排架

支撑框架与一般的竖向悬臂桁架在计算模型及节点连接构造上有着不同之处。支撑框架中的框架梁与框架柱仍为刚性节点，而支撑杆件的两端常常假定为与梁柱节点铰接相连，即支撑杆件中不产生剪力和弯矩，只存在轴心力。因此支撑框架既有框架受力的特征和变形特征，又有铰接桁架的受力特征和变形特征。

(1) 中心支撑框架 中心支撑是中心支撑框架中常用的一种支撑形式。中心支撑的斜杆与横梁及柱交汇于一点或两根斜杆与横梁交汇于一点，也可与柱交汇于一点，但交汇时均不存在偏心距。根据斜杆的不同布置形式，可形成十字形交叉斜杆、单斜杆、人字形斜杆、K 形斜杆及 V 形斜杆等形式，如图13-1-7 所示。图 13-1-8 所示为框架-支撑结构布置图。

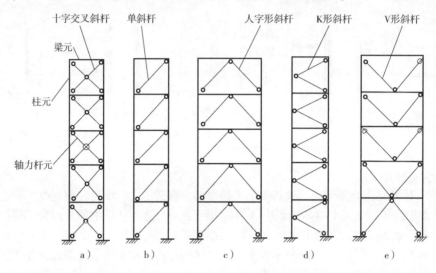

图 13-1-7　中心支撑类型

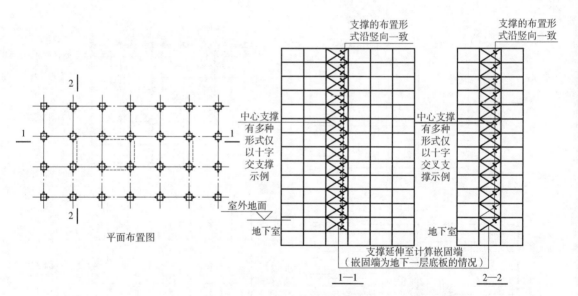

图 13-1-8　框架-支撑结构布置图

当采用只能受拉不能受压的单斜杆体系时，《高层民用建筑钢结构技术规程》（JGJ 99） 规定应同时设置不同倾斜方向的两组单斜杆，如图 13-1-9 所示，且每层不同方向单斜杆的截面面积在水平方向的投影面积之差不得大于 10% 。图 13-1-10 所示为单斜杆中心支撑结构布置图。

(2) 偏心支撑框架 偏心支撑框架在地震区高层建筑中得到了广泛的应用。为了同时满足抗震对结构刚度、强度和耗能的要求，结构应兼有中心支撑框架刚度与强度好和纯框架耗能大的优点。基于这样的思想，提出了一种介于中心支撑框架和纯框架之间的抗震结构形式——偏心支撑框架。偏心支撑框架的工作原理：在中、小地震作用下，所有构件弹性工作，这时支撑提供主要的抗侧力刚度，其工作性能与中心支撑框架相似；在大震作用下，保证支撑不发生受压屈曲，而让偏心梁段屈服消耗地震能，这时偏心支撑框架的工作性能与纯框架相似。可见，偏心支撑框架的设计应注意两点：首先是支撑应足够强，以保证偏心梁段先于支撑屈曲而屈服；其次是在梁截面一定的条件下，偏心梁段的长度不能太大，应设计为剪切屈服梁，以使偏心梁段的承载能力增强进而偏心支撑框架的抗侧力能力最大，且延性和耗能性好。因此，偏心框架中每一根斜杆的两端，至少有一端与梁相交（不在梁与柱的节点处），另一端可在梁与柱交点处连接，或偏离另一根斜杆一段距离与梁连接，并在支撑斜杆杆端与柱子之间构成一端耗能段，或在两根支撑斜杆的杆端之间构成一端耗能段，如图 13-1-11 所示。

高度超过 50m 的钢结构高层建筑采用偏心支撑框架时，顶层可采用中心支撑。

单斜杆式存在着支撑斜杆的两端均与耗能梁连接缺陷，罕遇地震发生时有可能支撑斜杆一端的耗能梁屈服，而另一端的耗能段未屈服，致使该耗能段未起到耗能的作用。对于此类型支撑可将支撑斜杆的下端改为直接与梁柱节点中心相交，即仅在支撑的上端与耗能梁段相交（图 13-1-11b）。图 13-1-12 所示为偏心支撑结构布置图。

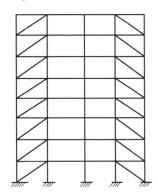

图 13-1-9　两组不同方向单斜杆的布置

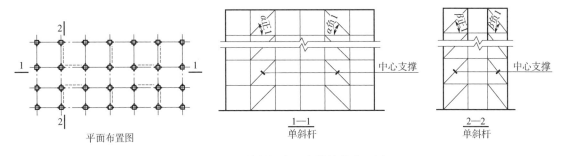

平面布置图

1—1
单斜杆

2—2
单斜杆

图 13-1-10　单斜杆中心支撑结构布置图

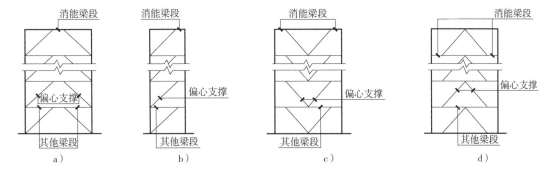

图 13-1-11　偏心支撑框架类型
a）门架式　b）单斜杆式　c）V 字形　d）人字式

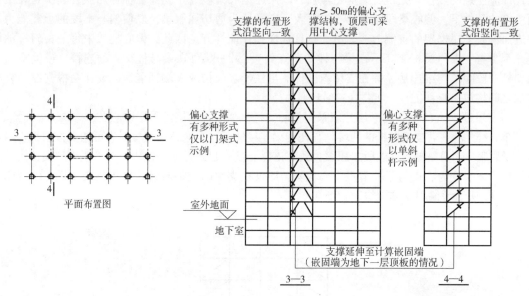

图 13-1-12　偏心支撑结构布置图

（3）伸臂及带状桁架结构　在支撑框架结构中，因竖向支撑系统的整体变形属弯曲性质，其抗侧刚度的大小与支撑系统的高宽比成反比。当建筑很高时，由于支撑系统高宽比过大，抗侧力刚度会显著降低。此时，为提高结构的刚度，可在建筑的顶部和中部每隔若干层加设刚度较大的伸臂桁架，如图 13-1-13b 所示，使建筑外围柱参与结构体系的整体抗弯，承担结构整体倾覆力矩引起的轴向压力或拉力，使外围柱由原来刚度较小的弯曲构件转变为刚度较大的轴力构件，如图 13-1-14 所示。其效果相当于在一定程度上加大了竖向支撑系统的有效宽度，减小了它的高宽比，从而提高了整体结构的抗侧力刚度。

同样对于框架-剪力墙结构，也可以通过加设伸臂桁架使框架柱参与结构整体抗倾覆力矩，如图 13-1-15 所示，提高结构的抗侧力刚度。

伸臂桁架的设置，仅使伸臂桁架位置处的柱发挥了较大的抗侧刚度作用。为使建筑周边柱也能发挥抵抗建筑整体倾覆力矩的作用，还可在伸臂桁架位置沿建筑物周边设置带状桁架，如图13-1-16所示。

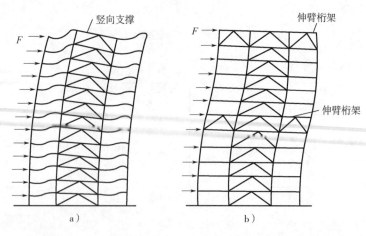

图 13-1-13　有无伸臂桁架的支撑框架结构侧移变形对比

a）无伸臂桁架　b）有伸臂桁架

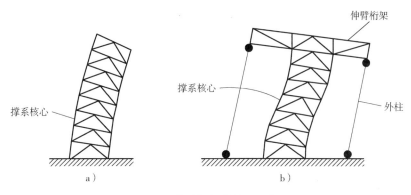

图 13-1-14 伸臂桁架结构的工作原理
a）无伸臂桁架　b）有伸臂桁架

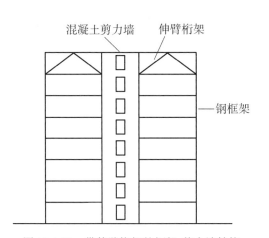

图 13-1-15 带伸臂桁架的框架-剪力墙结构

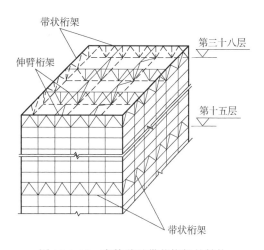

图 13-1-16 有伸臂及带状桁架的结构

一般如设一道伸臂框架，优化位置在 $0.55H$（H 为结构总高）处，如设两道伸臂桁架，优化位置分别在 $0.3H$ 和 $0.7H$ 处。一般伸臂桁架沿结构高度不超过 3 道，且其位置还受建筑功能布置的限制。因伸臂桁架会影响建筑空间的使用，实际工程中通常将伸臂桁架设置在建筑物的设备层。

3. 框架-剪力墙（核心筒）体系

为了提高整体结构的侧向刚度，在工程中可采用嵌入式墙板作为等效支撑或剪切板，用来承担结构的水平力，工程中一般应用的嵌入式墙板主要有下述三种。

（1）钢板剪力墙 钢板剪力墙墙板一般采用厚钢板制作。设防烈度为 7 度或 7 度以上的抗震建筑常常根据设计还需要在钢板的两侧焊接纵向或横向加劲肋，如图 13-1-17 所示，以增强钢板的侧向稳定性。对于非抗震或设防烈度为 6 度的建筑，可不设加劲肋。钢板剪力墙墙板的上下两边缘和左右两边缘可分别于框架梁和框架柱连接，一般宜采用高强度螺栓连接。钢板剪力墙墙板的作用是承担沿框架梁、柱周边的剪力，不承担框架梁上的竖向荷载。

钢板剪力墙墙板与框架共同工作时有很大的侧向刚度，而且重量轻、安装方便，但用钢量较大。

（2）内藏钢板剪力墙 内藏钢板剪力墙墙板是以钢板支撑为基本支撑、外包预制钢筋混凝土板，如图 13-1-18 所示。基本支撑的形式可做成中心支撑，但在高烈度地震区宜采用偏心支撑。预制混凝土板仅在钢板支撑的上下端节点处与钢梁相连，除节点部位外与框架梁或框架柱均不相连，且相应地留有一定宽度的缝隙。因此，实际上这是一种受力较明确的钢支撑。由于钢支撑有外包混凝土，故可不考虑平面内和平面外的屈曲。

墙板仅承担水平剪力，不承担竖向荷载。墙板由于外包混凝土，相应提高了结构的初始刚度，

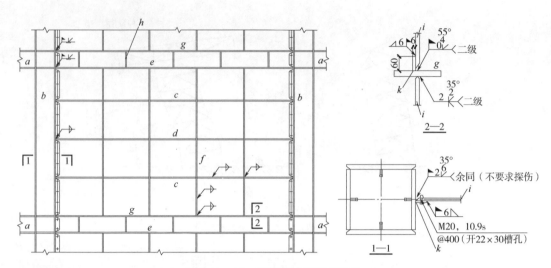

图 13-1-17　钢板剪力墙墙板构造

a—钢梁　b—钢柱　c—水平加劲肋　d—贯通式水平加劲肋　e—水平加劲肋兼梁的下翼缘　f—竖向加劲肋
g—贯通式水平加劲肋兼梁的上翼缘　h—梁内加劲肋，与剪力墙上的加劲肋错开，可尽量减少加劲肋承担的竖向应力
i—钢板剪力墙　k—工厂熔透焊缝

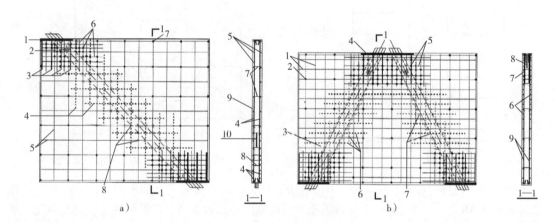

图 13-1-18　内藏钢板剪力墙墙板构造

a）单斜无粘结内藏钢板支撑墙板

1—锚板　2—泡沫橡胶　3—锚筋　4—加密钢筋　5—双层双向钢筋　6—加密的钢筋和拉结筋
7—拉结筋　8—加密拉结筋　9—墙板　10—钢板支撑

b）人字形无粘结内藏钢板支撑墙板

1—双层双向钢筋　2—拉结筋　3—墙板　4—锚板　5—加密的钢筋和拉结筋　6—加密钢筋
7—加密拉结筋　8—钢板支撑　9—双层双向钢筋

减小了水平位移。罕遇地震时混凝土开裂，侧向刚度减小，也起到抗震的耗能作用，而钢板支撑仍能提供必要的承载力和侧向刚度。

（3）带竖缝混凝土剪力墙　带竖缝混凝土剪力墙墙板是预制板，如图 13-1-19 所示。它仅承担水平荷载产生的水平剪力，不承担竖向荷载产生的压力。墙板中的竖缝宽度约为10mm，缝的竖向长度约为墙板净高的一半，缝的间距约为缝长的一半。缝的填充材料宜用延性好、易滑动的耐火材料（如石棉板）。缝边缘配置较大直径的抗弯钢筋。墙板与框架柱之间无任何连接并留有一定的空隙，墙板的上边缘借助连接板采用高强度螺栓与框架梁连接，墙板下边缘应留有齿槽，相应地可嵌入钢梁上已焊接的栓钉之间，并将板的下缘埋入现浇钢筋混凝土楼板内。

多遇地震情况下，墙板处于弹性阶段，侧向刚度大，墙板如同由竖肋组成的框架板承担水平剪力。墙板中的竖肋既承担剪力，又如同对称配筋的大偏心受压柱。罕遇地震时，墙板处于弹塑性阶段而产生裂缝，竖肋弯曲屈曲后刚度降低，变形增大，起到耗能作用，如图13-1-20所示。

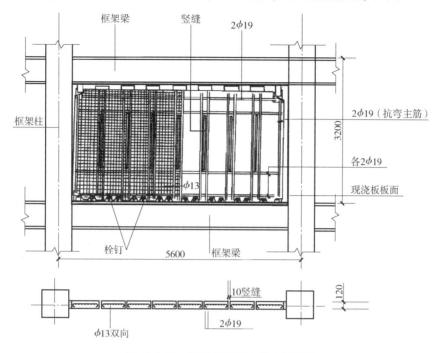

图13-1-19　带竖缝混凝土剪力墙墙板

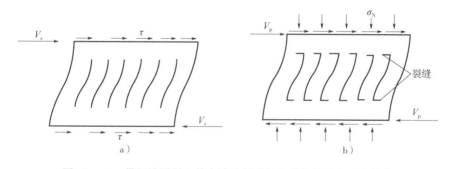

图13-1-20　带竖缝混凝土剪力墙墙板弹性与弹塑性阶段工作状态
a）弹性阶段　b）塑性阶段

4. 筒体体系

筒体体系一般包括框筒、筒中筒、桁架筒及束筒结构。

（1）框筒结构　当建筑的高度较高时，可采用密柱深梁方式构成框筒结构，如图13-1-21所示。在水平力作用下，框筒的梁以剪切变形为主，或为剪弯变形，有较大的刚度，而框筒的柱主要产生与结构整体弯曲相适应的轴向变形，即基本为轴力构件。由于框筒梁的剪切变形，使得框筒柱的轴力分布与实体筒体不完全一致，而出现"剪力滞后"现象。"剪力滞后"会削弱框筒结构的筒体性能，降低结构的抗侧刚度。一般框筒结构的柱距越大，剪力滞后效应越大。

（2）束筒结构　在框筒垂直于水平力的翼缘的宽度过大时，由于剪力滞后效应，筒体的整体抗弯将较大地减弱，筒体效果显著降低。为解决这一问题，可将一个大框筒分割成若干个小框筒，构成框筒束结构，如图13-1-22所示。由于小框筒翼缘的宽度减小，剪力滞后效应大大降低，筒体的整体抗侧刚度将大大提高。具体案例有西尔斯大厦等，如图13-1-23所示。

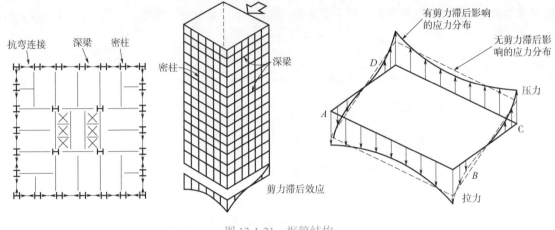

图 13-1-21　框筒结构

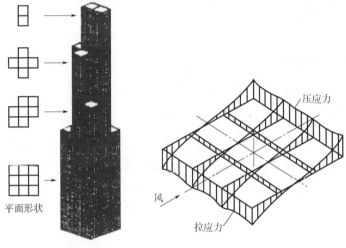

图 13-1-22　束筒结构

图 13-1-23　西尔斯大厦

（3）筒中筒结构　在框筒结构内部，利用建筑中心部位电梯竖井的可封闭性，将其周围的一般框架改成密柱内框筒（图 13-1-24a）或采用混凝土芯筒（图 13-1-24b），以便构成筒中筒结构。

筒中筒结构与框筒结构相比，不仅增加了一个内筒而提高了结构的抗侧刚度，而且还有以下两方面的优点：内筒轮廓尺寸比外筒小，剪力滞后效应弱，故更接近于弯曲型构件，因此建筑下部各层的层间侧移将因增设了内筒也显著减小；在顶层及中部设备层沿内筒的四个面可设置伸臂桁架，以加强内外筒连接，使外框筒柱发挥更大的作用，弥补外框筒剪力滞后效应所带来的不利影响。

5. 巨型框架体系

巨型框架体系由柱距较大的立体桁架柱和立体桁架梁组成。立体桁架柱和立体桁架梁采用四片桁架构件组成稳定的立体结构。上述立体桁架梁应沿纵横两个方向布置，形成一个较大的空间桁架层。沿建筑高度空间桁架层的间距可为 10～15 层。在两层空间桁架层之间设置次桁架结构，以承担空间桁架层之间各楼层的楼面荷载，并将此荷载通过次框架结构传给立体桁架梁和立体桁架柱。如图 13-1-25 及图 13-1-26 所示的结构均为巨型框架体系。

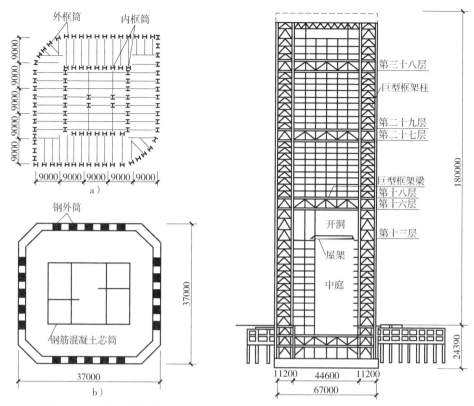

图 13-1-24　筒中筒结构
a) 内钢框筒　b) 内混凝土芯筒

图 13-1-25　日本电器总公司结构体系

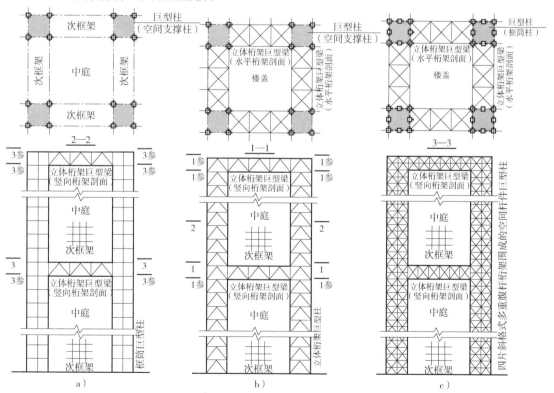

图 13-1-26　巨型框架体系
a) 框筒型　b) 桁架型　c) 斜格型

13.1.3 钢结构体系的选用原则

进行工程设计时，需要综合考虑各种因素，认真进行方案比较，经过方案比选及优化确定其适宜的结构体系，优化过程中宜考虑的主要因素包括：

(1) 要区分地震区和非地震区建筑的不同要求 地震区与非地震区高层建筑钢结构在设计概念上，有相同之处，但也有较大的差异。地震区建筑结构的设计应符合三水准的抗震设防要求，选择结构体系时应做如下的考虑：

1) 形成多道抗震防线的结构体系。在这些体系中，宜采用偏心支撑和设置赘余杆，使大震时通过第一道结构防线出现塑性铰，以及赘余杆和耗能梁段等的屈服，耗散地震能量。

2) 结构体系宜具有适应支撑→梁→柱的屈服顺序机制，或耗能梁段→支撑→梁→柱的屈服顺序机制。相应地要避免使竖向支撑既承担水平剪力又传递重力荷载，更应避免使其成为传递重力荷载的主要杆件；而应使支撑、梁和柱形成的支撑框架对杆件的承载力能够匹配，以使大震时支撑先行压曲，推迟在柱内产生塑性铰。

3) 结构体系的侧向刚度要连续化，避免刚度突变，以减少结构薄弱部分和应力集中部位。采用如伸臂桁架和巨型框架等结构体系时，宜对相邻层结构采取适当的过渡措施和加强措施。

抗风的高层建筑钢结构体系，相对于地震区建筑的要求有较大的放松，但应适应舒适度的要求，符合顺风向及横风向顶点最大加速度限值的规定。

(2) 要适应建筑高度和建筑高宽比值 图 13-1-1 在概念上表达了建筑高度与结构体系的适用关系，同时也表达了有些结构体系并不适用的关系，如适用于超高层建筑的筒体结构体系，不宜用于高宽比值较小的一般高层建筑。建筑高宽比值较大时，一方面使结构产生较大的水平位移及 P-Δ 效应，还由于倾覆力矩使柱产生很大的轴向力，相应地宜选用剪力滞后效应较小、整体刚度较大的筒体结构。

(3) 要适应建筑使用功能的要求 高层建筑除建筑功能较为单一的办公楼外，还有数量不少的多功能高层建筑，如带地下车库的商办楼，以及上部为公寓或旅馆下部为办公用的高层建筑。上部为公寓或旅馆时，建筑功能上无需将下部很大的内筒向上延伸，而是要缩减内筒面积，形成通天的天井，如采用外框内筒体系的北京京广中心大厦、采用巨型柱钢-混凝土组合结构的上海金茂大厦等的处理。有一些建筑在下部几层要设置大柱距大空间的中庭，如采用巨型框架的东京市政厅大厦。还有一些建筑对于筒体结构要求设置转换层，以适应下部大空间的要求。上述建筑中均需考虑所采用的结构体系应适应建筑功能要求的问题。

(4) 要慎重考虑采用特厚钢板 目前国内或国外高层建筑钢结构主要采用类似于我国的 Q345 钢材，或类似钢号的钢材，这一钢号与 Q235 等钢号均具有相同的规律，即钢板厚度越厚其强度越低。因此，对于厚钢板的采用除要考虑其强度降低因素外，对于大于 100mm 的特厚钢板，更应考虑它已超出国家标准《低合金高强度结构钢》(GB/T 1591) 关于 Q345 钢材质标准范围，也超出《高层民用建筑钢结构技术规程》(JGJ 99) 所列 Q345 强度设计值范围，形成无国内标准可遵循。对于 60~100mm 的特厚钢板，如要采用，则应落实特厚钢板关于断面收缩率等保证项目及加工厂的焊接工艺。

高层建筑钢结构中采用厚钢板的构件主要是柱和支撑，因此，通过对结构体系和柱距等的优化比较，来分析研究采用钢板厚度小于 100mm 的可能性。当采用钢管混凝土柱及钢骨混凝土柱时，采用一般钢板厚度的可能性是很大的。

(5) 着重对抗侧力结构进行经济比较 随着科研水平的不断提高，设计经验的逐渐丰富，国外高层建筑钢结构的用钢量近期工程低于早期工程。其中原因较多，有钢材强度提高的因素，以及建筑外墙材料及隔墙材料的减轻因素，但也有由于结构体系和结构布置等不断改进的原因。如

图 13-1-27 所示,可知一般高层建筑钢结构中,楼面结构的用钢量变化较小,但柱子及支撑等主要抗侧力构件的用钢量,将随着建筑高度的增加而加大,因此,经济比较要着重对抗侧力结构体系的比较。

13.2 结构设计基本规定

13.2.1 一般验算规定

多高层钢结构设计在规定的荷载效应或荷载效应组合下应满足承载力极限状态、正常使用极限状态要求。

1. 钢结构构件的承载力验算要求

持久设计状态及短暂设计状态:

$$\gamma_0 S_d \leqslant R_d \qquad (13\text{-}2\text{-}1)$$

地震设计状态

$$S_d \leqslant R_d / \gamma_{RE} \qquad (13\text{-}2\text{-}2)$$

式中 S_d——作用组合的效应设计值;

R_d——构件承载力设计值;

γ_0——结构重要性系数,见表 13-2-1;

γ_{RE}——钢结构构件承载力调整系数,见表 13-2-2。

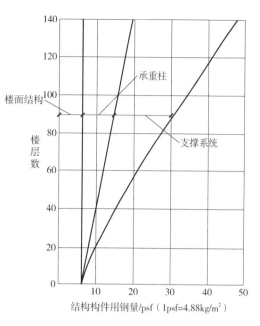

图 13-1-27 楼面结构及抗侧力结构的用钢量关系

表 13-2-1 结构重要性系数

结构构件安全等级	一级	二级	三级
结构使用年限	100 年	50 年	5 年
γ_0	1.1	1.0	0.9

表 13-2-2 钢结构构件承载力调整系数

材料	结构构件	受力状态	γ_{RE}
钢	柱、梁、支撑,节点板件、螺栓、焊缝柱	强度	0.75
		稳定	0.80
钢筋混凝土 钢管混凝土 型钢混凝土	梁	受弯	0.75
	轴压比小于 0.15 的柱	偏压	0.75
	轴压比不小于 0.15 的柱	偏压	0.80
	抗震墙	偏压	0.85
	各类构件	受剪、偏拉	0.85

建筑物中重要承重结构构件的安全等级,宜与整个结构的安全等级相同,而整个结构的安全等级可依据结构破坏后果的严重性确定,对于破坏后果很严重的重要建筑其结构安全等级为一级;对于破坏后果严重的一般性建筑,其结构安全等级为二级;对于破坏后果不严重的次要建筑,其结构安全等级为三级。

2. 结构构件的挠度及结构的变形验算要求

结构构件的挠度及结构的变形验算应满足表 13-2-3 的要求。

表 13-2-3　结构构件的挠度及结构的变形验算

序号	项目		限值	备注
1	重力荷载作用下楼盖梁容许挠度	主梁	$l/400$	l—为梁的跨度
2		次梁	$l/250$	
3	风荷载及多遇地震作用下结构侧移限值		$l/250$	
4	罕遇地震作用下结构侧移限值		$l/50$	
5	《建筑抗震设计规范》（GB 50011）关于结构需要进行弹塑性分析的规定			（1）下列结构应进行弹塑性变形验算： 1）高度大于 150m 的钢结构 2）甲类建筑和 9 度抗震设防的乙类建筑 3）采用隔震和消能减震设计的建筑结构 （2）下列结构宜进行弹塑性变形验算： 1）规范所列高度范围为竖向不规则类型的高层民用建筑钢结构 2）7 度Ⅲ或Ⅳ类场地和 8 度设防时的乙类建筑
6	《高层民用建筑钢结构技术规程》（JGJ 99）关于结构在罕遇地震作用下的薄弱层弹塑分析的规定			（1）下列结构应进行弹塑性变形验算： 1）甲类建筑和 9 度时乙类建筑中的钢结构 2）采用隔震和消能减震设计的建筑结构 3）高度大于 150m 的钢结构 （2）下列结构宜进行弹塑性变形验算： 1）竖向不规则类型的高层民用建筑钢结构 2）7 度Ⅲ类或Ⅳ类场地和 8 度时乙类建筑 3）高度不大于 150m 的其他高层钢结构

3. 结构舒适度验算要求

1）根据试验研究，人体风振反应分级标准见表 13-2-4。

表 13-2-4　人体风振反应分级标准

结构风振加速度	$<0.005g$	$0.005\sim0.015g$	$0.015\sim0.05g$	$0.05\sim0.15g$	$>0.15g$
人体反应	无感觉	有感觉	令人烦躁	令人很烦躁	无法忍受

2）结构顶点的顺风向及横风向振动最大加速度限值。房屋高度不小于 150m 的高层民用建筑钢结构应满足风振舒适度的要求。《建筑结构荷载规范》（GB 50009）规定的 10 年一遇的风荷载标准值作用下，结构顶点的顺风向及横风向振动最大加速度限值不应大于表 13-2-5 的规定。

表 13-2-5　结构顶点的顺风向及横风向振动最大加速度限值

使用功能	a_{lim}
住宅、公寓建筑	0.20m/s^2
办公、旅馆建筑	0.28m/s^2

圆筒形高层民用建筑顶部风速不应大于临界风速，当大于临界风速时，应进行横风向涡流脱落试验或增大结构刚度。顶点风速及临界风速应按下式计算：

$$v_n < v_{cr} \tag{13-1-3}$$

$$v_{cr} = 5D/T_1 \tag{13-1-4}$$

$$v_n = 40\sqrt{\mu_z w_0} \tag{13-1-5}$$

式中　v_n——圆筒形高层民用建筑顶部风速（m/s）；

　　　μ_z——风压高度变化系数；

　　　w_0——基本风压（kN/m²），按现行国家标准《建筑结构荷载规范》（GB 50009）的规定取用；

v_{cr}——临界风速（m/s）；

D——圆筒形建筑直径（m）；

T_1——圆筒形建筑的基本自振周期（s）。

3）楼盖结构应具有适宜的舒适度。楼盖结构的竖向振动频率不宜小于 3Hz，竖向振动加速度峰值不应超过表 13-2-6 规定的限值。

表 13-2-6　楼盖竖向振动加速度限值

人员活动环境	峰值加速度限值/（m/s²）	
	竖向自振频率不大于 2Hz	竖向自振频率不小于 4Hz
住宅、办公	0.07	0.05
商场及室内连廊	0.22	0.15

注：楼盖结构竖向频率为 2～4Hz 时，峰值加速度限值可按线性插值选取。

13.2.2　结构抗震性能设计

结构抗震性能设计应分析结构方案的特殊性、选用适宜的结构抗震性能目标，并采取满足预期的抗震性能目标的措施。结构抗震性能目标应综合考虑抗震设防类别、设防烈度、场地条件、结构的特殊性、建造费用、震后损失和修复难易程度等各项因素选定。结构抗震性能目标分为 A、B、C、D 四个等级，结构抗震性能分为 1、2、3、4、5 五个水准（表 13-2-7），每个性能目标均与一组在指定地震地面运动下的结构抗震性能水准相对应，结构抗震性能水准可按表 13-2-8 进行宏观判别。

表 13-2-7　结构抗震性能目标

地震水准	性能目标			
	A	B	C	D
	性能水准			
多遇地震	1	1	1	1
设防烈度地震	1	2	3	4
预估的罕遇地震	2	3	4	5

表 13-2-8　各性能水准结构预期的震后性能状况的要求

结构抗震性能水准	宏观损坏程度	损坏部位			继续使用的可能性
		关键构件	普通竖向构件	耗能构件	
第 1 水准	完好、无损坏	无损坏	无损坏	无损坏	一般不需修理即可继续使用
第 2 水准	基本完好轻微损坏	无损坏	无损坏	轻微损坏	稍加修理即可续使用
第 3 水准	轻度损坏	轻微损坏	轻微损坏	轻度损坏、部分中度损坏	一般修理后才可继续使用
第 4 水准	中度损坏	轻度损坏	部分构件中度损坏	中度损坏、部分比较严重损坏	修复或加固后才可继续使用
第 5 水准	比较严重损坏	中度损坏	部分构件比较严重损坏	比较严重损坏	需排险大修

注：关键构件是指该构件的失效可能引起结构的连续破坏或危及生命安全的严重破坏；普通竖向构件是指关键构件之外的竖向构件；耗能构件包括框架梁、消能梁段、延性墙板及屈曲约束支撑等。

不同抗震性能水准的结构可按下列规定进行设计：

1）第 1 水准的结构，应满足弹性设计要求。在多遇地震作用下，其承载力和变形应符合规范的有关规定；在设防烈度地震作用下，结构构件的抗震承载力应符合下式规定：

$$\gamma_G S_{GE} + \gamma_{Eh} S^*_{Ehk} + \gamma_{Ev} S^*_{Evk} \leqslant R_d / \gamma_{RE} \tag{13-1-6}$$

式中　R_d、γ_{RE}——构件承载力设计值和承载力抗震调整系数；

S_{GE}——重力荷载代表值的效应；

S^*_{Ehk}——水平地震作用标准值的构件内力，不需考虑与抗震等级有关的增大系数；

S^*_{Evk}——竖向地震作用标准值的构件内力，不需考虑与抗震等级有关的增大系数；

γ_G、γ_{Eh}、γ_{Ev}——上述荷载或作用的分项系数。

2）第 2 水准的结构，在设防烈度地震或预估的罕遇地震作用下，关键构件及普通竖向构件的抗震承载力宜符合式（13-1-6）的规定；耗能构件的抗震承载力应符合下式规定：

$$S_{GE} + S^*_{Ehk} + 0.4 S^*_{Evk} \leqslant R_k \tag{13-1-7}$$

式中　R_k——截面极限承载力，按钢材的屈服强度计算。

3）第 3 水准的结构应进行弹塑性计算分析，在设防烈度地震或预估的罕遇地震作用，关键构件及普通竖向构件的抗震承载力应符合式（13-1-6）的规定，水平长悬臂结构和大跨度结构中的关键构件的抗震承载力尚应符合式（13-1-8）的规定；部分耗能构件进入屈服阶段，但不允许发生破坏。

$$S_{GE} + 0.4 S^*_{Ehk} + S^*_{Evk} \leqslant R_k \tag{13-1-8}$$

4）第 4 水准的结构应进行弹塑性计算分析，在设防烈度地震或预估的罕遇地震作用下，关键构件的抗震承载力应符合式（13-1-6）的规定，水平长悬臂结构和大跨度结构中的关键构件的抗震承载力尚应符合式（13-1-8）的规定；允许部分竖向构件以及大部分耗能构件进入屈服阶段，但不允许发生破坏。

5）第 5 水准的结构应进行弹塑性计算分析，在预估的罕遇地震作用下，关键构件的抗震承载力宜符合式（13-1-6）的规定；较多的竖向构件进入屈服阶段，但不允许发生破坏且同一楼层的竖向构件不宜全部屈服；允许部分耗能构件发生比较严重的破坏。

钢结构房屋应根据设防分类、烈度和房屋高度采用不同的抗震等级，并应符合相应的计算和构造措施要求。丙类钢结构房屋的抗震等级应按表 13-2-9 确定。

表 13-2-9　丙类钢结构房屋的抗震等级

房屋高度	地震烈度			
	6	7	8	9
≤50m	—	四级	三级	二级
>50m	四级	三级	二级	一级

注：1. 高度接近或等于高度分界时，应允许结合房屋不规则程度和场地、地基条件确定抗震等级。

　　2. 一般情况，构件的抗震等级应与房屋的结构相同，当某个部位各构件的承载力均满足 2 倍地震作用组合下的内力要求时，7 ~ 9 度的构件抗震等级应允许按降低一度确定。

13.2.3　高层民用建筑钢结构适用高度及高宽比

高层民用建筑是指 10 层及 10 层以上或房屋高度大于 28m 的住宅建筑及房屋高度大于 24m 的其他高层民用建筑。房屋高度是自室外地面至房屋主要屋面的高度，不包括凸出屋面的电梯间、水箱间及构架的高度。如图 13-2-1 所示，房屋层数及高度的判定条件中满足其一即可判定为高层建筑。

非抗震设计及抗震设防烈度为 6 ~ 9 度的乙类和丙类高层民用建筑钢结构适用的最大高度应符

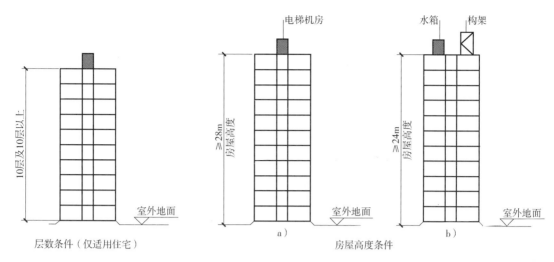

图 13-2-1　高层建筑判定条件示意

a）住宅　b）其他民用建筑

合表 13-2-10 的规定；高层民用建筑钢结构的高宽比不宜大于表 13-2-11 的规定。房屋高度不超过 50m 的高层民用建筑可采用框架、框架-中心支撑或其他体系的结构；超过 50m 的高层民用建筑，8 度、9 度时宜采用框架-偏心支撑、框架-延性墙板或屈曲约束支撑等结构。高层民用建筑钢结构不应采用单跨框架结构。

表 13-2-10　高层民用建筑钢结构适用的最大高度　　　　（单位：m）

结构体系	6 度、 7 度（0.10g）	7 度 （0.15g）	8 度		9 度 （0.40g）	非抗霖设计
			（0.20g）	（0.30g）		
框架	110	90	90	70	50	110
框架-中心支撑	220	200	180	150	120	240
框架-偏心支撑 框架-屈曲约束支撑 框架-延性墙板	240	220	200	180	160	260
筒体（框筒，筒中筒，桁架筒，束筒） 巨型框架	300	280	260	240	180	360

注：1. 房屋高度是指室外地面到主要屋面板板顶的高度（不包括局部凸出屋顶部分）。

2. 超过表内高度的房屋，应进行专门研究和论证，采取有效的加强措施。

3. 表内筒体不包括混凝土筒。

4. 框架柱包括全钢柱和钢管混凝土柱。

5. 甲类建筑，6 度、7 度、8 度时宜按本地区抗震设防烈度提高 1 度后符合本表要求，9 度时应专门研究。

表 13-2-11　高层民用建筑钢结构适用的最大高宽比

设防烈度	6 度、7 度	8 度	9 度
最大高宽比	6.5	6.0	5.5

注：1. 计算高宽比的高度从室外地面算起。

2. 当塔形建筑底部有大底盘时，计算高宽比的高度从大底盘顶部算起。

13.2.4　高层建筑钢结构布置原则

高层民用建筑钢结构应注意概念设计，综合考虑建筑物的使用功能、环境条件、材料供应制作安装及施工条件等因素，优先选用抗震及抗风性能好且经济合理的结构体系、构件类型、连接构造及平面布置。在抗震设计时，结构体系应根据建筑的抗震设防类别、抗震设防烈度、建筑高度、场地条件、地基、结构材料和施工等因素，经技术、经济和使用条件综合比较确定，确保结构的整体抗震性能。抗震高层建筑钢结构的体系和布置应符合下列要求：

1）应具有明确的计算简图和合理的地震作用传递途径。

2）应具有必要的抗震承载力，足够大的刚度，良好的变形能力和消耗地震能量的能力。

3）应避免因部分结构或构件破坏而导致整个体系丧失承受重力荷载、风荷载和地震作用的能力。

4）宜具有均匀的刚度和承载力分布，避免因局部削弱或突变形成薄弱部位，产生过大的应力集中或塑性变形集中；对可能出现的薄弱部位，应采取加强措施。

5）结构在两个主轴方向的动力特性宜相近。

6）抗震设计时宜有多道防线。

7）宜积极采用轻质高强材料。

1. 结构形体规则性要求

高层民用建筑宜采用有利于减小横风向振动影响的建筑形体，并应符合以下要求：

1）高层民用建筑钢结构的建筑设计应根据抗震概念设计的要求明确建筑形体的规则性。为避免地震作用下发生强烈的扭转振动或水平地震力在建筑平面上的不均匀分布，建筑平面的尺寸关系应符合图 13-2-2 和表13-2-12的要求。

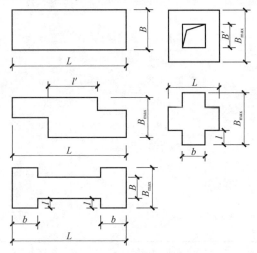

图 13-2-2　不规则结构平面尺寸

表 13-2-12　L、l、l'、B' 的限值

L/B	L/B_{max}	l/b	l'/B_{max}	B'/B_{max}
≤5	≤4	≤1.3	≥1	≤0.5

2）高层民用建筑钢结构及其抗侧力结构的平面布置宜规则、对称，并应具有良好的整体性；建筑的立面和竖向剖面宜规则，结构的侧向刚度沿高度宜均匀变化，竖向抗侧力构件的截面尺寸和材料强度宜自下而上逐渐减小，应避免抗侧力结构的侧向刚度和承载力突变。建筑形体及其结构布置的平面、竖向不规则性，应按下列规定划分：

①高层民用建筑存在表 13-2-13 所列的某项平面不规则类型或表 13-2-14 所列的某项竖向不规则类型以及类似的不规则类型，应属于不规则建筑。

②当存在多项不规则或某项不规则超过规定的参考指标较多时，应属于特别不规则的建筑。

表 13-2-13　平面不规则的主要类型

不规则类型	定义和参考指标
扭转不规则	在规定的水平力及偶然偏心作用下，楼层两端弹性水平位移（或层间位移）的最大值与其平均值的比值大于 1.2
偏心布置	任一层的偏心率大于 0.15（偏心率按《高层民用建筑钢结构技术规程》JGJ 99 附录 A 的规定计算）或相邻层质心相差大于相应边长的 15%
凹凸不规则	结构平面凹进的尺寸，大于相应投影方向总尺寸的 30%
楼板局部不连续	楼板的尺寸和平面刚度急剧变化，例如，有效楼板宽度小于该层楼板典型宽度的 50%，或开洞面积大于该层楼面面积的 30%，或有较大的楼层错层

表 13-2-14　竖向不规则的主要类型

不规则类型	定义和参考指标
侧向刚度不规则	该层的侧向刚度小于相邻上一层的 70%，或小于其上相邻三个楼层侧向刚度平均值的 80%；除顶层或出屋面小建筑外，局部收进的水平向尺寸大于相邻下一层的 25%
竖向抗侧力构件不连续	竖向抗侧力构件（柱、支撑、剪力墙）的内力由水平转换构件（梁、桁架等）向下传递
楼层承载力突变	抗侧力结构的层间受剪承载力小于相邻上一楼层的 80%

3）不规则高层民用建筑应按下列要求进行水平地震作用计算和内力调整，并应对薄弱部位采取有效的抗震构造措施：

①平面不规则而竖向规则的建筑，应采用空间结构计算模型，并应符合下列规定：

A. 扭转不规则或偏心布置时，应计入扭转影响，在规定的水平力及偶然偏心作用下，楼层两端弹性水平位移（或层间位移）的最大值与其平均值的比值不宜大于 1.5，当最大层间位移角远小于规程限值时，可适当放宽。

B. 凹凸不规则或楼板局部不连续时，应采用符合楼板平面内实际刚度变化的计算模型；高烈度或不规则程度较大时，宜计入楼板局部变形的影响。

C. 平面不对称且凹凸不规则或局部不连续时，可根据实际情况分块计算扭转位移比，对扭转较大的部位应采用局部的内力增大。

②平面规则而竖向不规则的高层民用建筑，应采用空间结构计算模型，侧向刚度不规则、竖向抗侧力构件不连续、楼层承载力突变的楼层，其对应于地震作用标准值的剪力应乘以不小于 1.15 的增大系数，应按《高层民用建筑钢结构技术规程》（JGJ 99）有关规定进行弹塑性变形分析，并符合下列规定：

A. 竖向抗侧力构件不连续时，该构件传递给水平转换构件的地震内力应根据烈度高低和水平转换构件的类型、受力情况、几何尺寸等，乘以 1.25 ~ 2.0 的增大系数。

B. 侧向刚度不规则时，相邻层的侧向刚度比应依据其结构类型符合以下规定：

对框架结构，楼层与其相邻上层的侧向刚度比 γ_1 可按式（13-2-9）计算，且本层与相邻上层的比值不宜小于 0.7，与相邻上部三层刚度平均值的比值不宜小于 0.8。

$$\gamma_1 = \frac{V_i \Delta_{i+1}}{V_{i+1} \Delta_i} \qquad (13\text{-}2\text{-}9)$$

式中　γ_1——楼层侧向刚度比；

V_i、V_{i+1}——第 i 层和第 $i+1$ 层的地震剪力标准值（kN）；

Δ_i、Δ_{i+1}——第 i 层和第 $i+1$ 层在地震作用标准值作用下的层间位移（m）。

对框架-支撑结构、框架-延性墙板结构、筒体结构和巨型框架结构，楼层与其相邻上层的侧向刚度比 γ_2 可按式（13-2-10）计算，且本层与相邻上层的比值不宜小于 0.9；当本层层高大于相邻上层层高的 1.5 倍时，该比值不宜小于 1.1；对结构底部嵌固层，该比值不宜小于 1.5。

$$\gamma_2 = \frac{V_i \Delta_{i+1}}{V_{i+1} \Delta_i} \frac{h_i}{h_{i+1}} \tag{13-2-10}$$

式中　γ_2——考虑层高修正的楼层侧向刚度比；

h_i、h_{i+1}——第 i 层和第 $i+1$ 层的层高（m）。

　　C. 楼层承载力突变时，薄弱层抗侧力结构的受剪承载力不应小于相邻上一楼层的 65%。

　　③平面不规则且竖向不规则的高层民用建筑，应根据不规则类型的数量和程度，有针对性地采取不低于上述第①、②款要求的各项抗震措施。特别不规则时，应经专门研究，采取更有效的加强措施或对薄弱部位采用相应的抗震性能化设计方法。

　　4）高层民用建筑宜不设防震缝；体型复杂、平立面不规则则建筑，应根据不规则程度、地基基础等因素，确定是否设防震缝，当在适当部位设置防震缝时，宜形成多个较规则的抗侧力结构单元。防震缝应根据抗震设防烈度、结构类型、结构单元的高度和高差情况，留有足够的宽度，其上部结构应完全分开；防震缝的宽度不应小于钢筋混凝土框架结构缝宽的 1.5 倍。防震缝设置尚应符合以下要求：带裙房的单塔、多塔结构，以及结构无不均匀沉降时，防震缝可贯通至地下室以上，如图 13-2-3a 所示；一般可结合沉降缝要求贯通至地基，如图 13-2-3b 所示。

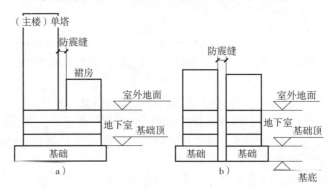

图 13-2-3　防震缝的设置

　　防震缝的最小宽度应符合下列要求：防震缝宽度，当高度不超过 15m 时可采用 150mm；超过 15m 时，6 度、7 度、8 度、9 度相应每增加高度 5m、4m、3m、2m，宜加宽 30mm。

　　一般情况下，高层钢结构可不设温度伸缩缝。当建筑平面尺寸大于 90m 时，可考虑设温度伸缩缝。

2. 抗侧力构件布置

高层钢结构抗侧力构件的布置宜符合下列要求：

　　1）支撑在结构平面两个方向的布置均宜基本对称，支撑之间楼盖的长宽比不宜大于 3。

　　2）框筒结构若采用矩形平面，长边与短边的比值不宜大于 1.5。若超过该比值，则当外部侧向力平行短边时，框筒的剪力滞后效应将会严重，而不能发挥一个筒体结构的作用。

　　3）对于筒中筒结构，内筒的边长不宜小于相应外筒边长的 1/3，且内框筒与外框筒的柱距宜相同，以便于钢梁与内、外框筒柱的连接。

　　4）剪力墙或芯筒在结构平面两个方向的布置宜基本对称，墙厚不应小于 140mm，剪力墙间楼盖的长宽比不宜超过表 13-2-15 的数值。

表 13-2-15　剪力墙之间楼盖的长宽比

抗震设防烈度	≤7 度	8 度	9 度
楼盖长宽比	4	3	2

　　5）抗震等级为一级或二级的钢结构房屋，宜设置偏心支撑、带竖缝钢筋混凝土抗震墙板、

内藏钢支撑钢筋混凝土墙板或屈曲约束支撑等消能支撑或筒体。框架-支撑、框架-延性墙板结构中，支撑或延性墙板宜沿建筑高度竖向连续布置，并应延伸至结构计算嵌固端；除底部楼层和伸臂桁架所在楼层外，支撑的形式和布置沿建筑竖向宜一致。

6）采用框架-支撑结构的钢结构房屋应符合下列规定：

①三、四级且高度不大于50m的钢结构宜采用中心支撑，也可采用偏心支撑、屈曲约束支撑等消能支撑。

②中心支撑框架宜采用交叉支撑，也可采用人字支撑或单斜杆支撑，不宜采用K形支撑；支撑的轴线宜交汇于梁柱构件轴线的交点，偏离交点时的偏心距不应超过支撑杆件宽度，并应计入由此产生的附加弯矩。当中心支撑采用只能受拉的单斜杆体系时，应同时设置不同倾斜方向的两组斜杆，且每组中不同方向单斜杆的截面面积在水平方向的投影面积之差不应大于10%。

③偏心支撑框架的每根支撑应至少有一端与框架梁连接，并在支撑与梁交点和柱之间或同一跨内另一支撑与梁交点之间形成消能梁段。

④采用屈曲约束支撑时，宜采用人字支撑、成对布置的单斜杆支撑等形式，不应采用K形或X形，支撑与柱的夹角宜在35°~55°。屈曲约束支撑受压时，其设计参数、性能检验和作为一种消能部件的计算方法可按相关要求设计。

7）钢框架-筒体结构，必要时可设置由筒体外伸臂或外伸臂和周边桁架组成的加强层。

8）采用框架结构时，甲、乙类的多层建筑和高层的丙类建筑不应采用单跨框架，多层的丙类建筑不宜采用单跨框架。

3. 楼盖结构布置

高层民用建筑钢结构楼盖应符合下列规定：

1）宜采用压型钢板现浇钢筋混凝土组合楼板、现浇钢筋桁架混凝土楼板或钢筋混凝土楼板，楼板应与钢梁有可靠连接。

2）6度、7度时房屋高度不超过50m的高层民用建筑，尚可采用装配整体式钢筋混凝土楼板，也可采用装配式楼板或其他轻型楼盖，应将楼板预埋件与钢梁焊接，或采取其他措施保证楼板的整体性。

3）对转换楼层楼盖或楼板有大洞口等情况，宜在楼板内设置钢水平支撑。

4）建筑物中有较大的中庭时，可在中庭的上端楼层用水平桁架将中庭开口连接，或采取其他增强结构抗扭刚度的有效措施。

4. 墙体要求

高层民用建筑的填充墙、隔墙等非结构构件宜采用轻质板材，应与主体结构可靠连接、房屋高度不低于150m的高层民用建筑宜采用建筑幕墙。

5. 地基、基础和地下室

房屋高度超过50m的高层民用建筑宜设置地下室，且基础埋深宜一致。

采用天然地基时，基础埋置深度不宜小于房屋总高度的1/15；采用桩基时，不宜小于房屋总高度的1/20。在重力荷载与水平荷载标准值或重力荷载代表值与多遇水平地震作用标准值共同作用下，高宽比大于4时基础底面不宜出现零应力区；高宽比不大于4时，基础底面与基础之间零应力区面积不应超过基础底面积的15%。质量偏心较大的裙楼和主楼，可分别计算基底应力。

高层民用建筑钢结构与钢筋混凝土基础或地下室的钢筋混凝土结构层之间，宜设置钢骨混凝土过渡层。钢框架柱应至少延伸至计算嵌固端以下一层，并且宜采用钢骨混凝土柱，以下可采用钢筋混凝土柱。

当主楼与裙房之间设置沉降缝时，应采用粗砂等松散材料将沉降缝地面以下部分填实；当不设沉降缝时，施工中宜设后浇带。

13.2.5　多高层建筑钢结构选材

多高层建筑钢结构钢材的选用应综合考虑构件的重要性和荷载特征、结构形式和连接方法、应力状态、工作环境以及钢材品种和厚度等因素，合理地选用钢材牌号、质量等级及其性能要求，并应在设计文件中完整地注明对钢材的技术要求。框架选用钢材示意图如图 13-2-4 所示。

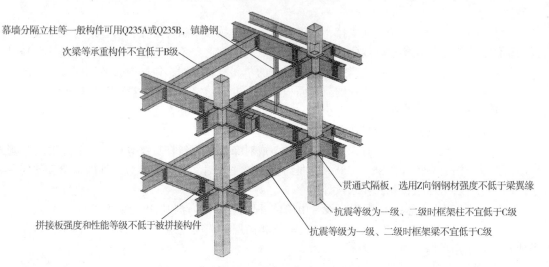

幕墙分隔立柱等一般构件可用Q235A或Q235B，镇静钢
次梁等承重构件不宜低于B级
贯通式隔板，选用Z向钢钢材强度不低于梁翼缘
抗震等级为一级、二级时框架柱不宜低于C级
抗震等级为一级、二级时框架梁不宜低于C级
拼接板强度和性能等级不低于被拼接构件

图 13-2-4　框架选用钢材示意图

1）承重构件所用钢材应具有屈服强度、抗拉强度、伸长率等力学性能和冷弯试验的合格保证；同时尚应具有碳、硫、磷等化学成分的合格保证。焊接结构所用钢材尚应具有良好的焊接性能，其碳当量或焊接裂纹敏感性指数应符合设计要求或相关标准的规定。钢材的牌号和质量等级应符合下列规定：

①主要承重构件所用钢材的牌号宜选用 Q345 钢、Q390 钢，一般构件宜选用 Q235 钢，其材质和材料性能应分别符合现行国家标准《低合金高强度结构钢》（GB/T 1591）或《碳素结构钢》（GB/T 700）的规定。有依据时可选用更高强度级别的钢材。

②主要承重构件所用较厚的板材宜选用高性能建筑用 GJ 钢板，其材质和材料性能应符合现行国家标准《建筑结构用钢板》（GB/T 19879）的规定。

③外露承重钢结构可选用 Q235NH、Q355NH 或 Q415NH 等牌号的焊接耐候钢，其材质和材料性能要求应符合现行国家标准《耐候结构钢》（GB/T 4171）的规定。选用时宜附加要求保证晶粒度不小于7级，耐腐蚀指数不小于6.0。

④承重构件所用钢材的质量等级不宜低于 B 级；抗震等级为二级及以上的高层民用建筑钢结构，其框架梁、柱和抗侧力支撑等主要抗侧力构件钢材的质量等级不宜低于 C 级。

⑤承重构件中厚度不小于 40mm 的受拉板件，当其工作温度低于 -20℃ 时，宜适当提高其所用钢材的质量等级。

⑥选用 Q235A 或 Q235B 级钢时应选用镇静钢。

中外结构常用钢材牌号参考对照列入表 13-2-16 中。钢结构所用钢材有多项指标，本对照表仅是按照一项或几项指标接近对照。实际选用时应根据工程需要，查阅相关标准，依据机械性能及化学成分等指标详细对照后选取。

表 13-2-16　中外结构常用钢材牌号参考对照

中国 GB	国际标准 ISO	日本 JIS	德国 DIN EN	美国 ASTM	法国 NF EN	英国 BS EN	欧洲 EN
Q235A	E235A	SS400	S235JR	Gr. D	S235JR	S235JR	S235JR

（续）

中国 GB	国际标准 ISO	日本 JIS	德国 DIN EN	美国 ASTM	法国 NF EN	英国 BS EN	欧洲 EN
Q235B	E235B	SS400	S235JRG1	Gr. D	S235JRG1	S235JRG1	S235JRG1
Q235C	E235C	SS400	S235JRG2	Gr. D	S235JRG2	S235JRG2	S235JRG2
Q235D	E235D	SS400	S235J2G3	Gr. D	S235J2G3	S235J2G3	S235J2G3
Q355A	E355DD	SM490	S355N	Gr. E	S355N	S355N	S355N
0355B	E355DD	SM490	S355N	Gr. E	S355N	S355N	S355N
Q355C	E355DD	SM490	P355NH	—	P355NH	P355NH	P355NH
Q355D	E355DD	SM490	P355NL	Type7	P355NL	P355NL	P355NL
Q355E	E355E	SM490	P355NL2	Type7	P355NL2	P355NL2	P355NL2
Q390A	HS390C	—	S380N	Gr. E	—	—	—
Q390B	HS390C	—	S380N	Gr. E	—	—	—
Q390C	HS390C	—	P380NH	Gr. E	—	—	—
Q390D	HS390D	—	S380NL	Gr. E	—	—	—
Q390E	HS390D	—	S380NL1	Gr. E	—	—	—
Q420A	E460CC	—	S420NL	60	S420NL	S420NL	S420NL
Q420B	E460CC	—	S420NL	60	S420NL	S420NL	S420NL
Q420C	E460DD	—	P420NH	60	P420NH	P420NH	P420NH
Q420D	E460DD	—	P420NH	60	P420NH	P420NH	P420NH
Q420E	E460E	—	S420NL1	60	S420NL1	S420NL1	S420NL1

2）钢框架柱采用箱形截面且壁厚不大于 20mm 时，宜选用直接成方工艺成型的冷弯方（矩）形焊接钢管，其材质和材料性能应符合现行行业标准《建筑结构用冷弯矩形钢管》（JG/T 178）中 I 级产品的规定；框架柱采用圆钢管时，宜选用直缝焊接圆钢管，其材质和材料性能应符合现行行业标准《建筑结构用冷成型焊接圆钢管》（JG/T 381）的规定，其截面规格的径厚比不宜过小。高层民用建筑中按抗震设计的框架梁、柱和抗侧力支撑等主要抗侧力构件，其钢材性能要求尚应符合下列规定：

①钢材抗拉性能应有明显的屈服台阶，其断后伸长率不应小于 20%。

②钢材屈服强度波动范围不应大于 $120N/mm^2$，钢材实物的实测屈强比不应大于 0.85。

③抗震等级为三级及以上的高层民用建筑钢结构，其主要抗侧力构件所用钢材应具有与其工作温度相应的冲击韧性合格保证。

④偏心支撑框架中的消能梁段所用钢材的屈服强度不应大于 $355N/mm^2$，屈强比不应大于 0.8；且屈服强度波动范围不应大于 $100N/mm^2$。有依据时，屈曲约束支撑核心单元可选用材质与性能符合现行国家标准《建筑用低屈服强度钢板》（GB/T 28905）的低屈服强度钢。

⑤焊接节点区 T 形或十字形焊接接头中的钢板，当板厚不小于 40mm 且沿板厚方向承受较大拉力作用（含较高焊接约束拉应力作用）时，该部分钢板应具有厚度方向抗撕裂性能（Z 向性能）的合格保证。其沿板厚方向的断面收缩率不应小于现行国家标准《厚度方向性能钢板》（GB/T 5313）规定的 Z15 级允许限值。

3）钢结构节点部位采用铸钢节点时，其铸钢件宜选用材质和材料性能符合现行国家标准《焊接结构用铸钢件》（GB/T 7659）的 ZG 270-480H、ZG 300-500H 或 ZG 340-500H 铸钢件。图 13-2-5 所示为广州歌剧院大跨度空间结构铸钢节点，选用的铸钢材料 GS-20Mn5N 是德国标准的铸钢钢材；图 13-2-6 所示为北京财富中心二期写字楼伸臂桁架和核心筒之间的铸钢节点。

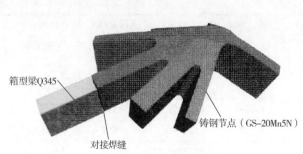
图 13-2-5 大跨度空间结构铸钢节点

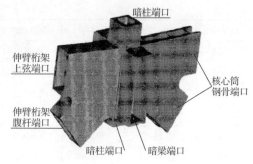
图 13-2-6 伸臂桁架和核心筒之间的铸钢节点

4）钢结构所用焊接材料的选用应符合下列规定：

①手工焊焊条或自动焊焊丝和焊剂的性能应与构件钢材性能相匹配，其熔敷金属的力学性能不应低于母材的性能。当两种强度级别的钢材焊接时，宜选用与强度较低钢材相匹配的焊接材料，如图 13-2-7 所示。

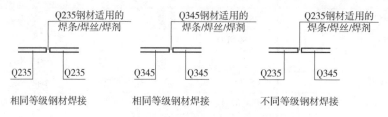
图 13-2-7 两种强度级别的钢材焊接

②焊条的材质和性能应符合现行国家标准《非合金钢及细墨粒钢焊条》（GB/T 5117）、《热强钢焊条》（GB/T 5118）的有关规定。框架梁、柱节点和抗侧力支撑连接节点等重要连接或拼接节点的焊缝宜采用低氢型焊条。

③焊丝的材质和性能应符合现行国家标准《熔化焊用钢丝》（GB/T 14957）、《气体保护电弧焊用碳钢、低合金钢焊丝》（GB/T 8110）、《碳钢药芯焊丝》（GB/T 10045）及《热强钢药芯焊丝》（GB/T 17493）的有关规定。

④埋弧焊用焊丝和焊剂的材质和性能应符合现行国家标准《埋弧焊用非合金钢及细晶粒钢实心焊丝、药芯焊丝和焊丝-焊剂组合分类要求》（GB/T 5293）、《埋弧焊用热强钢实心焊丝、药芯焊丝和焊丝-焊剂组合分类要求》（GB/T 12470）的有关规定。

5）钢结构所用螺栓紧固件材料的选用应符合下列规定：

①普通螺栓宜采用 4.6 或 4.8 级 C 级螺栓，其性能与尺寸规格应符合现行国家标准《紧固件机械性能螺栓、螺钉和螺柱》（GB/T 3098.1）、《六角头螺栓 C 级》（GB/T 5780）和《六角头螺栓》（GB/T 5782）的规定。

②高强度螺栓可选用大六角高强度螺栓或扭剪型高强度螺栓。高强度螺栓的材质、材料性能、级别和规格应分别符合现行国家标准《钢结构用高强度大六角头螺栓》（GB/T 1228）、《钢结构用高强度大六角螺母》（GB/T 1229）、《钢结构用高强度垫圈》（GB/T 1230）、《钢结构用高强度大六角头螺栓、大六角螺母、垫圈技术条件》（GB/T 1231）和《钢结构用扭剪型高强度螺栓连接副》（GB/T 3632）的规定。

③组合结构所用圆柱头焊钉（栓钉）连接件的材料应符合现行国家标准《电弧螺柱焊用圆柱头焊钉》（GB/T 10433）的规定。其屈服强度不应小于 320N/mm^2，抗拉强度不应小于 400N/mm^2，伸长率不应小于 14%。

④锚栓钢材可采用现行国家标准《碳素结构钢》（GB/T 700）规定的 Q235 钢，《低合金高强

度结构钢》（GB/T 1591）中规定的 Q345 钢、Q390 钢或强度更高的钢材。

6）钢结构楼盖采用压型钢板组合楼板时，宜采用闭口型压型钢板，其材质和材料性能应符合现行国家标准《建筑用压型钢板》（GB/T 12755）的相关规定。

13.2.6　荷载与作用

1. 竖向荷载

高层民用建筑的楼面活荷载、屋面活荷载及屋面雪荷载、施工阶段和使用阶段温度作用等应按现行国家标准《建筑结构荷载规范》（GB 50009）的规定采用。

计算构件内力时，楼面及屋面活荷载可取为各跨满载，楼面活荷载大于 4kN/m² 时宜考虑楼面活荷载的不利布置。施工中采用附墙塔、爬塔等对结构有影响的起重机械或其他施工设备时，应根据具体情况验算施工荷载对结构的影响。旋转餐厅轨道和驱动设备自重应按实际情况确定。擦窗机等清洁设备应按实际情况确定其大小和作用位置。

高层建筑经常设有直升机平台，其活荷载应采用下列两款中能使平台产生最大内力的荷载：

1）直升机总重量引起的局部荷载，应按实际最大起飞重量决定的局部荷载标准值乘以动力系数确定。对具有液压轮胎起落架的直升机，动力系数可取 1.4；当没有机型技术资料时，局部荷载标准值及其作用面积可根据直升机类型按表 13-2-17 取用。

表 13-2-17　直升机平台局部荷载标准值及其作用面积

直升机类型	局部荷载标准值/kN	作用面积/m²
轻型	20.0	0.20×0.20
中型	40.0	0.25×0.25
重型	60.0	0.30×0.30

2）等效均布活荷载 5kN/m²。

2. 温度作用

高层民用建筑施工阶段和使用阶段温度作用等应按现行国家标准《建筑结构荷载规范》（GB 50009）的规定采用。

造成温度应力的温差有三种，包括季节温差、内外温差、日照温差。一般说来，如果采取了必要的保温措施，温度变化对于高层建筑结构的影响并不严重。工程设计中，分析的难点主要是温差、组合系数的确定，二者要综合考虑。一般而言，设计可以得到的资料有极端最高气温、极端最低气温、平均最高气温、平均最低气温等，设计时，根据假定合拢温度、建筑保温情况以及以上参数确定计算温差，而后进行结构温度应力分析。

温差确定主要是假定结构合拢温度要准确，否则应根据实际合拢温度复核计算。另外，位于室外的构件，温度分析时需要考虑到大气温度剧烈变化及日光照射的影响，除了进行结构整体分析外，尚应根据结构截面大小等因素进行构件自身温度应力分析。

温度应力可以用普通的线弹性方法计算。

3. 风荷载

高层建筑表面的风荷载，包括主要抗侧力结构和围护结构的风荷载标准值，应按现行国家标准《建筑结构荷载规范》（GB 50009）的规定计算。

对于房屋高度大于 30m 且高宽比大于 1.5 的房屋，应考虑风压脉动对结构产生顺风向振动的影响，结构顺风向风振效应计算应按随机振动理论进行，结构的自振周期应按结构动力学计算。对横风向风振作用效应或扭转风振作用效应明显的高层民用建筑，应考虑横风向风振或扭转风振的影响，横风向风振或扭转风振的计算范围、方法及顺风向与横风向效应的组合方法应符合现行国家标准《建筑结构荷载规范》（GB 50009）的有关规定。

设计高层民用建筑的幕墙结构时，风荷载应按国家现行标准《玻璃幕墙工程技术规范》（JGJ 102）、《金属与石材幕墙工程技术规范》（JGJ 133）、《人造板材幕墙工程技术规范》（JGJ 336）和《建筑结构荷载规范》（GB 50009）的有关规定采用。

风荷载计算应符合以下规定：

（1）计算主体结构的风荷载效应时，风荷载体型系数 μ_s 可按下列规定采用；典型部分房屋平面图如图 13-2-8 所示。

1）对平面为圆形的建筑可取 0.8。

2）对平面为正多边形及三角形的建筑可按下式计算：

$$\mu_s = 0.8 + 1.2/\sqrt{n} \tag{13-2-11}$$

式中 μ_s——风荷载体型系数；

n——多边形的边数。

3）高宽比 H/B 不大于 4 的平面为矩形、方形和十字形的建筑取 1.3。

4）下列建筑可取 1.4：平面为 V 形、Y 形、弧形、双十字形和井字形的建筑；平面为 L 形和槽形及高宽比 H/B 大于 4 的平面十字形建筑；高宽比 H/B 大于 4、长宽比 L/B 不大于 1.5 的平面为矩形和鼓形建筑。

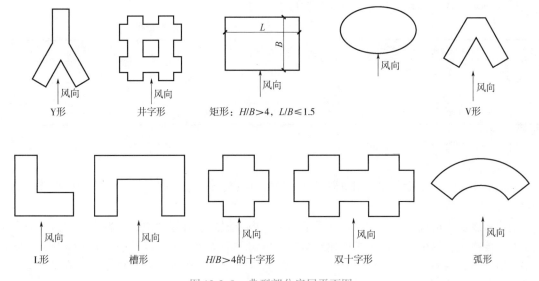

图 13-2-8　典型部分房屋平面图

注：鼓形垂直于图中方向时的体型系数按圆形建筑考虑。

（2）计算檐口、雨篷、遮阳板、阳台等水平构件的局部上浮风荷载时，风荷载体型系数 μ_s 不宜大于 -2.0。

（3）多栋或群集的高层民用建筑相互间距较近时，宜考虑风力相互干扰的群体效应。一般可将单栋建筑的体型系数 μ_s 乘以相互干扰增大系数，该系数可参考类似条件的试验资料确定，必要时通过风洞试验或数值技术确定。

（4）房屋高度大于 200m 或有下列情况之一的高层民用建筑，宜进行风洞试验或通过数值技术判断确定其风荷载：

1）平面形状不规则，立面形状复杂。

2）立面开洞或连体建筑。

3）周围地形和环境较复杂。

4）在需要更细致计算风荷载的场合，风荷载体型系数可由风洞试验确定。

5）对风荷载比较敏感的高层民用建筑，承载力设计时应按基本风压的 1.1 倍采用。

4. 地震作用

高层建筑钢结构的地震作用计算除应符合现行国家标准《建筑抗震设计规范》（GB 50011）的有关规定外，尚应符合下列规定：扭转特别不规则的结构，应计入双向水平地震作用下的扭转影响；其他情况，应计算单向水平地震作用下的扭转影响；9 度抗震设计时应计算竖向地震作用；高层民用建筑中的大跨度、长悬臂结构，7 度（0.15g）、8 度抗震设计时应计入竖向地震作用。

地震作用及效应计算方法要求如下：对质量和刚度不对称、不均匀的结构以及高度超过 100m 的高层民用建筑钢结构应采用考虑扭转耦联振动影响的振型分解反应谱法；高度不超过 40m、以剪切变形为主且质量和刚度沿高度分布比较均匀的高层民用建筑钢结构，可采用底部剪力法；7 度~9 度抗震设防的高层民用建筑，下列情况应采用弹性时程分析进行多遇地震下的补充计算：甲类高层民用建筑钢结构、表 13-2-18 所列的乙、丙类高层民用建筑钢结构、不满足表 13-2-13 及表 13-2-14 规定的特殊不规则的高层民用建筑钢结构。

表 13-2-18　采用时程分析的房屋高度范围

烈度、场地类别	房屋高度范围/m
8 度 Ⅰ 、Ⅱ 类场地和 7 度	>100
8 度 Ⅲ 、Ⅳ 类场地	>80
9 度	>60

建筑结构地震影响系数曲线如图 13-2-9 所示，阻尼调整和形状参数应符合下列规定：

1）当建筑结构的阻尼比为 0.05 时，地震影响系数曲线的阻尼调整系数应按 1.0 采用，形状参数应符合下列规定：直线上升段，周期小于 0.1s 的区段；水平段，自 0.1s 至特征周期 T_g 的区段，地震影响系数应取最大值 α_{max}；曲线下降段，自特征周期至 5 倍特征周期的区段，衰减指数 γ 应取 0.9；直线下降段，自 5 倍特征周期至 6.0s 的区段，下降斜率调整系数 η_1 应取 0.02。

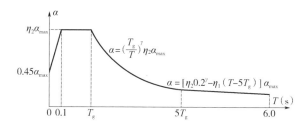

图 13-2-9　地震影响系数曲线

α—地震影响系数　α_{max}—地震影响系数最大值　η_1—直线下降段的下降斜率调整系数
γ—衰减指数　T_g—特征周期　η_2—阻尼调整系数　T—结构自振周期

2）当建筑结构的阻尼比不等于 0.05 时，地震影响系数曲线的阻尼调整系数和形状参数应符合下列规定：

①曲线下降段的衰减指数应按下式确定：

$$\gamma = 0.9 + \frac{0.05 - \xi}{0.3 + 6\xi} \tag{13-2-12}$$

式中　γ——曲线下降段的衰减指数；

　　　ξ——阻尼比。

②直线下降段的下降斜率调整系数应按下式确定：

$$\eta_1 = 0.02 + \frac{0.05 - \xi}{4 + 32\xi} \tag{13-2-13}$$

式中　η_1——直线下降段的下降斜率调整系数，小于 0 时取 0。

③阻尼调整系数应按下式确定:

$$\eta_2 = 1 + \frac{0.05 - \xi}{0.08 + 1.6\xi} \tag{13-2-14}$$

式中 η_2——阻尼调整系数,当小于 0.55 时,应取 0.55。

高层民用建筑钢结构抗震计算时的阻尼比取值宜符合下列规定:多遇地震下的计算:高度不大于 50m 可取 0.04;高度大 50m 且小于 200m 可取 0.03;高度不小于 200m 时宜取 0.02;罕遇地震作用下的弹塑性分析,阻尼比可取 0.05。

建筑结构的地震影响系数应根据烈度、场地类别、设计地震分组和结构自振周期以及阻尼比确定。其水平地震影响系数最大值 α_{max} 应按表 13-2-19a 采用;对处于发震断裂带两侧 10km 以内的建筑,尚应乘以近场效应系数。近场效应系数 5km 以内取 1.5,5~10km 取 1.25。特征周期 T_g 应根据场地类别和设计地震分组按表 13-2-19b 采用,计算罕遇地震作用时,特征周期应增加 0.05s。周期大于 6.0s 的高层民用建筑钢结构所采用的地震影响系数应专门研究。

表 13-2-19a 水平地震影响系数最大值 α_{max}

地震影响	6 度	7 度	8 度	9 度
多遇地震	0.04	0.08 (0.12)	0.16 (0.24)	0.32
设防地震	0.12	0.23 (0.34)	0.45 (0.68)	0.90
罕遇地震	0.28	0.50 (0.72)	0.90 (1.20)	1.40

注:7、8 度时括号内的数值分别用于设计基本地震加速度为 0.15g 和 0.30g 的地区。

表 13-2-19b 特征周期值 T_g (单位:s)

设计地震分组	场地类别				
	I_0	I_1	II	III	IV
第一组	0.2	0.25	0.35	0.45	0.65
第二组	0.25	0.30	0.40	0.55	0.75
第三组	0.3	0.35	0.45	0.65	0.90

进行结构时程分析时,应符合下列规定:

1)应按建筑场地类别和设计地震分组,选取实际地震记录和人工模拟的加速度时程曲线,其中实际地震记录的数量不应少于总数量的 2/3,多组时程曲线的平均地震影响系数曲线应与振型分解反应谱法所采用的地震反应谱曲线在统计意义上相符。进行弹性时程分析时,每条时程曲线计算所得结构底部剪力不应小于振型分解反应谱法计算结果的 65%,多条时程曲线计算所得结构底部剪力平均值不应小于振型分解反应谱法计算结果的 80%。

2)地震波的持续时间不宜小于建筑结构基本自振周期的 5 倍和 15s,地震波的时间间距可取 0.01s 或 0.02s。

3)所用地震加速度的最大值可按表 13-2-20 采用。

表 13-2-20 时程分析所用地震加速度最大值 (单位:cm/s²)

地震影响	6 度	7 度	8 度	9 度
多遇地震	18	35 (55)	70 (110)	140
设防地震	50	100 (150)	200 (300)	400
罕遇地震	125	220 (310)	400 (510)	620

注:括号内数值分别用于设计基本地震加速度为 0.15g 和 0.30g 的地区。

4)当取三组加速度时程曲线输入时,结构地震作用效应宜取时程法计算结果的包络值与振型分解反应谱法计算结果的较大值; 当取七组及七组以上的时程曲线进行计算时, 结构地震作用效应可取时程法计算结果的平均值与振型分解反应谱法计算结果的较大值。

地震作用计算时, 重力荷载代表值应取永久荷载标准值和各可变荷载组合值之和, 各可变荷载的组合值系数应按表 13-2-21 采用。

表 13-2-21 组合值系数

可变荷载种类		组合值系数
雪荷载		0.5
屋面活荷载		不计入
按实际情况计算的楼面活荷载		1.0
按等效均布荷载计算的楼面活荷载	藏书库、档案库、库房	0.8
	其他民用建筑	0.5

结构水平地震作用计算应符合以下规定:

1) 采用振型分解反应谱法时, 对于不考虑扭转耦联影响的结构, 应按下列规定计算其地震作用和作用效应:

①结构 j 振型 i 层的水平地震作用标准值, 应按下列公式确定:

$$F_{ji} = \alpha_j \gamma_j X_{ji} G_i \qquad (13\text{-}2\text{-}15)$$

$$\gamma_j = \sum_{i=1}^{n} X_{ji} G_i \Big/ \sum_{i=1}^{n} X_{ji}^2 G_i \ (i = 1,\ 2,\ \cdots,\ n;\ j = 1,\ 2,\ \cdots,\ m) \qquad (13\text{-}1\text{-}16)$$

式中　F_{ji}——j 振型 i 层的水平地震作用标准值;

　　　α_j——相应于 j 振型自振周期的地震影响系数;

　　　X_{ji}——j 振型 i 层的水平相对位移;

　　　γ_j——j 振型的参与系数;

　　　G_i——i 层的重力荷载代表值;

　　　n——结构计算总层数, 小塔楼宜每层作为一个质点参与计算;

　　　m——结构计算振型数。

②水平地震作用效应, 当相邻振型的周期比小于 0.85 时可按下式计算:

$$S_{Ek} = \sqrt{\sum_{i=1}^{m} S_j^2} \qquad (13\text{-}2\text{-}17)$$

式中　S_{Ek}——水平地震作用标准值的效应;

　　　S_j——j 振型水平地震作用标准值的效应 (弯矩、剪力、轴向力和位移等)。

2) 考虑扭转影响的平面、竖向不规则结构, 按扭转耦联振型分解法计算时, 各楼层可取两个正交的水平位移和一个转角位移共三个自由度, 并应按下列规定计算结构的地震作用和作用效应。确有依据时, 尚可采用简化计算方法确定地震作用效应。

①j 振型 i 层的水平地震作用标准值, 应按下列公式确定:

$$\begin{aligned} F_{xji} &= \alpha_j \gamma_{tj} X_{ji} G_i \\ F_{yji} &= \alpha_j \gamma_{tj} Y_{ji} G_i \qquad (i = 1,\ 2,\ \cdots,\ n;\ j = 1,\ 2,\ \cdots,\ m) \\ F_{tji} &= \alpha_j \gamma_{tj} r_i^2 \varphi_{ji} G_i \end{aligned} \qquad (13\text{-}2\text{-}18)$$

式中　F_{xji}、F_{yji}、F_{tji}——j 振型 i 层的 x 方向、y 方向和转角方向的地震作用标准值;

　　　X_{ji}、Y_{ji}——j 振型 i 层质心在 x、y 方向的水平相对位移;

　　　φ_{ji}——j 振型 i 层的相对扭转角;

　　　r_i——i 层转动半径, 可取 i 层绕质心的转动惯量除以该层质量的商的正二次方根;

α_j——相当于第 j 振型自振周期 T_j 的地震影响系数；

γ_{tj}——计入扭转的 j 振型参与系数，可按式（13-2-19）~式（13-2-21）确定；

n——结构计算总质点数，小塔楼宜每层作为一个质点参与计算；

m——结构计算振型数。一般情况可取 9~15，多塔楼建筑每个塔楼振型数不宜小于 9。

当仅考虑 x 方向地震作用时：

$$\gamma_{tj} = \sum_{i=1}^{n} X_{ji} G_i \Big/ \sum_{i=1}^{n} (X_{ji}^2 + Y_{ji}^2 + \varphi_{ji}^2 \gamma_i^2) G_i \tag{13-2-19}$$

当仅考虑 y 方向地震作用时：

$$\gamma_{tj} = \sum_{i=1}^{n} Y_{ji} G_i \Big/ \sum_{i=1}^{n} (X_{ji}^2 + Y_{ji}^2 + \varphi_{ji}^2 \gamma_i^2) G_i \tag{13-2-20}$$

当考虑与 x 方向斜交的地震作用时：

$$\gamma_{tj} = \gamma_{xj}\cos\theta + \gamma_{yj}\sin\theta \tag{13-2-21}$$

式中 γ_{xj}、γ_{yj}——振型参与系数；

θ——地震作用方向与 x 方向的夹角（°）。

②单向水平地震作用下，考虑扭转耦联的地震作用效应，应按下列公式确定：

$$S_{Ek} = \sqrt{\sum_{j=1}^{m}\sum_{k=1}^{m} \rho_{jk} S_j S_k} \tag{13-2-22}$$

$$\rho_{jk} = \frac{8\sqrt{\xi_j\xi_k}(\xi_j + \lambda_T\xi_k)\lambda_T^{1.5}}{(1-\lambda_T^2)^2 + 4\xi_j\xi_k(1+\lambda_T^2)^2\lambda_T + 4(\xi_j^2+\xi_k^2)\lambda_T^2} \tag{13-2-23}$$

式中 S_{Ek}——考虑扭转的地震作用标准值的效应；

S_j、S_k——j、k 振型地震作用标准值的效应；

ξ_j、ξ_k——j、k 振型的阻尼比；

ρ_{jk}——j 振型与 k 振型的耦联系数；

λ_T——k 振型与 j 振型的自振周期比。

③考虑双向水平地震作用下的扭转地震作用效应，应按下列公式中的较大值确定：

$$S_{Ek} = \sqrt{S_x^2 + (0.85 S_y)^2} \tag{13-2-24a}$$

或 $$S_{Ek} = \sqrt{S_y^2 + (0.85 S_x)^2} \tag{13-2-24b}$$

式中 S_x——仅考虑 x 向水平地震作用时的地震作用效应；

S_y——仅考虑 y 向水平地震作用时的地震作用效应。

3）采用底部剪力法计算高层民用建筑钢结构的水平地震作用时，各楼层可仅取一个自由度，结构的水平地震作用标准值，应按下列公式确定，如图13-2-10 所示。

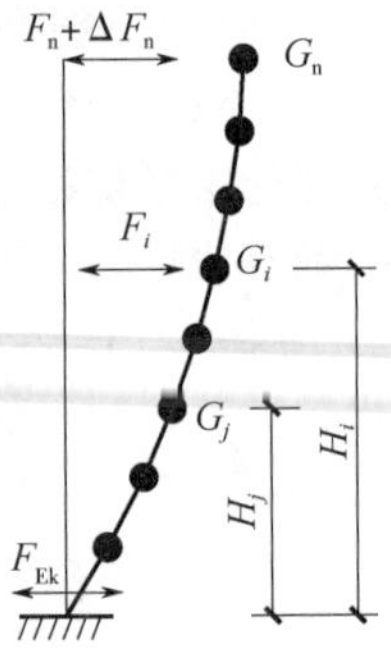

$$F_{Ek} = \alpha_1 G_{eq} \tag{13-2-25}$$

$$F_i = \frac{G_i H_i}{\sum_{i=1}^{n} G_j H_j} F_{Ek}(1-\delta_n) \quad (i=1, 2, \cdots, n') \tag{13-2-26}$$

$$\Delta F_n = \delta_n F_{Ek} \tag{13-2-27}$$

图 13-2-10 结构水平地震作用计算简图

式中 F_{Ek}——结构总水平地震作用标准值（kN）；

α_1——相应于结构基本自振周期的水平地震影响系数值；

G_{eq}——结构等效总重力荷载代表值（kN），多质点可取总重力荷载代表值的 85%；

F_i——质点 i 的水平地震作用标准值（kN）；

G_i、G_j——集中于质点 i、j 的重力荷载代表值（kN）；

H_i、H_j——质点 i、j 的计算高度（m）；

δ_n——顶部附加地震作用系数，按表 13-2-22 采用；

ΔF_n——顶部附加水平地震作用（kN）。

表 13-2-22　顶部附加地震作用系数 δ_n

T_g/s	$T_1 > 1.4T_g$	$T_1 \leqslant 1.4T_g$
$T_g \leqslant 0.35$	$0.08T_1 + 0.07$	
$0.35 < T_g \leqslant 0.55$	$0.08T_1 + 0.01$	0
$T_g > 0.55$	$0.08T_1 - 0.02$	

注：T_1 为结构基本自振周期。

4）高层民用建筑钢结构采用底部剪力法计算水平地震作用时，凸出屋面的屋顶间、女儿墙、烟囱等的地震作用效应，宜乘以增大系数 3。此增大部分不应往下传递，但与该凸出部分相连接的构件应予计入；采用振型分解法反应谱时，凸出屋面部分可作为一个质点。

5）多遇地震水平地震作用计算时，结构各楼层对应于地震作用标准值的剪力应符合现行国家标准《建筑抗震设计规范》（GB 50011）的有关规定。

6）多遇地震下，计算双向水平地震作用效应时可不考虑偶然偏心的影响，但应验算单向水平地震作用下考虑偶然偏心影响的楼层竖向构件最大弹性水平位移与最大和最小弹性水平位移平均值之比；计算单向水平地震作用效应时应考虑偶然偏心的影响。每层质心沿垂直于地震作用方向的偏移值可按下列公式计算：

方形及矩形平面 $\qquad\qquad e_i = \pm 0.05L_i \qquad\qquad$ (13-2-28)

其他形式平面 $\qquad\qquad e_i = \pm 0.172r_i \qquad\qquad$ (13-2-29)

式中　e_i——第 i 层质心偏移值（m），各楼层质心偏移方向相同；

r_i——第 i 层相应质点所在楼层平面的转动半径（m）；

L_i——第 i 层垂直于地震作用方向的建筑物长度（m）。

结构竖向地震作用计算应符合以下规定：

跨度大于 24m 的楼盖结构、跨度大于 12m 的转换结构和连体结构，悬挑长度大于 5m 的悬挑结构（图 13-2-11），结构竖向地震作用效应标准值宜采用时程分析法或振型分解反应谱法进行计算。

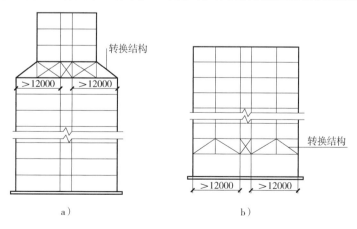

图 13-2-11　需要计算竖向地震作用结构简图

a）转换结构之一　b）转换结构之二

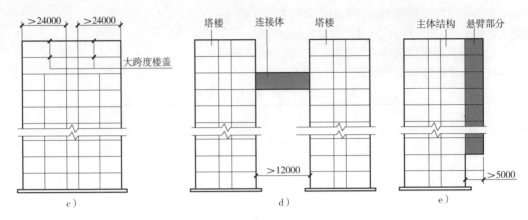

图 13-2-11 需要计算竖向地震作用结构简图（续）

c）大宽度楼盖 d）连体结构 e）长悬臂结构

1）高层民用建筑钢结构，其竖向地震作用标准值可按图 13-2-12 简
化模型，按下列公式确定：

$$F_{Evk} = \alpha_{vmax} G_{eq} \qquad (13\text{-}2\text{-}30)$$

$$F_{vi} = \frac{G_i H_i}{\sum_{j=1}^{n} G_j H_j} F_{Evk} \qquad (13\text{-}2\text{-}31)$$

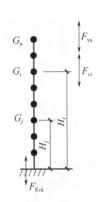

图 13-2-12 结构竖向地
震作用计算简图

式中 F_{Evk}——结构总竖向地震作用标准值（kN）；

F_{vi}——质点 i 的竖向地震作用标准值（kN）；

α_{vmax}——竖向地震影响系数最大值，可取水平地震影响系数最大值
的 65%；

G_{eq}——结构等效总重力荷载代表值（kN），可取其总重力荷载代
表值的 75%。

9 度设防烈度时，楼层各构件的竖向地震作用效应可按各构件承受
的重力荷载代表值的比例分配，并宜乘以增大系数 1.5。

2）时程分析计算时输入的地震加速度最大值可按规定的水平输入最大值的 65% 采用，反应
谱分析时结构竖向地震影响系数最大值可按水平地震影响系数最大值的 65% 采用，设计地震分组
可按第一组采用。

3）高层民用建筑中，大跨度结构、悬挑结构、转换结构、连体结构的连接体的竖向地震作用
标准值，不宜小于结构或构件承受的重力荷载代表值与表 13-2-23 规定的竖向地震作用系数的
乘积。

表 13-2-23 竖向地震作用系数

设防烈度	7 度	8 度		9 度
设计基本地震加速度	0.15g	0.20g	0.30g	0.40g
竖向地震作用系数	0.08	0.10	0.15	0.20

注：g 为重力加速度。

13.3 结构计算分析

多高层建筑钢结构计算分析，应符合以下规定：在竖向荷载、风荷载以及多遇地震作用下，
高层民用建筑钢结构的内力和变形可采用弹性方法计算；罕遇地震作用下，高层民用建筑钢结构

的弹塑性变形可采用弹塑性时程分析法或静力弹塑性分析法计算。

13.3.1 结构弹性分析

多高层建筑钢结构弹性计算分析,应符合以下规定:

1)计算高层民用建筑钢结构的内力和变形时,可假定楼盖在其自身平面内为无限刚性,设计时应采取相应措施保证楼盖平面内的整体刚度。当楼盖可能产生较明显的面内变形时,计算时应采用楼盖平面内的实际刚度,考虑楼盖的面内变形的影响。

2)高层民用建筑钢结构弹性计算时,钢筋混凝土楼板与钢梁间有可靠连接,可计入钢筋混凝土楼板对钢梁刚度的增大作用,两侧有楼板的钢梁其惯性矩可取为 $1.5I_b$,仅一侧有楼板的钢梁其惯性矩可取为 $1.2I_b$,I_b 为钢梁截面惯性矩,如图 13-3-1 所示。弹塑性计算时,不应考虑楼板对钢梁惯性矩的增大作用。

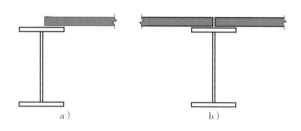

图 13-3-1 钢梁的惯性矩计算
a)边梁,一侧设有混凝土楼板 b)中梁,两侧设有混凝土楼板

3)结构计算中一般不应计入非结构构件对结构承载力和刚度的有利作用。

4)计算各振型地震影响系数所采用的结构自振周期,应考虑非承重填充墙体的刚度予以折减。当非承重墙体为填充轻质砌块、填充轻质墙板或外挂墙板时,自振周期折减系数可取 0.9~1.0。

多高层建筑钢结构计算分析时,应把握的要点如下:

1)高层民用建筑钢结构的弹性计算模型应根据结构的实际情况确定,应能较准确地反映结构的刚度和质量分布以及各结构构件的实际受力状况;可选择空间杆系、空间杆-墙板元及其他组合有限元等计算模型。延性板的模型可按《高层民用建筑钢结构计技术规程》(JGJ 99)的附录 B、附录 C 和附录 D 的有关规定执行。

2)高层民用建筑钢结构弹性分析时,应计入重力二阶效应的影响。

3)高层民用建筑钢结构弹性分析时,应考虑下述变形:

①梁的弯曲和扭转变形,必要时考虑轴向变形。

②柱的弯曲、轴向、剪切和扭转变形。

③支撑的弯曲、轴向和扭转变形。

④延性墙板的剪切变形。

⑤消能梁段的剪切变形和弯曲变形。

4)钢框架-支撑结构的支撑斜杆两端宜按铰接计算;当实际构造为刚接时,也可按刚接计算。

5)梁柱刚性连接的钢框架计入节点域剪切变形对侧移的影响时,可将节点域作为一个单独的剪切单元进行结构整体分析,也可按下列规定做近似计算:

①对于箱形截面柱框架,可按结构轴线尺寸进行分析,但应将节点域作为刚域,梁柱刚域的总长度,可取柱截面宽度和梁截面高度的一半二者的较小值,如图 13-3-2 所示。

②对于 H 形截面柱框架,可按结构轴线尺寸进行分析,不考虑刚域,如图 13-3-3 所示。

③当结构弹性分析模型不能计算节点域的剪切变形时,可将上述框架分析得到的楼层最大层间位移角与该楼层柱下端的节点域在梁端弯矩设计值作用下的剪切变形角平均值相加,得到计入

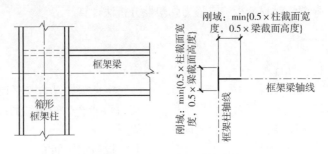

图 13-3-2　箱形截面刚域计算

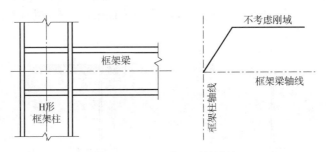

图 13-3-3　H 形截面刚域计算

节点域剪切变形影响的楼层最大层间位移角。任一楼层节点域在梁端弯矩设计值作用下的剪切变形角平均值可按下式计算：

$$\theta_{m} \geqslant \frac{1}{n} \sum_{i=1}^{n} \frac{M_{i}}{GV_{p,i}} \quad (i = 1,2,\cdots,n) \tag{13-3-1}$$

式中　θ_{m}——楼层节点域的剪切变形角平均值；

M_{i}——该楼层第 i 个节点域在所考虑的受弯平面内的不平衡弯矩（N·mm），由框架分析得出，即 $M_{i} = M_{b1} + M_{b2}$，M_{b1}、M_{b2} 为受弯平面内该楼层第 i 个节点左、右梁端同方向的地震作用组合下的弯矩设计值；

n——该楼层的节点域总数；

G——钢材的剪切模量；

$V_{p,i}$——第 i 个节点域的有效体积。

6）钢框架-支撑（墙板）结构的框架部分按刚度分配计算得到的地震层剪力应乘以调整系数，达到不小于结构总地震剪力的 25% 和框架部分计算最大层剪力 1.8 倍二者的较小值。

7）体型复杂、结构布置复杂以及特别不规则的高层民用建筑钢结构，应采用至少两个不同力学模型的结构分析软件进行整体计算。对结构分析软件的分析结果，应进行分析判断，确认其合理、有效后方可作为工程设计的依据。

8）钢结构应按本节规定调整地震作用效应，其层间变形应符合表 13-2-3 的规定。构件截面和连接抗震验算时，非抗震的承载力设计值应除以规范规定的承载力抗震调整系数。

9）中心支撑框架的斜杆轴线偏离梁柱轴线交点不超过支撑杆件的宽度时，仍可按中心支撑框架分析，但应计及由此产生的附加弯矩。

10）偏心支撑框架中，与消能梁段相连构件的内力设计值，应按下列要求调整：

①支撑斜杆的轴力设计值，应取与支撑斜杆相连接的消能梁段达到受剪承载力时支撑斜杆轴力与增大系数的乘积；其增大系数，一级不应小于 1.4，二级不应小于 1.3，三级不应小于 1.2。

②位于消能梁段同一跨的框架梁内力设计值，应取消能梁段达到受剪承载力时框架梁内力与增大系数的乘积；其增大系数，一级不应小于 1.3，二级不应小于 1.2，三级不应小于 1.1。

③框架柱的内力设计值，应取消能梁段达到受剪承载力时柱内力与增大系数的乘积；其增大

系数，一级不应小于1.3，二级不应小于1.2，三级不应小于1.1。

11）内藏钢支撑钢筋混凝土墙板和带竖缝钢筋混凝土墙板应按有关规定计算，带竖缝钢筋混凝土墙板可仅承受水平荷载产生的剪力，不承受竖向荷载产生的压力。

13.3.2 整体稳定验算

高层民用建筑钢结构的整体稳定性应符合下列规定：

1）框架结构应符合下式要求：

$$D_i \geqslant 5 \sum_{j=i}^{n} G_j / h_i \ (i = 1, \ 2, \ \cdots, \ n) \tag{13-3-2}$$

2）框架-支撑结构、框架-延性墙板结构、筒体结构和巨型框架结构应符合下式要求：

$$EJ_d \geqslant 0.7 H^2 \sum_{i=1}^{n} G_i \tag{13-3-3}$$

式中　D_i——第 i 楼层的抗侧刚度（kN/mm），可取该层剪力与层间位移的比值；

　　　h_i——第 i 楼层层高；

　G_i、G_j——第 i、j 楼层重力荷载设计值（kN），取1.2倍的永久荷载标准值与1.4倍的楼面可变荷载标准值的组合值；

　　　H——房屋高度（mm）；

　　EJ_d——结构一个主轴方向的弹性等效侧向刚度（kN/mm²），可按倒三角形分布荷载作用下结构顶点位移相等的原则，将结构的侧向刚度折算为竖向悬臂受弯构件的等效侧向刚度。

13.3.3 重力二阶效应分析

结构稳定性设计应在结构分析或构件设计中考虑二阶效应。结构内力分析可采用一阶弹性分析、二阶 P-Δ 弹性分析或直接分析，应根据最大二阶效应系数 $\theta^{\mathrm{II}}_{\mathrm{I,max}}$ 选用适当的结构分析方法：

当 $\theta^{\mathrm{II}}_{\mathrm{I,max}} \leqslant 0.1$ 时，可采用一阶弹性分析。

当 $0.1 < \theta^{\mathrm{II}}_{\mathrm{I,max}} \leqslant 0.25$ 时，宜采用二阶 P-Δ 弹性分析或采用直接分析。

当 $\theta^{\mathrm{II}}_{\mathrm{I,max}} > 0.25$ 时，应增大结构的侧移刚度或采用直接分析。

1）规则框架结构的二阶效应系数可按下式计算：

$$\theta^{\mathrm{II}}_i = \frac{\sum N_i \Delta u_i}{\sum H_{ki} h_i} \tag{13-3-4}$$

式中　$\sum N_i$——第 i 楼层的抗侧刚度（kN/mm），可取该层剪力与层间位移的比值；

　　$\sum N_{ki}$——产生层间侧移 Δu 的计算楼层及以上各层的水平力标准值之和（N）；

　　　h_i——所计算 i 楼层的层高（mm）；

　　Δu_i——$\sum N_{ki}$ 作用下按一阶弹性分析求得的计算楼层的层间侧移（mm）。

2）一般结构的二阶效应系数可按下式计算：

$$\theta^{\mathrm{II}}_i = \frac{1}{\eta_{cr}} \tag{13-3-5}$$

式中　η_{cr}——整体结构最低阶弹性临界荷载与荷载设计值的比值。

二阶 P-Δ 弹性分析应考虑结构整体初始几何缺陷的影响，直接分析应考虑初始几何缺陷和残余应力的影响。结构整体初始几何缺陷模式可按最低阶整体屈曲模态采用。框架及支撑结构整体初始几何缺陷代表值（图13-3-4）的最大值 Δ_o 可取为 $H/250$，H 为结构总高度。框架及支撑结构整体初始几何缺陷代表值也可按式（13-3-6）确定；或可通过在每层柱顶施加假想水平力 H_{ni} 等效考虑，假想水平力可按式（13-3-7）计算，施加方向应考虑荷载的最不利组合（图13-3-5）。

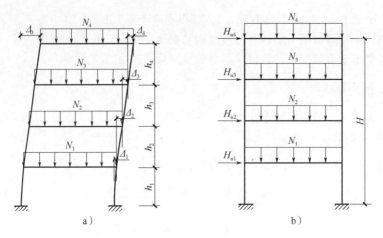

图 13-3-4　框架结构整体初始几何缺陷代表值及等效水平力

a) 框架整体初始几何缺陷代表值　b) 框架结构等效水平力

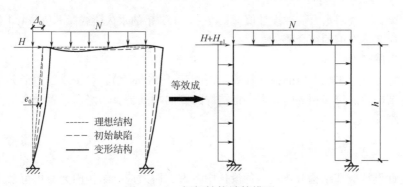

图 13-3-5　框架结构计算模型

h—层高　H—水平力　H_{n1}—假想水平力　e_0—构件中点处的初始变形值

$$\Delta_i = \frac{h_i}{250}\sqrt{0.2 + \frac{1}{n_s}} \tag{13-3-6}$$

$$H_{ni} = \frac{G_i}{250}\sqrt{0.2 + \frac{1}{n_s}} \tag{13-3-7}$$

式中　Δ_i——所计算第 i 楼层的初始几何缺陷代表值（mm）；

n_s——结构总层数，当 $\sqrt{0.2 + \frac{1}{n_s}} < \frac{2}{3}$ 时取此根号值为 $\frac{2}{3}$；当 $\sqrt{0.2 + \frac{1}{n_s}} > 1.0$ 时取此根号

值为 1.0；

h_i——所计算楼层的高度（mm）；

G_i——第 i 楼层的总重力荷载设计值（N）。

构件的初始缺陷代表值可按式（13-3-8）计算确定，该缺陷值（图 13-3-6a）包括了残余应力的影响。构件的初始缺陷也可采用假想均布荷载进行等效简化计算，假想均布荷载（图 13-3-6b）可按式（13-3-9）确定。

$$\delta_0 = e_0 \sin \frac{\pi x}{l} \tag{13-3-8}$$

$$q_0 = \frac{8 N_k e_0}{l^2} \tag{13-3-9}$$

式中　δ_0——离构件端部 x 处的初始变形值（mm）；

e_0——构件中点处的初始变形值（mm）；

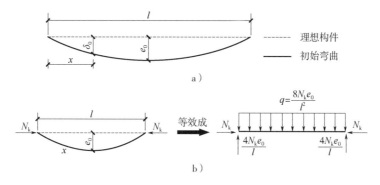

图 13-3-6　构件的初始缺陷
a）等效几何缺陷　b）假想均布荷载

　　x——离构件端部的距离（mm）；

　　l——构件的总长度（mm）；

　　q_0——等效分布荷载（N/mm）；

　　N_k——构件承受的轴力标准值（N）。

　　构件初始弯曲缺陷值号，当采用直接分析不考虑材料弹塑性发展时，可按表 13-3-1 取构件综合缺陷代表值。

表 13-3-1　构件综合缺陷代表值

柱子曲线	二阶分析采用的 $\frac{e_0}{l}$ 值
a 类	$l/400$
b 类	$l/350$
c 类	$l/300$
d 类	$l/250$

　　二阶 $P\text{-}\Delta$ 效应可按近似的二阶理论对一阶弯矩进行放大来考虑。对无支撑框架结构，杆件杆端的弯矩 M_Δ^{II} 也可采用下列近似公式进行计算：

$$M_\Delta^{\mathrm{II}} = M_q + \alpha_i^{\mathrm{II}} M_{\mathrm{H}} \tag{13-3-10}$$

$$\alpha_i^{\mathrm{II}} = \frac{1}{1 - \theta_i^{\mathrm{II}}} \tag{13-3-11}$$

式中　M_q——结构在竖向荷载作用下的一阶弹性弯矩（N·mm）；

　　M_Δ^{II}——仅考虑 $P\text{-}\Delta$ 效应的二阶弯矩（N·mm）；

　　M_{H}——结构在水平荷载作用下的一阶弹性弯矩（N·mm）；

　　θ_i^{II}——二阶效应系数，可按式（13-3-5）采用；

　　α_i^{II}——第 i 层杆件的弯矩增大系数，当 $\alpha_i^{\mathrm{II}} > 1.33$ 时，宜增大结构的侧移刚度。

　　直接分析设计法应采用考虑二阶 $P\text{-}\Delta$ 和 $P\text{-}\delta$ 效应同时考虑结构和构件的初始缺陷、节点连接刚度及其他对结构稳定性有显著影响的因素，允许材料的弹塑性发展和内力重分布，获得各种荷载设计值（作用）下的内力和标准值（作用）下位移，不需要按计算长度法进行构件受压稳定承载力验算。直接分析不考虑材料弹塑性发展时，结构分析应限于第一个塑性铰的形成，对应的荷载水平不应低于荷载设计值，不允许进行内力重分布。

　　直接分析法按二阶弹塑性分析时宜采用塑性铰法或塑性区法。塑性铰形成的区域，构件和节点应有足够的延性保证以便内力重分布，允许一个或者多个塑性铰产生，构件的极限状态应根据设计目标及构件在整个结构中的作用来确定。

直接分析法按二阶弹塑性分析时，钢材的应力-应变关系可为理想弹塑性，屈服强度可取强度设计值。钢结构构件截面应为双轴对称截面或单轴对称截面，塑性铰处截面板件宽厚比等级应为 S1 级、S2 级，其出现的截面或区域应保证有足够的转动能力。

当结构采用直接分析设计法进行连续倒塌分析时，结构材料的应力-应变关系宜考虑应变率的影响；进行抗火分析时，应考虑结构材料在高温下的应力-应变关系对结构和构件内力产生的影响。

结构和构件采用直接分析设计法进行分析和设计时，计算结果可直接作为承载能力极限状态和正常使用极限状态下的设计依据，应按下列公式进行构件截面承载力验算：

1）当构件有足够侧向支撑以防止侧向失稳时：

$$\frac{N}{Af} + \frac{M_x^{\mathrm{II}}}{M_{cx}} + \frac{M_y^{\mathrm{II}}}{M_{cy}} \leqslant 1.0 \qquad (13\text{-}3\text{-}12)$$

当构件可能产生侧向失稳时：

$$\frac{N}{Af} + \frac{M_x^{\mathrm{II}}}{\varphi_b W_x f} + \frac{M_y^{\mathrm{II}}}{M_{cy}} \leqslant 1.0 \qquad (13\text{-}3\text{-}13)$$

2）当截面板件宽厚比等级不符合 S2 级要求时，构件不允许形成塑性铰，受弯承载力设计值应按式（13-3-14）、式（13-3-15）确定：

$$M_{cx} = \gamma_x W_x f \qquad (13\text{-}3\text{-}14)$$
$$M_{cy} = \gamma_y W_y f \qquad (13\text{-}3\text{-}15)$$

当截面板件宽厚比等级符合 S2 级要求时，不考虑材料弹塑性发展时，受弯承载力设计值应按式（13-3-14）、式（13-3-15）确定，按二阶弹塑性分析时，受弯承载力设计值应按式（13-3-16）、式（13-3-17）确定：

$$M_{cx} = W_{px} f \qquad (13\text{-}3\text{-}16)$$
$$M_{cy} = W_{py} f \qquad (13\text{-}3\text{-}17)$$

式中　M_x^{II}、M_y^{II}——绕 z 轴、y 轴的二阶弯矩设计值（N·mm），可由结构分析直接得到；

A——构件的毛截面面积（mm²）；

M_{cx}、M_{cy}——绕 z 轴、y 轴的受弯承载力设计值（N·mm）；

W_x、W_y——当构件板件宽厚比等级为 S1 级、S2 级、S3 级或 S4 级时，为构件绕 z 轴、y 轴的毛截面模量；当构件板件宽厚比等级为 S5 级时，为构件绕 z 轴、y 轴的有效截面模量（mm³）；

W_{px}、W_{py}——构件绕 z 轴、y 轴的塑性毛截面模量（mm³）；

γ_x、γ_y——截面塑性发展系数；

φ_b——梁的整体稳定系数。

采用塑性铰法进行直接分析设计时，除应按考虑初始缺陷外，当受压构件所受轴力大于 0.5Af 时，其弯曲刚度还应乘以刚度折减系数 0.8。采用塑性区法进行直接分析设计时，应按不小于 1/1000 的出厂加工精度考虑构件的初始几何缺陷，并考虑初始残余应力。

13. 3. 4　结构弹塑性分析

高层民用建筑钢结构进行弹塑性计算分析，房屋高度不超过 100m 时，可采用静力弹塑性分析方法，房屋高度超过 150m 时，应采用弹塑性时程分析法，高度为 100～150m 时，可根据结构的不规则程度选择静力弹塑性分析法或弹塑性时程分析法，高度超过 300m 时，应采用两个独立的计算程序进行计算。

采用静力弹塑性分析法进行罕遇地震作用下的变形计算时，应符合下列规定：可在结构的两个主轴方向分别施加单向水平力进行静力弹塑性分析；水平力可作用在各层楼盖的质心位置，可不考虑偶然偏心的影响；结构的每个主轴方向宜采用不少于两种水平力沿高度分布模式，其中一种可与振型分解反应谱法得到的水平力沿高度分布模式相同；采用能力谱法时，需求谱曲线可由现行国家标准《建筑抗震设计规范》（GB 50011）的地震影响系数曲线得到，或由建筑场地的地震安全性评价提出的加速度反应谱曲线得到。

采用弹塑性时程分析法进行罕遇地震作用下的变形计算，应符合下列规定：一般情况下，采用单向水平地震输入，在结构的两个主轴方向分别输入地震加速度时程；对体型复杂或特别不规则的结构，宜采用双向水平地震或三向地震输入；地震地面运动加速度时程的选取，时程分析所用地震加速度时程的最大值等，应符合表 13-2-20 的规定。

高层民用建筑钢结构弹塑性变形计算时应首先进行施工模拟分析，并以施工过程完成后的状态作为弹塑性分析的初始状态。在进行高层建筑结构分析时，如果将各层的竖向荷载一次施加到结构的计算模型上去，将会造成结构计算竖向位移偏大。另外，由于边柱与中柱、柱与抗震墙的轴向应力不同，产生的压缩变形也不同，随着楼层数的增加，这种竖向变形不断积累，在建筑的顶部将产生很大的竖向变形差，使框架梁产生很大的弯矩，个别柱甚至出现拉力。产生这种现象的原因是由于在计算中没有考虑到实际的施工过程造成的。实际的施工一般是自下而上逐层进行的，对柱顶高差可以通过调节柱拼接接头的焊缝间距等措施逐步加以消除。因此，在进行高层建筑结构分析时，应考虑刚度的逐层形成和竖向变形的调节等实际的施工过程，以避免一次加载产生的问题。

高层民用建筑钢结构弹塑性变形计算应符合下列规定：

1）当采用结构抗震性能设计时，应根据《高层民用建筑钢结构技术规程》（JGJ 99）的有关规定，预定结构的抗震性能目标；结构弹塑性分析的计算模型应包括全部主要结构构件，应能较正确反映结构的质量、刚度和承载力的分布以及结构构件的弹塑性性能；宜采用空间计算模型。

2）高层民用建筑钢结构弹塑性分析时应考虑构件的下述变形：梁的弹塑性弯曲变形，柱在轴力和弯矩作用下的弹塑性变形，支撑的弹塑性轴向变形，延性墙板的弹塑性剪切变形，消能梁段的弹塑性剪切变形；宜考虑梁柱节点域的弹塑性剪切变形；采用消能减震设计时还应考虑消能器的弹塑性变形，隔震结构还应考虑隔震垫的弹塑性变形。

3）钢柱、钢梁、屈曲约束支撑及偏心支撑消能梁段恢复力模型的骨架线可采用二折线型，其滞回模型可不考虑刚度退化；钢支撑和延性墙板的恢复力模型，应按其受力特性确定，也可由试验确定。

13.3.5　抗连续倒塌设计基本要求

安全等级为一级的高层民用建筑钢结构应满足抗连续倒塌设计的要求，有特殊要求时，可采用拆除构件方法进行抗连续倒塌设计。抗连续倒塌设计应符合下列规定：

1）应采取必要的结构连接措施，增强结构的整体性。

2）主体结构宜采用多跨规则的超静定结构。

3）结构构件应具有适宜的延性，应合理控制截面尺寸，避免局部失稳或整个构件失稳、节点先于构件破坏。

4）周边及边跨框架的柱距不宜过大。

5）转换结构应具有整体多重传递重力荷载途径。

6）框架梁柱宜刚接。

7）独立基础之间宜采用拉梁连接。

抗连续倒塌的拆除构件方法应逐个分别拆除结构周边柱、底层内部柱以及转换桁架腹杆等重要构件；可采用弹性静力方法分析剩余结构的内力与变形；剩余结构构件承载力应满足下式要求：

$$R_d \geqslant \beta S_d \tag{13-3-18}$$

式中　R_d——剩余结构构件承载力设计值，钢材强度可取抗拉强度最小值。

S_d——剩余结构构件效应设计值，可按下式计算：

$$S_d = \eta_d \left(S_{Gk} + \sum \psi_{qi} S_{Qi,k} \right) + \psi_w S_{wk} \qquad (13\text{-}3\text{-}19)$$

式中 S_{Gk}——永久荷载标准值产生的效应；

$S_{Qi,k}$——竖向可变荷载标准值产生的效应；

S_{wk}——风荷载标准值产生的效应；

ψ_{qi}——第 i 个竖向可变荷载的准永久值系数；

ψ_w——风荷载组合值系数，取 0.2；

η_d——竖向荷载动力放大系数，当构件直接与被拆除竖向构件相连时取 2.0，其他构件取 1.0。

当拆除某构件不能满足结构抗连续倒塌要求时，在该构件表面附加 $80kN/m^2$ 侧向偶然作用设计值，此时其承载力应满足下列公式的要求：

$$R_d \geqslant S_d \qquad (13\text{-}3\text{-}20)$$

$$S_d = S_{Gk} + 0.6 S_{Qk} + S_{Ad} \qquad (13\text{-}3\text{-}21)$$

式中 S_{Gk}——永久荷载标准值的效应；

S_{Qk}——活荷载标准值的效应；

S_{Ad}——侧向偶然作用设计值的效应。

13.4 钢结构构件设计

13.4.1 钢结构房屋主要构件的截面形式

1. 钢梁

钢梁的常用截面形式有焊接 H 型钢、热轧 H 型钢及焊接箱形截面，如图 13-4-1 所示。

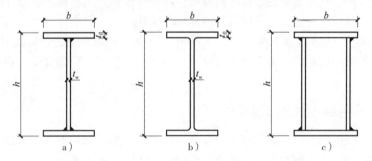

图 13-4-1 钢梁的常用截面形式

a) 焊接 H 型钢 b) 热轧 H 型钢 c) 焊接箱形截面

工程设计中，梁一般作为单向受弯构件计算，通常采用 H 形截面。在截面面积相同的条件下，为使截面惯性矩及截面模量增大，H 形梁的高度一般设计成大于翼缘宽度，而翼缘的厚度大于腹板的厚度，一般宜采用：$h \geqslant 2b$，$t_f \geqslant 1.5 t_w$。当梁受扭时，或由于梁高度的限制，一般通过加大梁的翼缘宽度来满足梁的刚度或承载力时，可采用箱形截面梁。

2. 钢柱

柱截面形式一般采用有焊接 H 型钢、热轧 H 型钢、焊接箱形截面、焊接十字形截面、圆形钢管、钢管混凝土及型钢混凝土，如图 13-4-2 所示。

房屋建筑工程中，多高层钢结构柱一般为双向压弯构件，当采用 H 型钢作为柱时，为使截面的两个主轴方向具均有较好的抗弯性能，截面的翼缘宽度不宜太小，一般取 $0.5h \leqslant b \leqslant h$。而柱由于受有较大轴压力，与 H 形梁相比，宜加大 H 形柱腹板的厚度，为了增大受压承载能力，所以一

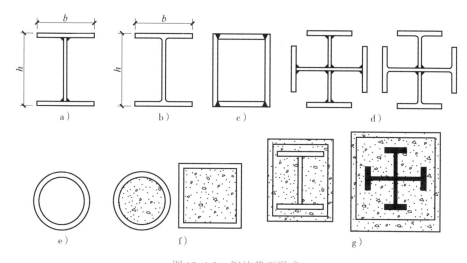

图 13-4-2　钢柱截面形式

a）焊接 H 型钢　b）热轧 H 型钢　c）焊接箱形截面　d）焊接十字形截面

e）圆形钢管　f）钢管混凝土　g）型钢混凝土

般采用 $0.5t_f \leqslant t_w \leqslant t_f$。与 H 形截面相比，箱形截面、十字形截面与圆形截面的双向抗弯性能比较接近，因此将其用于双向弯矩均较大的柱。箱形截面、十字形截面与圆形截面相比，前者抗弯性能更好。

在箱形截面柱和钢管内填充混凝土柱，以及在各种型钢外包裹混凝土柱，均构成钢-混凝土组合构件。组合构件较纯钢构件相比，提高了构件的承载力与抗火性能，但也增加了浇筑混凝土的工程量及结构的重量。

3. 支撑

支撑的作用主要用来承担水平荷载，常用截面形式有单角钢、双角钢、单槽钢、双槽钢、圆钢管及 H 型钢等，如图 13-4-3 所示。当支撑内力较小时，可采用单角钢与单槽钢；当支撑受力较大时，可采用双角钢、双槽钢或 H 型钢；结构转换层处也可采用箱形截面，此时，应注意与相邻梁或柱截面相适应，以便使支撑内力的传递通畅。

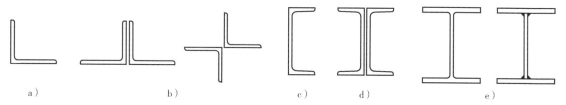

图 13-4-3　支撑的常用截面形式

a）单角钢　b）双角钢　c）单槽钢　d）双槽钢　e）H 型钢

13.4.2　钢梁设计与计算

当梁上设有符合现行国家标准《钢结构设计标准》（GB 50017）中规定的整体式楼板时，可不计算梁的整体稳定性。当梁设有侧向支撑体系并符合现行国家标准《钢结构设计标准》（GB 50017）规定的受压翼缘自由长度与其宽度之比的限值时，可不计算整体稳定。按三级及以上抗震等级设计的高层民用建筑钢结构，梁受压翼缘在支撑连接点间的长度与其宽度之比，应符合现行国家标准《钢结构设计标准》（GB 50017）关于塑性设计时的长细比要求。在罕遇地震作用下可能出现塑性铰处，梁的上下翼缘均应设侧向支撑点。

1）梁的抗弯强度应满足下式要求：

$$\frac{M_x}{\gamma_x W_{nx}} \leqslant f \tag{13-4-1}$$

式中　M_x——梁对 x 轴的弯矩设计值（N·mm）；

　　　W_{nx}——梁对 x 轴的净截面模量（mm³）；

　　　γ_x——截面塑性发展系数，非抗震设计时按现行国家标准《钢结构设计标准》（GB 50017）的规定采用，抗震设计时宜取 1.0；

　　　f——钢材强度设计值（N/mm²），抗震设计时应按规范的规定除以 γ_{RE}。

　　2）梁的稳定应满足下式要求：

$$\frac{M_x}{\varphi_b W_x f} \leqslant 1.0 \tag{13-4-2}$$

式中　W_x——梁的毛截面模量（mm³），并应根据板件宽厚比的等级计算确定（单轴对称时应以受压翼缘为准）；

　　　φ_b——梁的整体稳定系数，应按现行国家标准《钢结构设计标准》（GB 50017）的规定确定，当梁在端部仅以腹板与柱（或主梁）相连时，φ_b（或 $\varphi_b > 0.6$ 时的 φ_b'）应乘以降低系数 0.85；

　　　f——钢材强度设计值（N/mm²），抗震设计时应按规范的规定除以 γ_{RE}。

　　3）在主平面内受弯的实腹构件，其抗剪强度应按下式计算：

$$\tau = \frac{VS}{It_w} \leqslant f_v \tag{13-4-3}$$

框架梁端部截面的抗剪强度，应按下式计算：

$$\tau = \frac{V}{A_{wn}} \leqslant f_v \tag{13-4-4}$$

式中　V——计算截面沿腹板平面作用的剪力设计值（N）；

　　　S——计算剪应力处以上毛截面对中性轴的面积矩（mm³）：

　　　I——毛截面惯性矩（mm⁴）；

　　　t_w——腹板厚度（mm）；

　　　A_{wn}——扣除焊接孔和螺栓孔后的腹板受剪面积（mm²）；

　　　f_v——钢材抗剪强度设计值（N/mm²），抗震设计时应按规范的规定除以 γ_{RE}。

　　当在多遇地震组合下进行构件承载力计算时，托柱梁地震作用产生的内力应乘以增大系数，增大系数不得小于 1.5。

　　4）腹板开洞构造。当管道穿过钢梁时，腹板中的孔口应予补强。补强时，弯矩可仅由翼缘承担，剪力由孔口截面的腹板和补强板共同承担，并符合下列规定：

　　①不应在距梁端相当于梁高的范围内设孔，抗震设计的结构不应在隔撑范围内设孔。孔口直径不得大于梁高的 1/2。相邻圆形孔口边缘间的距离不得小于梁高，孔口边缘至梁翼缘外皮的距离不得小于梁高的 1/4。

　　圆形孔直径小于或等于 1/3 梁高时，可不予补强。当大于 1/3 梁高时，可用环形加劲肋加强（图 13-4-4a），也可用套管（图 13-4-4b）或环形补强板加强（图 13-4-4c）。

　　圆形孔口加劲肋截面不宜小于 100mm×10mm，加劲肋边缘至孔口边缘的距离不宜大于 12mm。圆形孔口用套管补强时，其厚度不宜小于梁腹板厚度。用环形板补强时，若在梁腹板两侧设置，环形板的厚度可稍小于腹板厚度，其宽度可取 75~125mm。

　　②矩形孔口与相邻孔口间的距离不得小于梁高或矩形孔口长度之较大值。孔口上下边缘至梁翼缘外皮的距离不得小于梁高的 1/4。矩形孔口长度不得大于 750mm，孔口高度不得大于梁高的 1/2，其边缘应采用纵向和横向加劲肋加强。

　　矩形孔口上下边缘的水平加劲肋端部宜伸至孔口边缘以外各 300mm。当矩形孔长度大于梁高

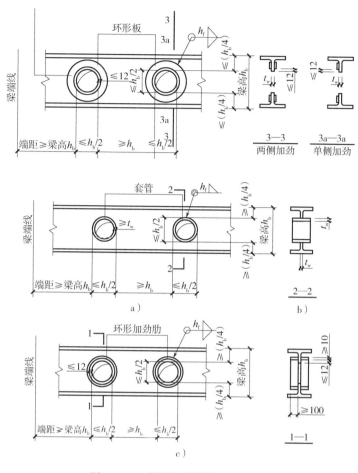

图 13-4-4　梁腹板圆形孔口的补强

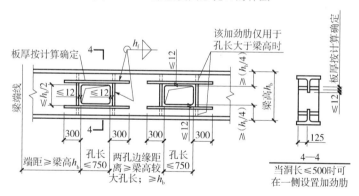

图 13-4-5　梁腹板矩形孔口的补强

时，其横向加劲肋应沿梁全高设置，如图 13-4-5 所示。

矩形孔口加劲肋截面不宜小于 125mm × 18mm。当孔口长度大于 500mm 时，应在梁腹板两侧设置加劲肋。

13.4.3　框架柱

1）轴心受压柱的稳定性应满足以下要求：

$$\frac{N}{\varphi A f} \leqslant 1.0 \tag{13-4-5}$$

式中　N——轴心压力设计值（N）；

　　　A——柱的毛截面面积（mm^2）；

　　　φ——轴心受压构件稳定系数，应按现行国家标准《钢结构设计标准》（GB 50017）的规定采用；

　　　f——钢材强度设计值（N/mm^2），抗震设计时应按规范的规定除以 γ_{RE}。

轴心受压柱的长细比不宜大于 $120\sqrt{235/f_y}$，f_y 为钢材的屈服强度。

与梁刚性连接并参与承受水平作用的框架柱，应按有关规定计算内力，并应按现行国家标准《钢结构设计标准》（GB 50017）的有关规定及下列规定验算强度及稳定性。

2）框架柱的稳定计算应符合下列规定：

①当采用一阶线弹性分析时，框架结构柱的计算长度系数应符合下列规定：

A. 框架柱的计算长度系数可按下式确定：

$$\mu = \sqrt{\frac{7.5K_1K_2 + 4(K_1 + K_2) + 1.6}{7.5K_1K_2 + K_1 + K_2}} \tag{13-4-6}$$

式中　K_1、K_2——交于柱上、下端的横梁线刚度之和与柱线刚度之和的比值。当梁的远端铰接时，梁的线刚度应乘以 0.5；当梁的远端固接时，梁的线刚度应乘以 2/3；当梁近端与柱铰接时，梁的线刚度为零。

B. 对底层框架柱：当柱下端铰接且具有明确转动可能时，$K_2 = 0$；柱下端采用平板式铰支座时，$K_2 = 0.1$；柱下端刚接时，$K_2 = 10$。

C. 当与柱刚接的横梁承受的轴力很大时，横梁线刚度应乘以按下列公式计算的折减系数。

当横梁远端与柱刚接时　　　　　　　$\alpha = 1 - N_b/(4N_{Eb})$ 　　　　　　　(13-4-7)

当横梁远端铰接时　　　　　　　　　$\alpha = 1 - N_b/N_{Eb}$ 　　　　　　　　(13-4-8)

当横梁远端嵌固时　　　　　　　　　$\alpha = 1 - N_b/(2N_{Eb})$ 　　　　　　　(13-4-9)

$$N_{Eb} = \pi^2 EI_b/l_b^2 \tag{13-4-10}$$

式中　α——横梁线刚度折减系数；

　　　N_b——横梁承受的轴力（N）；

　　　I_b——横梁的截面惯性矩（mm^4）；

　　　l_b——横梁的长度（mm）。

D. 框架结构当设有摇摆柱时，由式（13-4-6）计算得到的计算长度系数应乘以按下式计算的放大系数，摇摆柱本身的计算长度系数可取 1.0。

$$\eta = \sqrt{1 + \sum P_k / \sum N_j} \tag{13-4-11}$$

式中　η——摇摆柱计算长度放大系数；

　　　$\sum P_k$——本层所有摇摆柱的轴力之和（kN）；

　　　$\sum N_j$——本层所有框架柱的轴力之和（kN）。

②支撑框架采用线性分析设计时，框架柱的计算长度系数应符合下列规定：

A. 当不考虑支撑对框架稳定的支承作用，框架柱的计算长度按式（13-4-6）计算。

B. 当框架柱的计算长度系数取 1.0，或取无侧移失稳对应的计算长度系数时，应保证支撑能对框架的侧向稳定提供支承作用，支撑构件的应力比 ρ 应满足下式要求。

$$\rho \leqslant 1 - 30\theta_i \tag{13-4-12}$$

式中　θ_i——所考虑柱在第 i 楼层的二阶效应系数。

③当框架按无侧移失稳模式设计时，应符合下列规定：

A. 框架柱的计算长度系数可按下式确定：

$$\mu = \sqrt{\frac{(1 + 0.41K_1)(1 + 0.41K_2)}{(1 + 0.82K_1)(1 + 0.82K_2)}} \tag{13-4-13}$$

式中　K_1、K_2——交于柱上、下端的横梁线刚度之和与柱线刚度之和的比值，当梁时远端铰接时，梁的线刚度应乘以 1.5；当梁的远端固接时，梁的线刚度应乘以 2；当梁近端与柱铰接时，梁的线刚度为零。

　　B. 对底层框架柱：当柱下端铰接且具明确转动可能时，$K_2 = 0$；柱下端采用平板式铰支座时，$K_2 = 0.1$；柱下端刚接时，$K_2 = 10$。

　　C. 当与柱刚接的横梁承受的轴力很大时，横梁线刚度应乘以折减系数。当横梁远端与柱刚接和横梁远端铰接时，折减系数应按式（13-4-7）和式（13-4-8）计算；当横梁远端嵌固时，折减系数应按式（13-4-9）计算。

　　框架的重力二阶效应可按 13.3.3 节进行计算。

　　3）框架柱的抗震承载力验算，应符合下列规定：

　　①除下列情况之一外，节点左右梁端和上下柱端的全塑性承载力应满足式（13-4-14）、式（13-4-15）的要求：

　　A. 柱所在楼层的受剪承载力比相邻上一层的受剪承载力高出 25%。

　　B. 柱轴压比不超过 0.4。

　　C. 柱轴力符合 $N_2 \leqslant \varphi A_c f$ 时（N_2 为 2 倍地震作用下的组合轴力设计值）。

　　D. 与支撑斜杆相连的节点。

　　②等截面梁与柱连接时：

$$\sum W_{pc}(f_{yc} - N/A_c) \geqslant \sum (\eta f_{yb} W_{pb}) \tag{13-4-14}$$

　　③梁端加强型连接或骨式连接的端部变截面梁与柱连接时：

$$\sum W_{pc}(f_{yc} - N/A_c) \geqslant \sum (\eta f_{yb} W_{pb1} + M_v) \tag{13-4-15}$$

式中　W_{pc}、W_{pb}——计算平面内交汇于节点的柱和梁的塑性截面模量（mm^3）；

　　　　W_{pb1}——梁塑性铰所在截面的梁塑性截面模量（mm^3）；

　　f_{yc}、f_{yb}——柱和梁钢材的屈服强度（N/mm^2）；

　　　　　　N——按设计地震作用组合得出的柱轴力设计值（N）；

　　　　　A_c——框架柱的截面面积（mm^2）；

　　　　　η——强柱系数，一级取 1.15，二级取 1.10，三级取 1.05，四级取 1.0；

　　　　　M_v——梁塑性铰剪力对梁端产生的附加弯矩（$N \cdot mm$），$M_v = V_{pb}x$；

　　　　V_{pb}——梁塑性铰剪力（N）；

　　　　　x——塑性铰至柱面的距离（mm），塑性铰可取梁端部变截面翼缘的最小处。骨式连接取 $(0.5 \sim 0.75)b_f + (0.30 \sim 0.45)h_b$，$b_f$ 和 h_b 为梁翼缘宽度和梁截面高度。梁端加强型连接可取加强板的长度加四分之一梁高之和。如有试验依据时，也可按试验取值。

　　④框架柱承载力应满足下式要求：

$$\frac{N_c}{A_c f} \leqslant \beta \tag{13-4-16}$$

式中　N_c——框筒结构柱在地震作用组合下的最大轴向压力设计值（N）；

　　　　A_c——框筒结构柱截面面积（mm^2）；

　　　　f——框筒结构柱钢材的强度设计值（N/mm^2）；

　　　　β——系数，一、二、三级时取 0.75，四级时取 0.80。

13.4.4　框架结构的构造要求

1. 框架柱的长细比

《高层民用建筑钢结构技术规程》（JGJ 99）第 7.3.9 条规定：框架柱的长细比一级不应大于 $60\sqrt{235/f_y}$，二级不应大于 $70\sqrt{235/f_y}$，三级不应大于 $80\sqrt{235/f_y}$，四级及非抗震设计不应大于

$100 \sqrt{235/f_y}$。

《建筑抗震设计规范》（GB 50011）规定：框架柱的长细比一级不应大于 $60 \sqrt{235/f_y}$，二级不应大于 $80 \sqrt{235/f_y}$，三级不应大于 $100 \sqrt{235/f_y}$，四级及非抗震设计不应大于 $120 \sqrt{235/f_y}$。

2. 钢框架梁、柱板件宽厚比限值

钢框架梁、柱板件宽厚比限值应符合表 13-4-1 的规定。

表 13-4-1 钢框架梁、柱板件宽厚比限值

构件名称		抗震等级				非抗震设计
		一级	二级	三级	四级	
框架柱	工字形截面翼缘外伸部分	10	11	12	13	13
	工字形截面腹板	43	45	48	52	52
	箱形截面壁板	33	36	38	40	40
	冷成型方管壁板	32	35	37	40	40
	圆管（径厚比）	50	55	60	70	70
框架梁	工字形截面和箱形截面翼缘外伸部分	9	9	10	11	11
	箱形截面翼缘在两腹板之间部分	30	30	32	36	36
	工字形截面和箱形截面腹板	$72 - 120\rho$	$72 - 100\rho$	$80 - 110\rho$	$85 - 120\rho$	$85 - 120\rho$

注：1. $\rho = N/(Af)$ 为梁轴压比。

　　2. 表列数值适用于 Q235 钢，采用其他牌号应乘以 $\sqrt{235/f_y}$，圆管应乘以 $235/f_y$。

　　3. 冷成型方管适用于 Q235GJ 或 Q340GJ 钢。

　　4. 工字形梁和箱形梁的腹板宽厚比，对一、二、三、四级分别不大于 60、65、70、75。

3. 梁柱构件的侧向支承应符合的要求

1）梁柱构件受压翼缘应根据需要设置侧向支承。

2）梁柱构件在出现塑性铰的截面，上下翼缘均应设置侧向支撑。

3）相邻两侧向支承点间的构件长细比，应符合现行国家标准《钢结构设计标准》（GB 50017）的有关规定。

13.4.5　中心支撑框架

高层民用建筑钢结构的中心支撑宜采用十字交叉斜杆支撑（图 13-4-6a），单斜杆支撑（图 13-4-6b），人字形斜杆支撑（图 13-4-6c）或 V 形斜杆体系。中心支撑斜杆的轴线应交汇于框架梁柱的轴线上。抗震设计的结构不得采用 K 形斜杆体系支撑，如图 13-4-6d 所示。当采用只能受拉的单斜杆体系时，应同时设不同倾斜方向的两组单斜杆，如图 13-4-7 所示，且每层不同方向单斜杆的截面面积在水平方向的投影面积之差不得大于 10%。

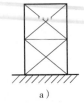
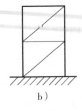
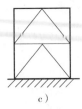
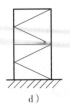
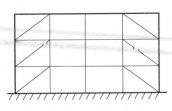

a)　　　　　b)　　　　　c)　　　　　d)

图 13-4-6　中心支撑类型　　　　　　　　　图 13-4-7　单斜杆支撑

a) 十字交叉斜杆支撑　b) 单斜杆支撑　c) 人字形斜杆支撑　d) K 形斜杆体系支撑

1. 中心支撑斜杆的长细比

中心支撑斜杆的长细比按压杆设计时，不应大于 $120 \sqrt{235/f_y}$，一、二、三级中心支撑斜杆不

得采用拉杆设计，非抗震设计和四级采用拉杆设计时，其长细比不应大于 180。

2. 中心支撑斜杆的板件宽厚比

中心支撑斜杆的板件宽厚比不应大于表 13-4-2 规定的限值。

表 13-4-2　钢结构中心支撑斜杆的板件宽厚比限值

板件名称	一级	二级	三级	四级、非抗震设计
翼缘外伸部分	8	9	10	13
工字形截面腹板	25	26	27	33
箱形截面壁板	18	20	25	30
圆管外径与壁厚之比	38	40	40	42

注：表中数值适用于 Q235 钢，采用其他牌号钢材应乘以 $\sqrt{235/f_y}$，圆管应乘以 $235/f_y$。

当按照《钢结构设计标准》（GB 50017）第 17 章进行抗震性能化设计时，支撑截面板件宽厚比等级及限值应符合表 13-4-3 的规定。

表 13-4-3　支撑截面板件宽厚比等级及限值

截面板件宽厚比等级		BS1 级	BS2 级	BS3 级
H 形截面	翼缘 b/t	$8\varepsilon_k$	$9\varepsilon_k$	$10\varepsilon_k$
	腹板 h_0/t_w	$30\varepsilon_k$	$35\varepsilon_k$	$42\varepsilon_k$
箱形截面	壁板间翼缘 b_0/t	$25\varepsilon_k$	$28\varepsilon_k$	$32\varepsilon_k$
角钢	角钢肢宽厚比 w/t	$8\varepsilon_k$	$9\varepsilon_k$	$10\varepsilon_k$
圆钢管截面	径厚比 D/t	$40\varepsilon_k^2$	$56\varepsilon_k^2$	$72\varepsilon_k^2$

注：w 为角钢平直度长度；ε_k 为钢号修正系数，其值为 235 与钢材牌号中屈服点数值的比值的平方根。

3. 支撑斜杆的受压承载力

支撑斜杆宜采用双轴对称截面。当采用单轴对称截面时，应采取防止绕对称轴屈曲的构造措施。在多遇地震效应组合作用下，支撑斜杆的受压承载力应满足下式要求：

$$N/(\varphi A_{br}) \leqslant \psi f/\gamma_{RE} \tag{13-4-17}$$

$$\psi = 1/(1 + 0.35\lambda_n) \tag{13-4-18}$$

$$\lambda_n = (\lambda/\pi)\sqrt{f_y/E} \tag{13-4-19}$$

式中　N——支撑斜杆的轴压力设计值（N）；

　　　A_{br}——支撑斜杆的毛截面面积（mm^2）；

　　　φ——按支撑长细比 λ 确定的轴心受压构件稳定系数，按现行国家标准《钢结构设计标准》（GB 50017）确定；

　　　ψ——受循环荷载时的强度降低系数；

　λ、λ_n——支撑斜杆的长细比和正则化长细比；

　　　E——支撑杆件钢材的弹性模量（N/mm^2）；

　f、f_y——支撑斜杆钢材的抗压强度设计值（N/mm^2）和屈服强度（N/mm^2）；

　　　γ_{RE}——中心支撑屈曲稳定承载力抗震调整系数。

4. 人字形和 V 形支撑框架应符合的规定

1）与支撑相交的横梁，在柱间应保持连续。

2）在确定支撑跨的横梁截面时，不应考虑支撑在跨中的支承作用。横梁除应承受大小等于重力荷载代表值的竖向荷载外，尚应承受跨中节点处两根支撑斜杆分别受拉屈服、受压屈曲所引起的不平衡竖向分力和水平分力的作用。在该不平衡力中，支撑的受压屈曲承载力和受拉屈服承载力应分别按 $0.3\varphi Af_y$ 及 Af_y 计算。为了减小竖向不平衡力引起的梁截面过大，可采用跨层 X 形支撑（图 13-4-8a）或采用拉链柱（图 13-4-8b）。

3）在支撑与横梁相交处，梁的上下翼缘应设置侧向支承，该支承应设计成能承受在数值上等于 0.02 倍的相应翼缘承载力 $f_y b_t t_f$ 的侧向力的作用，f_y、b_f、t_f 为钢材的屈服强度、翼缘的宽度和厚度。当梁上为组合楼盖时，梁的上翼缘可不必验算。

5. 抗震构造措施

1）当中心支撑构件采用填板连接的组合截面时，填板应均匀布置，每一构件中填板数不得少于 2 块，如图 13-4-9 所示，且应符合下列规定：

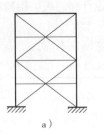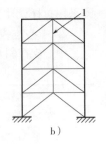

图 13-4-8　人字支撑的加强
a）跨层 X 形支撑　b）拉链柱的设置
1—拉链柱

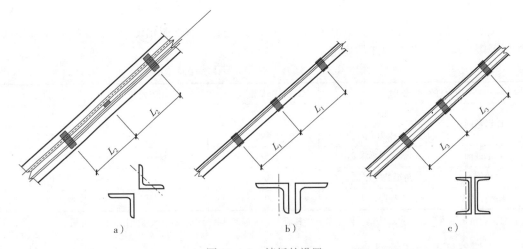

图 13-4-9　填板的设置
a）双角钢十字形连接　b）双角钢 T 形连接　c）双槽钢连接

①当支撑屈曲后会在填板的连接处产生剪力时，两填板之间单肢杆件的长细比不应大于组合支撑杆件控制长细比的 0.4 倍。填板连接处的总受剪承载力设计值至少应等于单肢杆件的受拉承载力设计值。

②当支撑屈曲后不在填板连接处产生剪力时，两填板之间单肢杆件的长细比不应大于组合支撑杆件控制长细比的 0.75 倍。

2）一、二、三级支撑宜采用 H 型钢制作，两端与框架可采用刚接构造，梁柱与支撑连接处应设置加劲肋；一级和二级采用焊接工字形截面的支撑时，其翼缘与腹板的连接宜采用全熔透连续焊缝。

3）梁在其与 V 形支撑或人字支撑相交处，应设置侧向支承；该支承点与梁端支承点间的侧向长细比（λ_y）以及支承力，应符合现行国家标准《钢结构设计标准》（GB 50017）关于塑性设计的规定。

4）若支撑和框架采用节点板连接，应符合现行国家标准《钢结构设计标准》（GB 50017）关于节点板在连接杆件每侧有不小于 30°夹角的规定；一、二级时，支撑端部至节点板最近嵌固点（节点板与框架构件连接焊缝的端部）在沿支撑杆件轴线方向的距离，不应小于节点板厚度的 2 倍。

5）一、二、三级抗震等级的钢结构，可采用带有耗能装置的中心支撑体系。支撑斜杆的承载力应为耗能装置滑动或屈服时承载力的 1.5 倍。

6）框架-中心支撑结构的框架部分，当房屋高度不高于 100m 且框架部分按计算分配的地震剪力不大于结构底部总地震剪力的 25% 时，一、二、三级的抗震构造措施可按框架结构降低一级的相应要求采用。

13.4.6　偏心支撑框架

偏心支撑框架中的支撑斜杆，应至少有一端与梁连接，并在支撑与梁交点和柱之间或支撑同一跨内另一支撑与梁交点之间形成消能梁段，如图 13-4-10 所示。超过 50m 的钢结构采用偏心支撑框架时，顶层可采用中心支撑。偏心支撑框架梁和柱的承载力，应按现行国家标准《钢结构设计标准》（GB 50017）的规定进行验算。

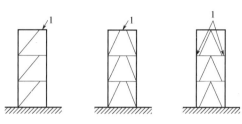

图 13-4-10　偏心支撑框架立面图
1—消能梁段

1）偏心支撑框架的支撑杆件长细比。偏心支撑框架的支撑杆件长细比不应大于 $120\sqrt{235/f_y}$。

2）板件宽厚比。支撑杆件的板件宽厚比不应超过现行国家标准《钢结构设计标准》（GB 50017）规定的轴心受压构件在弹性设计时的宽度比限值；消能梁段及与消能梁段同一跨内的非消能梁段，其板件的宽厚比不应大于表 13-4-4 规定的限值。

表 13-4-4　偏心支撑框架梁的板件宽厚比限值

板件名称		宽厚比限值
翼缘外伸部分		8
腹板	当 $N/(Af)\leqslant0.14$ 时	$90\,[1-1.65N/(Af)]$
	当 $N/(Af)>0.14$ 时	$33\,[2.3-N/(Af)]$

注：表列数值适用于 Q235 钢，当材料为其他钢号时应乘以 $\sqrt{235/f_y}$，$N/(Af)$ 为梁轴压比。

3）消能梁段的受剪承载力应符合下列公式的规定：

① $N\leqslant0.15Af$ 时

$$V\leqslant\phi V_l \qquad\qquad (13\text{-}4\text{-}20)$$

② $N>0.15Af$ 时

$$V\leqslant\phi V_{lc} \qquad\qquad (13\text{-}4\text{-}21)$$

式中　N——消能梁段的轴力设计值（N）；

　　　V——消能梁段的剪力设计值（N）；

　　　ϕ——系数，可取 0.9；

V_l、V_{lc}——消能梁段不计入轴力影响和计入轴力影响的受剪承载力（N），可按式（13-4-22）~ 式（13-4-24）计算；有地震作用组合时，应按规定除以 γ_{RE}。

消能梁段的受剪承载力计算：

A. $N\leqslant0.15Af$ 时

$$\left.\begin{array}{c} V_l=0.58A_wf_y \ \text{或} \ V_l=\dfrac{2M_{lp}}{a}, \ \text{取较小值} \\[2mm] A_w=(h-2t_f)t_w \\[2mm] M_{lp}=fW_{np} \end{array}\right\} \qquad (13\text{-}4\text{-}22)$$

B. $N > 0.15Af$ 时

$$V_{lc} = 0.58A_w f_y \sqrt{1 - [N/(fA)]^2} \tag{13-4-23}$$

或 $\qquad\qquad V_{lc} = 2.4M_{lp}[1 - N/(fA)]/a,$ 取较小值 $\tag{13-4-24}$

式中　M_{lp}——消能梁段的全塑性受弯承载力（N·mm）；

a、h、t_w、t_f——消能梁段的净长（mm）、截面高度（mm）、腹板厚度（mm）和翼缘厚度（mm）；

$\quad A_w$——消能梁段腹板截面面积（mm^2）；

$\quad A$——消能梁段的截面面积（mm^2）；

$\quad W_{np}$——消能梁段对其截面水平轴的塑性净截面模量（mm^3）；

$\quad f$、f_y——消能梁段钢材的抗压强度设计值和屈服强度值（N/mm^2）。

4）消能梁段的受弯承载力应符合下列公式的规定：

① $N \leq 0.15Af$ 时

$$\frac{M}{W} + \frac{N}{A} \leq f \tag{13-4-25}$$

② $N > 0.15Af$ 时

$$\left(\frac{M}{h} + \frac{N}{2}\right)\frac{1}{b_f t_f} \leq f \tag{13-4-26}$$

式中　M——消能梁段的弯矩设计值（N·mm）；

$\quad N$——消能梁段的轴力设计值（N）；

$\quad W$——消能梁段的截面模量（mm^3）；

$\quad A$——消能梁段的截面面积（mm^2）；

h、b_f、t_f——消能梁段的截面高度（mm）、翼缘宽度（mm）和翼缘厚度（mm）；

$\quad f$——消能梁端钢材的抗压强度设计值（N/mm^2），有地震作用组合时，应按规定除以 γ_{RE}。

5）有地震作用组合时，偏心支撑框架中除消能梁段外的构件内力设计值应按下列规定调整：

①支撑的轴力设计值

$$N_{br} = \eta_{br}\frac{V_l}{V}N_{br,com} \tag{13-4-27}$$

②位于消能梁段同一跨的框架梁的弯矩设计值

$$M_b = \eta_b\frac{V_l}{V}M_{b,com} \tag{13-4-28}$$

③柱的弯矩、轴力设计值

$$M_c = \eta_c\frac{V_l}{V}M_{c,com} \tag{13-4-29}$$

$$N_c = \eta_c\frac{V_l}{V}N_{c,com} \tag{13-4-30}$$

式中　N_{br}——支撑的轴力设计值（kN）：

$\quad M_b$——位于消能梁段同一跨的框架梁的弯矩设计值（kN·m）；

M_c、N_c——柱的弯矩（kN·m）、轴力设计值（kN）；

$\quad V_l$——消能梁段不计入轴力影响的受剪承载力（kN），取式（13-4-22）中的较大值；

$\quad V$——消能梁段的剪力设计值（kN）；

$\quad N_{br,com}$——对应于消能梁段剪力设计值 V 的支撑组合的轴力计算值（kN）；

$\quad M_{b,com}$——对应于消能梁段剪力设计值 V 的位于能梁段同一跨框架梁组合的弯矩计算值（kN·m）；

$M_{c,com}$、$N_{c,com}$——对应于消能梁段剪力设计值 V 的柱组合的弯矩计算值（kN·m）、轴力计算值（kN）；

$\quad \eta_{br}$——偏心支撑框架支撑内力设计值增大系数，其值在一级时不应小于1.4，二级时不应小于 1.3，三级时不应小于 1.2，四级时不应小于 1.0；

η_b、η_c——位于消能梁段同一跨的框架梁的弯矩设计值增大系数和柱的内力设计值增大系数，其值在一级时不应小于 1.3，二、三、四级时不应小于 1.2。

6）偏心支撑斜杆的轴向承载力应符合下式要求：

$$\frac{N_{br}}{\varphi A_{br}} \leq f \tag{13-4-31}$$

式中　N_{br}——支撑的轴力设计值（N）；

A_{br}——支撑截面面积（mm^2）；

φ——由支撑长细比确定的轴心受压构件稳定系数；

f——钢材的抗拉、抗压强度设计值（N/mm^2），有地震作用组合时，应按规范规定除以 γ_{RE}。

7）抗震构造要求：

①偏心支撑框架消能梁段的钢材屈服强度不应大于 355MPa。

②消能梁段的构造应符合下列要求：

A. 当 $N > 0.16Af$ 时，消能梁段的长度应符合下列规定：

当 $\rho(A_w/A) < 0.3$ 时

$$\rho < 1.6 M_{lp}/V_l \tag{13-4-32}$$

当 $\rho(A_w/A) \geq 0.3$ 时

$$a \leq [1.15 - 0.5\rho(A_w/A)] \times 1.6 M_{lp}/V_l \tag{13-4-33}$$

$$\rho = N/V \tag{13-4-34}$$

式中　a——消能梁段的长度；

ρ——消能梁段轴向力设计值与剪力设计值之比。

B. 消能梁段的腹板不得贴焊补强板，也不得开洞。

C. 消能梁段与支撑连接处，应在其腹板两侧配置加劲肋，加劲肋的高度应为梁腹板高度，一侧的加劲肋宽度不应小于 $(b_f/2 - t_w)$，厚度不应小于 $0.75t_w$ 和 10mm 的较大值。

D. 消能梁段应按下列要求在其腹板上设置中间加劲肋：当 $a \leq M_{lp}/V_l$ 时，加劲肋间距不大于 $(30t_w - h/5)$；当 $2.6 M_{lp}/V_l < a \leq 5 M_{lp}/V_l$ 时，应在距消能梁段端部 $1.5b_f$ 处配置中间加劲肋，且中间加劲肋间距不应大于 $30t_w - h/5$）；当 $1.6 M_{lp}/V_l < a \leq 2.6 M_{lp}/V_l$ 时，中间加劲肋的间距宜在上述二者间线性插入；当 $a > 5 M_{lp}/V_l$ 时，可不配置中间加劲肋；中间加劲肋应与消能梁段的腹板等高，当消能梁段截面高度不大于 640mm 时，可配置单侧加劲肋，消能梁段截面高度大于 640mm 时，应在两侧配置加劲肋，一侧加劲肋的宽度不应小于 $(b_f/2 - t_w)$，厚度不应小于 $0.75t_w$ 和 10mm 较大值。

③消能梁段与柱的连接应符合下列要求：

A. 消能梁段与柱连接时，其长度不得大于 $1.6 M_{lp}/V_l$，且应满足相关标准的规定。

B. 消能梁段翼缘与柱翼缘之间应采用坡口全熔透对接焊缝连接，消能梁段腹板与柱之间应采用角焊缝（气体保护焊）连接；角焊缝的承载力不得小于消能梁段腹板的轴力、剪力和弯矩同时作用时的承载力。

C. 消能梁段与柱腹板连接时，消能梁段翼缘与横向加劲板间应采用坡口全熔透焊缝，其腹板与柱连接板间应采用角焊缝（气体保护焊）连接；角焊缝的承载力不得小于消能梁段腹板的轴力、剪力和弯矩同时作用时的承载力。

④消能梁段两端上下翼缘应设置侧向支撑，支撑的轴力设计值不得小于消能梁段翼缘轴向承载力设计值的 6%，即 $0.06b_t t_f f$。

⑤偏心支撑框架梁的非消能梁段上下翼缘，应设置侧向支撑，支撑的轴力设计值不得小于梁

翼缘轴向承载力设计值的2%，即 $0.02b_t t_t f$。

⑥框架-偏心支撑结构的框架部分，当房屋高度不高于100m且框架部分按计算分配的地震作用不大于结构底部总地震剪力的25%时，一、二、三级的抗震构造措施可按框架结构降低一级的相应要求采用。其他抗震构造措施，应符合有关规范对框架结构抗震构造措施的规定。

13.4.7 伸臂桁架和腰桁架

设有悬臂桁架及腰桁架的房屋结构如图 13-4-11 所示。

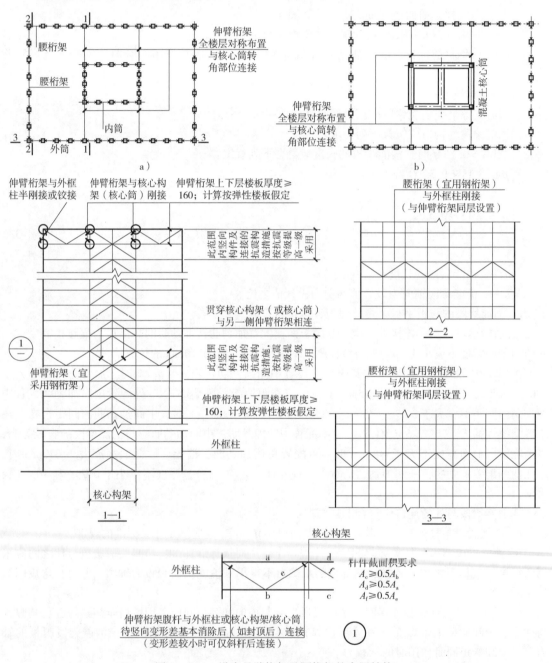

图 13-4-11 设有悬臂桁架及腰桁架的房屋结构

a) 筒中筒结构（框架-支撑） b) 框架-混凝土核心筒结构

1）伸臂桁架及腰桁架的布置应符合下列规定：

①在需要提高结构整体侧向刚度时，在框架-支撑组成的筒中筒结构或框架-核心筒结构的适当楼层（加强层）可设置伸臂桁架，必要时可同时在外框柱之间设置腰桁架。伸臂桁架设置在外框架柱与核心构架或核心筒之间，宜在全楼层对称布置。

②抗震设计结构中设置加强层时，宜采用延性较好、刚度及数量适宜的伸臂桁架及（或）腰桁架，避免加强层范围产生过大的层刚度突变。

③巨型框架中设置的伸臂桁架应能承受和传递主要的竖向荷载及水平荷载，应与核心构架或核心筒墙体及外框巨柱有同等的抗震性能要求。

④ 9 度抗震设防时不宜使用伸臂桁架及腰桁架。

2）伸臂桁架及腰桁架的设计应符合下列规定：

①伸臂桁架、腰桁架宜采用钢桁架。伸臂桁架应与核心构架柱或核心筒转角部或有 T 形墙相交部位连接。

②对抗震设计的结构，加强层及其上、下各一层的竖向构件和连接部位的抗震构造措施，应按规定的结构抗震等级提高一级采用。

③伸臂桁架与核心构架或核心筒之间的连接应采用刚接，且宜将其贯穿核心筒或核心构架，另一边的伸臂桁架相连，锚入核心筒剪力墙或核心构架中的桁架弦杆、腹杆的截面面积不小于外部伸臂桁架构件相应截面面积的 1/2。腰桁架与外框架柱之间应采用刚性连接。

④在结构施工阶段，应考虑内筒与外框的竖向变形差。对伸臂结构与核心筒及外框柱之间的连接应按施工阶段受力状况采取临时连接措施，当结构的竖向变形差基本消除后再进行刚接。

⑤当伸臂桁架或腰桁架兼作转换层构件时，应按现行《高层民用建筑钢结构技术规程》（JGJ 99）第 7.1.6 条的规定调整内力并验算其竖向变形及承载能力，对抗震设计的结构尚应按性能目标要求采取措施提高其抗震安全性。

⑥伸臂桁架上、下楼层在计算模型中宜按弹性楼板假定。

⑦伸臂桁架上、下层楼板厚度不宜小于 160mm。

13.4.8　其他抗侧力构件

钢板剪力墙的设计，应符合《高层民用建筑钢结构技术规程》（JGJ 99）附录 B 的有关规定；无粘结内藏钢板支撑墙板的设计，应符合《高层民用建筑钢结构技术规程》（JGJ 99）附录 C 的有关规定；钢框架-内嵌竖缝混凝土剪力墙板的设计，应符合《高层民用建筑钢结构技术规程》（JGJ 99）附录 D 的有关规定；屈曲约束支撑的设计，应符合《高层民用建筑钢结构技术规程》（JGJ 99）附录 E 的有关规定。

13.4.9　设计实例

本项目为北京某商业楼，集商业、酒店、办公等为一体的综合性高层建筑，采用钢框架-支撑体系，抗震设防类别为乙类，地下 4 层，地上 6 层，地上总高度为 31.00m，修正后的基本风压 $w_0 = 0.5 kN/m^2$，地面粗糙度 C 类，场地类别为 Ⅱ 类，抗震设防烈度为 8 度，抗震构造措施按 9 度设计。以该项目中 RD 轴框架的二层框架柱及框架梁为例说明多层框架结构构件的设计计算方法。框架的平面及剖面布置分别如图 13-4-12、图 13-4-13 所示。

1. 框架柱

按《建筑抗震设计规范》（GB 50011）表 8.1.3 的规定，抗震设防烈度为 9 度，房屋高度 < 50m 时，框架柱、梁抗震等级为二级。

（1）最不利内力　强度控制组合（含地震作用）：

$$N = -6105 kN；M_x = 380 kN \cdot m；M_y = -693 kN \cdot m$$

X 方向稳定控制组合（无地震作用）：

$$N = -6708\text{kN}; \quad M_x = 76\text{kN} \cdot \text{m}; \quad M_y = 93\text{kN} \cdot \text{m}$$

Y 方向稳定控制组合（无地震作用）：

$$N = -6725\text{kN}; \quad M_x = 50\text{kN} \cdot \text{m}; \quad M_y = 117\text{kN} \cdot \text{m}$$

（2）钢柱截面及截面特性

1）柱截面及材质：

□600×600×20×20，材质 Q355，强度设计值指标：$f_y = 355\text{N/mm}^2$，$f = 304\text{N/mm}^2$，$f_v = 170\text{N/mm}^2$

2）截面特性：$A = 46400\text{mm}^2$，$I_x = I_y = 2.605 \times 10^9\text{mm}^4$，$W_x = W_y = 8.682 \times 10^6\text{mm}^3$，$W_{pc} = 10.096 \times 10^6\text{mm}^3$，$i_x = i_y = 236.9\text{mm}$。

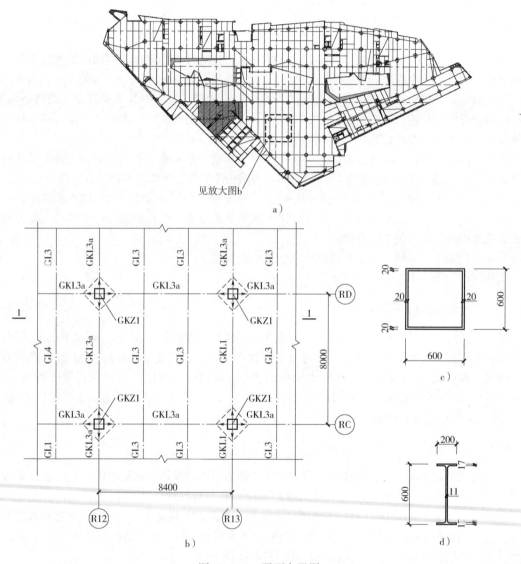

图 13-4-12 平面布置图

a）二层平面布置图　b）局部平面放大图　c）框架柱 GKZ1 截面图　d）框架梁 GKL3a 截面图

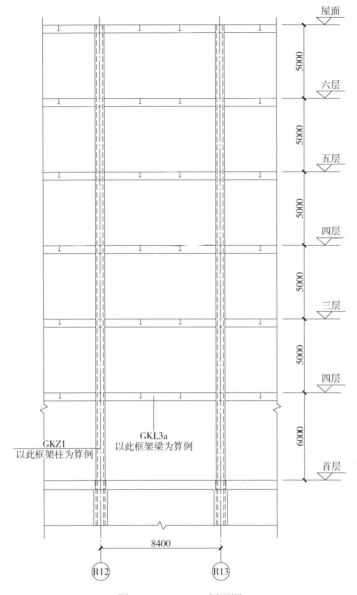

图 13-4-13 1—1 剖面图

（3）宽厚比限值检查 按《建筑抗震设计规范》（GB 50011）表 8.3.2 的规定，箱形截面的宽厚比不大于 $36\sqrt{235/f_y} = 36\sqrt{235/355} = 29.3$，$h_0/t_w = (600 - 20 \times 2)/20 = 28 < 29.3$，可行。

（4）强柱弱梁复核

$$f_{yc} = f_{yb} = 355\text{N/mm}^2 \quad (f_{yb}，W_{pb} 见框架梁计算)$$

地震组合作用下最大轴力 $N_{E\max} = 6734.9\text{kN}$

$$\sum W_{pc}(f_{yc} - N/A) = 2 \times 10.096 \times 10^6 \times (355 - 6736900/46400)\text{N} \cdot \text{mm} = 4.236 \times 10^9 \text{N} \cdot \text{mm}$$

$$\eta \sum W_{pb} f_{yb} = (1.15 \times 2 \times 2.863 \times 10^6 \times 355)\text{N} \cdot \text{mm} = 2.305 \times 10^9 \text{N} \cdot \text{mm} < 4.236 \times 10^9 \text{N} \cdot \text{mm},$$

满足强柱弱梁的要求。

（5）强度计算 截面塑性发展系数 $\gamma_x = \gamma_y = 1.05$，不考虑截面削弱，则：

$$A_n = A；W_{nx} = W_x；W_{ny} = W_y$$

$$\frac{N}{A_n} + \frac{M_x}{\gamma_x W_{nx}} + \frac{M_y}{\gamma_y W_{ny}} = \left(\frac{6105 \times 10^3}{46400} + \frac{380 \times 10^6}{1.05 \times 8.682 \times 10^6} + \frac{693 \times 10^6}{1.05 \times 8.682 \times 10^6}\right)\text{N/mm}^2 = 249.3\text{N/mm}^2 <$$

$(304/0.75)\text{N/mm}^2 = 405\text{N/mm}^2$，可行。

（6）稳定计算 根据《钢结构设计标准》（GB 50017）表 E.0.1 算得钢柱的计算长度（此处略），长细比 $\lambda_x = 47.4$，$\lambda_y = 46.3$，$< 80\sqrt{235/f_y} = 65.1$ 满足《建筑抗震设计规范》（GB 50011）第 8.3.1 条要求。板件宽厚比 $= 28 > 20$，截面分类为 b 类，查《钢结构设计规范》（GB 50017）表 D.0.2 得：

$$\varphi_x = 0.821, \quad \varphi_y = 0.828$$

取等效弯矩系数 $\beta_{mx} = 1$，$\beta_{my} = 1$，$\beta_{tx} = 1$，$\beta_{ty} = 1$

对闭口截面，截面影响系数 $\eta = 0.7$，$\varphi_{bx} = \varphi_{by} = 1$

$$N'_{Ex} = \frac{\pi^2 EA}{1.1\lambda_x^2} = \frac{3.14^2 \times 206 \times 10^3 \times 46400}{1.1 \times 47.4^2}\text{N} = 3.813 \times 10^7 \text{N}$$

$$N'_{Ey} = \frac{\pi^2 EA}{1.1\lambda_y^2} = \frac{3.14^2 \times 206 \times 10^3 \times 46400}{1.1 \times 46.3^2}\text{N} = 3.997 \times 10^7 \text{N}$$

$$\frac{N}{\varphi_x A} + \frac{\beta_{mx} M_x}{\gamma_x W_x\left(1 - 0.8\dfrac{N}{N'_{Ex}}\right)} + \eta\frac{\beta_{ty} M_y}{\varphi_{by} W_y} =$$

$$\left[\frac{6708 \times 10^3}{0.821 \times 46400} + \frac{1.0 \times 76 \times 10^6}{1.05 \times 8.68 \times 10^6 \times \left(1 - 0.8 \times \dfrac{6708 \times 10^3}{3.813 \times 10^7}\right)} + \frac{0.7 \times 1.0 \times 93 \times 10^6}{1.0 \times 8.68 \times 10^6}\right]\text{N/mm}^2 =$$

$193.3\text{N/mm}^2 < 304\text{N/mm}^2$，可行。（此组内力在 y 方向稳定计算不起控制作用，计算过程从略）

$$\frac{N}{\varphi_y A} + \frac{\beta_{my} M_y}{\gamma_y W_y\left(1 - 0.8\dfrac{N}{N'_{Ey}}\right)} + \eta\frac{\beta_{tx} M_x}{\varphi_{bx} W_x} =$$

$$\left[\frac{6725 \times 10^3}{0.828 \times 46400} + \frac{1.0 \times 117 \times 10^6}{1.05 \times 8.68 \times 10^6 \times \left(1 - 0.8 \times \dfrac{6725 \times 10^3}{3.997 \times 10^7}\right)} + \frac{0.7 \times 1.0 \times 50 \times 10^6}{1.0 \times 8.68 \times 10^6}\right]\text{N/mm}^2 =$$

$193.9\text{N/mm}^2 < 304\text{N/mm}^2$，可行。（此组内力在 x 方向稳定计算不起控制作用，计算过程从略）

2. 框架梁

作为算例，仅从内力计算结果中选取框架梁一组最不利内力进行计算。

（1）最不利内力设计值

$M_x = 649\text{kN} \cdot \text{m}$，$V = 333\text{kN}$（控制组合，无地震作用）

注：在风荷载作用下，梁将承受部分轴力，以下计算中并未考虑。

（2）梁截面及截面特性

$H600 \times 200 \times 11 \times 17$，材质 Q355，强度设计值指标：$f_y = 355\text{N/mm}^2$，$f = 304\text{N/mm}^2$。

$$f_v = 170\text{N/mm}^2$$

$$A = 13026\text{mm}^2$$

$$I_x = 7.442 \times 10^8 \text{mm}^4; \quad I_y = 2.273 \times 10^7 \text{mm}^4$$

$$W_x = 2.481 \times 10^6 \text{mm}^3; \quad W_y = 227294\text{mm}^3$$

$$W_{pb} = 2.863 \times 10^6 \text{mm}^3; \quad S_x = 1.432 \times 10^6 \text{mm}^3$$

$$i_y = 41.8\text{mm}$$

翼缘对 x 轴面积矩 $S_{x2} = 200 \times 17 \times (600 - 17)/2 = 991100\text{mm}^3$

（3）宽厚比限值检查 按《建筑抗震设计规范》（GB 50011）表 8.3.2 的规定，抗震设防烈度为 9 度时，H 形截面翼缘外伸部分的宽厚比不大于 $9\sqrt{235/f_y} = 9 \times \sqrt{235/355} = 7.32$，腹板高厚

比不超过 $65\sqrt{235/f_y} = 65 \times \sqrt{235/355} = 52.9$，

翼缘板 $b/t_f = \dfrac{(200-11)/2}{17} = 5.56 < 7.43$，可行。

腹板 $h_0/t_w = \dfrac{600-17\times2}{11} = 51.45 < 53.6$，可行。

（4）强度计算

1）正应力计算。截面塑性发展系数 $\gamma_x = 1.05$，不考虑截面削弱，则：$W_{nx} = W_x$

$$\frac{M_x}{\gamma_x W_{nx}} = \left(\frac{649\times10^6}{1.05\times2.481\times10^6}\right) N/mm^2 = 249.1 N/mm^2 < 304 N/mm^2，可行。$$

经计算，地震作用组合不控制，计算过程从略。

2）剪应力计算

$$\tau = \frac{VS_x}{I_x t_w} = \left(\frac{333\times10^3\times1.432\times10^6}{7.44\times10^8\times11}\right) N/mm^2 = 58.27 N/mm^2 < 170 N/mm^2，可行。$$

框架梁端部因开螺栓孔（5ϕ26）截面削弱，端部截面的抗剪强度计算：

$$A_{wn} = (600-17\times2-5\times26)\times11 = 4796 mm^2$$

$$\tau = \frac{V}{A_{nw}} = \left(\frac{333\times10^3}{4796}\right) N/mm^2 = 69.43 N/mm^2 < 170 N/mm^2，可行。$$

经计算，地震作用组合不控制，计算过程从略。

3）折算应力计算。取腹板计算高度处计算：

$$\sigma = \frac{M_x}{I_x}y_1 = \frac{649\times10^6}{7.44\times10^8}\times(300-17) = 246.9 N/mm^2，$$

$$\tau = \frac{VS_{x2}}{I_x t_w} = \frac{333\times10^3\times991100}{7.44\times10^8\times11} = 40.33 N/mm^2，$$

$$\sigma_c = 0$$

计算折算应力时的强度设计值增大系数 $\beta_1 = 1.1$

腹板计算高度处折算应力：

$\sqrt{\sigma^2 + \sigma_c^2 - \sigma\sigma_c + 3\tau^2} = \sqrt{246.9^2 + 3\times40.33^2} = 256.6 < \beta_1 f = 1.1\times304 = 334.4$（$N/mm^2$），
可行。

（5）整体稳定计算　施工阶段：考虑施工荷载 $1.0 kN/m^2$，永久荷载为压型钢板，钢梁及混凝土自重，由此计算得到梁的最大弯矩设计值为 $M = 120 kN\cdot m$，次梁可作为其侧向支撑点，则平面外计算长度为 2.8m。

计算整体稳定系数 $\lambda_y = \dfrac{l_y}{i_y} = \dfrac{2800}{41.77} = 67 < 120\sqrt{235/f_y} = 97.6$，故整体稳定性系数可按《钢结构设计标准》（GB 50017）近似公式式（C.0.5-1）算得：

$$\varphi_b = 1.07 - \frac{\lambda_y^2}{44000}\times\frac{f_y}{235} = 1.07 - \frac{67^2}{44000}\times\frac{345}{235} = 0.92$$

梁的整体稳定应力 $\dfrac{M_x}{\varphi_b W_x} = \left(\dfrac{120\times10^6}{0.92\times2.481\times10^6}\right) N/mm^2 = 52.6 N/mm^2 < 304 N/mm^2$，可行。

使用阶段：因梁上翼缘有混凝土板相连，下翼缘端部设有隔撑，故不必计算其整体稳定性。

第 14 章　钢结构连接设计

14.1　一般规定

本章所涉及的钢结构连接主要为多层及高层钢结构的节点连接设计，包括梁与柱的节点连接设计、柱与柱的拼接连接节点设计、梁与梁的拼接节点连接设计、次梁与主梁的节点连接设计、支撑与梁柱的连接构造，以及柱脚的节点连接设计。钢结构的安装连接应采用传力可靠、制作方便、连接简单、便于调整的构造形式，并应考虑临时定位措施。

多层及高层钢结构的节点连接，按其构造形式及其力学特性，可以分为刚性节点连接、铰接节点连接、半刚性节点连接。

钢结构构件的连接应根据施工环境条件和作用力的性质选取其连接方法。一般工厂加工构件采用焊接，主要承重构件的现场连接采用高强螺栓连接或焊接。多层及高层钢结构节点连接，可采用焊接、高强度螺栓连接或栓焊混合连接，即在一个连接节点的各连接面上，分别采用焊接连接和高强度螺栓连接。节点连接设计时，连接板应尽可能采用与被连接构件强度等级相同的钢材。当采用焊接连接时，应采用与被连接构件强度相适应的焊条或焊丝和焊剂。

对于常用的工字形、H 形和箱形截面的梁和柱，其节点的连接和拼接，通常采用以下几种组合：

1）翼缘采用完全焊透的坡口对接焊缝连接，而腹板采用角焊缝连接。

2）翼缘和腹板都采用完全焊透的坡口对接焊缝连接。

3）翼缘采用完全焊透的坡口对接焊缝连接，而腹板采用摩擦型高强度螺栓连接。

4）翼缘和腹板都采用摩擦型高强度螺栓连接。

5）翼缘和腹板都采用角焊缝连接。

多层及高层钢结构的节点连接设计，有非抗震设计和抗震设计之分，即按结构处于弹性受力状态设计和考虑结构进入弹塑性阶段设计。抗震设计时，须按有关要求进行节点连接的极限承载力验算。非抗震设计时，在荷载作用下结构应处于弹性受力状态，节点承载力应满足杆件内力设计值的要求及构造要求。

14.1.1　螺栓连接

普通螺栓连接受力状态下容易产生较大变形，而焊接连接刚度大，两者难以协同工作；同样，承压型高强度螺栓连接与焊缝变形不协调，难以共同工作；故同一连接部位中不得采用普通螺栓或承压型高强度螺栓与焊缝共用的连接。

摩擦型高强度螺栓连接刚度人，叉静力荷载作用可考虑与焊缝协同工作，但仅限于在钢结构加固补强中采用摩擦型高强度螺栓与焊缝承受同一作用力的栓焊并用连接，其计算与构造宜符合行业标准《钢结构高强度螺栓连接技术规程》（JGJ 82）第 5.5 节的规定。

当采用高强度螺栓连接时，在同一个连接节点中，应采用同一直径和同一性能等级的高强度螺栓。

C 级螺栓与孔壁间有较大空隙，不宜用于重要的连接。在下列情况下可用于抗剪连接：

1）承受静力荷载或间接承受动力荷载结构中的次要连接。

2）承受静力荷载的可拆卸结构的连接。

3）临时固定构件用的安装连接。

高层民用建筑钢结构承重构件的螺栓连接，应采用高强度螺栓摩擦型连接。考虑罕遇地震时连接滑移，螺栓杆与孔壁接触，极限承载力按承压型连接计算。注意此处承压型连接所对应的极限承载力计算不仅要计算螺栓受剪和板件承压，还应计算连接板件以不同形式的撕裂和挤穿，取各种情况下的最小值。

14.1.2　焊接连接

焊接工程中，首次采用的新钢种应进行焊接性试验，合格后应根据现行国家标准《钢结构焊接规范》（GB 50661）的规定进行焊接工艺评定。钢结构焊接连接构造设计应符合下列规定：

1）尽量减少焊缝的数量和尺寸。

2）焊缝的布置宜对称于构件截面的中性轴。

3）节点区留有足够空间，便于焊接操作和焊后检测。

4）宜避免焊缝密集和双向、三向相交。

5）焊缝位移宜避开高应力区。

6）焊缝连接宜选择等强匹配；当不同强度的钢材连接时，可采用与低强度钢材相匹配的焊接材料。

焊缝的质量等级应符合现行国家标准《钢结构焊接规范》（GB 50661）相关规定，可根据结构的重要性、荷载特性、焊缝形式、工作环境以及应力状态等情况按照下列原则选用：

1）在承受动荷载且需要进行疲劳验算的构件中，凡要求与母材等强连接的焊缝应焊透，其质量等级应符合下列规定：

①作用力垂直于焊缝长度方向的横向对接焊缝或 T 形对接与角接组合焊缝，受拉时应为一级，受压时不应低于二级。

②作用力平行于焊缝长度方向的纵向对接焊缝不应低于二级。

③重级工作制（A6～A8）和起重量 $Q \geqslant 50$t 的中级工作制（A4，A5）吊车梁的腹板与上翼缘之间以及吊车桁架上弦杆与节点板之间的 T 形连接部位焊缝应焊透，焊缝形式宜为对接与角接的组合焊缝，其质量等级不应低于二级。

2）在工作温度等于或低于 –20℃的地区，构件对接焊缝的质量不得低于二级。

3）不需要疲劳验算的构件中，凡要求与母材等强的对接焊缝宜焊透，其质量等级受拉时不应低于二级，受压时不宜低于二级。

4）部分焊透的对接焊缝、采用角焊缝或部分焊透的对接与角接组合焊缝的 T 形连接部位，以及搭接连接角焊缝，其质量等级应符合下列规定：

①直接承受动荷载且需要疲劳验算的结构和起重机起重量等于或大于 50t 的中级工作制吊车梁以及梁柱、牛腿等重要节点不应低于二级。

②其他结构可为三级。

按照钢结构房屋连接焊缝的重要性，重要焊缝包括框架梁翼缘与框架柱的连接焊缝；框架梁腹板连接板与框架柱的连接焊缝；框架梁腹板与框架柱的连接焊缝；节点域及其上下各 600mm 范围内的柱翼缘与柱腹板间或箱形柱壁板间的连接焊缝；框架柱的拼接焊缝；外露式柱脚的柱身与底板的连接以及伸臂桁架等重要受拉构件的拼接焊缝。

14.1.3　连接计算

钢结构抗侧力构件连接主要包括：①梁与柱刚性连接；②支撑与框架连接；③梁、柱、支撑的拼接连接；④柱脚与基础的连接。抗震设计的钢结构抗侧力构件的连接计算，应符合下列要求：

1）弹性阶段：钢结构抗侧力构件连接的承载力设计值，不应小于相连构件的承载力设计值；高强螺栓连接不得滑移。

2）弹塑性阶段：钢结构抗侧力构件连接的极限承载力不应小于相连构件的全塑性承载力。

这里指出：抗震设计的钢结构抗侧力构件的连接需要做两阶段设计。第一阶段，要求按构件承载力而不是设计内力进行连接计算，是考虑内力较小时将导致连接件型号和数量较少，或焊缝的有效截面尺寸偏小，给第二阶段连接（极限承载力）设计带来困难。另外，高强度螺栓滑移对钢结构连接的弹性设计是不允许的。

1）抗震设计时，连接的极限承载力应按下列公式验算：

①梁与柱刚性连接的极限承载力，应按下列公式验算：

$$M_u^j \geqslant \alpha M_p \tag{14-1-1}$$

$$V_u^j \geqslant \alpha \left(\sum M_p / l_n \right) + V_{Gb} \tag{14-1-2}$$

②支撑与框架连接和梁、柱、支撑的拼接极限承载力，应按下列公式验算：

支撑连接和拼接 $\quad\quad\quad\quad\quad\quad M_{ubr}^j \geqslant \alpha A_{br} f_y \tag{14-1-3}$

梁的拼接 $\quad\quad\quad\quad\quad\quad\quad\quad M_{ubr}^j \geqslant \alpha M_p \tag{14-1-4}$

柱的拼接 $\quad\quad\quad\quad\quad\quad\quad\quad M_{ub,sp}^j \geqslant \alpha M_{pc} \tag{14-1-5}$

③柱脚与基础的连接极限承载力，应按下列公式验算：

$$M_{u,base}^j \geqslant \alpha M_{pc} \tag{14-1-6}$$

式中　　M_p、M_{pc}——梁的塑性受弯承载力和考虑轴力影响时柱的塑性受弯承载力；

$\quad\quad\quad V_{Gb}$——梁在重力荷载代表值（9 度时高层建筑尚应包括竖向地震作用标准值）作用下，按简支梁分析的梁端截面剪力设计值；

$\quad\quad\quad l_n$——梁的净跨；

$\quad\quad\quad f_y$——钢材的屈服强度；

$\quad\quad\quad A_{br}$——支撑杆件的截面面积；

$\quad\quad M_u^j$、V_u^j——连接的极限受弯、受剪承载力；

N_{ubr}^j、M_{ubr}^j、$M_{ub,sp}^j$——支撑连接和拼接、梁、柱拼接的极限受压（拉）、受弯承载力；

$\quad\quad M_{u,base}^j$——柱脚的极限受弯承载力；

$\quad\quad\quad \alpha$——连接系数。

2）构件拼接和柱脚计算时，构件的受弯承载力应考虑轴力的影响。构件的全塑性受弯承载力 M_p，应按下列规定以 M_{pc} 代替：

①对 H 形截面和箱形截面构件应符合下列规定：

A. H 形截面（绕强轴）和箱形截面

当 $N/N_y \leqslant 0.13$ 时 $\quad\quad\quad\quad M_{pc} = M_p \tag{14-1-7}$

当 $N/N_y > 0.13$ 时 $\quad\quad\quad M_{pc} = 1.15(1 - N/N_y)M_p \tag{14-1-8}$

B. H 形截面（绕弱轴）

当 $N/N_y \leqslant A_w/A$ 时 $\quad\quad\quad\quad M_{pc} = M_p \tag{14-1-9}$

当 $N/N_y > A_w/A$ 时

$$M_{pc} = \left[1 - \left(\frac{N - A_w f_y}{N_y - A_w f_y} \right)^2 \right] M_p \tag{14-1-10}$$

②圆形空心截面的 M_{pc} 可按下列公式计算：

当 $N/N_y \leqslant 0.2$ 时 $\quad\quad\quad\quad M_{pc} = M_p \tag{14-1-11}$

当 $N/N_y > 0.2$ 时 $\quad\quad\quad M_{pc} = 1.25(1 - N/N_y)M_p \tag{14-1-12}$

式中　　N——构件轴力设计值（N）；

$\quad\quad N_y$——构件的轴向屈服承载力（N），取 $N_y = A_n f_y$；

$\quad\quad A$——H 形截面或箱形截面构件的截面面积（mm^2）；

A_n——构件净截面面积（mm^2）；

A_w——构件腹板截面面积（mm^2）；

f_y——构件钢材的屈服强度（N/mm^2）。

3）梁与柱的刚性连接的极限承载力可按下列规定计算：

钢框架抗侧力构件的梁与柱连接应符合下列规定：梁与H形柱（绕强轴）刚性连接以及梁与箱形柱或圆管柱刚性连接时，弯矩由梁翼缘和腹板受弯区的连接承受，剪力由腹板受剪区的连接承受，梁腹板与柱连接时高强度螺栓连接的内力分担如图14-1-1所示。梁与柱的连接宜采用翼缘焊接和腹板高强度螺栓连接的形式，也可采用全焊接连接。一、二级时梁与柱宜采用加强型连接或骨式连接。梁腹板用高强度螺栓连接时，应先确定腹板受弯区的高度，并应对设置于连接板上的螺栓进行合理布置，再分别计算腹板连接的受弯承载力和受剪承载力。

梁腹板的有效受弯高度 h_m 应按下列公式计算（图14-1-2）：

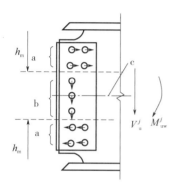

图 14-1-1 梁腹板与柱连接时高强度
螺栓连接的内力分担

a—承受弯矩区 b—承受剪力区 c—梁轴线

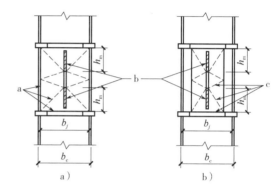

图 14-1-2 工字形梁与箱形柱和圆管柱连接的符号说明

a）箱形柱 b）圆管柱

a—壁板的屈服线 b—梁腹板的屈服区 c—钢管壁的屈服线

H 形柱（绕强轴）

$$h_m = h_{0b}/2 \tag{14-1-13}$$

箱形柱：

$$h_m = \frac{* \ b_j}{\sqrt{\dfrac{b_j t_{wb} f_{yb}}{t_{fc}^2 f_{yc}} - 4}} \tag{14-1-14}$$

圆管柱：

$$h_m = \frac{b_j}{\sqrt{\dfrac{k_1}{2}}\sqrt{k_2\sqrt{\dfrac{3k_1}{2}} - 4}} \tag{14-1-15}$$

当箱形柱、圆管柱 $h_m < S_r$ 时，取 $h_m = S_r$ $\tag{14-1-16}$

当箱形柱 $h_m > \dfrac{d_j}{2}$ 或 $\dfrac{b_j t_{wb} f_{yb}}{t_{fc}^2 f_{yc}} \leq 4$ 时，取 $h_m = \dfrac{d_j}{2}$ $\tag{14-1-17}$

当圆管柱 $h_m > \dfrac{d_j}{2}$ 或 $k_2\sqrt{\dfrac{3k_1}{2}} \leq 4$ 时，取 $h_m = \dfrac{d_j}{2}$ $\tag{14-1-18}$

式中 d_j——箱形柱壁板上下加劲肋内侧之间的距离（mm）；

b_j——箱形柱壁板屈服区宽度或圆管柱内径（mm），$b_j = b_c - 2t_{fc}$；

b_c——箱形柱壁板宽度或圆管柱的外径（mm）；

h_m——与箱形柱或圆管柱连接时，梁腹板（一侧）的有效受弯高度（mm）；

S_r——梁腹板过焊孔高度（mm），高强螺栓连接时为剪力板与梁翼缘间间隙的距离；

h_{0b}——梁腹板高度（mm）；

f_{yb}——梁钢材的屈服强度（N/mm²），当梁腹板用高强度螺栓连接时，为柱连接板钢材的屈服强度；

f_{yc}——柱钢材屈服强度（N/mm²）；

t_{fc}——箱形柱或圆管柱壁板厚度（mm）；

t_{fb}——梁翼缘厚度（mm）；

t_{wb}——梁腹板厚度（mm）；

k_1、k_2——圆管柱有关截面和承载力指标，$k_1 = b_j/t_{fc}$，$k_2 = t_{wb}f_{yb}/(t_{fc}f_{yc})$。

梁腹板与 H 形柱（绕强轴）、箱形柱或圆管柱采用高强螺栓连接时，承受弯矩区和承受剪力区的螺栓数应按弯矩在受弯区引起的水平力和剪力作用在受剪区分别进行计算，计算时应考虑连接的不同破坏模式取较小值。

《高层民用建筑钢结构技术规程》（JGJ 99）给出的梁与柱连接的极限承载力验算方法：

①抗震设计时，梁与柱连接的极限受弯承载力应按下列规定计算（图 14-1-3）：

A. 梁端连接的极限受弯承载力

$$M_u^j = M_{uf}^j + M_{uw}^j \qquad (14\text{-}1\text{-}19)$$

B. 梁翼缘连接的极限受弯承载力

$$M_{uf}^j = A_f(h_b - t_{fb})f_{ub} \qquad (14\text{-}1\text{-}20)$$

C. 梁腹板连接的极限受弯承载力

$$M_{uw}^j = mW_{wpe}f_{yw} \qquad (14\text{-}1\text{-}21)$$

$$W_{wpe} = (h_b - 2t_{fb} - 2S_r)^2 t_{wb}/4 \qquad (14\text{-}1\text{-}22)$$

梁腹板连接的受弯承载力系数 m 应按下列公式计算：

H 形柱（绕强轴） $\qquad m = 1 \qquad (14\text{-}1\text{-}23)$

箱形柱 $\qquad m = \min\left\{1, \ 4\dfrac{t_{fc}}{d_j}\sqrt{\dfrac{b_j f_{yc}}{t_{wb}f_{yw}}}\right\} \qquad (14\text{-}1\text{-}24)$

圆管柱 $\qquad m = \min\left\{1, \ \dfrac{8}{\sqrt{3}k_1 k_2 r}\left(\sqrt{k_2\sqrt{\dfrac{3k_1}{2}} - 4} + r\sqrt{\dfrac{k_1}{2}}\right)\right\}$

$$(14\text{-}1\text{-}25)$$

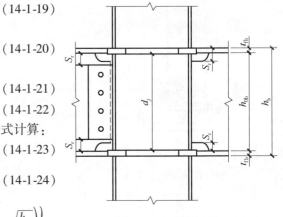

图 14-1-3　梁柱连接

式中　W_{wpe}——梁腹板有效截面的塑性截面模量（mm³）；

f_{yw}——梁腹板钢材的屈服强度（N/mm²）；

h_b——梁截面高度（mm）；

d_j——柱上下水平加劲肋（横隔板）内侧之间的距离（mm）；

b_j——箱形柱壁板内侧的宽度或圆管柱内直径（mm），$b_j = b_c - 2t_{fc}$；

r——圆钢管上下横隔板之间的距离与钢管内径的比值，$r = d_j/b_j$；

t_{fc}——箱形柱或圆管柱壁板的厚度（mm）；

f_{yc}——柱钢材屈服强度（N/mm²）；

f_{yf}、f_{yw}——梁翼缘和梁腹板钢材的屈服强度（N/mm²）；

t_{fb}、t_{wb}——梁翼缘和梁腹板的厚度（mm）；

f_{ub}——梁翼缘钢材抗拉强度最小值（N/mm²）。

②抗震设计时，梁腹板与柱连接采用角焊缝焊接连接的极限受剪承载力可按下列规定计算：

$$V_u^j = A_e f_u^f \qquad (14\text{-}1\text{-}26)$$

式中　V_u^j——梁腹板与柱连接采用角焊缝的极限受剪承载力（N）；

A_e——角焊缝面积；

f_u^f——角焊缝极限抗剪强度，可按《钢结构设计标准》（GB 50017）表 4.4.5 取值。

③《高层民用建筑钢结构技术规程》（JGJ 99）F. 1. 1 条给出 1 个高强度螺栓连接的极限承载力应取下列公式计算得出的较小值：

$$N_{vu}^b = 0.58 n_f A_e^b f_u^b \tag{14-1-27}$$

$$N_{cu}^b = d \sum t f_{cu}^b \tag{14-1-28}$$

式中　N_{vu}^b——1 个高强度螺栓的极限受剪承载力（N）；

　　　N_{cu}^b——1 个高强度螺栓对应的板件极限承载力（N）；

　　　n_f——螺栓连接的剪切面数量；

　　　A_e^b——螺栓螺纹处的有效截面面积（mm^2）；

　　　f_u^b——螺栓钢材的抗拉强度最小值（N/mm^2）；

　　　f_{cu}^b——螺栓连接板件的极限承压强度（N/mm^2），取 $1.5 f_u$；

　　　d——螺栓杆直径（mm）；

　　　$\sum t$——同一受力方向的钢板厚度（mm）之和。

注意：这里求出的高强螺栓的极限承载力只考虑了螺栓受剪和板件承压，适用于梁柱刚性连接设计时腹板受剪区的极限承载力计算；梁柱刚性连接设计时考虑腹板连接同时承受弯矩和剪力作用时，腹板高强螺栓连接极限抗剪承载力应按弯矩作用在腹板受弯矩区引起的水平力和剪力作用在腹板受剪区分别进行计算，计算时应考虑连接的不同破坏模式取较小值，连接拉脱举例示意图如图 14-1-4 所示。

对承受弯矩区：

$$\alpha V_{um}^j \leqslant N_u^b = \min\left\{ n_1 N_{vu}^b,\ n_1 N_{cu1}^b,\ N_{cu2}^b,\ N_{cu3}^b,\ N_{cu4}^b \right\} \tag{14-1-29}$$

对承受剪力区：

$$V_u^j \leqslant n_2 \min\left\{ N_{vu}^b,\ N_{cu1}^b \right\} \tag{14-1-30}$$

式中　n_1、n_2——承受弯矩区（一侧）和承受剪力区需要的螺栓数；

　　　V_{um}^j——弯矩 M_{uw}^j 引起的承受弯矩区的水平剪力（N）；

　　　α——连接系数；

　　　N_{vu}^b——1 个高强螺栓的极限受剪承载力（N）；

　　　N_{cu1}^b——1 个高强螺栓对应的板件极限承载力（N）；

　　　N_{cu2}^b——连接板边脱落时的受剪承载力（N）（图 14-1-4b）；

　　　N_{cu3}^b——连接板件沿螺栓中心线挤穿时的受剪承载力（N）（图 14-1-4c）；

　　　N_{cu4}^b——连接板件中部拉脱时的受剪承载力（N）（图 14-1-4a）；

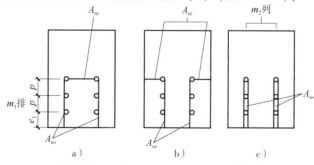

中部拉脱 $A_{ns} = 2[(n_1 - 1)p + e_1]t$，用于计算 N_{cu4}^b

板边拉脱 $A_{ns} = 2[(n_1 - 1)p + e_1]t$，用于计算 N_{cu2}^b

整列挤穿 $A_{ns} = 2m_2[(m_1 - 1)p + e_1]t$，用于计算 N_{cu3}^b

图 14-1-4　拉脱举例（计算示意）

a）中部拉脱　b）板边拉脱　c）整列挤穿

④《高层民用建筑钢结构技术规程》（JGJ 99）F. 1. 4 条给出高强螺栓群连接的极限受剪承载力应按下列公式计算。

A. 仅考虑螺栓受剪和板件承压时：

$$N_u^b = \min(nN_{vu}^b, \ nN_{cu1}^b) \tag{14-1-31}$$

B. 单列高强度螺栓连接时：

$$N_u^b = \min(nN_{vu}^b, \ nN_{cu1}^b, \ N_{cu2}^b, \ N_{cu3}^b) \tag{14-1-32}$$

C. 多列高强度螺栓连接时：

$$N_u^b = \min(nN_{vu}^b, \ nN_{cu1}^b, \ N_{cu2}^b, \ N_{cu3}^b, \ N_{cu4}^b) \tag{14-1-33}$$

D. 连接板挤穿或拉脱时，承载力 $N_{cu2}^b \sim N_{cu4}^b$ 可按下式计算：

$$N_{cu}^b = (0.5A_{ns} + A_{nt})f_u \tag{14-1-34}$$

式中 f_u——构件母材的抗拉强度最小值（N/mm²）；

　　A_{ns}——板区拉脱时的受剪截面面积（mm²）；

　　A_{nt}——板区拉脱时的受拉截面面积（mm²）；

　　n——连接的螺栓数。

梁腹板与柱的连接采用焊接时（图 14-1-5），应设置定位螺栓。腹板承受弯矩区内应验算弯应力与剪应力组合的复合应力，承受剪力区可仅按所承受的剪力进行受剪承载力验算。

4）梁拼接的极限承载力可按下列规定计算：

《高层民用建筑钢结构技术规程》（JGJ 99）F. 2. 1 条规定梁拼接采用的极限承载力应按下列公式计算：

$$M_u^j \geqslant \alpha M_p \tag{14-1-35}$$

$$M_u^j = M_{uf}^j + M_{uw}^j \tag{14-1-36}$$

$$V_u^j \geqslant n_w N_{vu}^b \tag{14-1-37}$$

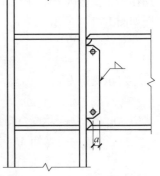

图 14-1-5　柱连接板与梁腹板的焊接连接

a—不小于 50mm

式中 M_p——梁的全塑性截面受弯承载力（kN·m）；

　　α——连接系数；

　　V_u^j——梁拼接的极限受剪承载力；

　　n_w——腹板连接一侧的螺栓数；

　　N_{vu}^b——1 个高强度螺栓的极限受剪承载力（kN）。

梁翼缘拼接的极限受弯承载力应按下列公式计算：

$$M_{uf1}^j = A_{nf}f_u(h_b - t_f) \tag{14-1-38}$$

$$M_{uf2}^j = A_{ns}f_{us}(h_{bs} - t_{fs}) \tag{14-1-39}$$

$$M_{uf3}^j = n_2\{(n_1 - 1)p + e_{f1}\}t_f f_u(h_b - t_f) \tag{14-1-40}$$

$$M_{uf4}^j = n_2\{(n_1 - 1)p + e_{s1}\}t_{fs}f_{us}(h_{bs} - t_f) \tag{14-1-41}$$

$$M_{uf5}^j = n_3 N_{vu}^b h_b \tag{14-1-42}$$

式中 M_{uf1}^j——翼缘正截面净面积决定的最大受弯承载力（N·mm）；

　　M_{uf2}^j——翼缘拼接板正截面净面积决定的拼接最大受弯承载力（N·mm）；

　　M_{uf3}^j——翼缘沿螺栓中心线挤穿时的最大受弯承载力（N·mm）；

　　M_{uf4}^j——翼缘拼接板沿螺栓中心线挤穿时的最大受弯承载力（N·mm）；

　　M_{uf5}^j——高强螺栓受剪决定的最大受弯承载力（N·mm）；

　　A_{nf}——翼缘正截面净面积（mm²）；

　　A_{ns}——翼缘拼接板正截面净面积（mm²）；

　　f_u——翼缘钢材抗拉强度最小值（N/mm²）；

f_{us}——拼接板钢材抗拉强度最小值（N/mm²）；

h_b——上、下翼缘外侧之间的距离（mm）；

h_{bs}——上、下翼缘拼接板外侧之间的距离（mm）；

n_1——翼缘拼接螺栓每列中的螺栓数；

n_2——翼缘拼接螺栓（沿梁轴线方向）的列数；

n_3——翼缘拼接（一侧）的螺栓数；

e_{f1}——梁翼缘板相邻两列螺栓横向中心间的距离

e_{s1}——翼缘拼接板相邻两列螺栓横向中心间的距离（mm）；

t_f——梁翼缘板厚度（mm）；

t_{fs}——翼缘拼接板板厚（mm）（两块时为其和）。

梁腹板拼接的极限承载力应按下列公式计算：

$$M_{uw}^j = \min \{ M_{uw1}^j , M_{uw2}^j , M_{uw3}^j , M_{uw4}^j , M_{uw5}^j \} \tag{14-1-43}$$

$$M_{uw1}^j = W_{pw} f_u \tag{14-1-44}$$

$$M_{uw2}^j = W_{sn} f_{us} \tag{14-1-45}$$

$$M_{uw3}^j = (\sum r_i^2 / r_m) e_{w1} t_w f_u \tag{14-1-46}$$

$$M_{uw4}^j = (\sum r_i^2 / r_m) e_{s1} t_{ws} f_{us} \tag{14-1-47}$$

$$M_{uw5}^j = \frac{\sum r_i^2}{r_m} \left[\sqrt{ (N_{vu}^b)^2 - \left(\frac{V_j y_m}{n_w r_m} \right)^2 } - \frac{V_j x_m}{n_w r_m} \right] \tag{14-1-48}$$

$$r_m = \sqrt{x_m^2 + y_m^2} \tag{14-1-49}$$

式中　M_{uw1}^j——梁腹板的极限受弯承载力（N·mm）；

M_{uw2}^j——腹板拼接板正截面决定的极限受弯承载力（N·mm）；

M_{uw3}^j——腹板横向单排螺栓拉脱时的极限受弯承载力（N·mm）；

M_{uw4}^j——腹板拼接板横向单排螺栓拉脱时的极限受弯承载力（N·mm）；

M_{uw5}^j——腹板螺栓决定的极限受弯承载力（N·mm）；

W_{pw}——梁腹板全截面塑性截面模量（mm³）；

W_{sn}——腹板拼接板正截面净面积截面模量（mm³）；

e_{w1}——梁腹板受力方向的端距（mm）；

e_{s1}——腹板拼接板受力方向的端距（mm）；

t_w——梁腹板的板厚（mm）；

t_{ws}——腹板拼接板板厚（mm）（两块时为厚度之和）；

r_i、r_m——腹板螺栓群中心至所计算螺栓的距离（mm），r_m 为 r_i 的最大值；

N_{vu}^b——一个螺栓的极限受剪承载力（N）；

V_j——腹板拼接处的设计剪力（N）；

x_m、y_m——最外侧螺栓至螺栓群中心的横标距和纵标距（mm）。

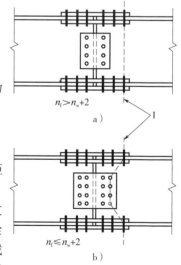

$n_f > n_w + 2$

a）

1

$n_f \leqslant n_w + 2$

b）

图 14-1-6　有效截面

a）直虚线　b）折虚线

1—有效断面位置

当梁拼接进行截面极限承载力验算时，最不利截面应取通过翼缘拼接最外侧螺栓孔的截面。当沿梁轴线方向翼缘拼接的螺栓数 n_f 大于该方向腹板拼接的螺栓数 n_w 加 2 时（图 14-1-6），有效截面为直虚线；当沿梁轴线方向的梁翼缘拼接的螺栓数 n_f 小于或等于该方向腹板拼接的螺栓数 n_w 加 2 时（图 14-1-6），有效截面位置为折虚线。

5）钢结构抗震设计的连接系数

现行国家标准《建筑抗震设计规范》（GB 50011）对钢结构抗震设计的连接系数进行了规定，见表 14-1-1。

表 14-1-1　钢构件连接的连接系数 α（GB 50011）

母材钢材牌号	梁与柱的连接		支撑连接、构件拼接		柱脚	
	焊接	螺栓连接	焊接	螺栓连接		
Q235	1.40	1.45	1.25	1.30	埋入式	1.2
Q355	1.30	1.35	1.20	1.25	外包式	1.2
Q345GJ	1.25	1.30	1.15	1.20	外露式	1.1

注：1. 屈服强度高于 Q345 的钢材，按 Q345 的规定采用。

　　2. 屈服强度高于 Q345GJ 的 GJ 钢材，按 Q345GJ 的规定采用。

　　3. 翼缘焊接腹板栓接时，连接系数分别按表中连接形式取用。

现行国家标准《钢结构设计标准》（GB 50017）对钢结构抗震设计的连接系数也进行了规定，见表 14-1-2。

表 14-1-2　钢构件连接的连接系数 α（GB 50017）

母材钢材牌号	梁柱连接		支撑连接、构件拼接		柱脚	
	焊接	螺栓连接	焊接	螺栓连接		
Q235	1.40	1.45	1.25	1.30	埋入式	1.2
Q355	1.30	1.35	1.20	1.25	外包式	1.2
Q345GJ	1.25	1.30	1.15	1.20	外露式	1.2

注：1. 屈服强度高于 Q345 的钢材，按 Q345 的规定采用。

　　2. 屈服强度高于 Q345GJ 的 GJ 钢材，按 Q345GJ 的规定采用。

　　3. 翼缘焊接腹板栓接时，连接系数分别按表中连接形式取用。

　　4. 当梁腹板采用改进型过焊孔时，梁柱刚接连接的连接系数可乘以不小于 0.9 的折减系数。

现行行业标准《高层民用建筑钢结构技术规程》（JGJ 99），对钢框架抗侧力结构构件的连接系数进行了规定，见表 14-1-3。

表 14-1-3　钢构件连接的连接系数 α（JGJ 99）

母材钢材牌号	梁柱连接		支撑连接、构件拼接		柱脚	
	母材破坏	高强度螺栓破坏	母材或连接板破坏	高强螺栓破坏		
Q235	1.40	1.45	1.25	1.30	埋入式	1.2（1.0）
Q355	1.35	1.40	1.20	1.25	外包式	1.2（1.0）
Q345GJ	1.25	1.30	1.10	1.15	外露式	1.0

注：1. 屈服强度高于 Q345 的钢材，按 Q345 的规定采用。

　　2. 屈服强度高于 Q345GJ 的 GJ 钢材，按 Q345GJ 的规定采用。

　　3. 括号内的数字用于箱形柱和圆管柱。

　　4. 外露式柱脚是指刚接柱脚，只适用于房屋高度 50m 以下。

通过对比三本标准（简称：抗规、钢规、高钢规）对钢构件的连接系数可知，对于梁柱连接，主要差别体现在 Q355 钢，高钢规最严，对于支撑连接和构件拼接，主要体现在 Q355GJ 钢，抗规和钢规连接系数一样，严于高钢规。

当采用《钢结构设计标准》（GB 50017）抗震性能化方法对钢结构构件和节点进行抗震设计时，可不需满足《建筑抗震设计规范》（GB 50011）中针对特种结构的构造要求和相关规定，可按照《钢结构设计标准》（GB 50017）连接系数进行连接计算。此时在计算构件截面全塑性受弯承载力时，构件塑性耗能区的截面模量，按照《钢结构设计标准》（GB 50017）取值，见表 14-1-4。

表 14-1-4　构件截面模量 W_{E} 取值

截面板件宽厚比等级	S1	S2	S3	S4	S5
构件截面模量		$W_{\mathrm{E}} = W_{\mathrm{p}}$	$W_{\mathrm{E}} = \gamma_x W$	$W_{\mathrm{E}} = W$	有效截面模量

注：W_{p} 为塑性截面模量；γ_x 为截面塑性发展系数，可按《钢结构设计标准》（GB 50017）表 8.1.1 采用；W 为弹性截面模量；有效截面模量，均匀受压翼缘有效外伸宽度不大于 $15\varepsilon_{\mathrm{k}}$，腹板可按《钢结构设计标准》（GB 50017）第 8.4.2 条的规定采用。

当采用《高层民用建筑钢结构技术规程》（JGJ 99）抗震性能化设计方法对钢结构构件和节点进行抗震时，可根据结构高度进行区分，分别采用《建筑抗震设计规范》（GB 50011）或《高层民用建筑钢结构技术规程》（JGJ 99）规定的连接系数进行连接计算。

高层钢结构梁与柱刚性连接时，梁翼缘与柱的连接、框架柱的拼接、外露式柱脚的柱身与底板的连接以及伸臂桁架等重要受拉构件的拼接，均应采用焊缝质量等级为一级的全熔透焊缝，其他全熔透焊缝为二级。非熔透的角焊缝和部分熔透的对接与角接组合焊缝的外观质量标准应为二级。现场一级焊缝宜采用气体保护焊。

焊缝的坡口形式和尺寸，宜根据板厚和施工条件，按现行国家标准《钢结构焊接规范》（GB 50661）的要求选用。

6）高强度螺栓连接在两个不同方向受力时应符合下列规定：

①弹性设计阶段，高强度螺栓摩擦型连接在摩擦面间承受两个不同方向的力时，可根据力作用方向求出合力，验算螺栓的承载力是否符合要求，螺栓受剪和连接板承压的强度设计值应按弹性设计时的规定取值。

②弹性设计阶段，高强度螺栓摩擦型连接同时承受摩擦面间剪力和螺栓杆轴方向的外拉力时（如端板连接或法兰连接），其承载力应按下式验算：

$$\frac{N_{\mathrm{v}}}{N_{\mathrm{v}}^{\mathrm{b}}} + \frac{N_{\mathrm{t}}}{N_{\mathrm{t}}^{\mathrm{b}}} \leqslant 1 \tag{14-1-50}$$

式中　N_{v}、N_{t}——所考虑高强度螺栓承受的剪力和拉力设计值（kN）；

$N_{\mathrm{v}}^{\mathrm{b}}$——高强度螺栓仅承受剪力时的抗剪承载力设计值（kN）；

$N_{\mathrm{t}}^{\mathrm{b}}$——高强度螺栓仅承受拉力时的抗拉承载力设计值（kN）。

③极限承载力验算时，考虑罕遇地震作用下摩擦面已滑移，摩擦型连接成为承压型连接，只能考虑一个方向受力。在梁腹板的连接和拼接中，当工形梁与 H 形柱（绕强轴）连接时，梁腹板全高可同时受弯和受剪，应验算螺栓由弯矩和剪力引起的螺栓连接极限受剪承载力的合力。螺栓群角部的螺栓受力最大，其由弯矩和剪力引起的按式（14-1-32）和式（14-1-33）分别计算求得的较小者得出的两个剪力，应根据力的作用方向求出合力，进行验算。

14.2　梁与柱连接分类及构造

14.2.1　梁与柱连接分类

梁与柱的连接，按梁对柱的约束刚度可分为三类：铰接连接、半刚性连接、刚性连接。

1）当梁与柱为铰接连接时，连接只能传递梁端的剪力，而不能传递梁端弯矩。梁与柱的铰接连接一般仅将梁的腹板与柱相连，或将梁简支设置在柱的支托上；梁柱铰接连接一般采用高强度螺栓连接，当连接与梁端剪力存在偏心时，连接除了按梁端剪力计算外，尚须考虑偏心弯矩的影响。

2）梁与柱的半刚性连接，除能传递梁端剪力外，还能传递一定数量的梁端弯矩。

3）梁与柱的刚性连接，除能传递梁端剪力外，还能传递梁端截面的弯矩，而且这种连接能保持被连接构件的连续性。

梁与柱的铰接连接和半刚性连接,在实际上多用于一些比较次要的连接上;对多高层建筑钢结构中承担主要抗侧力作用的框架梁、柱的连接,应采用刚性连接。

结构整体计算时,通常多假定梁与柱的连接节点为完全刚接或完全铰接,因此,在本手册中不涉及梁与柱的半刚性连接的设计计算。

14.2.2 梁与柱连接构造

框架梁与柱的连接宜采用柱贯通型。在互相垂直的两个方向都与梁刚性连接时,宜采用箱形柱。箱形柱壁板厚度小于16mm时,不宜采用电渣焊焊接隔板。冷成型箱形柱应在梁对应位置设置隔板,并应采用隔板贯通式连接。柱段与隔板的连接应采用全熔透对接焊缝,如图14-2-1所示。隔板宜采用 Z 向性能钢制作,其外伸部分长度 e 宜为 25 ~ 30mm,以便将相邻焊缝热影响区隔开。

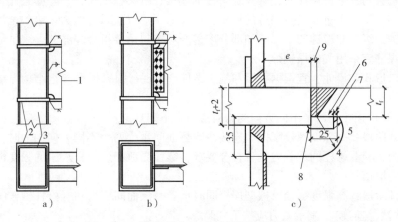

图 14-2-1 框架梁与冷成型箱形柱隔板的连接
a) 钢梁与柱工厂焊接 b) 梁柱采用栓焊连接 c) 梁翼缘与隔板的焊接
1—H 形钢梁 2—横隔板 3—箱形柱 4—大圆弧半径≈35mm 5—小圆弧半径≈10mm 6—衬板厚度8mm 以上
7—圆弧端点至衬板边缘5mm 8—隔板外侧衬板边缘采用连续焊缝 9—焊根宽度7mm,坡口角度35°

1)当梁与柱在现场焊接时,梁与柱连接的过焊孔,可采用常规型(图14-2-2)和改进型(图14-2-3)两种形式。采用改进型时,梁翼缘与柱的连接焊缝应采用气体保护焊。

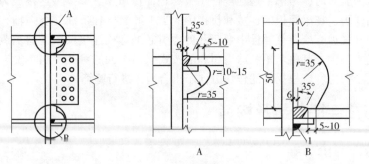

图 14-2-2 常规型过焊孔
$1 - h_f \approx 5mm$,其长度为梁翼缘的宽度

梁翼缘与柱翼缘间应采用全熔透坡口焊缝,抗震等级一、二级时,应检验焊缝的 V 型切口冲击韧性,其夏比冲击韧性在 -20℃时不低于27J。

梁腹板(连接板)与柱的连接焊缝,当板厚小于16mm时可采用双面角焊缝,焊缝的有效截面高度应符合受力要求,且不得小于5mm。当腹板厚度等于或大于16mm时应采用K形坡口焊缝。设防烈度 7 (0.15g) 及以上时,梁腹板与柱的连接焊缝采用围焊,围焊在竖向部分的长度 l

应大于 400mm 且连续施焊, 如图 14-2-4 所示。

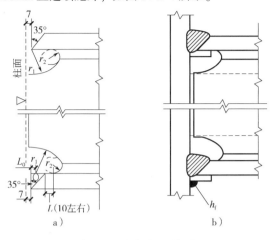

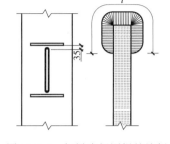

图 14-2-3　改进型过焊孔

a) 坡口和焊接孔加工　b) 全焊透焊缝

$r_1 \approx 35\text{mm}$　$r_2 \geqslant 10\text{mm}$

O 点位置　$t_f < 22\text{mm}$　$L_0(\text{mm}) = 0$

$t_t \geqslant 22\text{mm}$　$L_0(\text{mm}) = 0.75t_f - 15$　t_f 为下翼缘板厚

$h_f \approx 5\text{mm}$, 其长度为梁翼缘的宽度

图 14-2-4　钢梁腹板围焊的施焊

2) 梁与柱的加强型连接或骨式连接分类有下列形式, 如有实践经验可靠依据时也可采用其他形式。

① 梁翼缘扩翼式连接, 如图 14-2-5 所示, 图中尺寸应按下列公式确定:

$$l_a = (0.50 \sim 0.75)b_f \tag{14-2-1}$$

$$l_b = (0.30 \sim 0.45)h_b \tag{14-2-2}$$

$$b_{wf} = (0.15 \sim 0.25)b_f \tag{14-2-3}$$

$$R = \frac{l_b^2 + b_{wf}^2}{2b_{wf}} \tag{14-2-4}$$

式中　h_b——梁的高度 (mm);

　　　b_f——梁翼缘的宽度 (mm);

　　　R——梁翼缘扩翼半径 (mm)。

② 梁翼缘局部加宽式连接, 如图 14-2-6 所示, 图中尺寸应按下列公式确定:

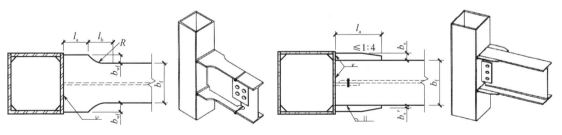

图 14-2-5　梁翼缘扩翼式连接　　　　　　图 14-2-6　梁翼缘局部加宽式连接

$$l_a = (0.50 \sim 0.75)h_b \tag{14-2-5}$$

$$b_s = (1/4 \sim 1/3)b_f \tag{14-2-6}$$

$$b_s' = 2t_f + 6 \tag{14-2-7}$$

$$t_s = t_f \tag{14-2-8}$$

式中 t_f——梁翼缘厚度（mm）；

$\quad\quad t_s$——局部加宽板厚度（mm）。

③梁翼缘盖板式连接，如图 14-2-7 所示：

$$l_{cp} = (0.5 \sim 0.75) h_b \tag{14-2-9}$$

$$b_{cp1} = b_f - 3t_{cp} \tag{14-2-10}$$

$$b_{cp2} = b_f + 3t_{cp} \tag{14-2-11}$$

$$t_{cp} \geqslant t_f \tag{14-2-12}$$

式中 t_{cp}——楔形盖板厚度（mm）。

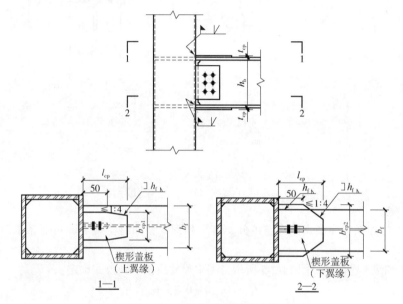

图 14-2-7　梁翼缘盖板式连接

④梁翼缘板式连接，如图 14-2-8 所示，图中尺寸应按下列公式确定：

$$l_{tp} = (0.5 \sim 0.8) h_b \tag{14-2-13}$$

$$b_{tp} = b_f + 4t_f \tag{14-2-14}$$

$$t_{tp} = (1.2 \sim 1.4) t_f \tag{14-2-15}$$

式中 t_{tp}——梁翼缘板厚度（mm）。

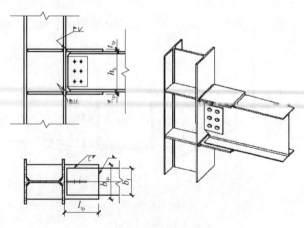

图 14-2-8　梁翼缘板式连接

⑤梁骨式连接，如图 14-2-9 所示，切割面应采用铣刀加工。图中尺寸应按下列公式确定：

$$a = (0.5 \sim 0.75)b_f \qquad (14\text{-}2\text{-}16)$$
$$b = (0.65 \sim 0.85)h_b \qquad (14\text{-}2\text{-}17)$$
$$c = 0.25b_b \qquad (14\text{-}2\text{-}18)$$
$$R = (4c^2 + b^2)/8c \qquad (14\text{-}2\text{-}19)$$

3）梁与 H 形柱（绕弱轴）刚性连接时，如图 14-2-10 所示，加劲肋应伸至柱翼缘以外 75mm，并以变宽度形式伸至梁翼缘，与后者用全熔透对接焊缝连接。加劲肋应两面设置（无梁外侧加劲肋厚度不应小于梁翼缘厚度之半）。翼缘加劲肋应大于梁翼缘厚度，以协调翼缘的允许偏差。梁腹板与柱连接板用高强螺栓连接。

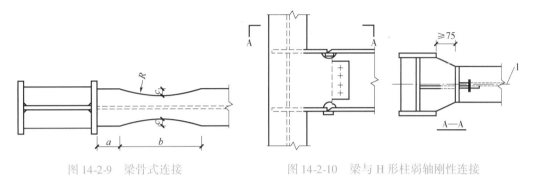

图 14-2-9　梁骨式连接　　　　　　　图 14-2-10　梁与 H 形柱弱轴刚性连接
1—梁与柱轴线

4）框架梁与柱刚性连接时，应在梁翼缘的对应位置设置水平加劲肋（隔板）。对抗震设计的结构，水平加劲肋（隔板）厚度不得小于梁翼缘厚度加 2mm，其钢材强度不得低于梁翼缘的钢材强度，其外侧应与梁翼缘外侧对齐，如图 14-2-11 所示。对非抗震设计的结构，水平加劲肋（隔板）应能传递梁翼缘的集中力，厚度应由计算确定；当内力较小时，其厚度不得小于梁翼缘厚度的 1/2，并应符合板件宽厚比的限值。水平加劲板宽度应从柱边缘后退 10mm。

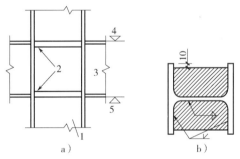

图 14-2-11　柱水平加劲肋与梁翼缘外侧齐平
a）加劲肋的设置　b）加劲肋与柱的焊接
1—钢柱　2—水平加劲肋　3—钢梁　4—强轴方向梁上翼缘　5—强轴方向梁下翼缘

5）当柱两侧的梁高不等时，每个梁翼缘对应位置均应按本条的要求设置柱的水平加劲肋。加劲肋的间距不应小于 150mm，且不应小于水平加劲肋的宽度，如图 14-2-12a 所示。当不能满足此要求时，应调整梁的端部高度，可将截面高度较小的梁腹板高度局部加大，腋部翼缘的坡度不得大于 1:3，如图 14-2-12b 所示。当与柱相连的梁在柱的两个相互垂直的方向高度不等时，应分别设置柱的水平加劲肋，如图 14-2-12c 所示。

6）当节点域厚度不满足节点域的抗剪承载能力要求时，对焊接组合柱宜将腹板在节点域局部加厚，如图 14-2-13 所示，腹板加厚的范围应伸出梁上下翼缘外不小于 150mm；对轧制 H 形钢柱可贴焊补强板加强，如图 14-2-14 所示。

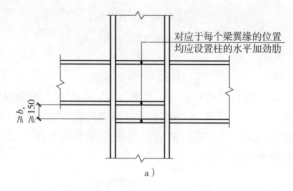

a）

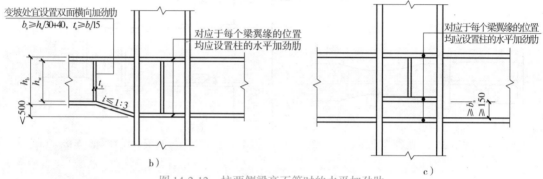

b）

c）

图 14-2-12　柱两侧梁高不等时的水平加劲肋

b_s—水平加劲肋的宽度

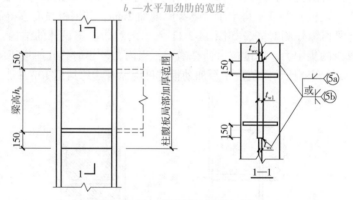

图 14-2-13　节点域柱腹板加厚

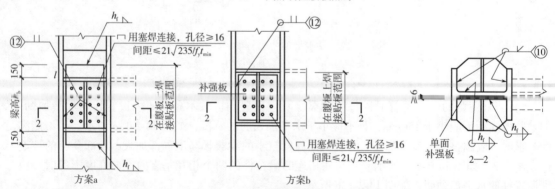

方案a

方案b

2—2

图 14-2-14　节点域柱腹板补强板的设置

7）框架梁与框架柱的刚性连接见表 14-2-1。

框架梁与框架柱刚接的加强型连接见表 14-2-2；悬臂梁与框架柱的工厂连接及与其中间梁段的工地连接见表 14-2-3；焊缝图例见表 14-2-4。

表 14-2-1　框架梁与框架柱的刚性连接

序号	类别	详图	备注
1	框架梁与边柱 H 形边柱连接	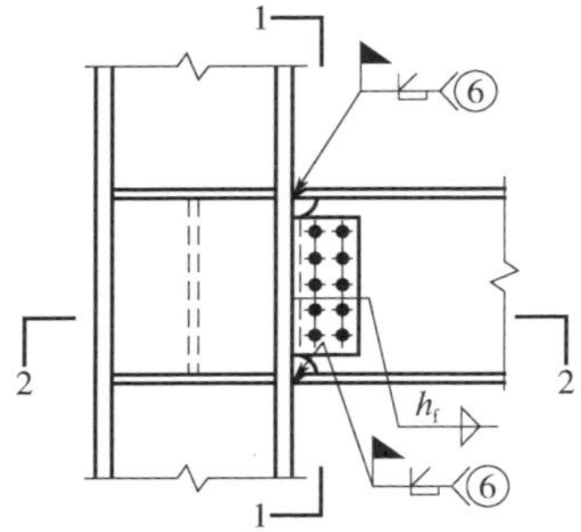 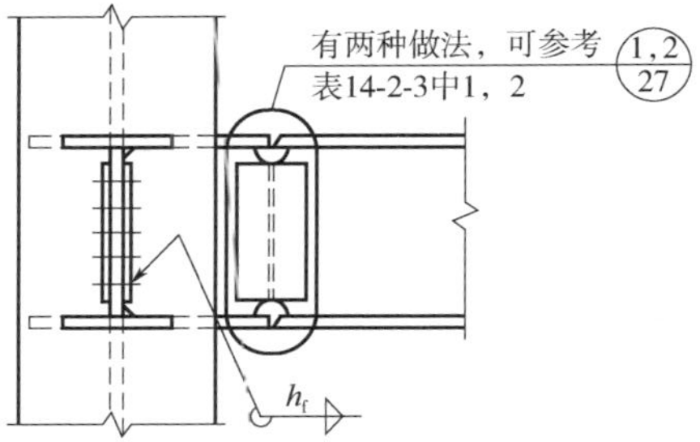	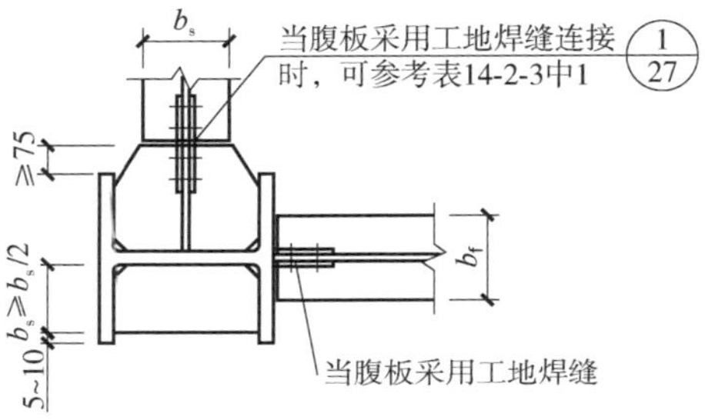 当腹板采用工地焊缝连接 $\frac{1}{27}$ 当腹板采用工地焊缝
2	框架梁与边柱工字形变截面（或箱形）柱的栓焊连接	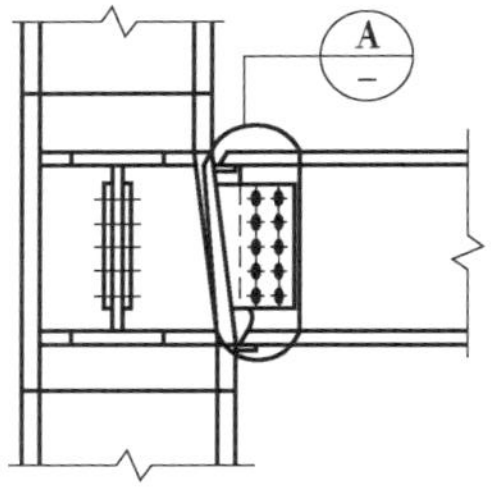	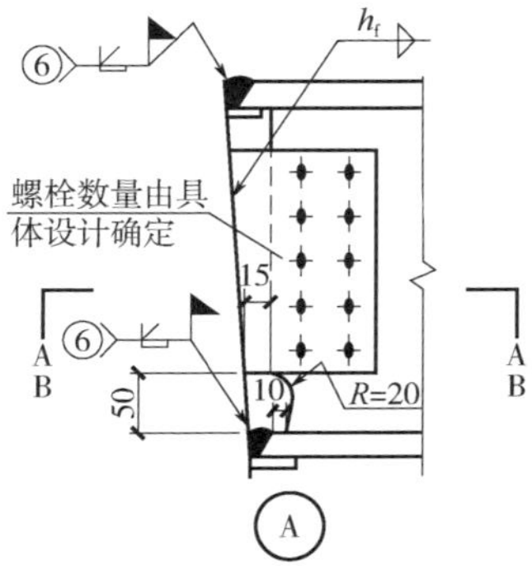 有两种做法，可参考表14-2-3中1，2 $\frac{1,2}{27}$
3	框架梁与中柱工字形变截面（或箱形）柱的栓焊连接	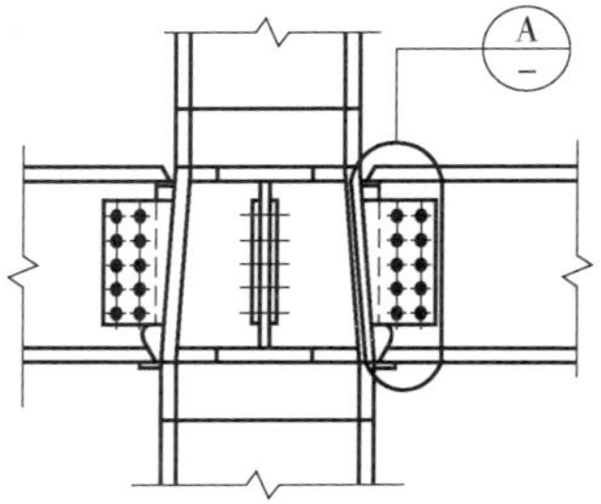	

（续）

框架的梁柱板件宽厚比限值

板件名称		抗震等级				非抗震设计	备注
		一级	二级	三级	四级		
柱	工字形截面翼缘外伸部分	10	11	12	13	13	注: 1. 表中 $\rho = N/(Af)$ 为梁轴压比。 2. 表列数值适用于 Q235 钢,当材料为其他牌号时,应乘 $\sqrt{235/f_y}$,圆管应乘以 $235/f_y$。 3. 冷成型方管适用于 Q235GJ 或 Q345GJ 钢。 4. 工字形梁和箱形梁的腹板宽厚比,对一、二、三、四级分别不宜大于 60、65、70、75。
	工字形截面腹板	43	45	48	52	52	
	箱形截面壁板	33	36	38	40	40	
	冷成型方管壁板	32	35	37	40	40	
	圆管（径厚比）	50	55	60	70	70	
梁	工字形截面和箱形截面翼缘外伸部分	9	9	10	11	11	
	箱形截面翼缘在两腹板之间部分	30	30	32	36	36	
	工字形和箱形截面腹板	$72 - 120\rho$	$72 - 100\rho$	$80 - 110\rho$	$85 - 120\rho$	$85 - 120\rho$	

序号	类别	详图
4	框架边梁与柱采用箱形边柱用贯通式隔板连接	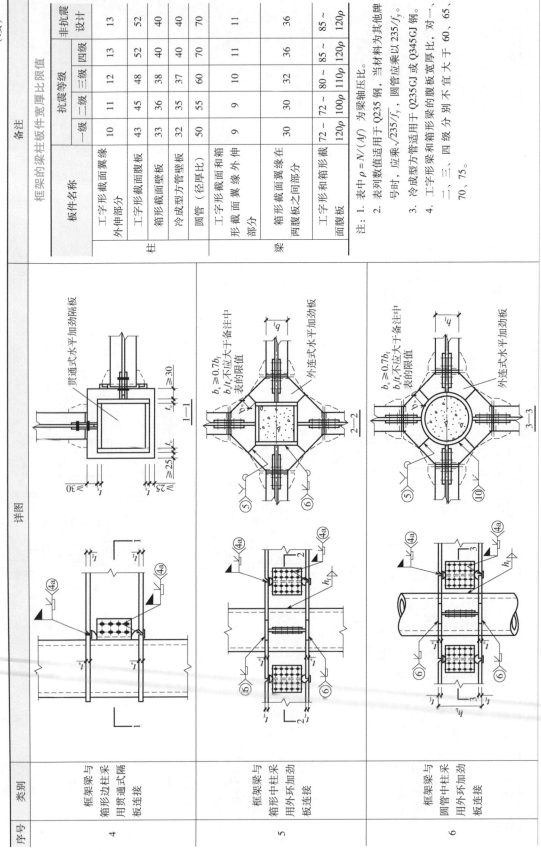
5	框架中梁与柱采用箱形中柱用外环加劲板连接	
6	框架中梁与柱采用圆管中柱用外环加劲板连接	

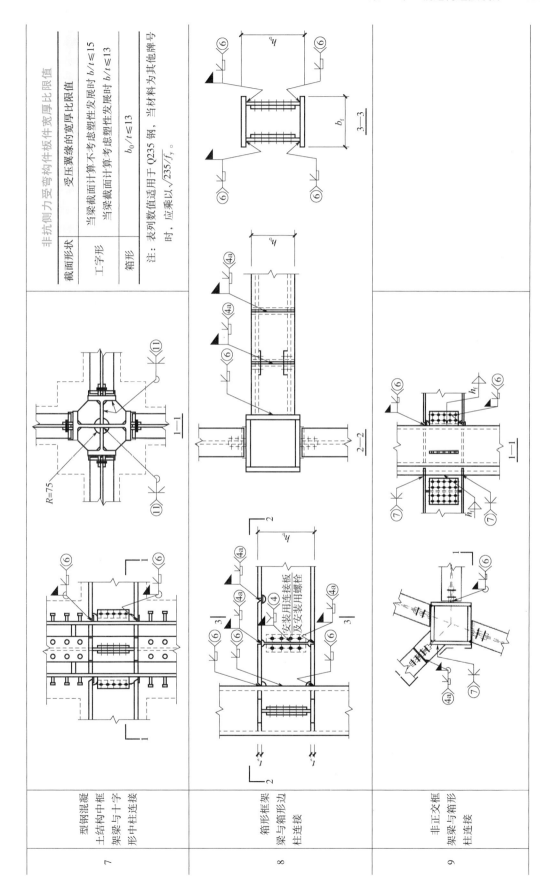

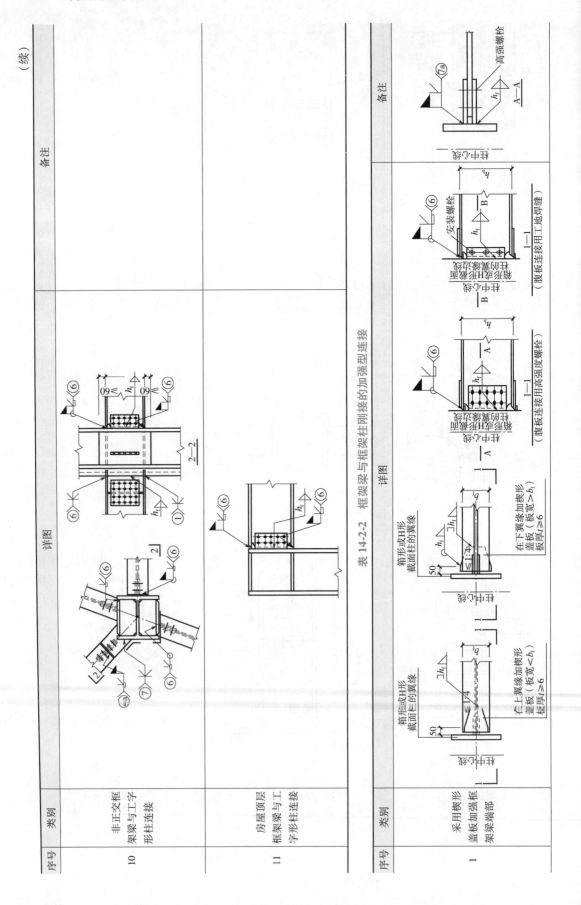

表 14-2-2 框架梁与框架柱刚接的加强型连接

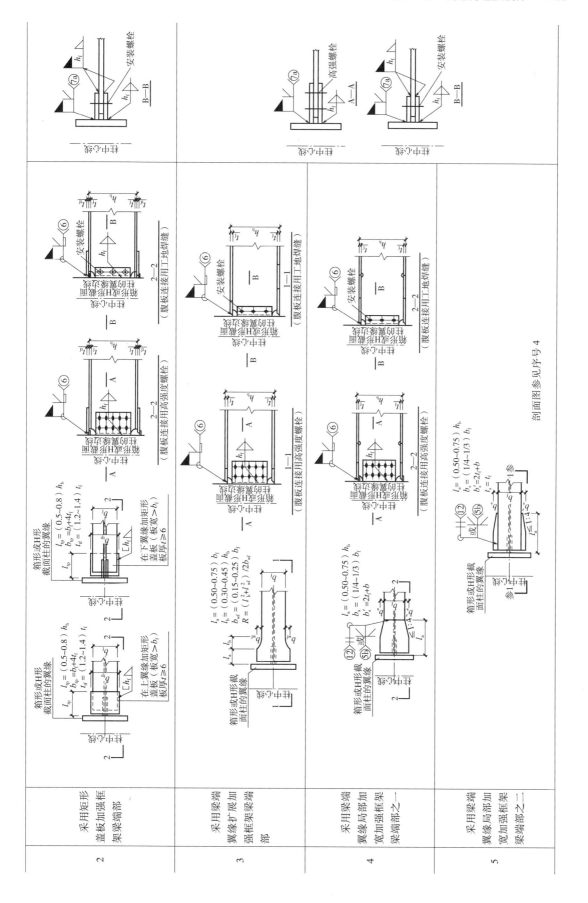

剖面图参见序号 4

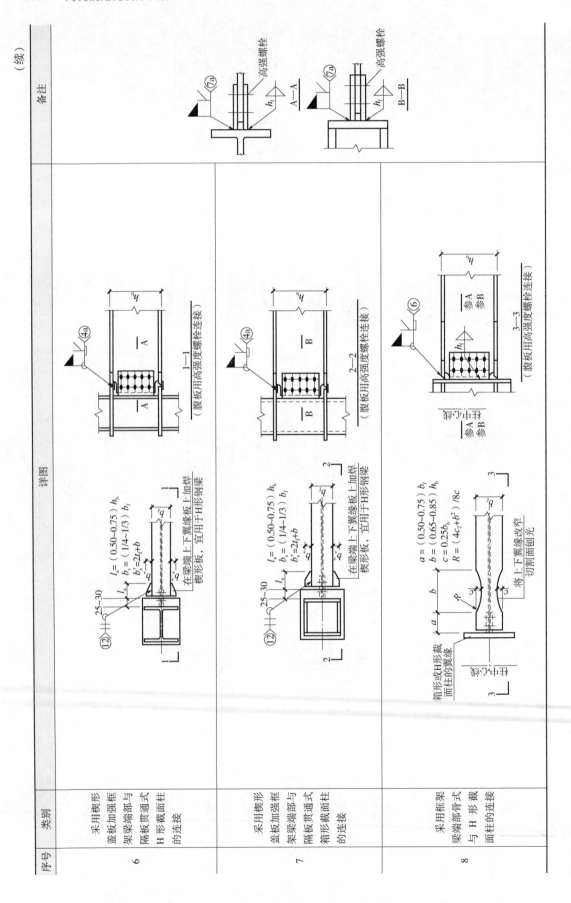

表 14-2-3 悬臂梁段与框架柱的工厂连接及与其中间梁段的工地连接

序号	类别	详图	备注
1	悬臂梁段与柱弱轴并与中间梁段均为焊接连接	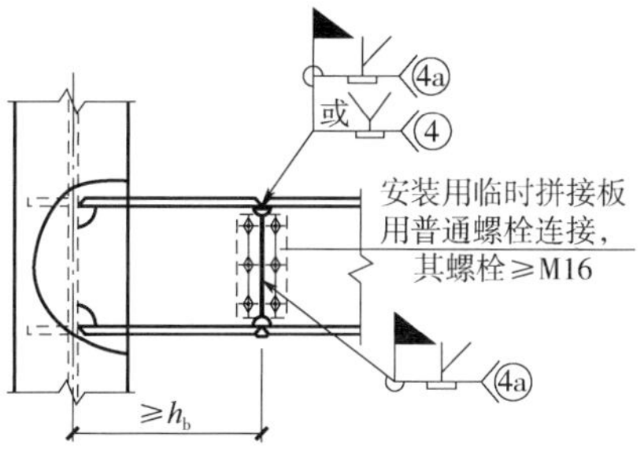 安装用临时拼接板用普通螺栓连接,其螺栓≥M16 ≥h_b	焊接图例见表 14-2-4
2	悬臂梁段与柱弱轴为焊结连接且与中间梁段为栓焊连接	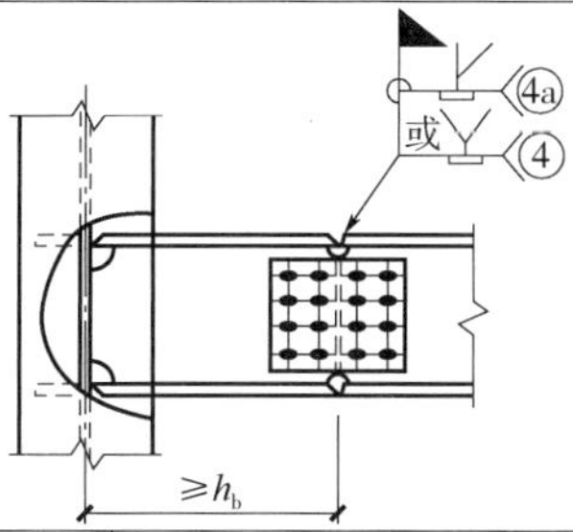 ≥h_b	
3	悬臂梁段与柱弱轴为焊接连接而与中间梁段为螺栓连接	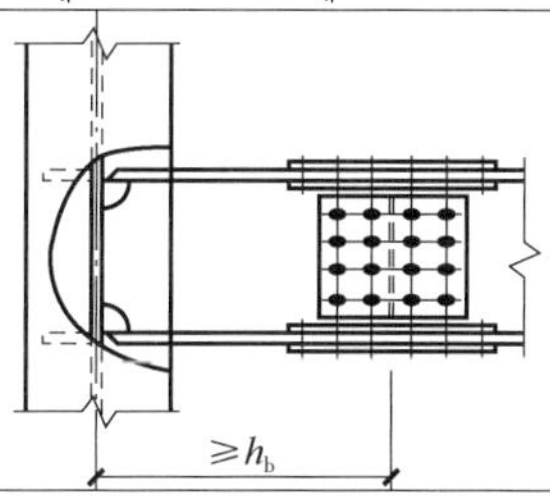 ≥h_b	
4	悬臂梁段与柱强轴间及与中间梁段为焊接连接	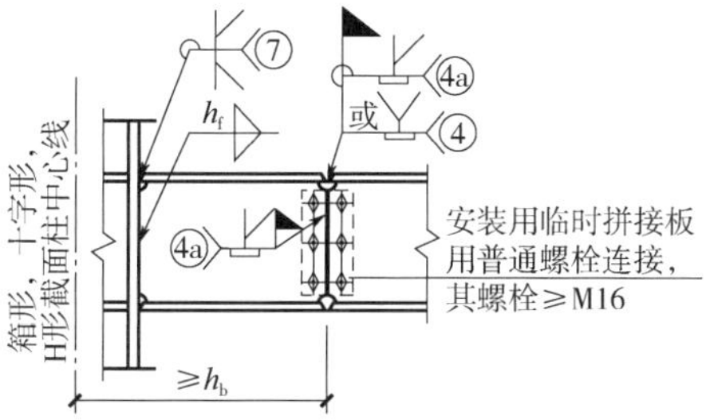 安装用临时拼接板用普通螺栓连接,其螺栓≥M16 ≥h_b	
5	悬臂梁段与柱强轴为焊接连接而与中间梁段为栓焊连接	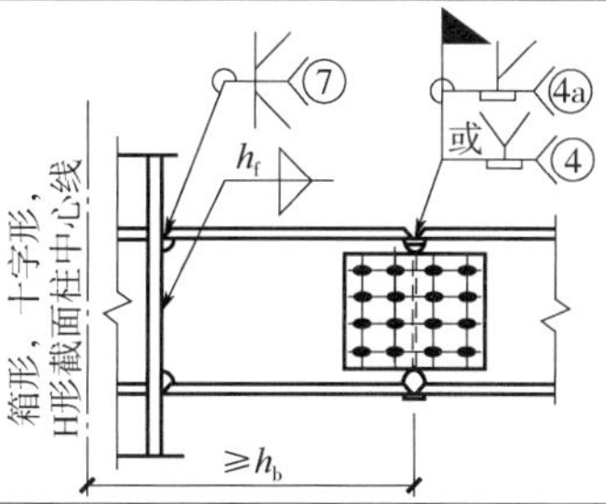 ≥h_b	
6	悬臂梁段与柱强轴为焊接连接而与中间梁段为螺栓连接	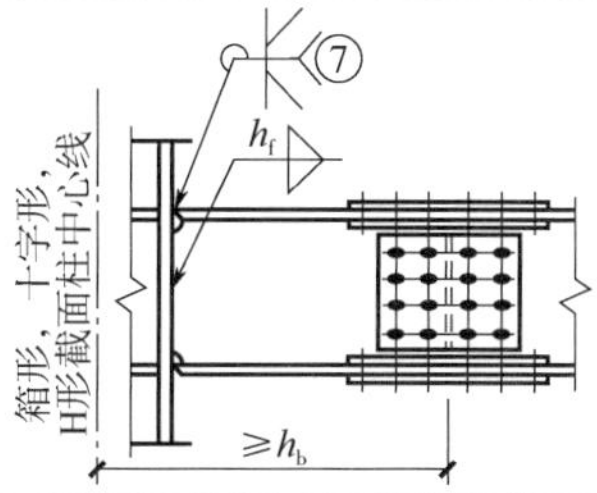 ≥h_b	

表 14-2-4　焊缝图例

连接类型	焊缝代号	坡口形状示意图	标注样式	焊透种类	焊接方法	板厚 t/mm	焊接位置	坡口尺寸/mm			备注
主要用于构件组焊	①	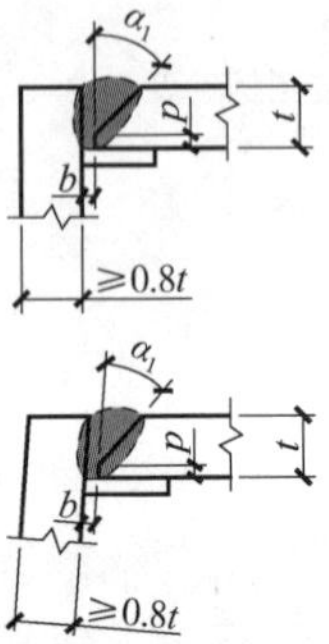	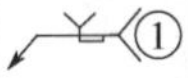	全焊透焊接	焊条手工电弧焊	≥6	F, H V, O (F, V, O)	b	α_1	p	L 形
								6 (10)	45° (30°)	0~2	
					气体保护焊、自保护焊		F, H V, O	b	α_1	p	
								6	45°	0~2	
					埋弧焊	≥10	F	b	α_1	p	
								6	45°	2	
								10	30°		
				全焊透焊接	焊条手工电弧焊	≥12	F, H V, O	b	α_1	p	
								6	45°	0~2	
							F, V O	10	30°		
								13	20°		
					气体保护焊、自保护焊		F V O	b	α_1	p	
								6	45°	0~2	
								10	30°		
					埋弧焊	≥10	F	$b=8$ $p=2$ $\alpha_1=45°$			
	②	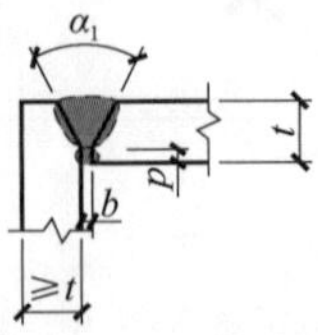	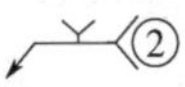	全焊透焊接	焊条手工电弧焊	≥6	F H V O	$b=0~3$ $p=0~3$ $\alpha_1=60°$			清根 L 形
					气体保护焊、自保护焊						
					埋弧焊	≥10	F	$b=0$ $p=6$ $\alpha_1=60°$			
	③	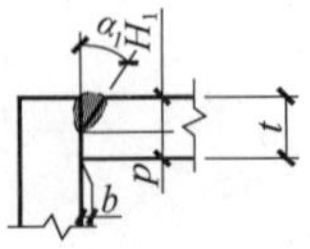	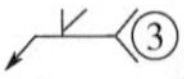	部分焊透焊接	焊条手工电弧焊	≥6	F, H V, O	$b=0$ $H_1 \geq 2\sqrt{t}$			L 形
					气体保护焊、自保护焊	6~24	F, H V, O	$H_1 \geq t/2$ $p=t-H_1$ $\alpha_1=45°$			
					埋弧焊	≥14	F, H	$b=0$ $H_2 \geq 2\sqrt{t}$ $p=t-H_1$ $\alpha_1=60°$			

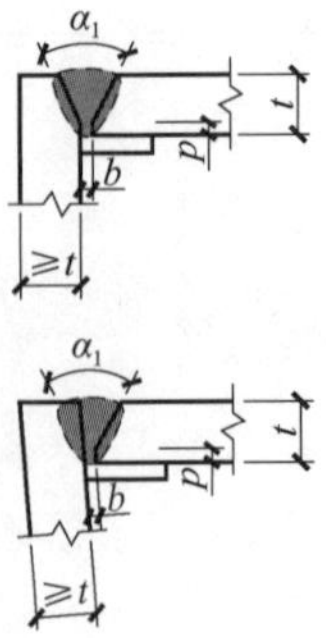

（续）

连接类型	焊缝代号	坡口形状示意图	标注样式	焊透种类	焊接方法	板厚 t /mm	焊接位置	坡口尺寸/mm			备注
主要用于构件及板材拼接	④	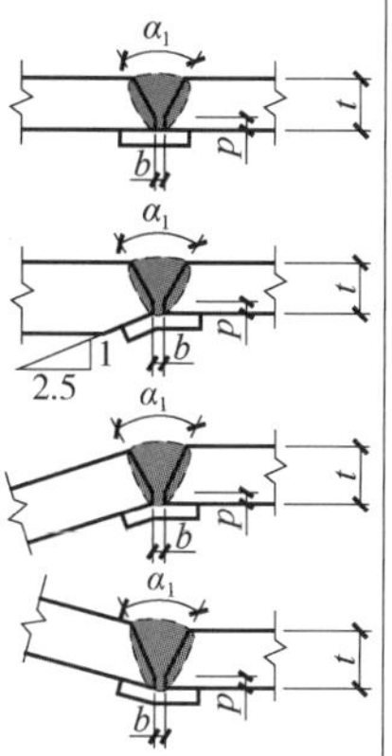	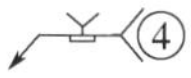	全焊透焊接	焊条手工电弧焊	≥6	F，H V，O	b 6	α_1 45°	p 0~2	一形
							F，V O	10	30°		
								13	20°		
					气体保护焊、自保护焊		F，V O	b 6	α_1 45°	p 0~2	
								10	30°		
					埋弧焊	≥10	F	$b=8$　$p=2$　$\alpha_1=30°$			
	④a	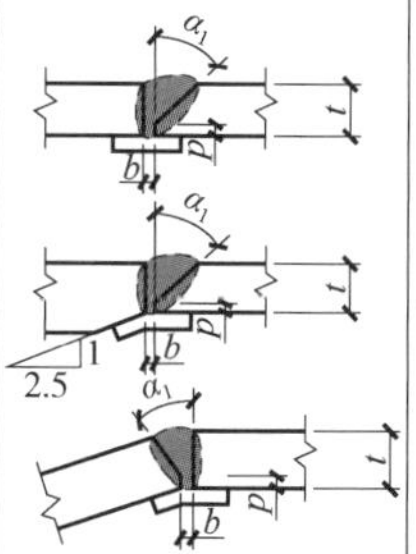	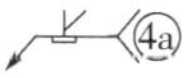	全焊透焊接	焊条手工电弧焊	≥6	F，H V，O	b 6	α_1 45°	p 0~2	可以相互代换
					气体保护焊、自保护焊		F，H V，O (F)	b 6 (10)	α_1 45° (30°)	p 0~2	
					埋弧焊	≥10	F	b 6	α_1 45°	p 2	
								10	30°		
	⑤			全焊透焊接	焊条手工电弧焊	≥6	F H V O	$b=0~3$			清根 一形
					气体保护焊、自保护焊			$b=0~3$　$\alpha_1=60°$			
					埋弧焊	≥12	F	$b=0$　$p=6$　$\alpha_1=60°$			
		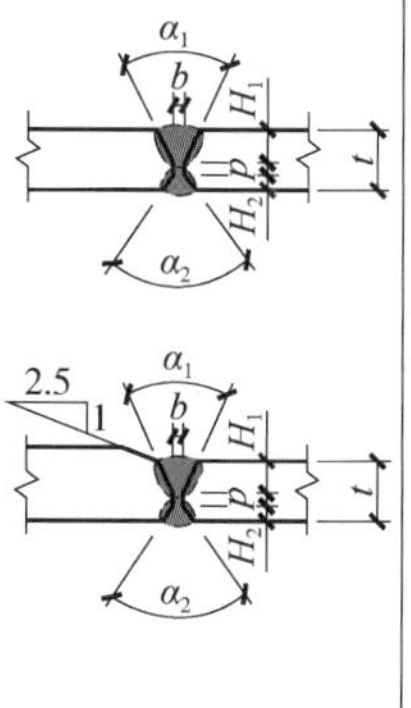		全焊透焊接	焊条手工电弧焊	≥16	F H V O	$b=0~3$　$H_1=2(t-p)/3$　$p=0~3$　$H_2=(t-p)/3$　$\alpha_1=45°$　$\alpha_2=60°$			
					气体保护焊、自保护焊						
					埋弧焊	≥20	F	$b=0$　$H_1=2(t-p)/3$　$p=6$　$H_2=(t-p)/3$　$\alpha_1=45°$　$\alpha_2=60°$			

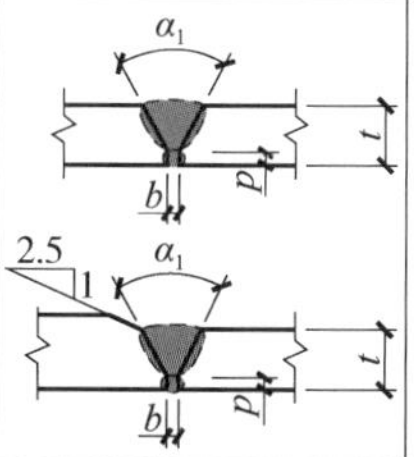

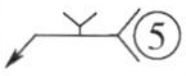

（续）

连接类型	焊缝代号	坡口形状示意图	标注样式	焊透种类	焊接方法	板厚 t /mm	焊接位置	坡口尺寸/mm	备注
主要用于构件及板材拼接	(5a)	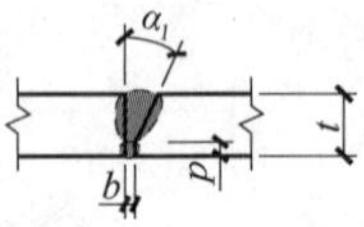	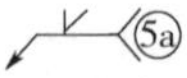	全焊透焊接	焊条手工电弧焊	≥6	F H V O	$b=0\sim3$ $p=0\sim3$ $\alpha_1=45^\circ$	
					气体保护焊、自保护焊				
					埋弧焊	≥12	F	$b=0$ $p=6$ $\alpha_1=55^\circ$	清根
		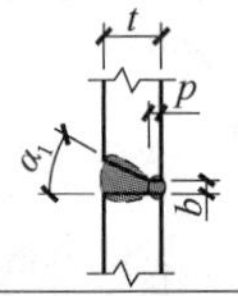		全焊透焊接	埋弧焊	≥10	H	$b=0$ $p=6$ $\alpha_1=55^\circ$	－形
	(5b)	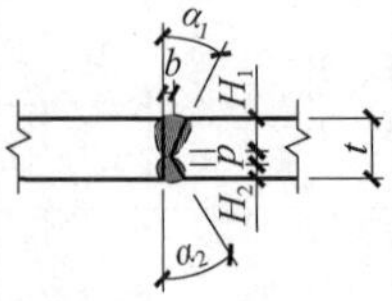		全焊透焊接	焊条手工电弧焊	≥16	F H V O	$b=0\sim3$ $H_1=2(t-p)/3$ $p=0\sim3$ $H_2=(t-p)/3$ $\alpha_1=45^\circ$ $\alpha_2=60^\circ$	清根 －形
					气体保护焊、自保护焊				
					埋弧焊	≥20	F	$b=0\sim3$ $H_1=2(t-p)/3$ $p=5$ $H_2=(t-p)/3$ $\alpha_1=45^\circ$ $\alpha_2=60^\circ$	
主要用于构件节点区及肋板焊接	(6)	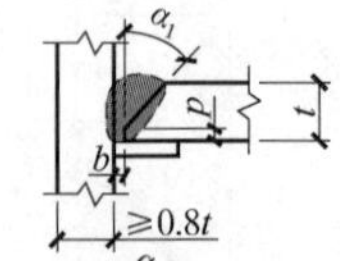 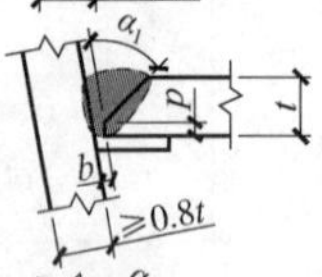 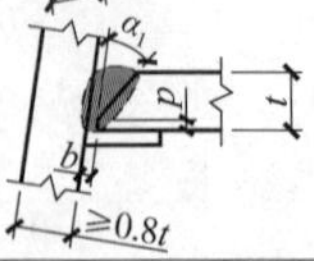	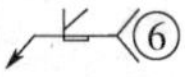	全焊透焊接	焊条手工电弧焊	≥6	F，H V，O （F，V，O）	b: 6（10） α_1: 45°（30°） p: 0～2	T形
					气体保护焊、自保护焊		F，H V，O	b: 6 α_1: 45° p: 0～2	
							F	b: 10 α_1: 30° p: 0～2	
					埋弧焊	≥10	F	b: 6 / 10 α_1: 45° / 30° p: 2	
	(7)	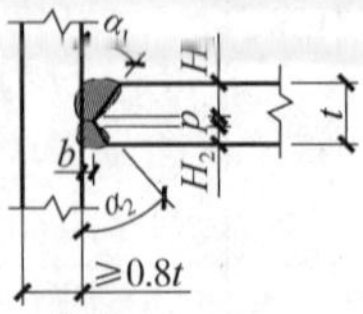 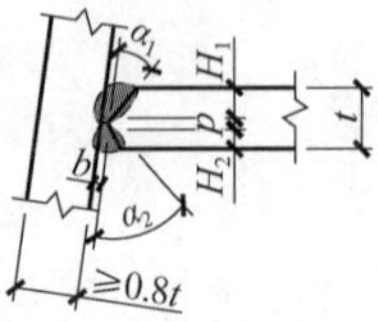		全焊透焊接	焊条手工电弧焊	≥16	F H V O	$b=0\sim3$ $H_1=2(t-p)/3$ $p=0\sim3$ $H_2=2(t-p)/3$ $\alpha_1=45^\circ$ $\alpha_2=60^\circ$	清根 T形
					气体保护焊、自保护焊				
					埋弧焊	≥20	F	$b=0$ $H_1=2(t-p)/3$ $p=5$ $H_2=(t-p)/3$ $\alpha_1=45^\circ$ $\alpha_2=60^\circ$	板厚较小时采用(7a)焊缝

（续）

连接类型	焊缝代号	坡口形状示意图	标注样式	焊透种类	焊接方法	板厚 t /mm	焊接位置	坡口尺寸/mm	备注
主要用于构件节点区及肋板焊接	⑦a	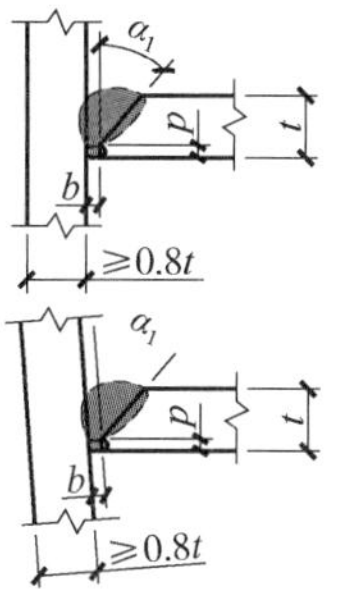		全焊透焊接	焊条手工电弧焊	≥6	F H V O	$b = 0 \sim 3$ $p = 0 \sim 3$ $\alpha_1 = 45°$	清根 T形 板厚较大时也可采用⑦焊缝
					气体保护焊、自保护焊				
					埋弧焊	≥8	F	$b = 0$ $H_1 = t - p$ $p = 6$ $\alpha_1 = 60°$	
	⑧	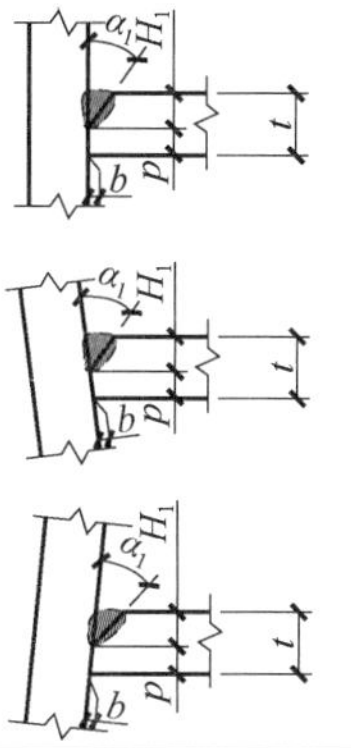	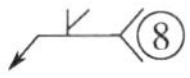	部分焊透焊接	焊条手工电弧焊	≥10	F H V O	$b = 0$ $H_1 \geq 2\sqrt{t}$ $p = t - H_1$ $\alpha_1 = 45°$	T形 一形
					气体保护焊、自保护焊				
					埋弧焊	≥14	F H	$b = 0$ $H_1 \geq 2\sqrt{t}$ $p = t - H_1$ $\alpha_1 = 60°$	
	⑨	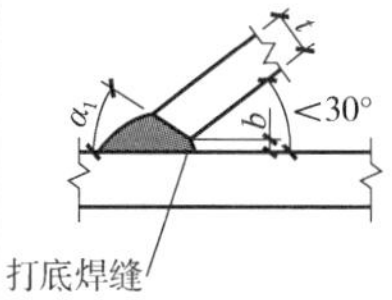		全焊透焊接	焊条手工电弧焊	≤16		$b = 6$ $\alpha_1 = 55°$	非正交 T形
主要用于构件节点区及板焊接	⑩	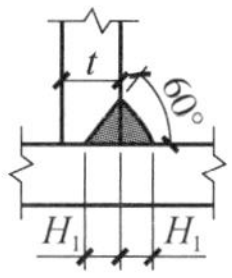	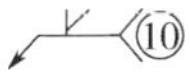	部分焊透对接与角接组合焊缝		≥10		$H_1 \geq t/2$	T形 不同板厚参数采用的焊接处理方法
	⑪	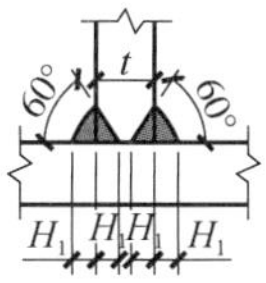		部分焊透对接与角接组合焊缝		≥10		$H_1 \geq t/3$	T形 不同板厚参数采用的焊接处理方法
	⑫	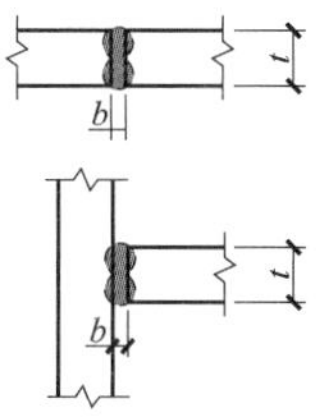	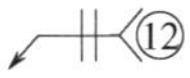	全焊透焊接	焊条手工电弧焊	3 ~ 6	F H V O	$b = t/2$	清根 一形
					气体保护焊、自保护焊	3 ~ 8		$b = 0 \sim 3$	
					埋弧焊	6 ~ 12	F	$b = 0$	

（续）

连接类型	焊缝代号	坡口形状示意图	标注样式	焊透种类	焊接方法	板厚 t/mm	焊接位置	坡口尺寸/mm	备注
主要用于构件节点区及肋板焊接	⑬	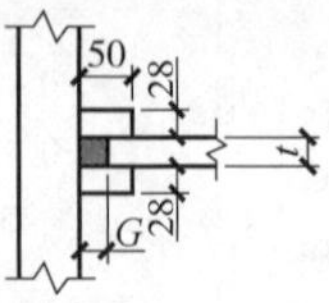	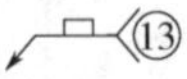		埋弧焊	≤22		$G=22$	
						≥25		$G=25$	
	⑭	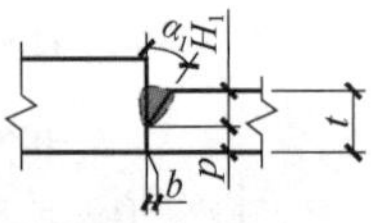		部分焊透焊接	焊条手工电弧焊	≥6	F H V O	$b=0$ $H_1 \geq 2\sqrt{t}$ $p=t-H_1$ $\alpha_1=45°$	
					气体保护焊、自保护焊				
					埋弧焊	≥14	F H	$b=0$ $H_1 \geq 2\sqrt{t}$ $p=t-H_1$ $\alpha_1=60°$	
	⑮	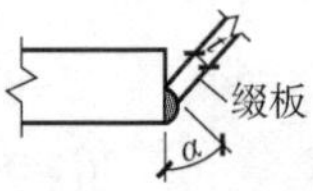	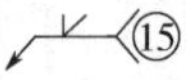	全焊透焊接	焊条手工电弧焊	≤16		$\alpha_1=45°$	

8）梁与柱的铰接连接设计，主要采用以下两种形式；梁腹板与柱采用连接板或角钢连接；梁腹板与柱焊接。表14-2-5表示梁与柱铰接常用的几种方式。

表 14-2-5 梁与柱铰接常用的几种方式

序号	类别	图形
1	钢梁腹板采用高强度螺栓与焊在柱翼缘上的连接板连接	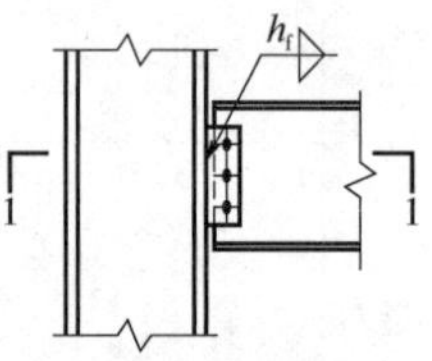 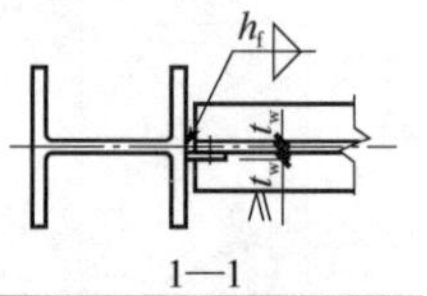 （当螺栓为单剪连接时） 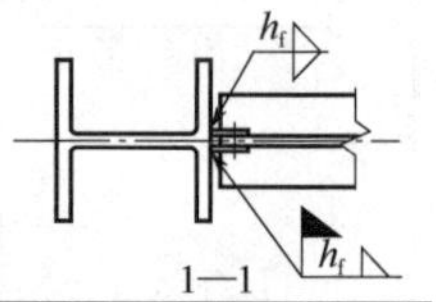 （当螺栓为双剪连接时）
2	钢梁腹板采用高强度螺栓与焊在柱腹板上的连接板连接	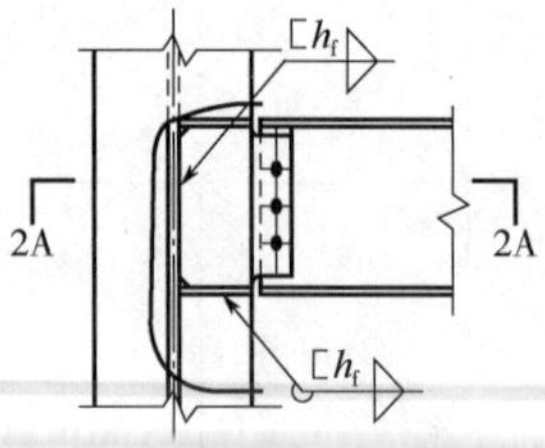 形式A 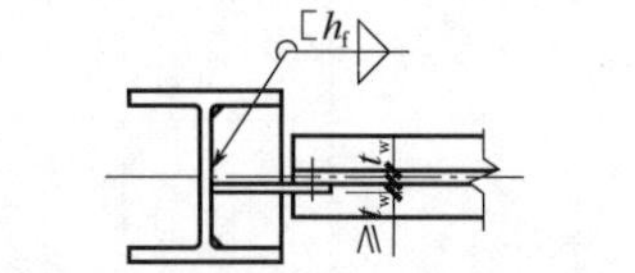 2A—2A（柱尺寸较小，焊接不便）（双剪板时参1—1的双剪板连接） 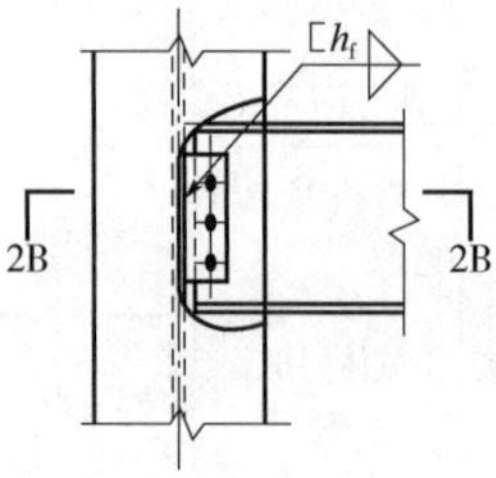 形式B 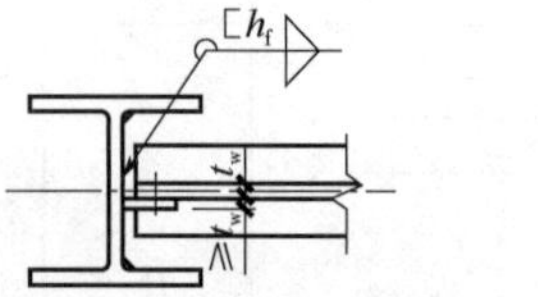 2B—2B（柱尺寸较大，可以焊接）（双剪板时参1—1的双剪板连接）

（续）

序号	类别	图形
3	钢梁端部下翼缘用普通螺栓与焊在柱腹板上的牛腿连接	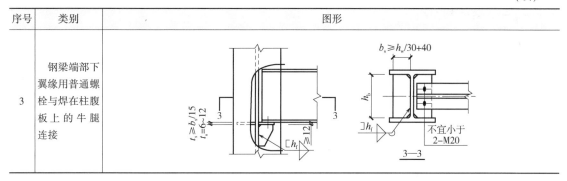

14.3 梁与柱连接设计

14.3.1 刚接设计方法

梁与柱的刚性连接设计形式主要有如下两种：梁端与柱的连接全部采用全焊缝连接（图 14-3-1）；梁翼缘与柱的连接采用焊缝连接，梁腹板与柱的连接采用高强度螺栓摩擦型连接（图 14-3-2）。

实际应用中，梁柱刚性节点通常在工厂加工而成（图 14-3-1），带悬伸梁段节点被运到现场后，再与框架梁、柱进行拼接。悬伸短梁与节点区的连接应按梁与柱的连接进行设计，而悬伸短梁与中间区段梁的连接，则应按梁与梁的拼接连接进行设计。

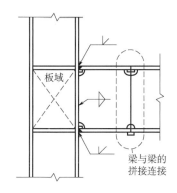

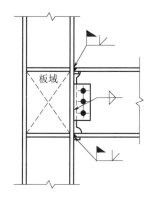

图 14-3-1 带悬臂梁段全焊接节点现场拼接 图 14-3-2 梁柱栓焊刚性连接

弹性阶段设计，梁与柱的刚性连接，其设计计算方法有常用设计法和精确计算法两种。

1. 常用设计法

常用设计法考虑梁端内力向柱传递时，梁端弯矩全部由梁翼缘承担，梁端剪力全部由梁腹板承担；同时梁腹板与柱的连接，除对梁端剪力进行计算外，尚应以腹板净截面面积的抗剪承载力设计值的 1/2 或梁的左右两端作用弯矩的和除以梁净跨长度所得到的剪力来确定。

通常情况下，梁翼缘与柱的连接多采用设有引弧板的完全焊透的坡口对接焊缝连接，梁腹板与柱的连接可采用双面角焊缝连接，或高强度螺栓摩擦型连接，其连接可按以下方式确定。

1）梁翼缘与柱相连的完全焊透的坡口对接焊缝的强度，当采用引弧板施焊时；

$$\sigma = \frac{M}{h_{0b}b_{Fb}t_{Fb}} \leqslant f_t^w \text{ 或 } f_c^w \tag{14-3-1}$$

式中 M——梁端的弯矩（抗震设计时为梁端构件承载力设计值，非抗震设计时，可采用构件内力值）；

b_{Fb}——梁翼缘宽度；

t_{Fb}——梁翼缘厚度；

h_{0b}——梁上下翼缘中心线距离；

f_t^w、f_c^w——对接焊缝的抗拉或抗压强度设计值；

σ——对接焊缝的设计应力。

2）梁腹板或连接板与柱相连的双面角焊缝的焊脚尺寸：

$$h_f = \frac{V}{2 \times 0.7 l_w f_f^w} \quad 或 h_f = \frac{0.5 A_{nw} f_v}{2 \times 0.7 l_w f_f^w} \quad 或 h_f = \frac{(M_L^b + M_R^b)}{2 \times 0.7 l_w f_f^w l_0} \quad (14\text{-}3\text{-}2)$$

取三者中的较大值。

式中　V——梁端的剪力；

A_{nw}——梁腹板在连接处的净截面面积；

M_L^b、M_R^b——梁左右两端的弯矩（抗震设计时为梁端构件承载力设计值，非抗震设计时，可采用构件内力值）；

l_0——梁的净跨长度；

l_w——角焊缝的计算长度；

f_f^w、f_c^w——角焊缝的抗剪强度设计值。

3）梁腹板与连接板采用摩擦型高强度螺栓单剪连接时，所需的高强度螺栓数目：

$$n_{wb} = \frac{V}{N_V^{bH}} 或 n_{wb} = \frac{A_{nw} f_V}{2N_V^{bH}} 或 n_{wb} = \frac{(M_L^b + M_R^b)}{l_0 N_V^{bH}} \quad (14\text{-}3\text{-}3)$$

取三者中的较大值，式中 N_V^{bH} 为一个摩擦型高强度螺栓的单面抗剪承载力设计值。

4）连接板的厚度可按下式计算：

$$t = \frac{t_w h_1}{h_2} + 2 \sim 4\text{mm}，且不宜小于 8\text{mm} \quad (14\text{-}3\text{-}4)$$

式中　h_1——梁腹板的高度；

t_w——梁腹板的厚度；

h_2——连接板的（垂直方向）长度。

2. 精确计算法

梁与柱（强轴）刚性连接的精确计算法，是以梁翼缘和腹板各自的截面惯性矩承担作用于梁端的弯矩 M，以梁翼缘承担弯矩 M_F，并以腹板同时承担弯矩 M_w 和梁端全部剪力 V 进行连接设计的。

1）当梁翼缘与柱的连接采用完全焊透的坡口对接焊缝连接，而梁腹板与柱的连接采用双面角焊缝连接时，其连接可按以下要求确定：

①由于对接焊缝与角焊缝的抗拉强度设计值不同，焊缝强度设计时，可先将翼缘的对接焊缝面积 $(b_{Fb} t_{Fb})$ 换算为等效的角焊缝面积 $(b_{we}^c t_{Fb})$。

令焊缝的有效厚度不变，翼缘对接焊缝的长度即可按下式换算为等效的角焊缝长度 b^c：

$$b_{we}^c = b_{Fb} f_t^w / f_f^w \quad (14\text{-}3\text{-}5)$$

式中　b_{Fb}——梁翼缘的宽度（即对接焊缝的有效长度）；

f_t^w——对接焊缝的抗拉强度设计值；

f_f^w——角焊缝的抗拉强度设计值。

②梁翼缘等效角焊缝的强度可按下列公式计算：

$$M_{wF}^c = (I_{wF}^c / I_w^c) M \quad (14\text{-}3\text{-}6)$$

$$\sigma_M = M_{wF}^c / W_{wF}^c \leqslant \beta_f f_f^w \quad (14\text{-}3\text{-}7)$$

式中　I_w^c——等效角焊缝的全截面惯性矩，$I_w^c = I_{wF}^c + I_{ww}$；

I_{wF}^c——梁翼缘等效角焊缝的截面惯性矩；

I_{ww}——腹板角焊缝的截面惯性矩；

W_{wF}^c——梁翼缘等效角焊缝的截面模量，$W_{wF}^c = I_w^c/y_1$；

y_1——翼缘焊缝外边缘至焊缝中和轴的距离。

③梁腹板角焊缝的强度可按下列公式计算：

$$M_{ww}^c = (I_{ww}/I_w^c) M \tag{14-3-8}$$

$$\sigma_M = M_{ww}^c/W_{ww} \leqslant \beta_f f_f^w \tag{14-3-9}$$

$$\tau_v = V/(2 \times 0.7 h_f l_w) \leqslant f_f^w \tag{14-3-10}$$

$$\sigma_{fs} = \sqrt{\left(\frac{\sigma_M}{\beta_f}\right)^2 + (\tau)^2} \leqslant f_f^w \tag{14-3-11}$$

式中 W_{ww}——梁腹板角焊缝的截面模量，可按下式计算：$W_{ww} = I_{ww}/y_2$；

y_2——腹板角焊缝外边缘至焊缝中和轴的距离。

2）当梁翼缘与柱的连接采用完全焊透的坡口对接焊缝连接、梁腹板与柱的连接采用高强螺栓相连时，其连接可按以下要求确定：

①通常梁翼缘与柱的对接焊缝连接可视为等强连接，对接焊缝承担的弯矩设计值可取为梁翼缘的抗弯承载力设计值 M_{wF}，此时若 M_{wF} 小于截面弯矩设计值，则剩余弯矩需要靠腹板高强度螺栓来承担。

②腹板高强度螺栓既承担了截面全部剪力也承担了截面部分弯矩。

首先根据截面剪力需求计算出剪力所需螺栓数量。确定腹板连接板尺寸后，按照螺栓排布规则，进行螺栓预排列。在剩余弯矩作用下，计算最外边缘受力最大的一个高强螺栓受力，并验算在弯矩和剪力共同作用下螺栓所受合力。同时，需要验算腹板连接板净截面的强度、腹板连接板与柱的连接焊缝强度、梁腹板净截面强度。

3. 连接抗震验算

抗震设计时，弹性阶段设计，梁端弯矩一般按构件承载力而不是设计内力进行连接计算。梁与柱连接的受弯承载力应按下列公式计算：

$$M_j = W_e^J f \tag{14-3-12}$$

梁与 H 形柱（绕强轴）连接时：

$$W_e^J = 2I_e/h_b \tag{14-3-13}$$

梁与箱形柱或圆管柱连接时：

$$W_e^J = \frac{2}{h_b}\left[I_e - \frac{1}{12}t_{wb}(h_{0b} - 2h_m)^3\right] \tag{14-3-14}$$

式中 M_j——梁与柱连接的受弯承载力（N·mm）；

W_e^J——连接的有效截面模量（mm³）；

I_e——扣除过焊孔的梁端有效截面惯性矩（mm³）；当梁腹板用高强度螺栓连接时，为扣除螺栓孔和梁翼缘与连接板之间间隙后的截面惯性矩；

h_b、h_{0b}——梁截面和梁腹板的高度（mm）；

t_{wb}——梁腹板的厚度（mm）；

f——梁的抗拉、抗压和抗弯强度设计值（N/mm²）；

h_m——梁腹板的有效受弯高度（mm），应按 14.1 章的规定计算；

抗震设计弹塑性设计阶段，应验算连接的极限承载力应大于构件的全塑性承载力，连接的极限承载力计算可按照 14.1 章节进行计算。

4. 节点域抗震验算

柱与梁连接处，在梁上下翼缘对应位置应设置柱的水平加劲肋或隔板。工字形截面柱和箱形截面柱的节点域应按下列公式验算：

$$t_p \geq (h_{0b} + h_{0c})/90 \tag{14-3-15}$$

$$(M_{b1} + M_{b2})/V_p \leq \left(\frac{4}{3}\right) f_v/\gamma_{RE} \tag{14-3-16}$$

式中　t_p——柱节点域的腹板厚度（mm），箱形柱时为一块腹板的厚度；

h_{0b}、h_{0c}——梁腹板、柱腹板的高度（mm）；

V_p——节点域的体积；

γ_{RE}——节点域抗震承载力调整系数；

f_v——钢材的抗剪强度设计值；

M_{b1}、M_{b2}——节点域两侧梁的弯矩设计值。

抗震设计时节点域的屈服承载力应满足下式要求，当不满足时应进行补强或局部改用较厚柱腹板。

$$\psi(M_{pb1} + M_{pb2})/V_p \leq (4/3)f_{yv} \tag{14-3-17}$$

式中　ψ——折减系数，三、四级时取 0.75，一、二级时取 0.85；

M_{pb1}、M_{pb2}——节点域两侧梁段截面的全塑性受弯承载力（N·mm）；

f_{yv}——钢材的屈服抗剪强度，取钢材屈服强度的 0.58 倍。

节点域的有效体积可按下列公式确定：

工字形截面柱（绕强轴）　　　$V_p = h_{b1} h_{c1} t_p \tag{14-3-18}$

工字形截面柱（绕弱轴）　　　$V_p = 2h_{b1} b t_f \tag{14-3-19}$

箱形截面柱　　　　　　　　$V_p = \left(\frac{16}{9}\right) h_{b1} h_{c1} t_p \tag{14-3-20}$

圆形截面柱　　　　　　　　$V_p = (\pi/2) h_{b1} h_{c1} t_p \tag{14-3-21}$

式中　h_{b1}——梁翼缘中心间的距离（mm）；

h_{c1}——工字形截面柱翼缘中心间的距离、箱形截面壁板中心间的距离和圆管截面柱管壁中线的直径（mm）；

t_p——柱腹板和节点域补强板厚度之和（mm），或局部加厚时的节点域厚度，箱形柱为一块腹板的厚度（mm），圆管柱为壁厚（mm）；

t_f——柱的翼缘厚度（mm）；

b——柱的翼缘宽度（mm）。

14.3.2　铰接设计方法

梁与柱铰接，当采用连接板与柱和梁相连，并采用高强度螺栓摩擦型连接时，高强度螺栓的计算除了考虑作用在梁端部的剪力外，尚应考虑由于偏心所产生的附加弯矩的影响（图 14-3-3），偏心弯矩 M 应按下式计算。当采用现浇钢筋混凝土楼板将主梁和次梁连成整体时，可不计算偏心弯矩的影响。

$$M = Ve \tag{14-3-22}$$

1）连接板的厚度可按下式计算：

当采用双剪连接时：

$$t = t_w h_1/(2h_2) + 1 \sim 3mm \quad 且不宜小于6mm \tag{14-3-23}$$

当采用单剪连接时：

$$t = t_w h_1/(h_2) + 2 \sim 4mm \quad 且不宜小于8mm \tag{14-3-24}$$

式中　h_1——梁腹板的高度；

t_w——梁腹板的厚度；

h_2——连接板的高度。

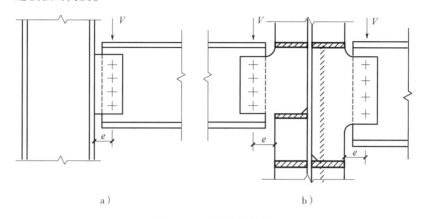

图 14-3-3　梁与柱铰接

a）弯矩绕柱的强轴连接　b）弯矩绕柱的弱轴连接

2）连接板与梁腹板相连的高强度螺栓可按式（14-3-25）~式（14-3-28）计算：

在梁端剪力作用下，一个高强度螺栓所受的力：

$$N_v = V/n \tag{14-3-25}$$

在偏心弯矩 M 作用下，角部受力最大的一个高强度螺栓所受的力：

$$N_{Mx} = My_{max} / \sum (x_i^2 + y_i^2) \tag{14-3-26}$$

$$N_{My} = Mx_{max} / \sum (x_i^2 + y_i^2) \tag{14-3-27}$$

在剪力和偏心弯矩共同作用下，角部受力最大的一个高强度螺栓所受的力为：

$$N_{smax} = \sqrt{N_{Mx}^2 + (N_{My} + N_v)^2} \leqslant N_v^{bH} \tag{14-3-28}$$

式中　N_v^{bH}——一个高强度螺栓摩擦型连接的双面抗剪或单面抗剪承载力设计值。

14.3.3　刚接设计实例

1. 设计资料

某梁柱节点采用工厂焊接连接，采用悬臂梁段与中间梁段在工地拼接连接的形式，柱的截面采用箱形截面，截面尺寸为 650mm × 650mm × 40mm × 40mm，框架梁截面采用 H 形 600mm × 250mm × 12mm × 30mm，梁翼缘与柱采用完全焊接的坡口对接焊缝连接，梁腹板与柱采用双面角焊缝连接。悬臂梁段与中间梁段的拼接采用栓焊混合连接的形式，梁翼缘采用完全焊透的坡口对接焊缝拼接，梁腹板采用高强摩擦型螺栓 10.9 级 M20 连接，抗滑移系数 0.4。梁柱钢材均采用 Q345B。重力荷载代表值作用下简支梁两端截面剪力设计值 $V_{Gb} = 51.35$kN，梁净跨 $l_n = 15.682$m，连接处剪力设计值 $V_j = 100$kN。抗震等级为一级。梁柱刚性连接及梁梁拼接均采用等强设计连接。初步设计螺栓排布及腹板连接板选用如下：

螺栓群并列布置：6 行，行间距 70mm；2 列，列间距 70mm。

螺栓群列边距：$e_{w1} = 50$mm，行边距 $e_{w2} = 45$mm。

腹板连接板：440mm × 170mm × 12mm；悬臂梁段外伸长度为：$L = 500$mm；过焊孔高度：$S_{r1} = S_{r2} = 35$mm。

梁柱连接角焊缝焊脚尺寸 $h_f = 10$mm。

加焊盖板尺寸为 300mm × 200mm × 6mm。

梁柱连接示意如图 14-3-4 所示。

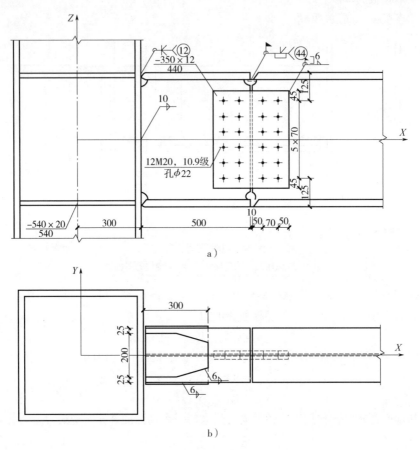

图 14-3-4　梁柱连接示意

a）立面图　b）俯视图

2. 连接验算

（1）梁柱角焊缝验算　控制工况：梁净截面承载力。

梁腹板净截面抗剪承载力：

$$V_{wn} = t_w [H - 2t_f - (S_{r1} + S_{r2})] f_v = 12 \times (600 - 2 \times 30 - 35 - 35) \times 175 = 987 \text{（kN）}$$

采用常用设计方法，翼缘承担全部截面弯矩，腹板承担弯矩：$M_w = 0 \text{kN} \cdot \text{m}$

角焊缝受力：$N = 0 \text{kN}$；$V = 987 \text{kN}$；$M = 0 \text{kN} \cdot \text{m}$

焊脚高度：$h_f = 10 \text{mm}$

角焊缝有效焊脚高度：$h_e = 0.7 \times h_f = 0.7 \times 10 \text{mm} = 7 \text{mm}$

双侧焊缝，单根计算长度：$l_f = (600 - 2 \times 30 - 35 - 35) - 2 \times 10 = 450 \text{（mm）}$（焊缝高度取腹板净高）

角焊缝抗剪强度设计值：$f_f^w = 200 \text{N/mm}^2$

$$A_e = 2 l_f h_e = 2 \times 450 \times 7 = 6300 \text{（mm}^2\text{）}$$

$$\tau = V/A_e = 987000/6300 = 156.667 \text{N/mm}^2 \leqslant 200 \text{N/mm}^2$$

$$h_f = 10 \text{mm} \geqslant 1.5 \sqrt{t_{max}} = 9.5 \text{mm} \text{（角焊缝焊脚尺寸不小于} 1.5 \sqrt{t_{max}} \text{）}$$

$$h_f = 10 \text{mm} \leqslant 1.2 \, t_{min} = 14.4 \text{mm} \text{（角焊缝焊脚尺寸不超过} 1.2 \, t_{min} \text{）}$$

（2）梁柱对接焊缝验算　等强设计，不再进行梁柱对接焊缝承载力验算。

（3）梁柱节点连接极限承载力验算

1）极限受弯承载力验算：

梁的全塑性受弯承载力:

$$M_{bp} = \left[\left(Bt_f(H - t_f) \right) + 0.25(H - 2t_f)^2 t_w \right] f_y$$
$$= \left[(250 \times 30 \times (600 - 30) + 0.25 \times (600 - 2 \times 30)^2 \times 12 \right] \times 335 \times 10^{-6} kN \cdot m = 1725.183 kN \cdot m$$

翼缘连接的极限受弯承载力(加焊盖板):

$$M_{uf} = Bt_f(H - t_f)f_u + B_{cp}t_{cp}(H + t_{cp})f_u$$
$$= \left[250 \times 30 \times (600 - 30) \times 470 \right] \times 10^{-6} + 200 \times 6 \times (600 + 6) \times 470 \right] \times 10^{-6} kN \cdot m$$
$$= 2351.034 kN \cdot m$$

腹板连接的极限受弯承载力:

$$M_{uw} = mW_{wpe}f_{yw} = 1 \times 0.25 \times \left[600 - 2 \times 30 - (35 + 35) \right]^2 \times 12 \times 345 \times 10^{-6} kN \cdot m = 228.631 kN \cdot m$$

梁柱连接的极限受弯承载力:

$$M_u = M_{uf} + M_{uw}$$
$$= 2351.034 + 228.631 = 2579.666 kN \cdot m \geqslant \alpha M_{bp} = 1.3 \times 1725.183 kN \cdot m = 2242.738 kN \cdot m$$

2)极限受剪承载力验算:

腹板角焊缝的抗剪最大承载力:

$$V_{uw} = A_e f_u^f = 6300 \times 280 \times 10^{-3} kN = 1764 kN$$

梁腹板净截面的抗剪最大承载力:

$$V_{un} = \left[H - 2t_f - (S_{r1} + S_{r2}) \right] t_{wb} \times 0.58 f_u$$
$$= (600 - 2 \times 30 - 35 - 35) \times 12 \times 0.58 \times 470 \times 10^{-3} kN = 1537.464 kN \leqslant V_u = 1764 kN$$

$$V_{bp} = 1.2(\Sigma M_{bp}/l_n) + V_{Gb}$$
$$= 1.2 \times (2 \times 1725.183/15.682) + 51.31 = 315.335 kN \leqslant V_u = 1764 kN$$

(4)梁腹板拼接螺栓群验算

1)腹板螺栓群受力计算:

控制工况:梁净截面承载力

梁腹板净截面抗剪承载力:$V_{wn} = (600 - 2 \times 30 - 6 \times 24 - 35 - 35) \times 12 \times 175 kN = 684.6 kN$

采用常用设计方法,翼缘承担全部弯矩,腹板分担弯矩:$M_w = 0 kN \cdot m$

2)腹板螺栓群承载力计算:

列向剪力:$V = 684.6 kN$

螺栓受剪面个数为 2 个。

螺栓抗剪承载力:$N_{vb} = 0.9 k n_f \mu P = 0.9 \times 1 \times 2 \times 0.4 \times 155 kN = 111.6 kN$

计算右上角边缘螺栓承受的力:

$$N_v = 684.6/12 = 57.1 kN \leqslant N_{vb} = 111.6 kN$$

(5)腹板连接板计算 采用常用设计方法,翼缘承担全部弯矩,腹板只承担剪力。

连接板剪力:$V_1 = 684.6 kN$

采用一样的两块连接板:

连接板截面宽度为:$B_1 = 440 mm$

连接板截面厚度为:$t = 12 mm$

连接板材料抗剪强度为:$f_v = 175 N/mm^2$

连接板材料抗拉强度为:$f = 305 N/mm^2$

连接板全面积:$A = 2B_1 t = 2 \times 440 \times 12 mm^2 = 10560 mm^2$

开洞总面积:$A_0 = 6 \times 24 \times 12 \times 2 mm^2 = 3456 mm^2$

连接板净面积:$A_n = A - A_0 = (10560 - 3456) mm^2 = 7104 mm^2$

连接板净截面平均剪应力计算:

$$\tau = V_1/A_n = 684.6 \times 1000/7104 = 96.368 N/mm^2 \leqslant f_v = 175 N/mm^2$$

（6）梁梁翼缘对接焊缝验算　等强设计，不再进行翼缘对接焊缝承载力验算。

（7）梁梁节点抗震验算　梁的全塑性受弯承载力：

$$M_{bp1} = Bt_f(H - t_f)f_y = 250 \times 30 \times (600 - 30) \times 335 \times 10^{-6} \text{kN} \cdot \text{m} = 1432.125 \text{kN} \cdot \text{m}$$

$$M_{bp2} = 0.25(H - 2t_f)^2 t_w f_y = 0.25 \times (600 - 2 \times 30)^2 \times 12 \times 345 \times 10^{-6} \text{kN} \cdot \text{m} = 301.806 \text{kN} \cdot \text{m}$$

翼缘的极限受弯承载力：

$$M_{uf} = Bt_f(H - t_f)f_u = 250 \times 30 \times (600 - 30) \times 470 \times 10^{-6} \text{kN} \cdot \text{m} = 2009.25 \text{kN} \cdot \text{m}$$

腹板的极限受弯承载力：

$$M_{uw1} = 0.25(H - 2t_f)^2 t_w f_u = 0.25 \times (600 - 2 \times 30)^2 \times 12 \times 470 \times 10^{-6} \text{kN} \cdot \text{m} = 411.156 \text{kN} \cdot \text{m}$$

腹板拼接板的极限受弯承载力：

$$M_{uw2} = [0.25 \times 2 \times 440 \times (440 - 6 \times 24) \times 12 \times 470] \times 10^{-6} \text{kN} \cdot \text{m} = 367.277 \text{kN} \cdot \text{m}$$

腹板横向单排螺栓拉脱时的极限受弯承载力：

$$M_{uw3} = [(\textstyle\sum r_i^2/r_m)e_{s1}t_w f_u] \times 10^{-6}$$
$$= [(186200/178.466) \times 50 \times 12 \times 470] \times 10^{-6} \text{kN} \cdot \text{m} = 294.221 \text{kN} \cdot \text{m}$$

腹板拼接板横向单排拉脱时的极限受弯承载力：

$$M_{uw4} = [(\textstyle\sum r_i^2/r_m)e_{s1}t_{ws} f_{us}] \times 10^{-6}$$
$$= [(186200/178.466) \times 50 \times 12 \times 2 \times 470] \times 10^{-6} \text{kN} \cdot \text{m} = 588.443 \text{kN} \cdot \text{m}$$

腹板螺栓决定的极限受弯承载力：

腹板高强螺栓的极限受剪承载力：

$$N_{vuw} = 0.58 n_f A_e^b f_u^b = 0.58 \times 2 \times 245 \times 1040 \times 10^{-3} \text{kN} = 295.319 \text{kN}$$

腹板拼接板破坏时的极限受剪承载力：

$$N_{cuw} = d\textstyle\sum t f_{cu}^b = [20 \times 12 \times 2 \times 1.5 \times 470] \times 10^{-3} \text{kN} = 338.4 \text{kN}$$

腹板破坏时的极限受剪承载力：

$$N_{cuw} = d\textstyle\sum t f_{cu}^b = 20 \times 12 \times 1.5 \times 470 \times 10^{-3} \text{kN} = 169.24 \text{kN}$$

腹板高强螺栓的极限受剪承载力：

$$N_u = \min(N_{vuw}, N_{cuw}) = 169.24 \text{kN}$$

$$M_{uw5} = \frac{\sum r_i^2}{r_m}\left[\sqrt{N_u^2 - \left(\frac{V_j y_m}{n_w r_m}\right)^2} - \frac{V_j x_m}{n_w r_m}\right]$$

$$= 186200 \times \left[\sqrt{169.24^2 - \left(\frac{100 \times 175}{12 \times 178.466}\right)^2} - \frac{100 \times 35}{12 \times 178.466}\right]/178.466 \times 10^{-3} \text{kN} \cdot \text{m}$$

$$= 174.621 \text{kN} \cdot \text{m}$$

梁腹板拼接的极限受弯承载力：

$$M_{uw} = \min(M_{uw1}, M_{uw2}, M_{uw3}, M_{uw4}, M_{uw5}) = 174.621 \text{kN} \cdot \text{m}$$

连接的极限受弯承载力：

$$M_u = (2009.25 + 174.621) \text{kN} \cdot \text{m} = 2183.871 \text{kN} \cdot \text{m} \geqslant 1.2 M_{bp1} + 1.25 M_{bp2} = 2095.807 \text{kN} \cdot \text{m}$$

14.3.4　铰接设计实例

某梁柱铰接节点，柱的截面采用 H 形截面，截面尺寸为 600mm × 300mm × 18mm × 32mm，梁截面采用 H 形 600mm × 250mm × 12mm × 30mm，梁腹板与柱连接板采用单板高强度螺栓连接。梁腹板采用高强摩擦型螺栓 10.9 级 M24 连接，抗滑移系数 0.45。梁柱钢材均采用 Q345B。梁净跨 $l_n = 15.682$m。初步设计螺栓排布及腹板连接板选用如下：

螺栓群并列布置：6 行；行间距 80mm；1 列；螺栓群列边距：$e_{w1} = 60$mm，行边距 $e_{w2} = 60$mm。

腹板连接板尺寸：520mm × 120mm × 14mm；采用 Q345 钢。

连接板与柱连接角焊缝焊脚尺寸 $h_f = 8$mm。

梁柱连接示意如图 14-3-5 所示。

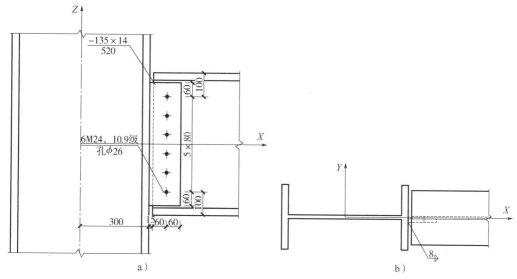

图 14-3-5　梁柱连接示意
a）立面图　b）俯视图

（1）腹板螺栓群验算

1）螺栓群受力计算：

控制工况：腹板承载力的一半。

承受剪力：$V = 0.5t_w[H - 2t_f - nd]f_v = 0.5 \times 12 \times (600 - 2 \times 30 - 6 \times 28) \times 175 = 390.6 \text{kN}$

螺栓群中心对角焊缝偏心：$e = 15 + 120/2 = 75 \text{mm}$

螺栓群偏心弯矩：$M = Ve = 390.6 \times 75 \times 10^{-3} = 29.295 \text{kN} \cdot \text{m}$

2）腹板螺栓群承载力计算：

列向剪力：$V = 390.6 \text{kN}$

平面内弯矩：$M = 29.295 \text{kN} \cdot \text{m}$

螺栓受剪面个数：1 个

螺栓抗剪承载力：$N_{vb} = 0.9kn_f \mu P = 0.9 \times 1 \times 1 \times 0.45 \times 225 \text{kN} = 91.125 \text{kN}$

计算边缘螺栓承受的力：$N_v = (390.6/6) \text{kN} = 65.1 \text{kN}$

螺栓群对中心的坐标平方和：$S = \sum x^2 + \sum y^2 = 112000 \text{mm}^2$

$$N_{mx} = 29.295 \times 200/112000 \times 10^3 \text{kN} = 52.313 \text{kN}$$

$$N_{my} = 0 \text{kN}$$

$$N_{smax} = \sqrt{N_{Mx}^2 + (N_{My} + N_v)^2} = \sqrt{52.313^2 + 65.1^2} \text{kN} = 83.514 \text{kN} \leqslant 91.125 \text{kN}$$

（2）腹板连接板计算

控制工况：同腹板螺栓群（内力计算参上）。

连接板剪力：$V_1 = 390.6 \text{kN}$

连接板弯矩：$M_1 = 29.295 \text{kN} \cdot \text{m}$

连接板材料抗剪强度为：$f_v = 175 \text{N/mm}^2$

连接板材料抗拉强度为：$f = 305 \text{N/mm}^2$

连接板全面积：$A = B_1 t_1 = 520 \times 14 \times 10^{-2} = 72.8 \text{cm}^2$

开洞总面积：$A_0 = 6 \times 28 \times 14 \times 10^{-2} = 23.52 \text{cm}^2$

连接板净面积：$A_n = A - A_0 = 72.8 - 23.52 = 49.28 \text{cm}^2$

连接板净截面平均剪应力计算：

$$\tau = V_1/A_n = 390.6/49.28 \times 10 = 79.261 \text{N/mm}^2 \leqslant f_v = 175 \text{N/mm}$$

连接板净截面正应力计算：

$$\sigma = M_1/W_n = 29.295/461480.779 \times 10^6 = 63.48 \text{N/mm}^2 \leqslant f = 305 \text{N/mm}^2$$

（3）梁柱角焊缝验算

焊缝受力：$N = 0 \text{kN}$；$V = 390.6 \text{kN}$；$M = 29.295 \text{kN} \cdot \text{m}$

焊脚高度：$h_f = 8 \text{mm}$

角焊缝有效焊脚高度：$h_e = 0.7 \times 8 \text{mm} = 5.6 \text{mm}$

双侧焊缝，单根计算长度：$l_f = 520 - 2 \times 8 \text{mm} = 504 \text{mm}$

强度设计值：$f = 200 \text{N/mm}^2$

$$A = 2l_f h_e = 2 \times 504 \times 5.6 \text{mm}^2 = 5644.8 \text{mm}^2$$

$$W = 2l_f^2 h_e/6 = 2 \times 504^2 \times 5.6/6 \times 10^{-3} \text{cm}^3 = 474.163 \text{cm}^3$$

$$\sigma_M = M/W = 29.295/474.163 \times 10^3 \text{N/mm}^2 = 61.783 \text{N/mm}^2$$

$$\tau = V/A = 390.6/56.448 \times 10 \text{N/mm}^2 = 69.196 \text{N/mm}^2$$

综合应力：$\sigma = \left[(\sigma_M/\beta_f)^2 + \tau^2 \right]^{0.5} = \left[(61.783/1.22)^2 + 69.196^2 \right]^{0.5} \text{N/mm}^2 = 85.748 \text{N/mm}^2 \leqslant 200 \text{N/mm}^2$

（4）梁腹净截面承载力验算

腹板净高：$h_0 = (600 - 30 - 30 - 6 \times 28) \text{mm} = 372 \text{mm}$

腹板剪应力：$\tau = V/(h_0 t_w) = 140000/(372 \times 12) \text{N/mm}^2 = 31.362 \text{N/mm}^2 \leqslant 175 \text{N/mm}^2$

14.4 柱与柱的拼接连接

14.4.1 一般规定

钢柱与钢柱的拼接连接应符合下列要求：

1）钢框架宜采用 H 形柱、箱形柱或圆管柱，钢骨混凝土柱中钢骨宜采用 H 形或十字形。

2）框架柱的拼接处至梁面的距离应为 1.2 ~ 1.3m 或柱净高的一半，取二者的较小值。抗震设计时，框架柱的拼接应采用坡口全熔透焊缝。非抗震设计时，柱拼接也可采用部分熔透焊缝。

3）采用部分熔透焊缝进行柱拼接时，应进行承载力验算。当内力较小时，设计弯矩不得小于柱全塑性弯矩的一半。

箱形柱宜采用焊接柱，其角部的组装焊缝一般应采用 V 形坡口部分熔透焊缝。当箱形柱壁板的 Z 向性能有保证，通过工艺试验确认不会引起层状撕裂时，可采用单边 V 形坡口焊缝。箱形柱含有组装焊缝一侧与框架梁连接后，其抗震性能低于未设焊缝的一侧，应将不含组装焊缝的一侧置于主要受力方向。组装焊缝厚度不应小于板厚的 1/3，且不应小于 16mm，抗震设计时不应小于板厚的 1/2，如图 14-4-1a 所示。当梁与柱刚性连接时，在框架梁翼缘的上、下 500mm 范围内，应采用全熔透焊缝；柱宽度大于 600mm 时，应在框架梁翼缘的上、下 600mm 范围内采用全熔透焊缝，如图 14-4-1b 所示。

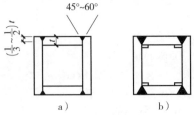

图 14-4-1 箱形组合柱的角部组装焊缝

十字形柱应由钢板或两个 H 形钢焊接组合而成,如图 14-4-2 所示;组装焊缝均应采用部分熔透的 K 形坡口焊缝,每边焊接深度不应小于 1/3 板厚。

在柱的工地接头处应设置安装耳板,耳板厚度应根据阵风和其他施工荷载确定,并不得小于 10mm。耳板宜仅设于柱的一个方向的两侧。

非抗震设计的高层民用建筑钢结构,当柱的弯矩较小且不产生拉力时,可通过上下柱接触面直接传递 25% 的压力和 25% 的弯矩,此时柱的上下端应铣平顶紧,并应与柱轴线垂直。坡口焊缝的有效深度 t_e 不宜小于板厚的 1/2,如图 14-4-3 所示。

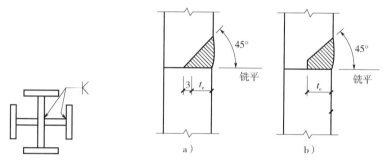

图 14-4-2　十字形柱的组装焊缝　　　图 14-4-3　柱接头的部分熔透焊缝

14.4.2　拼接方法

1) H 形柱在工地的接头,弯矩应由翼缘和腹板同时承受,剪力应由腹板承受,轴力应由翼缘和腹板分担。翼缘接头宜采用坡口全熔透焊缝,腹板可采用高强度螺栓连接。当采用全焊接接头时,上柱翼缘应开 V 形坡口,腹板应开 K 形坡口。

2) 箱形柱的工地接头应全部采用焊接,如图 14-4-4 所示。非抗震设计时,可按上节的规定执行。下节箱形柱的上端应设置隔板,并应与柱口齐平,厚度不宜小于 16mm,其边缘应与柱口截面一起刨平。在上节箱形柱安装单元的下部附近,尚应设置上柱隔板,其厚度不宜小于 10mm。柱在工地接头的上下侧各 100mm 范围内,截面组装焊缝应采用坡口全熔透焊缝。

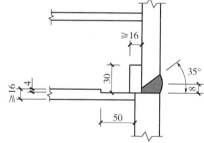

图 14-4-4　箱形柱的工地拼接

3) 当需要改变柱截面面积时,柱截面高度宜保持不变而改变翼缘厚度。当需要改变柱截面高度时,对边柱宜采用如图 14-4-5a 所示的做法,对中柱宜采用如图 14-4-5b 所示的做法,变截面的上下端均应设置隔板。当变截面段位于梁柱接头时,可采用如图 14-4-5c 所示的做法,变截面两端距梁翼缘不宜小于 150mm。

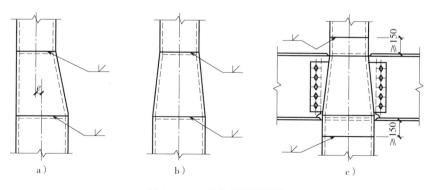

图 14-4-5　柱的变截面连接

4）十字形柱与箱形柱相连处，在两种截面的过渡段中，十字形柱的腹板应伸入箱形柱内，其伸入长度不应小于钢柱截面高度加200mm，如图14-4-6所示。与上部钢结构相连的钢骨混凝土柱，沿其全高应设栓钉，栓钉间距和列距在过渡段内宜采用150mm，最大不得超过200mm；在过渡段外不应大于300mm。

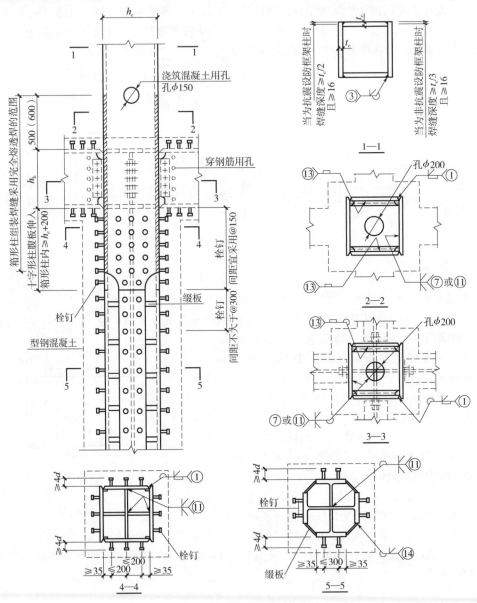

图 14-4-6 十字形柱与箱形柱的连接

14.4.3 拼接计算

柱的拼接连接节点，其设计计算方法通常有等强度设计法和实用设计法两类。

等强度设计法是按被连接柱翼缘和腹板的净截面面积的等强度条件来进行拼接连接的设计。它多用于抗震设计或按弹塑性设计结构中柱的拼接连接设计，以确保结构体的连续性、强度和刚度。

当柱的拼接连接采用焊接连接时，通常采用完全焊透的坡口对接焊缝连接，并采用引弧板施焊。此时，视焊缝与被连接翼缘和腹板是等强度的，不必进行焊缝的强度计算。

箱形截面柱和圆管形截面柱的拼接连接通常是采用完全焊透的坡口对接焊缝连接。

H 形截面柱的拼接连接有柱翼缘采用焊缝连接，腹板采用高强度螺栓摩擦型连接。翼缘的焊缝连接，通常也是采用完全焊透的坡口对接焊缝连接，并采用引弧板施焊。此时，视焊缝与被连接的翼缘是等强度的，不必进行焊缝强度的计算；只需计算腹板相连的高强度螺栓。

实用设计法是以被连接柱翼缘和腹板各自的截面面积分担作用在拼接连接处的轴心压力，柱翼缘同时承受轴心压力和绕强轴的全部弯矩，以及腹板同时承受轴心压力和全部剪力来进行拼接连接设计。

14.4.4 拼接图例

柱拼接参考图见表 14-4-1。

表 14-4-1　柱拼接参考图

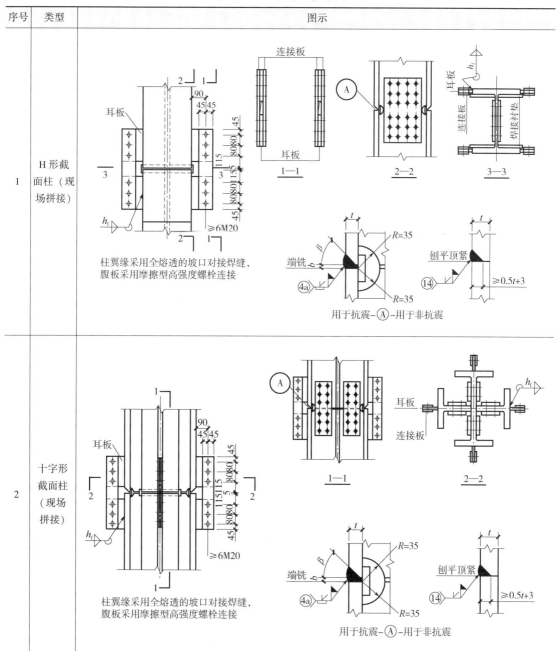

（续）

序号	类型	图示
3	箱形柱（现场拼接）	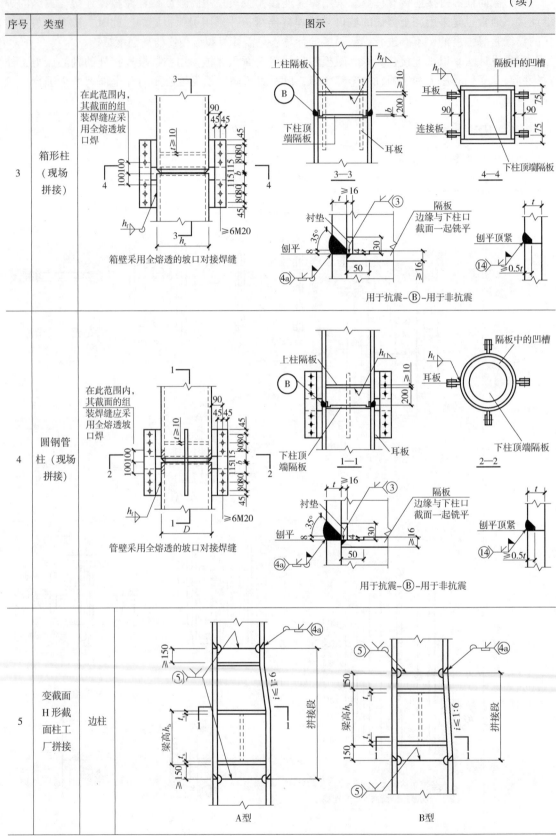
4	圆钢管柱（现场拼接）	
5	变截面H形截面柱工厂拼接	边柱

（续）

序号	类型	图示
5	变截面H形截面柱工厂拼接	

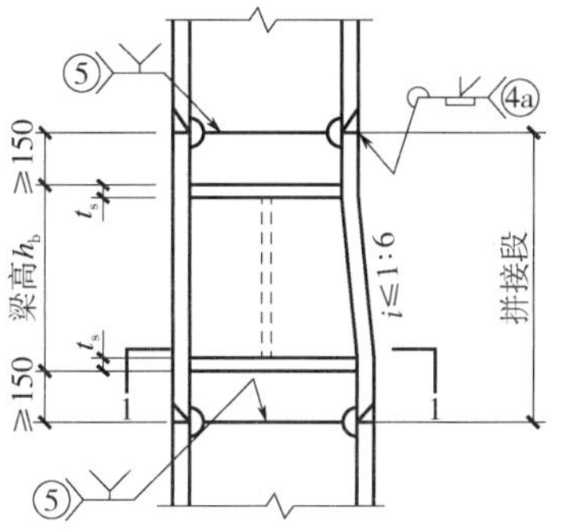

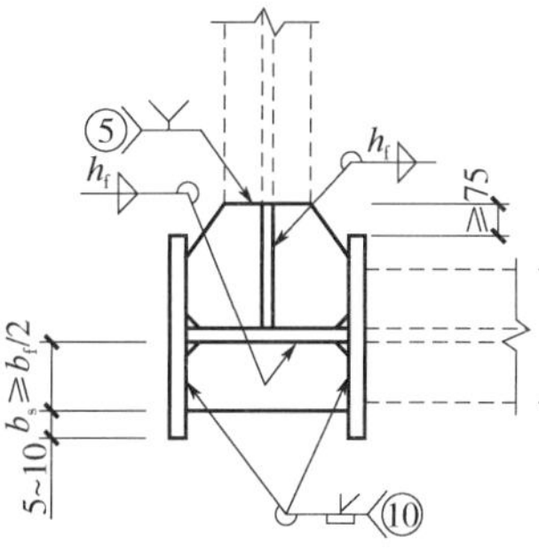

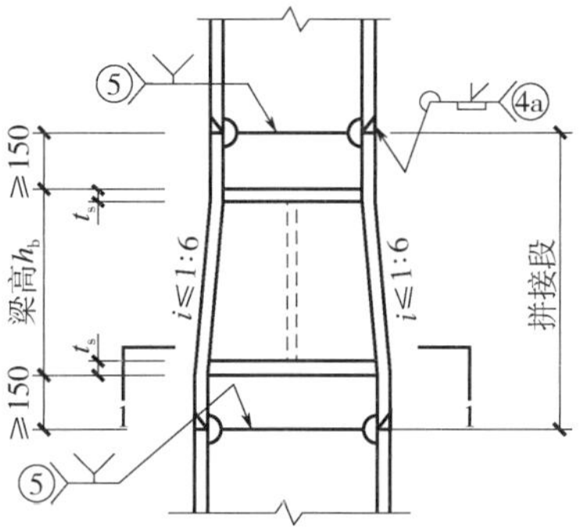

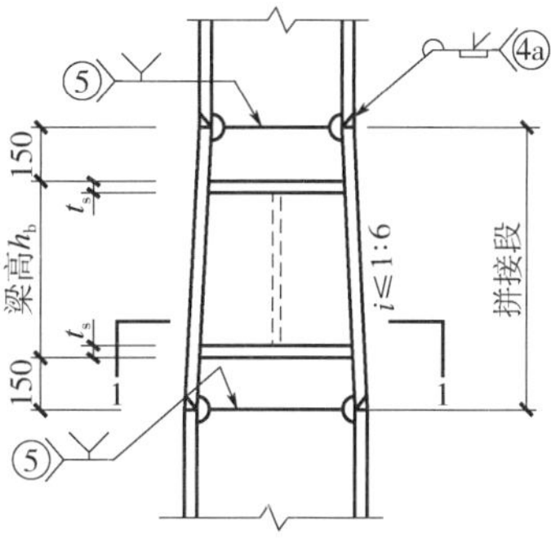

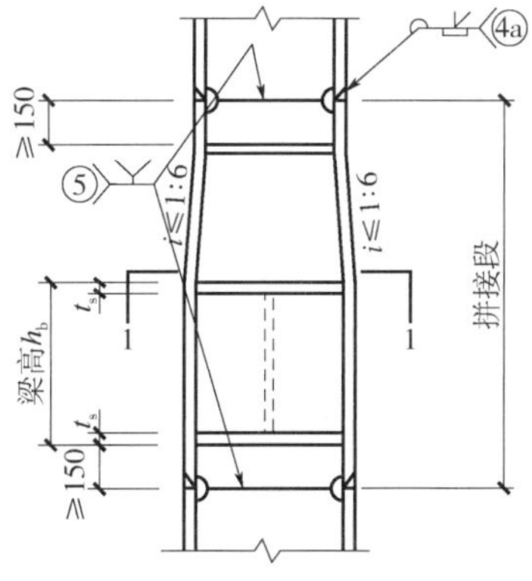

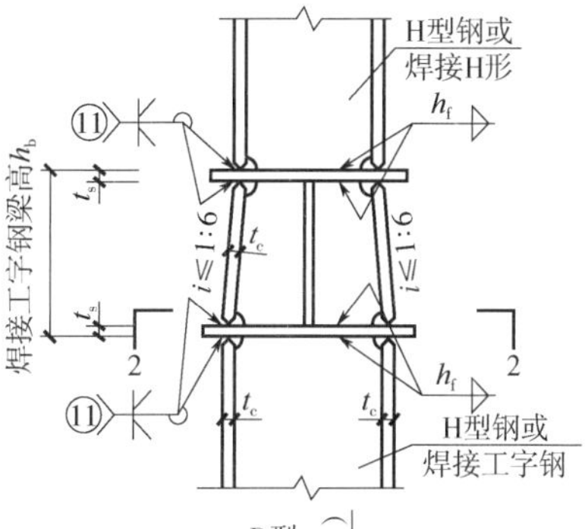

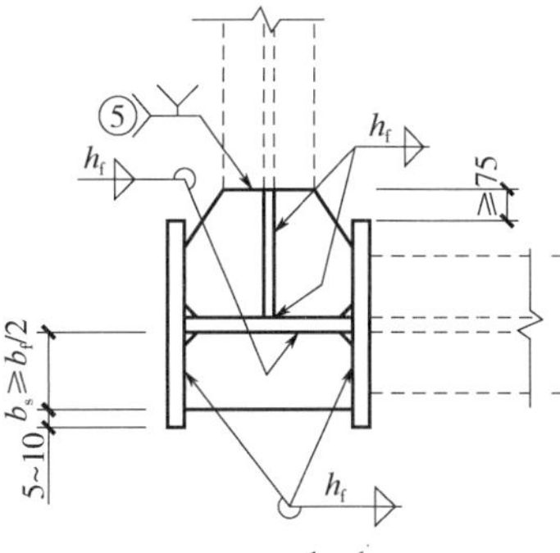

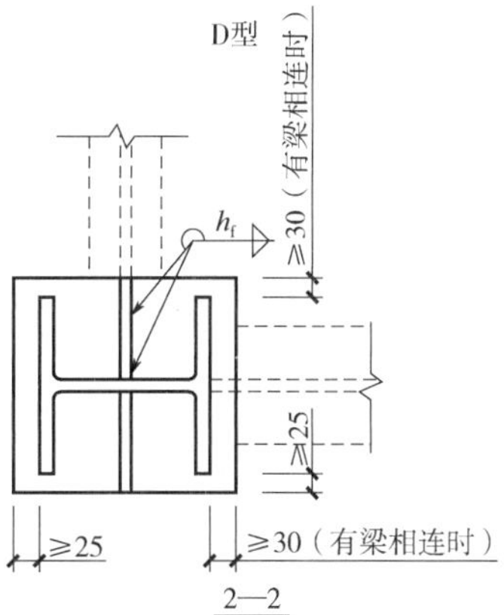

（续）

序号	类型	图示
6	箱形变截面柱工厂拼接 / 内隔板变截面处拼接	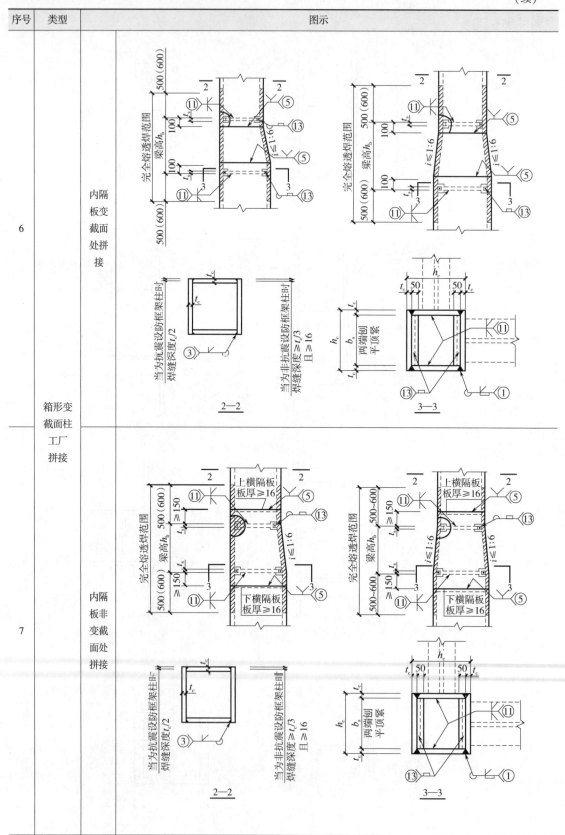
7	内隔板非变截面处拼接	

（续）

序号	类型		图示
8	箱形变截面柱工厂拼接	方管贯通式外隔板	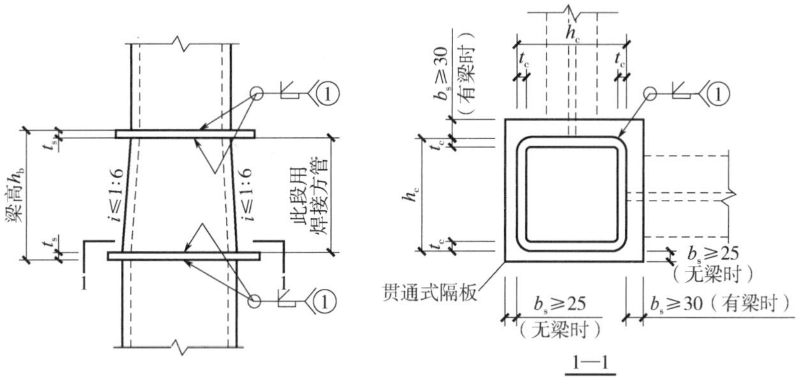
9		圆钢管贯通式外隔板	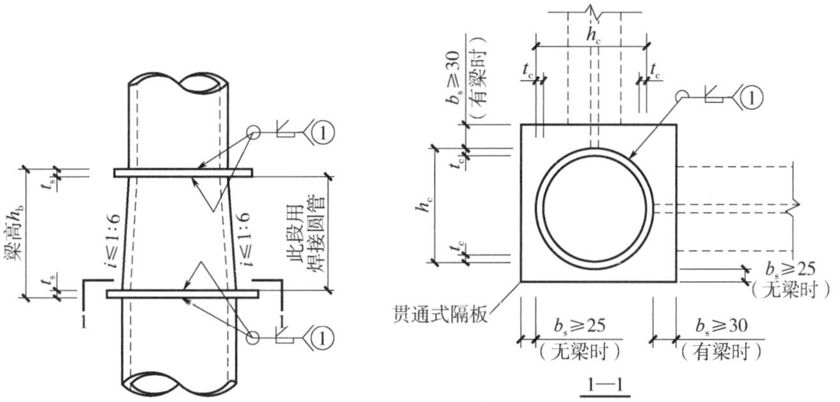
10	等截面箱形柱工厂拼接	内隔板	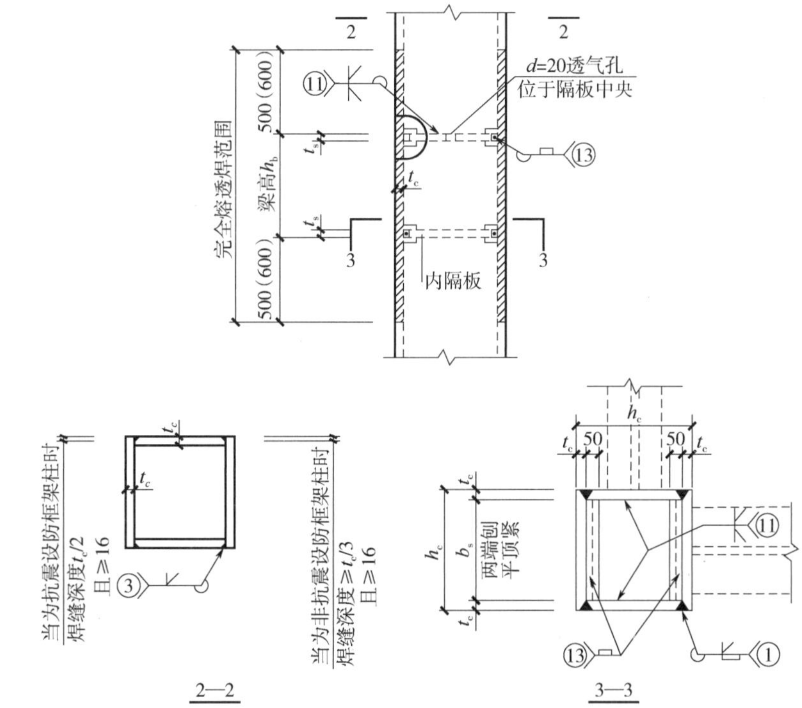

14.5 梁与梁的连接

14.5.1 一般规定

梁的拼接连接节点，一般应设在内力较小的位置，考虑施工安装的方便，通常是设在距梁端 1m 左右的位置处。作为刚性连接的拼接连接节点，如果将梁翼缘的连接按实际内力进行设计，则有损于梁的连续性，可能造成建筑物的实际情况与设计时内力分析模型的不相协调，并降低结构的延性。因此对于要求结构有较好延性的抗震设计和按塑性设计的结构，其连接节点应按板件截面面积的等强度条件进行设计。

在 H 形截面梁的拼接连接节点中，通常采用的连接形式有：

1) 翼缘和腹板均采用高强度螺栓摩擦型连接。

2) 翼缘采用完全焊透的坡口对接焊缝连接，腹板采用高强度螺栓摩擦型连接。

3) 翼缘和腹板均采用完全焊透的坡口对接焊缝连接。

当翼缘和腹板采用完全焊透的坡口对接焊缝连接，并采用引弧板施焊时，可视焊缝与翼缘板和腹板是等强度的，不必进行连接焊缝的强度计算。

工程中，翼缘采用完全焊透的坡口对接焊缝连接，腹板采用高强度螺栓摩擦型连接的拼接连接设计较多，可参照规范确定腹板所需的高强度螺栓数目，而翼缘连接焊缝则视为与翼缘板等强度，不必进行焊缝的强度计算。

梁翼缘的拼接连接，当采用高强度螺栓连接时，内侧连接板的厚度要比外侧连接板的厚度大。因此在决定连接板的尺寸时，应尽可能使连接板的重心与梁翼缘的重心相重合。上下翼缘连接板的净截面模量应大于上下翼板的净截面模量。

梁腹板按实际内力进行拼接连接时，其连接承载力不应小于按腹板截面面积等强度条件所确定的腹板承载力的 1/2。

14.5.2 连接设计方法

梁与梁的连接设计计算方法有以下四种：

(1) 等强度设计法 等强度设计法是按被连接的梁翼缘和腹板的净截面面积的等强度条件来进行拼接连接的。它多用于结构按抗震设计或按弹塑性设计中梁的拼接连接设计，以保证构件的连续性和具有良好的延性。等强度设计法中由于翼缘和腹板的连接螺栓配置不能事先准确确定，因此翼缘和腹板的净截面面积开始可近似地分别取翼缘和腹板毛截面面积的 0.85 倍，以便估算螺栓的数目及其配置。

考虑作用于梁拼接处的内力有弯矩和剪力，梁的拼接连接按等强度设计法计算的设计内力值为：

弯矩
$$M_n^b = W_n^b f \tag{14-5-1}$$

剪力
$$V_n^b = A_{nw}^b f_v \tag{14-5-2}$$

式中　W_n^b——梁扣除高强度螺栓孔后的净截面模量，$W_n^b = 2I_n^b / H_b$；

　　　I_n^b——梁扣除高强度螺栓孔后的净截面惯性矩；

　　　A_{nw}^b——梁腹板扣除高强度螺栓孔后的净截面面积（也可近似地取腹板毛截面面积的 0.85 倍）。

(2) 实用设计法 实用设计法是按被连接的梁翼缘的净截面面积的等强度条件进行翼缘的拼接连接，而腹板的连接除对作用在拼接连接处的剪力进行计算外，尚应以腹板净截面面积的抗剪承载力设计值的 1/2 或梁两端的作用弯矩之和除以梁的净跨长度所得到的剪力来确定。

(3) 精确计算设计法 精确计算设计法是按被连接的梁以翼缘和腹板各自分担作用于拼接连

接处的弯矩，并以梁翼缘承担部分弯矩，腹板同时承担弯矩和全部剪力来进行拼接连接的设计。

（4）常用的简化设计法　常用的简化设计法是假设作用在梁拼接处的弯矩完全由翼缘承担，而剪力完全由腹板承担。

14.5.3　梁拼接设计

梁的拼接应符合下列规定：

①翼缘采用全熔透对接焊缝，腹板用高强度螺栓摩擦型连接。

②翼缘和腹板均采用高强度螺栓摩擦型连接。

③三、四级和非抗震设计时可采用全截面焊接。

④抗震设计时，应先做螺栓连接的抗滑移承载力计算，然后再进行极限承载力计算；非抗震设计时，可只做抗滑移承载力计算。

1）梁拼接的受弯、受剪承载力应符合下列规定：

①梁拼接的受弯、受剪极限承载力应满足下列公式要求：

$$M_{\mathrm{ub,sp}}^{j} \geqslant \alpha M_{\mathrm{p}} \tag{14-5-3}$$

$$V_{\mathrm{ub,sp}}^{j} \geqslant \alpha (2M_{\mathrm{p}}/l_{\mathrm{n}}) + V_{\mathrm{Gb}} \tag{14-5-4}$$

②框架梁的拼接，当全截面采用高强度螺栓连接时，其在弹性设计时计算截面的翼缘和腹板弯矩宜满足下列公式要求：

$$M = M_{\mathrm{f}} + M_{\mathrm{w}} \geqslant M_{j} \tag{14-5-5}$$

$$M_{\mathrm{f}} \geqslant (1 - \psi I_{\mathrm{w}}/I_{0}) M_{j} \tag{14-5-6}$$

$$M_{\mathrm{w}} \geqslant (\psi I_{\mathrm{w}}/I_{0}) M_{j} \tag{14-5-7}$$

式中　$M_{\mathrm{ub,sp}}^{j}$——梁拼接的极限受弯承载力（kN·m）；

$\quad\quad V_{\mathrm{ub,sp}}^{j}$——梁拼接的极限受剪承载力（kN）；

M_{f}、M_{w}——拼接处梁翼缘和梁腹板的弯矩设计值（kN·m）；

$\quad\quad M_{j}$——拼接处梁的弯矩设计值，原则上应等于 $W_{\mathrm{b}}f_{\mathrm{y}}$，当拼接处弯矩较小时，不应小于 $0.5W_{\mathrm{b}}f_{\mathrm{y}}$，$W_{\mathrm{b}}$ 为梁的截面塑性模量，f_{y} 为梁钢材的屈服强度（MPa）；

$\quad\quad I_{\mathrm{w}}$——梁腹板的截面惯性矩（$\mathrm{m}^{4}$）；

$\quad\quad I_{0}$——梁的截面惯性矩（m^{4}）；

$\quad\quad \psi$——弯矩传递系数，取 0.4；

$\quad\quad \alpha$——连接系数，按表 14-1-1 的规定采用。

③钢梁的工厂拼接如图 14-5-1 所示。

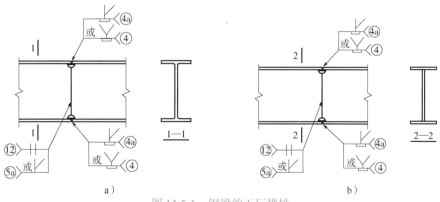

图 14-5-1　钢梁的工厂拼接

a）H 形钢梁拼接　b）焊接工字形梁

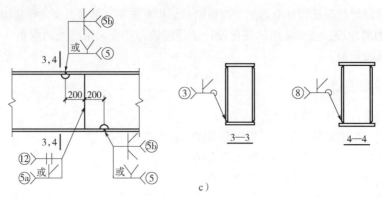

图 14-5-1 钢梁的工厂拼接（续）

c）焊接箱形梁

2）抗震设计时，梁的拼接应考虑轴力的影响；非抗震设计时，梁的拼接可按内力设计，腹板连接应按受全部剪力和部分弯矩计算，翼缘连接应按所分配的弯矩计算。

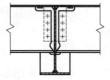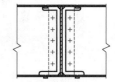

图 14-5-2 梁与梁的刚性连接

14.5.4 主次梁连接

次梁与主梁的连接宜采用简支连接，必要时也可采用刚性连接，如图 14-5-2 所示。表 14-5-1 列出工程设计中常用的几种次梁与主梁的连接方式。

表 14-5-1 工程设计中常用的几种次梁与主梁的连接方式

序号	类别	图示
1		使用双角钢与主梁腹板连接
2	次梁与主梁铰接	次梁腹板直接与主梁加劲板连接之一
3		次梁腹板直接与主梁加劲板连接之二
4		使用连接板与主梁加劲连接
5		采用连接板与箱形梁单面连接

（续）

序号	类别		图示
6	次梁与主梁刚性连接	次梁与H主梁不等高连接之一	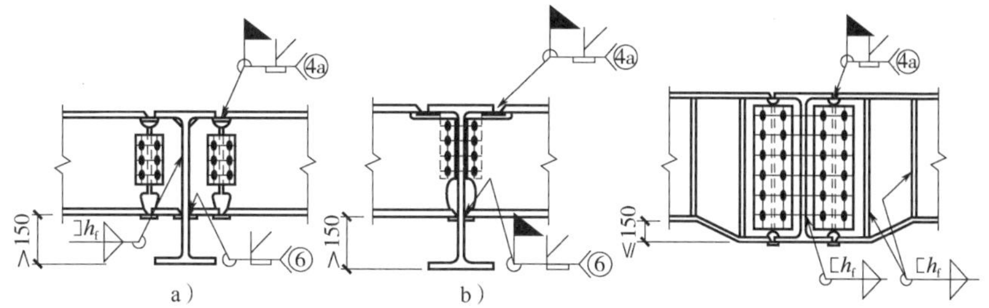
7	次梁与主梁刚性连接	次梁与H主梁不等高连接之二	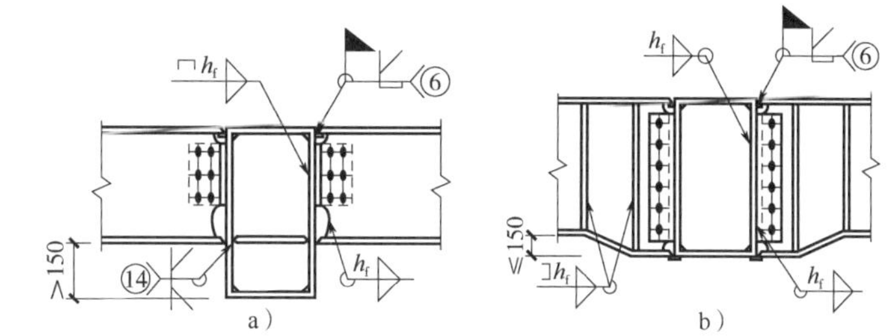
8	次梁与主梁刚性连接	次梁与H主梁不等高连接之三	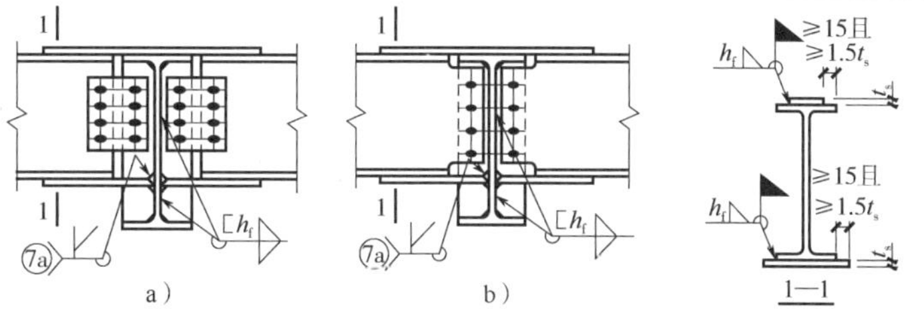
9	次梁与主梁刚性连接	次梁与H主梁不等高连接之四	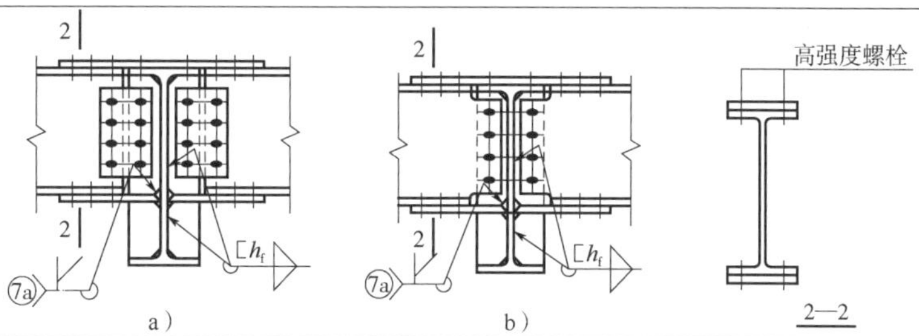
10	次梁与主梁刚性连接	次梁与H主梁等高连接之一	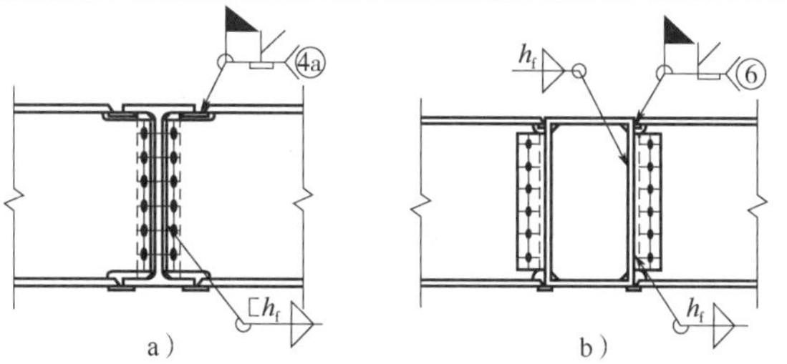
11	次梁与主梁刚性连接	次梁与H主梁等高连接之二	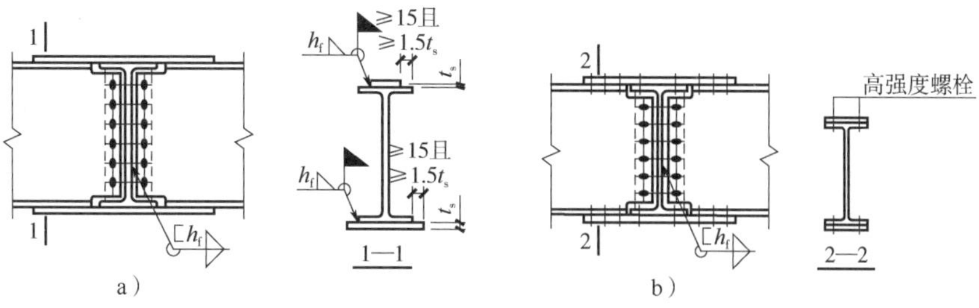

14.5.5 构造要求

抗震设计时，框架梁受压翼缘根据需要设置侧向支撑，如 14-5-3 所示，在出现塑性铰的截面上、下翼缘均应设置侧向支承。当梁上翼缘与楼板有可靠连接时，固端梁下翼缘在梁端 0.15 倍梁跨附近均宜设置隔撑，如图 14-5-3a 所示；梁端采用加强型连接或骨式连接时，应在塑性区外设置竖向加劲肋，隔撑与偏置 45°的竖向加劲肋在梁下翼缘附近相连，如图 14-5-3b 所示，该竖向加劲肋不应与翼缘焊接。梁端下翼缘宽度局部

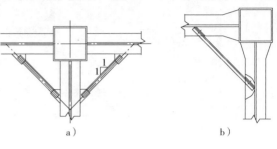

图 14-5-3 梁的隔撑设置

加大，对梁下翼缘侧向约束较大时，视情况也可不设隔撑。相邻两支承点间的构件长细比应符合现行国家标准《钢结构设计标准》（GB 50017）对塑性设计的有关规定。

14.6 钢柱脚

14.6.1 一般规定

柱脚按结构的内力分析，可大体分为铰接柱脚和刚接柱脚两大类。铰接柱脚只能传递竖向力和水平力。刚接柱脚不仅可以传递竖向力和水平力，还可以传递弯矩。多高层钢结构中的柱脚，一般多采用刚接柱脚。刚接柱脚主要包括外露式柱脚、外包式柱脚和埋入式柱脚三类，如图 14-6-1 所示。抗震设计时，宜优先采用埋入式；外包式柱脚可在有地下室的高层民用钢结构建筑中采用。各类柱脚均应进行受压、受弯、受剪承载力计算，其轴力、弯矩、剪力的设计值取钢柱底部的相应设计值。各类柱脚构造应分别符合下列规定：

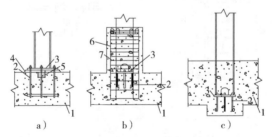

图 14-6-1 柱脚的不同形式

a）外露式柱脚 b）外包式柱脚 c）埋入式柱脚

1—基础 2—锚栓 3—底板 4—无收缩砂浆 5—抗剪键 6—主筋 7—箍筋

1）钢柱外露式柱脚应通过底板锚栓固定于混凝土基础上，如图 14-6-1a 所示，高层民用建筑的钢柱应采用刚接柱脚。三级及以上抗震等级时，锚栓截面面积不宜小于钢柱下端截面面积的 20%。

2）钢柱外包式柱脚由钢柱脚和外包混凝土组成，位于混凝土基础顶面以上，如图 14-6-1b 所示，钢柱脚与基础的连接应采用抗弯连接。外包混凝土的高度不应小于钢柱截面高度的 2.5 倍，且从柱脚底板到外包层顶部箍筋的距离与外包混凝土宽度之比不应小于 1.0。外包层内纵向受力钢筋在基础内的锚固长度（l_a，l_{aE}）应根据现行国家标准《混凝土结构设计规范》（GB 50010）的有关规定确定，且四角主筋的上、下都应加弯钩，弯钩投影长度不应小于 15d；外包层中应配置箍筋，箍筋的直径、间距和配箍率应符合现行国家标准《混凝土结构设计规范》（GB 50010）

中钢筋混凝土柱的要求；外包层顶部箍筋应加密且不应少于 3 道，其间距不应大于 50mm。外包部分的钢柱翼缘表面宜设置栓钉。

3）钢柱埋入式柱脚是将柱脚埋入混凝土基础内，如图 14-6-1c 所示，H 形截面柱的埋置深度不应小于钢柱截面高度的 2 倍，箱形柱的埋置深度不应小于柱截面长边的 2.5 倍，圆管柱的埋置深度不应小于柱外径的 3 倍；钢柱脚底板应设置锚栓与下部混凝土连接。钢柱埋入部分的侧边混凝土保护层厚度要求，如图 14-6-2a 所示，C_1 不得小于钢柱受弯方向截面高度的一半，且不小于 250mm，C_2 不得小于钢柱受弯方向截面高度的 2/3，且不小于 400mm。

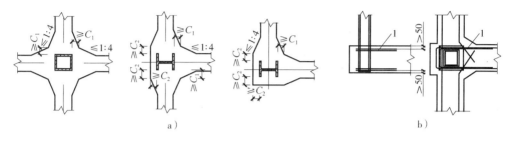

图 14-6-2　埋入式柱脚的其他构造要求
a）埋入式钢柱脚的保护层厚度　b）边柱 U 形加强钢筋设置 I-U 形加强筋（两根）

钢柱埋入部分的四角应设置竖向钢筋，四周应配置箍筋，箍筋直径不应小于 10mm，其间距不大于 250mm；在边柱和角柱柱脚中，埋入部分的顶部和底部尚应设置 U 形钢筋（图 14-6-2b），U 形钢筋的开口应向内；U 形钢筋的锚固长度，应从钢柱内侧算起，锚固长度（l_a、l_{aE}）应根据现行国家标准《混凝土结构设计规范》（GB 50010）的有关规定确定。埋入部分的钢柱表面宜设栓钉。

在混凝土基础顶部，钢柱应设置水平加劲肋。当箱形柱壁板宽厚比大于 30 时，应在埋入部分的顶部设置隔板；也可在箱形柱的埋入部分填充混凝土，当混凝土填充至基础顶部以上 1 倍箱形截面高度时，埋入部分的顶部可不设隔板。

4）钢柱柱脚的底板均应布置锚栓按抗弯连接设计，如图 14-6-3 所示，锚栓埋入长度不应小于其直径的 25 倍，锚栓底部应设锚板或弯钩，锚板厚度宜大于 1.3 倍锚栓直径。应保证锚栓四周及底部的混凝土有足够厚度，避免基础冲切破坏；锚栓应按混凝土基础要求设置保护层。

5）埋入式柱脚不宜采用冷成型箱形柱。

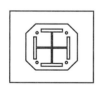

图 14-6-3　抗弯连接钢柱底板形状及锚栓的配置

14.6.2　外露式铰接柱脚设计

铰接柱脚的设计可按下列方式进行计算：

1）铰接柱脚底板的长度和宽度可按下式确定，同时应符合构造上的要求。

$$\sigma_c = \frac{N}{LB} \leqslant f_c \tag{14-6-1}$$

式中　N——柱的轴心压力；

　　　L——柱脚底板的长度；

　　　B——柱脚底板的宽度；

f_c——柱脚底板下混凝土的轴心抗压强度设计值。

2）柱脚底板的厚度可按式（14-6-2）确定，同时不应小于柱中较厚板件的厚度，且不宜小于 20mm。

$$t_{pb} = \sqrt{\frac{6M_{imax}}{f}}$$ (14-6-2)

式中　M_{imax}——根据柱脚底板下混凝土基础的反力和底板的支承条件确定的最大弯矩。

通常情况下，对无加劲肋的底板可近似地按悬臂板考虑；对 H 形截面柱，还应按三边支承板考虑；对箱形截面柱的箱内底板部分，还应按四边支承板考虑；对圆管形截面柱的管内底板部分，还应按周边支承圆板考虑。

①对悬臂板：

$$M_1 = \frac{1}{2}\sigma_c a_1^2$$ (14-6-3)

a_1——底板的悬臂长度。

②对三边支承板：

$$M_1 = \alpha\sigma_c a_2^2$$ (14-6-4)

α——与 b_2/a_2 有关的系数，可按表 14-6-1 采用。

表 14-6-1　系数 α 值

a) 三边支承板	b_2/a_2	0.30	0.35	0.40	0.45	0.50	0.55	0.60	0.65	0.70	0.75	0.80	0.85
	α	0.027	0.036	0.044	0.052	0.060	0.068	0.075	0.081	0.087	0.092	0.097	0.101
b) 两相邻支承板	b_2/a_2	0.90	0.95	1.00	1.10	1.20	1.30	1.40	1.50	1.75	2.00	>2.00	
	α	0.105	0.109	0.112	0.117	0.121	0.124	0.126	0.128	0.130	0.132	0.133	

注：当 $b_2/a_2 < 0.3$ 时，按悬伸长度为 b_2 的悬臂板计算。

③对四边支承板：

$$M_3 = 0.048\sigma_c a_3^2$$ (14-6-5)

a_3——箱形截面柱的箱内正方形底板的边长。

④对圆形周边支承板：

$$M_4 = 0.21\sigma_c r^2$$ (14-6-6)

r——圆管形截面柱的管内圆形底板的半径。

当柱脚底板下混凝土基础的反力较大时，为避免底板过厚，也可设置加劲肋予以加强；此时底板的厚度、加劲肋的高度和厚度、板件的相互连接等，应根据底板的区格情况和支承条件，参照刚性固定露出式柱脚的有关要求确定。

3）锚栓设计。在铰接柱脚中，锚栓通常不能用以承受柱脚底部的水平剪力。柱脚底部的水平剪力应由柱脚底板与其下部的混凝土或水泥砂浆之间的摩擦力来抵抗。此时其摩擦力（抗剪承载力）应符合式（14-6-7）的要求。

$$V_{fb} = 0.4N \geq V$$ (14-6-7)

当不能满足上式要求时，可按计算需求设置抗剪键。

铰接柱脚的锚栓仅作安装过程的固定之用，因此锚栓的直径通常根据其与钢柱板件厚度和底板厚度相协调的原则来确定，一般不宜小于 20mm。锚栓的数目常采用 2 个或 4 个，同时尚应与钢柱的截面形式、截面的大小以及安装要求相协调。锚栓应设置弯钩或锚板，其锚固长度一般不宜小于 25d（d 为锚栓直径）。

柱脚底板的锚栓孔径，宜取锚栓直径加 5～10mm；锚栓垫板的锚栓孔径，取锚栓直径加

2mm。锚栓垫板的厚度通常取与底板厚度相同。在柱子安装校正完毕后，应将锚栓垫板与底板相焊牢，焊脚尺寸不宜小于10mm，锚栓应采用双螺母紧固；为防止螺母松动，螺母与描栓垫板尚应进行点焊。

14.6.3 外露式刚接柱脚设计

外露式刚接柱脚的设计应符合下列规定：

1）钢柱轴力由底板直接传至混凝土基础，按现行国家标准《混凝土结构设计规范》（GB 50010）验算柱脚底板下混凝土的局部承压，承压面积为底板面积。一般底板的厚度不应小于柱子较厚板件的厚度，且不宜小于30mm。

2）在轴力和弯矩作用下计算所需锚栓面积，应按下式验算：

$$M \leqslant M_1 \tag{14-6-8}$$

式中 M——柱脚弯矩设计值（kN·m）；

M_1——在轴力与弯矩作用下按钢筋混凝土压弯构件截面设计方法计算的柱脚受弯承载力（kN·m）。设截面为底板面积，由受拉边的锚栓单独承受拉力，混凝土基础单独承受压力，受压边的锚栓不参加工作，锚栓和混凝土的强度均取设计值。

3）抗震设计时，在柱与柱脚连接处，柱可能出现塑性铰的柱脚极限受弯承载力应大于钢柱的全塑性抗弯承载力，应按下式验算：

$$M_u \geqslant M_{pc} \tag{14-6-9}$$

式中 M_{pc}——考虑轴力时柱的全塑性受弯承载力（kN·m），按14.1.3中的规定计算；

M_u——考虑轴力时柱脚的极限受弯承载力（kN·m），按上式中计算 M_1 的方法计算，但锚栓和混凝土的强度均取标准值。

4）钢柱底部的剪力可由底板与混凝土之间的摩擦力传递，摩擦系数取0.4；当剪力大于底板下的摩擦力时，应设置抗剪键，由抗剪键承受全部剪力；也可由锚栓抵抗全部剪力，此时底板上的锚栓孔直径不应大于锚栓直径加5mm，且锚栓垫片下应设置盖板，盖板与柱底板焊接，并计算焊缝的抗剪强度。当锚栓同时受拉、受剪时，单根锚栓的承载力应按下式计算：

$$\left(\frac{N_t}{N_t^a}\right)^2 + \left(\frac{V_v}{V_v^a}\right)^2 \leqslant 1.0 \tag{14-6-10}$$

式中 N_t——单根锚栓承受的拉力设计值（N）；

V_v——单根锚栓承受的剪力设计值（N）；

N_t^a——单根锚栓的受拉承载力（N），取 $N_t^a = A_e f_t^a$；

V_v^a——单根锚栓的受剪承载力（N），取 $V_v^a = A_e f_v^a$；

A_e——单根锚栓截面面积（mm²）；

f_t^a——锚栓钢材的抗拉强度设计值（N/mm²）；

f_v^a——锚栓钢材的抗剪强度设计值（N/mm²）。

5）通常情况下，柱脚底板的长度和宽度先根据柱子的截面尺寸和锚栓设置的构造要求确定；当荷载较大时，为减小底板下基础的分布反力和底板的厚度，可采用增设加劲肋和锚栓支承托座等补强措施，以扩展底板的长度和宽度。此时底板的长度和宽度扩展的外伸尺寸（相对于柱子截面的高度和宽度的边端距离），每侧不宜超过底板厚度的18 $\sqrt{235/f_y}$ 倍。

6）刚接外露式柱脚底板下部二次浇灌的细石混凝土或水泥砂浆，对柱脚初期刚度有较大影响，应以高强度微膨胀细石混凝土或高强度膨胀水泥砂浆灌实。通常采用强度等级为C40的细石混凝土或强度等级为M50的膨胀水泥砂浆。

7）外露式柱脚图例。常用外露式柱脚形式图示于表14-6-2。

表 14-6-2　常用外露式脚形式

序号	柱脚形式	柱脚简图	备注
1	H 形截面柱铰接柱脚	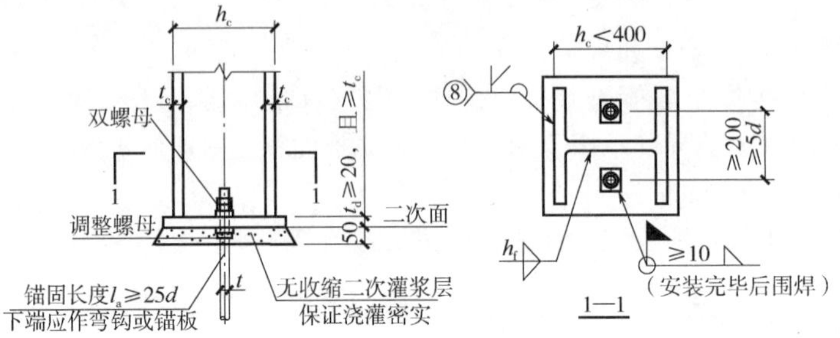 a）用于截面较小的钢柱 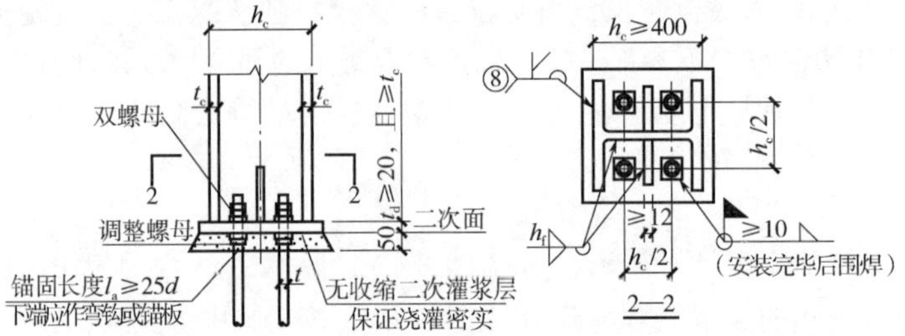 b）用于截面较大的钢柱	1）柱底端宜刨平顶紧，此时柱翼缘与底板可采用半熔透坡口对接焊缝连接。加劲板与底板间宜采用双面角焊缝连接 2）铰接柱脚的锚栓作为安装过程临时固定用，其直径根据构造确定，一般取直径不小于 20mm 3）锚栓宜采用 Q235B 或 Q355 钢材 4）柱脚底板上的锚栓孔径根据不同的锚栓直径采取不同的孔径，锚栓螺母下的垫板孔径取锚栓直径加 2mm。垫板厚度一般为 0.4d～0.5d（d 为锚栓外径），但不宜小于 16mm
2	H 形及十字形截面柱刚性柱脚	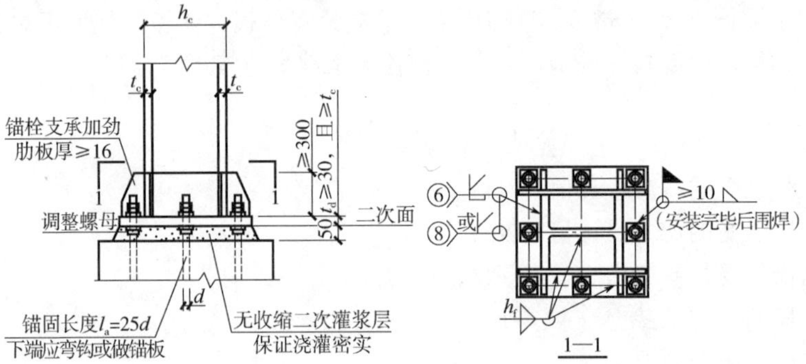 a）H 形柱脚用于柱脚锚栓承受较小或不承受拉力的钢柱 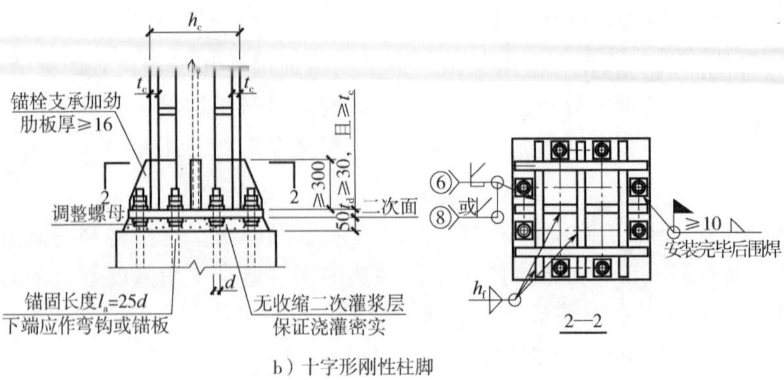 b）十字形刚性柱脚	1）抗震设防结构，柱翼缘与底板间宜采用完全熔透的坡口对接焊缝连接，柱腹板及加劲板与底板间宜采用双面角焊缝连接。当为非抗震设防的结构，柱底宜刨平顶紧，柱翼缘与底板间可采用半熔透的坡口对接焊缝连接。柱腹板及加劲板采用双面角焊缝连接 2）刚性柱脚的锚栓在弯矩作用下承受拉力，同时也作为安装过程的固定之用。其锚栓直径一般多在 30～76mm 3）柱脚锚栓螺母下的垫板孔径取锚栓直径加 2mm。厚度一般为 0.4d～0.5d（d 为锚栓外径），但不宜小于 20mm

（续）

序号	柱脚形式	柱脚简图	备注
3	圆形截面柱刚性柱脚	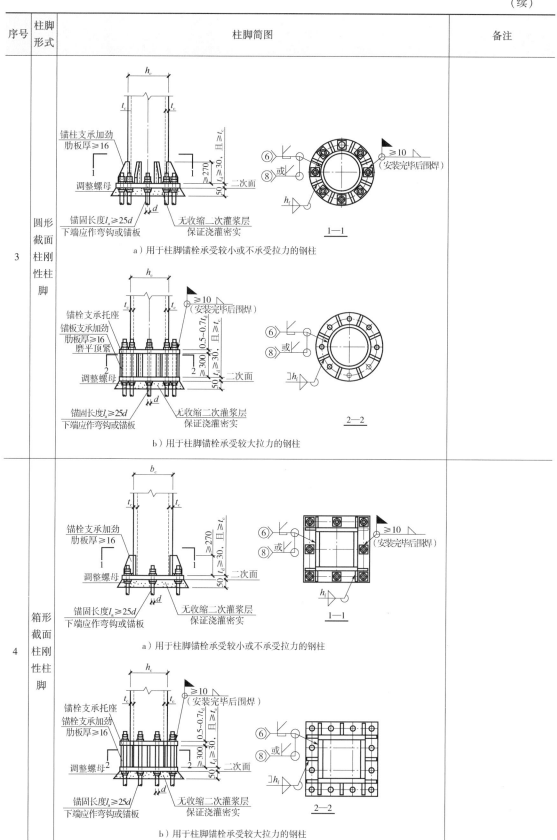	
4	箱形截面柱刚性柱脚		

(续)

序号	柱脚形式	柱脚简图	备注
5	柱脚抗剪件及柱脚的保护	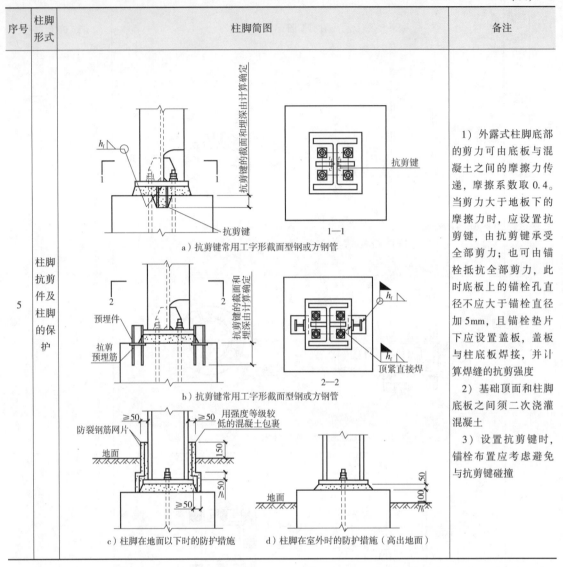	1）外露式柱脚底部的剪力可由底板与混凝土之间的摩擦力传递，摩擦系数取 0.4。当剪力大于地板下的摩擦力时，应设置抗剪键，由抗剪键承受全部剪力；也可由锚栓抵抗全部剪力，此时底板上的锚栓孔直径不应大于锚栓直径加 5mm，且底板垫片下应设置盖板，盖板与柱底板焊接，并计算焊缝的抗剪强度 2）基础顶面和柱脚底板之间须二次浇灌混凝土 3）设置抗剪键时，锚栓布置应考虑避免与抗剪键碰撞

14.6.4 外包式柱脚设计

外包式柱脚的设计应符合下列规定：

1）柱脚轴向压力由钢柱底板直接传给基础，按现行国家标准《混凝土结构设计规范》（GB 50010）验算柱脚底板下混凝土的局部承压，承压面积为底板面积。柱脚底板的厚度，不应小于柱的较厚板件厚度，且不宜小于 20mm。

2）弯矩和剪力由外包层混凝土和钢柱脚共同承担，按外包层的有效面积计算，如图 14-6-4 所示。柱脚的受弯承载力应按下式验算：

$$M \leqslant 0.9 A_s f h_0 + M_1 \tag{14-6-11}$$

式中　M——柱脚的弯矩设计值（N·mm）；

A_s——外包层混凝土中受拉侧的钢筋截面面积（mm^2）；

f——受拉钢筋抗拉强度设计值（N/mm^2）；

h_0——受拉钢筋合力点至混凝土受压区边缘的距离（mm）；

M_1——钢柱脚的受弯承载力（N·mm），按式（14-6-8）外露钢柱脚 M_1 的计算方法计算。

3）抗震设计时，在外包混凝土顶部箍筋处，柱可能出现塑性铰的柱脚极限受弯承载力应大于钢柱的全塑性受弯承载力，如图 14-6-5 所示。柱脚的极限受弯承载力应按下列公式验算：

$$M_u \geqslant \alpha M_{pc}$$
$$M_u = \min\{M_{u1}, \; M_{u2}\} \tag{14-6-12}$$
$$M_{u1} = M_{pc}/(1 - l_r/l) \tag{14-6-13}$$
$$M_{u2} = 0.9A_s f_{yk} h_0 + M_{u3} \tag{14-6-14}$$

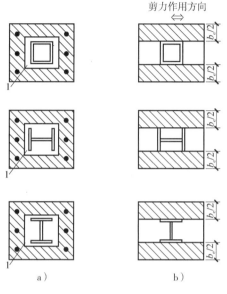

图 14-6-4　斜线部分为外包式钢筋混凝土
的有效面积

a）受弯时的有效面积　b）受剪时的有效面积
1—底板

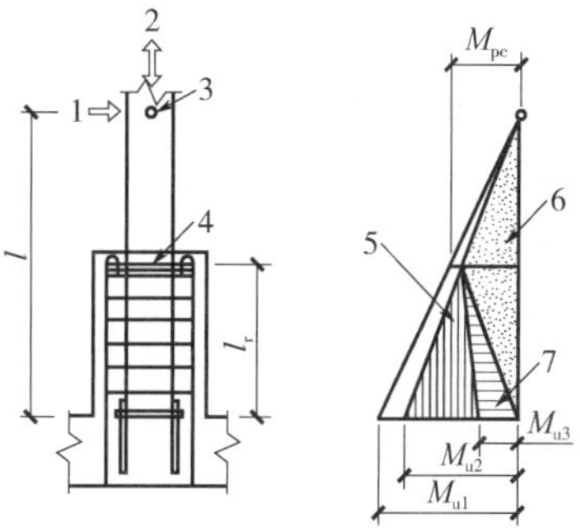

图 14-6-5　极限受弯承载力时外包式柱脚的受力状态
1—剪力　2—轴力　3—柱的反弯点
4—最上部箍筋　5—外包钢筋混凝土的弯矩
6—钢柱的弯矩　7—作为外露式柱脚的弯矩

式中　　M_u——柱脚连接的极限受弯承载能力（N·mm）；

　　　　M_{pc}——考虑轴力时，钢柱截面的全塑性受弯承载力（N·mm），按 14.1.3 中的规定计算；

　　　　M_{u1}——考虑轴力影响，外包混凝土顶部箍筋处钢柱弯矩达到全塑性受弯承载力 M_{pc} 时，按比例放大的外包混凝土底部弯矩（N·mm）；

　　　　l——钢柱底板到柱反弯点的距离（mm），可取柱脚所在层层高的 2/3；

　　　　l_r——外包混凝土顶部箍筋到柱底板的距离（mm）；

　　　　M_{u2}——外包钢筋混凝土的抗弯承载力（N·mm）与 M_{u3} 之和；

　　　　M_{u3}——钢柱脚的极限受弯承载力（N·mm），按外露式钢柱脚 M_u 的计算方法计算；

　　　　α——连接系数，按表 14-1-1 的规定采用；

　　　　f_{yk}——钢筋的抗拉强度最小值（N/mm²）。

4）外包层混凝土截面的受剪承载力应满足下式要求：

$$V \leqslant b_e h_0 (0.7 f_t + 0.5 f_{yv} \rho_{sh}) \tag{14-6-15}$$

抗震设计时尚应满足下列公式要求：

$$V_u \geqslant M_u/l_r \tag{14-6-16}$$
$$V_u = b_e h_0 (0.7 f_{tk} + 0.5 f_{yvk} \rho_{sh}) + M_{u3}/l_r \tag{14-6-17}$$

式中　　V——柱底截面的剪力设计值（N）；

　　　　V_u——外包式柱脚的极限受剪承载力（N）；

　　　　b_e——外包层混凝土的截面有效宽度（mm）（图 14-6-4b）；

f_{tk}——混凝土轴心抗拉强度标准值（N/mm²）；

f_t——混凝土轴心抗拉强度设计值（N/mm²）；

f_{yv}——箍筋的抗拉强度设计值（N/mm²）；

f_{yvk}——箍筋的抗拉强度标准值（N/mm²）；

ρ_{sh}——水平箍筋的配箍率；$\rho_{sh} = A_{sh}/b_e s$，当 $\rho_{sh} > 1.2\%$ 时，取 1.2%；A_{sh} 为配置在同一截面内箍筋的截面面积（mm²）；s 为箍筋的间距（mm）。

5）外包式柱脚构造如图 14-6-6 所示。

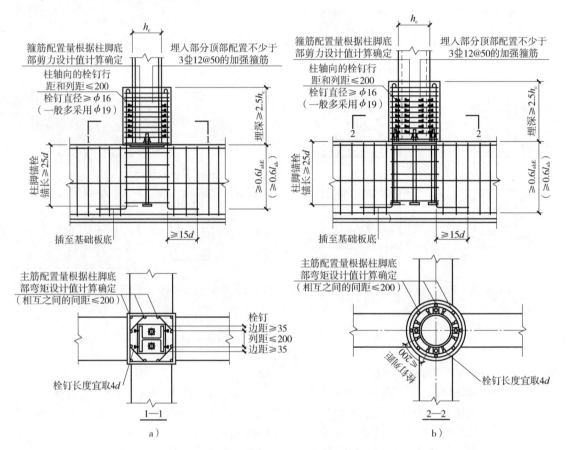

图 14-6-6　外包式柱脚构造

a）H 形截面钢柱　b）圆形钢管截面柱

14.6.5　埋入式柱脚设计

埋入式柱脚的设计应符合下列规定：

1）柱脚轴向压力由柱脚底板直接传给基础，应按现行国家标准《混凝土结构设计规范》（GB 50010）验算柱脚底板下混凝土的局部承压，承压面积为底板面积。

2）抗震设计时，在基础顶面处柱可能出现塑性铰的柱脚应按埋入部分钢柱侧向应力分布（图 14-6-7）验算在轴力和弯矩作用下基础混凝土的侧向抗弯极限承载力。埋入式柱脚的极限受弯承载力不应小于钢柱全塑性抗弯承载力；与极限受弯承载力对应的剪力不应大于钢柱的全塑性抗剪承载力，应按下列公式验算：

$$M_u \geqslant \alpha M_{pc} \tag{14-6-18}$$

$$V_u = M_u/l \leqslant 0.58 h_w t_w f_y \tag{14-6-19}$$

$$M_u = f_{ck} b_c l \left[\sqrt{(2l + h_B)^2 + h_B^2} - (2l + h_B) \right] \tag{14-6-20}$$

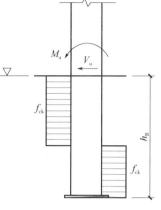

式中　M_u——柱脚埋入部分承受的极限受弯承载力（N·mm）；

M_{pc}——考虑轴力影响时钢柱截面的全塑性受弯承载力（N·mm），按 14.1.3 中的规定计算；

l——基础顶面到钢柱反弯点的距离（mm），可取柱脚所在层层高的 2/3；

b_c——与弯矩作用方向垂直的柱身宽度，对 H 形截面柱应取等效宽度（mm）；

h_B——钢柱埋置深度（mm）；

f_{ck}——基础混凝土抗压强度标准值（N/mm²）；

α——连接系数，按表 14-1-1 的规定采用。

图 14-6-7　埋入式柱脚混凝土的侧向应力分布

3）采用箱形柱和圆管柱时埋入式柱脚的构造应符合下列规定：

①截面宽厚比或径厚比较大的箱形柱和圆管柱，其埋入部分应采取措施防止在混凝土侧压力下被压坏。常用方法是填充混凝土，如图 14-6-8b 所示；或在基础顶面附近设置内隔板或外隔板，如图 14-6-8c、d 所示。

②隔板的厚度应按计算确定，外隔板的外伸长度不应小于柱边长（或管径）的 1/10。对于有抗拔要求的埋入式柱脚，可在埋入部分设置栓钉，如图 14-6-8a 所示。

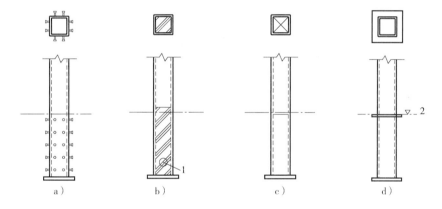

图 14-6-8　埋入式柱脚的抗压和抗拔构造

a）栓钉设置　b）填充混凝土　c）内隔板设置　d）外隔板设置

1—灌注孔　2—基础顶面

4）抗震设计时，在基础顶面处钢柱可能出现塑性铰的边（角）柱的柱脚埋入混凝土基础部分的上、下部位均需布置 U 形钢筋加强，可按下列公式验算 U 形钢筋数量：

①当柱脚受到由内向外作用的剪力时（图 14-6-9a）：

$$M_u \leqslant f_{ck} b_c l \left\{ \frac{T_y}{f_{ck} b_c} - l - h_B + \sqrt{(l + h_B)^2 - \frac{2T_y(l + a)}{f_{ck} b_c}} \right\} \tag{14-6-21}$$

②当柱脚受到由外向内作用的剪力时（图 14-6-9b）：

$$M_u \leqslant -(f_{ck} b_c l^2 + T_y l) + f_{ck} b_c l \sqrt{l^2 + \frac{2T_y(l + h_B - a)}{f_{ck} b_c}} \tag{14-6-22}$$

式中　M_u——柱脚埋入部分由 U 形加强筋提供的侧向极限受弯承载力（N·mm），可取 M_{pc}；

T_y——U 形加强筋的受拉承载力（N），$T_y = A_t f_{yk}$，A_t 为 U 形加强筋的截面面积（mm²）之和，f_{yk} 为 U 形加强筋的强度标准值（N/mm²）；

f_{ck}——基础混凝土的受压强度标准值（N/mm²）；

a——U 形加强筋合力点到基础上表面或到柱底板下表面的距离（mm），如图 14-6-9 所示；

l——基础顶面到钢柱反弯点的高度（mm），可取柱脚所在层层高的 2/3；

h_B——钢柱脚埋置深度（mm）；

b_e——与弯矩作用方向垂直的柱身尺寸（mm）。

5）埋入式钢柱脚构造如图 14-6-10 及图 14-6-11 所示。

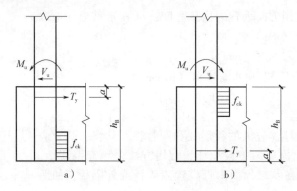

图 14-6-9 埋入式钢柱脚 U 形加强筋计算简图

a）剪力由内向外作用 b）剪力由外向内作用

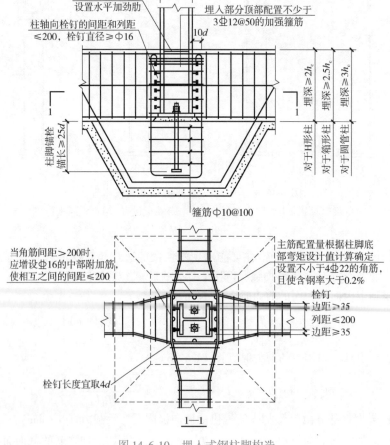

图 14-6-10 埋入式钢柱脚构造

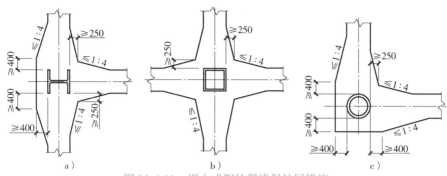

图 14-6-11 埋入式钢柱翼缘保护层措施
a）中柱柱翼缘保护厚度 b）中柱柱翼缘保护厚度 c）角柱柱翼缘保护厚度

14.7 中心支撑节点连接构造

中心支撑的中心线应通过梁与柱轴线的交点，当受条件限制有不大于支撑杆件宽度的偏心时，节点设计应计入偏心造成的附加弯矩的影响。

当支撑翼缘朝向框架平面外，且采用支托式连接，如图 14-7-1a、b 所示，其平面外计算长度可取轴线长度的 0.7 倍；当支撑腹板位于框架平面内，如图 14-7-1c、d，其平面外计算长度可取轴线长度的 0.9 倍。

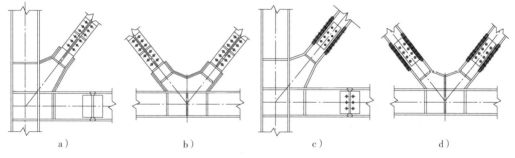

图 14-7-1 支撑与框架的连接

中心支撑与梁柱连接处的构造应符合下列规定：

1）柱和梁在与 H 形截面支撑翼缘的连接处，应设置加劲肋。加劲肋应按承受支撑翼缘分担的轴心力对柱或梁的水平或竖向分力计算。H 形截面支撑翼缘与箱形柱连接时，在柱壁板的相应位置应设置隔板，如图 14-7-1a、c 所示。H 形截面支撑翼缘端部与框架构件连接处，宜做成圆弧。支撑通过节点板连接时，节点板边缘与支撑轴线的夹角不应小于 30°。

2）抗震设计时，支撑宜采用 H 形钢制作，在构造上两端应刚接。当采用焊接组合截面时，其翼缘和腹板应采用坡口全熔透焊缝连接。

3）当支撑杆件为填板连接的组合截面时，可采用节点板进行连接，如图 14-7-2 所示。为保证支撑两端的节点板不发生出平面失稳，在支撑端部与节点板约束点连线之间应留有 2 倍节点板厚的间隙。节点板约束点连线应与支撑杆轴线垂直，以免支撑受扭。

中心支撑常用的节点构造见表 14-7-1。

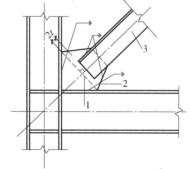

图 14-7-2 组合支撑杆件端部与单壁节点板的连接
1—假设约束 2—单壁节点板 3—组合支撑杆
t—节点板的厚度

表 14-7-1 中心支撑常用的节点构造

序号	类型	详图	备注
1	双槽钢（双角钢）通过节点板与框架节点连接（强轴）（工字形柱）	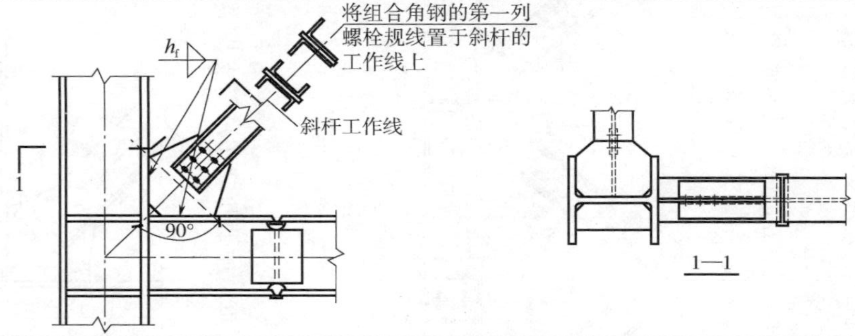	
2	双槽钢（双角钢）通过节点板与框架节点连接（弱轴）（工字形柱）	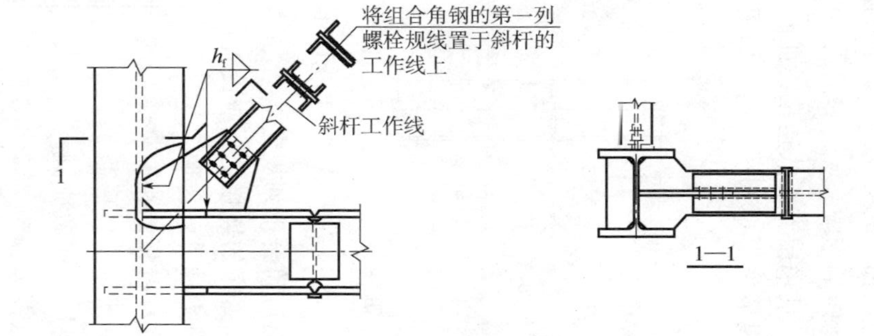	组合角钢只宜用于非抗震结构中的拉杆设计
3	双槽钢（双角钢）通过节点板与框架节点连接（强轴）（箱形柱）	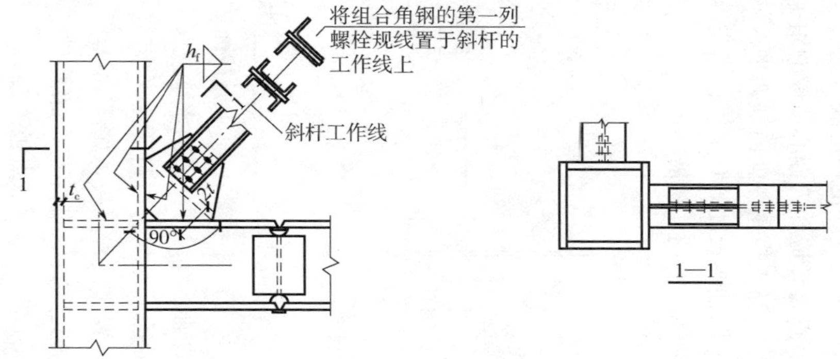	

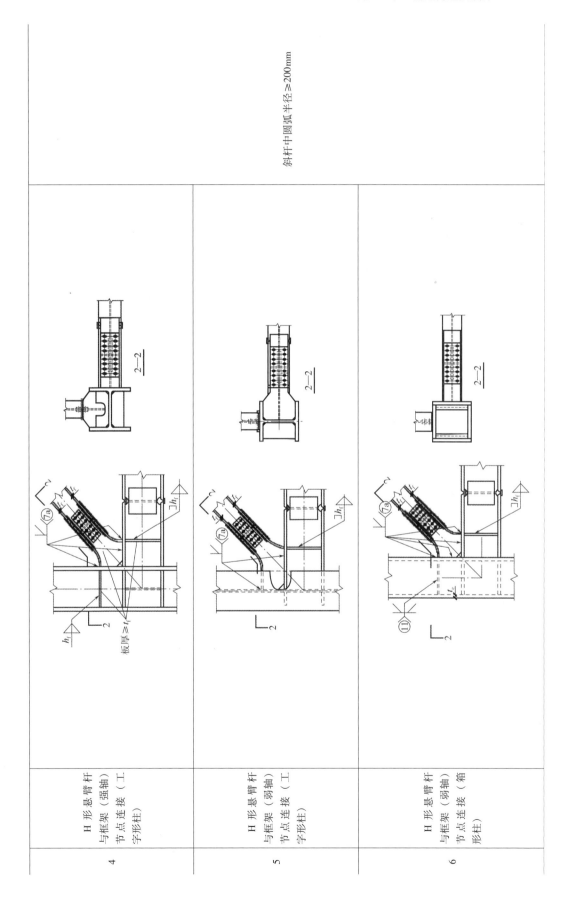

斜杆中圆弧半径≥200mm

4	H 形框架梁与框架柱节点连接（工字形柱）（强轴）悬臂杆	
5	H 形框架梁与框架柱节点连接（工字形柱）（弱轴）悬臂杆	
6	H 形框架梁与框架柱节点连接（箱形柱）（弱轴）悬臂杆	

（续）

序号	类型	详图	备注
7	H 形悬臂杆与框架（强轴）的转换连接（工字形柱）	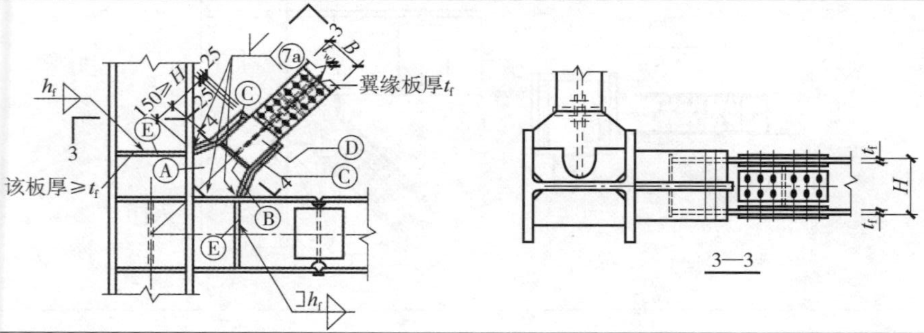 翼缘板厚 t_f 3—3	
8	H 形悬臂杆与框架（弱轴）的转换连接（工字形柱）	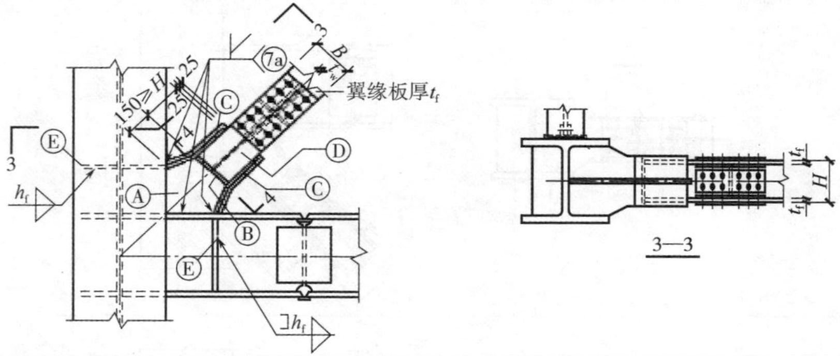 翼缘板厚 t_f 3—3	板件 A～C 及 E 板厚≥t_f 零件 D 截面与斜杆相同
9	H 形悬臂杆与框架（强轴）的转换连接（箱形柱）	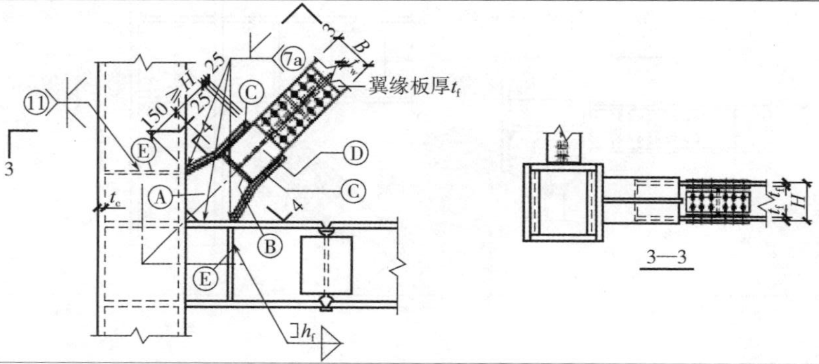 翼缘板厚 t_f 3—3	

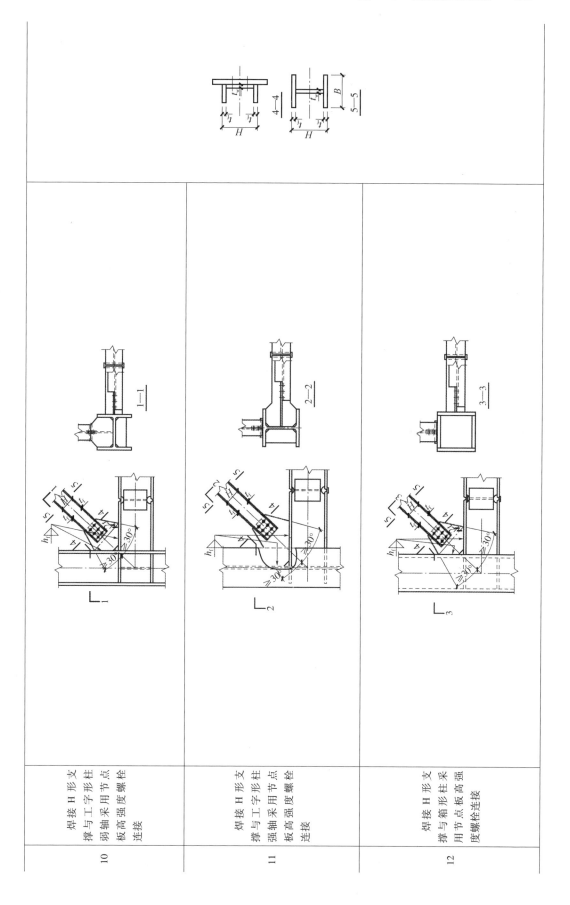

（续）

序号	类型	详图	备注
13	箱形支撑与工字形柱强轴连接	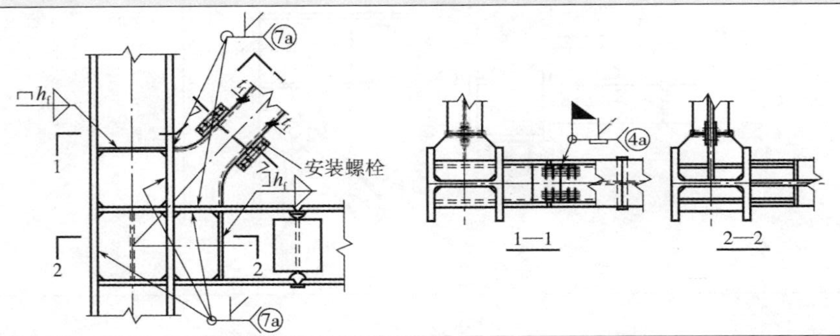	
14	箱形支撑与工字形柱弱轴连接	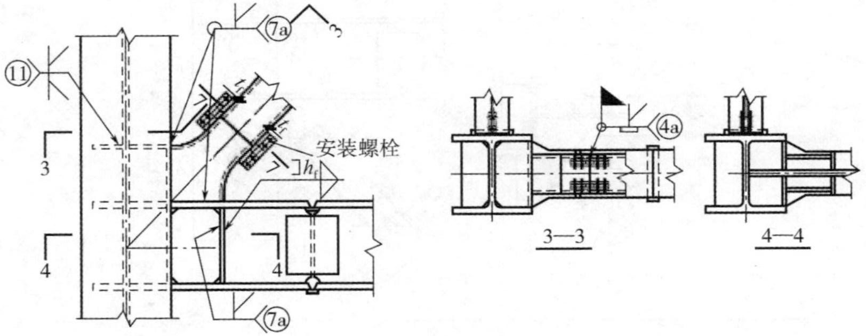	
15	箱形支撑与箱形柱连接	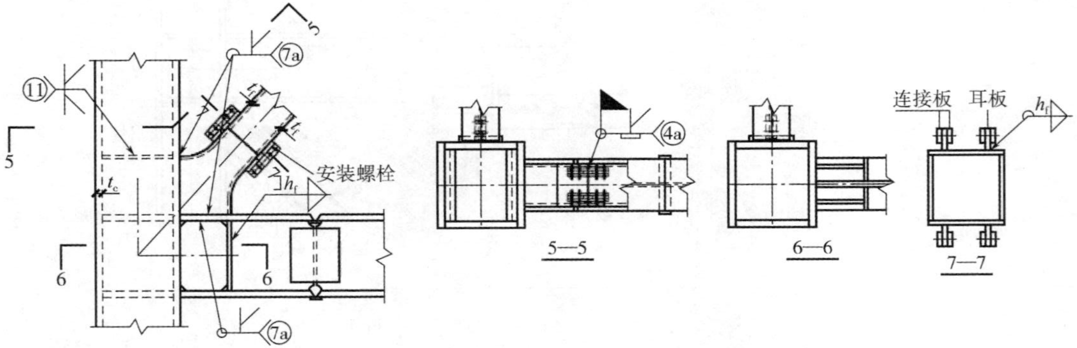	

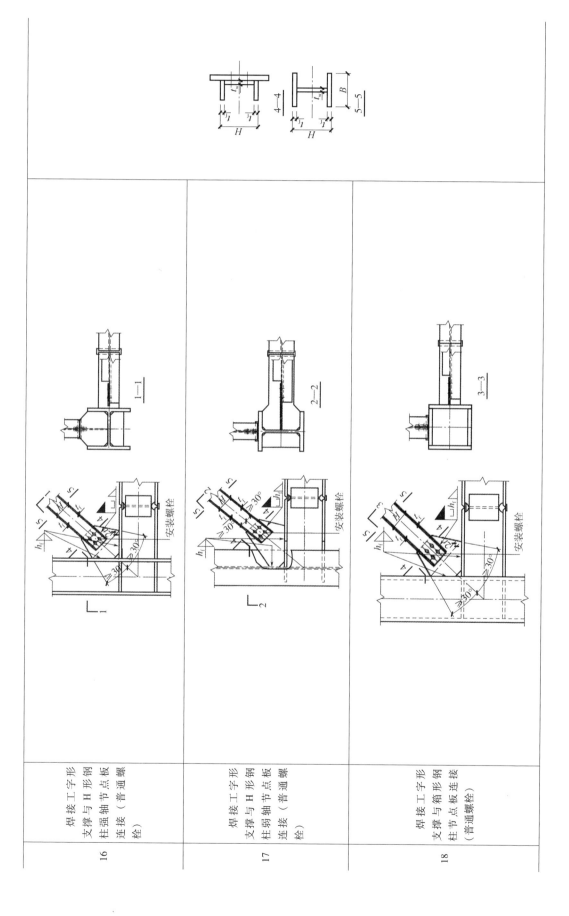

16	焊接工字形支撑与H形钢柱强轴节点板连接（普通螺栓）	
17	焊接工字形支撑与H形钢柱弱轴节点板连接（普通螺栓）	
18	焊接工字形支撑与箱形钢柱节点板连接（普通螺栓）	

（续）

序号	类型	详图		备注
19	箱形支撑与H形钢柱强轴节点板连接			
20	箱形支撑与H形钢柱弱轴节点板连接			
21	箱形支撑与箱形钢柱节点板连接			

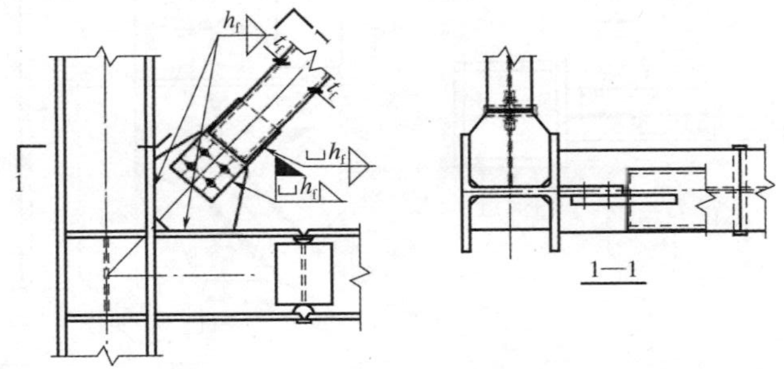

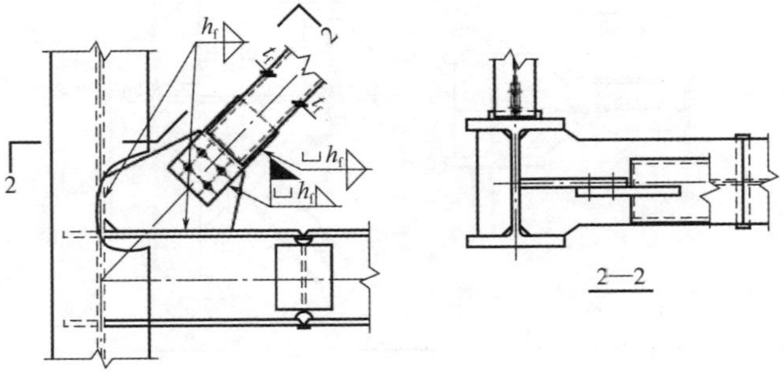

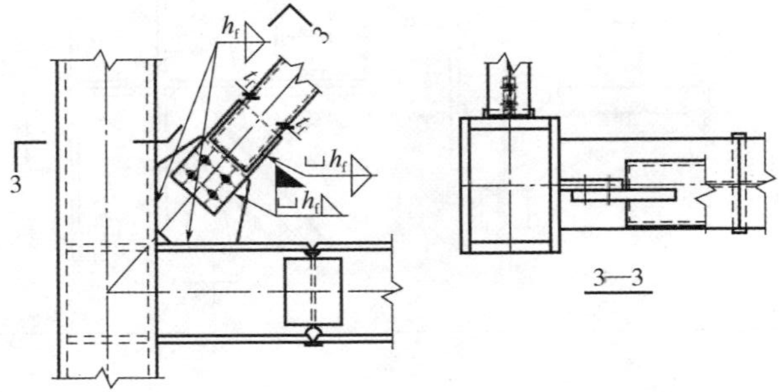

22	H 形斜杆与 H 形钢柱强轴的悬臂杆连接	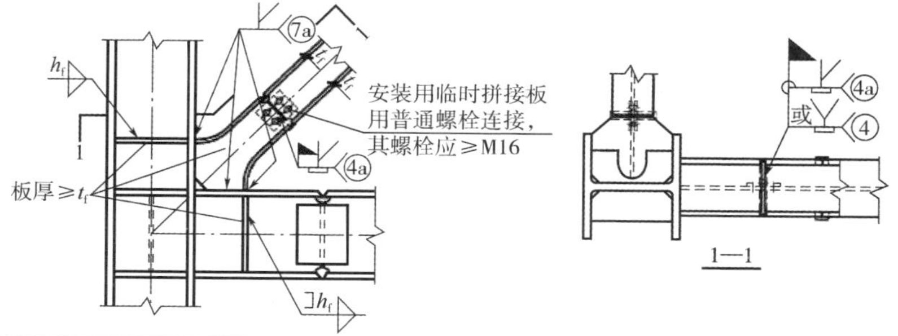	
23	H 形斜杆与 H 形钢柱强轴的转换连接	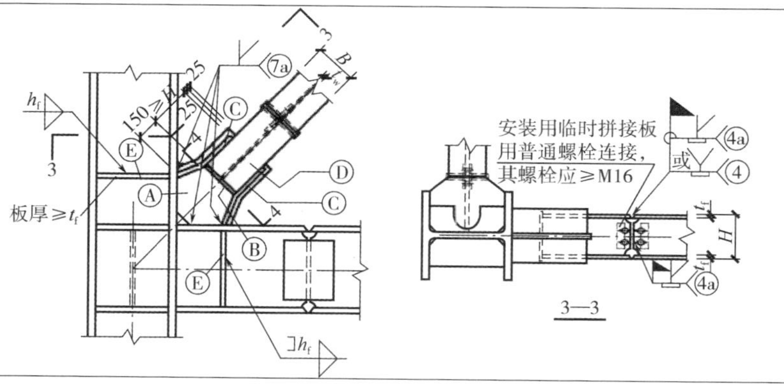	板件 A～C 及 E 板厚≥t_f零件 D 截面与斜杆相同
24	H 形斜杆与 H 形钢柱弱轴的悬臂杆连接	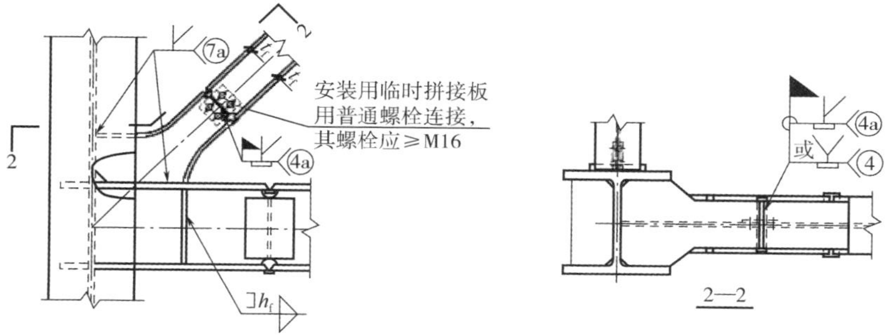	

（续）

序号	类型	详图	备注
25	H 形斜杆与 H 形钢柱弱轴的悬臂转换杆连接	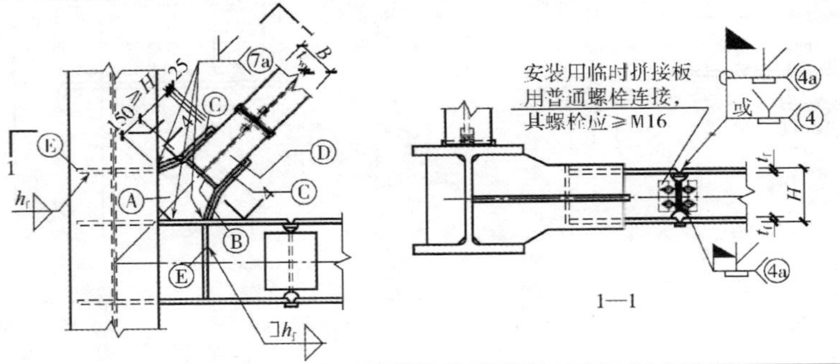 安装用临时拼接板用普通螺栓连接，其螺栓应≥M16 1—1	板件 A～C 及 E 板厚≥t_1零件 D 截面与斜杆相同
26	H 形斜杆与箱形钢柱悬臂杆连接	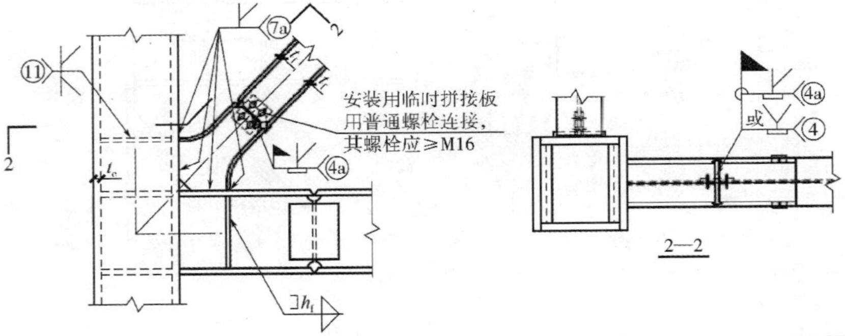 安装用临时拼接板，用普通螺栓连接，其螺栓应≥M16 2—2	
27	H 形斜杆与箱形钢柱悬臂杆转换连接	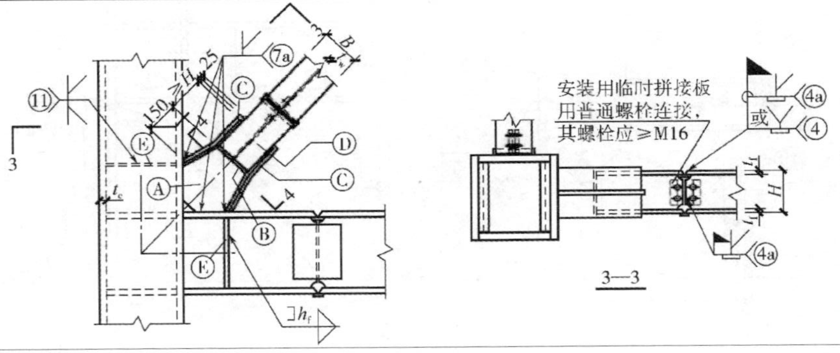 安装用临时拼接板，用普通螺栓连接，其螺栓应≥M16 3—3	板件 A～C 及 E 板厚≥t_1零件 D 截面与斜杆相同

28	H 形斜杆与 H 形横梁悬臂杆连接之一 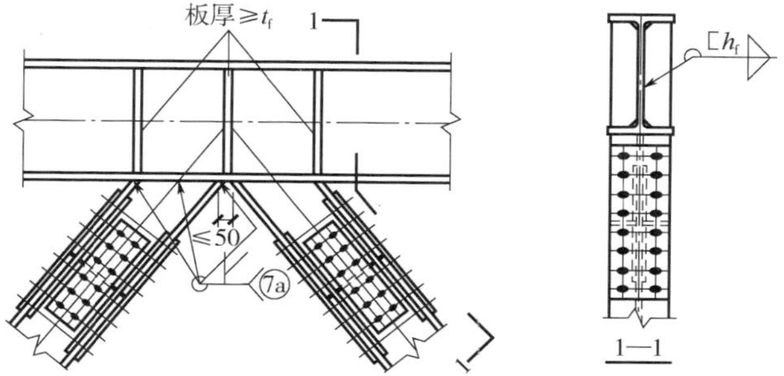
29	H 形斜杆与 H 形横梁悬臂杆连接之二 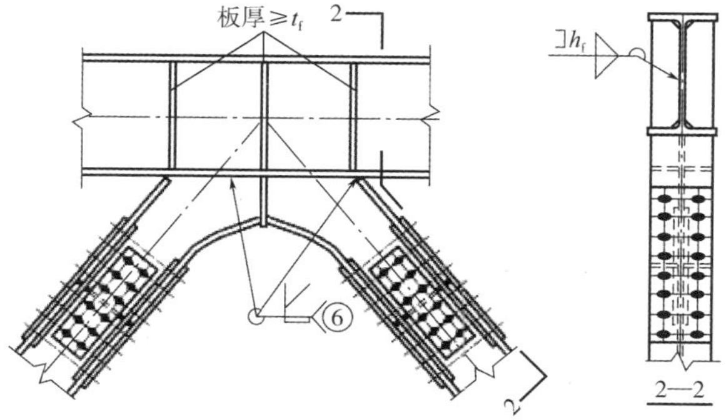
30	H 形斜杆与 H 形横梁悬臂杆连接之三 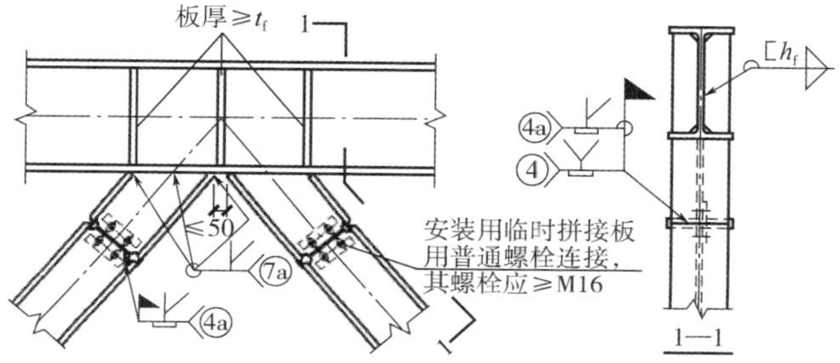

（续）

序号	类型	详图	备注
31	H形斜杆与H形横梁悬臂杆连接之四	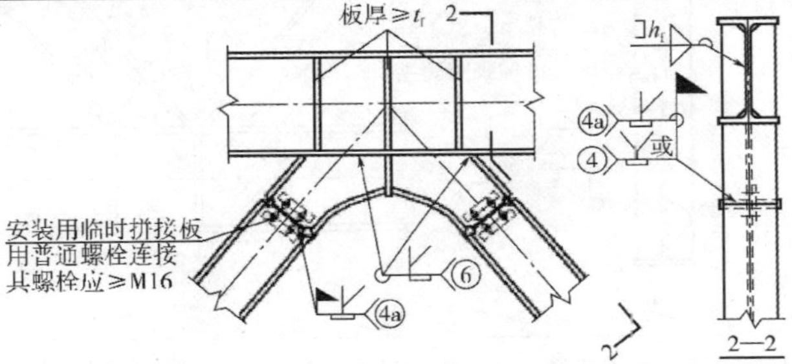 安装用临时拼接板用普通螺栓连接，其螺栓应≥M16 板厚≥t_f 2—2	
32	H形斜杆与H形横梁悬臂杆转换连接之一	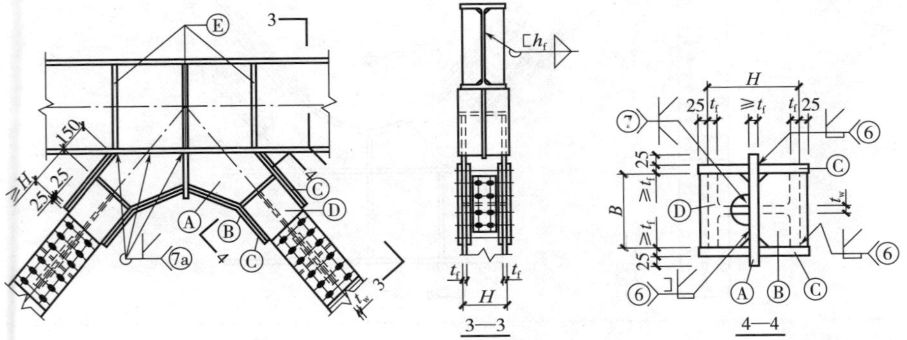 3—3 4—4	板件A～C及E板厚≥t_f零件 D截面与斜杆相同
33	H形斜杆与H形横梁悬臂杆转换连接之二	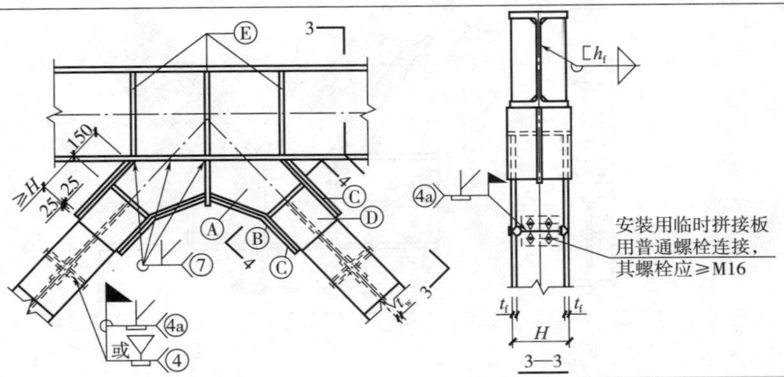 安装用临时拼接板，用普通螺栓连接，其螺栓应≥M16 3—3	

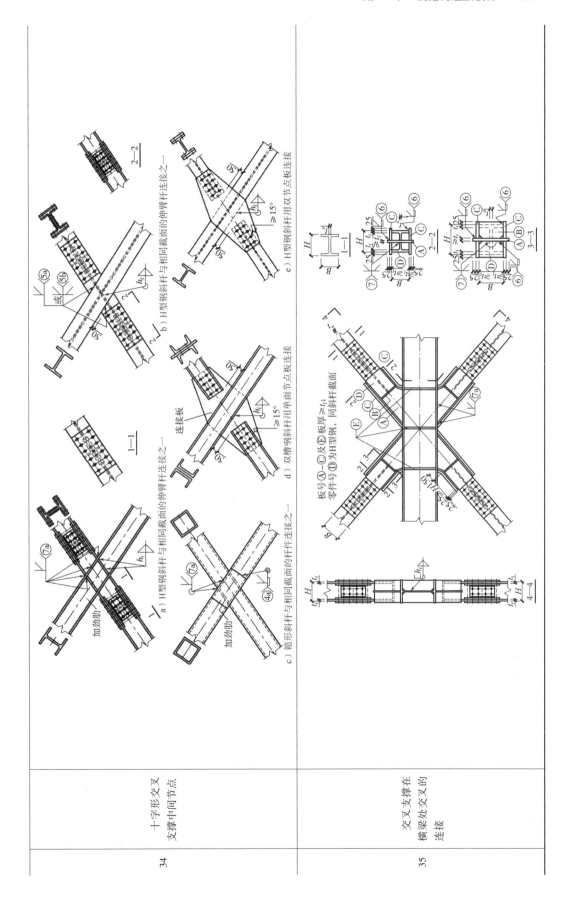

a）H型钢斜杆与相同截面的伸臂杆连接之一

b）H型钢斜杆与相同截面的伸臂杆连接之一

c）箱形斜杆与相同截面的斜杆连接之一

d）双槽钢斜杆用单面节点板连接

e）H型钢斜杆用双节点板连接

加劲肋

连接板

板号Ⓐ～Ⓒ及Ⓔ板厚≥t_1；
零件号Ⓓ为H型钢，同斜杆截面

| 34 | 十字形交叉支撑中间节点 |
| 35 | 交叉支撑在横梁处交叉的连接 |

14.8 偏心支撑节点连接构造

消能梁段与柱的连接应符合下列规定：

1）消能梁段与柱翼缘应采用刚性连接，且应符合第14.2节、第14.3节框架梁与柱刚性连接的规定。

2）消能梁段与柱翼缘连接的一端采用加强型连接时，消能梁段的长度可从加强的端部算起，加强的端部梁腹板应设置加劲肋，加劲肋应符合要求。

支撑与消能梁段的连接应符合下列规定：

1）支撑轴线与梁轴线的交点，不得在消能梁段外。

2）抗震设计时，支撑与消能梁段连接的承载力不得小于支撑的承载力，当支撑端有弯矩时，支撑与梁连接的承载力应按抗压弯设计。

消能梁段与支撑连接处，其上、下翼缘应设置侧向支撑，支撑的轴力设计值不应小于消能梁段翼缘轴向极限承载力的6%，即 $0.06f_y b_f t_f$。f_y 为消能梁段钢材的屈服强度，b_f、t_f 为消能梁段翼缘的宽度和厚度。

偏心支撑常用的节点构造见表14-8-1。

表 14-8-1 偏心支撑常用的节点构造

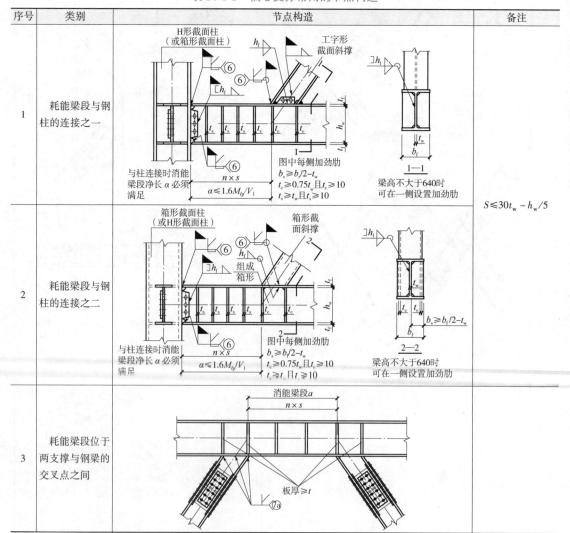

序号	类别	节点构造	备注
1	耗能梁段与钢柱的连接之一		
2	耗能梁段与钢柱的连接之二		$S \leqslant 30t_w - h_w/5$
3	耗能梁段位于两支撑与钢梁的交叉点之间		

第 15 章　型钢混凝土构件

　　型钢混凝土构件是由型钢、钢管或钢板与钢筋混凝土组合成整体受力的结构构件。它结合了钢构件和混凝土构件的优点，在我国得到了迅速发展和越来越广泛的应用，特别是在一些超高层建筑中应用较为广泛。目前我国已编制的有关规程有《组合结构设计规范》（JGJ 138）、《钢骨混凝土结构技术规程》（YB 9082）、《高层建筑钢-混凝土混合结构设计规程》（CECS 230）等。

　　型钢混凝土构件和传统结构构件的分类基本一样，分为型钢混凝土梁、型钢混凝土柱和型钢混凝土墙几类构件。

　　型钢混凝土构件由于结合了钢和混凝土两种材料的特点，可以扬长避短，因此和钢构件、混凝土构件相比较都有一定的优势。

　　型钢混凝土构件和钢构件相比具有如下优点：

　　1）增大刚度。

　　2）提高稳定性和整体性。

　　3）提高结构的耐久性和耐火性。

　　4）可减小用钢量，节约钢材，具有良好的经济性。

　　型钢混凝土构件和混凝土构件相比具有如下优点：

　　1）承载力高，减小构件截面尺寸，减轻结构自重，地震作用力小。

　　2）由于增加了构件的延性，可以提高抗震性能。

　　由于型钢混凝土构件具有上述优点，因此，它具有广阔的适用范围。型钢混凝土构件可适用于框架结构、框架-剪力墙结构、部分框支剪力墙结构、框架-核心筒结构、筒中筒结构等结构体系。从应用范围来讲，在多层、高层建筑、桥梁等构筑物中，可用于全部构件、部分构件，也可用于某几层或局部，适用范围广泛。

15.1　材料

15.1.1　钢材

　　1）组合结构构件中钢材宜采用 Q355、Q390、Q420 低合金高强度结构钢及 Q235 碳素结构钢，质量等级不宜低于 B 级，且应分别符合现行国家标准《低合金高强度结构钢》（GB/T 1591）和《碳素结构钢》（GB/T 700）的规定。当采用较厚的钢板时，可选用材质、材性符合现行国家标准《建筑结构用钢板》（GB/T 19879）的各牌号钢板，其质量等级不宜低于 B 级。当采用其他牌号的钢材时，尚应符合国家现行有关标准的规定。

　　2）钢材应具有屈服强度、抗拉强度、伸长率、冲击韧性和硫、磷含量的合格保证，对焊接结构尚应具有碳含量的合格保证及冷弯试验的合格保证。

　　3）钢材宜采用镇静钢。

　　4）钢板厚度大于或等于 40mm，且承受沿板厚方向拉力的焊接连接板件，钢板厚度方向截面收缩率，不应小于现行国家标准《厚度方向性能钢板》（GB/T 5313）中 Z15 级规定的容许值。

　　5）考虑地震作用的组合结构构件的钢材应符合国家标准《建筑抗震设计规范》（GB 50011）第 3.9.2 条的有关规定。

　　6）压型钢板质量应符合现行国家标准《建筑用压型钢板》（GB/T 12755）的规定，压型钢板的基板应选用热浸镀锌钢板，不宜选用镀铝锌板。镀锌层应符合现行国家标准《连续热镀锌薄钢板及钢带》（GB/T 2518）的规定。

7）压型钢板宜采用符合现行国家标准《连续热镀锌薄钢板及钢带》（GB/T 2518）规定的 S250（S250GD＋Z、S250GD＋ZF）、S350（S350GD＋Z、S350GD＋ZF）、S550（S550GD＋Z、S550GD＋ZF）牌号的结构用钢，其强度标准值、设计值应按表 15-1-1 的规定采用。

表 15-1-1　压型钢板强度标准值、设计值　　　　　　　　　（单位：N/mm²）

牌号	强度标准值	强度设计值	
	抗拉、抗压、抗弯 f_{ak}	抗拉、抗压、抗弯 f_a	抗剪 f_{av}
S250	250	205	120
S350	350	290	170
S550	470	395	230

8）钢材的焊接材料应符合下列规定：

①手工焊接用焊条应与主体金属力学性能相适应，且应符合现行国家标准《非合金钢及细晶粒钢焊条》（GB/T 5117）、《热强钢焊条》（GB/T 5118）的规定。

②自动焊接或半自动焊接采用的焊丝和焊剂，应与主体金属力学性能相适应，且应符合现行国家标准《埋弧焊用非合金钢及细晶粒钢实心焊丝、药芯焊丝和焊丝—焊剂组合分类要求》（GB/T 5293）、《埋弧焊用热强钢实心焊丝、药芯焊丝和焊丝—焊剂组合分类要求》（GB/T 12470）、《熔化极气体保护电弧焊用非合金钢及细晶粒钢实心焊丝》（GB/T 8110）的规定。

9）焊缝质量等级应符合现行国家标准《钢结构工程施工质量验收标准》（GB 50205）的规定。

10）钢构件连接使用的螺栓、锚栓材料应符合下列规定：

①普通螺栓应符合现行国家标准《六角头螺栓》（GB/T 5782）和《六角头螺栓 C 级》（GB/T 5780）的规定；A、B 级螺栓孔的精度和孔壁表面粗糙度，C 级螺栓孔的允许偏差和孔壁表面粗糙度，均应符合现行国家标准《钢结构工程施工质量验收标准》（GB 50205）的规定。

②高强度螺栓应符合现行国家标准《钢结构用高强度大六角头螺栓》（GB/T 1228）、《钢结构用高强度大六角头螺母》（GB/T 1229）、《钢结构用高强度垫圈》（GB/T 1230）、《钢结构用高强度大六角头螺栓、大六角螺母、垫圈技术条件》（GB/T 1231）或《钢结构用扭剪型高强度螺栓连接副》（GB/T 3632）的规定。

③普通螺栓连接的强度设计值应按 15-1-2 采用；高强度螺栓连接的钢材摩擦面抗滑移系数值应按表 15-1-3 采用；高强度螺栓连接的设计预拉力应按表 15-1-4 采用。

④锚栓可采用符合现行国家标准《碳素结构钢》（GB/T 700）、《低合金高强度结构钢》（GB/T 1591）规定的 Q235 钢、Q355 钢。

表 15-1-2　螺栓连接的强度设计值　　　　　　　　　（单位：N/mm²）

螺栓的性能等级、锚栓和构件钢材的牌号		普通螺栓						锚栓	承压型连接高强度螺栓		
		C 级螺栓			A 级、B 级螺栓						
		抗拉 f_t^b	抗剪 f_v^b	承压 f_c^b	抗拉 f_t^b	抗剪 f_v^b	承压 f_c^b	抗拉 f_t^a	抗拉 f_t^b	抗剪 f_v^b	承压 f_c^b
普通螺栓	4.6 级、4.8 级	170	140	—	—	—	—	—	—	—	—
	5.6 级	—	—	—	210	190	—	—	—	—	—
	8.8 级	—	—	—	400	320	—	—	—	—	—

（续）

螺栓的性能等级、锚栓和构件钢材的牌号		普通螺栓						锚栓	承压型连接高强度螺栓		
		C 级螺栓			A 级、B 级螺栓						
		抗拉 f_t^b	抗剪 f_v^b	承压 f_c^b	抗拉 f_t^b	抗剪 f_v^b	承压 f_c^b	抗拉 f_t^a	抗拉 f_t^b	抗剪 f_v^b	承压 f_c^b
锚栓（C 级普通螺栓）	Q235	(165)	(125)	—	—	—	—	140	—	—	—
	Q345	—	—	—	—	—	—	180	—	—	—
承压型连接高强度螺栓	8.8 级	—	—	—	—	—	—	—	400	250	—
	10.9 级	—	—	—	—	—	—	—	500	310	—
承压构件	Q235	—	—	305 (295)	—	—	405	—	—	—	470
	Q345	—	—	385 (370)	—	—	510	—	—	—	590
	Q390	—	—	400	—	—	530	—	—	—	615
	Q420	—	—	425	—	—	560	—	—	—	655

注：1. A 级螺栓用于 $d \leqslant 24\text{mm}$ 和 $l \leqslant 10d$ 或 $l \leqslant 150\text{mm}$（按较小值）的螺栓；B 级螺栓用于 $d > 24\text{mm}$ 或 $l > 10d$ 或 $l > 150\text{mm}$（按较小值）的螺栓；d 为公称直径，l 为螺杆公称长度。

2. 表中带括号的数值用于冷成型薄壁型钢。

表 15-1-3　摩擦面的抗滑移系数

连接处构件接触面的处理方法	构件的钢材牌号		
	Q235 钢	Q355 钢或 Q390 钢	Q420 钢或 Q460 钢
喷硬质石英砂或铸钢棱角砂	0.45	0.45	0.45
抛丸（喷砂）	0.40	0.40	0.40
钢丝刷清除浮锈或未经处理的干净轧制面	0.30	0.35	

表 15-1-4　一个高强度螺栓的预拉力　　　　（单位：kN）

螺栓的性能等级	螺栓公称直径/mm					
	M16	M20	M22	M24	M27	M30
8.8 级	80	125	150	175	230	280
10.9 级	100	155	190	225	290	355

11）栓钉应符合现行国家标准《电弧螺柱焊用圆柱头焊钉》（GB/T 10433）的规定，其材料及力学性能应符合表 15-1-5 规定。

表 15-1-5　栓钉材料及力学性能

材料	极限抗拉强度/（N/mm²）	屈服强度/（N/mm²）	伸长率（%）
ML15、ML15Al	≥400	≥320	≥14

12）一个圆柱头栓钉的抗剪承载力设计值应符合下式规定：

$$N_v^c = 0.43 A_s \sqrt{E_c f_c} \leqslant 0.7 A_s f_{at} \tag{15-1-1}$$

式中　N_v^c——栓钉的抗剪承载力设计值；

　　　　E_c——混凝土弹性模量；

　　　　f_c——混凝土受压强度设计值；

A_s——圆柱头栓钉钉杆截面面积；

f_{at}——圆柱头栓钉极限抗拉强度设计值，其值取为360N/mm²。

15.1.2 钢筋

1）纵向受力普通钢筋宜采用 HRB400、HRB500、HRBF400、HRBF500 热轧钢筋；箍筋宜采用 HRB400、HRBF400、HRB335、HPB300、HRB500、HRBF500，其强度标准值、设计值应按表 15-1-6 的规定采用。

表 15-1-6 钢筋强度标准值、设计值 （单位：N/mm²）

牌号	公称直径 d/mm	屈服强度标准值 f_{yk}	极限强度标准值 f_{stk}	最大拉力下总伸长率 δ_{gt}（%）	抗拉强度设计值 f_y	抗压强度设计值 f_y'
HPB300	6～14	300	420	不小于10%	270	270
HRB335	6～14	335	455	不小于7.5%	300	300
HRB400、HRBF400	6～50	400	540		360	360
HRB500、HRBF500	6～50	500	630		435	435

注：1. 对轴心受压构件，当采用 HRB500、HRBF500 钢筋时，钢筋的抗压强度设计值应取400N/mm²。

2. 用作受剪、受扭、受冲切承载力计算时，其强度设计值 f_{yv} 应按表中 f_y 数值取用，且其数值不应大于 360N/mm²。

2）钢筋弹性模量 E_s 应按表 15-1-7 采用。

表 15-1-7 钢筋弹性模量 （单位：×10⁵ N/mm²）

牌号	弹性模量 E_s
HPB300	2.10
HRB335、HRB400、HRBF400、HRB500、HRBF500	2.00

3）按一、二及三级抗震等级设计的框架和斜撑构件，其纵向受力钢筋应符合下列要求：

①钢筋的抗拉强度实测值与屈服强度实测值的比值不应小于1.25。

②钢筋的屈服强度实测值与屈服强度标准值的比值不应大于1.30。

③钢筋最大拉力下的伸长率实测值不应小于9%。

15.1.3 混凝土

1）型钢混凝土结构构件采用的混凝土强度等级不宜低于C30；有抗震设防要求时，剪力墙不宜超过C60；其他构件，设防烈度9度时不宜超过C60；8度时不宜超过C70。钢管中的混凝土强度等级，对Q235钢管，不宜低于C40；对Q355钢管不宜低于C50；对Q390、Q420钢管，不应低于C50。组合楼板用的混凝土强度等级不应低于C20。

2）混凝土轴心抗压强度标准值 f_{ck} 及轴心抗拉强度标准值 f_{tk} 应按表 15-1-8 的规定采用；轴心抗压强度设计值 f_c 及轴心抗拉强度设计值 f_t 应按表 15-1-9 的规定采用。

表 15-1-8 混凝土轴心抗压及轴心抗拉强度标准值 （单位：N/mm²）

强度	混凝土强度等级												
	C20	C25	C30	C35	C40	C45	C50	C55	C60	C65	C70	C75	C80
f_{ck}	13.4	16.7	20.1	23.4	26.8	29.6	32.4	35.5	38.5	41.5	44.5	47.4	50.2
f_{tk}	1.54	1.78	2.01	2.20	2.39	2.51	2.64	2.74	2.85	2.93	2.99	3.05	3.11

表 15-1-9　混凝土轴心抗压及轴心抗拉强度设计值　　　　（单位：N/mm²）

强度	混凝土强度等级												
	C20	C25	C30	C35	C40	C45	C50	C55	C60	C65	C70	C75	C80
f_c	9.6	11.9	14.3	16.7	19.1	21.1	23.1	25.3	27.5	29.7	31.8	33.8	35.9
f_t	1.10	1.27	1.43	1.57	1.71	1.80	1.89	1.96	2.04	2.09	2.14	2.18	2.22

3）混凝土受压和受拉弹性模量 E_c 应按表 15-1-10 的规定采用，混凝土的剪切变形模量可按相应弹性模量值的 0.4 倍采用，混凝土泊松比可按 0.2 采用。

表 15-1-10　混凝土受压和受拉弹性模量 E_c

混凝土强度等级	C20	C25	C30	C35	C40	C45	C50	C55	C60	C65	C70	C75	C80
E_c	2.55	2.80	3.00	3.15	3.25	3.35	3.45	3.55	3.60	3.65	3.70	3.75	3.80

4）型钢混凝土组合结构构件的混凝土最大骨料直径宜小于型钢外侧混凝土保护层厚度的 1/3，且不宜大于 25mm。对浇筑难度较大或复杂节点部位，宜采用骨料更小、流动性更强的高性能混凝土。钢管混凝土构件中混凝土最大骨料直径不宜大于 25mm。

15.2　构件设计基本规定

15.2.1　一般规定

1）组合结构构件可用于框架结构、框架-剪力墙结构、部分框支剪力墙结构、框架-核心筒结构、筒中筒结构等结构体系。

2）各类结构体系中，可整个结构体系采用组合结构构件，也可采用组合结构构件与钢结构、钢筋混凝土结构构件同时使用。

3）考虑地震作用组合的各类结构体系中的框架柱，沿房屋高度宜采用同类结构构件。当采用不同类型结构构件时，应设置过渡层，并应符合本章有关柱与柱连接构造的规定。

4）各类结构体系中的楼盖结构应具有良好的水平刚度和整体性，其楼面宜采用组合楼板或现浇钢筋混凝土楼板；采用组合楼板时，对转换层、加强层以及有大开洞楼层，宜增加组合楼板的有效厚度或采用现浇钢筋混凝土楼板。

15.2.2　构件类型

1）型钢混凝土柱内埋置的型钢，宜采用实腹式焊接型钢，如图 15-2-1a、b、c 所示；对于型钢混凝土巨型柱，其型钢宜采用多个焊接型钢通过钢板连接成整体的实腹式焊接型钢，如图 15-2-1d 所示。

2）型钢混凝土梁的型钢，宜采用充满型实腹型钢，其型钢的一侧翼缘宜位于受压区，另一侧翼缘应位于受拉区，如图 15-2-2 所示。

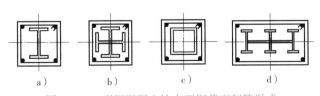
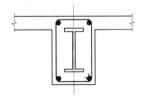

图 15-2-1　型钢混凝土柱中型钢截面配筋形式
a）工字形实腹式焊接型钢　b）十字形实腹式焊接型钢
c）箱形实腹式焊接型钢　d）钢板连接成整体实腹式焊接型钢

图 15-2-2　型钢混凝土梁的
型钢截面配筋形式

3）钢与混凝土组合剪力墙可采用型钢混凝土剪力墙（图 15-2-3a）、钢板混凝土剪力墙

（图 15-2-3b）、带钢斜撑混凝土剪力墙（图 15-2-3c），以及有端柱或带边框型钢混凝土剪力墙（图 15-2-3d）。

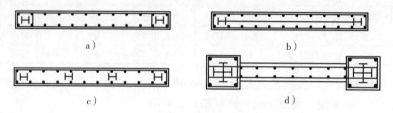

a) b)

c) d)

图 15-2-3　钢与混凝土组合剪力墙截面形式
a）型钢混凝土剪力墙　b）钢板混凝土剪力墙
c）带钢斜撑混凝土剪力墙　d）有端柱或带边框型钢混凝土剪力墙

4）钢与混凝土组合梁的翼板可采用现浇混凝土板、混凝土叠合板或压型钢板混凝土组合板，如图 15-2-4 所示。

15.2.3　设计原则

1）钢与混凝土组合结构多、高层建筑，其结构地震作用或风荷载作用组合下的内力和位移计算、水平位移限值、舒适度要求、结构整体稳定验算，以及结构抗震性能化设计、抗连续倒塌设计等，应符合国家现行标准《建筑结构荷载规范》（GB 50009）、《建筑抗震设计规范》（GB 50011）、《混凝土结构设计规范》（GB 50010）、《高层建筑混凝土结构技术规程》（JGJ 3）等的相关规定。

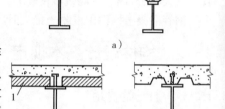

a)

b) c)

图 15-2-4　钢与混凝土组合梁
a）现浇混凝土板　b）混凝土叠合板
c）压型钢板混凝土组合板
1—预制板

2）组合结构构件应按承载能力极限状态和正常使用极限状态进行设计。

3）组合结构构件的承载力设计应符合下列公式的规定：

①持久、短暂设计状况

$$\gamma_0 S \leq R \tag{15-2-1}$$

②地震设计状况

$$S \leq R/\gamma_{RE} \tag{15-2-2}$$

式中　S——构件内力组合设计值，应按现行国家标准《建筑结构荷载规范》（GB 50009）、《建筑抗震设计规范》（GB 50011）的规定进行计算；

γ_0——构件的重要性系数，对安全等级为一级的结构构件不应小于 1.1，对安全等级为二级的结构构件不应小于 1.0；

R——构件承载力设计值；

γ_{RE}——承载力抗震调整系数，其值应按表 15-2-1 的规定采用。

表 15-2-1　承载力抗震调整系数

构件类型	组合结构构件									钢构件	
	梁	柱、支撑				剪力墙		各类构件	节点	梁、柱、支撑	柱、支撑
受力特性	受弯	偏压轴压比小于0.15	偏压轴压比不小于0.15	轴压	偏拉、轴拉	偏压、偏拉	局压	受剪	受剪	强度	稳定
γ_{RE}	0.75	0.75	0.80	0.80	0.85	0.85	1.0	0.85	0.85	0.75	0.80

注：圆形钢管混凝土偏心受压柱 γ_{RE} 取 0.8。

4）在进行结构内力和变形计算时，型钢混凝土和钢管混凝土组合结构构件的刚度，可按下列规定计算：

①型钢混凝土结构构件、钢管混凝土结构构件的截面抗弯刚度、轴向刚度和抗剪刚度可按下列公式计算：

$$EI = E_c I_c + E_a l_a \tag{15-2-3}$$

$$EA = E_c A_c + E_a A_a \tag{15-2-4}$$

$$GA = G_c A_c + G_a A_a \tag{15-2-5}$$

式中　EI、EA、GA——构件截面抗弯刚度、轴向刚度、抗剪刚度；

$E_c I_c$、$E_c A_c$、$G_c A_c$——钢筋混凝土部分的截面抗弯刚度、轴向刚度、抗剪刚度；

$E_a I_a$、$E_a A_a$、$G_a A_a$——型钢或钢管部分的截面抗弯刚度、轴向刚度、抗剪刚度。

②型钢混凝土剪力墙、钢板混凝土剪力墙、带钢斜撑混凝土剪力墙的截面刚度可按下列原则计算：

A. 型钢混凝土剪力墙，其截面刚度可近似按相同截面的钢筋混凝土剪力墙计算截面刚度，可不计入端部型钢对截面刚度的提高作用。

B. 有端柱型钢混凝土剪力墙，其截面刚度可按端柱中混凝土截面面积加上型钢按弹性模量比折算的等效混凝土面积计算其抗弯刚度和轴向刚度；墙的抗剪刚度可不计入型钢作用。

C. 钢板混凝土剪力墙，可把钢板按弹性模量比折算为等效混凝土面积计算其截面刚度。

D. 带钢斜撑混凝土剪力墙，可不考虑钢斜撑对其截面刚度的影响。

5）采用组合结构构件作为主要抗侧力结构的各种组合结构体系，其房屋最大适用高度应符合表 15-2-2 的规定。表中框架结构、框架-剪力墙结构中的型钢（钢管）混凝土框架，是指型钢（钢管）混凝土柱与钢梁、型钢混凝土梁或钢筋混凝土梁组成的框架；表中框架-核心筒结构中的型钢（钢管）混凝土框架和筒中筒结构中的型钢（钢管）混凝土外筒，是指结构全高由型钢（钢管）混凝土柱与钢梁或型钢混凝土梁组成的框架、外筒。

表 15-2-2　组合结构房屋的最大适用高度　　　　　（单位：m）

结构体系		非抗震设计	抗震设防烈度				
			6 度	7 度	8 度		9 度
					0.20g	0.30g	
框架结构	型钢（钢管）混凝土框架	70	60	50	40	35	24
框架-剪力墙结构	型钢（钢管）混凝土框架-钢筋混凝土剪力墙	150	130	120	100	80	50
剪力墙结构	钢筋混凝土剪力墙	150	140	120	100	80	60
部分框支剪力墙结构	型钢（钢管）混凝土转换柱-钢筋混凝土剪力墙	130	120	100	80	50	不应采用
框架-核心筒结构	钢框架-钢筋混凝土核心筒	210	200	160	120	100	70
	型钢（钢管）混凝土框架-钢筋混凝土核心筒	240	220	190	150	130	70
筒中筒结构	钢外筒-钢筋混凝土核心筒	280	260	210	160	140	80
	型钢（钢管）混凝土外筒-钢筋混凝土核心筒	300	280	230	170	150	90

注：1. 平面和竖向均不规则的结构，最大适用高度宜适当降低。

2. 表中"钢筋混凝土剪力墙""钢筋混凝土核心筒"，是指其剪力墙全部是钢筋混凝土剪力墙以及结构局部部位是型钢混凝土剪力墙或钢板混凝土剪力墙。

6）组合结构在多遇地震作用下的结构阻尼比可取为 0.04，房屋高度超过 200m 时，阻尼比可取为 0.03；当楼盖梁采用钢筋混凝土梁时，相应结构阻尼比可增加 0.01；风荷载作用下楼层位移验算和构件设计时，阻尼比可取为 0.02～0.04；结构舒适度验算时的阻尼比可取为 0.01～0.02。

7）采用型钢（钢管）混凝土转换柱的部分框支剪力墙结构，在地面以上的框支层层数，设防烈度 8 度时不宜超过 4 层，7 度时不宜超过 6 层。

8）组合结构构件的抗震设计，应根据设防烈度、结构类型、房屋高度采用不同的抗震等级，并应符合相应的计算和构造措施规定。丙类建筑组合结构构件的抗震等级应按表 15-2-3 确定。

表 15-2-3　丙类建筑组合结构构件的抗震等级

结构类型			6度		7度			8度			9度	
框架结构	房屋高度/m		≤24	>24	≤24		>24	≤24		>24	≤24	
	型钢（钢管）混凝土普通框架		四	三	三		二	二		一	一	
	型钢（钢管）混凝土大跨度框架		三		二							
框架-剪力墙结构	房屋高度/m		≤60	>60	≤24	25~60	>60	≤24	25~60	>60	≤24	25~50
	型钢（钢管）混凝土框架		四	三	四	三	二	三	二	一	二	一
	钢筋混凝土剪力墙		三	二	三	二	一	二	一	一	一	一
剪力墙结构	房屋高度/m		≤80	>80	≤24	25~80	>80	≤24	25~80	>80	≤24	25~60
	钢筋混凝土剪力墙		四	三	四	三	二	三	二	一	二	一
部分框支剪力墙结构	房屋高度/m		≤80	>80	≤24	25~80	>80	≤24	25~80			
	非底部加强部位剪力墙		四	三	四	三	二	三	二			
	底部加强部位剪力墙		三	二	三	二	一	二	一			
	型钢（钢管）混凝土框支框架		二	一	二	一	一	二	一			
框架-核心筒结构	房屋高度/m		≤150	>150	≤130		>130	≤100		>100	≤70	
	型钢（钢管）混凝土框架-钢筋混凝土核心筒	框架	三	二	二			一			一	
		核心筒	二	二	二			一		特一	特一	
	钢框架-钢筋混凝土核心筒	框架	四		三						一	
		核心筒	二	一	一	特一		一		特一	特一	
筒中筒结构	房屋高度/m		≤180	>180	≤150		>150	≤120		>120	≤90	
	型钢（钢管）混凝土外筒-钢筋混凝土核心筒	外筒	三		三			二			一	
		核心筒	二	二	二	特一		二		特一	特一	
	钢外筒-钢筋混凝土核心筒	外筒	四		三			二			一	
		核心筒	二	一	一	特一		一		特一	特一	

注：1. 建筑场地为 Ⅰ 类时，除 6 度外应允许按表内降低一度所对应的抗震等级采取抗震构造措施，但相应的计算要求不应降低。

　　2. 底部带转换层的筒体结构，其转换框架的抗震等级应按表中框支剪力墙结构的规定采用。

　　3. 高度不超过 60m 的框架-核心筒结构，其抗震等级应允许按框架-剪力墙结构采用。

　　4. 大跨度框架是指跨度不小于 18m 的框架。

9）多高层组合结构在正常使用条件下，按风荷载或多遇地震标准值作用下，以弹性方法计算的楼层层间最大水平位移与层高的比值，以及结构的薄弱层层间弹塑性位移，应符合国家现行标准《建筑抗震设计规范》（GB 50011）、《高层建筑混凝土结构技术规程》（JGJ 3）的规定。

10）型钢混凝土梁、钢与混凝土组合梁及组合楼板的最大挠度应按荷载效应的准永久组合，并考虑荷载长期作用的影响进行计算，其计算值不应超过表 15-2-4 和表 15-2-5 规定的挠度限值。

表 15-2-4　型钢混凝土梁及组合楼板挠度限值　　　　　　（单位：mm）

跨度	挠度限值（以计算跨度 l_0 计算）
$l_0 < 7m$	$l_0/200$（$l_0/250$）
$7m \leqslant l_0 \leqslant 9m$	$l_0/250$（$l_0/300$）
$l_0 > 9m$	$l_0/300$（$l_0/400$）

注：1. 表中 l_0 为构件的计算跨度；悬臂构件的 l_0 按实际悬臂长度的 2 倍取用。

　　2. 构件有起拱时，可将计算所得挠度值减去起拱值。

　　3. 表中括号中的数值适用于使用上对挠度有较高要求的构件。

表 15-2-5　钢与混凝土组合梁挠度限值　　　　　　（单位：mm）

类型	挠度限值（以计算跨度 l_0 计算）
主梁	$l_0/300$（$l_0/400$）
其他梁	$l_0/250$（$l_0/300$）

注：1. 表中 l_0 为构件的计算跨度；悬臂构件的 l_0 按实际悬臂长度的 2 倍取用。

　　2. 构件有起拱时，可将计算所得挠度值减去起拱值。

　　3. 表中括号中的数值为可变荷载标准值产生的挠度允许值。

11）型钢混凝土梁按荷载效应的准永久值，并考虑荷载长期作用影响的最大裂缝宽度，不应大于表 15-2-6 规定的最大裂缝宽度限值。

表 15-2-6　型钢混凝土梁最大裂缝宽度限值

而久性环境等级	裂缝控制等级	最大裂缝宽度限值 ω_{max}
一	三级	0.3（0.4）
二 a		
二 b		0.2
三 a　三 b		

注：对于年平均湿度小于 60% 地区一级环境下的型钢混凝土梁，其最大宽度限值可采用括号内的数值。

12）钢管混凝土柱的钢管在施工阶段的轴向应力不应大于其抗压强度设计值的 60%，并应符合稳定性验算的规定。

13）框架-核心筒、筒中筒组合结构，在施工阶段应计算竖向构件压缩变形的差异，根据分析结果预调构件的加工长度和安装标高，并应采取必要的措施控制由差异变形产生的结构附加内力。

15.2.4　构造要求

1）型钢混凝土和钢管混凝土组合结构构件，其梁、柱、支撑的节点构造、钢筋机械连接套筒、连接板设置位置、型钢上预留钢筋孔和混凝土浇筑孔、排气孔位置等应进行专业深化设计。

2）组合结构中的钢结构制作、安装应符合现行国家标准《钢结构工程施工质量验收标准》（GB 50205）及《钢结构焊接规范》（GB 50661）的规定。

3）焊缝的坡口形式和尺寸，应符合现行国家标准《气焊、焊条电弧焊、气体保护焊和高能束焊的推荐坡口》（GB/T 985.1）和《埋弧焊的推荐坡口》（GB/T 985.2）的规定。

4）型钢混凝土柱和钢管混凝土柱采用埋入式柱脚时，型钢、钢管与底板的连接焊缝宜采用坡口全熔透焊缝，焊缝等级为二级；当采用非埋入式柱脚时，型钢、钢管与柱脚底板的连接应采用坡口全熔透焊缝，焊缝等级为一级。

5）抗剪栓钉的直径规格宜选用 19mm 和 22mm，其长度不宜小于 4 倍栓钉直径，水平和竖向间距不宜小于 6 倍栓钉直径且不宜大于 200mm。栓钉中心至型钢翼缘边缘距离不应小于 50mm，栓钉顶面的混凝土保护层厚度不宜小于 15mm。

6）钢筋连接可采用绑扎搭接、机械连接或焊接，纵向受拉钢筋的接头面积百分率不宜大于

50%。机械连接宜用于直径不小于 16mm 受力钢筋的连接，其接头质量应符合现行行业标准《钢筋机械连接技术规程》（JGJ 107）、《钢筋机械连接用套筒》（JG/T 163）的规定。当纵向受力钢筋与钢构件连接时，可采用可焊接机械连接套筒或连接板。可焊接机械连接套筒的抗拉强度不应小于连接钢筋抗拉强度标准值的 1.1 倍。可焊接机械连接套筒与钢构件应采用等强焊接并在工厂完成。连接板与钢构件、钢筋连接时应保证焊接质量。

15.3 型钢混凝土框架梁和转换梁

15.3.1 一般规定

1）型钢混凝土受弯构件试验表明，受弯构件在外荷载作用下，截面的混凝土、钢筋、型钢的应变保持平面，受压极限应变接近于 0.003、破坏形态以型钢受压翼缘以上混凝土突然压碎、型钢翼缘达到屈服为标志，其基本性能与钢筋混凝土受弯构件相似。由此，型钢混凝土框架梁和转换梁正截面承载力应按下列基本假定进行计算：

①截面应变保持平面。

②不考虑混凝土的抗拉强度。

③受压边缘混凝土极限压应变 ε_{cu} 取 0.003，相应的最大压应力取混凝土轴心抗压强度设计值 f_c 乘以受压区混凝土压应力影响系数 α_1，当混凝土强度等级不超过 C50 时，α_1 取为 1.0；当混凝土强度等级为 C80 时，α_1 取为 0.94，其间按线性内插法确定；受压区应力图简化为等效的矩形应力图，其高度取按平截面假定所确定的中和轴高度乘以受压区混凝土应力图形影响系数 β_1，当混凝土强度等级不超过 C50 时，β_1 取为 0.8，当混凝土强度等级为 C80 时，β_1 取为 0.74，其间按线性内插法确定。

④型钢腹板的应力图形为拉压梯形应力图形，计算时简化为等效矩形应力图形。

⑤钢筋、型钢的应力等于钢筋、型钢应变与其弹性模量的乘积，其绝对值不应大于其相应的强度设计值；纵向受拉钢筋和型钢受拉翼缘的极限拉应变取 0.01。

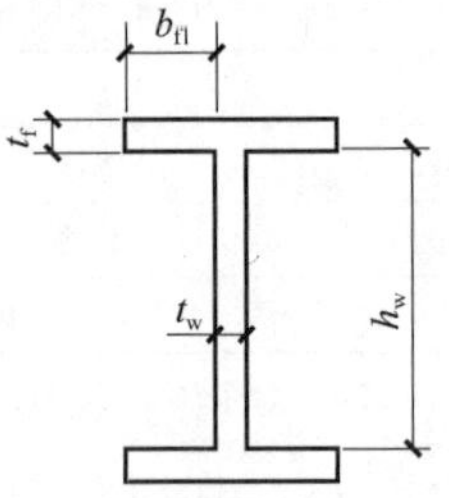

图 15-3-1 型钢混凝土梁的型钢钢板宽厚比

2）型钢混凝土框架梁和转换梁中的型钢钢板厚度不宜小于 6mm，其钢板宽厚比如图 15-3-1 所示，应符合表 15-3-1 的规定。

表 15-3-1 型钢混凝土梁的型钢钢板宽厚比限值

序号	钢材牌号	b_{f1}/t_f	h_w/t_w
1	Q235	≤23	≤107
2	Q355、Q345GJ	≤19	≤91
3	Q390	≤18	≤83
4	Q420	≤17	≤80

3）型钢混凝土框架梁和转换梁最外层钢筋的混凝土保护层。最小厚度应符合现行国家标准《混凝土结构设计规范》（GB 50010）的规定。型钢的混凝土保护层最小厚度如图 15-3-2 所示，不宜小于 100mm，且梁内型钢翼缘离两侧边距离 b_1、b_2 之和不宜小于截面宽度的 1/3。

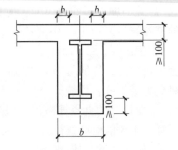

图 15-3-2 型钢混凝土梁中型钢的混凝土保护层最小厚度

15.3.2 承载力计算

1）型钢截面为充满型实腹型钢的型钢混凝土框架梁和转换梁，其正截面受弯承载力应符合下列规定，如

图 15-3-3 所示。

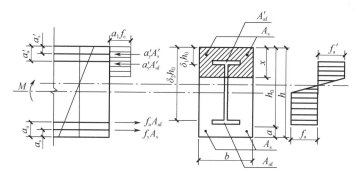

图 15-3-3　梁正截面受弯承载力计算参数

①持久、短暂设计状况

$$M \leqslant \alpha_1 f_c bx \left(h_0 - \frac{x}{2} \right) + f_y' A_s' (h_0 - a_s') + f_a' A_{af}' (h_0 - a_a') + M_{aw} \tag{15-3-1}$$

$$\alpha_1 f_c bx + f_y' A_s' + f_a' A_{af}' - f_y A_s - f_a A_{af} + N_{aw} = 0 \tag{15-3-2}$$

②抗震设计状态

$$M \leqslant \frac{1}{\gamma_{RE}} \left[\alpha_1 f_c bx \left(h_0 - \frac{x}{2} \right) + f_y' A_s' (h_0 - a_s') + f_a' A_{af}' (h_0 - a_a') + M_{aw} \right] \tag{15-3-3}$$

$$\alpha_1 f_c bx + f_y' A_s' + f_a' A_{af}' - f_y A_s - f_a A_{af} + N_{aw} = 0 \tag{15-3-4}$$

$$h_0 = h - a \tag{15-3-5}$$

③当 $\delta_1 h_0 < 1.25x$，$\delta_2 h_0 > 1.25x$ 时，M_{aw} 及 N_{aw} 应按下式计算：

$$M_{aw} = \left[0.5 (\delta_1^2 + \delta_2^2) - (\delta_1 + \delta_2) + 2.5 \frac{x}{h_0} - \left(1.25 \frac{x}{h_0} \right)^2 \right] t_w h_0^2 f_a \tag{15-3-6}$$

$$N_{aw} = \left[2.5 \frac{x}{h_0} - (\delta_1 + \delta_2) \right] t_w h_0 f_a \tag{15-3-7}$$

④混凝土等效受压高度应符合下列公式的规定：

$$x \leqslant \xi_b h_0 \tag{15-3-8}$$

$$x \geqslant a_a' + t_f' \tag{15-3-9}$$

$$\xi_b = \frac{\beta_1}{1 + \dfrac{f_y + f_a}{2 \times 0.003 E_s}} \tag{15-3-10}$$

式中　M——弯矩设计值；

　　　M_{aw}——型钢腹板承受的轴向合力对型钢受拉翼缘和纵向受拉钢筋合力点的力矩；

　　　N_{aw}——型钢腹板承受的轴向合力；

　　　α_1——受压区混凝土压应力影响系数；

　　　β_1——受压区混凝土应力图形影响系数；

　　　f_c——混凝土轴心抗压强度设计值；

　f_a、f_a'——型钢抗拉、抗压强度设计值；

　f_y、f_y'——钢筋抗拉、抗压强度设计值；

　A_s、A_s'——受拉、受压钢筋的截面面积；

　A_{af}、A_{af}'——型钢受拉、受压翼缘的截面面积；

　　　b——截面宽度；

　　　h——截面高度；

　　　h_0——截面有效高度；

t_w——型钢腹板厚度；

t_f、t_f'——型钢受拉、受压翼缘厚度；

ξ_b——相对界限受压区高度；

E_s——钢筋弹性模量；

x——混凝土等效受压区高度；

a_s、a_a——受拉区钢筋、型钢翼缘合力点至截面受拉边缘的距离；

a_s'、a_a'——受压区钢筋、型钢翼缘合力点至截面受压边缘的距离；

a——型钢受拉翼缘与受拉钢筋合力点至截面受拉边缘的距离；

δ_1——型钢腹板上端至截面上边的距离与 h_0 的比值，$\delta_1 h_0$ 为型钢腹板上端至截面上边的距离；

δ_2——型钢腹板下端至截面上边的距离与 h_0 的比值，$\delta_2 h_0$ 为型钢腹板下端至截面上边的距离。

2）型钢混凝土框架梁和转换梁的剪力设计值应按下列规定计算：

①一级抗震等级的框架结构和 9 度设防烈度的一级抗震等级框架

$$V_b = 1.1 \frac{(M_{bua}^l + M_{bua}^r)}{l_n} + V_{Gb} \tag{15-3-11}$$

②其他情况

一级抗震等级

$$V_b = 1.3 \frac{(M_b^l + M_b^r)}{l_n} + V_{Gb} \tag{15-3-12}$$

二级抗震等级

$$V_b = 1.2 \frac{(M_b^l + M_b^r)}{l_n} + V_{Gb} \tag{15-3-13}$$

三级抗震等级

$$V_b = 1.1 \frac{(M_b^l + M_b^r)}{l_n} + V_{Gb} \tag{15-3-14}$$

式中　M_{bua}^l、M_{bua}^r——梁左、右端顺时针或逆时针方向按实配钢筋和型钢截面面积（计入受压钢筋及梁有效翼缘宽度范围内的楼板钢筋）、材料强度标准值，且考虑承载力抗震调整系数的正截面受弯承载力所对应的弯矩值；梁有效翼缘宽度取梁两侧跨度的 1/6 和翼板厚度 6 倍中的较小者；

　　M_b^l、M_b^r——考虑地震作用组合的梁左、右端顺时针或逆时针方向弯矩设计值；

　　V_b——梁剪力设计值；

　　V_{Gb}——考虑地震作用组合时的重力荷载代表值产生的剪力设计值，可按简支梁计算确定；

　　l_n——梁的净跨。

四级抗震等级，取地震作用组合下的剪力设计值。

③式（15-3-11）中的 M_{bua}^l 与 M_{bua}^r 之和，应分别按顺时针和逆时针方向进行计算，并取其较大值。式（15-3-12）~式（15-3-14）中的 M_b^l 与 M_b^r 之和，应分别按顺时针和逆时针方向进行计算的两端考虑地震组合的弯矩设计值之和的较大值，对一级抗震等级框架，两端弯矩均为负弯矩时，绝对值较小的弯矩应取零。

3）型钢混凝土框架梁的受剪截面应符合下列公式的规定：

①持久、短暂设计状况

$$V_b \leqslant 0.45 \beta_c f_c b h_0 \tag{15-3-15}$$

$$\frac{f_a t_w h_w}{\beta_c f_c b h_0} \geqslant 0.10 \tag{15-3-16}$$

②地震设计状况

$$V_b \leqslant \frac{1}{\gamma_{RE}} (0.36\beta_c f_c b h_0) \tag{15-3-17}$$

$$\frac{f_a t_w h_w}{\beta_c f_c b h_0} \geqslant 0.10 \tag{15-3-18}$$

式中　h_w——型钢腹板高度；

　　　β_c——混凝土强度影响系数，当混凝土强度等级不超过 C50 时，取 $\beta_c = 1.0$；当混凝土强度
等级为 C80 时，取 $\beta_c = 0.8$；其间按线性内插法确定。

4）型钢混凝土转换梁的受剪截面应符合下列公式的规定：

①持久、短暂设计状况

$$V_b \leqslant 0.4\beta_c f_c b h_0 \tag{15-3-19}$$

$$\frac{f_a t_w h_w}{\beta_c f_c b h_0} \geqslant 0.10 \tag{15-3-20}$$

②地震设计状况

$$V_b \leqslant \frac{1}{\gamma_{RE}} (0.3\beta_c f_c b h_0) \tag{15-3-21}$$

$$\frac{f_a t_w h_w}{\beta_c f_c b h_0} \geqslant 0.10 \tag{15-3-22}$$

5）型钢截面为充满型实腹型钢的型钢混凝土框架梁和转换梁，其斜截面受剪承载力应符合
下列公式的规定：

①一般框架梁和转换梁

A. 持久、短暂设计状况

$$V_b \leqslant 0.8 f_t b h_0 + f_{yv} \frac{A_{sv}}{s} h_0 + 0.58 f_a t_w h_w \tag{15-3-23}$$

B. 地震设计状况

$$V_b \leqslant \frac{1}{\gamma_{RE}} \left(0.5 f_t b h_0 + f_{yv} \frac{A_{sv}}{s} h_0 + 0.58 f_a t_w h_w \right) \tag{15-3-24}$$

②集中荷载作用下框架梁和转换梁

A. 持久、短暂设计状况

$$V_b \leqslant \frac{1.75}{\lambda + 1} f_t b h_0 + f_{yv} \frac{A_{sv}}{s} h_0 + \frac{0.58}{\lambda} f_a t_w h_w \tag{15-3-25}$$

B. 地震设计状况

$$V_b \leqslant \frac{1}{\gamma_{RE}} \left(\frac{1.05}{\lambda + 1} f_t b h_0 + f_{yv} \frac{A_{sv}}{s} h_0 + \frac{0.58}{\lambda} f_a t_w h_w \right) \tag{15-3-26}$$

式中　f_{yv}——箍筋的抗拉强度设计值；

　　　A_{sv}——配置在同一截面内箍筋各肢的全部截面面积；

　　　s——沿构件长度方向上箍筋的间距；

　　　λ——计算截面剪跨比，λ 可取 $\lambda = a/h$，a 为计算截面至支座截面或节点边缘的距离，
计算截面取集中荷载作用点处的截面；当 $\lambda < 1.5$ 时，取 $\lambda = 1.5$；当 $\lambda > 3$ 时，取
$\lambda = 3$；

　　　f_t——混凝土抗拉强度设计值。

6）配置桁架式型钢的型钢混凝土梁，其受弯承载力计算可将桁架的上、下弦型钢等效为纵

向钢筋，受剪承载力计算可将桁架的斜腹杆按其承载力的竖向分力等效为抗剪箍筋，按现行国家标准《混凝土结构设计规范》（GB 50010）中钢筋混凝土梁的相关规定计算。

15.3.3 裂缝宽度验算

1）型钢混凝土框架梁和转换梁应验算裂缝宽度，最大裂缝宽度应按荷载的准永久值并考虑长期作用的影响进行计算。型钢混凝土梁的最大裂缝宽度的限值应符合现行国家标准《混凝土结构设计规范》（GB 50010）的规定。

2）型钢混凝土梁的最大裂缝宽度可按下列公式计算，如图 15-3-4 所示。

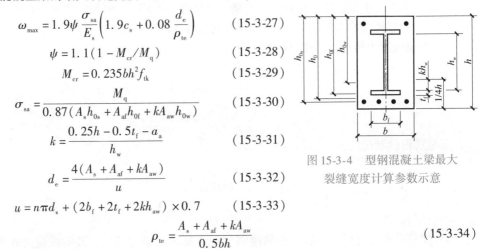

$$\omega_{max} = 1.9\psi \frac{\sigma_{sa}}{E_s}\left(1.9c_s + 0.08\frac{d_e}{\rho_{te}}\right) \quad (15\text{-}3\text{-}27)$$

$$\psi = 1.1(1 - M_{cr}/M_q) \quad (15\text{-}3\text{-}28)$$

$$M_{cr} = 0.235bh^2 f_{tk} \quad (15\text{-}3\text{-}29)$$

$$\sigma_{sa} = \frac{M_q}{0.87(A_s h_{0s} + A_{af} h_{0f} + kA_{aw} h_{0w})} \quad (15\text{-}3\text{-}30)$$

$$k = \frac{0.25h - 0.5t_f - a_a}{h_w} \quad (15\text{-}3\text{-}31)$$

$$d_e = \frac{4(A_s + A_{af} + kA_{aw})}{u} \quad (15\text{-}3\text{-}32)$$

$$u = n\pi d_s + (2b_f + 2t_f + 2kh_{aw}) \times 0.7 \quad (15\text{-}3\text{-}33)$$

$$\rho_{te} = \frac{A_s + A_{af} + kA_{aw}}{0.5bh} \quad (15\text{-}3\text{-}34)$$

图 15-3-4 型钢混凝土梁最大裂缝宽度计算参数示意

式中　ω_{max}——最大裂缝宽度；

M_q——按荷载效应的准永久值计算的弯矩值；

M_{cr}——梁截面抗裂弯矩；

c_s——最外层纵向受拉钢筋的混凝土保护层厚度（mm），当 $c_s > 65$ 时，取 $c_s = 65$；

ψ——考虑型钢翼缘作用的钢筋应变不均匀系数，当 $\psi < 0.2$ 时，取 $\psi = 0.2$；当 $\psi > 1.0$ 时，取 $\psi = 1.0$；

k——型钢腹板影响系数，其值取梁受拉侧 1/4 梁高范围中腹板高度与整个腹板高度的比值；

n——纵向受拉钢筋数量；

b_f、t_f——受拉翼缘宽度、厚度；

d_e、ρ_{te}——考虑型钢受拉翼缘与部分腹板及受拉钢筋的有效直径、有效配筋率；

σ_{sa}——考虑型钢受拉翼缘与部分腹板及受拉钢筋的钢筋应力值；

A_s、A_{af}——纵向受拉钢筋、型钢受拉翼缘面积；

A_{aw}、h_{aw}——型钢腹板面积、高度；

h_{0s}、h_{0f}、h_{0w}——纵向受拉钢筋、型钢受拉翼缘　k 截面重心至混凝土截面受压边缘的距离；

u——纵向受拉钢筋和型钢受拉翼缘与部分腹板周长之和。

15.3.4 挠度验算

1）型钢混凝土框架梁和转换梁在正常使用极限状态下的挠度不应超过表 15-2-4 规定的限值。对于等截面构件，计算中可假定各同号弯矩区段内的刚度相等，并取用该区段内最大弯矩处的刚度。

2）型钢混凝土框架梁和转换梁的纵向受拉钢筋配筋率为 0.3% ~ 1.5% 时，按荷载的准永久值计算的短期刚度和考虑长期作用影响的长期刚度，可按下列公式计算：

$$B_s = \left(0.22 + 3.75\frac{E_s}{E_c}\rho_s\right)E_c I_c + E_a I_a \tag{15-3-35}$$

$$B = \frac{B_s - E_a I_a}{\theta} + E_a I_a \tag{15-3-36}$$

$$\theta = 2.0 - 0.4\frac{\rho'_{sa}}{\rho_{sa}} \tag{15-3-37}$$

式中　B_s——梁的短期刚度；

　　　B——梁的长期刚度；

　　　ρ_{sa}——梁截面受拉区配置的纵向受拉钢筋和型钢受拉翼缘面积之和的截面配筋率；

　　　ρ'_{sa}——梁截面受压区配置的纵向受压钢筋和型钢受压翼缘面积之和的截面配筋率；

　　　ρ_s——纵向受拉钢筋配筋率；

　　　E_c——混凝土弹性模量；

　　　E_a——型钢弹性模量；

　　　E_s——钢筋弹性模量；

　　　I_c——按截面尺寸计算的混凝土截面惯性矩；

　　　I_a——型钢的截面惯性矩；

　　　θ——考虑荷载长期作用对挠度增大的影响系数。

15.3.5　构造措施

1）型钢混凝土框架梁截面宽度不宜小于 300mm；型钢混凝土托柱转换梁截面宽度不应小于其所托柱在梁宽度方向截面宽度。托墙转换梁截面宽度不宜大于转换柱相应方向的截面宽度，且不宜小于其上墙体截面厚度的 2 倍和 400mm 的较大值。

2）型钢混凝土框架梁和转换梁中纵向受拉钢筋不宜超过两排，其配筋率不宜小于 0.3%，直径宜取 16 ~ 25mm，净距不宜小于 30mm 和 1.5d，d 为纵筋最大直径；梁的上部和下部纵向钢筋伸入节点的锚固构造要求应符合现行国家标准《混凝土结构设计规范》（GB 50010）的规定。

3）型钢混凝土框架梁和转换梁的腹板高度大于或等于 450mm 时，在梁的两侧沿高度方向每隔 200mm 应设置一根纵向腰筋，且每侧腰筋截面面积不宜小于梁腹板截面面积的 0.1%。

4）考虑地震作用组合的型钢混凝土框架梁和转换梁应采用封闭箍筋，其末端应有 135°弯钩，弯钩端头平直段长度不应小于 10 倍箍筋直径。

5）考虑地震作用组合的型钢混凝土框架梁，梁端应设置箍筋加密区，其加密区长度、加密区箍筋最大间距和箍筋最小直径应符合表 15-3-2 的要求。非加密区的箍筋间距不宜大于加密区箍筋间距的 2 倍。

表 15-3-2　抗震设计型钢混凝土梁箍筋加密区的构造要求

序号	抗震等级	箍筋加密区长度	加密区箍筋最大间距/mm	箍筋最小直径/mm
1	一级	2h	100	12
2	二级	1.5h	100	10
3	三级	1.5h	150	10
4	四级	1.5h	150	8

注：1. h 为梁高。

　　2. 当梁跨度小于梁截面高度 4 倍时，梁全跨应按箍筋加密区配置。

　　3. 一级抗震等级框架梁箍筋直径大于 12mm、二级抗震等级框架梁箍筋直径大于 10mm，箍筋数量不少于 4 肢且肢距不大于 150mm 时，箍筋加密区最大间距应允许适当放宽，但不得大于 150mm。

6）非抗震设计时，型钢混凝土框架梁应采用封闭箍筋，其箍筋直径不应小于 8mm，箍筋间距不应大于 250mm。

7) 梁端设置的第一个箍筋距节点边缘不应大于50mm。沿梁全长箍筋的面积配筋率应符合下列规定:

①持久、短暂设计状况

$$\rho_{sv} \geqslant 0.24 f_t / f_{yv} \tag{15-3-38}$$

②地震设计状况

一级抗震等级 $\qquad\qquad \rho_{sv} \geqslant 0.30 f_t / f_{yv} \tag{15-3-39}$

二级抗震等级 $\qquad\qquad \rho_{sv} \geqslant 0.28 f_t / f_{yv} \tag{15-3-40}$

三、四级抗震等级 $\qquad \rho_{sv} \geqslant 0.26 f_t / f_{yv} \tag{15-3-41}$

③箍筋的面积配筋率应按下式计算:

$$\rho_{sv} = \frac{A_{sv}}{bs} \tag{15-3-42}$$

8) 型钢混凝土框架梁和转换梁的箍筋肢距,可按现行国家标准《混凝土结构设计规范》(GB 50010) 的规定适当放松。

9) 型钢混凝土托柱转换梁,在离柱边1.5倍梁截面高度范围内应设置箍筋加密区,其箍筋直径不应小于12mm,间距不应大于100mm,加密区箍筋的面积配筋率应符合下列公式的规定:

①持久、短暂设计状况

$$\rho_{sv} \geqslant 0.9 f_t / f_{yv} \tag{15-3-43}$$

②地震设计状况

一级抗震等级 $\qquad\qquad \rho_{sv} \geqslant 1.2 f_t / f_{yv} \tag{15-3-44}$

二级抗震等级 $\qquad\qquad \rho_{sv} \geqslant 1.1 f_t / f_{yv} \tag{15-3-45}$

三、四级抗震等级 $\qquad \rho_{sv} \geqslant 1.0 f_t / f_{yv} \tag{15-3-46}$

10) 型钢混凝土托柱转换梁与托柱截面中线宜重合,在托柱位置宜设置正交方向楼面梁或框架梁,且在托柱位置的型钢腹板两侧应对称设置支承加劲肋。

11) 型钢混凝土托墙转换梁与转换柱截面中线宜重合;托墙转换梁的梁端以及托墙设有门洞的门洞边,在离柱边和门洞边1.5倍梁截面高度范围内应设置箍筋加密区,其箍筋直径、箍筋面积配筋率宜符合5)、7) 和9) 款的规定。在托墙门洞边位置型钢腹板两侧应对称设置支承加劲肋。

12) 当转换梁处于偏心受拉时,其支座上部纵向钢筋应至少有50%沿梁全长贯通,下部纵向钢筋应全部直通到柱内;沿梁高应配置间距不大于200mm、直径不小于16mm的腰筋。

13) 配置桁架式型钢的型钢混凝土框架梁,其压杆的长细比不宜大于120。

14) 对于配置实腹式型钢的托墙转换梁、托柱转换梁、悬臂梁和大跨度框架梁等主要承受竖向重力荷载的梁,型钢上翼缘应设置栓钉,栓钉的设置宜符合15.2.4中第5) 款的规定。

15) 在型钢混凝土梁上开孔时,其孔位宜设置在剪力较小截面附近,且宜采用圆形孔。当孔洞位于离支座1/4 跨度以外时,圆形孔的直径不宜大于0.4倍梁高,且不宜大于型钢截面高度的0.7倍;当孔洞位于离支座1/4 跨度以内时,圆孔的直径不宜大于0.3倍梁高,且不宜大于型钢截面高度的0.5倍。孔洞周边宜设置钢套管,管壁厚度不宜小于梁型钢腹板厚度,套管与梁型钢腹板连接的

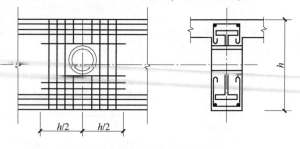

图 15-3-5　圆形孔孔口加强措施

角焊缝高度宜取0.7倍腹板厚度;腹板孔周围两侧宜各焊上厚度稍小于腹板厚度的环形补强板,其环板宽度可取75～125mm;且孔边应加设构造箍筋和水平筋,如图15-3-5所示。

16）型钢混凝土框架梁的圆孔孔洞截面处，应进行受弯承载力和受剪承载力计算。受弯承载力应按 15.3.2 中第 1）款计算，计算中应扣除孔洞面积；受剪承载力应符合下列公式规定：

①持久、短暂设计状况

$$V_b \leqslant 0.8 f_t b h_0 \left(1 - 1.6 \frac{D_h}{h} \right) + 0.58 f_a t_w (h_w - D_h) \gamma + \sum f_{yv} A_{sv} \tag{15-3-47}$$

②

$$V_b \leqslant \frac{1}{\gamma_{RE}} \left[0.6 f_t b h_0 \left(1 - 1.6 \frac{D_h}{h} \right) + 0.58 f_a t_w (h_w - D_h) \gamma + 0.8 \sum f_{yv} A_{sv} \right] \tag{15-3-48}$$

式中　γ——孔边条件系数，孔边设置钢套管时取 1.0，孔边不设钢套管时取 0.85；

D_h——圆孔洞直径；

$\sum f_{yv} A_{sv}$——加强箍筋的受剪承载力。

15.3.6　设计实例

【设计实例 1】型钢混凝土梁的截面尺寸为 $b = 450\text{mm}$，$h = 850\text{mm}$，混凝土采用 C30，型钢采用 Q355 钢，钢筋采用 HRB400 钢筋（图 15-3-6）。试设计承受负弯矩设计值 $M = 1200\text{kN} \cdot \text{m}$ 作用时梁的配筋。

解：假定型钢截面采用 Q355 热轧 H 型钢-HZ600（600mm × 220mm × 12mm × 19mm，$W_{ss} = 3069\text{cm}^3$），上部钢筋配两排钢筋共 4 Φ 22，下部钢筋配 2 Φ 22，具体配筋布置如图 15-3-6 所示。

$$\alpha_1 = 1.0$$
$$f_c = 14.3 \text{N/mm}^2$$
$$f_a = f_a' = 295 \text{N/mm}^2$$
$$f_y = f_y' = 360 \text{N/mm}^2$$
$$t_w = 12 \text{mm}$$
$$t_f = t_f' = 19 \text{mm}$$
$$A_s' = 760 \text{mm}^2$$
$$A_s = 1521 \text{mm}^2$$
$$a_s = 145 \text{mm}$$
$$a_s' = 70 \text{mm}$$
$$a_a = a_a' = 134.5 \text{mm}$$
$$A_{af}' = A_{af} = 4180 \text{mm}^2$$
$$h_0 = 850 - 137.7 = 712.3 \text{（mm）}$$
$$\delta_1 = 125/712.3 = 0.175$$
$$\delta_2 = 725/712.3 = 1.018$$
$$\beta_1 = 0.8$$
$$E_s = 2.0 \times 10^5 \text{N/mm}^2$$

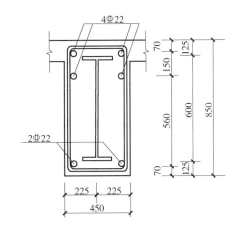

图 15-3-6　实例 1 图

$$\zeta_b = \frac{\beta_1}{1 + \dfrac{f_y + f_a}{2 \times 0.003 E_s}} = \frac{0.8}{1 + \dfrac{360 + 295}{2 \times 0.003 \times 2.0 \times 10^5}} = 0.5175$$

$$N_{aw} = \left[2.5 \frac{x}{h_0} - (\delta_1 + \delta_2) \right] t_w h_0 f_a$$

$$= \left[2.5 \times \frac{x}{712.3} - (0.175 + 1.018) \right] \times 12 \times 712.3 \times 295$$

$$= 8850x - 3008200$$

$$\alpha_1 f_c bx + f_y' A_s' + f_a' A_{af}' - f_y A_s - f_a A_{af} + N_{aw} = 0$$
$$1.0 \times 14.3 \times 450 \times x + 360 \times 760 - 360 \times 1521 + 8850x - 3008200 = 0$$
$$x = 214.7\text{mm}$$
$$x = 214.7\text{mm} \leqslant \xi_b h_0 = 0.5175 \times 712.3 = 368.6$$
$$x = 214.7\text{mm} \geqslant \alpha_a' + t_f' = (134.5 + 19)\text{mm} = 153.5\text{mm}$$

$$M_{aw} = \left[0.5(\delta_1^2 + \delta_2^2) - (\delta_1 + \delta_2) + 2.5\frac{x}{h_0} - \left(1.25\frac{x}{h_0}\right)^2 \right] t_w h_0^2 f_a$$

$$= \left[0.5 \times (0.175^2 + 1.018^2) - (0.175 + 1.018) + 2.5 \times \frac{214.7}{712.3} - \left(1.25 \times \frac{214.7}{712.3}\right)^2 \right] \times 12 \times$$

$$712.3^2 \times 295\text{kN} \cdot \text{m}$$

$$= -86.19\text{kN} \cdot \text{m}$$

$$\alpha_1 f_c bx \left(h_0 - \frac{x}{2}\right) + f_y' A_s'(h_0 - a_s') + f_a' A_{af}'(h_0 - a_a') + M_{aw}$$

$$= \left[1.0 \times 14.3 \times 450 \times 214.7 \times \left(712.3 - \frac{214.7}{2}\right) + 360 \times 760 \times (712.3 - 70) + 295 \times 4180 \times \right.$$

$$\left. (712.3 - 134.5) - 86190000 \right]\text{kN} \cdot \text{m}$$

$$= 1637.8\text{ kN} \cdot \text{m} \geqslant 1200\text{kN} \cdot \text{m}$$

正截面受弯承载力满足要求。

【设计实例2】 框架梁在重力荷载下，梁端剪力设计值为 $V_{Gb} = 1300\text{kN}$，在地震荷载作用下的剪力设计值 $V_E = 450\text{kN}$。在重力荷载下和地震荷载组合下，梁端截面弯矩设计值为 $M_b^l = 870\text{kN} \cdot \text{m}$ 和 $M_b^r = 2300\text{kN} \cdot \text{m}$，梁净跨为 $l_n = 6.0\text{m}$。经正截面承载力计算后，梁端截面的配筋如图 15-3-7 所示，梁的截面尺寸为 $b_b = 550\text{mm}$，$h_b = 850\text{mm}$，型钢截面尺寸为（mm）$600 \times 300 \times 16 \times 16$（$A_{ss} = 18690\text{mm}^2$，$W_{ss} = 3544000\text{mm}^3$），上部纵筋为 4 ⌀ 36（$A_s = 4072\text{mm}^2$），下部纵筋为 2 ⌀ 36（$A_s = 2036\text{mm}^2$）。混凝土采用 C30 级，型钢采用 Q355 钢，主筋、箍筋均采用 HRB400 钢筋，已知抗震等级为二级，计算框架梁箍筋。

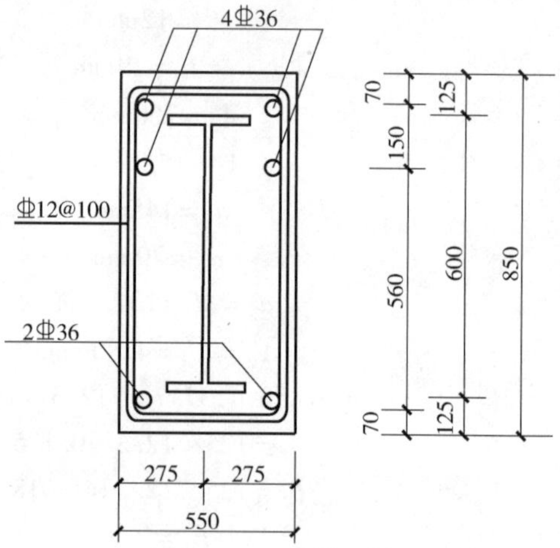

图 15-3-7 实例 2 图

解：

$$\beta_c = 1.0$$
$$f_c = 14.3\text{N/mm}^2$$
$$f_t = 1.43\text{N/mm}^2$$
$$f_a = 305\text{N/mm}^2$$
$$t_w = 16\text{mm}$$
$$h_w = 568\text{mm}$$
$$h_0 = (850 - 139)\text{mm} = 711\text{mm}$$

$$V_b = 1.2\frac{M_b^l + M_b^r}{l_n} + V_{Gb} = \left(1.2 \times \frac{870 + 2300}{6} + 1300\right)\text{kN} = 1934\text{kN}$$

$$\frac{f_a t_w h_w}{\beta_c f_c b h_0} = \frac{305 \times 16 \times 568}{1.0 \times 14.3 \times 550 \times 711} = 0.496 \geqslant 0.10$$

$$\frac{1}{\gamma_{RE}}(0.36\beta_c f_c b h_0) = \frac{1}{0.85} \times (0.36 \times 1.0 \times 14.3 \times 550 \times 711)\text{kN} = 2368\text{kN} \geqslant 1934\text{kN}$$

受剪截面满足要求。

$$\frac{1}{\gamma_{RE}}\left(0.5f_tbh_0+f_{yv}\frac{A_{sv}}{s}h_0+0.58f_atwh_w\right)=\frac{1}{0.85}\times\left(0.5\times1.43\times550\times711+360\times\frac{226}{100}\times711+0.58\times\right.$$

$$\left.305\times16\times568\right)kN=2901kN\geqslant1934kN$$

斜截面受剪承载力满足要求。

15.4　型钢混凝土框架柱和转换柱

15.4.1　一般规定

1）型钢混凝土框架柱和转换柱正截面承载力计算的基本假定应按 15.3.1 中的规定采用。

2）型钢混凝土框架柱和转换柱受力型钢的含钢率不宜小于 4%，且不宜大于 15%。当含钢率大于 15% 时，应增加箍筋、纵向钢筋的配筋量，并宜通过试验进行专门研究。

3）型钢混凝土框架柱和转换柱纵向受力钢筋的直径不宜小于 16mm，其全部纵向受力钢筋的总配筋率不宜小于 0.8%，每一侧的配筋百分率不宜小于 0.2%；纵向受力钢筋与型钢的最小净距不宜小于 30mm；柱内纵向钢筋的净距不宜小于 50mm 且不宜大于 250mm。纵向受力钢筋的最小锚固长度、搭接长度应符合现行国家标准《混凝土结构设计规范》（GB 50010）的规定。

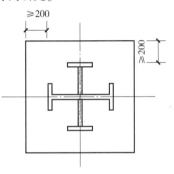

图 15-4-1　型钢混凝土柱中型钢保护层最小厚度

4）型钢混凝土框架柱和转换柱最外层纵向受力钢筋的混凝土保护层最小厚度应符合现行国家标准《混凝土结构设计规范》（GB 50010）的规定。型钢的混凝土保护层最小厚度，如图 15-4-1 所示，不宜小于 200mm。

5）型钢混凝土柱中型钢用钢板的厚度不宜小于 8mm，其钢板的宽厚比，如图 15-4-2 所示，应符合表 15-4-1 的规定。

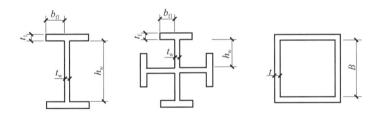

图 15-4-2　型钢混凝土柱中型钢钢板宽厚比

表 15-4-1　型钢混凝土柱中型钢钢板宽厚比限值

序号	钢材牌号	型钢柱中板件		
		b_{fl}/t_f	h_w/t_w	B/t
1	Q235	≤23	≤96	≤72
2	Q355、Q345GJ	≤19	≤81	≤61
3	Q390	≤18	≤75	≤56
4	Q420	≤17	≤71	≤54

15.4.2　承载力计算

1）型钢混凝土轴心受压柱的正截面受压承载力应符合以下公式的规定：

①持久、短暂设计状况

$$N \leqslant 0.9\varphi(f_c A_c + f_y' A_s' + f_a' A_a') \tag{15-4-1}$$

②地震设计状况

$$N \leqslant \frac{1}{\gamma_{RE}}[0.9\varphi(f_c A_c + f_y' A_s' + f_a' A_a') \tag{15-4-2}$$

式中　　　N——型钢柱轴向压力设计值；

A_c、A_s'、A_a'——混凝土、钢筋、型钢的截面面积；

f_c、f_y'、f_a'——混凝土、钢筋、型钢的抗压强度设计值；

φ——轴心受压柱稳定系数，应按表 15-4-2 采用。

表 15-4-2　型钢混凝土柱轴心受压稳定系数 φ

l_0/i	≤28	35	42	48	55	62	69	76	83	90	97	104
φ	1.00	0.98	0.95	0.92	0.87	0.81	0.75	0.70	0.65	0.60	0.56	0.52

注：1. l_0 为构件的计算长度。

2. i 为截面的最小回转半径，$i = \sqrt{\dfrac{E_c I_c + E_a I_a}{E_c A_c + E_a A_a}}$。

2）型钢截面为充满型实腹型钢的型钢混凝土偏心受压框架柱和转换柱，其正截面受压承载力应符合下列规定，如图 15-4-3 所示。

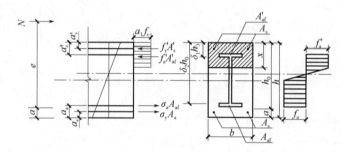

图 15-4-3　偏心受压框架柱和转换柱的承载力计算参数

①持久、短暂设计状况

$$N \leqslant \alpha_1 f_c bx + f_y' A_s' + f_a' A_{af}' - \sigma_s A_s - \sigma_a A_{af} + N_{aw} \tag{15-4-3}$$

$$Ne \leqslant \alpha_1 f_c bx\left(h_0 - \frac{x}{2}\right) + f_y' A_s'(h_0 - a_s') + f_a' A_{af}'(h_0 - a_a') + M_{aw} \tag{15-4-4}$$

②地震设计状况

$$N \leqslant \frac{1}{\gamma_{RE}}(\alpha_1 f_c bx + f_y' A_s' + f_a' A_{af}' - \sigma_s A_s - \sigma_a A_{af} + N_{aw}) \tag{15-4-5}$$

$$Ne \leqslant \frac{1}{\gamma_{RE}}\left[\alpha_1 f_c bx\left(h_0 - \frac{x}{2}\right) + f_y' A_s'(h_0 - a_s') + f_a' A_{af}'(h_0 - a_a') + M_{aw}\right] \tag{15-4-6}$$

$$h_0 - h = a \tag{15-4-7}$$

$$e = e_i + \frac{h}{2} - a \tag{15-4-8}$$

$$e_i = e_0 + e_a \tag{15-4-9}$$

$$e_0 = M/N \tag{15-4-10}$$

③N_{aw}、M_{aw} 应按下列公式计算：

A. 当 $\delta_1 h_0 < x/\beta_1$，$\delta_2 h_0 > x/\beta_1$ 时

$$N_{aw} = \left[\frac{2x}{\beta_1 h_0} - (\delta_1 + \delta_2)\right] t_w h_0 f_a \tag{15-4-11}$$

$$M_{aw} = \left[0.5(\delta_1^2 + \delta_2^2) - (\delta_1 + \delta_2) + \frac{2x}{\beta_1 h_0} - \left(\frac{x}{\beta_1 h_0}\right)^2 \right] t_w h_0^2 f_a \tag{15-4-12}$$

B. 当 $\delta_1 h_0 < x/\beta_1$，$\delta_2 h_0 < x/\beta_1$ 时

$$N_{aw} = (\delta_2 - \delta_1) t_w h_0 f_a \tag{15-4-13}$$

$$M_{aw} = [0.5(\delta_1^2 - \delta_2^2) + (\delta_2 - \delta_1)] t_w h_0^2 f_a \tag{15-4-14}$$

④受拉或受压较小边的钢筋应力 σ_s 和型钢翼缘应力 σ_a 可按下列规定计算：

A. 当 $x < \xi_b h_0$ 时，$\sigma_s = f_y$，$\sigma_a = f_a$

B. 当 $x > \xi_b h_0$ 时

$$\sigma_s = \frac{f_y}{\xi_b - \beta_1} \left(\frac{x}{h_0} - \beta_1 \right) \tag{15-4-15}$$

$$\sigma_a = \frac{f_a}{\xi_b - \beta_1} \left(\frac{x}{h_0} - \beta_1 \right) \tag{15-4-16}$$

C. ξ_b 可按下式计算：

$$\xi_b = \frac{\beta_1}{1 + \dfrac{f_y + f_a}{2 \times 0.003 E_s}} \tag{15-4-17}$$

式中　　e——轴向力作用点至纵向受拉钢筋和型钢受拉翼缘的合力点之间的距离；

e_0——轴向力对截面重心的偏心矩；

e_i——初始偏心矩；

e_a——附加偏心距，按下面第 4）款规定计算；

α_1——受压区混凝土压应力影响系数；

β_1——受压区混凝土应力图形影响系数；

M——柱端较大弯矩设计值；当需要考虑挠曲产生的二阶效应时，柱端弯矩 M 应按现行国家标准《混凝土结构设计规范》（GB 50010）的规定确定；

N——与弯矩设计值 M 相对应的轴向压力设计值；

M_{aw}——型钢腹板承受的轴向合力对受拉或受压较小边型钢翼缘和纵向钢筋合力点的力矩；

N_{aw}——型钢腹板承受的轴向合力；

f_c——混凝土轴心抗压强度设计值；

f_a、f_a'——型钢抗拉、抗压强度设计值；

f_y、f_y'——钢筋抗拉、抗压强度设计值；

A_s、A_s'——受拉、受压钢筋的截面面积；

A_{af}、A_{af}'——型钢受拉、受压翼缘的截面面积；

b——截面宽度；

h——截面高度；

h_0——截面有效高度；

t_w——型钢腹板厚度；

t_f、t_f'——型钢受拉、受压翼缘厚度；

ξ_b——相对界限受压区高度；

E_s——钢筋弹性模量；

x——混凝土等效受压区高度；

a_s、a_a——受拉区钢筋、型钢翼缘合力点至截面受拉边缘的距离；

a_s'、a_a'——受压区钢筋、型钢翼缘合力点至截面受压边缘的距离；

a——型钢受拉翼缘与受拉钢筋合力点至截面受拉边缘的距离；

δ_1——型钢腹板上端至截面上边的距离与 h_0 的比值，$\delta_1 h_0$ 为型钢腹板上端至截面上边的

距离；

δ_2——型钢腹板下端至截面上边的距离与 h_0 的比值，$\delta_2 h_0$ 为型钢腹板下端至截面上边的距离。

3）配置十字形型钢的型钢混凝土偏心受压框架柱和转换柱，如图 15-4-4 所示，其正截面受压承载力计算中可折算计入腹板两侧的侧腹板面积，其等效腹板厚度 t'_w 可按下式计算。

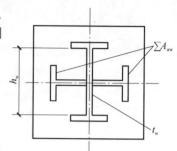

$$t'_w = t_w + \frac{0.5 \sum A_{aw}}{h_w} \qquad (15\text{-}4\text{-}18)$$

式中　$\sum A_{aw}$——两侧的侧腹板总面积；

t_w——腹板厚度。

4）型钢混凝土偏心受压框架柱和转换柱的正截面受压承载力计算，应考虑轴向压力在偏心方向存在的附加偏心距 e_a，其值宜取 20mm 和偏心方向截面尺寸的 1/30 两者中的较大值。

图 15-4-4　配置十字形型钢的型钢混凝土柱

5）对截面具有两个互相垂直的对称轴的型钢混凝土双向偏心受压框架柱和转换柱，应符合 X 向和 Y 向单向偏心受压承载力计算要求；其双向偏心受压承载力计算可按下列规定计算，也可按基于平截面假定、通过划分为材料单元的截面极限平衡方程，用数值积分的方法进行迭代计算。

①型钢混凝土双向偏心受压框架柱和转换柱，其正截面受压承载力可按下列公式计算：

A. 持久、短暂设计状况

$$N \leqslant \frac{1}{\dfrac{1}{N_{ux}} + \dfrac{1}{N_{uy}} - \dfrac{1}{N_{u0}}} \qquad (15\text{-}4\text{-}19)$$

B. 地震设计状况

$$N \leqslant \frac{1}{\gamma_{RE}} \left(\frac{1}{\dfrac{1}{N_{ux}} + \dfrac{1}{N_{uy}} - \dfrac{1}{N_{u0}}} \right) \qquad (15\text{-}4\text{-}20)$$

②型钢混凝土双向偏心受压框架柱和转换柱，当 e_{iy}/h、e_{ix}/b 不大于 0.6 时，其正截面受压承载力可按下列公式计算，如图 15-4-5 所示。

A. 持久、短暂设计状况

$$N \leqslant \frac{A_c f_c + A_s f_y + A_a f_a/(1.7 - \sin\alpha)}{1 + 1.3\left(\dfrac{e_{ix}}{b} + \dfrac{e_{iy}}{h}\right) + 2.8\left(\dfrac{e_{ix}}{b} + \dfrac{e_{iy}}{h}\right)^2} k_1 k_2 \qquad (15\text{-}4\text{-}21)$$

B. 地震设计状况

$$N \leqslant \frac{1}{\gamma_{RE}} \left[\frac{A_c f_c + A_s f_y + A_a f_a/(1.7 - \sin\alpha)}{1 + 1.3\left(\dfrac{e_{ix}}{b} + \dfrac{e_{iy}}{h}\right) + 2.8\left(\dfrac{e_{ix}}{b} + \dfrac{e_{iy}}{h}\right)^2} k_1 k_2 \right] \qquad (15\text{-}4\text{-}22)$$

$$k_1 = 1.09 - 0.015 \frac{l_0}{b} \qquad (15\text{-}4\text{-}23)$$

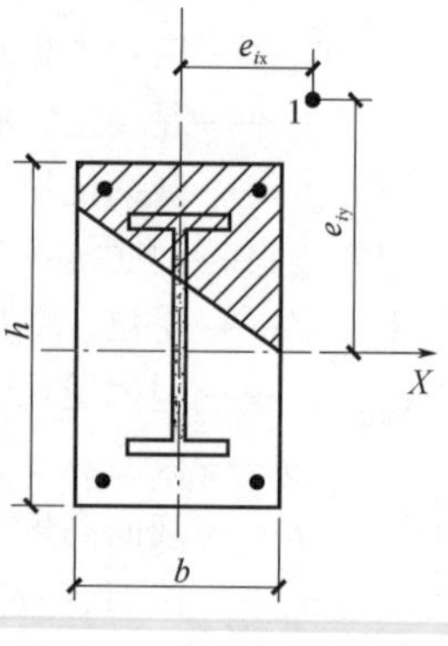

$$k_2 = 1.09 - 0.015 \frac{l_0}{h} \qquad (15\text{-}4\text{-}24)$$

图 15-4-5　双向偏心受压框架柱和转换柱的承载力计算
1—轴向力作用点

式中　N——双偏心轴向压力设计值；

N_{u0}——柱截面的轴心受压承载力设计值，应按式（14-4-1）计算，并将此式改为等号；

N_{ux}、N_{uy}——柱截面的 X 轴方向和 Y 轴方向的单向偏心承载力设计值；按式（14-4-2）计算，

式中的 N 应分别用 N_{ux}、N_{uy} 替换；

l_0——框架柱的计算长度；

f_c、f_y、f_a——混凝土、纵向钢筋、型钢的抗压强度设计值；

A_c、A、A_a——混凝土、纵向钢筋、型钢的截面面积；

e_{iy}、e_{ix}——轴向力 N 对 X 轴及 Y 轴的计算偏心距，按式（15-4-8）~式（15-4-10）计算；

b、h——柱的截面宽度、高度；

k_1、k_2——X 轴和 Y 轴构件长细比影响系数；

α——荷载作用点与截面中心点连线相对于 X 轴或 Y 轴的较小偏心角，取 $\alpha \leqslant 45°$。

6）型钢混凝土轴心受拉柱的正截面受拉承载力应符合下列公式的规定：

①持久、短暂设计状况

$$N \leqslant f_y A_s + f_a A_a \tag{15-4-25}$$

②地震设计状况

$$N \leqslant \frac{1}{\gamma_{RE}}(f_y A_s + f_a A_a) \tag{15-4-26}$$

式中　N——构件的轴向拉力设计值；

A_s、A_a——纵向受力钢筋和型钢的截面面积；

f_y、f_a——纵向受力钢筋和型钢的材料抗拉强度设计值。

7）型钢截面为充满型实腹型钢的型钢混凝土偏心受拉框架柱和转换柱，其正截面受拉承载力应符合下列规定，如图 15-4-6 所示。

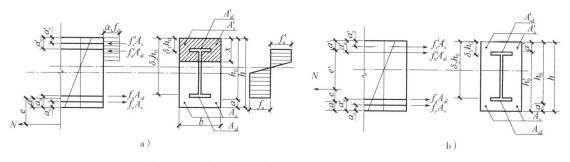

图 15-4-6　偏心受拉框架柱和转换柱的承载力计算参数

a）大偏心受拉　b）小偏心受拉

①大偏心受拉

A. 持久、短暂设计状况

$$N \leqslant f_y A_s + f_a A_{af} - f'_y A'_s - f'_a A'_{af} - \alpha_1 f_c bx + N_{aw} \tag{15-4-27}$$

$$Ne \leqslant \alpha_1 f_c bx\left(h_0 - \frac{x}{2}\right) + f'_y A'_s(h_0 - a'_s) + f'_a A'_{af}(h_0 - a'_a) + M_{aw} \tag{15-4-28}$$

B. 地震设计状况

$$N \leqslant \frac{1}{\gamma_{RE}}\left[f_y A_s + f_a A_{af} - f'_y A'_s - f'_a A'_{af} - \alpha_1 f_c bx + N_{aw}\right] \tag{15-4-29}$$

$$Ne \leqslant \frac{1}{\gamma_{RE}}\left[\alpha_1 f_c bx\left(h_0 - \frac{x}{2}\right) + f'_y A'_s(h_0 - a'_s) + f'_a A'_{af}(h_0 - a'_a) + M_{aw}\right] \tag{15-4-30}$$

$$h_0 = h - a \tag{15-4-31}$$

$$e = e_0 - \frac{h}{2} + \alpha \tag{15-4-32}$$

$$e_0 = \frac{M}{N} \tag{15-4-33}$$

C. N_{aw}、M_{aw} 应按下式计算：

当 $\delta_1 h_0 < x/\beta_1$，$\delta_2 h_0 > x/\beta_1$ 时

$$N_{aw} = \left[(\delta_1 + \delta_2) - \frac{2x}{\beta_1 h_0} \right] t_w h_0 f_a \qquad (15\text{-}4\text{-}34)$$

$$M_{aw} = \left[(\delta_1 + \delta_2) + \left(\frac{x}{\beta_1 h_0}\right)^2 - \frac{2x}{\beta_1 h_0} - 0.5(\delta_1^2 + \delta_2^2) \right] t_w h_0^2 f_a \qquad (15\text{-}4\text{-}35)$$

当 $\delta_1 h_0 < x/\beta_1$，$\delta_2 h_0 < x/\beta_1$ 时

$$N_{aw} = (\delta_2 - \delta_1) t_w h_0 f_a \qquad (15\text{-}4\text{-}36)$$

$$M_{aw} = \left[(\delta_2 - \delta_1) - 0.5(\delta_2^2 - \delta_1^2) \right] t_w h_0^2 f_a \qquad (15\text{-}4\text{-}37)$$

D. $x < 2a_a'$ 时，可按式（15-4-27）~式（15-4-30）计算，式中 f_a' 的改为 σ_a'，σ_a' 按下式计算

$$\sigma_a' = \left(1 - \frac{\beta_1 a_a'}{x} \right) \varepsilon_{cu} E_a \qquad (15\text{-}4\text{-}38)$$

②小偏心受拉

A. 持久、短暂设计状况

$$Ne \leqslant f_y' A_s' (h_0 - a_s') + f_a' A_{af}' (h_0 - a_a') + M_{aw} \qquad (15\text{-}4\text{-}39)$$

$$Ne' \leqslant f_y A_s (h_0' - a_s) + f_a A_{af} (h_0' - a_a) + M_{aw}' \qquad (15\text{-}4\text{-}40)$$

B. 地震设计状况

$$Ne \leqslant \frac{1}{\gamma_{RE}} \left[f_y' A_s' (h_0 - a_s') + f_a' A_{af}' (h_0 - a_a') + M_{aw} \right] \qquad (15\text{-}4\text{-}41)$$

$$Ne' \leqslant \frac{1}{\gamma_{RE}} \left[f_y' A_s' (h_0' - a_s) + f_a A_{af} (h_0' - a_a) + M_{aw}' \right] \qquad (15\text{-}4\text{-}42)$$

$$M_{aw} = \left[(\delta_2 - \delta_1) - 0.5(\delta_2^2 - \delta_1^2) \right] t_w h_0^2 f_a \qquad (15\text{-}4\text{-}43)$$

$$M_{aw}' = \left[0.5(\delta_2^2 - \delta_1^2) - (\delta_2 - \delta_1) \frac{a'}{h_0} \right] t_w h_0^2 f_a \qquad (15\text{-}4\text{-}44)$$

$$e' = e_0 + \frac{h}{2} - a \qquad (15\text{-}4\text{-}45)$$

式中　e——轴向拉力作用点至纵向受拉钢筋和型钢受拉翼缘的合力点之间的距离；

　　　e'——轴向拉力作用点至纵向受压钢筋和型钢受压翼缘的合力点之间的距离。

8）考虑地震作用组合一、二、三、四级抗震等级的框架柱的节点上、下端的内力设计值应按下列公式计算：

①节点上、下柱端的弯矩设计值

A. 一级抗震等级的框架结构和9度设防烈度一级抗震等级的各类框架

$$\sum M_C = 1.2 \sum M_{bua} \qquad (15\text{-}4\text{-}46)$$

B. 框架结构

二级抗震等级

$$\sum M_C = 1.5 \sum M_b \qquad (15\text{-}4\text{-}47)$$

三级抗震等级

$$\sum M_C = 1.3 \sum M_b \qquad (15\text{-}4\text{-}48)$$

四级抗震等级

$$\sum M_C = 1.2 \sum M_b \qquad (15\text{-}4\text{-}49)$$

C. 其他各类框架

一级抗震等级

$$\sum M_C = 1.4 \sum M_b \qquad (15\text{-}4\text{-}50)$$

二级抗震等级

$$\sum M_{\mathrm{C}} = 1.2 \sum M_{\mathrm{b}} \qquad (15\text{-}4\text{-}51)$$

三、四级抗震等级

$$\sum M_{\mathrm{C}} = 1.1 \sum M_{\mathrm{b}} \qquad (15\text{-}4\text{-}52)$$

式中　$\sum M_{\mathrm{C}}$——考虑地震组合的节点上、下柱端的弯矩设计值之和；柱端弯矩设计值可取调整后的弯矩之和按弹性分析的弯矩进行分配；

　　$\sum M_{\mathrm{bua}}$——同一节点左、右梁端按顺时针和逆时针方向采用实配钢筋和实配型钢材料强度标准值，且考虑承载力抗震调整系数的正截面受弯承载力之和的较大值，应按 15.3.2 中第 2）款的有关规定计算；

　　$\sum M_{\mathrm{b}}$——同一节点左、右梁端，按顺时针和逆时针方向计算的两端考虑地震作用组合的弯矩设计值之和的较大值；一级抗震等级，当两端弯矩均为负弯矩时，绝对值较小的弯矩值应取零。

②考虑地震作用组合的框架结构底层柱下端截面的弯矩设计值，对一、二、三、四级抗震等级应分别乘以弯矩增大系数 1.7、1.5、1.3 和 1.2。底层柱纵向钢筋宜按柱上、下端的不利情况配置。

③与转换构件相连的一、二级抗震等级的转换柱上端和底层柱下端截面的弯矩设计值应分别乘以弯矩增大系数 1.5 和 1.3。

④顶层柱、轴压比小于 0.15 柱，其柱端弯矩设计值可取地震作用组合下的弯矩设计值。

⑤节点上、下柱端的轴向力设计值，应取地震作用组合下各自的轴向力设计值。

9）一、二级抗震等级的转换柱由地震作用产生的柱轴力应分别乘以增大系数 1.5 和 1.2，但计算柱轴压比时可不计该项增大。

10）框架角柱和转换角柱宜按双向偏心受力构件进行正截面承载力计算。一、二、三、四级抗震等级的框架角柱和转换角柱的弯矩设计值和剪力设计值应取调整后的设计值乘以不小于 1.1 的增大系数。

11）地下室顶板作为上部结构的嵌固部位时，地下一层柱截面每侧的纵向钢筋面积除应符合计算要求外，不应小于地上一层对应柱每侧纵向钢筋面积的 1.1 倍，地下一层梁端顶面及底面的纵向钢筋应比计算值增大 10%。

12）考虑地震作用组合一、二、三、四级抗震等级的框架柱、转换柱的剪力设计值应按下列规定计算：

①一级抗震等级的框架结构和 9 度设防烈度一级抗震等级的各类框架

$$V_{\mathrm{c}} = 1.2 \frac{M_{\mathrm{cua}}^{\mathrm{t}} + M_{\mathrm{cua}}^{\mathrm{b}}}{H_{\mathrm{n}}} \qquad (15\text{-}4\text{-}53)$$

②框架结构

二级抗震等级

$$V_{\mathrm{c}} = 1.3 \frac{M_{\mathrm{c}}^{\mathrm{t}} + M_{\mathrm{c}}^{\mathrm{b}}}{H_{\mathrm{n}}} \qquad (15\text{-}4\text{-}54)$$

三级抗震等级

$$V_{\mathrm{c}} = 1.2 \frac{M_{\mathrm{c}}^{\mathrm{t}} + M_{\mathrm{c}}^{\mathrm{b}}}{H_{\mathrm{n}}} \qquad (15\text{-}4\text{-}55)$$

四级抗震等级

$$V_{\mathrm{c}} = 1.1 \frac{M_{\mathrm{c}}^{\mathrm{t}} + M_{\mathrm{c}}^{\mathrm{b}}}{H_{\mathrm{n}}} \qquad (15\text{-}4\text{-}56)$$

③其他各类框架

一级抗震等级

$$V_c = 1.4 \frac{M_c^t + M_c^b}{H_n} \tag{15-4-57}$$

二级抗震等级

$$V_c = 1.2 \frac{M_c^t + M_c^b}{H_n} \tag{15-4-58}$$

三、四级抗震等级

$$V_c = 1.1 \frac{M_c^t + M_c^b}{H_n} \tag{15-4-59}$$

④式（15-4-53）中 M_{cua}^t 与 M_{cua}^b 之和，应分别按顺时针和逆时针方向进行计算，并取其较大值。M_{cua}^t 与 M_{cua}^b 的值可按第2）款的规定计算，但在计算中应将材料的强度设计值以强度标准值代替，并取实配的纵向钢筋截面面积，不等式改为等式，对于对称配筋截面柱，将 Ne 以 $\left[M_{cua} + N\left(\frac{h}{2} - a\right) \right]$ 代替。式（15-4-54）~式（15-4-59）中 M_c^t 与 M_c^b 之和应分别按顺时针和逆时针方向进行计算，并取其较大值。

式中　　V_c——柱剪力设计值；

M_{cua}^t、M_{cua}^b——柱上、下端顺时针或逆时针方向按实配钢筋和型钢截面面积、材料强度标准值，且考虑承载力抗震调整系数的正截面受弯承载力所对应的弯矩值；

M_c^t、M_c^b——考虑地震作用组合，且经调整后的柱上、下端弯矩设计值；

H_n——柱的净高。

13）型钢混凝土框架柱的受剪截面应符合下列公式的规定：

①持久、短暂设计状况

$$V_c \leqslant 0.45\beta_c f_c b h_0 \tag{15-4-60}$$

$$\frac{f_a t_w h_w}{\beta_c f_c b h_0} \geqslant 0.10 \tag{15-4-61}$$

②地震设计状况

$$V_c \leqslant \frac{1}{\gamma_{RE}}(0.36\beta_c f_c b h_0) \tag{15-4-62}$$

$$\frac{f_a t_w h_w}{\beta_c f_c b h_0} \geqslant 0.10 \tag{15-4-63}$$

式中　　h_w——型钢腹板高度；

β_c——混凝土强度影响系数，当混凝土强度等级不超过C50时，取 $\beta_c = 1.0$；当混凝土强度等级为C80时，取为 $\beta_c = 0.8$；其间按线性内插法确定。

14）型钢混凝土转换柱的受剪截面应符合下列公式的规定：

①持久、短暂设计状况

$$V_c \leqslant 0.40\beta_c f_c b h_0 \tag{15-4-64}$$

$$\frac{f_a t_w h_w}{\beta_c f_c b h_0} \geqslant 0.10 \tag{15-4-65}$$

②地震设计状况

$$V_c \leqslant \frac{1}{\gamma_{RE}}(0.30\beta_c f_c b h_0) \tag{15-4-66}$$

$$\frac{f_a t_w h_w}{\beta_c f_c b h_0} \geqslant 0.10 \tag{15-4-67}$$

15）配置十字形型钢的型钢混凝土框架柱和转换柱，其斜截面受剪承载力计算中可折算计入腹板两侧的侧腹板面积，等效腹板厚度可按第3）款规定计算。

16）型钢混凝土偏心受压框架柱和转换柱，其斜截面受剪承载力应符合下列公式的规定：

①持久、短暂设计状况

$$V_{c} \leqslant \frac{1.75}{\lambda+1} f_{t} b h_{0} + f_{yv} \frac{A_{sv}}{s} h_{0} + \frac{0.58}{\lambda} f_{a} t_{w} h_{w} + 0.07N \qquad (15\text{-}4\text{-}68)$$

②地震设计状况

$$V_{c} \leqslant \frac{1}{\gamma_{RE}} \left(\frac{1.05}{\lambda+1} f_{t} b h_{0} + f_{yv} \frac{A_{sv}}{s} h_{0} + \frac{0.58}{\lambda} f_{a} t_{w} h_{w} + 0.056N \right) \qquad (15\text{-}4\text{-}69)$$

式中 f_{yv}——箍筋的抗拉强度设计值；

A_{sv}——配置在同一截面内箍筋各肢的全部截面面积；

s——沿构件长度方向上箍筋的间距；

λ——柱的计算剪跨比，其值取上、下端较大弯矩设计值 M 与对应的剪力设计值 V 和柱截面有效高度 h_{0} 的比值，即 $M/(Vh_{0})$；当框架结构中框架柱的反弯点在柱层高范围内时，柱剪跨比也可采用 1/2 柱净高与柱截面有效高度 h_{0} 的比值；当 $\lambda < 1$ 时，取 $\lambda = 1$；当 $\lambda > 3$ 时，取 $\lambda = 3$；

N——柱的轴向压力设计值；当 $N > 0.3 f_{c} A_{c}$ 时，取 $N = 0.3 f_{c} A_{c}$。

17）型钢混凝土偏心受拉框架柱和转换柱，其斜截面受剪承载力应符合下列公式的规定：

①持久、短暂设计状况

$$V_{c} \leqslant \frac{1.75}{\lambda+1} f_{t} b h_{0} + f_{yv} \frac{A_{sv}}{s} h_{0} + \frac{0.58}{\lambda} f_{a} t_{w} h_{w} - 0.2N \qquad (15\text{-}4\text{-}70)$$

当 $V_{c} \leqslant f_{yv} \frac{A_{sv}}{s} h_{0} + \frac{0.58}{\lambda} f_{a} t_{w} h_{w}$ 时，应取

$$V_{c} = f_{yv} \frac{A_{sv}}{s} h_{0} + \frac{0.58}{\lambda} f_{a} t_{w} h_{w} \qquad (15\text{-}4\text{-}71)$$

②地震设计状况

$$V_{c} \leqslant \frac{1}{\gamma_{RE}} \left(\frac{1.05}{\lambda+1} f_{t} b h_{0} + f_{yv} \frac{A_{sv}}{s} h_{0} + \frac{0.58}{\lambda} f_{a} t_{w} h_{w} - 0.2N \right) \qquad (15\text{-}4\text{-}72)$$

当 $V_{c} \leqslant \frac{1}{\gamma_{RE}} \left(f_{yv} \frac{A_{sv}}{s} h_{0} + \frac{0.58}{\lambda} f_{a} t_{w} h_{w} \right)$ 时，应取

$$V_{c} = \frac{1}{\gamma_{RE}} \left(f_{yv} \frac{A_{sv}}{s} h_{0} + \frac{0.58}{\lambda} f_{a} t_{w} h_{w} \right) \qquad (15\text{-}4\text{-}73)$$

式中 λ——柱的计算剪跨比；

N——柱的轴向拉力设计值。

18）考虑地震作用组合的剪跨比不大于 2.0 的偏心受压柱，其斜截面受剪承载力宜取下列公式计算的较小值。

$$V_{c} \leqslant \frac{1}{\gamma_{RE}} \left(\frac{1.05}{\lambda+1} f_{t} b h_{0} + f_{yv} \frac{A_{sv}}{s} h_{0} + \frac{0.58}{\lambda} f_{a} t_{w} h_{w} + 0.056N \right) \qquad (15\text{-}4\text{-}74)$$

$$V_{c} \leqslant \frac{1}{\gamma_{RE}} \left(\frac{4.2}{\lambda+1.4} f_{t} b_{0} h_{0} + f_{yv} \frac{A_{sv}}{s} h_{0} + \frac{0.58}{\lambda-0.2} f_{a} t_{w} h_{w} \right) \qquad (15\text{-}4\text{-}75)$$

式中 b_{0}——型钢截面外侧混凝土的宽度，取柱截面宽度与型钢翼缘宽度之差。

19）考虑地震作用组合的框架柱和转换柱，其轴压比应按下式计算，且不宜大于表 15-4-3 规定的限值。

$$n = \frac{N}{f_{c} A_{c} + f_{a} A_{a}} \qquad (15\text{-}4\text{-}76)$$

式中 n——柱轴压比；

N——考虑地震作用组合的柱轴向压力设计值。

表 15-4-3　型钢混凝土框架柱和转换柱的轴压比限值

结构类型	柱类型	抗震等级			
		一级	二级	三级	四级
框架结构	框架柱	0.65	0.75	0.85	0.9
框架-剪力墙结构	框架柱	0.70	0.80	0.80	0.95
框架筒体结构	框架柱	0.70	0.80	0.90	—
	转换柱	0.60	0.70	0.80	—
筒中筒结构	框架柱	0.70	0.80	0.90	—
	转换柱	0.60	0.70	0.80	—
部分框支剪力墙结构	转换柱	0.60	0.70	—	—

注：1. 剪跨比不大于 2 的柱，其轴压比限值应比表中数值减小 0.05。

2. 当混凝土强度等级采用 C65～C70 时，轴压比限值应比表中数值减小 0.05；当混凝土强度等级采用 C75～C80 时，轴压比限值应比表中数值减小 0.10。

15.4.3　裂缝宽度验算

1）在正常使用极限状态下，当型钢混凝土轴心受拉构件允许出现裂缝时，应验算裂缝宽度，最大裂缝宽度应按荷载的准永久组合并考虑长期效应组合的影响进行计算。

2）配置工字形型钢的型钢混凝土轴心受拉构件，按荷载的准永久组合并考虑长期效应组合的影响的最大裂缝宽度可按下列公式计算，并不应大于规范规定的限值。

$$\omega_{max} = 2.7\psi \frac{\sigma_{sq}}{E_s}\left(1.9c_s + 0.07\frac{d_e}{\rho_{te}}\right) \quad (15\text{-}4\text{-}77)$$

$$\psi = 1.1 - 0.65\frac{f_{tk}}{\rho_{te}\sigma_{sq}} \quad (15\text{-}4\text{-}78)$$

$$\sigma_{sq} = \frac{N_q}{A_s + A_a} \quad (15\text{-}4\text{-}79)$$

$$\rho_{tc} = \frac{A_s + A_a}{A_{te}} \quad (15\text{-}4\text{-}80)$$

$$d_e = \frac{4(A_s + A_a)}{u} \quad (15\text{-}4\text{-}81)$$

$$u = n\pi d_s + 4(b_f + t_f) + 2h_w \quad (15\text{-}4\text{-}82)$$

式中　ω_{max}——最大裂缝宽度；

c_s——纵向受拉钢筋的混凝土保护层厚度；

ψ——裂缝间受拉钢筋和型钢应变不均匀系数：当 $\psi<0.2$ 时，取 0.2；当 $\psi>1$ 时，取 $\psi=1$；

N_q——按荷载效应的准永久组合计算的轴向拉力值；

σ_{sq}——按荷载效应的准永久组合计算的型钢混凝土构件纵向受拉钢筋和受拉型钢的应力的平均应力值；

d_e、ρ_{te}——综合考虑受拉钢筋和受拉型钢的有效直径和有效配筋率；

A_{te}——轴心受拉构件的横截面面积；

u——纵向受拉钢筋和型钢截面的总周长；

n、d_s——纵向受拉变形钢筋的数量和直径；

b_f、t_f、h_w——型钢截面的翼缘宽度、厚度和腹板高度；

E_s——钢筋的弹性模量。

15.4.4　构造措施

1）考虑地震作用组合的型钢混凝土框架柱应设置箍筋加密区。加密区的箍筋最大间距和箍筋最小直径应符合表 15-4-4 的规定。

表 15-4-4　柱端箍筋加密区的规定

抗震等级	加密区箍筋间距/mm	箍筋最小直径/mm
一级	100	12
二级	100	10
三、四级	150（柱根 100）	8

注：1. 底层柱的柱根是指地下室的顶面或无地下室情况的基础顶面。

2. 二级抗震等级框架柱的箍筋直径大于 10mm 且箍筋采用封闭复合箍、螺旋箍时，除柱根外加密区箍筋最大间距应允许采用 150mm。

2）考虑地震作用组合的型钢混凝土框架柱，其箍筋加密区为下列范围：

①柱上、下两端，取截面长边尺寸、柱净高的 1/6 和 500mm 中的最大值。

②底层柱下端不小于 1/3 柱净高的范围。

③刚性地面上、下各 500mm 的范围。

④一、二级框架角柱的全高范围。

3）考虑地震作用组合的型钢混凝土框架柱箍筋加密区箍筋的体积配筋率应符合下式规定：

$$\rho_v \geqslant 0.85 \lambda_v \frac{f_c}{f_{yv}} \qquad (15\text{-}4\text{-}83)$$

式中　ρ_v——柱箍筋加密区箍筋的体积配筋率；

f_c——混凝土轴心抗压强度设计值；当强度等级低于 C35 时，按 C35 取值；

f_{yv}——箍筋及拉筋抗拉强度设计值；

λ_v——最小配箍特征值，按表 15-4-5 采用。

表 15-4-5　柱箍筋最小配箍特征值 λ_v

抗震等级	箍筋形式	轴压比						
		≤0.3	0.4	0.5	0.6	0.7	0.8	0.9
一级	普通箍、复合箍	0.10	0.11	0.13	0.15	0.17	0.20	0.23
	螺旋箍、复合或连续复合矩形螺旋箍	0.08	0.09	0.11	0.13	0.15	0.18	0.21
二级	普通箍、复合箍	0.08	0.09	0.11	0.13	0.15	0.17	0.19
	螺旋箍、复合或连续复合矩形螺旋箍	0.06	0.07	0.09	0.11	0.13	0.15	0.17
三、四级	普通箍、复合箍	0.06	0.07	0.09	0.11	0.13	0.15	0.17
	螺旋箍、复合或连续复合矩形螺旋箍	0.05	0.06	0.07	0.09	0.11	0.13	0.15

注：1. 普通箍是指单个矩形箍或单个圆形箍；螺旋箍是指单个螺旋箍；复合箍是指由多个矩形或多边形、圆形箍筋与拉筋组成的箍筋；复合螺旋箍是指矩形、多边形、圆形螺旋箍筋与拉筋组成的箍筋；连续复合螺旋箍筋是指全部螺旋箍筋为同一根钢筋加工而成的箍筋。

2. 在计算复合螺旋箍筋的体积配筋率时，其中非螺旋箍筋的体积应乘以换算系数 0.85。

3. 对一、二、三、四级抗震等级的柱，其箍筋加密区的箍筋体积配筋率分别不应小于 0.8%、0.6%、0.4% 和 0.4%。

4. 混凝土强度等级高于 C60 时，箍筋宜采用复合箍、复合螺旋箍或连续复合矩形螺旋箍；当轴压比不大于 0.6 时，其加密区的最小配箍特征值宜按表中数值增加 0.02；当轴压比大于 0.6 时，宜按表中数值增加 0.03。

4）考虑地震作用组合的型钢混凝土框架柱非加密区箍筋的体积配筋率不宜小于加密区的一半；箍筋间距不应大于加密区箍筋间距的 2 倍。一、二级抗震等级，箍筋间距尚不应大于 10 倍纵向钢筋直径；三、四级抗震等级，箍筋间距尚不应大于 15 倍纵向钢筋直径。

5）考虑地震作用组合的型钢混凝土框架柱，应采用封闭复合箍筋，其末端应有 135°弯钩，弯钩端头平直段长度不应小于 10 倍箍筋直径。截面中纵向钢筋在两个方向宜有箍筋或拉筋约束。当部分箍筋采用拉筋时，拉筋宜紧靠纵向钢筋并勾住封闭箍筋。在符合箍筋配筋率计算和构造要求的情况下，对箍筋加密区内的箍筋肢距可按现行国家标准《混凝土结构设计规范》（GB 50010）的规定做适当放松，但应配置不少于两道封闭复合箍筋或螺旋箍筋，如图15-4-7所示。

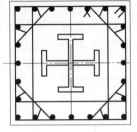

图 15-4-7　箍筋配置

6）型钢混凝土转换柱箍筋应采用封闭复合箍或螺旋箍，箍筋直径不应小于12mm，箍筋间距不应大于100mm 和 6 倍纵筋直径的较小值，并沿全高加密，箍筋末端应有135°弯钩，弯钩端头平直段长度不应小于 10 倍箍筋直径。

7）考虑地震作用组合的型钢混凝土转换柱，其箍筋最小配箍特征值 λ_v 应按表 15-4-5 的数值增大 0.02，且箍筋体积配筋率不应小于 1.5%。

8）考虑地震作用组合的剪跨比不大于 2 的型钢混凝土框架柱，箍筋宜采用封闭复合箍或螺旋箍，箍筋间距不应大于100mm，并沿全高加密；其箍筋体积配筋率不应小于 1.2%；9 度设防烈度时，不应小于 1.5%。

9）非抗震设计时，型钢混凝土框架柱和转换柱应采用封闭箍筋，其箍筋直径不应小于8mm，箍筋间距不应大于250mm。

10）型钢混凝土柱的连接构造应符合以下要求：

①当结构下部楼层采用型钢混凝土柱，上部楼层采用钢筋混凝土柱时，在此两种结构类型间应设置结构过渡层，过渡层应符合下列规定，如图15-4-8所示。

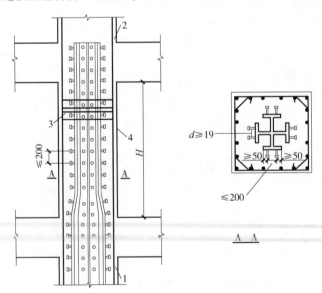

图 15-4-8　型钢混凝土柱与钢筋混凝土柱的过渡层连接构造
1—型钢混凝土柱　2—钢筋混凝土柱　3—柱箍筋全高加密　4—过渡层

A. 设计中确定某层柱由型钢混凝土柱改为钢筋混凝土柱时，下部型钢混凝土柱中的型钢应向上延伸一层或两层作为过渡层，过渡层柱的型钢截面可适当减小，纵向钢筋和箍筋配置应按钢筋混凝土柱计算，不考虑型钢作用；箍筋应沿柱全高加密。

B. 结构过渡层内的型钢翼缘应设置栓钉，栓钉的直径不应小于 19mm，栓钉的水平及竖向间距不宜大于 200mm，栓钉至型钢钢板边缘距离不宜小于 50mm。

②当结构下部楼层采用型钢混凝土柱，上部楼层采用钢柱时，在此两种结构类型间应设置结构过渡层，过渡层应符合下列规定，如图 15-4-9 所示。

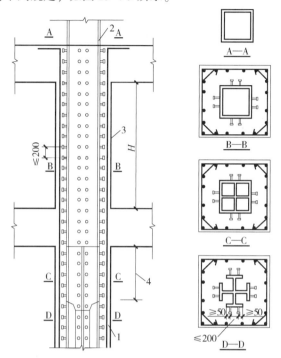

图 15-4-9　型钢混凝土柱与钢柱的过渡层连接构造
1—型钢混凝土柱　2—钢柱　3—过渡层
4—过渡层型钢向下延伸高度

A. 当某层柱由型钢混凝土柱改为钢柱时，下部型钢混凝土柱应向上延伸一层作为过渡层。过渡层中型钢应按上部钢柱截面配置，且向下一层延伸至梁下部不小于 2 倍柱型钢截面高度处；过渡层柱的箍筋应按下部型钢混凝土柱箍筋加密区的规定配置，并沿柱全高加密。

B. 过渡层柱的截面刚度应为下部型钢混凝土柱截面刚度 $(EI)_{SRC}$ 与上部钢柱截面刚度 $(EI)_s$ 的过渡值，宜取 $0.6[(EI)_{SRC}+(EI)_s]$；其截面配筋应符合型钢混凝土柱承载力计算和构造规定；过渡层柱中型钢应按规定设置栓钉。

C. 当下部型钢混凝土柱中的型钢为十字形型钢，上部钢柱为箱形截面时，十字形型钢腹板宜深入箱形钢柱内，其伸入长度不宜小于十字形型钢截面高度的 1.5 倍。

③型钢混凝土柱中的型钢柱需改变截面时，宜保持型钢截面高度不变，仅改变翼缘的宽度、厚度或腹板厚度。当改变柱截面高度时，截面高度宜逐步过渡，且在变截面的上、下端应设置加劲肋；当变截面段位于梁柱连接节点处时，变截面位置宜设置在两端距梁翼缘不小于 150mm 位置处，如图 15-4-10 所示。

④型钢混凝土柱中的型钢柱拼接连接节点，翼缘宜采用

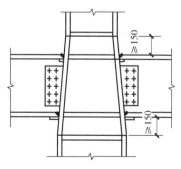

图 15-4-10　型钢柱变截面构造

全熔透的坡口对接焊缝；腹板可采用高强螺栓连接或全熔透坡口对接焊缝，腹板较厚时宜采用焊缝连接。柱拼接位置宜设置安装耳板，应根据柱安装单元的自重确定耳板的厚度、长度、固定螺

栓数目及焊缝高度。耳板厚度不宜小于10mm，安装螺栓不宜少于6个M20，耳板与翼缘间宜采用双面角焊缝，焊脚高度不宜小于8mm，如图15-4-11所示。

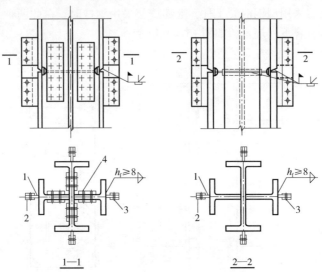

图 15-4-11　十字形截面型钢柱拼接节点的构造
1—耳板　2—连接板　3—安装螺栓　4—高强螺栓

15.4.5　设计实例

【**设计实例3**】受压构件正截面承载力计算。试设计承受轴力 $N = 7000kN$ 和弯矩（绕强轴）$M_x = 1220kN \cdot m$ 作用下的型钢混凝土柱。柱截面尺寸为 $b = h = 800mm$，混凝土采用C40，型钢采用Q355钢，截面为HK450a（$440mm \times 300mm \times 11.5mm \times 21.0mm$，$W_{ss} = 2896cm^3$，$A_{ss} = 178cm^2$），钢筋采用HRB400级钢筋（图15-4-12）。

解：

$\alpha_1 = 1.0$

$\beta_1 = 0.8$

$f_c = 19.1N/mm^2$

$b = 800$

$A_{af} = A'_{af} = 6300mm^2$

$A_s = A'_s = 1527mm^2$

$a'_s = 93.33mm$

$a'_a = 190.5mm$

$h_0 = 800 - 168.3 = 631.7mm$

$\delta_1 = \dfrac{180}{631.7} = 0.285$

$\delta_2 = \dfrac{620}{631.7} = 0.981$

$f_y = f'_y = 360N/mm^2$

$f_a = f'_a = 295N/mm^2$

$\xi_b = \dfrac{\beta_1}{1 + \dfrac{f_y + f_a}{2 \times 0.003E_s}} = \dfrac{0.8}{1 + \dfrac{360 + 295}{2 \times 0.003 \times 2 \times 10^5}} = 0.5175$

$\sigma_s = \dfrac{f_y}{\xi_b - \beta_1}\left(\dfrac{x}{h_0} - \beta_1\right) = \dfrac{360}{0.5175 - 0.8} \times \left(\dfrac{x}{631.7} - 0.8\right) = 1019.5 - 2.0173x$

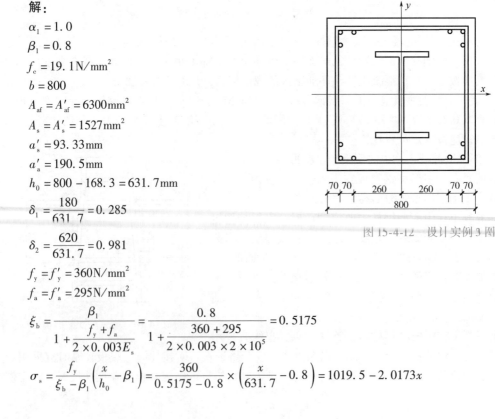

图 15-4-12　设计实例3图

主筋12⊈18

$$\sigma_a = \frac{f_a}{\xi_b - \beta_1}\left(\frac{x}{h_0} - \beta_1\right) = \frac{295}{0.5175 - 0.8} \times \left(\frac{x}{631.7} - 0.8\right) = 835.4 - 1.653x$$

$$N_{aw} = \left[\frac{2x}{\beta_1 h_0} - (\delta_1 + \delta_2)\right]t_w h_0 f_a = \left[\frac{2x}{0.8 \times 631.7} - (0.285 + 0.981)\right] \times 11.5 \times 631.7 \times 295 = 8481.1x - 2713091$$

$$\alpha_1 f_c bx + f'_y A'_s + f'_a A'_{af} - \sigma_s A_s - \sigma_a A_{af} + N_{aw} = N$$

$1.0 \times 19.1 \times 800x + 360 \times 1527 + 295 \times 6300 - (1019.5 - 2.0173x) \times 1527 - (835.4 - 1.653x) \times 6300 + 8481.1x - 2713091 = 7000$

$$x = 379.1\text{mm}$$

$$\delta_1 h_0 = 0.285 \times 631.7\text{mm} = 180\text{mm} < \frac{x}{\beta_1} = \frac{379.1}{0.8} = 473.9\text{mm}$$

$$\delta_2 h_0 = 0.981 \times 631.7\text{mm} = 619.7\text{mm} > \frac{x}{\beta_1} = 473.9\text{mm}$$

$$x = 379.1\text{mm} > \xi_b h_0 = 0.5175 \times 631.7 = 326.9\text{mm}$$

$$e_0 = \frac{M}{N} = \frac{1220}{7000}\text{mm} = 174.3\text{mm}$$

$$e_a = \max\left(20, \frac{1}{30} \times 800\right)\text{mm} = 26.7\text{mm}$$

$$e_i = e_0 + e_a = (174.3 + 26.7)\text{mm} = 201\text{mm}$$

$$e = e_i + \frac{h}{2} - a = 201 + \frac{800}{2} - 168.3 = 432.7\text{mm}$$

$$M_{aw} = \left[0.5(\delta_1^2 + \delta_2^2) - (\delta_1 + \delta_2) + \frac{2x}{\beta_1 h_0} - \left(\frac{x}{\beta_1 h_0}\right)^2\right]t_w h_0^2 f_a = \left[0.5 \times (0.285^2 + 0.981^2) - (0.285 + 0.981) + \frac{2 \times 379.1}{0.8 \times 631.7} - \left(\frac{379.1}{0.8 \times 631.7}\right)^2\right] \times 11.5 \times 631.7^2 \times 295 = 261347(\text{kN} \cdot \text{m})$$

$$\alpha_1 f_c bx\left(h_0 - \frac{x}{2}\right) + f'_y A'_s(h_0 - a'_s) + f'_a A'_{af}(h_0 - a'_a) + M_{aw} = 1.0 \times 19.1 \times 800 \times 379.1 \times \left(631.7 - \frac{379.1}{2}\right) + 360 \times 1527 \times (631.7 - 93.33) + 295 \times 6300 \times (631.7 - 190.5) + 261347000 = 3938(\text{kN} \cdot \text{m}) >$$

$Ne = 7000 \times 0.4327\text{kN} \cdot \text{m} = 3028.9\text{kN} \cdot \text{m}$

正截面受压承载力满足要求。

【设计实例 4】 框架柱的受剪计算。框架柱的剪力设计值为 $V = 850\text{kN}$，柱底和柱顶截面弯矩设计值为 $M_{c,b} = M_{c,t} = 1260\text{kN} \cdot \text{m}$，轴力设计值 $N = 8500\text{kN}$，柱净高 $H_n = 3.15\text{m}$。经正截面承载力计算后，截面配筋如图 15-4-13 所示，柱的截面尺寸为 $b_c = h_c = 800\text{mm}$，型钢采用拼接十字形，截面尺寸为（mm） $500 \times 200 \times 20 \times 20$ （$A_{ss} = 17200\text{mm}^2 \times 2 = 34400\text{mm}^2$，$W_{ss} = 2601000\text{mm}^3$），纵筋为 12 根三级钢，直径 18mm （$A_s = A'_s = 1526\text{mm}^2$）。混凝土采用 C40，型钢采用 Q355 钢，主筋、箍筋均采用 HRB400 级钢筋，已知抗震等级为二级，计算框架柱箍筋。

解：

$$\beta_c = 1.0$$

$$f_c = 19.1\text{N/mm}^2$$

$$f_t = 1.71\text{N/mm}^2$$

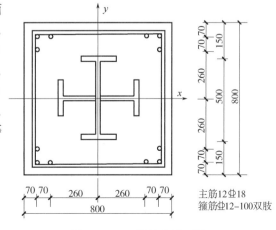

主筋12Φ18
箍筋Φ12–100双肢

图 15-4-13　设计实例 4 图

$$f_y = f'_y = 360 \text{N/mm}^2$$

$$f_a = f'_a = 295 \text{N/mm}^2$$

$$t_w = 20 \text{mm}$$

$$h_w = (500 - 40)\text{mm} = 460 \text{mm}$$

$$h_0 = (800 - 138.8)\text{mm} = 661.2 \text{mm}$$

$$\lambda = \frac{M}{Vh_0} = \frac{1260 \times 1000}{850 \times 661.2} = 2.2419$$

$$V_c = 1.3 \times \frac{M_c^t + M_c^b}{H_n} = 1.3 \times \frac{1260 + 1260}{3.15} \text{kN} = 1040 \text{kN}$$

$$V_c = 1040 \text{kN} < \frac{1}{\gamma_{RE}} (0.36\beta_c f_c bh_0) = \frac{1}{0.8} \times (0.36 \times 1.0 \times 19.1 \times 800 \times 661.2)\text{kN} = 4546 \text{kN}$$

$$\frac{f_a t_w h_w}{\beta_c f_c bh_0} = \frac{295 \times 20 \times 460}{1.0 \times 19.1 \times 800 \times 661.2} = 0.2686 > 1.0$$

受剪截面满足要求。

$$N = 8500 \text{kN} > 0.3 f_c A_c = 0.3 \times 19.1 \times 800 \times 800 \text{kN} = 3667.2 \text{kN}$$

$$\frac{1}{\gamma_{RE}} \left(\frac{1.05}{\lambda + 1} f_t bh_0 + f_{yv} \frac{A_{sv}}{s} h_0 + \frac{0.58}{\lambda} f_a t_w h_w + 0.056N \right) = \frac{1}{0.80} \times \left(\frac{1.05}{2.242 + 1} \times 1.71 \times 800 \times 661.2 + \right.$$

$$\left. 360 \times \frac{226}{100} \times 661.2 + \frac{0.58}{2.2419} \times 295 \times 20 \times 460 + 0.056 \times 3667200 \right) \text{kN} = 2173 \text{kN} > 850 \text{kN}$$

斜截面受剪承载力满足要求。

15.5 型钢混凝土剪力墙

15.5.1 承载力计算

1）型钢混凝土偏心受压剪力墙，其正截面受压承载力应符合下列规定，如图 15-5-1 所示。

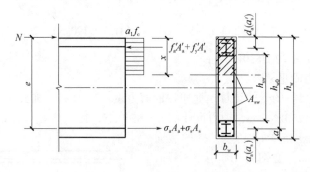

图 15-5-1 型钢混凝土偏心受压剪力墙正截面受压承载力计算参数

①持久、短暂设计状态

$$N \leqslant \alpha_1 f_c b_w x + f'_a A'_a + f'_y A'_s - \sigma_a A_a - \sigma_s A_s + N_{sw} \tag{15-5-1}$$

$$Ne \leqslant \alpha_1 f_c b_w x \left(h_{w0} - \frac{x}{2} \right) + f'_y A'_s (h_{w0} - a'_s) + f'_a A'_a (h_{w0} - a'_a) + M_{sw} \tag{15-5-2}$$

②地震设计状况

$$N \leqslant \frac{1}{\gamma_{RE}} (\alpha_1 f_c b_w x + f'_a A'_a + f'_y A'_s - \sigma_a A_a - \sigma_s A_s + N_{sw}) \tag{15-5-3}$$

$$Ne \leqslant \frac{1}{\gamma_{RE}} \left[\alpha_1 f_c b_w x \left(h_{w0} - \frac{x}{2} \right) + f'_y A'_s (h_{w0} - a'_s) + f'_a A'_a (h_{w0} - a'_a) + M_{sw} \right] \tag{15-5-4}$$

$$e = e_0 + \frac{h_w}{2} - a \qquad (15\text{-}5\text{-}5)$$

$$e_0 = \frac{M}{N} \qquad (15\text{-}5\text{-}6)$$

$$h_{w0} = h_w - a \qquad (15\text{-}5\text{-}7)$$

③N_{sw}、M_{sw}应按下列公式计算

A. 当 $x \leqslant \beta_1 h_{w0}$ 时

$$N_{sw} = \left(1 + \frac{x - \beta_1 h_{w0}}{0.5\beta_1 h_{sw}}\right) f_{yw} A_{sw} \qquad (15\text{-}5\text{-}8)$$

$$M_{sw} = \left[0.5 - \left(\frac{x - \beta_1 h_{w0}}{\beta_1 h_{sw}}\right)^2\right] f_{yw} A_{sw} h_{sw} \qquad (15\text{-}5\text{-}9)$$

B. 当 $x > \beta_1 h_{w0}$ 时

$$N = f_{yw} A_{sw} \qquad (15\text{-}5\text{-}10)$$

$$M = 0.5 f_{yw} A_{sw} h_{sw} \qquad (15\text{-}5\text{-}11)$$

④受拉或受压较小边的钢筋应力 σ_s 和型钢翼缘应力 σ_a 可按下列规定计算:

A. 当 $x \leqslant \xi_b h_{w0}$ 时,取 $\sigma_s = f_y$,$\sigma_a = f_a$

B. 当 $x > \xi_b h_{w0}$ 时

$$\sigma_s = \frac{f_y}{\xi_b - \beta_1}\left(\frac{x}{h_{w0}} - \beta_1\right) \qquad (15\text{-}5\text{-}12)$$

$$\sigma_a = \frac{f_a}{\xi_b - \beta_1}\left(\frac{x}{h_{w0}} - \beta_1\right) \qquad (15\text{-}5\text{-}13)$$

C. ξ_b 可按下式计算:

$$\xi_b = \frac{\beta_1}{1 + \dfrac{f_y + f_a}{2 \times 0.003 E_s}} \qquad (15\text{-}5\text{-}14)$$

式中　e_0——轴向压力对截面重心的偏心矩;

　　　e——轴向力作用点到受拉型钢和纵向受拉钢筋合力点的距离;

　　　M——剪力墙弯矩设计值;

　　　N——剪力墙弯矩设计值 M 相对应的轴向压力设计值;

a_s、a_a——受拉端钢筋、型钢合力点至截面受拉边缘的距离;

a_s'、a_a'——受压端钢筋、型钢合力点至截面受压边缘的距离;

　　　a——受拉端型钢和纵向受拉钢筋合力点至受拉边缘的距离;

　　　α_1——受压区混凝土压应力影响系数;

　　　h_w——剪力墙截面高度;

　　　h_{w0}——剪力墙截面有效高度;

　　　x——受压区高度;

A_a、A_a'——剪力墙受拉、受压边缘构件阴影部分内配置的型钢截面面积;

A_s、A_s'——剪力墙受拉、受压边缘构件阴影部分内配置的纵向钢筋截面面积;

　　A_{sw}——剪力墙边缘构件阴影部分外的竖向分布钢筋总面积;

　　f_{yw}——剪力墙竖向分布钢筋抗拉强度设计值;

　　　β_1——受压区混凝土应力图形影响系数;

　　N_{sw}——剪力墙竖向分布钢筋所承担的轴向力;

　　M_{sw}——剪力墙竖向分布钢筋的合力对受拉端型钢截面重心的力矩;

　　h_{sw}——剪力墙边缘构件阴影部分外的竖向分布钢筋配置高度;

b_w——剪力墙厚度。

2) 型钢混凝土偏心受拉剪力墙,其正截面受拉承载力应符合下列公式的规定:

①持久、短暂设计状况

$$N \leqslant \frac{1}{\dfrac{1}{N_{0u}} + \dfrac{e_0}{M_{wu}}} \tag{15-5-15}$$

②地震设计状况

$$N \leqslant \frac{1}{\gamma_{RE}} \left(\frac{1}{\dfrac{1}{N_{0u}} + \dfrac{e_0}{M_{wu}}} \right) \tag{15-5-16}$$

③N_{0u}、M_{wu} 应按下列公式计算:

$$N_{0u} = f_y (A_s + A'_s) + f_a (A_a + A'_a) + f_{yw} A_{sw} \tag{15-5-17}$$

$$M_{wu} = f_y A_s (h_{w0} - a'_s) + f_a A_a (h_{w0} - a'_s) + f_{yw} A_{sw} \left(\frac{h_{w0} - a'_s}{2} \right) \tag{15-5-18}$$

式中　N——型钢混凝土剪力墙轴向拉力设计值;

　　　e_0——轴向拉力对截面重心的偏心矩;

　　　N_{0u}——型钢混凝土剪力墙轴向受拉承载力;

　　　M_{wu}——型钢混凝土剪力墙受弯承载力。

3) 特一级抗震等级的型钢混凝土剪力墙,底部加强部位的弯矩设计值应乘以 1.1 的增大系数,其他部位的弯矩设计值应乘以 1.3 的增大系数;一级抗震等级的型钢混凝土剪力墙,底部加强部位以上墙肢的组合弯矩设计值应乘以 1.2 的增大系数。

4) 考虑地震作用组合的型钢混凝土剪力墙,其剪力设计值应按下列公式计算:

①底部加强部位

A. 9 度设防烈度的一级抗震等级

$$V = 1.1 \frac{M_{wua}}{M_w} V_w \tag{15-5-19}$$

B. 其他情况

特一级抗震等级

$$V = 1.9 V_w \tag{15-5-20}$$

一级抗震等级

$$V = 1.6 V_w \tag{15-5-21}$$

二级抗震等级

$$V = 1.4 V_w \tag{15-5-22}$$

三级抗震等级

$$V = 1.2 V_w \tag{15-5-23}$$

四级抗震等级

$$V = V_w \tag{15-5-24}$$

②其他部位

特一级抗震等级

$$V = 1.4 V_w \tag{15-5-25}$$

一级抗震等级

$$V = 1.3 V_w \tag{15-5-26}$$

二、三、四级抗震等级

$$V = V_w \tag{15-5-27}$$

式中　V——考虑地震作用组合的剪力墙墙肢截面的剪力设计值;

　　　V_w——考虑地震作用组合的剪力墙墙肢截面的剪力计算值;

　　M_{wua}——考虑承载力抗震调繁系数 γ_{RE} 后的剪力墙墙肢正截面受弯承载力,计算中应按实际配筋面积、材料强度标准值和轴向力设计值确定,有翼墙时应计入墙两侧各一倍翼墙厚度范围内的纵向钢筋;

　　　M_w——考虑地震作用组合的剪力墙墙肢截面的弯矩计算值。

5)型钢混凝土剪力墙的受剪截面应符合下列公式的规定:

①持久、短暂设计状况

$$V_{cw} \leqslant 0.25\beta_c f_c b_w h_{w0} \tag{15-5-28}$$

$$V_{cw} = V - \frac{0.4}{\lambda} f_a A_{a1} \tag{15-5-29}$$

②地震设计状况

A. 当剪跨比大于 2.5 时:

$$V_{cw} \leqslant \frac{1}{\gamma_{RE}}(0.20\beta_a f_c b_w h_{w0}) \tag{15-5-30}$$

B. 当剪跨比不大于 2.5 时:

$$V_{cw} \leqslant \frac{1}{\gamma_{RE}}(0.15\beta_a f_c b_w h_{w0}) \tag{15-5-31}$$

C. V_{cw} 应按下式计算:

$$V_{cw} = V - \frac{0.32}{\lambda} f_a A_{a1} \tag{15-5-32}$$

式中　V_{cw}——仅考虑墙肢截面钢筋混凝土部分承受的剪力设计值;

　　　λ——计算截面处的剪跨比, $\lambda = M/Vh_{w0}$; 当 $\lambda < 1.5$ 时, 取 1.5; 当 $\lambda > 2.2$ 时, 取 $\lambda = 2.2$; 此处, M 为与剪力设计值 V 对应的弯矩设计值, 当计算截面与墙底之间距离小于 $0.5h_{w0}$ 时, 应按距离墙底 $0.5h_{w0}$ 处的弯矩设计值与剪力设计值计算;

　　　A_{a1}——剪力墙一端所配型钢的截面面积, 当两端所配型钢截面面积不同时, 取较小一端的面积;

　　　β_c——混凝土强度影响系数。

6)型钢混凝土偏心受压剪力墙, 其斜截面受剪承载力应符合下列公式的规定, 如图 15-5-2 所示。

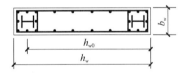

图 15-5-2　型钢混凝土剪力墙斜截面受剪承载力计算参数

①持久、短暂设计状况

$$V \leqslant \frac{1}{\lambda - 0.5}\left(0.5f_t b_w h_{w0} + 0.13N\frac{A_w}{A}\right) + f_{yh}\frac{A_{sh}}{s}h_{w0} + \frac{0.4}{\lambda}f_a A_{a1} \tag{15-5-33}$$

②地震设计状况

$$V \leqslant \frac{1}{\gamma_{RE}}\left[\frac{1}{\lambda - 0.5}\left(0.4f_t bh_0 - 0.1N\frac{A_w}{A}\right) + 0.8f_{yh}\frac{A_{sh}}{s}h_{w0} + \frac{0.32}{\lambda}f_a A_{a1}\right] \tag{15-5-34}$$

式中　N——剪力墙的轴向压力设计值, 当 $N > 0.2f_c b_w h_w$ 时, 取 $N = 0.2f_c b_w h_w$;

　　　A——剪力墙的截面面积, 当有翼缘时, 翼缘有效面积可按本部分第 7)款规定计算;

　　　A_w——剪力墙腹板的截面面积, 对矩形截面剪力墙应取 $A_w = A$;

A_{sh}——配置在同一水平截面内的水平分布钢筋的全部截面面积；

f_{yh}——剪力墙水平分布钢筋抗拉强度设计值；

s——水平分布钢筋的竖向间距。

7）在承载力计算中，剪力墙的翼缘计算宽度可取剪力墙的间距、门窗洞口间翼墙的宽度、剪力墙厚度加两侧各 6 倍翼墙厚度、剪力墙墙肢总高度的 1/10 四者中的最小值。

8）型钢混凝土偏心受拉剪力墙，其斜截面受剪承载力应符合下列公式的规定：

①持久、短暂设计状况

$$V \leqslant \frac{1}{\lambda - 0.5}\left(0.5f_t b_w h_{w0} - 0.13N\frac{A_w}{A}\right) + f_{yh}\frac{A_{sh}}{s}h_{w0} + \frac{0.4}{\lambda}f_a A_{a1} \tag{15-5-35}$$

当上式右端的计算值小于 $f_{yh}\dfrac{A_{sh}}{s}h_{w0} + \dfrac{0.4}{\lambda}f_a A_{a1}$ 时，应取等于

$$f_{yh}\frac{A_{sh}}{s}h_{w0} + \frac{0.4}{\lambda}f_a A_{a1} \tag{15-5-36}$$

②地震设计状况

$$V \leqslant \frac{1}{\gamma_{RE}}\left[\frac{1}{\lambda - 0.5}\left(0.4f_t b_w h_{w0} + 0.1N\frac{A_w}{A}\right) + 0.8f_{yh}\frac{A_{sh}}{s}h_{w0} + \frac{0.32}{\lambda}f_a A_{a1}\right] \tag{15-5-37}$$

当上式右端的计算值小于 $\dfrac{1}{\gamma_{RE}}\left(0.8f_{yh}\dfrac{A_{sh}}{s}h_{w0} + \dfrac{0.32}{\lambda}f_a A_{a1}\right)$ 时，应取等于

$$\frac{1}{\gamma_{RE}}\left(0.8f_{yh}\frac{A_{sh}}{s}h_{w0} + \frac{0.32}{\lambda}f_a A_{a1}\right) \tag{15-5-38}$$

式中　N——剪力墙的轴向拉力设计值。

9）带边框型钢混凝土偏心受压剪力墙，其正截面受压承载力可按 15.5.1 中第 1）款规定计算，计算截面应按工字形截面计算，有关受压区混凝土部分的承载力可按现行国家标准《混凝土结构设计规范》（GB 50010）中工字形截面偏心受压构件的计算方法计算。

10）带边框型钢混凝土偏心受压剪力墙，其斜截面受剪承载力应符合下列公式的规定，如图 15-5-3 所示。

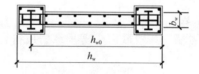

图 15-5-3　带边框型钢混凝土剪力墙斜截面受剪承载力计算参数

①持久、短暂设计状况

$$V \leqslant \frac{1}{\lambda - 0.5}\left(0.5\beta_r f_t b_w h_{w0} + 0.13N\frac{A_w}{A}\right) + f_{yh}\frac{A_{sh}}{s}h_{w0} + \frac{0.4}{\lambda}f_a A_{a1} \tag{15-5-39}$$

②地震设计状况

$$V \leqslant \frac{1}{\gamma_{RE}}\left[\frac{1}{\lambda - 0.5}\left(0.4\beta_r f_t b_w h_{w0} + 0.1N\frac{A_w}{A}\right) + 0.8f_{yh}\frac{A_{sh}}{s}h_{w0} + \frac{0.32}{\lambda}f_a A_{a1}\right] \tag{15-5-40}$$

式中　V——带边框型钢混凝土剪力墙整个墙肢截面的剪力设计值；

N——剪力墙整个墙肢截面的轴向压力设计值；

A_{a1}——带边框型钢混凝土剪力墙一端边框柱中宽度等于墙肢厚度范围内的型钢截面面积；

β_r——周边柱对混凝土墙体的约束系数，取 1.2。

11）带边框型钢混凝土偏心受拉剪力墙，其斜截面受剪承载力应符合下列公式的规定：

①持久、短暂设计状况

$$V \leqslant \frac{1}{\lambda - 0.5}\left(0.5\beta_\mathrm{r} f_\mathrm{t} b_\mathrm{w} h_{w0} - 0.13N\frac{A_\mathrm{w}}{A}\right) + f_\mathrm{yh}\frac{A_\mathrm{sh}}{s}h_{w0} + \frac{0.4}{\lambda}f_\mathrm{a} A_\mathrm{a1} \tag{15-5-41}$$

当上式右端的计算值小于 $f_\mathrm{yh}\dfrac{A_\mathrm{sh}}{s}h_{w0} + \dfrac{0.4}{\lambda}f_\mathrm{a} A_\mathrm{a1}$ 时，应取等于

$$f_\mathrm{yh}\frac{A_\mathrm{sh}}{s}h_{w0} + \frac{0.4}{\lambda}f_\mathrm{a} A_\mathrm{a1} \tag{15-5-42}$$

②地震设计状况

$$V \leqslant \frac{1}{\gamma_\mathrm{RE}}\left[\frac{1}{\lambda - 0.4}\left(0.4\beta_\mathrm{r} f_\mathrm{t} b_\mathrm{w} h_{w0} - 0.1N\frac{A_\mathrm{w}}{A}\right) + 0.8f_\mathrm{yh}\frac{A_\mathrm{sh}}{s}h_{w0} + \frac{0.32}{\lambda}f_\mathrm{a} A_\mathrm{a1}\right] \tag{15-5-43}$$

当上式右端的计算值小于 $\dfrac{1}{\gamma_\mathrm{RE}}\left(0.8f_\mathrm{yh}\dfrac{A_\mathrm{sh}}{s}h_{w0} + \dfrac{0.32}{\lambda}f_\mathrm{a} A_\mathrm{a1}\right)$ 时，应取等于

$$\frac{1}{\gamma_\mathrm{RE}}\left(0.8f_\mathrm{yh}\frac{A_\mathrm{sh}}{s}h_{w0} + \frac{0.32}{\lambda}f_\mathrm{a} A_\mathrm{a1}\right) \tag{15-5-44}$$

式中　N——剪力墙整个墙肢截面的轴向拉力设计值。

12）型钢混凝土剪力墙连梁的剪力设计值应按下列公式计算：

①特一级、一级抗震等级

$$V = 1.3\frac{M_\mathrm{b}^l + M_\mathrm{b}^\mathrm{r}}{l_\mathrm{n}} + V_\mathrm{Gb} \tag{15-5-45}$$

②二级抗震等级

$$V = 1.2\frac{M_\mathrm{b}^l + M_\mathrm{b}^\mathrm{r}}{l_\mathrm{n}} + V_\mathrm{Gb} \tag{15-5-46}$$

③三级抗震等级

$$V = 1.1\frac{M_\mathrm{b}^l + M_\mathrm{b}^\mathrm{r}}{l_\mathrm{n}} + V_\mathrm{Gb} \tag{15-5-47}$$

④四级抗震等级，取地震作用组合下的剪力设计值。

式中　M_bua^l、$M_\mathrm{bua}^\mathrm{r}$——连梁左、右端顺时针或逆时针方向，按实配钢筋面积、型钢截面面积、材料强度标准值，且考虑承载力抗震调整系数的正截面受弯承载力所对应的弯矩值；

　　　M_b^l、M_b^r——连梁左、右端考虑地震作用组合的弯矩设计值；

　　　　V_Gb——重力荷载代表值作用下按简支梁计算的梁端截面剪力设计值；

　　　　　l_n——连梁的净跨。

13）型钢混凝土剪力墙中的钢筋混凝土连梁的受剪截面应符合下列公式的规定：

①持久、短暂设计状况

$$V \leqslant 0.25\beta_\mathrm{c} f_\mathrm{c} b_\mathrm{b} h_{b0} \tag{15-5-48}$$

②地震设计状况

A. 跨高比大于 2.5

$$V \leqslant \frac{1}{\gamma_\mathrm{RE}}(0.20\beta_\mathrm{c} f_\mathrm{c} b_\mathrm{b} h_{b0}) \tag{15-5-49}$$

B. 跨高比不大于 2.5

$$V \leqslant \frac{1}{\gamma_\mathrm{RE}}(0.15\beta_\mathrm{c} f_\mathrm{c} b_\mathrm{b} h_{b0}) \tag{15-5-50}$$

式中　V——连梁截面剪力设计值；

　　b_b——连梁截面宽度；

　　h_{b0}——连梁截面高度。

14）型钢混凝土剪力墙中的钢筋混凝土连梁，其斜截面受剪承载力应符合下列公式的规定：

①持久、短暂设计状况

$$V \leqslant 0.7f_t b_b h_{b0} + f_{yv}\frac{A_{sv}}{s}h_{b0} \tag{15-5-51}$$

②地震设计状况

A. 跨高比大于 2.5

$$V \leqslant \frac{1}{\gamma_{RE}}\left(0.42f_t b_b h_{b0} + f_{yv}\frac{A_{sv}}{s}h_{b0}\right) \tag{15-5-52}$$

B. 跨高比不大于 2.5

$$V \leqslant \frac{1}{\gamma_{RE}}\left(0.38f_t b_b h_{b0} + 0.9f_{yv}\frac{A_{sv}}{s}h_{b0}\right) \tag{15-5-53}$$

式中 V——调整后的连梁截面剪力设计值。

15) 当钢筋混凝土连梁的受剪截面不符合本部分第 13) 款的规定时, 可采取在连梁中设置型钢或钢板等措施。

16) 考虑地震作用的型钢混凝土剪力墙, 其重力荷载代表值作用下墙肢的轴压比应按下式计算, 且不宜超过表 15-5-1 的限值。

$$n = \frac{N}{f_c A_c + f_a A_a} \tag{15-5-54}$$

式中 n——型钢混凝土剪力墙轴压比;

N——墙肢重力荷载代表值作用下轴向压力设计值;

A_a——剪力墙两端暗柱中全部型钢截面面积。

表 15-5-1 型钢混凝土剪力墙轴压比限值

抗震等级	特一级、一级 (9 度)	一级 (6、7、8 度)	二、三级
轴压比限值	0.4	0.5	0.6

注: 当剪力墙中部设置型钢且与墙内型钢暗梁相连时, 计算剪力墙轴压比可考虑中部型钢的截面面积。

15.5.2 构造措施

1) 考虑地震作用组合的型钢混凝土剪力墙, 其端部型钢周围应设置纵向钢筋和箍筋组成内配型钢的约束边缘构件或构造边缘构件。端部型钢宜设置在本部分的第 3) 及 6) 款规定的阴影部分内。

2) 特一、一、二、三级抗震等级的型钢混凝土剪力墙墙肢底截面在重力荷载代表值作用下轴压比大于表 15-5-2 的规定值时, 以及部分框支剪力墙结构的剪力墙, 其底部加强部位及其上一层墙肢端部应设置约束边缘构件。墙肢截面轴压比不大于表 15-5-2 的规定时, 可设置构造边缘构件。

表 15-5-2 型钢混凝土剪力墙可不设约束边缘构件的最大轴压比

抗震等级	特一级、一级 (9 度)	一级 (6、7、8 度)	二、三级
轴压比限值	0.1	0.2	0.3

3) 型钢混凝土剪力墙端部约束边缘构件沿墙肢的长度 l_c、配箍特征值 λ_v 宜符合表 15-5-3 的规定。在约束边缘构件长度 l_c 范围内, 阴影部分和非阴影部分的箍筋体积配筋率 ρ_v 应符合下列公式的规定, 如图 15-5-4 所示。

①阴影部分

$$\rho_v \geqslant \lambda_v \frac{f_c}{f_{yv}} \tag{15-5-55}$$

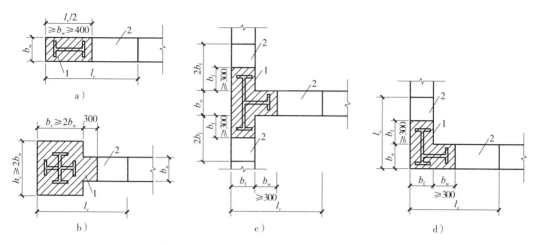

图 15-5-4　型钢混凝土剪力墙约束边缘构件
a) 暗柱　b) 端柱　c) 翼墙　d) 转角墙
1—阴影部分　2—非阴影部分

②非阴影部分

$$\rho_v \geqslant 0.5\lambda_v \frac{f_c}{f_{yv}} \tag{15-5-56}$$

式中　ρ_v——箍筋体积配筋率，计入箍筋、拉筋截面面积；当水平分布钢筋伸入约束边缘构件，
　　　　　　绕过端部型钢后 90°弯折延伸至另一排分布筋并勾住其竖向钢筋时，可计入水平分布
　　　　　　钢筋截面面积，但计入的体积配箍率不应大于总体积配箍率的 30%；

　　　　λ_v——约束边缘构件的配箍特征值；

　　　　f_c——混凝土轴心抗压强度设计值；当强度等级低于 C35 时，按 C35 取值；

　　　　f_{yv}——箍筋及拉筋的抗拉强度设计值。

表 15-5-3　型钢混凝土剪力墙约束边缘构件沿墙肢长度 l_c 及配箍特征值 λ_v

抗震等级	特一级		一级（9 度）		一级（6、7、8 度）		二、三级	
轴压比	$n \leqslant 0.2$	$n > 0.2$	$n \leqslant 0.2$	$n > 0.2$	$n \leqslant 0.3$	$n > 0.3$	$n \leqslant 0.4$	$n > 0.4$
l_c（暗柱）	$0.20h_w$	$0.25h_w$	$0.20h_w$	$0.25h_w$	$0.15h_w$	$0.20h_w$	$0.15h_w$	$0.20h_w$
l_c（翼墙或端柱）	$0.15h_w$	$0.20h_w$	$0.15h_w$	$0.20h_w$	$0.10h_w$	$0.15h_w$	$0.10h_w$	$0.15h_w$
λ_v	0.14	0.24	0.12	0.20	0.1	0.20	0.12	0.20

注：1. 两侧翼墙长度小于其厚度 3 倍时，视为无翼墙剪力墙；端柱截面边长小于墙厚 2 倍时，视为无端柱剪力墙。
　　2. 约束边缘构件沿墙肢长度 l_c 除符合本表的规定外，且不宜小于墙厚和 400mm；当有端柱、翼墙或转角墙时，尚
　　　不应小于翼墙厚度或端柱沿墙肢方向截面高度加 300mm。
　　3. h_w 为墙肢长度。

4）特一、一、二、三级抗震等级的型钢混凝土剪力墙端部约束边缘构件的纵向钢筋截面面
积分别不应小于图 15-5-4 中阴影部分面积的 1.4%、1.2%、1.0%、1.0%。

5）型钢混凝土剪力墙约束边缘构件内纵向钢筋应有箍筋约束，当部分箍筋采用拉筋时，应
配置不少于一道封闭箍筋。箍筋或拉筋沿竖向的间距，特一、一级不宜大于 100mm，二、三级不
宜大于 150mm。

6）型钢混凝土剪力墙构造边缘构件的范围，如图 15-5-5 所示阴影部分采用，其纵向钢筋、
箍筋的设置应符合表 15-5-4 的规定。

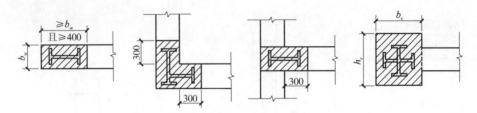

图 15-5-5 型钢混凝土剪力墙构造边缘构件

表 15-5-4 型钢混凝土剪力墙构造边缘构件的最小配筋

抗震等级	底部加强部位			其他部位		
	竖向钢筋最小量（取最大值）	箍筋		竖向钢筋最小量（取最大值）	拉筋	
		最小直径/mm	竖向最大间距/mm		最小直径/mm	竖向最大间距/mm
一	$0.010A_c$，$6\phi16$	8	100	$0.008A_c$，$6\phi14$	8	150
二	$0.008A_c$，$6\phi14$		150	$0.006A_c$，$6\phi12$		
三	$0.006A_c$，$6\phi12$	6		$0.005A_c$，$4\phi12$	6	200
四	$0.005A_c$，$4\phi12$		200	$0.004A_c$，$4\phi12$		

注：1. A_c 为构造边缘构件的截面面积，如图 15-5-5 所示剪力墙截面的阴影部分。

2. 符号 ϕ 表示钢筋直径。

3. 其他部位的转角处宜采用箍筋。

7）在各种结构体系中的剪力墙，当下部采用型钢混凝土约束边缘构件，上部采用型钢混凝土构造边缘构件或钢筋混凝土构造边缘构件时，宜在两类边缘构件间设置 1～2 层过渡层，其型钢、纵向钢筋和箍筋配置可低于下部约束边缘构件的规定，但应高于上部构造边缘构件的规定。

8）型钢混凝土剪力墙的水平和竖向分布钢筋的最小配筋率应符合表 15-5-5 规定，分布钢筋间距不宜大于 300mm，直径不应小于 8mm，拉结筋间距不宜大于 600mm。部分框支剪力墙结构的底部加强部位，水平和竖向分布钢筋间距不宜大于 200mm。

表 15-5-5 型钢混凝土剪力墙分布钢筋最小配筋率

抗震等级	特一级	一级、二级、三级	四级
水平和竖向分布钢筋	0.35%	0.25%	0.2%

注：1. 特一级底部加强部位取 0.4%。

2. 部分框支剪力墙结构的剪力墙底部加强部位不应小于 0.3%。

9）型钢混凝土剪力墙端部型钢的混凝土保护层厚度不宜小于 150mm，水平分布钢筋应绕过墙端型钢，且应符合钢筋锚固长度规定。

10）周边有型钢混凝土柱和梁的带边框型钢混凝土剪力墙，剪力墙的水平分布钢筋宜全部绕过或穿过周边柱型钢，且应符合钢筋锚固长度规定；当采用间隔穿过时，宜另加补强钢筋。周边柱的型钢、纵向钢筋、箍筋配置应符合型钢混凝土柱的设计规定，周边梁可采用型钢混凝土梁或钢筋混凝土梁；当不设周边梁时，应设置钢筋混凝土暗梁，暗梁的高度可取 2 倍墙厚。

11）剪力墙洞口连梁中配置的型钢或钢板，其高度不宜小于 0.7 倍连梁高度，型钢或钢板应伸入洞口边，其伸入墙体长度不应小于 2 倍型钢或钢板高度；型钢腹板及钢板两侧应设置栓钉，栓钉应按 15.2.4 中第 5）款的规定配置。

15.6 梁柱节点设计

结构在荷载作用下，各种内力通过梁端和柱端传递到节点核心区。梁柱的截面尺寸和梁端柱端的构造措施对节点核心区的受力性能有直接影响，而节点核心区的构造也影响到邻近的梁端和柱端的强度和刚度。因此，节点核心区与邻近的梁端和柱端构成了一个有紧密联系的节点单元。节点是构件组成结构的关键所在，其受力状况比梁、柱构件更加复杂。

1. 节点的分类

节点的形式繁多，其分类方式也多种多样，根据不同的划分原则可以得到不同的节点分类。

（1）按节点所在位置分类　一个平面框架按节点所在位置不同可以分为四种基本形式，如图 15-6-1 所示，即顶层边柱节点（厂形）；顶层中柱节点（T 形）；边柱节点（卜形）；中柱节点（＋形）。

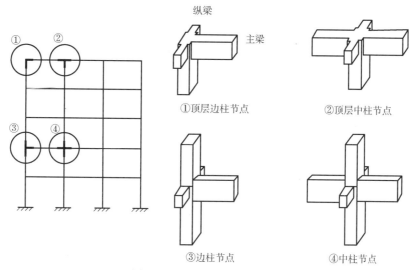

图 15-6-1　平面框架节点类型

（2）按节点刚度分类　根据节点刚度的不同，节点可以分为铰接节点、刚接节点和半刚性节点。典型的节点弯矩—转角关系曲线如图 15-6-2 所示。图中定义了节点的三个主要性能指标，即极限弯矩 $M_{j,Rd}$、初始转动刚度 $S_{j,ini}$、转动能力 θ_{Cd}。节点转角 θ_r 定义为节点连接梁柱轴线的夹角在荷载作用下相对于无荷载时的改变值，如图 15-6-3 所示。节点的初始刚度 $S_{j,ini}$ 是这种分类的主要标准，如图 15-6-4 所示。

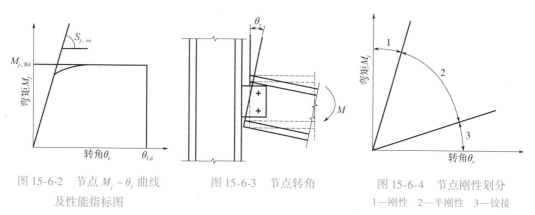

图 15-6-2　节点 $M_j-\theta_r$ 曲线　　　图 15-6-3　节点转角　　　图 15-6-4　节点刚性划分
及性能指标图　　　　　　　　　　　　　　　　　　　　1—刚性　2—半刚性　3—铰接

2. 节点的设计要求

大量震害调查、试验和理论研究表明，实现延性框架设计要遵循如下设计原则：强柱弱梁、强剪弱弯和强节点弱构件。因此，节点设计是实现延性框架的重要内容。为使结构满足抗震设计要求，不致在强震作用下倒塌，必须保证结构各构件的连接部位即节点不过早发生破坏，这样才能充分发挥构件塑性铰的延性作用，使结构成为延性结构。延性结构节点的抗震设计要求主要有以下几点：

1）节点的强度不小于框架形成塑性铰机构时所对应的最大强度，这样可以使节点满足能量损耗的要求，同时能够避免对结构不易处理位置的修补。

2）柱子的承载力不应由于节点的强度降低而受到削弱，节点应该作为柱子整体中的一部分来考虑。

3）在中等程度的地震作用下，节点应保持弹性状态。

4）节点变形不得明显增大层间位移。

5）保证节点理想性能所需采取的节点构造措施应易于制作安装。

3. 节点的强度要求

节点的强度要求包括抗弯强度要求、抗压强度要求及抗剪强度要求。

（1）抗弯强度要求　主要是指邻近节点核心的柱端和梁端截面如实现"强柱弱梁"的设计要求。

（2）抗压强度要求　柱端节点作为柱的一部分，应能传递上面柱子传来的轴向荷载，满足抗压强度的要求。

（3）抗剪强度要求　在地震作用下，节点的上柱与下柱的弯矩符号相反，节点左右梁的弯矩也反向，节点受到水平方向剪力与竖直方向剪力的共同作用，其剪力值远大于相邻梁和柱的剪力值，因此需要对节点进行专门设计，防止节点出现剪切破坏。

4. 节点的刚度要求

在水平荷载作用下，框架将产生侧移，梁柱构件将产生变形，节点将产生转动。对于抗震框架，在强烈地震作用下将进入弹塑性阶段。与节点相连接的构件可能发生屈服，节点核心区及附近的梁端和柱端将产生弹塑性变形，节点刚度明显降低，承载能力也有所减小。在此情况下，为使节点仍具有较好的性能，必须控制节点的刚度，防止节点出现过大的变形。

节点区的变形主要包括节点核心区的剪切变形和梁端对柱边的转动，如图 15-6-5 所示。

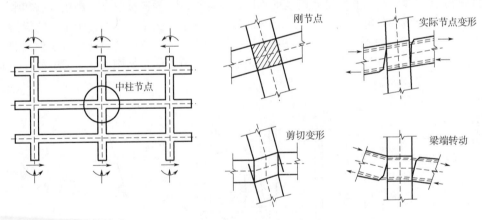

图 15-6-5　节点区变形示意图

5. 节点的延性要求

延性是反映结构、构件或材料弹塑性变形能力的一个度量指标。如果一个结构或构件，屈服后的弹塑性变形能力很大，则延性好，不易发生脆性破坏。反之，如果屈服后的弹塑性变形能力小，则延性差，容易发生脆性破坏。根据所表现的变形特征不同，延性可划分为位移延性、转角延性和曲率延性，一般分析研究中均取位移延性作为评价指标。

15.6.1　承载力计算

1）考虑地震作用组合的型钢混凝土框架梁柱节点的剪力设计值应按下列公式计算：

①型钢混凝土柱与钢梁连接的梁柱节点

A. 一级抗震等级的框架结构和 9 度设防烈度一级抗震等级的各类框架顶层中间节点和端节点

$$V_j = 1.15 \frac{M_{au}^l + M_{au}^r}{h_a} \tag{15-6-1}$$

其他层的中间节点和端节点

$$V_j = 1.15 \frac{(M_{au}^l + M_{au}^r)}{h_a} \left(1 - \frac{h_a}{H_c - h_a}\right) \tag{15-6-2}$$

B. 框架结构

二级抗震等级

顶层中间节点和端节点

$$V_j = 1.20 \frac{M_a^l + M_a^r}{h_a} \tag{15-6-3}$$

其他层的中间节点和端节点

$$V_j = 1.20 \frac{(M_a^l + M_a^r)}{h_a} \left(1 - \frac{h_a}{H_c - h_a}\right) \tag{15-6-4}$$

C. 其他各类框架

一级抗震等级

顶层中间节点和端节点

$$V_j = 1.35 \frac{M_a^l + M_a^r}{h_a} \tag{15-6-5}$$

其他层的中间节点和端节点

$$V_j = 1.35 \frac{(M_a^l + M_a^r)}{h_a} \left(1 - \frac{h_a}{H_c - h_a}\right) \tag{15-6-6}$$

二级抗震等级

顶层中间节点和端节点

$$V_j = 1.20 \frac{M_a^l + M_a^r}{h_a} \tag{15-6-7}$$

其他层的中间节点和端节点

$$V_j = 1.20 \frac{(M_a^l + M_a^r)}{h_a} \left(1 - \frac{h_a}{H_c - h_a}\right) \tag{15-6-8}$$

②型钢混凝土柱与型钢混凝土梁或钢筋混凝土梁连接的梁柱节点

A. 一级抗震等级框架结构和 9 度设防烈度一级抗震等级的各类框架

顶层中间节点和端节点

$$V_j = 1.15 \frac{M_{bua}^l + M_{bua}^r}{Z} \tag{15-6-9}$$

其他层中间节点和端节点

$$V_j = 1.15 \frac{(M_{bua}^l + M_{bua}^r)}{Z} \left(1 - \frac{Z}{H_c - h_a}\right) \tag{15-6-10}$$

B. 框架结构

二级抗震等级

顶层中间节点和端节点

$$V_j = 1.35 \frac{M_b^l + M_a^r}{Z} \tag{15-6-11}$$

其他层的中间节点和端节点

$$V_j = 1.35 \frac{(M_b^l + M_b^r)}{Z} \left(1 - \frac{Z}{H_c - h_b}\right) \tag{15-6-12}$$

C. 其他各类框架

一级抗震等级

顶层中间节点和端节点

$$V_j = 1.35 \frac{M_b^l + M_a^r}{Z} \tag{15-6-13}$$

其他层的中间节点和端节点

$$V_j = 1.35 \frac{(M_b^l + M_b^r)}{Z} \left(1 - \frac{Z}{H_c - h_b}\right) \tag{15-6-14}$$

二级抗震等级

顶层中间节点和端节点

$$V_j = 1.20 \frac{M_b^l + M_b^r}{Z} \tag{15-6-15}$$

其他层的中间节点和端节点

$$V_j = 1.20 \frac{(M_b^l + M_b^r)}{Z} \left(1 - \frac{Z}{H_c - h_b}\right) \tag{15-6-16}$$

式中　　V_j——框架梁柱节点的剪力设计值；

M_{au}^l、M_{au}^r——节点左、右两侧钢梁的正截面受弯承载力对应的弯矩值，其值应按实际型钢面积和钢材强度标准值计算；

M_a^l、M_a^r——节点左、右两侧钢梁的梁端弯矩设计值；

M_{bua}^l、M_{bua}^r——节点左、右两侧型钢混凝土梁或钢筋混凝土梁的梁端考虑承载力抗震调整系数的正截面受弯承载力对应的弯矩值，其值应按 15.3.2 中第 1）款或现行国家标准《混凝土结构设计规范》（GB 50010）的规定计算；

M_b^l、M_b^r——节点左、右两侧型钢混凝土梁或钢筋混凝土梁的梁端弯矩设计值；

H_c——节点上柱和下柱反弯点之间的距离；

Z——对型钢混凝土梁，取型钢上翼缘和梁上部钢筋合力点与型钢下翼缘和梁下部钢筋合力点间的距离；对钢筋混凝土梁，取梁上部钢筋合力点与梁下部钢筋合力点间的距离；

h_a——型钢截面高度，当节点两侧梁高不相同时，梁截面高度 h_a 应取其平均值；

h_b——梁截面高度，当节点两侧梁高不相同时，梁截面高度 h_b 应取其平均值。

2）考虑地震作用组合的框架梁柱节点，其核心区的受剪水平截面应符合下式规定：

$$V_j \leqslant \frac{1}{\gamma_{RE}} (0.36 \eta_j f_c b_j h_j) \tag{15-6-17}$$

式中　　h_j——节点截面高度，可取受剪方向的柱截面高度；

b_j——节点有效截面宽度，可按本部分第 3）款取值；

η_j——梁对节点的约束影响系数，对两个正交方向有梁约束，且节点核心区内配有十字形型钢的中间节点，当梁的截面宽度均大于柱截面宽度的 1/2，且正交方向梁截面高度不小于较高框架梁截面高度的 3/4 时，可取 $\eta_j = 1.3$，但 9 度设防烈度宜取 1.25；其他情况的节点，可取 $\eta_j = 1$。

3）框架梁柱节点有效截面宽度应按下列公式计算：

①型钢混凝土柱与钢梁节点

$$b_j = b_c/2$$

②型钢混凝土柱与型钢混凝土梁节点

$$b_j = (b_b + b_c)/2$$

③型钢混凝土柱与钢筋混凝土梁节点

A. 梁柱轴线重合

当 $b_b > b_c/2$ 时

$$b_j = b_c$$

当 $b_b \leqslant b_c/2$ 时

$$b_j = \min(b_b + 0.5h_c, \ b_c)$$

B. 梁柱轴线不重合，且偏心距不大于柱截面宽度的 1/4

$$b_j = \min(0.5b_c + 0.5b_b + 0.25h_c - e_0, \ b_b + 0.5h_c, \ b_c)$$

式中　b_c——柱截面宽度；

　　　h_c——柱截面高度；

　　　b_b——梁截面宽度；

　　　e_0——梁与柱轴线偏心距。

4）型钢混凝土框架梁柱节点的受剪承载力应符合下列公式的规定：

①一级抗震等级的框架结构和 9 度设防烈度一级抗震等级的各类框架

A. 型钢混凝土柱与钢梁连接的梁柱节点

$$V_j \leqslant \frac{1}{\gamma_{RE}} \left[1.7\phi_j \eta_j f_t b_j h_j + f'_{yv} \frac{A_{sv}}{s}(h_0 - a'_s) + 0.58f_a t_w h_w \right] \qquad (15\text{-}6\text{-}18)$$

B. 型钢混凝土柱与型钢混凝土梁连接的梁柱节点

$$V_j \leqslant \frac{1}{\gamma_{RE}} \left[2.0\phi_j \eta_j f_t b_j h_j + f_{yv} \frac{A_{sv}}{s}(h_0 - a'_s) + 0.58f_a t_w h_w \right] \qquad (15\text{-}6\text{-}19)$$

C. 型钢混凝土柱与钢筋混凝土梁连接的梁柱节点

$$V_j \leqslant \frac{1}{\gamma_{RE}} \left[1.0\phi_j \eta_j f_t b_j h_j + f_{yv} \frac{A_{sv}}{s}(h_0 - a'_s) + 0.3f_a t_w h_w \right] \qquad (15\text{-}6\text{-}20)$$

②其他各类框架

A. 型钢混凝土柱与钢梁连接的梁柱节点

$$V_j \leqslant \frac{1}{\gamma_{RE}} \left[1.8\phi_j f_t b_j h_j + f_{yv} \frac{A_{sv}}{s}(h_0 - a'_s) + 0.58f_a t_w h_w \right] \qquad (15\text{-}6\text{-}21)$$

B. 型钢混凝土柱与型钢混凝土梁连接的梁柱节点

$$V_j \leqslant \frac{1}{\gamma_{RE}} \left[2.3\phi_j \eta_j f_t b_j h_j + f_{yv} \frac{A_{sv}}{s}(h_0 - a'_s) + 0.58f_a t_w h_w \right] \qquad (15\text{-}6\text{-}22)$$

C. 型钢混凝土柱与钢筋混凝土梁连接的梁柱节点

$$V_j \leqslant \frac{1}{\gamma_{RE}} \left[1.2\phi_j \eta_j f_t b_j h_j + f_{yv} \frac{A_{sv}}{s}(h_0 - a'_s) + 0.3f_a t_w h_w \right] \qquad (15\text{-}6\text{-}23)$$

式中　ϕ_j——节点位置影响系数，对中柱中间节点取 1，边柱点及顶层中间节点取 0.6，顶层边节
　　　　点取 0.3。

5）型钢混凝土柱与型钢混凝土梁节点双向受剪承载力宜按下式计算：

$$\left(\frac{V_{jx}}{1.1V_{jux}} \right)^2 + \left(\frac{V_{jy}}{1.1V_{juy}} \right)^2 = 1 \qquad (15\text{-}6\text{-}24)$$

式中　V_{jx}、V_{jy}——x 方向、y 方向剪力设计值；

　　　V_{jux}、V_{juy}——x 方向、y 方向单向极限受剪承载力。

6）型钢混凝土柱与型钢混凝土梁节点抗裂计算宜符合下列公式的规定：

$$\frac{\sum M_{bk}}{Z} \left(1 - \frac{Z}{H_c - h_b} \right) \leqslant A_c f_t (1 + \beta) + 0.05N \qquad (15\text{-}6\text{-}25)$$

$$\beta = \frac{E_a}{E_c} \frac{t_w h_w}{b_c(h_b - 2c)} \qquad (15\text{-}6\text{-}26)$$

式中　β——型钢抗裂系数；

　　　t_w——柱型钢腹板厚度；

　　　h_w——柱型钢腹板高度；

　　　c——柱钢筋保护层厚度；

　$\sum M_{bk}$——节点左右梁端逆时针或顺时针方向组合弯矩准永久值之和；

　　　Z——型钢混凝土梁中型钢上翼缘和梁上部钢筋合力点与型钢下翼缘和梁下部钢筋合力点间的距离；

　　　A_c——柱截面面积。

7）型钢混凝土框架梁柱节点的梁端、柱端的型钢和钢筋混凝土各自承担的受弯承载力之和，宜分别符合下列公式的规定：

$$0.4 \leqslant \frac{\sum M_c^a}{\sum M_b^a} \leqslant 2.0 \tag{15-6-27}$$

$$\frac{\sum M_c^{rc}}{\sum M_b^{rc}} \geqslant 0.4 \tag{15-6-28}$$

式中　$\sum M_c^a$——节点上、下柱端型钢受弯承载力之和；

　　　$\sum M_b^a$——节点左、右梁端型钢受弯承载力之和；

　　　$\sum M_c^{rc}$——节点上、下柱端钢筋混凝土截面受弯承载力之和；

　　　$\sum M_b^{rc}$——节点左、右梁端钢筋混凝土截面受弯承载力之和。

15.6.2　节点构造

1）型钢混凝土框架梁柱节点的连接构造应做到构造简单，传力明确，便于混凝土浇捣和配筋。梁柱连接可采用下列几种形式：

①型钢混凝土柱与钢梁的连接。

②型钢混凝土柱与型钢混凝土梁的连接。

③型钢混凝土柱与钢筋混凝土梁的连接。

2）在各种结构体系中，型钢混凝土柱与钢梁、型钢混凝土梁或钢筋混凝土梁的连接，其柱内型钢宜采用贯通型，柱内型钢的拼接构造应符合钢结构的连接规定。当钢梁采用箱形等空腔截面时，钢梁与柱型钢连接所形成的节点区混凝土不连续部位，宜采用同等强度等级的自密实低收缩混凝土填充，如图 15-6-6 所示。

3）型钢混凝土柱与钢梁或型钢混凝土梁采用刚性连接时，其柱内型钢与钢梁或型钢混凝土梁内型钢的连接应采用刚性连接。当钢梁直接与钢柱连接时，钢梁翼缘与柱内型钢翼缘应采用全熔透焊缝连接；梁腹板与柱宜采用摩擦型高强度螺栓连接；当采用柱边伸出钢悬臂梁段时，悬臂梁段与柱应采用全熔透焊缝连接。具体连接构造应符合国家现行标准《钢结构设计标准》（GB 50017）、《高层民用建筑钢结构技术规程》（JGJ 99）的规定，如图 15-6-7 所示。

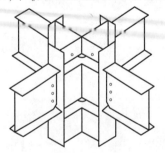

图 15-6-6　型钢混凝土梁柱节点
及水平加劲肋

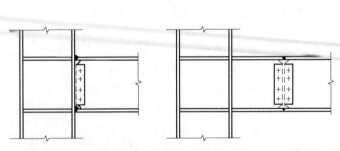

图 15-6-7　型钢混凝土柱与钢梁或型钢
混凝土梁内型钢的连接构造

4）型钢混凝土柱与钢梁采用铰接时，可在型钢柱上焊接短牛腿，牛腿端部宜焊接与柱边平齐的封口板，钢梁腹板与封口板宜采用高强螺栓连接；钢梁翼缘与牛腿翼缘不应焊接，如图 15-6-8 所示。

5）型钢混凝土柱与钢筋混凝土梁的梁柱节点宜采用刚性连接，梁的纵向钢筋应伸入柱节点，且应符合现行国家标准《混凝土结构设计规范》（GB 50010）对钢筋的锚固规定。柱内型钢的截面形式和纵向钢筋的配置，宜减少梁纵向钢筋穿过柱内型钢柱的数量，且不宜穿过型钢翼缘，也不应与柱内型钢直接焊接连接。梁柱连接节点可采用下列连接方式：

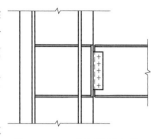

图 15-6-8　型钢混凝土柱
与钢梁铰接连接

①梁的纵向钢筋可采取双排钢筋等措施尽可能多地贯通节点，其余纵向钢筋可在柱内型钢腹板上预留贯穿孔，型钢腹板截面损失率宜小于腹板面积的 20%，如图 15-6-9a 所示。

②当梁纵向钢筋伸入柱节点与柱内型钢翼缘相碰时，可在柱型钢翼缘上设置可焊接机械连接套筒与梁纵筋连接，并应在连接套筒位置的柱型钢内设置水平加劲肋，加劲肋形式应便于混凝土浇灌，如图 15-6-9b 所示。

③梁纵筋可与型钢柱上设置的钢牛腿可靠焊接，且宜有不少于 1/2 梁纵筋面积穿过型钢混凝土柱连续配置。钢牛腿的高度不宜小于 0.7 倍混凝土梁高，长度不宜小于混凝土梁截面高度的 1.5 倍。钢牛腿的上、下翼缘应设置栓钉，直径不宜小于 19mm，间距不宜大于 200mm，且栓钉至钢牛腿翼缘边缘距离不应小于 50mm。梁端至牛腿端部以外 1.5 倍梁高范围内，箍筋设置应符合现行国家标准《混凝土结构设计规范》（GB 50010）梁端箍筋加密区的规定，如图 15-6-9c 所示。

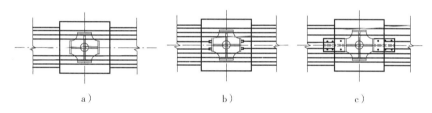

a）　　　　　　　　　b）　　　　　　　　　c）

图 15-6-9　型钢混凝土柱与钢筋混凝土梁的连接
a）梁柱节点穿筋构造　b）可焊接连接器连接　c）钢牛腿焊接

6）型钢混凝土柱与钢梁、钢斜撑连接的复杂梁柱节点，其节点核心区除在纵筋外围设置间距为 200mm 的构造箍筋外，可设置外包钢板。外包钢板宜与柱表面平齐，其高度宜与梁型钢高度相同，厚度可取柱截面宽度的 1/100，钢板与钢梁的翼缘和腹板可靠焊接。梁型钢上、下部可设置条形小钢板箍，条形小钢板箍尺寸应符合下列公式的规定，如图 15-6-10 所示。

$$t_{w1}/h_b \geqslant 1/30 \qquad (15\text{-}6\text{-}29)$$
$$t_{w1}/b_c \geqslant 1/30 \qquad (15\text{-}6\text{-}30)$$
$$h_{w1}/h_b \geqslant 1/5 \qquad (15\text{-}6\text{-}31)$$

式中　t_{w1}——小钢板箍厚度；

h_{w1}——小钢板箍高度；

h_b——钢梁高度；

b_c——柱截面宽度。

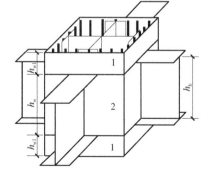

图 15-6-10　型钢混凝土柱与钢梁连接节点
1—小钢板箍　2—大钢板箍

7）型钢混凝土节点核心区的箍筋最小直径宜符合 15.4.4 中第 1）款的规定。对一、二、三级抗震等级的框架节点核心区，其箍筋最小体积配筋率分别不宜小于 0.6% 、0.5% 、0.4% ；且箍筋间距不宜大于柱端加密区间距的 1.5 倍，箍筋直径不宜小于柱端箍筋加密区的箍筋直径；柱纵向受力钢筋不应在各层节点中切断。

8）型钢柱的翼缘与竖向腹板间连接焊缝宜采用坡口全熔透焊缝或部分熔透焊缝。在节点区及梁翼缘上下各 500mm 范围内，应采用坡口全熔透焊缝；在高层建筑底部加强区，应采用坡口全熔透焊缝；焊缝质量等级应为一级。

9）型钢柱沿高度方向，对应于钢梁或型钢混凝土梁内型钢的上、下翼缘处或钢筋混凝土梁的上下边缘处，应设置水平加劲肋，加劲肋形式宜便于混凝土浇筑；对钢梁或型钢混凝土梁，水平加劲肋厚度不宜小于梁端型钢翼缘厚度，且不宜小于 12mm；对于钢筋混凝土梁，水平加劲肋厚度不宜小于型钢柱腹板厚度。加劲肋与型钢翼缘的连接宜采用坡口全熔透焊缝，与型钢腹板可采用角焊缝，焊脚尺寸不宜小于加劲肋厚度。

15.7 梁墙节点设计

型钢混凝土结构中，梁与墙的连接有下列几种形式：
1）型钢混凝土梁与型钢混凝土墙中型钢柱连接。
2）钢梁与型钢混凝土墙中型钢柱连接。
3）型钢混凝土梁与钢筋混凝土墙连接。
4）钢梁与钢筋混凝土墙连接。

1）~2）款中的梁墙连接，可采用梁与柱的连接方法进行设计。墙内竖向钢筋避开钢梁翼缘，水平筋可穿过梁腹板。

型钢混凝土梁中的型钢以及钢梁与钢筋混凝土墙的连接，均宜做成铰接。铰接连接可采用在钢筋混凝土墙中设置预埋件的方式，将焊在预埋件上的连接板与钢梁腹板用高强螺栓连接（图 15-7-1a）；也可采用在墙内设置构造型钢带短牛腿的连接方式（图 15-7-1b）；当墙较厚时，也可将钢支承在墙窝中，采用焊接式螺栓的支座连接方式（图 15-7-1c），型钢混凝土梁中的纵向主筋应锚入墙中，锚固长度应符合现行国家标准《混凝土结构设计规范》（GB 50010）的有关规定。

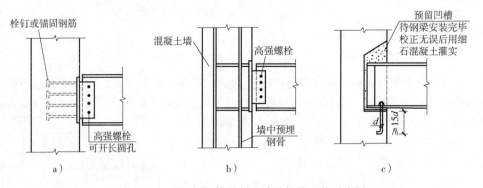

图 15-7-1 型钢与钢筋混凝土墙的铰接连接示意图

型钢混凝土梁或钢梁需要与钢筋混凝土墙刚接时，可采用钢筋混凝土墙中设置型钢、形成型钢混凝土墙的方法。梁中型钢或钢梁与墙中型钢柱形成刚性连接，连接方式应符合关于型钢混凝土梁或钢梁与型钢混凝土柱的连接要求。型钢混凝土梁中的纵向主筋应锚入墙中，锚固长度应符合现行国家标准《混凝土结构设计规范》（GB 50010）的有关规定。

当型钢混凝土梁中的型钢或钢梁与钢筋混凝土墙采用铰接连接方式（图 15-7-1a）、且钢梁不承受拉力时，预埋件的内力及其栓钉或锚固筋的设计应按下列方法进行：

1）预埋件上作用的弯矩和剪力设计值按下列公式计算（图 15-7-2）

$$M = 1.2V_{ss}(e_1 + e_2)$$ (15-7-1)

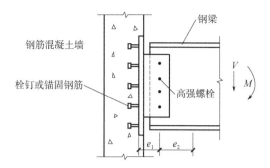

图 15-7-2　钢梁-钢筋混凝土墙连接节点

$$V = 1.1 V_{ss} \tag{15-7-2}$$

$$e_2 = \frac{I_{sb}}{y_{max} V_{av}} \sqrt{R_s^2 - \left(\frac{V_{ss}}{n_s}\right)^2} \tag{15-7-3}$$

2）预埋件受拉区栓钉或锚固筋应符合下列要求：

$$M \leqslant n_t T_a \left(d_0 - 0.8 \frac{n_t T_a}{B_b f_c}\right) \tag{15-7-4}$$

3）预埋件受压区栓钉或锚固筋应符合下列要求：

$$V \leqslant n_c N_{av} \tag{15-7-5}$$

式中　　M——预埋件的弯矩设计值；

　　　　V——预埋件的剪力设计值；

　　　V_{ss}——型钢混凝土梁中型钢或钢梁传来的剪力；

　　　e_1——钢梁与预埋件连接板连接螺栓群的实际偏心距，螺栓群中心到预埋件边缘的水平距离；

　　　e_2——钢梁与预埋件连接板连接螺栓群嵌固弯矩的折算心距；

　　　I_{sb}——钢梁与预埋件连接板的连接螺栓群对其中心的惯性矩（mm^2），$I_{sb} = \sum\limits_{i=1}^{n}(x_i^2 + y_i^2)$，其中，$x_i$ 和 y_i 为第 i 个螺栓到螺栓群中心的水平和竖向距离；

　　y_{max}——距螺栓群中心最远的连接螺栓到螺栓群中心的竖向距离；

　　　R_s——单个连接螺栓的受剪承载力，按连接螺栓的标准强度确定；

　　　n_s——高强螺栓群的螺栓数；

　　　T_a——单个栓钉或锚固筋抗拉承载力；当采用栓钉时，按式（15-7-6）计算；当采用锚固时，应根据有关规定或可靠依据确定其抗拉承载；

　　N_{av}——单个拴钉或锚固筋的抗剪承载力计算；当采用锚固筋时，应根据有关规定或可靠依据确定锚杆的抗剪承载力；

　　　d_0——预埋件受拉区栓钉或锚固筋面积形心至预埋件受压边缘的距离；

　　　B_b——预埋件底板的宽度；

　　　f_c——钢筋混凝土墙的混凝土抗压强度设计值；

　　　n_t——预埋件受拉区栓钉或锚固筋的数量；

　　　n_c——预埋件受压区栓钉或锚固筋的数量。

埋入混凝土中的单个栓钉的抗拉承载力和抗剪承载力按下列规定计算：

1）抗拉承载力

$$T_a = 0.6 \phi f_t A_0 \leqslant f_a A_a \tag{15-7-6}$$

$$A_0 = \pi h_e (h_e + D) \tag{15-7-7}$$

2）抗剪承载力

$$N_{av} = 0.43A_a \sqrt{E_a f_c} \leqslant 0.7\gamma f_a A_a \tag{15-7-8}$$

式中　f_t——混凝土抗拉强度设计值；

　　　f_c——混凝土抗压强度设计值；

　　　A_0——栓钉将混凝土拔出成45°台锥体破坏时侧表面的投影面积（图15-7-3）；当为多个栓钉、且栓钉之间距离小于$2h_e$时，应扣除投影面积重叠部分；

　　　h_e——栓钉埋入混凝土的钉身深度；

　　　D——栓钉钉头直径；

　　　f_a——栓钉钉身钢材的抗拉强度；

　　　A_a——栓钉钉杆的截面面积；

　　　ϕ——综合影响系数，当钉头不伸过远面钢筋取0.65，伸过远面钢筋时取0.85；

　　　γ——栓钉材料抗拉强度最小值与屈服强度之比，当栓钉材料性能等级为4.6级时，取$f_a = 215\text{MPa}$，$\gamma = 1.67$。

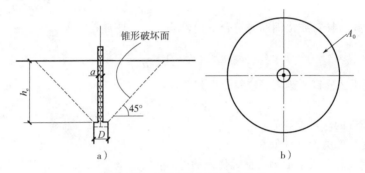

图 15-7-3　单个栓钉的受拉状态

a) 45°锥形破坏面　b) 45°锥形破坏面的投影面积

第16章 组合楼板和组合梁

高层钢结构建筑中普遍采用组合楼盖体系，组合楼盖一般包括组合板和组合梁。采用组合楼盖体系可以充分发挥钢和混凝土的材料性能、节省材料、减轻楼盖结构自重，进而降低地震反应，这对高层、超高层建筑具有明显意义。

16.1 组合楼板设计

组合楼板是在压型钢板上现浇混凝土形成的楼板，如图16-1-1所示。组合楼板有以下特点：

1）适应主体钢结构快速施工的要求，可不再采用施工速度较慢的木模或钢模支模施工。压型钢板可快速就位，还可采用多个楼层铺设压型钢板、分层浇筑混凝土板的流水施工法。

2）便于铺设板内管线，并可在压型钢板凹槽内埋置建筑装修用的吊顶挂钩。

3）用圆柱头焊钉穿透压型钢板焊接在钢梁上翼缘后，使施工阶段中压型钢板也可对钢梁起侧向支承作用。

4）采用压型钢板后，将增加

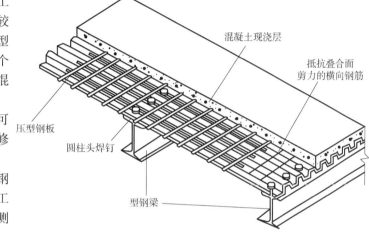

图 16-1-1 组合楼板

材料费用，尤其是组合板中的压型钢板，需采用防火涂料时相应增加必要的费用。

根据组合楼板的受力特点，可以分为组合板与非组合板两种。

1. 非组合板

1）在使用阶段，压型钢板不作为混凝土楼板的受拉钢筋，属于非受力钢板，因此楼板计算时按一般钢筋混凝土楼板计算其钢筋的配置。

2）在施工阶段，压型钢板作为浇筑混凝土板的模板，即不拆卸的永久性模板；压型钢板承担未结硬的湿混凝土板的重量和施工活荷载。压型钢板的跨度应根据施工荷载确定是否需要设置临时竖向支柱，以使楼层混凝土板的浇筑能交叉进行。

3）由于压型钢板不作为楼板中的受拉钢筋，因此楼板不必采用防火涂料，但仍需要采用镀锌压型钢板起防锈作用。

4）压型钢板与混凝土之间的叠合面可放松要求，不要求采用带有特殊波槽、压痕的压型钢板或采取其他措施。

5）需要在钢梁上布置必要的圆柱头焊钉，以便使压型钢板与钢梁焊接固定，保证施工人员在压型钢板上行走及操作安全。

高层建筑钢结构采用上述的非组合板，主要原因有两个方面：一是无压痕及波槽压型钢板便于生产，产品价格便宜；二是为了节省防火涂料费用。

2. 组合板

1）楼板计算时是将压型钢板作为混凝土楼板的受拉钢筋，减少了楼板的钢筋使用量。

2）施工阶段压型钢板用来作为浇筑混凝土时的模板，其压型钢板下面可根据实际情况确定是否需要设置临时竖向支柱，直接由压型钢板承担未结硬的湿混凝土重量和施工荷载。

3）宜采用镀锌量不多的压型钢板，并在板底喷涂防火涂料。

4）需采用圆柱头焊钉将压型钢板与钢梁固定，保证施工人员在压型钢板上行走及操作安全。

5）楼板在使用阶段是利用压型钢板作为楼板中受拉钢筋，因此应采取必要措施使压型钢板与混凝土叠合面能承担楼板的纵向剪力。

16.1.1 一般规定

1）组合楼板用压型钢板应根据腐蚀环境选择镀锌量，可选择两面镀锌量为 $275\mathrm{g/m^2}$ 的基板。组合楼板不宜采用钢板表面无压痕的光面开口型压型钢板，且基板净厚度不应小于0.75mm。作为永久模板使用的压型钢板基板的净厚度不宜小于0.5mm。

2）压型钢板浇筑混凝土面的槽口宽度，开口型压型钢板凹槽重心轴处宽度（b_r）、缩口型压型钢板和闭口型压型钢板槽口最小浇筑宽度（b_r）不应小于50mm。当槽内放置栓钉时，压型钢板总高（h_s）包括压痕不宜大于80mm，如图16-1-2所示。

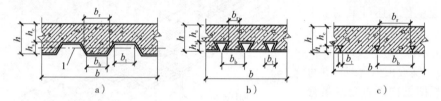

图 16-1-2　组合楼板截面凹槽宽度示意图

a）开口型压型钢板　b）缩口型压型钢板　c）闭口型压型钢板

1—压型钢板重心轴

3）组合楼板总厚度 h 不应小于90mm，压型钢板肋顶部以上混凝土厚度 h_c 不应小于50mm。

4）组合楼板中的压型钢板肋顶以上混凝土厚度 h_c 为 50~100mm 时，组合楼板可沿强边（顺肋）方向按单向板计算。

5）组合楼板中的压型钢板肋顶以上混凝土厚度 h_c 大于100mm 时，组合楼板的计算应符合下列规定：

①当 $\lambda_e < 0.5$ 时，按强边方向单向板进行计算。

②当 $\lambda_e > 2.0$ 时，按弱边方向单向板进行计算。

③当 $0.5 \leqslant \lambda_e \leqslant 2.0$ 时，按正交异性双向板进行计算。

④有效边长比 λ_e 应按下列公式计算：

$$\lambda_e = \frac{l_x}{\mu l_y} \tag{16-1-1}$$

$$\mu = \left(\frac{I_x}{I_y}\right)^{1/4} \tag{16-1-2}$$

式中　λ_e——有效边长比；

I_x——组合楼板强边计算宽度的截面惯性矩；

I_y——组合楼板弱边方向计算宽度的截面惯性矩，只考虑压型钢板肋顶以上混凝土的厚度；

l_x、l_y——组合楼板强边、弱边方向的跨度。

6）为了保证压型钢板与混凝土共同工作，应采取如下相应措施：压型钢板的纵向波槽同时也作为压型钢板的加劲构造，如图16-1-3a所示；压型钢板上的压痕、开的小洞或冲成的不闭合孔眼，如图16-1-3b所示；压型钢板上焊接的抗剪横向钢筋，如图16-1-3c所示；端部锚固是保证组合板纵向抗剪作用的必要措施，当压型钢板代替板底受力钢筋时，应设置端部锚固件，如图16-1-3d所示。

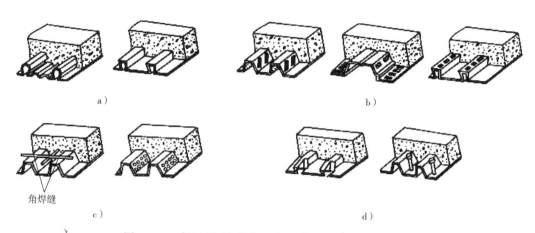

角焊缝

图 16-1-3　保证压型钢板与混凝土共同受力所采取的措施

7）压型钢板的强度设计指标见表 16-1-1。

表 16-1-1　压型钢板的强度设计指标

牌号	强度标准值	强度设计值	
	抗拉、抗压、抗弯	抗拉、抗压、抗弯	抗剪
	f_{ak}	f_a	f_{av}
S250	250	205	120
S350	350	290	170
S550	470	395	230

8）《建筑用压型钢板》（GB/T 12755）列出了 27 种压型钢板的板型规格，其中部分板型规格如图 16-1-4 所示和见表 16-1-2。这些开口型压型钢板通常仅作为施工模板使用，适合于非组合板。

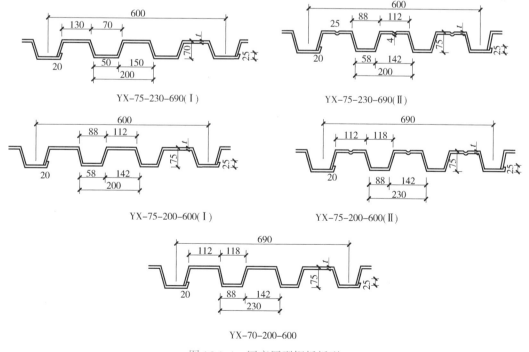

YX-75-230-690(Ⅰ)　　　　YX-75-230-690(Ⅱ)

YX-75-200-600(Ⅰ)　　　　YX-75-200-600(Ⅱ)

YX-70-200-600

图 16-1-4　国产压型钢板板型

表 16-1-2 部分国产压型钢板的规格与参数

板型	板厚 /mm	压型板重/(kg/m²)		截面力学特性 （1m 宽）			
		未镀锌	镀锌 Z27	全截面		有效宽度	
				惯性矩 I /(cm⁴/m)	抵抗矩 W /(cm³/m)	惯性矩 I /(cm⁴/m)	抵抗矩 W /(cm³/m)
YX-75-230-690 （Ⅰ）	0.8	9.96	10.6	117	29.3	82	18.8
	1.0	12.4	13.0	145	36.3	110	26.2
	1.2	14.9	15.5	173	43.2	140	34.5
	1.6	19.7	20.3	226	56.4	204	54.1
	2.3	28.1	28.7	316	79.1	316	79.1
YX-75-230-690 （Ⅱ）	0.8	9.96	10.6	117	29.3	82	18.8
	1.0	12.4	13.0	146	36.5	110	26.2
	1.2	14.8	15.4	174	43.4	140	34.5
	1.6	19.7	20.3	228	57.0	204	54.1
	2.3	28.0	28.6	318	79.5	318	79.5
YX-75-200-600 （Ⅰ）	1.2	15.7	16.3	168	38.4	137	35.9
	1.6	20.8	21.3	220	50.2	200	48.9
	2.3	29.5	30.2	306	70.1	306	70.1
YX-75-200-600 （Ⅱ）	1.2	15.6	16.3	169	38.7	137	35.9
	1.6	20.7	21.3	220	50.7	200	48.9
	2.3	29.5	30.2	309	70.6	309	70.6
YX-70-200-600	0.8	10.5	11.1	110	26.6	76.8	20.5
	1.0	13.1	13.6	137	33.3	96	25.7
	1.2	15.7	16.2	164	40.0	115	30.6
	1.6	20.9	21.5	219	53.3	153	40.8

9）目前工程设计中普遍采用的开口、缩口和闭口型用于组合楼板的压型钢板，其截面型号和规格可参考图 16-1-5 和表 16-1-3。

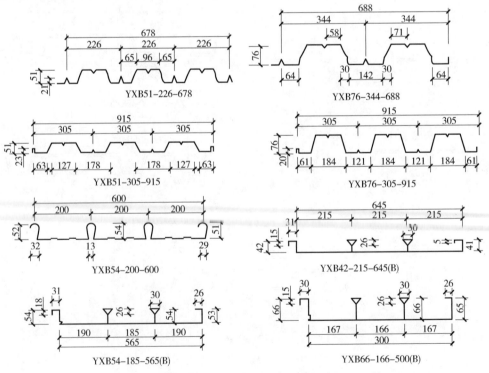

图 16-1-5 普通常用压型钢板版型

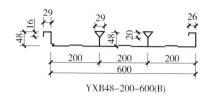

YXB48-200-600(B)

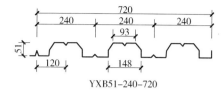

YXB51-240-720

图16-1-5　普通常用压型钢板版型（续）

表16-1-3　压型钢板型号及截面特性

板型	板厚/mm	压型板重/(kg/m²)	截面力学特性（1m宽）	
			惯性距 I/(cm⁴/m)	抵抗距 W/(cm³/m)
YXB51-226-678	0.80	9.68	52.20	19.86
	1.00	11.98	45.26	24.75
	1.20	14.31	78.32	29.39
YXB76-344-688	0.80	9.53	117.63	29.53
	1.00	11.80	147.06	36.84
	1.20	14.10	176.49	44.12
YXB51-305-915	0.75	7.96	51.90	16.02
	0.90	9.52	63.50	21.34
	1.20	12.55	82.10	28.76
	1.50	15.67	102.70	36.02
YXB76-305-915	0.75	8.20	105.00	23.28
	0.90	9.96	128.10	29.57
	1.20	13.18	172.10	41.94
	1.50	16.40	216.00	52.47
YXB54-200-600（S）	0.75	10.30	47.98	12.50
	1.00	13.60	64.08	16.69
	1.20	16.30	74.90	20.03
YXB42-215-645（B）	0.80	9.74	27.10	8.94
	0.90	10.95	30.49	10.03
	1.00	12.17	33.88	11.11
	1.20	14.60	40.65	13.24
YXB54-185-565（B）	0.80	11.12	52.72	15.34
	0.90	12.50	64.37	17.21
	1.00	13.89	71.52	19.07
	1.20	16.67	85.83	22.77
YXB66-166-500（B）	0.80	12.56	96.08	21.94
	0.90	14.13	108.09	24.62
	1.00	15.70	120.10	27.30
	1.20	18.84	144.13	32.61
YXB48-200-600（B）	0.80	10.46	43.24	12.35
	0.90	11.77	48.65	13.90
	1.00	13.08	54.05	15.44
	1.20	15.70	64.86	18.53
YXB51-240-720	0.80	8.72	51.64	16.55
	0.90	9.81	58.10	18.62
	1.00	10.90	64.55	20.69
	1.20	13.08	77.46	24.83

16.1.2 承载力计算

1）组合楼板截面在正弯矩作用下，其正截面受弯承载力应符合下列规定，如图 16-1-6 所示。

①正截面受弯承载力计算：

$$M \leqslant f_c bx \left(h_0 - \frac{x}{2} \right) \qquad (16\text{-}1\text{-}3)$$

$$f_c bx = A_a f_a + A_s f_y \qquad (16\text{-}1\text{-}4)$$

②混凝土受压区高度应符合下列条件：

$$x \leqslant h_c \qquad (16\text{-}1\text{-}5)$$

$$x \leqslant \xi_b h_0 \qquad (16\text{-}1\text{-}6)$$

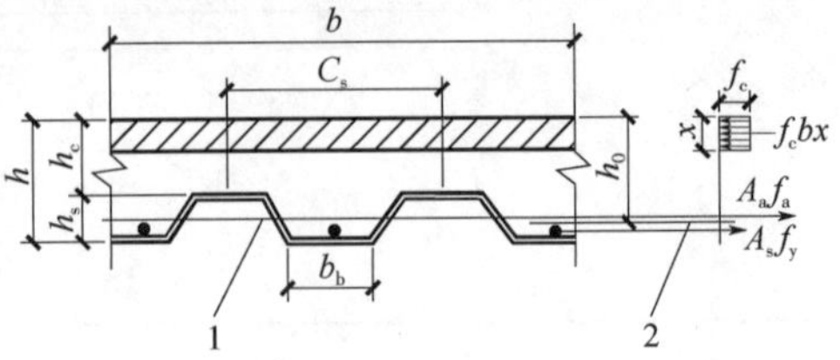

③相对界限受压区高度应按下列公式计算：

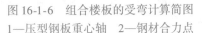

图 16-1-6　组合楼板的受弯计算简图
1—压型钢板重心轴　2—钢材合力点

A. 有屈服点钢材

$$\xi_b = \frac{\beta_1}{1 + \dfrac{f_a}{E_a \varepsilon_{cu}}} \qquad (16\text{-}1\text{-}7)$$

B. 无屈服点钢材

$$\xi_b = \frac{\beta_1}{1 + \dfrac{0.002}{\varepsilon_{cu}} + \dfrac{f_a}{E_a \varepsilon_{cu}}} \qquad (16\text{-}1\text{-}8)$$

C. 当截面受拉区配置钢筋时，相对界限受压区高度计算式（16-1-7）或式（16-1-8）中的 f_a 应分别用钢筋强度设计值 f_y 和压型钢板强度设计值 f_a 代入计算，取其较小值。

式中　M——计算宽度内组合楼板的弯矩设计值；

　　　h_c——压型钢板肋以上混凝土厚度；

　　　b——组合楼板计算宽度，一般情况计算宽度可为 1m；

　　　x——混凝土受压区高度；

　　　h_0——组合楼板截面有效高度，取压型钢板及钢筋拉力合力点至混凝土受压边的距离；

　　　A_a——计算宽度内压型钢板截面面积；

　　　A_s——计算宽度内板受拉钢筋截面面积；

　　　f_a——压型钢板抗拉强度设计值；

　　　f_y——钢筋抗拉强度设计值；

　　　f_c——混凝土抗压强度设计值；

　　　ε_{cu}——受压区混凝土极限压应变，其值取 0.0033；

　　　ξ_b——相对界限受压区高度；

　　　β_1——受压区混凝土应力图形影响系数。

2）组合楼板截面在负弯矩作用下，可不考虑压型钢板受压，将组合楼板截面简化成等效 T 形截面，其正截面承载力应符合下列公式的规定，如图 16-1-7 所示。

$$M \leqslant f_c b_{min} \left(h_0' - \frac{x}{2} \right) \qquad (16\text{-}1\text{-}9)$$

$$f_c bx = A_s f_y \qquad (16\text{-}1\text{-}10)$$

$$b_{min} = \frac{b}{c_s} b_b \qquad (16\text{-}1\text{-}11)$$

式中　M——计算宽度内组合楼板的负弯矩设计值；

　　　h_0'——负弯矩区截面有效高度；

　　　b_{min}——计算宽度内组合楼板换算腹板宽度；

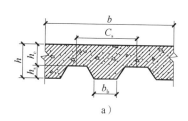 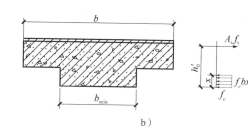

图 16-1-7 简化的 T 形截面

a) 简化前组合楼板截面 b) 简化后组合楼板截面

  b——组合楼板计算宽度；

  c_s——压型钢板板肋中心线间距；

  b_b——压型钢板单个波槽的最小宽度。

 3）组合楼板斜截面受剪承载力应符合下式规定：

$$V \leqslant 0.7 f_t b_{min} h_0 \tag{16-1-12}$$

式中　V——组合楼板最大剪力设计值；

  f_t——混凝土抗拉强度设计值。

 4）组合楼板中压型钢板与混凝土间的纵向剪切粘结承载力应符合下式规定：

$$V \leqslant m \frac{A_a h_0}{1.25a} + k f_t b h_0 \tag{16-1-13}$$

式中　a——剪跨，均布荷载作用时取以 $a = l_n/4$；

  l_n——板净跨度，连续板可取反弯点之间的距离；

  A_a——计算宽度内组合楼板截面压型钢板面积；

 m、k——剪切粘结系数，按表 16-1-4 取值。

表 16-1-4　剪切粘结系数

压型钢板截面及型号	端部剪力件	适用板跨	m、k
YL75-600（200 200 200 / 600，75）	当板跨小于 2700mm 时，采用焊后高度不小于 135mm、直径不小于 13mm 的栓钉；当板跨大于 2700mm 时，采用焊后高度不小于 135mm、直径不小于 16mm 的栓钉，且一个压型钢板宽度内每边不少于 4 个，栓钉应穿透压型钢板	1800 ~ 3600mm	$m = 203.92 N/mm^2$；$k = -0.022$
YL76-688（344 344 / 688，76）	当板跨小于 2700mm 时，采用焊后高度不小于 135mm、直径不小于 13mm 的栓钉；当板跨大于 2700mm 时，采用焊后高度不小于 135mm、直径不小于 16mm 的栓钉，且一个压型钢板宽度内每边不少于 4 个，栓钉应穿透压型钢板	1800 ~ 3600mm	$m = 213.25 N/mm^2$；$k = -0.0016$
YL65-510（170 170 170 / 510，65）	无剪力件	1800 ~ 3600mm	$m = 182.25 N/mm^2$；$k = 0.1061$
YL51-915（305 305 305 / 915，51）	无剪力件	1800 ~ 3600mm	$m = 101.58 N/mm^2$；$k = -0.0001$

（续）

压型钢板截面及型号	端部剪力件	适用板跨	m、k
YL76-915（305 305 305 / 915 / 76）	无剪力件	1800 ~ 3600mm	$m = 137.08\text{N/mm}^2$； $k = -0.0153$
YL51-600（200 200 200 / 600 / 51）	无剪力件	1800 ~ 3600mm	$m = 245.54\text{N/mm}^2$； $k = 0.0527$
YL66-720（240 240 / 720 / 66）	无剪力件	1800 ~ 3600mm	$m = 183.40\text{N/mm}^2$； $k = 0.0332$
YL46-600（200 200 200 / 600 / 46）	无剪力件	1800 ~ 3600mm	$m = 238.94\text{N/mm}^2$； $k = 0.0178$
YL65-555（185 185 185 / 555 / 65）	无剪力件	2000 ~ 3400mm	$m = 137.16\text{N/mm}^2$； $k = 0.2468$
YL40-740（185 185 185 185 / 740 / 40）	无剪力件	2000 ~ 3000mm	$m = 172.90\text{N/mm}^2$； $k = 0.1780$
YL50-620（155 155 155 155 / 620 / 50）	无剪力件	1800 ~ 4150mm	$m = 234.60\text{N/mm}^2$； $k = 0.0513$

注：表中组合楼板端部剪力件为最小设置规定，端部未设置剪力件的相关数据可用于设置剪力件的实际工程。

5）在局部集中荷载作用下，组合楼板应对作用力较大处进行单独验算，其有效工作宽度应按下列公式计算（图 16-1-8）：

①受弯计算

简支板：　　　$b_e = b_w + 2l_p(1 - l_p/l)$　　　　（16-1-14）

连续板：　　　$b_e = b_w + 4l_p(1 - l_p/l)/3$　　　（16-1-15）

②受剪计算

　　　　　　　$b_e = b_w + l_p(1 - l_p/l)$　　　　　（16-1-16）

③b_w 应按下式计算

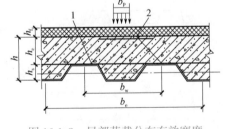

图 16-1-8　局部荷载分布有效宽度
1—承受局部集中荷载钢筋　2—局部承压附加钢筋

$$b_w = b_p + 2(h_c + h_f) \tag{16-1-17}$$

式中　l——组合楼板跨度；

l_p——荷载作用中点至楼板支座的较近距离；

b_e——局部荷载在组合楼板中的有效工作宽度；

b_w——局部荷载在压型钢板中的工作宽度；

b_p——局部荷载宽度；

h_c——压型钢板肋以上混凝土厚度；

h_f——地面饰面层厚度。

6）在局部集中荷载作用下的受冲切承载力应符合现行国家标准《混凝土结构设计规范》（GB 50010）的有关规定，混凝土板的有效高度可取组合楼板肋以上混凝土厚度。

16.1.3　裂缝及挠度验算

1）组合楼板负弯矩区最大裂缝宽度应按下列公式计算：

$$\omega_{\max} = 1.9\psi\frac{\sigma_{sq}}{E_s}\left(1.9c_s + 0.08\frac{d_{eq}}{\rho_{te}}\right) \tag{16-1-18}$$

$$\sigma_{sq} = \frac{M_q}{0.87h_0'A_s} \tag{16-1-19}$$

$$\psi = 1.1 - 0.65\frac{f_{tk}}{\rho_{te}\sigma_{sq}} \tag{16-1-20}$$

$$d_{eq} = \frac{\sum n_i d_i^2}{\sum n_i v_i d_i} \tag{16-1-21}$$

$$\rho_{te} = \frac{A_s}{A_{te}} \tag{16-1-22}$$

$$A_{te} = 0.5b_{\min}h + (b - b_{\min})h_c \tag{16-1-23}$$

式中　$\omega_{\max}$——最大裂缝宽度；

　　　ψ——裂缝间纵向受拉钢筋应变不均匀系数：当 $\psi < 0.2$ 时，取 $\psi = 0.2$；当 $\psi > 1$ 时，取 $\psi = 1$；对直接承受重复荷载的构件，取 $\psi = 1$；

　　　σ_{sq}——按荷载效应的准永久组合计算的组合楼板负弯矩区纵向受拉钢筋的等效应力；

　　　E_s——钢筋弹性模量；

　　　c_s——最外层纵向受拉钢筋外边缘至受拉区底边的距离，当 $c_s < 20mm$ 时，取 $c_s = 20mm$；

　　　ρ_{te}——按有效受拉混凝土截面面积计算的纵向受拉钢筋配筋率；在最大裂缝宽度计算中，当 $\rho_{te} < 0.01$ 时，取 $\rho_{te} = 0.01$；

　　　A_{te}——有效受拉混凝土截面面积；

　　　A_s——受拉区纵向钢筋截面面积；

　　　d_{eq}——受拉区纵向钢筋的等效直径；

　　　d_i——受拉区第 i 种纵向钢筋的公称直径；

　　　n_i——受拉区第 i 种纵向钢筋的根数；

　　　v_i——受拉区第 i 种纵向钢筋的相对粘结特性系数，光面钢筋 $v_i = 0.7$，带肋钢筋 $v_i = 1.0$；

　　　A_s——受拉区纵向钢筋截面面积；

　　　h_0'——组合楼板负弯矩区楼板的有效高度；

　　　M_q——按荷载效应的准永久组合计算的弯矩值。

2）使用阶段组合楼板挠度应按结构力学的方法计算，组合楼板在准永久荷载作用下的截面抗弯刚度可按下列公式计算，如图 16-1-9 所示。

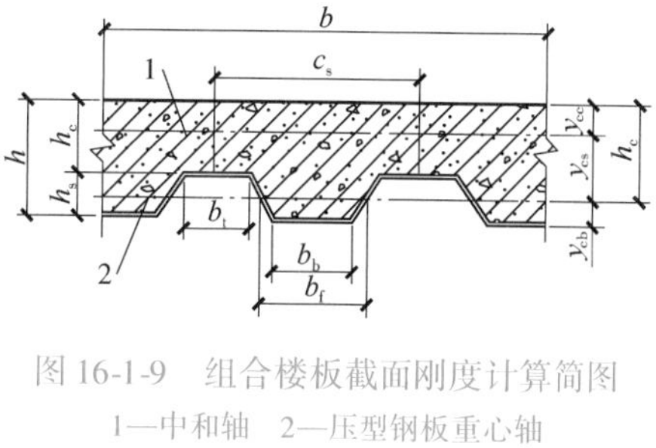

$$B_s = E_c I_{eq}^s \tag{16-1-24}$$

$$I_{eq}^s = \frac{I_u^s + I_c^s}{2} \tag{16-1-25}$$

图 16-1-9　组合楼板截面刚度计算简图
1—中和轴　2—压型钢板重心轴

$$I_u^s = \frac{bh_c^3}{12} + bh_c(y_{cc} - 0.5h_c)^2 + \alpha_E I_a + \alpha_E A_a y_{cs}^2 + \frac{b_r b h_s}{c_s}\left[\frac{h_s^2}{12} + (h - y_{cc} - 0.5h_s)^2\right] \tag{16-1-26}$$

$$y_{cc} = \frac{0.5bh_c^2 + \alpha_E A_a h_0 + b_r h_s(h_0 - 0.5h_s)b/c_s}{bh_c + \alpha_E A_a + b_r h_s b/c_s} \tag{16-1-27}$$

$$I_c^s = \frac{by_{cc}^3}{3} + \alpha_E A_a y_{cs}^2 + \alpha_E I_a \qquad (16\text{-}1\text{-}28)$$

$$y_{cc} = \left(\sqrt{2\rho_a \alpha_E + (\rho_a \alpha_E)^2} - \rho_a \alpha_E \right) h_0 \qquad (16\text{-}1\text{-}29)$$

$$y_{cs} = h_0 - y_{cc} \qquad (16\text{-}1\text{-}30)$$

$$\alpha_E = E_a / E_c \qquad (16\text{-}1\text{-}31)$$

式中　B_s——短期荷载作用下的截面抗弯刚度；

　　　I_{eq}^s——准永久荷载作用下的平均换算截面惯性矩；

　　　I_u^s——准永久荷载作用下未开裂换算截面惯性矩；

　　　I_c^s——准永久荷载作用下开裂换算截面惯性矩；

　　　b——组合楼板计算宽度；

　　　c_s——压型钢板板肋中心线间距；

　　　b_r——开口板为槽口的平均宽度，锁口板、闭口板为槽口的最小宽度；

　　　h_c——压型钢板肋顶上混凝土厚度；

　　　h_s——压型钢板的高度；

　　　h_0——组合板截面有效高度；

　　　y_{cc}——截面中和轴距混凝土顶边距离，当 $y_{cc} > h_c$，取 $y_{cc} = h_c$；

　　　y_{cs}——截面中和轴距压型钢板截面重心轴距离；

　　　α_E——钢对混凝土的弹性模量比；

　　　E_a——钢的弹性模量；

　　　E_c——混凝土的弹性模量；

　　　A_a——计算宽度内组合楼板中压型钢板的截面面积；

　　　I_a——计算宽度内组合楼板中压型钢板的截面惯性矩；

　　　ρ_a——计算宽度内组合楼板截面压型钢板含钢率。

3）组合楼板长期荷载作用下截面抗弯刚度可按下列公式计算：

$$B = 0.5 E_c I_{eq}^l \qquad (16\text{-}1\text{-}32)$$

$$I_{eq}^l = \frac{I_u^l + I_c^l}{2} \qquad (16\text{-}1\text{-}33)$$

式中　B——长期荷载作用下的截面抗弯刚度；

　　　I_{eq}^l——长期荷载作用下的平均换算截面惯性矩；

　　　I_u^l、I_c^l——长期荷载作用下未开裂换算截面惯性矩及开裂换算截面惯性矩，按式（16-1-26）及式（16-1-28）计算，计算中 α_E 改用 $2\alpha_E$。

4）组合楼盖应进行舒适度验算，舒适度验算可采用动力时程分析方法，也可采用《组合结构设计规范》（JGJ 138）附录 B 的方法；对高层建筑也可按现行行业标准《高层建筑混凝土结构技术规程》（JGJ 3）的方法验算。

16.1.4　构造措施

1）组合楼板正截面承载力不足时，可在板底沿顺肋方向配置纵向抗拉钢筋，钢筋保护层净厚度不应小于 15mm，板底纵向钢筋与上部纵向钢筋间应设置拉筋。

2）组合楼板在有较大集中（线）荷载作用部位应设置横向钢筋，其截面面积不应小于压型钢板肋以上混凝土截面面积的 0.2%，延伸宽度不应小于集中（线）荷载分布的有效宽度。钢筋间距不宜大于 150mm，直径不宜小于 6mm。

3）组合楼板支座处构造钢筋及板面温度钢筋配置应符合下列规定：

①在下列情况之一者应配置钢筋：

A. 为组合楼板提供储备承载力设置附加抗拉钢筋。

B. 在连续组合楼板或悬臂组合楼板的负弯矩区配置连续钢筋。

C. 在集中荷载区段和孔洞周围配置分布钢筋。

D. 为改善防火效果配置受拉钢筋。

E. 在压型钢板上翼缘焊接横向钢筋时，横向钢筋应配置在剪跨区段内，其间距宜为 150~300mm。

②钢筋直径、配筋率及配筋长度

A. 连续组合楼板的配筋长度。连续组合楼板中间支座负弯矩区的上部钢筋，应伸过板的反弯点，并应留出锚固长度和弯钩。下部纵向钢筋在支座处应连续配置。

B. 连续组合楼板按简支板设计时的抗裂钢筋，此时的抗裂钢筋截面面积应大于相应混凝土截面的最小配筋率 0.2%。抗裂钢筋的配置长度从支承边缘算起不小于 $l/6$（l 为板跨度），且应与不少于 5 根分布钢筋相交。抗裂钢筋最小直径 $d \geq 4mm$，最大间距 $s = 150mm$，顺肋方向抗裂钢筋的保护层厚度宜为 20mm。与抗裂钢筋垂直的分布筋直径，不应小于抗裂钢筋直径的 2/3，其间距不应大于抗裂钢筋间距的 1.5 倍。

C. 集中荷载作用部位的配筋。在集中荷载作用部位应设置横向钢筋，其配筋率 $\rho \geq 0.2\%$，其延伸宽度不应小于板的有效工作宽度，如图 16-1-10 所示。组合楼板的工作有效宽度分别根据抗弯及抗剪计算按下列公式计算：

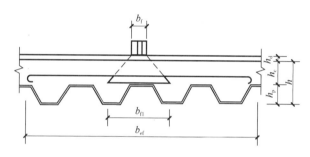

图 16-1-10　集中荷载分布的有效跨度

抗弯计算：

简支板

$$b_{ef} = b_{fl} + 2l_p\left(1 - \frac{l_p}{l}\right)$$

（16-1-34）

连续板

$$b_{ef} = b_{fl} + \left[4l_p\left(1 - \frac{l_p}{l}\right)\right]\Big/3$$

（16-1-35）

抗剪计算：

$$b_{ef} = b_{fl} + l_p\left(1 - \frac{l_p}{l}\right)$$

（16-1-36）

$$b_{fl} = b_f + 2(h_c + h_d)$$

（16-1-37）

式中　l——组合楼板的跨度；

　　l_p——荷载作用点到组合楼板较近支座的距离；

　　b_{fl}——集中荷载在组合楼板中的分布宽度；

　　b_f——荷载宽度；

　　h_c——压型钢板顶面以上的混凝土计算厚度；

　　h_d——地面饰面层厚度。

4）组合楼板支承于钢梁上时，其支承长度对边梁不应小于 75mm，如图 16-1-11a 所示；对中间梁，当压型钢板不连续时不应小于 50mm，如图 16-1-11b 所示；当压型钢板连续时不应小于 75mm，如图 16-1-11c 所示。

5）组合楼板支承于混凝土梁上时，应在混凝土梁上设置预埋件，预埋件设计应符合现行国

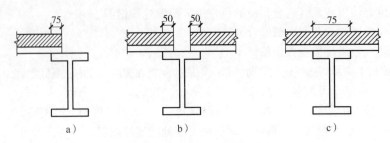

图 16-1-11　组合楼板支承于钢梁上

a) 边梁　b) 中间梁，压型钢板不连续　c) 中间梁，压型钢板连续

家标准《混凝土结构设计规范》（GB 50010）的规定，不得采用膨胀螺栓固定预埋件。组合楼板在混凝土梁上的支承长度，对边梁不应小于 100mm，如图 16-1-12a 所示；对中间梁，当压型钢板不连续时不应小于 75mm，如图 16-1-12b 所示；当压型钢板连续时不应小于 100mm，如图 16-1-12c 所示。

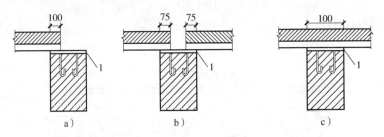

图 16-1-12　组合楼板支承于混凝土梁上

a) 边梁　b) 中间梁，压型钢板不连续　c) 中间梁，压型钢板连续

1—预埋件

6）组合楼板支承于砌体墙上时，应在砌体墙上设混凝土圈梁，并在圈梁上设置预埋件，组合楼板应支承于预埋件上，并应符合图 16-1-12 所示组合楼板支承于混凝土梁上的规定。

7）组合楼板支承于剪力墙侧面时，宜支承在剪力墙侧面设置的预埋件上，剪力墙内宜预留钢筋并与组合楼板负弯矩钢筋连接，埋件设置以及预留钢筋的锚固长度应符合现行国家标准《混凝土结构设计规范》（GB 50010）的规定，如图 16-1-13 所示。

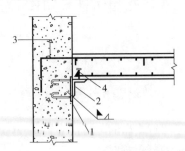

图 16-1-13　组合楼板与剪力墙连接构造

1—预埋件　2—角钢或槽钢　3—剪力墙内预留钢筋　4—栓钉

8）组合楼板栓钉的设置应符合规范规定。

9）压型钢板及钢梁的表面处理。压型钢板支承在钢梁时，在其支承范围内应涂防锈漆，但其厚度不宜超过 50μm。压型钢板肋与钢梁平行时钢梁表面不应涂防锈漆，以便使钢梁表面与混凝土间有良好的结合。压型钢板端部的设置栓钉部位宜进行适当除锈处理，宜提高栓钉的焊接质量。

10）工程中常用组合楼板节点构造见表 16-1-5。

表 16-1-5　工程中常用组合楼板节点构造

序号	项目	详图				备注
1	栓钉直径与板跨度关系	跨度/m	<3.0	3.0~6.0	>6.0	
		栓钉直径 d/mm	13~16	16~19	19	
2	压型钢板构造	楼板钢筋，根据计算结果和构造要求确定　$b_{l,m}$　$h \geqslant 90$　h_y　h_c a）闭口型压型钢板 楼板钢筋，根据计算结果和构造要求确定　$b_{l,m}$　$h \geqslant 90$　h_y　h_c　垫块　压型钢板重心轴 b）开口型压型钢板				图中： h——楼板总厚度 h_y——压型钢板总高（包括压痕） h_c——压型钢板肋顶部以上混凝土厚度 $b_{l,m}$——开口型压型钢板凹槽重心轴处宽度或闭口型压型钢板槽口最小浇筑宽度
3	一般楼面降低标高	栓钉，熔焊@300　楼板板面高差值　冷弯薄壁型钢或热轧型钢 a）　　　　$\geqslant 75$，边梁 $\geqslant 50$，中间梁　堵头板　栓钉，熔焊@300　角钢　楼板板面高差值 b）				
4	柱与梁交接处的支托	L50×5　柱　梁　$\leqslant 75$　(5a)　当该尺寸小于150时可不必设此角钢支托				
5	压型钢板边缘节点	a　50　$t \diagdown 25/300$　t厚钢板收边 a）板肋与梁平行 a　50　$t \diagdown 25/300$　t厚钢板收边　堵头板 b）板肋与梁垂直且悬挑较小 根据不同板型和作用荷载，确定最大悬长　$t \diagdown 25/每波$　t厚钢板收边　t厚钢板收边 c）板肋与梁垂直且悬挑较大 堵头板 d）同一根梁上既有板肋梁平行又有与梁垂直				收边板厚 <table><tr><td>悬挑长度（a）</td><td>收边板厚/mm</td></tr><tr><td>0~80</td><td>1.2</td></tr><tr><td>80~120</td><td>1.5</td></tr><tr><td>120~180</td><td>2.0</td></tr><tr><td>180~250</td><td>2.6</td></tr></table>

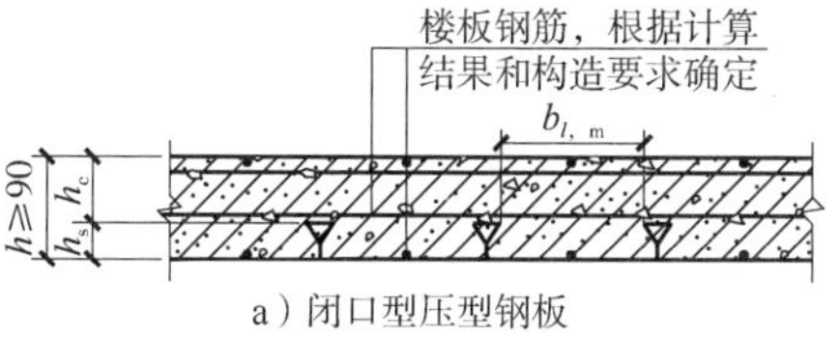

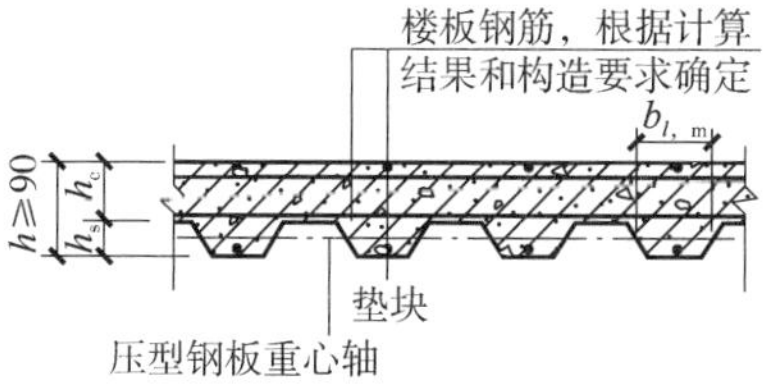

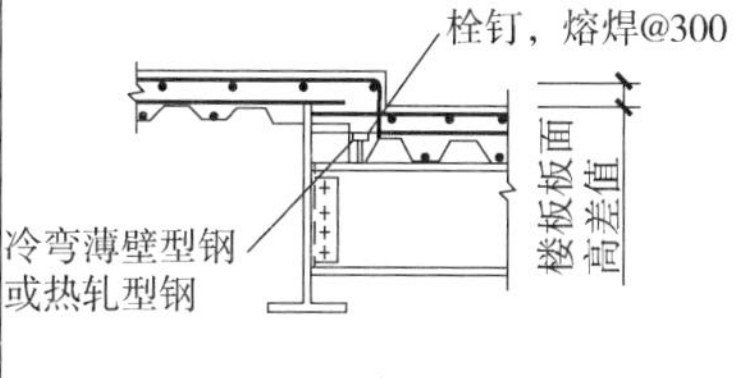

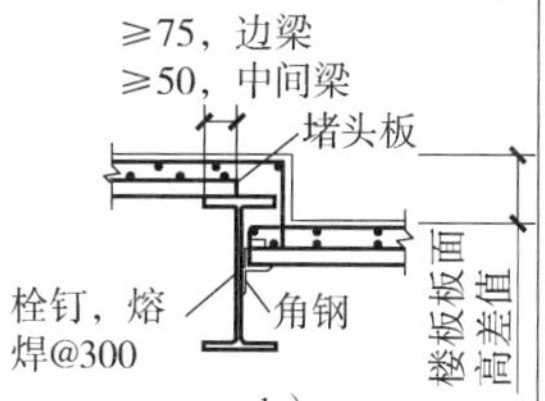

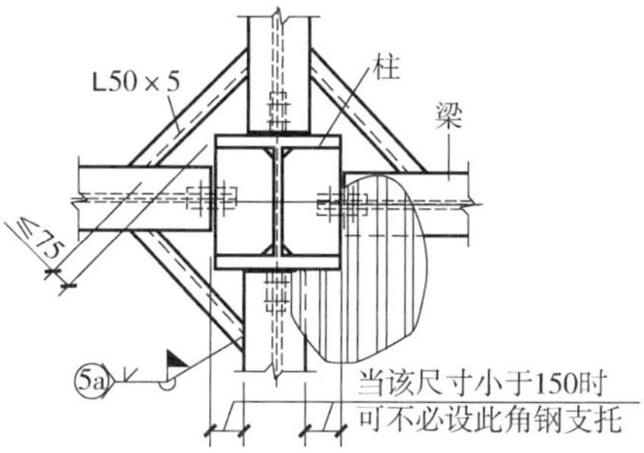

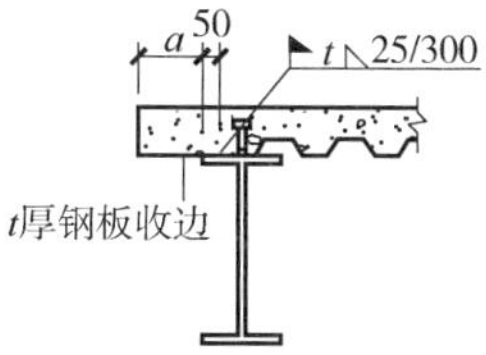

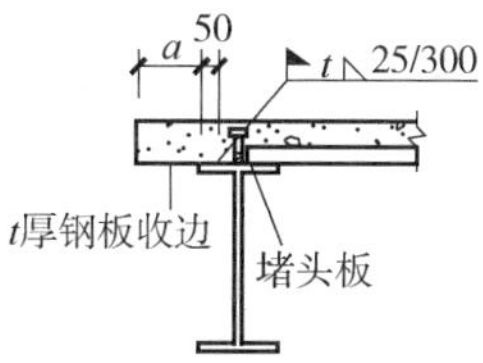

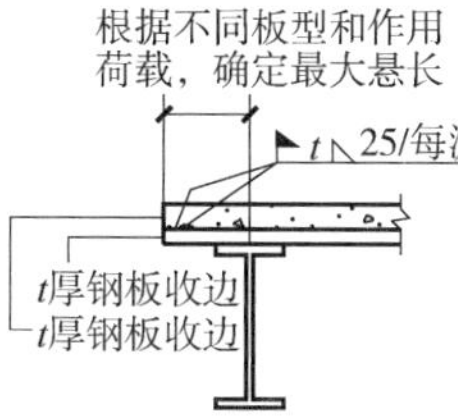

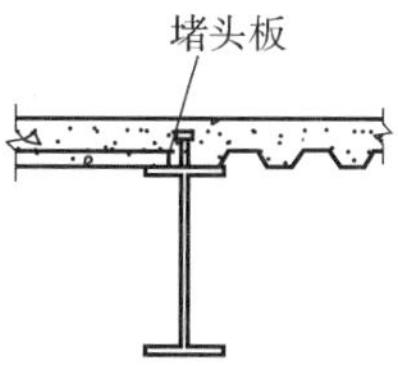

（续）

序号	项目	详图	备注
6	组合楼板的开洞后的加强措施	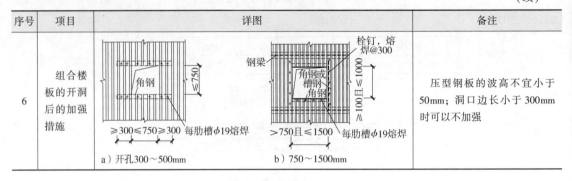 a）开孔 300～500mm　b）750～1500mm	压型钢板的波高不宜小于 50mm；洞口边长小于 300mm 时可以不加强

16.1.5　施工阶段验算

1）在施工阶段，压型钢板作为模板计算时，应考虑下列荷载：

①永久荷载：压型钢板、钢筋和混凝土自重。

②可变荷载：施工荷载与附加荷载。施工荷载应包括施工人员和施工机具等，并应考虑施工过程中可能产生的冲击和振动。当有过量的冲击、混凝土堆放以及管线等应考虑附加荷载。可变荷载应以工地实际荷载为依据。

③当没有可变荷载实测数据或施工荷载实测值小于 $1.0 kN/m^2$ 时，施工荷载取值不应小于 $1.0 kN/m^2$。

2）计算压型钢板施工阶段承载力时，湿混凝土荷载分项系数应取 1.4。

3）压型钢板在施工阶段承载力应符合现行国家标准《冷弯薄壁型钢结构技术规范》（GB 50018）的规定，结构重要性系数可取 0.9。

4）压型钢板施工阶段应按荷载的标准组合计算挠度，并应按现行国家标准《冷弯薄壁型钢结构技术规范》（GB 50018）计算得到的有效截面惯性矩 I_{ae} 计算，挠度不应大于板支撑跨度 l 的 1/180，且不应大于 20mm。

5）压型钢板端部支座处宜采用栓钉与钢梁或预埋件固定，栓钉应设置在支座的压型钢板凹槽处，每槽不应少于 1 个，并应穿透压型钢板与钢梁焊牢，栓钉中心到压型钢板自由边距离不应小于 2 倍栓钉直径。栓钉间距 s 还需满足下列要求：沿梁轴线方向：$s \geqslant 5d$；沿垂直梁轴线方向：$s \geqslant 4d$。

栓钉直径可根据楼板跨度按表 16-1-6 采用。当固定栓钉作为组合楼板与钢梁之间的抗剪栓钉使用时，尚应符合 16.2 节相关规定。

表 16-1-6　固定压型钢板的栓钉直径

楼板跨度 l/m	$l < 3$	$3 \leqslant l \leqslant 6$	$l > 6$
栓钉直径/mm	13	16、19	19

6）压型钢板侧向在钢梁上的搭接长度不应小于 25mm，在预埋件上的搭接长度不应小于 50mm。组合楼板压型钢板侧向与钢梁或预埋件之间应采取有效固定措施。当采用点焊焊接固定时，点焊间距不宜大于 400mm。当采用栓钉固定时，栓钉间距不宜大于 400mm；栓钉直径应符合表 16-1-6 的规定。

16.1.6　设计实例

1. 非组合板设计实例

（1）设计参数　按两跨连续板计算，楼板计算跨度 3000mm，楼板厚度 120mm，施工活荷载取 $1.0 kN/m^2$，根据项目荷载、楼面布置，压型钢板采用《钢与混凝土组合楼（屋）盖结构构造》（05SG522）中的闭口型压型钢板 YXB65-170-510（B），如图 16-1-14 所示。钢板厚 0.8mm，钢材牌号为 Q355，压型钢板抗拉强度设计值为 $310 N/mm^2$，弹性模量为 $2.06 \times 10^5 N/mm^2$，压型钢板自

重 12.31kg/m^2，横截面面积 $1568 \text{mm}^2/\text{m}$，重心距板底距离 25mm，截面惯性矩 $98.6 \text{ cm}^4/\text{m}$，截面抵抗矩 $22.41 \text{cm}^3/\text{m}$，剪切粘结系数 $m = 182.25 \text{N/mm}^2$、$k = 0.1061$。混凝土强度等级 C30，弹性模量 30000MPa，混凝土抗压强度设计值 14.3MPa，抗拉强度设计值 1.43MPa，板顶钢筋 $10 @ 150$，钢筋抗拉强度设计值 360N/mm^2。

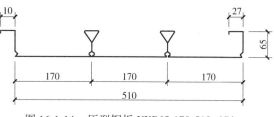

图 16-1-14 压型钢板 YXB65-170-510（B）

（2）荷载

荷载标准值：

$$(0.12 + 3 + 1.0) \text{kN/m}^2 = 4.12 \text{kN/m}^2$$

荷载设计值：

$$(0.12 \times 1.3 + 3 \times 1.4 + 1.0 \times 1.5) \text{kN/m}^2 = 5.856 \text{kN/m}^2$$

（3）正截面承载能力验算

设计内力：

$$M = \frac{1}{8} q_d l_0^2 = \frac{1}{8} \times 5.856 \times 3^2 \text{kN} \cdot \text{m} = 6.588 \text{kN} \cdot \text{m}$$

$$\sigma = \frac{M}{W} = \frac{6.588 \times 10^6}{22.41 \times 10^3} \text{MPa} = 294 \text{MPa} < 310 \text{MPa}，计算满足要求。$$

（4）挠度验算

按双跨连续板计算：

$$\delta = 0.13 \frac{q l_0^4}{24 E I_{ae}} = 0.13 \times \frac{4.12 \times 3000^4}{24 \times 2.06 \times 10^5 \times 98.6 \times 10^4} \text{mm} = 8.90 \text{mm} < \min \left(20 \text{mm}, \frac{3000}{180} = 16.7 \text{mm}\right)，$$

计算满足要求。

非组合板进行施工阶段验算时，需要注意按照《组合结构设计规范》（JGJ 138）的规定，湿混凝土荷载分项系数需要取 1.4。

2. 组合板设计实例

（1）设计参数 设计参数见非组合板设计工程实例。楼面恒载 2.1kN/m^2，吊挂恒载 2.0kN/m^2，活载 3.5kN/m^2。

（2）荷载

荷载标准值：

$$(0.12 + 3 + 2.1 + 2 + 3.5) \text{kN/m}^2 = 10.72 \text{kN/m}^2$$

荷载设计值：

$$[(0.12 + 3 + 2.1 + 2) \times 1.3 + 3.5 \times 1.5] \text{kN/m}^2 = 14.64 \text{kN/m}^2$$

（3）正弯矩作用下正截面受弯承载力验算

设计弯矩：

$$M = \frac{1}{8} q l_0^2 = 16.47 \text{kN} \cdot \text{m}$$

相对界限受压区高度：

$$\xi_b = \frac{\beta_1}{1 + \dfrac{f_a}{E_a \varepsilon_{cu}}} = \frac{0.8}{1 + \dfrac{310}{2.06 \times 10^5 \times 0.0033}} = 0.549$$

受压区高度：

$$x = \frac{A_a f_a}{f_c b} = \frac{1568 \times 310}{14.3 \times 1000} \text{mm} = 34 \text{mm} \leqslant \min(55, 52.2)$$

$$f_c bx\left(h_0 - \frac{x}{2}\right) = 14.3 \times 1000 \times 34 \times \left(95 - \frac{34}{2}\right) \text{kN} \cdot \text{m} = 37.9 \text{kN} \cdot \text{m} > 16.47 \text{kN} \cdot \text{m}$$，计算满足要求。

（4）负弯矩作用下正截面受弯承载力验算

受压区高度：

$$x = \frac{A_s f_y}{f_c b} = \frac{523 \times 360}{14.3 \times 1000} \text{mm} = 13.2 \text{mm}$$

$$f_c b_{min} x \left(h_0' - \frac{x}{2}\right) = 14.3 \times 1000 \times 13.2 \times \left(100 - \frac{13.2}{2}\right) \text{kN} \cdot \text{m} = 17.6 \text{kN} \cdot \text{m} > 9.3 \text{kN} \cdot \text{m}$$，计算满足要求。

（5）斜截面受剪承载力验算

设计剪力：

$$V = 0.625 q l_0 = 0.625 \times 14.64 \times 3 \text{kN} \cdot \text{m} = 27.45 \text{kN} \cdot \text{m}$$

$$0.7 f_t b_{min} h_0 = 0.7 \times 1.43 \times 1000 \times 95 \text{kN} = 95.1 \text{kN} > 27.45 \text{kN}$$，计算满足要求。

（6）压型钢板与混凝土间的纵向剪切粘结承载力验算

$$m \frac{A_a h_0}{1.25 a} + k f_t b h_0 = \left(182.25 \times \frac{1568 \times 95}{1.25 \times 3000/4} + 0.1061 \times 1.43 \times 1000 \times 95\right) \text{kN} = 43.4 \text{kN} >$$

27.45kN，计算满足要求。

（7）负弯矩区最大裂缝宽度验算

准永久组合设计值

$$(0.12 + 3 + 2.1 + 2 + 3.5 \times 0.3) \text{kN/m}^2 = 8.27 \text{kN/m}^2$$

$$M_q = 0.125 \times 8.27 \times 3^2 \text{kN} \cdot \text{m} = 9.3 \text{kN} \cdot \text{m}$$

$$h_0' = 100 \text{mm}$$

$$A_s = 523 \text{mm}^2$$

$$\sigma_{sq} = \frac{M_q}{0.87 h_0' A_s} = \frac{9.3 \times 10^6}{0.87 \times 100 \times 523} \text{MPa} = 204.4 \text{MPa}$$

$$A_{te} = 0.5 b_{min} h + (b - b_{min}) h_c = 0.5 \times 1000 \times 120 \text{mm}^2 = 60000 \text{mm}^2$$

$$\rho_{te} = \frac{523}{60000} = 0.00872$$

$$\psi = 1.1 - 0.65 \frac{f_{tk}}{\rho_{te} \sigma_{sq}} = 1.1 - 0.65 \times \frac{2.01}{0.00872 \times 204.4} = 0.367$$

$$c_s = 20 \text{mm}$$

$$d_{eq} = 10 \text{mm}$$

$$\omega_{max} = 1.9 \psi \frac{\sigma_{sq}}{E_s}\left(1.9 c_s + 0.08 \frac{d_{eq}}{\rho_{te}}\right) = 1.9 \times 0.367 \times \frac{204.4}{206000} \times \left(1.9 \times 20 + 0.08 \frac{10}{0.00872}\right) \text{mm} =$$

0.09mm，计算满足要求。

（8）挠度验算　计算组合楼板的挠度时，一般可保守按照单跨简支板计算。

$$\alpha_E = E_a / E_c = 206000/30000 = 6.87$$

$$\rho_a = 1568/(120 \times 1000) = 1.31\%$$

$$h_c = 55 \text{mm}$$

$$h_s = 65 \text{mm}$$

$$c_s = 170 \text{mm}$$

$$h_0 = 95 \text{mm}$$

$$b_r = (170 - 30) \text{mm} = 140 \text{mm}$$

标准荷载作用下未开裂换算截面惯性矩：

$$y_{cc} = \frac{0.5bh_c^2 + \alpha_E A_a h_0 + b_r h_s(h_0 - 0.5h_s)b/c_s}{bh_c + \alpha_E A_a + b_r h_s b/c_s}$$

$$= \frac{0.5 \times 1000 \times 55^2 + 6.87 \times 1568 \times 95 + 140 \times 65 \times (95 - 0.5 \times 65) \times 1000/170}{1000 \times 55 + 6.87 \times 1568 + 140 \times 65 \times 1000/170}mm = 49.3mm$$

$$y_{cs} = h_0 - y_{cc} = (95 - 49.3)mm = 45.7mm$$

$$I_u^s = \frac{bh_c^3}{12} + bh_c(y_{cc} - 0.5h_c)^2 + \alpha_E I_a + \alpha_E A_a y_{cs}^2 = \left[\frac{1000 \times 55^3}{12} + 1000 \times 55 \times (49.3 - 0.5 \times 55)^2 + \right.$$

$$\left. 6.87 \times 98.6 \times 10^4 + 6.87 \times 1568 \times 45.7^2\right]mm^4 = 69274152mm^4$$

标准荷载作用下开裂换算截面惯性矩：

$$y_{cc} = (\sqrt{2\rho_a\alpha_E + (\rho_a\alpha_E)^2} - \rho_a\alpha_E)h_0 = (\sqrt{2 \times 0.0131 \times 6.87 + (0.0131 \times 6.87)^2} - 0.0131 \times$$

$$6.87) \times 95mm = 32.65mm$$

$$y_{cs} = h_0 - y_{cc} = (95 - 32.65)mm = 62.3mm$$

$$I_c^s = \frac{by_{cc}^3}{3} + \alpha_E A_a y_{cs}^2 + \alpha_E I_a = \left(\frac{1000 \times 32.65^3}{3} + 6.87 \times 1568 \times 62.3^2 + 6.87 \times 98.6 \times 10^4\right)mm^4 = 60185575mm^4$$

标准荷载作用下的平均换算截面惯性矩：

$$I_{eq}^s = \frac{I_u^s + I_c^s}{2} = \frac{69274152 + 60185575}{2}mm^4 = 64729864mm^4$$

短期荷载作用下的截面抗弯刚度：

$$B_s = E_c I_{eq}^s = 206000 \times 64729864N \cdot mm^2 = 1.333435 \times 10^{13}N \cdot mm^2$$

按照短期荷载作用下截面抗弯刚度计算的挠度：

$$\omega = \frac{5ql_0^4}{384B_s} = \frac{5 \times 10.72 \times 3000^4}{384 \times 1.333435 \times 10^{13}}mm = 0.848mm < \frac{3000}{200} = 15mm，计算满足要求。$$

长期荷载作用下挠度计算：

长期荷载作用下未开裂换算截面惯性矩：

$$y_{cc} = \frac{0.5bh_c^2 + 2\alpha_E A_a h_0 + b_r h_s(h_0 - 0.5h_s)b/c_s}{bh_c + 2\alpha_E A_a + b_r h_s b/c_s}$$

$$= \frac{0.5 \times 1000 \times 55^2 + 2 \times 6.87 \times 1568 \times 95 + 140 \times 65 \times (95 - 0.5 \times 65) \times 1000/170}{1000 \times 55 + 2 \times 6.87 \times 1568 + 140 \times 65 \times 1000/170}mm = 53.1mm$$

$$y_{cs} = h_0 - y_{cc} = (95 - 53.1)mm = 41.9mm$$

$$I_u^l = \frac{bh_c^3}{12} + bh_c(y_{cc} - 0.5h_c)^2 + 2\alpha_E I_a + 2\alpha_E A_a y_{cs}^2 = \left(\frac{1000 \times 55^3}{12} + 1000 \times 55 \times (53.1 - 0.5 \times 55)^2 + \right.$$

$$\left. 2 \times 6.87 \times 98.6 \times 10^4 + 2 \times 6.87 \times 1568 \times 41.9^2\right)mm^4 = 87667947mm^4$$

长期荷载作用下开裂换算截面惯性矩：

$$y_{cc} = (\sqrt{2\rho_a\alpha_E + (\rho_a\alpha_E)^2} - \rho_a\alpha_E)h_0 = (\sqrt{2 \times 0.0131 \times 2 \times 6.87 + (0.0131 \times 2 \times 6.87)^2} -$$

$$0.0131 \times 2 \times 6.87) \times 95mm = 42.41mm$$

$$y_{cs} = h_0 - y_{cc} = (95 - 42.41)mm = 52.6mm$$

$$I_c^l = \frac{by_{cc}^3}{3} + 2\alpha_E A_a y_{cs}^2 + 2\alpha_E I_a = \left(\frac{1000 \times 42.41^3}{3} + 2 \times 6.87 \times 1568 \times 52.6^2 + 2 \times 6.87 \times 98.6 \times \right.$$

$$\left. 10^4\right)mm^4 = 98581926mm^4$$

长期荷载作用下的平均换算截面惯性矩：

$$I_{eq}^l = \frac{I_u^l + I_c^l}{2} = \frac{87667947 + 98581926}{2}mm^4 = 93124937mm^4$$

长期荷载作用下截面抗弯刚度：

$$B = 0.5E_c I_{eq}^l = 0.5 \times 206000 \times 93124937 \text{N} \cdot \text{mm}^2 = 9.59187 \times 10^{12} \text{N} \cdot \text{mm}^2$$

按照长期荷载作用下截面抗弯刚度计算的扰度：

$$\omega = \frac{5ql_0^4}{384B_s} = \frac{5 \times 8.27 \times 3000^4}{384 \times 9.59187 \times 10^{12}} \text{mm} = 0.909 \text{mm} < \frac{3000}{200} \text{mm} = 15 \text{mm} ，计算满足要求。$$

16.2 钢与混凝土组合梁

组合梁一般是指压型钢板组合楼板和钢梁之间通过抗剪件组合成共同承受外部荷载的整体梁。压型钢板组合楼板与钢梁组合时可分为两种情况，一类是板肋平行于钢梁，另一类是板肋垂直于钢梁，如图 16-2-1 所示。此外，还有另一类组合梁，即在钢梁上直接浇灌钢筋混凝土楼板，同样必须设置抗剪件，施工时采用模板支承浇筑的混凝土板。

1. 组合梁的应用特点

1）对于简支组合梁，由于可利用钢梁上组合楼板混凝土承受压力作用，为此增加了梁截面的有效高度，既提高了梁的抗弯承载力，又提高了梁的抗弯刚度，由此可节省钢材和降低造价。

2）在施工阶段，可利用还未形成组合梁的钢梁，作为施工用的承重梁，可不再设置临时支柱等施工设施。

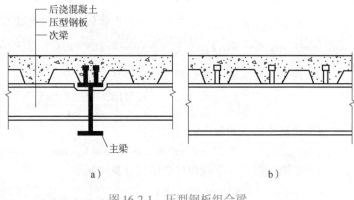

图 16-2-1 压型钢板组合梁

a）肋平行于主钢梁 b）肋垂直于主钢梁

3）高层民用建筑中一般均在楼盖结构下设置吊顶，故组合梁的钢梁部分可采用厚型防火涂料，不影响观感。

4）对于连续组合梁及框架组合梁的采用问题，宜结合具体工程的条件综合考虑。

2. 组合梁的类型及受力特点

组合梁可根据梁的计算简图分为简支组合梁、连续组合梁及框架组合梁。

（1）简支组合梁的受力特点 简支组合梁是高层民用建筑钢结构中常用的组合梁，其受力特点为：

1）组合楼板与钢梁通过抗剪件构成整体的组合梁后，沿梁跨全长的受弯承载力，远远大于钢梁截面的承载力。

2）组合楼板可阻止钢梁受压翼缘的侧向位移，因此简支组合梁在使用阶段可不考虑梁的整体稳定问题。

3）简支组合梁在支座截面承受最大的剪力，但弯矩为零；跨中截面承受较大的弯矩，而剪力常较小，故可分别按纯弯及纯剪条件计算组合梁的承载力。

（2）连续组合梁的受力特点 连续组合梁由于中间支座负弯矩部位的连接构造复杂等原因，为此限制了在工程中的广泛采用，但目前仍在一些工程中得到应用。它具有如下受力特点：

1）在连续组合梁的支座负弯矩区段，由于混凝土开裂，故一般不考虑混凝土板的作用，而仅考虑混凝土板有效宽度内沿梁轴线方向的负钢筋起作用，但仍然要由板下钢梁来承担绝大部分弯矩。连续组合梁的跨中截面由于可形成整体的组合截面，其受弯承载力很大。因此，支座负弯矩区段的抗弯能力远小于跨中截面，形成受弯承载力分布与支座弯矩大、跨中小的内力分布相反的状态。

2）连续组合梁在承担较大的楼面活荷载并构成不利分布时，有可能使梁的某一跨全跨出现负弯矩，则钢梁下翼缘受压时需验算其整体失稳问题。

3）连续组合梁支座处的剪力及弯矩均很大，受力复杂，要考虑钢梁中的正应力与剪应力的应力组合问题。

（3）框架组合梁 框架组合梁在实际工程中很少应用。其受力特点除存在与连续组合梁相类同的问题外，框架组合梁还存在组合梁负钢筋的锚固等问题。

16.2.1 一般规定

1）钢与混凝土组合梁截面承载力计算时，跨中及支座处混凝土翼缘的有效截面应按下式计算，如图 16-2-1 所示。

$$b_e = b_0 + b_1 + b_2 \tag{16-2-1}$$

式中 b_e——混凝土翼板的有效宽度；

b_0——板托顶部的宽度，当板托倾角 $\alpha < 45°$ 时，应按 $\alpha = 45°$ 计算板托顶部的宽度；当无板托时，则取钢梁上翼缘的宽度；

b_1、b_2——梁外侧和内侧的翼板计算宽度，各取梁等效跨度 l_e 的 $1/6$；b_1 尚不应超过翼板实际外伸宽度 S_1；b_2 尚不应超过相邻钢梁上翼缘或板托间净距 S_0 的 $1/2$；

l_e——等效跨度，对于简支组合梁，取为简支组合梁的跨度 l；对于连续组合梁，中间跨正弯矩区取为 $0.6l$，边跨正弯矩区取为 $0.8l$，支座负弯矩区取为相邻两跨跨度之和的 0.2 倍。

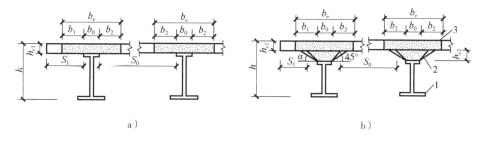

图 16-2-1 混凝土翼板的计算宽度
a）不设板托的组合梁 b）设板托的组合梁
1—钢梁 2—板托 3—混凝土翼板

2）进行结构整体内力和变形计算时，对于仅承受竖向荷载的梁柱铰接简支或连续组合梁，每跨混凝土翼板有效宽度可取为定值，按图 16-2-1 规定的跨中有效翼缘宽度取值计算；对于承受竖向荷载并参与结构整体抗侧力作用的梁柱刚接框架组合梁，宜考虑楼板与钢梁之间的组合作用，其抗弯惯性矩 I_e 可按下列公式计算：

$$l_e = \alpha l_s \tag{16-2-2}$$

$$\alpha = \frac{2.2}{(I_s/I_c)^{0.3} - 0.5} + 1 \tag{16-2-3}$$

$$I_c = \frac{[\min(0.1L,\ B_1) + \min(0.1L,\ B_2)]h_{c1}^3}{12\alpha_E} \tag{16-2-4}$$

式中 I_s——钢梁抗弯惯性矩；

α——刚度放大系数，当 $\alpha > 2$ 时，宜取 $\alpha = 2$；

I_c——混凝土翼板等效抗弯惯性矩；

L——梁跨度；

B_1、B_2——组合梁两侧实际混凝土翼板宽度，取为梁中心线到混凝土翼板边缘的距离，或梁中心线到相邻梁中心线之间距离的一半；

h_{c1}——混凝土翼板厚度，不考虑托板、压型钢板肋的高度；

α_E——钢材和混凝土弹性模量比。

3）组合梁承载力按塑性分析方法进行计算时，连续组合梁和框架组合梁在竖向荷载作用下的梁端负弯矩可进行调幅，其调幅系数不宜超过 30%。

16.2.2 承载力计算

1）完全抗剪连接组合梁的正截面受弯承载力应符合下列公式的规定：

①正弯矩作用区段

A. 当 $A_a f_a \leqslant f_c b_e h_{c1}$ 时，中和轴在混凝土翼板内，如图 16-2-2 所示。

持久、短暂设计状况：

$$M \leqslant f_c b_e xy \tag{16-2-5}$$

地震设计状况：

$$f_c b_e x = A_a f_a \tag{16-2-6}$$

$$M \leqslant \frac{1}{\gamma_{RE}} f_c b_e xy \tag{16-2-7}$$

$$f_c b_e x = A_a f_a \tag{16-2-8}$$

B. 当 $A_a f_a > f_c b_e h_{c1}$ 时，中和轴在钢梁截面内（图 16-2-3）：

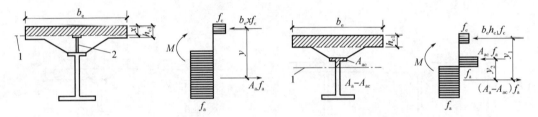

图 16-2-2 中和轴在混凝土翼板内时的
组合梁截面及应力图形
1—组合梁塑性中和轴 2—栓钉

图 16-2-3 中和轴在钢梁内时的组合
梁截面及应力图形
1—组合梁塑性中和轴

持久、短暂设计状况：

$$M \leqslant f_c b_e h_{c1} y_1 + A_{ac} f_a y_2 \tag{16-2-9}$$

$$f_c b_e h_{c1} + f_a A_{ac} = f_a (A_a - A_{ac}) \tag{16-2-10}$$

地震设计状况：

$$M \leqslant \frac{1}{\gamma_{RE}} (f_c b_e h_{c1} y_1 + A_{ac} f_a y_2) \tag{16-2-11}$$

$$f_c b_e h_{c1} + f_a A_{ac} = f_a (A_a - A_{ac}) \tag{16-2-12}$$

②负弯矩作用区段如图 16-2-4 所示。

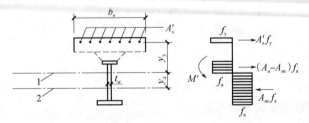

图 16-2-4 负弯矩作用时组合梁截面和计算简图
1—组合梁塑性中和轴 2—钢梁塑性中和轴

A. 持久、短暂设计状况

$$M' \leq M_s + A'_s f_y (y_3 + y_4/2) \tag{16-2-13}$$

$$f_y A'_s + f_a (A_a - A_{ac}) = f_a A_{ac} \tag{16-2-14}$$

B. 地震设计状况

$$M' \leq \frac{1}{\gamma_{RE}} [M_s + A'_s f_y (y_3 + y_4/2)] \tag{16-2-15}$$

$$f_y A'_s + f_a (A_a - A_{ac}) = f_a A_{ac} \tag{16-2-16}$$

$$M_s = (S_t + S_b) f_a \tag{16-2-17}$$

$$y_4 = 0.5 A'_s f_y / (f_a t_w) \tag{16-2-18}$$

式中　M——正弯矩设计值；

　　A_a——钢梁的截面面积；

　　h_{c1}——混凝土翼板厚度，不考虑托板、压型钢板肋的高度；

　　x——混凝土翼板受压区高度；

　　y——钢梁截面应力的合力至混凝土受压区截面应力的合力间的距离；

　　f_c——混凝土抗压强度设计值；

　　f_a——钢梁的抗压和抗拉强度设计值；

　　b_e——组合梁混凝土翼板有效宽度；

　　γ_{RE}——承载力抗震调整系数，取 0.75；

　　A_{ac}——钢梁受压区截面面积；

　　y_1——钢梁受拉区截面形心至混凝土翼板受压区截面形心的距离；

　　y_2——钢梁受拉区截面形心至钢梁受压区截面形心的距离；

　　M'——负弯矩设计值；

　　M_s——钢梁塑性弯矩；

S_t、S_b——钢梁塑性中和轴以上和以下截面对该轴的面积矩；

　　A'_s——负弯矩区混凝土翼板有效宽度范围内的纵向钢筋截面面积；

　　f_y——钢筋抗拉强度设计值；

　　y_3——钢筋截面形心到钢筋和钢梁形成的组合截面塑性中和轴的距离，根据截面轴力平衡按式（16-2-14）或式（16-2-16）求出钢梁受压区面积 A_{ac}，取钢梁拉压区交界处位置为组合梁塑性中和轴位置；

　　y_4——组合梁塑性中和轴至钢梁塑性中和轴的距离，当组合梁塑性中和轴在钢梁腹板内时，可按式（16-2-18）计算，当组合梁塑性中和轴在钢梁翼缘内时，可取 y_4 等于钢梁塑性中和轴至腹板上边缘的距离。

2）部分抗剪连接组合梁正截面受弯承载力应符合下列规定：

①正弯矩作用区段如图 16-2-5 所示。

A. 持久、短暂设计状况

$$M_{u,r} \leq f_c b_e x y_1 + 0.5 (A_a f_a - f_c b_e x) y_2 \tag{16-2-19}$$

$$f_c b_e x = A_a f_a - 2 f_a A_{ac} \tag{16-2-20}$$

B. 地震设计状况

$$M_{u,r} \leq \frac{1}{\gamma_{RE}} [f_c b_e x y_1 + 0.5 (A_a f_a - f_c b_e x) y_2] \tag{16-2-21}$$

$$f_c b_e x = A_a f_a - 2 f_a A_{ac} \tag{16-2-22}$$

$$f_c b_e x = n N^c_v \tag{16-2-23}$$

式中　　$M_{u,r}$——部分抗剪连接时组合梁截面抗弯承载力；

　　　　n——部分抗剪连接时最大正弯矩验算截面到最近零弯矩点之间的抗剪连接件数目；

　　　　N_v^c——一个抗剪连接件的纵向抗剪承载力。

②负弯矩作用区段。应按式（16-2-13）或式（16-2-15）计算，计算中将 $A_s' f_y$ 改为 $n N_v^c$ 和 $A_s' f_y$ 两者的较小值，n 为最大负弯矩验算截面到最近零弯矩点之间的抗剪连接件数目。

3）组合梁根据抗剪连接栓钉的数量可分为完全抗剪连接和部分抗剪连接，其混凝土翼板与钢梁间设置的抗剪连接件应符合列公式的规定：

①完全抗剪连接

$$n \geqslant V_s / N_v^c \tag{16-2-24}$$

②部分抗剪连接

$$n \geqslant 0.5 V_s / N_v^c \tag{16-2-25}$$

式中　　V_s——每个剪跨区段内钢梁与混凝土翼板交界面的纵向剪力，按下一款规定计算；

　　　　N_v^c——一个抗剪连接件的纵向抗剪承载力；

　　　　n——完全抗剪连接的组合梁在一个剪跨区的抗剪连接件数目。

4）钢梁与混凝土翼板交界面的纵向剪力应以弯矩绝对值最大点及支座为界限，划分若干剪跨区计算，各剪跨区纵向剪力应按下列公式计算，如图16-2-6所示。

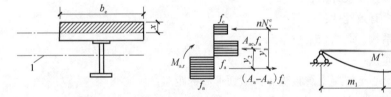

图 16-2-5　部分抗剪连接组合梁计算简图　　　　图 16-2-6　连续梁剪跨区划分
1—组合梁塑性中和轴

①正弯矩最大点到边支座区段，即 m_1 区段：

$$V_s = \min\{A_a f_a, f_c b_e h_{c1}\} \tag{16-2-26}$$

②正弯矩最大点到中支座（负弯矩最大点）区段，即 m_2 和 m_3 区段：

$$V_s = \min\{A_a f_a, f_c b_e h_{c1}\} + A_s' f_y \tag{16-2-27}$$

5）组合梁的受剪承载力应符合下列公式的规定：

①持久、短暂设计状况

$$V_b \leqslant h_w t_w f_{av} \tag{16-2-28}$$

②地震设计状况

$$V_b \leqslant \frac{1}{\gamma_{RE}} h_w t_w f_{av} \tag{16-2-29}$$

式中　　V_b——剪力设计值，抗震设计时应按有关规范的规定计算；

　　　　h_w、t_w——钢梁的腹板高度和厚度；

　　　　f_{av}——钢梁腹板的抗剪强度设计值；

　　　　γ_{RE}——承载力抗震调整系数，取 0.75。

6）用塑性设计法计算组合梁正截面受弯承载力时，受正弯矩的组合梁可不考虑弯矩和剪力的相互影响，受负弯矩的组合梁应考虑弯矩与剪力间的相互影响，按下列规定对腹板抗压、抗拉强度设计值进行折减：

①当剪力设计值 $V_b > 0.5 h_w t_w f_{av}$

$$f_{ae} = (1 - \rho) f_a \tag{16-2-30}$$

$$\rho = [2 V_b / (h_w t_w f_{av}) - 1]^2 \tag{16-2-31}$$

②当 $V_b \leqslant 0.5 h_w t_w f_{av}$ 时，可不对腹板强度设计值进行折减。

式中　f_{ae}——折减后的钢梁腹板抗压、抗拉强度设计值；

　　　f_a——钢梁腹板抗压和抗拉强度设计值；

　　　ρ——折减系数。

7）组合梁的抗剪连接件宜采用圆柱头焊钉，也可采用槽钢。一个抗剪连接件的承载力设计值应符合下列规定，如图 16-2-7 所示。

①圆柱头焊钉连接件

$$N_v^c = 0.43 A_s \sqrt{E_o f_c} \leqslant 0.7 A_s f_{at} \qquad (16\text{-}2\text{-}32)$$

②槽钢连接件

图 16-2-7　组合梁抗剪连接件

a）圆柱头焊钉连接件　b）槽钢连接件

$$N_v^c = 0.26(t + 0.5 t_w) l_c \sqrt{E_c f_c} \qquad (16\text{-}2\text{-}33)$$

③槽钢连接件通过肢尖肢背两条通长角焊缝与钢梁连接，角焊缝应按承受该连接件的抗剪承载力设计值 N_v^c 进行计算。

④位于负弯矩区段的抗剪连接件，其一个抗剪连接件的承载力设计值 N_v^c 应乘以折减系数，中间支座两侧的折减系数为 0.9，悬臂部分的折减系数为 0.8。

式中　N_v^c——一个抗剪连接件的纵向抗剪承载力；

　　　A_s——圆柱头焊钉钉杆截面面积；

　　　f_{at}——圆柱头焊钉极限强度设计值；

　　　E_c——混凝土的弹性模量；

　　　t——槽钢翼缘的平均厚度；

　　　t_w——槽钢腹板的厚度；

　　　l_c——槽钢的长度。

8）对于用压型钢板混凝土组合板做翼板的组合梁，一个圆柱头焊钉连接件的抗剪承载力设计值应分别按下列规定予以折减：

①当压型钢板肋平行于钢梁布置，如图 16-2-8a 所示，$b_w/h_e < 1.5$ 时，焊钉抗剪连接件承载力设计值的折减系数应按下式计算：

$$\beta_v = 0.6 \frac{b_w}{h_e} \left(\frac{h_d - h_e}{h_e} \right) \qquad (16\text{-}2\text{-}34)$$

②当压型钢板肋垂直于钢梁布置，如图 12-2-8b 所示，焊钉抗剪连接件承载力设计值的折减系数应按下式计算：

$$\beta_v = \frac{0.85}{\sqrt{n_0}} \frac{b_w}{h_e} \left(\frac{h_d - h_e}{h_e} \right) \qquad (16\text{-}2\text{-}35)$$

式中　β_v——抗剪连接件承载力折减系数，当 $\beta_v \geqslant 1$ 时取 $\beta_v = 1$；

　　　b_w——混凝土凸肋的平均宽度，当肋的上部宽度小于下部宽度，如图 16-2-8c 所示，取其上宽度；

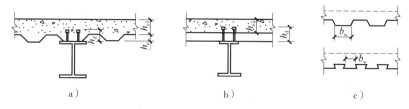

图 16-2-8　用压型钢板作混凝土翼板底模的组合梁

a）板肋与钢梁平行的组合梁截面　b）板肋与钢梁垂直的组合梁截面　c）压型钢板做楼板底模时剖面

h_e——混凝土凸肋高度；

h_d——焊钉高度；

n_0——梁截面处一个肋中布置的栓钉数，当多于 3 个时，按 3 个计算。

9）连接件数量可在对应的剪跨区段内均匀布置。当在此剪跨区段内有较大集中荷载作用时，应将连接件个数按剪力图面积比例分配后再各自均匀布置。

10）组合梁由荷载作用引起的单位纵向抗剪界面长度上的剪力设计值应按下列规定计算，如图 16-2-9 所示。

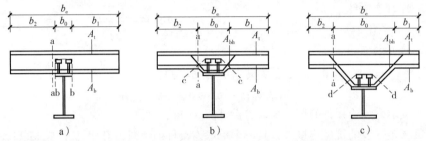

图 16-2-9　托板及翼板的纵向受剪界面及纵向剪力简化计算图

①a-a 界面，应按下列公式计算并取其较大值：

$$V_{b1} = \frac{V_s}{m_i} \frac{b_1}{b_e} \qquad (16\text{-}2\text{-}36)$$

$$V_{b1} = \frac{V_s}{m_i} \frac{b_2}{b_e} \qquad (16\text{-}2\text{-}37)$$

②b-b、c-c、d-d 界面

$$V_{b1} = \frac{V_s}{m_i} \qquad (16\text{-}2\text{-}38)$$

式中　V_{b1}——荷载作用引起的单位纵向抗剪界面长度上的剪力；

　　　V_s——每个剪跨区段内钢梁与混凝土翼板交界面的纵向剪力，按图 16-2-6 规定计算；

　　　m_i——剪跨区段长度，按图 16-2-6 规定计算；

　　　b_e——混凝土翼板的有效宽度，取跨中有效宽度；

b_1、b_2——混凝土翼板左、右两侧挑出的宽度。

11）组合梁由荷载作用引起的单位纵向抗剪界面长度上的斜截面受剪承载力应符合下列公式的规定：

$$V_{b1} \leqslant 0.7 f_t b_f + 0.8 A_e f_{yv} \qquad (16\text{-}2\text{-}39)$$
$$V_{b1} \leqslant 0.25 f_c b_f \qquad (16\text{-}2\text{-}40)$$

式中　f_t——混凝土抗拉强度设计值；

　　　b_f——垂直于纵向抗剪界面的长度，如图 16-2-9 所示的 a-a、b-b、c-c 及 d-d 连线在抗剪连接件以外的最短长度取值；

　　　A_e——单位纵向抗剪界面长度上的横向钢筋截面面积，对于界面 a-a，$A_e = A_b + A_t$；对于界面 b-b，$A_e = 2A_b$；对于有板托的界面 c-c，$A_e = 2(A_b + A_{bh})$；对于有板托的界面 d-d，$A_e = 2A_{bh}$；

　　　f_{yv}——横向钢筋抗拉强度设计值。

12）混凝土板横向钢筋最小配筋宜符合下式规定：

$$A_e f_{yv} / b_f > 0.75 (\text{N/mm}^2) \qquad (16\text{-}2\text{-}41)$$

16.2.3　挠度及裂缝验算

1）组合梁的挠度应分别按荷载的标准组合和准永久组合并考虑长期作用的影响进行计算。

挠度计算可按结构力学公式进行，仅受正弯矩作用的组合梁，其抗弯刚度应取考虑滑移效应的折减刚度，连续组合梁应按变截面刚度梁进行计算，在距中间支座两侧各 0.15 倍梁跨度范围内，不计受拉区混凝土对刚度的影响，但应计入纵向钢筋的作用，其余区段仍取折减刚度。在此两种荷载组合中，组合梁应取其相应的折减刚度。

2）组合梁考虑滑移效应的折减刚度 B 可按下式确定：

$$B = \frac{EI_{eq}}{1 + \xi} \tag{16-2-42}$$

式中 　E——钢的弹性模量；

I_{eq}——组合梁的换算截面惯性矩；对荷载的标准组合，可将截面中的混凝土翼板有效宽度除以钢与混凝土弹性模量的比值 α_E 换算为钢截面宽度后，计算整个截面的惯性矩；对荷载的准永久组合，则除以 $2\alpha_E$ 进行换算；对于钢梁与压型钢板混凝土组合板构成的组合梁，取其较弱截面的换算截面进行计算，且不计压型钢板的作用；

ξ——刚度折减系数，按下款规定计算；

α_E——钢与混凝土弹性模量的比值。

3）刚度折减系数 ξ 可按下列公式计算：

$$\xi = \eta \left[0.4 - \frac{3}{(jl)^2} \right] \tag{16-2-43}$$

$$\eta = \frac{36Ed_c pA_0}{n_s khl^2} \tag{16-2-44}$$

$$j = 0.81 \sqrt{\frac{n_s N_v^c A_1}{EI_0 p}} \tag{16-2-45}$$

$$A_0 = \frac{A_{cf}A}{\alpha_E A + A_{cf}} \tag{16-2-46}$$

$$A_1 = \frac{I_0 + A_0 d_c^2}{A_0} \tag{16-2-47}$$

$$I_0 = I + \frac{I_{cf}}{\alpha_E} \tag{16-2-48}$$

式中 　ξ——刚度折减系数，当 $\xi \le 0$ 时，取 $\xi = 0$；

A_{cf}——混凝土翼板截面面积；对压型钢板混凝土组合板的翼板，取其较弱截面的面积，且不考虑压型钢板的面积（mm^2）；

A——钢梁截面面积（mm^2）；

I——钢梁截面惯性矩（mm^4）；

I_{cf}——混凝土翼板的截面惯性矩；对压型钢板混凝土组合板的翼板，取其较弱截面的惯性矩，且不考虑压型钢板（mm^4）；

d_c——钢梁截面形心到混凝土翼板截面（对压型钢板混凝土组合板为其较弱截面）形心的距离（mm）；

h——组合梁截面高度（mm）；

l——组合梁的跨度（mm）；

N_v^c——抗剪连接件的承载力设计；

k——抗剪连接件的刚度系数，取 $k = N_v^c$（N/mm）；

p——抗剪连接件的纵向平均间距（mm）；

n_s——抗剪连接件在一根梁上的列数；

α_E——钢与混凝土弹性模量的比值，当按荷载效应的准永久组合进行计算时，α_E 应乘以 2。

4）组合梁负弯矩区段混凝土在正常使用极限状态下考虑长期作用影响的最大裂缝宽度应按现行国家标准《混凝土结构设计规范》（GB 50010）轴心受拉构件的规定计算，其值不得大于现行国家标准《混凝土结构设计规范》（GB 50010）规定的限值。

5）按荷载效应的标准组合计算的开裂截面纵向受拉钢筋的应力可按下列公式计算：

$$\sigma_{sk} = \frac{M_k y_s}{I_{cr}} \tag{16-2-49}$$

$$M_k = M_e(1 - \alpha_r) \tag{16-2-50}$$

式中　I_{cr}——由纵向普通钢筋与钢梁形成的组合截面的惯性矩；

σ_{sk}——纵向受拉钢筋应力；

y_s——钢筋截面重心至钢筋和钢梁形成的组合截面中和轴的距离；

M_k——钢与混凝土形成组合截面之后，考虑了弯矩调幅的标准荷载作用下支座截面负弯矩组合值；对于悬臂组合梁，M_k 应根据平衡条件计算得到；

M_e——钢与混凝土形成组合截面之后，标准荷载作用下按照未开裂模型进行弹性计算得到的连续组合梁中支座负弯矩值；

α_r——正常使用极限状态连续组合梁中支座负弯矩调幅系数，其取值不宜超过15%。

16.2.4　蜂窝形钢梁组合梁设计

1. 蜂窝形钢梁的制作

蜂窝形钢梁可采用热轧 H 型钢或焊接 H 型钢及热轧工工字钢再加工形成（图 16-2-10）。加工时，对腹板按折线切割，再用平移错位或掉头的方法，对腹板部位按对接焊接要求进行等强焊接，从而构成截面高度高于原截面的蜂窝形钢梁。蜂窝形钢梁腹板开孔的形状最常用的为六角形。

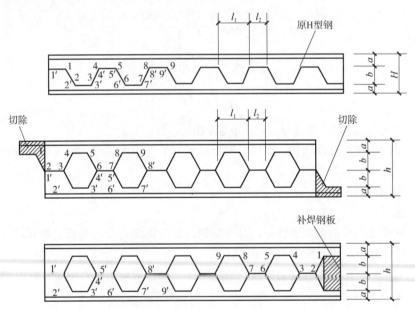

图 16-2-10　蜂窝形钢梁的形成

蜂窝形钢梁的截面高度 h 与原钢梁截面高度 H 之比称为扩张比，常用的扩张比 $h/H = 1.5$。由于截面高度的扩张，相应地增大了截面惯性矩和抵抗矩，显著地提高了钢梁的刚度和抗弯承载力。

2. 蜂窝形钢梁组合梁施工阶段验算

（1）基本假定　在弯矩作用下，梁截正应力在上下 T 形截面上均匀分布，但方向相反（图 16-2-11a）；带孔截面的上下 T 形截面部分，按如同空腹桁架的上、下弦进行内力及应力计算

（图 16-2-11b），下弦杆的反弯点在孔洞的中部。剪力按上下 T 形截面部分的刚度进行分配，由于上下 T 形截面尺寸常相同，故上下弦杆各承担一半剪力，即 $V_1 = V_2 = V/2$；正应力分布采用弹性分析法分析。

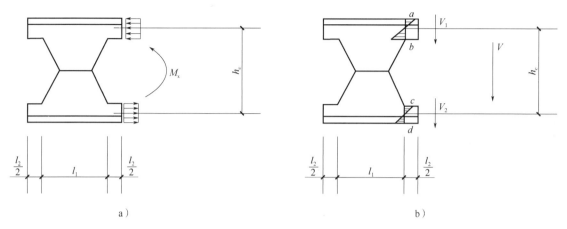

图 16-2-11 蜂窝形钢梁截面应力分布假定

a）弯矩作用下应力分布 b）剪力作用下应力分布

（2）蜂窝形钢梁抗弯承载力计算 按上述假定，梁的最大正应力位于蜂窝形梁 T 形截面部分两端的腹板孔的角点上，即图 16-2-11b 中的 b 点或 c 点。当上下 T 形截面部分尺寸相同时，其抗弯承载力应符合下式要求：

$$\frac{M_x}{h_c A_T} + \frac{V l_2}{4 W_T} \leqslant f \qquad (16\text{-}2\text{-}51)$$

式中 M_x、V——作用于蜂窝形钢梁验算截面的弯矩设计值及剪力设计值；

A_T——上下 T 形截截中一个 T 形截面的净面积；

l_2——梁中蜂窝孔上下两边的边长；

W_T——梁 T 形截面处在腹板边缘的净截面抵抗矩。

由上式可知，弯矩和剪力均产生截面正应力，但一般情况下最大弯矩和最大剪力不在同一位置。对于受均布荷载的简支梁，其应力控制截面在距梁端 x 处附近的蜂窝孔中点处，x 值可按下式计算：

$$x = \frac{l}{2} - \frac{h_c A_T l_2}{4 W_T} \qquad (16\text{-}2\text{-}52)$$

式中 l——梁的跨度。

对于其他情况，可近似地对梁端第一个孔中央、$l/4$ 及 $l/2$ 处分别进行验算。

蜂窝形钢梁的整体稳定性计算，与一般实腹工字形截面梁相同，但其截面特性应按空腹部分的梁截面计算。

（3）蜂窝形钢梁的受剪承载力计算

1）T 形截面处的剪应力验算

$$\tau = \frac{V}{2 t_w h_0} \leqslant f_v \qquad (16\text{-}2\text{-}53)$$

式中 t_w——钢梁的腹板厚度；

h_0——T 形截面腹板高度；

f_v——塑性设计时钢梁材的抗剪强度设计值。

2）腹板对焊处的剪应力（图 16-2-12）验算

$$\tau = \frac{V(l_1 + l_2)}{l_2 t_w h_c} \leqslant f_v^w \tag{16-2-54}$$

式中　l_2——取连接焊缝的长度减去 10mm；

　　　h_c——上下 T 形截面形心之间的距离（图 16-2-11b）；

　　　f_v^w——对接焊缝抗剪强度设计值。

（4）蜂窝形钢梁的挠度验算　蜂窝形钢梁的
挠度计算要考虑蜂窝孔和剪力的影响，对于扩张
比 $h/H = 1.5$ 的蜂窝形钢梁，其挠度值近似为截面
高度相同、但无孔洞的实腹钢梁的挠度乘以挠度
增大系数 1.25。

3. 蜂窝形钢梁组合梁在使用阶段验算

（1）蜂窝形钢梁组合梁的抗弯承载力　蜂窝
形钢梁组合梁的设计一般采用塑性设计法。根据
塑性中和轴所处的位置，分别按下列两种情况计
算梁的抗弯承载力。

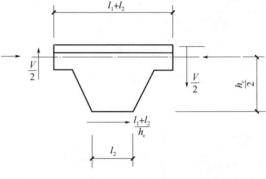

图 16-2-12　蜂窝型钢梁上半部 T 形截面的剪力

1）塑性中和轴位于混凝土翼板内。当 $A_{sn} f \leqslant b_{ce} h_c f_c$ 时，塑性中和轴位于混凝土翼板内，其截面应力如图 16-2-13 所示。

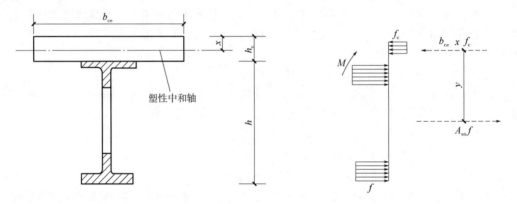

图 16-2-13　塑性中和轴位于混凝土翼板内时组合梁的截面计算简图

抗弯承载力应满足下式的要求：

$$M \leqslant M_p = b_{ce} x f_c y \tag{16-2-55}$$

式中　M——组合梁上使用阶段的正弯矩设计值；

　　　M_p——组合梁截面按塑性理论计算出正弯矩承载力；

　　　h_c——混凝土翼板的厚度，当采用压型钢板与混凝土组合板时，应取压型钢板上顶面以上
　　　　　　混凝土板的厚度；

　　　b_{ce}——组合梁混凝土翼板的有效宽度；

　　　x——组合梁混凝土翼板计算受压区高度，可取 $A_{sn} f/b_{ce} f_c$；

　　　A_{sn}——组合梁中的蜂窝形钢梁的净截面面积；

　　　f——钢材的抗压强度设计值；

　　　f_c——混凝土的轴心抗压强度设计值；

　　　y——钢梁截面应力合力至混凝土受压区应力合力间的距离，可取 $0.5h + h_c - 0.5x$。

2）塑性中和轴位于钢梁高度内。组合梁的塑性中和轴位于钢梁截面内（即 $A_{sn} f > b_{ce} h_c f_c$ 时），
其截面应力如图 16-2-14 所示。

抗弯承载力应满足下式的要求：

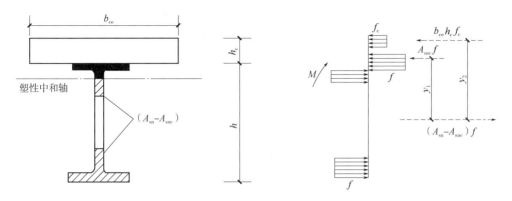

图 16-2-14　塑性中和轴位于钢梁内时组合梁的截面计算简图

$$M \leqslant M_\mathrm{p} = b_\mathrm{ce}h_\mathrm{c}f_\mathrm{c}y_1 + A_\mathrm{snc}fy_2 \tag{16-2-56}$$

式中　　A_snc——组合梁中钢梁受压区的截面面积，可取 $0.5(A_\mathrm{sn} - b_\mathrm{ce}h_\mathrm{c}f_\mathrm{c}/f)$；

　　　　y_1——组合梁中钢梁受拉区截面形心至混凝土受压区截面形心的距离；

　　　　y_2——组合梁中钢梁受拉区截面形心至钢梁受压区截面形心的距离。

（2）蜂窝形组合梁的受剪承载力　蜂窝形组合梁的受剪承载力计算时，仍假定由钢梁腹板净截面面积承受剪力。如支座处剪力较大，净截面面积不符合抗剪要求时，可采用填补靠近支座处腹板孔洞的方法，增强该部位的抗剪承载力。

（3）蜂窝形组合梁的挠度验算　蜂窝形组合梁的挠度计算，需考虑蜂窝孔及剪力的影响。当扩张比 $h/H \leqslant 1.5$ 时，其挠度可近似地为截面高度相同、但无孔洞的实腹组合梁的挠度乘以增大系数 1.5。

（4）蜂窝形组合梁的其他计算项目　其他计算项目如栓钉数量等计算同实腹式简支组合梁。

16.2.5　构造措施

1）组合梁截面高度不宜超过钢梁截面高度的 2 倍；混凝土板托高度不宜超过翼板厚度的 1.5 倍。

2）有板托的组合梁边梁混凝土翼板伸出长度不宜小于板托高度；无板托时，伸出钢梁中心线不应小于 150mm、伸出钢梁翼缘边不应小于 50mm，如图 16-2-15 所示。

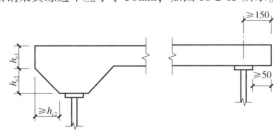

图 16-2-15　边梁构造

3）连续组合梁在中间支座负弯矩区的上部纵向钢筋及分布钢筋，应按现行国家标准《混凝土结构设计规范》（GB 50010）的规定设置。负弯矩区的钢梁下翼缘在没有采取防止局部失稳的特殊措施时，其宽厚比应符合《钢结构设计标准》（GB 50017）中塑性设计的相关规定。

4）抗剪连接件的设置应符合下列规定：

①圆柱头焊钉连接件钉头下表面或槽钢连接件上翼缘下表面高出翼板底部钢筋顶面的距离不宜小于 30mm。

②连接件沿梁跨度方向的最大间距不应大于混凝土翼板及板托厚度的 3 倍，且不应大于

300mm。

③连接件的外侧边缘与钢梁翼缘边缘之间的距离不应小于20mm。

④连接件的外侧边缘至混凝土翼板边缘间的距离不应小于100mm。

⑤连接件顶面的混凝土保护层厚度不应小于15mm。

当组合梁受压上翼缘不符合塑性设计规定的宽厚比限值，但连接件设置符合下列规定时，仍可采用塑性方法进行设计：

①当混凝土板沿全长和组合梁接触时，连接件最大间距不大于$22t_f\sqrt{235/f_y}$；当混凝土板和组合梁部分接触时，连接件最大间距不大于$15t_f\sqrt{235/f_y}$；t_f为钢梁受压上翼缘厚度。

②连接件的外侧边缘与钢梁翼缘边缘之间的距离不大于$9t_f\sqrt{235/f_y}$；t_f为钢梁受压上翼缘厚度。

5）圆柱头焊钉连接件除应符合上款规定外，尚应符合下列规定：

①钢梁上翼缘承受拉力时，焊钉杆直径不应大于钢梁上翼缘厚度的1.5倍；当钢梁上翼缘不承受拉力时，焊钉杆直径不应大于钢梁上翼缘厚度的2.5倍。

②焊钉长度不应小于其杆径的4倍。

③焊钉沿梁轴线方向的间距不应小于杆径的6倍；垂直于梁轴线方向的间距不应小于杆径的4倍。

④用压型钢板作底模的组合梁，焊钉杆直径不宜大于19mm，混凝土凸肋宽度不应小于焊钉杆直径的2.5倍；焊钉高度不应小于(h_e+30) mm，且不应大于(h_e+75) mm，h_e为混凝土凸肋高度。

6）槽钢连接件宜采用Q235钢，截面不宜大于 ⌷12.6。

7）板托的外形尺寸及构造应符合下列规定，如图16-2-16所示。

①板托边缘距抗剪连接件外侧的距离不得小于40mm，同时板托外形轮廓应在抗剪连接件根部算起的45°仰角线之外。

②板托中邻近钢梁上翼缘的部分混凝土应配加强筋，板托中横向钢筋的下部水平段应该设置在距钢梁上翼缘50mm的范围之内。

③横向钢筋的间距不应大于$4h_{e0}$且不应大于200mm，h_{e0}为圆柱头焊钉连接件钉头下表面或槽钢连接件上翼缘下表面高出翼板底部钢筋顶面的距离。

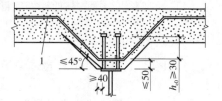

图 16-2-16　板托的构造规定
1—弯筋

8）无板托的组合梁，混凝土翼板中的横向钢筋应符合上款中第②项、第③项的规定。

9）对于承受负弯矩的箱形截面组合梁，可在钢箱梁底板上方或腹板内侧设置抗剪连接件并浇筑混凝土。

10）栓钉抗剪件的构造见表16-2-1。

表 16-2-1　栓钉抗剪件的构造

序号	类别	详图
1	钢梁横截面方向	

（续）

序号	类别	详图
2	平行于钢梁	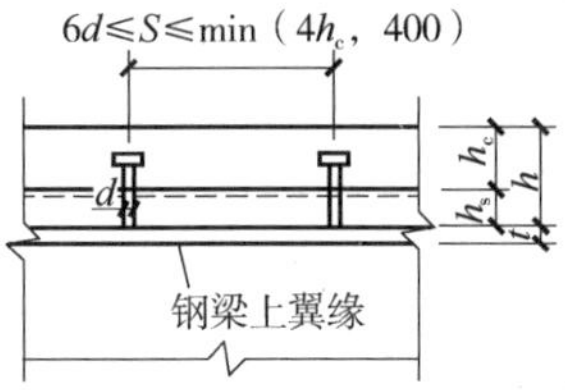
3	开口型压型钢板凸肋平均宽度与抗剪栓钉直径的关系	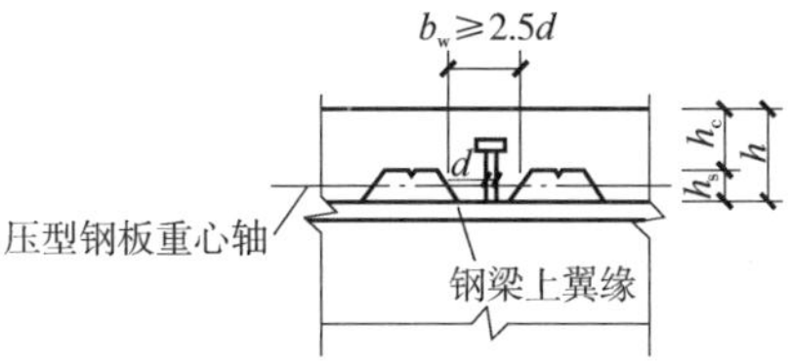
4	闭口型压型钢板凸肋平均宽度与抗剪栓钉直径的关系	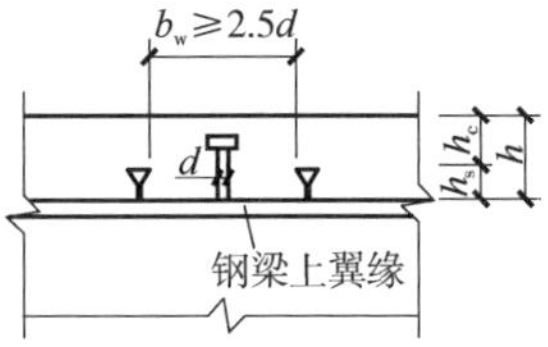

16.2.6 设计实例

组合梁为某超高层项目设备层的楼面次梁，间距 3000mm，计算跨度 9500mm，楼板厚 150mm，无板托。楼板混凝土强度等级为 C35，板底钢筋 14@120mm。钢梁为 550mm×200mm×10mm×16mm，材料为 Q355。按完全抗剪连接进行设计。

1. 荷载

（1）恒荷载

楼面面层恒荷载：5.25kN/m²

楼面吊挂恒荷载：2kN/m²

楼板自重：3.75kN/m²

钢梁自重：1kN/m

（2）活荷载

楼面活荷载：7.5kN/m²

施工活荷载：1.5kN/m²

（3）施工阶段荷载基本组合设计值

$$S_d = (1×1.3 + 3.75×3×1.4 + 1.5×3×1.5)kN/m = 23.8kN/m$$

（4）施工阶段荷载标准组合设计值

$$S_d = (1 + 3.75×3 + 1.5×3)kN/m = 16.75kN/m$$

（5）正常使用阶段荷载基本组合设计值

$$S_d = [1×1.3 + (3.75+2+5.25)×3×1.3 + 7.5×3×1.5]kN/m = 77.95kN/m$$

（6）正常使用阶段荷载标准组合设计值

$$S_d = [1 + (3.75+2+5.25)×3 + 7.5×3]kN/m = 56.5kN/m$$

（7）正常使用阶段荷载准永久组合设计值

$$S_d = [1 + (3.75+2+5.25)×3 + 7.5×3×0.4]kN/m = 43kN/m$$

2. 钢梁截面参数

截面面积：11580mm²

惯性矩：57221cm^4

截面模量：2081cm^3

最大截面面积矩：1189.8cm^3

绕弱轴回转半径：42.9mm

3. 截面板件宽厚比等级

翼缘 $\qquad b/t = 9.5 < 13\varepsilon_k = 13 \times \sqrt{235/355} = 10.58$

腹板 $\qquad h_0/t_w = (550 - 16 \times 2)/10 = 51.8 < 72\varepsilon_k = 72 \times \sqrt{235/355} = 58.6$

钢梁截面满足 S3 级截面板件宽厚比等级。

4. 施工阶段验算

（1）强度验算

抗弯强度验算：

$$M = \frac{1}{8}ql_0^2 = \frac{1}{8} \times 23.8 \times 9.5^2 \text{kN} \cdot \text{m} = 268.5 \text{kN} \cdot \text{m}$$

$\sigma = M/\gamma_x W_{nx} = [268.5 \times 10^6/(1.05 \times 2081 \times 10^3)] \text{MPa} = 122.9 \text{MPa} < 305 \text{MPa}$，计算满足要求。

抗剪强度验算：

$$V = \frac{ql_0}{2} = \frac{23.8 \times 9.5}{2} \text{kN} = 113.05 \text{kN}$$

$$\tau = \frac{VS}{It_w} = \frac{113.05 \times 10^3 \times 1189.8 \times 10^3}{57221 \times 10^4 \times 10} \text{MPa} = 23.51 \text{MPa}$$

（2）稳定验算　对于有侧向支撑的组合梁可不验算施工阶段整体稳定，这里按照跨间有 1 个侧向支承点计算。

$$\lambda_y = \frac{l_0}{i_y} = \frac{9500/2}{42.9} = 110.7$$

$$\xi = \frac{l_1 t_1}{b_1 h} = \frac{9500/2 \times 16}{200 \times 550} = 0.691$$

$$\beta_b = 0.69 + 0.13\xi = 0.69 + 0.13 \times 0.691 = 0.7798$$

$$\varphi_b = \beta_b \frac{4320}{\lambda_y^2} \frac{Ah}{W_x} \left[\sqrt{1 + \left(\frac{\lambda_y t_1}{4.4h}\right)^2} + \eta_b \right] \varepsilon_k^2$$

$$= 0.7798 \times \frac{4320}{110.7^2} \times \frac{11580 \times 550}{2081000} \times \left[\sqrt{1 + \left(\frac{110.7 \times 16}{4.4 \times 550}\right)^2} + 0 \right] \times \frac{235}{355} = 0.69 > 0.6$$

$$\varphi_b' = 1.07 - \frac{0.282}{\varphi_b} = 1.07 - \frac{0.282}{0.69} = 0.661$$

$\dfrac{M_x}{\varphi_b W_x f} = \dfrac{268.5 \times 10^6}{0.661 \times 2081000 \times 305} = 0.640 < 1.0$，计算满足要求。

（3）挠度验算

$W = \dfrac{5ql_0^4}{384EI} = \dfrac{5 \times 16.75 \times 9500^4}{384 \times 206000 \times 57221 \times 10^4} \text{mm} = 15.1 \text{mm} < \min\left(\dfrac{9500}{250}, 25\right)$，计算满足要求。

5. 受弯承载力验算

设计弯矩： $\qquad M = \frac{1}{8} \times 77.95 \times 9.5^2 \text{kN} \cdot \text{m} = 879.4 \text{kN} \cdot \text{m}$

$$b_e = b_0 + b_1 + b_2 = (100 + 1400 + 1400) \text{mm} = 2900 \text{mm}$$

$$Af = 11580 \times 305 \text{N} = 3531900 \text{N} < b_e h_{c1} f_c = 2900 \times 150 \times 16.7 \text{N} = 7264500 \text{N}$$

$$x = Af/(b_e f_c) = [3531900/(2900 \times 16.7)] \text{mm} = 72.93 \text{mm}$$

$$y = \left[\frac{550}{2} + (150 - 72.93) + \frac{72.93}{2} \right] \text{mm} = 388.5 \text{mm}$$

$b_e x f_c y = 2900 \times 72.93 \times 16.7 \times 388.5 \text{kN} \cdot \text{m} = 1372.2 \text{kN} \cdot \text{m} > 879.4 \text{kN} \cdot \text{m}$，计算满足要求。

6. 受剪强度验算

设计剪力：
$$V = \frac{1}{2} q l_0 = \frac{1}{2} \times 77.95 \times 9.5 \text{kN} = 370.3 \text{kN}$$

$370.3 < h_w t_w f_v = (550 - 16 \times 2) \times 10 \times 175 \text{kN} = 906.5 \text{kN}$，计算满足要求。

7. 焊钉抗剪连接计算

采用 19 圆柱头焊钉，A_s 为 283.5mm^2。

$N_c^v = 0.43 A_s \sqrt{E_c f_c} = 0.43 \times 283.5 \times \sqrt{31500 \times 16.7} \text{kN} = 88.4 \text{kN} > 0.7 A_s f_u = 0.7 \times 119280 \text{kN} = 83.5 \text{kN}$，取 $N_c^v = 83.5 \text{kN}$

m_1 区段剪力设计值：$V_s = \min(Af, \ b_e h_{c1} f_c) = \min(11580 \times 305, \ 2900 \times 150 \times 16.7) = \min(3531.9 \text{kN}, \ 7264.5 \text{kN}) = 3531.9 \text{kN}$

m_2 区段剪力设计值：$V_s = \min(Af, \ b_e h_{c1} f_c) + A_{st} f_{st} = 3531.9 \text{kN}$

m_1、m_2 剪跨区段内需要的连接件总数 n_f：
$$n_f = V_s / N_v^c = 3531.9 / 83.5 = 42.3$$

按照间距 150mm，焊钉总数为 $\dfrac{\frac{9500}{2}}{150} \times 2 = 63 > 42.3$，计算满足要求。

这里需要说明的是，按照《组合结构设计规范》（JGJ 138）的相关规定位于负弯矩区段的抗剪连接件的承载力设计值应乘以折减系数，《钢结构设计标准》（GB 50017）则规定对于用压型钢板混凝土组合板做翼板的组合梁，焊钉连接件的受剪承载力设计值应降低，两本规范的规定不一致，建议此处按照两种方法包络进行设计。

8. 挠度计算

短期刚度：

$$A_{cf} = 435000 \text{mm}^2$$
$$A = 11580 \text{mm}^2$$
$$d_c = 350 \text{mm}$$
$$n_s = 2$$
$$k = N_v^c = 83.5 \text{kN}$$
$$p = 150 \text{mm}$$
$$h = 550 \text{mm}$$
$$\alpha_E = 206000 / 31500 = 6.54$$
$$A_0 = \frac{A_{cf} A}{\alpha_E A + A_{cf}} = \frac{435000 \times 11580}{6.54 \times 11580 + 435000} \text{mm}^2 = 9863 \text{mm}^2$$
$$I_0 = I + \frac{I_{cf}}{\alpha_E} = \left(57221 + \frac{28125}{6.54} \right) \text{cm}^4 = 81562.5 \text{cm}^4$$
$$A_1 = \frac{I_0 + A_0 d_c^2}{A_0} = \frac{815625000 + 9863 \times 350^2}{9863} \text{mm}^2 = 205195 \text{mm}^2$$
$$j = 0.81 \sqrt{\frac{n_s N_v^c A_1}{E I_0 p}} = 0.81 \times \sqrt{\frac{2 \times 83500 \times 205195}{206000 \times 815625000 \times 150}} \text{mm}^{-1} = 0.000944 \text{mm}^{-1}$$
$$\eta = \frac{36 E d_c p A_0}{n_s k h l^2} = \frac{36 \times 206000 \times 350 \times 150 \times 9863}{2 \times 83500 \times 550 \times 9500^2} = 0.463$$

$$\xi = \eta\left[0.4 - \frac{3}{(jl)^2}\right] = 0.463 \times \left[0.4 - \frac{3}{(0.000944 \times 9500)^2}\right] = 0.168$$

$$I_{\text{eq}} = 1904852518$$

$$B = \frac{EI_{\text{eq}}}{1+\xi} = \frac{206000 \times 1904852518}{1+0.168}\text{N} \cdot \text{mm}^2 = 3.35959 \times 10^{14}\text{N} \cdot \text{mm}^2$$

长期刚度：

$$\alpha_{\text{E}} = 206000/31500 = 13.08$$

$$A_0 = \frac{A_{\text{cf}}A}{\alpha_{\text{E}}A + A_{\text{cf}}} = \frac{435000 \times 11580}{13.08 \times 11580 + 435000}\text{mm}^2 = 8589\text{mm}^2$$

$$I_0 = I + \frac{I_{\text{cf}}}{\alpha_{\text{E}}} = \left(57221 + \frac{28125}{13.08}\right)\text{cm}^4 = 59371\text{cm}^4$$

$$A_1 = \frac{I_0 + A_0 d_{\text{c}}^2}{A_0} = \frac{593710000 + 8589 \times 350^2}{8589}\text{mm}^2 = 191624\text{mm}^2$$

$$j = 0.81\sqrt{\frac{n_{\text{s}}N_{\text{v}}^{\text{c}}A_1}{EI_0 p}} = 0.81 \times \sqrt{\frac{2 \times 83500 \times 191624}{206000 \times 593710000 \times 150}}\text{mm}^{-1} = 0.00107\text{mm}^{-1}$$

$$\eta = \frac{36Ed_{\text{c}}pA_0}{n_{\text{s}}khl^2} = \frac{36 \times 206000 \times 350 \times 150 \times 8589}{2 \times 83500 \times 550 \times 9500^2} = 0.403$$

$$\xi = \eta\left[0.4 - \frac{3}{(jl)^2}\right] = 0.403 \times \left[0.4 - \frac{3}{(0.00107 \times 9500)^2}\right] = 0.149$$

$$B = \frac{EI_{\text{eq}}}{1+\xi} = \frac{206000 \times 1687089529}{1+0.168}\text{N} \cdot \text{mm}^2 = 2.9755 \times 10^{14}\text{N} \cdot \text{mm}^2$$

短期挠度：

$$W = \frac{5ql_0^4}{384B} = \frac{5 \times 56.5 \times 9500^4}{384 \times 3.35959 \times 10^{14}}\text{mm} = 17.84\text{mm} < \frac{9500}{250} = 38\text{mm}，\text{计算满足要求。}$$

长期挠度：

$$W = \frac{5ql_0^4}{384B} = \frac{5 \times 43 \times 9500^4}{384 \times 2.9755 \times 10^{14}}\text{mm} = 15.33\text{mm} < \frac{9500}{250} = 38\text{mm}，\text{计算满足要求。}$$

第4篇

钢结构的制作与
安装、运输和防护

第 17 章 钢结构的制作与安装

17.1 钢结构的制作

17.1.1 钢结构构件的加工制作工艺

钢结构构件的加工制作属于工业化生产，一般采取从原材料进厂、放样、号料、零部件加工、组装、焊接、检验、除锈、包装直至发运，形成一个完整的生产作业方式，主要生产加工工艺流程如图 17-1-1 所示。

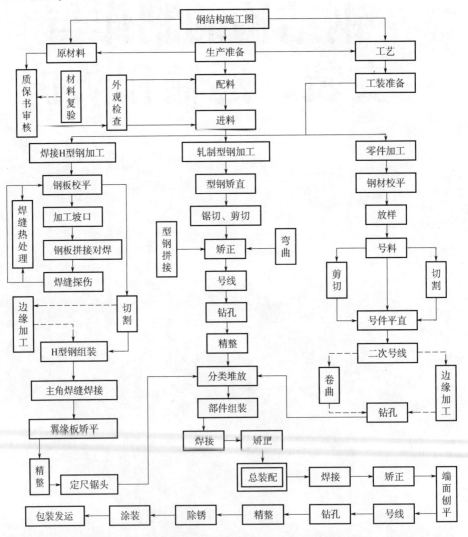

图 17-1-1 钢结构构件加工制作主要生产加工工艺流程

1. 钢材的涂色标记

为了便于管理，防止错料现象的发生，一般在钢材的两端涂上不同颜色的油漆作为标记，以便钢材牌号的区分和分类。国家标准和原冶金部的规定摘录于表 17-1-1。

表 17-1-1　钢材涂色标记

类别	组别或牌号	涂色标记	类别	组别或牌号	涂色标记
普通碳素钢	1 号钢	白+黑	合金结构钢	锰钢	黄+蓝
	2 号钢	黄		硅锰钢	红+黑
	3 号钢	红		锰钒钢	蓝+绿
	4 号钢	黑		铬钢	绿+黄
	5 号钢	绿		铬硅钢	蓝+红
	6 号钢	蓝		铬锰钢	蓝+黑
	7 号钢	红+棕		铬锰硅钢	红+紫
优质碳素钢	05~15	白		铬钒钢	绿+黑
	20~25	棕+绿		铬锰钛钢	黄+黑
	30~40	白+蓝		铬钨钒钢	棕+黑
	45~85	白+棕		钼钢	紫
	15Mn~40Mn	白色二条		铬钼钢	绿+紫
	45Mn~70Mn	绿色三条		铬钼铝钢	黄+紫
合金结构钢	铬锰钼钢	紫+白		铬钨钒铝钢	黄+红
	铬钼钒钢	紫+棕		硼钢	紫+蓝
	铬硅钼钒钢			铬钼钨钒钢	紫+黑
	铬铝钢	铝白色			

2. 钢材的储运管理措施

钢材的储运管理措施见表 17-1-2。

表 17-1-2　钢材的储运管理措施

名称	说明
选择适宜的场地和库房	（1）保管钢材的场地或仓库，应选择在清洁干净、排水通畅的地方，远离产生有害气体或粉尘的厂矿，在场地上要清除杂草及一切脏物，保持钢材干净 （2）在仓库里不得与酸、碱、盐、水泥等对钢材有侵蚀性的材料堆放在一起，不同品种的钢材应分别堆放，防止混淆，防止接触腐蚀 （3）大型型钢、钢轨、厚钢板、大口径钢管等可以露天堆放 （4）中小型型钢、盘条、中口径钢管、钢丝及钢丝绳等，可在通风良好的料库内存放，但必须上苫下垫 （5）一些小型钢材、薄钢板、钢带、硅钢片、小口径或薄壁钢管、各种冷轧、冷拔钢材以及价格高、易腐蚀的金属制品，可存放入库 （6）库房应根据地理条件选定，一般采用普通封闭式库房，即有房顶有围墙、门窗严密，设有通风装置的库房 （7）库房要求晴天注意通风，雨天注意关闭防潮，经常保持适宜的储存环境
合理堆码、先进先发	（1）堆码的原则要求是在码垛稳固、确保安全的条件下，做到按品种、规格码垛，不同品种的材料要分别码垛，防止混淆和相互腐蚀 （2）禁止在垛位附近存放对钢材有腐蚀作用的物品 （3）垛底应垫高、坚固、平整，防止材料受潮或变形 （4）同种材料按入库先后分别堆码，便于执行先进先发的原则 （5）露天堆放的型钢，下面必须有木垫或条石，垛面略有倾斜，以利于排水，并注意材料安放平直，防止造成弯曲变形 （6）堆垛高度，人工作业的不超过 1.2m，机械作业的不超过 1.5m，垛宽不超过 2.5m （7）垛与垛之间应留有一定的通道，检查道一般为 0.5m，出入通道视材料大小和运输机械而定，一般为 1.5~2.0m （8）垛底垫高，若仓库为朝阳的水泥地面，垫高 0.1m 即可，若为泥地，须垫高 0.2~0.5m，若为露天场地水泥地面垫高 0.3~0.5m，沙泥面垫高 0.5~0.7m （9）露天堆放角钢和槽钢应俯放，即口朝下，工字钢应立放，钢材的槽面不能朝上，以免积水生锈

（续）

名称	说明
保护材料的包装和保护层	钢材出厂前涂的防腐剂或其他镀复及包装，这是防止材料锈蚀的重要措施，在运输装卸过程中须注意保护，不能损坏，可延长材料的保管期限
保持仓库清洁、加强材料养护	（1）材料在入库前要注意防止雨淋或混入杂质，对已经淋雨或弄污的材料要按其性质采用不同的方法擦净，如硬度高的可用钢丝刷，硬度低的用布、棉等物 （2）材料入库后要经常检查，如有锈蚀，应清除锈蚀层 （3）一般钢材表面清除干净后，不必涂油，但对优质钢、合金薄钢板、薄壁管、合金钢管等，除锈后其内外表面均需涂防锈油后再存放 （4）对锈蚀较严重的钢材，除锈后不宜长期保管，应尽快使用
钢材外观质量检查	钢材入库前进行外观质量检查时，注意下列事项： （1）肉眼观察热轧钢材表面时，不得有裂缝、折叠、结疤、分层和夹杂，允许有压痕及局部凸出、凹下、麻面，但其高度或深度不得大于有关技术标准，局部缺陷允许清除，但不许进行横向清除，清除深度从实际尺寸算起不得超过该尺寸钢材所允许的负偏值 （2）肉眼观察冷拉钢材表面时，表面应洁净、平滑、光亮或无光泽，没有裂缝、结疤、夹杂、发纹、折叠和氧化皮，允许有深度不大于从实际尺寸算起的该公称尺寸偏差的个别小刮伤、拉裂、黑斑、凹面、麻点等 （3）型钢外表应平滑整齐，其圆度、边宽、高度、厚度、长度、扭转、斜度、飘曲度、波浪弯和弯曲度，均不得超过有关标准规定的偏差 （4）型钢应校直、钢板应矫平、边端必须切成直角，钢轨除符合上述规定外，轨端及螺栓孔表面，不得有缩孔、分层和裂纹，两端应铣平 （5）钢管的壁厚、表面光洁度、圆度和弯曲度，均应符合技术标准，带螺纹的钢管、镀锌钢管及地质管的接头螺纹要涂油，并应有保护环 （6）镀锌钢板及镀锌钢管的镀锌层不许有裂纹、起层、漏镀等缺陷

17.1.2　钢结构的制作要求

1. 钢材矫正

钢材的矫正分为热矫正和冷矫正。

（1）钢材的冷矫正　钢材的冷矫正一般采用机械矫正，钢板可在平板机上进行，型钢在顶床上进行。钢材的变形矫正见表17-1-3。

表17-1-3　钢材的变形矫正

序号	名称	示意图	性能
1	矫正程序		构件矫正的程序如下： （1）先矫正总体变形，后矫正局部变形 （2）先矫正主要变形，后矫正次要变形 （3）先矫正下部变形，后矫正上部变形 （4）先矫正主体构件，后矫正次要构件
2	机械矫正		机械矫正法主要采用顶弯机、压力机矫正弯曲构件。也可采用固定的反力架、液压式或螺旋式千斤顶等小型机械工具采用顶压的办法矫正构件的变形

（续）

序号	名称	示意图	性能
3	火焰矫正	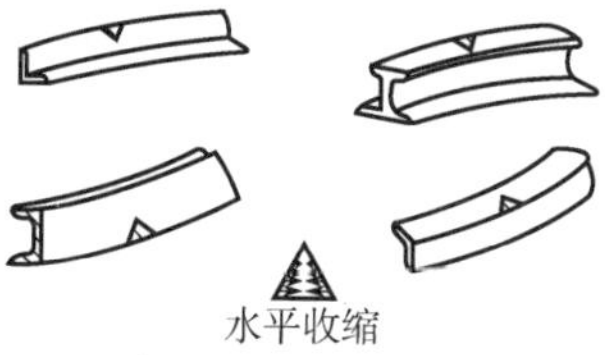 型钢火焰矫正加热方向 a）上下弯曲加热　b）左右弯曲加热 c）三角形加热后收缩方向 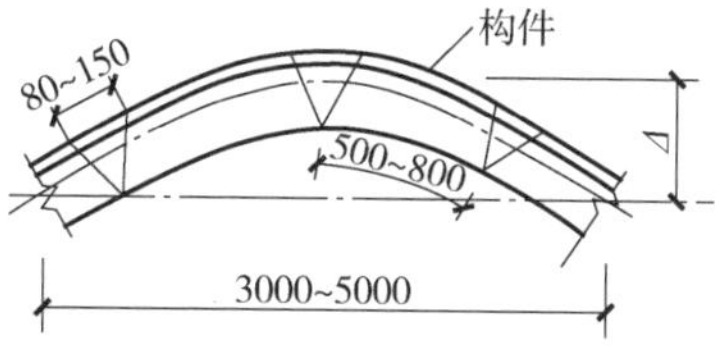 火焰矫正构件加热三角形的尺寸和距离	型钢及其构件主要采用加热三角形法的火焰矫正。它的特点是时间短，收缩量大；其水平收缩方向是沿着弯曲的一面按水平对应收缩后产生新的变形来矫正已发生的变形，如示意图所示。加热三角形的顶点位于构件的凹面一侧，三角形的底边位于构件的凸面一侧。加热三角形的高度和底边宽度一般是型钢断面高度的 1/5 ~ 2/3。加热温度一般为 700 ~ 800℃，严禁采用超过正火温度（900℃） 对于低合金高强度钢构件，矫正后必须缓慢冷却，必要时可用绝热材料加以覆盖保护，以免增加硬化组织，发生脆断等缺陷。加热三角形法矫正弯曲构件时，应根据其变形的方向和大小来确定三角形的位置和距离 （1）上下弯曲，加热三角形在立面 （2）左右方向弯曲，加热三角形在平面上 （3）加热三角形的数量多少应根据构件的变形程度确定 1）构件变形的弯曲大，则加热三角形的数量要多，距离要近 2）构件变形的弯曲小，则加热三角形的数量要少，距离要远 3）对于长度 5m 以上截面为 100 ~ 300mm² 的型钢构件，用加热三角形法矫正时三角形的中心距离为 500 ~ 800mm。底边宽度一般为 80 ~ 150mm
4	混合矫正法	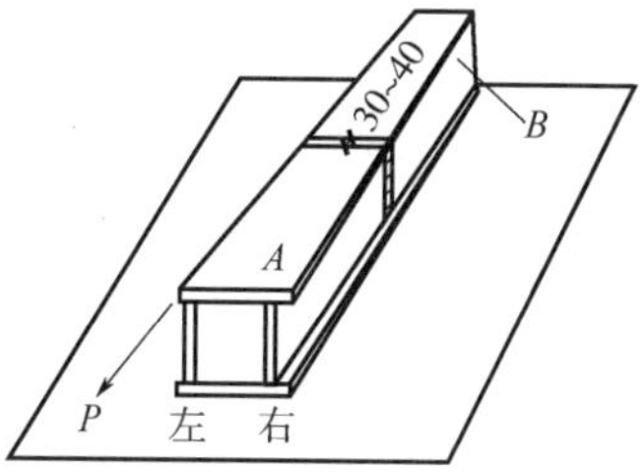 箱形梁的扭曲变形矫正	以矫正箱形梁的扭曲为例说明混合矫正法的应用：矫正箱形梁时先把它的底面固定在平台上，然后在梁的中间位置的两个侧面及其上平面采用 2 ~ 3 个大型烤把同时火焰加热，加热宽度为 20 ~ 40mm，并用牵引工具逆着扭曲方向的对角线方向施加外力 P，在加热和牵引力的共同作用下扭曲变形得以矫正，如示意图所示 箱形梁的扭曲变形矫正后，还可能产生上拱及旁弯的新变形。对上拱变形的矫正可在上拱处由最高点向两端加热三角形方法矫正；旁弯矫正时除采用加热三角形外，还可以铺以千斤顶进行矫正

(续)

序号	名称	示意图	性能
5	圆钢的手工矫直	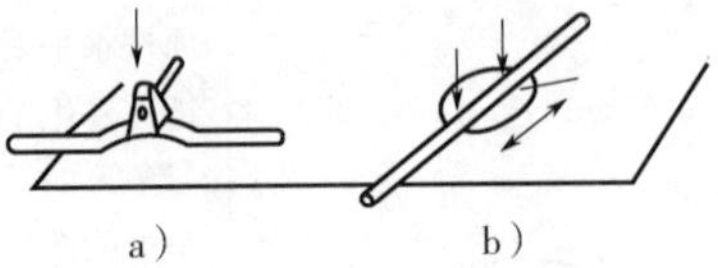 圆钢弯曲手工矫直方法 a) 用摔小锤矫直法　b) 用大锤击打矫直法	圆钢采用手工矫直的方法如示意图所示。矫正时将弯曲的凸面向上放在平台上，将摔子锤压在圆钢的凸处，用大锤击打即可 　一般圆钢的矫直由两人进行，一人将圆钢的弯曲凸面向上放在平台一固定处，来回窜动转动圆钢，另一人用大锤击打凸处，当圆钢矫直一半时，将圆钢调头从另一头进行矫直，直至圆钢整根与平台面接触 　另外，对于较细成盘的钢筋可采用拉力机进行拉伸矫直，工程中一般也可采用卷扬机用来进行拉伸矫直
6	扁钢的手工矫正	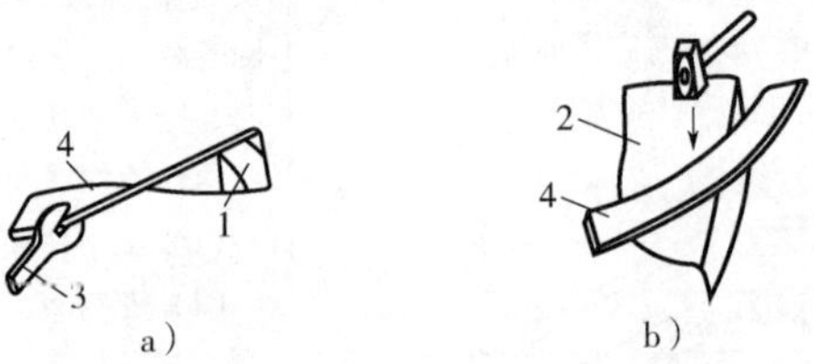 扁钢扭曲矫直法 a) 小规格扁钢用虎钳夹紧法矫直 b) 扁钢放置平台边缘击打矫直 1—虎钳　2—平台　3—开口扳具　4—扭曲扁钢	矫直扁钢侧向弯曲变形时，将扁钢的凸面朝上、凹面朝下放置在矫架上，用大锤由凸处最高点依次击打，即可矫直 　扁钢扭曲变形的矫直如示意图所示。小规格扁钢扭曲矫直时，先将靠近扭曲处的直段用虎钳夹住，用开口扳手卡住另一端靠近扭曲处的直段，向扭曲的反方向加力反曲，最后将扁钢放在平台上用大锤修整即可。扁钢扭曲变形另一种矫直方法是将扁钢的扭曲点放在平台的边缘上，用大锤按扭曲的反方向进行两面逐段来回移动循环击打即可矫直
7	角钢的手工矫直	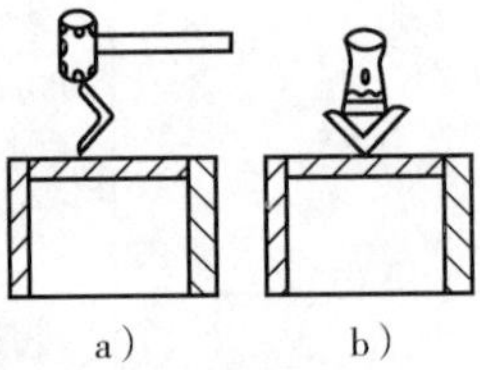 手工矫正角钢角度变形 a) 大于90°的矫正　b) 小于90°的矫正 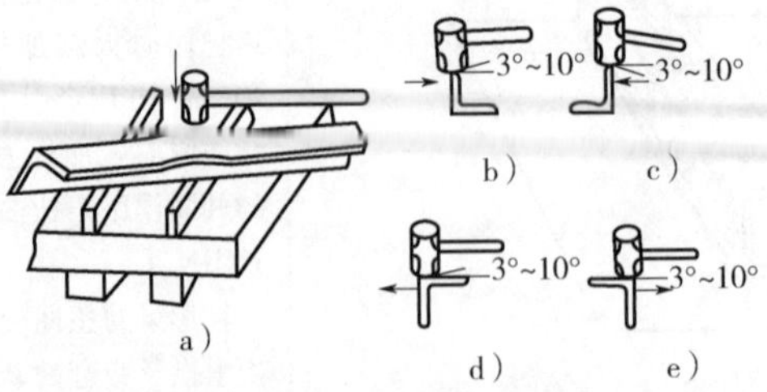 用大锤矫直角钢示意 a) 角钢矫直用矫架　b) 立面拉打 c) 立面推打　d) 平面推打　e) 平面拉打	角钢的矫直应先矫正角钢的角度，而后矫直其弯曲变形 　角钢角度变形的矫正：角钢的角度变形需要批量矫正时，可采用90°角形凹凸模具用机械顶压矫正；个别角钢的角度变形可与矫直一起进行。当角度大于90°时，将一肢立在平台上，直接用大锤击打另一肢边，直至角度达到90°为止。如果角度小于90°，将内角朝上放在平台上，将合适的角度锤或小锤放在内角，用大锤击打，使角度达到90° 　角钢弯曲的手工矫直：将角钢放在台架上，根据角钢的长度，一人或两人握住角钢的端部，另一人用大锤击打角钢的立边或角筋位置，击打要准稳。根据角钢各面弯曲情况、翻转变化及打锤者所站位置，打锤击打角钢各面时，其锤把按图所示前头方向略有抬高或降低。锤面与角钢面的夹角为3°~10°。这样大锤对角钢有一定的推、拉作用，以维持角钢受力时的重心平衡，并且可以避免打翻角钢和发生振手情况

（续）

序号	名称	示意图	性能
8	槽钢的手工矫直	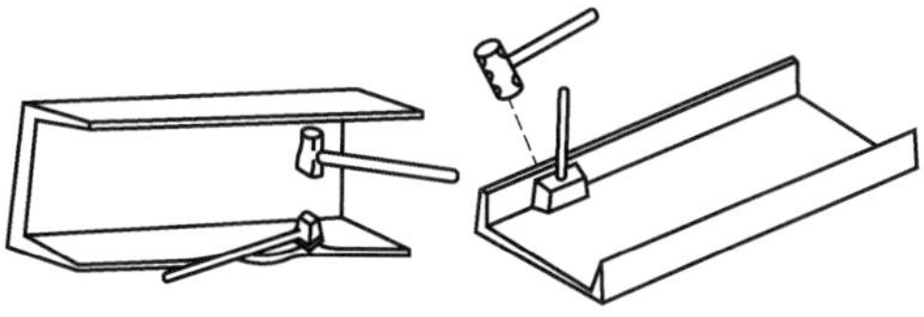 槽钢翼缘面凸变形的手工矫正 a）内凸检查　b）外凸矫直	槽钢大小面方向的变形矫直方法与角钢的矫直方法相同。翼缘面局部内外凸凹变形的手工矫直方法如示意图所示 槽钢翼缘内凸的矫直：将槽钢立起，凹面向下与平台悬空，用锤击即可。当凹变形较小时用大锤由内向外直接击打；严重时应先用火焰加热其凸处，并用平锤垫衬，再用大锤击打即可矫直 槽钢翼缘外凸的矫直：将槽钢仰放在平台上，用一个大锤顶紧凹处，用另一个锤由外凸处向内击打即可
9	型钢的机械矫直	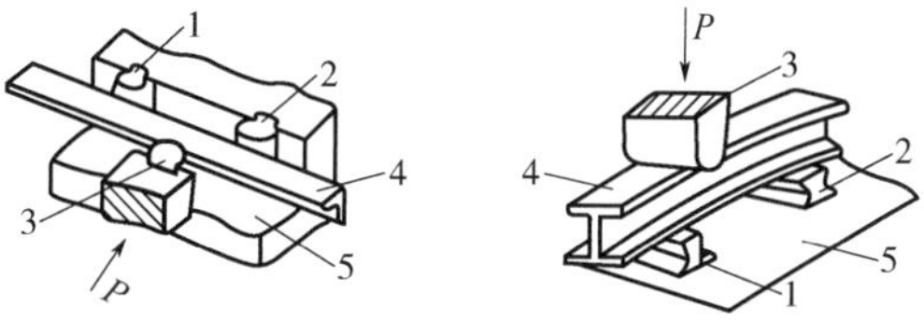 型钢的机械矫正 a）撑直机矫直角钢 b）撑直机（或压力机）矫直工字钢 1、2—支承　3—推撑　4—型钢　5—平台	型钢矫直机上设有横向水平推力和垂直向下的压力。工作部分由两个支承和一个推撑组成。推撑可做伸缩运动，伸缩距离可根据需要进行调整。两个支承固定在机座上，根据型钢的弯曲程度来调整支承点间的距离。另外，工作平台上安装滚筒，以便型钢前后移动
10	型钢的半自动机械矫直	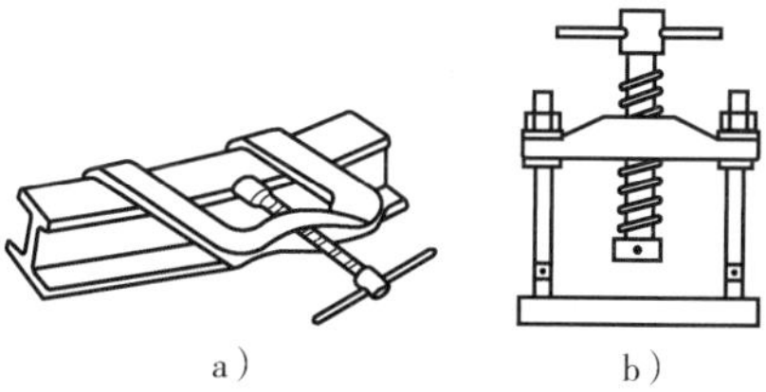 手动机械矫直型钢 a）扳弯器矫直工字钢　b）手扳压力机示意 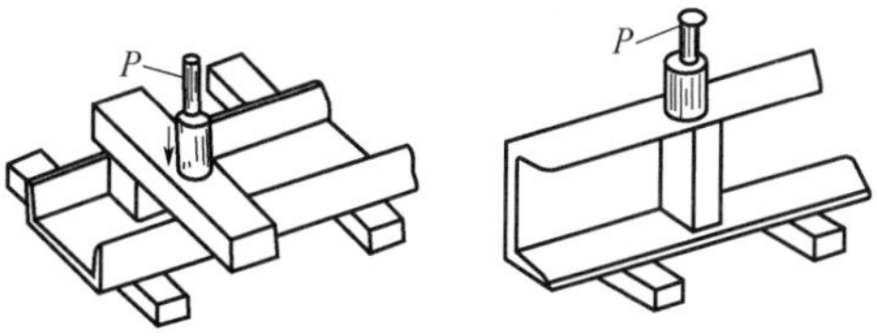 千斤顶矫直槽钢 a）大小面上下弯曲的矫直　b）大小面侧向弯曲的矫直	扳弯器、压力机、千斤顶等俗称半自动机械矫直机 （1）扳弯器（又称抓子）矫直型钢，矫直型钢时应将弯曲的凸面朝向扳弯器的顶点，两钩钩住型钢的凹面的两端，手扳主轴旋转施加压力。为了防止回弹，加力时应少许大些，卸除扳弯器前用锤击打或用烤把加热顶进区域，以便消除应力 （2）手扳压力机矫直型钢，将型钢的凸面朝上，凹面向下，放在压力机顶轴下，使凸面最高点对准轴头，扳转把柄，弯曲处通过顶轴力作用，即把型钢矫直，如果型钢存在多处变形，应翻动型钢按面分次矫直 （3）千斤顶矫直型钢，操作时可根据型钢的种类、规格及变形大小选择合适的千斤顶。示意图所示为采用千斤顶矫直槽钢各面弯曲变形的情况，为使大小同时受力及防止翼缘局部产生异常变形，应在槽钢受力处加垫垫块

（续）

序号	名称	示意图	性能
11	型钢矫正机	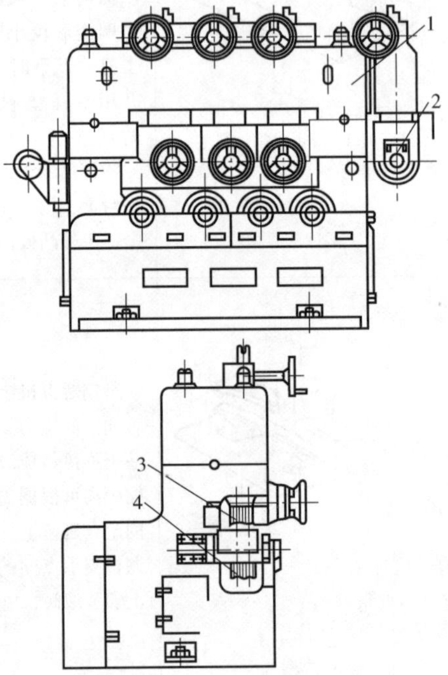 W51-63 型多辊型钢矫正机 1—机体 2—压辊轮 3—上矫正轮 4—下矫正轮	示意图为 W51-63 型多辊型钢矫正机，其工作原理是使型钢反复弯曲到矫正型钢的目的，与钢板矫正机不同之处是将辊轮代替了轴辊，辊轮的侧面形状与被矫正型钢断面形状相吻合，当矫正不同型钢时辊轮可更换 型钢矫正机不但对型钢弯曲给以矫正，还可以矫正型钢断面的形状 W51-63 型多辊型钢矫正机适用的型钢尺寸如下： 圆钢直径 $\phi20\sim\phi63$ 方钢边长 $20\sim63\text{mm}$ 六角钢的内切圆直径 $\phi25\sim\phi63$ 扁钢 $20\text{mm}\times63\text{mm}\times16\sim120\text{mm}$ 其他型钢，如角钢、槽钢和工字钢等可参考上述型钢尺寸进行换算 型钢直机由机体、压辊轮、上矫正轮和下矫正轮组成。上排设三个矫正辊轮和一个压辊轮，下列设四个矫正辊轮，总共八个工作辊轮。下矫正轮是主动轮，由电动机经齿轮传动；上矫正辊轮为被动轮，除能进行上下调节外，还能进行沿轴向调节 操作应注意事项： 1）钢的规格不得超过设备规定的尺寸 2）要随时注意滑动轴承的温度，不得超过最高温度 70℃ 3）经常检查螺栓、螺母和其他紧固件是否松动，严禁带故障工作 4）辊轮工作槽表面及型钢表面应清洁无杂物，以免轧伤辊轮或工件 5）做好设备的维修和保养工作

　　冷矫正一般在常温下进行，对于碳素钢，其工作温度不宜低于 -16℃；对于低合金钢结构钢不宜低于 -12℃。冷矫正的最小曲率半径及最大弯曲矢高允许值见表 17-1-4。

表 17-1-4　冷矫正的最小曲率半径及最大弯曲矢高允许值

钢材类别	示意图	对于轴线	矫正		弯曲	
			r	f	r	f
钢板扁钢	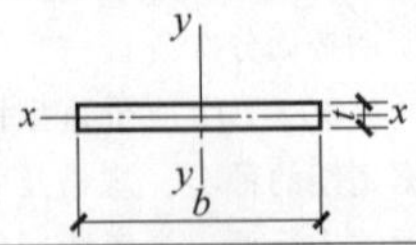	$x-x$	$50t$	$\dfrac{l^2}{400t}$	$25t$	$\dfrac{l^2}{200t}$
		$y-y$ （仅对扁钢轴线）	$100b$	$\dfrac{l^2}{800b}$	$50b$	$\dfrac{l^2}{400b}$
角钢	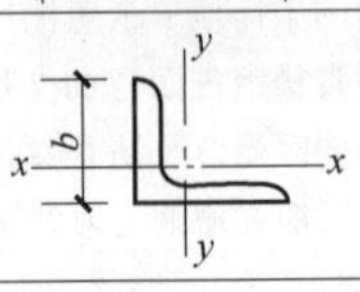	$x-x$	$90b$	$\dfrac{l^2}{720b}$	$45b$	$\dfrac{l^2}{360b}$

（续）

钢材类别	示意图	对于轴线	矫正		弯曲	
			r	f	r	f
槽钢	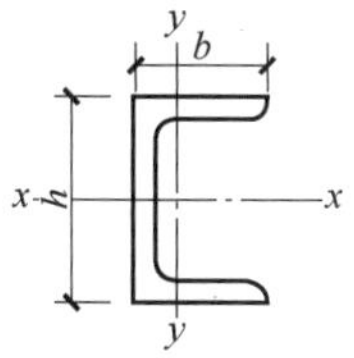	1－1	$50h$	$\dfrac{l^2}{400h}$	$25h$	$\dfrac{l^2}{200h}$
		2－2	$90b$	$\dfrac{l^2}{720b}$	$45b$	$\dfrac{l^2}{360b}$
工字钢	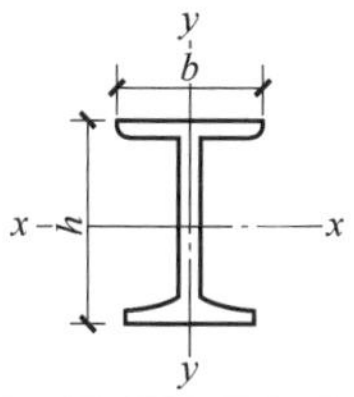	1－1	$50h$	$\dfrac{l^2}{400h}$	$25h$	$\dfrac{l^2}{200h}$
		2－2	$50b$	$\dfrac{l^2}{400b}$	$25b$	$\dfrac{l^2}{200b}$

注：r—曲率半径；f—弯曲矢高；l—弯曲弦长；t—钢材厚度。

（2）钢材的热矫正　钢材的矫正受到设备能力的限制时，可采用热矫正，矫正温度不得超过 900℃，矫正后的钢材必须缓慢冷却（空气），不应骤冷。在热矫正的同时采用机械矫正时，当温度降至 500～550℃（接近蓝脆）之前应停止机械作用。

2. 零部件加工

零部件加工常用的工具及一般设备见表 17-1-5。

表 17-1-5　零部件加工常用的工具及一般设备

序号	名称	示意图	性能
1	中心冲	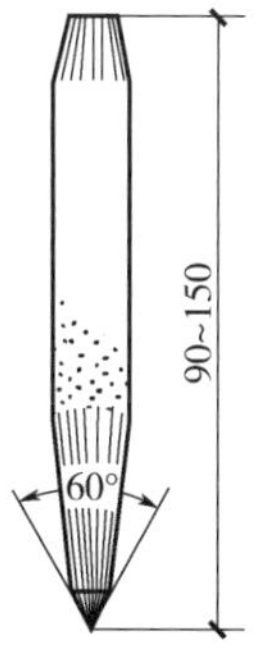	中心冲是铆工用来定位的小型工具，俗称洋冲。用来在零件的加工线和孔的中心位置上冲打标记的工具。中心冲通常采用工具钢制成，其长度一般为 90～150mm，锥形角度应磨成 60° 使用时，中心冲与零件平面保持一定的角度，做准定位，冲打时再与零件垂直。一般左手持冲，无名指放在中心冲的下端，作为主轴的控制目标。冲打方向应由前往后退打。冲打应准确，要求冲印的中心偏差为 +0.5mm，一般曲线或直线的相邻冲印中心间距为 20～30mm，标记中心线时，其两端分别冲打三点，相邻冲印中心间距为 40～50mm
2	勒子和画线盘	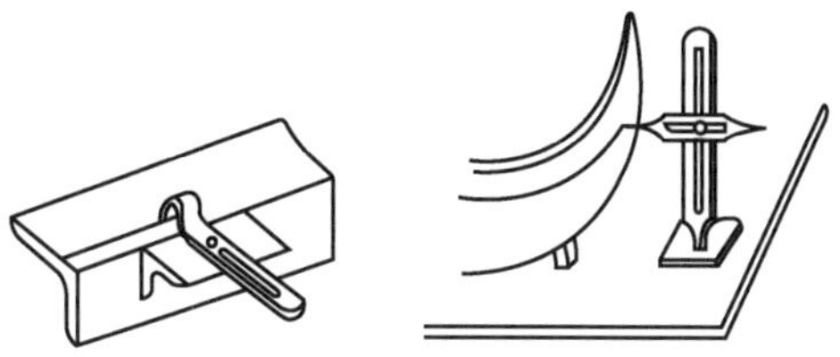 勒子和画线盘画线示意 a）勒子　b）画线盘	勒子（示意图中图 a）用来在型钢和板材零件的边缘划直线，如孔心线、刨边线或产边线等 画线盘（示意图中图 b）主要用于圆柱、容器封头及球体等曲面画线，使用时将画线盘底座下平面和工件同时放在固定基准面上，划针用制动螺栓固定后，平行移动画线盘即可画线

（续）

序号	名称	示意图	性能
3	划规	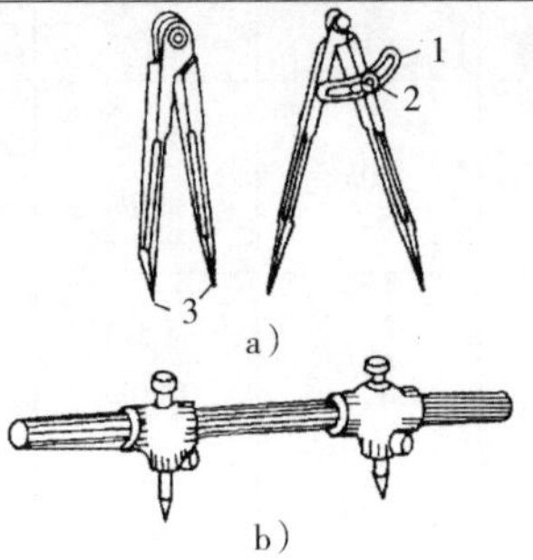 划规示意 a）划规　b）地规 1—弧片　2—制动螺栓　3—规尖	划规是用来画圆的工具，划规又分为划规和地规两种。划圆时，须先在零件上用洋冲所冲的坑作为一腿的定点，按所需半径叉开另一条腿进行画线。画线时，应注意划规上零件的紧固和固定半径距离要准确，否则画出的圆或弧的半径将出现误差 地规用于画较大的圆弧，它的两个规头可以移动，根据所划圆的半径大小用划规的制动螺栓调节半径距离，划较大圆时需两人配合
4	划针	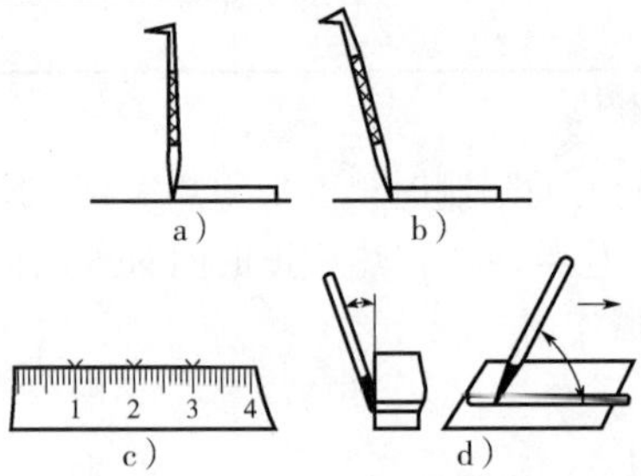 划针画线示意 a）不正确　b）正确　c）表示正确用 尺画线方向　d）画线时应倾斜角度	划针用来在零件上画线。使用时划针应沿直尺或样板的边缘进行画线。画线时划针不能与直尺或样板垂直，应倾斜一定角度。划针一般朝划线方向倾斜角度为 $45° \sim 75°$，划针的轴线与直尺和样板边的倾角一般为 $15° \sim 20°$
5	卡钳	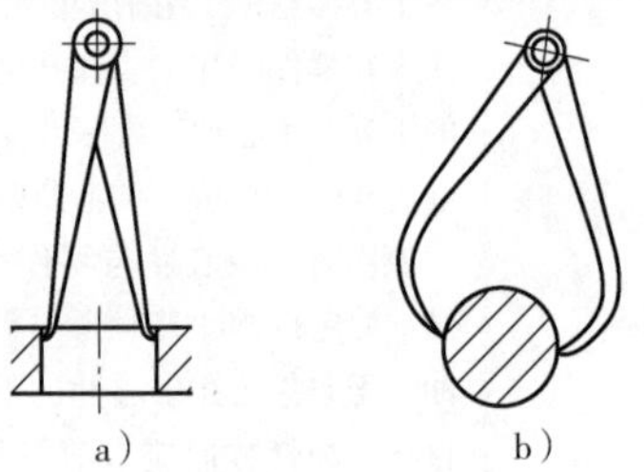 卡钳 a）内卡钳　b）外卡钳	卡钳分为内、外卡钳两种 内卡钳用于测量孔径或槽道的大小，外卡钳用于测量零件的厚度和圆柱形零件的外径等 内外卡钳均属间接测量工具，测量的间隙还需用尺确定尺寸数值
6	直角尺	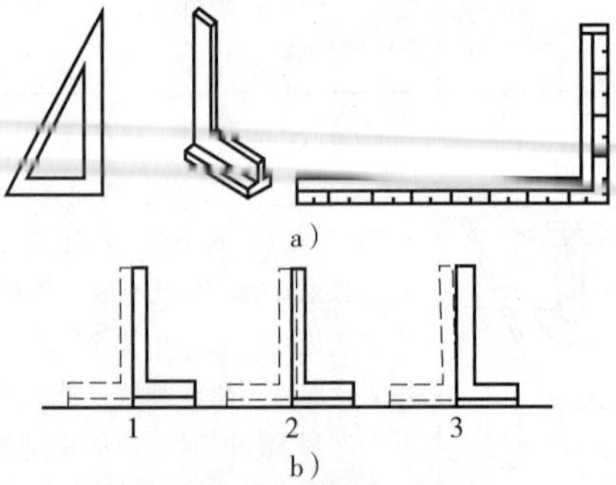 直角尺及检验示意 a）直角尺　b）检验 1—良好　2、3—不良	直角尺用于画较短的垂直线及检校角的垂直度，直角尺使用前应校验其准确度 校验准确度的方法很多，一般是采用画垂直线的方法，也可在一直线上按尺样画线，再将直尺翻转 $180°$，如果尺、线重合说明直角尺准确。否则，说明直角尺有误差，应及时更换

（续）

序号	名称	示意图	性能
7	型锤	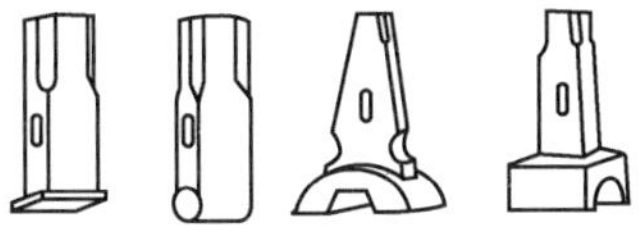 几种常见型锤	型锤包括平锤、压弧锤以及铆工所用的"窝头"等。型锤通常和大锤或压力机配合使用，外力通过型锤面作用到工件上，以实现矫正或成型的目的
8	凿子	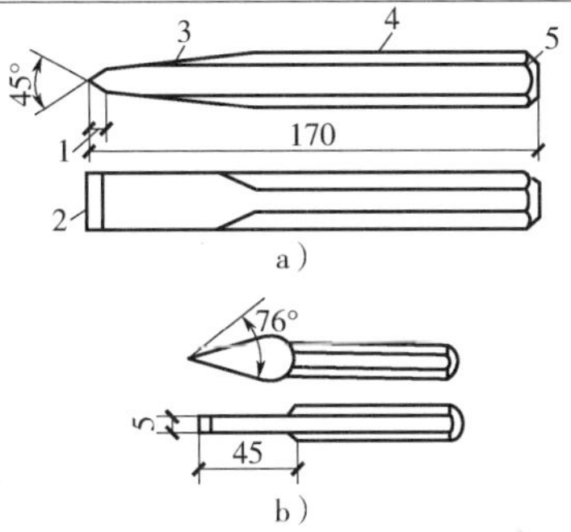 a） b） 凿子 a）扁凿 b）狭凿 1—切削部分 2—切削刃 3—斜面 4—柄 5—头部 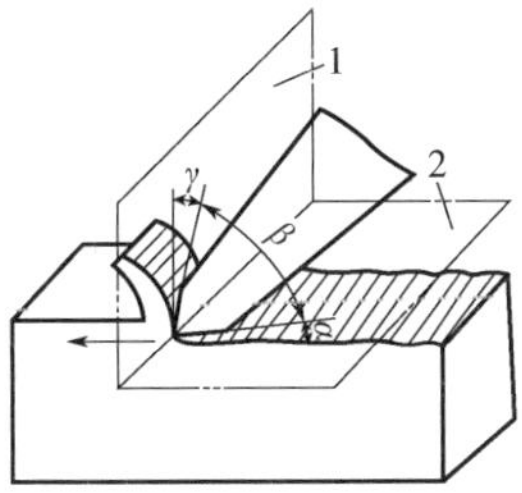 凿削时的角度 1—基面 2—切削平面 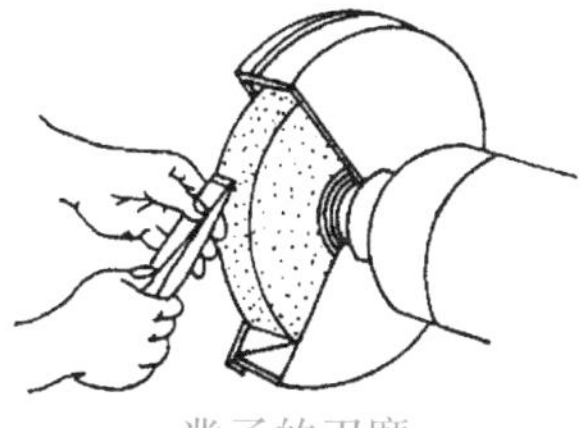 凿子的刃磨  凿子的握持方法 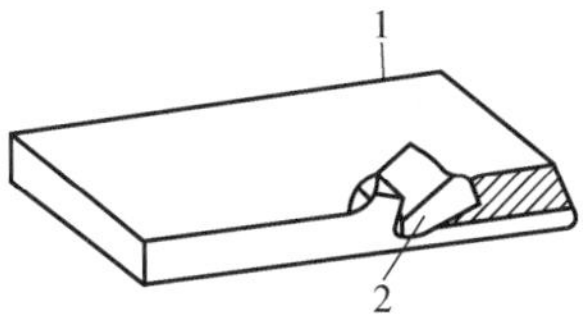 凿削焊接坡口 1—工件 2—凿子刃	凿子主要用于凿削毛坯表面上的多余金属、毛刺、焊缝、铆钉、开坡口以及不便于使用机械加工的场合。其材料一般采用碳素工具钢或 65Mn 钢锻制而成 常用的凿子有扁凿和狭凿两种。扁凿的切削部分扁平，主要用作平整、去飞边毛刺等，狭凿用于开槽、挑焊根等，凿削加工凿削时的角度如示意图所示 凿子的刃磨如示意图所示。刃磨时凿子的刃口要高于砂轮的中心，以免造成事故，为避免刃口过热而退火，刃磨时要经常浸水冷却 为了使凿子的切削部分具有一定的硬度和韧性，必须对凿子进行热处理，热处理的方法包括淬火和回火两个过程 凿削方法： 1）凿子的握持：凿子一般用左手的中指、无名指、大拇指和食指自然接触，凿子的头部伸出 20mm，手握凿子不要太紧，以减少握凿手的振动力。凿削时，小臂要自然平放，凿子要保持正确的倾斜角度（后角为 5°~8°） 2）凿削平面：开始凿削时应从工件的侧面尖角处开始轻轻起凿，凿开缺口后把凿子逐渐移向中间，转向全宽凿削。每次凿削量 0.5~2mm。当凿削快距尽头 10mm 时，必须掉头凿削剩下的部分，尤其是对青铜铸铁等脆性材料更应该这样做 3）凿削坡口：焊接坡口是指构件焊接前在焊口边缘加工出具有一定斜度以保证焊透。构件不大时，可将构件用台钳夹紧后进行凿削，构件较大时可直接凿削 4）用凿子修整不合格的焊缝或工件进行定位焊时，应先用狭凿后用扁凿

（续）

序号	名称	示意图	性能
9	手锯	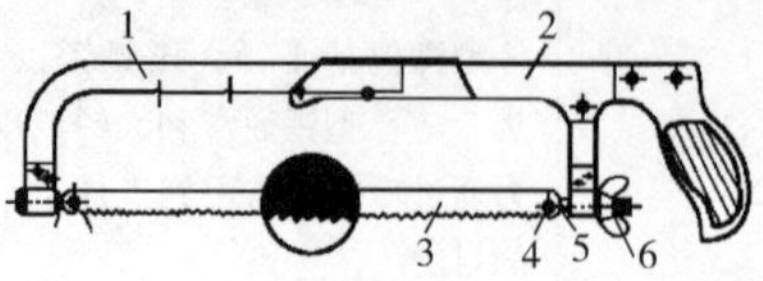 **可调式锯弓** 1—可调部分　2—固定部分　3—锯条 4—销子　5—活动拉杆　6—蝶形拉紧螺母 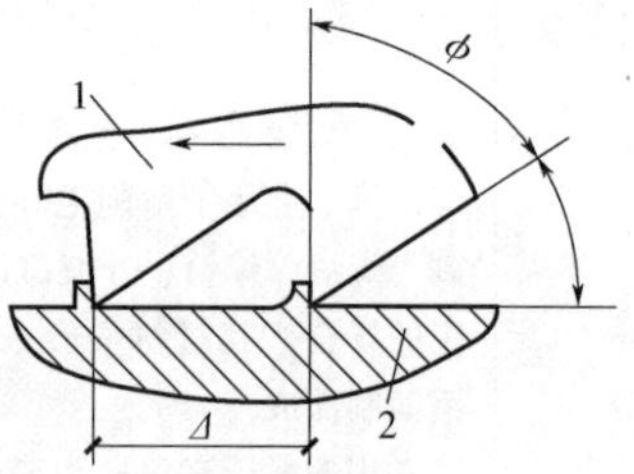 **锯齿形状** 1—锯齿　2—工件　Δ—齿距　φ—锯齿内角 **手锯锯条适用范围** 见下表	手锯是由锯弓和锯条组成。锯弓是用来夹持和张紧锯条的装置，分为固定式和可调试 锯条由碳素工具钢制成。常用锯条长300mm，宽12mm，厚0.8mm。齿距一般为1.8mm、1.4mm、1.2mm、1.0mm和0.8mm。锯齿分为粗齿、中齿和细齿三种 手锯的使用：①锯齿应根据工件的材料性能和厚度选择，见表；②锯齿的前倾角面应朝向前推的方向，锯条的松紧要适度；③推锯时要使用锯条的全长，回程时不得施加压力；④锯割的速度和压力应根据所锯的材料性质和断面大小而定，快锯断时要放慢速度，锯割中应加机油进行冷却；⑤不宜使用新锯条在旧锯缝中继续锯割，而是从另一面重新起锯；⑥夹紧工件时，锯缝位置不应离钳口过远，以防止锯割时颤动而折断锯条；⑦起锯时，锯条一般倾斜的角度为15°，且锯弓往返的行程要短，压力要轻，锯条与工件表面垂直，锯成锯口后逐渐将锯弓至前后呈水平方向；⑧锯割时，锯弓应直线往返，不可摆动，前推时加压，往返时从工件上轻轻滑过，锯割速度一般为30~60次/min；⑨应根据工件的形状确定锯割方法。锯割角钢时起锯角度应小于15°，先锯棱边。割锯管子时，应使锯条沿管壁转换角度锯割

手锯锯条适用范围

粗细等级	长度/mm	每25mm内齿数	适用范围
粗	300	14~18	软钢、铝、紫铜、层压材料、塑料
中		22~24	一般碳钢、硬质轻金属、黄铜、厚壁钢材
细		32	小而薄的钢材、板材
由细逐步变粗		从20~32	开始齿距小，容易起锯

序号	名称	示意图	性能
10	锉刀	 a) b) c) **锉刀种类** a) 普通锉　b) 特种锉　c) 整形锉	锉刀种类：锉刀分普通锉、特种锉和整形锉（什锦锉）。锉刀按锉齿齿距的不同又分为粗锉、细锉和油光锉 1）普通锉：按锉刀断面形状不同分为平锉、方锉、三角锉、半圆锉和圆锉 2）特种锉：该锉刀用来加工零件的特殊表面，其形状如示意图所示 锉刀的选择：选择锉刀应根据工件的加工余量的大小、加工精度、工件表面的粗糙度及材料的软硬程度来确定采用粗锉刀还是细锉刀。粗锉刀适用于锉削加工余量大、加工精度要求不高和材料性能较软的工件。细锉刀则相反 锉刀由高碳钢制成，并经过淬火热处理，使硬度达到62~67HRC。锉刀的各部分的名称如示意图所示。锉刀的规格一般采用锉刀刻齿部分的长度来表

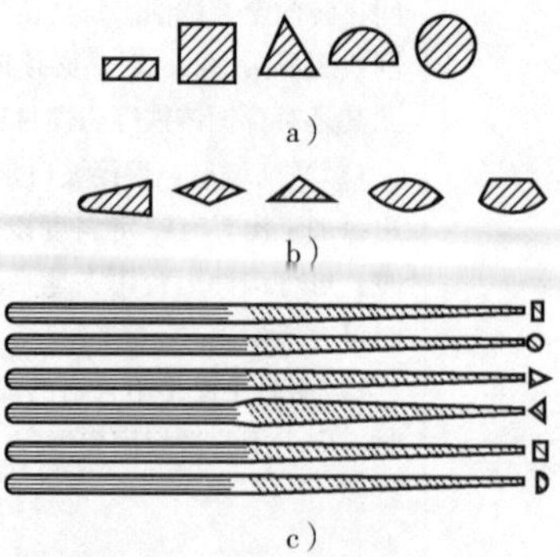

（续）

序号	名称	示意图	性能
10	锉刀	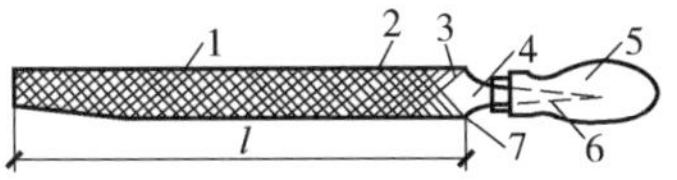 锉刀 1—锉刀面　2—锉刀边　3—底齿； 4—锉刀尾　5—木柄　6—舌　7—齿面　*l*—长度 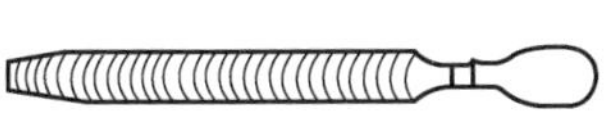 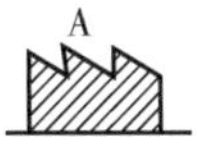 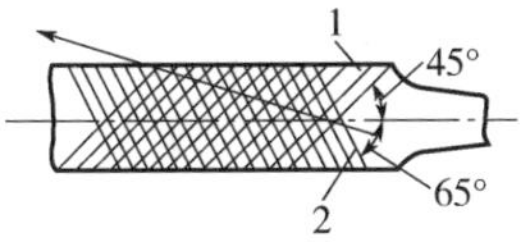 锉齿排列 A—锉齿放大　1—底齿　2—面齿	示，分 100mm、150mm、200mm、300mm 等多种规格，见下表。各种钳工锉的锉纹均为 1~5 号，钳工齐头扁锉钳工方锉的规格为 100~450mm，其余钳工锉的规格为 100~400mm。但圆锉和方锉的规格以全长上最大截面处的直径或对边尺寸表示。锉刀面锉削的主要工作面，刻有锉齿齿纹，有单齿和双齿两种。单齿纹锉刀的齿纹只朝一个方向排列，锉削时全部锉齿都参加锉削比较费力，不适用于锉削性质较硬的材料。双齿纹的锉刀其齿纹有两个相互交错排列的方向，如示意图所示，锉削时锉痕不重叠，加工后的工件表面比较光洁，同时在锉削硬材料时也比较省力

锉刀规格

锉纹号	习惯称呼	规格（长度，不连柄）								
		100	125	150	200	250	300	350	400	450
		每10mm轴向长度内的主锉纹条数								
1	粗	14	12	11	10	9	8	7	6	5.5
2	中	20	18	16	14	12	11	10	9	8
3	细	28	25	22	20	18	16	14	12	11
4	双细	40	36	32	28	25	22	20	—	—
5	油光	56	50	45	40	36	32	—	—	—

序号	名称	示意图	性能
11	风铲	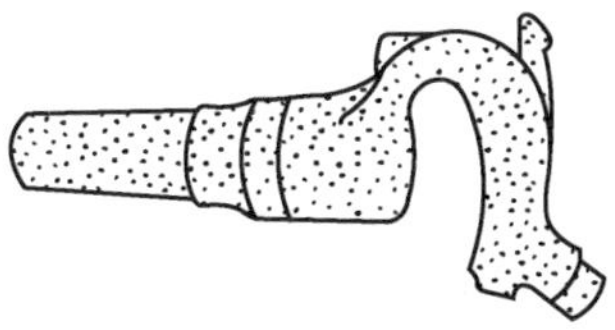	风铲属风动冲击工具，它具有结构简单、效率高、体积小和质量轻的特点，如示意图所示 风铲用于金属表面凿削、不规则或狭小而又不便于移动的金属表面及焊缝的凿削以及各大中型铸件的清砂、铲除浇、冒口等工作。使用前先检查风管、接头及板机是否完整，然后空枪检查（在木板上）活塞的往返和声音是否正常。再检查凿子尾部和固定缸套的配合间隙（一般为 0.06~0.14mm），凿子的尾部应平滑，尾部不允许有裂纹和锋边 风铲操作者必须佩戴护目镜和手套，右手握柄，左手握枪身，把凿子抵住凿削的工件后轻按板机从低速度逐步加快，直至全速度进行凿削工作。当凿到末端时应按板机，缓慢凿削。正常工作情况下每天加润滑油 2~3 次。润滑油可采用稀薄的锭子油。为了安全工作，铲削时，铲削前方不许有人，停产时风铲头应从风铲上卸下

(续)

序号	名称	示意图	性能
12	电动砂轮机	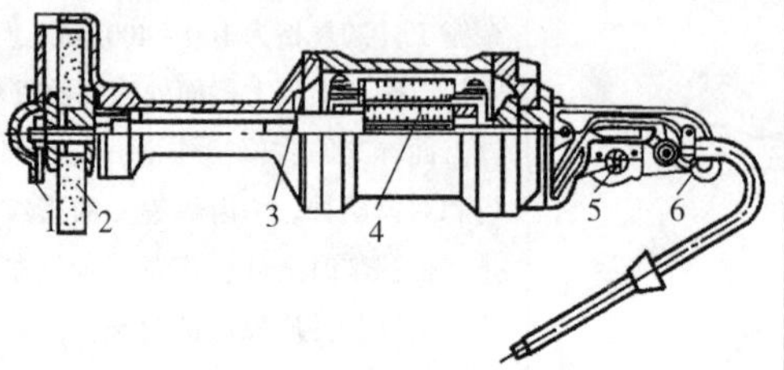 手提式电动砂轮机 1—罩壳 2—砂轮 3—长端盖 4—电动机 5—开关 6—手把	手砂轮规格型号表

手砂轮规格型号表

型号	J35-125	J35-150
使用砂轮最大尺寸/mm	125×16~32	150×20~32
额定功率/kW	0.3	0.5
额定转速/(r/min)	2700	2700
自身质量/kg	8	10

电动砂轮机由罩壳、砂轮、长端盖、电动机、开关和手把组成，如示意图所示

电动机的砂轮是由三相笼式异步电动机带动旋转，电动机的转速一般为 2800r/min 左右。采用手柄型腔内装置开关以控制电源

电动砂轮机的规格，按砂轮的直径可分为 100mm、125mm 和 150mm

砂轮机用来磨削工件，如以钢丝轮代替砂轮可用来清理金属表面的铁锈、旧漆等；如以布轮代替砂轮可进行抛光工作

---

13 风动砂轮机

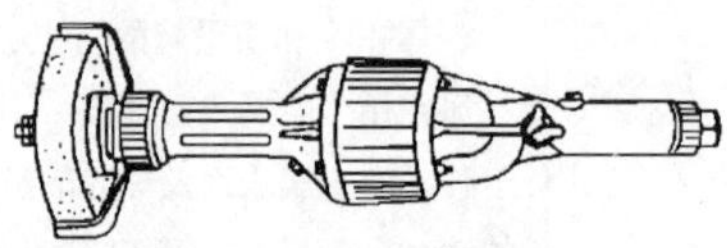

风动砂轮机

风动砂轮机是机械式手持工具，它以压缩空气为动力，优点是携带方便，使用安全可靠不会触电。风动砂轮机的技术参数见下表

风动砂轮机的技术参数

型号	砂轮最大直径/mm	工作气压/(N/cm²)	空转转速/(r/min)	空耗气量/(m³/min)	负荷转速/(r/min)	负荷耗气量/(m³/min)
S40	40	50	19000	0.35	9000	0.5
S50	50	50	17000	0.4	8000	0.6
S60	60	50	14000	0.6	17000	0.7
S100	100	50	7500~3500	≤0.8	4000	≤1
S150	100	50	5500~3500	1.2	3100	1.7

---

14 砂轮锯

砂轮锯是利用砂轮片高速旋转与工件摩擦产生热量，使之熔化而在工件上形成切割缝。为了获得较高的切割效率和较窄的切割缝，切割用的砂轮片必须具有很高的圆周速度和较小的厚度

（续）

序号	名称	示意图	性能
14	砂轮锯	 可移动式砂轮切割机 1—切割动力头　2—中心调整机构 3—底座　4—可调夹钳	砂轮锯不但可以用来切割一般的圆钢、角钢等各种型钢和异型钢管，还可以用来切割不锈钢、淬火钢等特殊材料 目前使用最普遍的砂轮锯是可移动式砂轮切割机，如示意图所示。它是由切割动力头、可调夹头、中心调整机构和机座等部分组成 动力头是由电动机、传动带和砂轮片组成的。通常使用的砂轮片的直径为 300～400mm，厚度 3mm，转速 2900r/min，切割速度为 90cm/min。为了安全一般采用有纤维的增强的砂轮片，其上装有防护罩，以防止砂轮片碎裂时造成伤害 根据切割需要可将夹钳调整为与砂轮主轴成 0°、15°、30°、45°的夹角。砂轮中心和整个动力头也可根据需要调整和旋转到所需要的角度 切割时，将型材夹在夹钳上，驱动电动机通过传送带带动砂轮片旋转进行切割，用手操纵切割手柄以控制切割速度。操作要用力均匀平稳，以免过载或砂轮崩碎
15	半自动切割机	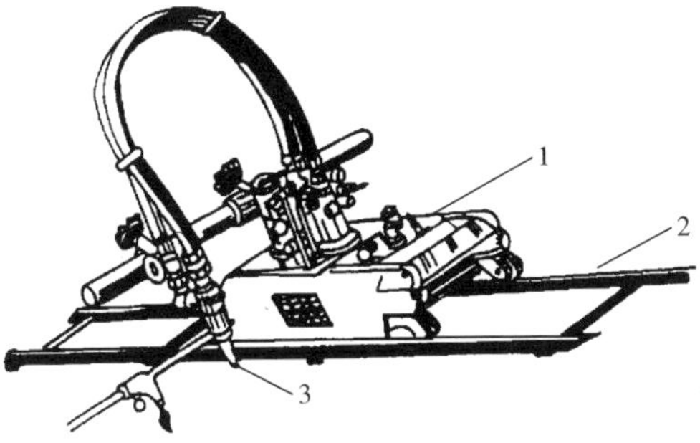 半自动切割机 1—气割小车　2—轨道　3—切割嘴	示意图中所示为半自动切割机的一种，它由可调速的电动机拖动，沿着轨道可做直线或曲线运动。这样，装在切割机上的割炬就可以割出直线或所需要的曲线。半自动切割机除自动行走外，其他切割程序都由手工完成

（1）切割　一般分为气割、锯切和剪切三种：

1）气割（火焰切割），借以氧气和燃烧气体所产生的高温来熔化切割处的钢材，并以高压氧气流予以氧化和吹扫，以达到切割金属的目的。气割按操作方法可分为手工切割和机械切割两种。气割按燃烧气体的不同可分为氧气＋乙炔（$O_2 + C_2H_2$）和氧气＋丙烷（$O_2 + C_3H_3$）两种。

切割缝的宽度见表 17-1-6，火焰气割面的质量等级见表 17-1-7。

表 17-1-6　切割缝的宽度　　　　　　　　　　（单位：mm）

切割方法	气体	钢板厚		
		≤10mm	10～25mm	26～50mm
手工切割	氧气＋乙炔	3	3～4	4～5
半自动或自动切割	氧气＋乙炔	2	2～3	3～4
	氧气＋丙烷	2	2～3	2～3

表 17-1-7 火焰气割面的质量等级

切割面部位		切割面质量	平面度 u	割纹深度 h	缺口间距 l
型材（含焊接 H 型钢）不受外力作用的自由端部门割面		Ⅱ级	3 等	3 等	≥1000mm
板材一般切割面		Ⅱ级	1 等	1 等	
焊接处及坡口切割面（不包括 U 形坡口）		Ⅱ级	1 等	1 等	
埋弧自动焊的坡口、T 形连接的腹板切割面		Ⅱ级	1 等	1 等	
焊接梁、H 型钢翼缘切割面		Ⅰ级	2 等	2 等	≥2000mm
焊接吊车梁翼缘切割面		Ⅰ级	1 等	1 等	≥5000mm
承压的切割面		Ⅰ级	1 等	1 等	≥2000mm
柱、梁及板结构中的人孔（含补强筋的人孔 T 形连接）切割面	直线部分	Ⅱ级	1 等	2 等	≥1000mm
	弧线部分	Ⅱ级	2 等	3 等	
组装后构件切割面		Ⅱ级	2 等	2 等	
工地安装切割面		Ⅱ级	1 等	2 等	
柱子、檩条、支撑及一般结构的节点板，柱底板等外露边的切割面		Ⅱ级	2 等	1 等	
手工切割面		Ⅱ级	3 等	3 等	

2）锯切：一般用于型钢及管材的切割。其设备主要有圆盘锯、带锯、无齿摩擦锯和弓锯。

3）剪切：一般用于厚度小于 12mm 的钢板和中小型角钢。剪切后的钢板边缘将产生很大的剪切应力，在剪切边缘 2~3mm 范围内形成冷作硬化区，使钢材的性能变脆。因此较厚的钢板或用于承受动力荷载的钢板一般不采用剪切下料，否则应将冷作硬化区刨去。

（2）制孔 制孔的方法有冲孔、钻孔及气割割孔等。气割割孔仅用于直径大于 60mm 的孔或无法用钻床成孔时，可采用仿形切割机或专用设备割孔。也可采用手工切割，但质量不如钻孔。

（3）边缘加工 边缘加工是指板件的外露边缘、焊接边缘、直接传力的边缘，需要进行铲、刨、铣等的加工。

（4）弯曲成型

1）钢板和型钢可采用冷弯曲或热弯曲成型：①冷弯曲成型时的温度要求同冷矫正时的温度。②当采用热弯曲时，加热温度为 1000~1100℃，对于碳素结构钢温度下降到 500~550℃以前，低合金结构钢温度下降到 800~850℃之前，应结束加工，并缓慢冷却，不得骤冷。其热弯曲最小曲率半径和最大弯曲矢高的允许值参见表 17-1-8。

表 17-1-8 热弯曲最小曲率半径和最大弯曲矢高的允许值　　　　（单位：mm）

钢材类别	示意图	弯曲轴线	曲率半径 r_{min}
钢板扁钢	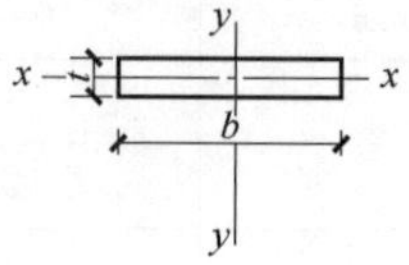	$x - x$	$5t$
		$y - y$（扁钢）	$10b$

（续）

钢材类别	示意图	弯曲轴线	曲率半径 r_{min}
不等肢角钢	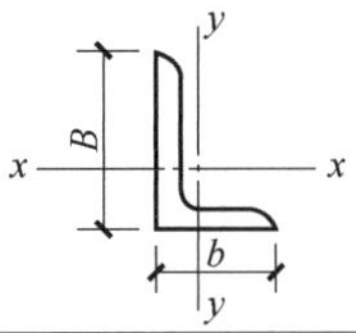	$x - x$	$10B$
		$y - y$	$10b$
等肢角钢	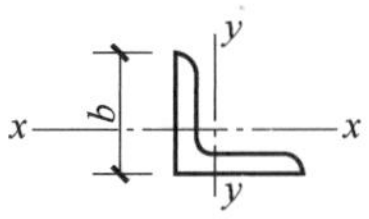	$x - x$	$10b$
		$y - y$	
槽钢	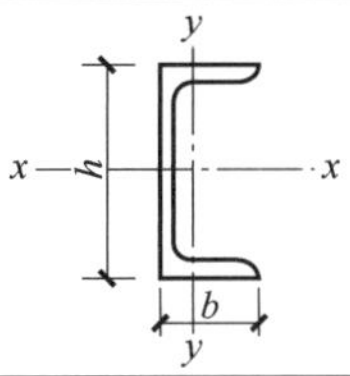	$x - x$	$5h$
		$y - y$	$10b$
工字钢	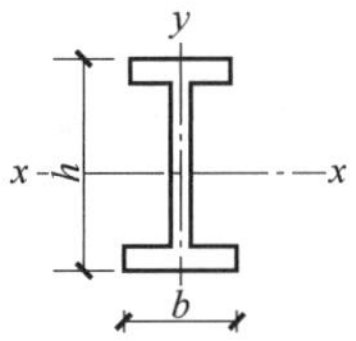	$x - x$	$5h$
		$y - y$	$5b$

2）扁钢及角钢热弯曲，其胎模具的收缩余量，主要根据操作人员的实际经验而定，可参考下列资料。

扁钢热弯曲平板钢圈（法兰）：当内径 $d_i < 1000mm$ 者，胎具直径增大 5mm；当内径 $d_i = 1000 \sim 1500mm$ 者，胎具直径增大 7.5mm。

角钢热弯曲钢圈（法兰），胎具直径收缩余量见表 17-1-9。

表 17-1-9　角钢热弯曲胎具直径收缩余量参考值　　　　　　　（单位：mm）

钢圈内径	肢向外 胎具直径增大值	肢向内 胎具直径缩小值
$d_i < 900$	0	0
$d_i = 900 \sim 1400$	每米直径加 6 ~ 10	每米直径减 6 ~ 10
$10000 \geqslant d_i > 1400$	每米直径加 15	每米直径减 15
$d_i > 10000$	每米直径加 20	每米直径减 20

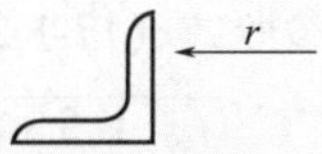

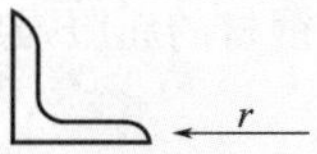

3）型钢弯折构造要求如图 17-1-2 所示。

当弯折角度 $\alpha > 120°$ 时，角钢或槽钢翼缘可直接热弯折，如图 17-1-2a 所示。

当弯折角度 $\alpha \leqslant 120°$ 时，可在角钢肢或槽钢翼缘根部先钻一小孔，用气割切口，再弯折，然后用电焊对焊，如图 17-1-2b 所示。

槽钢或工字钢腹板弯折，均先在其腹板根部钻一小孔，用气割切口，再弯折，然后用电焊对焊，如图 17-1-2c 所示。

4）钢板弯曲一般在卷板机上进行，当钢板厚度超过卷板机能力、批量较大或异形球面等情

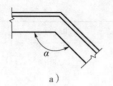 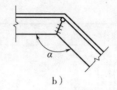 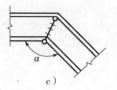

图 17-1-2　型钢弯折示意

况时，可采用在压力机上用胎模压制。卷板机的种类很多，有立式、卧式两大类，且有三辊（如图 17-1-3 所示）、四辊（如图 17-1-4 所示）之分，根据设备能力可卷曲不同钢板厚度和曲率半径，在设备说明书中均明确规定了在常温下冷弯曲钢材的屈服强度、最大宽度、最大厚度及最小曲率半径等参数。弯曲时只需按式（17-1-1）计算调整侧辊与上辊的垂直中心距及水平中心距，即：

$$h = \sqrt{\left(r + t + \frac{d_2}{2}\right)^2 - b^2} - \left(r - \frac{d_1}{2}\right) \tag{17-1-1}$$

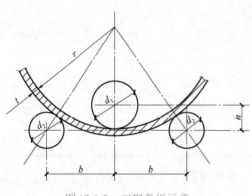

图 17-1-3　三辊卷板示意

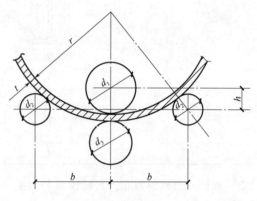

图 17-1-4　四辊卷板示意

式中　r——需弯曲的曲率半径；

　　　t——钢板厚度；

　　　d_1——上辊直径；

　　　d_2——侧辊直径；

　　　b——侧辊与上辊水平中心距，$b \geqslant 8t$；

　　　h——侧辊与上辊垂直中心距。

①当钢材的屈服强度发生变化时，可参照式（17-1-2）换算其最大厚度，即：

$$t_2 = t_0 \sqrt{\frac{f_{y0}(1.5 + K_0)}{f_{y1}(1.5 + K_1)}} \tag{17-1-2}$$

式中　t_2——所需换算的最大厚度（mm）；

　　　t_0——设备原规定的最大厚度（mm）；

　　　f_{y0}——设备原规定的钢材屈服强度（N/mm²）；

　　　f_{y1}——换算钢材的屈服强度（N/mm²）；

　　　K_0——原钢材的硬化系数 K/r；

　　　K_1——换算钢材的硬化系数 K/r；

　　　r——相对曲率半径。

K 值随钢材的屈服强度不同而异：

屈服强度为 250N/mm² 级时，$K = 5.8$；

屈服强度为 300N/mm² 级时，$K = 7$；

屈服强度为 350N/mm² 级时，$K = 8.8$。

②当材质相同，宽度变化时，如图 17-1-5 所示，可参照式（17-1-3）换算其最大厚度，即：

$$t_1 = t_0 \sqrt{\frac{b_0 4 a_0 l + b_0^2 + 2 b_0 c_0}{b_1 4 a_1 l + b_1^2 + 2 b_1 c_1}} \qquad (17\text{-}1\text{-}3)$$

式中　b_0——设备原规定的最大板宽；

　　　b_1——变化后的板宽；

a_0、c_0——原最大板宽钢板距左右端轴承中心的距离；

a_1、c_1——变化后板宽钢板距左右端轴承中心的距离；

　　　l——左右机架中心距离。

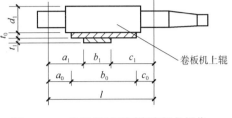

图 17-1-5　卷板机对不同宽度板的操作

③当钢板厚度和曲率半径超过设备能力时，在设备许可的条件下，可采用热弯曲，其厚度可参照式（17-1-4）换算，即：

$$t_h = t_0 \sqrt{\frac{f_{y0}(1.5 + K_0)}{1.5 f_{yh}}} \qquad (17\text{-}1\text{-}4)$$

式中　t_h——热弯曲最大厚度；

　　　f_{yh}——热状态下钢材的屈服强度，可按图 17-1-6 所示之值采用。

④当钢板厚度不大于 6mm，且曲率半径 $r \geqslant 200t$ 时，在设备能力允许的条件下，可采用多块重叠卷曲。

（5）焊接

1）焊接材料的选择应符合图样要求。

2）焊接应严格按焊接工艺文件的规定执行。

①手工电弧焊的焊接电流，见表 17-1-10。

②埋弧自动焊的坡口形式及工艺参数见表 17-1-11 ~ 表 17-1-13。

③CO_2 气体保护半自动焊的工艺参数见表 17-1-14 ~ 表 17-1-15。

④管焊条熔嘴电渣焊的工艺参数见表 17-1-16。

⑤碳弧气刨的工艺参数见表 17-1-17。

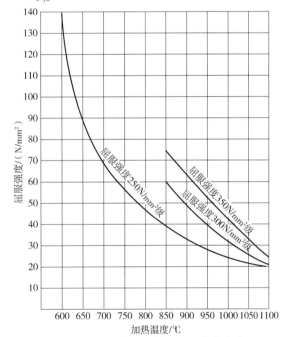

图 17-1-6　热状态下钢材屈服强度的变化

表 17-1-10　焊条与电流匹配对照

焊条直径/mm	$\phi1.6$	$\phi2.0$	$\phi2.5$	$\phi3.2$	$\phi4$	$\phi5$	$\phi5.8$
电流/A	25 ~ 40	40 ~ 60	50 ~ 80	100 ~ 130	160 ~ 210	200 ~ 270	260 ~ 300

注：立、横、仰焊电流应比平焊电流小 10% 左右，低氢型焊条电流比酸性焊条电流大 10% 左右。

表 17-1-11　对接埋弧自动焊工艺参数

板厚 /mm	焊丝直径 /mm	接头类型	焊接顺序	焊接电流 /A	电弧电压 /V	焊接速度 /(m/min)	备注
8	$\phi4$		正 反	420 ~ 440 480 ~ 530	30 ~ 31 30 ~ 31	0.4 ~ 0.5	
10	$\phi4$		正 反	550 ~ 580 580 ~ 620	30 ~ 31 31 ~ 32	0.4 ~ 0.53	

（续）

板厚 /mm	焊丝直径 /mm	接头类型	焊接 顺序	焊接电流 /A	电弧电压 /V	焊接速度 /（m/min）	备注
12	φ4	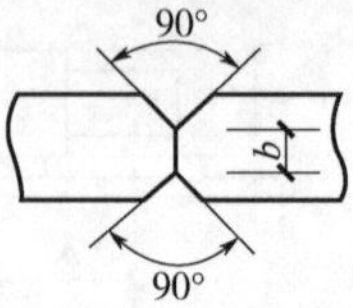	正 反	420~440 580~620	30~31 32~35	0.5~0.6 0.4~0.5	
		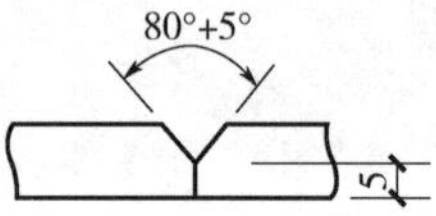	正 反	420~440 600~620	30~31 33~35	0.5 0.4~0.52	反面清根
14~16	φ4	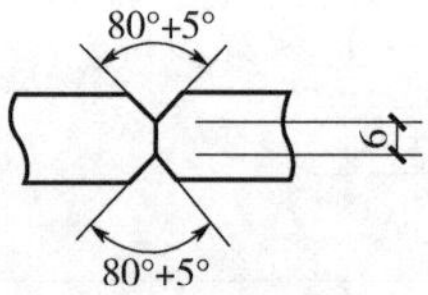	正 反	600~650 650~700	35~37 34~36	0.4~0.45	
18~20	φ4	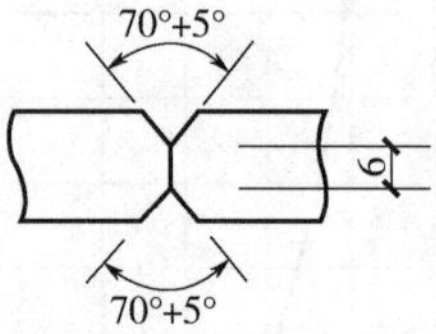	正 反	620~670 700~750	35~37	0.3~0.4	
22~24	φ4	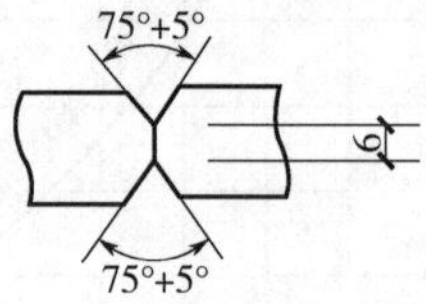	正 反	700~720 720~750	35~37	0.3~0.4	
28	φ4		正 反	720~770 770~800	35~37 34~35	0.27~0.35	
32	φ4		正 1 2	720~770 650~700	35~37 36~38	0.27~0.35 0.3~0.4	
			反 1	770~800	34~35	0.22~0.30	
36	φ4	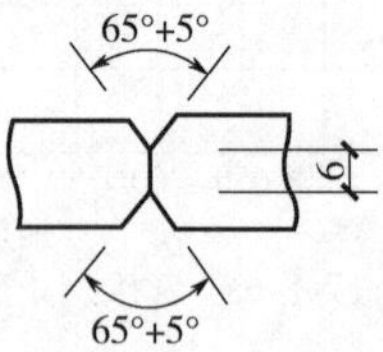	正 1 2	750~780 650~700	35~37 36~38	0.27~0.35 0.3~0.4	
			反 1 2	780~820 650~700	34~35 36~38	0.2~0.25 0.3~0.4	
36	φ4	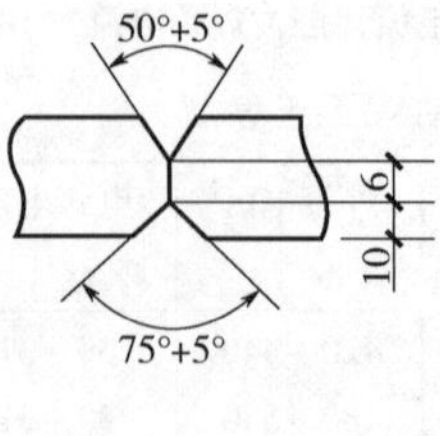	正 1 2 3	750~780 720~750 720~750	35~37 37~39 37~39	0.15~0.2 0.15~0.2	反面清根
			反 1 2	720~750 720~750	36~38 36~38	0.15~0.2	
40	φ4		正 1 2 3	750~780 720~750 720~750	35~37 37~39 37~39	0.15~0.18 0.18~0.2	反面清根
			反 1 2	720~780 720~780	37~39	0.18~0.2	

（续）

板厚/mm	焊丝直径/mm	接头类型	焊接顺序	焊接电流/A	电弧电压/V	焊接速度/(m/min)	备注
40	φ4		正1	750～780	35～37	0.3～0.4	反面清根
			2	720～750	37～39	0.18～0.2	
			3	720～750	37～39	0.18～0.2	
			4	720～750	38～40	—	
			反1	780～800	34～36	0.3～0.4	
40	φ5		正1	850～900	34～35	0.35～0.4	反面清根
			2	800～850	38～40	0.35～0.4	
			3	800～850	38～40		
			反1	850～900	34～35	0.35～0.4	
			2	800～850	37～39	—	
			正1	850～900	37～39	0.35～0.4	反面清根
			2	600～850	38～40	0.35～0.4	
			3	600～850	38～40	0.35～0.4	
			4	800～850	38～40	—	
			反1	800～850	35～37	0.3～0.4	

表 17-1-12　T 形接头单道埋弧焊工艺参数

焊脚尺寸/mm	焊丝直径/mm	焊接电流/A	电弧电压/V	焊接速度/(m/min)	备注
6	φ4	600～650	34～36	0.5～0.55	船形 45°位置
8	φ4	650～700	34～36	0.4～0.45	
10	φ4	700～750	33～35	0.3～0.35	
10	φ5	750～800	34～36	0.32～0.4	
12	φ4	700～750	33～35	0.24～0.28	
12	φ5	750～800	34～36	0.26～0.32	

表 17-1-13　T 形熔透接头埋弧自动焊工艺参数

坡口类型	焊接顺序	焊接电流/A	电弧电压/V	焊接速度/(m/min)	备注
	正反 分层堆焊	650～700 750～800 650～700	25～36 34～35 36～38	0.3 0.3	焊丝 φ4 腹板与水平面夹角为 30°～40°随板厚减小调节焊接速度和堆焊层数
	正反 分层堆焊	500～550 750～800 650～700	35～36 34～35 36～38	0.3 0.3	焊丝 φ4 腹板与水平面夹角为 30°根据实际情况调节堆焊层数及焊速

表 17-1-14　对接 CO_2 气体保护半自动化焊工艺参数

坡口形状	板厚/mm	间隙/mm	钝边/mm	焊丝直径/mm	层数/层	电流/A	电压/V	速度/(cm/min)	焊丝伸出长度/mm	气体流量/(L/min)
	6	0		φ1.2	1	270~300	27~30	60~70	10~15	20
	6	1.2 1.5		φ1.2	1	200~230	24~25	30~35	10~15	10~15
	8	0 1.2		φ1.2	1	300~350	30~35	30~40	15~20	20
	8	0~0.8		φ1.6	1	380~420	37~38	40~50	15~20	20
	12	0~1.2		φ1.6	1	420~480	38~41	50~60	20~25	20
	16	0	6	φ1.6	1	480~500	39~42	30~35	20~25	20~25
	16				2	480~500	39~42	30~35	20~25	20~25
	20	0	7	φ1.6	1	480~500	39~42	20~25	25~30	25~30
	20				2	480~500	39~42	20~25	25~30	25~30
	25	0	7.5	φ1.6	1	480~500	39~42	20~25	25~30	20~25
	25				2	480~500	39~42	20~22	25~30	20~25
	12	0	0	φ1.2	1	250~280	25~28	25~30	20~25	30
	12				2	300~330	30~33	25~30	20~25	30
	16	0	3	φ1.6	1	300~350	31~35	25~30	20	20
	16				2	400~420	37~38	30~40	20~25	20~25
	16				3	400~420	37~38	30~35	20~25	20~25
	25	0	3	φ1.6	1	300~350	31~35	25~30	30	20
	25				2	420~450	38~40	30~35	25~30	20~25
	25				3	420~450	38~40	20~25	25~30	20~25

表 17-1-15　角接 CO_2 气体保护半自动化焊工艺参数

板厚/mm	焊脚尺寸/mm	焊丝直径/mm	焊接电流/A	电弧电压/V	焊接速度/(cm/min)	气体流量/(L/min)
6	4.0~4.5	φ1.2	270~300	28~31	60~70	20
6	6	φ1.2	220~250	25~27	35~45	15~20
8	5.0~6.0	φ1.2	270~300	28~31	55~60	20
8	7.0~8.0	φ1.2	260~300	26~32	25~35	20
8	6.5~7.0	φ1.6	300~330	30~34	30~35	20
12	7.0~8.0	φ1.2	260~300	26~32	25~35	20
12	6	φ1.6	300~360	28~33	35~50	20
12	8	φ1.6	330~390	33~40	30~40	20

表 17-1-16　管焊条熔嘴电渣焊的工艺参数

板厚/mm	装配间隙/mm	焊条钢管规格/mm	焊丝直径/mm	焊接电流/A	电弧电压/V	引弧药粉量/g	备注
20	22~24	φ12×4	φ3.2	500~550	40~42	150	
30	24~26	φ12×4	φ3.2	500~600	40~46	200	
40	24~26	φ12×4	φ3.2	500~600	40~46	200	
50	26~28	φ12×4	φ3.2	500~600	40~46	250	
60	28~30	φ12×4	φ3.2	750~800	40~47	300	双管单丝
70	28~30	φ12×4	φ3.2	750~850	43~50	300	

表 17-1-17　碳弧气刨的工艺参数

碳棒直径/mm	电弧长度/mm	空气压力/MPa	电流/A
φ6	1 ~ 3	0.4 ~ 0.5	230 ~ 300
φ7	1 ~ 3	0.4 ~ 0.5	280 ~ 350
φ8	1 ~ 3	0.5 ~ 0.6	330 ~ 400
φ10	1 ~ 3	0.5 ~ 0.6	420 ~ 500

注：本表适用于碳素结构钢和低合金结构钢直流反接，气刨速度根据电流和刨槽深度决定。

3）焊接空间规定。

①手工电弧施焊最小净空尺寸见表 17-1-18。

表 17-1-18　手工电弧施焊最小净空尺寸

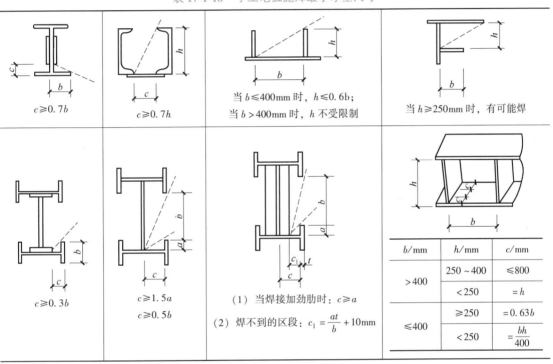

注：表中焊条长度按 450mm 考虑。

②埋弧自动焊操作时应满足的构造尺寸如图 17-1-7 所示。

4）焊接残余应力及变形。

①焊接残余应力是焊件在焊后冷却至常温时，残存于焊件中的内应力，影响其分布的因素很多，比较复杂，可用仪表进行测试。其大小取决于材料的线膨胀系数、弹性模量、屈服强度、焊件刚度、焊缝分布大小等条件。处理不当，将是形成各种焊接裂纹的因素之一，在一定的条件下，还会影响焊接结构的性能，如强度、刚度、受压的稳定性、尺寸的准确性及加工精度等。

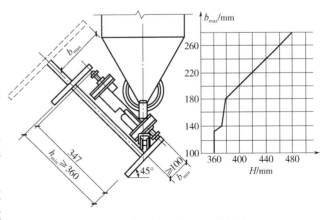

图 17-1-7　埋弧自动焊时所需尺寸

②减少焊接应力及变形的措施：

A. 构造设计措施：尽量减少焊缝数量和尺寸，不要任意加大焊缝；避免焊缝过分集中，焊缝间应有一定距离；采用刚性较小的接头类型，降低焊缝的拘束度；尽量避免立体交叉焊缝，如不可避免时也应相互错开；尽量避免封闭形焊缝。

B. 工艺措施：

a）应选择合理的焊接顺序：对于 H 型钢、人孔加强圈等的焊接，应先焊收缩量较大的焊缝，使板件能较自由地收缩，即先焊对接焊缝，后焊角焊缝；对于板材拼接，应先焊横向短焊缝，后焊纵向长焊缝；对于组合构件，应先焊受力较大的焊缝，后焊受力较小的焊缝。

b）对长焊缝可选择合理的焊接方法，如对称焊法、分段逆向焊法、跳焊法等，其中分段逆向焊法焊接应力较大，但变形较小。

c）对大型构件可先组装成若干个部件，焊后矫正，再总装焊接。

d）采取反变形措施，即在焊前先将焊件人为地预先变形，其方向与焊后变形相反，大小与焊后变形相近，其值见表 17-1-19。

表 17-1-19　反变形参考值

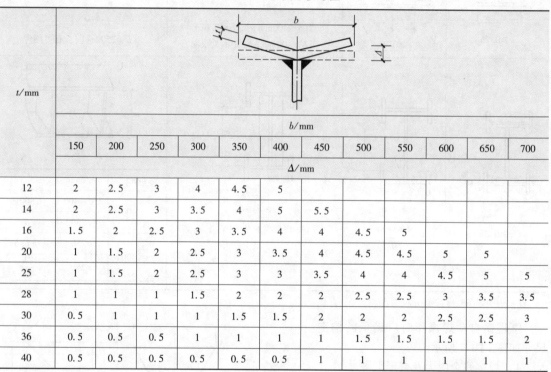

t/mm	b/mm											
	150	200	250	300	350	400	450	500	550	600	650	700
	Δ/mm											
12	2	2.5	3	4	4.5	5						
14	2	2.5	3	3.5	4	5	5.5					
16	1.5	2	2.5	3	3.5	4	4	4.5	5			
20	1	1.5	2	2.5	3	3.5	4	4.5	4.5	5	5	
25	1	1.5	2	2.5	3	3	3.5	4	4	4.5	5	5
28	1	1	1	1.5	2	2	2	2.5	2.5	3	3.5	3.5
30	0.5	1	1	1	1.5	1.5	2	2	2	2.5	2.5	3
36	0.5	0.5	0.5	1	1	1	1	1.5	1.5	1.5	1.5	2
40	0.5	0.5	0.5	0.5	0.5	0.5	1	1	1	1	1	1

e）可采用刚性固定焊接，且不需考虑焊接顺序，能减小变形，但焊接应力较大，一般用于承压构件的焊接。

C. 特殊措施：可采取焊后消除焊接应力的措施，对一般钢结构来说，无此必要，只有特厚板（$t \geq 50mm$）的等强拼接焊缝和特种结构有特殊要求的情况下，才需消除焊接应力，其方法主要有以下几种：

a）焊缝区局部高温退火，由于钢结构构件体积都比较大，很难做到整体加热，一般都采用在焊缝区局部加热退火，基本上能降低焊缝区的应力高峰值，对于碳素结构钢和低合金结构钢，其退火温度为 580 ~ 680℃（或经试验确定），加温时间一般按板厚每毫米 1 ~ 2mm 计算，但不宜少于 30min，也不超过 3h，加热宽度一般为焊缝中心线两侧各 3 ~ 5 倍板厚，但总宽不宜小于300mm。

b) 焊缝区局部冷却消除焊接应力，采取边加热边用水冷却，使其温度保持在 250～300℃约数分钟，加热宽度为焊缝中心线两侧各 1～2 倍板厚，此法不易操作，故很少采用。

c) 在正式焊缝上加焊一道退火焊缝，随后将此焊道磨去。

d) 振动消除焊接应力，利用振动所产生的变载应力可消除焊接应力，其设备简单、费用低、时间短、无高温退火时金属表面产生氧化的问题。

5) 焊接变形量的估算：凡焊接结构，焊后在焊件上都要产生焊接变形，按性质大致可分为纵向和横向收缩变形（凡沿焊缝长度方向的收缩均称为纵向收缩，沿焊缝截面方向的收缩为横向收缩）、弯曲变形、角变形、扭曲变形及波浪变形等，如图 17-1-8 所示；焊接变形不仅影响构件尺寸的准确性、加工精度及外观，而且可能降低结构的承载能力，因此必须对变形进行处理。其变形量大小，随连接形式、焊件形状、焊缝大小长短、钢板厚薄、焊接方法、位置和顺序等的不同而异。

① 纵向焊缝纵向收缩变形，如图 17-1-8a 所示，主要是纵向缩短，其收缩量一般是随焊缝长度和焊脚尺寸的增加而增加，其近似值可参见表 17-1-20。

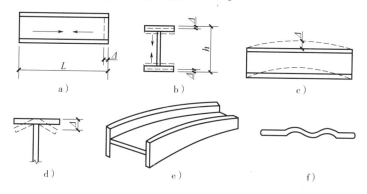

图 17-1-8　常见的构件变形

a）纵向收缩变形　b）横向收缩变形　c）弯曲变形
d）角变形　e）扭曲变形　f）波浪变形

表 17-1-20　单层焊焊缝纵向收缩近似值　（单位：mm/m）

焊缝类型	对接焊缝	连续角焊缝	断续角焊缝
示意图			
纵向收缩近似值	0.15～0.30	0.20～0.40	0～0.10

当多层焊时，第一层焊缝收缩量最大，第二层收缩量约为第一层收缩量的20%，第三层为第一层的5%～10%，以后各层更小；同时，与母材线膨胀系数有关，如不锈钢和铝材的线膨胀系数大，焊后收缩量就比碳素结构钢大。

纵向焊缝纵向收缩值也可按式（17-1-5）和式（17-1-6）估算：

A. 单层焊缝收缩值：

$$\Delta l = \frac{K_1 A_w l}{A}$$

(17-1-5)

式中　A_w——焊缝金属截面面积（mm^2）；

A——连接件截面面积（mm^2）；

l——焊缝范围内的连接件长度（mm）；

K_1——系数，手工电弧焊为0.052，CO_2气体保护焊为0.043，埋弧自动焊为0.074。

B. 多层焊缝收缩值：

$$\Delta l = \frac{K_1 K_2 A_w l}{A} \tag{17-1-6}$$

$$K_2 = 1 + 0.004 f_y n$$

式中 f_y——钢材的屈服强度（N/mm²）；

　　　n——焊缝层数，$n \geq 2$。

C. T形连接两面各有一条焊脚尺寸相同的角焊缝的收缩值估算，只将式（17-1-5）中的A_w取为一条角焊缝的截面尺寸，再乘以系数1.15代入即可。

②横向焊缝横向收缩变形（如图17-1-8所示），其收缩量主要是随焊脚尺寸的增加而增加，也与坡口角度有关，其近似值可参照表17-1-21。

表17-1-21　手工电弧焊焊缝横向收缩近似值　　　　（单位：mm）

连接形式	示意图	钢板厚度										
		6	8	10	12	14	16	18	20	22	24	25
		横向收缩量										
V形坡口对接焊缝		1.3	1.4	1.6	1.8	1.9	2.1	2.4	2.6	2.8	3.1	3.2
X形坡口对接焊缝		1.2	1.3	1.4	1.7	1.9	2.1	2.4	2.6	2.8	3.0	
双面坡口十字角焊缝		1.7	1.8	2.0	2.1	2.3	2.5	2.7	3.0	3.2	3.5	3.6
单面坡口角焊缝		0.8	0.8	0.8	0.7	0.7	0.6	0.6	0.6	0.4	0.4	0.4
角焊缝		0.9	0.9	0.9	0.8	0.8	0.7	0.7	0.5	0.4	0.4	
双面断续角焊缝		0.3	0.3	0.3	0.3	0.3	0.2	0.2	0.2	0.2	0.2	0.2

6）焊接残余变形的矫正：结构在焊接过程中，虽然可以采取一些防止或减少焊接变形的措施，但仍然还会有一定的残余变形存在，有时还较为严重，因此必须进行矫正。其方法一般有下列几种：

①机械矫正法：是利用机械力的作用来矫正变形，可在焊缝冷却后直接进行或先消除焊接应力然后再进行。

A. 焊接H型钢（工字形截面）翼缘板的角变形，可采用如图17-1-9形式的翼缘矫正机或用夹具配千斤顶（图17-1-10）逐点进行矫正，但后者易出现局部死弯。

B. 钢的弯曲变形，可采用如图17-1-11所示的顶床逐段进行矫正。

C. 薄板的波浪变形，可采用锤击焊缝区的拉伸应力段，因拉伸应力段的金属，经过锤击被延伸了，即产生了塑性变形，从而减少了板边缘的压缩应力，矫正了波浪变形。在锤击时，必须垫上平锤，以免出现明显的锤痕。

②火焰矫正法，是用氧—乙炔火焰或其他气体火焰（一般采用中性焰），以不均匀加热的方式引起结构变形来矫正原有的残余变形。具体方法是将变形构件的局部（变形处伸长的部分），加热到600～800℃，然后让其自然冷却或强制冷却（对低合金结构钢不宜强制冷却），使这些局部加热冷却后产生收缩变形来抵消原有的变形。

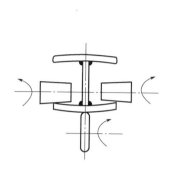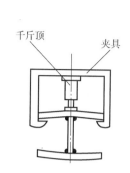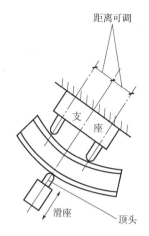

图 17-1-9　翼缘矫正机矫正示意　　图 17-1-10　夹具配千斤顶矫正示意　　图 17-1-11　顶床矫正示意

　　火焰矫正的关键是掌握局部加热引起变形的规律，以便定出正确的加热位置、范围，否则就会得到相反的效果，同时应控制好温度和重复加热次数，一般在同一处加热不超过两次。各种矫正方法如下：

　　A. 点状加热矫正，适用于钢板局部屈曲变形或钢管弯曲变形，加热点的直径 d 一般不小于 15mm，点与点之间的距离应随变形量的大小而变化，变形大，间距则小，反之则大，一般 $a = 50 \sim 100$mm，如图 17-1-12 所示。

　　B. 线状加热矫正，火焰沿直线方向或同时在宽度方向做横向摆动的移动，形成带状加热，均称线状加热。图 17-1-13 为线状加热的几种形式。用线状加热矫正时，加热线的横向收缩大于纵向收缩，加热宽度越大，横向收缩则越大，所以尽可能发挥带状加热的作用。加热线的宽度视变形情况而定，一般为钢板厚度的 1 ~ 3 倍；这种矫正方法多用于角变形及弯曲变形等，如图 17-1-14 所示。

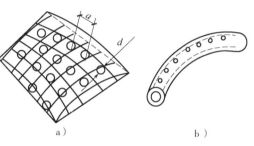

图 17-1-12　点状加热矫正示意

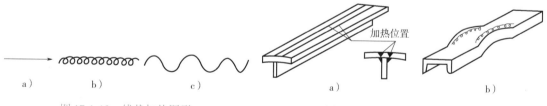

图 17-1-13　线状加热图形
a) 直通加热　b) 链状加热　c) 带状加热

图 17-1-14　线状加热矫正示意

　　C. 三角形加热矫正，即加热面积呈三角形。三角形的顶点朝向变形的凹面，略超过形心轴线，底边在凸面边缘。由于三角形加热区面积较大，收缩量大，尤其在三角形底部，收缩量更大；此法常用于矫正厚度较大的钢板和刚性较强的构件的弯曲变形，如图 17-1-15 所示。

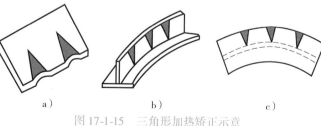

图 17-1-15　三角形加热矫正示意

17.3　构件运输

　　结构构件的运输应根据运输线路、行车道路、转弯半径、路面坡度、桥梁、涵洞、架空管线、渡口、铁路、码头和装卸能力等条件确定。

17.3.1　公路运输

　　公路运输装车外形尺寸应考虑沿途路面与桥、涵、管、线等交叉时的净空尺寸，如图17-3-1所示，见表17-3-1，也可视各地具体情况而定。同时还应考虑运输车辆的长、宽、高及载重量等来确定。一般情况下，构件的运输单元为长×宽×高≤18m×3.4m×2.5m。

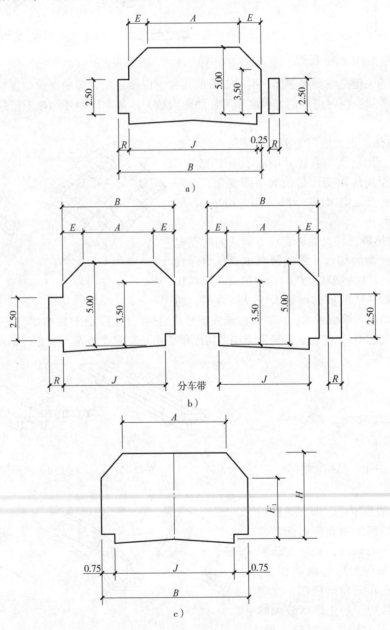

图 17-3-1　公路建筑限界（单位：m）

a）无分车带的下承式桥面净空　b）有分车带的下承式桥面净空　c）公路隧道净空尺寸

表 17-3-1　各级公路行车道宽度　　　　（单位：m）

净空各部分名称			净空尺寸			
			路宽 15	路宽 9	2 个路宽 7.5 + 分车带	2 个路宽 7 + 分车带
a、b	人行道或安全带边缘间宽度 J		15.0	9.0	7.5	7.0
	下承式桥桁架间净宽 B		15.5	9.5	8.0	7.5
	路拱顶点起至高度为 5m 处的净空顶间距 A		12.5	6.5	6.5	6.0
	净空顶角宽度 E		1.5	1.5	0.75	0.75
	人行道宽度 R		≥0.75			
c	公路宽	J	B	A	H	H_1
	7m	7	8.5	6.0	5.0	3.5
	4.5m	4.5	6.0	3.5	4.5	3.0

17.3.2　铁路运输

铁路运输装车外形尺寸，一般不允许超出机车车辆限界，如图 17-3-2 所示；凡等于或小于基本货物装载限界的货物列车，可在全国标准轨距（1435mm）的铁路通行。应尽量避免超限，但对确需超限的构件运输，应预先与铁道部门联系，了解运送区段的允许超限范围，确认超限等级。

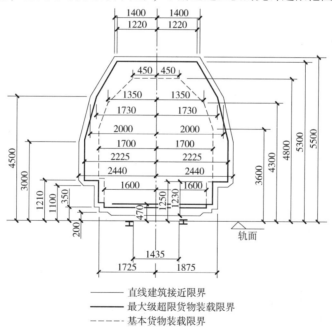

图 17-3-2　铁路运输货物装载限界

17.3.3　水路运输

1）江河运输应根据船形大小、载重量及港口码头的起重能力，确定其构件运输单元的尺寸和质量。

2）海轮运输要求比较严格，除有统一规定外，各国船只还各有不同的具体要求，因此在确定构件运输单元前，应事先与海港取得联系。

17.4 钢结构安装

17.4.1 钢结构安装常用的工具和设备

钢结构安装常用的工具和设备见表17-4-1。

表17-4-1 钢结构安装常用的工具和设备

序号	名称	简图	性能
1	游标、带表和数显卡尺	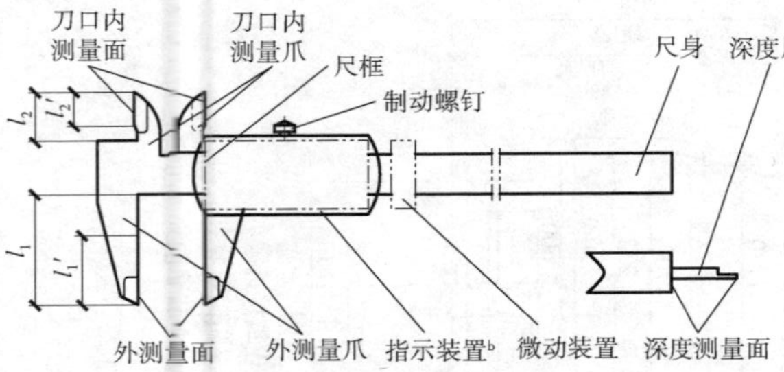 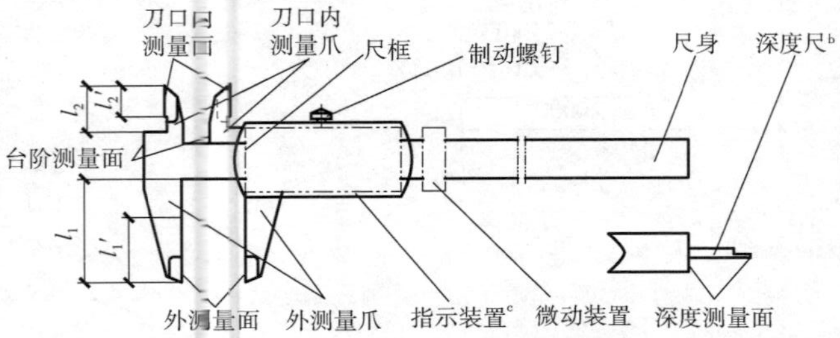 图17-4-1 I型卡尺（不带台阶测量面） （标注：刀口内测量爪、尺框、深度尺ᵃ、尺身、制动螺钉、微动装置、指示装置、外测量爪、深度测量面、外测量面、刀口内测量面） 图17-4-2 II型卡尺（带台阶测量面） （标注：深度尺ᵇ、尺身、制动螺钉、微动装置、指示装置ᶜ、外测量爪、深度测量面、外测量面、台阶测量面、刀口内测量爪、尺框、刀口内测量面）	1) GB/T 21389 适用于分度值、分辨率为0.01mm、0.02mm、0.05mm和0.10mm。测量范围为（0~70mm）至（0~4000mm）的游标卡尺、带表卡尺和数显卡尺（简称卡尺）。卡尺的测量范围及基本参数见附表17-4-1a 2) 卡尺的测量范围及基本参数 1) 该形式分带深度尺和不带深度尺两种，若带深度尺，测量范围上限不宜超过300mm 2) 指示装置形式如图17-4-6所示

附表17-4-1a　卡尺的测量范围及基本参数

测量范围	基本参数（推荐值）							
	l_1^a	l_1	l_2	l_2'	l_3^a	l_3'	l_4	b^b
0~70	25	15	10	6	—	—	—	—
0~150	40	24	16	10	20	12	6	—
0~200	50	30	18	12	28	18	8	10
0~300	65	40	22	14	36	22	10	
0~500	100	60	40	24	54	32	12 (15)	10 (20)
0~1000	130	80	48	30	64	38	18	
0~1500	150	90						20 (30)
0~2000	200	120	56	34	74	45	20	
0~2500	250	150						
0~3000								
0~3500	260						35	40
0~4000								

注：
1) 表中各字母所代表处是基本参数如图17-4-1~图17-4-5所示。
2) 当外测量爪的伸出长度 l_1、l_2 大于表中推荐数值时，其技术指标由供需双方协议确定
3) 当 $b=20mm$ 时，$l_4=15mm$

1. 该形式为在 I 型上增加台阶测量面
2. 该形式分带深度尺和不带深度尺两种，若带深度尺，测量范围上限不宜超过 300mm
3. 指示装置形式如图 17-4-6 所示

游标、带表和数显卡尺

1

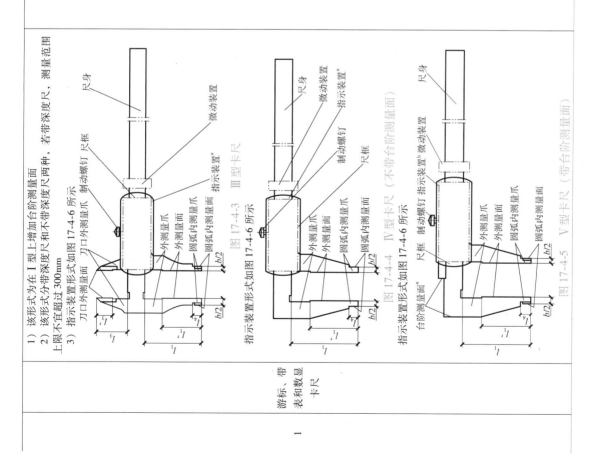

图 17-4-3　Ⅲ型卡尺

图 17-4-4　Ⅳ型卡尺（不带台阶测量面）
指示装置形式如图 17-4-6 所示

图 17-4-5　V 型卡尺（带台阶测量面）
指示装置形式如图 17-4-6 所示

（续）

序号	名称	简图	性能
1	游标、带表和数显卡尺	1）该形式是在Ⅳ型上增加台阶测量面 2）指示装置形式如图17-4-6所示 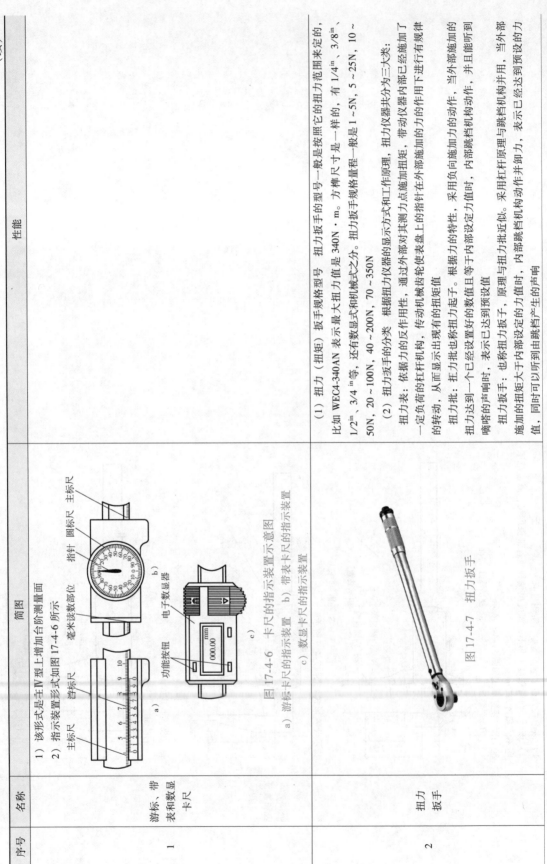 a) 游标卡尺的指示装置　b) 带表卡尺的指示装置 c) 数显卡尺的指示装置 图17-4-6 卡尺的指示装置示意图	
2	扭力扳手	图17-4-7 扭力扳手	（1）扭力（扭矩）扳手规格型号 扭力扳手的型号一般是按照它的扭力范围来定的，比如 WEC4-340AN 表示最大扭力值是 340N·m。方榫尺寸是一样的，有 $1/4^{in}$、$3/8^{in}$、$1/2^{in}$、$3/4^{in}$等，还有数显式和机械式之分。扭力扳手规格量程一般是 1~5N、5~25N、10~50N、20~100N、40~200N、70~350N （2）扭力扳手的分类 根据扭力仪器的显示方式和工作原理，扭力仪器共分为三大类： 扭力表：依据力的反作用性，通过外部对其测力点施加力矩，带动仪器内部已经施加了一定负荷的杠杆机构，传动机械齿轮使表盘上的指针在外部施加的力的作用下进行有规律的转动，从而显示出现有的扭矩值 扭力批：扭力批也称扭力起子。根据力的特性，采用负向施加力的动作，当外部施加的力等目等于内部设定力值时，内部跳档机构动作，表示已达预设值 扭力扳手：也称扭力扳手，原理与扭力批相近似。采用杠杆原理与跳档机构并用，当外部施加的扭矩大于内部设定的力值时，内部跳档机构动作并卸力，表示已达到跳档预设的力值，同时可以听到由跳档产生的声响

附表 17-4-1b　电动定扭矩扳手规格

序号	产品型号	测量力矩/(N·m)	长度/mm	质量/kg	方榫/mm
01	SGDD-230	50~230	336×69×182	3.1	19
02	SGDD-700	200~700	336×69×182	3.3	19
03	SGDD-600	200~600	256×90×298	7.5	19
04	SGDD-1000	300~1000	260×90×302	7.8	25
05	SGDD-1500	500~1500	515×106×150	9.3	25
06	SGDD-1500J	300~1500	322×90×270	8.0	25
07	SGDD-2000	600~2000	520×115×150	10.8	32
08	SGDD-2500	800~2500	363×112×288	9.5	32
09	SGDD-3500	1500~3500	640×125×150	19	38

电动定扭矩扳手的操作

1) 装上反力支架,并紧固螺钉。开动主机,使方头销孔与反力支架孔相对应,然后装入扳手套筒,插上销钉,并用橡胶圈固定

2) 将电控制仪的扭矩旋钮调到所需扭矩值,将主机正反开关拨到正转位置,把扳手套筒套在螺纹连接件的六方上

3) 按下电源开关,扳手启动。当反力支架力臂牢靠支架时(支点可以是邻近的一只螺栓或其他支点的位置),螺栓开始拧紧。当螺栓扭矩达到预定扭矩时,扳手自动停止,紧固完成,松开电源开关,进行下一只螺栓的拧紧工作

4) 扳手自动停止后,靠反力支架的弹性形变力,使支架力臂自动脱离支点,取下扳手。如力臂不能脱离支点时,可拨动正反开关,点动电源开关扳手即可取下

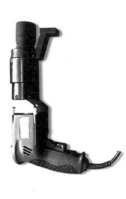

图 17-4-8　电动定扭矩扳手

3　电动定扭矩扳手

（续）

序号	名称	简图	性能
4	手用铰刀	见图 17-4-9	见下述

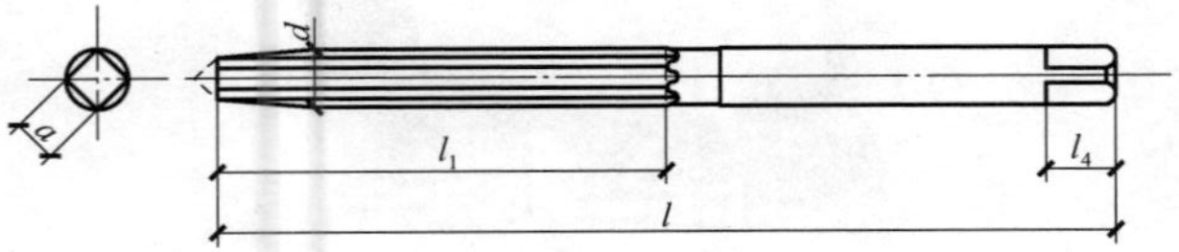

图 17-4-9　手用铰刀

性能

标准 GB/T 1131.1 规定的手工铰刀的直径及各部相应尺寸见附表 17-4-1c

附表 17-4-1c　手工铰刀的直径及各部相应尺寸　　（单位：mm）

d	l_1	l	a	l_4	d	l_1	l	a	l_4
(1.5)	20	41	1.12	4	22	107	215	18.00	22
1.6	21	44	1.25		(23)				
1.8	23	47	1.40		(24)	115	231	20.00	24
2.0	25	50	1.60		25				
2.2	27	54	1.80		(26)	124	247	22.40	26
2.5	29	58	2.00		(27)				
2.8	31	62	2.24	5	28	133	265	25.00	28
3.0					(30)				
3.5	35	71	2.80	6	32	142	284	28.00	31
4.0	38	76	3.15		(34)				
4.5	41	81	3.55	7	(35)				
5.0	44	87	4.00		36	152	305	31.5	34
5.5	47	93	4.50		(38)				
6.0					40	163	326	35.50	38
7.0	54	107	5.60	8	(42)				
8.0	58	115	6.30	9	(44)	174	347	40.00	42
9.0	62	124	7.10	10	45				
10.0	66	133	8.00	11	(46)				
11.0	71	142	9.00	12	(48)	184	367	45.00	46
12.0	76	152	10.00	13	50				
(13.0)					(52)				
14.0	81	163	11.20	14	(55)	194	387	50.00	51
(15.0)					56				
16.0	87	175	12.50	16	(58)				
(17.0)					(60)	203	406	56.00	56
18.0	93	188	14.00	18	(62)				
(19.0)					63				
20.0	100	201	16.00	20	67				
(21.0)					71				

注：括号内的尺寸尽量不采用

可调节手用铰刀

标准 GB/T 25673 适用于可移动刀片，能调节直径的可调节手用铰刀
普通型可调节手用铰刀的形式及尺寸见附表 17-4-1d
带导向套型可调节手用铰刀的形式及尺寸见附表 17-4-1e

附表 17-4-1d　普通型可调节手用铰刀的形式及尺寸

铰刀调节范围	L 基本尺寸	L 极限偏差	B (H9) 基本尺寸	B (H9) 极限偏差	b (h9) 基本尺寸	b (h9) 极限偏差	d_1	d_2	a	l_4	l	μ	r	α	f	Z 齿数
>6.5~7.0	85	0 / -2.2	1.0	+0.025 / 0	1.0	0 / -0.025	4	M5×0.5	3.15	6	35	1°30′		14°	0.05~0.15	5
>7.0~7.75	90															
7.75~8.5	100		1.15		1.15		4.8	M6×0.75	4	7	38				0.1~0.2	
>7.75~8.5	105															
>8.5~9.25	115		1.3		1.3		5.6	M7×0.75	4.5					12°		
>9.25~10	125	0 / -2.5					6.3	M8×1	5	8	44	2°	-1°~4°			
>10~10.75	130		1.6		1.6		7.1	M9×1	5.6		48				0.1~0.25	
10.75~11.75	135										52					
>10.75~11.75	145		1.8		1.8		8	M10×1	6.3	9	55					6
>11.75~12.75	150						9	M11×1	7.1	10						
>12.75~13.75	165		2.0		2.0		10	M12×1.25	8	11	60			10°	0.1~0.3	
13.75~15.25	170						11.2	M14×1.5	9	12						
>13.75~15.25	180		2.5		2.5		14	M16×1.5 / M18×1.5	11.2	14	65	2°30′				
>15.25~17	195	0 / -2.9									72					
>17~19	215		3.0		3.0		18	M20×1.5	14	18	80				0.15~0.4	
19~21	240							M22×1.5			85					
>19~21	270	0 / -3.2	3.5	+0.03 / 0	3.5	0 / -0.03	19.8		16	20		3°				
>21~23	310						25	M24×2	20	24	95					
>23~26	350	0 / -3.4	4.0		4.0		31.5	M30×2	25	28	105	3°30′			0.2~0.4	
>26~29.5	400	0 / -4.0	4.5		4.5		40	M36×2	31.5	34	110	5°		8°		6或8
29.5~33.5	460		5.0		5.0		50	M45×2	40	42	120					
>33.5~38	510	0 / -4.4	6.0		6.0		63	M55×2	50	51	135					
>38~44	570							M70×2			140					
>44~54																
54~63																
>63~84																
>84~100																

参考值

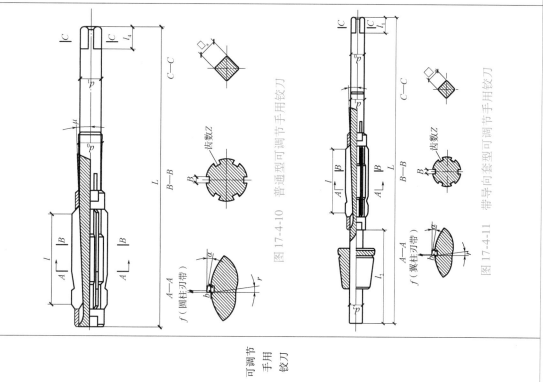

图 17-4-10　普通型可调节手用铰刀

图 17-4-11　带导向套型可调节手用铰刀

（续）

附表 17-4-1e 带导向套型可调节手用铰刀的形式及尺寸

序号	名称	简图	铰刀调节范围	L 基本尺寸	L 极限偏差	B (H9) 基本尺寸	B 极限偏差	b (h9) 基本尺寸	b 极限偏差	d_1	d_2	d_3	a	L_4	l	u	r	α	f	l_1	Z 齿数
5	可调节手用铰刀		>15.27~17	245	0 / -2.5	1.8	+0.025 / 0	1.8	0 / -0.025	9	M11×1	9	7.1	10	55	2°	-1°~4°	10°	0.1~0.25	80	4
			>17~19	260		2.0				10	M12×1.25	10	8	11	60					90	
			>19~21	300	0 / -3.2	2.0		2.0		11.2	M14×1.5	11.2	9	12						95	
			>21~23	340				2.5		14	M16×1.5	14	11.2	14	65				0.1~0.3	105	
			>23~26	370	0 / -3.6	2.5		2.5			M18×1.5				72					115	
			>26~29.5	400		3.0		3.0	0 / -0.03	18	M20×1.5	18	14	18	80	2°30′				125	
			>29.5~33.5	420		3.5	+0.03 / 0	3.5		20	M22×1.5	20	16	20	85				0.15~0.4	130	
			>33.5~38	440	0 / -4.0	4.0					M24×2				95	3°					
			>38~44	490		4.0				25	M31×2	25	20	24	105	3°30′					
			>44~54	540		4.5		4.5		31.5	M36×2	31.5	25	28	120	5°			0.2~0.4	140	
			>54~68	550	0 / -4.4	4.5		4.5		40	M45×2	40	31.5	34				8°			

标准 GB/T 6135.2 适用于直径 0.2～40mm 的直柄麻花钻
直柄麻花钻的形式及尺寸见附表 17-4-1f

附表 17-4-1f　直柄麻花钻的形式及尺寸　（单位：mm）

直柄麻花钻

d h8	l	l1	d h8	l	l1	d h8	l	l1	d h8	l	l1
0.50	20	3	9.50	84	40	18.50	127	64	27.50	162	80
0.80	24	5	9.80			18.75			27.75		
1.00	28	6	10.00	89	43	19.00	131	66	28.00	168	84
1.20	30	8	10.20			19.25			28.25		
1.50	32	9	10.50			19.50			28.50		
1.80	36	11	10.80			19.75			28.75		
2.00	38	12	11.00	95	47	20.00	136	68	29.00		
2.20	40	13	11.20			20.25			29.25		
2.50	43	14	11.50			20.50			29.50		
2.80	46	16	11.80			20.75			29.75	174	87
3.00	49	18	12.00	102	51	21.00	141	70	30.00		
3.20	52	20	12.20			21.25			30.25		
3.50	54	22	12.50			21.50			30.50		
3.80	58	24	12.80			21.75			30.75		
4.00	62	26	13.00	107	54	22.00	146	72	31.00		
4.20	64	28	13.20			22.25			31.25		
4.50			13.50			22.50			31.50	180	90
4.80	70	31	13.80			22.75			31.75		
5.00			14.00	111	56	23.00	151	75	32.00		
5.20	74	34	14.25			23.25			32.50		
5.50			14.50			23.50			33.00		
5.80	79	37	14.75			23.75			33.50	186	93
6.00			15.00	115	58	24.00	156	78	34.00		
6.20	84	40	15.25			24.25			34.50		
6.50			15.50			24.50			35.00		
6.80			15.75			24.75			35.50	193	96
7.00			16.00	119	60	25.00			36.00		
7.20			16.25			25.25			36.50		
7.50			16.50			25.50			37.00		
7.80			16.75			25.75			37.50		
8.00			17.00	123	62	26.00	162	81	38.00	200	100
8.20			17.25			26.25			38.50		
8.50			17.50			26.50			39.00		
8.80			17.75			26.75			39.50		
9.00			18.00	127	64	27.00			40.00		
9.20			18.25			27.25					

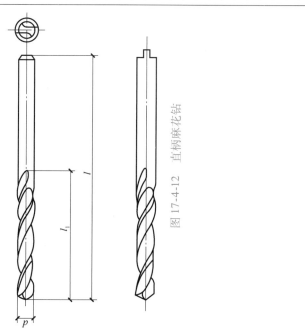

图 17-4-12　直柄麻花钻

6

（续）

序号	名称	简图	性能
7	锥柄麻花钻	图 17-4-13　锥柄麻花钻	标准 GB/T 1438.2 适用于直径 5.00～50.00mm 的莫氏锥柄长麻花钻，其莫氏长柄麻花钻的形式及尺寸见附表 17-4-1g

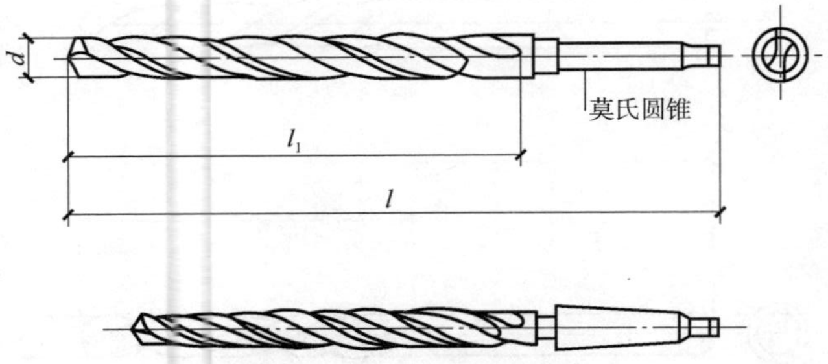

莫氏长柄麻花钻的形式及尺寸　附表 17-4-1g　（单位：mm）

d h8	l₂	l	莫氏圆锥号	d h8	l₂	l	莫氏圆锥号
5.00	74	155	1	14.25	147	245	2
5.20				14.50			
5.50	80	161		14.75			
5.80	84	167		15.00			
6.00				15.25	153	251	
6.20	93	174		15.50			
6.50				15.75			
6.80				16.00			
7.00				16.25			
7.20	100	181		16.50	159	257	
7.50				16.75			
7.80	107	188		17.00			
8.00				17.25	165	263	
8.50				17.50			
8.80	116	197		17.75			
9.00				18.00			
9.20				18.25	171	269	
9.50				18.50			
9.80	125	206		18.75			
10.00				19.00			
10.20				19.25	177	275	
10.50				19.50			
10.80	134	215		19.75			
11.00				20.00			
11.20				20.25	184	282	
11.50				20.50			
11.80	142	223		20.75			
12.00				21.00			
12.20				21.25	191	289	
12.50				21.50			
12.80				21.75			
13.00				22.00			
13.20				22.25			
13.50				22.50	196	294	
13.80				22.75			
14.00				23.00	198		
				23.25		319	3

（续）

d h8	l₂	l	莫氏圆锥号		d h8	l₂	l	莫氏圆锥号
23.50	198	319	3		33.00	248	397	4
23.75	206	327			33.50			
24.00					34.00			
24.25					34.50	257	406	
24.50	214	335			35.00			
24.75					35.50			
25.00					36.00			
25.25	222	343			36.50	267	416	
25.50					37.00			
25.75					37.50			
26.00					38.00			
26.25	230	351			38.50	277	426	
26.50					39.00			
26.75					39.50			
27.00					40.00			
27.25					40.50	287	436	
27.50	239	360			41.00			
27.75					41.50			
28.00					42.00			
28.25					42.50	298	447	
28.50					43.00			
28.75	246	369			43.50			
29.00					44.00			
29.25	248	397			44.50			
29.50					45.00	310	459	
29.75					45.50			
30.00					46.00			
30.25					46.50	321	470	
30.50					47.00			
30.75					47.50			
31.00					48.00			
31.25					48.50			
31.50					49.00			
31.75			4		49.50			
32.00					50.00			
32.50								

锥柄麻花钻

7

（续）

序号	名称	简图	性能
8	钢锉、钳工	图 17-4-14a 齐头扁锉　 图 17-4-14b 尖头扁锉	标准 QB/T 2569.1 适用于钳工锉，当产品有特殊要求时，可不受该标准的限制

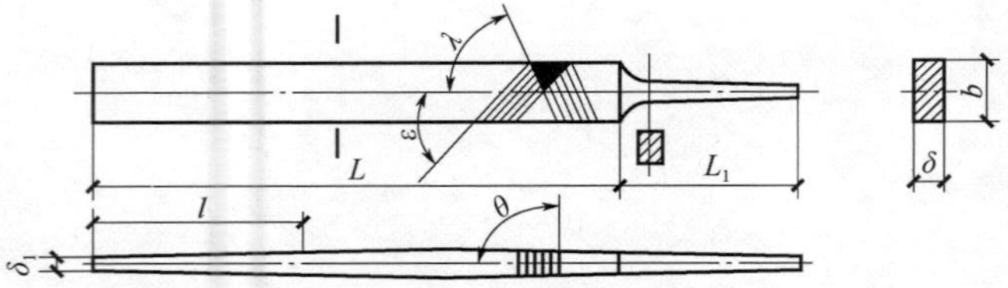

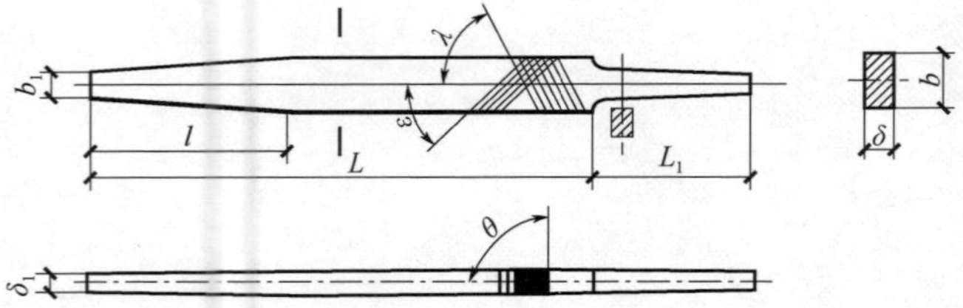

附表 17-4-h1　齐头扁锉　　（单位：mm）

代号	L 基本尺寸	L 公差	L₁ 基本尺寸	L₁ 公差	b 基本尺寸	b 公差	δ 基本尺寸	δ 公差	δ₁	l
Q-01-100-1~5	100		35		12		2.5(3)			
Q-01-125-1~5	125	±3	40	±3	14	−1.0	3.0(3.5)	−0.6		
Q-01-150-1~5	150		45		16		3.5(4)			
Q-01-200-1~5	200		55	±4	20		4.5(5)		≤80 %δ	(25~50) %L
Q-01-250-1~5	250	±4	65		24	−1.2	5.5	−0.8		
Q-01-300-1~5	300		75		28		6.5			
Q-01-350-1~5	350		85	±5	32		7.5			
Q-01-400-1~5	400	±5	90		36	−1.4	8.5	−1.0		
Q-01-450-1~5	450		90		40		9.5			

注：带括号的尺寸为推荐尺寸

附表 17-4-h2　尖头扁锉　　（单位：mm）

代号	L 基本尺寸	L 公差	L₁ 基本尺寸	L₁ 公差	b 基本尺寸	b 公差	δ 基本尺寸	δ 公差	b₁	l
Q-02-100-1~5	100		35		12		2.5(3)			
Q-02-125-1~5	125	±3	40	±3	14	−1.0	3.0(3.5)	−0.6		
Q-02-150-1~5	150		45		16		3.5(4)			
Q-02-200-1~5	200		55	±4	20		4.5(5)		≤80 %b	(25~50) %L
Q-02-250-1~5	250	±4	65		24	−1.2	5.5	−0.8		
Q-02-300-1~5	300		75		28		6.5			
Q-02-350-1~5	350		85	±5	32		7.5			
Q-02-400-1~5	400	±5	90		36	−1.4	8.5	−1.0		
Q-02-450-1~5	≤50		90		40		9.5			

注：带括号的尺寸为推荐尺寸

附表 17-4-h3　半圆锉　（单位：mm）

代号	L 基本尺寸	L 公差	L₁ 基本尺寸	L₁ 公差	b 基本尺寸	b 公差	δ 薄型	δ 厚型	δ 公差	b₁	δ₁	l
Q-03b/03h-100-1~5	100	±3	35	±3	12	-1.0	3.5	4	-0.6			
Q-03b/03h-125-1~5	125		40		14		4	4.5				
Q-03b/03h-150-1~5	150	±4	45	±4	16		4.5	5		≤80% b	≤80% δ	(25~50)% L
Q-03b/03h-200-1~5	200		55		20	-1.2	5.5	6.5	-0.8			
Q-03b/03h-250-1~5	250		65		24		7	8				
Q-03b/03h-300-1~5	300	±5	75	±5	28		8	9				
Q-03b/03h-350-1~5	350		85		32	-1.4	9	10	-1.0			
Q-03b/03h-400-1~5	400		90		36		10	11.5				

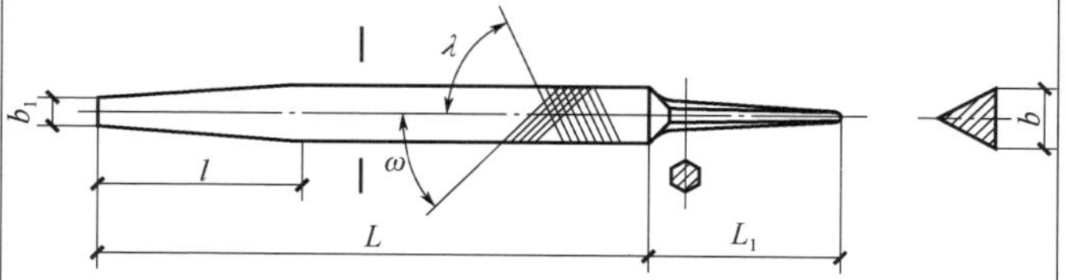

附表 17-4-h4　三角锉　（单位：mm）

代号	L 基本尺寸	L 公差	L₁ 基本尺寸	L₁ 公差	b 基本尺寸	b 公差	b₁	l
Q-04-100-1~5	100	±3	35	±3	8	-1.0		
Q-04-125-1~5	125		40		9.5			
Q-04-150-1~5	150	±4	45	±4	11			
Q-04-200-1~5	200		55		13	-1.2	≤80% b	(25~50)% L
Q-04-250-1~5	250		65		16			
Q-04-300-1~5	300	±5	75	±5	19			
Q-04-350-1~5	350		85		22	-1.4		
Q-04-400-1~5	400		90		26			

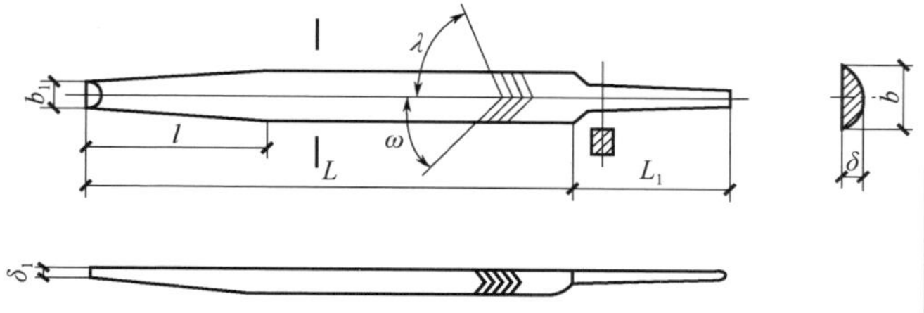

图 17-4-14c　半圆锉

图 17-4-14d　三角锉

钢锉、钳工

（续）

序号	名称	简图	性能
8	钢锉、钳工	 图17-4-14e 方锉 图17-4-14f 圆锉	见下表

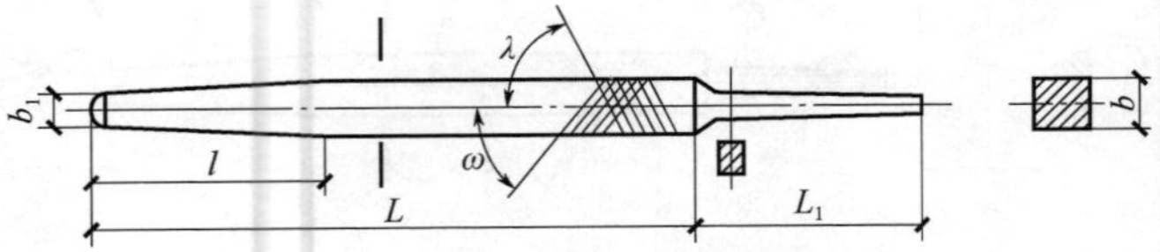

附表 17-4-h5 方锉 （单位：mm）

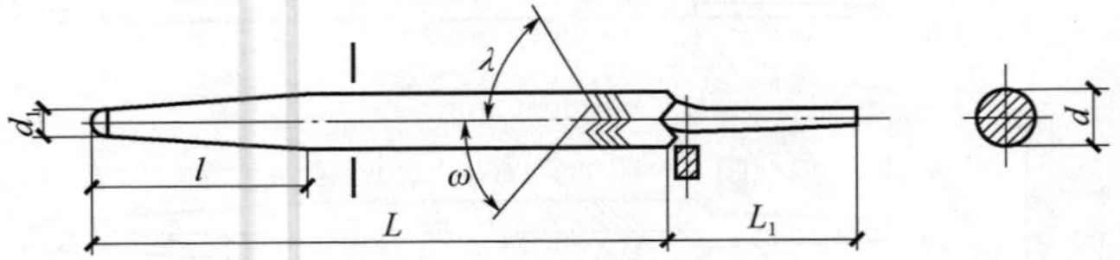

代号	L 基本尺寸	L 公差	L₁ 基本尺寸	L₁ 公差	b 基本尺寸	b 公差	b₁	l
Q-05-100-1~5	100	±3	35	±3	3.5	-1.0	≤80% b	(25~50)% L
Q-05-125-1~5	125		40		4.5			
Q-05-150-1~5	150		45		5.5			
Q-05-200-1~5	200	±4	55	±4	7	-1.2		
Q-05-250-1~5	250		65		9			
Q-05-300-1~5	300		75		11			
Q-05-350-1~5	350	±5	85	±5	14	-1.4		
Q-05-400-1~5	400		90		18			
Q-05-450-1~5	450		90		22			

附表 17-4-h6 圆锉 （单位：mm）

代号	L 基本尺寸	L 公差	L₁ 基本尺寸	L₁ 公差	d 基本尺寸	d 公差	d₁	l
Q-06-100-1~5	100	±3	35	±3	3.5	-0.6	≤80% d	(25~50)% L
Q-06-125-1~5	125		40		4.5			
Q-06-150-1~5	150		45		5.5			
Q-06-200-1~5	200	±4	55	±4	7	-0.8		
Q-06-250-1~5	250		65		9			
Q-06-300-1~5	300		75		11			
Q-06-350-1~5	350	±5	85	±5	14	-1.0		
Q-06-400-1~5	400		90		18			

吊环螺母和吊环螺钉作为紧固类零件广泛使用于电力、石化、铁路、公路、矿山、桥梁、航空等基础设施、重要行业和机械设备上

附表 17-4-11　吊环螺母规格　（单位：mm）

规格/mm	吊重/t	100个质量/lb	零件尺寸/mm							
			d_1	d_2	d_3	b	e	h	k	
M6	0.14	11	17	28	16	13	6	17	6	
M8	0.14	13	20	36	20	15	6	18	8	
M10	0.23	24	25	45	25	18	8	22	10	
M12	0.34	40	30	54	30	22	10	26	12	
M14	0.49	63	35	63	35	28	12	30	14	
M16	0.7	62	35	63	35	28	12	30	14	
M20	1.2	99	40	72	40	30	12	35	16	
M22	1.5	148	45	81	45	35	14	40	18	
M24	1.8	192	50	90	50	38	16	45	20	
M27	2.5	194	50	90	50	38	18	45	20	
M30	3.6	366	65	108	60	45	18	55	24	
M33	4.3	380	65	108	60	45	22	55	24	
M36	5.1	585	75	126	70	55	22	65	28	
M39	6.1	618	75	126	70	55	26	65	28	
M42	7	889	85	144	80	65	30	75	32	
M45	8	938	85	144	80	65	30	75	32	
M48	8.6	1408	100	166	90	70	35	85	38	
M52	9.9	1456	100	166	90	70	35	85	38	
M56	11.5	1942	110	184	100	80	38	95	42	
M64	16	2736	120	206	110	90	42	100	48	

注：1lb = 0.45359237kg

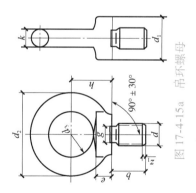

图 17-4-15a　吊环螺母

吊环的螺钉及螺母

（续）

附表 17-4-12　吊环螺钉规格（性能）　（单位：mm）

规格 d		M8	M10	M12	M16	M20	M24	M30	M36	M42	M48	M56	M64	M72×6	M80×6	M100×6
d_1	max	9.1	11.1	13.1	15.2	17.4	21.4	25.7	30	34.4	40.7	44.7	51.4	63.8	71.8	79.2
	min	7.6	9.6	11.6	13.6	15.6	19.6	23.5	27.5	31.2	37.1	41.1	46.9	58.8	66.8	73.6
D_1	公称	20	24	28	34	40	48	56	67	80	95	112	125	140	160	200
	min	19	23	27	32.9	38.8	46.8	54.6	65.5	78.1	92.9	109.9	122.3	137	157	196.7
d_2	max	20.4	24.4	28.4	34.5	40.6	48.6	56.6	67.7	80.9	96.1	113.1	126.3	141.5	161.5	201.7
	max	21.1	25.1	29.1	35.2	41.4	49.4	57.7	69	82.4	97.7	114.7	128.4	143.8	163.8	204.2
	min	19.6	23.6	27.6	33.6	39.6	47.6	55.5	66.5	79.2	94.1	111.1	123.9	138.8	158.8	198.6
h_1	max	7	9	11	13	15.1	19.1	23.2	27.4	31.7	36.9	39.9	44.1	52.4	57.4	62.4
	min	5.5	7.6	9.6	11.6	13.5	17.5	21.4	25.4	29.2	34.1	37.1	40.9	48.8	53.8	58.8
l	公称	16	20	22	28	35	40	45	55	65	70	80	90	100	115	140
	min	15.1	18.95	20.95	26.95	33.75	38.75	43.75	53.5	63.5	68.5	78.5	88.25	98.25	113.25	138
	max	16.9	21.05	23.05	29.05	36.25	41.25	46.25	56.5	66.5	71.5	81.5	91.75	101.75	116.75	142
d_4	参考	36	44	52	62	72	88	104	123	144	171	196	221	260	296	350
h		18	22	26	31	36	44	53	63	74	87	100	115	130	150	175
r_1	min	4	4	6	6	8	12	15	18	20	22	25	25	35	35	40
r	min	1	1	1	1	1	2	2	2	3	3	4	4	4	4	5
a_1	max	3.75	5.25	5.25	6	7.5	9	10.5	12	13.5	15	16.5	18	18	18	18
	公称（max）	6	7.7	9.4	12.73	16.4	19.27	25	30.8	35.6	41	48.3	55.7	63.7	71.7	91.7
	min	5.82	7.48	9.18	12.73	16.13	19.27	24.67	29.91	35.21	40.61	47.91	55.24	63.24	71.24	91.16
a	max	2.5	3	3.5	4	5	6	7	8	9	10	11	12	12	12	12
b		10	12	14	16	19	24	28	32	38	46	50	58	72	80	88
D		M8	M10	M12	M16	M20	M24	M30	M36	M42	M48	M56	M64	M72×6	M80×6	M100×6
d_3	公称（min）	13	15	17	22	28	32	38	45	52	60	68	75	85	95	115
	min	13.43	15.43	17.52	22.52	28.52	32.62	38.62	45.62	52.74	60.74	68.74	75.74	85.87	95.87	115.87
h_2	公称（min）	2.5	3	3.5	4.5	5	7	8	9.5	10.5	11.5	12.5	13.5	14	14	14
	max	2.9	3.4	3.98	4.98	5.48	7.58	8.58	10.08	11.2	12.2	13.2	14.2	14.7	14.7	14.7

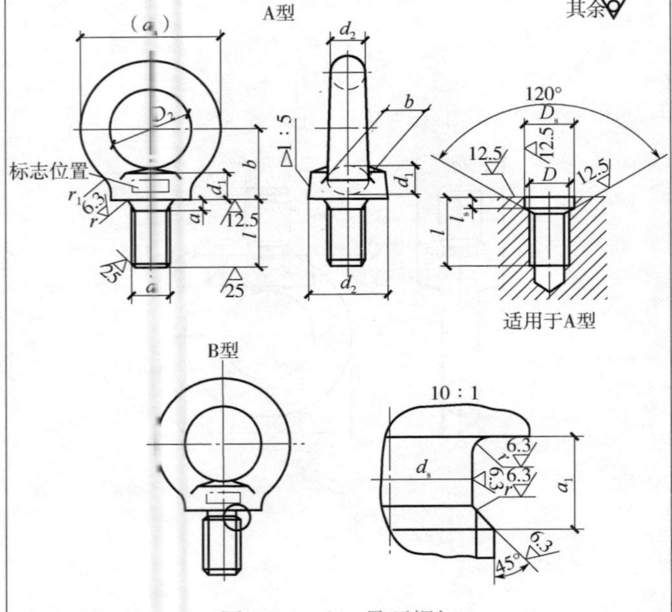

序号：9　名称：吊环的螺钉及螺母

简图：A型、B型　吊环螺钉　适用于A型

图 17-4-15b　吊环螺钉

卡环承受的允许荷载一般可以采用横销直径按式（17-4-1）换算求出：

$$[Q] = 40d^2 \quad (17\text{-}4\text{-}1)$$

式中 $[Q]$——允许荷载（N）

d——横销直径（mm）

附表 14-4-j 卡环技术规格

型号(GD)	使用负荷		D	H	H_1	L	d	d_1	d_2	C	质量/kg
	N	kg	mm								
0.2	2450	250	16	49	35	34	6	8.5	M8	1	0.04
0.4	3920	400	20	63	45	44	8	10.5	M10	1	0.09
0.6	5880	600	24	72	50	53	10	12.5	M12	1	0.16
0.9	8820	900	30	87	60	64	12	16.5	M16	1	0.30
1.2	12250	1250	35	102	70	73	14	18.5	M18	1	0.46
1.7	17150	1750	40	116	80	83	16	21	M20	1	0.69
2.1	20580	2100	45	132	90	98	20	25	M22	1.5	1.00
2.7	26950	2750	50	147	100	109	22	29	M27	1.5	1.54
3.5	34300	3500	60	164	110	122	24	33	M30	1.5	2.20
4.5	44100	4500	68	182	120	137	28	37	M35	1.5	3.21
6.0	58800	6000	75	200	135	158	32	41	M39	2.0	4.57
7.5	73500	7500	80	226	150	175	36	46	M42	2.0	6.20
9.5	93100	9500	90	255	170	193	40	51	M48	2.0	8.63
11.0	107800	11000	100	285	190	216	45	56	M52	2.5	12.03
14.0	137200	14000	110	318	215	236	48	59	M56	2.5	15.58
17.5	171500	17500	120	345	235	254	50	66	M64	2.5	19.35
21.0	205800	21000	130	375	250	288	60	71	M68	2.5	27.83

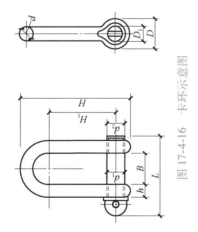

图17-4-16 卡环示意图

卡环

10

（续）

序号	名称	简图	性能

国际标准（ISO 2731）规定的 D 型卡环内部尺寸见附表 17-4-k1

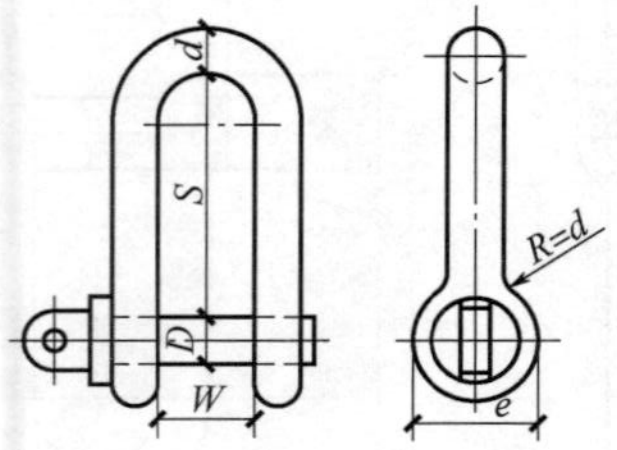

附表 17-4-k1　D 型卡环内部尺寸

起重能力 CP/t	试验负荷 Fe/kN	开口宽度 $W = 14\sqrt{0.1Fe}$/mm	内部高度 $S = (2.2W)$/mm
1.0	20	20	44
1.25	25	22	49
1.6	32	25	55
2.0	40	28	62
2.5	50	31	69
3.2	64	35	78
4.0	80	40	87
5.0	100	44	97
6.3	126	50	109
8.0	160	56	123
10.0	200	63	138
12.5	250	70	154
16.0	320	79	174
20.0	400	89	195
25.0	500	99	218
32.0	640	112	247
40.0	800	125	275
50.0	1000	140	308
63.0	1260	157	346
80.0	1600	177	390

国际标准（ISO 2731）规定的 D 型卡环本体、横销及销孔直径尺寸见附表 17-4-k2

11　D 型卡环

图 17-4-17　D 型卡环示意

附表 17-4-k2　D 型卡环本体、横销及销孔直径尺寸

（单位：mm）

起重能力 CP/t	卡环本体材料（d 最小）			横销直径（D）1.15d			销孔外径（e）最小 2D 最小		
	13√CP L级	12√CP M级	10.2√CP S级	L级	M级	S级	L级	M级	S级
1.0	13	12	11	15	14	12	30	28	24
1.25	15	14	12	17	15	13	34	30	26
1.6	17	16	13	19	18	15	38	36	30
2.0	19	17	15	21	20	17	42	40	34
2.5	21	19	17	24	22	19	48	44	38
3.2	24	22	19	27	25	21	54	50	42
4.0	26	24	21	30	28	23	60	56	46
5.0	29	27	23	33	31	26	66	62	52
6.3	33	31	26	37	35	29	74	70	58
8.0	37	34	29	42	39	33	84	78	66
10.0	41	38	33	47	44	37	94	88	74
12.5	46	43	36	53	49	42	106	98	84
16.0	52	48	41	60	55	47	120	110	94
20.0	59	54	46	67	62	52	134	124	104
25.0	65	60	51	75	69	59	150	138	118
32.0	74	68	58	84	78	66	168	156	132
40.0	83	76	65	94	87	74	188	174	148
50.0	92	85	72	106	98	83	212	196	166
63.0	104	96	81	119	110	93	238	220	186
80.0	117	106	91	134	124	105	268	248	210

注：1. 实际使用的横销和卸扣本体的直径可选择任何标准的棒材系列，必须注意制造方法，成品直径不应低于表列最小值

2. 表列数值 d 是按直径圆整的，D 是从 d 的精确值计算出并圆整的

3. L 级只供船用

11　D 型卡环

（续）

序号	名称	简图	性能

标准 GB/T 3818 规定的花篮螺栓，产品采用优质低合金锻造成形并经机械加工热处理。产品适用于港口码头、电厂、船舶及冶金等领域。其花篮螺栓技术数据见附表 17-4-1

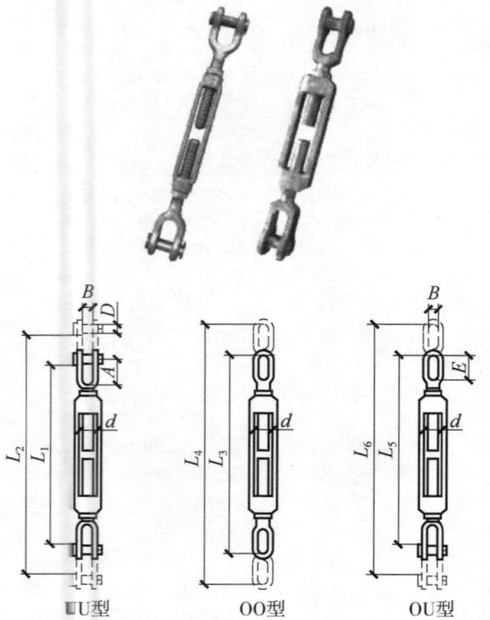

附表 17-4-I 花篮螺栓技术数据

型号	允许负荷/t		d	UU 型 $L_1 \sim L_2$ /mm	OO 型 $L_3 \sim L_4$ /mm	OU 型 $L_5 \sim L_6$ /mm	安装尺寸/mm			
	M 级	P 级					A	B	D	E
JW3301	0.12	0.18	M6	155 ~ 230	140 ~ 245	160 ~ 235	18	10	6	19
JW3302	0.25	0.40	M8	210 ~ 325	230 ~ 345	220 ~ 335	20	12	8	24
JW3303	0.40	0.60	M10	230 ~ 340	255 ~ 365	240 ~ 355	25	14	10	28
JW3304	0.60	0.80	M12	280 ~ 420	310 ~ 450	295 ~ 435	30	16	12	34
JW3305	0.90	1.20	M14	295 ~ 435	325 ~ 465	310 ~ 450	36	18	14	40
JW3306	1.20	1.70	M16	355 ~ 525	390 ~ 560	375 ~ 540	42	22	16	47
JW3307	1.70	2.10	M18	375 ~ 540	415 ~ 580	395 ~ 560	50	25	18	55
JW3308	2.10	2.70	M20	420 ~ 605	470 ~ 655	445 ~ 630	55	27	20	60
JW3309	2.70	3.50	M22	445 ~ 630	495 ~ 680	470 ~ 655	62	30	23	70
JW3310	3.50	4.50	M24	505 ~ 720	575 ~ 785	540 ~ 755	65	32	26	80
JW3311	4.50	5.50	M27	545 ~ 755	610 ~ 820	575 ~ 790	78	36	30	90
JW3312	6.00	7.50	M30	635 ~ 880	700 ~ 950	665 ~ 915	85	40	32	100
JW3313	7.50	9.50	M36	655 ~ 900	730 ~ 975	690 ~ 940	95	44	38	105

序号 12　名称 花篮螺栓

图 17-4-18　花篮螺栓

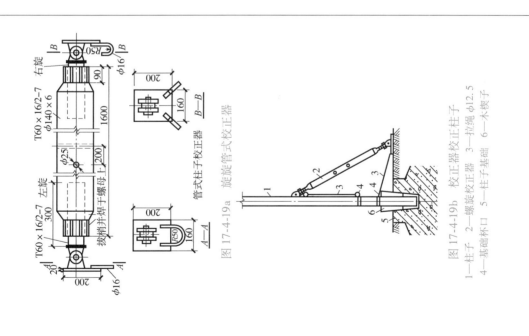

图 17-4-19a　旋旋管式校正器

B—B

A—A

管式柱子校正器

图 17-4-19b　校正器校正柱子

1—柱子　2—螺旋校正器　3—拉绳 φ12.5
4—基础杯口　5—柱子基础　6—木楔子

柱子校正时采用钢丝绳配合施工

螺旋管式校正器

13

（续）

附表 17-4-m 木楔及铁楔的规格

名称	尺寸/mm				用途
	a	b	c	d	
1号木楔	350	100	40	100	
2号木楔	350	100	25	80	主要用于
3号木楔	400	120	25	100	吊装柱子
4号木楔	400	120	25	80	
1号铁楔	300~350	90	20	120	
2号铁楔	300~400	90	40	150	

注：钢筋混凝土楔子，可参照木楔子尺寸制作，混凝土强度应高于柱子混凝土强度等级

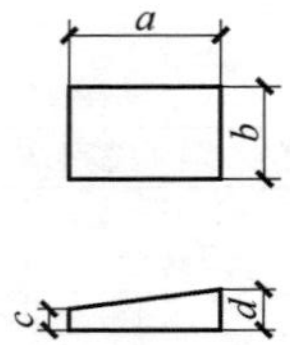

附表 17-4-n 常用铁垫规格

名称	尺寸/mm				用途
	a	b	c	d	
1号斜铁垫	40	30	2	6	
2号斜铁垫	60	35	2	8	
3号斜铁垫	80	40	2	6	
4号斜铁垫	100	45	2	8	
5号斜铁垫	120	50	2	6	
6号斜铁垫	150	60	2	8	

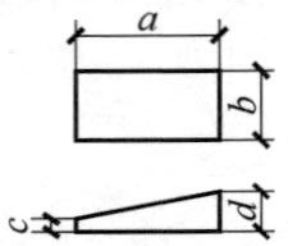

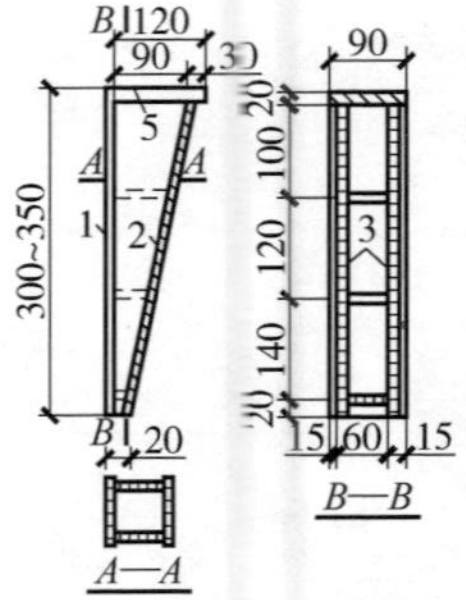

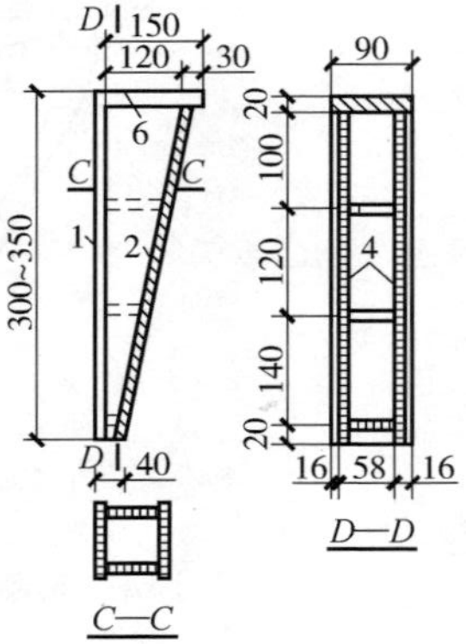

序号	名称	简图	性能
14	木楔及铁楔	图 17-4-20a 木楔简图 图 17-4-20b 铁楔简图 1 图 17-4-20c 铁楔简图 2	附表 17-4-m 木楔及铁楔的规格
15	铁垫	图 17-4-21 铁垫简图	附表 17-4-n 常用铁垫规格

| 16 | 撬杠 | 材料:45号或60号 六棱钢、圆钢 图 17-4-22　撬杠简图 | 附表 17-4-o　常用撬杠规格 | | | | | | | |

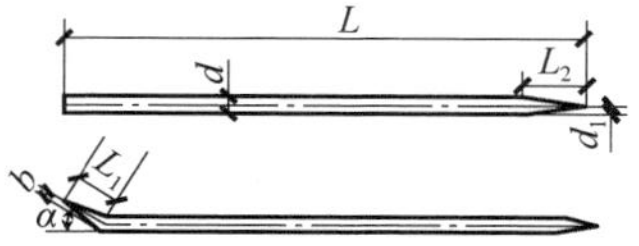

附表 17-4-o　常用撬杠规格

| 编号 | 角度 α | L | 各部分尺寸/mm | | d | d₁ | b |
			L₁	L₂			
1	45°	1500	65	170	30	8	2.0
2	45°	1200	60	150	25	6	2.0
3	45°	1000	50	150	22	6	2.0
4	40°	800	45	100	20	4	1.5
5	35°	600	40	100	16	4	1.5

| 17 | 绳卡 | 图 17-4-23　绳卡简图 |

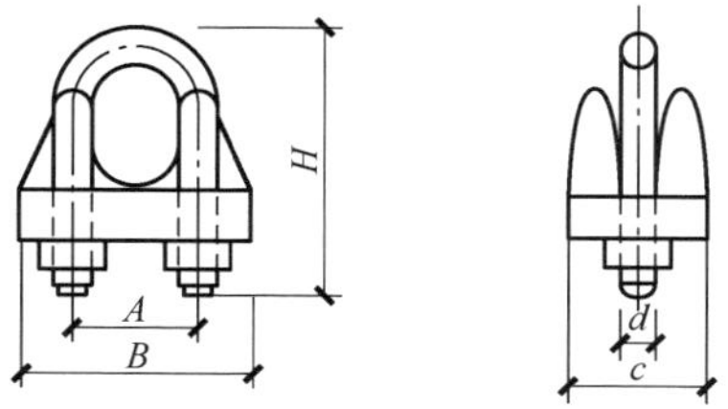

附表 17-4-p1　骑马式绳卡规格

型号	适用最大绳径/mm	螺栓直径 (d) /mm	螺栓中心距 (A) /mm	螺栓全高 (H) /mm
Y₁-6	6	6	14	35
Y₂-8	8	8	18	44
Y₃-10	10	10	22	55
Y₄-12	12	12	28	69
Y₅-15	15	14	33	83
Y₆-20	20	16	39	96
Y₇-22	22	18	44	108
Y₈-25	25	20	49	122
Y₉-28	28	22	55	137
Y₁₀-32	32	24	60	149
Y₁₁-40	40	24	67	164
Y₁₂-45	45	27	78	188
Y₁₃-50	50	30	88	210

（续）

附表 17-4-p2　栓紧绳卡时螺母螺栓承受的荷载

螺纹直径/mm	螺纹外的断面计算面积/cm²	螺栓上所受力（T）		螺纹直径/mm	螺纹外的断面计算面积/cm²	螺栓上所受力（T）	
		N	kg			N	kg
9.5	0.44	3920	400	22.2	2.72	34300	3500
12.7	0.78	7350	750	25.4	3.57	45080	4600
15.8	1.31	15190	1550	28.4	4.49	56840	5800
19.0	1.96	24500	2500	31.8	5.77	73500	7500

附表 17-4-p3　钢丝绳所用绳卡的数量

钢丝绳直径/mm	7～18	19～27	28～37	38～45
绳卡数量/个	3	4	5	6

注：绳卡压头应在钢丝绳长头一边，绳卡间距不应小于钢丝绳直径的 6 倍

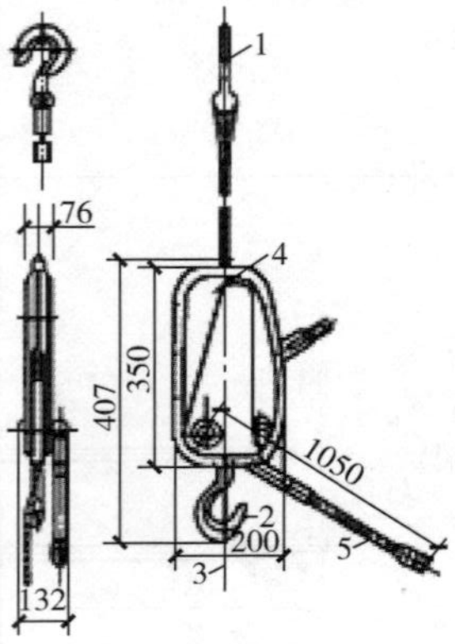

附表 17-4-q　手扳葫芦技术参数

型号	起重量/(t/kN)	钢丝绳长度/m	外形尺寸（长×宽×高）/mm	质量/kg	生产厂
SB-1.5	1.5/14.7	20	407×132×200	16.5	天津手扳葫芦厂
SB-1.5	1.5/14.7	10	620×150×350		鞍山手扳起重机厂
QY3	3/29	按需而定	495×165×260	21.5	南京起重机械厂
GY3	3/29	绳径 φ13.5		14	天津林业工具厂
SB3	3/29	绳径 φ13.5	620×350×150	20	天津手扳葫芦厂

图 17-4-24　手扳葫芦简图
1、2—吊钩　3—牵引钢丝绳
4—收紧机构　5—扳把手扳葫芦

序号	名称
17	绳卡
18	手扳葫芦

19　手动油压千斤顶

附表 17-4-r　YQ 型手动油压千斤顶技术参数

型号	起重量/t	起重高度/mm	最低高度/mm	工作压力/MPa	手柄长度/mm	手柄操作力/N	底座尺寸(长×宽)(或直径)/mm	质量/kg
YQ-5AD	5	160	235	52.0	620	320	140×90	5.5
YQ-5A							130×90	5.8
SS-5A						350	130×115	
YQ-8	8		240	57.8	620	400	140×110	7
						360		6.9
						350		7
YQ-10	10		245	63.7	850	300	160×130	10
YQ-12.5	12.5							9.1
YQ-15	15		250	67.4	850	310	170×140	13.8
YQ-16	16							
YQ-20	20	180	285	70.7	850	280	170×130	20
YQ-30	30		290	72.4	1000	310	172×192	
YQ-32	32		305				172×192	
YQ-50	50		305 / 300	78.6		310	200×160	29
							230×188	43
50-180H			330	66.3		340	231×188	
100-180H	100		360	69.9		420	428×255	74
YQ-100		100		65.0		450	481×308	135
YQ-200	200	200	400	70.6		420×2	Φ222	123
YQ-320	300		450	70.7			Φ314	227
							Φ394	435

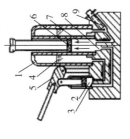

图17-4-25　手动油压千斤顶构造

1—外壳　2—油泵　3—油泵进油门
4—储油腔　5—摇把　6—皮碗
7—油室　8—油室进油门　9—回油阀

（续）

附表 17-4-s　电动卷扬机主要技术参数

序号	名称	简图	性能											
			种类	型号	牵引力/(kg/N)	卷扬筒				钢丝绳规格	钢丝绳		质量/kg	外形尺寸长×宽×高/mm
						直径/mm	长度/mm	转速/(r/min)	容绳量/m		直径/mm	绳速/(m/min)		
20	卷扬机		单筒快速卷扬机	JJK-05	500/4903	236	441	27	100		9.3	20	310	755×880×460
				JJK-1	1000/9807	190	370	46	110		11	35.4	471	960×1010×587
				JJK-2	2000/19613	325	710	24	180	6×19 +1 -1667	15.5	28.8	1200	1331×1353×845
				JJK-3	3000/29420	350	500	30	300		17	42.3	2204	2021×1700×1314
				JJK-5	5000/49033	410	700	22	300		23.0	43.6	2785	1884×1743×890
				JD-04	400/3923	200	299	32	400		7.7	25	448	900×520×648
				JD-1	1000/9807	220	310	35	400		11	32	570	1100×765×730
				JB-1	1000/9807	180	350	69	60		11	41	319	1212×820×570
			双筒快速卷扬机	JJ2K-2	2000/19613	300	450	20	250		14	25	2350	2126×1600×1075
				JJ2K-3	3000/29420	350	520	20	300		17	27.5	2781	2460×1880×1165
				JJ2K-5	5000/49033	420	600	20	500		21.5	32	5430	2700×2220×1390
			单筒慢速卷扬机	JJM-3	3000/29420	340	500	7	100		15.5	8	1100	1400×1510×925
				JJM-5	5000/49033	400	800	6.3	190		23.0	8	1700	1825×1582×1015
				JJM-8	8000/78453	550	1000	4.6	300		28.0	9.9	2985	2160×2110×1170
				JJM-10	10000/98067	550	968	7.3	350		34.0	8.1	4000	2170×2310×1180
				JJM-12	12000/117680	650	1200	3.5	600		37	9.5	6500	3100×1948×1455
				M-20	20000/196133	850	1324	3.0	1000		40	9.6	8960	3820×3360×2085

注：本表产品为国家定型产品，随产品不断改进，上表数值有适当变化

起重机械：滑轮

附表 17-4-t　H 系列起重滑轮组配置

轮槽底径/mm	起重量/t														使用钢丝绳直径/mm	
	0.5	1	2	3	5	8	10	16	20	32	50	80	100	140	适用	最大
	轮数															
70	一	二													5.7	7.7
85		一	二												7.7	11
115			一	二	三										11	14
135				一	二	三	四								12.5 15.5	15.5
165					一	二	三	四	五						15.5 18.5	18.5
185						一	二	三	四	五					17	20
210							一	二	三	四	五	六			20	23.5
245								一	二	三	四	五	六		23.5	25
280									一	二	三	四	五	八	26.5	28
320										一	二	三	四	六	30.5 32.5	32.5
360											一	二	三	五	32.5	35

注：1. 起重滑轮系列应符合标准 GB/T 27546 的规定。
　　2. 滑轮、轴套及轴等易损件可互换。
　　3. 本系列采用粉末冶金含油轴承轴套

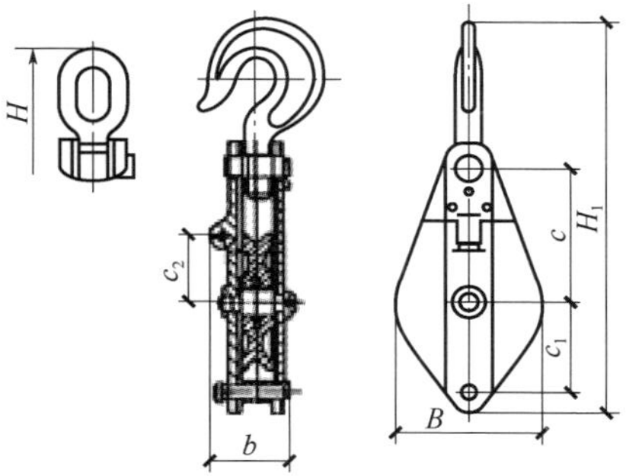

单轮桃式开口链环（吊钩）型

附表 17-4-u　单轮桃式开口链环（吊钩）型技术参数　（单位：mm）

型号	H	B	b	c	c_1	c_2	R	H_1
H0.5×1K_BG（L）	234.5	95	61.5	76.5	55.5	42.5	11	220.5
H1×1K_BG（L）	299	118	70.5	103	69	54	14	288
H2×1K_BG（L）	394	155	87.5	136	90	72	19	377.5
H3×1K_BG（L）	473	180	99.5	160	106	85	21	446
H5×1K_BG（L）	576	216	108.5	194	129	103	26	545
H8×1K_BG（L）	720	280	136.5	248	164	132	33	687
H10×1K_BG（L）	811	321	148	281	186	152.5	38	780
H16×1K_BG（L）	1008	416	180.5	359	242	186	49	980
H20×1K_BG（L）	1123	460	197.5	400	270	207	53	1089

图 17-4-26　单轮桃式开口链环（吊钩）型

（续）

序号	名称	简图	性能
21	两轮吊环型	 图 17-4-27 双轮吊环型	附表 17-4-v 双轮吊环型技术参数　（单位：mm） $型号$ / H / B / b / c / c_1 / c_2 / c_3 / d / R 见下表
	三轮吊环型	 图 17-4-28 三轮吊环型	附表 17-4-w 三轮吊环型技术参数　（单位：mm） 见下表

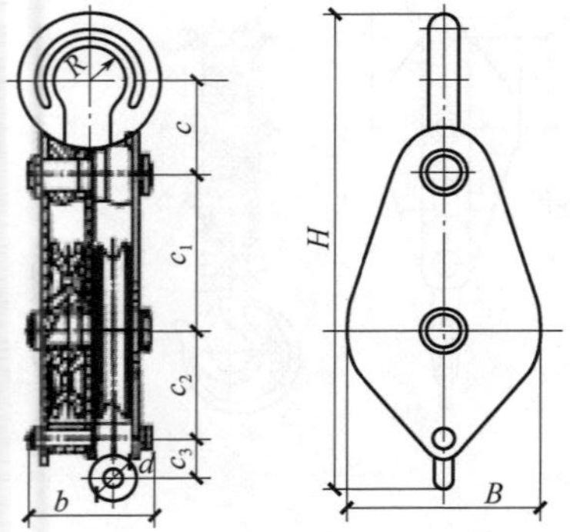

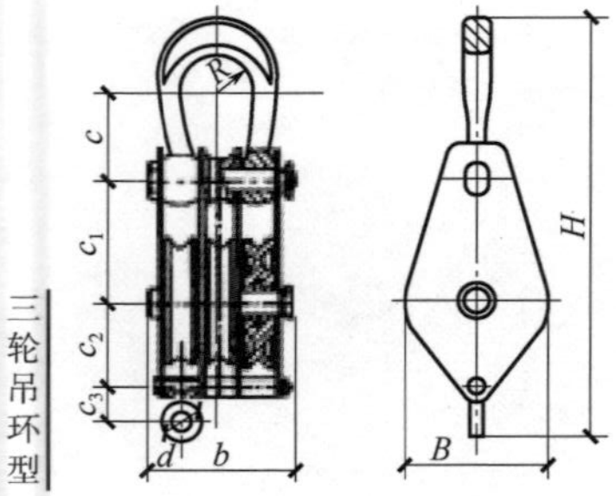

附表 17-4-v　双轮吊环型技术参数　（单位：mm）

型号	H	B	b	c	c_1	c_2	c_3	d	R
H1×2D	238.5	95	77	45	72	55.3	21	12	15
H2×2D	319	118	93.5	65	97	69	28	17	18
H3×2D	406	155	113.5	75	124	90	40	23	22
H5×2D	506	180	130.5	100	153	106	50	26	28
H8×2D	593.5	216	155.5	120	175	129	60	31	32
H10×2D	681	244	165.5	146	200	142	64	34	40
H16×2D	826.5	321	198.4	156	254	186	82	45	45

附表 17-4-w　三轮吊环型技术参数　（单位：mm）

型号	H	B	b	c	c_1	c_2	c_3	d	R
H3×3D	332	118	128	63.5	97	69	28	17	23.5
H5×3D	441	155	155	92	124	90	40	23	27.5
H8×3D	527.5	180	180.5	110	153	106	50	26	32.5
H10×3D	617	216	214	125	175	129	60	31	39.5
H16×3D	689	244	228.5	140	200	142	64	34	42
H20×3D	771	280	248.5	147	224	164	75	40	45

四轮吊环型	图 17-4-29　四轮吊环型	附表 17-4-x　四轮吊环型技术参数　（单位：mm）
五轮吊环型	图 17-4-30　五轮吊环型	附表 17-4-y　五轮吊环型技术参数　（单位：mm）
六轮吊环型	图 17-4-31　六轮吊环型	附表 17-4-z　六轮吊环型技术参数　（单位：mm）

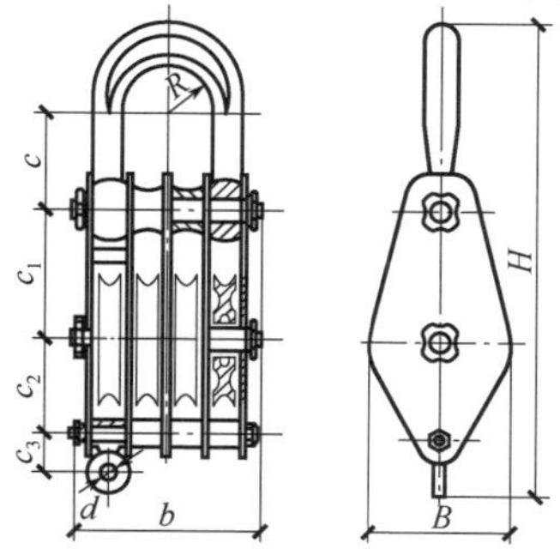

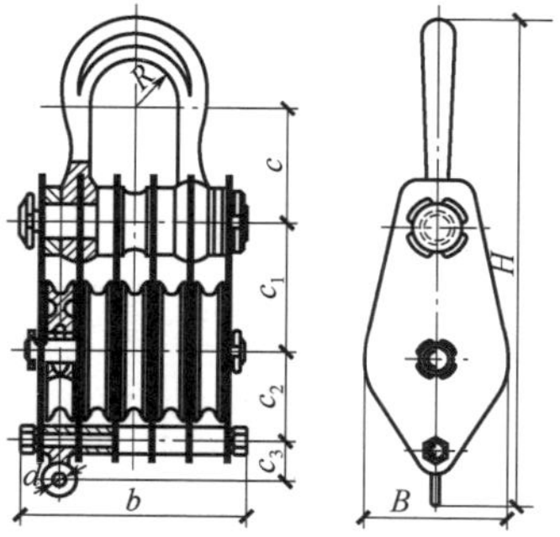

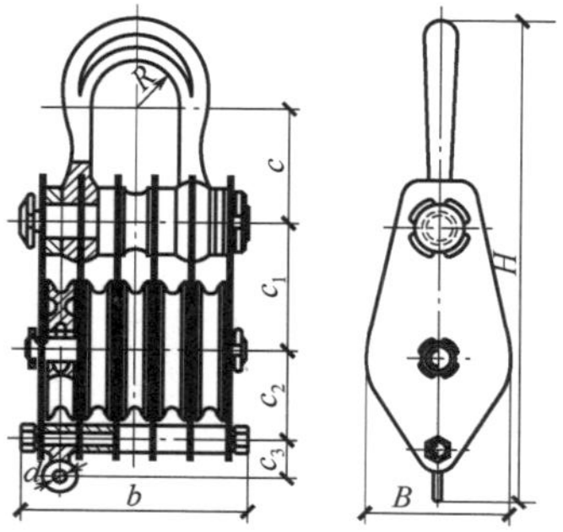

附表 17-4-x　四轮吊环型技术参数　（单位：mm）

型号	H	B	b	c	c_1	c_2	c_3	d	R
H8×4D	486.5	155	206	84	136	90	40	23	46
H10×4D	545	180	235	97	155	106	50	26	55
H16×4D	677.5	216	285	130	190	129	60	31	65
H20×4D	746	240	300	143	216	142	64	34	65
H32×4D	943	321	366	170	280	186	82	45	76

附表 17-4-y　五轮吊环型技术参数　（单位：mm）

型号	H	B	b	c	c_1	c_2	c_3	d	R
H20×5D	673.5	216	343.5	146	190	129	60	31	48
H32×5D	855.5	274	398	170	237	164	75	40	72.5

附表 17-4-z　六轮吊环型技术参数　（单位：mm）

型号	H	B	b	c	c_1	c_2	c_3	d	R
H32×6D	768	240	424	155	216	142	64	34	63
H50×6D	982.5	321	518	197	280	186	82	45	77

17.4.2　安装螺栓及铆钉施工要求的净空极限尺寸

1）安装螺栓施工时要求的净空极限尺寸见表17-4-2。

2）铆钉操作要求的最小尺寸见表17-4-3。

表 17-4-2　安装螺栓施工时要求的净空极限尺寸　　　　　　（单位：mm）

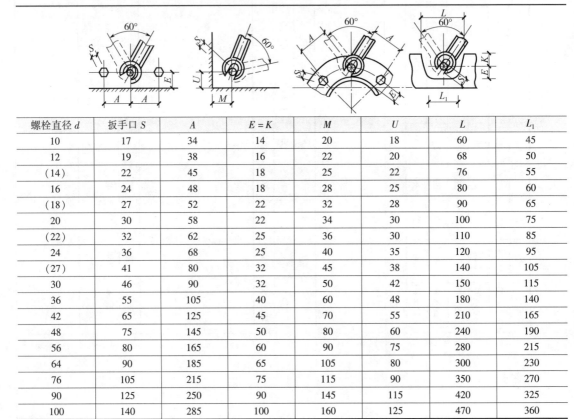

螺栓直径 d	扳手口 S	A	$E = K$	M	U	L	L_1
10	17	34	14	20	18	60	45
12	19	38	16	22	20	68	50
(14)	22	45	18	25	22	76	55
16	24	48	18	28	25	80	60
(18)	27	52	22	32	28	90	65
20	30	58	22	34	30	100	75
(22)	32	62	25	36	30	110	85
24	36	68	25	40	35	120	95
(27)	41	80	32	45	38	140	105
30	46	90	32	50	42	150	115
36	55	105	40	60	48	180	140
42	65	125	45	70	55	210	165
48	75	145	50	80	60	240	190
56	80	165	60	90	75	280	215
64	90	185	65	105	80	300	230
76	105	215	75	115	90	350	270
90	125	250	90	145	115	420	325
100	140	285	100	160	125	470	360

表 17-4-3　铆钉操作要求的最小尺寸　　　　　　（单位：mm）

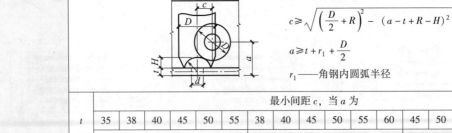

$$c \geqslant \sqrt{\left(\frac{D}{2}+R\right)^2 - (a-t+R-H)^2}$$

$$a \geqslant t + r_1 + \frac{D}{2}$$

r_1——角钢内圆弧半径

	最小间距 c，当 a 为															
t	35	38	40	45	50	55	38	40	45	50	55	60	45	50	55	60	65
	$d=20$，$D=60$，$R=18$，$H=14$						$d=22$，$D=60$，$R=19$，$H=15.5$						$d=24$，$D=70$，$R=22$，$H=17$				
8		36	32	25	14	—	36	34	28	18	—		39	33	24	—	—
10			34	28	19	—		36	31	23	7	—	41	35	28	15	
12				31	23	10			33	26	15	—		38	31	21	—
14				33	27	17			35	29	21	—		40	34	26	11
16					30	21				32	25	12			37	30	19
18					32	25				34	28	18			39	33	24
20					34	28				36	31	23			41	35	28
24						33					35	29				40	34

位于非同一翼缘上的铆钉

（续）

加劲角钢附近的铆钉	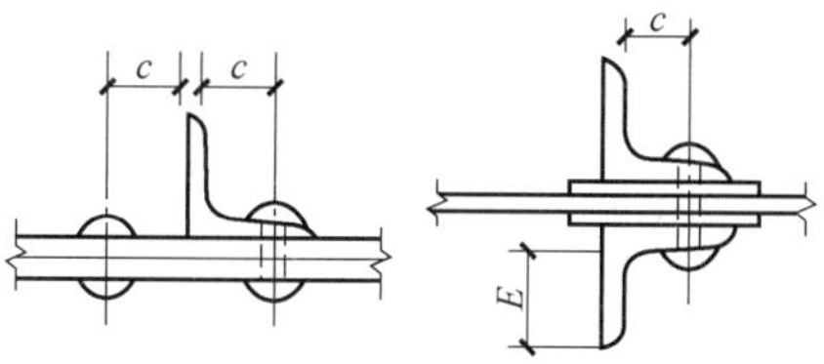	间距 c	27	30	33	35		
		直径 d	18	20	22	24		
		E	75	100	125	150	175	200
		c	50	55	60	65	70	75

翼缘上加劲角钢处的铆钉								
	+ b							
	6	≥100		90		45		30
	c	70		65		65		60
	− b							
	b	0	20	30	35	40	45	50	55	60
	c	60	57	52	49	45	39	34	24	0

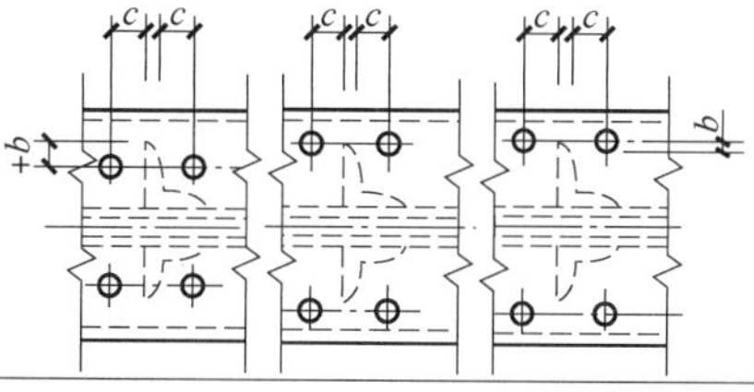

17.5　钢材力学性能试验

钢材力学性能试验包括《金属材料　拉伸试验　第 1 部分：室温试验方法》（GB/T 228.1）《金属材料　夏比摆锤冲击试验方法》（GB/T 229）和《金属材料　弯曲试验方法》（GB/T 232）三部分。试验的试样取样应符合《钢及钢产品力学性能试验取样位置及式样制备》（GB/T 2975）的规定。

17.5.1　钢材力学性能试验试样取样方法

1. 标准状态试验

（1）试料

1）用于标准试验的试料，应按产品标准或合同规定的生产阶段取样。

2）所采用的试料切割方式应不改变提供后续热处理试样那部分试料的特性，如果试料应压平或校直，可在热处理前进行热加工或冷加工，当需要采用热加工时，加热温度应低于最终热处理所需的温度。

（2）样坯

1）热处理前的机加工：当热处理要求的试件尺寸较小时，产品标准应规定需减小的样坯尺寸及对应加工方法，如锻、轧及机加工等。

2）热处理：样坯的热处理应在温度均匀的环境下进行，并应采用经过校准的仪器测量温度。其热处理的温度应按产品标准或合同的要求进行。

2. 试样的制备

（1）切取和机加工　用于制备试样的试料和样坯的切取和机加工，应避免产生加工表面加工硬化及热影响改变材料的力学性能。用热割法和冷剪法取样所留加工余量见表 17-5-1。机加工后应去除任何工具留下的可能影响试验结果的痕迹，可采用研磨（提供足够的冷却液）或抛光。采用的最终加工方法应保证试样的尺寸和现状处于相应试验标准规定的公差范围内。试样的尺寸公差应符合相应试验方法的规定。

表 17-5-1　样坯加工余量　　　　　　　　（单位：mm）

序号	类别	直径或厚度	加工余量
1	冷剪样坯所留加工余量	≤4	4
		>4~10	直径或厚度
		>10~20	10
		>20~35	15
		>35	20
2	激光切割	≤15	1~2
		>15~25	2~3

注：1. 用烧割法切取样坯时，从样坯切割线至样坯边缘必须留有足够的加工余量，一般不应小于钢产品的厚度或直径，且最小不得小于 12.5mm，对于厚度或直径大于 60mm 钢产品，其加工余量可根据供需双方协商适当减少。

　　2. 在保证试样本体组织性能不受影响的基础上，鼓励采用新的加工技术（激光切割）。推荐采用无影响区域的数控锯切、水刀等冷切割方式。

（2）标准状态热处理　当需要对试样进行标准状态热处理时其热处理状态应与样坯的要求相同。

3. 试样和试料的取样位置

（1）一般要求　用于拉伸和冲击试验试样的取样位置应符合以下的有关规定：

1）对于弯曲试验，在宽度方向的取样与拉伸试样相同，试样应至少保留一个钢材的原表面。

2）当要求一个以上试样时，可在规定的位置相邻处取样。

（2）型钢

1）型钢宽度方向取样。型钢宽度方向的取样位置如图 17-5-1 所示。对于翼缘有斜度的型钢可从腹板取样，如图 17-5-1b、d 所示，经协商也可从腿部取样进行机加工。对于翼缘无斜度且宽度大于 150mm 的产品应从翼缘取拉伸试样，如图 17-5-1f 所示。对于其他产品，如果产品标准有规定，可从腹板取样。对于翼缘长度不相等的角钢，可从任意翼缘取样。

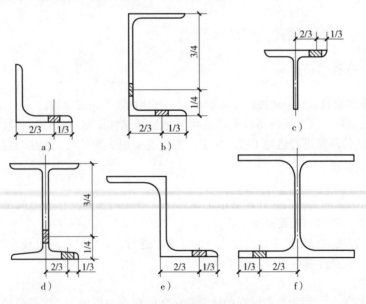

图 17-5-1　拉伸和冲击试验在型钢腹板和翼缘宽度方向取样位置

2）型钢厚度方向取样

①拉伸试样的取样位置如图 17-5-2 所示，除非产品标准另有规定，应位于翼缘的外表面取样，

在机加工和试验机能力允许情况下应取全厚度试样，如图 17-5-2a 所示。

②冲击试样的取样位置如图 17-5-3 所示。除非产品标准另有规定，试样的位置应位于翼缘的外表面。

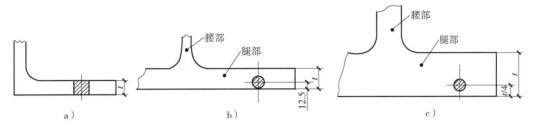

图 17-5-2 拉伸试样在型钢翼缘厚度方向的取样位置

a）t≤50mm 时全厚度试样 b）t≤50mm 时圆形试样 c）t＞50mm 时圆形试样

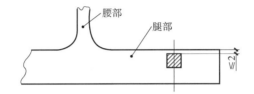

图 17-5-3 冲击试样在翼缘厚度方向的取样位置

（3）圆形棒材和盘条

1）拉伸试样。拉伸试样的取样位置如图 17-5-4 所示。当机加工和试验机能力允许时，应取全截面试样，如图 17-5-4a 所示。

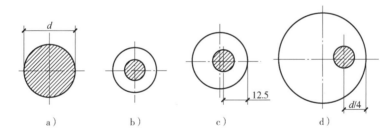

图 17-5-4 圆形棒材和盘条拉伸试样的取样位置

a）全截面试样 b）d≤25mm 时圆形试样 c）d＞25mm 时圆形试样 d）d＞50mm 时圆形试样

2）冲击试验。冲击试样的取样位置如图 17-5-5 所示。

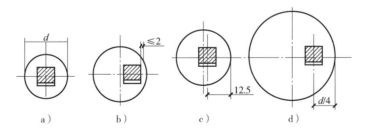

图 17-5-5 圆棒材和盘条冲击试样的取样位置

a）d＜15mm b）15mm＜d≤25mm c）d＞25mm d）d＞50mm

（4）六角形棒材

1）拉伸试样。拉伸试样的取样位置如图 17-5-6 所示。当机加工和试验机能力允许时，应取全截面试样，如图 17-5-6a 所示。

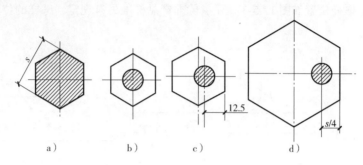

图 17-5-6　圆形棒材和盘条拉伸试样的取样位置

a）全截面试样　b）$s \leqslant 25$mm 时圆形试样　c）$s > 25$mm 时圆形试样　d）$s > 50$mm 时圆形试样

2）冲击试验。冲击试样的取样位置如图 17-5-7 所示。

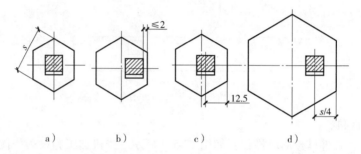

图 17-5-7　六角型钢冲击试样的取样位置

a）全截面试样　b）$s \leqslant 25$mm 时试样　c）$s > 25$mm 时试样　d）$s > 50$mm 时试样

（5）矩形棒材

1）拉伸试样。拉伸试样的取样位置如图 17-5-8 所示。当机加工和试验机能力允许时，应取全截面试样，如图 17-5-8a、b、c 所示。

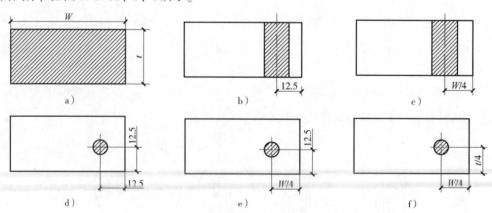

图 17-5-8　矩形截面条钢拉伸试样的取样位置

a）全截面试样　b）$w \leqslant 50$mm 时矩形试样　c）$w > 50$mm 时矩形试样　d）$w \leqslant 50$mm 及 $t \leqslant 50$mm 时圆形试样

e）$w > 50$mm 及 $t \leqslant 50$mm 时圆形试样　f）$w > 50$mm 及 $t > 50$mm 时圆形试样

2）冲击试验。冲击试样的取样位置如图 17-5-9 所示。

（6）钢板

1）一般规定。钢板的取样方向及取样位置应在产品标准或合同中规定。未规定情况下，应在钢板宽度 $w/4$ 处切取横向样坯。当规定取横向拉伸试样时，钢板宽度不足以在 $w/4$ 处取样，试

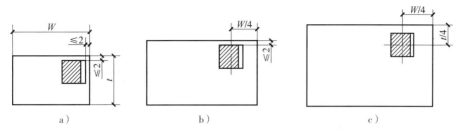

图 17-5-9 矩形截面条钢冲击试样的取样位置

a）12mm≤W≤50mm 和 t≤50mm b）W>50mm 和 t≤50mm c）W>50mm 和 t>50mm

样中心可以内移但应尽可能接近 w/4 处。

2）拉伸试样。拉伸试样的取样位置如图 17-5-10 所示。当机加工和试验机能力允许时，应取全截面试样，如图 17-5-10a 所示。

对于调质或热机械轧制（TMCP）钢板，试样厚度应为产品的全厚度或厚度的一半，但对于 t≥30mm 不适应。

经协商钢板厚度时，也可采用圆形试样，如图 17-5-10a 所示，此时试样的中心宜位于产品厚度的中心。

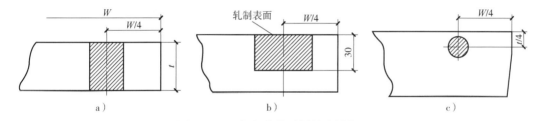

图 17-5-10 钢板拉伸试样的取样位置

a）全截面试样 b）t>30mm 矩形试样 c）t>25mm 圆形试样

3）冲击试样。冲击试样的取样位置如图 17-5-11 所示，对于钢板厚度 28mm≤t<40mm 可采用如图 17-5-11d 所示位置。对于产品厚度 t≥40mm 可采用如图 17-5-11a、b、c 所示位置，应在标准或合同中规定，当没有明确规定时，取样位置采用如图 17-5-11b 所示位置。

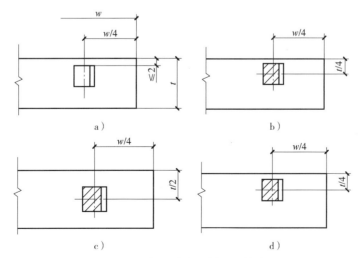

图 17-5-11 钢板冲击试样的取样位置

a）适用于所有厚度的钢板 b）t≥40mm c）t≥40mm d）28mm≤t<40mm

（7）钢管

1）管材和圆形空心型材

①拉伸试样。拉伸试样的取样位置如图 17-5-12 所示。当机加工和试验机能力允许时，应取全截面试样，如图 17-5-12a 所示。对于焊接钢管，当取条状试样检验焊缝性能时，焊缝应位于试样中间部位。当产品标准或合同中没有明确规定取样位置时，则由生产厂家选择。

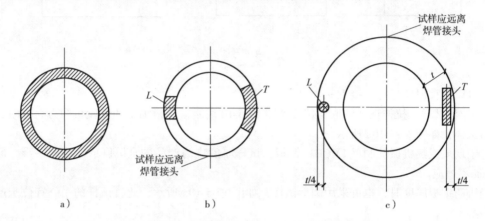

图 17-5-12　在管材和空心截面型材上切取拉伸试样的取样位置

a）全截面试样（适用于压扁试验、扩口试验、卷边试验、环扩张试验、环拉伸试验、全截面弯曲试验）

b）条形试样（适用于条状弯曲试验）　c）圆形试样

L—纵向试样　T—横向试样

②冲击试样。无缝钢管和焊接钢管的冲击试样的取样位置如图 17-5-13 所示。当产品标准或合同中没有明确规定取样位置时，则由生产厂家选择。试样的取样方向由钢管的尺寸确定，当规定取横向试样时应切取 5～10mm 最大厚度试样。获取横向试样所需管材的最小（公称）直径 $D_{\min}$ 按下式计算：

$$D_{\min} = (t - 5) + \frac{756.25}{t - 5} \qquad (17\text{-}5\text{-}1)$$

当无法切取允许的最小横向试样时，应使用 5～10mm 最大宽度的纵向试样。

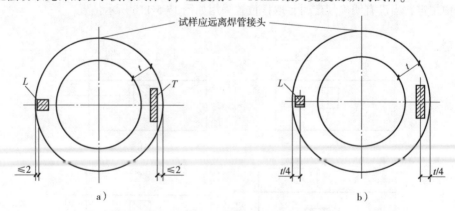

图 17-5-13　在管材和空心截面型材上切取冲击试样的取样位置

a）冲击试样　b）$t > 40$mm 冲击试样

L—纵向试样　T—横向试样

2）矩形空心型材

①拉伸试样的取样位置如图 17-5-14 所示。当机加工和试验机能力允许时，应取全截面试样如图 17-5-14a 所示。

②冲击试样的取样位置如图 17-5-15 所示。

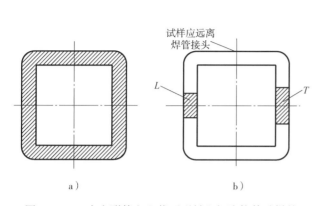

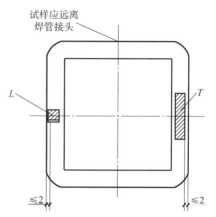

图 17-5-14　在方形管空心截面型材上切取拉伸试样的
取样位置

a）全截面试样　b）矩形试样

L—纵向试样　T—横向试样

图 17-5-15　在方形管空心截面型材上
切取冲击试样的取样位置

L—纵向试样　T—横向试样

17.5.2　钢材力学性能试验方法

1. 钢材拉伸试验

《金属材料　拉伸试验　第 1 部分：室温试验方法》（GB/T 228.1）规定了金属拉伸试验方法的原理、定义、符号和说明、试样及其尺寸测量、试验设备、试验要求、性能测定、测定结果数值修约和试验报告。本部分适用于金属材料室温拉伸性能的测定。

（1）试样

1）一般要求。试样的形状与尺寸取决于被试验的金属产品的形状与尺寸。通常从产品、压制坯或铸件切取样坯经机加工制成试样。但具有恒定横截面的产品（型材、棒材、线材等）和铸造试样（铸铁和铸造非合金）可以不需要经机加工而进行试验。

试样横截面可以为圆形、矩形、多边形、环形，特殊情况下可以为其他形状。

原始标距与横截面面积有 $L_0 = k\sqrt{S_0}$ 关系的试样称为比例试样。国际上使用的比例系数 k 的值为 5.65。原始标距应不小于 15mm。当试样横截面面积太小，以致采用比例系数 k 为 5.65 的值不能符合这一最小标距要求时，可以采用较高的值（优先采用 11.3 的值）或采用非比例试样。选用小于 20mm 标距的试样时，测量不确定度可能增加。

非比例试样其原始标距 L_0 与原始横截面面积 S_0 无关。

试样的尺寸公差应符合表 17-5-5 和表 17-5-10 有关的规定。

2）机加工的试样。如试样的夹持端与平行长度的尺寸不相同，它们之间应以过渡弧连接。此弧的过渡半径尺寸可能很重要，如标准对过渡半径未做规定时，建议在相关产品标准中规定。

试样夹持端的形状应适合试验机的夹头。试样轴线应与力的作用线重合。试样平行长度 L_c 或试样不具有过渡弧时夹头间的自由长度应大于原始标距 L_0。

3）不经机加工的试样。如试样为不经机加工产品或试棒的一段长度，两夹头间的自由长度应满足要求，以使原始标距的标记与夹头有合计的距离。

铸件试样应在其夹持端和平行长度之间以过渡弧连接。此弧的过渡半径尺寸可能很重要，建议在相关产品标准中规定。试样夹持端的形状应适合于试验机的夹头。平行长度 L_c 应大于原始标距长度 L_0。

（2）试样类型　试样类型见表 17-5-2。

表 17-5-2　试样类型　　　　　　　　　　　　　　　　（单位：mm）

序号	产品类型		附注
	薄板-板材-扁材 　厚度a	线材 —— 棒材 —— 型材 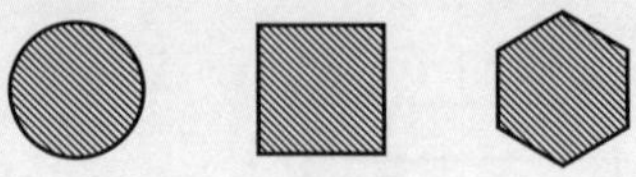　直径或边长	
1	$0.1 \leqslant a < 3$	—	厚度 0.1～3mm 薄钢板和薄带钢使用的试样类型
2	—	<4	直径或厚度小于 4mm 线材、棒材和型材使用的试样类型
3	$a \geqslant 3$	≥4	厚度等于或大于 3mm 板材和扁材以及直径或厚度等于或大于 4mm 线材、棒材和型材使用的试样类型
4	—	管材	管材使用的试样类型

（3）试样的制备　试样的制备按《钢及钢产品力学性能试验取样位置及式样制备》（GB/T 2975）规定执行。

（4）原始横截面面积的测定　建议在平行长度中心区域以足够的点数测量试样的相关尺寸。原始横截面面积 S_0 是平均横截面面积，应根据测量的尺寸计算。原始横截面面积的计算准确度依赖于试样本身特性和类型。标准《金属材料　拉伸试验　第 1 部分：室温试验方法》（GB/T 228.1）的附录给出了不同类型试样原始横截面面积 S_0 的评估方法，并提供了测量准确度的详细说明。

（5）原始标距的标记　采用小标记、细画线或细墨线标记原始标距，但不得用引起过早断裂的缺口作标记。对于比例试样，如果原始标距的计算值与其标记值之差小于 $\pm 10\% L_0$，可将原始标距的计算值按《数值修约规则与极限数值的表示和判断》（GB/T 8170）的规定修约至最接近 5mm 的倍数。原始标距的标记应精确到 $\pm 1\%$。如平行长度 L_c 比原始标距长许多，例如不经机加工的试样，可以标记一系列套叠的原始标距，有时可以在试样表面画一条平行于试样轴线的线，并在此线上标记原始标距。

（6）试验要求

1）设定试验力的零点。在试验加载链装配完成后，试样两端被夹持之前，应设定力测量系统的零点。一旦设定了力值零点，在试验期间力测量系统不能再发生变化。上述方法一方面是为了确保夹持系统的质量在测力时得到补偿，另一方面是为了保证夹持过程中产生的力不影响力值的测量。

2）试样夹持方法。应使用例如楔形夹头、螺纹夹头、平推夹头、套环夹具等合适的夹具夹持试样。应尽最大努力确保夹持的试样受轴向拉力的作用，尽量减少弯曲。这对试验脆性材料或测定规定塑性延伸强度、规定延伸强度、规定残余延伸强度或屈服强度时尤为重要。

为了得到直的试样和确保试样与夹头对中，可以施加不超过规定强度或预期屈服强度 5% 的相应的预拉力，并对预拉力的延伸影响进行修正。

3）厚度 0.1～3mm 薄钢板和薄带钢使用的试样类型（对于厚度小于 0.5mm 的钢产品有必要采取特殊措施）。

①试样的形状。试样的夹持头部一般比其平行长度部分宽，如图 17-5-16 所示。试样头部与平行长度应有过渡半径至少为 20mm 的过渡弧连接。头部宽度应为 $1.2b_0$，b_0 为原始宽度。

通过协议，也可以使用不带头试样。对于宽度等于或小于 20mm 的产品，试样宽度可以相同于产品宽度。

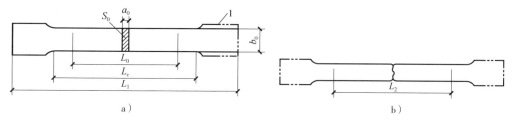

图 17-5-16 机加工的矩形横截面试样

a) 试验前 b) 试验后

说明：a_0——板试样原始厚度或管壁原始厚度；b_0——板试样平行长度的原始宽度；L_0——原始标距；L_c——平行长度；L_1——试样总长度；L_2——断后标距；S_0——平行长度的原始横截面积；1——夹持头部。

注：试样头部形状仅为示意性。

②试样尺寸。比例试样尺寸见表 17-5-3。经常使用的三种非比例试样尺寸见表 17-5-4。

平行长度不应小于 $L_0 + b_0/2$。有争议，平行长度应为 $L_0 + 2b_0$，除非材料尺寸不足够。

对于宽度等于或小于 20mm 的不带头试样，除非产品标准中另有规定，原始标距 L_0 应等于 50mm。对于这类试样，两夹头间的自由长度应等于 $L_0 + 3b_0$。当对每支试样测量尺寸时，应满足表 17-5-5 规定的形状公差。

如果试样的宽度与产品的宽度相同，应该按照实际测量的尺寸计算原始横截面面积 S_0。

表 17-5-3 矩形截面比例试样

b_0/mm	r/mm	$k = 5.65$			$k = 11.3$		
		L_0/mm	L_c/mm	试样编号	L_0/mm	L_c/mm	试样编号
10	≥20	5.65 $\sqrt{S_0}$ ≥15	≥$L_0 + b_0/2$ 仲裁试验：$L_0 + 2b_0$	P1	11.3 $\sqrt{S_0}$ ≥15	≥$L_0 + b_0/2$ 仲裁试验：$L_0 + 2b_0$	P01
12.5				P2			P02
15				P3			P03
20				P4			P04

注：1. 优先采用比例系数 $k = 5.65$ 的比例试样。如比例标距小于 15mm，建议采用表 17-5-4 的非比例试样。

2. 根据需要，厚度小于 0.5mm 的试样在平行长度上可带小凸耳以便装夹引伸计。上下两凸耳宽度中心线间的距离为原始标距。

表 17-5-4 矩形截面非比例试样

b_0/mm	r/mm	L_0/mm	L_c/mm		试样编号
			带头	不带头	
12.5	≥20	50	75	87.5	P5
20		80	120	140	P6
25		50[1]	100[1]	120[1]	P7

[1]宽度为 25mm 的试样其 L_0/b_0 和 L_c/b_0 与宽度 12.5mm 和 20mm 试样相比非常低，这样试样得到的性能，尤其是断裂后伸长率（绝对值和分散范围），与其他两类试样不同。

表 17-5-5 试样宽度公差 (单位：mm)

试样的名义宽度	尺寸公差[1]	形状公差[2]
12.5	±0.05	0.06
20	±0.10	0.12
25	±0.10	0.12

[1]如果试样的宽度公差满足该表的规定，原始横截面面积可以用名义值，而不必通过实际测量再计算。

[2]试样整个平行长度 L_c 范围，宽度测量值的最大最小之差。

③试样制备。制备试样应不影响其力学性能，应通过机加工方法去除由于剪切或冲切而产生的加工硬化部分材料。

试样优先从板材或带材上制备。如果可能，应保留原轧制面（通过冲切制备的试样，在材料性能方面会产生明显的变化。尤其是屈服强度或规定延伸强度，会由于加工硬化而发生明显变化。对于呈现明显加工硬化的材料，通常通过铣和磨削等手段加工）。

对于十分薄的材料，建议切割成等宽度薄片并叠成一叠，薄片之间用油纸隔开，每叠两侧夹以较厚薄片，然后将整叠加工至试样尺寸。

机加工试样的尺寸公差和形状公差应符合表 17-5-5 的要求。例如对于名义宽度 12.5mm 的试样，尺寸公差为 ±0.05mm，表示试样的宽度不应超过下面两个之间的尺寸范围：

$$12.5mm + 0.05mm = 12.55mm \quad 12.5mm - 0.05mm = 12.45mm$$

④原始横截面面积的测定。原始横截面面积应根据试样的尺寸测量值计算得到。原始横截面面积的测定应准确到 ±2%。当误差的主要部分是由于试样厚度的测量引起的，宽度的测量误差不应超过 ±0.2%。

为了减少试验结果的测量不确定度，建议原始横截面面积应准确至或优于 ±1%。对于薄片材料，需要采取特殊的测量技术。

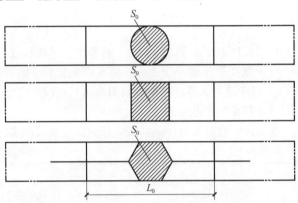

图 17-5-17　产品一部分不经机加工的试样

说明：L_0——原始标距；S_0——平行长度的原始横截面面积。

4）直径或厚度小于 4mm 线材、棒材和型材使用的试样类型。

①试样通常是产品的一部分，不经机加工，如图 17-5-17 所示。

②原始标距 L_0 应取 200mm ± 2mm 或 100mm ± 1mm，试验机两夹头的试样长度至少等于 $L0 + 3b_0$ 或 $L_0 3d0$，最小值为 $L_0 + 20mm$，非比例试样规格见表 17-5-6。如果不测定断裂后伸长率，两夹头的最小自由长度可以为 50mm。

表 17-5-6　非比例试样规格

d_0 或 a_0/mm	L_0/mm	L_c/mm	试样编号
≤4	100	≥120	R9
	200	≥220	R10

③试样制备。如以盘条交货的产品，可进行矫直。

④原横截面面积的测定。原横截面面积的测定应准确到 ±1%。对于圆形横截面面积的产品，应在两个相互垂直方向测量试样的直径，取其算术平均值计算横截面面积。可以根据测量的试样长度、试样质量和材料密度，根据下式确定原始横截面面积。

$$S_0 = \frac{1000m}{\rho L_t} \tag{17-5-2}$$

式中　m——试样质量（g）；

　　　L_t——试样的总长度（mm）；

　　　ρ——试样材料密度（g/cm³）。

5）厚度等于或大于 3mm 板材和扁材以及直径或厚度等于或大于 4mm 线材、棒材和型材使用的试样类型。

①试样形状。一般试样宜进行机加工，平行长度和夹持头部之间应以过渡弧连接，试样头部

形状应适应试验夹头的夹持，如图 17-5-18 所示。夹持端和平行长度之间的过渡弧的最小半径为：

圆形横截面试样 $\geq 0.75d_0$；其他试样 ≥ 12mm。

假如相关产品标准有规定，型材、棒材等可以采用不经机加工的试样进行试验。

试样原始横截面可以是圆形、方形、矩形或特殊情况下时为其他形状。矩形横截面试样，推荐其宽厚比不超过 8:1。

一般机加工的圆形横截面试样其平行长度的直径一般不应小于 3mm。

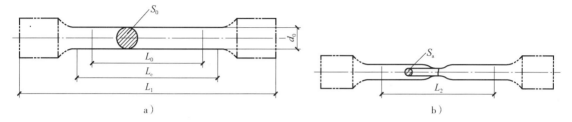

图 17-5-18　圆形横截面加工试样

a）试验前　b）试验后

说明：d_0——圆试样平行长度的原始直径；L_1——原始标距；L_c——平行长度；L_2——试样总长度；L_0——断后标距；S_0——平行长度的原始横截面积；S_a——断后最小横截面积。

注：试样头部形状仅为示意性。

②试样尺寸

A. 机加工试样的平行长度 L_c 规定如下：

圆形横截面试样 $L_0 + d_0/2$；其他形状截面试样 $L_0 + 1.5\sqrt{S_0}$。

对于仲裁试验，平行长度应为 $L_0 + 2d_0$ 或 $L_0 + 2\sqrt{S_0}$，除非材料尺寸不足够。

B. 不经机加工试样的平行长度：试验机两夹头间的自由长度应足够，以使试样原始标距的标记与最近夹头间的距离不小于 $\sqrt{S_0}$。

C. 原始标距

a. 比例试样：通常使用比例试样时原始标距 L_0 与原始横截面面积 S_0 有如下关系：

$$L_0 = k\sqrt{S_0}$$

比例系数 k 通常取值 5.65，也可以取 11.3。

圆形横截面比例试样和矩形横截面比例试样应优先采用表 17-5-7 和表 17-5-8 中推荐的尺寸。

表 17-5-7　圆形横截面比例试样

d_0/mm	r/mm	$k = 5.65$			$k = 11.3$		
		L_0/mm	L_c/mm	试样编号	L_0/mm	L_c/mm	试样编号
25				R1			R01
20				R2			R02
15				R3			R03
10			≥$L_0 + d_0/2$	R4		≥$L_0 + d_0/2$	R04
8	≥$0.75d_0$	$5d_0$	仲裁试验：$L_0 + 2d_0$	R5	$10d_0$	仲裁试验：$L_0 + 2d_0$	R05
6				R6			R06
5				R7			R07
3				R8			R08

注：1. 如相关产品标准无具体规定，优先采用 R2、R4 或 R7 试样。

2. 试样总长度取决于夹持方法，原则上 $L_0 > L_c + 4d_0$。

表 17-5-8　矩形横截面比例试样

b_0/mm	r/mm	$k=5.65$			$k=11.3$		
		L_0/mm	L_c/mm	试样编号	L_0/mm	L_c/mm	试样编号
12.5				P7			P07
15				P8			P08
20	≥12	$5.65\sqrt{S_0}$	$\geq L_0+1.5\sqrt{S_0}$ 仲裁试验：$L_0+2\sqrt{S_0}$	P9	$11.3\sqrt{S_0}$	$\geq L_0+1.5\sqrt{S_0}$ 仲裁试验：$L_0+2\sqrt{S_0}$	P09
25				P10			P010
30				P11			P011

注：如相关产品标准无具体规定，优先采用比例系数 $k=5.65$ 的比例试样。

　　b. 非比例试样：矩形横截面非比例试样尺寸见表 17-5-9。

　　假如相关的产品标准有规定，允许使用非比例试样。平行长度不应小于 $L_0+d_0/2$。对于仲裁试验，平行长度应为 L_0+2d_0，除非材料尺寸不足够。

表 17-5-9　矩形横截面非比例试样

b_0/mm	r/mm	L_0/mm	L_c/mm	试样类型编号
12.5		50		P12
20		80		P13
25	≥20	50	$\geq L_0+1.5\sqrt{S_0}$ 仲裁试验：$L_0+2\sqrt{S_0}$	P14
38		50		P15
40		200		P16

　　③试样制备。机加工试样的横向尺寸公差见表 17-5-10。

　　【例 1】 表 17-5-10 尺寸公差数值，例如对于名义直径 10mm 的试样，尺寸公差为 0.03mm，表示试样的直径不应超出以下两个值之间的尺寸范围。

$$10\text{mm}+0.03\text{mm}=10.03\text{mm}\quad 10\text{mm}-0.03\text{mm}=9.97\text{mm}$$

　　【例 2】 表 17-5-10 给出了形状公差数值，例如对于满足上述机加工条件的名义直径 10mm 的试样，沿其平行长度最大直径与最小直径之差不应超过 0.04mm。

　　因此，如试样的最小直径为 9.99mm，它的最大直径不应超过：

$$9.99\text{mm}+0.04\text{mm}=10.03\text{mm}$$

表 17-5-10　试样横向尺寸公差　　　　　　　（单位：mm）

名称	名义横向尺寸	尺寸公差[①]	形状公差[②]
机加工的圆形横截面直径和四面机加工的矩形横截面试样横向尺寸	≥3 ≤6	±0.02	0.03
	>6 ≤10	±0.03	0.04
	>10 ≤18	±0.05	0.04
	>18 ≤30	±0.10	0.05

（续）

名称	名义横向尺寸	尺寸公差①	形状公差②
相对两面机加工的矩形横截面试样横向尺寸	≥3 ≤6	±0.02	0.03
	>6 ≤10	±0.03	0.04
	>10 ≤18	±0.05	0.06
	>18 ≤30	±0.10	0.12
	>30 ≤50	±0.15	0.15

①如果试样的公差满足表中数值，原始横截面面积可以用名义值，而不必通过实际测量再计算。如果试样的公差不满足表中数值，就很有必要对每个试样的尺寸进行实际测量。

②沿着试样整个平行长度，规定横向尺寸测量的最大最小数值之差。

④原始横截面面积的测定。对于圆形横截面和四面机加工的矩形横截面试样，如果试样的尺寸公差和形状公差均满足表 17-5-10 的要求，可以用名义尺寸计算原始横截面面积。对于其他类型的试样，应根据测量的原始试样尺寸计算原始横截面面积 S_0，测量每个尺寸应准确到 0.5%。

6）管材使用的试样类型

①试样形状。试样可以为全壁厚纵向弧形试样，管段试样，全壁厚横向试样，或从管壁厚度机加工的圆形截面试样，如图 17-5-19 及图 17-5-20 所示。

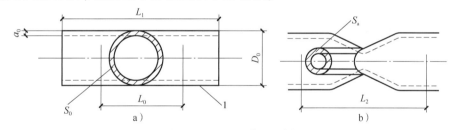

图 17-5-19　圆形管段试样

a）试验前　b）试验后

说明：a_0——原始管壁厚度；D_0——原始管外直径；L_0——原始标距；L_1——试样总长度；L_2——断后标距；S_0——平行长度的原始横截面积；S_a——断后最小横截面积；1——夹持头部。

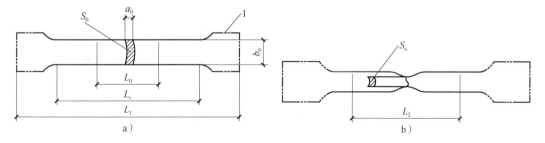

图 17-5-20　圆管的纵向弧形试样

a）试验前　b）试验后

说明：a_0——原始管壁厚度；b_0——圆管纵向弧形试样原始宽度；L_0——原始标距；L_e——平行长度；L_1——试样总长度；L_2——断后标距；S_0——平行长度的原始横截面积；S_a——断后最小横截面积；1——夹持头部。

对于管壁厚度小于 3mm 的机加工横向、纵向和圆形截面试样见厚度 0.1 ~ 3mm 薄钢板和薄带钢使用的试样类型的规定。对于管壁厚度大于 3mm 的机加工横向、纵向和圆形横截面试样见厚度等于或大于 3mm 板材和扁材以及直径或厚度等于或大于 4mm 线材、棒材和型材使用的试样类型的规定。

②试样尺寸

A. 纵向弧形试样。纵向弧形试样尺寸见表 17-5-11。相关产品标准可以规定不同于表 17-5-11 规定的试样。纵向弧形试样一般适用于厚度大于 0.5mm 的管材。为了在试验机上夹持，可以压平纵向弧形试样的两端头部，但不应将平行长度压平。

表 17-5-11　纵向弧形试样

D_0/mm	b_0/mm	a_0/mm	r/mm	$k = 5.65$			$k = 11.3$		
				L_0/mm	L_c/mm	试样编号	L_0/mm	L_c/mm	试样编号
30 ~ 50	10	原壁厚	≥12	$5.65\sqrt{S_0}$	$\geq L_0 + 1.5\sqrt{S_0}$ 仲裁试验： $L_0 + 2\sqrt{S_0}$	S1	$11.3\sqrt{S_0}$	$\geq L_0 + 1.5\sqrt{S_0}$ 仲裁试验： $L_0 + 2\sqrt{S_0}$	S01
>50 ~ 70	15					S2			S02
>70 ~ 100	20/19					S3/S4			S03
>100 ~ 200	25					S5			
>200	38					S6			

注：如相关产品标准无具体规定，优先采用比例系数 $k = 5.65$ 的比例试样。

不带头的试样，两夹头间的自由长度应满足，以使试样原始标距的标记与最接近的夹头的距离不小于 $1.5\sqrt{S_0}$。

B. 管段试样。管段试样见表 17-5-12。应在试样两端加以塞头。塞头至最接近的标记的距离不应小于 $D_0/4$。只要材料足够，仲裁试验时此距离为 D_0。塞头相对于试验机夹头在标距方向伸出的长度不应超过 D_0。而其形状应不妨碍标距内的变形。

允许压扁管段试样两夹持头部，加或不加扁块塞头后进行试验。仲裁试验不压扁，应加配塞头。

表 17-5-12　管段试样

L_0/mm	L_c/mm	试样类型编号
$5.65\sqrt{S_0}$	$\geq L_0 + D_0/2$ 仲裁试验： $L_0 + 2D_0$	S7
50	≥100	S8

C. 机加工的横向截面试样。机加工的横向矩形横截面试样，管壁厚度小于 3mm 时，采用表 17-5-4 矩形截面非比例试样或表 17-5-5 试样宽度公差的试样。管壁厚度大于或等于 3mm 时，采用表 17-5-8 矩形横截面比例试样或表 17-5-9 矩形横截面非比例试样的试样。

不带头的试样，两夹头间的自由长度应足够，以使试样原始标距的标记与最接近的夹头间的距离不少于 $1.5b_0$。

应采取特别措施校直横向试样。

D. 管壁厚度加工的纵向圆形横截面试样。机加工的纵向圆形横截面试样应采用表 17-5-7 圆形横截面比例试样。相关产品标准应根据管壁厚度规定圆形横截面尺寸，如无具体要求，按表 17-5-13 选用。

表 17-5-13　管壁厚度加工的纵向圆形横截面试样

a_0/mm	采用试样
8 ~ 13	R7

（续）

$a_0/$mm	采用试样
>13 ~ 16	R5
>16	R4

③原始横截面面积的测定。试样原始横截面面积的测定应准确到 ±1% 。

管段试样、不带头的纵向或横向试样的原始截面面积可以根据测量的试样长度、试样质量和材料密度按式（17-5-2）计算。

对于圆管纵向弧形试样，可按下式计算原始横截面面积。

$$S_0 = \frac{b_0}{4}(D_0^2 - b_0^2)^{1/2} + \frac{D_0^2}{4}\arcsin\left(\frac{b_0}{D_0}\right) - \frac{b_0}{4}\left[(D_0 - 2a_0)^2 - b_0^2\right]^{1/2} - \left(\frac{D_0 - 2a_0}{2}\right)^2 \arcsin\left(\frac{b_0}{D_0 - 2a_0}\right)$$

（17-5-3）

式中 a_0——管的壁厚；

       b_0——纵向弧形试样的平均宽度， $b_0 < (D_0 - 2a_0)$；

       D_0——管的外径。

对于纵向弧形试样可以采用以下简化公式计算：

当 $\frac{b_0}{D_0} < 0.25$ 时

$$S_0 = a_0 b_0 \left[1 + \frac{b_0^2}{6D_0(D_0 - 2a_0)}\right]$$

（17-5-4）

当 $\frac{b_0}{D_0} < 0.1$ 时

$$S_0 = a_0 b_0$$

（17-5-5）

对于管段试样原始横截面面积按下式计算：

$$S_0 = \pi a_0 (D_0 - a_0)$$

（17-5-6）

2. 金属材料冲击试验

《金属材料 夏比摆锤冲击试验方法》（GB/T 229）规定了金属材料在试验中测定冲击试样（V 型、U 型缺口和无缺口试样）吸收能量的夏比摆锤冲击试验方法，标准适用于室温、高温或低温条件下夏比摆锤冲击试验。

（1）试样相关定义 如图 17-5-21 所示。

1）宽度（W）。开缺口面与其相对面之间的距离，对于无缺口试样为打击中心所在面与其相对面之间的距离。

2）厚度（B）。垂直于宽度方向且与缺口轴线平行的尺寸，对于无缺口试样为与宽度方向垂直的最小尺寸。

3）长度（L）。与缺口方向垂直的最大尺寸，对于无缺口试样为与宽度方向垂直的最大尺寸。

（2）试样

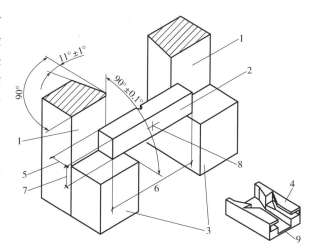

图 17-5-21   试样与摆锤冲击试验机支座及砧座相对位置

说明：1——砧座；2——标准尺寸试样；3——试样支座；
4——保护罩；5——试样宽度，W；6——试样长度，L；
7——试样厚度，B；8——打击点；9——摆锤冲击方向。

注：保护罩可用于 U 型摆锤试验机，用于保护断裂试样不回弹到摆锤和造成卡锤。

1) 一般规定。标准尺寸冲击试样长度为55mm，横截面为10mm×10mm方形截面。在试样长度的中间位置有V型或U型缺口。如试样不够制备标准尺寸的试样，无特殊规定，可以采用厚度为7.5mm、5mm或2.5mm的小尺寸试样。夏比摆锤冲击试样如图17-5-22所示，试样的尺寸与偏差见表17-5-14。

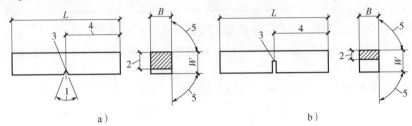

图 17-5-22　夏比摆锤冲击试样

a) V型缺口　b) U型缺口

注：符号和数字含义见表17-5-14。

表 17-5-14　试样的尺寸与偏差

名称	符号或序号	V型缺口试样[①]		U型缺口试样	
		名义尺寸	机加工公差	名义尺寸	机加工公差
试样长度	L	55mm	±0.60mm	55mm	±0.60mm
试样宽度	W	10mm	±0.075mm	10mm	±0.11mm
试样厚度-标准尺寸试样		10mm	±0.11mm	10mm	±0.11mm
试样厚度-小尺寸试样[②]	B	7.5mm	±0.11mm	7.5mm	±0.11mm
		5mm	±0.06mm	5mm	±0.06mm
		2.5mm	±0.05mm	—	—
缺口角度	1	45°	±2°	—	—
韧带宽度	2	8mm	±0.075mm	8mm	±0.09mm
		—	—	5mm	±0.09mm
缺口根部半径	3	0.25mm	±0.025mm	1mm	±0.07mm
缺口对称面-端部距离	4	27.5mm	±0.42mm[③]	27.5mm	±0.42mm[③]
缺口对称面-试样纵轴角度		90°	±2°	90°	±2°
试样相邻纵向面间夹角	5	90°	±1°	90°	±1°
表面粗糙度[④]	Ra	<5μm	—	<5μm	—

①对于无缺口试样，要求与V型缺口试样相同（缺口要求除外）。

②如指定其它厚度（如2mm或3mm），应规定相应的公差。

③对端部对中自动定位试样的试验机，建议偏差采用±0.165mm代替±0.42mm。

④试样的表面粗糙度Ra应优于5μm，端部除外。

对于需要进行热处理的试验材料，应在最终热处理后的试料上进行精加工和开缺口，除非可以证明热处理前试样不会影响试验结果。

2) 缺口的几何形状。应仔细制备试样缺口，以保证缺口根部半径没有影响吸收能量的加工痕迹。缺口对称面应垂直于试样纵向轴线，如图17-5-22所示。

V型缺口夹角应为45°，根部半径为0.25mm，如图17-5-22a所示和表17-5-14。

U型缺口根部半径为1mm，如图17-5-22b所示和表17-5-14，韧带宽度为8mm或5mm，缺口深度为2mm或5mm，除非另有规定。

（3）试样的制备　试样样坯的切取应按相关产品标准或按《钢及钢产品力学性能试验取样位

置及式样制备》（GB/T 2975）的规定执行，试样制备过程中应使可能令材料性能（例如加热或冷作硬化）的影响减至最小。

（4）试验程序

1）一般规定。试样应紧贴试验机砧座，试样缺口对称面与两砧座中间平面间的距离不应大于0.5mm。锤刃打击中心位于缺口对称面、试样缺口的对面，如图17-5-21所示，对于无缺口试样应使锤刃打击中心位于试样长度方向和厚度方向的中间位置。

试验前应检查砧座的跨距，砧座跨距应保证在$40_0^{+0.2}$ mm以内；并检查砧座圆角和摆锤锤刃部位是否有损伤或外来金属粘连，如发现存在问题应对问题部件及时调整、修磨或更换以保证试验结果的准确可靠。

2）试验温度。除非另有规定，冲击试验应在23℃±5℃（室温）进行。对于试验温度有规定的冲击试验，试样温度应控制在规定温度±2℃范围内进行冲击试验。

当使用液体介质冷却或加热试样时，试样应放置于容器中的网栅上，网栅至少高于容器底部25mm，液体浸过试样的高度至少25mm，试样距容器侧壁至少10mm。应连续均匀搅拌介质以使温度均匀。温度测量装置应置于试样组中间。液体介质温度应在规定温度±1℃以内，试样应在转移至冲击位置前在该介质中保持至少5min。

当使用气体介质冷却或加热试样时，试样应与最近表面保持至少50mm距离。试样之间至少间隔10mm。应连续均匀搅拌介质以使温度均匀。温度测量装置应置于试样组中间。气体介质温度应在规定温度±1℃以内。试样应在移出介质进行试验前在该介质中保持至少30min。

（5）剪切断面率

1）一般概念。夏比冲击试样的断口表现常用剪切断面率评定。剪切断面率越高，材料缺口处的韧性越好。大多数夏比冲击试样的断口形貌为剪切断口区和平断口区的混合状态。剪切断口区为纯延性断裂，平断口区可以是延性、脆性或混合断裂。由于对断口评定带有很高的主观性，因此建议剪切断面率不作为技术规范使用。由相关方协议确定是否需要测量剪切断面率。

2）测定方法。通常选用下面方法中一种测定剪切断面率：

①测量断口解理断裂部分（即"闪亮"）的长度和宽度，如图17-5-23所示，按表17-5-15计算剪切断面率。

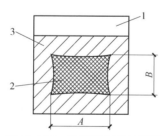

图 17-5-23　剪切断面率的测定

说明：1——缺口；2——解理区域（脆性）；3——剪切区域（韧性）；A——用于评估解理区域的测量尺寸；
　　　B——用于评估解理区域的测量尺寸。

注：测量尺寸 A 和 B 精确到 0.5mm。

表 17-5-15　剪切断面率的测量

B/mm	A/mm																		
	1.0	1.5	2.0	2.5	3.0	3.5	4.0	4.5	5.0	5.5	6.0	6.5	7.0	7.5	8.0	8.5	9.0	9.5	10
	剪切断面率（%）																		
1.0	99	98	98	97	96	96	95	94	94	93	92	92	91	91	90	89	89	88	88
1.5	98	97	96	95	94	93	92	92	91	90	89	88	87	86	85	84	83	82	81

（续）

B/mm	A/mm																		
	1.0	1.5	2.0	2.5	3.0	3.5	4.0	4.5	5.0	5.5	6.0	6.5	7.0	7.5	8.0	8.5	9.0	9.5	10
	剪切断面率（%）																		
2.0	98	96	95	94	92	91	90	89	88	86	85	84	82	81	80	79	77	76	75
2.5	97	95	94	92	91	89	88	86	84	83	81	80	78	77	75	73	72	70	69
3.0	96	94	92	91	89	87	85	83	81	79	77	76	74	72	70	68	66	64	62
3.5	96	93	91	89	87	85	82	80	78	76	74	72	69	67	65	63	61	58	56
4.0	95	92	90	88	85	82	80	77	75	72	70	67	65	62	60	57	55	52	50
4.5	94	92	89	86	83	80	77	75	72	69	66	63	61	58	55	52	49	46	44
5.0	94	91	88	85	81	78	75	72	69	66	62	59	56	53	50	47	44	41	37
5.5	93	90	86	83	79	76	72	69	66	62	59	55	52	48	45	42	38	35	31
6.0	92	89	85	81	77	74	70	66	62	59	55	51	47	44	40	36	33	29	25
6.5	92	88	84	80	76	72	67	63	59	55	51	47	43	39	35	31	27	23	19
7.0	91	87	82	78	74	69	65	61	56	52	47	43	39	34	30	26	21	17	12
7.5	91	86	81	77	72	67	62	58	53	48	44	39	34	30	25	20	16	11	6
8.0	90	85	80	75	70	65	60	55	50	45	40	35	30	25	20	15	10	5	0

②使用图 17-5-24 所示的标准断口形貌图与试样断口的形貌进行比较。

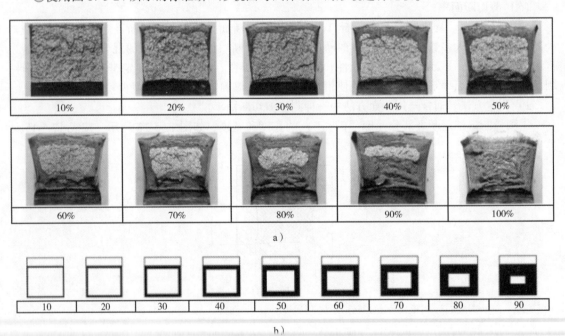

图 17-5-24　断口形貌

a）断口形貌与剪切断面率对照　b）断口形貌评估指南（以%表示）

③将断口放大，并与预先校准的对比图层进行对比，或用求积仪测量解理断面率然后计算剪切断面率（用 100% 减去解理断面率）。

④用合适的放大倍率将拍成照片用求积仪测量解理断面率然后计算剪切断面率（用 100% 减去解理断面率）。

⑤用图像分析技术测量剪切断面率。

3. 钢材弯曲试验

钢材弯曲试验应遵循国家标准《金属材料　弯曲试验方法》（GB/T 232）的规定。该标准规定了金属材料承受弯曲塑性变形能力的试验方法，标准适用于金属材料相关产品标准规定试样的弯曲试验。但不适用于金属管材和金属焊接接头的弯曲试验。金属管材和金属焊接接头的弯曲试验由其他标准规定。

（1）试验设备　弯曲试验应在配备下列弯曲装置之一的试验机或压力机上完成试验。

1）支辊式弯曲装置。支辊长度和弯曲压头的宽度应大于试样宽度或直径，如图 17-5-25 所示。弯曲压头的直径由产品标准规定，支辊和弯曲压头应具有足够的硬度。

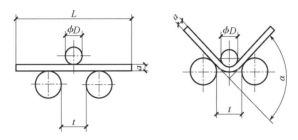

图 17-5-25　支辊式弯曲装置

除另有规定外，直辊间距 l 应按下式计算，此距离在试验期间应保持不变。

$$l = (D + 3a) \pm \frac{a}{2} \qquad (17\text{-}5\text{-}7)$$

2）V 型模具式弯曲装置。模具的 V 形槽其角度应为 $180° - \alpha$，如图 17-5-26 所示。弯曲角度 α 应在相关产品标准中规定。模具的支承棱边应倒圆，其倒圆半径应为（1 ~ 10）倍试样厚度。模具和弯曲压头宽度应大于试样宽度或直径并应具有足够的硬度。

3）虎钳式弯曲装置。该装置由虎钳及有足够硬度的弯曲压头组成，如图 17-5-27 所示，可以配置加力杠杆。弯曲压头直径应按照相关产品标准要求，弯曲压头宽度应大于试样宽度或直径。

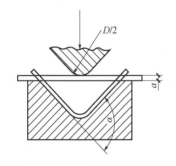

图 17-5-26　V 型模具式弯曲装置

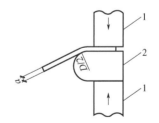

图 17-5-27　虎钳式弯曲装置
1—虎钳　2—弯曲压头

由于虎钳左端面的位置会影响测试结果，因此虎钳的左端面不能达到或者超过弯曲压头中心垂线。

4）除标准规定的方法外还可以采用翻板式弯曲装置，如图 17-5-28 所示。

翻板带有楔形滑块，滑块宽度应大于试样宽度或直径。滑块应具有足够的硬度。翻板固定在耳轴上，试验时能绕耳轴轴线转动。耳轴连接弯曲角度指示器，指示 0° ~ 180°的弯曲角度。

翻板间距离为：

$$l = (d + 2a) + e \qquad (17\text{-}5\text{-}8)$$

式中，e 可取值 2 ~ 6mm。

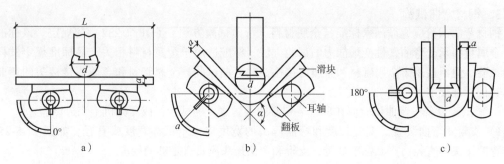

图 17-5-28　翻板式弯曲装置

（2）试样

1）一般规定。试验使用圆形、方形、矩形或多边形横截面试样。样坯的切取位置和方向应按照相关产品标准的要求。如未具体规定，对钢产品应符合《钢及钢产品力学性能试验取样位置及式样制备》（GB/T 2975）的要求。试样应去除由于剪切或火焰切割或类似的操作而影响了材料性能的部分。如果试验结果不受影响，允许不去除试样受影响的部分。

矩形试样的棱边，试样表面不得有划痕和损伤。方形、矩形和多边形横截面试样的棱边应倒圆，倒圆半径不能超过以下数值：

当试样厚度小于 10mm 时，倒圆半径不能超过 1mm。

当试样厚度大于或等于 10mm 且小于 50mm 时，倒圆半径不能超过 1.5mm。

当试样厚度不小于 50mm 时，倒圆半径不能超过 3mm。

棱边倒圆时不应形成影响试验结果的横向毛刺、伤痕或刻痕。如果试验结果不受影响，允许试样的棱边不倒圆。

2）试样的宽度和厚度

①试样宽度应按照相关产品标准要求。如未具体规定，试样宽度应符合以下规定：

产品宽度不大于 20mm 时，试样宽度为原产品宽度。

当产品宽度大于 20mm 时，当产品厚度小于 3mm 时，试样宽度为（20±5）mm；当产品厚度不小于 3mm 时，试样宽度在 20～50mm。

②试样厚度或直径应按照相关产品标准的要求。如未具体规定，应按照以下要求：

对于板材、带材和型材，试样厚度应为原产品厚度。如果产品厚度不大于 25mm 时，试样厚度可以机加工减薄至不小于 25mm，并应保留一侧原表面。弯曲试验时试样保留的原表面应位于受拉变形一侧。

直径（圆形横截面）或内切圆直径（多边形横截面）不大于 50mm 的产品，其试样横截面应为原产品横截面。对于直径或多边形横截面内切圆直径超过 30mm 但不大于 50mm 的产品，可以将其机加工成横截面内切圆直径为不小于 25mm 的试样。直径或多边形横截面内切圆直径大于 50mm 的产品，应将其机加工成横截面内切圆直径不小于 25mm 的试样，如图 17-5-29 所示。试验时，试样未经加工的原表面应置于受拉变形的一侧。

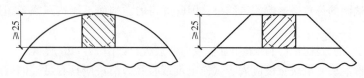

图 17-5-29　机加工试样横截面形状与尺寸

3）其他

①对于锻材、铸材和半成品，其试样的尺寸和形状应在交货要求或协议中规定。

②对于大厚度和大宽度试样，经协议可以参考标准进行试验。

③试样长度应根据试样厚度（或直径）和所使用的试验设备确定。

（3）试验程序 试验过程中应采取足够的安全措施和防护装置。

1）试验一般在 10～35℃ 的室温范围内进行。对温度要求严格的试验，试验温度应为（23 ± 5）℃。

2）按照相关产品标准规定，采用以下方法之一完成试验：

①试样在给定的条件和力作用下弯曲至规定的弯曲角度，如图 17-5-25～图 17-5-27 所示。

②试样在力作用下弯曲至两臂相距规定距离且相互平行，如图 17-5-30 所示。

③试样在力作用下弯曲至两臂直接接触，如图 17-5-31 所示。

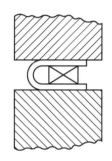 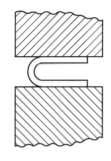 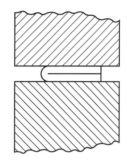

图 17-5-30 试样弯曲至两臂平行   图 17-5-31 试样弯曲至两臂直接接触

3）试样弯曲至规定弯曲角度的试验，应将试样放于两支辊（如图 17-5-25 所示）或 V 型模具上（如图 17-5-26 所示），试样轴线应与弯曲压头轴线垂直，弯曲压头在两支座之间的中点处对试样连续施加力使其弯曲，直至达到规定的弯曲角度。弯曲角度 α 可以通过测量弯曲压头的位移按以下方法计算得出。

通过测量弯曲压头位移测量弯曲角度的方法：

标准规定了试样在压力作用下弯曲角度 α 的测量方法。由于直接测量弯曲角度 α 比较困难，因此推荐使用通过测量弯曲压头位移 f 计算弯曲角度 α 的方法。试样在力的作用下弯曲角度 α 由弯曲压头的位移确定，如图 17-5-32 所示，按下式计算。

$$\sin \frac{\alpha}{2} = \frac{pc + W(f - c)}{p^2 + (f - c)^2}$$

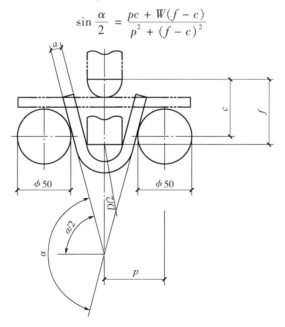

图 17-5-32 弯曲压头位移计算简图

$$\cos \frac{\alpha}{2} = \frac{Wp - c(f - c)}{p^2 + (f - c)^2}$$

$$W = \sqrt{p^2 + (f - c)^2 - c^2}$$

$$c = 25 + a + \frac{D}{2}$$

可以采用图 17-5-27 所示的方法进行弯曲试验，这样一端固定，绕弯曲压头进行弯曲，可以绕过压头直至达到规定的弯曲角度。

弯曲试验时，应当缓慢地施加弯曲力，以使材料能够自由地进行塑性变形。

当出现争议时，试验速率应为 (1±0.2) mm/s。

如不能直接达到规定的弯曲角度，可将试样置两平行压板之间，如图 17-5-33 所示，连续施加压力压其两端使其进一步弯曲，直至达到规定的弯曲角度。

4）试样弯曲至两臂相互平行的试验，首先对试样进行初步弯曲，然后将试样置于两平行压板之间，如图 17-5-33 所示，连续施加力压其两端使进一步弯曲，直至两臂平行，如图 17-5-34 所示。试验时可以加或不加内置垫片。垫片厚度等于规定的弯曲压头直径，除非产品标准中另有规定。

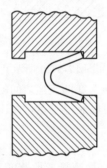 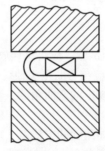 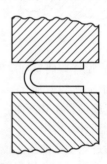

图 17-5-33　可将试样置两平行压板之间　　　图 17-5-34　试样弯曲至两臂相互平行的试验

5）试样弯曲至两臂直接接触试验，首先对试样初步弯曲，然后将试样置于两平行压板之间，连续施加力使其两端进一步弯曲，直至两臂直接接触，如图 17-5-35 所示。

（4）试验结果评定　应按照相关产品标准的要求评定弯曲试验结果。如未规定具体要求，弯曲试验后不使用放大仪器观察，试样弯曲外表面无可见裂纹应评定为合格。

以相关产品标准规定的弯曲角度作为最小值；若规定弯曲压头直径，以规定的弯曲压头直径作为最大值。

（5）试验报告内容　试验报告至少应包括以下内容：

1）标准编号。

2）试样标识（材料牌号、炉号、取样方向等）。

3）试样的形状和尺寸。

4）试验条件（弯曲压头直径，弯曲角度）。

5）与本标准的偏差。

6）试验结果。

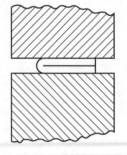

图 17-5-35　试样弯曲至两臂直接接触

17.5.3　常用建筑钢材试验取样要求及取样数量

常用建筑钢材试验取样要求及取样数量见表 17-5-16。

表 17-5-16　常用建筑钢材试验取样要求及取样数量

标准名称及标准号	检验项目											
	化学成分	拉伸试验	弯曲试验	常温冲击	低温冲击	时效冲击	冷弯试验	表面质量	尺寸外形	厚度方向性能	超声波探伤	压扁试验
《碳素结构钢》（GB/T 700）	1/每炉号	1/批	1/批	2/批			1/批					
《优质碳素结构钢》（GB/T 699）	1/每炉罐号	1/批	1/批	2/批				逐根	逐根			2/批
《低合金高强度结构钢》（GB/T 1591）					3/批							
《焊接结构用耐候钢》（GB/T 4172）												
《高耐候结构钢》（GB/T 4191）												
《桥梁用结构钢》（GB/T 714）				3/批		3/批	1/批	逐（根）张	逐（根）张			
《高层建筑用钢板》（YB 4104）										3/批	逐张	
《热轧 H 型钢和剖分 T 型钢》（GB/T 11263）	1/每炉号											
《热轧轻型 H 型钢》（YB 4113）	1/每炉罐号				3/批			逐根	逐根			
《冷弯型钢》（GB/T 6725）												
《结构用高强度耐候焊接钢管》（YB/T 4112）		2/批（不同根钢管）	2/批（不同根钢管）									2/批（不同根钢管）

注：批的组成—每批由同一牌号、同一质量等级、同一炉罐号、同一品种、同一尺寸及同一交货状态的钢材组成，质量不大于 60t。

第 18 章 钢结构的防护

18.1 钢结构防腐蚀

钢结构具有承载能力高、自重轻、抗震性能好、工厂化程度高、建设速度快等优点，但也存在着耐腐蚀性差、耐火性差等缺点。钢结构的腐蚀与相对湿度和大气中侵蚀性物质的含量有密切关系。通常相对湿度在 60% 以下时，钢材的大气腐蚀是轻微的。在干燥的亚热带气候或在温带气候的建筑物室内，钢材的腐蚀只可能在极有限的范围内发生。但当相对湿度增加到某一数值时，钢材的腐蚀速度将突然升高，这一数值即为临界湿度。在常温下，一般钢材腐蚀的临界湿度为 60% ~ 70%，钢材的腐蚀速度与大气相对湿度的关系如图 18-1-1 所示。

钢结构腐蚀是结构在长期使用过程中，不可避免的一种自然现象。腐蚀不仅造成自身的经济损失，并且影响结构的安全。因此，防止结构过早腐蚀，提高其使用寿命，是设计、制造和使用单位共同关心的问题。除采用耐大气腐蚀性能强的钢材外，在钢结构表面涂刷防护涂层，仍是目前钢结构防腐的主要措施之一。通过刷涂或喷涂等办法，在钢材表面形成保护膜，同促进腐蚀的各种外界条件如水分、氧气、二氧化碳等尽可能隔离开来，从而达到防护的目的。

钢结构防腐设计的目的在于利用涂层的保护作用防止钢结构腐蚀，延长其使用寿命，而涂层的防护作用程度和防护时间的长短则决定于涂层质量，涂层质量的好坏又决定于涂装设计、施工

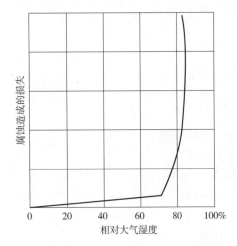

图 18-1-1　钢材的腐蚀速度与大气相对湿度的关系

和管理。涂装设计的内容主要包括钢材表面处理，除锈方法的选择和除锈质量等级的确定，涂装品种的选择，涂层结构和涂层厚度的设计等。设计文件中应注明所要求的钢材除锈等级和所要用的涂料（或镀层）及涂（镀）层的厚度。同时还明确规定，除有特殊需要外，设计中一般不应因考虑锈蚀而加大构件截面的厚度。

钢结构的有些部位是禁止涂漆的，在设计图中应予注明，如：①地脚螺栓和底板；②高强度螺栓摩擦接触面；③与混凝土紧贴或埋入的部位（钢骨混凝土部分）；④焊接封闭的空心截面内壁；⑤工地焊接部位及两侧 100mm 且要满足超声波探伤要求的范围。但工地焊接部位及其两侧应进行不影响焊接的防锈处理，在除锈后刷涂防锈保护漆，如环氧富锌底漆等，漆膜厚度 8 ~ 15μm。

整个工程安装完毕后，须对有些部位进行补漆，如接合部的外露部位和紧固件、工地焊接部位，以及运输和安装过程中的损坏部位等。

18.1.1 钢材表面处理

钢结构由热轧钢材制作，热轧钢材在生产过程中产生一层均匀的氧化皮；钢材在储存过程中由于大气的腐蚀而生锈；钢材在加工过程中在结构表面往往产生焊渣、毛刺、油污等污染物；这些氧化皮、铁锈和污染物不认真清理，则会影响到涂层的附着力和使用寿命。

钢材的表面处理，是涂装工程的重要一环，其质量的好坏直接影响整个涂装的质量。欧美一

些国家认为，除锈质量要影响涂装质量的60%以上。如果除锈不彻底，漆膜下的金属表面继续生锈扩展，使涂层破坏失效，将达不到预期的防护效果。

钢材锈蚀的类型特征见表18-1-1。

表 18-1-1　钢材锈蚀的类型特征

序号	锈蚀类型	锈蚀特征
1	轻锈	或称浮锈，是轻微锈蚀，呈现黄色或淡红色，成细粉末状。用粗麻布或棕刷擦拭即可除掉，去锈后仅轻微损伤氧化膜层（蓝皮）
2	中锈	或称迹锈，是较重锈蚀，部分氧化膜脱落，呈现红褐色或淡赭色，成堆粉末状。用硬棕刷或钢丝刷才能刷掉，去锈后表面粗糙，甚至留存锈痕
3	重锈	或称层锈，是严重锈蚀，锈层凸起或呈片状，一般为暗褐色或红黄色，用硬铜刷或钢丝刷才能刷掉，去锈后呈现麻坑
4	水渍	是受雨水或海水侵蚀，尚未起锈，仅在表面呈现灰黑色或暗红色的水纹印迹。轻者抹布即可擦去，但已渗透氧化膜者仍有纹印
5	粉末锈	是指镀覆表面被氧化后，形成白色或黄色粉末状的锈层，用抹布即可擦去。擦净后，大多数表面上留有锈痕或呈现粗糙面
6	破锡（锌）锈	是指基体金属上的锡（锌）镀层由于锈蚀而破坏，使基体金属暴露。轻者可用粗麻布擦去，虽然镀层破坏而基体金属未发生锈蚀；重者抹布擦不净，基体金属发生重锈

钢结构的除锈方法有手工工具除锈、手工动力除锈、喷射或抛射除锈等。手工工具或手工动力除锈使用的除锈工具为钢丝刷、铲刀、尖锤、平面砂磨机和动力钢丝刷等，工具简单、操作方便、费用低，但劳动强度大、效率低、质量差，只能满足一般涂装要求。喷射或抛射除锈使用的工具设备为空气压缩机、喷射机等，能控制除锈质量，获得不同要求的表面粗糙度。

常用除锈方法的特点见表18-1-2；不同除锈方法的防护效果见表18-1-3。

表 18-1-2　常用除锈方法的特点

除锈方法	设备工具	优点	缺点
手工、机械	砂布、钢丝刷、铲刀、尖锤、平面砂磨机、动力钢丝刷等	工具简单，操作方便，费用低	劳动强度大，效率低，质量差，只能满足一般涂装要求
喷射	空气压缩机、喷射机、油水分离器等	能控制质量，获得不同要求的表面粗糙度	设备复杂，需要一定操作技术，劳动强度较高，费用高，污染环境
酸洗	酸洗槽、化学药品、厂房等	效率高，适用大批件，质量高，费用较低	污染环境，废液不容易处理，工艺要求较严

表 18-1-3　不同除锈方法的防护效果　（单位：年）

除锈方法	红丹、铁红各两道	两道铁红	除锈方法	红丹、铁红各两道	两道铁红
手工	2.3	1.2	酸洗	<9.7	4.6
A级不除锈	8.2	3.0	喷射	<10.3	6.3

18.1.2　钢材表面的锈蚀程度及除锈等级

1. 除锈等级的分级

1)《涂覆涂料前钢材表面处理　表面清洁度的目视评定　第1部分：未涂覆过的钢材表面和全面清除原有涂层后的钢材的锈蚀等级和处理等级》（GB/T 8923.1）标准中规定了涂覆涂料前钢

材表面处理，表面清洁度目测的评定。

钢材表面的锈蚀程度分别以 A、B、C 和 D 四个锈蚀等级，锈蚀等级的典型照片如图 18-1-2 所示。

A 级：大面积覆盖着氧化皮，几乎没有铁锈的钢材表面。

B 级：已发生锈蚀，并且氧化皮已开始剥落的钢材表面。

C 级：氧化皮已因锈蚀而剥落，或者可以刮除，并且在正常视力观察下可见轻微点蚀的钢材表面。

D 级：氧化皮已因锈蚀而剥落，而且在正常视力观察下可见普遍发生点蚀的钢材表面。

A级　　　　　　　B级　　　　　　　C级　　　　　　　D级

图 18-1-2　钢材表面锈蚀等级

标准规定了表示不同表面处理方法和清洁程度的若干处理等级。处理等级通过描述处理后钢材表面外观状况的文字定义，见表 18-1-4。处理后的典型样板照片如图 18-1-3 所示。

钢材表面处理等级用代表处理方法类型的字母"Sa"、"St"或"Fl"所示。字母后面数字表示清除氧化皮、铁锈和原有涂层的程度。照片上标有处理前原始锈蚀等级和处理等级符号，例如，B Sa2½。

表 18-1-4　表面处理方法及处理等级

序号	处理方法	处理等级	
1	喷砂清理用字母"Sa"表示。喷射清理前应铲除全部厚锈层，可见的油、脂和污物也应清除掉。喷射清理后，应清除表面的浮灰和碎屑	Sa1 轻度的喷射清理	在不放大的情况下观察时，表面应无可见的油、脂或污物，并且没有附着不牢的氧化皮、铁锈、涂层和外来杂质。如照片中 B Sa1、C Sa1 和 D Sa1
2		Sa2 彻底的喷射清理	在不放大的情况下观察时，表面应无可见的油、脂或污物，并且几乎没有氧化皮、铁锈、涂层和外来杂质，任何残留污染物应附着牢固。如照片中 B Sa2、C Sa2 和 D Sa2
3		Sa2½ 非常彻底的喷射清理	在不放大的情况下观察时，表面应无可见的油、脂或污物，并且没有氧化皮、铁锈、涂层和外来杂质，任何污染物的残留痕迹应呈现为点状或纹状的轻微色斑。如照片中 A Sa2½、B Sa2½、C Sa2½ 和 D Sa2½
4		Sa3 使钢材表面洁净的喷射清理	在不放大的情况下观察时，表面应无可见的油、脂或污物，并且应无氧化皮、铁锈、涂层和外来杂质，该表面应具有均匀的金属色泽。如照片中 A Sa3、B Sa3、C Sa3 和 D Sa3
5	手工和动力工具清理，例如刮、手工刷、机械刷和打磨等表面处理用字母"St"表示。清理前应铲除全部厚锈层，可见的油、脂和污物也应清除掉。清理后，应清除表面的浮灰和碎屑	St2 彻底的手工和动力工具清理	在不放大的情况下观察时，表面应无可见的油、脂或污物，并且没有附着不牢的氧化皮、铁锈、涂层和外来杂质。如照片中 B St2、C St2 和 D St2
6		St3 非常彻底的手工和动力工具清理	同 St2，表面处理应彻底得多，表面应具有金属底材的色泽。如照片中 B St3、C St3 和 D St3

（续）

序号	处理方法	处理等级	
7	火焰清理表面处理用字母"F1"表示。火焰清理前应铲除全部厚锈层，火焰清理后，表面应以动力钢丝清理	F1 火焰清理前应铲除全部厚锈层	在不放大的情况下观察时，表面应无氧化皮、铁锈、涂层和外来杂质。任何残留的痕迹应仅为表面变色，不同颜色的阴影，如照片中 A F1、B F1、C F1 和 D F1

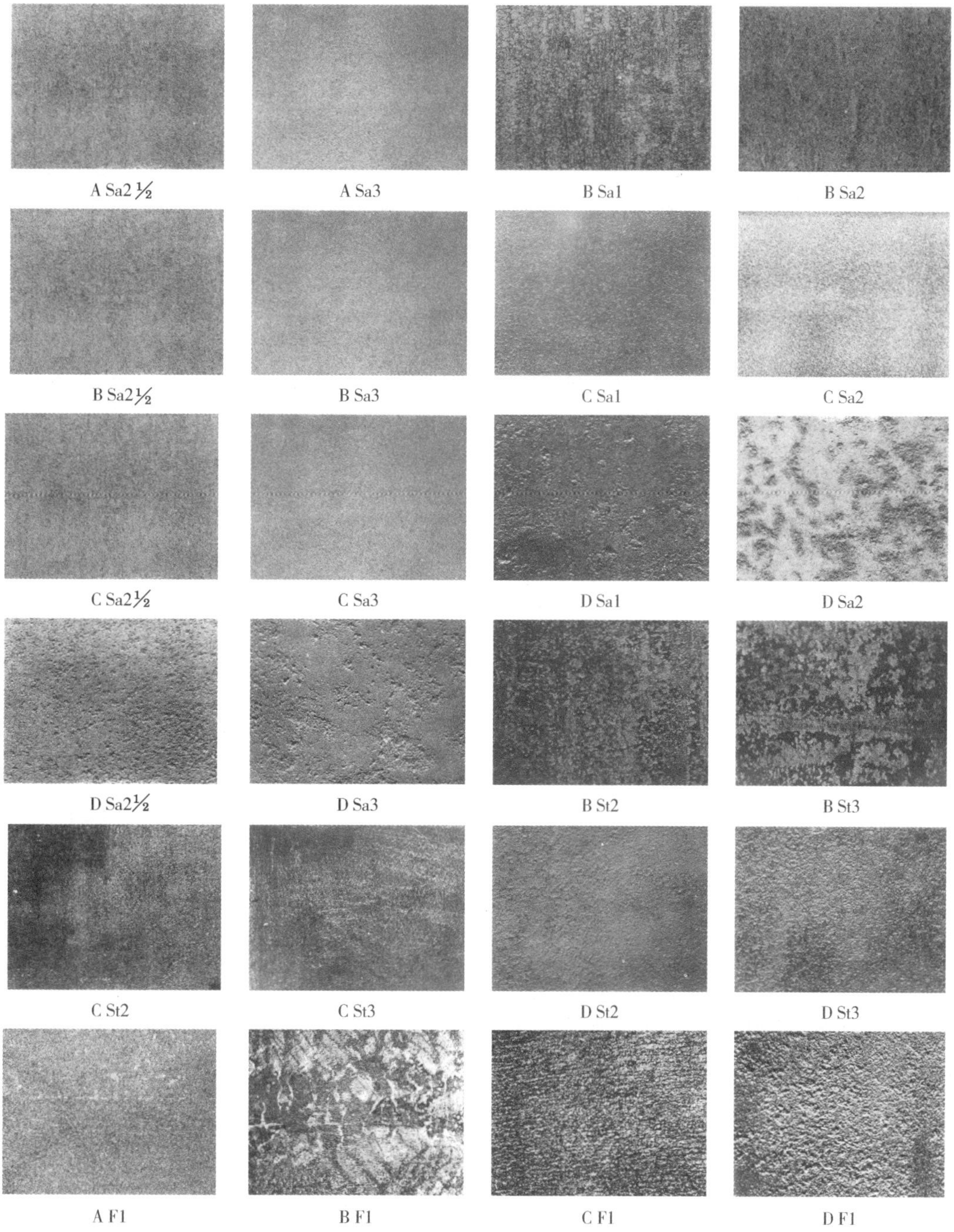

图 18-1-3　除锈等级照片

照片几点说明：

①标准中的照片是采用干法喷射、手工和动力工具清理及火焰清理所达到的处理照片。采用其他方法，例如湿法喷射清理和水喷射清理，得到的处理表面在外观、颜色等方面可能与标准中的照片有所不同，但是，这些照片仍可用来评定其表面处理的等级。

标准中的照片所显示的是采用含有石英砂的磨料进行干法喷射清理后的钢材表面。除非在严格的控制条件状态下，许多国家是禁止在密闭的地方使用含有石英砂的磨料。因此，其他类型（和颜色）的磨料常常用于干法喷射清理。这些磨料可能使钢材表面产生不同的外观。

对于 A Sa1、A Sa2、A St2 和 A St3 处理等级，因为这些处理是不能实现的，而且标准中给出的照片足以可以表示出钢材表面锈蚀等级和处理等级。

②当同一基地采用不同的磨料喷射清理到相同处理等级时获得不同的表面外观，包括颜色，实际上可能会有偏差。

③标准是基于采用多种不同磨料进行的喷射清理。有些磨料残余留嵌在清理表面，其颜色影响了表面外观。通常，使用诸如铜精炼渣和煤炉渣等暗色磨料，将形成一个整体上比使用石英砂更暗，更无光泽的外观。一些硬质的金属磨料，虽然其自身颜色不黑，但由于喷射清理表面上的深边凹痕，也将形成一个较暗的外观。

2)《涂覆涂料前钢材表面处理　表面清洁度的目视评定　第 2 部分：已涂覆过的钢材表面局部清除原有涂层后的处理等级》（GB/T 8923.2）规定了已涂覆过的钢材表面局部清除原有涂层后的处理等级。标准适用于通过诸如喷射清理、手工和动力工具清理以及机械打磨等方式进行涂覆涂料前处理的钢材表面。标准规定对于钢材以目视外观来表示表面清洁度。在一般情况下足以满足要求，但对于很可能要置于恶劣环境，如浸水环境和连续冷凝环境下的涂层，应考虑用物理或化学方法来检测肉眼看上去是清洁表面上的可溶性盐类或其他观察不到的污染物。

①表面处理等级。标准规定了表示不同表面处理方法和清洁程度的若干处理等级。给出了通过描述处理后表面外观情况来确定处理等级。处理等级用代表相应处理方法类型的字母 "Sa" "St" 或 "Ma" 表示。置于 Sa、St 或 Ma 前面的字母 P 表示只是局部清除原有涂层。字母后面的数字，表示清除氧化皮、铁锈和原有涂层的程度。表面处理方法、处理等级和清洁程度见表 18-1-5。

表 18-1-5　表面处理方法、处理等级和清洁程度

序号	处理方法	处理等级和清洁程度
1		P Sa2 彻底的局部喷射清理 牢固附着的涂层应完好无损，表面的其他部分，在不放大的情况下观察时，应无可见油、脂和污物，无疏松涂层，几乎没有氧化皮、铁锈和外来杂质。任何残留污染物应牢固附着。为了比较，见 ISO 8501-1 给出的照片 C Sa2 和 D Sa2（如图 18-1-3 所示）。选择哪一个，取决于腐蚀凹坑的程度
2	P Sa 已涂覆表面的局部喷射清理处理，用字母 "P Sa" 表示 局部喷射清理的表面处理。喷射清理前应铲除全部厚锈层，可见的油、脂和污物也应清除掉。喷射清理后，应清除表面的浮尘和碎屑	P Sa2½ 彻底的局部喷射清理 牢固附着的涂层应完好无损，表面的其他部分，在不放大的情况下观察时，应无可见油、脂和污物，无疏松涂层、氧化皮、铁锈和外来杂质。任何污染物的残留痕迹应仅呈现为点状的轻微污斑。为了比较，见 ISO 8501-1 给出的照片 C Sa2½ 和 D Sa2½（如图 18-1-3 所示）。选择哪一个，取决于腐蚀凹坑的程度
3		P Sa3 局部喷射清理到目视清洁钢材 牢固附着的涂层应完好无损，表面的其他部分，在不放大的情况下观察时，应无可见油、脂和污物，无疏松涂层、氧化皮、铁锈和外来杂质。应具有均匀的金属光泽。为了比较，见 ISO 8501-1 给出的照片 C Sa3 和 D Sa3（如图 18-1-3 所示）。选择哪一个，取决于腐蚀凹坑的程度

（续）

序号	处理方法	处理等级和清洁程度
4	P St 已涂覆表面的局部手工和动力工具清理的表面清洁处理。如刮、刷、磨，用字母"P St"表示。手工和动力工具清理前，应清除任何锈层及可见的油、脂和污物。手工和动力工具清	P St2　彻底的局部手工和动力工具清理 牢固附着的涂层应完好无损，表面的其他部分，在不放大的情况下观察时，应无可见油、脂和污物，无附着不牢的氧化皮、铁锈和外来杂质。为了比较，见 ISO 8501-1 给出的照片 C St2 和 D St2（如图 18-1-3 所示）。选择哪一个，取决于腐蚀凹坑的程度
5	理后，应清除表面的浮尘和碎屑	P St3　彻底的局部手工和动力工具清理 同 P St2 要求。但被清理表面应处理得更加彻底，金属地基要有金属光泽。为了比较，见 ISO 8501-1 给出的照片 C St3 和 D St3（如图 18-1-3 所示）。选择哪一个，取决于腐蚀凹坑的程度
6	P Ma 已涂覆表面的局部采用机械清理的表面处理，用字母"P Ma"表示。它包括彻底机械打磨清理（例如用砂纸研磨盘）或专门的旋转钢丝刷清理，可与针状喷枪一起使用。机械打磨墙，应清除任何厚锈层及可见的油、脂和污物。机械打磨后，应清除表面的浮灰和碎屑	P Ma　几部机械打磨 牢固附着的涂层应完好无损，表面的其他部分，在不放大的情况下观察时，应无可见油、脂和污物，无疏松涂层、氧化皮、铁锈和外来杂质。任何污染物的残留痕迹应仅呈现为点状或条状的轻微污斑。为了比较可参见本节的照片
7	遗留涂层的处理	再次涂覆前，原有涂层的遗留部分，包括表面处理后任何牢固附着的底漆和配套的底层涂层，应无疏松物和污染物。若有必要，应使其粗糙到确保有良好的附着性。遗留涂层的附着力可按《色漆和清漆 拉开法附着力试验》（GB/T 5210）的规定采用便携式附着力测试仪进行附着力拉开试验测定，或采用其他适当的试验方法进行测定

②标准中的照片。标准中的典型照片是重新涂覆涂料前局部外处理前后的典型区域外观（放大 5～6 倍）。

钢材表面处理区域的详细说明及照片见表 18-1-6。

表 18-1-6　钢材表面处理区域的详细说明及照片

序号	类型	照片及说明	
1	非常彻底的局部喷射清理（P Sa2½）的典型实例	氧化铁红车间底漆 氧化铁红车间底漆的表面，底漆清理后的情形，照片的左边，可见以锈蚀的焊接连接处，同时右上方也显示了腐蚀的焊缝	 处理前　　　　　处理后（P Sa2½）
2		防腐体系 照片显示一个防腐体系（红丹/云母氧化铁）已暴露较长时间的表面，喷射前后的情形。在照片的上方，可见一个广泛分布的生锈区域和完好的涂层区域。在表面全部重新涂覆涂料前，完好的涂层区域应进行清理并达到一定的粗糙度	 处理前　　　　　处理后（P Sa2½）

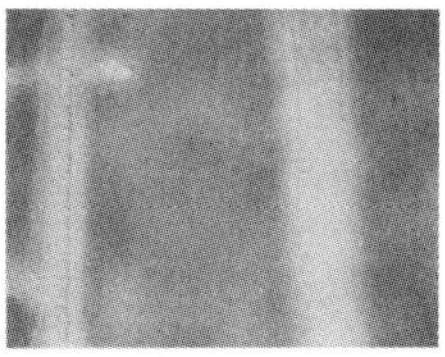

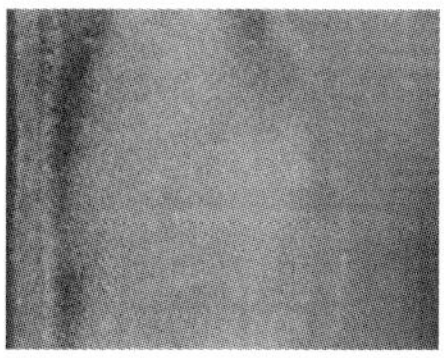

（续）

序号	类型	照片及说明		
3	非常彻底的局部喷射清理（P Sa2½）的极端实例	照片显示一个涂层总体完好，对点蚀处经局部喷射清理的实例，该涂层只需局部修补。也可采用打磨、刮或刷来处理损坏的涂层	 处理前 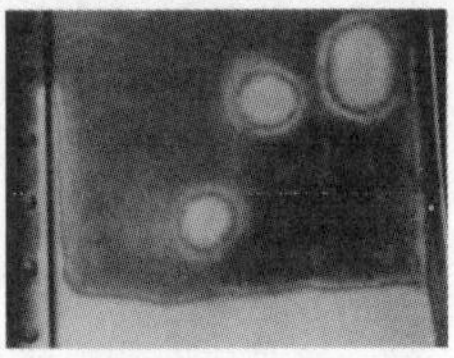	处理后（P Sa2½）
4		一个不合格的涂层 照片显示一个只有轻微可见的锈斑，但必须全部重新涂覆的涂层，也应考虑将涂层全部清除到表面处理等级 Sa2½	 处理前 	处理后（P Sa2½）
5		修理工作之一 一个舱口盖的上表面。照片显示一个涂有两道红丹底漆（桔红色和棕色），两道灰色合成树脂面漆，并使用了约 15a 的防腐体系。由于表面已用蒸汽喷射清理过，涂层体系涂刷痕迹的风化，在处理前的照片中清晰可见	 处理前 	处理后（P Ma）
6	局部机械打磨清理（P Ma）的典型实例	照片显示一个涂有两面底漆（桔红色和棕色），两道灰色合成树脂面漆体系，表面已机械损坏。同时照片显示了再次处理（锈蚀区域通过砂盘机械打磨，然后采用刷子除锈）前后的表面	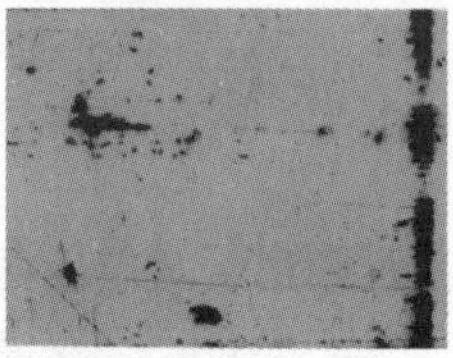 处理前 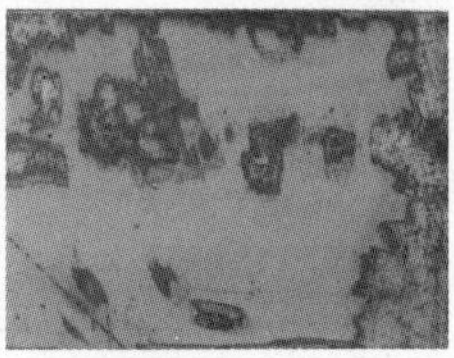	处理后（P Ma）
7		新建工厂：安装前，管道的所有外表面均喷射清理到表面处理等级 Sa2½，焊缝处除外。然后涂覆两道环氧树脂/铬酸锌（淡红色/棕色）的痕迹，再加上环氧树脂（红色，桔红色）中间漆 照片显示再次处理前后的一个管子表面（锈蚀区域和焊接处通过机械打磨，然后采用刷子除锈，并清除全部残留杂质）	 处理前 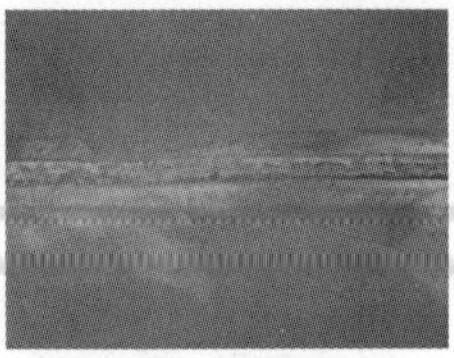	处理后（P Ma）

3）《涂覆涂料前钢材表面处理 表面清洁度的目视评定 第 3 部分：焊缝、边缘和其他区域的表面缺陷的处理等级》（GB/T 8923.3）规定了钢材表面焊缝、边缘和其他区域的表面缺陷的处理等级。这些缺陷在喷射清理前后可能存在并可见。标准规定的处理等级适用于涂覆涂料前应进行表面

处理的带有缺陷的钢材表面，包括焊缝表面。

①缺陷类型。标准规定缺陷分类为焊缝、边缘和一般表面。

各类缺陷图示和规定见表 18-1-7。

②处理等级。带有可见缺陷的钢材表面涂覆涂料前的处理等级分为三个：

—P1 轻度处理，在涂覆涂料前不需要或仅进行最小程度的处理。

—P2 彻底处理，大部分缺陷已被清除。

—P3 非常彻底处理，表面无重大的可见缺陷。这种重大缺陷更适合的处理方法应由相关各方依据特定的施工工艺达成一致。

达到这些处理等级的处理方法对钢材表面或焊缝区域的完整性是非常重要的。例如：对钢材过渡的打磨可能导致钢材表面形成热影响区域，且依靠打磨消除缺陷可能在打磨区域的边缘留下尖锐边缘。

结构上的不同缺陷可能要求不同的处理等级。例如：在所有其他缺陷可能要求处理到 P2 等级时，咬边（表 18-1-7 中的 1.4 项）可能要求处理到 P3 等级，特别是当末道漆有外观要求时，即使无耐腐蚀性要求也可能要求处理到 P3 等级。

处理等级见表 18-1-7。

表 18-1-7 焊缝、边缘和其他区域的缺陷及处理等级

缺陷类型		处理等级		
名称	图示	P1	P2	P3
1 焊缝				
1.1 焊接飞溅物	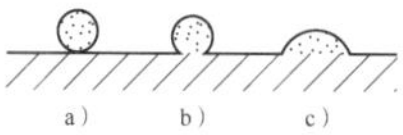 a) b) c)	表面应无任何疏松的焊接飞溅物（图示a）	表面应无任何疏松的和轻微附着的焊接飞溅物（图示 a 和 b），图示 c 显示的焊接飞溅物可保留	表面应无任何焊接飞溅物
1.2 焊接波纹/表面成形	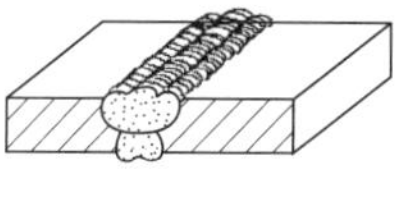	不需处理	表面应去除（如采用打磨）不规则的和尖锐边缘部分	表面应充分处理至光滑
1.3 焊渣	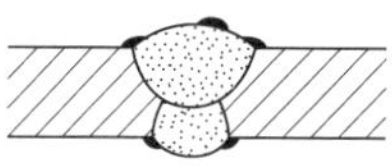	表面应无焊渣	表面应无焊渣	表面应无焊渣
1.4 咬边	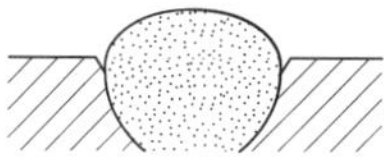	不需处理	表面应无尖锐的或深度的咬边	表面应无咬边
1.5 气孔	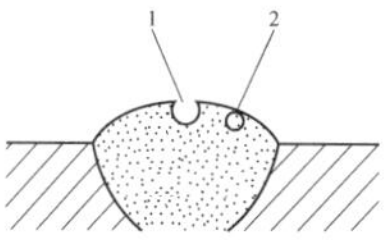 1—可见孔 2—不可见孔（可能在磨料喷射清理后打开）	不需处理	表面的孔应被充分打开以便涂料渗入，或孔被磨去	表面应无可见的孔

（续）

缺陷类型		处理等级		
名称	图示	P1	P2	P3
1.6 弧坑(端部焊坑)	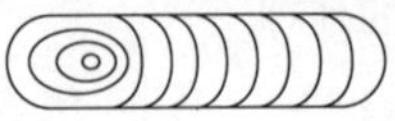	不需处理	弧坑应无尖锐边缘	表面应无可见的弧坑
2 边缘				
2.1 辊压边缘	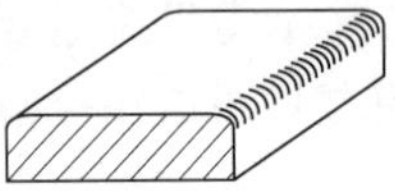	不需处理	不需处理	边缘应进行圆滑处理，半径不小于2mm（见ISO 12944—3）
2.2 冲、剪、锯或钻切边缘 1——冲压边缘 2——剪切边缘	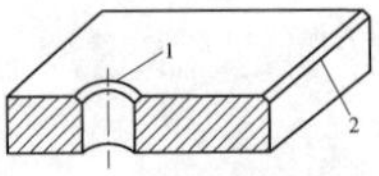	无锐边；边缘无毛刺	无锐边；边缘无毛刺	边缘应进行圆滑处理，半径不小于2mm（ISO 12944—3）
2.3 热切边缘	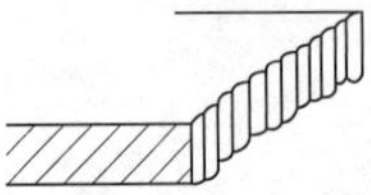	表面应无残渣和疏松剥落物	边缘应无不规则粗糙度	切割面应被磨掉，边缘应进行圆滑处理，半径不小于2mm（见ISO 12944—3）
3 一般表面				
3.1 廓点和凹坑	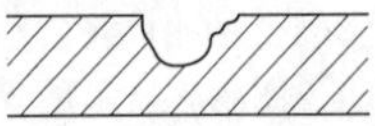	廓点和凹坑应被充分地打开以便涂料渗入	廓点和凹坑应被充分地打开以便涂料渗入	表面应无廓点和凹坑
3.2 剥落 注："shelling"、"slivers"和"hackles"都可用来描述该类缺陷	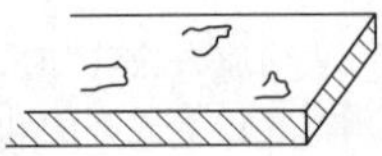	表面应无翘起物	表面应无可见的剥落物	表面应无可见的剥落物
3.3 轧制翘起/夹层	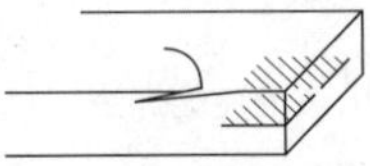	表面应无翘起物	表面应无可见的轧制翘起/夹层	表面应无可见的轧制翘起/夹层
3.4 辊压杂质	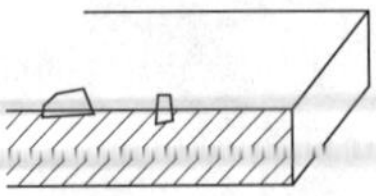	表面应无辊压杂质	表面应无辊压杂质	表面应无辊压杂质
3.5 机械性沟槽	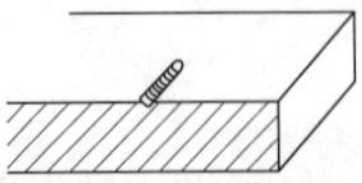	不需处理	凹槽和沟半径应不小于2mm	表面应无凹槽，沟的半径应大于4mm
3.6 凹痕和压痕	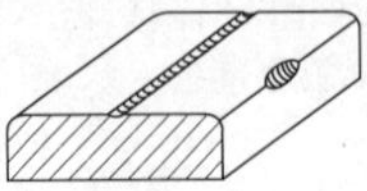	不需处理	凹痕和压痕应进行光滑处理	表面应无凹痕和压痕

2. 除锈等级的确定

钢材表面处理除锈等级的确定是涂装设计的主要内容，确定等级过高会造成人力、财力的浪费；过低会降低涂层质量起不到应有的防护作用，反而是更大的浪费。单纯从除锈等级标准来看，Sa3 级标准质量最高，但它需要的条件和费用最高。据资料报道，达到 Sa3 级的除锈质量，只能在相对湿度小于 55% 的条件下才能实现。瑞典除锈说明书指出：钢材除锈质量达 Sa3 级时，表面清洁度为 100%，达到 Sa2½ 级时则为 95%。按消耗工时计算，若以 Sa2 级为 100%，Sa½ 级则为 130%，Sa3 级则为 200%。因此不能盲目要求过高的标准，而要根据实际需要来确定除锈等级。除锈等级一般应根据钢材表面原始状态，可能选用的底漆，可能采用的除锈方法，工程造价与要求的涂装维护周期等来决定。

由于各种涂料的性能不同，涂料对钢材附着力的要求也不同。各种底漆与相适应的除锈等级关系见表 18-1-8。

表 18-1-8　各种底漆与相适应的除锈等级关系

底漆种类	喷射或抛射除锈			手工除锈		酸洗除锈
	Sa3	Sa2½	Sa2	St3	St2	Sp-8
油基漆	好	好	好	较好	可用	好
酚醛漆	好	好	好	较好	可用	好
醇酸漆	好	好	好	较好	可用	好
磷化底漆	好	好	好	较好	不可用	好
沥青漆	好	好	好	较好	可用	好
聚氨酯清漆	好	好	较好	可用	不可用	较好
氯化橡胶漆	好	好	较好	可用	不可用	较好
氯磺化聚乙烯漆	好	好	较好	可用	不可用	较好
环氧漆	好	好	好	较好	可用	好
环氧煤焦油	好	好	好	较好	可用	好
有机富锌漆	好	好	较好	可用	不可用	可用
无机富锌漆	好	好	较好	不可用	不可用	不可用
无机硅底漆	好	较好	可用	不可用	不可用	较好

18.1.3　钢结构防腐涂料品种的选择

钢结构防腐蚀设计的内容就是设计者利用所具备的综合知识，根据工程中的成功经验，研究钢结构所处环境条件下的腐蚀介质的性质、钢结构构件维修的难易程度、业主对于工程的预测使用寿命的要求和投入的资金情况经过综合分析对比后，根据有关的设计规程及规范从而制订出钢结构构件的除锈等级和防锈底漆、中间涂层（如果需要，还应该包括防火涂料）以及面涂层的品种、颜色及厚度。做好防腐蚀涂装设计，是钢结构建（构）筑物取得较长的免维护使用寿命、降低腐蚀损失的第一道工序。只有制订出比较合适的防腐蚀涂装设计方案，以后的各项工作才能顺利地进行。一般来讲，比较好的钢结构防腐蚀设计方案，对于取得优质防腐蚀工程质量来说仅完成了 30% 的工作量。剩下的大量工作，关键是防腐蚀施工单位要在符合施工要求的环境条件下，按有关施工规范及规程的要求，切实保证施工中每一道工序的施工质量。

1. 防腐涂料的性能

一般情况下，防腐涂料的性能主要取决于该涂料所用成膜物质的性能。钢结构的防腐蚀涂装中，使用较多的是 C 类（醇酸树脂漆）、H 类（环氧树脂漆）、B 类（丙烯酸漆）、S 类（聚氨酯漆）、W 类（元素有机漆类）和 J 类（橡胶漆类）等。工程中环氧树脂用作底漆的较多，在干燥环境及腐蚀介质含量较低的条件下，常采用醇酸树脂漆作面漆；湿度较大、腐蚀介质含量较多的环境中，则常使用丙烯酸漆、聚氨酯漆、橡胶漆等；高温腐蚀的环境中则主要使用元素有机漆，如有机硅耐热面漆等；对于装饰性要求较高，耐久性要求较严格的钢结构面漆，目前较多地使用氟碳漆。

2. 涂层之间的配套性

涂层之间的配套性是指底漆和中间涂层、中间涂层与面层之间的相容性能。这一性能表现在使用单组分防腐蚀涂料时，后一道涂料是否会对前一道涂料的涂膜产生"咬底"，即后一道涂料是否会将前一道涂料的涂膜溶解或溶胀，从而破坏前一道涂装施工所形成的涂膜。通常对于相同溶剂、不同涂层的单组分防腐涂料，容易产生"咬肉"现象。

涂料的配套性对于获得优良的涂装质量有着重要的影响。配套性能不佳，意味着各层涂膜之间有间隙，不能形成一体，整个涂装体系的涂膜在性能上不能形成聚集作用，不能充分发挥各层涂料的最佳性能，因而就不会有较好的外观质量和较长的使用寿命。对于这一问题。各涂料生产厂商均进行过大量的试验，对于自己产品的前、后道配套涂料，均有明确配套清单。在具体设计选材时，需要根据各厂家的技术资料来选用。

3. 大气环境对建筑钢结构长期作用的腐蚀性等级

大气环境对建筑钢结构长期作用的腐蚀性等级见表 18-1-9。

表 18-1-9　大气环境对建筑钢结构长期作用的腐蚀性等级

腐蚀类型		腐蚀速率/(mm/a)	腐蚀环境		
腐蚀性等级	名称		大气环境气体类型	年平均环境相对湿度（%）	大气环境
I	无腐蚀	<0.001	A	<60	乡村大气
II	弱腐蚀	0.001~0.025	A	60~75	乡村大气
			B	<60	城市大气
III	轻腐蚀	0.025~0.05	A	>75	乡村大气
			B	60~75	城市大气
			C	<60	工业大气
IV	中腐蚀	0.05~0.2	B	>75	城市大气
			C	60~75	工业大气
			D	<60	海洋大气
V	较强腐蚀	0.2~1.0	C	>75	工业大气
			D	60~75	海洋大气
VI	强腐蚀	1.0~5.0	D	>75	海洋大气

注：1. 在特殊场合与额外腐蚀负荷作用下，应将腐蚀类别提高等级。

　　2. 处于潮湿状态或不可避免的结露的部位，环境这对湿度应取大于75%。

　　3. 大气环境气体类型一般按表 18-1-10 划分。

表 18-1-10　大气环境气体类型

序号	大气环境气体类型	腐蚀性物质	腐蚀性物质含量/（kg/m³）
1	A	二氧化碳	$< 2 \times 10^{-3}$
2		二氧化硫	$< 5 \times 10^{-7}$
3		氟化氢	$< 5 \times 10^{-8}$
4		硫化氢	$< 1 \times 10^{-8}$
5		氮的氧化物	$< 1 \times 10^{-7}$
6		氯	$< 1 \times 10^{-7}$
7		氯化氢	$< 5 \times 10^{-8}$
8	B	二氧化碳	$> 2 \times 10^{-3}$
9		二氧化硫	$5 \times 10^{-7} \sim 1 \times 10^{-5}$
10		氟化氢	$5 \times 10^{-8} \sim 5 \times 10^{-6}$
11		硫化氢	$1 \times 10^{-8} \sim 5 \times 10^{-6}$
12		氮的氧化物	$1 \times 10^{-7} \sim 5 \times 10^{-6}$
13		氯	$1 \times 10^{-7} \sim 1 \times 10^{-6}$
14		氯化氢	$5 \times 10^{-8} \sim 5 \times 10^{-6}$
15	C	二氧化硫	$1 \times 10^{-5} \sim 2 \times 10^{-4}$
16		氟化氢	$5 \times 10^{-6} \sim 1 \times 10^{-5}$
17		硫化氢	$5 \times 10^{-6} \sim 1 \times 10^{-4}$
18		氮的氧化物	$5 \times 10^{-6} \sim 2.5 \times 10^{-5}$
19		氯	$1 \times 10^{-6} \sim 5 \times 10^{-6}$
20		氯化氢	$5 \times 10^{-6} \sim 1 \times 10^{-5}$
21	D	二氧化硫	$2 \times 10^{-4} \sim 1 \times 10^{-3}$
22		氟化氢	$1 \times 10^{-5} \sim 1 \times 10^{-4}$
23		硫化氢	$> 1 \times 10^{-4}$
24		氮的氧化物	$2.5 \times 10^{-5} \sim 1 \times 10^{-4}$
25		氯	$5 \times 10^{-6} \sim 1 \times 10^{-5}$
26		氯化氢	$1 \times 10^{-5} \sim 1 \times 10^{-4}$

注：当大气中同时含有多种腐蚀性气体时，腐蚀级别应取最高的一种为基准。

18.1.4　建筑钢结构防腐蚀设计

随着建筑工程中钢材用量的迅速增长，钢结构的腐蚀问题日益突出。为规范建筑钢结构防腐蚀设计、施工、验收和维护的技术要求，保证工程质量，做到技术先进、安全可靠、经济合理，国家制定了《建筑钢结构防腐蚀技术规范》。规范规定钢结构应根据环境条件、材质、结构形式、使用要求、施工条件和维护管理条件等进行防腐设计。规范适用于大气环境中的新建建筑钢结构的防腐设计、施工、验收和维护（不包括地下基础用钢桩）。

1. 在大气腐蚀环境下，建筑钢结构设计应符合的规定

1）结构类型、布置和构造的选择应满足下列要求：

①应有利于提高结构自身的抗腐蚀能力。

②应能有效避免腐蚀介质在构件表面的积聚。

③应便于防护层施工和使用过程中的维护和检查。

2）等级为Ⅳ、Ⅴ或Ⅵ级时，桁架、柱、主梁等重要受力构件不应采用格构式构件和冷弯薄壁型钢。

3）钢结构杆件应采用实腹式或闭口截面，闭口截面端部应进行封闭；封闭截面进行热镀浸锌时，应采取开孔防爆措施。腐蚀性等级为Ⅳ、Ⅴ或Ⅵ级时，钢结构杆件截面不应采用由双角钢组成的T形截面和由双槽钢组成的工形截面。

4）钢结构杆件采用钢板组合时，截面的最小厚度不应小于6mm；采用闭口截面杆件时，截面的最小厚度不应小于4mm，采用角钢时，截面的最小厚度不应小于5mm。

5）门式刚架构件宜采用热轧H型钢；当采用T型钢或钢板组合时，应采用双面连续焊缝。

6）网架结构宜采用管形截面、球形节点。腐蚀性等级为Ⅳ、Ⅴ或Ⅵ级时，应采用焊接连接的空心球节点。当采用螺栓球节点时，杆件与螺栓球的接缝应采用密封材料填嵌严密，多余螺栓孔应封堵。

7）不同金属材料接触的部位，应采取隔离措施。

8）桁架、柱、主梁等重要钢构件和闭口截面杆件的焊缝，应采用连续焊缝。角焊缝的焊脚尺寸不应小于8mm；当杆件厚度小于8mm时，焊脚尺寸不应小于杆件厚度。加劲肋应切角，切角的尺寸应满足排水、施工维修要求。

9）焊条、螺栓、垫圈、节点板等连接构件的耐腐蚀性能，不应低于主体材料。螺栓直径不应小于12mm。垫圈不应采用弹簧垫圈。螺栓、螺母和垫圈应采用热镀浸锌防护，安装后再采用与主体结构相同的防腐蚀措施。

10）高强度螺栓构件连接处接触面的除锈等级，不应低于Sa2½，并宜涂无机富锌涂料；连接处的缝隙，应嵌刮耐腐蚀密封膏。

11）钢柱柱脚应置于混凝土基础上，基础顶面宜高出地面不小于300mm。

12）当腐蚀性等级为Ⅵ级时，重要构件宜选用耐候钢。

2. 其他规定

对设计使用年限不小于25年、环境腐蚀性等级大于Ⅳ级且使用期间不能重新涂装的钢结构部位，其结构设计应留有适当的腐蚀裕量。钢结构的单面腐蚀裕量可按下式计算：

$$\Delta\delta = K[(1 - P)t_l + (t - t_l)]$$

式中　　$\Delta\delta$——钢结构单面腐蚀裕量（mm）；

K——钢结构单面平均腐蚀速率（mm/a），碳钢单面平均腐蚀速率可按表18-1-9取值，也可现场实测确定；

P——保护效率（%），在防腐蚀保护层的设计使用年限内，保护效率可按表18-1-11取值；

t_l——防腐蚀保护层的设计使用年限（a）；

t——钢结构的设计使用年限（a）。

表 18-1-11　保护效率取值（%）

环境	腐蚀性等级					
	Ⅰ	Ⅱ	Ⅲ	Ⅳ	Ⅴ	Ⅵ
室外	95	90	85	80	70	60
室内	95	95	90	85	80	70

3. 钢结构在涂装之前应进行表面处理

有多种因素影响防腐蚀保护层的有效使用寿命，如涂装前钢材表面处理质量、涂料的品种、组成、膜的厚度、涂装道数、施工环境条件及涂装工艺等。表 18-1-12 列出已做的相关调查关于各种因素对涂层寿命影响的统计结果。

表 18-1-12　各种因素对涂层寿命的影响

序号	影响因素	影响程度（%）
1	表面处理质量	49.5
2	涂膜厚度	19.1
3	涂料种类	4.9
4	其他因素	26.5

由表 18-1-12 可见，表面处理质量是涂层过早破坏的主要影响因素，对金属热喷涂层和其他防腐蚀覆盖层与基体的结合力，表面处理质量也有极重要的作用。因此，规定钢结构在涂装之前应进行表面处理。

钢结构在除锈处理前，应清除焊渣、毛刺和飞溅等附着物，对边角进行钝化处理，并应清除基体表面可见的油脂和其他污物。

钢结构在涂装前的除锈等级除应符合国家标准《涂覆涂料前钢材表面处理　表面清洁度的目视评定　第 1 部分：未涂覆过的钢材表面和全面清除原有涂层后的钢材的锈蚀等级和处理等级》（GB/T 8923.1）、《涂覆涂料前钢材表面处理　表面清洁度的目视评定　第 2 部分：已涂覆过的钢材表面局部清除原有涂层后的处理等级》（GB/T 8923.2）和《涂覆涂料前钢材表面处理　表面清洁度的目视评定　第 3 部分：焊缝、边缘和其他区域的表面缺陷的处理等级》（GB/T 8923.3）有关规定外，尚应符合表 18-1-13 规定的不同涂料表面最低除锈等级。涂层与基体金属的结合力主要依靠涂料极性基团与金属表面极性分子之间的相互吸引，粗糙度的增加，可显著加大金属的表面积，从而提高了涂膜的附着力。但粗糙度过大也会带来不利的影响，当涂料厚度不足时，轮廓峰顶处常会成为早期腐蚀的起点。因此，规定在一般情况下表面粗糙度值不宜超过涂装系统总干膜厚度的 1/3。

表 18-1-13　不同涂料表面最低除锈等级

序号	项目	最低除锈等级
1	富锌底涂料	Sa2½
2	乙烯磷化底涂料	
3	环氧或乙烯基酯玻璃鳞片底涂料	Sa2
4	氯化橡胶、聚氨酯、环氧、聚氯乙烯萤丹、高氯化聚乙烯、氯磺化聚乙烯、醇酸、丙烯酸环氧、丙烯酸聚氨酯等底涂料	Sa2 或 St3
5	环氧沥青、聚氨酯沥青底涂料	St2
6	喷铝及其合金	Sa3
7	喷锌及其合金	Sa2½

注：1. 新建工程重要构件的除锈等级不应低于 Sa2½。

　　2. 喷射或抛射除锈后的表面粗糙度宜为 40～75μm，且不应大于涂层厚度的 1/3。

4. 涂层保护

1）涂层设计应符合下列规定：

①应按照涂层配套进行设计。

②应满足腐蚀环境、工况条件和防腐蚀年限要求。

③应综合考虑底涂层与基材的适应性，涂料各层之间的相容性和适应性，涂料品种与施工方法的适应性。

2）涂层涂料宜选用有可靠工程实践应用经验的，经证明耐蚀性适用于腐蚀性物质成分的产品，并应采用环保型产品。当选用新产品时应进行技术和经济论证。防腐蚀涂装同一配套中的底漆、中间漆和面漆应有良好的相容性，且宜选用同一厂家的产品。建筑钢结构常用防腐蚀保护层配套见表 18-1-14。

表 18-1-14　建筑钢结构常用防腐蚀保护层配套

除锈等级	涂层构造									涂层总厚度/μm	使用年限/年		
	底层			中间层			面层				较强腐蚀、强腐蚀	中腐蚀	轻腐蚀、弱腐蚀
	涂料名称	遍数	厚度/μm	涂料名称	遍数	厚度/μm	涂料名称	遍数	厚度/μm				
Sa2或Sa3	醇酸底涂料	2	60	—	—	—	醇酸面涂料	2	60	120	—	—	2~5
								3	100	160	—	2~5	5~10
	与面层同品种的底涂料	2	60	—	—	—	氯化橡胶、高氯化聚乙烯、氯磺化聚乙烯等面涂料	2	60	120	—	—	2~5
		2	60	—	—	—		3	100	160	—	2~5	5~10
		3	100					3	100	200	2~5	5~10	10~15
		2	60	环氧云铁中间涂料	1	70		2	70	200	2~5	5~10	10~15
		2	60		1	80		3	100	240	5~10	10~11	>15
		2	60		1	70	环氧、聚氨酯、丙烯酸环氧、丙烯酸聚氨酯等面涂料	2	70	200	2~5	5~10	10~15
		2	60		1	80		3	100	240	5~10	10~11	>15
		2	60		2	120		3	100	280	10~15	>15	>15
Sa2½	环氧铁红底涂料	2	60		1	70	环氧、聚氨酯、丙烯酸环氧、丙烯酸聚氨酯等厚膜型面涂料	2	150	280	10~15	>15	>15
		2	60	—	—	—	环氧、聚氨酯等玻璃鳞片面涂料	3	260	320	>15	>15	>15
							乙烯基酯玻璃鳞片面涂料	2					

3）防腐蚀面涂料的选择

①聚氨酯涂料是聚氨基甲酸酯树脂涂料的简称。用于室外环境时，可选用氯化橡胶、脂肪族聚氨酯、聚氯乙烯萤丹、氯磺化聚乙烯、高氯化聚乙烯、丙烯酸聚氨酯、丙烯酸环氧等涂料。

②对涂层的耐磨、耐久和抗渗性能有较高要求时，宜选用树脂玻璃鳞片涂料。树脂玻璃鳞片涂料能否用于室外取决于树脂的耐候性。

4）防腐蚀底涂料的选择应符合下列规定：

①锌、铝和含锌、铝金属层的钢材，其表面应采用环氧底涂料封闭；底涂料的颜料应采用锌黄类。

②在有机富锌或无机富锌底涂料上，宜采用环氧云铁或环氧铁红的涂料。

5）涂层与钢铁基层的附着力不宜低于5MPa。

6）用于钢结构的防腐蚀保护层一般分为三大类：第一类是喷、镀金属层上加防腐蚀涂料的复合面层；第二类是含富锌底漆的涂层；第三类是不含金属层，也不含富锌底漆的涂层。

钢结构涂层的厚度，应根据构件的防护层使用年限及其腐蚀性等级确定。因为防护层使用年限增大到10～15年，规范规定的涂层厚度比目前一般建筑防腐蚀工程上的实际涂层稍厚。室外构件应适当增加涂层厚度。钢结构防腐蚀保护层最小厚度见表18-1-15。涂料、涂装遍数和涂层厚度均应符合设计要求。当设计对涂层厚度无要求时，室外涂层干漆膜总厚度不应小于150μm。室内涂层干漆膜总厚度不应小于125μm。

表 18-1-15　钢结构防腐蚀保护层最小厚度　（单位：μm）

序号	防腐蚀保护层设计使用年限/年	钢结构防腐蚀保护层最小厚度				
		腐蚀性等级Ⅱ	腐蚀性等级Ⅲ	腐蚀性等级Ⅳ	腐蚀性等级Ⅴ	腐蚀性等级Ⅵ
1	$2 \leqslant t_l < 5$	120	140	160	180	200
2	$5 \leqslant t_l < 10$	160	180	200	220	240
3	$10 \leqslant t_l \leqslant 15$	200	220	240	260	280

注：1. 防腐蚀保护层厚度包括涂料层的厚度或金属层与涂料层复合的厚度。

2. 室外工程的涂层厚度宜增加20～40μm。

5. 防腐涂料的施工

1）一般规定

①建筑钢结构防腐蚀工程应编制施工方案。

②钢结构防腐蚀工程施工使用的设备、仪器应具备出厂质量合格证或质量检验报告。设备、仪器应经计量检定合格且在时效期内方可使用。

③钢结构防腐蚀材料的品种、规格、性能等应符合国家现行有关产品标准和设计的规定。根据有关资料显示，钢结构防腐蚀材料中挥发性有机化合物含量不得大于40%，施工时可据此作为参考。

2）钢材的表面处理

①表面处理方法应根据钢结构防腐蚀设计要求的除锈等级、粗糙度和涂层材料、结构特点及基体表面的原始状况等因素确定。

②结构表面的焊渣、毛刺和飞溅物等附着物会造成涂层的局部缺陷。钢结构在除锈前，应进行表面净化处理：用刮刀、砂轮等工具除去焊渣、毛刺和飞溅的熔粒，用清洁剂或碱液、火焰等清除钢结构表面油污，用淡水冲洗至中性。小面积油污可采用溶剂擦洗。

脱脂净化的目的是除去基体表面的油脂和机械加工润滑剂等污物。这些有机物附着在基体金属表面上，会严重影响涂层的附着力，并污染喷（抛）射处理时所用的磨料。残存的清洗剂，特别是碱性清洗剂，也会影响涂层的附着力。多数溶剂都易燃且有一定的毒性，采取相应的防护措施是必要的，如通风、防火、呼吸保护和防止皮肤直接接触溶剂等。表面脱脂净化方法见表18-1-16。

表 18-1-16　表面脱脂净化方法

序号	表面脱脂净化方法	适用范围	注意事项
1	采用汽油、过氯乙烯、丙酮等溶剂清洗	清除油脂、可溶污物、可溶涂层	若需保留旧涂层，应使用对该涂层无损的溶剂。溶剂及抹布应经常更换
2	采用如氢氧化钠、碳酸钠等碱性清洗剂清洗	除掉可皂化涂层、油脂和污物	清洗后应充分冲洗，并做钝化和干燥处理
3	采用OP乳化剂等乳化清洗	清除油脂及其他可溶污物	清洗后应用水冲洗干净，并做干燥处理

③喷射清理后的钢结构除锈等级应符合设计的规定。工作环境应满足空气相对湿度低于85%，施工时钢结构表面温度应高于露点3℃以上。露点的换算见表18-1-17。

表18-1-17 露点的换算

大气环境相对湿度（%）	环境温度/℃									
	-5	0	5	10	15	20	25	30	35	40
95	-6.5	-1.3	3.5	8.2	13.3	18.3	23.2	28.0	33.0	38.2
90	-6.9	-1.7	3.1	7.8	12.9	17.9	22.7	27.5	32.5	37.7
85	-7.2	-2.0	2.6	7.3	12.5	17.4	22.1	27.0	32.0	37.1
80	-7.7	-2.8	1.9	6.5	11.5	16.5	21.0	25.9	31.0	36.2
75	-8.4	-3.6	0.9	5.6	10.4	15.4	19.9	24.7	29.6	35.0
70	-9.2	-4.5	-0.2	4.59	9.1	14.2	18.5	23.3	28.1	33.5
65	-10.0	-5.4	-1.0	3.3	8.0	13.0	17.4	22.0	26.8	32.0
60	-10.8	-6.0	-2.1	2.3	6.7	11.9	16.2	20.6	25.3	30.5
55	-11.5	-7.4	-3.2	1.0	5.6	10.4	14.8	19.1	23.0	28.0
50	-12.8	-8.4	-4.4	-0.3	4.1	8.6	13.3	17.5	22.2	27.1
45	-14.3	-9.6	-5.7	-1.5	2.6	7.0	11.7	16.0	20.2	25.2
40	-15.9	-10.3	-7.3	-3.1	0.9	5.4	9.5	14.0	18.2	23.0
35	-17.5	-12.1	-8.6	-4.7	-0.8	3.4	7.4	12.0	16.1	20.6
30	-19.9	-14.3	-10.2	-6.9	-2.9	1.3	5.2	9.2	13.7	18.0

注：中间值可按直线插入法取值。

④清理后的钢结构表面应及时涂刷底漆，表面处理与涂装之间的间隔时间不宜超过4h，车间作业或相对湿度较低的晴天不应超过12h。否则，应对经预处理的有效表面采用干净牛皮纸、塑料膜等进行保护。涂装前如发现表面被污染或返锈，应重新清理至原要求的表面清洁度等级。

3）根据有关文献中规定，遭受腐蚀性气体或粉尘作用的建筑构配件防腐蚀涂层的设计使用年限，应根据其重要性、维修难易程度以及建设工程要求等因素按表18-1-18确定。

表18-1-18 防腐蚀涂层的设计使用年限

构配件名称	设计使用年限/年	构配件名称	设计使用年限/年
维修困难部位的构件	>8	一般构配件	>2
重要构配件	>4		

4）常用钢结构防腐蚀涂层配套及设计使用寿命举例见表18-1-19。

表18-1-19 常用钢结构防腐蚀涂层配套及设计使用寿命举例

涂料品种	涂料名称	遍数	涂层总厚度/μm	性能及适用范围	设计使用年限/年
醇酸	动力工具除锈St3级	—	—	室内外一般化工大气（含少量酸性气体）的环境，不耐碱，涂膜装饰性强，有光泽	2~4
	铁红醇酸底漆	2/1	50/25		
	C50醇酸耐酸漆	5/4	110/90		

（续）

涂料品种	涂料名称	遍数	涂层总厚度/μm	性能及适用范围	设计使用年限/年
氯化橡胶	喷砂除锈 Sa2 级	—	—	室内外中等腐蚀性化工气体作用的建筑结构，耐候性好，附着力强，每层涂膜较厚，可在低温环境下施工	4~8
	氯化橡胶底漆或铁红环氧酯底漆	2/1	60/30		
	氯化橡胶防腐漆	3	135		
	喷砂除锈 Sa2½ 级	—	—	化工腐蚀性大气、潮湿环境下的构筑物（如室外高耸塔架、钢冷却塔等）长效防腐	≥8
	环氧富锌底漆（或喷锌、铝）	1（1）	80（120）		
	云铁环氧底漆	1	60~80		
	氯化橡胶玻璃鳞片涂料（或氯化橡胶防腐漆）	2（3）	120~160		
环氧	喷砂除锈 Sa2 级	—	—	室内强腐蚀性介质作用的建筑结构，耐酸、碱、盐，涂膜坚硬，附着力好	4~8
	环氧红丹防锈底漆	1	25~40		
	环氧（厚浆型）防腐漆	2	200		
	喷砂除锈 Sa2 级	—	—	室内强腐蚀部位维修困难结构的长效防腐	>8
	云铁环氧底漆	1	60~80		
	环氧玻璃鳞片涂料	2	120~160		
氯磺化聚乙烯	喷砂除锈 Sa2 级	—	—	室内外中等腐蚀介质作用的建筑构件，耐酸、碱、盐，附着力稍差，漆膜无光泽	4~8
	氯磺化聚乙烯底漆	2	40		
	氯磺化聚乙烯中间漆	2	80		
	氯磺化聚乙烯防腐漆	3/2	60/40		
聚氨酯	喷砂除锈 Sa2 级	—	—	室内中等或弱腐蚀介质作用的构件，物理力学性能好，耐磨、耐油、耐较高温度、耐腐蚀，涂膜有光泽，装饰性强	4~8
	聚氨酯底漆	2	50		
	聚氨酯防腐漆	3	75		
	聚氨酯清漆	2	35		
	氰凝防水涂料	3	75		
	聚氨酯沥青底漆	2	60		
	聚氨酯沥青面漆	5	150		

注：1. 表中数字分子用于室外涂层，分母用于室内涂层。
　　2. 凡用于室外的涂料设计应注明户外型。
　　3. 表中的涂膜厚度为干膜厚度，可按不同产品的每遍厚度调整涂装遍数。

18.2　钢结构防火

随着高层建筑的发展，人们对建筑物本身的防火性能越来越重视。从结构设计人员的观点看，火灾的影响是建筑物在使用期间可能遇到的最危险的现象之一。高层建筑火灾危险性在于：建筑物的功能复杂，火灾隐患多，且一旦起火，火势蔓延迅速，人员疏散困难，扑救难度大，造成的损失巨大。因此，建筑物及其构件在设计时，就应采取适当的防火措施，使其能抵御火灾的危害。高层钢结构在发展中需要解决的主要问题之一，就是防火问题。

影响火灾的因素如图 18-2-1 所示；建筑材料按燃烧性能分为三类，如图 18-2-2 所示。

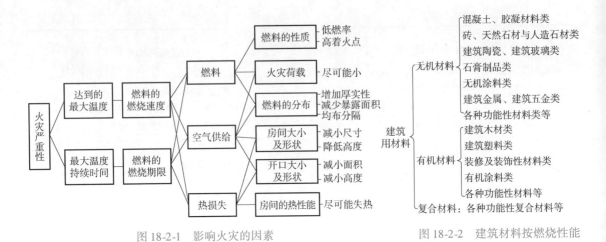

图 18-2-1　影响火灾的因素　　　　　　图 18-2-2　建筑材料按燃烧性能

提高建筑构件耐火极限和改变燃烧性能的方法：

1）适当增大截面尺寸。

2）对于混凝土构件采用增加保护层厚度。

3）构件表面做防火保护。

4）钢屋盖下面设置耐火吊顶。

5）进行合理的耐火设计。

6）其他：改变构件的支座支承形式，增加多余约束形成超静定结构；做好构件间的接缝构造处理，防止发生穿透性裂缝。

18.2.1　钢材在高温下的性能

钢材是一种不燃烧材料，但耐火性能差，它的力学性能，诸如屈服点、抗拉强度以及弹性模量，随温度的升高而降低，因而出现强度下降、变形加大等问题。试验研究表明，低碳钢在200℃以下时拉伸性能变化不大，但在200℃以上时弹性模量开始明显减少，500℃时弹性模量 E 值为常温的50%，近700℃时 E 值则仅为常温的20%。屈服强度的变化大体与弹性模量的变化相似，超过300℃以后，应力-应变曲线就没有明显的屈服台阶，在400~500℃时钢材内部再结晶，使强度下降明显加快，到700℃时屈服强度已所剩无几。所以钢材在500℃时尚有一定的承载力，而到700℃时则基本失去承载力，故700℃被认为是低碳钢失去强度的临界温度。碳素钢高温下的力学性能如图18-2-3所示；普碳钢高温下的应力-应变如图18-2-4所示。

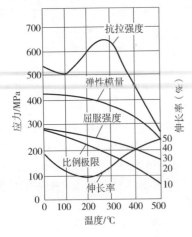

图 18-2-3　碳素钢高温下的力学性能

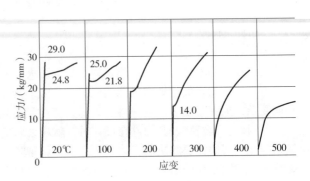

图 18-2-4　普碳钢高温下的应力-应变

火灾是一种灾难性荷载,如果把钢材高于屈服点直至结构最后破坏的强度储备都考虑进去,并考虑在一场火灾中结构一般并不承受它的全部设计荷载(活荷载、地震作用、风荷载),所以认为火灾招致结构发生破坏的临界温度,将依钢种和结构不同而不同,对由低碳钢组成的结构在500~550℃,对于低合金钢结构的临界温度稍高一些,假定此时构件应力大约只是设计强度的一半。在火灾下钢结构的温度可达900~1000℃,所以钢结构应采取防火保护措施。钢结构防火保护的目的是使结构在发生火灾时,能满足防火规范规定的耐火极限时间。

18.2.2 防火设计一般规定

1)钢结构构件的设计耐火极限应根据建筑的耐火等级,按国家标准《建筑设计防火规范》(GB 50016)的规定确定。柱间支撑的设计耐火等级应与柱相同,楼盖支撑的设计耐火极限应与梁相同,屋盖支撑和系杆的设计耐火极限应与屋顶承重构件相同。

2)钢结构防火保护设计应根据建筑物或构筑物的用途、场所、火灾类型,选用相应类别的钢结构防火涂涂料。

3)钢结构构件的耐火极限经验算低于设计耐火极限时,应采取防火保护措施。

4)钢结构构件的耐火极限可通过耐火验算或耐火试验确定,当耐火验算得出的防火涂层厚度数据与耐火试验数据不一致时,应以两者中数据最大值为准。

5)钢结构节点的防火保护应与被连接构件中防火保护要求最高者相同。

6)钢结构的防火设计文件应注明建筑的耐火等级、构件的设计耐火极限、构件的防火保护措施、防火材料的性能要求及设计指标。

7)当施工所用防火保护材料的等效热传递系数与设计文件要求不一致时,应根据防火保护层的等效热阻相等的原则确保保护层的使用厚度,并应经设计单位认可。对于非膨胀型钢结构防火涂料和防火板,可按标准确定防火保护层的使用厚度;对于膨胀型防火涂料,可根据涂层的等效热阻直接确定其使用厚度。

18.2.3 防火保护措施

1)钢结构的防火保护措施应根据结构类型、设计耐火极限和结构使用环境等因素综合考虑:

①防火施工时,不能产生对人体有害的粉尘或气体。

②钢构件受火后发生允许变形时,防火保护不发生结构性破坏与失效。

③施工方便且不影响前续已完的施工及后续施工。

④具有良好的耐久及耐候性能。

2)防火保护的措施:

①喷涂(抹涂)防火涂料。

②包覆防火板。

③包覆柔性毡状隔热材料。

④外包混凝土、金属网抹砂浆或砌筑砌块。

3)钢结构采用喷涂防火涂料保护时的规定:

①对于室内隐蔽构件,宜采用非膨胀型防火涂料。

②设计耐火极限大于1.5h的构件,不宜采用膨胀型防火涂料。

③当室外和半室外钢结构采用膨胀型防火涂料时,应选用符合环境对其性能要求的产品。

④非膨胀型防火涂料的厚度不应小于10mm。

⑤防火涂料与防腐涂料应相容和匹配。

4)钢结构采用包覆防火板保护时的规定:

①防火板应采用不燃烧材料,且受火时不应出现炸裂和穿透裂缝等现象。

②防火板的包覆应根据构件形状和所处部位进行构造设计，并应采取确保安装牢固稳定的措施。

③固定防火板的金属龙骨及胶粘剂应为不燃材料，龙骨应便于与结构构件及防火板的连接，胶粘剂在高温下应能保持一定的强度，并应能保证防火板的包敷完整。

5）钢结构采用包覆柔性毡状隔热材料保护时的规定：

①不应应用受潮或受水的钢结构。

②在自重作用下，毡状材料不应发生压缩不均的现象。

6）钢结构采用外包混凝土、金属网抹砂浆或砌筑砌块保护的规定：

①采用外包混凝土时，混凝土的强度等级不宜低于 C20。

②采用外包金属网抹砂浆时，砂浆的强度等级不宜低于 M5；金属丝网的网格不宜大于 20mm，丝径不宜小于 0.6mm；砂浆厚度不宜小于 25mm。

③采用砌筑砌块时，砌块的强度等级不宜低于 MU10。

18.2.4　建筑钢构件耐火极限的规定

1）厂房和仓库的耐火等级：

①高层厂房，甲、乙类厂房的耐火等级不应低于二级，建筑面积不大于 300m² 的独立甲、乙类单层厂房可采用三级耐火等级的建筑。

②单、多层丙类厂房和多层丁、戊类厂房的耐火等级不应低于三级。使用或产生丙类液体的厂房和有火花、赤热表面、明火的丁类厂房，其耐火等级均不应低于二级，当为建筑面积不大于 500m² 的单层丙类厂房或建筑面积不大于 1000m² 的单层丁类厂房时，可采用三级耐火等级的建筑。

③使用或储存特殊贵重的机器、仪表、仪器等设备或物品的建筑，其耐火等级不应低于二级。

④锅炉房的耐火等级不应低于二级，当为燃煤锅炉房且锅炉的总蒸发量不大于 4t/h 时，可采用三级耐火等级的建筑。

⑤高架仓库、高层仓库、甲类仓库、多层乙类仓库和储存可燃液体的多层丙类仓库，其耐火等级不应低于二级。单层乙类仓库、单层丙类仓库、储存可燃固体的多层丙类仓库和多层丁、戊类仓库，其耐火等级不应低于三级。

⑥粮食筒仓的耐火等级不应低于二级；二级耐火等级的粮食筒仓可采用钢板仓。

粮食平房仓的耐火等级不应低于三级；二级耐火等级的散装粮食平房仓可采用无防火保护的金属承重构件。

⑦一、二级耐火等级单层厂房（仓库）的柱，其耐火极限分别不应低于 2.50h 和 2.00h。

⑧采用自动喷水灭火系统全保护的一级耐火等级单、多层厂房（仓库）的屋顶承重构件，其耐火极限不应低于 1.00h。

⑨除甲、乙类仓库和高层仓库外，一、二级耐火等级建筑的非承重外墙，当采用不燃性墙体时，其耐火极限不应低于 0.25h；当采用难燃性墙体时，不应低于 0.50h。

4 层及 4 层以下的一、二级耐火等级丁、戊类地上厂房（仓库）的非承重外墙，当采用不燃性墙体时，其耐火极限不限；当采用难燃性轻质复合墙体时，其表面材料应为不燃材料、内填充材料的燃烧性能不应低于 B2 级。材料的燃烧性能分级应符合现行国家标准《建筑材料及制品燃烧性能分级》（GB 8624）的规定。

⑩一、二级耐火等级厂房（仓库）的上人平屋顶，其屋面板的耐火极限分别不应低于 1.50h 和 1.00h。

⑪一、二级耐火等级厂房（仓库）的屋面板应采用不燃材料。屋面防水层宜采用不燃、难燃材料，当采用可燃防水材料且铺设在可燃、难燃保温材料上时，防水材料或可燃、难燃保温材料

应采用不燃材料作防护层。

⑫建筑中的非承重外墙、房间隔墙和屋面板，当确需采用金属夹芯板材时，其芯材应为不燃材料，且耐火极限应符合有关规范规定。

2）不同耐火等级厂房和仓库建筑构件的燃烧性能和耐火极限应符合表 18-2-1 的规定。

表 18-2-1　不同耐火等级厂房和仓库建筑构件的燃烧性能和耐火极限　　　（单位：h）

构件名称		耐火等级			
		一级	二级	三级	四级
墙	防火墙	不燃性 3.00	不燃性 3.00	不燃性 3.00	不燃性 3.00
	承重墙	不燃性 3.00	不燃性 2.50	不燃性 2.00	难燃性 0.50
	楼梯间和前室的墙 电梯井的墙	不燃性 2.00	不燃性 2.00	不燃性 1.50	难燃性 0.50
	疏散走道两侧的隔墙	不燃性 1.00	不燃性 1.00	不燃性 0.50	难燃性 0.25
	非承重外墙 房间隔墙	不燃性 0.75	不燃性 0.50	难燃性 0.50	难燃性 0.25
柱		不燃性 3.00	不燃性 2.50	不燃性 2.00	难燃性 0.50
梁		不燃性 2.00	不燃性 1.50	不燃性 1.00	难燃性 0.50
楼板		不燃性 1.50	不燃性 1.00	不燃性 0.75	难燃性 0.50
屋顶承重构件		不燃性 1.50	不燃性 1.00	难燃性 0.50	可燃性
疏散楼梯		不燃性 1.50	不燃性 1.00	不燃性 0.75	可燃性
吊顶（包括吊顶搁栅）		不燃性 0.25	难燃性 0.25	难燃性 0.15	可燃性

注：二级耐火等级建筑内采用不燃材料的吊顶，其耐火极限不限。

3）民用建筑的分类应符合表 18-2-2 的规定。

表 18-2-2　民用建筑的分类

名称	高层民用建筑		单层、多层民用建筑
	一类	二类	
住宅建筑	建筑高度大于 54m 的住宅建筑（包括设置商业服务网点的住宅建筑）	建筑高度大于 27m，但不大于 54m 的住宅建筑（包括设置商业服务网点的住宅建筑）	建筑高度不大于 27m 的住宅建筑（包括设置商业服务网点的住宅建筑）

（续）

名称	高层民用建筑		单层、多层民用建筑
	一类	二类	
公共建筑	1）建筑高度大于50m的公共建筑 2）建筑高度24m以上部分任一楼层建筑面积大于1000m² 的商店、展览、电信、邮政、财贸金融建筑和其他多功能组合的建筑 3）医疗建筑、重要公共建筑、独立建造的老年人照料设施 4）省级及以上的广播电视和防灾指挥调度建筑、网局级和省级电力调度建筑 5）藏书过100万册的图书馆及书库	除一类高层公共建筑外的其他公共建筑	1）建筑高度大于24m的单层公共建筑 2）建筑高度不大于24m的其他公共建筑

注：1. 表中未列入的建筑，其类别应根据该表类比确定。

2. 除规范另有规定外，宿舍及公寓等非住宅类居住建筑的防火要求，应符合规范有关公共建筑的规定。

3. 除规范另有规定外，裙房的防火要求应符合规范有关高层民用建筑的规定。

规范规定的建筑构件耐火极限，大大缩小了允许设计人员主观决定的范围。但在实际结构中，当个别截面达到破坏温度时，通常并不一定会引起这个结构构件的破坏，按弹性理论设计的超静定结构仍具有强度储备，一根连续梁中某个别截面首先达到破坏温度时，在那个截面上便产生了一个塑性铰，但梁仍保持承载力。

一个结构构件在达到破坏温度前所经历的时间，是按吸热的比值确定的。一个大截面构件要达到某一确定的温度需要吸收更多的热量。相反，小截面构件吸收热量就小一些。细而长的开敞式截面，其吸热比和升温比就高。而封闭式的管状截面或箱形截面，由于这些构件的热量只接触到截面的一边，其吸热比和升温比就低一些。

一个空心钢柱用混凝土填实时，有较高的耐火能力，因为钢柱吸热后有若干热量会传递到混凝土部分。同样，组合梁的耐火能力也有类似的提高，因为钢梁的温度会从顶部翼缘把热量传递给混凝土而降低。

如果能考虑以上关系，就有可能缓和必须满足的严格的耐火要求，采用较薄的防护材料，从而降低防火费用。在有些设计中，已经考虑在封闭型截面柱内灌注混凝土的可能性。混凝土可以吸收热量，减慢钢柱的升温速度，并且一旦钢柱屈服，混凝土可以承受大部分的轴向荷载，防止结构倒塌。

18.2.5　建筑钢构件的防火措施

钢结构构件与其他材料构成的结构构件一样，必须具备要求的耐火能力。未加保护的钢构件的耐火极限一般仅为0.25h，必须采取适当的防火措施，才能达到表18-2-1的耐火要求。一般来说，依靠适当的保护手段，钢结构构件可以达到任一要求的防火等级。图18-2-5所示为某超市的防火措施。

图18-2-5　某超市的防火措施

1. 防火保护材料

钢结构常用的防火保护材料有：

1）防火涂料：钢结构防火涂料是专门用于喷涂钢结构构件表面，能形成耐火隔热保护层，以提高钢结构耐火极限的一种耐火材料。按其阻燃作用的原理可分为膨胀型和非膨胀型两种。

膨胀型防火涂料又称为薄涂型涂料，涂层厚度一般为2~7mm，有一定的装饰效果，所含树脂和防火剂只有在受热时才起防护作用。当温度升高至150~350℃时，涂层能迅速膨胀5~10倍，从而形成适当的保护层，这种涂料的耐火极限一般为 1 ~ 1.5h。在薄涂型防火涂料下面，钢构件应做好全面的防腐措施，包括底漆涂层和面漆涂层。

非膨胀型涂料为厚涂型防火涂料，它由耐高温硅酸盐材料、高效防火添加剂等组成，是一种预发泡高效能的防火涂料。涂层呈粒状面，密度小，热导率低。涂层厚度一般为 8 ~ 50mm；通过改变涂层厚度可以满足不同耐火极限的要求。高层钢结构构件的耐火极限在 1.5h 以上，应选用厚涂型防火涂料。

2）由厚板或薄板构成的外包层防火：这种防火板材常用的有石膏板、水泥蛭石板、硅酸钙板和岩棉板等。使用时通过胶粘剂或紧固件固定在钢构件上。采用外包金属板时应内衬隔热材料。

3）外包混凝土保护层：它可以现浇成型，也可用喷涂法喷涂。通常要求在外包层内埋设钢丝网或用小截面钢筋加强，以限制收缩裂缝和遇火爆裂。现浇外包混凝土的体积密度大，应用上受到一定的限制。

2. 选用防火保护材料的基本原则

1）现代建筑对防火材料的阻燃性提出越来越高的要求，应具有良好的绝热性，其热导率小或热容量大。

2）在火灾升温过程中不开裂、不脱落，能牢固地附着在构件上，本身又有一定的强度，粘结连接固定方便。

3）不腐蚀钢材，呈碱性且氯离子的含量低。

4）不含危害人体健康的石棉等物质。

5）钢结构防锈漆宜选用环氧类防锈漆，不宜选用调和漆。

6）设计耐火极限大于 1.50h 的构件，宜选用非膨胀型钢结构防火涂料或环氧类膨胀型钢结构防火涂料。

7）设计耐火极限大于 1.50h 的全钢结构建筑，宜选用非膨胀型钢结构防火涂料或环氧类膨胀型钢结构防火涂料。

8）除钢管混凝土柱外，设计耐火极限大于 2.00h 的构件，应选用非膨胀型钢结构防火涂料或环氧类膨胀型钢结构防火涂料。

9）设计耐火极限大于 2.00h 的钢管混凝土柱，既可选用膨胀型钢结构防火涂料，也可选用非膨胀型钢结构防火涂料。

10）室内隐蔽钢结构，宜选用非膨胀型防火涂料或环氧类钢结构防火涂料。

对于材料的上述性能，只有通过其物理化学特别是基本热力学性能的测试数据、耐火试验测试报告，和长期使用情况的调查才能反映出来，生产厂家应提供有关方面技术资料和检测合格报告。

3. 防火保护构造

防火保护构造见表 18-2-3。

表 18-2-3　防火保护构造

序号	类别	简图	备注
1	采用喷涂非膨胀型防火涂料	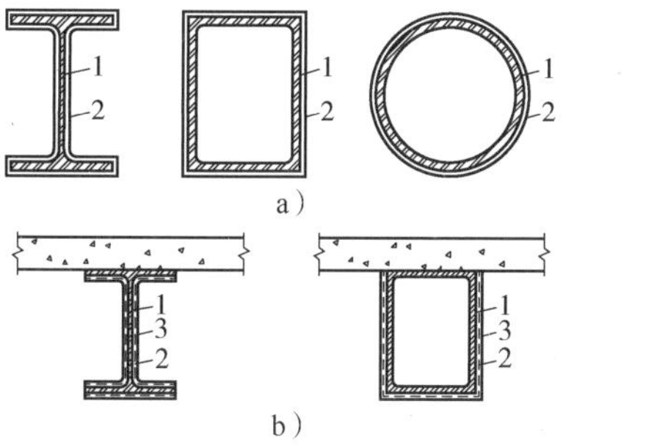 a） b） 1—钢构件　2—防火涂料　3—镀锌钢丝网或玻璃纤维布	具有以下情况之一者宜在涂层内设置与钢构件连接的镀锌钢丝网或玻璃纤维布： 1）钢构件承受冲击或振动荷载 2）防火涂料的粘结强度不大于 0.05MPa 3）构件腹板高度大于 500mm 且涂料厚度不小于 30mm 4）构件腹板高度大于 500mm 且涂层长期暴露在室外

序号	类别	简图	备注
2	采用防火板包裹钢结构构件		

钢柱

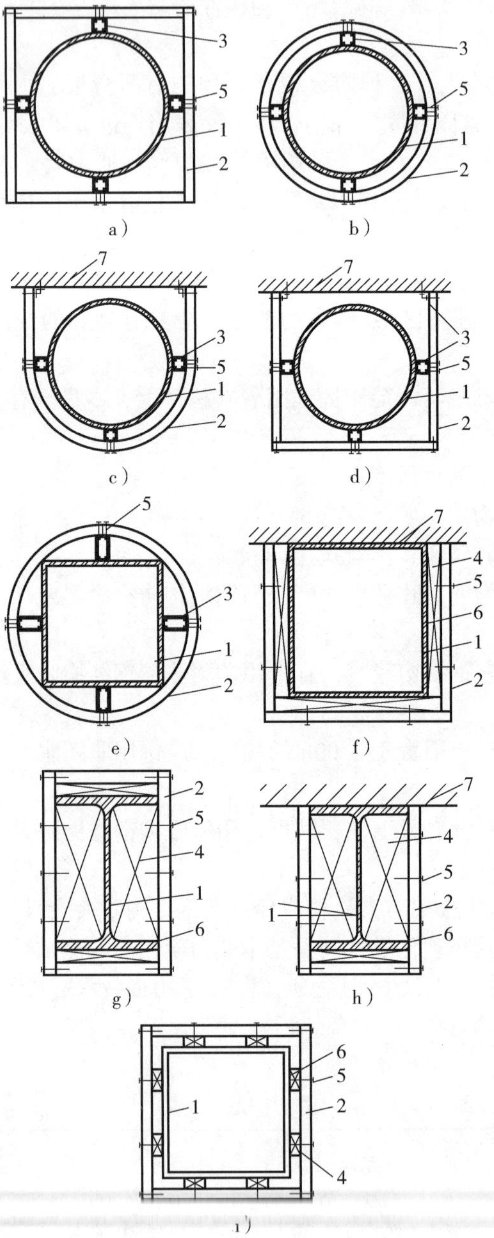

a) 圆柱包矩形防火板　b) 圆柱包圆形防火板
c) 墙边圆柱包弧形防火板　d) 墙边圆柱包矩形防火板
e) 箱形柱包圆弧形防火板　f) 墙边箱形柱包矩形防火板
g) H形柱包矩形防火板　h) 墙边H形柱包矩形防火板
i) 矩形柱包矩形防火板
1—钢柱　2—防火板　3—金属龙骨　4—垫块
5—自攻螺钉　6—高温胶粘剂　7—墙体

（续）

序号	类别	简图	备注
2	采用防火板包裹钢结构构件	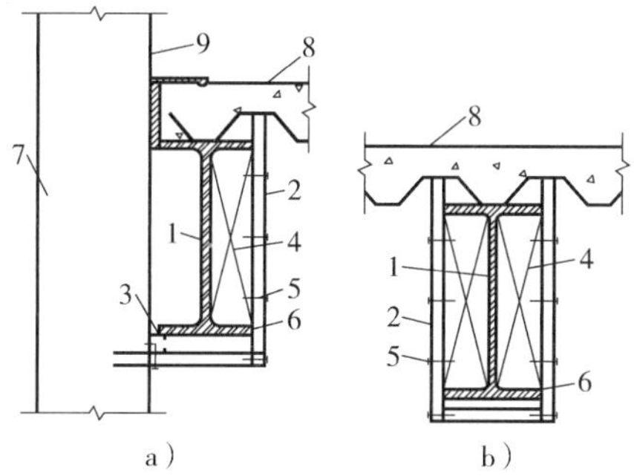 a）墙边钢梁 b）独立钢梁 1—钢梁 2—防火板 3—金属龙骨 4—垫块 5—自攻螺钉 6—高温胶粘剂 7—墙体 8—楼板 9—金属防火板	
3	采用包裹柔性毡状隔热材料	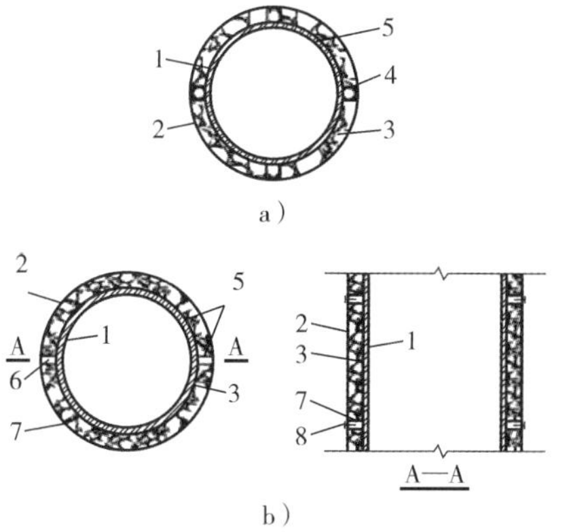 a）金属龙骨支承 b）用圆弧防火板支承 1—钢柱 2—金属保护板 3—柔性毡状隔热材料 4—金属龙骨 5—高温胶粘剂 6—支撑板 7—弧形支撑板 8—自攻螺钉	
4	采用外包混凝土或砌块保护	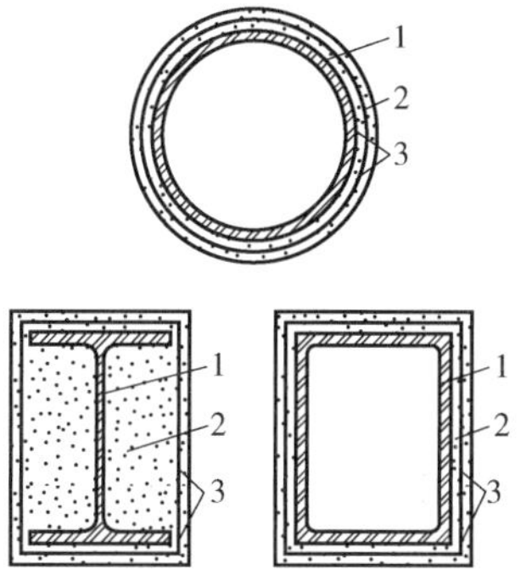 1—钢柱 2—混凝土 3—构造钢筋	外包混凝土宜配置构造钢筋

（续）

序号	类别	简图	备注
5	采用复合材料保护	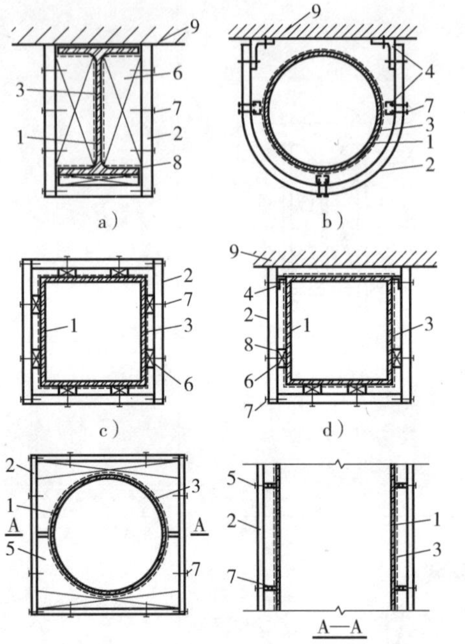 a）墙边的 H 形柱　b）墙边的圆形柱 c）一般位置箱形柱　d）墙边的箱形柱 e）一般位置圆形柱 1—钢柱　2—防火板　3—防火涂料　4—金属龙骨 5—支撑板　6—垫块　7—自攻螺钉　8—高温胶粘剂 9—墙体 （1）钢柱采用防火涂料和防火板 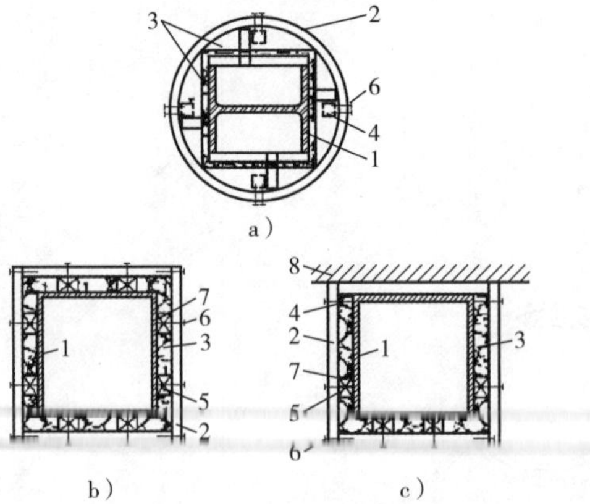 a）H 形钢柱　b）一般位置箱形柱　c）墙边箱形柱 1—钢柱　2—防火板　3—柔性毡状隔热材料 4—金属龙骨　5—垫块　6—自攻螺钉　7—高温胶粘剂 8—墙体 （2）钢柱采用柔性毡和防火板	

（续）

序号	类别	简图	备注
6	采用复合材料保护	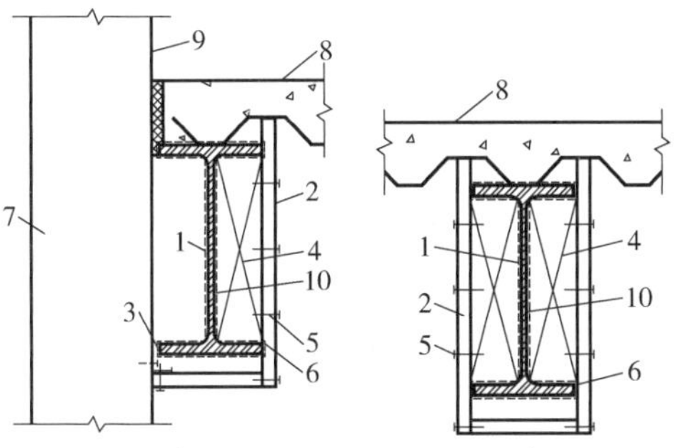 a）墙边钢梁　b）一般位置钢梁 1—钢梁　2—防火板　3—金属龙骨　4—垫块 5—自攻螺钉　6—高温胶粘剂　7—高墙体 8—楼板　9—金属防火板　10—防火涂料 钢梁采用防火涂料和防火板	

4. 防火保护层厚度和耐火极限

有关钢构件防火保护层厚度和耐火极限列于表 18-2-4。

表 18-2-4　有关钢构件防火保护层厚度和耐火极限

序号		构件名称		耐火极限/h	燃烧性能
1		无保护层的钢柱		0.25	不燃性
2	有保护的钢柱	（1）用普通黏土砖作保护层，厚度为（mm）	120	2.85	不燃性
		（2）用陶粒混凝土作保护层，厚度为（mm）	80	3.00	
		（3）用 020 混凝土作保护层，厚度为（mm）	100	2.85	
			50	2.00	
			25	0.80	
		（4）用加气混凝土作保护层，厚度为（mm）	40	1.00	
			50	1.40	
			70	2.00	
			80	2.33	
		（5）用金属网抹砂浆 M5 作保护层，厚度为（mm）	25	0.80	
			50	1.30	
		（6）薄涂型钢结构防火涂料	5.5	1.0	
			7.0	1.5	
		（7）厚涂型钢结构防火涂料	15	1.00	
			20	1.50	
			30	2.00	
			40	2.50	
			50	3.00	

（续）

序号	构件名称			耐火极限/h	燃烧性能
3	无保护层的钢梁			0.25	
4	钢梁保护	（1）钢梁用混凝土保护层，厚度为（mm）	20	2.0	
			30	3.0	
		（2）钢梁用钢丝网抹灰粉刷作保护层，厚度为（mm）	10	0.5	
			20	1.0	
			30	1.25	
		（3）LG 防火隔热涂料	15	1.5	
		（4）LY 防火隔热涂料	20	2.3	
	有保护层的钢管混凝土圆形柱（λ≤60）	$D=200$mm 金属网抹 M5 砂浆，厚度为（mm）	25	1.00	不燃性
			35	1.50	
			45	2.00	
			60	2.50	
			70	3.00	
		$D=600$mm 金属网抹 M5 砂浆，厚度为（mm）	20	1.00	
			30	1.50	
			35	2.00	
			45	2.50	
			50	3.00	
		$D=1000$mm 金属网抹 M5 砂浆，厚度为（mm）	18	1.00	
			26	1.50	
			32	2.0	
			40	2.50	
			45	3.00	
		$D=1400$mm 金属网抹 M5 砂浆，厚度为（mm）	15	1.00	
			25	1.50	
			30	2.00	
			36	2.50	
			40	3.00	
5		$D=200$mm 厚涂型钢结构防火涂料，厚度为（mm）	8	1.00	不燃性
			10	1.50	
			14	2.00	
			16	2.50	
			20	3.00	
		$D=600$mm 厚涂型钢结构防火涂料，厚度为（mm）	7	1.00	
			9	1.50	
			12	2.00	
			14	2.50	
			16	3.00	

（续）

序号	构件名称			耐火极限/h	燃烧性能
5	有保护层的钢管混凝土圆形柱（λ≤60）	$D=1000\text{mm}$ 厚涂型钢结构防火涂料，厚度为（mm）	6	1.00	不燃性
			8	1.50	
			10	2.00	
			12	2.50	
			14	3.00	
		$D\geqslant1400\text{mm}$ 厚涂型钢结构防火涂料，厚度为（mm）	5	1.00	
			7	1.50	
			9	2.00	
			10	2.50	
			12	3.00	
6	有保护层的钢管混凝土方柱、矩形柱（λ≤60）	$B=200\text{mm}$ 金属网抹 M5 砂浆，厚度为（mm）	40	1.00	不燃性
			55	1.50	
			70	2.00	
			80	2.50	
			90	3.00	
		$B=600\text{mm}$ 金属网抹 M5 砂浆，厚度为（mm）	30	1.00	
			40	1.50	
			55	2.00	
			65	2.50	
			70	3.00	
		$B=1000\text{mm}$ 金属网抹 M5 砂浆，厚度为（mm）	25	1.00	
			35	1.50	
			45	2.00	
			55	2.50	
			65	3.00	
		$B\geqslant1400\text{mm}$ 金属网抹 M5 砂浆，厚度为（mm）	20	1.00	
			30	1.50	
			40	2.00	
			45	2.50	
			55	3.00	
7		$D=200\text{mm}$ 厚涂型钢结构防火涂料，厚度为（mm）	8	1.00	不燃性
			10	1.50	
			14	2.00	
			18	2.50	
			25	3.00	
		$D=600\text{mm}$ 厚涂型钢结构防火涂料，厚度为（mm）	6	1.00	
			8	1.50	
			10	2.00	
			12	2.50	
			15	3.00	

（续）

序号	构件名称		耐火极限/h	燃烧性能
7	有保护层的钢管混凝土方柱、矩形柱（λ≤60）	D=1000mm 厚涂型钢结构防火涂料，厚度为（mm） 5	1.00	不燃性
		6	1.50	
		8	2.00	
		10	2.50	
		12	3.00	
		D≥1400mm 厚涂型钢结构防火涂料，厚度为（mm） 4	1.00	
		5	1.50	
		6	2.00	
		8	2.50	
		10	3.00	
8	钢吊顶格栅	（1）钢丝网（板）抹灰（mm） 15	0.25	不燃性
		（2）钉石膏板（mm）　10	0.30	
		（3）钉双层石膏板（mm）　20	0.85	
		（4）挂石棉型硅酸钙板（mm）　10	0.30	
		（5）两侧挂 0.5mm 厚薄钢板，内填密度为 100kg/m³ 的陶瓷面复合板（mm）　40	0.4	
9	双面单层彩钢面岩棉夹芯吊顶，中间填密度为120kg/m³的岩棉（mm）	50	0.3	
		100	0.5	

注：1. λ 为钢管混凝土构件长细比。

2. 对于矩形钢管混凝土柱，B 为截面短边边长。

3. 钢管混凝土柱的耐火极限为根据福州大学土木建筑工程学院提供的理论计算值，未经逐个试验验证。

4. 中间尺寸的构件，其耐火极限建议经试验确定，也可按插入法计算。

5. 计算保护层时，应包括抹灰粉刷层在内。

6. 无防火保护层的钢梁、钢柱、钢楼板和钢屋架，其耐火极限可按 0.25h 确定。

5. 防火措施与构造

（1）钢柱

1）喷涂防火涂料保护，是目前钢结构防火最普遍采用的防护措施。钢柱一般采用厚涂型钢结构防火涂料，其涂层厚度应满足构件的耐火极限值要求。防火涂料中的底层和面层涂料应相互配套，底层涂料不得腐蚀钢材。喷涂施工时，节点部位宜做加厚处理。对喷涂的技术要求和验收标准均应符合国家标准《钢结构防火涂料应用技术规程》（T/CECS 24）的规定。

2）防火板材包覆保护：当采用石膏板、蛭石板、硅酸钙板、岩棉板等硬质防火板材保护时，板材可用胶粘剂或紧固钢件固定，胶粘剂应在预计耐火时间内受热而不失去粘结作用。若柱子为开口截面（如工字形截面），则在板的接缝部位，在柱翼缘之间嵌入一块厚度较大的防火材料作横隔板（图 18-2-6）。当包覆层数等于或大于两层时，各层板应分别固定，板的水平缝至少应错

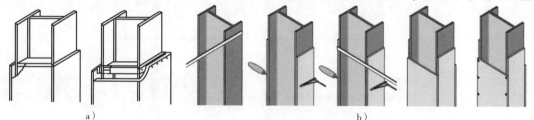

a）　　　　　　　　　　　　b）

图 18-2-6　钢柱用板材防护

开 500mm。用板材包覆具有干法施工、不受气候条件限制、融防火保护和装修为一体的优点。但板的裁剪加工、安装固定，接缝处理等技术要求较高，应用范围不及防火涂料普遍。

3）外包混凝土保护层：可采用 C20 混凝土或加气混凝土，混凝土内宜用细箍筋或钢筋网进行加固，以固定混凝土，防止遇火剥落。图 18-2-7 所示为 H 型钢柱中如在翼缘间用混凝土填实，可大大增加柱的热容量。火灾中可充分吸收热量，减慢钢柱的升温速度。

4）钢丝网抹灰作保护层：其做法是在柱子四周包以钢丝网，缠上细钢丝，外面抹灰，边角另加保护钢条（图 18-2-8）。灰浆内掺以石膏、蛭石或珍珠岩等防火材料。用抹灰作防火保护层的耐火极限较低。

5）钢柱包以矿棉毡（或岩棉毡），并用金属板或其他不燃性板材裹起来，如图 18-2-9 所示。

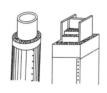

图 18-2-7　钢柱外包混凝土防护　　图 18-2-8　钢柱外做钢丝网抹灰　　图 18-2-9　钢柱用矿棉毡等包覆

（2）钢梁　钢梁的防火保护措施可参照钢柱的做法。当采用喷涂防火涂料时，遇下列情况应在涂层内设置与钢构件相连的钢丝网：

1）受冲击振动荷载的梁。

2）涂层厚度等于或大于 40mm 的梁。

3）腹板高度超过 1.5m 的梁。

4）粘结强度小于 0.05MPa 的钢结构防火涂料。

设置钢丝网时钢丝网的固定间距以 400mm 为宜，可固定在焊于梁的抓钉上，钢丝网接口至少有 400mm 宽的重叠部分，且重叠不得超过三层，并保持钢丝网与构件表面的净距在 3mm 以上。

用防火板材包覆的梁，在固定前，在梁上先用一些防火材料做成板条并将其卡在梁上，然后将防火板材用钉子或螺钉固定其上，如图 18-2-10 所示。

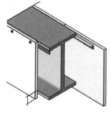

a）　　　　　　　　　　　b）

图 18-2-10　钢梁用板材防护

（3）楼盖　楼盖的防火措施可参见《高层民用建筑设计防火规范》（GB 50045）附录的有关规定。楼板是直接承受人和物的水平承重构件，起着分隔楼层（竖向防火分隔物）和传递荷载的作用。当采用钢筋混凝土楼板时，应增加钢筋保护层的厚度。简支的钢筋混凝土楼板，保护层厚度为 10mm 时，耐火极限为 1.00h；保护层厚度为 20mm 时，耐火极限为 1.25h；保护层厚度为 30mm 时，耐火极限为 1.50h。楼板的耐火极限除取决于保护层厚度外，还与板的支承情况及制作等因素有关。

预应力楼板的耐火极限偏低，这主要由于：一是钢筋经过冷拔、冷拉后强度提高，在火灾温度作用下，其强度和刚度下降较快；二是在火灾作用下，钢筋的蠕变要比非预应力钢筋快得多。

当采用压型钢板与混凝土组合楼板时，应视上部混凝土厚度确定是否需要进行防火保护。当

混凝土厚度 $h_1 \geqslant 80\text{mm}$、$h \geqslant 110\text{mm}$ 时，由于混凝土板的体积比较大，整体升温比较缓慢，钢板的温度基本等同于混凝土板的温度，压型钢板下表面可以不加防火保护。当上部混凝土厚度仅 $\geqslant 50\text{mm}$ 时，下部应采用厚度 $\geqslant 15\text{mm}$ 的防火板材或防火涂料加以防护。若压型钢板仅作为模板使用，下部可不做防火处理。表 18-2-5 为组合楼板厚度和保护层厚度要求。

表 18-2-5 耐火极限为 1.50h 时压型钢板组合楼板厚度和保护层厚度

序号	类别	无保护层的楼板		有保护层的楼板	
1	图形				
2	楼板厚度 h_1 或 h/mm	≥80	≥110	≥50	
3	保护层厚度 a/mm	—	—	≥15	

此外，吊顶对梁和楼板的防火可以起到一定的保护作用，把楼盖与吊顶看作是一个防火整体。在高层钢结构中，选用什么样的吊顶十分重要，应考虑使它除具有吊顶及其他功能外，还能在增加不了多少费用就可以起到防火保护作用。但即使如此，楼盖构件（梁和板）仍需要做直接的防火保护层。

（4）屋盖与中庭　屋盖与中庭采用钢结构承重时，其吊顶、望板、保温材料等均应采用不燃烧材料，以减少发生火灾时对屋顶钢构件的威胁。屋顶钢构件应采用喷涂防火涂料、外包不燃烧板材或设置自动喷水灭火系统等保护措施，使其达到规定的耐火极限要求。当规定的耐火极限在1.50h 及以下时，宜选用薄涂型钢结构防火涂料，并有一定的装饰效果。

18.2.6 钢结构防火涂料性能

1）室内钢结构防火涂料的技术性能见表 18-2-6。

表 18-2-6 室内钢结构防火涂料的技术性能

序号	检验项目	技术指标			缺陷分类
		NCB	NB	NH	
1	在容器中的状态	经搅拌后呈均匀细腻状态，无结块	经搅拌后呈均匀液态或稠厚流体状态，无结块	经搅拌后呈均匀稠厚流体状态，无结块	C
2	干燥时间（表干）/h	≤8	≤12	≤24	C
3	外观与颜色	涂层干燥后，外观与颜色同样品相比应无明显差别	涂层干燥后，外观与颜色同样品相比应无明显差别	—	C
4	初期干燥抗裂性	不应出现裂纹	允许出现 1~3 条裂纹，其宽度应≤0.5mm	允许出现 1~3 条裂纹，其宽度应≤1mm	C
5	粘结强度/MPa	≥0.20	≥0.15	≥0.04	B
6	抗压强度/MPa	—	—	≥0.3	C
7	干密度/(kg/m³)	—	—	≤500	C
8	耐水性/h	≥24 涂层应无起层、发泡、脱落现象	≥24 涂层应无起层、发泡、脱落现象	≥24 涂层应无起层、发泡、脱落现象	B
9	耐冷热循环性/次	≥15 涂层应无开裂、剥落、起泡现象	≥15 涂层应无开裂、剥落、起泡现象	≥15 涂层应无开裂、剥落、起泡现象	B

（续）

序号	检验项目		技术指标			缺陷分类
			NCB	NB	NH	
10	耐火性能	涂层厚度（不大于）/mm	2.00 ± 0.20	5.0 ± 0.5	25 ± 2	A
		耐火极限（不低于）/h（以 136b 或 140b 标准工字钢梁作基材）	1.0	1.0	2.0	

注：裸露钢梁耐火极限为 15min（136b、140b 验证数据），作为表中 0mm 涂层厚度耐火极限基础数据。

2）室外钢结构防火涂料的技术性能见表 18-2-7。

表 18-2-7　室外钢结构防火涂料的技术性能

序号	检验项目		技术指标			缺陷分类
			WCB	WB	WH	
1	在容器中的状态		经搅拌后细腻状态，无结块	经搅拌后呈均匀液态或稠厚液体状态，无结块	经搅拌后呈均匀稠厚流体状态，无结块	C
2	干燥时间（表干）/h		≤8	≤12	≤24	C
3	外观与颜色		涂层干燥后，外观与颜色同样品相比应无明显差别	涂层干燥后，外观与颜色同样品相比应无明显差别	—	C
4	初期干燥抗裂性		不应出现裂纹	允许出现 1～3 条裂纹，其宽度应≤0.5mm	允许出现 1～3 条裂纹，其宽度应≤1mm	C
5	粘结强度/MPa		≥0.20	≥0.15	≥0.04	B
6	抗压强度/MPa		—	—	≥0.5	C
7	干密度/（kg/m³）		—	—	≤650	C
8	耐曝热性/h		≥720 涂层应无起层、脱落、空鼓、开裂现象	≥720 涂层应无起层、脱落、空鼓、开裂现象	≥720 涂层应无起层、脱落、空鼓、开裂现象	B
9	耐湿热性/h		≥504 涂层应无起层、脱落现象	≥504 涂层应无起层、脱落现象	≥504 涂层应无起层、脱落现象	B
10	耐冻融循环性/次		≥15 涂层应无开裂、脱落、起泡现象	≥15 涂层应无开裂、脱落、起泡现象	≥15 涂层应无开裂、脱落、起泡现象	B
11	耐酸性/h		≥360 涂层应无起层、脱落、开裂现象	≥360 涂层应无起层、脱落、开裂现象	≥360 涂层应无起层、脱落、开裂现象	B
12	耐碱性/h		≥360 涂层应无起层、脱落、开裂现象	≥360 涂层应无起层、脱落、开裂现象	≥360 涂层应无起层、脱落、开裂现象	B
13	耐盐雾腐蚀性/次		≥30 涂层应无起泡，明显的变质、软化现象	≥30 涂层应无起泡，明显的变质、软化现象	≥30 涂层应无起泡，明显的变质、软化现象	B
14	耐火性能	涂层厚度（不大于）/mm	2.00 ± 0.20	5.0 ± 0.5	25 ± 2	A
		耐火极限（不低于）/h（以 136b 或 140b 标准工字钢梁作基材）	1.0	1.0	2.0	

注：裸露钢梁耐火极限为 15min（136b、140b 验证数据），作为表中 0mm 涂层厚度耐火极限基础数据，耐久性项目（耐曝热性、耐湿热性、耐冻融循环性、耐酸性、耐碱性、耐盐雾腐蚀性）的技术要求除表中规定外，还应满足附加耐火性能的要求，方能判定该对应项性能合格。耐酸性和耐碱性可仅进行其中一项测试。

钢结构防火涂料除耐火性能（不合格属 A，不允许出现）外，理化性能尚有严重缺陷（B）和轻缺陷（C），当室外防火涂料的 B≤1 且 B＋C≤3，室外防火涂料的 B≤2 且 B＋C≤4 时，也可综合判定该产品质量合格，但结论中需注明缺陷性质和数量。

18.3　钢结构隔热

18.3.1　一般规定

1）处于高温工作环境中的钢结构，应考虑高温作用对结构的影响。高温工作环境的设计状况为持久状况，高温作用为可变荷载，设计时应按承载力极限状态和正常使用极限状态设计。

2）钢结构的温度超过 100℃时，进行钢结构的承载力和变形验算时，应该考虑长期高温作用对钢材和钢结构连接性能的影响。

3）高温环境下的钢结构温度超过 100℃时，应进行结构温度作用验算，并应根据不同情况采取防护措施：

①当钢结构可能受到炽热熔化金属的侵害时，应采用砌块或耐热固体材料做成的隔热层加以保护。

②当钢结构可能受到短时间的火焰直接作用时，应采用加耐热隔热涂层、热辐射屏蔽等隔热防护措施。

③当高温环境下钢结构的承载力不满足要求时，应采取增大构件截面、采用耐火钢或采用加耐热隔热涂层、热辐射屏蔽、水套隔热降温措施等隔热降温措施。

④当高强度螺栓连接长期受热达 150℃以上时，应采用加耐热隔热涂层、热辐射屏蔽等隔热防护措施。

4）钢结构的隔热保护措施在相应的工作环境下应具有一定耐久性，并与钢结构的防腐、防火保护措施相容。

18.3.2　工程中适用的几种钢结构保护措施示例

1）钢梁的隔热保护如图 18-3-1 所示。

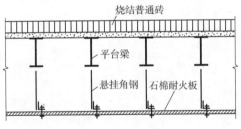

图 18-3-1　钢梁的隔热保护

2）钢柱的隔热保护之一如图 18-3-2 所示。

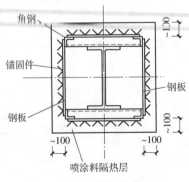

图 18-3-2　钢柱的隔热保护之一

3）钢柱的隔热保护之二如图 18-3-3 所示。

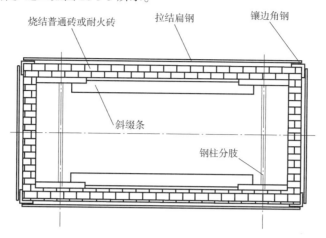

图 18-3-3　钢柱的隔热保护之二

4）钢吊车梁的隔热保护如图 18-3-4 所示。

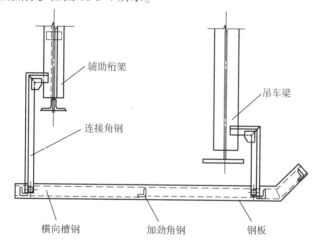

图 18-3-4　钢吊车梁的隔热保护

参 考 文 献

[1] 陈绍蕃. 钢结构设计原理 [M]. 2版. 北京：科学出版社，1998.

[2] 赵熙元. 建筑钢结构设计手册 [M]. 北京：冶金工业出版社，1995.

[3] 但泽义. 建筑结构设计资料集钢结构篇 [M]. 2版. 北京：中国建筑工业出版社，2007.

[4] 陈富生. 高层建筑钢结构设计 [M]. 2版. 北京：中国建筑工业出版社，2005.

[5] 李星荣，等. 钢结构连接节点手册 [M]. 2版. 北京：中国建筑工业出版社，2005.

[6] 赵熙元，柴昶，武人岱，等. 建筑钢结构设计手册 [M]. 北京：中国建筑工业出版社，1995.

[7] 赵熙元，张嘉六，但泽义，等. 钢结构材料手册 [M]. 北京：中国建筑工业出版社，1994.

[8] 李国强. 多高层建筑钢结构设计 [M]. 北京：中国建筑工业出版社，2004.

[9] 包头钢铁设计院. 钢结构设计与计算 [M]. 北京：机械工业出版社，2004.

[10] 罗邦富，等. 钢结构设计手册 [M]. 2版. 北京：中国建筑工业出版社，1989.

[11] 《钢结构设计手册》编辑委员会. 钢结构设计手册 [M]. 3版. 北京：中国建筑工业出版社，2003.

[12] 《新钢结构设计手册》编委会. 新钢结构设计手册 [M]. 北京：中国计划出版社，2018.

[13] 但泽义. 钢结构设计手册 [M]. 4版. 北京：中国建筑工业出版社，2019.

[14] 李和华. 钢结构连接节点设计手册 [M]. 北京：中国建筑工业出版社，1992.

[15] 王书增. 钢结构数据速查手册 [M]. 北京：中国电力出版社，2009.

[16] 王书增. 钢结构工程常用紧固件及材料手册 [M]. 北京：中国电力出版社，2010.

[17] J. A. Packer, J. E. Henderson. 空心管结构连接设计指南 [M]. 曹俊杰译. 北京：科学出版社，1997.

本书常用资料速查表

(扫描二维码查看)

序号	表号或章节号	二维码	序号	表号或章节号	二维码
1	表 1-1-1　建筑钢材的材料性能		12	2.3.3　材料选用	
2	表 1-1-2　钢中主要化学元素对建筑钢性能的影响		13	表 2-3-1　钢材的设计用强度指标	
3	表 1-2-1　现行常用结构钢材与连接材料的标准		14	表 2-3-3　结构用无缝钢管的设计用强度指标	
4	2.1.4　钢结构设计的基本要求		15	表 2-3-4　铸钢件的强度设计值	
5	2.1.5　钢结构设计图深度		16	表 2-3-5　焊缝的强度设计指标	
6	表 2-1-2　钢结构设计采用的主要技术规范、规程		17	表 2-3-6　螺栓连接的强度指标	
7	表 2-2-2　部分荷载及作用示例		18	表 2-3-7　铆钉连接的强度指标	
8	表 2-2-3　民用建筑楼面均布活荷载的标准值及其组合值系数、频遇值系数和准永久值系数		19	表 2-3-9　钢材的强度设计值	
9	表 2-2-4　仪器仪表生产车间楼面均布活荷载		20	表 2-3-10　压型钢板的强度标准值及设计值	
10	表 2-2-10　工作平台均布活荷载		21	表 2-3-11　焊缝的强度设计值	
11	表 2-2-11　屋面均布活荷载标准值及其组合值系数、频遇值系数和准永久值系数		22	表 2-3-12　C 级普通螺栓连接的强度设计值	

序号	表号或章节号	二维码	序号	表号或章节号	二维码
23	表 2-3-14　焊缝的强度设计值		35	表 2-4-12　受弯构件的挠度限值	
24	表 2-3-15　C 级普通螺栓连接的强度设计值		36	表 2-4-15　振动峰值加速度 α_p 与重力加速度 g 之比限值	
25	表 2-3-16　电阻点焊每个焊点的抗剪承载力设计值		37	表 2-4-16　楼盖竖向振动加速度峰值	
26	表 2-4-1　受弯构件的挠度容许值		38	表 2-4-17　桁架弦杆和单系杆的计算长度 l_0	
27	表 2-4-2　型钢混凝土梁及组合楼楼板挠度限值		39	表 2-4-18　钢管桁架杆件的计算长度 l_0	
28	表 2-4-3　钢与混凝土组合梁挠度限值		40	表 2-4-19　交叉腹杆的计算长度	
29	表 2-4-4　非地震作用组合时大跨度钢结构容许挠度值		41	表 2-4-21　受压构件的长细比容许值	
30	表 2-4-5　地震作用组合时大跨度钢结构容许挠度值		42	表 2-4-22　受拉构件的长细比容许值	
31	表 2-4-6　空间网格结构在恒荷载与活荷载标准值作用下的容许挠度值		43	表 2-4-25　温度区段长度数值	
32	表 2-4-7　风荷载作用下单层钢结构柱顶水平位移允许值		44	表 2-4-26　受弯和压弯构件的截面板件宽厚比等级及限值	
33	表 2-4-8　起重机水平荷载作用下柱水平位移（计算值）容许值		45	表 2-4-27　支撑截面板件宽厚比等级及限值	
34	表 2-4-9　多层钢框架层间位移角容许值		46	表 3-1-1　受弯构件的强度计算公式	

序号	表号或章节号	二维码	序号	表号或章节号	二维码
47	表3-1-2　受弯构件整体稳定验算公式		59	表3-2-7　格构式轴心受压构件对虚轴的换算长细比	
48	表3-1-3　焊接截面梁腹板加劲肋的布置规定		60	表3-2-8　三肢钢管梭形格构式柱换算长细比的计算	
49	表3-1-4　仅配置横向加劲肋的各区格局部稳定性验算		61	表3-2-10　支撑力的数值的计算	
50	表3-1-5　同时配置横向加劲肋和纵向加劲肋的腹板局部稳定性验算		62	表3-2-11　单边连接的单角钢连接计算	
51	表3-1-6　梁加劲肋的设置及截面尺寸		63	表3-3-1　实腹式拉弯和压弯构件的强度计算及压弯构件的整体稳定性验算	
52	表3-1-7　腹板考虑屈曲后强度的验算		64	表3-3-2　截面塑性发展系数 γ_x 和 γ_y	
53	表3-1-8　钢梁开孔腹板补强原则		65	表3-3-6　双向压弯构件的整体稳定性验算	
54	表3-2-1　轴心受拉构件的强度计算		66	表3-3-7　工字形和箱形截面腹板的有效宽度及腹板屈曲后承载力计算	
55	表3-2-3　轴心受力构件的稳定计算		67	3.4.4　构造要求	
56	表3-2-4　轴心受压构件的截面分类（板厚 $t<40mm$）		68	3.4.5　防脆断设计	
57	表3-2-5　轴心受压构件的截面分类（板厚 $t\geqslant40mm$）		69	表4-2-1　焊缝连接计算	
58	表3-2-6　实腹式轴心受压构件长细比		70	表4-2-2　焊缝连接构造要求	

序号	表号或章节号	二维码	序号	表号或章节号	二维码
71	表 4-3-1　普通螺栓、锚栓或铆钉的承载力		83	表 5-2-4　屋盖结构构件自重的参考数值	
72	表 4-3-2　高强度螺栓连接的承载力		84	表 6-1-1　刚架的分类及截面形式	
73	表 4-3-3　钢材摩擦面的抗滑移系数 μ		85	表 6-1-2　结构及墙架布置	
74	表 4-4-1　螺栓或铆钉的间距、边距和端距容许值		86	6.2.1　材料选用	
75	表 4-4-2　高强度螺栓连接的孔型尺寸匹配		87	表 6-4-1　门式刚架构件计算	
76	表 4-5-1　销轴连接构造及计算		88	表 7-1-1　常用的几种屋面围护材料	
77	表 4-6-1　栓焊并用连接与栓焊混用连接的应用		89	表 7-1-2　几种常用屋面材料的设计参数	
78	表 4-7-1　连接板节点计算		90	表 7-1-4　常用夹芯板板型及允许檩条间距	
79	表 4-7-2　梁柱采用刚性连接时节点域的规定		91	表 7-1-5　标准型发泡水泥复合板的规格	
80	表 4-7-4　桁架和梁的节点构造和计算		92	表 7-4-3　常用天窗架用钢量指标	
81	表 4-7-5　柱脚的构造与计算		93	表 7-5-2　单角钢及双角钢组成的 T 形截面长细比的计算	
82	表 5-2-1　横向框架结构形式的选择		94	表 7-5-8　单壁式屋架节点板选用表	

序号	表号或章节号	二维码
95	表7-5-9　杆件的缀板最大间距 l_1	
96	表7-5-10　角钢与节点板连接焊缝（角焊缝）的计算公式	
97	表7-5-12　节点板的稳定计算	
98	表7-7-3　抗震设防时屋盖支撑布置	
99	表7-7-5　屋盖支撑杆件参考截面（屋架间距6m）	
100	表8-1-1　厂房框架柱的截面高度	
101	表8-1-4　框架柱的板件宽厚比限值	
102	表8-2-1　框架柱截面强度的计算	
103	表8-2-2　格构式柱缀条（板）的计算与构造	
104	表8-2-3　柱牛腿的计算和构造	
105	表8-2-4　柱肩梁的计算和构造	
106	表8-2-7　Q235钢锚栓选用表	

序号	表号或章节号	二维码
107	表8-2-8　Q345钢锚栓选用表	
108	表8-2-9　钢柱插入杯口的深度	
109	表9-1-1　起重机的使用等级	
110	表9-1-3　起重机整机的工作级别	
111	表9-1-4　起重机整机的工作级别和机构工作级别举例	
112	表9-2-1　焊接工字形吊车梁截面尺寸的初选	
113	表9-2-4　常用几种简支吊车梁的起重机轮压最不利位置、最大弯矩和剪力计算	
114	表9-2-6　吊车梁截面强度验算	
115	表9-2-7　特重级工作制吊车梁的腹板及横向加劲肋的强度计算	
116	表9-2-9　工字形截面简支吊车梁不需要验算整体稳定性的条件（l_1/b）	
117	表9-2-10　组合截面梁的腹板加劲肋设置的规定	
118	表9-2-12　组合截面梁的腹板加劲肋截面尺寸	

序号	表号或章节号	二维码	序号	表号或章节号	二维码
119	表 10-1-1 作用于墙架上的荷载		131	表 11-6-1 常用钢斜梯的杆件截面	
120	表 10-3-1 轻质墙架墙梁的容许挠度限值		132	表 12-2-1 焊缝计算长度	
121	表 10-3-2 山墙柱平面内计算长度 l		133	表 12-2-5 主管为矩形管，支管为矩形管或圆管的钢管节点几何参数适用范围	
122	表 10-3-4 墙梁构件选用表		134	表 12-3-2 主管外表面贴加强板的加劲方式	
123	表 10-3-5 墙架柱构件选用表		135	表 13-2-1 结构重要性系数	
124	表 10-4-1 砌体墙骨架构件的容许挠度		136	表 13-2-3 结构构件的挠度及结构的变形验算	
125	表 11-3-2 钢铺板的厚度		137	表 13-2-6 楼盖竖向振动加速度限值	
126	表 11-3-3 钢筋混凝土铺板的厚度		138	表 13-2-10 高层民用建筑钢结构适用的最大高度	
127	表 11-4-1 钢平台梁的挠度容许值		139	表 13-2-11 高层民用建筑钢结构适用的最大高宽比	
128	表 11-4-2 梁的最小高度与跨度之比		140	表 13-2-16 中外结构常用钢材牌号参考对照	
129	表 11-4-3 H 型钢或工字形截面简支梁不需验算整体稳定性时 l_1/b_1 的最大值		141	表 13-4-1 钢框架梁、柱板件宽厚比限值	
130	表 11-5-2 钢柱的板件宽厚比限制		142	表 13-4-2 钢结构中心支撑斜杆的板件宽厚比限值	

序号	表号或章节号	二维码
143	表 13-4-3 支撑截面板件宽厚比等级及限值	
144	表 13-4-4 偏心支撑框架梁的板件宽厚比限值	
145	表 14-2-4 焊缝图例	
146	表 14-2-5 梁与柱铰接常用的几种方式	
147	表 14-4-1 柱拼接参考图	
148	表 14-5-1 工程设计中常用的几种次梁与主梁的连接方式	
149	表 14-6-2 常用外露式脚形式	
150	表 14-7-1 中心支撑常用的节点构造	
151	表 14-8-1 偏心支撑常用的节点构造	
152	表 15-1-1 压型钢板强度标准值、设计值	
153	表 15-2-2 组合结构房屋的最大适用高度	
154	表 15-2-3 丙类建筑组合结构构件的抗震等级	

序号	表号或章节号	二维码
155	表 15-2-4 型钢混凝土梁及组合楼板挠度限值	
156	表 15-2-5 钢与混凝土组合梁挠度限值	
157	表 15-2-6 型钢混凝土梁最大裂缝宽度限值	
158	表 16-1-1 压型钢板的强度设计指标	
159	表 16-1-2 部分国产压型钢板的规格与参数	
160	表 16-1-3 压型钢板型号及截面特性	
161	表 16-1-5 工程中常用组合楼板节点构造	
162	表 16-2-1 栓钉抗剪件的构造	
163	表 17-1-1 钢材涂色标记	
164	表 17-1-2 钢材的储运管理措施	
165	表 17-1-4 冷矫正的最小曲率半径及最大弯曲矢高允许值	
166	表 17-1-8 热弯曲最小曲率半径和最大弯曲矢高的允许值	

序号	表号或章节号	二维码	序号	表号或章节号	二维码
167	表 17-1-9　角钢热弯曲胎具直径收缩余量参考值		179	表 17-4-2　安装螺栓施工时要求的净空极限尺寸	
168	表 17-1-11　对接埋弧自动焊工艺参数		180	表 17-4-3　铆钉操作要求的最小尺寸	
169	表 17-1-12　T 形接头单道埋弧焊工艺参数		181	表 17-5-16　常用建筑钢材试验取样要求及取样数量	
170	表 17-1-13　T 形熔透接头埋弧自动焊工艺参数		182	表 18-1-1　钢材锈蚀的类型特征	
171	表 17-1-14　对接 CO_2 气体保护半自动化焊工艺参数		183	表 18-1-2　常用除锈方法的特点	
172	表 17-1-15　角接 CO_2 气体保护半自动化焊工艺参数		184	表 18-1-3　不同除锈方法的防护效果	
173	表 17-1-16　管焊条熔嘴电渣焊的工艺参数		185	表 18-1-4　表面处理方法及处理等级	
174	表 17-1-18　手工电弧施焊最小净空尺寸		186	表 18-1-5　表面处理方法、处理等级和清洁程度	
175	表 17-1-19　反变形参考值		187	表 18-1-6　钢材表面处理区域的详细说明及照片	
176	表 17-1-20　单层焊焊缝纵向收缩近似值		188	表 18-1-7　焊缝、边缘和其他区域的缺陷及处理等级	
177	表 17-1-21　手工电弧焊焊缝横向收缩近似值		189	表 18-1-8　各种底漆与相适应的除锈等级关系	
178	表 17-3-1　各级公路行车道宽度		190	表 18-1-9　大气环境对建筑钢结构长期作用的腐蚀性等级	

序号	表号或章节号	二维码
191	表 18-1-10　大气环境气体类型	
192	表 18-1-12　各种因素对涂层寿命的影响	
193	表 18-1-13　不同涂料表面最低除锈等级	
194	表 18-1-14　建筑钢结构常用防腐蚀保护层配套	
195	表 18-1-15　钢结构防腐蚀保护层最小厚度	
196	表 18-1-16　表面脱脂净化方法	
197	表 18-1-18　防腐蚀涂层的设计使用年限	
198	表 18-1-19　常用钢结构防腐蚀涂层配套及设计使用寿命举例	

序号	表号或章节号	二维码
199	表 18-2-1　不同耐火等级厂房和仓库建筑构件的燃烧性能和耐火极限	
200	表 18-2-2　民用建筑的分类	
201	表 18-2-3　防火保护构造	
202	表 18-2-4　有关钢构件防火保护层厚度和耐火极限	
203	表 18-2-5　耐火极限为1.50h时压型钢板组合楼板厚度和保护层厚度	
204	表 18-2-6　室内钢结构防火涂料的技术性能	
205	表 18-2-7　室外钢结构防火涂料的技术性能	